电子工程师必备（第2版）

——九大系统电路识图宝典

胡斌　胡松◎编著

人民邮电出版社
北京

图书在版编目（CIP）数据

电子工程师必备：九大系统电路识图宝典 / 胡斌，胡松编著. -- 2版. -- 北京：人民邮电出版社，2019.2（2023.2重印）
ISBN 978-7-115-49820-5

Ⅰ. ①电… Ⅱ. ①胡… ②胡… Ⅲ. ①电子电路－电路图－识图 Ⅳ. ①TN710

中国版本图书馆CIP数据核字(2018)第246353号

内容提要

本书从较高的知识点起步，系统地介绍了九大类数十种功能电路和上百种单元电路的工作原理。

书中对每一类型的电路均详细讲解其典型应用电路、电路分析的思路和方法等。对于同一种电路功能，均给出了各种不同形式的实用电路。

本书可作为案前电路分析的手册典藏之用，适合立志成为电子工程师的各层次读者学习和参考。

◆ 编　　著　胡　斌　胡　松
责任编辑　黄汉兵
责任印制　彭志环

◆ 人民邮电出版社出版发行　　北京市丰台区成寿寺路11号
邮编　100164　　电子邮件　315@ptpress.com.cn
网址　http://www.ptpress.com.cn
固安县铭成印刷有限公司印刷

◆ 开本：787×1092　1/16
印张：49.75　　　　2019年2月第2版
字数：1338千字　　　　2023年2月河北第18次印刷

定价：138.00元

读者服务热线：(010)81055493　印装质量热线：(010)81055316
反盗版热线：(010)81055315
广告经营许可证：京东市监广登字20170147号

前言

丛书超级亮点

笔者凭借多年的教学、科研经验，以读者为本，精心组织编写了一套三本电子工程师必备丛书，希望助您在成长为电子工程师的征途中快乐而轻松地学习，天天进步。

★电子工程师必备三剑客：

《电子工程师必备——元器件应用宝典（第 3 版）》，138 万字；

《电子工程师必备——九大系统电路识图宝典（第 2 版）》，130 万字；

《电子工程师必备——电路板技能速成宝典（第 2 版）》，120 万字。

电子工程师必备三本巨著，已经印刷 60 次，计 62 700 册，以精品图书、畅销书的优秀形象长时间远远领跑国内同类图书，是深受读者喜爱的图书。

★电子工程师必备丛书具有三大类知识群：元器件、电路分析和关键技能，数十个版块和平台。

★全套丛书以扫码观看的方式免费送出数十个专题，1000 多个电子技术辅导小视频，总计数千分钟在线课程（价值百元），400 余题“零起点学电子测试题讲解”视频贯穿必备三本图书。电子工程师必备是一套性价比极高的丛书。

★电子工程师必备丛书的内容与各类电子技术教材不重复，是教材的实用技术补充，是电子工程实践中所必须具备的电子技术理论与技能。

丛书写作特色和好评如潮

人性化写作方式
所谓人性化写作，是以初学者为本，减轻读者阅读负担、提高阅读效率的崭新写作方式。 在充分研究和考虑电子技术类图书的识图要素后，运用写作技巧及错版技巧，消除视觉疲劳，实现阅读高效率。

个性化写作风格迎得好评如潮
太棒了； 慕名而来； 买了您好多书，现在还想买； 一下子就被吸引了； 我的第一感觉是感激； 这在课堂是学不到的； 给了我这个新手巨大的帮助； 与您的书是“相见恨晚”； 是您的伟大思想和伟大作品成就了我； 只三言两语，便如拨云见日，轻松地捅破了“窗户纸”，而且还是在“轻松”的感觉中完成的； 以前是事倍功半，而现在是事半功倍； ……

本书亮点

众所周知，在具备了元器件知识体系后可以进入电路分析的学习，本书正是为这一学习而准备的大而全的典藏之作。

本书介绍了九大系统的电路，可令您全方位学习高频率应用电路的识图，并将本书作为案前电路分析的备查手册。

本书的“负反馈电路”版块值得您一看，因为它除了介绍经典的负反馈电路外，还有许许多多变形负反馈实用电路，笔者认为是目前“最全”的实用负反馈电路集合，相信对您“攻克”令人头疼的负反馈电路工作原理分析有一定的启发。

“引人入胜”是本书的一个亮点，电路分析历来都是学习电子技术一个难点，将复杂的理论问题、电路识图分层次、物理化讲述使其通俗易懂是笔者写作的一贯做法，重点知识讲解巨细无遗是本人写作的优点。笔者 30 年的写作经历、多次引领国内电子类图书写作新潮是本书高水平撰写的保障，电路分析图书写作是本人历来的强项，是得到成千上万读者认可的，是值得骄傲的优点。

本书修订要点

本书是《电子工程师必备——九大系统电路识图宝典》的精华版，前书出版已受到广大读者的如潮好评，图书邮购网上的上万条读者留言更让笔者感动和激动。同时，电子工程师必备图书在 2011 年度获电子类图书销售总册数和总码洋双双全国第一名的优异成绩，这些皆增强了笔者本次修订的“雄心壮志”，希望这次的“精华版”在大江南北、长城内外能继续复制和发扬光大前一版的优良表现。

本次“精华版”主要进行了下列内容和细节的增强。

第一，保留了原书 95% 的精华内容，又新增了 15% 左右的内容，如强化了数字电路方面的内容，增加了学习方法方面的内容；

第二，在电路分析知识群的构建上考虑了与本书同期出版的《电子工程师必备——元器件应用宝典》和《电子工程师必备——电路板技能速成宝典》配套且融为一体，以便三本图书无缝对接且知识点无重叠，笔者“企图”用这套丛书构成一个电子工程师必备的理论知识和实用技能体系。

免费赠送辅导小视频

免费赠送了 11 个大类、近 400 段辅导小视频（约 600 分钟），扫码观看。

本书主干知识

本书将帮助读者从较高的知识点起步，专注于电路工作原理的分析。随着学习的进行，水平逐步得到提高，从而轻松而快速地系统掌握电子工程师所需要具备的九大系统、上百种单元电路知识。

书中对每一种电路的讲解有原理分析，有思路提示，还会有电路分析方法穿插。另外，在对典型应用电路详解的同时，更有对同功能不同电路的讲解，使读者的阅读面大为扩展。

本人情况简介

作为从事电子技术类图书写作 30 余年的我，一直秉承着以读者为本的理念，加之勤于思考、敢于创新、努力写作，在系统、层次、结构、逻辑、细节、重点、亮点、表现力上把握能力强，获得了读者的广泛好评和认可。

第一，笔风令读者喜爱，用简单的语句讲述复杂的问题，这是笔者最为擅长的方面。

第二，在讲解知识的同时，有机地融入对知识的理解方法和思路，这是本人写作的另一个长处和受到读者好评最多的方面，得到读者认可，本人深感骄傲。

第三，百本著作的理想已经实现，多套畅销书的梦想也已成功实现。

第四，依据“开卷全国图书零售市场观测系统”近几年的数据统计，本人在电子类图书销售总册数和总码洋两项指标中个人排名第一，且遥遥领先，2012 年度这两项指标达到第二名的近 4 倍。

本书读者群体

本书适合于立志成为电子工程师的人士阅读，因为本书的九大系统电路分析是电子工程师不可或缺的知识体系主干。

本书适合于从事电子行业的提高者阅读，因为书中内容的跨度大，整本书构成了一个较为

全面和完整的电路分析体系。

本书适合于掌握一定知识的读者快速阅读，特别是在校大学生和刚毕业的学生，因为内容系统而全面，理论紧密联系实际，细节“丰富多彩”，架起了大学电子教材与实际工作之间的桥梁。阅读本书会令大学生迅速从课堂进入工作状态，因为本书厚厚的内容正是来源于实际电路，而大学教材中正是缺少这块“非常有用”的内容。

本书适合于深入掌握元器件知识后的读者阅读，特别适合于阅读过《电子工程师必备——元器件应用宝典》的读者，因为本书是该书的延续版本，可让您的知识体系向前迈进一大步。

本书适合于初学者的阅读，也适合于提高者、电子技术工作者作为手册来查阅和典藏。

网络交流平台

自 10 多年前开通 QQ 实时辅导以来，本人回答了数以千计读者学习中遇到的问题。由于读者数量日益庞大，一对一的回答愈加困难，加上应广大读者相互之间交流的需求，本人开通微信群供大家相互交流，微信号：wdjkw0511（QQ 号：1155390）。

江苏大学

胡斌

2018 年 9 月

目录

第1章 4种典型负反馈电路

1.1 负反馈放大器综述 …… 1
1.1.1 反馈、正反馈和负反馈 …… 2
1.1.2 负反馈电路种类 …… 4
1.1.3 负反馈信号 …… 6
1.1.4 不同频率信号的负反馈 …… 8
1.1.5 局部和大环路负反馈 …… 8
1.1.6 负反馈电路分析方法 …… 9
1.2 4种典型负反馈放大器 …… 13
1.2.1 电压并联负反馈放大器 …… 13
1.2.2 电流串联负反馈放大器 …… 16
1.2.3 电压串联负反馈放大器 …… 21
1.2.4 电流并联负反馈放大器 …… 23
1.2.5 4种负反馈电路知识点“微播” …… 25
1.3 负反馈改善放大器性能 …… 28
1.3.1 放大器的放大倍数 …… 28
1.3.2 放大器频率响应 …… 30
1.3.3 放大器信噪比 …… 31
1.3.4 放大器失真度 …… 32
1.3.5 放大器的输出功率和动态范围 …… 33
1.3.6 负反馈减小非线性失真 …… 34
1.3.7 负反馈扩宽放大器频带 …… 35
1.3.8 负反馈降低放大器噪声和稳定放大器工作状态 …… 36
1.4 负反馈放大器消振电路 …… 36
1.4.1 产生自激的条件和消振电路原理 …… 37
1.4.2 RC移相电路 …… 37
1.4.3 超前式消振电路 …… 39
1.4.4 滞后式消振电路 …… 41
1.4.5 超前 - 滞后式消振电路 …… 42
1.4.6 负载阻抗补偿电路 …… 43
1.5 RC电路参与的负反馈电路 …… 44
1.5.1 变形负反馈电路特点和分析方法 …… 44
1.5.2 RC电路阻抗特性 …… 45
1.5.3 RC负反馈式电路 …… 47
1.6 LC电路参与的负反馈电路 …… 50
1.6.1 LC并联谐振电路阻抗特性 …… 50
1.6.2 LC串联谐振电路阻抗特性 …… 51
1.6.3 LC并联谐振电路参与的负反馈电路 …… 53
1.6.4 LC串联谐振电路参与的负反馈电路 …… 54
1.7 其他负反馈电路 …… 56
1.7.1 差分放大器发射极负反馈电阻 …… 56
1.7.2 负反馈抑制零点漂移 …… 57
1.7.3 可控制负反馈量的负反馈电路 …… 58
1.7.4 场效应管和电子管放大器中负反馈电路 …… 58
1.7.5 正反馈和负反馈判断方法小结 …… 59

第2章 放大器系统电路

2.1 多级放大器组成方框图和电路分析方法 …… 61
2.1.1 多级放大器结构方框图 …… 61
2.1.2 各单元电路作用和电路分析方法 …… 61
2.2 双管阻容耦合放大器详解及电路故障分析 …… 62
2.2.1 单级放大器类型识别方法和直流、交流电路工作原理分析与理解 …… 62
2.2.2 元器件作用分析和电路故障分析 …… 63
2.3 双管直接耦合放大器 …… 64
2.3.1 直流电路和交流电路 …… 64
2.3.2 元器件作用分析和电路故障分析 …… 65
2.4 三级放大器 …… 65
2.4.1 电路工作原理分析与理解 …… 66
2.4.2 电路故障分析 …… 66
2.5 耦合电路 …… 66
2.5.1 耦合电路功能和电路种类 …… 66
2.5.2 阻容耦合电路 …… 67
2.5.3 直接耦合电路 …… 68
2.5.4 变压器耦合电路 …… 68

2.6 退耦电路 …………………………… 70
2.6.1 级间交连概念 …………………………… 70
2.6.2 退耦电路工作原理分析和电路故障分析 …………………………… 71
2.7 差分放大器 …………………………… 72
2.7.1 差分放大器基础知识和电路分析方法 …………………………… 72
2.7.2 差模信号和共模信号 …………………………… 73
2.7.3 双端输入、双端输出式差分放大器 … 73
2.7.4 双端输入、单端输出式差分放大器 … 76
2.7.5 单端输入、单端输出式差分放大器 … 77
2.7.6 单端输入、双端输出式差分放大器 … 79
2.7.7 带恒流源差分放大器 …………………………… 80
2.7.8 具有零点校正电路的差分放大器 …… 80
2.7.9 多级差分放大器 …………………………… 81
2.8 音频前置集成电路 …………………………… 82
2.8.1 电路分析方法 …………………………… 82
2.8.2 电路工作原理分析与理解 …………………………… 83
2.9 音频功率放大器基础知识 ………… 84
2.9.1 电路结构方框图和放大器种类 ………… 84
2.9.2 甲类、乙类和甲乙类放大器 ………… 85
2.9.3 定阻式输出和定压式输出放大器 …… 87
2.9.4 推挽、互补推挽和复合互补推挽放大器 …………………………… 88
2.9.5 推挽输出级静态偏置电路 ………… 90
2.10 变压器耦合推挽功率放大器……… 92
2.10.1 推动级电路 …………………………… 92
2.10.2 功放输出级电路 …………………………… 92
2.10.3 电路特点和电路分析小结 …………………………… 94
2.11 分立元器件 OTL 功率放大器 …… 94
2.11.1 OTL 功率放大器输出端耦合电容分析 …………………………… 94
2.11.2 直流电路分析 …………………………… 96
2.11.3 交流电路分析 …………………………… 96
2.11.4 自举电路分析 …………………………… 97
2.11.5 电路故障分析和输出端直流电压分析 …………………………… 97
2.11.6 实用复合互补推挽式 OTL 功率放大器 …………………………… 98
2.12 集成电路 OTL 功率放大器 ……… 100
2.12.1 单声道 OTL 功率放大器集成电路 … 100
2.12.2 双声道 OTL 音频功率放大器集成电路 …………………………… 105
2.13 分立和集成 OCL 功率放大器 …… 107
2.13.1 分立元器件 OCL 功率放大器 ………… 107
2.13.2 集成电路 OCL 音频功率放大器 …… 109
2.14 BTL 功率放大器 …………………… 111
2.14.1 BTL 功率放大器基础知识………… 111
2.14.2 分立元器件 BTL 功率放大器 ………… 112
2.14.3 集成电路 BTL 功率放大器 ………… 113
2.15 其他放大器…………………………… 115
2.15.1 场效应管实用偏置电路 ………… 115
2.15.2 场效应管和晶体三极管混合放大器 … 117
2.15.3 电子管放大器直流电路 ………… 118
2.15.4 电子管阴极输出器电路 ………… 119
2.15.5 电子三极管阻容耦合电压放大器 …… 119
2.15.6 电子五极管放大器 ………… 120
2.15.7 多种集成运算放大器实用电路 ……… 121
2.16 限幅放大器电路…………………… 123
2.16.1 二极管限幅放大器 ………… 123
2.16.2 三极管限幅放大器 ………… 124
2.16.3 差分放大器限幅电路 ………… 125
2.17 万用表检修放大器知识点“微播” …………………… 126
2.17.1 单级音频放大器无声故障处理对策 … 126
2.17.2 单级音频放大器声音轻故障处理对策 …………………………… 127
2.17.3 单级音频放大器噪声大故障处理对策 …………………………… 127
2.17.4 单级音频放大器非线性失真故障处理对策和注意事项 …………………………… 128
2.17.5 单级选频放大器故障处理对策 ……… 128
2.17.6 阻容耦合多级放大器故障处理方法 … 129
2.17.7 直接耦合多级放大器故障处理对策 …………………………… 130
2.17.8 变压器耦合推挽功率放大器故障处理对策 …………………………… 132
2.17.9 单声道 OTL 功率放大器集成电路故障处理对策 …………………………… 134
2.17.10 双声道 OTL 音频功率放大器集成电路故障处理对策 …………………………… 136
2.17.11 单声道 OCL 音频功率放大器集成电路故障处理对策 …………………………… 138
2.17.12 BTL 功率放大器集成电路故障处理对策 …………………………… 140
2.17.13 基本扬声器电路故障处理对策 …… 141
2.17.14 特殊扬声器电路故障处理对策 …… 142
2.17.15 二分频扬声器电路故障处理对策 … 143
2.17.16 扬声器保护电路故障处理对策 …… 143

第3章 电源系统电路

3.1 电源变压器降压电路 ……………… 145
3.1.1 电源接地电路 …………………………… 145
3.1.2 典型变压器降压电路 ………… 146
3.1.3 电源变压器电路故障分析与处理对策 …………………………… 147
3.1.4 二次绕组抽头变压器降压电路 ……… 150

3.1.5 另一种二次绕组抽头变压器降压电路 …… 151
3.1.6 两组二次绕组变压器降压电路 …… 152
3.1.7 电容降压电路 …… 152
3.1.8 降压电路分析和故障分析小结 …… 153
3.1.9 电源变压器降压电路故障部位判断逻辑思路综述和检修方法 …… 153

3.2 电源开关电路 …… 154
3.2.1 典型电源开关电路 …… 154
3.2.2 高压回路双刀电源开关电路 …… 155
3.2.3 直流低压回路电源开关电路 …… 156
3.2.4 定时控制电源开关电路 …… 157
3.2.5 电源开关电路和故障分析小结 …… 158

3.3 电源过流保险电路 …… 159
3.3.1 交流高压回路保险丝电路 …… 159
3.3.2 交流低压回路保险丝电路 …… 160
3.3.3 交流高压和低压回路双重保险丝电路 …… 160
3.3.4 直流回路保险丝电路 …… 161
3.3.5 交流直流回路双重保险丝电路 …… 162

3.4 电源高频抗干扰电路 …… 162
3.4.1 电源变压器屏蔽层高频抗干扰电路 …… 163
3.4.2 电容高频抗干扰电路 …… 163
3.4.3 电感高频抗干扰电路 …… 164
3.4.4 电容和电感混合高频抗干扰电路 …… 164

3.5 交流输入电压转换电路 …… 165
3.5.1 交流输入电压转换电路原理和电路特点 …… 165
3.5.2 交流输入电压转换电路 …… 165

3.6 半波整流电路 …… 166
3.6.1 正极性半波整流电路工作原理分析方法和思路 …… 166
3.6.2 正极性半波整流电路 …… 167
3.6.3 整流电路故障机理及检修方法 …… 169
3.6.4 负极性半波整流电路 …… 170
3.6.5 正、负极性半波整流电路 …… 171

3.7 全波整流电路 …… 174
3.7.1 正极性全波整流电路 …… 174
3.7.2 负极性全波整流电路 …… 175
3.7.3 正、负极性全波整流电路 …… 176
3.7.4 半桥堆构成的负极性全波整流电路 …… 177
3.7.5 半桥堆构成的正极性全波整流电路 …… 178
3.7.6 桥堆构成的正、负极性全波整流电路 …… 178

3.8 桥式整流电路 …… 179
3.8.1 正极性桥式整流电路 …… 180
3.8.2 负极性桥式整流电路 …… 181
3.8.3 桥堆构成的正极性桥式整流电路详解及电路故障分析 …… 181
3.8.4 桥堆构成的负极性桥式整流电路详解及电路故障分析 …… 182

3.9 倍压整流电路 …… 183
3.9.1 二倍压整流电路 …… 183
3.9.2 整流电路小结 …… 184
3.9.3 实用倍压整流电路 …… 186

3.10 电容滤波电路 …… 187
3.10.1 电容滤波电路 …… 187
3.10.2 滤波电路故障机理及故障种类 …… 189

3.11 π形RC滤波电路和π形LC滤波电路 …… 190
3.11.1 π形RC滤波电路 …… 190
3.11.2 多节π形RC滤波电路工作原理分析与理解 …… 192
3.11.3 π形LC滤波电路 …… 193
3.11.4 高频滤波电路 …… 194
3.11.5 地线有害耦合与滤波电路 …… 195

3.12 电子滤波器电路 …… 197
3.12.1 单管电子滤波器电路 …… 197
3.12.2 双管电子滤波器电路 …… 198
3.12.3 具有稳压功能的电子滤波器电路 …… 199

3.13 普通二极管简易稳压电路、稳压二极管稳压电路工作原理分析与理解 …… 200
3.13.1 普通二极管简易稳压电路工作原理分析与理解 …… 200
3.13.2 稳压二极管典型稳压电路工作原理分析与理解 …… 201

3.14 典型串联调整型稳压电路详解及电路故障分析 …… 203
3.14.1 串联调整型稳压电路组成及各单元电路作用 …… 203
3.14.2 直流电压波动因素解析和电路分析方法 …… 204
3.14.3 典型串联调整型稳压电路 …… 205

3.15 串联调整型变形稳压电路 …… 207
3.15.1 串联调整管电路中复合管电路 …… 207
3.15.2 采用复合管构成的串联调整管稳压电路 …… 207
3.15.3 采用辅助电源的串联调整型稳压电路 …… 209
3.15.4 接有加速电容的串联调整型稳压电路 …… 210

3.16 调整管变形电路 …… 211
3.16.1 调整管并联电路 …… 211
3.16.2 复合管调整管电路 …… 211
3.16.3 调整管分流电阻电路 …… 212

3.17 三端稳压集成电路 …… 213
3.17.1 三端稳压集成电路典型应用电路 …… 213

3.17.2 三端稳压集成电路输出电压调整电路 …… 214
3.17.3 三端稳压集成电路增大输出电流电路 …… 215
3.17.4 可调式稳压集成电路 …… 216

3.18 直流电压供给电路 …… 217
3.18.1 了解直流电压供给电路 …… 217
3.18.2 整机直流电压供给电路分析方法 …… 218

3.19 万用表检修电源电路故障知识点“微播” …… 220
3.19.1 故障种类 …… 220
3.19.2 电源变压器降压电路故障检修方法 …… 220
3.19.3 半波整流、电容滤波电路故障检修方法 …… 222
3.19.4 全波整流、电容滤波电路故障检修方法 …… 223
3.19.5 桥式整流、电容滤波电路故障检修方法 …… 224
3.19.6 直流电压供给电路故障检修方法 …… 224
3.19.7 简易稳压二极管稳压电路故障检修方法 …… 225
3.19.8 调整管稳压电路故障检修方法 …… 226
3.19.9 实用电源电路故障检修方法及注意事项 …… 227

3.20 低压差稳压器集成电路 …… 228
3.20.1 低压差稳压器集成电路基础知识 …… 228
3.20.2 固定型低压差稳压器集成电路典型应用电路 …… 229
3.20.3 调节型低压差稳压器集成电路典型应用电路 …… 229
3.20.4 5 脚调节型低压差稳压器集成电路 …… 230
3.20.5 低压差稳压器集成电路并联运用 …… 231
3.20.6 负电压输出低压差稳压器集成电路 …… 232
3.20.7 负电压输出可调节可关断低压差稳压器集成电路 …… 232
3.20.8 带电源显示的低压差稳压器集成电路 …… 232
3.20.9 双路输出低压差稳压器集成电路 …… 233
3.20.10 3 路输出低压差稳压器集成电路 …… 234
3.20.11 4 路输出低压差稳压器集成电路 …… 236

3.21 低压差稳压器集成电路知识点“微播” …… 238
3.21.1 低压差稳压器集成电路主要参数 …… 238
3.21.2 低压差稳压器知识点 …… 239
3.21.3 低压差稳压器的 4 种应用类型 …… 241

3.22 开关型稳压电源 …… 242
3.22.1 开关稳压电源与串联调整型稳压电源比较 …… 242
3.22.2 有关开关稳压电源专业术语的英语单词和缩写 …… 243
3.22.3 开关稳压电路种类综述 …… 244
3.22.4 串联型开关稳压电路 …… 246
3.22.5 并联型开关稳压电路 …… 248
3.22.6 脉冲变压器耦合并联开关型稳压电路 …… 249
3.22.7 调宽式和调频式开关型稳压电路 …… 250
3.22.8 实用开关稳压电源电路之一 …… 251
3.22.9 实用开关稳压电源电路之二 …… 254

第4章 扫描系统电路

4.1 扫描电路组成和同步分离电路 …… 258
4.1.1 电子扫描 …… 258
4.1.2 扫描电路组成 …… 261
4.1.3 同步分离电路 …… 262

4.2 场振荡器 …… 263
4.2.1 间歇场振荡器 …… 264
4.2.2 多谐场振荡器 …… 266
4.2.3 再生环场振荡器 …… 269
4.2.4 集成电路场振荡器 …… 270

4.3 场输出级电路和实用场扫描电路 …… 272
4.3.1 场输出级电路 …… 272
4.3.2 实用场扫描电路 …… 273

4.4 行扫描电路 …… 276
4.4.1 行扫描电路综述 …… 276
4.4.2 电视机行 AFC 电路 …… 276
4.4.3 行振荡器 …… 278
4.4.4 行输出级电路 …… 282

4.5 视频电路知识点“微播” …… 285
4.5.1 视觉特性基础知识 …… 285
4.5.2 三基色 …… 287
4.5.3 电视机常用信号波形 …… 288
4.5.4 彩色电视常用信号波形 …… 291
4.5.5 彩色电视信号传送方式 …… 292
4.5.6 兼容制彩色电视 …… 293
4.5.7 彩色电视制式 …… 296
4.5.8 黑白电视机整机电路方框图 …… 298
4.5.9 黑白电视机各单元电路作用 …… 299
4.5.10 PAL 制彩色电视机单元电路作用 …… 302
4.5.11 彩色电视机亮度通道方框图和各单元电路作用 …… 304
4.5.12 彩色电视机色度通道方框图和各单元电路作用 …… 305

第5章 音响系统电路

5.1 静噪电路 ······ 308
5.1.1 静噪电路种类和基本工作原理 ······ 308
5.1.2 机内话筒录音静噪电路 ······ 309
5.1.3 开机静噪电路和选曲静噪电路 ······ 311
5.1.4 调频调谐静噪电路 ······ 312
5.1.5 开关操作静噪电路 ······ 312
5.1.6 停机静噪电路 ······ 313
5.1.7 专用静噪集成电路 ······ 315
5.1.8 动态降噪集成电路 ······ 316
5.2 杜比降噪系统 ······ 319
5.2.1 杜比B型降噪系统基本原理 ······ 319
5.2.2 杜比B型降噪集成电路LM1011N应用电路 ······ 324
5.3 扬声器分频电路 ······ 325
5.3.1 分频电路种类 ······ 325
5.3.2 二分频扬声器电路 ······ 326
5.3.3 两种三分频扬声器电路 ······ 328
5.4 立体声扩展电路 ······ 329
5.4.1 频率分段合成方法 ······ 329
5.4.2 同相和反相分取信号扩展电路 ······ 330
5.4.3 界外立体声扩展电路 ······ 331
5.4.4 扬声器反相扩展电路 ······ 332
5.4.5 中间声场功放及扬声器电路 ······ 333
5.5 混响器 ······ 333
5.5.1 混响器的分类 ······ 334
5.5.2 模拟电子混响器 ······ 334
5.5.3 数字混响器 ······ 335
5.6 音响技术知识点“微播” ······ 337
5.6.1 声音三要素 ······ 337
5.6.2 立体声概念 ······ 338
5.6.3 听觉基本特性 ······ 339
5.6.4 音响技术重要定律和效应 ······ 340
5.6.5 3种用途的放大器 ······ 341
5.6.6 音响放大器技术性能指标 ······ 344
5.6.7 放大器性能指标与音质之间关系 ······ 351
5.6.8 扬声器质量对音质的影响 ······ 352
5.6.9 音箱的个性 ······ 353
5.6.10 音箱灵敏度 ······ 354
5.6.11 常见音箱结构和几种特殊音箱 ······ 355
5.6.12 书架音箱外形 ······ 359
5.6.13 低音 ······ 360
5.6.14 超低音音箱 ······ 361
5.6.15 线材与靓声 ······ 365
5.6.16 发烧级线材 ······ 366
5.6.17 纯音乐系统 ······ 369
5.6.18 组合音响 ······ 373
5.6.19 家庭AV中心 ······ 374
5.6.20 家庭影院系统 ······ 375
5.6.21 家庭卡拉OK系统 ······ 379
5.6.22 筹建家庭音响组合系统的思考 ······ 380
5.6.23 听音室声学条件和改良方案 ······ 381
5.6.24 左、右声道主音箱摆位要素 ······ 384
5.6.25 其他音箱的摆位要求 ······ 387
5.7 立体声调频收音电路 ······ 387
5.7.1 调频收音电路高频放大器 ······ 387
5.7.2 调频收音电路本机振荡器 ······ 388
5.7.3 调频收音电路混频器 ······ 390
5.7.4 中频放大器 ······ 391
5.7.5 调频收音电路AFC电路和AGC电路 ······ 393
5.7.6 比例鉴频器 ······ 394
5.7.7 正交鉴频器 ······ 398
5.7.8 脉冲密度型鉴频器 ······ 399
5.7.9 立体声复合信号组成和立体声解码器种类 ······ 402
5.7.10 矩阵式立体声解码器 ······ 403
5.7.11 开关式立体声解码器 ······ 404
5.7.12 锁相环立体声解码器 ······ 405
5.7.13 去加重电路 ······ 407
5.8 实用调频收音电路 ······ 407
5.8.1 调频头电路 ······ 407
5.8.2 调频中频放大器和鉴频器电路 ······ 411
5.8.3 立体声解码器集成电路TA7343P分析 ······ 414
5.8.4 实用立体声解码器集成电路LA3361 ······ 419
5.9 数字调谐系统 ······ 421
5.9.1 DTS基本概念 ······ 422
5.9.2 DTS集成电路TC9157AP应用电路 ······ 426
5.9.3 DTS集成电路TC9137P ······ 431
5.9.4 μPD1700系列DTS集成电路引脚作用 ······ 435

第6章 振荡系统电路

6.1 正弦波振荡器概述 ······ 438
6.1.1 正弦波振荡器电路组成和各单元电路作用 ······ 438
6.1.2 振荡器电路工作条件和种类 ······ 438
6.1.3 正弦波振荡器电路分析方法 ······ 439
6.2 RC正弦振荡器 ······ 440
6.2.1 RC移相电路 ······ 440
6.2.2 RC移相式正弦波振荡器 ······ 442
6.2.3 RC选频电路正弦波振荡器 ······ 443
6.3 变压器耦合和电感三点式正弦波振荡器 ······ 446

6.3.1 变压器耦合正弦波振荡器 …………… 446
6.3.2 电感三点式正弦波振荡器 …………… 447
6.4 电容三点式正弦波振荡器、差动式正弦波振荡器 ………………… 449
6.4.1 电容三点式正弦波振荡器 …………… 449
6.4.2 差动式正弦波振荡器 ………………… 450
6.5 双管推挽式振荡器 ………………… 452
6.6 集成运放振荡器 …………………… 453
6.6.1 集成运放基础知识 ………………… 453
6.6.2 集成运放构成的正弦波振荡器 ……… 458
6.6.3 矩形脉冲转换为标准正弦波信号电路… 460
6.6.4 集成运放构成的移相振荡器 ………… 463
6.6.5 集成运放构成的缓冲移相振荡器 …… 463
6.6.6 集成运放构成的正交振荡器 ………… 464
6.6.7 Bubba 振荡器 ……………………… 464
6.7 晶振构成的振荡器 ………………… 465
6.7.1 石英晶振 …………………………… 465
6.7.2 晶振构成的串联型振荡器 …………… 466
6.7.3 晶振构成的并联型振荡器 …………… 467
6.7.4 微控制器电路中晶振电路 …………… 467
6.8 555 集成电路振荡器 ……………… 468
6.8.1 555 集成电路……………………… 468
6.8.2 555 集成电路构成的单稳电路………… 470
6.8.3 555 集成电路构成的双稳态电路……… 473
6.8.4 555 集成电路构成的无稳态电路……… 474
6.9 双稳态电路 ……………………… 476
6.9.1 集 - 基耦合双稳态电路 ……………… 477
6.9.2 发射极耦合双稳态电路 ……………… 480
6.9.3 施密特触发器 ……………………… 481
6.10 单稳态电路……………………… 483
6.10.1 集 - 基耦合单稳态电路 …………… 483
6.10.2 发射极耦合单稳态电路 …………… 485
6.10.3 TTL 与非门构成的单稳态触发器 … 487
6.11 无稳态电路多谐振荡器………………… 489
6.11.1 分立元器件构成的自激多谐振荡器 … 489
6.11.2 TTL 与非门简易自激多谐振荡器 …… 490
6.11.3 石英晶体自激多谐振荡器 …………… 491
6.11.4 定时器构成的多谐振荡器 …………… 492

第7章 控制系统电路

7.1 音量控制器电路 ………………… 494
7.1.1 电阻分压电路 ……………………… 494
7.1.2 单声道音量控制器 ………………… 497
7.1.3 双声道音量控制器 ………………… 498
7.1.4 电子音量控制器 …………………… 499
7.1.5 触摸式音量分挡控制器 ……………… 505
7.1.6 可存储式音量控制器 ……………… 506
7.1.7 场效应管音量控制器 ……………… 507
7.1.8 音量压缩电路 ……………………… 507
7.1.9 级进式电位器构成的音量控制器 …… 508
7.1.10 数字电位器构成的音量控制器……… 510
7.1.11 电脑用耳机音量控制器……………… 511
7.2 音调控制器电路大全 ……………… 511
7.2.1 RC 衰减式高、低音控制器 ………… 511
7.2.2 RC 负反馈式音调控制器 …………… 513
7.2.3 LC 串联谐振图示音调控制器 ……… 514
7.2.4 集成电路图示音调控制器 …………… 515
7.2.5 分立元器件图示音调控制器 ………… 517
7.3 立体声平衡控制器 ………………… 519
7.3.1 单联电位器构成的立体声平衡控制器 ……………………………… 519
7.3.2 带抽头电位器的立体声平衡控制器 … 520
7.3.3 双联同轴电位器构成的立体声平衡控制器 ……………………………… 521
7.3.4 特殊双联同轴电位器构成的立体声平衡控制器 ……………………………… 521
7.4 响度控制器 ……………………… 522
7.4.1 单抽头式响度控制器 ……………… 523
7.4.2 双抽头式响度控制器 ……………… 523
7.4.3 无抽头式响度控制器 ……………… 524
7.4.4 专设电位器的响度控制器 …………… 524
7.4.5 独立的响度控制器 ………………… 524
7.4.6 精密响度控制器 …………………… 525
7.4.7 多功能控制器集成电路 …………… 525
7.5 电视机对比度控制器、亮度控制器、色饱和度控制器、场中心、行中心和行幅调整电路 ……………………… 526
7.5.1 对比度控制器 ……………………… 527
7.5.2 亮度控制器 ………………………… 528
7.5.3 色饱和度控制器 …………………… 529
7.5.4 电视机场中心、行中心和行幅调整电路 ……………………………… 530
7.6 自动增益控制电路 ………………… 531
7.6.1 正向和反向 AGC 电路概念 ………… 531
7.6.2 收音机 AGC 电路 ………………… 532
7.6.3 电视机峰值型 AGC 电路 ………… 533
7.6.4 电视机键控型 AGC 电路 ………… 535
7.6.5 电视机高放延迟式 AGC 电路 …… 536
7.6.6 电视机集成电路 AGC 电压检出电路 ……………………………… 537
7.6.7 电视机集成电路中放和高放 AGC 电路 ……………………………… 538
7.7 自动电平控制电路和自动频率控制电路 ……………………………… 541
7.7.1 ALC 电路基本原理 ………………… 541
7.7.2 集成电路 ALC 电路………………… 542

7.7.3 电视机自动频率调谐电路 …… 543

7.8 电视机自动噪声消除电路 …… 549

7.8.1 电视机 ANC 电路 …… 549

7.8.2 彩色电视机 ANC 电路 …… 552

7.9 ABL 电路、ACC 电路、ACK 电路、ARC 电路和 APC 电路 …… 554

7.9.1 自动亮度限制电路 …… 554

7.9.2 自动色饱和度控制电路 …… 555

7.9.3 自动消色电路 …… 557

7.9.4 自动清晰度控制电路 …… 558

7.9.5 光头自动功率控制电路 …… 558

7.10 音响保护电路 …… 560

7.10.1 保护电路基本形式 …… 560

7.10.2 音箱保护电路 …… 561

7.10.3 主功率放大器保护电路 …… 563

第8章 数字系统电路

8.1 逻辑门电路 …… 564

8.1.1 机械开关和电子开关 …… 564

8.1.2 或门电路 …… 567

8.1.3 与门电路 …… 569

8.1.4 非门电路 …… 571

8.1.5 与非门电路 …… 574

8.1.6 或非门电路 …… 577

8.1.7 其他门电路 …… 578

8.1.8 逻辑门电路识图小结 …… 585

8.2 触发器 …… 586

8.2.1 RS 触发器概述 …… 587

8.2.2 与非门构成的基本 RS 触发器 …… 587

8.2.3 或非门构成的基本 RS 触发器 …… 590

8.2.4 分立元器件 RS 触发器电路 …… 591

8.2.5 同步 RS 触发器 …… 592

8.2.6 RS 触发器空翻现象 …… 594

8.2.7 主从触发器 …… 595

8.2.8 其他触发器 …… 596

8.2.9 触发器识图小结 …… 598

8.3 组合逻辑电路 …… 600

8.3.1 半加器 …… 600

8.3.2 全加器 …… 601

8.3.3 一位数比较器 …… 604

8.3.4 多位数比较器 …… 605

8.3.5 判奇（偶）电路 …… 606

8.3.6 数据选择器 …… 607

8.3.7 数据分配器 …… 610

8.3.8 编码概念 …… 611

8.3.9 键控 8421-BCD 码编码器电路 …… 611

8.3.10 实用的键控输入电路分析 …… 615

8.3.11 二极管译码器 …… 617

8.3.12 与门译码器 …… 620

8.3.13 数字式显示器基础知识 …… 622

8.4 时序逻辑电路 …… 623

8.4.1 寄存器种类 …… 623

8.4.2 数码寄存器 …… 624

8.4.3 右移位寄存器 …… 626

8.4.4 左移位寄存器 …… 628

8.4.5 双向移位寄存器和识图小结 …… 629

8.4.6 计数器种类 …… 630

8.4.7 异步二进制加法计数器 …… 631

8.4.8 维持阻塞 D 触发器构成的异步二进制加法计数器 …… 633

8.4.9 异步二进制减法计数器 …… 634

8.4.10 串行进位同步二进制加法计数器 …… 637

8.4.11 并行进位同步二进制加法计数器 …… 638

8.4.12 同步二进制可逆计数器和识图小结 …… 640

8.4.13 非二进制计数器 …… 641

8.5 微控制器组成 …… 644

8.5.1 微控制器硬件基本结构 …… 645

8.5.2 微控制器各部分电路作用 …… 645

8.5.3 硬件和软件 …… 647

8.5.4 指令系统、周期和寻址方式 …… 648

8.5.5 微控制器小结 …… 648

8.6 中央处理单元（CPU） …… 649

8.6.1 算术逻辑运算部件 …… 650

8.6.2 控制逻辑部件 …… 651

8.6.3 寄存器部件 …… 652

8.6.4 总线 …… 652

8.6.5 单 CPU 和多 CPU 控制系统 …… 654

8.7 微控制器工作过程简介 …… 656

8.7.1 微控制器基本操作 …… 656

8.7.2 程序顺序执行过程简介 …… 658

8.7.3 控制方式 …… 659

8.7.4 程序非顺序执行中的中断 …… 660

8.7.5 子程序调用与返回、堆栈 …… 661

8.8 存储器基础 …… 662

8.8.1 名词解析 …… 662

8.8.2 存储器的种类 …… 663

8.8.3 半导体存储器种类 …… 663

8.8.4 半导体存储器结构 …… 664

8.8.5 识图小结 …… 666

8.9 随机存储器（RAM） …… 667

8.9.1 随机存储器（RAM）特性、结构和种类 …… 667

8.9.2 静态随机存储器（RAM） …… 668

8.9.3 动态随机存储器（RAM） …… 668

8.10 只读存储器（ROM） …… 670

8.10.1 只读存储器（ROM）特性、结构和种类 …… 670

8.10.2 掩模式只读存储器 …………………… 671
8.10.3 可编程只读存储器（PROM） ……… 672
8.10.4 可编程可改写只读存储器（EPROM 和 EAROM） …………………… 672

8.11 存储器连接 ………………………… 675
8.11.1 存储器芯片的扩充 …………………… 675
8.11.2 存储器与 CPU 的连接 ……………… 676
8.11.3 CPU 与存储器连接 ………………… 677
8.11.4 EAROM 应用和连接 ………………… 678

第9章 整机电路分析——调幅收音电路分析

9.1 初步了解收音机和整机电路图识图方法 …………………………… 683
9.1.1 学好收音机的作用“广博” ………… 683
9.1.2 收音机种类概述 …………………… 683
9.1.3 收音机主要指标 …………………… 684
9.1.4 调幅收音机整机电路方框图及各单元电路作用综述 …………………… 685
9.1.5 整机电路图识图方法 ……………… 687
9.1.6 印制电路图识图方法 ……………… 688
9.1.7 修理识图方法 ……………………… 690

9.2 收音机输入调谐电路分析 ………… 691
9.2.1 调幅信号波形说明 ………………… 691
9.2.2 典型输入调谐电路 ………………… 692
9.2.3 实用输入调谐电路分析 …………… 693

9.3 变频级电路分析 …………………… 693
9.3.1 变频器基本工作原理 ……………… 693
9.3.2 典型变频级电路分析 ……………… 694
9.3.3 本机振荡器电路工作状态判断方法 … 696
9.3.4 实用变频级电路分析 ……………… 696
9.3.5 变频器电路细节说明 ……………… 698
9.3.6 外差跟踪 …………………………… 700
9.3.7 三点统调方法 ……………………… 702

9.4 收音机中频放大器和检波电路分析 …………………………………… 705
9.4.1 中频放大器幅频特性 ……………… 705
9.4.2 中频放大器电路形式 ……………… 707
9.4.3 典型中频放大器电路分析 ………… 708
9.4.4 实用中频放大器电路分析 ………… 713
9.4.5 典型检波电路工作原理分析 ……… 715
9.4.6 三极管检波电路分析 ……………… 717
9.4.7 实用 AGC 电路分析 ……………… 718

附录1 “我的 500”学习电子技术方法

一、“我的 500”行动核心内容 ………………… 720
二、培养习惯和心理暗示 ……………………… 721
三、 勤于思考和记录学习轨迹 ………………… 723
四、踏实行动从现在开始 ……………………… 724
五、“我的 500”行动动态 ……………………… 725

附录2 化整为零和集零为整电路分析方法

一、信号的幅度分解方法 ……………………… 726
二、交流信号的频率分解方法 ………………… 726
三、音频和音响电路中频率划分方法 ……… 728
四、直流与交流复合信号的分解方法 ……… 730
五、直流和交流电路分解方法 ………………… 730
六、多级放大器电路的分解方法 ……………… 731
七、电路分析中的集零为整方法 ……………… 731

附录3 信号回路分析方法

一、信号电流回路分析的目的 ………………… 733
二、电路中产生电流的条件 …………………… 735
三、信号传输线路 ……………………………… 736

附录4 电子电路图种类和识图方法

一、3 种方框图及识图方法 …………………… 738
二、3 种等效电路图及识图方法 ……………… 741
三、单元电路图及识图方法 …………………… 742
四、集成电路应用电路图及识图方法 ……… 745
五、整机电路图及识图方法 …………………… 747
六、印制电路图及识图方法 …………………… 748
七、修理识图方法 ……………………………… 751

附录5 7 种学习方法“微播”

一、自主学习法 ………………………………… 752
二、听课学习法 ………………………………… 753
三、实践学习法 ………………………………… 754
四、制订计划学习法 …………………………… 756
五、爱好者讨论学习法 ………………………… 757
六、研究型学习法 ……………………………… 759
七、网络学习法 ………………………………… 760

附录6 电子技术学习的困惑和学习的竞争

一、电子技术学习中的困惑和误区 …………… 762
二、兴趣的产生、兴趣链反应和学习的竞争 …………………………………… 772

小视频二维码目录

一、串并联电路

1 电流回路分析 1 ······ 1
2 电流回路分析 2 ······ 3
3 电流回路分析 3 ······ 4
4 信号传输分析 1 ······ 7
5 信号传输分析 2 ······ 9
6 实用电流回路详细分析 1 ······ 10
7 实用电流回路详细分析 2 ······ 13
8 实用电流回路详细分析 3 ······ 15
9 实用电流回路详细分析 4 ······ 16
10 实用电流回路详细分析 5 ······ 18
11 实用电流回路详细分析 6 ······ 21
12 实用 LED 电路电流分析 ······ 23
13 电流产生条件及实用电路分析 1 ······ 25
14 电流产生条件及实用电路分析 2 ······ 27
15 电流产生条件及实用电路分析 3 ······ 29
16 电流产生条件及实用电路分析 4 ······ 30
17 电阻串联电路 1 ······ 32
18 电阻串联电路 2 ······ 35
19 电阻串联电路 3 ······ 37
20 电阻串联电路 4 ······ 39
21 电阻串联电路课堂讨论 1 ······ 41
22 电阻串联电路课堂讨论 2 ······ 43
23 电阻串联电路课堂讨论 3 ······ 45
24 电容串联电路 ······ 47
25 RC 串联电路 1 ······ 49
26 RC 串联电路 2 ······ 50
27 电阻并联电路 1 ······ 53
28 电阻并联电路 2 ······ 55
29 电阻并联电路 3 ······ 57
30 电阻并联电路小结 ······ 59
31 电阻并联电路阻抗特性 1 ······ 61
32 电阻并联电路阻抗特性 2 ······ 63
33 电阻并联电路阻抗特性 3 ······ 65
34 电阻并联电路阻抗特性 4 ······ 67
35 电阻并联电路阻抗特性 5 ······ 69
36 电阻并联电路阻抗特性 6 ······ 70

二、LC 电路

1 LC 谐振电路综述 1 ······ 73
2 LC 谐振电路综述 2 ······ 75
3 LC 自由谐振电路 1 ······ 77
4 LC 自由谐振电路 2 ······ 79
5 LC 谐振电路谐振频率 1 ······ 81
6 LC 谐振电路谐振频率 2 ······ 83
7 LC 并联谐振电路主要 (阻抗) 特性 1 ······ 85
8 LC 并联谐振电路主要 (阻抗) 特性 2 ······ 87
9 LC 并联谐振电路主要 (阻抗) 特性 3 ······ 88
10 LC 并联谐振电路主要 (阻抗) 特性 4 ··· 89
11 LC 并联谐振电路品质因素 ······ 91
12 LC 并联谐振电路其他特性 1 ······ 93
13 LC 并联谐振电路其他特性 2 ······ 95
14 LC 串联谐振电路主要特性 1 ······ 97
15 LC 串联谐振电路主要特性 2 ······ 99
16 LC 串联谐振电路主要特性 3 ······ 101
17 LC 串联谐振电路主要特性 4 ······ 103

三、RC 电路

1 RC 移相电路简述 1 ······ 104
2 RC 移相电路简述 2 ······ 107
3 电阻的电流与电压相位关系 1 ······ 109
4 电阻的电流与电压相位关系 2 ······ 111
5 电容的电流与电压相位关系 1 ······ 113
6 电容的电流与电压相位关系 2 ······ 115
7 RC 滞后移相电路 1 ······ 117
8 RC 滞后移相电路 2 ······ 119
9 RC 滞后移相电路 3 ······ 121
10 RC 超前移相电路 1 ······ 123
11 RC 超前移相电路 2 ······ 125
12 RC 超前移相电路 3 ······ 127
13 RC 超前移相电路 4 ······ 129
14 RC 开关消火花电路 1 ······ 131
15 RC 开关消火花电路 2 ······ 133

16 RC 开关消火花电路 3 …………………… 135
17 RC 开关消火花电路 4 …………………… 137
18 RC 低频噪声切除电路 1 ………………… 139
19 RC 低频噪声切除电路 2 ………………… 141
20 RC 高频补偿电路 1 ……………………… 143
21 RC 高频补偿电路 2 ……………………… 144
22 RC 积分电路工作原理 1 ………………… 147
23 RC 积分电路工作原理 2 ………………… 149
24 RC 积分电路工作原理 3 ………………… 151
25 RC 积分电路工作原理 4 ………………… 153
26 实用 RC 积分电路 1 ……………………… 155
27 实用 RC 积分电路 2 ……………………… 157
28 实用 RC 积分电路 3 ……………………… 159
29 实用 RC 积分电路 4 ……………………… 161
30 微分电路 1 ………………………………… 163
31 微分电路 2 ………………………………… 165
32 微分电路 3 ………………………………… 167
33 微分电路 4 ………………………………… 169
34 微分电路 5 ………………………………… 171

四、负反馈电路

1 双管放大器电路 1 ……………………… 173
2 双管放大器电路 2 ……………………… 175
3 退耦电路及讨论课 1 …………………… 177
4 退耦电路及讨论课 2 …………………… 179
5 退耦电路及讨论课 3 …………………… 181
6 退耦电路及讨论课 4 …………………… 183
7 退耦电路及讨论课 5 …………………… 184
8 退耦电路及讨论课 6 …………………… 187
9 负反馈基本知识 1 ……………………… 189
10 负反馈基本知识 2 ……………………… 191
11 负反馈基本知识 3 ……………………… 193
12 负反馈基本知识 4 ……………………… 195
13 常用负反馈放大器 1 …………………… 196
14 常用负反馈放大器 2 …………………… 199
15 常用负反馈放大器 3 …………………… 201
16 常用负反馈放大器 4 …………………… 202
17 RC 低频衰减电路 1 …………………… 204
18 RC 低频衰减电路 2 …………………… 206
19 RC 低频衰减电路 3 …………………… 209
20 RC 低频衰减电路 4 …………………… 211
21 RC 低频提升电路 1 …………………… 213
22 RC 低频提升电路 2 …………………… 214
23 RC 低频提升电路 3 …………………… 217
24 RC 低频提升电路 4 …………………… 219
25 RC 低频提升电路 5 …………………… 221
26 RC 低频提升电路 6 …………………… 223
27 RC 低频提升电路 7 …………………… 225
28 负反馈放大器中消振电路简述 ……… 227
29 负反馈放大器中超前式消振电路 1 …… 229
30 负反馈放大器中超前式消振电路 2 …… 231
31 负反馈放大器中超前式消振电路 3 …… 232
32 负反馈放大器中超前式消振电路 4 …… 234
33 负反馈放大器中超前式消振电路 5 …… 237
34 负反馈放大器中超前式消振电路 6 …… 239
35 负反馈放大器中超前式消振电路 7 …… 241
36 负反馈放大器中超前式消振电路 8 …… 243
37 负反馈放大器中滞后式消振电路 1 …… 245
38 负反馈放大器中滞后式消振电路 2 …… 246
39 负反馈放大器中滞后式消振电路 3 …… 249
40 负反馈放大器中滞后式消振电路 4 …… 251
41 负载阻抗补偿电路 ……………………… 253
42 负反馈放大器消振电路小结 1 ………… 254
43 负反馈放大器消振电路小结 2 ………… 257

五、振荡器及 LC 应用电路

1 变压器耦合正弦波振荡器 1 …………… 259
2 变压器耦合正弦波振荡器 2 …………… 261
3 变压器耦合正弦波振荡器 3 …………… 263
4 变压器耦合正弦波振荡器 4 …………… 265
5 RC 移相式正弦波振荡器 1 …………… 267
6 RC 移相式正弦波振荡器 2 …………… 268
7 RC 移相式正弦波振荡器 3 …………… 271
8 RC 移相式正弦波振荡器 4 …………… 273
9 RC 移相式正弦波振荡器 5 …………… 275
10 RC 移相式正弦波振荡器 6 …………… 276
11 RC 移相式正弦波振荡器 7 …………… 279
12 RC 选频电路正弦波振荡器直流交流电路 1 …………………………… 281
13 RC 选频电路正弦波振荡器直流交流电路 2 …………………………… 283
14 RC 选频电路正弦波振荡器直流交流电路 3 …………………………… 285
15 RC 选频电路正弦波振荡器直流交流电路 4 …………………………… 287
16 RC 选频电路正弦波振荡器选频电路 1 … 288
17 RC 选频电路正弦波振荡器选频电路 2 … 291
18 RC 选频电路正弦波振荡器选频电路 3 … 293
19 RC 选频电路正弦波振荡器选频电路 4 … 295
20 RC 选频电路正弦波振荡器选频电路 5 … 297
21 RC 选频电路正弦波振荡器振荡频率 1 … 299
22 RC 选频电路正弦波振荡器振荡频率 2 … 301
23 RC 选频电路正弦波振荡器振荡频率 3 … 303
24 LC 并联谐振阻波电路 1 ……………… 305
25 LC 并联谐振阻波电路 2 ……………… 307
26 LC 并联谐振阻波电路 3 ……………… 309
27 LC 并联谐振选频电路 1 ……………… 310
28 LC 并联谐振选频电路 2 ……………… 313
29 LC 并联谐振选频电路 3 ……………… 314
30 LC 并联谐振选频电路 4 ……………… 317

31 LC 并联谐振移相电路 1 ······················ 319
32 LC 并联谐振移相电路 2 ······················ 321
33 实用 LC 串联谐振吸收电路 1 ················ 323
34 实用 LC 串联谐振吸收电路 2 ················ 325
35 实用 LC 串联谐振吸收电路 3 ················ 327
36 实用 LC 串联谐振吸收电路 4 ················ 329
37 实用 LC 串联谐振提升电路 1 ················ 331
38 实用 LC 串联谐振提升电路 2 ················ 333
39 实用 LC 串联谐振放音高频补偿电路 ··· 335
40 实用 LC 串联谐振输入调谐电路 ········ 337

六、音频功放基础知识

1 音频功率放大器简述 ···························· 339
2 了解多级放大器 ································ 340
3 多级放大器直流电路 1 ······················· 343
4 多级放大器直流电路 2 ······················· 345
5 多级放大器信号传输和元器件作用 1 ······ 347
6 多级放大器信号传输和元器件作用 2 ······ 349
7 多级放大器信号传输和元器件作用 3 ······ 351
8 多级放大器中各级放大器有所不同 ········ 353
9 差分放大器 ······································ 354
10 功放电路方框图及各单元电路作用 1······ 357
11 功放电路方框图及各单元电路作用 2······ 359
12 功放电路方框图及各单元电路作用 3······ 361
13 功放电路方框图及各单元电路作用 4······ 363
14 功率放大器种类 1······························· 365
15 功率放大器种类 2······························· 367
16 功率放大器种类 3······························· 369
17 功率放大器种类 4······························· 371
18 推动管静态工作电流 ························· 373
19 乙类放大器静态工作电流 ·················· 375
20 甲乙类放大器静态工作电流 ··············· 377
21 推挽功率放大器直流电路 1················· 379
22 推挽功率放大器直流电路 2················· 381
23 推挽功率放大器直流电路 3················· 382
24 推挽功率放大器直流电路 4················· 385
25 推挽功率放大器推挽分析 1················· 387
26 推挽功率放大器推挽分析 2················· 389
27 推挽功率放大器信号电流分析 1············ 391
28 推挽功率放大器信号电流分析 2············ 393
29 推挽功率放大器信号电流分析 3············ 395
30 推挽功率放大器信号电流分析 4············ 397
31 互补推挽功率放大器 1························ 399
32 互补推挽功率放大器 2························ 401
33 互补推挽功率放大器 3························ 403
34 互补推挽功率放大器 4························ 405
35 互补推挽功率放大器 5························ 407
36 互补推挽功率放大器 6························ 408
37 复合互补推挽功率放大器 1·················· 411
38 复合互补推挽功率放大器 2·················· 413
39 复合互补推挽功率放大器 3·················· 415
40 复合互补推挽功率放大器 4·················· 417
41 复合互补推挽功率放大器 5·················· 419
42 复合管电路 1····································· 421
43 复合管电路 2····································· 423
44 复合管电路 3····································· 425
45 复合管电路 4····································· 426
46 定阻式和定压式输出功率放大器 ········· 429
47 推挽级偏置电路 1······························· 431
48 推挽级偏置电路 2······························· 432
49 推挽级偏置电路 3······························· 435
50 推挽级偏置电路 4······························· 437
51 推挽级偏置电路 5······························· 439
52 推挽级偏置电路 6······························· 440
53 推挽级偏置电路 7······························· 443
54 推挽级偏置电路 8······························· 444
55 推挽级偏置电路 9······························· 447

七、OTL 功放

1 OTL 功放输出端耦合电容 1··················· 449
2 OTL 功放输出端耦合电容 2··················· 451
3 OTL 功放输出端耦合电容 3··················· 453
4 OTL 功放输出端耦合电容 4··················· 455
5 OTL 功放输出端耦合电容 5··················· 457
6 OTL 功放输出端耦合电容 6··················· 458
7 OTL 功放输出端耦合电容 7··················· 461
8 OTL 功放输出端耦合电容 8··················· 462
9 OTL 功放输出端耦合电容 9··················· 465
10 OTL 功放电路分析 1 ·························· 467
11 OTL 功放电路分析 2 ·························· 468
12 OTL 功放电路分析 3 ·························· 470
13 OTL 功放电路分析 4 ·························· 473
14 OTL 功放电路分析 5 ·························· 474
15 OTL 功放电路分析 6 ·························· 476
16 OTL 功放直流电路 1 ·························· 479
17 OTL 功放直流电路 2 ·························· 481
18 OTL 功放直流电路 3 ·························· 483
19 OTL 功放直流电路 4 ·························· 485
20 OTL 功放直流电路 5 ·························· 487
21 OTL 功放直流电路 6 ·························· 489
22 OTL 功放直流电路 7 ·························· 491
23 OTL 功放直流电路 8 ·························· 493
24 OTL 功放各管导通分析 1 ···················· 495
25 OTL 功放各管导通分析 2 ···················· 497
26 OTL 功放各管导通分析 3 ···················· 499
27 OTL 功放各管导通分析 4 ···················· 501
28 OTL 功放元器件作用 1 ······················· 502
29 OTL 功放元器件作用 2 ······················· 505
30 OTL 功放元器件作用 3 ······················· 507
31 OTL 功放元器件作用 4 ······················· 508

32 OTL 功放元器件作用 5 …… 511
33 OTL 功放元器件作用 6 …… 513
34 OTL 功放元器件作用 7 …… 514
35 OTL 功放元器件作用 8 …… 517
36 OTL 功放元器件作用 9 …… 519
37 OTL 功放元器件作用 10 …… 520
38 OTL 功放元器件作用 11 …… 523
39 OTL 功放元器件作用 12 …… 525
40 OTL 功放元器件作用 13 …… 527
41 OTL 功放元器件作用 14 …… 528
42 OTL 功放元器件作用 15 …… 531
43 OTL 功放元器件作用 16 …… 533
44 OTL 功放元器件作用 17 …… 535
45 OTL 功放元器件作用 18 …… 536
46 OTL 功放元器件作用 19 …… 539
47 OTL 功放元器件作用 20 …… 540
48 OTL 功放元器件作用 21 …… 543

八、胡斌项目回顾篇

1 古木团队项目回顾之综述 1 …… 545
2 古木团队项目回顾之综述 2 …… 547
3 古木团队项目回顾之综述 3 …… 549
4 古木团队项目回顾之综述 4 …… 551
5 古木团队项目回顾之综述 5 …… 553
6 古木团队项目回顾之综述 6 …… 555
7 古木团队项目回顾之综述 7 …… 557
8 古木团队项目回顾之项目初期整体方案设计思路 1 …… 559
9 古木团队项目回顾之项目初期整体方案设计思路 2 …… 561
10 古木团队项目回顾之项目初期整体方案设计思路 3 …… 562
11 古木团队项目回顾之项目初期整体方案设计思路 4 …… 565
12 古木团队项目回顾之项目初期整体方案设计思路 5 …… 567
13 古木团队项目回顾之项目初期整体方案设计思路 6 …… 569
14 古木团队项目回顾之项目初期整体方案设计思路 7 …… 571
15 古木团队项目回顾之项目初期整体方案设计思路 8 …… 573
16 古木团队项目回顾之项目初期整体方案设计思路 9 …… 575
17 古木团队项目回顾之项目初期整体方案设计思路 10 …… 577
18 古木团队项目回顾之项目初期整体方案设计思路 11 …… 578
19 古木团队项目回顾之项目初期整体方案设计思路 12 …… 581
20 古木团队项目回顾之项目初期整体方案设计思路 13 …… 583
21 古木团队项目回顾之项目细节设计思路 1 …… 585
22 古木团队项目回顾之项目细节设计思路 2 …… 586
23 古木团队项目回顾之项目细节设计思路 3 …… 589
24 古木团队项目回顾之项目细节设计思路 4 …… 591
25 古木团队项目回顾之项目细节设计思路 5 …… 593
26 古木团队项目回顾之项目细节设计思路 6 …… 595
27 古木团队项目回顾之项目细节设计思路 7 …… 597
28 古木团队项目回顾之项目细节设计思路 8 …… 599
29 古木团队项目回顾之项目细节设计思路 9 …… 601
30 古木团队项目回顾之项目细节设计思路 10 …… 603

九、学员汇报讲解 RC 和 LC 阻抗特性和老师点评

1 学员汇报讲解 RC 和 LC 阻抗特性和老师点评 1 …… 605
2 学员汇报讲解 RC 和 LC 阻抗特性和老师点评 2 …… 607
3 学员汇报讲解 RC 和 LC 阻抗特性和老师点评 3 …… 609
4 学员汇报讲解 RC 和 LC 阻抗特性和老师点评 4 …… 610
5 学员汇报讲解 RC 和 LC 阻抗特性和老师点评 5 …… 612
6 学员汇报讲解 RC 和 LC 阻抗特性和老师点评 6 …… 615
7 学员汇报讲解 RC 和 LC 阻抗特性和老师点评 7 …… 617
8 学员汇报讲解 RC 和 LC 阻抗特性和老师点评 8 …… 618

十、零起点学电子测试题讲解续 2

第 2 部分

2-24 零起点学电子测试题讲解 …… 620
2-25 零起点学电子测试题讲解 …… 621
2-26 零起点学电子测试题讲解 …… 622
2-27 零起点学电子测试题讲解 …… 623

2-28　零起点学电子测试题讲解 ……………… 624
2-29　零起点学电子测试题讲解 ……………… 625
2-30　零起点学电子测试题讲解 ……………… 626
2-31　零起点学电子测试题讲解 ……………… 627
2-32　零起点学电子测试题讲解 ……………… 628
2-33　零起点学电子测试题讲解 ……………… 629
2-34　零起点学电子测试题讲解 ……………… 630
2-35　零起点学电子测试题讲解 ……………… 631
2-36　零起点学电子测试题讲解 ……………… 632
2-37　零起点学电子测试题讲解 ……………… 633
2-38　零起点学电子测试题讲解 ……………… 634
2-39　零起点学电子测试题讲解 ……………… 635
2-40　零起点学电子测试题讲解 ……………… 636
2-41　零起点学电子测试题讲解 ……………… 637
2-42　零起点学电子测试题讲解 ……………… 638
2-43　零起点学电子测试题讲解 ……………… 639
2-44　零起点学电子测试题讲解 ……………… 640
2-45　零起点学电子测试题讲解 ……………… 641
2-46　零起点学电子测试题讲解 ……………… 642
2-47　零起点学电子测试题讲解 ……………… 643
2-48　零起点学电子测试题讲解 ……………… 644
2-49　零起点学电子测试题讲解 ……………… 645
2-50　零起点学电子测试题讲解 ……………… 646
2-51　零起点学电子测试题讲解 ……………… 647
2-52　零起点学电子测试题讲解 ……………… 648
2-53　零起点学电子测试题讲解 ……………… 649
2-54　零起点学电子测试题讲解 ……………… 650
2-55　零起点学电子测试题讲解 ……………… 651
2-56　零起点学电子测试题讲解 ……………… 652
2-57　零起点学电子测试题讲解 ……………… 653
2-58　零起点学电子测试题讲解 ……………… 654
2-59　零起点学电子测试题讲解 ……………… 655
2-60　零起点学电子测试题讲解 ……………… 656
2-61　零起点学电子测试题讲解 ……………… 657
2-62　零起点学电子测试题讲解 ……………… 658
2-63　零起点学电子测试题讲解 ……………… 659
2-64　零起点学电子测试题讲解 ……………… 660
2-65　零起点学电子测试题讲解 ……………… 661
2-66　零起点学电子测试题讲解 ……………… 662
2-67　零起点学电子测试题讲解 ……………… 663
2-68　零起点学电子测试题讲解 ……………… 664
2-69　零起点学电子测试题讲解 ……………… 665
2-70　零起点学电子测试题讲解 ……………… 666
2-71　零起点学电子测试题讲解 ……………… 667
2-72　零起点学电子测试题讲解 ……………… 668
2-73　零起点学电子测试题讲解 ……………… 669
2-74　零起点学电子测试题讲解 ……………… 670
2-75　零起点学电子测试题讲解 ……………… 671
2-76　零起点学电子测试题讲解 ……………… 672
2-77　零起点学电子测试题讲解 ……………… 673
2-78　零起点学电子测试题讲解 ……………… 674
2-79　零起点学电子测试题讲解 ……………… 675
2-80　零起点学电子测试题讲解 ……………… 676
2-81　零起点学电子测试题讲解 ……………… 677
2-82　零起点学电子测试题讲解 ……………… 678
2-83　零起点学电子测试题讲解 ……………… 679
2-84　零起点学电子测试题讲解 ……………… 680
2-85　零起点学电子测试题讲解 ……………… 681
2-86　零起点学电子测试题讲解 ……………… 682
2-87　零起点学电子测试题讲解 ……………… 683

第 3 部分

3-1　零起点学电子测试题讲解 ……………… 684
3-2　零起点学电子测试题讲解 ……………… 685
3-3　零起点学电子测试题讲解 ……………… 686
3-4　零起点学电子测试题讲解 ……………… 687
3-5　零起点学电子测试题讲解 ……………… 688
3-6　零起点学电子测试题讲解 ……………… 689
3-7　零起点学电子测试题讲解 ……………… 690
3-8　零起点学电子测试题讲解 ……………… 691
3-9　零起点学电子测试题讲解 ……………… 692
3-10　零起点学电子测试题讲解 ……………… 693
3-11　零起点学电子测试题讲解 ……………… 694
3-12　零起点学电子测试题讲解 ……………… 695
3-13　零起点学电子测试题讲解 ……………… 696
3-14　零起点学电子测试题讲解 ……………… 697
3-15　零起点学电子测试题讲解 ……………… 698
3-16　零起点学电子测试题讲解 ……………… 699
3-17　零起点学电子测试题讲解 ……………… 700
3-18　零起点学电子测试题讲解 ……………… 701
3-19　零起点学电子测试题讲解 ……………… 702
3-20　零起点学电子测试题讲解 ……………… 703
3-21　零起点学电子测试题讲解 ……………… 704
3-22　零起点学电子测试题讲解 ……………… 705
3-23　零起点学电子测试题讲解 ……………… 706
3-24　零起点学电子测试题讲解 ……………… 707
3-25　零起点学电子测试题讲解 ……………… 708
3-26　零起点学电子测试题讲解 ……………… 709
3-27　零起点学电子测试题讲解 ……………… 710
3-28　零起点学电子测试题讲解 ……………… 711
3-29　零起点学电子测试题讲解 ……………… 712
3-30　零起点学电子测试题讲解 ……………… 713
3-31　零起点学电子测试题讲解 ……………… 714
3-32　零起点学电子测试题讲解 ……………… 715
3-33　零起点学电子测试题讲解 ……………… 716
3-34　零起点学电子测试题讲解 ……………… 717
3-35　零起点学电子测试题讲解 ……………… 718
3-36　零起点学电子测试题讲解 ……………… 719
3-37　零起点学电子测试题讲解 ……………… 720
3-38　零起点学电子测试题讲解 ……………… 721
3-39　零起点学电子测试题讲解 ……………… 722
3-40　零起点学电子测试题讲解 ……………… 723
3-41　零起点学电子测试题讲解 ……………… 724
3-42　零起点学电子测试题讲解 ……………… 725
3-43　零起点学电子测试题讲解 ……………… 726
3-44　零起点学电子测试题讲解 ……………… 727

3-45 零起点学电子测试题讲解 …………… 728
3-46 零起点学电子测试题讲解 …………… 729
3-47 零起点学电子测试题讲解 …………… 730
3-48 零起点学电子测试题讲解 …………… 731
3-49 零起点学电子测试题讲解 …………… 732
3-50 零起点学电子测试题讲解 …………… 733
3-51 零起点学电子测试题讲解 …………… 734
3-52 零起点学电子测试题讲解 …………… 735
3-53 零起点学电子测试题讲解 …………… 736
3-54 零起点学电子测试题讲解 …………… 737
3-55 零起点学电子测试题讲解 …………… 738
3-56 零起点学电子测试题讲解 …………… 739
3-57 零起点学电子测试题讲解 …………… 740
3-58 零起点学电子测试题讲解 …………… 741
3-59 零起点学电子测试题讲解 …………… 742
3-60 零起点学电子测试题讲解 …………… 743
3-61 零起点学电子测试题讲解 …………… 744
3-62 零起点学电子测试题讲解 …………… 745
3-63 零起点学电子测试题讲解 …………… 746
3-64 零起点学电子测试题讲解 …………… 747
3-65 零起点学电子测试题讲解 …………… 748
3-66 零起点学电子测试题讲解 …………… 749
3-67 零起点学电子测试题讲解 …………… 750
3-68 零起点学电子测试题讲解 …………… 751
3-69 零起点学电子测试题讲解 …………… 752
3-70 零起点学电子测试题讲解 …………… 753
3-71 零起点学电子测试题讲解 …………… 754
3-72 零起点学电子测试题讲解 …………… 755
3-73 零起点学电子测试题讲解 …………… 756
3-74 零起点学电子测试题讲解 …………… 757
3-75 零起点学电子测试题讲解 …………… 758
3-76 零起点学电子测试题讲解 …………… 759
3-77 零起点学电子测试题讲解 …………… 760
3-78 零起点学电子测试题讲解 …………… 761
3-79 零起点学电子测试题讲解 …………… 762
3-80 零起点学电子测试题讲解 …………… 763
3-81 零起点学电子测试题讲解 …………… 764
3-82 零起点学电子测试题讲解 …………… 765
3-83 零起点学电子测试题讲解 …………… 766
3-84 零起点学电子测试题讲解 …………… 767
3-85 零起点学电子测试题讲解 …………… 768
3-86 零起点学电子测试题讲解 …………… 769
3-87 零起点学电子测试题讲解 …………… 770
3-88 零起点学电子测试题讲解 …………… 771
3-89 零起点学电子测试题讲解 …………… 772
3-90 零起点学电子测试题讲解 …………… 773

第1章 4种典型负反馈电路

重要提示

负反馈电路的分析和计算历来是复杂烦琐、令人“头疼”的事情，本章为化解这些学习中的困惑采用如下方法加以介绍。

（1）定性分析在先。所谓定性分析，是一种思维加工过程，通过对负反馈电路的工作原理分析，进而能去伪存真（在电路中找出与负反馈相关的元器件，同时去掉其他元器件的干扰）、去粗取精（抓住众多矛盾中的主要矛盾以简化电路）、由此及彼、由表及里，以认识负反馈电路的本质，揭示负反馈电路的内在规律。

通过定性分析要确定电路是不是负反馈电路，是负反馈电路时要确定是什么类型的负反馈电路，电路中具体哪些元器件参与了负反馈，进一步的定性分析还要确认参与负反馈元器件的性质等。

最终要在电路图中画出负反馈信号的电压或电流曲线（包括大小、方向），以便在进行定量分析时不再考虑电压或电流的方向而只考虑大小，使负反馈的计算得到简化。

定性分析是定量分析的基本前提，没有定性的定量是一种盲目的、毫无价值的定量。

（2）定量分析在后。所谓定量分析，就是研究对象的数量特征、数量关系与数量变化的分析。对于负反馈电路而言，就是关系到许多量的计算。在有了前面的定性分析后，定量分析可以减少许多干扰成分，使分析过程更简单。

负反馈电路中少不了放大器，没有放大器就不存在负反馈电路。当放大器中加入负反馈电路之后，就成为负反馈放大器，而一般的放大器中都要加入各种形式的负反馈电路，所以放大器通常与负反馈紧密相联系，放大器一般都是负反馈放大器。

1. 电流回路分析 1

学习、掌握有关负反馈电路的内容是有一定的难度的，主要难在负反馈电路判断和负反馈过程的分析中。

1.1 负反馈放大器综述

重要提示

在放大器中采用负反馈电路，其目的是为了改善放大器的工作性能，提高放大器的输出信号质量。

在引入负反馈电路之后，放大器的增益要比没有负反馈时的增益小，但是可以改善放大器的许多性能，主要有减小放大器的非线性失真、扩宽放大器的频带、降低放大器的噪声、稳定放大器的工作状态等。

1.1.1 反馈、正反馈和负反馈

1．放大器信号传输

通常放大器的信号传输全过程是：信号从放大器输入端输入，通过放大器放大后从放大器输出端输出，其输出信号加到后级电路中，这一输出信号不再加到放大器的输入端。图 1-1 所示是放大器信号传输过程示意图。

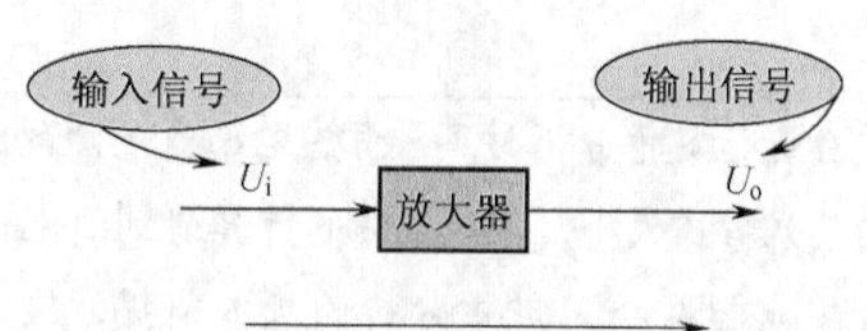

图 1-1 放大器信号传输过程示意图

2．反馈过程

> **重要提示**
>
> 放大器的信号都是从放大器的输入端传输到放大器的输出端，但是反馈过程则不同，它是从放大器输出端取出一部分输出信号作为反馈信号，再加到放大器的输入端，与原放大器输入信号进行混合（或是相加或是相减），这一过程称为反馈。

图 1-2 所示是反馈方框图。从图中可以看出，输入信号 U_i 从输入端加到放大器中进行放大，放大后的输出信号 U_o 中的一部分信号经过反馈电路后成为反馈信号 U_F，与输入信号 U_i 合并，作为净输入信号 U_I 加到放大器中。

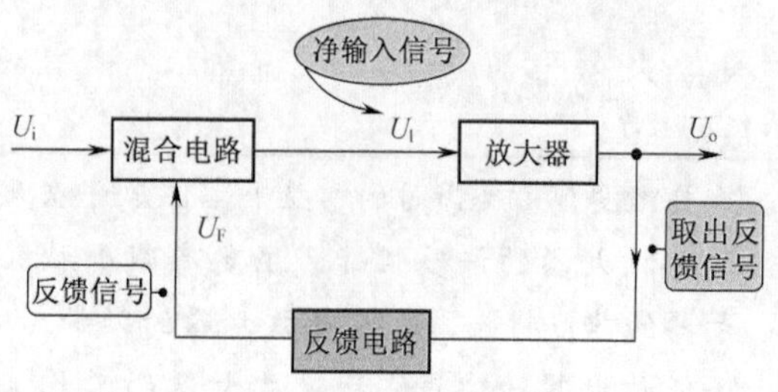

图 1-2 反馈方框图

图 1-3 所示是实际电路中的反馈电路举例。电路中的三极管 VT1 构成一级放大器，基极是这一放大器的输入端，集电极是放大器的输出端，VT1 管集电极与基极之间接有电阻 R1，R1 构成了反馈电路。

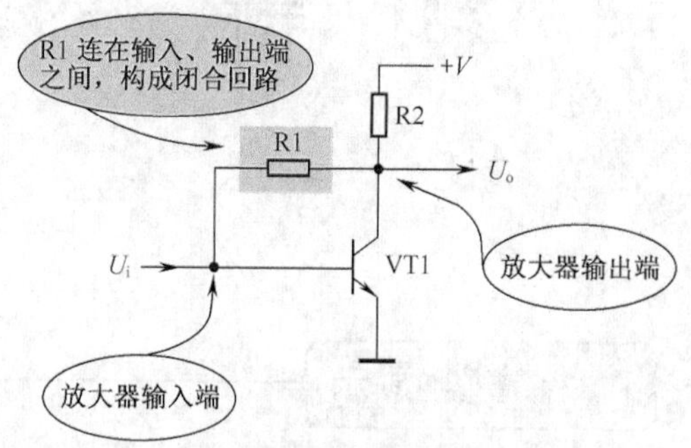

图 1-3 举例电路

反馈电路使原本放大器输入端和输出端不相连的电路构成了一个闭合回路，如图 1-4 所示，这个闭合回路是各种反馈电路的基本电路特征。

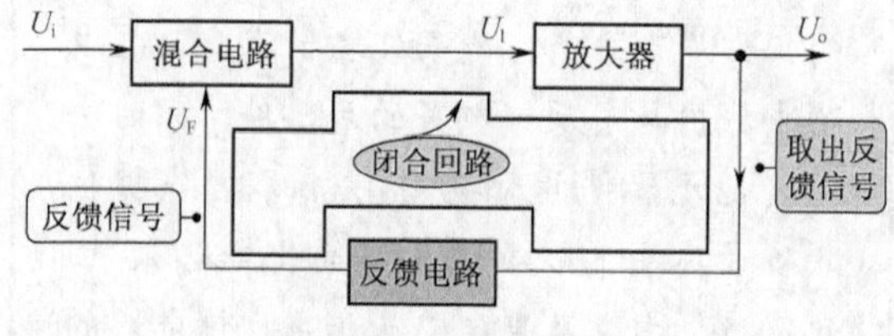

图 1-4 闭合回路

> **重要提示**
>
> 反馈电路具有下列两个明显的电路特征。
>
> （1）输出信号中的一部分通过反馈电路加到了放大器输入端，与原输入信号进行混合。
>
> （2）反馈电路与放大器构成了一个闭合的回路。

3．正反馈概念

> **重要提示**
>
> 反馈电路在放大器输出端和输入端的接法不同会对电路产生两种截然不同的效果（指对输出信号的影响），所以反馈电路有两种：正反馈电路和负反馈电路，这

两种反馈电路的结果完全相反。

正反馈可以举一个例子来说明，吃某种食品，由于它很可口，所以在吃了之后更想吃，这是正反馈过程。

图 1-5 所示是正反馈方框图。当反馈信号 U_F 与输入信号 U_i 是同相位时，这两个信号混合后是相加的关系，即 U_i+U_F，所以净输入放大器的信号 U_I 比输入信号 U_i 更大，而放大器的放大倍数没有变化，这样放大器的输出信号 U_o 比不加入反馈电路时的大，这种反馈称为正反馈。显然，正反馈让放大器的输出信号幅度更大，但这对于放大器而言并不是好事，相反是有害的。

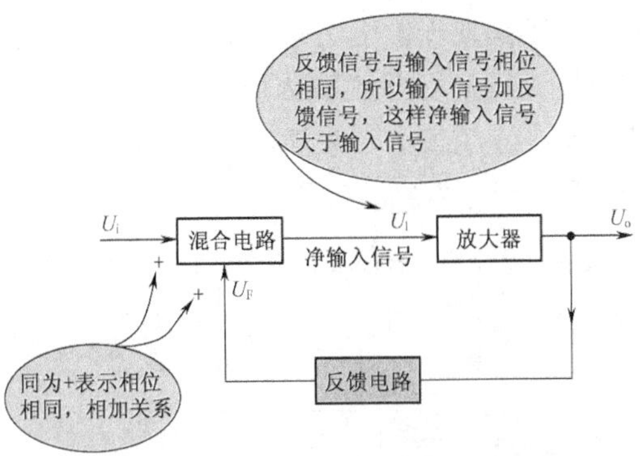

图 1-5 正反馈方框图

加入正反馈之后的放大器，输出信号愈大反馈愈大（当然不会无限制地增大，电路会自动稳幅），这是正反馈的特点。正反馈电路在放大器中通常不用（局部会用），它只适用于振荡器中。

4．信号相位

分析正反馈和负反馈电路过程中，时常用到信号相位的概念，如果不能真正地掌握这个知识点，那么分析电路会相当困难，或是根本无法进行分析。

（1）同相信号。图 1-6 所示是两个同频率同相位的正弦信号示意图。A、B 两个信号频率相同，它们的电压波形同时增大，同时减小，同时为正半周，同时为负半周，同时达到正峰点，同时达到负峰点，这样的两个信号相位是相同的（只是信号 A 的幅度大于信号 B 的幅度），两个信号之间相位差为 0°，这两个信号称为同相信号。正反馈电路中，输入信号 U_i 和反馈信号 U_F 就是这样的同相信号。

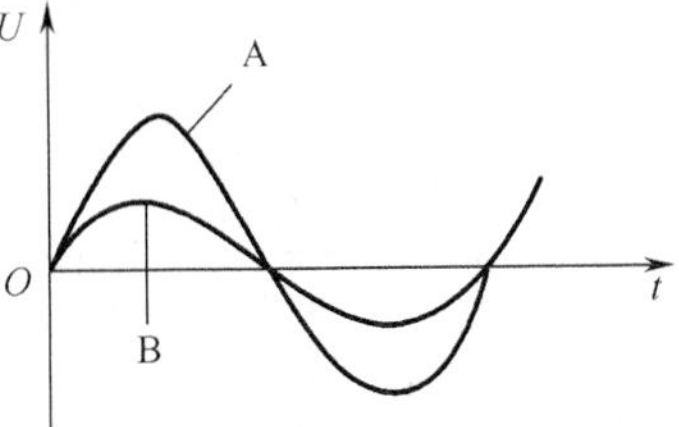

图 1-6 同相信号示意图

（2）反相信号。图 1-7 所示是两个相位相反的正弦信号示意图。两个信号 A、B 频率相同，在电压波形中，当信号 A 达到最大值（正峰点）时，另一个信号 B 达到最小值（负峰点），一个为正半周时，另一个为负半周，一个信号在增大时，另一个信号在减小，这样的两种信号相位相反，两个信号之间的相位差为 180°，这两个信号称为反相信号。在负反馈电路中，输入信号 U_i 和反馈信号 U_F 就是这样的反相信号。

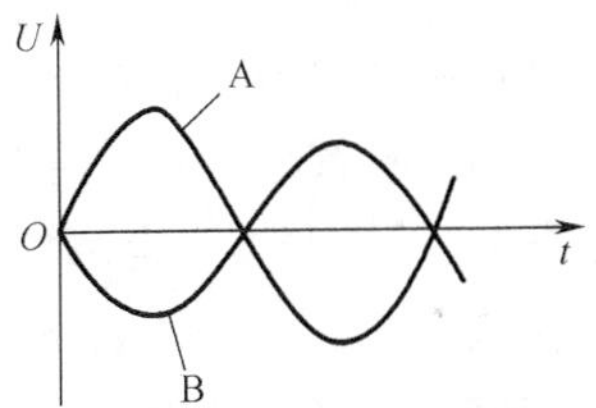

图 1-7 反相信号示意图

5．负反馈

重要提示

负反馈也可以举一例说明，一盆开水，当手指不小心接触到开水时，手指很快缩回，而不是继续向里面伸，手指的缩回过程就是负反馈过程。

图 1-8 所示是负反馈方框图。当反馈信号 U_F 相位和输入信号 U_i 的相位相反时，它们混合的结果是相减，结果净输入放大器的信号 U_I 比输入信号 U_i 要小，使放大器的输出信号 U_o 减小，引起放大器这种反馈过程的电路称为负反馈电路。

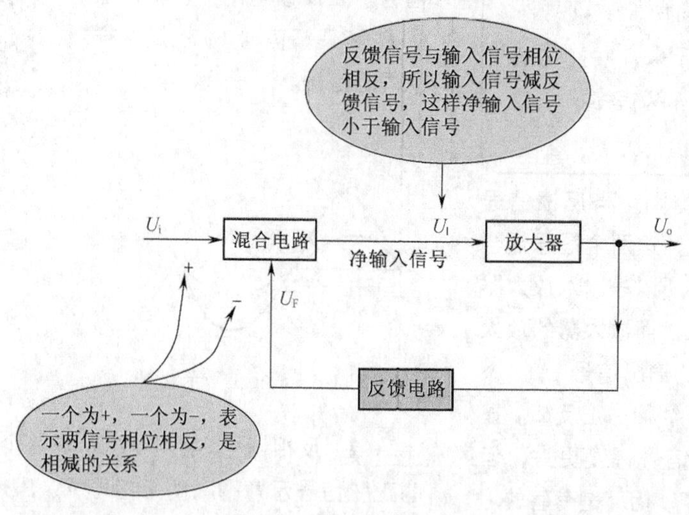

图 1-8　负反馈方框图

6．反馈量

反馈量通俗地讲就是从放大器输出端取出的反馈信号，经反馈电路加到放大器输入端的反馈信号量，即反馈信号大小。

负反馈的结果使净输入放大器的信号变小，放大器的输出信号减小，这等效成放大器的增益在加入负反馈电路之后减小了。

当负反馈电路造成的净输入信号愈小，即负反馈量愈大，负反馈放大器的增益愈小；反之负反馈量愈小，负反馈放大器的增益愈大。

负反馈量愈大，虽然使放大器的放大倍数减小量愈大，但是对放大器的性能改善效果愈好。

1.1.2　负反馈电路种类

负反馈电路接在放大器的输出端和输入端之间，根据负反馈放大器输入端和输出端的不同组合形式，负反馈放大器共有下列 4 种电路。

（1）电压并联负反馈放大器；

（2）电压串联负反馈放大器；

（3）电流并联负反馈放大器；

（4）电流串联负反馈放大器。

1．电压负反馈电路

电压负反馈是针对负反馈电路从放大器输出端取出信号而言的。电压负反馈是指从放大器输出端取出输出信号的电压来作为负反馈信号，而不是取出输出信号的电流来作为负反馈信号，这样的负反馈称为电压负反馈。图 1-9 所示是电压负反馈示意图，图中从输出端取出的信号电压作为反馈信号。

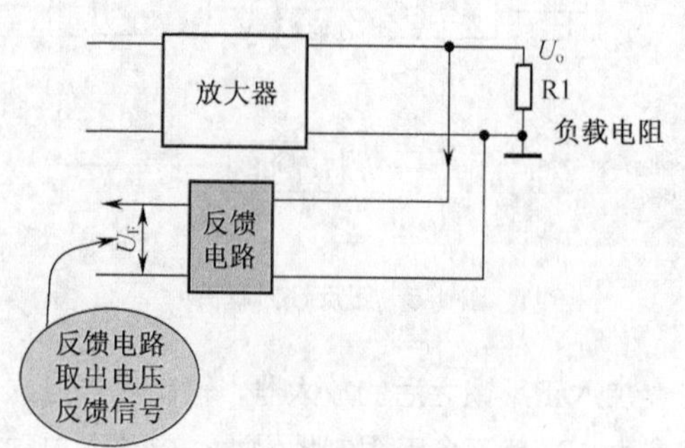

图 1-9　电压负反馈示意图

图 1-10 所示是实用的电压负反馈电路示意图，可与方框图对应理解。从电路中可以看出，电阻 R1 接在三极管 VT1 集电极，而集电极是这级放大器的输出端，且集电极输出的是信号电压。

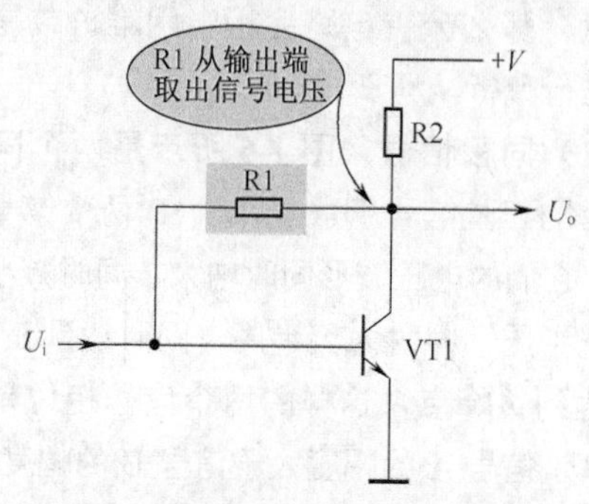

图 1-10　实用电压负反馈电路

重要提示

电压负反馈电路的电路特征是：负反馈电路是并联在放大器输出端与地之间的，只要放大器输出端输出信号电压，就有负反馈的存在，所以负反馈信号直接取自于输出信号电压。

在共发射极放大器中，三极管集电极与基极之间接的任何元器件都是构成的电压负反馈电路。

共发射极放大器中，电压负反馈电路的一种简单的判断方法是：当负反馈电阻与放大器输出端直接相连时便是电压负反馈。

电压负反馈能够稳定放大器的输出信号电压。

由于电压负反馈元件是并联在放大器输出端与地之间的，所以能够降低放大器的输出电阻。

2. 电流负反馈电路

电流负反馈也是针对负反馈电路从放大器输出端取出信号而言的，它是指从放大器输出端取出输出信号的电流来作为负反馈信号，而不是取出输出信号的电压来作为负反馈信号，这样的负反馈称为电流负反馈。图 1-11 所示是电流负反馈示意图，从 R1 取出输出信号电流作为电流反馈信号。

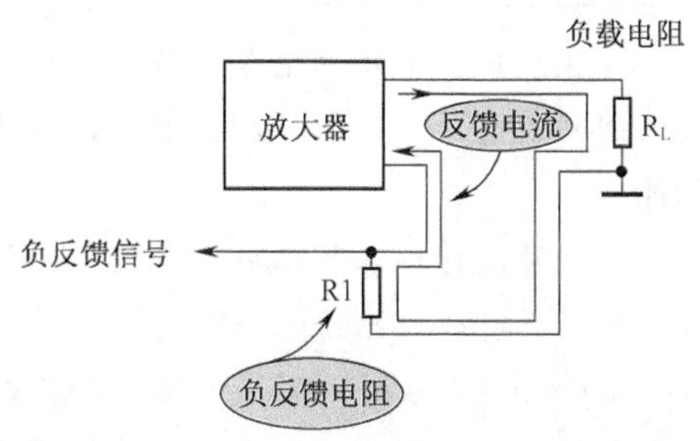

图 1-11　电流负反馈示意图

图 1-12 所示是实用的电流负反馈电路。从电路中可以看出，VT1 管集电极是该级放大器的输出端，而负反馈电阻 R3 接在 VT1 管发射极与地线之间。VT1 管发射极电流流过电阻 R3，而发射极电流是这级放大器的输出信号电流，所以这是电流负反馈电路。

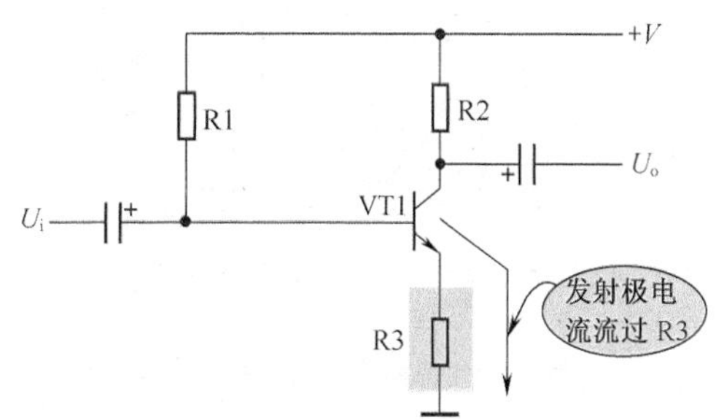

图 1-12　实用的电流负反馈电路

重要提示

电流负反馈电路的电路特征是：负反馈电路是串联在放大器输出回路中的，只要放大器输出回路有信号电流，就有负反馈的存在，所以负反馈信号取自于输出信号的电流。

发射极电阻就是一个典型电流负反馈电路。

电流负反馈电路的一种简单的判断方法是：当负反馈电阻没有与放大器输出端直接相连时便是电流负反馈。

电流负反馈能够稳定放大器的输出信号电流。

由于电流负反馈元件是串联在放大器输出回路中的，所以提高了放大器的输出电阻。

3. 串联负反馈电路

电压和电流负反馈都是针对放大器输出端而言的，指负反馈信号从放大器输出端的取出方式。**串联和并联负反馈则是针对放大器输入端而言的，指负反馈信号加到放大器输入端的方式。**

图 1-13 所示是串联负反馈电路示意图。负反馈电路取出的负反馈信号，同放大器的输入信号以串联形式加到放大器的输入回路中，这样的负反馈称为串联负反馈。如图 1-13 右侧所示，放大器输入阻抗与负反馈电阻串联，这样输入信号与负反馈信号以串联形式加入到放大器中。

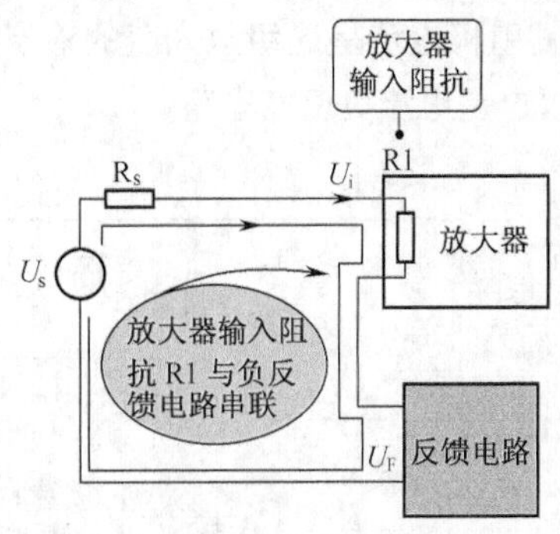

图 1-13　串联负反馈电路示意图

图 1-14 所示是实用的串联负反馈电路。电路中的负反馈电阻 R3 串联在 VT1 管发射极回路中，同时它也是串联在放大器输入回路中的，因为放大器的输入信号 U_i 产生的基极信号电流回路是：U_i →电容 C1 → VT1 管基极→ VT1 管发射极→ R3 →地端。

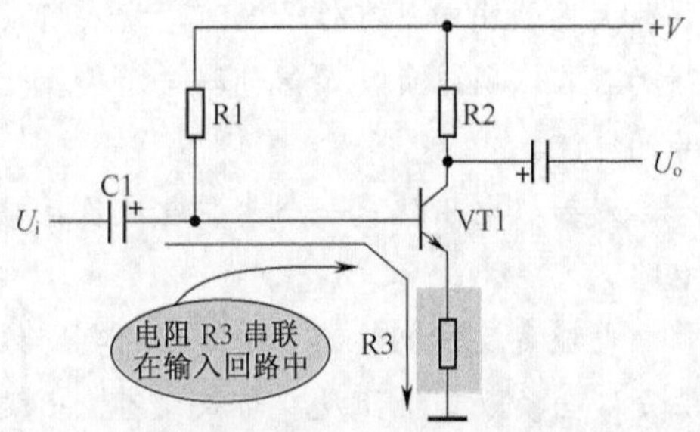

图 1-14　实用的串联负反馈电路

重要提示

串联负反馈电路的电路特征是：负反馈电阻（或电路）不与放大器的输入端直接相连，而是串联在输入回路中。

串联负反馈可以降低放大器的电压放大倍数，稳定放大器的电压增益。

由于串联负反馈元件是串联在放大器输入回路中的，所以这种负反馈可以提高放大器的输入阻抗。

4. 并联负反馈电路

图 1-15 所示是并联负反馈电路示意图。负反馈电路取出的负反馈信号，同放大器的输入信号以并联形式加到放大器的输入回路中，这样的负反馈称为并联负反馈。从电路上可以看出，放大器输入阻抗与负反馈电阻并联，这样输入信号和负反馈信号以并联形式输入到放大器中。

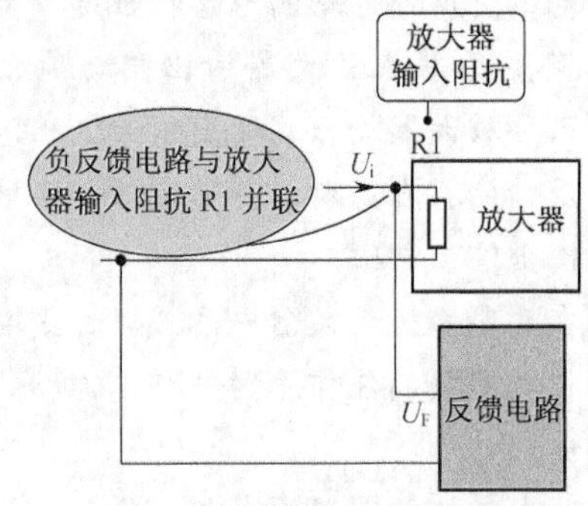

图 1-15　并联负反馈电路示意图

图 1-16 所示是实用的并联负反馈电路。电路中的电阻 R1 并联在三极管 VT1 管基极，基极是这一放大器的输入端，负反馈电阻 R1 直接并联在放大器的输入端上，所以这是并联负反馈电路。

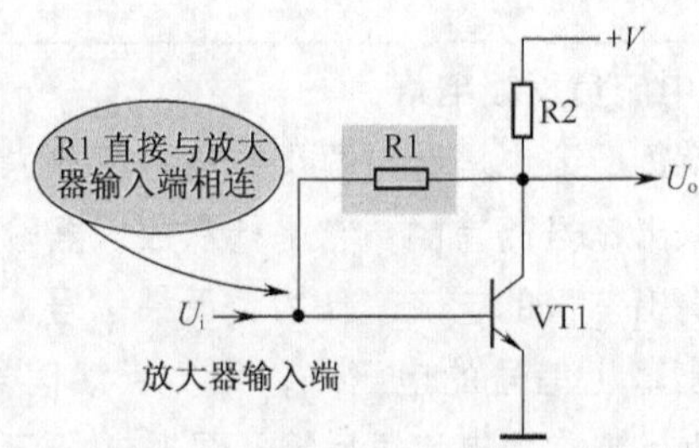

图 1-16　实用的并联负反馈电路

重要提示

并联负反馈电路的电路特征是：负反馈电阻（或电路）直接与放大器的输入端相连。

并联负反馈可以降低放大器的电流放大倍数，稳定放大器的电流增益。

由于并联负反馈元件是与放大器输入电阻相并联的，所以这种负反馈降低了放大器的输入阻抗。

1.1.3　负反馈信号

前面从电路结构上介绍了负反馈电路，下

面从参加负反馈的信号方面介绍负反馈，根据参加负反馈的信号不同，分为下列几种。

1．直流负反馈

重要提示

直流负反馈是指参加负反馈的信号只有直流电流，没有交流电流。直流负反馈的作用是稳定放大器的直流工作状态，放大器的直流工作状态稳定了，它的交流工作状态也就稳定了，所以直流负反馈的根本目的是稳定放大器的交流工作状态。

图 1-17 所示电路中的电阻 R6 构成直流负反馈电路，由于旁路电容 C4 的存在，三极管 VT2 发射极输出的交流信号电流通过 C4 到地端，交流信号电流没有流过负反馈电阻 R6，只是 VT2 管发射极输出的直流电流流过电阻 R6，所以 R6 只是构成了直流负反馈电路。

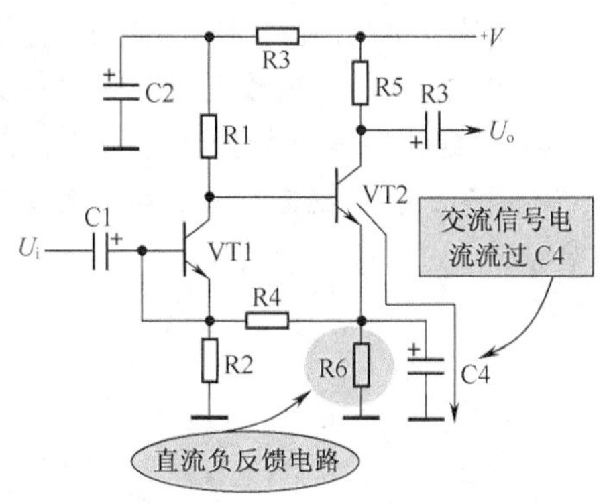

图 1-17　直流负反馈

2．交流负反馈

重要提示

交流负反馈是指参加负反馈的信号只有交流电流，没有直流电流。交流负反馈的作用是可以改善放大器的交流工作状态，从而可以改善放大器输出信号的质量。

图 1-18 所示电路中的电阻 R4 构成交流负反馈电路，因为电路中的电容 C4 具有隔直通交作用，这样直流电流不能流过电阻 R4，只有交流信号电流流过 R4，所以 R4 构成的是交流负反馈电路。

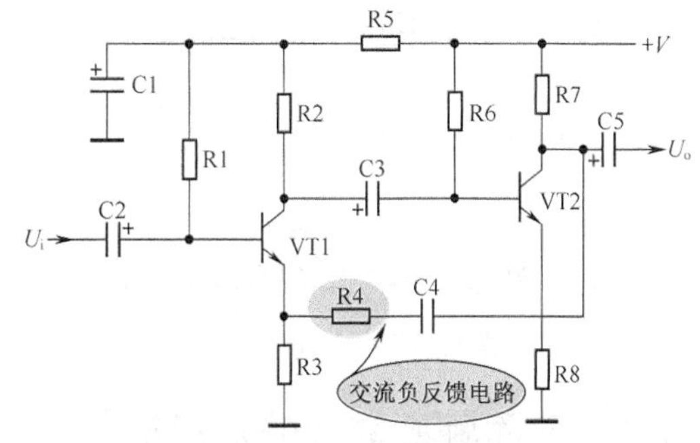

图 1-18　交流负反馈电路

图 1-19 所示是这一电路中的交流负反馈信号传输线路示意图。

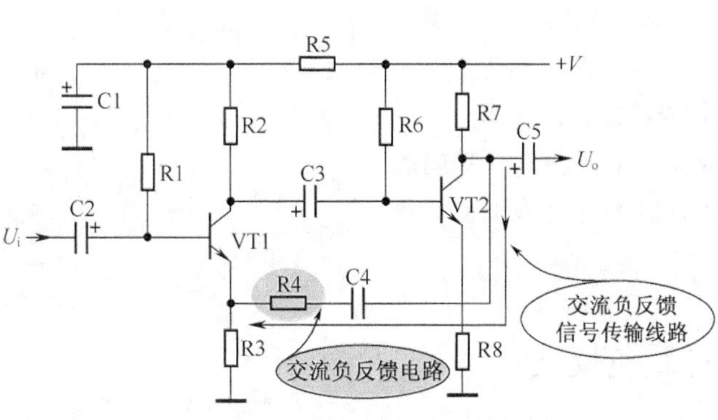

图 1-19　交流负反馈信号传输线路示意图

3．交流和直流双重负反馈

在交流和直流双重负反馈电路中，参加负反馈的信号是直流和交流，因此该电路可同时具有直流和交流两种负反馈的作用。

图 1-20 所示电路中的电阻 R1 构成了交流和直流双重负反馈电路，因为 VT1 管集电极输出的交流和直流都能通过电阻 R1。

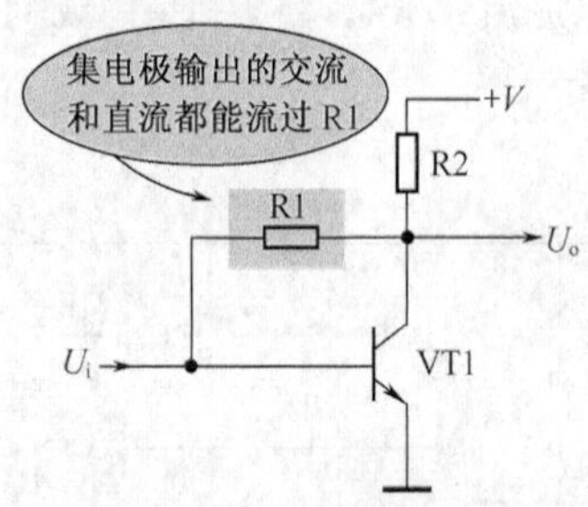

图 1-20　交流和直流双重负反馈电路

1.1.4　不同频率信号的负反馈

1．高频负反馈

它是指只有电路中的高频信号参与负反馈，而电路中的低频信号和中频信号没有参与负反馈。

2．低频负反馈

它是指只有电路中的低频信号参与负反馈，而电路中的高频信号和中频信号没有参与负反馈。

3．某一特定频率信号的负反馈电路

它是指某一特定频率或某一很窄频带内的信号参与负反馈，而其他频率的信号不参与负反馈。

1.1.5　局部和大环路负反馈

1．局部负反馈电路

负反馈电路接在本级放大器输入端和输出端之间时称为本级负反馈电路。如图 1-21 所示，电路中的 R2 构成局部的负反馈电路，它在 VT1 放大器电路中。

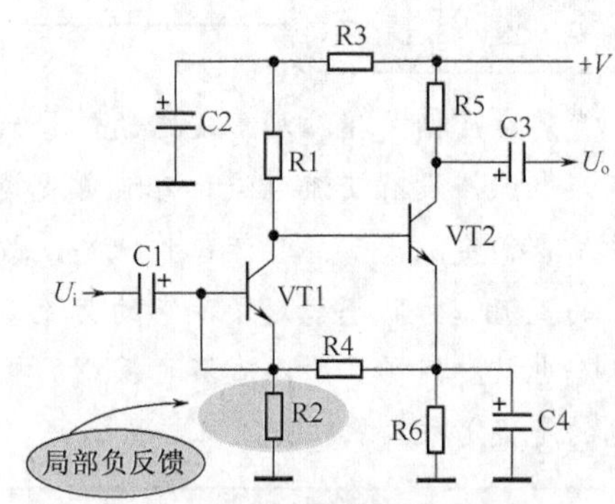

图 1-21　本级局部负反馈电路

局部负反馈又称为单级负反馈。

2．多级大环路负反馈电路

当负反馈电路接在多级放大器之间时（在前级放大器输入端和后级放大器输出端之间），称为大环路负反馈电路。如图 1-22 所示，电路中的电阻 R4 构成了两级放大器之间的负反馈电路，R4 一端接在第一级放大器放大输入端（VT1 管基极），另一端接在第二级放大器 VT2 管发射极。

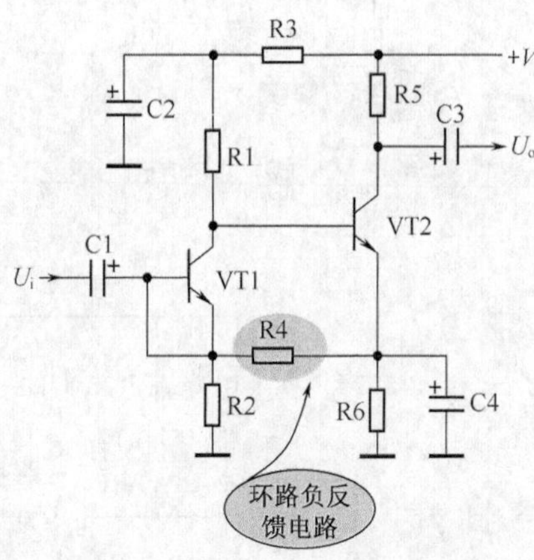

图 1-22　多级大环路负反馈电路

图 1-23 所示是这一电路中负反馈信号传输线路示意图。

多级大环路负反馈又称多级负反馈。

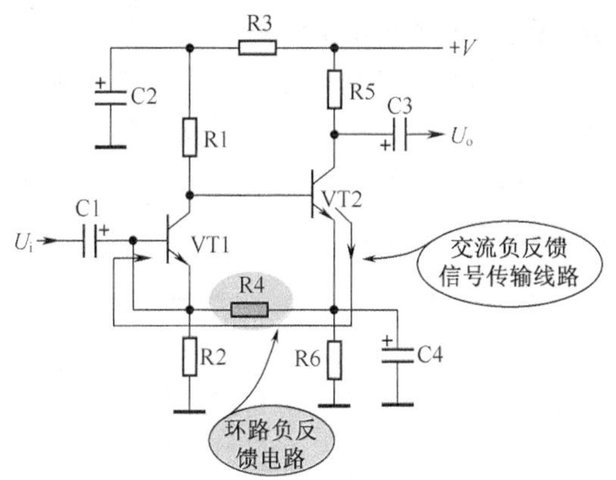

图 1-23　负反馈信号传输线路示意图

1.1.6　负反馈电路分析方法

负反馈电路一直是比较难学的电路之一，如果掌握了基本的电路分析方法和 4 种典型负反馈电路的工作原理，那学习将比较轻松。

1. 瞬时信号极性分析方法

重要提示

凡是接在放大器输出端与输入端之间的元器件都构成反馈电路，通过瞬时信号极性分析可以确定它们是否构成了负反馈电路。

对于负反馈电路工作原理的分析有特定的方法，即采用信号电压瞬时极性分析法。图 1-24 所示是一种负反馈电路，以该电路为例介绍这种电路的分析方法。

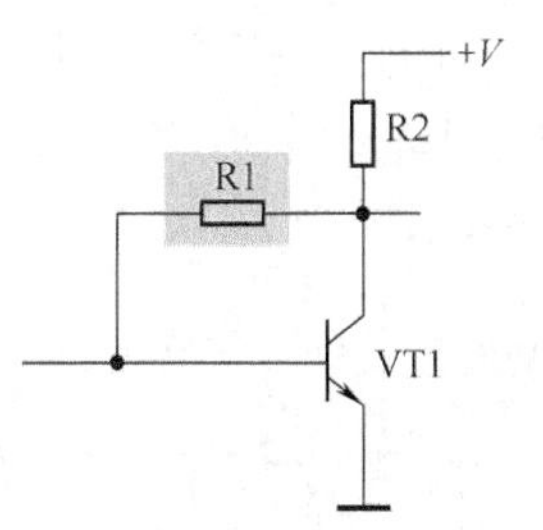

图 1-24　负反馈电路

（1）第一步，设基极电压增大。电路中用“+”号标在三极管基极上，表示基极电压增大，如图 1-25 所示。

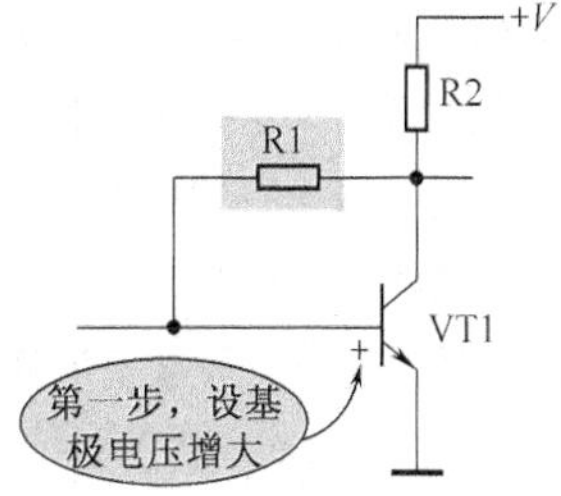

图 1-25　第一步分析示意图

（2）第二步，分析基极电流情况。当基极信号电压增大时，引起三极管基极电流是增大还是减小？ NPN 型三极管是基极电压增大，基极电流增大，如图 1-26 所示。对于 PNP 型三极管而言，基极电压增大时基极电流减小。

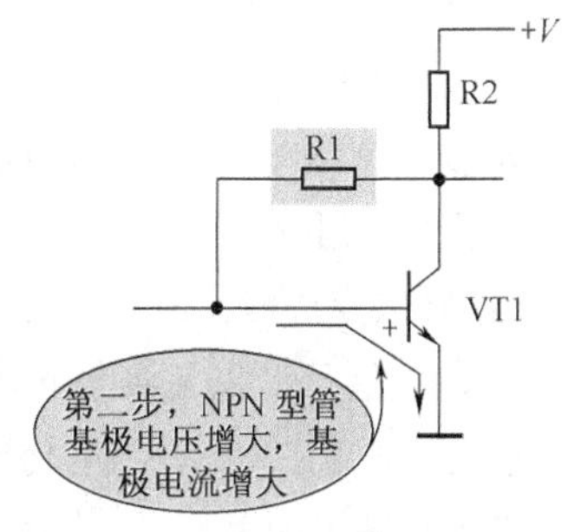

图 1-26　第二步分析示意图

（3）第三步，分析信号传输线路上有关点的信号电压相位。沿着放大器中的信号传输线路，一步一步分析各点信号电压是增大还是减小，并在各点上用“+”号或“-”号标出。“+”号表示是增大，“-”号表示是减小。这样的分析一直到放大器输出端。

图 1-27 所示是第三步分析示意图。在基极信号电压增大时，VT1 管集电极电压为减小（因为共发射极放大器中集电极电压相位与基极电压相位相反），用“-”号标注。

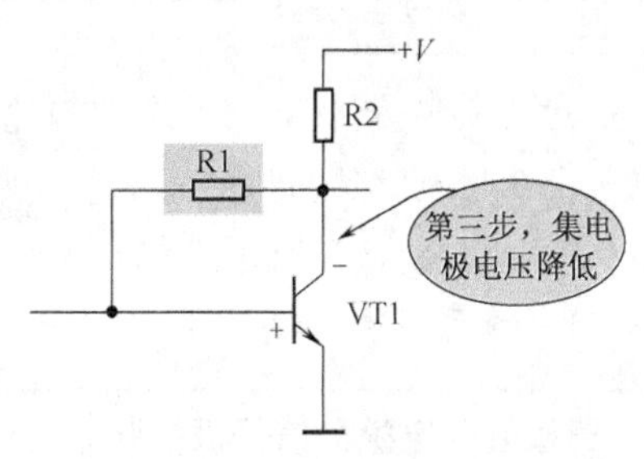

图 1-27　第三步分析示意图

如果是多级放大器之间的负反馈电路，则要分别标出各只三极管相关电极上的信号电压极性。如图 1-28 所示，在 VT1 和 VT2 管信号传输的电极上标出信号极性符号“+”或“-”，如 VT2 管基极上信号极性为“-”，表示信号电压下降。

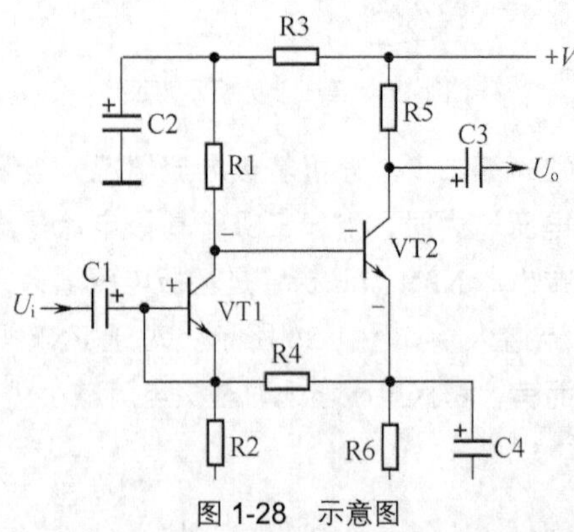

图 1-28　示意图

（4）第四步，分析反馈信号加到放大器输入端。分析放大器输出端的反馈信号加到输入级放大管基极时，对净输入信号产生什么影响，如果减小了净输入信号，是负反馈过程，否则就不是负反馈电路。图 1-29 所示电路中，通过电阻 R1 将 VT1 管集电极上“-”的信号电压加到基极，使基极电压减小，基极电流减小。

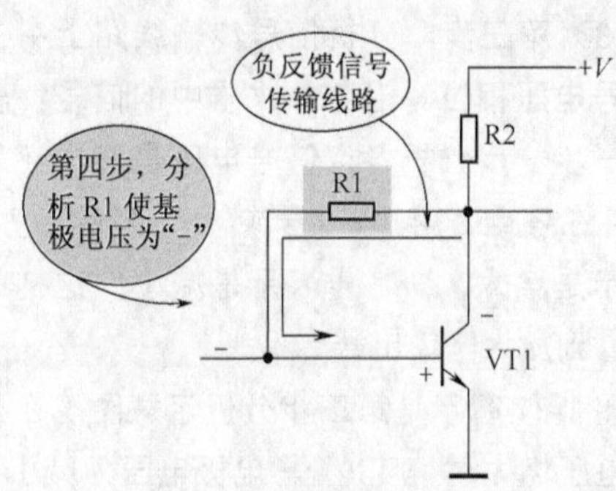

图 1-29　第四步分析示意图

重要提示

通过上述分析可知，原来 VT1 管基极信号电压增大时使基极电流增大，现在通过反馈电阻 R1 使 VT1 管基极电流减小，所以 R1 构成的是负反馈电路。

2．三极管各电极上信号极性判断方法

三极管共有 3 种类型的放大器，对它们的信号极性判断方法说明如下。

（1）共发射极放大器。图 1-30 所示是共发射极放大器，基极上的“+”是输入信号电压极性，这时集电极信号电压极性为“-”，发射极上的信号电压极性为“+”。

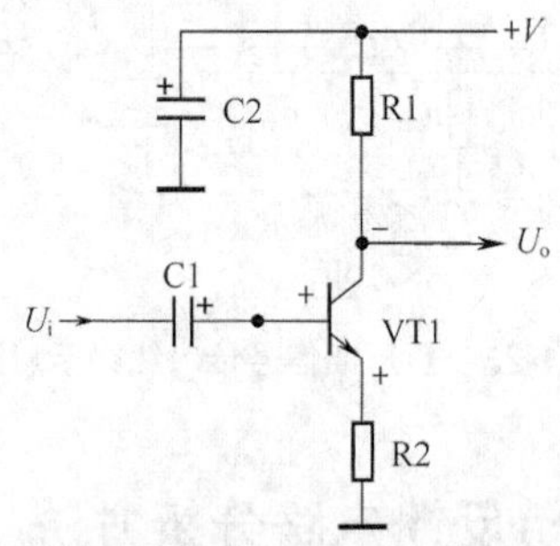

图 1-30　共发射极放大器信号电压极性示意图

（2）共集电极放大器。图 1-31 所示是共集电极放大器，基极上的“+”是输入信号电压极性，这时集电极交流接地，发射极上的信号电压极性为“+”。

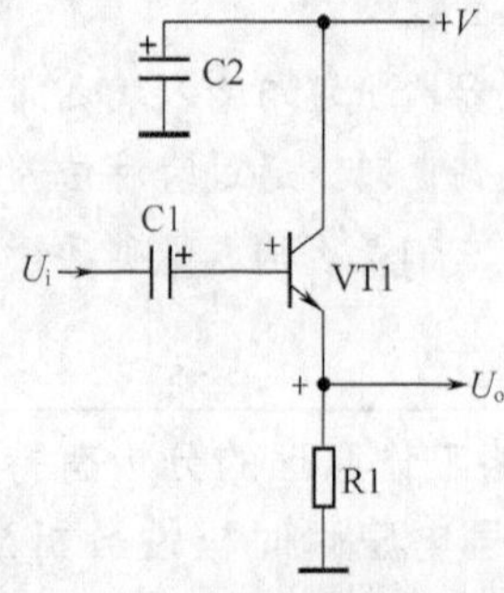

图 1-31　共集电极放大器信号电压极性示意图

（3）共基极放大器。图 1-32 所示是共基极放大器，发射极上的“+”是输入信号电压极性，这时基极交流接地，集电极上的信号电压极性为“+”。

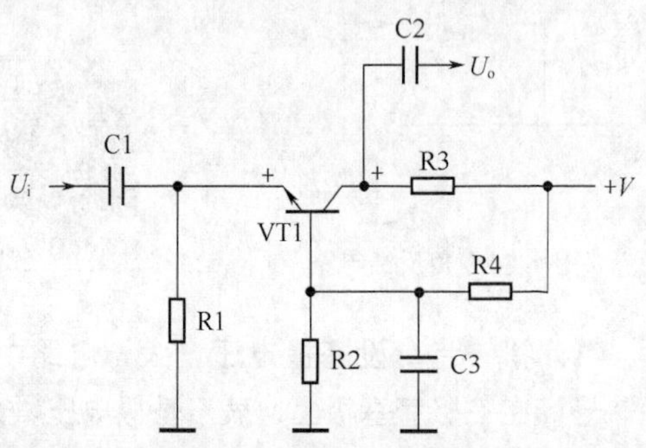

图 1-32　共基极放大器信号电压极性示意图

3．负反馈和正反馈判断方法

重要提示

来自放大器输出端的反馈信号或是加到三极管基极，或是加到三极管发射极上。反馈信号加到三极管基极和发射极上的判断方法有所不同。

（1）反馈信号加到三极管基极时的判断方法。如图 1-33 所示，当反馈信号加到三极管基极时，输入信号电压增大，反馈信号电压也增大时，这是正反馈；输入信号电压增大，反馈信号电压减小时，这是负反馈。这一图有利于判断时的记忆。

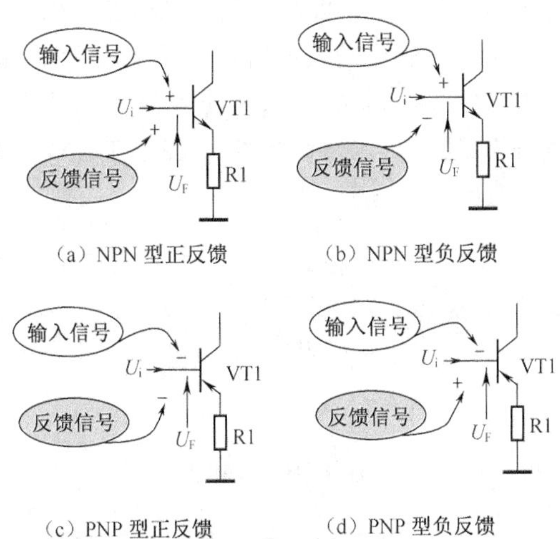

图 1-33　反馈信号加到基极时的判断方法

重要提示

对于 NPN 型三极管要假设基极信号电压极性为“+”，对于 PNP 型三极管而言则要假设基极信号电压为“-”，这是因为对于 PNP 型三极管而言，当基极电压极性为“-”时基极电流增大，便于对电路分析的理解。

（2）反馈信号加到发射极时的判断方法。当反馈信号加到三极管发射极上时也有多种情况，图 1-34 所示是几种正反馈和负反馈判断方法示意图。图中，U_i 是加到 VT1 管基极上的输入信号，U_F 是加到 VT1 管发射极上的反馈信号。图 1-34(a) 所示是 NPN 型三极管电路，VT1 管基极上信号电压增大（为“+”），发射极上信号电压减小（为“-”），这是正反馈电路。

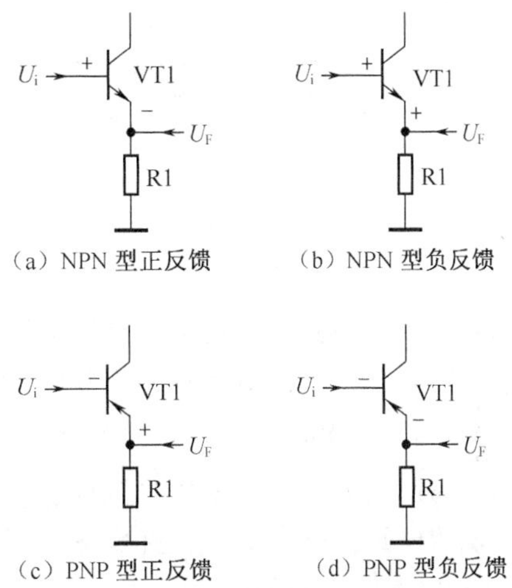

图 1-34　反馈信号加到发射极时的判断方法

图 1-34（b）所示是 NPN 型三极管电路，VT1 管基极上信号电压增大（为“+”），发射极上信号电压增大（为“+”），这是负反馈电路。

图 1-34（c）所示是 PNP 型三极管电路，对于 PNP 型三极管电路，为了分析反馈过程的方便，通常设加到三极管基极上的信号电压在减小。VT1 管基极上信号电压减小（为“-”），发射极上信号电压增大（为“+”），这是正反馈电路。

图 1-34（d）所示是 PNP 型三极管电路，VT1 管基极上信号电压减小（为“-”），发射极上信号电压减小（为“-”），这是负反馈电路。

4．负反馈电路分析说明

在采用瞬时信号极性分析法分析负反馈电路时，要注意以下几点。

（1）一个关键点。找出放大器中的负反馈元件是分析电路的一个关键，这里介绍一个方法，即凡是跨接放大器输入端和输出端的元件均是构成反馈电路的元件，在多级放大器中用这种方法找出负反馈元件更加方便。如图 1-35

所示，电路中电阻 R4 接在第二级放大器 VT2 管发射极与第一级放大器 VT1 管基极之间，它就是负反馈元件。

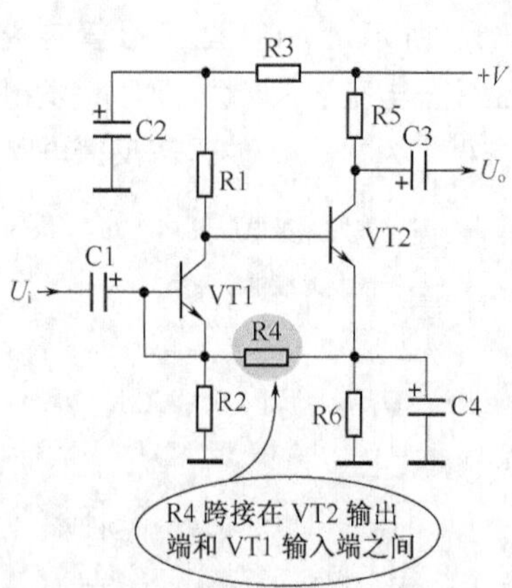

图 1-35　示意图

（2）一个判断标准。整个负反馈电路分析应该是成环路的，即从输入级放大器的输入端分析到参与负反馈放大器的输出级，再回到输入级放大器的输入端。如果分析过程中没有成环路，说明电路分析错了。如图 1-36 所示，电路中电阻 R4 构成了反馈回路。

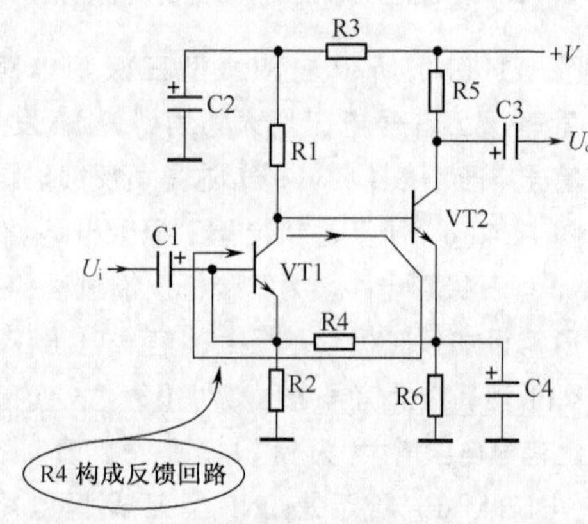

图 1-36　示意图

（3）注意 NPN 型和 PNP 型三极管的不同。电路分析中要用到三极管基极或发射极电压变化对基极电流的影响，如图 1-37 所示。对于 NPN 型三极管而言，当基极信号电压在增大时，引起基极电流增大；当基极信号电压减小时，引起基极电流减小；当发射极信号电压增大时，引起基极电流减小；当发射极信号电压减小时，引起基极电流的增大。对于 PNP 型三极管，电压变化而引起的电流变化与上述全部相反。

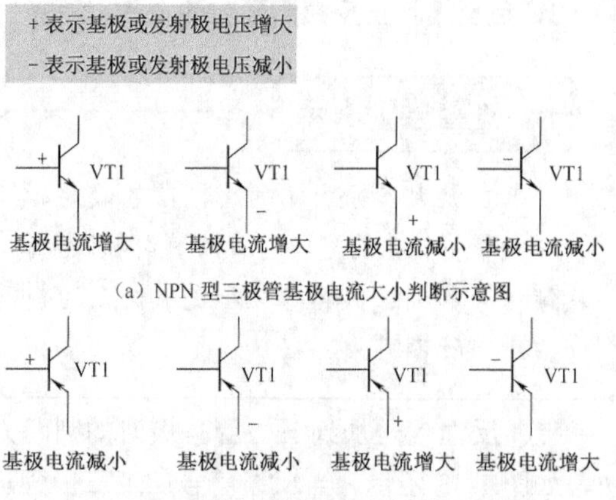

+ 表示基极或发射极电压增大
- 表示基极或发射极电压减小

VT1 基极电流增大　VT1 基极电流增大　VT1 基极电流减小　VT1 基极电流减小

（a）NPN 型三极管基极电流大小判断示意图

VT1 基极电流减小　VT1 基极电流减小　VT1 基极电流增大　VT1 基极电流增大

（b）PNP 型三极管基极电流大小判断示意图

图 1-37　示意图

（4）电流变化方向不能错。在电路分析过程中，信号电压的变化引起电流增大还是减小，变化的结果不能搞错，否则分析结果出错。如图 1-38 所示，这是 NPN 型三极管，基极电流信号电压为“+”，即基极信号电压在增大，这时基极电流应该增大，如果分析成基极电流减小那就错误了。如若在分析过程中，有两次将这一问题搞错，最后的结果，虽是正确的，但分析过程是错误的。

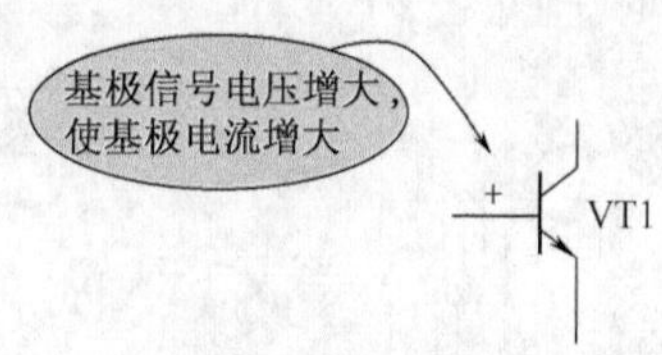

图 1-38　示意图

（5）一个简便的方法。在电路分析过程中，可以假设三极管基极信号电压极性为正，也可以设它为负，最终的负反馈结果是一样的。对于 NPN 型三极管而言，设为负对电路分析不太方便（使基极电流减小的分析不符合通常习惯），所以通常是设为正。对于 PNP 型三极管而言则要设为负来进行分析。

（6）一种符号。负反馈电路的分析也可以用符号↑或↓来分别表示信号在增大或减小。例如，如图 1-39 所示，VT1 管基极信号电压↑（使 VT1 管基极电流↑）→ VT1 管集电极信号电压↓→通过电阻 R1 使 VT1 管基极信号电压↓→使 VT1 管基极电流减小，所以 R1 构成的是负反馈电路。

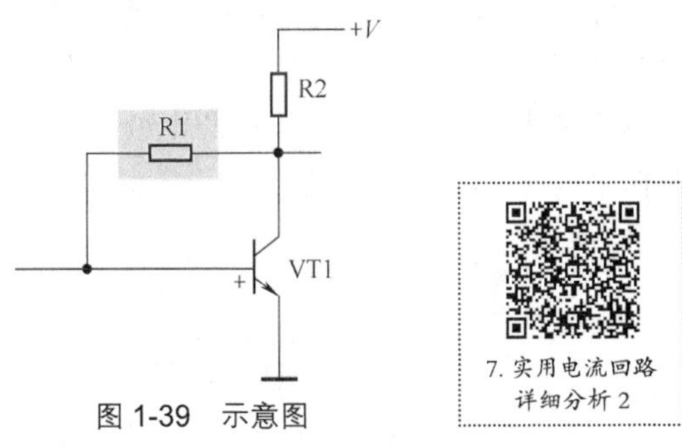

图 1-39　示意图

（7）一个注意点。对于信号的负半周而言，三极管某一电极的电压与信号幅度之间的关系在理解上有时会比较困惑。如图 1-40 所示，信号 B 负半周峰点的直流电压为 U_1，当信号幅度更大时为 A 信号，它的负半周峰点的直流电压为 U_2，$U_2 < U_1$，但是 A 信号的幅度（负半周幅度）大于 B 信号（负半周幅度），这是因为信号 A、B 都是"骑"在一个直流电压 U_o（直流偏置电压）上的。

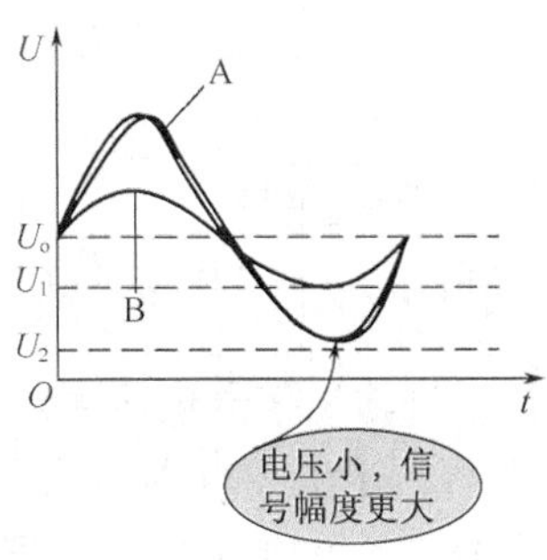

图 1-40　示意图

对于正半周信号而言不存在这种理解上的困惑，因为直流电压大信号幅度大。所以，在做一些公式的计算时先分析信号的方向，这样计算就只管大小而不管信号的方向，可降低计算的复杂性。

5．负反馈信号种类分析说明

在进行负反馈电路分析时，要分析出参加负反馈的信号种类。例如，是直流信号还是交流信号，还是直流和交流的混合信号。对交流信号而言，要分清是低频段信号还是高频段信号，或是某一特定频段的信号。

分析参加负反馈的信号种类时，主要是看负反馈电路特性和整个负反馈回路的特性，这些回路特性决定了负反馈的种类，主要有下列几种情况。

（1）没有隔直元件。如果整个负反馈回路中没有隔直元件（如没有电容器），那么直流信号可以参与负反馈，所以这时的负反馈信号肯定有直流信号，是直流和交流的混合反馈。

（2）反馈电路中存在交流旁路元件。并不是直流信号能够进行负反馈，就一定存在交流负反馈，当负反馈元件上存在交流旁路元件时，就不会存在交流负反馈，如发射极负反馈电阻可以提供直流负反馈，但当其上并联发射极旁路电容时，就只存在直流负反馈，而没有交流负反馈。

（3）反馈电路中存在选频元件。当负反馈回路有选频元件时，如 LC 谐振电路，负反馈信号就有频率特性要求了。若只让低频信号参与负反馈，就是低频负反馈；若只让高频信号参与负反馈就是高频负反馈；若只让某一频率的信号参与负反馈，就是这一特定频率信号的负反馈。

1.2　4 种典型负反馈放大器

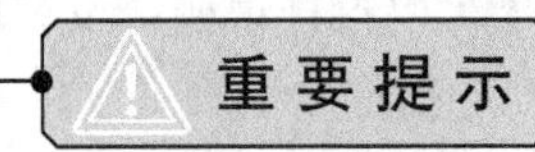

典型的负反馈放大器共有 4 种，其他负反馈放大器的电路会有一些变化，但本质上离不开这 4 种典型电路，所以必须掌握这 4 种负反馈放大器的工作原理。

1.2.1　电压并联负反馈放大器

图 1-41 所示是一级共发射极放大器，它也构成了电压并联负反馈放大器。电路中，VT1 是放大管，R1 是集电极 - 基极负反馈偏置电阻，R2 是集电极负载电阻，C2 是高频消振电容，

U_i是输入信号，U_o是输出信号。由于这是一级共发射极放大器，所以VT1集电极输出信号电压的相位与基极上输入信号电压相位相反。

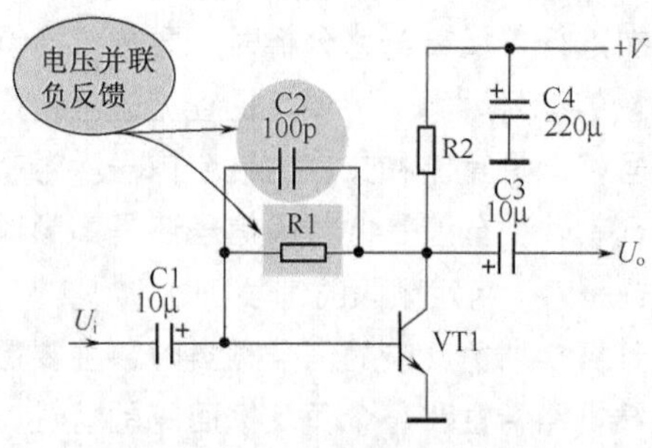

图1-41　电压并联负反馈放大器

1．负反馈元件确定方法

根据接在放大器输出端与输入端之间的元件可能是负反馈元件这一判断方法，如图1-42所示，从电路中可以看出，接在输入端VT1基极和输出端VT1集电极之间的元件有R1和C2两个，所以这两个元件有可能构成负反馈电路。

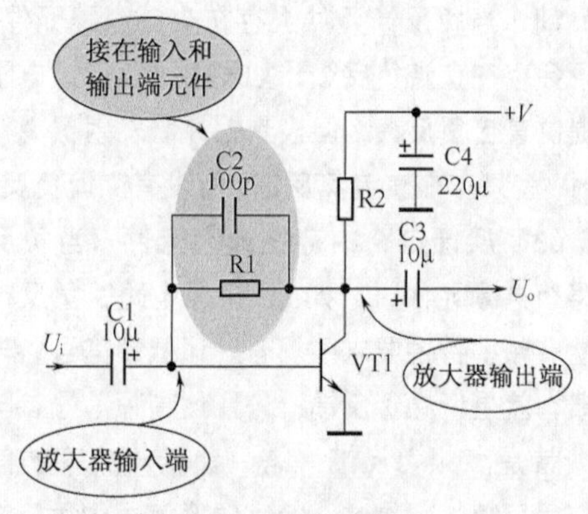

图1-42　示意图

其他元器件都不是接在放大器的输入端和输出端之间的，没有构成负反馈电路的可能，这样，分析负反馈电路时重点是对R1和C2的分析。

图1-43所示是这一电路的负反馈信号回路示意图。

2．负反馈电阻R1分析

电路中的R1是VT1的集电极－基极负反馈式偏置电阻。这里根据负反馈电路的分析方法来说明接入这一电阻R1后的电路负反馈过程。

如图1-44所示，设某瞬间在VT1基极上的信号电压增大，用“+”号表示，由于VT1是NPN型三极管，所以当基极信号电压在增大时其基极电流在增大。另外，由于VT1接成共发射极放大器，它的反相作用使VT1集电极输出信号电压在减小，用“–”号表示。

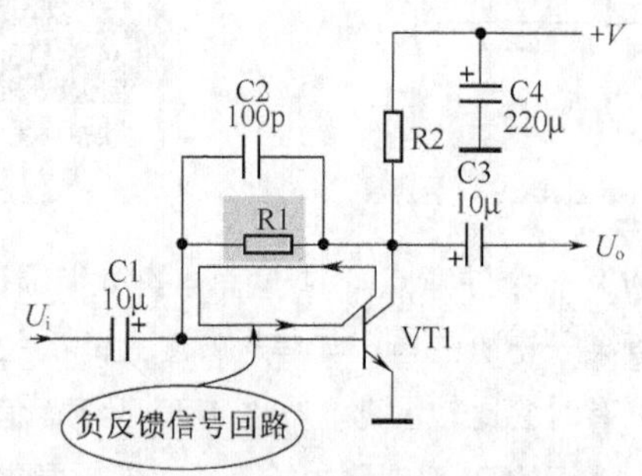

图1-43　负反馈信号回路示意图

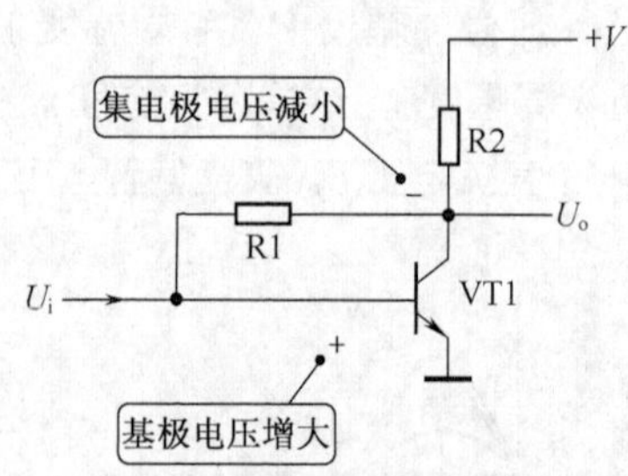

图1-44　分析R1示意图

这一负极性输出信号电压通过电阻R1加到VT1的基极，造成VT1基极上的信号电压在减小，使净输入VT1基极的信号电流减小，所以这是负反馈过程，R1是负反馈电阻。

关于这一负反馈电路还要说明以下几点。

（1）R1电路特征。电阻R1一端接在放大器的输出端（集电极），另一端接在输入端（基极），所以R1构成反馈电路，由分析可知是负反馈，所以R1是负反馈电阻。

（2）电路分析的另一种表示方法。这一负反馈电路的工作过程还可以这样说明：设VT1基极信号电压↑→VT1基极电流↑（VT1是NPN型三极管）→VT1集电极电流↑（集电极电流受基极电流控制）→VT1集电极信号电压↓（集电极信号电压与电流之间成反相关系）→VT1基极信号电压↓（通过电阻R1）→VT1基极电流↓，所以这是负反馈过程。

（3）假设 VT1 基极电压减小分析方法。这一负反馈电路的工作过程还可以设 VT1 基极信号电压减小来说明：设某瞬间 VT1 的基极信号电压↓→ VT1 基极电流↓（VT1 基极电流减小说明信号的负半周幅度在增大）→ VT1 集电极电流↓→ VT1 集电极信号电压↑→ VT1 基极信号电压↑（通过电阻 R1）→ VT1 基极电流↑（说明负半周信号的幅度被减小，使净输入 VT1 基极的负半周信号在减小），所以这是负反馈过程。

（4）直流和交流双重负反馈。由于实用电阻接在 VT1 的基极与集电极之间，在 R1 回路中没有隔直流的元件，这样从 VT1 集电极反馈到 VT1 基极的电流，可以是直流电流，也可以是交流电流，这样上述负反馈过程的分析同时适合于直流和交流，所以 R1 对直流信号和交流信号都存在负反馈作用，是一个直流和交流双重负反馈电路。

（5）负反馈量。R1 阻值大小对负反馈量的影响是：当 R1 阻值大时，从 VT1 管集电极加到 VT1 基极的负反馈信号就小，若大到极限情况时 R1 开路，此时没有负反馈信号加到 VT1 的基极，便不存在负反馈。所以在这种负反馈电路中，负反馈电阻 R1 阻值愈大，负反馈量愈小，放大器的增益愈大。

8. 实用电流回路详细分析 3

重要提示

利用极限情况分析是一个很好的记忆方法。比如，电压并联负反馈电路中的负反馈电阻阻值大至开路就不存在负反馈，由此可以说明电压并联负反馈电路中“负反馈电阻大，负反馈量小”这个特性。

（6）频率影响分析。由于电阻 R1 对不同频率的交流信号阻值相同，所以对交流信号的频率没有选择特性，这样 R1 对所有频率的交流信号存在相同的负反馈作用。

3．高频负反馈电容 C2 分析

为了方便电路分析，重画成图 1-45 所示电路，从电路中可以看出，在负反馈电阻 R1 上还并联了一只容量很小的电容 C2（C2 容量为 100pF，在音频放大器中它是容量很小的电容）。对 C2 的负反馈过程分析同电阻 R1 的分析过程是一样的，但电容和电阻的特性不同，所以这一电容的负反馈原理有所不同，主要说明以下几点。

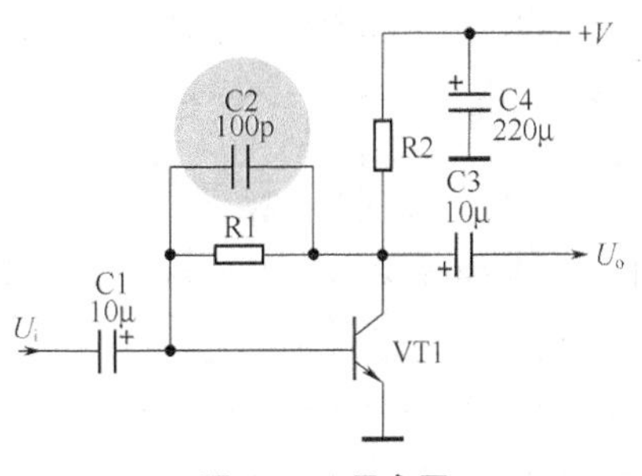

图 1-45　示意图

（1）C2 无直流负反馈作用。电容具有隔直作用，这样 VT1 集电极上的直流电压不能通过 C2 负反馈到 VT1 基极，所以 C2 无直流负反馈的作用。通过这一定性分析就不需要计算这一电路中小电容 C2 对直流的负反馈量。

（2）C2 无音频负反馈作用。VT1 管构成的是音频放大器，而 C2 的容量只有 100pF，这么小的电容对音频信号的容抗很大，相当于开路，音频信号也不能通过 C2 加到 VT1 基极，所以 C2 对音频信号也无负反馈的作用。通过这一定性分析就不需要计算这一电路中小电容 C2 对音频信号的负反馈量。

（3）C2 有高频负反馈作用。C2 对于比音频更高的信号其容抗很小，所以集电极上的这种高频信号可以通过 C2 加到基极，这样 C2 只对频率很高的信号具有负反馈作用，且频率愈高，负反馈愈强烈。显然通过这一定性分析，只需要计算 C2 对高频信号的负反馈量。

重要提示

在放大器中，会产生一些高频自激现象，一旦出现这种高频自激，放大器就不能正常工作了，为此要设 C2 这样的高频负反馈电容。由于 C2 对这种高频信号具有强烈的负反馈作用，放大器对这种高频信号的放大倍数很小，这样可达到消除放大器高频自激的目的。

音频放大器中，像C2这种作用的电容称为消振电容。

显然通过上述定性分析知道了一点，即计算C2对高频信号负反馈的目的，计算的目的很明显，也有益于计算过程的有的放矢，这也是一种简化计算的形式。

4．电压负反馈判别方法

前面讲解的电路中，R1和C2构成的是电压负反馈电路，因为这两个元件将放大器输出的信号电压反馈到放大器的输入端。

对这种电压负反馈电路的判断方法是：若将放大器的输出端对地交流短接后，放大器中不存在负反馈了，那么这是电压负反馈电路。图1-46所示是交流短路示意图，电路中用一只电容C1将VT1管输出端对地交流短接。这时VT1集电极交流接地，交流输出信号U_o等于零，R1上没有交流信号加到VT1的基极，电路不存在负反馈信号，所以这是电压负反馈电路。

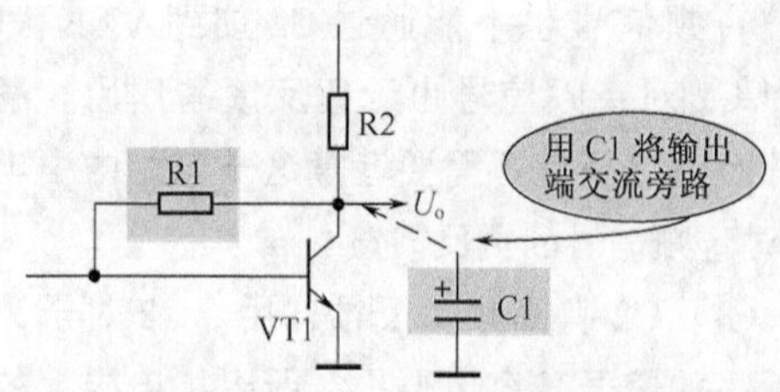

图1-46　电压负反馈电路判断方法示意图

图1-47所示是输出端交流短路后的等效电路。从电路中可以看出，R1接VT1管集电极的一端已交流接地，这样R1无法将VT1管输出信号反馈到放大器输入端，这时就没有负反馈作用，所以是电压反馈。

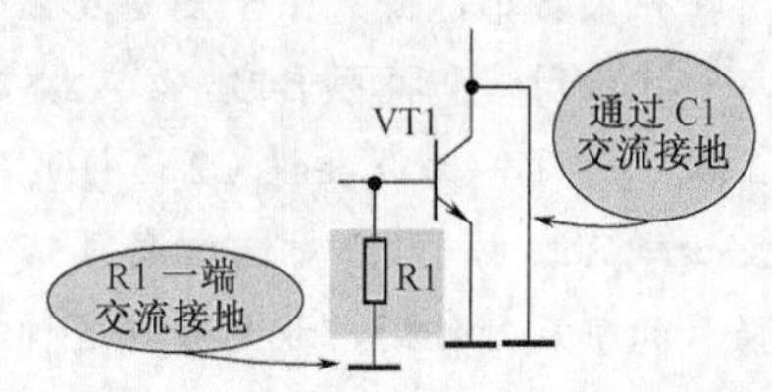

图1-47　输出端交流短路后的等效电路

重要提示

所谓交流接地是对于交流信号而言相当于接地，对直流而言是不接地的。在电路分析中时常会用到这个概念。

5．并联负反馈判别方法

如图1-48所示，并联负反馈电路中，由电阻R1送过来的负反馈信号是与输入信号U_i在基极并联后加到三极管基极的。

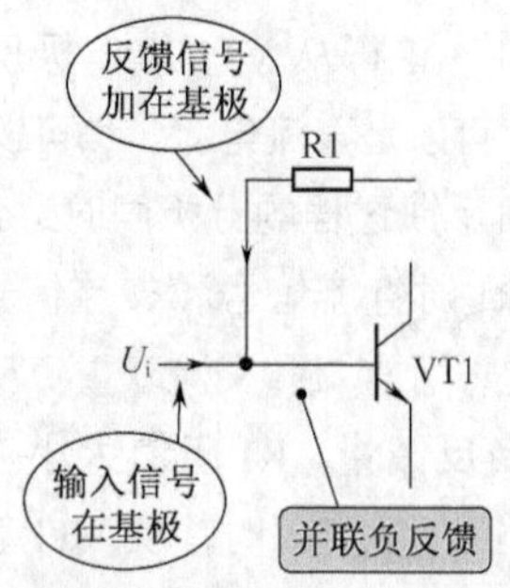

图1-48　并联负反馈电路判断方法示意图

由于输入信号U_i和R1加来的负反馈信号都是从VT1基极加入三极管的，这两个信号是并联的关系，所以称为并联负反馈电路。

1.2.2　电流串联负反馈放大器

图1-49所示是一级共发射极放大器，电阻R3构成电流串联负反馈电路。

9. 实用电流回路详细分析4

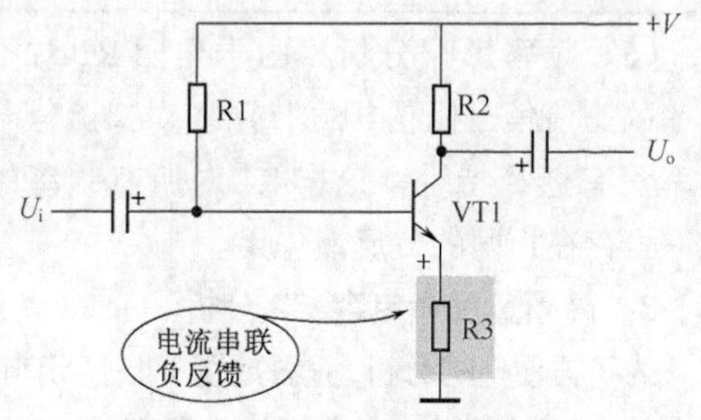

图1-49　电流串联负反馈电路

重要提示

电阻R3是VT1发射极负反馈电阻，R3接在发射极回路中，而发射极是这一放大器输入和输出的共用回路，所以R3是接在放大器的输入端和输出端之间的，它有可能构成负反馈电路。

1. 负反馈电路分析

VT1发射极电流流过电阻R3后，在R3上产生电压降，这一信号电压降就是反馈信号电压。

假设某瞬间VT1基极信号电压增大，这导致VT1基极电流增大，使VT1发射极信号电流增大，发射极电流流过电阻R3，如图1-50所示，使R3上的信号电压降增大，即VT1发射极信号电压增大，这导致VT1正向偏置电压（基极与发射极之间电压）减小，使VT1基极电流减小，所以这是负反馈过程，R3构成的是负反馈电路。

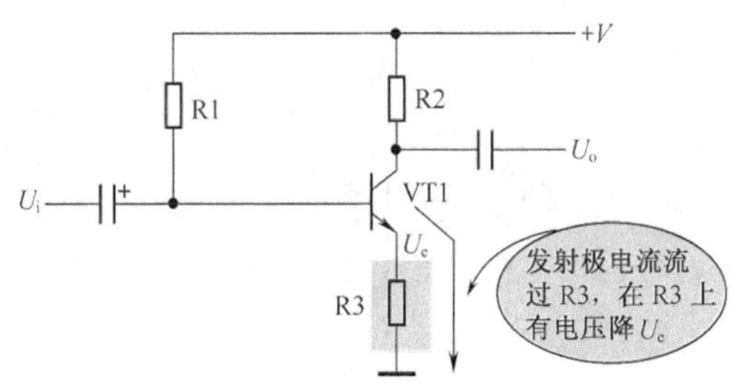

图1-50 发射极电流在R3上压降示意图

如图1-51所示，从图中可以看出，输入信号U_i与负反馈信号U_e是串联的关系，所以这是串联负反馈电路。

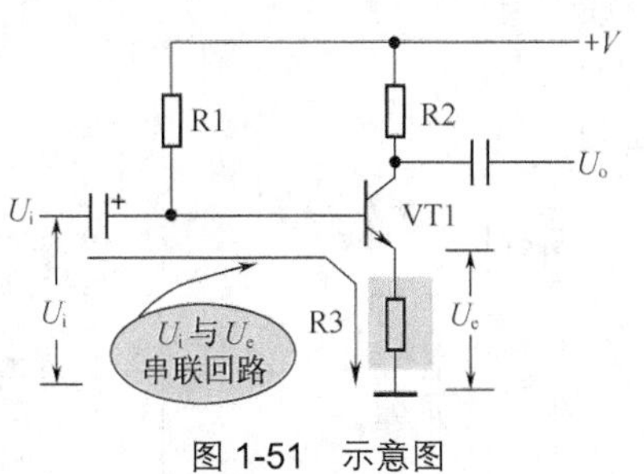

图1-51 示意图

重要提示

电路中，由于直流电流和交流电流都流过了负反馈电阻R3，所以R3对直流和交流都存在负反馈作用。

2. 负反馈量

这种负反馈电路中，如果VT1发射极电流大小不变，负反馈电阻R3愈大，在R3上的负反馈信号电压愈大，使VT1基极电流减小量愈大，即负反馈量愈大，放大器的增益愈小；反之则相反。

定性分析的结论是：在电流串联负反馈电路中，负反馈电阻阻值愈大，负反馈量愈大，反之则小。

3. 发射极电阻接有旁路电容的负反馈电路

三极管发射极电阻构成的是电流串联负反馈电路，这一电路根据是否接有发射极旁路电容和该电容容量大小的不同，有多种变形电路。

图1-52所示是接有旁路电容的发射极电阻负反馈电路，这也是一级音频放大器。在发射极负反馈电阻R1上并联了一只容量比较大的旁路电容C1。

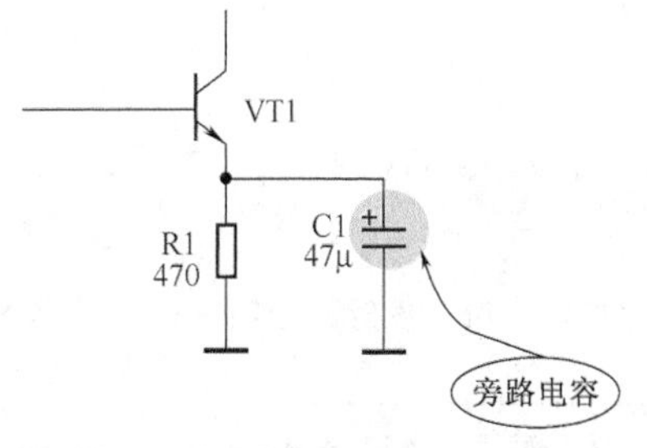

图1-52 接有旁路电容的发射极电阻负反馈电路

由于发射极旁路电容C1的容抗远比发射极电阻R1的阻值小，VT1发射极输出的交流信号电流全部通过C1到地，而不能流过R1，如图1-53所示。由于交流信号电流没有流过负反馈电阻R1，所以R1对交流信号不存在交流负反馈作用。

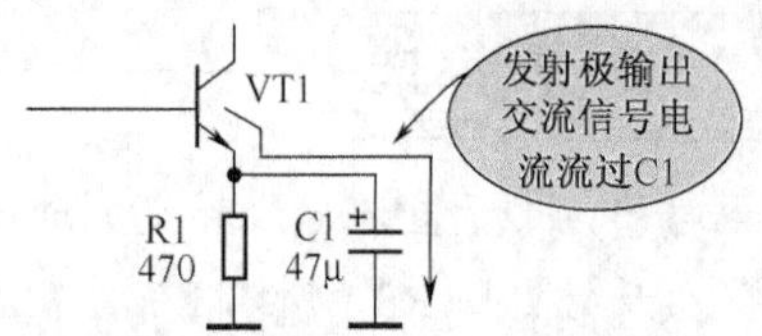

图 1-53　VT1 管发射极交流信号电流示意图

重要提示

从图 1-53 中可以看出，C1 的容量为 47μF，对于音频放大器而言，该电容容量很大了，它对所有音频信号呈现很小的容抗，它的容抗与电阻 R1 构成并联电路。根据并联电路特性可知，当一个电阻的阻值远小于另一个电阻的阻值时，阻值小的电阻起决定性作用，是电路中的主要矛盾，所以这一电路中音频信号流过电容 C1 而不流过电阻 R1。

R1 是发射极负反馈电阻，没有接入 C1 时 VT1 发射极流出的直流电流和交流电流都流过 R1 到地，R1 对直流和交流都存在负反馈作用。加入 C1 后 R1 只存在直流负反馈作用，因为三极管 VT1 发射极输出的直流电流流过了电阻 R1，如图 1-54 所示。

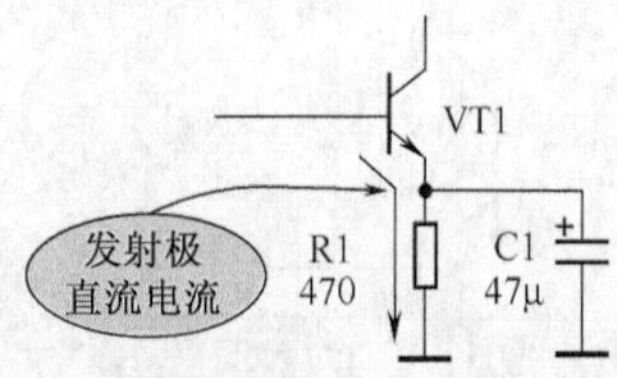

图 1-54　VT1 管发射极直流信号电流示意图

重要提示

判断发射极电阻存在什么样信号负反馈的方法是：什么样的电流流过发射极电阻，就存在什么样的信号电压，便存在什么样的负反馈，所以只要分析是什么样的电流流过了发射极电阻即可。

4．部分发射极电阻加接旁路电容负反馈电路

图 1-55 所示是部分发射极电阻加接旁路电容的负反馈电路。发射极电路中，有时为了获得合适的直流和交流负反馈，将发射极电阻分成两只串联的形式。

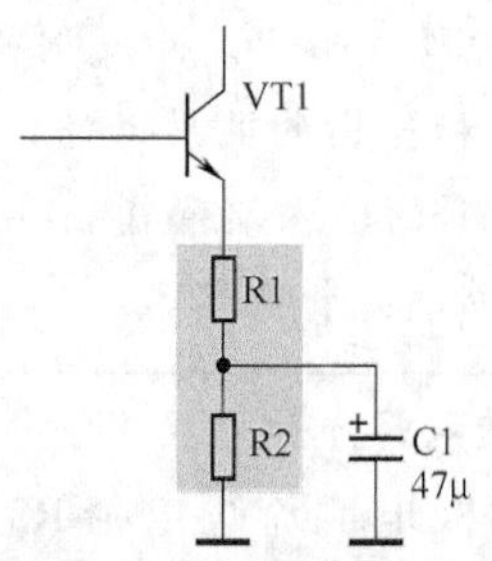

图 1-55　部分发射极电阻加接旁路电容的负反馈电路

重要提示

R1 和 R2 串联起来后作为 VT1 总的发射极电阻，分成 R1 和 R2 串联电路形式是为了方便加入不同量的直流和交流负反馈。

（1）直流电流回路。VT1 管发射极输出的直流电流流过 R1 和 R2，如图 1-56 所示，所以这两个电阻都有直流负反馈作用。

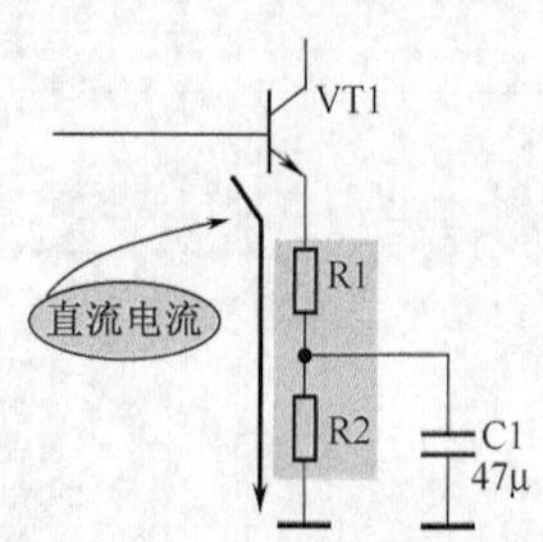

图 1-56　直流电流示意图

（2）交流电流回路。由于发射极旁路电容 C1 的作用，VT1 管发射极交流电流通过 R1 和 C1 到地，如图 1-57 所示，交流电流没有流过 R2，所以 R2 不存在交流负反馈，只有 R1 有交流负反馈作用。

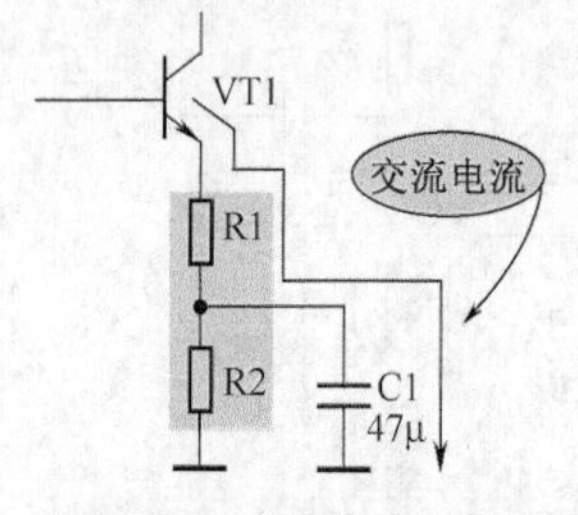

图 1-57　交流电流示意图

10. 实用电流回路详细分析 5

重要提示

采用这种发射极电阻形式的目的是，在获得更大的直流负反馈的同时减小交流负反馈，因为交流负反馈量太大后，会使放大器的增益下降得太多。

对于这种多个发射极电阻串联的电路，分析某个电阻是直流还是交流负反馈关键是看流过该电阻的电流是什么。如果只是直流电流流过该电阻，就是只有直流负反馈；如果除直流电流外还有交流电流流过该电阻，则该电阻存在交流和直流的双重负反馈。

5．接有高频旁路电容的发射极电阻负反馈电路

图1-58所示是接有高频旁路电容的发射极电阻负反馈电路。由于输入端耦合电容C1容量为10μF，所以VT1构成音频放大器，VT1发射极电阻上接有一只容量较小的旁路电容C2（1μF）。

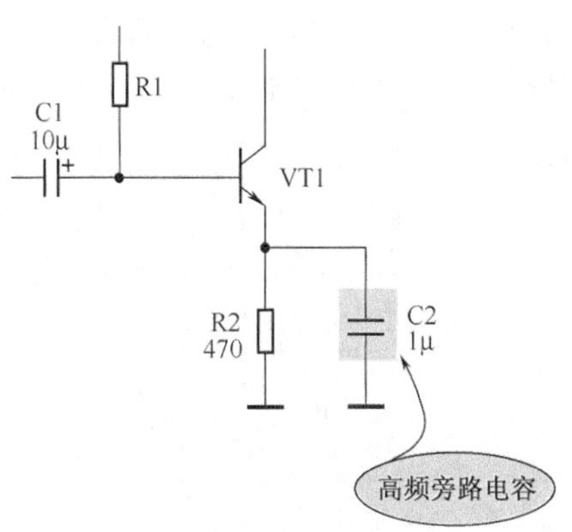

图1-58　接有高频旁路电容的发射极电阻负反馈电路

（1）直流和音频信号中的低频信号、中频信号都存在负反馈作用。对于音频放大器而言，由于C2容量比较小（1μF），对音频信号中的低频信号和中频信号容抗远大于电阻R2的阻值，这样C2相当于开路状态，此时音频信号中的低频信号和中频信号因为C2容抗很大而流过电阻R2，如图1-59所示，所以R2信号对直流和音频信号中的低频、中频信号都存在负反馈作用。

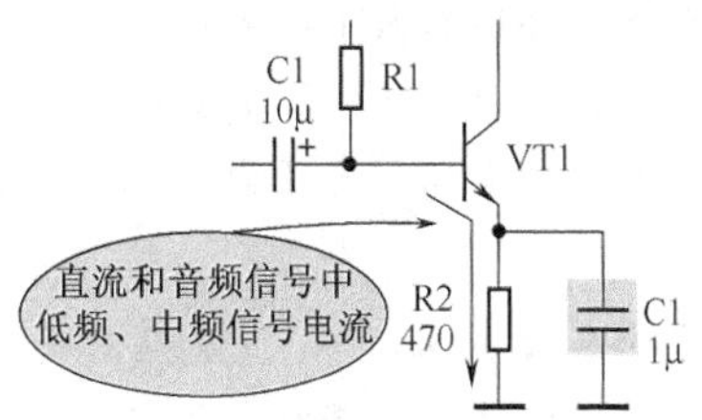

图1-59　直流和音频信号中低频、中频信号电流示意图

（2）高频旁路电容C2。对于音频信号中的高频信号而言，C2容抗比较小，因为高频信号的频率高，所以容抗小。C2构成了VT1发射极输出的高频信号电流通路，如图1-60所示，C2起到高频旁路的作用，所以R2没有高频负反馈作用。这样，放大器对高频信号的负反馈量较小，对高频信号的放大倍数大于对低频信号和中频信号的放大倍数，这样的电路称为高频补偿电路。C2这种只让音频信号中的高频信号流过的电容称为高频旁路电容。

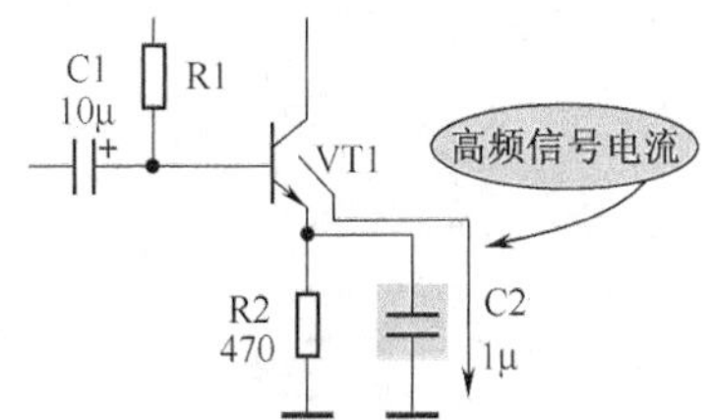

图1-60　高频信号电流示意图

重要提示

如果VT1构成的是高频放大器（电路中的输入端耦合电容容量减小几百皮法），高频放大器的工作频率远高于音频信号频率，由于信号的频率本身高，C2容量虽然只有1μF，但是容抗已经很小，远小于发射极负反馈电阻R2，所有的高频信号通过C2流到地线。加入了C2之后，R2没有了高频信号负反馈作用，只存在直流负反馈。

通过这一电路的分析可知，在进行电路分析时，不仅要了解是什么类型的放大

器，了解电路中元器件的特性，还需要了解元器件标称值的大小，否则电路分析不准确。例如，电路中同是1μF的电容C2，在不同工作频率的放大器中所起的具体作用不同。

对于音频信号而言，C2只对音频信号中的高频信号进行旁路；对于高频放大器而言，C2则对所有的高频信号旁路。

6．接有不同容量旁路电容的发射极电路

图1-61所示电路中发射极电阻上接有两种不同容量的旁路电容。电路中，VT1构成音频放大器，它有两只串联起来的发射极电阻R2和R3，另有两只容量不等的发射极旁路电容C2和C3。C2容量较小，对音频信号中的高频信号容抗很小，而对中频信号和低频信号的容抗大。

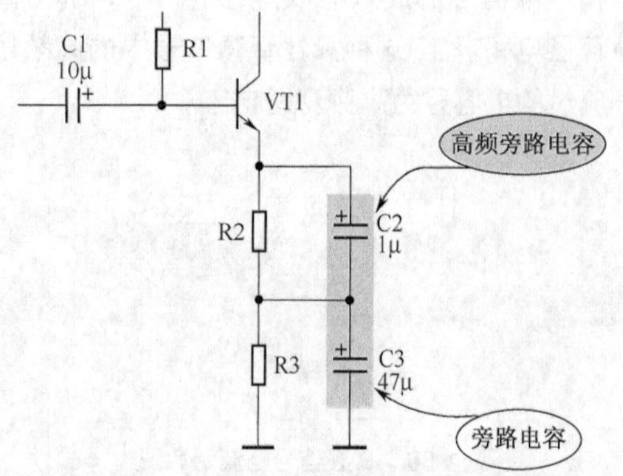

图1-61　接有两种不同容量旁路电容的发射极电路

（1）**直流电流回路**。电阻R2和R3都能让VT1管发射极输出的直流电流流过，如图1-62所示，所以R2和R3都存在直流负反馈作用。

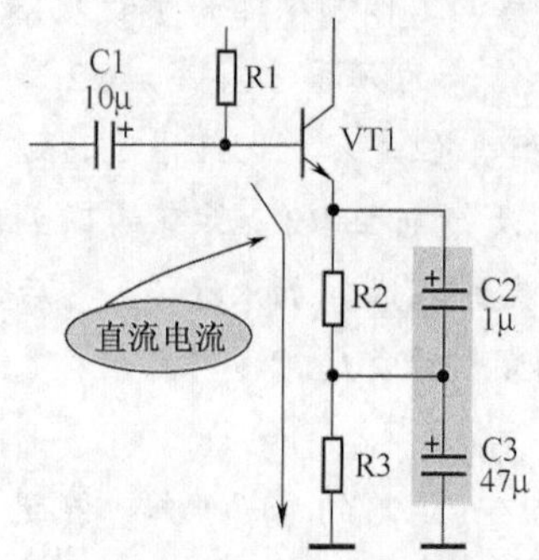

图1-62　直流电流示意图

（2）**负反馈电阻R2**。电阻R2除流过直流电流外，还让音频信号中的低频信号和中频信号电流通过，如图1-63所示，所以存在直流、低频和中频负反馈，C3可以让音频信号中的低频信号和中频信号流过。

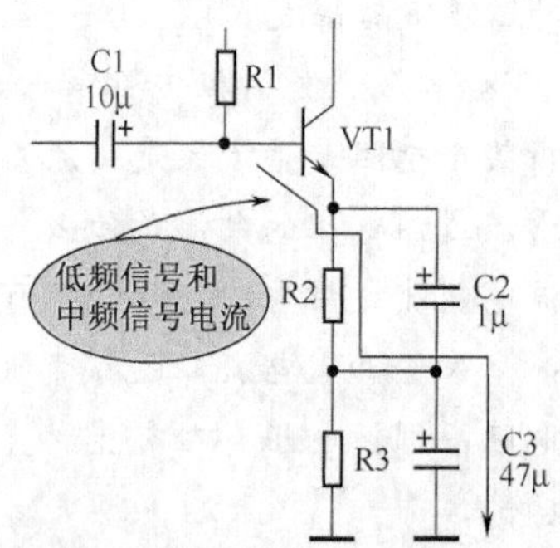

图1-63　低频信号和中频信号电流示意图

（3）**负反馈电阻R3**。R3只流过直流电流，所以只存在直流负反馈，C3让音频信号中的低频、中频、高频信号通过。

（4）**高频信号电流回路**。C2只让音频信号中的高频信号流过，如图1-64所示，通过C2的高频信号电流再通过C3流到地端。由于C2容量较小，对音频信号中的低频信号和中频信号容抗大，不让它们通过。

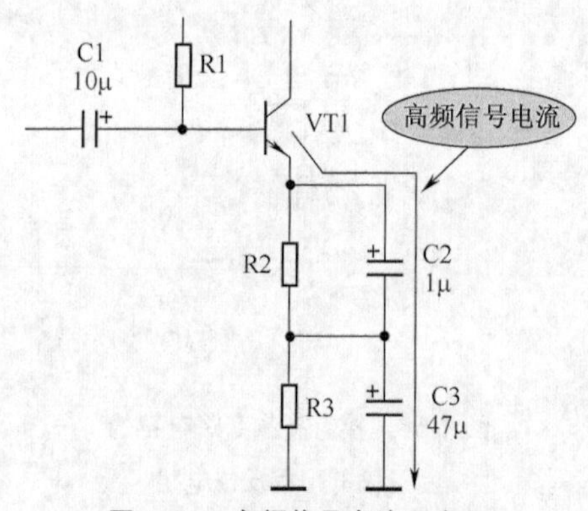

图1-64　高频信号电流示意图

7．判断电流负反馈电路方法

电流负反馈电路判断方法是：如图1-65所示，如果将放大器的输出端开路后，放大器中的负反馈信号不存在，那么是电流负反馈电路，否则就不是电流负反馈电路。从电路中可以看出，VT1管集电极回路开路后，已经没有电流流过发

射极电阻 R1，也就是没有负反馈信号了，所以 R1 构成的是电流负反馈而不是电压负反馈电路。

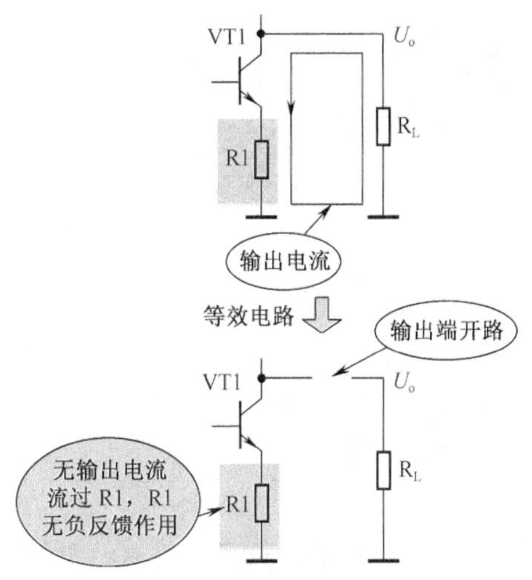

图 1-65　电流负反馈电路判断方法示意图

8．串联负反馈电路判断方法

当负反馈信号与输入信号在不同端点（分别是三极管基极和发射极）加入放大器时，这是串联负反馈电路，如图 1-66 所示。

1.2.3　电压串联负反馈放大器

图 1-67 所示是电压串联负反馈放大器，这也是一个多级放大器，负反馈电路由电阻 R4 构成，是一个典型的双管阻容耦合负反馈放大器。电路中，VT1 是第一级放大器的放大管，VT2 是第二级放大器的放大管。

1．放大器电路

三极管 VT1 和 VT2 两级构成共发射极放大器，两级放大器之间通过电容 C3 耦合。

（1）**第一级放大器**。电阻 R1 构成 VT1 固定式基极偏置电路，R2 是 VT1 集电极负载电阻，R3 是 VT1 发射极负反馈电阻。C1 是放大器输入端耦合电容，C3 是第一级放大器输出端耦合电容。

（2）**第二级放大器**。电阻 R5 构成 VT2 固定式基极偏置电路，R6 是 VT2 集电极负载电阻，R7 是 VT2 发射极负反馈电阻，C5 是发射极旁路电容，C4 是第二级放大器的输出端耦合电容。

图 1-68 所示是两级放大器三极管直流电流回路示意图。

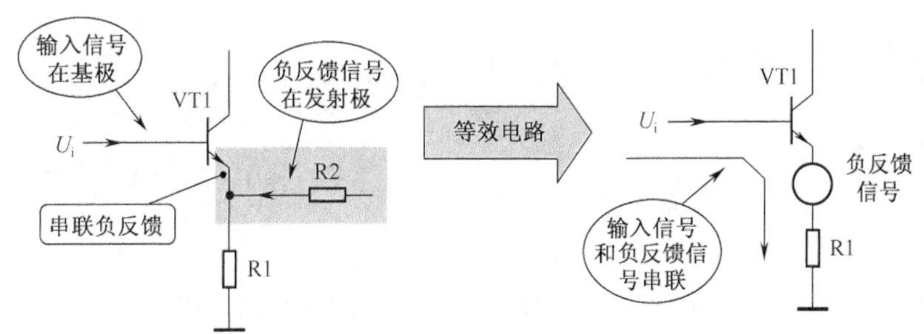

图 1-66　串联负反馈电路判断方法示意图

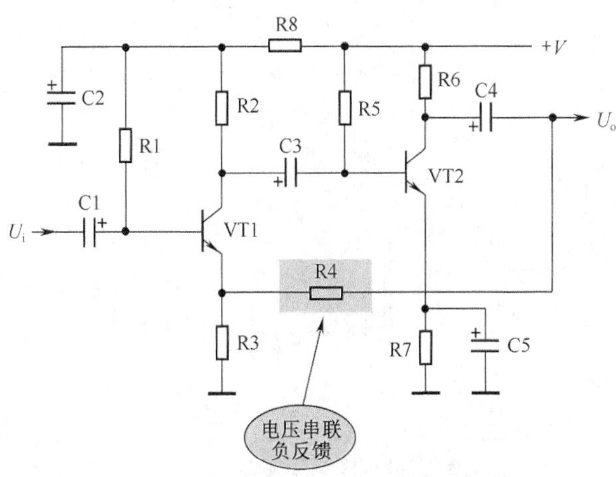

图 1-67　电压串联负反馈放大器

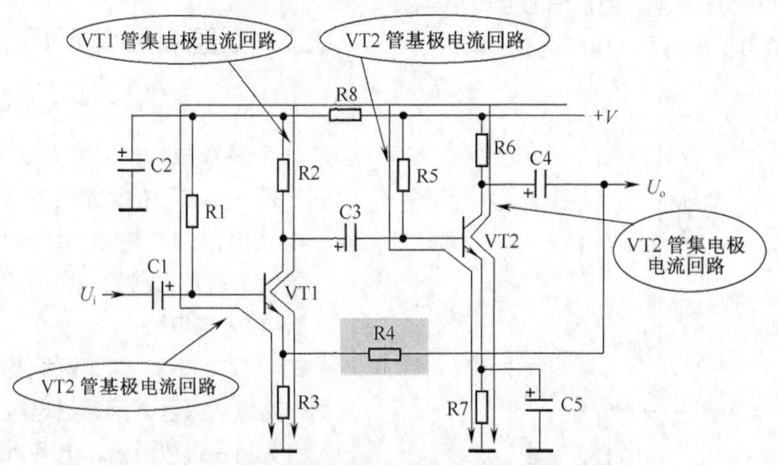

图 1-68　两级放大器三极管直流电流回路示意图

（3）**信号传输。这一放大器的信号传输过程是：**交流输入信号 U_i 通过输入端耦合电容 C1 加到第一级放大管 VT1 基极，经放大后从其集电极输出，通过耦合电容 C3 加到第二级放大管 VT2 基极，经 VT2 放大后从其集电极输出，通过输出端耦合电容 C4 送到后级电路中，U_o 是经过这两级放大器放大后的输出信号。

图 1-69 所示是这一放大器的信号传输线路示意图。

2．负反馈电路

电阻 R4 一端接在 VT2 集电极（第二级放大器的输出端），另一端接在 VT1（第一级放大器）发射极，由于电阻 R4 跨接在两级放大器电路之间，所以这是一个环路负反馈电路。图 1-70 所示是负反馈信号传输线路示意图。

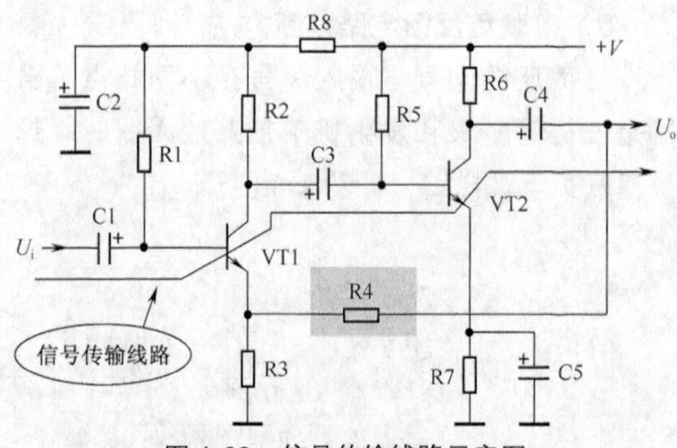

图 1-69　信号传输线路示意图

设某瞬间在 VT1 基极上的信号电压增大，如图 1-71 所示，即为“+”，见图中标记，这一电路存在下列反馈过程。

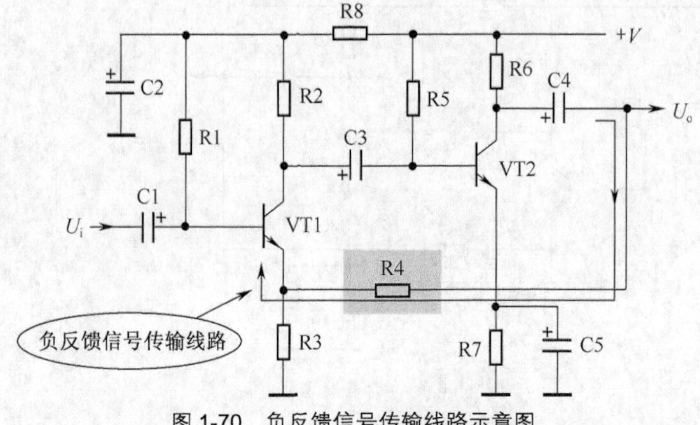

图 1-70　负反馈信号传输线路示意图

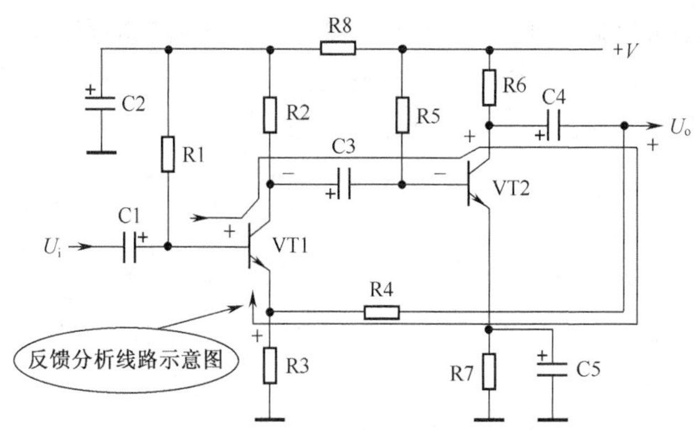

图 1-71　反馈分析线路示意图

VT1 基极电压↑（用↑表示增大）→ VT1 基极电流↑→ VT1 集电极电压↓（用↓表示减小，共发射极放大器输出信号电压与输入信号电压相位相反）→ VT2 基极电压↓→ VT2 集电极电压↑（VT2 构成共发射极放大器）→ VT1 发射极电压↑（通过反馈电阻 R4）→ VT1 基极与发射极之间正向偏置电压 U_{BE}↓（U_{BE} 等于基极电压 U_B 减发射极电压 U_E，发射极电压 U_E 增大，所以 U_{BE} 减小）→ VT1 基极电流↓，所以这是负反馈过程，R4 是负反馈电阻。

3．电路分析说明

（1）不存在直流负反馈。由于 R4 构成的负反馈回路信号要通过电容 C3 和 C4，而 C3 和 C4 对直流电流而言为开路特性，这样直流电流不能构成负反馈回路。

（2）负反馈量。放大器的输出信号电压 U_o 是经过 R4 和 R3 分压之后，作为负反馈信号加到 VT1 发射极上的。当加到 VT1 发射极上的信号电压愈大时，VT1 发射极电压愈高，VT1 发射结正向偏置电压 U_{BE} 愈小，VT1 基极电流下降的量愈多，说明负反馈量愈大，放大器的增益愈小。

1.2.4　电流并联负反馈放大器

1．电路结构

图 1-72 所示是电流并联负反馈放大器。电路中的 VT1 和 VT2 构成第一、二级放大器，它们都是共发射极放大器。U_i 为输入信号，U_o 是经过两级放大器放大后的输出信号。

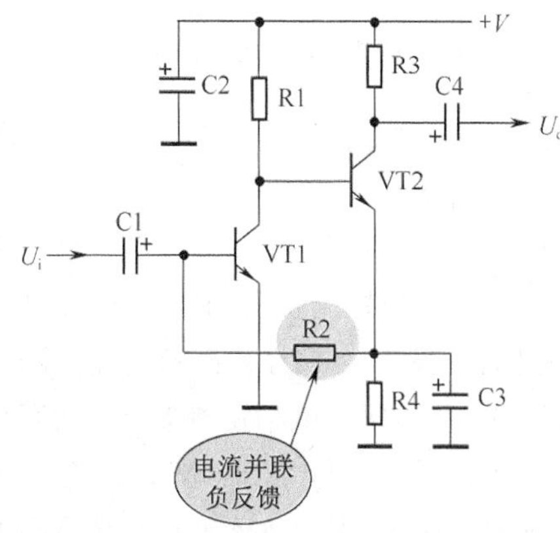

图 1-72　电流并联负反馈放大器

重要提示

这一电路有多个反馈元件，但是只有电阻 R2 接在两级放大器的输入端和输出端之间，所以它有可能构成环路负反馈电路。

2．直流电路

这是一个典型的双管直接耦合放大器，其直流电路比较特殊，由于采用直接耦合电路，两只三极管 VT1 和 VT2 之间的直流电路相关。

关于这一放大器的直流电路分析主要说明以下几点。

（1）R2 是 VT1 基极偏置电阻，为 VT1 提供基极偏置电流。图 1-73 所示是 VT1 管基极电流回路示意图，这是一个特殊的偏置电路，偏置电阻 R2 不是接在直流电源 +V 端，而是接在 VT2 发射极上，用 VT2 管发射极上的直流电压作为偏置电压，当没有VT2管发射极电压时就没有VT1管基极偏置电流。R1是VT1集电极负载电阻，同时又是VT2偏置电阻之一。

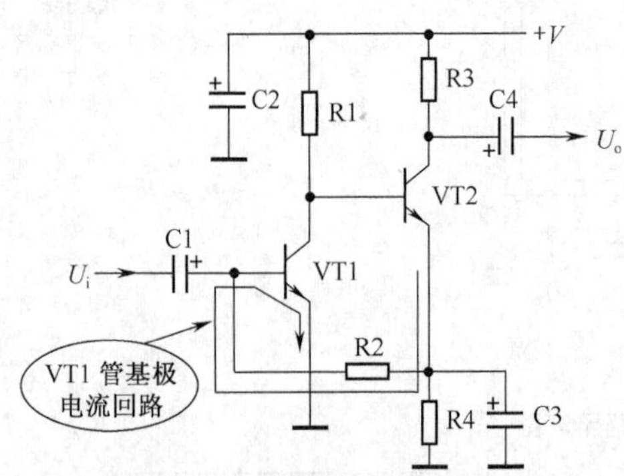

图1-73　VT1管基极电流回路示意图

（2）R3是VT2集电极负载电阻，R4是VT2发射极电阻。

（3）VT2基极偏置电路工作原理是：在放大器接通直流工作电压后，R1给VT2提供基极偏置电流，使VT2有了发射极电流（图1-74所示是VT2管基极电流和发射极电流回路示意图），VT2有了发射极电压。VT2发射极电压经R2加到VT1基极，使VT1也获得基极偏置电流，这样VT1导通而进入工作状态。

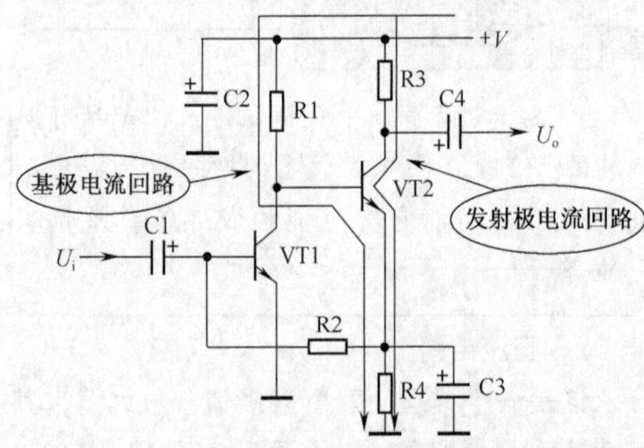

图1-74　VT2管基极电流和发射极电流回路示意图

（4）在静态下，VT1集电极直流电压直接加到VT2基极，作为VT2基极偏置电压。VT2偏置电路可以理解为是分压式偏置电路，即由电阻R1与VT1导通后的内阻（集电极与发射极之间内阻）构成的分压式偏置电路，如图1-75所示。

（5）由于VT1集电极和VT2基极之间没有隔直元件，所以当VT1直流电路发生改变时，必然引起VT1集电极直流电压变化，而这一电压的变化直接加到VT2基极，将引起VT2直流工作电流的相应变化。

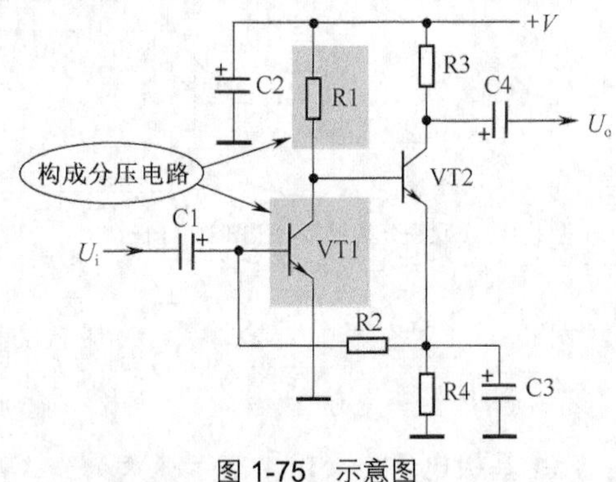

图1-75　示意图

重要提示

电路中，VT2首先导通，VT1在VT2之后导通，如果VT2不能导通，VT1就不可能导通，因为只有VT2导通后其发射极才有电压，才会有VT1基极偏置电压。

3．信号传输和交流电路

（1）信号传输过程。交流输入信号U_i经输入端耦合电容C1耦合，加到第一只放大管VT1基极，经放大后从其集电极输出，其输出信号直接耦合到第二只放大管VT2基极，经过VT2放大后从其集电极输出，通过输出端耦合电容C4加到后级电路中。图1-76所示是信号传输过程示意图。

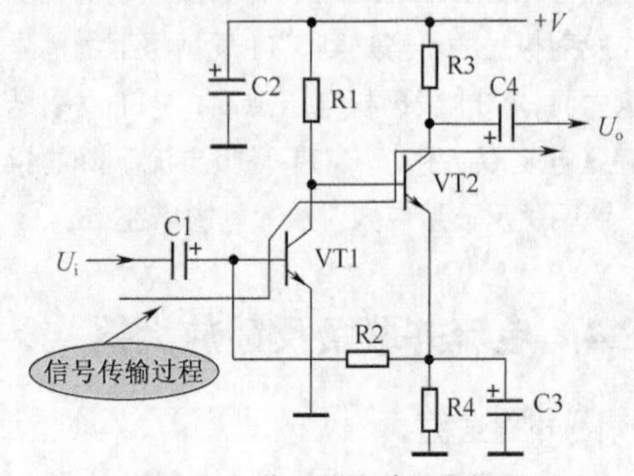

图1-76　信号传输过程示意图

（2）交流电路。输入信号在VT1和VT2中得到电压和电流的双重放大，因为这两级都是共发射极放大器。

共发射极放大器的特性是输出信号电压与输入信号电压相位相反，这样VT1和VT2每只三极管集电极与基极上的信号电压相位相反。

（3）元器件作用分析。电路中的C2是直流电路中的滤波、退耦电容。

C3是VT2发射极旁路电容，VT2发射极上的交流信号通过C3直接接电路的地线，使VT2发射极输出的交流信号不流过发射极电阻R4。

4．负反馈电阻R2分析

这里假设某瞬间在VT1基极上的信号电压为正，为了分析方便，将电流并联负反馈电路重画成如图1-77所示，则电路存在下列反馈过程。

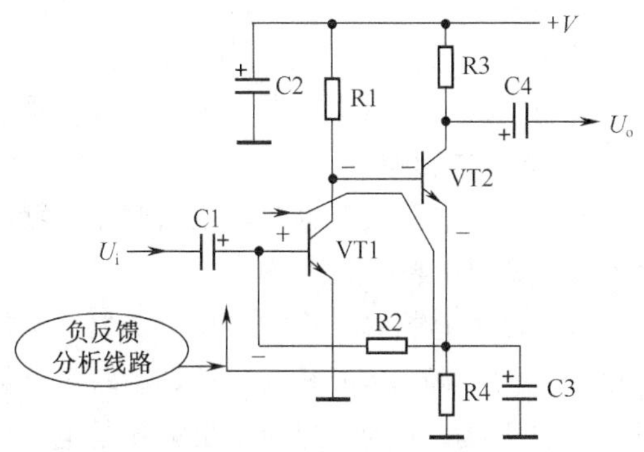

+表示基极或发射极信号电压增大
−表示基极或发射极信号电压减小

图1-77　电流并联负反馈电路

13. 电流产生条件及实用电路分析1

VT1基极电压增大（图中用“+”表示增大）→VT1基极电流增大→VT1集电极电压减小（图中用“−”表示减小）→VT2基极电压减小（直接耦合）→VT2发射极电压减小（发射极电压跟随基极电压）→VT1基极电压减小（通过电阻R2）→VT1基极电流减小，所以这是一个负反馈电路。

5．电路分析说明

关于这一负反馈电路还要提示以下几点。

（1）R2有两个作用：一是为VT1提供基极静态偏置电流，二是构成负反馈电路。

（2）R2只有直流负反馈作用。R2只对直流产生负反馈作用，对交流信号是没有负反馈作用的，因为在VT2发射极上接有旁路电容C3，VT2管发射极输出的交流信号电流通过C3流到地端，如图1-78所示，这样VT2发射极上的交流信号电压为零，R2没有将交流信号反馈到VT1的输入端，所以只有直流负反馈作用。另外，VT1和VT2之间采用直接耦合电路，直流电流成反馈回路，所以存在直流负反馈。

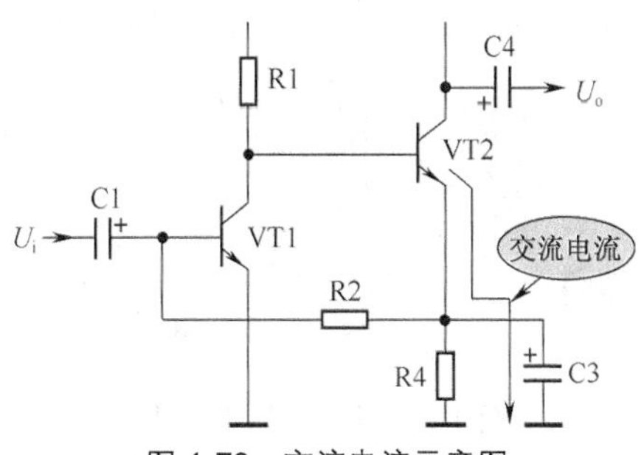

图1-78　交流电流示意图

（3）电路中如果没有C3。如果将VT2的发射极旁路电容C3去掉，则R2具有直流和交流双重负反馈作用，此时VT2发射极上也有交流信号，这一交流信号也能反馈到VT1基极上。

（4）R2阻值对负反馈量的影响。R2的阻值愈大，加到VT1基极的负反馈信号愈小，这样负反馈量愈小，放大器的增益愈大；反之则相反。

1.2.5　4种负反馈电路知识点“微播”

1．并联反馈以电流形式输入到放大器中

从放大器输出端取出的电压信号或是电流信号反馈到放大器的输入端，并不是反馈信号是电压时就是以电压的形式输入到放大器中，也不是反馈信号是电流时就是以电流的形式输入到放大器中。

重要提示

反馈信号以电流还是电压形式输入到放大器中与串联反馈还是并联反馈有关，与取出的是电压还是电流反馈信号无关。

电流并联负反馈和电压并联负反馈均以电流形式输入到放大器输入回路中，即只要是并联负反馈都是以电流形式出现在放大器输入端的。

图 1-79 所示是并联负反馈电路。电路中 R2 构成并联负反馈电路，U_s 是信号源，R_s 是信号源内阻，I_s 是信号源输出的信号电流，I_1 是净输入三极管 VT1 的基极电流，I_F 是负反馈电流。

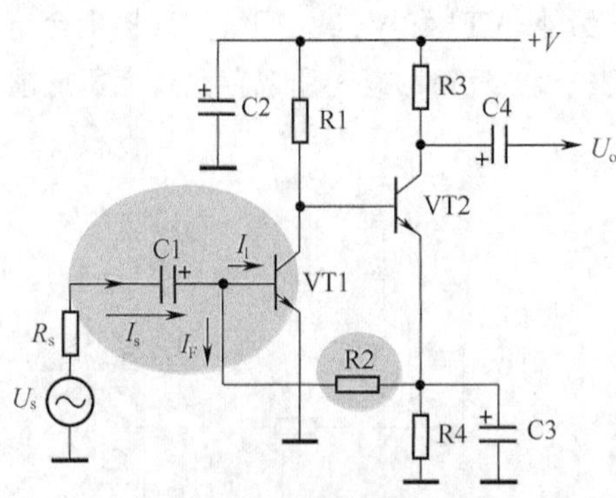

图 1-79　并联负反馈电路

从电路中可以看出，负反馈信号电流 I_F 与信号源电流 I_s 是并联的形式。

通过定性分析可知，R2 构成的是并联负反馈电路，根据节点电流定律可知，有下列公式成立：

$$I_1 = I_s - I_F$$

2．串联反馈以电压形式输入到放大器中

电流串联负反馈和电压串联负反馈信号均以电压形式输入到放大器输入回路中，即只要是串联负反馈电路都是以电压形式出现在放大器输入端的。

图 1-80 所示是串联负反馈电路。电路中 R3 构成电流串联负反馈电路，U_s是信号源电压，U_1 是净输入到放大器的信号电压，U_F 是负反馈信号电压。

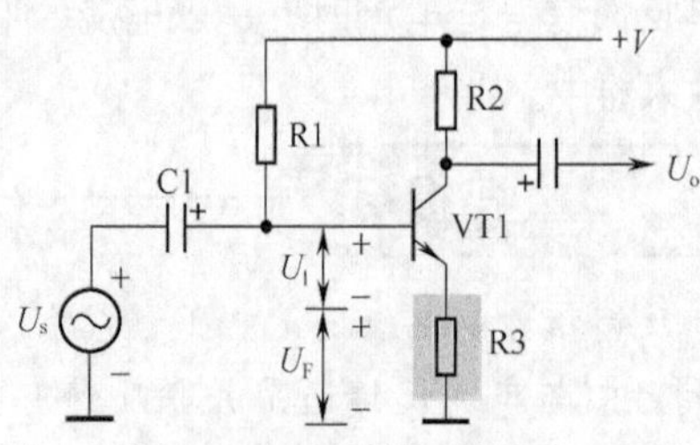

图 1-80　串联负反馈电路

从电路中可以看到，净输入信号电压 U_1 由下列公式决定：

$$U_1 = U_s - U_F$$

3．发挥负反馈效果的两个条件

为了尽可能地发挥负反馈电路的效果，应该尽可能满足下列两个条件。

（1）使负反馈深度十分大，即要求是深度很深的负反馈，愈深愈好。因为负反馈深度大后，负反馈放大器的增益下降许多，为此要求放大器的开环增益（没有加入负反馈时的放大器增益）足够大。

（2）精心设计负反馈电路，使反馈系数十分稳定，成为常数。只有反馈系数成为常数时，负反馈放大器的增益才稳定。为此，要求负反馈电路中不使用三极管，而使用高稳定的电阻器。

上述两个条件对各种负反馈电路都适用，是一个普遍性条件。对放大器的诸多指标改善都需要满足上述两个条件。

4．负反馈放大器输入阻抗只受反馈信号输入方式影响

放大器中加入负反馈电路之后对放大器的输入阻抗是有影响的。

（1）放大器的输入阻抗只与负反馈信号加到放大器输入端的方式相关，即是串联负反馈还是并联负反馈，而与电压负反馈还是电流负反馈无直接关系。

（2）串联负反馈增大了放大器的输入阻抗，并联负反馈减小了放大器的输入阻抗，负反馈放大器增大或减小放大器输入阻抗的倍数等于反馈深度。

5．负反馈放大器输出阻抗只受电压还是电流反馈信号影响

放大器中加入负反馈电路之后对放大器的输出阻抗是有影响的。

（1）放大器的输出阻抗只与电压还是电流负反馈相关，而与串联负反馈还是并联负反馈无直接关系。

（2）电流负反馈增大了放大器的输出阻抗，电压负反馈减小了放大器的输出阻抗，负反馈放大器增大或减小放大器输出阻抗的程度与反馈深度有关。

6．串联负反馈对信号源内阻要求

串联负反馈放大器的负反馈效果能不能发

挥得好与信号源内阻相关。

对于串联负反馈放大器而言，在其他条件相同的情况下，信号源内阻为零时（恒压源）负反馈效果最好，信号源内阻为无穷大时（恒流源）负反馈将不起作用。换句话讲，为了提高串联负反馈的效果应尽可能减低信号源内阻。

串联负反馈电路常用于多级放大器中，这时要求前级放大器的输出电阻小，因为前级放大器的输出电阻就是后面放大器的信号源内阻。

重要提示

串联负反馈信号源内阻为零时负反馈效果最好可以这样理解：对于串联负反馈而言，负反馈是以电压形式出现的，净输入放大器的信号电压由下列公式决定：

$$U_1 = U_s - U_F$$

式中：U_s是信号源电压；U_1是净输入到放大器的信号电压；U_F是负反馈信号电压。

从上式中可以看出，当U_s稳定不变时，U_1才能最大程度地受U_F控制，换句话说就是这时负反馈的效果才最好。

7．并联负反馈对信号源内阻要求

并联负反馈放大器的负反馈效果能不能发挥得好与信号源内阻相关。

对于并联负反馈放大器而言，在其他条件相同的情况下，信号源内阻为零时（恒压源）无负反馈效果，信号源内阻为无穷大时（恒流源）负反馈效果最好。换句话说，为了提高并联负反馈的效果应尽可能提高信号源内阻。

在多级放大器中，要求前级放大器的输出电阻大，因为前级放大器的输出电阻就是后面放大器的信号源内阻。

重要提示

并联负反馈信号源内阻无穷大时负反馈效果最好可以这样理解：对于并联负反馈而言，负反馈是以电流形式出现的，净输入放大器的信号电流由下列公式决定：

$$I_1 = I_s - I_F$$

式中：I_s是信号源电流；I_1是净输入到放大器的信号电流；I_F是负反馈信号电流。

从上式中可以看出，当I_s稳定不变时，I_1才能最大程度地受I_F控制，换句话说就是这时负反馈的效果才最好。

并联负反馈信号源内阻为零时无负反馈效果理解比较容易，因为信号源内阻为零后，加到放大器输入端的负反馈信号被零内阻的信号短路到地，这样就无法加到放大器的输入端，所以这时无负反馈作用。

8．电压负反馈对负载的要求

对于电压负反馈放大器而言，由于负反馈是取出的信号电压，所以放大器负载阻抗大时信号输出电压大，这样负反馈信号电压就大，负反馈效果就好。

9．电流负反馈对负载的要求

对于电流负反馈放大器而言，由于负反馈是取出的信号电流，所以放大器负载阻抗大时信号输出电流大，这样负反馈信号电流就大，负反馈效果就好。

10．单级负反馈和多级负反馈特点

当负反馈电路设在一级放大器中时称为单级负反馈，当负反馈电路设在多级放大器中时称为多级负反馈。

对于单级放大器而言，单级负反馈放大器的放大倍数不可能很大，这样负反馈放大器的开环增益不可能太大，而提高负反馈效果的两个条件之一就是开环增益足够大，所以单级放大器的负反馈效果不够理想。

为了提高放大器的放大倍数，采用多级放大器，这样多级放大器的放大倍数可以做得很大，在多级放大器中加入环路负反馈电路后，由于多级放大器的开环增益大，所以负反馈效果好。

多级负反馈放大器通常是指两级或是三级的环路负反馈放大器。

14. 电流产生条件及实用电路分析2

重要提示

多级放大器可以实现4种典型的负反馈放大器，但是对于单级负反馈放大器只有下列2种。

（1）电流串联负反馈放大器；

（2）电压并联负反馈放大器。

11．音频放大器中的负反馈问题

对于音频放大器，主要是要求减小放大器的非线性失真，因此可以根据对非线性失真的要求来决定反馈深度。

12．测量放大器中的负反馈问题

测量放大器要求有比较高的增益稳定性，而一般测量放大器都是电压放大器，所以要求它的电压增益比较稳定，这样可以采用串联负反馈电路，以最大限度地通过负反馈电路来稳定测量放大器的电压增益。然后根据电压增益稳定性的要求不同，选择不同的反馈深度，以满足测量放大器的要求。

13．提高输入级放大器输入阻抗的负反馈问题

从负反馈角度来讲，提高输入级放大器输入阻抗有下面两种方案。

（1）采用多级负反馈。在多级放大器中，由于放大器的放大倍数大，这样可以获得较大的反馈深度，在采用环路负反馈电路后可以将输入级放大器的输入阻抗增大许多倍，此时要注意应该使用串联负反馈电路。

（2）单级负反馈。如果只是提高输入级放大器的输入阻抗是没有必要采用一个多级放大器的，可以采用射极输出器，或是采用基极自举电路来提高输入级放大器的输入阻抗。

14．宽频带放大器的负反馈问题

宽频带放大器要求放大器的频带宽，负反馈的目的也是为了扩展放大器的频带。但是，宽频带放大器通常是一个多级放大器，在采用负反馈电路时要注意下列几点，否则不仅达不到负反馈的目的，还有可能引起低频和高频段的自激（成为正反馈），大大降低放大器的性能。

（1）在多级的宽频带放大器中，要采用单级的负反馈电路，因为一个单级的负反馈放大器是不会引起低频和高频段自激的。

（2）因为单级的负反馈放大器主要有两种，不要在同一个宽频带放大器中连续使用相同的单级负反馈放大器，可以交替使用。例如第一级采用电流串联负反馈放大器，第二级则采用电压并联负反馈放大器。采用这种交替方式的负反馈放大器后，两级放大器级间阻抗匹配也好，能更好地达到负反馈的效果。

15．开环增益和反馈系数问题

负反馈效果取决于开环增益和反馈系数之积的大小，在开环增益和反馈系数之积确定后就要确定具体的开环增益和反馈系数大小。

当开环增益和反馈系数之积远大于1后，负反馈放大器的闭环增益约等于反馈系数的倒数。在具体的电路设计中，负反馈放大器的闭环增益是作为要求确定的，是一个已知数。开环增益大了就要求反馈系数小，反之则大。

1.3 负反馈改善放大器性能

负反馈电路通过降低放大器的放大倍数换取放大器诸多性能的改善，放大器中加入负反馈的根本目的是改善放大器的性能。

负反馈电路可以改善放大器的工作稳定性，减小受温度等因素的影响；可以降低放大器的噪声，减小放大器的非线性失真。扩展放大器的频带等。

1.3.1 放大器的放大倍数

放大器的性能参数很多，不同放大器对各性能参数的要求也不同，这里只介绍一些常用参数。

放大倍数是表征放大器对信号放大能力的一个重要参数，放大倍数共有下列 3 种。

（1）电压放大倍数，它表示了对信号电压的放大能力；

（2）电流放大倍数，它表示了对信号电流的放大能力；

（3）功率放大倍数，它表示了对信号功率的放大能力。

放大器的放大倍数有下列两种表示方式。放大了多少倍，这种表示方式的单位为倍；用增益表示，单位是分贝（用 dB 表示）。

1．电压放大倍数

图 1-81 所示是放大器电压放大倍数示意图，电路中 U_i 是放大器输入信号电压，U_o 是放大器输出信号电压。

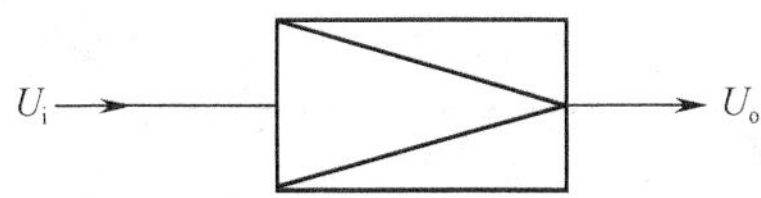

图 1-81　放大器电压放大倍数示意图

（1）倍数表示法。放大器电压放大倍数的定义公式如下：

$$A_V=\frac{U_o}{U_i}\text{（倍）}$$

式中：A_V 为放大器的电压放大倍数；U_o 为放大器的输出信号电压；U_i 为放大器的输入信号电压。

当采用上述公式计算放大器的电压放大倍数时，单位为倍。

（2）增益表示法。当放大器的电压放大倍数用 dB 表示时（常说成是放大器的电压增益），由下列公式来计算：

$$A_V=20\lg\frac{U_o}{U_i}\text{（dB）}$$

2．电流放大倍数

图 1-82 所示是放大器电流放大倍数示意图，电路中 I_i 是放大器输入信号电流，I_o 是放大器输出信号电流。

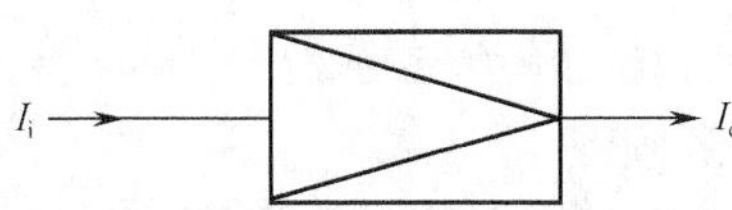

图 1-82　放大器电流放大倍数示意图

（1）倍数表示法。放大器电流放大倍数的定义公式如下：

$$A_I=\frac{I_o}{I_i}\text{（倍）}$$

式中：A_I 为放大器的电流放大倍数；I_o 为放大器的输出信号电流；I_i 为放大器的输入信号电流。

当采用上述公式计算放大器的电流放大倍数时，单位为倍。

（2）增益表示法。当放大器的电流放大倍数用 dB 表示时（常说成是放大器的电流增益），由下列公式来计算：

$$A_I=20\lg\frac{I_o}{I_i}$$

3．功率放大倍数

图 1-83 所示是放大器功率放大倍数示意图，电路中 P_i 是放大器输入信号功率，P_o 是放大器输出信号功率。

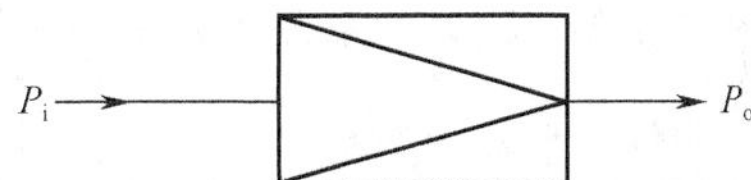

图 1-83　放大器功率放大倍数示意图

（1）倍数表示法。放大器功率放大倍数的定义公式如下：

$$A_P=\frac{P_o}{P_i}\text{（倍）}$$

式中：A_P 为放大器的功率放大倍数；P_o 为放大器的输出信号功率；P_i 为放大器的输入信号功率。

15. 电流产生条件及实用电路分析 3

当采用上述公式计算放大器的功率放大倍数时，单位为倍。

（2）增益表示法。当放大器的功率放大倍数用 dB 表示时（常说成是放大器的功率增益），由下列公式来计算：

$$A_P=10\lg\frac{P_o}{P_i}\text{（dB）}$$

重要提示

在放大器的电压放大倍数、电流放大倍数和功率放大倍数中，用得最多的是电压放大倍数。

不同的放大器会采用不同的放大倍数，如电压放大器用电压放大倍数，功率放大器则用功率放大倍数。

4．多级放大器的放大倍数

多级放大器中，各单级放大器的放大倍数用放大多少倍表示时，总的放大倍数为各单级放大器放大倍数的积；用增益表示时，总增益为各单级放大器增益的和，单位为 dB。

对于电压、电流和功率放大倍数的计算方法相同。

例如，有一个三级放大器，各级放大器的电压放大倍数均为 100，则这个三级放大器总的电压放大倍数为 100 倍 ×100 倍 ×100 倍。

又例如，某三级放大器，各级放大器的电压增益为 20dB，则这一多级放大器总的增益为 20+20+20=60dB。

从上述举例可以看出，在多级放大器采用分贝表示时计算比较方便，所以常用这种方式。表 1-1 所示是放大器放大倍数两种表示方式之间的换算。

表 1-1　放大器放大倍数两种表示方式之间的换算

放大多少倍	分 贝 表 示
10	20
100	30
1000	40
10000	50
100000	60

5．开环增益和闭环增益

当放大器中没有加入负反馈电路时的放大增益称为开环增益，加入负反馈后的增益称为闭环增益。由于负反馈降低了放大器的放大能力，所以闭环增益一定小于开环增益。

不同的负反馈量情况下放大器的闭环增益也是不同的。

1.3.2　放大器频率响应

重 要 提 示

频率响应是放大器的一个重要指标，频率响应又称频率特性。

放大器的频率响应用来表征放大器对各种频率信号的放大能力、放大特性。频率响应具有多项具体的指标，不同用途的放大器，对这些指标的要求不同。

1．幅频特性

图 1-84 所示是幅频特性曲线。图中，x 轴方向为信号的频率，y 轴方向为放大器的增益。

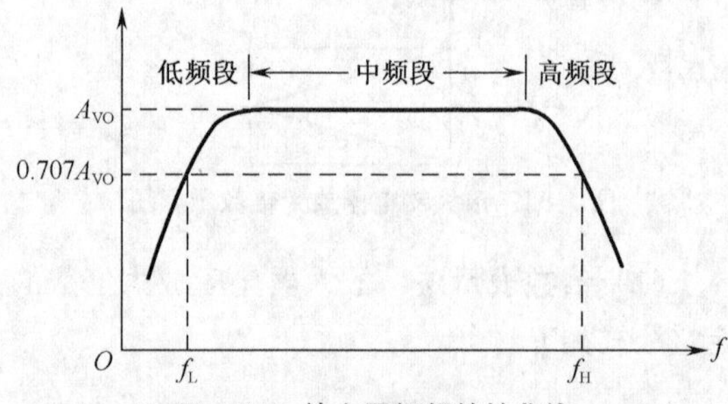

图 1-84　放大器幅频特性曲线

关于这一放大器幅频特性曲线，主要说明下列几点。

16. 电流产生条件及实用电路分析 4

（1）在曲线的中间部分（中频段）增益比较大而且比较平坦。

（2）曲线的右侧（高频段）随频率的升高而下降，这说明当信号频率高到一定程度时，放大器的增益下降，而且频率愈高放大器的增益愈小。

（3）曲线的左侧（低频段）随频率的降低而下降，这说明当信号频率低到一定程度时，放大器的增益开始下降，而且频率愈低增益愈小。

（4）放大器的中频段幅频特性比较好，低频段和高频段的幅频特性都比较差，且频率愈高或愈低，幅频特性愈差。

2．通频带

由于放大器对低频段信号和高频段信号

的放大能力低于中频段，当频率低到或高到一定程度时，放大器的增益已很小，放大器对这些低频信号和高频信号已经不存在有效放大，因而对放大器的工作频率范围做出规定，用通频带来表明放大器可以放大的信号频率范围。

如幅频特性曲线所示，设放大器对中频段信号的增益为 A_{VO}，规定当放大器增益下降到 $0.707A_{VO}$（比 A_{VO} 下降 3dB）时，放大器所对应的两个工作频率分别为下限频率 f_L 和上限频率 f_H。

重要提示

放大器对频率低于 f_L 的信号和频率高于 f_H 的信号不具备有效放大能力。

放大器的通频带等于 $\Delta f = f_H - f_L \approx f_H$。通频带又称放大器的频带。可以这样理解放大器的通频带：某一个放大器只能放大它频带内的信号，而频带之外的信号放大器不能进行有效地放大。

关于放大器的频带问题还要说明以下几点。

（1）并不是放大器的频带愈宽愈好，最好是放大器的频带等于信号源的频带，这样放大器只能放大有用的信号，不能放大信号源频带之外的干扰信号，放大器输出的噪声为最小。

（2）不同用途的放大器，对其频带宽度要求不同。

（3）许多放大器幅频特性曲线在中频段不是平坦的，有起伏变化，对此有相应的要求，即不平坦度为多少分贝，如图 1-85 所示。

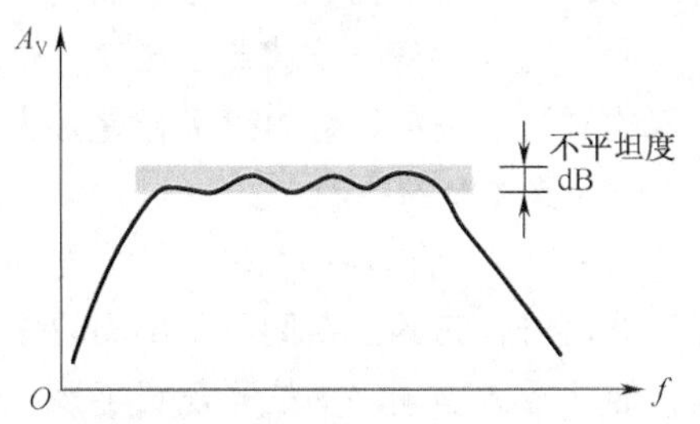

图 1-85　放大器幅频特性不平坦度示意图

3．**相频特性**

重要提示

放大器的相频特性用来表征放大器对不同频率信号放大之后，对它们的相位改变情况，即不同频率下的输出信号与输入信号相位变化程度。放大器的相频特性不常用。

图 1-86 所示是放大器的相频特性曲线。图中，x 轴方向为信号的频率，y 轴方向为放大器对输出信号相位的改变量。

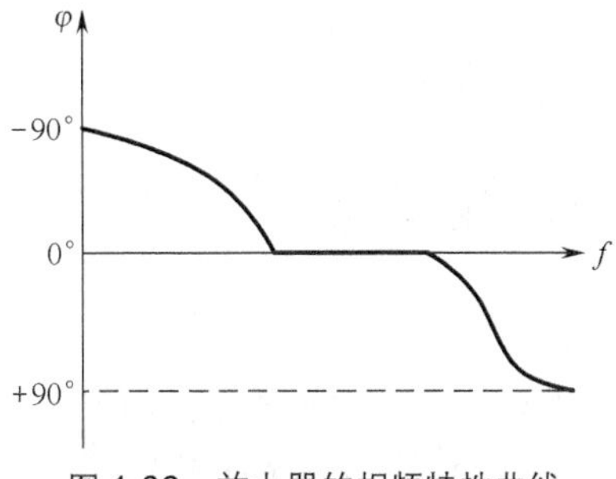

图 1-86　放大器的相频特性曲线

关于放大器相频特性主要说明下列几点。

（1）放大器对中频段信号不存在移相问题，而对低频信号和高频信号要产生附加的相移，而且频率愈低或愈高，相移量愈大。

（2）不同用途的放大器，对放大器的相频特性要求不同，有的要求相移量很小，有的则可以不做要求。例如，一般的音频放大器对相频特性没有严格的要求，而在彩色电视机的色度通道中，若放大器产生相移，将影响彩色的正常还原。

1.3.3　放大器信噪比

放大器的信噪比是一项重要指标，它用来表征放大器输出信号受其他无用信号干扰的程度。信噪比的单位是 dB。

重要提示

信噪比等于信号大小与噪声大小之比，信号用 S 表示，噪声用 N 表示，信噪比用 S/N 表示。放大器的信噪比愈大愈好。

1．噪声

噪声也是放大器电子电路中的一种“信号”，是一种无用、有害的信号，它愈小愈好，但是放大器中不可避免地会存在噪声，当噪声太大时，将成为噪声大故障。

多级放大器中，前级放大器产生的噪声会被后级放大器作为“信号”放大，如图1-87所示，所以在多级放大器中前级放大器的噪声对整个放大系统的危害最大，对前级放大器要重点进行噪声抑制。

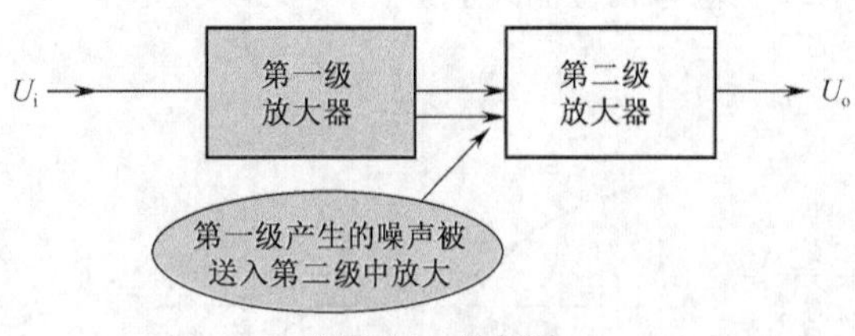

图1-87　示意图

电路中噪声产生的主要原因如下。

（1）电路中元器件本身的噪声。

（2）电路设计不合理产生的噪声，如电源、地线设置不合理。

（3）外部干扰产生的噪声。

抑制噪声的主要措施如下。

（1）在电路的输入回路中设置滤波器，以消除频带之外的各种干扰信号。

（2）精心选择输入放大器中的元器件，如采用低噪声三极管作为放大管等。

（3）适当提高放大器的输入电阻，这样可以降低输入端耦合电容的容量，以减小电容漏电产生的噪声。

（4）采用各种屏蔽措施，以避免电路受外部的干扰。

（5）精心设计电路。

（6）采用一些噪声抑制电路，如动态降噪电路。

2．信噪比

许多情况下，避开信噪比只谈噪声的大小是没有意义的。例如，有两个输出功率分别为200W和2W的放大器，前者输出功率为200W时放大器输出的噪声肯定比输出功率为2W的大，但是不能说200W放大器使用时的噪声性能没有2W的好。因为当它输出200W信号功率时，噪声输出是大的，但是它在只输出2W时，噪声肯定特别小。所以，用信噪比来说明更加科学。

表1-2所示是某型号集成电路放大器的信噪比指标。

表1-2　某型号集成电路放大器的信噪比指标

参数	符号	最小值	典型值	最大值	单位
信噪比	*S*/*N*	100	110		dB

注：电气参数（除非特别指定，t_{amp}=25℃）。

重要提示

电气参数值分成最小值、典型值和最大值3项，它是指数值，不小于最小值、不大于最大值，通常为典型值。

1.3.4　放大器失真度

17.电阻串联电路1

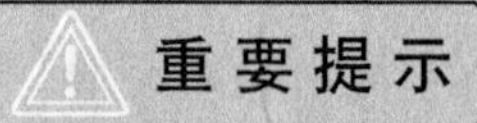

重要提示

失真度是放大器的一项重要指标。放大器的失真度用来表征放大器放大信号过程中，对信号产生非线性畸变的程度。

1．非线性失真

放大器在放大信号过程中，使信号的幅度大小发生了改变，这是线性的失真，是需要的，没有这种幅度的失真，就没有对信号的放大。

但是，放大器对信号产生幅度失真的过程中，还会使信号的变化规律产生改变，这就是放大器的非线性失真。图1-88所示是放大器产生非线性失真的示意图。

从图1-88中可以看出，输入放大器的是标准正弦波信号，它的正半周和负半周幅度大小相等，而从放大器输出的信号已经不是一个标准的正弦波信号，负半周信号幅度大于正半周信号的幅度（称这种失真为大小头失真），或是其他形式的失真（如正半周波形被削去一截，称为削顶失真），这就是不需要的失真，称为非线性失真。

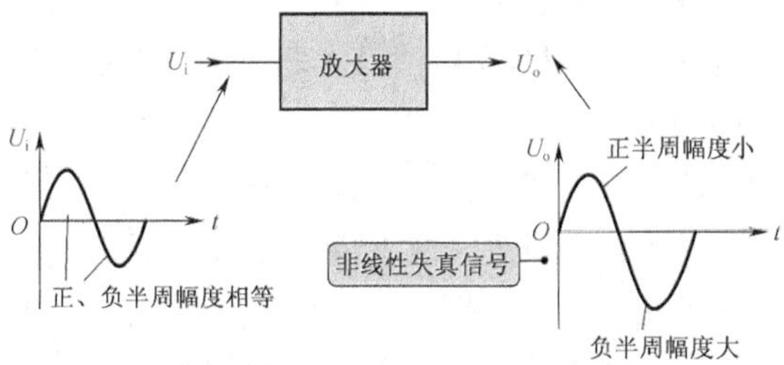

图 1-88　放大器产生非线性失真的示意图

重要提示

对于大多数放大器而言这种非线性失真是不允许的，但是放大器不可避免地存在这种非线性失真，所以要用失真度参数衡量放大器对信号的非线性失真程度。

放大器的失真度有多种，在不加具体说明的情况下，失真度指的是非线性失真，这也是最常用的失真度指标。失真度又称为失真系数。

失真度用 % 表示。

2．失真信号的频率成分

当一个信号产生了非线性失真之后，这一失真的信号可以用一系列频率不同、幅度不同的正弦波信号来合成。换言之，某单一频率的信号，由于非线性失真而出现了许多新频率的不失真信号。

一个具有非线性失真、频率为 f_0 的信号 U_0，可以用下列公式来表示：

$$U_0 = A_1 f_0 + A_2(2f_0) + A_3(3f_0) + A_4(4f_0) + \cdots$$

式中：U_0 为已产生非线性失真的信号；f_0 为失真信号的频率，f_0 又称为基波；$2f_0$ 为频率是基频信号 2 倍的不失真正弦波信号，又称为 f_0 的二次谐波；$3f_0$ 为频率是基频信号 3 倍的不失真正弦波信号，又称为 f_0 的三次谐波；$4f_0$ 为频率是基频信号 4 倍的不失真正弦波信号，又称为 f_0 的四次谐波；A_1 是不失真基频信号 f_0 的幅度；A_2 是不失真的二次谐波的幅度；A_3 是不失真的三次谐波的幅度；A_4 是不失真的四次谐波的幅度。

式中只列出四次谐波，其实还有更多次的谐波，一直会到无数次谐波。在各次谐波中，前几次的谐波幅度较大，是 U_0 谐波中的主要成分。

重要提示

凡是偶数次的谐波称为偶次谐波，凡是奇数次的谐波称为奇次谐波。音频放大器中，奇次谐波对音质具有破坏性的影响，是非音乐性的；偶次谐波是音乐性的。

3．三次谐波失真度和全谐波失真度

（1）三次谐波失真度。各次谐波中，三次谐波的危害性最大，所以可用三次谐波失真度来表示放大器的非线性失真程度。三次谐波失真度可以用下列公式来表示：

$$D_3 = \frac{A_3}{A_1} \times 100\%$$

式中：D_3 为三次谐波失真度；A_3 为三次谐波幅度；A_1 为基波幅度。

（2）全谐波失真度。放大器的全谐波失真度等于各次谐波幅度的平方之和开根号，再与基波信号幅度之比，用百分数（%）表示。由于全谐波失真度的测试比较困难，而三次谐波的测试比较方便，所以常用三次谐波失真度。

1.3.5　放大器的输出功率和动态范围

1．输出功率

对于音频功率放大器而言，这是一项重要的指标。对于其他没有功率输出要求的放大器而言，这项指标意义不大。

放大器的输出功率用来表征放大器在规定失真度下，能够输出的最大信号功率。

音频放大器的输出功率根据所用测试信号种类的不同、规定的失真度大小不同，有许多种表示方式，而且各种表示方式所得到的输出

功率指标相差较大，也就是说同一个音频功率放大器，输出功率指标可以有多种表示形式，如不失真输出功率、额定输出功率、音乐输出功率、最大音乐输出功率等。

输出功率的单位是 W。一般来说，放大器的输出功率愈大愈好。

2．动态范围

放大器的动态范围是指放大器在保证足够大信噪比情况下输出的最小信号与规定失真度情况下最大输出信号之间的工作范围。

影响放大器动态范围的是噪声大小和输出功率的大小。放大器的动态范围单位是 dB，这一范围愈大愈好。

1.3.6 负反馈减小非线性失真

非线性失真是放大器的一项重要指标，电路设计中降低放大器的非线性失真是主要任务之一，采用负反馈电路降低放大器的非线性失真是一般放大器的重要方法。

1．放大器非线性失真过程

这里以大小头失真为例，说明放大器失真过程。图 1-89 所示是放大器非线性失真过程示意图。输入放大器的信号 U_i 是一个标准、光滑的正弦波信号，它的正半周信号和负半周信号幅度一样大。U_O 是经过放大器放大后产生了失真的输出信号，为一个大小头失真的信号，如图中输出信号波形所示，它的正半周信号幅度大于负半周信号幅度（也可以是负半周信号幅度大于正半周信号幅度），说明放大器对正半周信号的放大量大于对负半周信号的放大量。这是放大器的非线性失真的一种。

2．负反馈改善放大器非线性失真

在放大器中加入负反馈电路之后，负反馈电路能够减小放大器非线性失真。

（1）负反馈信号也失真。由于输出信号存在正半周信号幅度大、负半周信号幅度小的失真，所以通过负反馈电路后的负反馈信号 U_F 也存在这种正半周信号幅度大、负半周信号幅度小的失真，如图 1-90 所示中的负反馈信号 U_F 波形。

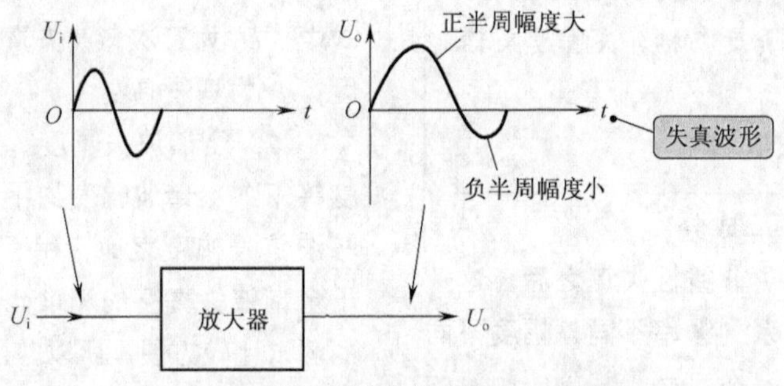

图 1-89　放大器非线性失真过程示意图

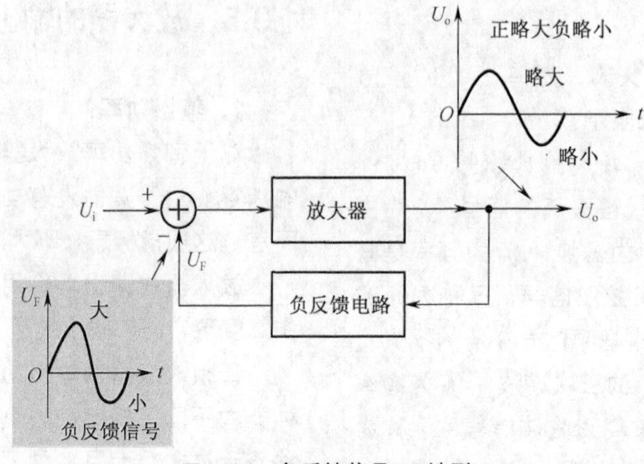

图 1-90　负反馈信号 U_F 波形

（2）净输入信号也失真。由于是负反馈电路，所以输入信号 U_i 与负反馈信号 U_F 之间是相减的关系。因为负反馈信号 U_F 的正半周幅度大、负半周幅度小，所以与输入信号 U_i 相减后的净输入信号 U_l 也是一个大小头失真的信号，但是正半周幅度小、负半周幅度大，如图 1-91 中 U_l 波形所示，与原放大器输出信号的失真方向相反。

（3）失真量减小。由于放大器本身存在非线性失真，即对正半周信号的放大量大于对负半周信号的放大量，这样，净输入信号 U_l 的正半周信号幅度小，得到的放大量大，而净输入信号 U_l 的负半周信号幅度大，得到的放大量小，所以经过负反馈后放大器输出信号 U_o 正、负半周信号幅度相差的量减小，达到减小失真的目的。

重要提示

加入负反馈电路之后，可以降低放大器非线性失真。加入的负反馈量愈大，负反馈电路对这种失真的改善程度愈大。

1.3.7 负反馈扩宽放大器频带

在放大器中引入负反馈电路可以扩展放大器的频带宽度，图 1-92 所示的幅频特性曲线可以说明其中的原理。图中，曲线 A 是没有加入负反馈电路时的放大器幅频特性曲线，曲线 B 是加入负反馈电路后的放大器幅频特性曲线。

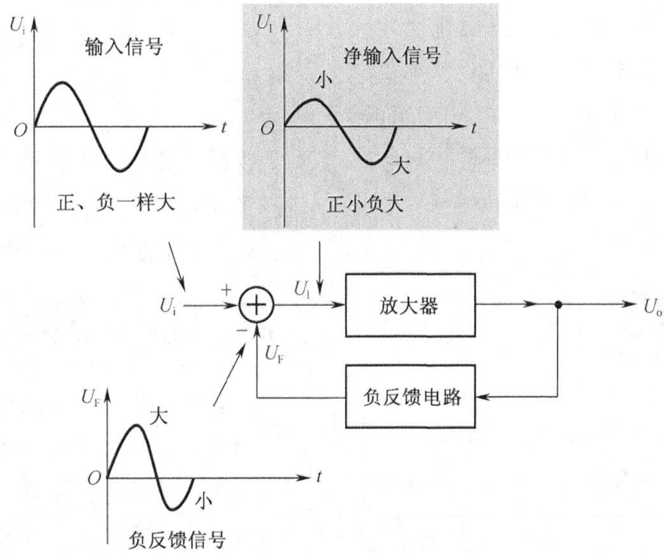

图 1-91 净输入信号波形示意图

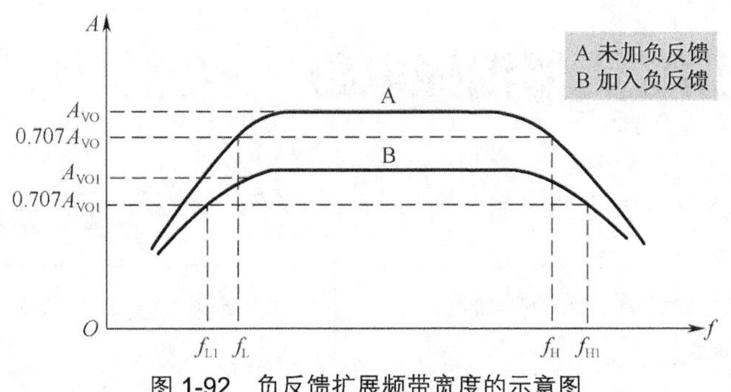

图 1-92 负反馈扩展频带宽度的示意图

1．B 曲线增益小频带宽

曲线 A 中，由于没有加入负反馈电路，所以放大器增益比较大；曲线 B 中，由于加入负反馈电路，所以放大器增益比较小。

曲线 A 中，f_L 是下限频率，f_H 是上限频率，频带宽度为 f_H−f_L；曲线 B 中，f_{L1} 是下限频率，f_{H1} 是上限频率，频带宽度为 f_{H1}−f_{L1}。由于 f_{L1} 低于 f_L，f_{H1} 高于 f_H，显然，曲线 B 的频带宽度大于曲线 A 的频带宽度。所以，负反馈能够扩展放大器的频带宽度。

2．B 曲线更为平坦

放大器对中频段信号的增益大于对低频段信号和高频段信号的增益，因此输出信号中的中频段信号幅度大于低频段信号和高频段信号的幅度。

加入负反馈后，放大器对它们的增益都因负反馈而减小，但是因为中频段信号幅度大，其反馈量就大，低、高频段信号因幅度小其反馈量就小，所以放大器对中频段信号的增益减小得多，而对高、低频段信号的增益减小得少，因此，加入负反馈后的幅频特性曲线就比原来的低且平坦些，如曲线 B 所示。

重要提示

负反馈电路可以扩展放大器的频带，并且加入的负反馈量愈大，负反馈电路对放大器频带扩展的程度愈大。

1.3.8 负反馈降低放大器噪声和稳定放大器工作状态

1．负反馈降低噪声原理

负反馈可以降低放大器电路的噪声，其基本原理是：从负反馈作用中可知，加入负反馈电路之后，放大器的增益将下降，所以对放大器中的噪声输出也将减小，可以抑制放大器电路的噪声。

重要提示

负反馈电路不能降低伴随在输入信号中的噪声，只能降低本级放大器中的噪声输出。为了提高本级放大器的信噪比，可以加大输入信号。

2．负反馈稳定放大器工作状态

三极管在工作时会受环境温度、直流工作电压波动的影响，出现基极电流微小波动的现象，这就造成了放大器工作的不够稳定。加入负反馈可以使这一基极电流波动的幅度下降，从而达到稳定放大器工作状态的目的。

重要提示

当三极管基极电流增大而导致输出信号增大时，负反馈信号幅度增大，负反馈量增大，使放大器增益下降，放大器输出信号减小，抑制了基极电流波动幅度，达到稳定放大器工作状态的目的。

1.4 负反馈放大器消振电路

放大器电路中加入负反馈电路之后，可以改善放大器的诸多性能指标，但是同时也会给放大器带来一些不利之处，最主要的问题是负反馈放大器会出现高频自激。

重要提示

所谓负反馈放大器高频自激就是负反馈放大器会自行产生一些高频振荡信号，

这些信号不仅不需要，而且对负反馈放大器稳定工作十分有害，甚至出现高频的啸叫声。为此，要在负反馈放大器中采取一些消除这种高频自激的措施，即采用消振电路。

1.4.1　产生自激的条件和消振电路原理

1．产生自激的条件

所谓自激就是不给负反馈放大器输入信号放大器也会有输出信号的现象，这一输出信号由放大器本身产生。当负反馈放大器同时满足下列相位正反馈和幅度两个条件时，放大器将产生自激。

（1）相位正反馈条件。在负反馈放大器中，负反馈信号与输入信号之间的相位是反相的，即输入信号与负反馈信号之间相位相差 180°，所以这两个信号混合是相减的关系。

但是放大器会对不同频率的信号产生不同的附加相移，如果负反馈放大器对某频率的负反馈信号又产生了 180° 的附加相移，则当此负反馈信号从放大器输出端反馈到放大器输入端时已经移相 360°，这时反馈信号与输入信号之间是同相位的关系，是两个信号相加的关系，这是正反馈过程。

重 要 提 示

放大器对信号相位的附加相移量与信号频率有关，不同频率信号的相移量是不同的，只有一个频率的信号附加相移为 180°，所以当负反馈放大器出现自激时，放大器输出的叫声为单一频率的，不像一般噪声的频率范围那么宽，这种单频率叫声称为啸叫。

（2）幅度条件。放大器对产生正反馈的信号具有放大能力。对于负反馈放大器而言这一点也是不成问题的，因为放大器本身具有放大作用。由于这是正反馈，反馈信号与原输入信号相加，净输入增大，又对净输入放大，使反馈信号更大，这样愈反馈信号幅度愈大，最终便会产生自激振荡。

2．消振电路工作原理

负反馈放大器出现自激后，就会影响放大器对正常信号的放大，所以必须加以抑制，这由称为消振电路的电路来完成，消振电路又称为补偿电路。

消振电路是根据自激产生的机理设计的。根据产生自激的原因可知，只要破坏它两个条件中的一个条件，自激就不能发生。由于破坏相位条件比较容易做到，所以消振电路一般根据这一点设计。

重 要 提 示

一般情况下，消振电路用来对自激信号的相位进行移相，通过这种附加移相，使产生自激的信号相位不能满足正反馈条件。

3．消振电路种类

负反馈放大器中的消振电路种类比较多，但是它们的基本工作原理相似。**消振电路主要有以下几种常见电路**。

（1）超前式消振电路；

（2）滞后式消振电路；

（3）超前－滞后式消振电路；

（4）负载阻抗补偿电路。

19. 电阻串联电路 3

1.4.2　RC 移相电路

为了更容易理解消振电路，必须掌握 RC 移相电路的工作原理，因为消振电路的工作原理是建立在 RC 移相电路基础上的。

重 要 提 示

RC 电路可以用来对输入信号的相位进行移相，即改变输出信号与输入信号之间的相位差，根据 RC 元件的位置不同有两种 RC 移相电路：RC 滞后移相电路和 RC 超前移相电路。

1．电流与电压之间相位关系

在讨论 RC 移相电路工作原理之前，先要对电阻器、电容器上的电流相位和电压降相位之间的关系进行说明。

（1）电阻器上电流与电压之间的相位关系。电压和电流之间的相位是指电压变化时所引起的电流变化的情况。当电压在增大时，电流也在同时增大，并始终同步变化，这说明电压和电流之间是同相位的，即相位差为 0°，如图 1-93 所示。

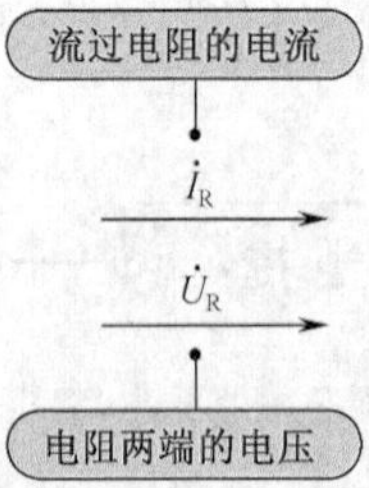

图 1-93　电阻器上电流与电压之间的相位关系示意图

当电压增大时，电流减小，这说明它们之间是不同相的。电压与电流之间的相位差可以是 0° ～ 360° 范围内的任何值。不同元件上的电流与电压的相位差是不同的。

重要提示

电阻器上的电流和电压是同相的，即流过电阻器的电流和电阻器上的电压降相位相同。

（2）电容器上电流与电压之间的相位关系。电容器上的电流和电压相位相差 90°，如图 1-94 所示，并且是电流超前电压 90°，这一点可以这样来理解：只有对电容器充电之后，电容器内部有了电荷，其两端才有电压，所以流过电容器的电流是超前电压的。

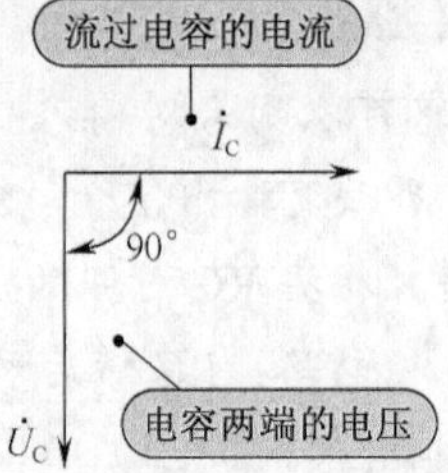

图 1-94　电容器上电流与电压之间的相位关系示意图

2．RC 滞后移相电路

图 1-95 所示是 RC 滞后移相电路。电路中的 U_i 是输入信号电压，U_o 是经这一移相电路后的输出信号电压，I 是流过电阻 R1 和电容 C1 的电流。

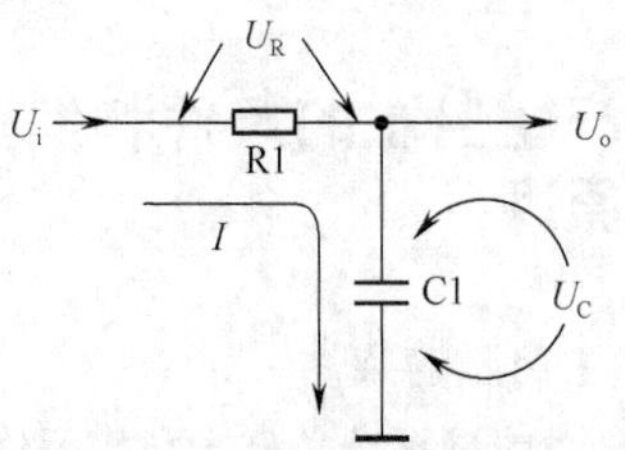

图 1-95　RC 滞后移相电路

分析移相电路时要用到矢量的概念，并且要学会画矢量图。为了方便分析 RC 移相电路的工作原理，可以用画图分析的方法。具体画图步骤如下。

（1）第一步，画出流过电阻和电容的电流 $\dot{I}$。第一步是画出流过电阻和电容的电流 $\dot{I}$，图 1-96 所示是一条水平线（其长短表示电流的大小）。

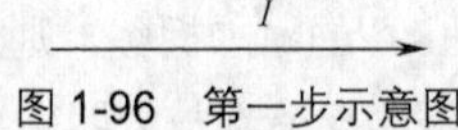

图 1-96　第一步示意图

（2）第二步，画出电阻上的电压矢量。如图 1-97 所示，由于电阻上的电压降 $\dot{U}_R$ 与电流 $\dot{I}$ 是同相位的，所以 $\dot{U}_R$ 也是一条水平线（与 $\dot{I}$ 矢量线之间无夹角，表示同相位）。

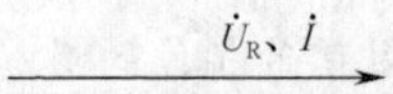

$\dot{U}_R$、$\dot{I}$

图 1-97　第二步示意图

（3）第三步，画出电容上电压矢量。如图 1-98 所示，由于电容两端电压滞后于流过电容的电流 90°，所以将电容两端的电压 $\dot{U}_C$ 画成与电流 $\dot{I}$ 垂直的线，且朝下（以 $\dot{I}$ 为基准，顺时针方向为相位滞后），该线的长短表示电容上电压的大小。

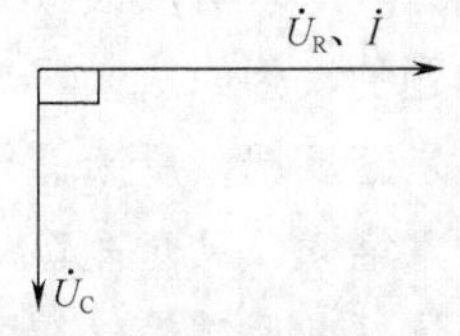

图 1-98　第三步示意图

（4）**第四步，画出平行四边形。**从RC滞后移相电路中可以看出，输入信号电压，$\dot{U}_i=\dot{U}_R+\dot{U}_C$，这里是矢量相加，要画出平行四边形，再画出输入信号电压$\dot{U}_i$，如图1-99所示。

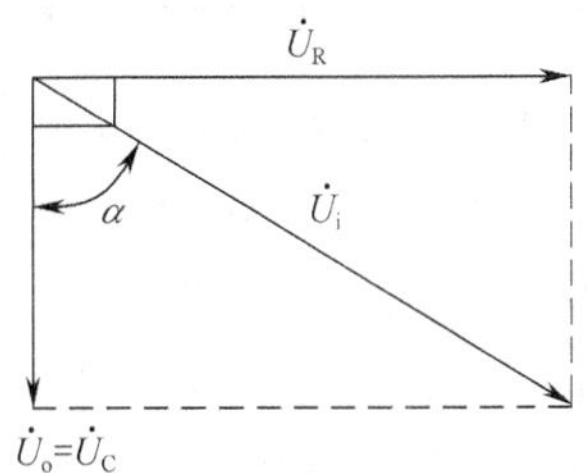

图1-99　第四步示意图

重要提示

矢量$\dot{U}_R$与矢量$\dot{U}_C$相加后等于输入电压$\dot{U}_i$，从图1-99中可以看出，$\dot{U}_C$与$\dot{U}_i$之间是有夹角的，并且是$\dot{U}_C$滞后于$\dot{U}_i$，或者讲是$\dot{U}_i$超前$\dot{U}_C$。

由于该电路的输出电压是取自于电容上的，所以$\dot{U}_O=\dot{U}_C$，输出电压$\dot{U}_O$滞后于输入电压$\dot{U}_i$一个角度。由此可见，该电路具有滞后移相的作用。

3．RC超前移相电路

图1-100所示是RC超前移相电路。这一电路与RC滞后移相电路相比，只是电路中电阻和电容的位置变换了，输出电压取自于电阻R1。

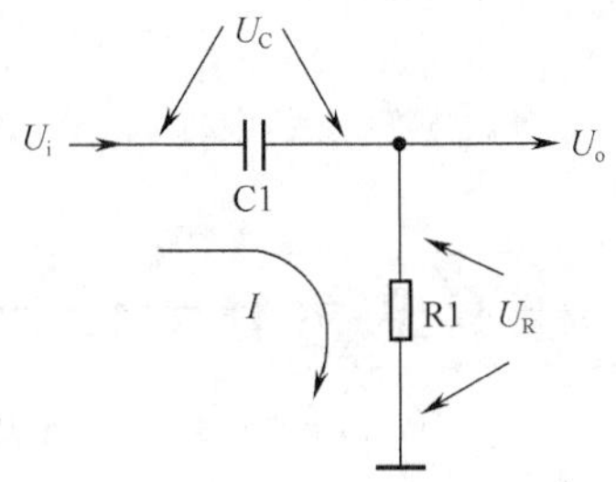

图1-100　RC超前移相电路

根据上面介绍的矢量图画图步骤，可画出如图1-101所示矢量图，输出信号电压U_o超前于输入电压U_i一个角度。

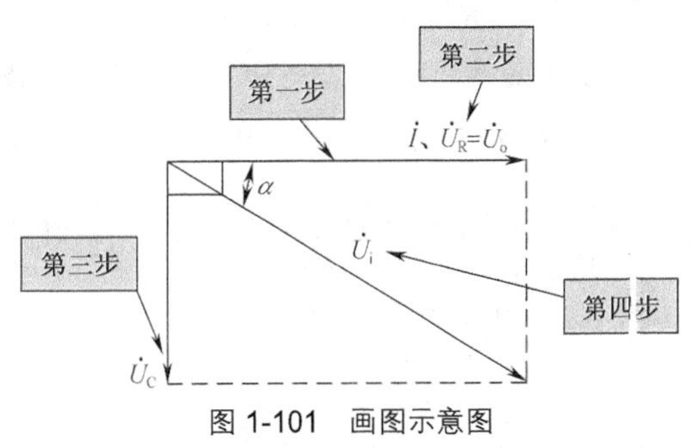

图1-101　画图示意图

具体的画图步骤是：①画出电流$\dot{I}$；②画出电阻上压降$\dot{U}_R$；③画出电容上压降$\dot{U}_C$，并画出平行四边形；④画出输入电压$\dot{U}_i$。

重要提示

这种RC移相电路的最大相移量小于90°，如果采用多级RC移相电路则总的相移量可以大于90°。改变电路中的电阻或电容的大小，可以改变相移量。

1.4.3　超前式消振电路

1．分立元器件放大器中的超前式消振电路

图1-102所示是分立元器件构成的音频放大器，其中R5和C4构成超前式消振电路。电路中，VT1和VT2构成一个双管阻容耦合音频放大器，在两级放大器之间接入一个R5和C4的并联电路，R5和C4构成超前式消振电路，这一电路又称为零-极点校正电路。

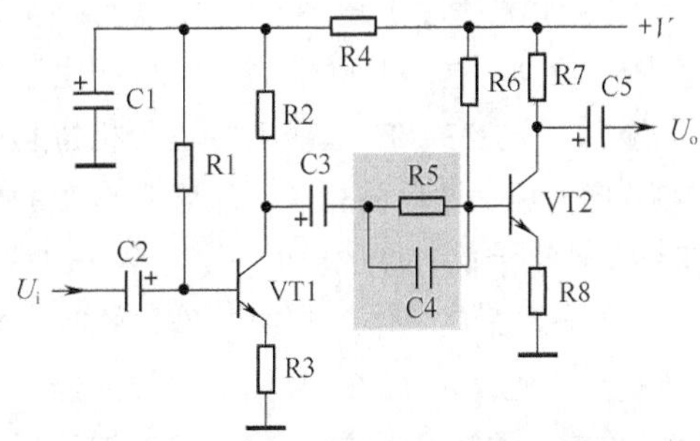

图1-102　分立元器件放大器中的超前式消振电路

（1）**直流电路。**R1是VT1固定式偏置电阻，

R2 是 VT1 集电极负载电阻，R3 是 VT1 发射极负反馈电阻；R6 是 VT2 固定式偏置电阻，R7 是集电极负载电阻，R8 是发射极负反馈电阻。图 1-103 所示是 VT1、VT2 管直流电流回路示意图。

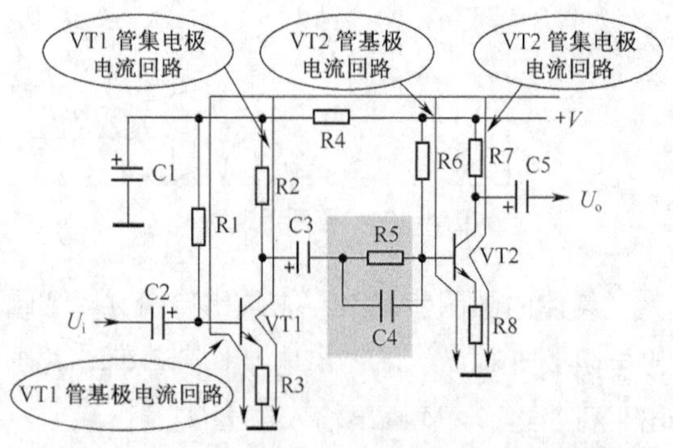

图 1-103 VT1、VT2 管直流电流回路示意图

（**2**）**信号传输过程**。输入信号 U_i→输入耦合电容 C2→VT1 基极→VT1 集电极→级间耦合电容 C3→超前消振电路 R5 和 C4→VT2 基极→VT2 集电极→输出端耦合电容 C5→输出信号 U_o，送到后级电路中。图 1-104 所示是信号传输过程示意图。

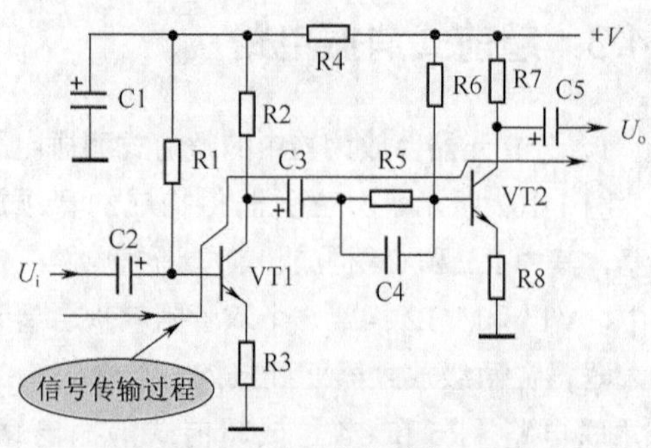

图 1-104 信号传输过程示意图

（**3**）**超前相移**。由于在信号传输回路中接入了 R5 和 C4，这一并联电路对信号产生了超前的相移，即加在 VT2 基极上的信号相位超前于 VT1 集电极上的信号相位，破坏了自激的相位条件，达到消除自激的目的。

在这一消振电路中，起主要作用的是电容 C4 而不是电阻 R5，即 C4 与第二级放大器（由 VT2 管构成）的输入阻抗构成了 RC 超前移相电路，如图 1-105 所示。由 RC 超前移相电路特性可知，加到 VT2 管基极的信号电压相位超前了。

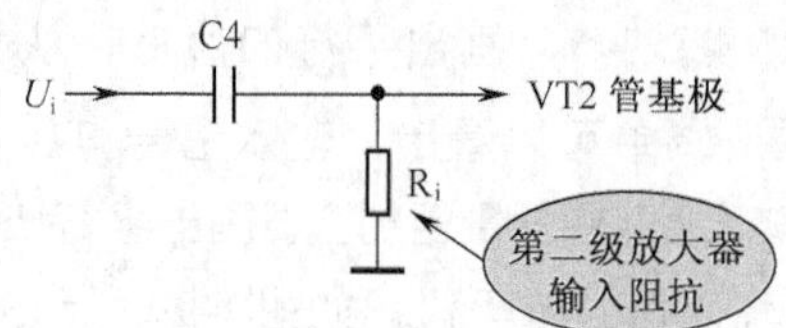

图 1-105 超前移相等效电路

（**4**）**扩展放大器高频段**。这种超前式消振电路在消振的同时还能够扩展放大器的高频段，其原理可以这样理解：由于 C4 对高频信号的容抗小，从 VT1 集电极输出的高频信号经 C4 加到 VT2 基极，而对于中频信号和低频信号而言，由于 C4 容抗大而只能通过 R5 加到 VT2 基极，信号受到了一定的衰减，这样放大器输出的高频信号比较大，实现了对高频段的扩展。

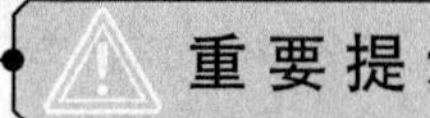

重要提示

对于音频放大器而言，电容 C4 的容量大小在皮法级（pF 级），C4 容量不能大，否则没有消振作用。

2．集成电路放大器中的超前消振电路

图 1-106 所示是集成电路放大器中的超前式消振电路。电路中，A1 是集成电路，它构成音频放大器，“+” 端是 A1 的同相输入端（即①脚），“–” 是它的反相输入端（即②脚），俗称负反馈端。

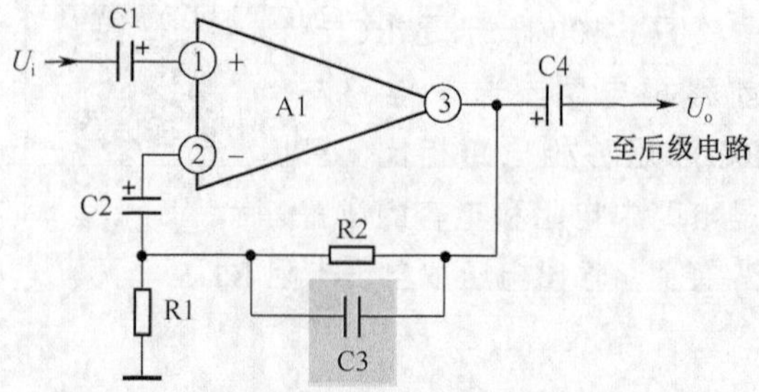

图 1-106 集成电路放大器中的超前式消振电路

重要提示

电路中的 C2 和 R1、R2 和 C3 构成负反馈电路。当 R1 阻值大小不变时，R2 的阻值愈小负反馈量愈大，集成电路 A1 放大器的增益愈小；反之则相反。

这一集成电路放大器信号传输过程是：输入信号 U_i → C1（输入端耦合电容）→ A1 的①脚（A1 的输入引脚）→ A1 的③脚（经过 A1 的放大，从输出引脚输出）→ C4（输出端耦合电容）→ U_o（这一放大器的输出信号）。图 1-107 所示是信号传输过程示意图。

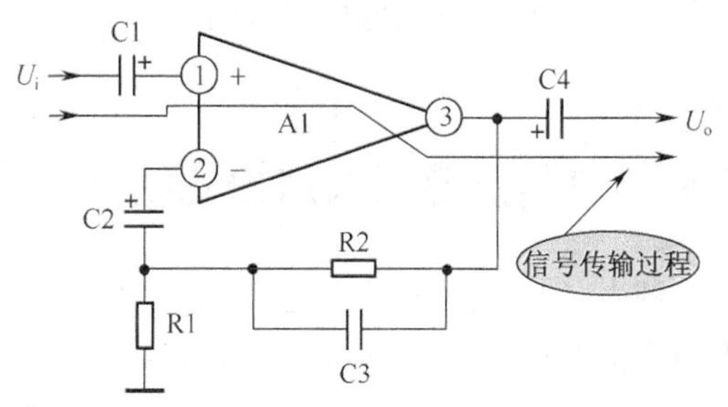

图 1-107　信号传输过程示意图

（1）消振分析。由于负反馈电容 C3 与 R2 并联，对于高频信号而言，C3 容抗很小，使集成电路 A1 放大器的负反馈量很大，放大器的增益很小，破坏了高频自激的幅度条件，达到消除高频自激振荡的目的。

（2）另一种理解方法。由于接入了高频消振电容 C3，加到集成电路 A1 反相输入端的负反馈信号相位超前，破坏了自激振荡的相位条件，实现消振。

21. 电阻串联电路
课堂讨论 1

重要提示

由于这一集成电路构成音频放大器，所以高频消振电容 C3 的容量大小在皮法（pF）级。

1.4.4　滞后式消振电路

图 1-108 所示是音频负反馈放大器，其中 R5 和 C4 构成滞后式消振电路，滞后式消振电路又称主极点校正电路。电路中的 VT1、VT2 构成双管阻容耦合放大器。R1 是 VT1 固定式偏置电阻，R2 是 VT1 集电极负载电阻，R3 是 VT1 发射极负反馈电阻；R6 是 VT2 固定式偏置电阻，R7 是 VT2 集电极负载电阻，R8 是 VT2 发射极负反馈电阻。

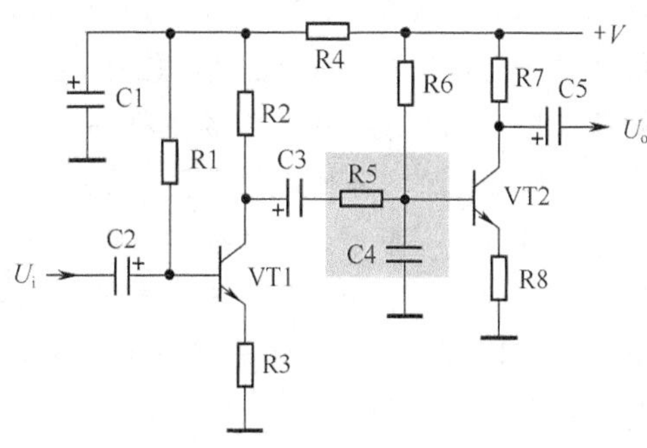

图 1-108　滞后式消振电路

1．放大器的信号传输过程

这一电路的信号传输过程是：输入信号 U_i → 输入耦合电容 C2 → VT1 基极→ VT1 集电极→级间耦合电容 C3 →滞后消振电阻 R5 → VT2 基极→ VT2 集电极→输出端耦合电容 C5 →输出信号 U_o，送到后级电路中。图 1-109 所示是信号传输过程示意图。

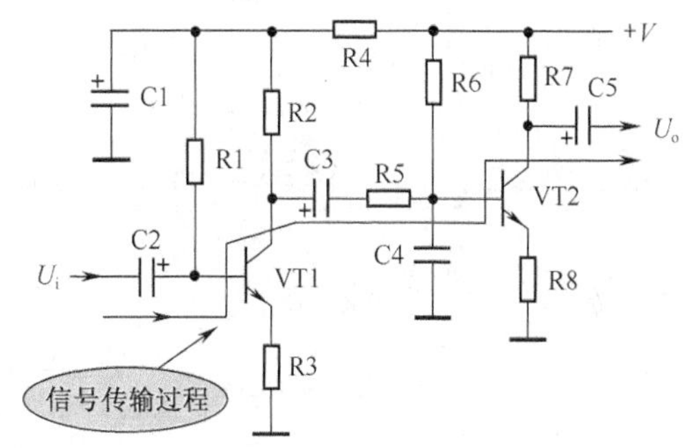

图 1-109　信号传输过程示意图

2．消振电路分析

在两级放大器之间接入了电阻 R5 和电容 C4，这两个元件构成滞后消振电路。关于这一消振电路的工作原理说明如下。

（1）从移相角度理解。从 VT1 集电极输出的信号经过 C3 耦合，加到滞后消振电路 R5 和 C4 上，R5 和 C4 构成典型的 RC 滞后移相电路，信号经过 R5 和 C4 后，相位得到滞后移相（增加了附加的滞后移相），也就是加到 VT2 基极的信号相位比 VT1 集电极输出的信号相位滞后，这样破坏了高频自激信号的相位条件，达到消除高频自激的目的。

（**2**）**从信号幅度角度理解**。这一电路能够消除自激的原理还可以从自激振荡信号的幅度条件这个角度来理解：R5 和 C4 构成对高频自激信号的分压电路，由于产生自激的信号频率比较高，电容 C4 对产生自激的高频信号容抗很小，这样由 R5、C4 构成的分压电路对该频率信号的分压衰减量很大，使加到 VT2 基极的信号幅度很小，达到消除高频自激的目的。在电路分析的理解中，对信号幅度变化的理解易于对信号相位变化的理解。

（**3**）**电路变形情况**。在滞后式消振电路中，如果前级放大器（即 VT1 构成的放大器）的输出阻抗很大，可以将消振电路中的电阻 R5 省去，只设消振电容 C4，即电路中不出现消振电阻 R5，如图 1-110 所示。这时的电路分析容易出现错误，要了解滞后式消振电路存在这样的变异电路，这是电路分析中的难点之一。

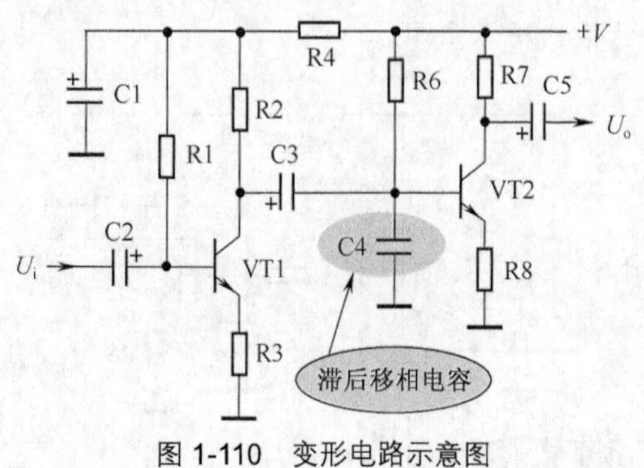

图 1-110　变形电路示意图

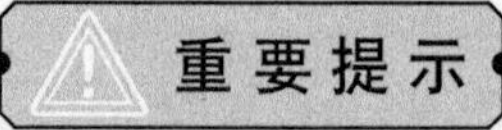

音频放大器中，滞后式消振电路中的消振电阻 R5 一般为 2kΩ，消振电容一般取几千皮法。

（**4**）**单级放大器中的消振电路形式**。滞后式消振电路还有一种电路形式，即在三极管基极与集电极之间加一只几百皮法的高频负反馈小电容，如图 1-111 所示。从消振的角度来讲，接入高频负反馈小电容后由于其对高频信号存在强烈的负反馈作用，放大器的高频增益小于 1，达到消振的目的。

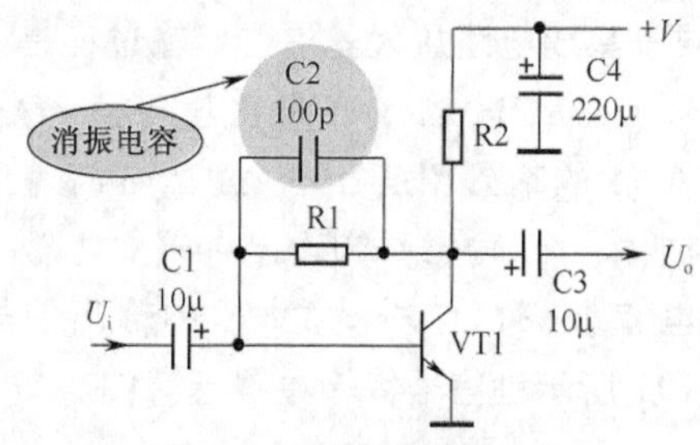

图 1-111　滞后式消振电路

1.4.5　超前 - 滞后式消振电路

图 1-112 所示是双管阻容耦合放大器电路，电路中的 R5、R7 和 C4 构成超前 - 滞后式消振电路，这种消振电路又称为极 - 零点校正电路。

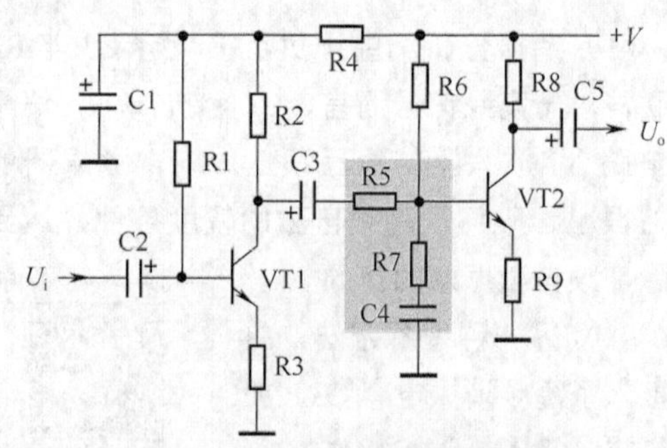

图 1-112　超前 - 滞后式消振电路

1．放大器信号传输过程

这一放大器的信号传输过程是：输入信号 U_i → 输入耦合电容 C2 → VT1 基极 → VT1 集电极 → 级间耦合电容 C3 → 消振电阻 R5 → VT2 基极 → VT2 集电极 → 输出端耦合电容 C5 → 输出信号 U_o，送到后级电路中。图 1-113 所示是信号传输过程示意图。

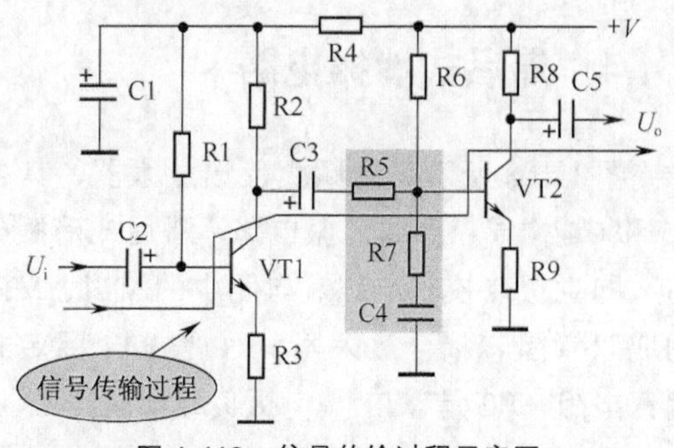

图 1-113　信号传输过程示意图

2．消振电路分析

前面所介绍的滞后式消振电路中，由于消振电容 C4 接在第二级放大器输入端与地之间（VT2 基极与地线之间），这一电容对音频信号中的高频信号存在一定的衰减作用，使多级放大器的高频特性变劣（对高频信号的放大倍数下降）。为了改善放大器的高频特性，在消振电容回路中再串联一只电阻，构成了超前 - 滞后式消振电路，即电路中的电阻 R7。

R7 和 C4 串联电路阻抗对加到 VT2 基极上的信号进行对地分流衰减，这一电路的阻抗愈小，对信号的分流衰减量愈大。图 1-114 所示是 R7 和 C4 串联电路的阻抗特性，从曲线中可以看出，当信号频率高于转折频率 f_0 时，R7 和 C4 串联电路总阻抗不再随着频率升高而下降，而是等于 R_7，这样对于更高频率信号的衰减量不再增大。相对滞后式消振电路而言，放大器的高频特性得到改善。

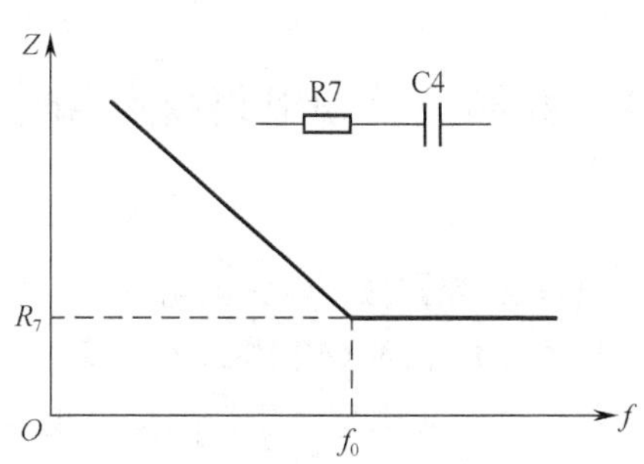

图 1-114　R7 和 C4 串联电路阻抗特性曲线

重要提示

超前 - 滞后式消振电路的工作原理与滞后式消振电路基本一样，只是加入一个电阻后改善了高频特性。当前级放大器的输出电阻比较大时，也可以省去消振电路中的电阻 R5，只接入消振电阻 R7 和电容 C4。

1.4.6　负载阻抗补偿电路

有些情况下，负反馈放大器的自激是由于放大器负载引起的，此时可以采用负载阻抗补偿电路来消除自激。图 1-115 所示是负载阻抗补偿电路。电路中，BL1 是扬声器，是功率放大器的负载。这一电路由两部分组成：一是 R1 和 C1 构成的负载阻抗补偿电路，这一电路又称为“茹贝尔”电路；二是由 L1 和 R2 构成的补偿电路。

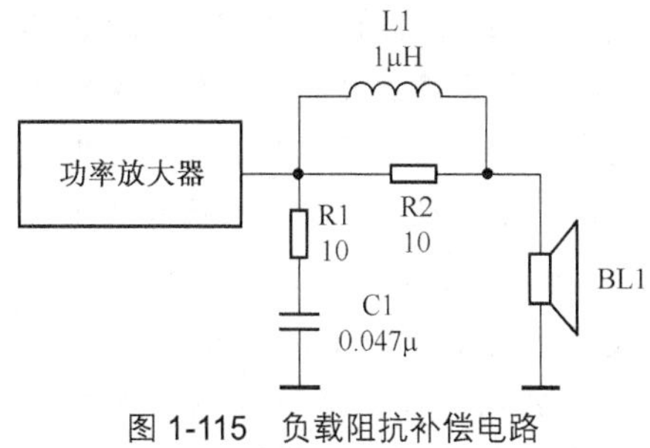

图 1-115　负载阻抗补偿电路

1．“茹贝尔”电路分析

电路中的扬声器 BL1 不是纯阻性的负载，而是感性负载，它与功率放大器的输出电阻构成对信号的附加移相电路，这是有害的，会使负反馈放大器电路产生自激。

重要提示

在加入 R1 和 C1 电路后，由于这一 RC 串联电路是容性负载，它与扬声器 BL1 感性负载并联后接近为纯阻性负载，一个纯阻性负载接在功率放大器输出端不会产生附加信号相位移，所以不会产生高频自激。

如果不接入这一“茹贝尔”电路，扬声器的高频段感抗明显增大，放大器产生高频自激的可能性增大。

2．消除分布电容影响

电路中的 L1 和 R2 用来消除扬声器 BL1 分布电容引起的功率放大器高频段不稳定影响，也具有消除高频段自激的作用。

22. 电阻串联电路
课堂讨论 2

重要提示

上面介绍了各种负反馈放大器中的消振电路的工作原理，以下对这些电路进行小结。

（1）当自激信号的频率落在音频范围内时，可以听到啸叫声；当自激信号的频率高于音频频率时，为超音频自激，此时虽然听不到啸叫声，但仍然影响放大器的正常工作，例如可能造成放大管或集成电路发热。

（2）负反馈放大器中，自激现象一般发生在高频段，这是因为放大器对中频信号的附加相移很小，对低频信号虽然也存在附加相移，但频率低到一定程度的信号，放大器的放大倍数已经很小，不符合自激的幅度条件，所以不会发生低频自激。

（3）对音频放大器而言，放大器电路中容量小于0.01μF的小电容一般都起消振作用，称为消振电容。音频放大器中的消振电容没有大于0.01μF的。

（4）一个多级负反馈放大器中，消振电容一般设有多个，放大器级数愈多，消振电容数目也会愈多。

（5）音频放大器中，消振电容对音质是有害而无益的，所以在一些高保真放大器中，不设大量的负反馈电路。

（6）除音频放大器之外，其他一些高频放大器中也存在负反馈电路，所以也会存在高频自激问题。

1.5 RC电路参与的负反馈电路

变形负反馈电路的分析比较复杂。负反馈电路变形主要是参与负反馈的元件变化，以及这些元件所构成的电路形式变化。例如，负反馈元件不是电阻，而是一个LC谐振电路或其他形式的电路，这时负反馈电路分析的难点在于构成负反馈的元件其特性要与负反馈原理有机结合，综合运用这两方面知识来理解负反馈电路的工作原理。

重要提示

前面讲解的负反馈电路中，参与负反馈的元件都是电阻器，因为电阻器对不同频率信号呈现的阻值是相同的，这样负反馈电路对信号频率没有选择性。在负反馈电路中采用LC谐振电路或RC电路之后，由于LC谐振电路或RC电路对信号频率有选择性，这时负反馈电路对信号频率也有选择性，即不同频率信号的负反馈量将不同。

1.5.1 变形负反馈电路特点和分析方法

1．负反馈电路频率特性变化

电阻构成的负反馈电路没有频率的变化，因为电阻对不同频率信号呈现相同的阻值。而其他元件构成负反馈时情况大不相同，要结合构成负反馈电路元件的特性进行频率特性分析。例如，负反馈电路由RC串联电路构成。

2．不同频率下负反馈量不同

由于参与负反馈的元件频率特性不同，所构成的负反馈电路频率特性也不同，不同频率下的负反馈量大小不同，这样，放大器对不同频率信号的放大倍数不同，这是分析变形负反馈放大器工作原理的重点，也是难点所在。

3．与信号大小相关性

有些变形负反馈电路的频率特性不仅与信号频率相关，还与信号的大小有关，这时负反馈分析就显得更为困难，不仅要考虑频率因素，同时还要考虑信号大小的变化引起的负反馈量的变化。

1.5.2　RC 电路阻抗特性

为了方便分析有 RC 电路参与的负反馈电路，这里先讲解 RC 电路的阻抗特性。

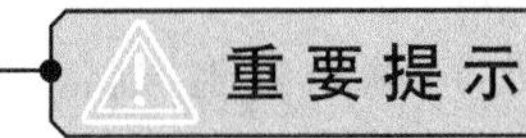

由电阻 R 和电容 C 构成的电路称为阻容电路，简称 RC 电路，这是电子电路中十分常见的一种电路，RC 电路的种类和变化很多，必须认真学习，深入掌握。

1．典型的 RC 串联电路

图 1-116 所示是 RC 串联电路，RC 串联电路由一个电阻 R1 和一个电容 C1 串联而成。在串联电路中，电容 C1 在电阻 R1 后面或在电阻 R1 前面是一样的，因为串联电路中流过各元器件的电流相同。

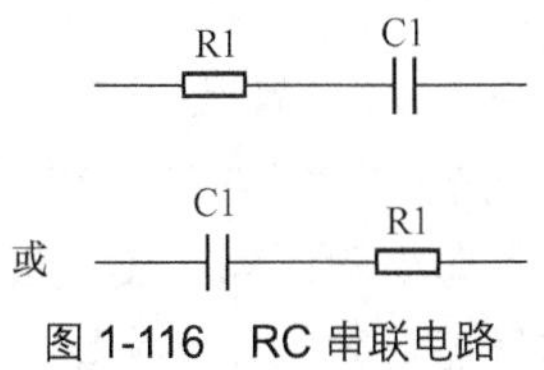

图 1-116　RC 串联电路

（1）**电流特性**。由于电容的存在，电路中是不能流过直流电流的，但是可以流过交流电流，所以这一电路用于交流电路中。

（2）**综合特性**。这一串联电路具有纯电阻串联和纯电容串联电路综合起来的特性。在交流电流通过这一电路时，电阻和电容对电流都存在着阻碍作用，其总的阻抗是电阻和容抗之和。

其中，电阻对交流电的电阻不变，即对不同频率的交流电其电阻不变，但是电容的容抗随交流电的频率变化而变化，所以这一 RC 串联电路总的阻抗是随频率变化而改变的。

2．RC 串联电路阻抗特性

图 1-117 所示是 RC 串联电路的阻抗特性曲线，图中 x 轴方向为频率，y 轴方向为这一串联网络的阻抗。从曲线中可看出，曲线在频率 f_0 处改变，这一频率称为转折频率，这种 RC 串联电路只有一个转折频率 f_0。

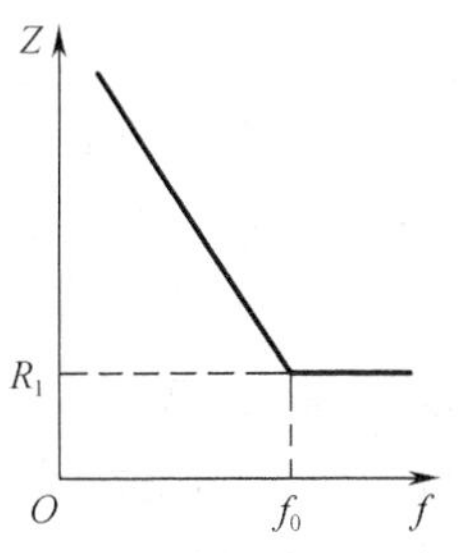

图 1-117　RC 串联电路阻抗特性曲线

如图 1-118 所示，当输入信号频率 $f>f_0$ 时，整个 RC 串联电路总的阻抗不变，其大小等于 R_1，这是因为当输入信号频率高到一定程度后，电容 C1 的容抗小到几乎为零，这样对 C1 的容抗可以忽略不计，而电阻 R1 的阻值是不随频率变化而变化的，所以此时无论频率是否在变化，总的阻抗不变而为 R_1。

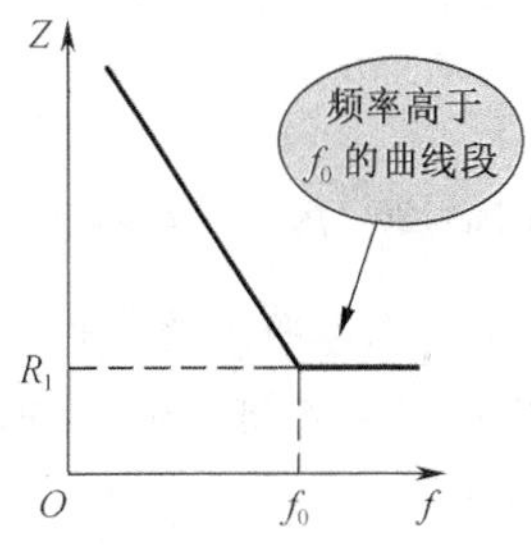

图 1-118　输入信号频率 $f>f_0$ 示意图

如图 1-119 所示，当输入信号频率 $f<f_0$ 时，由于交流电的频率低了，电容 C1 的容抗大了，大到与电阻 R1 的值相比较不能忽略的程度，所以此时要考虑 C1 容抗的存在。

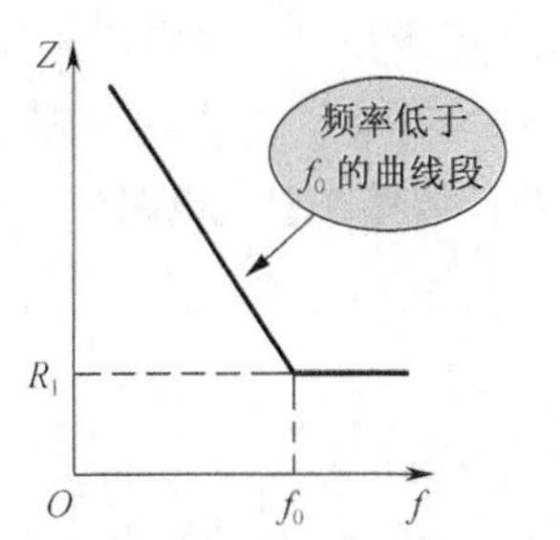

图 1-119　输入信号频率 $f<f_0$ 示意图

重要提示

当频率低到一定程度时，C1的容抗在整个RC串联电路中起决定性作用。

从曲线中可看出，随着频率的降低，C1的容抗越来越大，所以该RC电路总的阻抗是R1和C1容抗之和，即是在R1的基础上随频率降低，这一RC串联电路的阻抗在增大。在频率为零（直流电）时，该电路的阻抗为无穷大，因为电容C1对直流电呈开路状态。

图1-120所示是转折频率示意图。这一RC串联电路只有一个转折频率f_0，计算公式如下：

$$f_0 = \frac{1}{2\pi R_1 C_1}$$

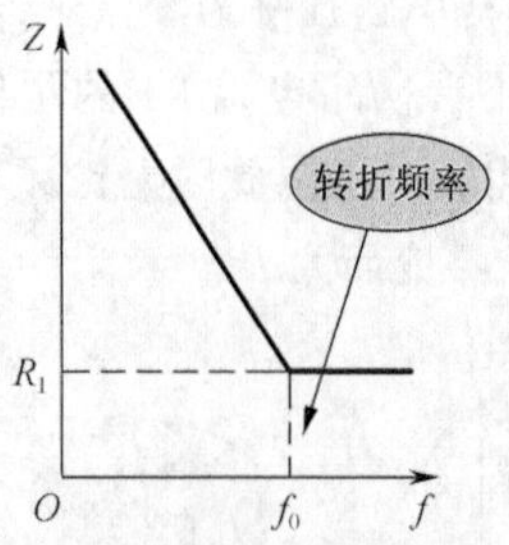

图1-120　转折频率示意图

当电容C1的容量取得较大时，转折频率f_0很小，具体讲如果转折频率低于交流信号的最低频率，则此时该串联电路对信号的总阻抗基本等于R_1，在一些耦合电路中用到这种情况的RC串联电路。

如果f_0不是低于交流信号的最低频率，那么这种RC串联电路就不是用于耦合，而是有其他用途了。

3．典型的RC并联电路

图1-121所示是RC并联电路，它是由一个电阻R1和一个电容C1相并联的电路，这一RC并联电路可以接在直流电路中，也可以接在交流电路中。

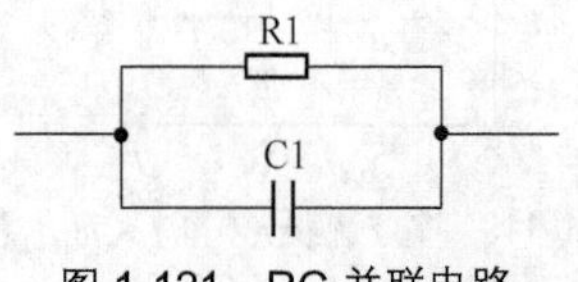

图1-121　RC并联电路

在直流电路中时，直流电流只能流过电阻R1而不能流过电容C1。当这一电路接在交流电路中时，R1和C1中都流过交流电流，具体电流大小要视R1、C1容抗的相对大小而定，这里只讨论这一电路接在交流电路中的情况。

4．RC并联电路阻抗特性

图1-122所示是RC并联电路阻抗特性曲线，它只有一个转折频率f_0，计算公式如下：

$$f_0 = \frac{1}{2\pi R_1 C_1}$$

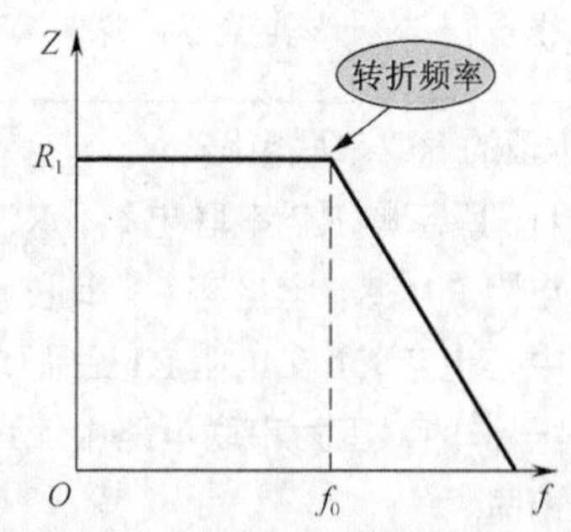

图1-122　RC并联电路阻抗特性曲线

从上式中可以看出，这一转折频率公式与串联电路的一样。当电容C1取得较大时，f_0很小，若转折频率小于信号的最低频率，则此时该电路对信号而言阻抗几乎为零，这种情况的RC并联电路在一些旁路电路中时常用到，如放大器电路中的发射极旁路电容。

当输入信号频率$f > f_0$时，由于电容C1的容抗随频率的升高而下降，此时C1的容抗小到可以与R_1比较了，这样就要考虑C1的存在。

在输入信号频率f高于转折频率f_0后，由于C1与R1并联，其总的阻抗下降。当频率高到一定程度后，总的阻抗为零，如图1-123所示。

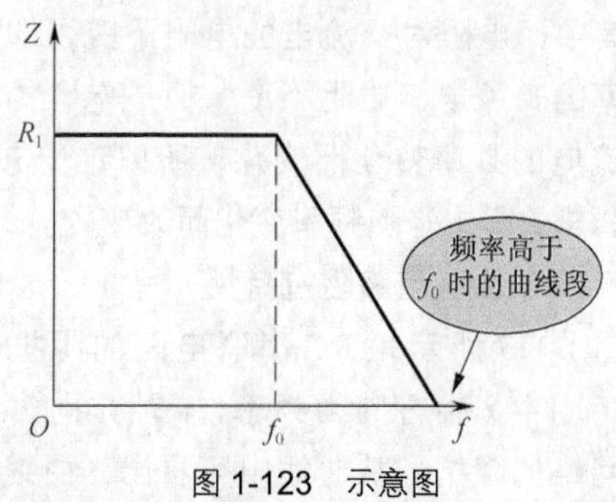

图1-123　示意图

当输入信号频率 $f < f_0$ 时，由于电容C1的容抗很大（与 R_1 相比很大）而相当于开路，此时整个电路的总阻抗等于 R_1，如图1-124所示。

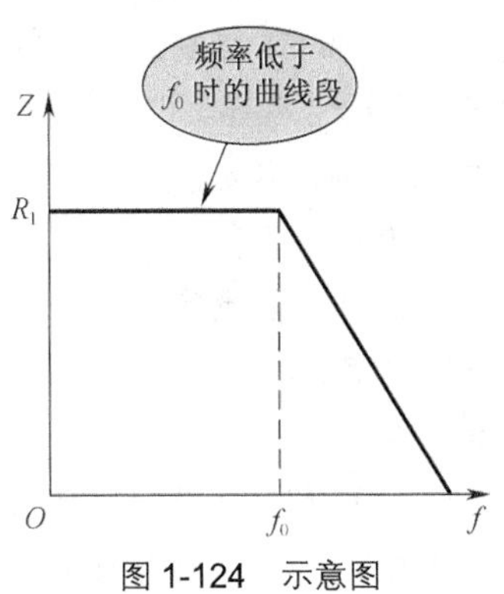

图1-124　示意图

1.5.3　RC负反馈式电路

1．负反馈式低频率提升电路

重要提示

负反馈电路可以改变放大器的放大倍数。利用电容对不同频率信号的容抗不同，可以实现不同频率下不同的负反馈量，从而可以使放大器对不同频率信号的放大倍数不同，这样就能构成补偿放大器。

所谓补偿放大器，就是对某一部分频率信号的放大倍数大于对另一些频率信号的放大倍数，低频补偿放大器就是对低频段信号的放大倍数大于对中频段和高频段信号的放大倍数的放大器，在磁带记录和放大系统中有着广泛的应用。

图1-125所示是RC负反馈式电路。电路中的VT1构成放大器，R3是VT1发射极电阻，R4和C3串联电路构成电流串联负反馈电路，与R3并联。

分析这一负反馈电路必须掌握下列知识点。

（1）RC串联电路阻抗特性。RC串联电路阻抗特性有一个转折频率 f_0，在 f 低于和高于转折频率时电路的阻抗特性不同。

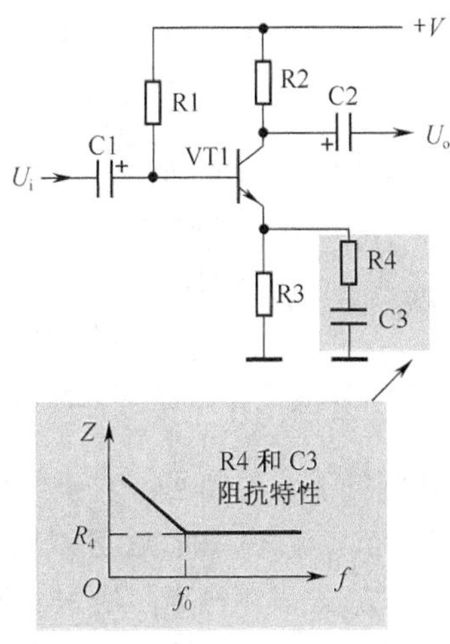

图1-125　RC负反馈式电路

（2）RC串联电路与发射极电阻R3并联。将RC串联电路作为一个整体，这一电路与发射极电阻R3并联，并联电路中起主要作用的是阻值小的元件。

（3）电流串联负反馈电路阻抗与负反馈量之间的关系。电流串联负反馈电路阻抗愈大，其负反馈量愈大，放大器放大倍数愈小；反之则相反。

这一负反馈电路的工作原理是：直流电流由于C3的隔直作用，只能流过发射极电阻R3，所以R3存在直流负反馈作用。图1-126所示是直流负反馈电流回路示意图。

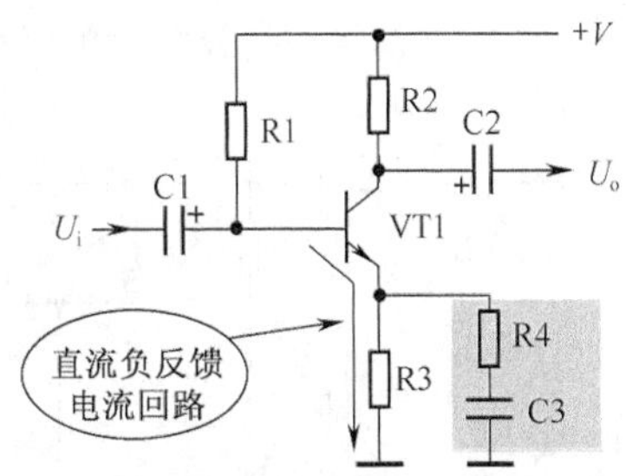

图1-126　直流负反馈电流回路示意图

（1）交流信号。对于交流信号而言，R4和C3有一个转折频率 f_0。对于频率高于 f_0 的信号C3相当于通路，R4和R3并联，总的发射极电阻下降，负反馈量下降，放大器放大倍数增大。图1-127所示是频率高于 f_0 信号电流回路示意图，从图中可以看出，频率高于 f_0 的信号同时流过R4和R3。

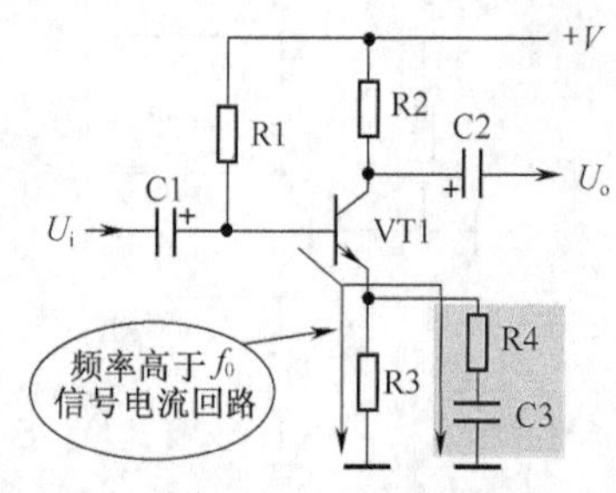

图 1-127　频率高于f_0信号电流回路示意图

（2）频率低于f_0的信号。对于频率低于f_0的信号，C3 容抗与 R4 串联后可以同 R3 阻值比较，这时 VT1 总发射极电阻增大，负反馈量增大，放大倍数减小。信号频率愈低，放大倍数愈小。图 1-128 所示是频率低于f_0信号电流回路示意图，从图中可以看出，电流只流过 R3。

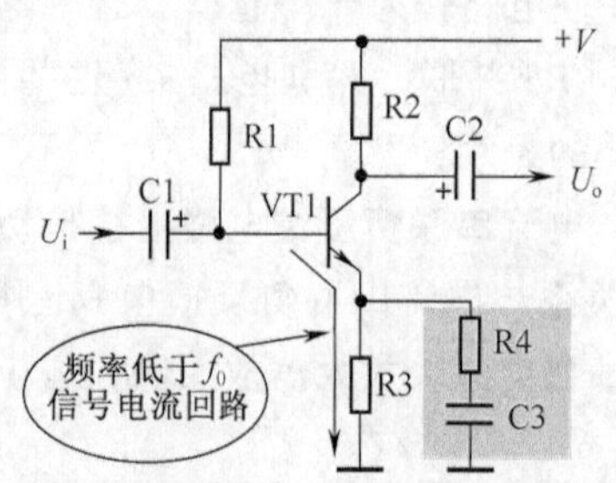

图 1-128　频率低于f_0信号电流回路示意图

2．负反馈式低频补偿电路

图 1-129 所示是负反馈式低频补偿放大器电路。电路中，VT1 和 VT2 构成双管阻容耦合放大器，VT1 和 VT2 两管均构成共发射极放大器。

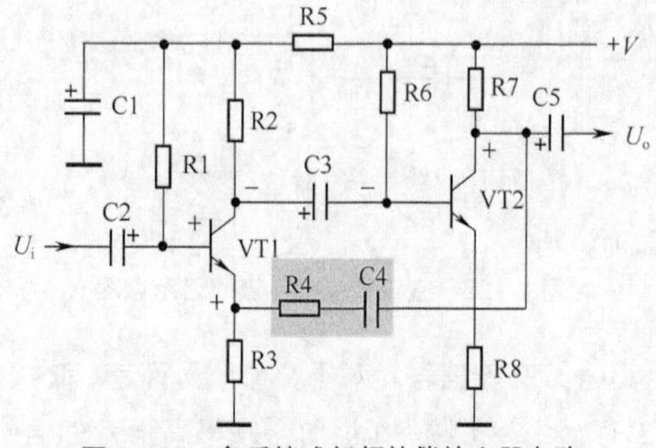

图 1-129　负反馈式低频补偿放大器电路

电路中的 VT1、R1、R2 和 R3、C2 和 C3 构成第一级放大器，其中 R1 是 VT1 固定式偏置电阻，R2 是 VT1 集电极负载电阻，R3 是 VT1 发射极负反馈电阻，C2 和 C3 分别是第一级放大器的输入端和输出端耦合电容。

电路中的 VT2、R6、R7 和 R8、C3 和 C5 构成第二级放大器，其中 R6 是 VT2 固定式偏置电阻，R7 是集电极负载电阻，R8 是发射极负反馈电阻，C3 和 C5 分别是第二级放大器的输入端和输出端耦合电容。

电路中，R5 和 C1 构成级间滤波、退耦电路，R4 和 C4 构成电压串联负反馈电路，这一放大器能够补偿（提升）低频信号是由这一负反馈电路阻抗特性决定的。

（1）信号传输过程。输入信号 U_i → C2（输入端耦合电容）→ VT1 基极→ VT1 集电极（电压和电流双重放大，且输出信号电压与输入信号电压反相）→ C3（级间耦合电容）→ VT2 基极→ VT2 集电极（电压和电流双重放大，且输出信号电压与输入信号电压反相）→ C5（输出端耦合电容），送到后级电路中。图 1-130 所示是信号传输过程示意图。

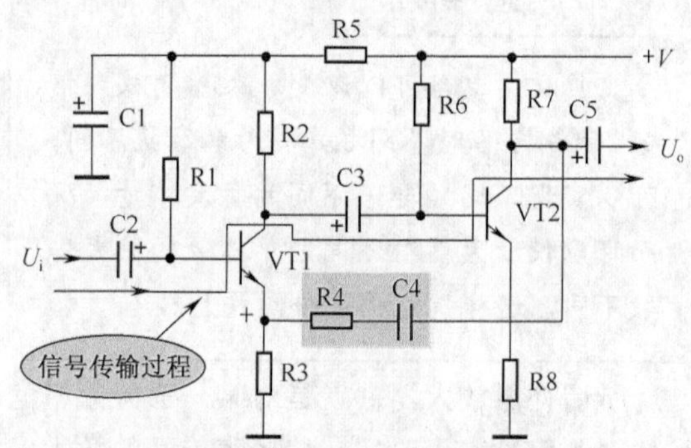

图 1-130　信号传输过程示意图

（2）负反馈过程。假设某一瞬时 VT1 基极信号电压在增大（用图中的“+”表示增大）→ VT1 集电极信号电压减小（共发射极放大器输出端与输入端信号电压相位相反）→ C3（耦合，相位不变）→ VT2 基极信号电压减小（用图中的“−”表示减小）→ VT2 基极电流减小→ VT2 集电极信号电压增大（共发射极放大器输出端信号电压相位与输入端信号电压相位相反）→ C4 和 R4（负反馈电路）→ VT1 发射极信号电压增大→ VT1 基极与发射极之间的正向偏置电压减小（因为 VT1 发射极信号电压增大而使 U_{be} 减小）→ VT1 基极电流减小。图 1-131 所示是负反馈回路示意图。

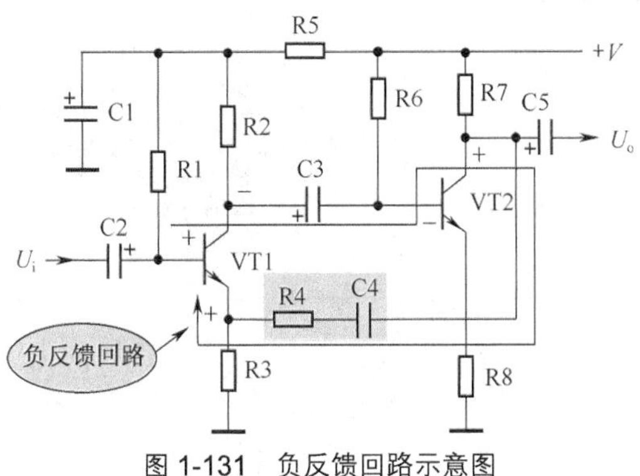

图 1-131　负反馈回路示意图

重要提示

原来VT1基极信号电压增大时使基极电流增大，现在通过C4和R4负反馈电路使VT1基极电流下降，所以这是负反馈过程。

电路中，C4和R4构成的是两级放大器间的电压串联负反馈电路，由于电容C3、C4串联在这一负反馈回路中，它们隔开了直流电流，所以直流电流不能参与负反馈，而只存在交流电的负反馈。

对于电压串联负反馈电路而言，负反馈电路的阻抗愈小，加到VT1发射极上的负反馈信号电压愈大，如图1-132所示。从图中可以看出，R4和C4串联后的总阻抗与R3构成对输出电压U_o的分压电路，在R3阻值一定时，R4和C4串联电路阻抗大，加到VT1发射极上的负反馈信号电压U_F就小；R4和C4串联电路阻抗小，加到VT1发射极上的负反馈信号电压U_F就大。

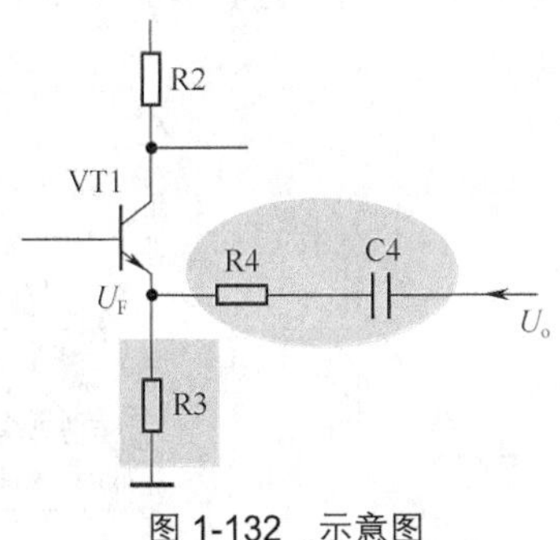

图 1-132　示意图

电压串联负反馈电路中，加到**VT1**发射极上的反馈信号电压愈大，其负反馈量愈大，放大器的放大倍数愈小；加到**VT1**发射极上的反馈信号电压愈小，其负反馈量愈小，放大器的放大倍数愈大。

25.RC 串联电路 1

从电路中可以看出这一点，由于负反馈电压加到**VT1**发射极，**VT1**是**NPN**型三极管，当发射极电压增大时会使其基极电流减小，发射极电压愈高，其基极电流愈小。

R4和C4是RC串联电路，图1-133所示是它的阻抗特性曲线，x轴是频率f，y轴是RC串联电路的阻抗Z。从曲线可以看出，它有一个转折频率f_0，当频率高于转折频率f_0时，R4和C4串联电路的阻抗大小不变，且等于R_4；对频率低于转折频率f_0的低频段信号，R4和C4串联电路的阻抗大小在变化，且频率愈低阻抗愈大，这是因为电容C4的容抗随着频率的下降而增大。

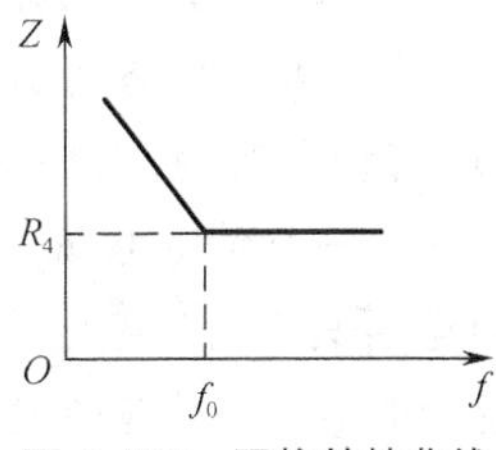

图 1-133　阻抗特性曲线

重要提示

根据R4和C4串联电路阻抗特性、电压串联负反馈电路阻抗大小与放大器放大倍数之间关系可知，由于R4和C4负反馈电路在信号频率低于f_0的低频段阻抗随频率降低而增大，所以负反馈量随频率降低而减小，放大器的放大倍数则随频率降低而增大，这样实现对低频信号的放大倍数大于对中频段和高频段信号的放大倍数，所以这是一个低频补偿放大器。

1.6 LC电路参与的负反馈电路

LC谐振电路也时常参与负反馈电路中，这时要首先掌握**LC**谐振电路的阻抗特性。

1.6.1 LC并联谐振电路阻抗特性

图1-134所示是LC并联谐振电路。电路中的L1和C1构成LC并联谐振电路，R1是线圈L1的直流电阻，I_s是交流信号源，这是一个恒流源。所谓恒流源就是输出电流不随负载大小的变化而变化的电源。为了便于讨论LC并联电路可忽略线圈电阻R1。

LC并联谐振电路的谐振频率为f_0，f_0的计算公式与自由谐振电路中的计算公式一样。

重要提示

必须掌握LC谐振电路的主要特性，这些特性是分析由LC并联谐振电路构成的各种单元电路和功能电路的依据。

LC并联谐振电路的阻抗可以等效成一个电阻，这是一个特殊电阻，它的阻值大小是随频率高低变化而变化的。这种等效可以方便对电路工作原理的理解。

图1-135所示是LC并联谐振电路的阻抗特性曲线。图中，x轴方向为LC并联谐振电路的输入信号频率，y轴方向为该电路的阻抗。从图中可以看出，这一阻抗特性是以谐振频率f_0为中心轴，左右对称，曲线上面窄，下面宽。

对LC并联谐振电路的阻抗进行分析，要将输入信号频率分成几种情况。

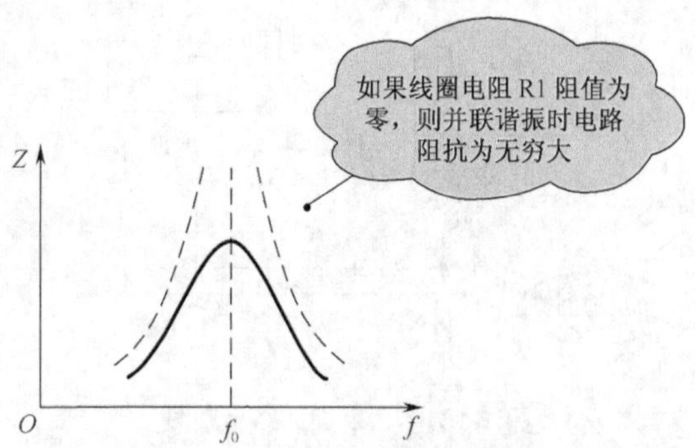

图1-135 LC并联谐振电路的阻抗特性曲线

1．输入信号I_s频率等于谐振频率f_0

当输入信号I_s的频率等于该电路的谐振频率f_0时，LC并联电路发生谐振，此时谐振电路的阻抗达到最大，并且为纯阻性，即相当于一个阻值很大的纯电阻，其值为Q^2R_1（Q为品质因数，是表征振荡质量的一个参数），如图1-136所示。

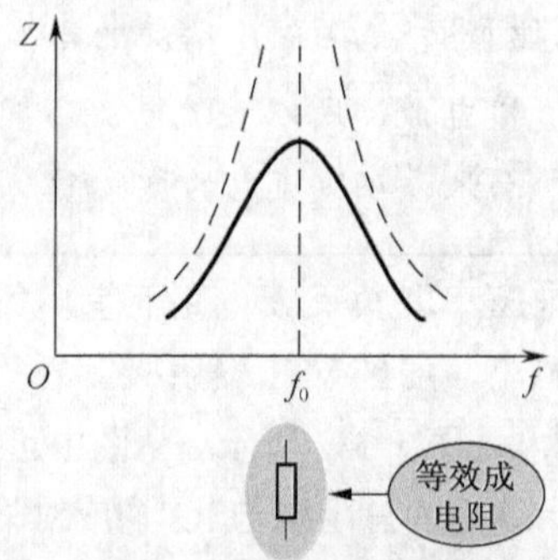

图1-136 输入信号I_s频率等于谐振频率f_0时阻抗特性曲线示意图

如果线圈L1的直流电阻R_1为零的话，此时LC并联谐振电路的阻抗为无穷大，如图中虚线所示。

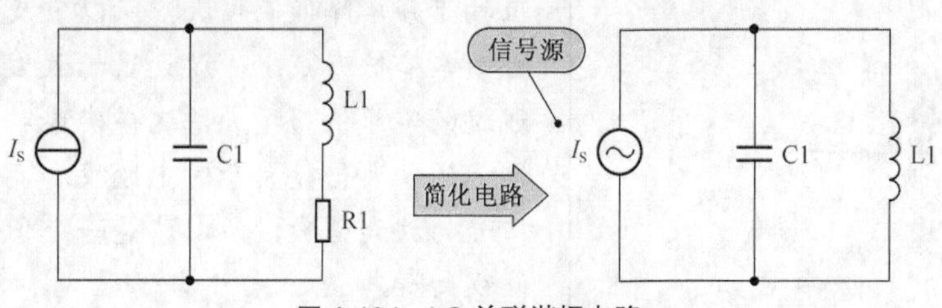

图1-134 LC并联谐振电路

重要提示

要记住LC并联电路的一个重要特性：并联谐振时电路的阻抗达到最大。

2. 输入信号频率高于谐振频率 f_0

当输入信号频率高于谐振频率 f_0 时，LC谐振电路处于失谐状态，电路的阻抗下降（比电路谐振时的阻抗有所减小），而且信号频率越是高于谐振频率，LC并联谐振电路的阻抗越小，并且此时LC并联电路的阻抗呈容性，如图1-137所示，等效成一个电容。

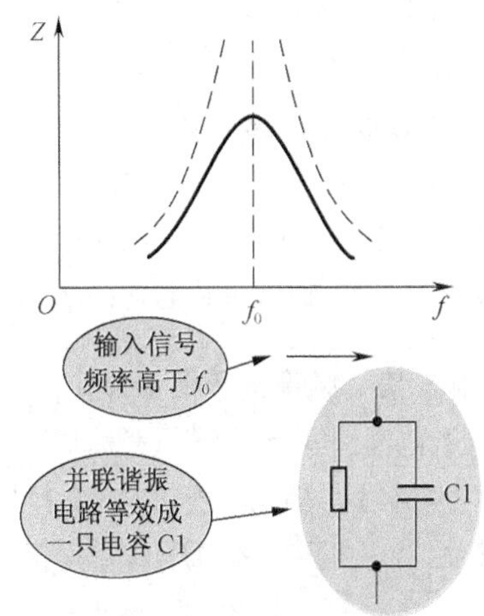

图1-137 输入信号频率高于谐振频率 f_0 时阻抗特性曲线示意图

输入信号频率高于谐振频率后，LC并联谐振电路等效成一只电容，可以这么去理解：在LC并联谐振电路中，当输入信号频率升高后，电容C1的容抗在减小，而电感L1的感抗在增大，容抗和感抗是并联的。

重要提示

由并联电路的特性可知，并联电路中起主要作用的是阻抗小的一个，所以当输入信号频率高于谐振频率之后，这一并联谐振电路中的电容C1的容抗小，起主要作用，整个电路相当于是一个电容，但等效电容的容量大小不等于 C_1。

3. 输入信号频率低于谐振频率 f_0

当输入信号频率低于谐振频率 f_0 后，LC并联谐振电路也处于失谐状态，谐振电路的阻抗也要减小（比谐振时小），而且是信号频率越低于谐振频率，电路的阻抗越小，这一点从曲线中可以看出。信号频率低于谐振频率时，LC并联谐振电路的阻抗为感性，电路等效成一个电感（但电感量大小不等于 L_1），如图1-138所示。

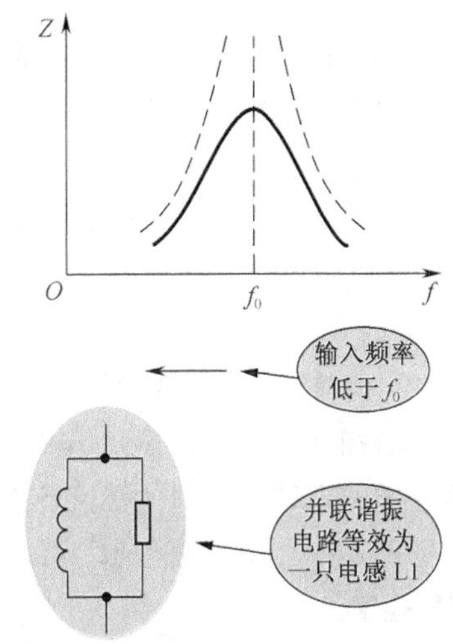

图1-138 输入信号频率低于谐振频率 f_0 时阻抗特性曲线示意图

在输入信号频率低于谐振频率后，LC并联谐振电路等效成一只电感可以这么去理解：由于信号频率降低，电感L1的感抗减小，而电容C1的容抗则增大，感抗和容抗是并联的，L1和C1并联后电路中起主要作用的是电感而不是电容，所以这时LC并联谐振电路等效成一只电感。

1.6.2 LC串联谐振电路阻抗特性

LC串联谐振电路是LC谐振电路中的另一种谐振电路。

图1-139所示是LC串联谐振电路。电路中的R1是线圈L1的直流电阻，也是这一LC串联谐振电路的阻尼电阻。电阻器是一个耗能元件，它在这里要消耗谐振信号的能量。L1与C1串联后再与信号源 U_s 相并联，这里的信号

源是一个恒压源。

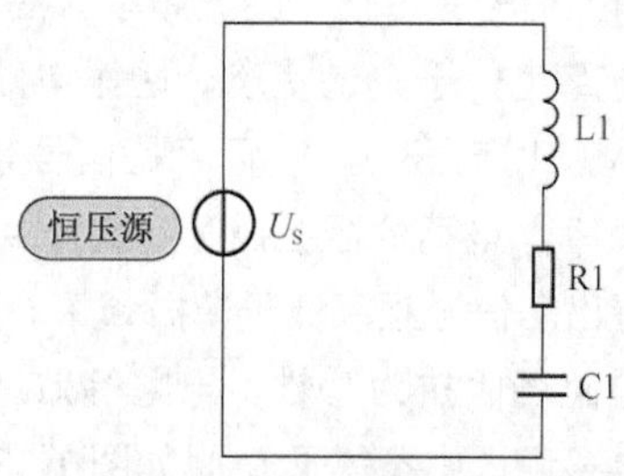

图 1-139　LC 串联谐振电路

在 LC 串联谐振电路中，电阻 R1 的阻值越小，对谐振信号的能量消耗越小，谐振电路的品质也越好，电路的 Q 值也越高；当电路中的电感 L1 越大，存储的磁能也越多，在电路损耗一定时谐振电路的品质也越好，电路的 Q 值也越高。

电路中，信号源与 LC 串联谐振电路之间不存在能量的相互转换，只是电容 C1 和电感 L1 之间存在电能和磁能之间的相互转换。外加的输入信号只是补充由于电阻 R1 消耗电能而损耗的信号能量。

LC 串联谐振电路的谐振频率计算公式与并联谐振电路一样。

图 1-140 所示是 LC 串联谐振电路阻抗特性曲线。

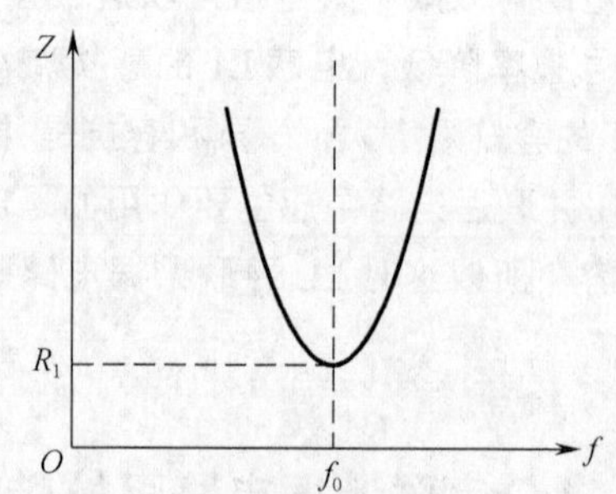

图 1-140　LC 串联谐振电路阻抗特性曲线

阻抗特性分析要将输入信号频率分成多种情况进行。

1．输入信号频率等于谐振频率 f_0

当信号频率等于 LC 串联谐振电路的谐振频率 f_0 时，电路发生串联谐振，串联谐振时电路的阻抗最小且为纯阻性（不为容性也不为感性），如图 1-141 所示，其值为 R_1（纯阻性）。

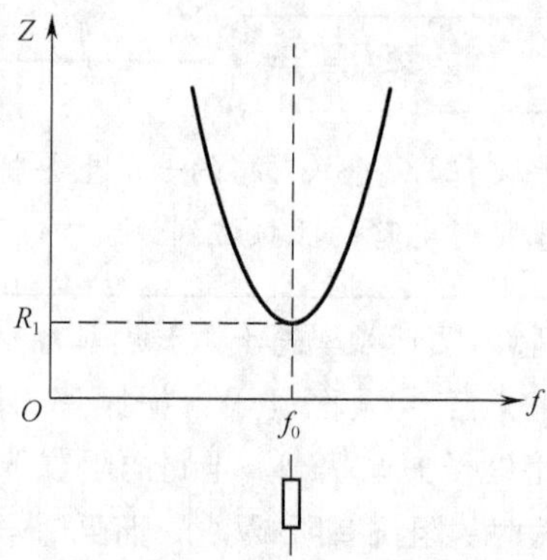

图 1-141　输入信号频率等于谐振频率 f_0 时阻抗特性曲线

重要提示

当信号频率偏离 LC 谐振电路的谐振频率时，电路的阻抗均要增大，且频率偏离的量越大，电路的阻抗就越大，这一点恰好是与 LC 并联谐振电路相反的。

要记住：串联谐振时电路的阻抗最小。

2．输入信号频率高于谐振频率 f_0

当输入信号频率高于谐振频率时，LC 串联谐振电路为感性，相当于一个电感（电感量大小不等于 L_1），如图 1-142 所示。

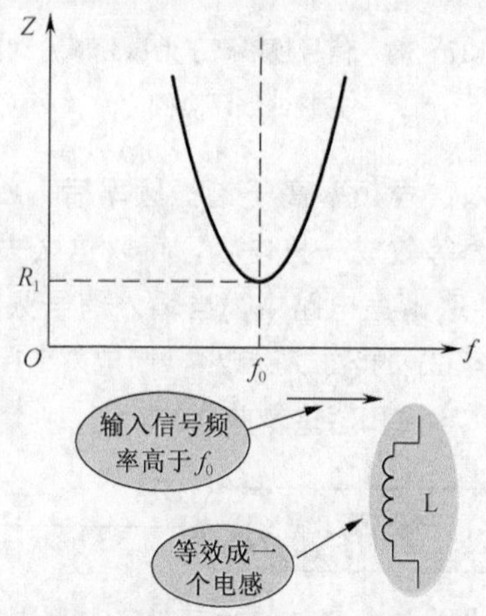

图 1-142　输入信号频率高于谐振频率 f_0 时阻抗特性曲线

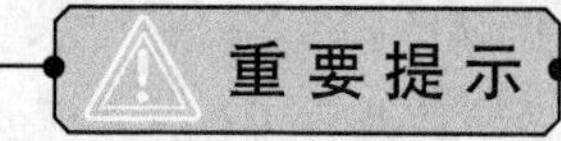

在 L1 和 C1 串联电路中，当信号频率高于谐振频率之后，由于频率升高，C1 的

容抗减小，而L1的感抗却增大，在串联电路中起主要作用的是阻抗大的一个元件，这样L1起主要作用，所以在输入信号频率高于谐振频率之后，LC串联谐振电路等效于一个电感。

3．输入信号频率低于谐振频率f_0

当输入信号频率低于谐振频率时，LC串联谐振电路为容性，相当于一个电容（容量大小不等于C_1），如图1-143所示。

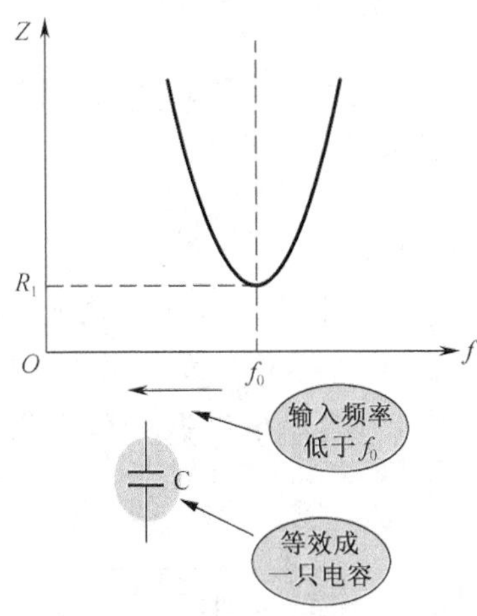

图1-143　输入信号频率低于谐振频率f_0时阻抗特性曲线

重要提示

当信号频率低于谐振频率之后，由于频率降低，C1的容抗增大，而L1的感抗却减小，这样在串联电路中起主要作用的是电容C1，所以在输入信号频率低于谐振频率时，LC串联谐振电路等效于一个电容。

1.6.3　LC并联谐振电路参与的负反馈电路

图1-144所示是LC并联谐振电路参与的负反馈电路。电路中的VT1构成一级共发射极放大器，R3是VT1发射极负反馈电阻，L1和C3构成LC并联谐振电路，其谐振频率为f_0，谐振电路并联在电阻R3上。

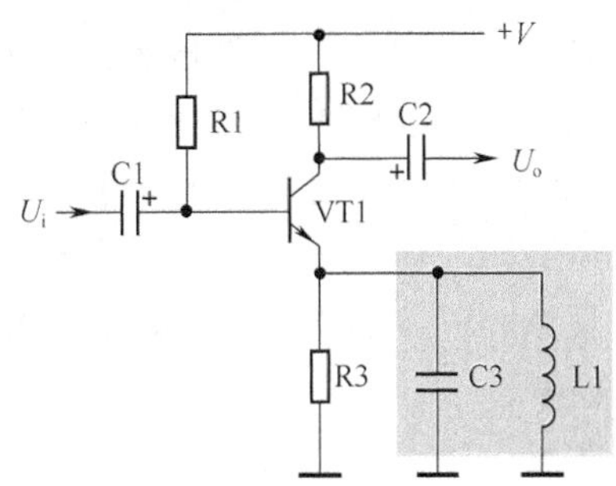

图1-144　LC并联谐振电路参与的负反馈电路

1．电路分析方法

分析这一负反馈电路关键要搞清楚下列3点。

（1）掌握并联谐振电路的阻抗特性。L1和C3是并联谐振电路，要运用阻抗特性进行分析。

（2）将谐振电路看成一个整体。在掌握了LC并联谐振电路阻抗特性后，将L1和C3看成一个整体，这样可以方便电路分析。

（3）R3与谐振电路并联。R3与LC谐振电路是并联的，运用并联电路特性进行分析，并联电路中阻值小的是关键性元件。

2．按频段分析电路

对负反馈过程进行分析要运用LC并联谐振电路的阻抗特性和负反馈原理，下面介绍不同频段下的电路分析。

（1）直流电流。从VT1发射极输出的直流电流全部通过L1到达地线，如图1-145所示，没有直流电流流过负反馈电阻R3，所以电阻R3对直流没有负反馈作用。

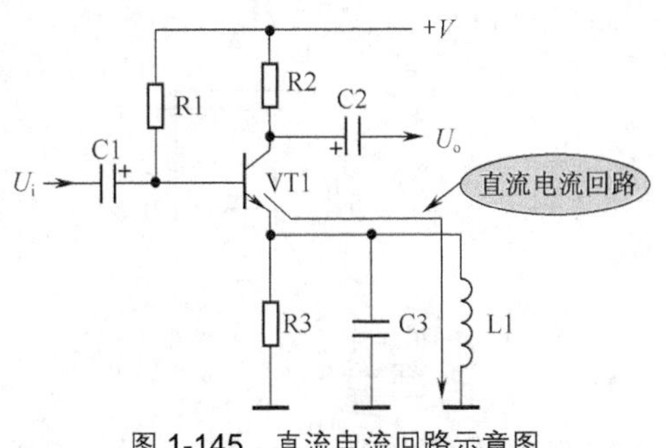

图1-145　直流电流回路示意图

（2）频率为 f_0 的信号。从 VT1 发射极输出的频率为 f_0 的信号，由于 L1 和 C3 并联谐振电路对这一频率信号的阻抗远大于发射极电阻 R3 阻值，这样 f_0 信号不能通过 L1 和 C3 流到地线，只能流过负反馈电阻 R3，如图 1-146 所示，所以 R3 对频率为 f_0 的信号存在负反馈，VT1 放大器对频率为 f_0 的信号放大倍数小。

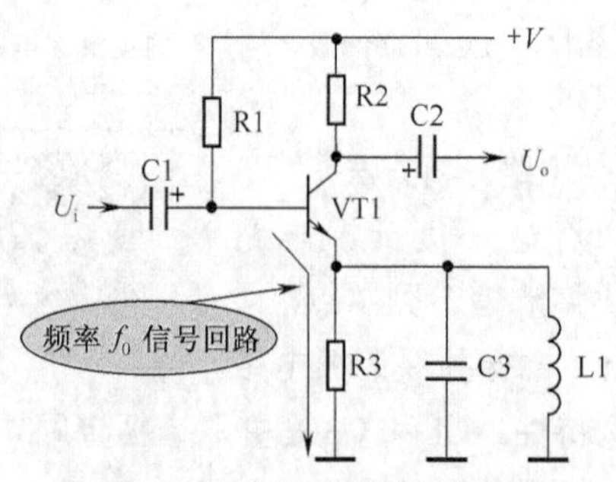

图 1-146　频率为 f_0 信号回路示意图

（3）除 f_0 之外其他频率的信号。从 VT1 发射极输出的频率高于或低于 f_0 的信号，由于 L1 和 C3 并联谐振电路的阻抗下降，低于发射极电阻 R3 的阻值，这样这部分信号通过 L1 和 C3 并联谐振电路流到地线，而没有流过发射极负反馈电阻 R3，所以对这部分频率的信号不存在负反馈作用，VT1 放大器对这部分频率信号的放大倍数明显增大。图 1-147 所示是频率高于或低于 f_0 信号电流回路示意图，频率高的从电容 C3 流过，频率低的从电感 L1 流过。

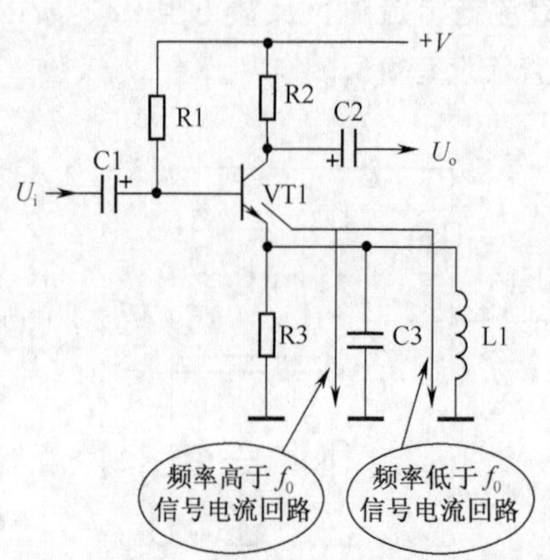

图 1-147　频率高于或低于 f_0 信号电流回路示意图

重要提示

这一放大器对频率为 f_0 的信号放大倍数明显低于对其他频率信号的放大倍数，所以这一放大器能够衰减频率为 f_0 的信号。

改变 L1 和 C3 并联谐振电路中的 L_1 或 C_3 的大小，可以改变这一并联谐振电路的谐振频率 f_0，从而可以改变 VT1 放大器所衰减信号的频率。

1.6.4　LC 串联谐振电路参与的负反馈电路

图 1-148 所示是 LC 串联谐振电路参与的负反馈电路。电路中的 VT1 构成一级共发射极放大器，R3 是 VT1 发射极负反馈电阻，L1 和 C3 构成 LC 串联谐振电路并联在电阻 R3 上。

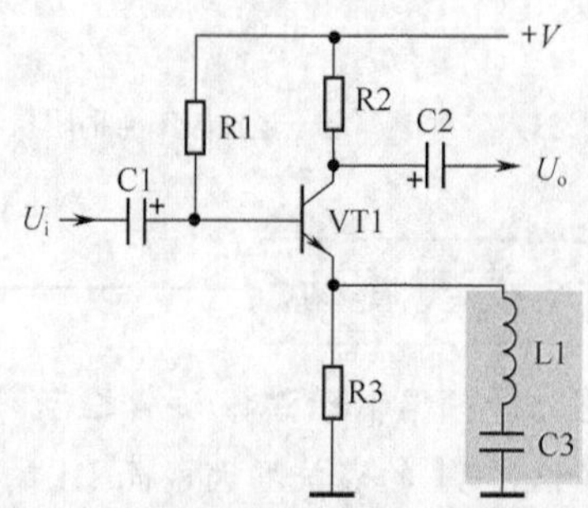

图 1-148　LC 串联谐振电路参与的负反馈电路

结合 LC 串联谐振电路阻抗特性和负反馈原理，对不同频段下的电路分析如下。

1．直流电流

由于 L1 和 C3 串联电路中有电容 C3，不能通过直流电流，从 VT1 发射极输出的直流电流全部流过电阻 R3，如图 1-149 所示，R3 对直流具有负反馈作用。

2．频率为 f_0 的信号

L1 和 C3 串联谐振电路对这一频率信号的阻抗远小于发射极电阻 R3 的阻值，这样，频率为 f_0 的信号通过 L1 和 C3 构成的 LC 串联谐振电路流到地线，如图 1-150 所示，而没有流过负反馈电阻 R3，所以频率为 f_0 的信号不存在负反馈，VT1 放大器对频率为 f_0 的信号放大倍数大。

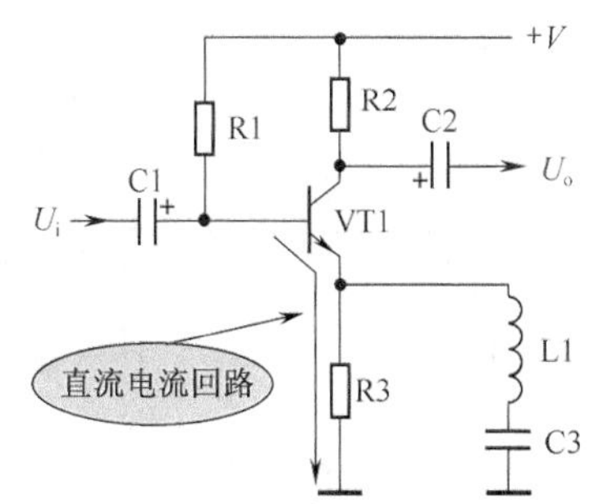

图 1-149 直流电流回路示意图

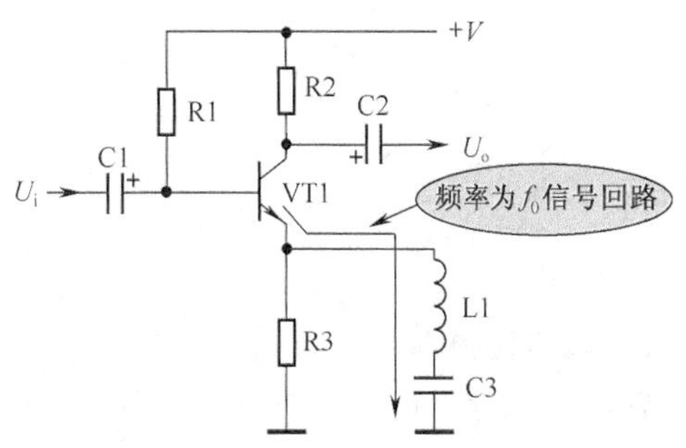

图 1-150 频率为 f_0 的信号回路示意图

3．f_0 之外各频率信号

从 VT1 发射极输出频率高于或低于 f_0 的信号，L1 和 C3 串联谐振电路的阻抗升高，高于发射极电阻 R3 的阻值，这样这部分信号不能流过 L1 和 C3 支路，而是流过了发射极负反馈电阻 R3，如图 1-151 所示，所以对这部分频率的信号存在负反馈作用，VT1 放大器对这部分频率信号的放大倍数明显减小。

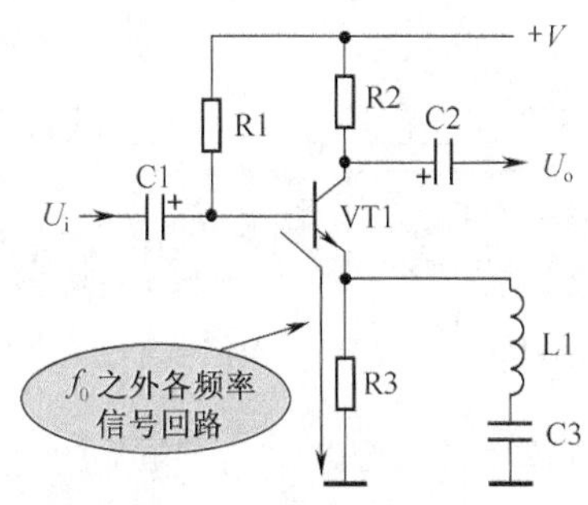

图 1-151 f_0 之外各频率信号回路

4．实用负反馈式录音高频补偿电路

在一些中、高档组合音响的录放卡中，录音高频补偿电路采用负反馈式电路，此时，高频补偿电路设在录音输出级电路中。图 1-152 所示是分立元器件录音输出级放大器中的高频电路。电路中，三极管 VT1 为录音输出级放大管，L1 和 C3 构成录音高频补偿电路，这是一个 LC 串联谐振电路，它并在 VT1 管发射极负反馈电阻 R3 上。

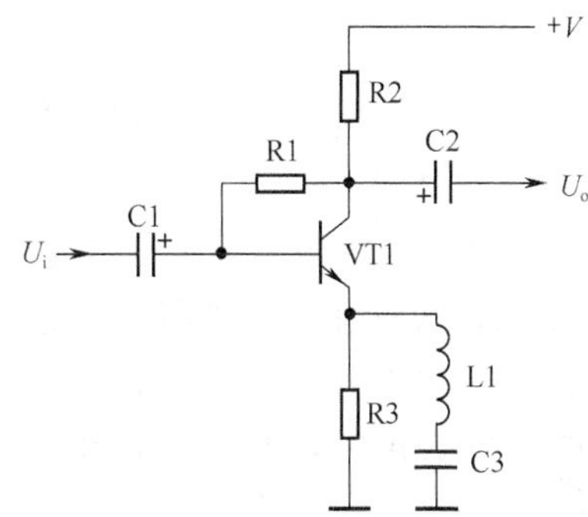

图 1-152 负反馈式录音高频补偿电路

这一电路的工作原理是：由于 L1 和 C3 电路的谐振频率落在录音信号上限频率之外，在 L1 和 C3 发生谐振时阻抗最小，相当于将录音高频段信号旁路，不经过负反馈电阻 R3，使放大器在高频段的负反馈量减小，增益增大，这样从 VT1 管集电极输出的录音高频信号得到提升，达到高频补偿目的。

图 1-153 所示是集成电路录音放大器中的高频补偿电路。电路中的 A1 为录音输出级放大器，⑤脚是负反馈引脚，C1 和 R1 是交流负反馈电路。

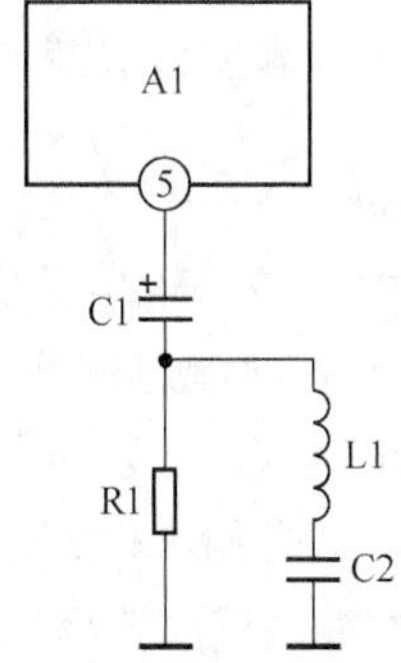

图 1-153 集成电路录音放大器中的高频补偿电路

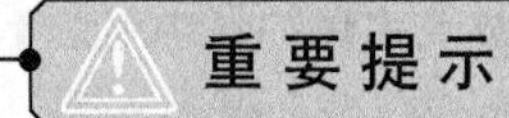

L1 和 C2 是 LC 串联谐振电路。当该电路发生谐振时，L1 和 C2 电路的阻抗最小，使 A1 的交流负反馈量减小，增益增大，从而达到提升录音高频信号的目的。

1.7 其他负反馈电路

具体的负反馈电路非常丰富，这里再举几例说明。

1.7.1 差分放大器发射极负反馈电阻

差分放大器中三极管发射极电阻对信号的负反馈原理与一般放大器不同，它的负反馈过程分析比较特殊，它只对共模信号产生强烈的负反馈作用，对差模信号没有负反馈作用。

图 1-154 所示电路中，VT1 和 VT2 两管共用发射极电阻 R3，对 R3 的分析要分成下面两种不同情况进行。

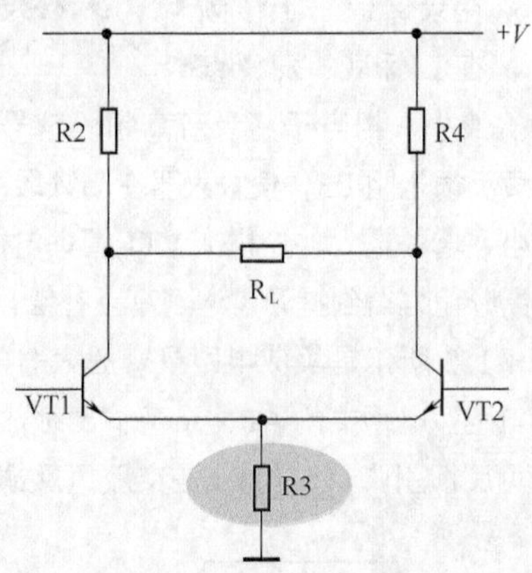

图 1-154　差分放大器发射极负反馈电阻

1．直流电路

在差分放大器中，VT1 管和 VT2 管发射极电流同时同一方向流过共用的发射极电阻 R3，如图 1-155 所示，所以电阻 R3 对直流存在负反馈作用，这时的 R3 负反馈电路与普通放大器中的发射极负反馈电阻电路工作原理是一样的。

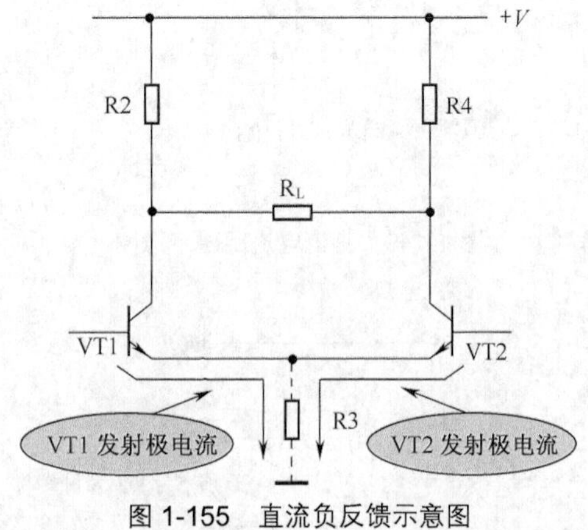

图 1-155　直流负反馈示意图

2．输入差模信号

输入差模信号时，使一只三极管基极信号电流在增大，另一只三极管基极信号电流在减小，这样一只三极管发射极电流在增大，另一只三极管发射极电流在减小，如图 1-156 所示，两只三极管的发射极电流方向相反，而且发射极电流的增大量和减小量相等。

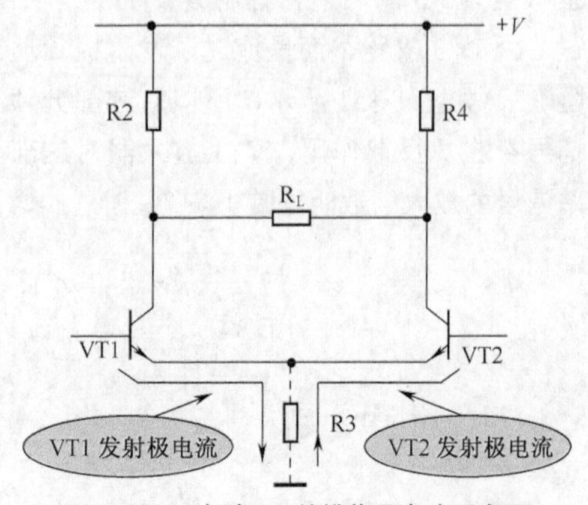

图 1-156　流过 R3 差模信号电流示意图

从电路中可以看出，VT1 和 VT2 发射极电流之和等于流过发射极电阻 R3 的电流。由于

VT1 发射极电流的增大量等于 VT2 发射极电流的减小量，相当于流过 R3 的差模信号电流为零（流过 R3 的电流是直流电流），这样在 R3 上不存在差模信号电流产生的电压降，也就没有负反馈。

重要提示

在差分放大器中，无论两管共用的发射极电阻有多大，它对差模信号都不存在负反馈作用，这是差分放大器的一个重要特点，负反馈电阻的大小不影响差分放大器对差模信号的放大倍数。

3．输入共模信号

输入共模信号时，由于两只三极管发射极电流同时增大、同时减小，即两只三极管的发射极电流方向相同，如图 1-157 所示，所以有共模信号电流流过发射极电阻 R3，在 R3 上存在共模信号压降，所以 R3 对共模信号存在负反馈作用。

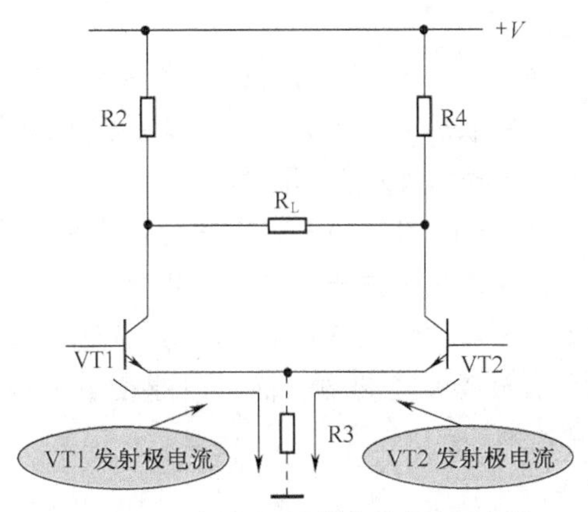

图 1-157　流过 R3 共模信号电流示意图

1.7.2　负反馈抑制零点漂移

直流放大器中，由于放大的是直流信号，要求各级放大器之间采用直接耦合电路，而这种耦合电路会使各级放大器之间的直流电路相互影响，出现所谓的零点漂移现象，图 1-158 所示电路可以说明直接耦合多级放大器的零点漂移现象。VT1、VT2 和 VT3 构成三级直接耦合放大器，U_i 是输入信号，U_o 是输出信号。

1．零点漂移现象

放大器没有输入信号时，VT3 集电极上的直流电压为该放大器的输出电压，设为 U_2。假设由于温度的影响，VT1 基极直流电流发生了改变，这相当于给 VT1 基极输入了一个信号电流，这一信号经三级放大器放大后，VT3 集电极直流电压已经不再是原来的直流电压值 U_2，而是图中的 U_1，U_1 不等于 U_2，说明 VT3 集电极直流电压发生了改变，这一现象称为零点漂移。

2．第一级危害最大

直接耦合放大器中，除第一级放大器会出现上述现象之外，电路中的其他级放大器都会出现上述现象，其中第一级放大器对零点漂移的影响最大。

重要提示

发生这种漂移是因为各级放大器之间采用了直接耦合电路，在直流放大器中这种漂移现象是不允许的，而采用差分放大器可以有效地抑制这种零点漂移。

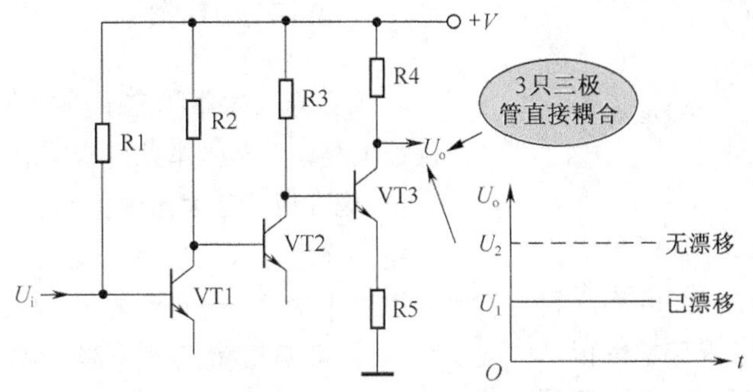

图 1-158　直接耦合多级放大器零点漂移示意图

3．差分放大器抑制零点漂移原理

差分放大器中的两只三极管直流电路是对称的，在静态时，对于共模信号而言（漂移就是共模信号），两管集电极直流电压相等，在采用双端输出式电路后输出信号电压 U_o 为零，即零点漂移的结果对输出信号电压 U_o 没有影响，说明具有抑制零点漂移的作用。

4．负反馈电阻抑制零点漂移原理

差分放大器中两管共用的发射极电阻对共模信号也具有负反馈作用，在加大发射极电阻阻值后对共模信号的负反馈量增大，使放大器共模抑制比增大，可以提高抑制零点漂移的效果。

1.7.3 可控制负反馈量的负反馈电路

一些放大器中，需要对放大器的放大倍数按一定的要求进行控制，这时也可以采用负反馈电路来实现，通过控制放大器中的负反馈量实现控制放大倍数的目的，且很容易实现自动控制。

图 1-159 所示是可以控制负反馈量的负反馈电路。电路中的 VT1 构成一级共发射极放大器，VT2 则是一只控制三极管（不工作在放大状态），它的集电极与发射极并联在 VT1 发射极负反馈电阻 R1 上。

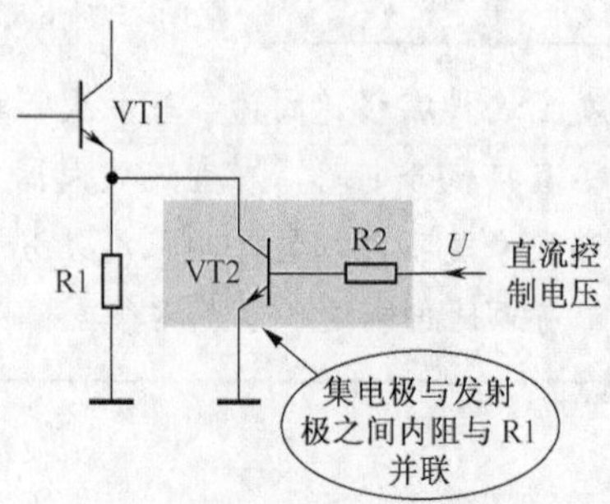

图 1-159 可以控制负反馈量的负反馈电路

1．三极管相关知识补充

由三极管知识可知，当三极管基极电流大小在变化时，其集电极与发射极之间的内阻也随之变化，基极电流愈大，集电极与发射极之间的内阻愈小；反之则愈大。图 1-160 所示是 VT1 管发射极电流流过 VT2 管示意图。从图中可以看出，从 VT1 管发射极流出的电流经 VT2 管集电极和发射极之间内阻成回路。

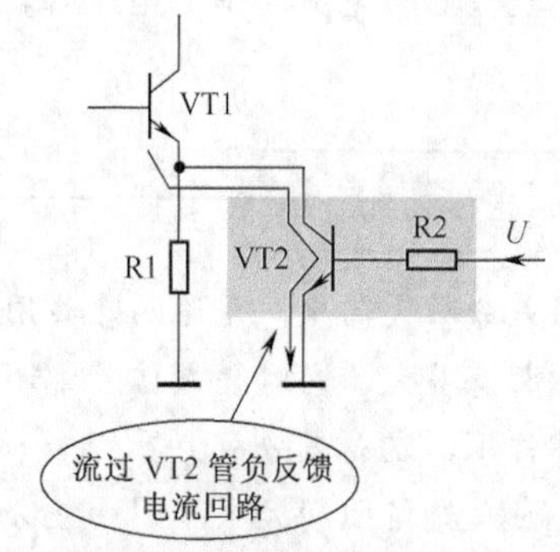

图 1-160 VT1 管发射极电流流过 VT2 管示意图

2．负反馈量控制分析

直流控制电压通过电阻 R2 加到 VT2 基极，直流控制电压变化时，将引起 VT2 基极电压的相应变化，导致 VT2 基极电流的相应变化，使 VT2 集电极与发射极之间的内阻相应变化。VT2 集电极与发射极之间内阻与 R1 并联，并联后的总电阻作为 VT1 发射极负反馈电阻。

（1）VT2 集电极与发射极之间内阻减小。 这时，并联后的总电阻减小，负反馈量减小，VT1 放大器的放大倍数增大。

（2）VT2 集电极与发射极之间内阻增大。 这时，并联后的总电阻增大，负反馈量增大，VT1 放大器的放大倍数减小。由此可见，VT1 放大倍数受 VT2 控制，而 VT2 是受直流控制电压控制的。

1.7.4 场效应管和电子管放大器中负反馈电路

场效应管放大器和电子管放大器中都存在负反馈电路，这里列举几例说明。

1．场效应管放大器中负反馈电路

图 1-161 所示是 N 沟道结型场效应管放大器。电路中的 R1 是栅极电阻，R2 是漏极负载电阻，R3 是阴极负反馈电阻，C3 是源极旁路电容。

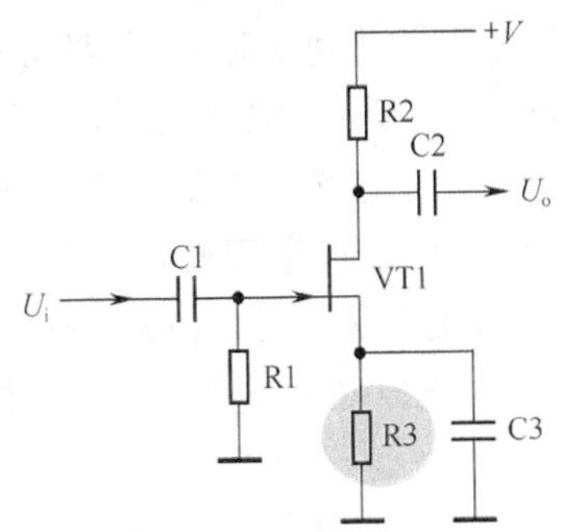

图 1-161　N 沟道结型场效应管放大器电路

电阻 R1 构成自给栅偏压电路，其工作原理是：源极电流从 VT1 源极流出，经过 R3 到地线，这样在 R3 上的电压降使 VT1 源极电压高于地线电压；VT1 栅极通过电阻 R1 接地，使 VT1 栅极电压等于地线电压，而 VT1 源极电压高于地线电压，这样 VT1 栅极电压低于源极电压，从而给 VT1 栅极建立了负电压。

电阻 R3 构成源极负反馈电路，具有直流负反馈的作用，可以稳定 VT1 的工作状态，这一点与三极管放大器中发射极负反馈作用相同。分析场效应管放大器中的负反馈电路时，将源极负反馈电阻看成三极管放大器中的发射极负反馈电阻即可。

源极旁路电容 C3 将 VT1 源极输出的交流信号旁路到地线，这样不让源极输出的交流信号流过负反馈电阻 R3，使 R3 不存在交流负反馈作用。

2．场效应管和晶体三极管混合放大器中负反馈电路

图 1-162 是场效应管和晶体三极管混合放大器。这一电路中共有 5 只负反馈电阻：R1、R3、R8、R9 和 R10。

电阻 R1 不仅是 VT1 偏压电阻，也是级间负反馈电阻。从 VT2 发射极电阻 R10 上取出的直流负反馈电压，加到 VT1 栅极，构成两级放大器之间的环路负反馈电路，以稳定两级放大器的直流工作。

由于 VT2 的旁路电容 C6 将 R9、R10 上的交流信号旁路到地，这样 R9、R10 不存在交流负反馈，只有直流负反馈。

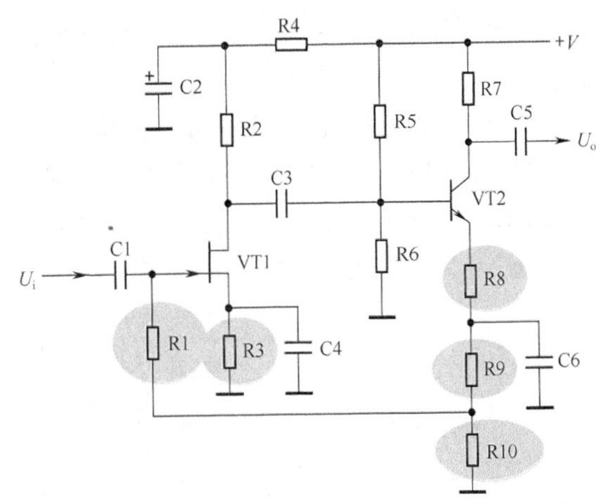

图 1-162　场效应管和晶体三极管混合放大器电路

但是 R8 上没有旁路电容，所以它存在交流和直流负反馈作用。

3．电子管放大器中负反馈电路

图 1-163 所示是电子三极管放大器。

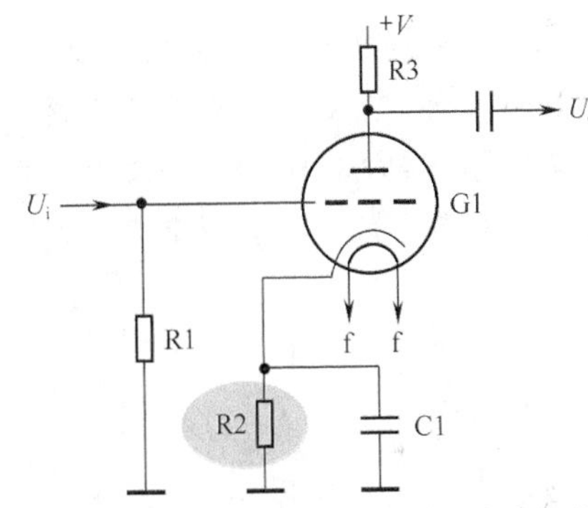

图 1-163　电子三极管放大器的直流电路

电路中，R2 是电子管 G1 的阴极电阻，它相当于晶体三极管放大器中的发射极电阻，它构成的是电流串联负反馈电路，其电路分析方法和作用与晶体三极管中的发射极负反馈电阻一样。

1.7.5　正反馈和负反馈判断方法小结

来自放大器输出端的反馈信号要么是加到三极管基极，要么是加到三极管发射极上。当反馈信号加到三极管基极，输入信号电压增大，反馈信号电压也增大时，这是正反馈；输入信号电压增大时，反馈信号电压减小，这是负反馈。

当反馈信号加到三极管发射极上时有多种情况。

1．NPN型三极管发射极为负时分析

图1-164所示是NPN型三极管电路。VT1基极上信号电压增大（为“+”），发射极上信号电压减小（为“–”），这是正反馈电路。

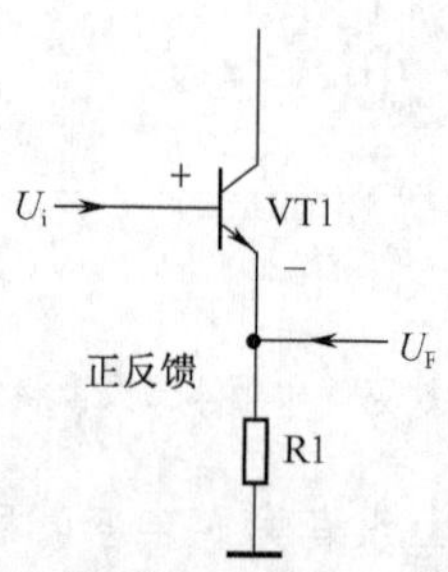

图1-164　NPN型三极管电路（一）

U_i是加到VT1基极上的输入信号，U_F是加到VT1发射极上的反馈信号。

2．NPN型三极管发射极为正时分析

图1-165所示是NPN型三极管电路。VT1基极上信号电压增大（为“+”），发射极上信号电压增大（为“+”），这是负反馈电路。

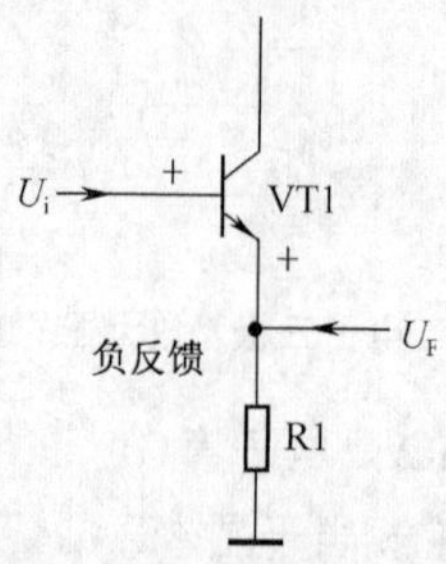

图1-165　NPN型三极管电路（二）

3．PNP型三极管发射极为正时分析

图1-166所示是PNP型三极管电路。对于PNP型三极管电路，为了分析反馈过程的方便，通常设加到三极管基极上的信号电压在减小。VT1基极上信号电压减小（为“–”），发射极上信号电压增大（为“+”），这是正反馈电路。

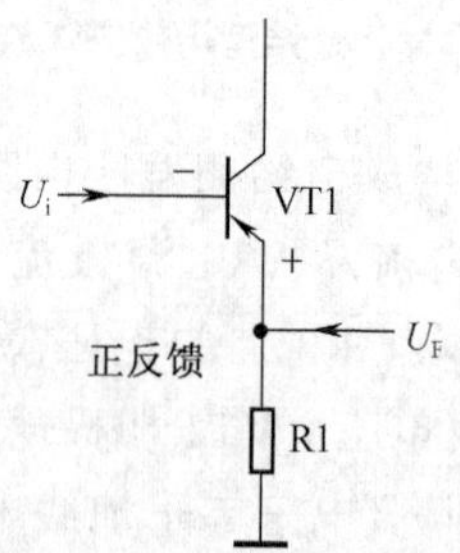

图1-166　PNP型三极管电路（一）

4．PNP型三极管发射极为负时分析

图1-167所示是PNP型三极管电路。VT1基极上信号电压减小（为“–”），发射极上信号电压减小（为“–”），这是负反馈电路。

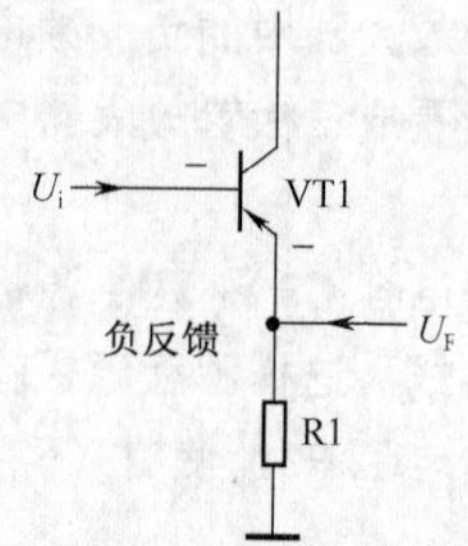

图1-167　PNP型三极管电路（二）

第2章 放大器系统电路

2.1 多级放大器组成方框图和电路分析方法

多级放大器通过级间耦合电路将一级的单级放大器连接起来，级间耦合电路处于前一级放大器输出端与后一级放大器输入端之间。

2.1.1 多级放大器结构方框图

图 2-1 所示是两级放大器的结构方框图，多级放大器结构方框图与此相似，只是级数更多。

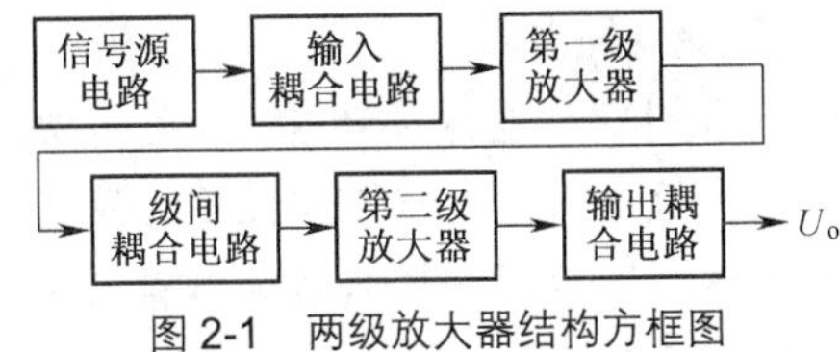

图 2-1 两级放大器结构方框图

从图中可以看出，一个两级放大器主要由信号源电路、级间耦合电路、各单级放大器等组成。信号源输出的信号经过耦合电路加到第一级放大器中进行放大，放大后的信号经过级间耦合电路加到第二级放大器中进一步放大。在多级放大器中，第一级放大器又称为输入级放大器，最后一级放大器称为输出级放大器。

2.1.2 各单元电路作用和电路分析方法

1. 各单元电路作用

关于这一方框图中的各单元电路的作用说明如下。

（1）信号源电路是信号源所在的电路，多级放大器中的各级都是放大这一信号。

输入耦合电路通常是指信号源电路与第一级放大器之间的耦合电路，它的作用是将从信号源电路输出的信号无损耗地加到第一级放大器中，同时将第一级放大器中的直流电路与信号源电路隔开。

31. 电阻并联电路阻抗特性 1

（2）级间耦合电路处于两级放大器之间，它的作用是将前级放大器输出的信号无损耗地加到后一级放大器中。同时，有的级间耦合电路还要完成隔直工作，即将两级放大器之间的直流电路隔开。个别情况下，级间耦合电路还要进行阻抗变换，以使两级放大器之间阻抗匹配。

（3）输出耦合电路是指多级放大器输出级与负载之间的耦合电路，它的作用是将输出信号加到负载上。

（4）各级放大器用来对信号进行放大，或是电压放大，或是电流放大，或是电压和电流同时放大。

2. 电路分析方法

多级放大器工作原理的分析方法与单级放大器基本一样，不同之处主要说明以下几点。

（1）多级放大器只是数级单级放大器按先后顺序通过级间耦合电路排列起来，所以电路分析内容、步骤和方法同单级放大器基本相同。

（2）分析信号传输过程时，要从多级放大器的输入端，一直分析到它的输出端。信号幅度每经过一级放大器放大后都有所增大，所以信号幅度是愈来愈大。

（3）分析直流电路时，如果各级放大器之间的直流电路是隔离的，则要分别分析各级放大器的直流电路；当各级放大器之间的直流电路有联系时，则要整体分析。另外，由于后级放大器中的信号幅度已比较大，所以后级放大管的直流偏置电流比前级的大。

重要提示

多级放大器与单级放大器相比较，多出了级间耦合电路、退耦电路的分析。对于级间耦合电路，主要分析信号是怎样传输的，直流电流是否能够通过级间耦合电路；对于退耦电路的分析，主要是两级或更多级放大器之间信号相位的分析。

2.2 双管阻容耦合放大器详解及电路故障分析

图 2-2 所示是双管阻容耦合放大器。这一多级放大器由两个单级放大器组成，两级放大器之间通过电容耦合，所以称为双管阻容耦合放大器。

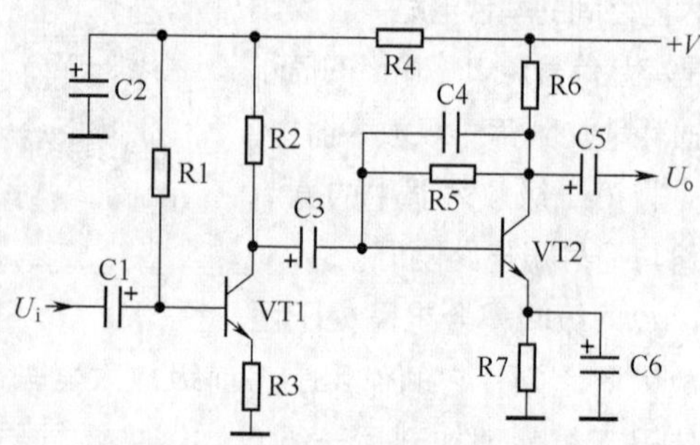

图 2-2 双管阻容耦合放大器

2.2.1 单级放大器类型识别方法和直流、交流电路工作原理分析与理解

这一多级放大器中共有两只三极管 VT1 和 VT2 组成两级放大器，两个单级放大器之间通过电容 C3 耦合。电路中，VT1 是第一级放大管，VT2 是第二级放大管，U_i 是输入信号，U_o 是通过两级放大器放大后的输出信号。

1．第一级放大器类型识别

从电路中可以看出，输入信号从三极管 VT1 基极输入，放大后信号从它的集电极输出，所以这是一级共发射极放大器。

2．第二级放大器类型识别

第一级放大器输出的信号经耦合电容 C3，从基极输入到 VT2 中，经过放大后的信号从它的集电极输出。这也是一级共发射极放大器，所以这是一个共发 - 共发双管放大器。

3．直流电路分析

这一多级放大器采用电容 C3 进行级间耦合，所以两级放大器的直流电路要分别进行分析。关于这一双管阻容耦合放大器直流电路的分析主要说明下列几点。

（1）直流工作电压 +*V* 通过 R6 加到 VT2 集电极，+*V* 经电阻 R6 和 R5 加到 VT2 基极，R7 将 VT2 发射极接地。

（2）直流工作电压 +*V* 经 R4 和 C2 退耦和滤波后加到第一级放大器，提供直流工作电压。

（3）R2 是 VT1 集电极负载电阻，为 VT1 提供直流工作电压。R1 是 VT1 固定式偏置电阻，R3 是 VT1 发射极负反馈电阻。

4．交流电路分析

交流输入信号 U_i 经输入端耦合电容 C1 耦合后加到 VT1 基极，经过 VT1 电压和电流双重放大后从其集电极输出，通过级间耦合电容

C3 加到 VT2 基极，经过 VT2 电压和电流放大后从其集电极输出，通过输出端耦合电容 C4 加到后级放大器中。

关于这一双管阻容耦合放大器交流电路的工作原理还要说明下列几点。

（1）从信号电压这个角度上讲，VT1 集电极上的信号电压大于其基极上的信号电压，VT2 集电极上的信号电压大于其基极上的信号电压，VT2 中的信号电压大于 VT1 中的信号电压。

（2）由于这是一个共发 - 共发双管放大器，每一级共发射极放大器对信号电压移相 180°，两级放大器共移相 360°，所以输出信号电压 U_o 相位与输入信号电压 U_i 相位相同。

（3）这一双管放大器的信号传输过程是：交流输入信号 U_i → C1（耦合）→ VT1 基极→ VT1 集电极→ C3（级间耦合）→ VT2 基极→ VT2 集电极→ C5 →输出信号电压 U_o，至后级电路中。

32. 电阻并联电路阻抗特性 2

2.2.2　元器件作用分析和电路故障分析

为了分析电路方便，将这一电路重画成如图 2-3 所示电路。

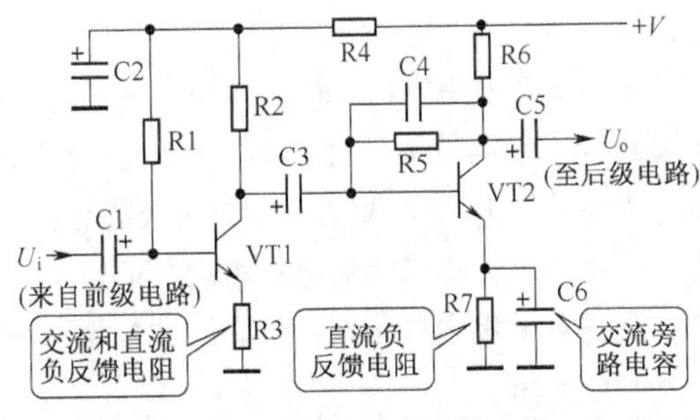

图 2-3　双管阻容耦合放大器

1. 元器件作用分析

VT1 和 VT2 采用的基极偏置电路不同，VT1 采用固定式偏置电路，VT2 采用集电极 - 基极负反馈式偏置电路。

VT1 发射极电阻 R3 上没有并联旁路电容，所以 R3 对交流和直流都存在负反馈。

R4 是第一级放大器直流电压供给电阻，同时也是多级放大器中的退耦电阻，关于它的退耦作用将在后面的退耦电路中详细介绍。从直流电路角度讲，R4 将加到第一级放大器中的直流工作电压降低一些，因为直流工作电压 +V 产生的直流电流经过 R4 后，在 R4 上存在压降，使第一级放大器的直流工作电压低于第二级放大器的直流工作电压。

C2 是滤波和退耦电容。如果不接入 C2，电阻 R4 将是 VT1 集电极负载电阻的一部分（R4 和 R2 串联后作为 VT1 集电极负载电阻）。接入 C2 后，VT1 集电极交流信号电流不流过 R4（流过 R2 交流电流经 C2 流到地端），只流过 R2，所以只有 R2 是 VT1 集电极负载电阻。

2. 电路故障分析

这一双管阻容耦合放大器的故障分析同单级放大器基本一样，不同之处补充说明如下：

（1）当 VT1 放大器中的直流电路出现故障时，由于 C3 的隔直作用，不会影响 VT2 放大器的直流电路工作。由于第一级放大器已经不能正常工作，它没有正常的输出信号加到第二级放大器中，第二级放大器虽然能够正常工作，整个双管放大器也没有信号输出。

（2）第二级放大器的直流电路出现故障后，因为 C3 的存在不会影响第一级放大器直流电路的工作，第一级放大器能够输出正常的信号。由于第二级放大器不能正常工作，所以第二级放大器也不能够输出正常的信号。由此可知，在多级放大器中只要有一级放大器出问题，整个多级放大器均不能输出正常的信号。

（3）当 C2 开路时，对第二级放大器无影响，会使第一级放大器输出信号的电压有所升高，因为 VT1 集电极负载电阻增加了 R4。当 C2 漏电或击穿时，第一级放大器直流工作电压变小或无直流电压，同时流过 R4 的电流加大，也会使直流工作电压 +V 有所下降而影响第二级放大器正常工作，此时整个放大器没有输出信号或信号小。

（4）当电阻 R4 开路时，第一级放大器无直流工作电压，不影响第二级放大器工作，整个放大器没有输出信号。

电路分析小结

（1）进行多级放大器直流电路的分析时，对直流工作电压 +V 的电压供给线路分析从右向左进行，对于某一单级放大器而言是从上而下。

（2）进行交流电路分析时，知道从第一级放大器输出的信号已经得到了放大，从第二级放大器输出的信号比第一级输出的信号更大。

（3）对多级放大器可以更多地采用省略分析方法。

2.3 双管直接耦合放大器

图 2-4 所示是由两级放大器构成的双管直接耦合放大器。电路中，VT1 构成第一级放大器，VT2 构成第二级放大器。从图中可以看出，两管之间没有耦合电容，而是直接相连，所以称为直接耦合放大器。

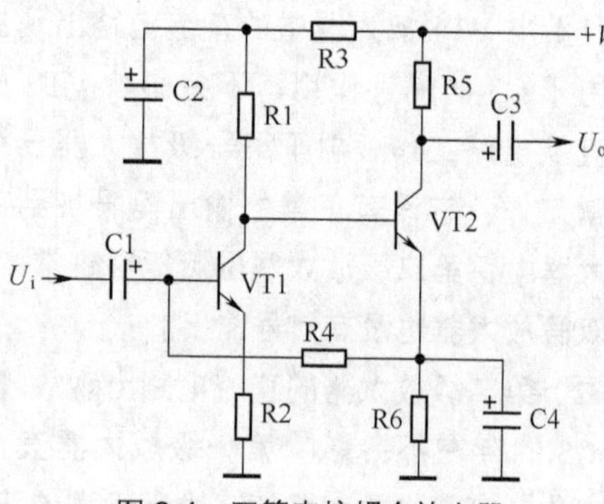

图 2-4 双管直接耦合放大器

输入信号从 VT1 基极输入，放大后从其集电极输出，所以这是一级共发射极放大器。VT2 输入、输出情况一样，所以也是一级共发射极放大器。这样，这是一个共发 - 共发双管放大器。

2.3.1 直流电路和交流电路

1. 直流电路分析

关于这一双管直接耦合放大器的直流电路分析主要说明以下几点。

（1）R4 是 VT1 基极偏置电阻，为 VT1 提供基极偏置电压。这是一个比较特殊的基极偏置电路，只出现在双管直接耦合电路中，R4 不是接在直流工作电压 +V 端，而是接在 VT2 发射极上，这一点与前面介绍的偏置电路不同。

（2）R1 是 VT1 集电极负载电阻，同时又是 VT2 偏置电阻之一，是 VT2 的上偏置电阻。R2 是 VT1 发射极负反馈电阻。

（3）R5 是 VT2 集电极负载电阻，R6 是 VT2 发射极直流负反馈电阻。

（4）VT2 基极偏置电路的工作原理是：放大器接通直流电源后，R2 给 VT2 提供基极偏置电压，VT2 有基极电流，有发射极电流，有发射极电压，VT2 发射极电压经 R4 加到 VT1 基极，使 VT1 也获得基极偏置电压，VT1 有基极电流，这样 VT1 导通而进入放大工作状态。VT1 导通后其集电极直流电压直接加到 VT2 基极，作为 VT2 基极偏置电压。

（5）VT2 偏置电路可以理解为是分压式偏置电路，即由 R1、VT1 内阻（导通后集电极与发射极之间的电阻）和 R2 构成的分压电路。R1 是这一分压式偏置电路中的上偏置电阻，VT1 导通后的集电极与发射极之间的内阻和 R2 是下偏置电阻。

（6）由于 VT1 集电极和 VT2 基极之间没有隔直元件，所以当 VT1 直流电路发生改变时，VT1 集电极直流电压大小变化，而这一电压变化直接加到 VT2 基极，将引起 VT2 直流工作电流的相应变化。这是直接耦合电路的一个特点，即两级放大器之间的直流电路相互牵制。对这种直接耦合放大器进行直流电路分析时要注意这一点。

（7）在直接耦合电路中，VT2 先导通，VT1 在 VT2 之后导通，如果 VT2 不导通，VT1 就不可能导通，因为只有 VT2 导通后才有其发射极电压，才有 VT1 基极偏置电压。

2．交流电路分析

输入信号 U_i 通过 C1 加到 VT1 基极，经过 VT1 电压和电流双重放大后，从 VT1 集电极输出，直接加到 VT2 基极上，再经 VT2 电压和电流放大，从 VT2 集电极输出，通过输出端耦合电容 C3，输出信号 U_o 送到下一级放大器中。

信号在这一电路中得到两级放大器的电压和电流放大。在 VT1 集电极上的信号电压比在基极上的信号电压大，在 VT2 集电极上的信号电压比 VT2 基极上的信号电压大。

2.3.2　元器件作用分析和电路故障分析

1．元器件作用分析

（1）C1 和 C3 分别是这一多级放大器输入端和输出端的耦合电容，具有隔直通交的作用。由于 C1 的隔直作用，VT1 和 VT2 放大器与前级的信号源电路（电路中未画出）之间直流隔开；由于 C3 的隔直作用，VT1 和 VT2 放大器与后面放大器之间的直流隔开。

（2）R1 具有双重作用：一是作为 VT1 集电极负载电阻，二是作为 VT2 上偏置电阻。

（3）C4 是 VT2 发射极旁路电容，使发射极电阻R6只存在直流负反馈而没有交流负反馈。

2．电路故障分析

（1）当 R4 开路时，VT1 没有直流工作电压，同时 VT2 基极也没有直流电流，此时两只三极管均处于截止状态，无信号输出。

（2）当滤波、退耦电容 C2 出现击穿或漏电故障时，因为加到 VT1 的直流工作电压为 0V 或太低，影响了 VT1 的正常工作，从而也影响了 VT2 正常工作。

（3）C3 击穿或严重漏电时，VT1 基极电压为 0V 或很低，VT1 处于截止状态，其集电极电压升高许多，使 VT2 基极电压异常增高，VT2 处于饱和导通状态。

33. 电阻并联电路阻抗特性 3

（4）当 R2 开路时，VT1 和 VT2 均处于截止状态。

（5）当 R4 开路后，VT1 处于截止状态，VT1 没有集电极电流，这样流过 R2 的电流全部流入 VT2 基极，使 VT2 基极电流很大而处于饱和状态，放大器无信号输出；当R4短路时，VT1 处于饱和状态，其集电极直流电压很低，使 VT2 基极直流偏置电压很低，VT2 处于截止状态。

（6）VT1 和 VT2 两级放大器之间采用直接耦合电路，其中一级电路出现故障同时影响两级电路的直流工作状态，所以在检查这种直接耦合电路的故障时，要将两级电路作为一个整体来进行。

电路分析小结

（1）注意两级放大器之间的直流电路分析，由于没有隔直元件，所以两级放大器直流电路之间相互联系。

（2）如果有更多的放大器之间采用直接耦合，凡是参加直接耦合的各放大器之间的直流电路都有联系。

（3）注意 VT1 集电极负载电阻的双重作用，这对电路故障分析很重要。

2.4　三级放大器

多级放大器中不只是两级放大器，许多情况是多于两级的放大器，可以是三级、四级等。图 2-5 所示是一个由 3 只三极管构成的三级放大器。

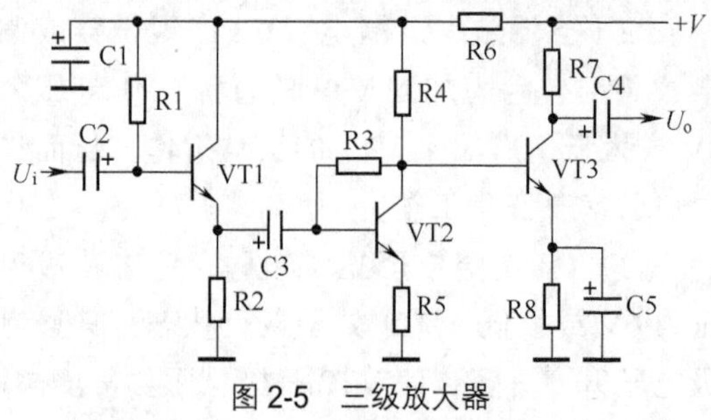

图 2-5　三级放大器

2.4.1　电路工作原理分析与理解

1．放大器类型分析

关于这一三级放大器的类型说明如下。

（1）VT1 是输入级放大器，接成共集电极放大器。

（2）VT2 是第二级放大器，接成共发射极放大器，第一级与第二级放大器之间采用电容 C3 耦合。

（3）VT3 构成第三级放大器，接成共发射极放大器，与第二级电路之间采用直接耦合。

2．直流电路分析

（1）R1 是 VT1 偏置电阻，VT1 采用固定式偏置电路。R2 是 VT1 发射极负反馈电阻，VT1 集电极直接接直流工作电压 +V 端。

（2）R3 是 VT2 偏置电阻，VT2 采用基极 - 集电极负反馈式偏置电路。R4 是 VT2 集电极负载电阻，同时又是 VT3 上偏置电阻。R7 是 VT3 集电极负载电阻，R8 是 VT3 发射极直流负反馈电阻。

3．信号传输过程分析

这一多级放大器的信号传输及放大过程是： 输入信号 U_i → C2（输入端耦合电容）→ VT1 基极→ VT1 发射极（电流放大）→ C3（级间耦合电容）→ VT2 基极→ VT2 集电极（电压和电流放大）→ VT3 基极（直接耦合）→ VT3 集电极（电压和电流放大）→ C4（输出端耦合电容）→输出信号 U_o，送到下一级电路中。

2.4.2　电路故障分析

（1）由于第一级放大器与后面两级电路之间采用电容 C3 耦合，所以当第一级放大器中的直流电路出现故障时，对后面两级电路的直流电路没有影响，但是没有正常的交流信号加到后面的放大器中。同样，若后两级放大器中的直流电路出现问题，对输入级直流电路没有影响。

（2）当电路中有任何一级放大器出现故障，这一多级放大器的交流输出信号都不正常，但在故障点之前的放大器工作正常。

2.5　耦合电路

2.5.1　耦合电路功能和电路种类

多级放大器中，每一级放大器之间是相对独立的，要将一级级放大器之间连接起来，级间耦合电路不可缺少。

1．耦合电路功能

对耦合电路的要求是，对信号的损耗愈小愈好。 有时，耦合电路不仅起级间的信号耦合作用，还要对信号进行一些处理，主要有以下几种情况。

（1）通过耦合电路将两级放大器之间的直流电路隔离，这是最常用的功能之一。

（2）通过耦合电路获得两个电压大小相等、相位相反的信号。

（3）通过耦合电路对信号的电压进行提升或衰减。

（4）通过耦合电路对前级和后级放大器之间进行阻抗的匹配。

2．耦合电路种类

多级放大器中的耦合电路主要有下列几种。

（1）阻容耦合电路中采用电容器进行交流信号的耦合。 这是最常用的耦合电路。电容器具有隔直通交的特性，在让交流信号耦合到下一级放大器的同时，将前一级的直流电流隔离。这种电路广泛用于多级交流放大器中。

（2）**直接耦合电路中没有耦合元器件**。直接将前级放大器的输出端与后级放大器的输入端相连，这也是一种常见的耦合电路。直接耦合电路可以用于多级交流放大器中，也可用于多级直流放大器中，在多级直流放大器中必须采用这种耦合电路。

（3）**变压器耦合电路中采用变压器作为耦合元件**。变压器也具有隔直通交特性，所以这种耦合电路与电容器耦合电路相似，同时由于耦合变压器具有阻抗变换等特性，所以变压器耦合电路变化形式很丰富。变压器耦合电路主要用于一些中频放大器、调谐放大器和音频功率放大器的输出级中。

2.5.2　阻容耦合电路

前面介绍的多级放大器中已多次讲述了耦合电容，当两级放大器之间采用耦合电容时，两级放大器之间采用阻容耦合电路。阻容耦合电路由电阻和电容构成，但是在电路中只能直接看出耦合电容，看不到电阻。可以用图 2-6 所示的阻容耦合电路的等效电路来说明这种耦合电路的工作原理。

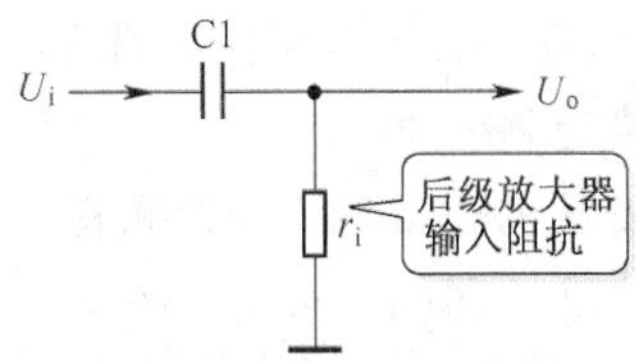

图 2-6　阻容耦合电路的等效电路

1．等效电路分析

关于阻容耦合电路等效电路的工作原理主要说明下列几点。

（1）电路中的 C1 是耦合电容，r_i 是后一级放大器的输入阻抗。阻容耦合电路中所说的电阻是下一级放大器的输入阻抗 r_i，电容是 C1。

（2）从图中可以看出这是一个电容、电阻构成的典型分压电路，加到这一分压电路中的输入信号 U_i 是前一级放大器的输出信号。从这一分压电路输出的信号是 U_o，这也就是加到后一级三极管基极上的输入信号，这一信号愈大，说明耦合电路对信号的损耗愈小。

（3）根据分压电路特性可知，当放大器输入阻抗 r_i 大小一定时（通常它不变化），耦合电容 C1 容量大，其容抗小，输出信号 U_o 大，即在耦合电容 C1 上的信号损耗小。所以，要求耦合电容的容量要足够大，这样信号通过耦合电容时损耗才小。

34. 电阻并联电路阻抗特性 4

2．几点说明

关于阻容耦合电路还要说明以下几个问题。

（1）当放大器的输入阻抗比较大时，可以适当减小耦合电容的容量，这一点通过分压电路的特性很容易理解。降低耦合电容 C1 的容量，对降低耦合电容的漏电电流有利，因为电容的容量愈大，其漏电电流就愈大，放大器的噪声就愈大（耦合电容漏电流就是电路噪声），特别是输入级放大器的输入端耦合电容要尽可能小。

（2）耦合电容对低频信号容抗比中频和高频信号的容抗要大，所以阻容耦合电路对低频信号是不利的，当耦合电容的容量不够大时，低频信号首先受到衰减，说明阻容耦合电路的低频特性不好。

（3）耦合电容具有隔直作用，所以采用阻容耦合的放大器不能放大直流信号，对频率很低的交流信号耦合电容的容抗太大也不能有效放大。

（4）在不同工作频率的放大器中，由于放大器所放大的信号频率不同，对耦合电容的容量大小要求也不同。音频放大器中，一般耦合电容的容量在 1～10μF 之间。为了降低电容漏电电流，愈是处于前级的耦合电容，其容量要求愈小。

（5）图 2-7 所示是一种变形阻容耦合电路，即在耦合电容 C1 回路中串联一只电阻 R1，该电阻一般为 2kΩ。这种变形阻容耦合电路在一些性能较好的音频放大器中常见到。这一耦合电路的作用同普通阻容耦合电路基本一样，**只是电阻 R1 可以用来防止可能出现的高频自激。**

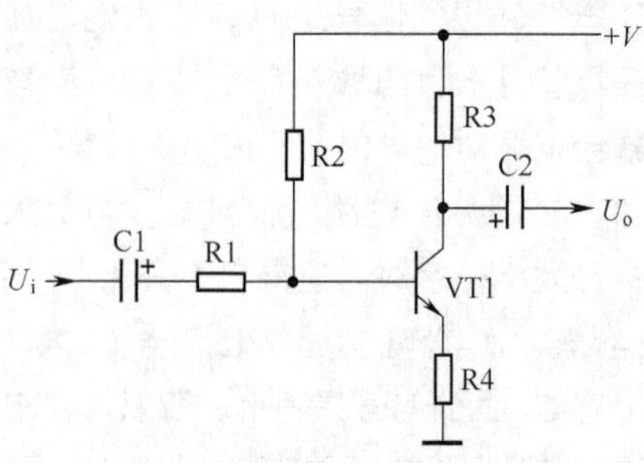

图 2-7　变形阻容耦合电路

3．电路故障分析

（1）耦合电路的作用之一是让信号无损耗地通过，加到后一级电路中。当耦合电路中的元器件开路时，信号不能加到下一级电路中，使放大器无信号输出。当耦合元器件的性能不好而造成信号损耗增大时，放大器输出信号减小。

（2）当耦合电容漏电或击穿时，前后两级放大器直流电路的工作受到影响，从而影响交流电路的工作，放大器输出信号不正常。

2.5.3　直接耦合电路

在双管直接耦合放大器中介绍了直接耦合电路。直接耦合电路的特点是前级放大器输出端与后级放大器输入端之间没有耦合元器件。

直接耦合电路让交流电流通过的同时，也可以让直流电流通过，这是这种耦合电路的特点，所以直接耦合放大器可以用来放大直流信号，而且低频特性好。

直接耦合电路的缺点是，由于直流电流也能通过，参加耦合的各级放大器直流电路相互牵制，这对电路故障修理不利。

2.5.4　变压器耦合电路

变压器耦合电路的具体电路形式有多种。

1．变压器耦合电路之一

图 2-8 所示是一种变压器耦合电路。电路中，VT1 和 VT2 构成两级放大器；T1 是一个耦合变压器，L1 是它的一次绕组（又称初级绕组），一次绕组有一个抽头，L2 是它的二次绕组（又称次级绕组），这一耦合变压器 T1 只有一组二次绕组。

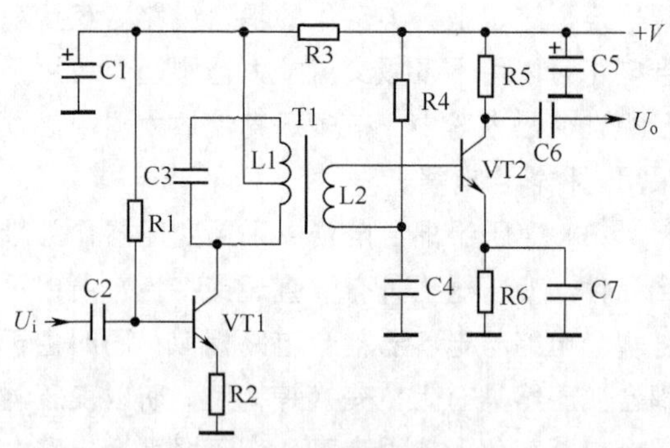

图 2-8　变压器耦合电路之一

关于这一变压器耦合电路的工作原理主要说明下列几点。

（1）VT1 集电极信号电流流过 T1 一次绕组 L1 抽头以下绕组，根据变压器原理可知，T1 二次绕组两端便有输出信号电压，这一输出信号电压加到 VT2 基极回路。其信号电流回路是：二次绕组 L2 上端→ VT2 基极→ VT2 发射极→发射极旁路电容 C7 →地线→电容 C4 →二次绕组 L2 下端，通过二次绕组 L2 成回路，完成信号的传输。

（2）对于直流电流而言，由于 T1 一次绕组和二次绕组之间是绝缘的，这样 VT1 直流电路与 VT2 所在的直流电路相互隔离，这一特性同阻容耦合电路相同。

（3）变压器耦合电路的低频特性不好，这是因为耦合变压器的一次绕组是 VT1 集电极负载，由于绕组的感抗与频率成正比，这样当信号频率低时感抗小，VT1 集电极负载电阻小，电压放大倍数较小（集电极负载电阻小时放大器电压放大倍数小），显然变压器耦合电路的低频特性不佳。另外，当信号的频率高到一定程度时，由于耦合变压器 T1 存在各种高频的能量损耗，高频信号受到损失，所以这种耦合电路的高频特性也不好。

关于这一变压器耦合电路的故障分析主要

说明下列几点。

（1）当耦合变压器 T1 的一次绕组 L1 抽头开路时，VT1 集电极没有直流工作电压，此时 VT1 没有输出信号，VT2 也没有信号输出，但是 VT2 直流工作状态不变（指 VT2 集电极、基极和发射极直流工作电压和电流大小不变）。

（2）当耦合变压器 T1 二次绕组 L2 开路时，不影响 VT1 正常工作，但是 VT2 没有基极电压，这时 VT2 截止，所以 VT2 没有交流信号输出。

（3）当电容 C4 严重漏电或击穿时，VT2 基极直流偏置电压低或没有直流偏置电压，VT2 截止，VT2 没有交流信号输出；当 C4 开路时，对 VT2 直流电路没有不良影响，但是 T1 二次绕组 L2 下端没有交流接地，只能通过电阻 R4 和电容 C5 交流接地，这相当于在 VT2 基极交流回路中串联了电阻 R4，输入 VT2 基极的交流信号受到大幅衰减，VT2 输出信号大幅减小。

2．变压器耦合电路之二

35. 电阻并联电路阻抗特性 5

图 2-9 所示是另一种变压器耦合电路，这一电路与前面电路的不同点是：耦合变压器 T1 二次绕组有一个中心抽头，而中心抽头通过电容 C3 交流接地，这样二次绕组 L2 上端、下端的信号电压相位相反。

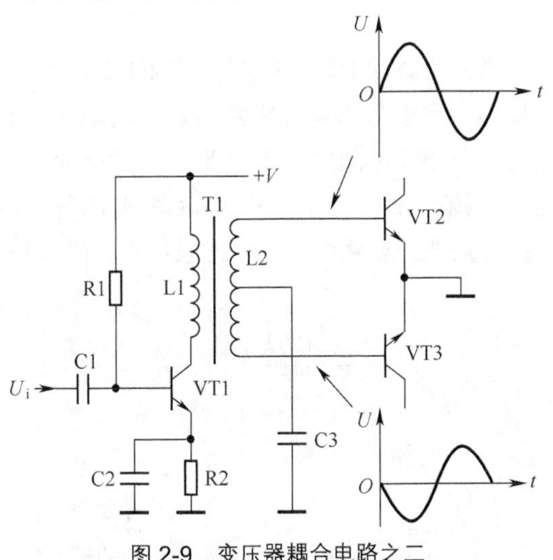

图 2-9　变压器耦合电路之二

关于这一变压器耦合电路的工作原理主要说明下列几点。

（1）当二次绕组 L2 上端信号为正半周期间，L2 绕组的下端信号为负半周期间；当 L2 上端为信号负半周期间，L2 下端为信号正半周期间。

（2）由于这一耦合变压器 T1 二次绕组 L2 有一个中心抽头，这样二次绕组能够输出大小相等、相位相反的两个信号，即 L2 上端与抽头之间绕组输出一个信号加到 VT2 基极，L2 抽头与下端之间绕组输出另一个相位相反的信号加到 VT3 基极。VT2 和 VT3 基极上的交流信号电压波形见图中所示。

（3）由于 VT2 和 VT3 都是 NPN 型三极管，加到 VT2 和 VT3 基极的信号电压大小相等，相位相反。这样在 VT2 基极为正半周信号而使 VT2 导通、放大时，VT3 基极为负半周信号而使 VT3 截止；在 VT2 基极为负半周信号而使 VT2 截止时，VT3 基极为正半周信号而使 VT3 导通、放大。

（4）VT2 基极信号电流回路是：二次绕组 L2 上端→ VT2 基极→ VT2 发射极→地端→ C3 →二次绕组 L2 抽头，通过 L2 抽头以上绕组成回路。

（5）VT3 基极信号电流回路是：二次绕组 L2 下端→ VT3 基极→ VT3 发射极→地端→ C3 →二次绕组 L2 抽头，通过 L2 抽头以下绕组成回路。

关于这一变压器耦合电路的故障分析主要说明下列几点。

（1）当二次绕组 L2 的中心抽头开路时，VT2 和 VT3 中均无信号电流，因为这时 VT2 和 VT3 基极交流信号电流不成回路。

（2）当 C3 开路后，VT2 和 VT3 中也均无信号电流，因为 VT2 和 VT3 基极交流信号电流不成回路。

（3）如果二次绕组 L2 的抽头以上或以下绕组开路时，那么只影响 VT2 或 VT3 中的一只三极管的正常工作。

3．变压器耦合电路之三

图 2-10 所示是另一种变压器耦合电路，这一电路与上一个电路的不同之处是：耦合变压器有两组独立的二次绕组 L2 和 L3，两组绕组

的匝数相等，这样耦合变压器也能输出大小相等、相位可以相反的两个信号。两组二次绕组输出的信号电压分别加到VT2和VT3基极，两管基极上的信号电压波形见图中所示。

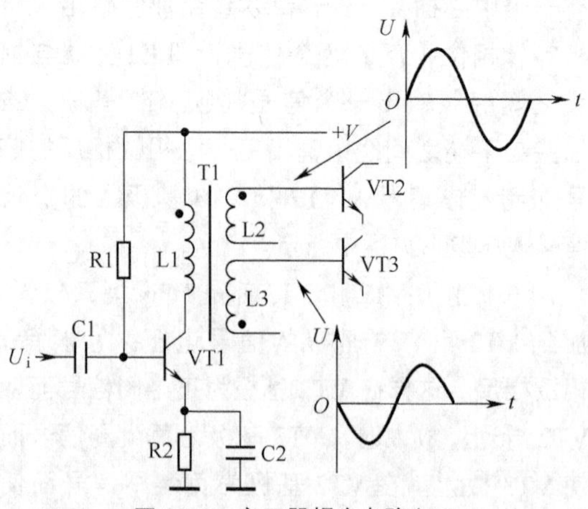

图2-10　变压器耦合电路之三

由电路中二次绕组L2和L3的同名端标记可知，当L2的上端为正半周期间，VT2导通、放大信号，此时L3的下端为负半周信号，使VT3截止。

当信号变化到另一个半周时，L2上的上端为负半周信号，L3的上端为正半周信号，VT3导通、放大。

电路分析小结

（1）分辨直接耦合电路、阻容耦合电路和变压器耦合电路很方便，当级间有电容连接时为阻容耦合电路，当级间有变压器时为变压器耦合电路，当级间没有元器件时为直接耦合电路。

（2）能够放大直流信号的放大器中，一定要采用直接耦合电路。当然直接耦合的放大器也能够放大交流信号，许多交流放大器中就是采用直接耦合电路。

（3）采用阻容耦合或变压器耦合的放大器，由于级间的直流电路是相互隔离的，所以修理起来比较方便。

（4）从频率特性角度上讲，直接耦合电路性能最好，但不方便修理。

（5）阻容耦合、变压器耦合放大器的低频特性欠佳，没有直接耦合电路的低频特性好。

2.6　退耦电路

退耦电路是多级放大器中特有的电路，也是必须设置的电路。退耦电路的作用是消除各级放大器相互之间的有害干扰。

退耦电路通常设置在两级放大器之间，所以只有多级放大器中才有退耦电路。

2.6.1　级间交连概念

分析退耦电路工作原理之前，应该先了解为什么要在多级放大器中设置退耦电路，即各级放大器之间如何产生有害的级间交连。

1．电源内阻

众所周知，直流电压+V端对交流而言是接地的，这是理想情况，即不考虑电源的内阻R0。实际上直流电源存在内阻，如图2-11所示。从电路中可以看出，虚线框内是直流电源，它由电压源E和内阻R0串联而成，当电流流过这一直流电源时，在内阻R0上就有压降，这个压降是造成电路中有害交连的根本原因所在。

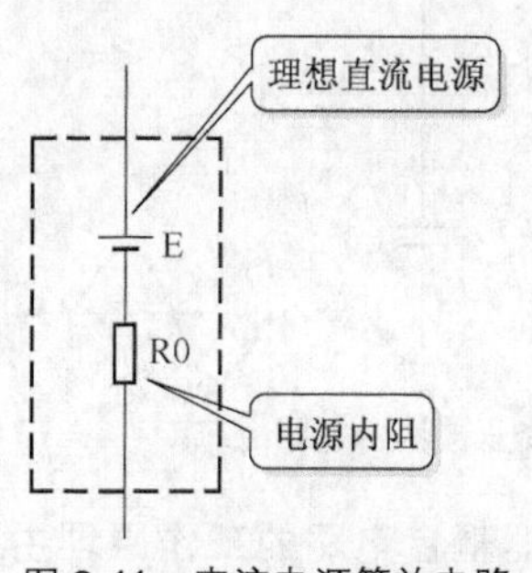

图2-11　直流电源等效电路

36. 电阻并联电路阻抗特性6

2．交连

所谓交连就是指发生在多级放大器中的一种自激现象。

由共发射极放大器的特性可知，这种放大器的输出信号电压相位与输入信号电压相位相反。一级共发射极放大器对输入信号相位反相180°；如果是两级共发射极放大器，就会对输入信号反相360°。如果经过两级共发射极放大器放大后的信号通过电源内阻串入了第一级放大器的输入端，这就是正反馈，就是多级放大器之间的有害交连，这在多级放大器中是不允许的，所以要设置级间退耦电路。

为了方便讲解多级放大器中退耦电路的工作原理，将电路图重画成如图2-12所示。

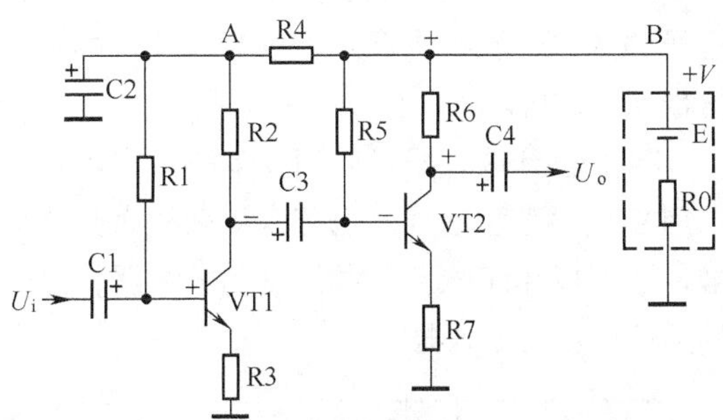

图2-12　多级放大器中的退耦电路

关于多级放大器之间的级间交连主要说明下列几点。

（1）VT1和VT2分别构成第一级和第二级放大器，这两级都是共发射极放大器。根据共发射极放大器的输入信号电压和输出信号电压相位特性可知，这种放大器的输出信号电压相位与输入信号电压相位相反。

（2）假设电路中没有退耦电容C2，并假设某瞬间在VT1基极上的信号电压在增大，即为“+”，如电路图所示。由于共发射极放大器的输出信号电压相位与输入信号电压相位相反，这样VT1集电极上的信号电压相位为“–”，VT2基极信号电压相位为“–”（耦合电容C3不移信号相位），VT2集电极上的信号电压相位为“+”（共发射极放大器输出信号电压与输入信号电压相位相反）。

（3）由于直流电源不可避免地存在内阻R0，VT2集电极信号电流流过R0时，在其上产生了信号压降，即电路中的B点有信号电压，且相位为“+”。

（4）电路中B点的这一信号经R4加到A点，A点信号电压相位也为“+”，该信号通过R1又加到VT1基极上，使VT1基极信号电压更大，再通过上述电路的一系列正反馈，使VT1中的信号很大而产生自激，出现啸叫声，**这便是多级放大器中有害交连引起的电路啸叫现象**。

2.6.2　退耦电路工作原理分析和电路故障分析

1．退耦电路工作原理分析与理解

关于退耦电路的工作原理主要说明下列几点。

（1）在加入退耦电容C2后，电路中A点上的正极性信号被C2旁路到地端，而不能通过电阻R1加到VT1基极，这样多级放大器中不能产生正反馈，也就没有级间的交连现象，达到消除级间有害交连的目的。

（2）电路中加入退耦电阻R4之后，可以进一步提高退耦效果，因为电路中B点的信号电压被R4和C2构成的分压电路进行了衰减，比不加入R4时的A点信号电压还要小，所以退耦效果更好。

（3）退耦电阻R4除具有加强退耦的作用外，还为前级放大器提供直流工作电压，直流电流流过退耦电阻R4后在电阻R4上有压降，这样降低了前级电路的直流工作电压。

2．电路故障分析

（1）当C2开路时，无退耦作用，可能会出现自激故障，但不是一定会出现自激，因为当电源的内阻很小时，电路不会出现自激。

（2）当C2漏电或击穿时，VT1直流工作电压低或没有工作电压，VT1不能正常工作，此时多级放大器无信号输出或输出信号小。

（3）当R4短路时，整个放大器工作受到的影响不大，可能因为VT1的直流工作电压增大而出现噪声大故障；当 R4 开路后，VT1 没有直流工作电压而不能正常工作，此时多级放大器无输出信号。

电路分析小结

（1）多级放大器中，至少每两级共发射极放大器要设一退耦电路。因为每一级共发射极放大器对信号电压反相一次，两级放大器进行两次反相后信号电压的相位又成为同相，这就容易产生级间正反馈而出现自激。所以，多级放大器中设有多节退耦电路。

（2）退耦电容除了起退耦作用外，对直流工作电压还具有滤波的作用。

2.7 差分放大器

差分放大器又称为差动放大器。差分放大器是一种常见放大器，主要用于直流放大器和集成电路内电路中。

2.7.1 差分放大器基础知识和电路分析方法

1．电路种类

差分放大器按照输出信号取出方式划分为双端输出式和单端输出式两种电路，按照信号输入方式划分为双端输入式和单端输入式两种电路，**根据输入、输出电路不同的组合可以划分成以下 4 种基本的差分放大器。**

（1）双端输入、双端输出式差分放大器；

（2）双端输入、单端输出式差分放大器；

（3）单端输入、双端输出式差分放大器；

（4）单端输入、单端输出式差分放大器。

2．电路特点

差分放大器在电路结构上与一般放大器有较大的不同，归纳起来主要有以下几个方面。

（1）使用两只同型号三极管构成一级差分放大器，这一点与一般放大器不同。

（2）这种放大器共有两个输出端和两个输入端，在实用电路中可以只用其中的一个，也可以两个同时使用，这一点与一般的放大器完全不同。

（3）差分放大器中会出现差模信号和共模信号两种。差分放大器对差模信号具有放大能力，对共模信号的放大能力很低，要求对差模信号的放大倍数愈大愈好，对共模信号的放大倍数愈小愈好。

（4）差分放大器可以构成多级放大器，可以用来放大直流信号，也可以用来放大交流信号，还可以用来构成各种用途的放大器，是一种用途广泛的放大器。

电路分析方法

差分放大器也是一种放大器，所以电路分析方法与一般放大器基本一样，主要是直流电路分析、交流电路分析、元器件作用分析和电路故障分析。

由于这种放大器具有一些特殊性，具体电路分析过程中也有不同之处，主要说明以下几点。

（1）差分放大器分析的主要难点是，单端输入式电路中输入信号对两只三极管的作用过程。这里主要记住，当三极管在基极直流偏置电流的作用下，三极管已处于导通状态。

（2）对于双端输出式电路，由于输出信号从两只三极管的集电极之间输出，不同于一般放大器从三极管集电极与地端之间输出，或从发射极与地端之间输出。

> （3）对于双端输入式电路，输入信号是从两只三极管基极之间输入的，而不是一般放大器中从基极与地端之间输入，所以输入信号电流的回路不同。
>
> （4）分析差分放大器时，要分成差模信号和共模信号两种输入信号情况，主要是发射极负反馈电阻的负反馈过程分析中要注意这两种不同信号情况。

2.7.2　差模信号和共模信号

分析差分放大器工作原理时，首先要了解差模信号和共模信号概念。

1.LC 谐振电路综述 1

1．差模信号

差模信号是两个大小相等、相位相反的信号，分别加到两只三极管基极，这样差模信号输入到差分放大器后，将引起两只差分放大管基极电流的相反方向变化，即一只三极管的基极电流在增大时，另一只在减小。

差分放大器中，差模信号是放大器所要放大的信号。

2．共模信号

共模信号也是加到两只差分放大管基极的信号，**但是这两个信号大小相等、相位相同，**所以将引起两只放大管基极电流的相同方向变化，即一只三极管基极电流在增大时，另一只三极管基极电流也在等量增大。

共模信号是无用的信号，是差分放大器所要抑制的信号。**共模信号不是信号源加给差分放大器的，而是由下列一些原因产生。**

（1）温度对三极管影响引起的共模信号。当三极管工作温度变化时，会引起三极管基极电流的相应变化。由于两只差分放大管处于同一个工作环境中，而且两只三极管的性能一致，所以温度对两管所产生的影响相同，即相当于给两只三极管输入一个大小、相位相同的共模信号。

（2）放大器直流工作电压波动引起的共模信号。当直流工作电压 $+V$ 大小波动时，对三极管的静态偏置电流大小有影响，直流工作电压波动引起的两只三极管电流变化相同，相当于给两只放大管基极输入了大小相等、方向相同的共模信号。

3．共模抑制比 CMRR

关于共模抑制比 CMRR 主要说明下列几点。

（1）共模抑制比用 CMRR 表示，它的定义公式如下：

$$\mathrm{CMRR}=\frac{A_{\mathrm{d}}}{A_{\mathrm{c}}}$$

式中：CMRR 为共模抑制比；A_d 为差分放大器对差模信号的放大倍数；A_c 为差分放大器对共模信号的放大倍数。

（2）差分放大器的共模抑制比 CMRR 愈大愈好。

（3）差分放大器对两种信号的放大倍数之比表明了差分放大器的一个重要特性，这一特性用共模抑制比来表示。

（4）共模抑制比愈大，表明差分放大器对差模信号放大能力愈强，对共模信号抑制能力愈强。

2.7.3　双端输入、双端输出式差分放大器

图 2-13 所示是一级典型的双端输入、双端输出式差分放大器，VT1 和 VT2 是两只同型号三极管，两只三极管构成一级差分放大器。

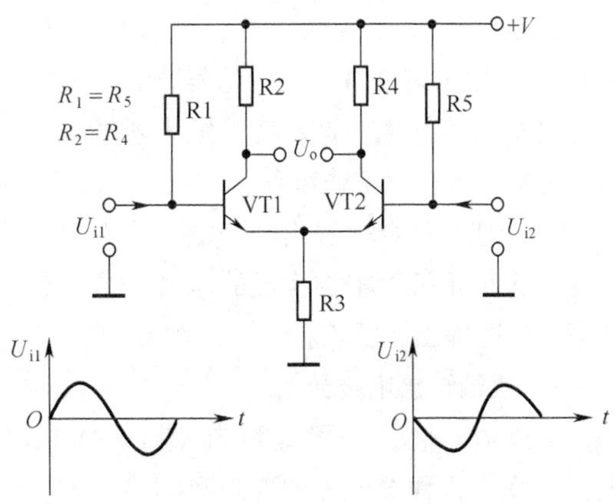

图 2-13　典型双端输入、双端输出式差分放大器

电路中，U_{i1} 和 U_{i2} 是两个输入信号，这两个信号必须大小相等、相位相反。从电路中可以看出，两个输入信号分别从 VT1、VT2 基极

与地线之间输入；U_o是这一差分放大器的输出信号，它取自于VT1和VT2集电极之间，不是取自于集电极与地线之间。

1．直流电路分析

关于典型双端输入、双端输出式差分放大器直流电路分析主要说明下列几点。

（1）R1和R5分别构成VT1和VT2基极固定式偏置电路。R2和R4分别是VT1、VT2集电极负载电阻，R3是两管共用的发射极电阻。

（2）由于电阻$R_1=R_5$，$R_2=R_4$，VT1和VT2性能一致，所以在静态工作状态下的两管工作电流相同，两管基极、集电极和发射极电极上的直流电压大小相同。

（3）差分放大器中两只三极管静态工作状态一样是这种电路的一大特点，这一点对故障检修有实用意义，如果测量两只三极管电极直流工作电压不相等，说明差分放大器直流电路出现故障。

2．双端输入电路分析

关于典型双端输入、双端输出式差分放大器双端输入电路分析主要说明下列几点。

（1）电路中，加在VT1和VT2基极的两个信号是差模信号U_{i1}和U_{i2}，当VT1基极上的输入信号为正半周时，输入信号使VT1基极电流增大，此时VT2基极上的输入信号为负半周，使VT2基极电流减小。

（2）当输入信号变化到另一个半周后，VT1基极上的信号为负半周，使VT1基极电流减小，同时VT2基极上的信号为正半周，使VT2基极电流增大。这是差分放大器输入差模信号时的输入电路工作原理。

（3）对于双端输入式差分放大器而言，要有两个大小相等、相位相反的信号，这对前级信号源电路提出了要求。

3．双端输出电路分析

电路中，输出信号U_o取自VT1和VT2集电极之间，这种输出方式称为双端输出式。一般放大器的输出端是三极管的集电极，输出信号取自于三极管集电极与地线之间。

关于这一双端输出电路分析要分成以下3种情况。

（1）静态时输出电路分析。静态时，两只三极管VT1和VT2基极没有信号输入，VT1和VT2基极电流相等（两管直流电路对称），所以两管集电极直流电压相等（两只三极管性能一致），输出信号电压等于两管集电极电压之差，由于VT1和VT2集电极电压相等，所以两管的集电极电压之差为0V，即静态时输出信号为零。

（2）输入差模信号时输出电路分析。由于差模信号引起两管的基极电流反方向变化，两管集电极电流变化相位也反相，即当一只三极管集电极电流增大时，另一只三极管集电极电流减小。所以，VT1和VT2集电极电压反相变化，即当一只三极管集电极电压增大时，另一只三极管集电极电压减小。

VT1和VT2集电极电压之差为放大器的输出信号U_o，输入差模信号时差分放大器输出放大后的差模信号。

（3）输入共模信号时输出电路分析。由共模信号特性可知，这种信号引起两管基极电流变化是同相的，这样VT1和VT2集电极电流变化相位也同相，即当一只三极管集电极电流增大时，另一只三极管集电极电流也增大，并且增大的量相等，这样VT1和VT2集电极电压相等，两管集电极电压之差等于零，即U_o = 0V，说明这一差分放大器不能放大共模信号。

4．输出信号电流回路分析

为了便于分析双端输出电路中输出信号电流回路，将输出电路重画成如图2-14所示。电路中，RL是接在双端输出电路上的负载电阻。

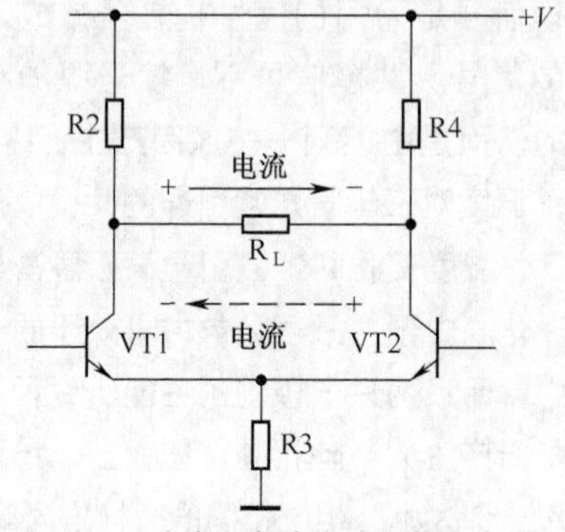

图2-14　双端输出电路中输出信号电流回路

关于双端输出式差分放大器的输出信号电

流回路主要说明下列几点。

（1）输出信号电流在 VT1 和 VT2 集电极之间通过负载电阻 RL 流动，输入信号相位不同时，流动的方向不同。

（2）当 VT1 基极上信号相位为负时，VT1 集电极上信号相位为正，这时 VT2 基极上信号相位为正，VT2 集电极上信号相位为负，所以输出信号电流从 VT1 集电极通过负载电阻 RL 流向 VT2 集电极，如电路中实线所示。

（3）当 VT1 基极上输入信号为正时，VT1 集电极上信号相位为负，这时 VT2 基极上信号相位为负，VT2 集电极上信号相位为正，所以输出信号电流从 VT2 集电极通过负载电阻 RL 流向 VT1 集电极，如电路中虚线所示。

（4）当输入信号变化到另一周期时，输出信号电流再次重复变化。

5．电路故障分析

（1）直流电路故障分析与一般放大器直流电路故障分析一样。

2.LC 谐振电路综述 2

（2）当两只三极管的各电极直流工作电压不相等时，说明差分放大器的直流电路中元器件出现了故障。

电路分析小结

关于双端输入、双端输出式差分放大器的电路分析小结主要说明以下几点。

(1) 在双端输入式电路中，两只三极管基极要输入大小相等、相位相反的一对信号，即差模信号，否则放大器无输出信号。

(2) 双端输出式电路中，放大器的输出信号电压取自于两只三极管集电极之间的信号电压差。

(3) 在分析差分放大管的发射极电阻负反馈作用时，要将输入信号分成共模信号和差模信号两种情况来讨论。由于差分放大器对差模信号和共模信号存在不同的负反馈，所以对这两种信号的放大倍数不同，对差模信号的放大倍数远大于对共模信号的放大倍数。

6．零点漂移

直流放大器中，由于放大的是直流信号，要求各级放大器之间采用直接耦合电路，而这种耦合电路会使各级放大器之间的直流电路相互影响，出现所谓的零点漂移现象，图 2-15 所示电路可以说明直接耦合多级放大器的零点漂移现象。

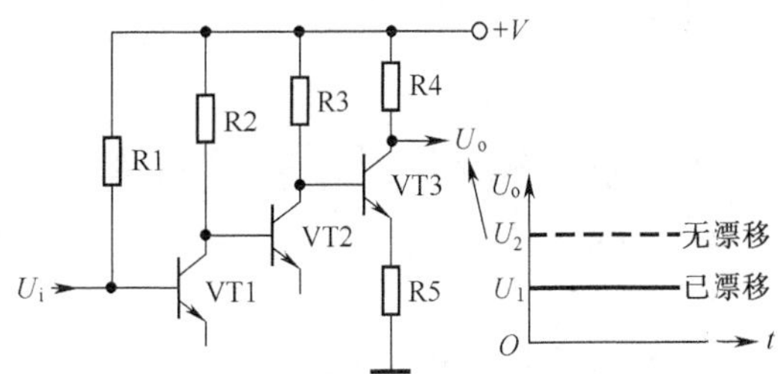

图 2-15　直接耦合多级放大器零点漂移示意图

关于这一直接耦合多级放大器零点漂移现象主要说明下列几点。

（1）VT1、VT2 和 VT3 构成三级直接耦合放大器，U_i 是输入信号，U_o 是输出信号。

（2）放大器没有输入信号时，VT3 集电极上的直流电压为该放大器的输出电压，设为 U_2。假设由于温度的影响，VT1 基极直流电流发生了改变，这相当于给 VT1 基极输入了一个信号电流，这一信号经三级放大器放大后，VT3 集电极直流电压已经不再是原来的直流电压值 U_2，而是图中的 U_1，U_1 不等于 U_2，**说明 VT3 集电极直流电压发生了改变，这一现象称为零点漂移。**

（3）直接耦合放大器中，除第一级放大器会出现上述现象之外，电路中的每级放大器都会出现上述现象，其中第一级放大器对零点漂移的影响最大。

（4）发生这种漂移是因为各级放大器之间采用了直接耦合电路，在直流放大器中这种漂移现象是不允许的，采用差分放大器可以有效地抑制这种零点漂移。

（5）差分放大器中的两只三极管直流电路是对称的，这样在静态时对于共模信号而言（漂移就是一种共模信号），两管集电极直流电压相等，在采用双端输出式电路后输出信号电

压 U_o 为 0V，即零点漂移的结果对输出信号电压 U_o 没有影响，说明具有抑制零点漂移的作用。

（6）差分放大器中两管共用发射极电阻对共模信号具有负反馈作用，在加大发射极电阻阻值后对共模信号的负反馈量增大，使放大器共模抑制比增大，可以提高抑制零点漂移的效果。

2.7.4 双端输入、单端输出式差分放大器

图 2-16 所示是双端输入、单端输出式差分放大器输出电路示意图，电路中 R1 是 VT1 集电极负载电阻，R3 是 VT2 集电极负载电阻，R2 是两管共用的发射极电阻，U_o 是输出信号。

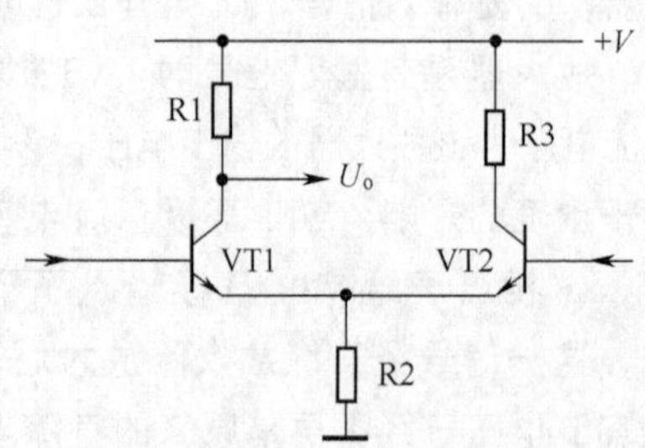

图 2-16　双端输入、单端输出式差分放大器输出电路示意图

（1）双端输入、单端输出式差分放大器输出电路分析同普通放大器输出电路分析一样，因为这是单端输出电路，**但是要注意输出端与输入端之间的相位问题。**

（2）电路中，输出信号取自于 VT1 集电极与地线之间，所以输出信号电压相位与 VT1 基极输入信号电压相位相反。

图 2-17 所示是典型双端输入、单端输出式差分放大器。电路中，VT1 和 VT2 是两只差分放大管，它们的基极上分别加有大小相等、相位相反的信号。输出信号 U_o 取自 VT1 集电极与地端之间，为单端输出式电路。

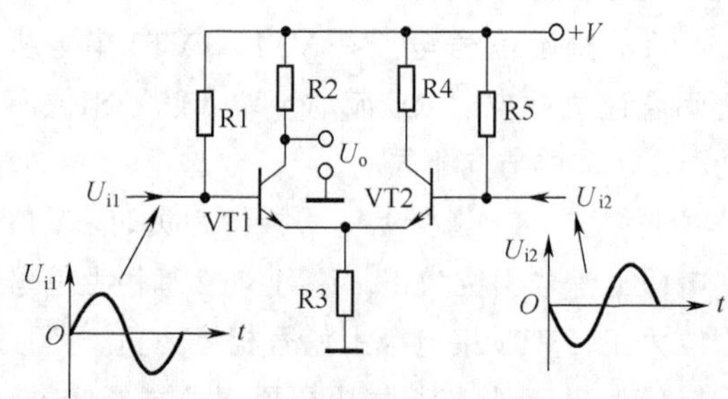

图 2-17　典型双端输入、单端输出式差分放大器

1．直流电路分析

（1）无论哪种差分放大器，它们的直流电路都有相同之处，即两只差分放大管的直流电路相同，各电极的直流工作电压相同。

（2）R1 和 R5 分别是 VT1 和 VT2 基极偏置电阻，$R_1=R_5$；R2 是 VT1 集电极负载电阻，R4 是 VT2 集电极负载电阻，$R_2=R_4$。VT1 和 VT2 是同型号三极管。这样，VT1 和 VT2 直流电路对称。

（3）R3 是两管共用的发射极电阻。

2．交流电路分析

差模信号 U_{i1} 和 U_{i2} 分别加到 VT1 和 VT2 基极，这一放大器的输出信号取自 VT1 集电极与地线之间，这称为单端输出式电路。

关于这种双端输入、单端输出式差分放大器的电路分析主要说明以下几点。

（1）单输出式差分放大器中，对于差模输出信号而言，信号只受到 VT1 放大作用（VT2 对差模输出信号的放大没有起直接作用），这一差分放大器与双端输入、双端输出式电路相比，输出信号的大小只有一半，即电压放大倍数减小了一半。虽然 VT2 对差模信号的放大没有起到直接的作用，但是 VT2 中也有差模信号，所以流过发射极电阻 R3 的差模信号电流仍然为 0A。

（2）差分放大器中，为了抑制共模信号，必须设置阻值较大的发射极负反馈电阻，如果这一电阻对差模信号也存在负反馈作用，会使差分放大器的共模抑制比下降。在单端输出式电路中，VT2 虽然对输出信号的放大没有起直

接作用，但是可以使发射极电阻 R3 对差模信号不存在负反馈，间接地对输出信号的放大起了作用。

（3）在双端输入、单端输出式差分放大器中，输出信号也可以从 VT2 集电极与地端之间输出，此时 VT1 集电极不输出信号。在这两种输出方式中，输出信号的电压相位相反。从 VT1 集电极输出信号时，输出信号电压的相位与 VT1 基极上信号电压相位相反，而与 VT2 基极上信号电压相位相同；从 VT2 集电极输出信号时，则与 VT1 基极上信号电压相位相同，与 VT2 基极上信号电压相位相反。这样，当输出端确定之后，输入端就有同相和反相两个输入端。

（4）如果信号从 VT1 集电极输出，VT1 基极为反相输入端，VT2 基极为同相输入端；如果信号从 VT2 集电极输出，VT1 基极为同相输入端，VT2 基极为反相输入端。同相输入端与输出端之间的信号电压相位相同，当同相输入端上的输入信号电压增大时，输出信号电压增大；当反相输入端的信号电压增大时，输出信号电压减小。

3．电路故障分析

（1）双端输入、单端输出式差分放大器和其他类型差分放大器一样，两只三极管直流电路之间相互联系，当一只三极管的直流电路发生故障时，另一只三极管也不能正常工作，这相当于直接耦合中的情况。

（2）各种差分放大器中，当一只三极管直流电流增大时，会导致另一只三极管电流减小，当一只三极管饱和时，另一只三极管将截止。

（3）当 R1 开路时 VT1 截止，VT1 没有发射极电流流过电阻 R3，这样 VT1、VT2 发射极电压下降，使 VT2 基极、发射极之间的正向偏置电压加大，VT2 进入了饱和状态。同理，当电阻 R5 开路后，VT2 进入截止状态，VT1 进入饱和状态。

3.LC 自由谐振电路 1

电路分析小结

（1）输入电路的分析与双端输入、双端输出式差分放大器一样，差模信号将引起两只三极管工作电流反相变化，共模信号将引起两只三极管工作电流同相变化。

（2）输出信号的分析同普通放大器一样，但是注意输出端与输入端之间相位问题。

（3）发射极电阻的负反馈过程分析同双端输入、双端输出式差分放大器一样。

（4）对零点漂移的抑制作用没有双端输出式电路好，电路中只能通过发射极电阻对共模信号的负反馈作用来抑制零点漂移。

2.7.5　单端输入、单端输出式差分放大器

图 2-18 所示是典型单端输入、单端输出式差分放大器。电路中，输入信号 U_i 从 VT1 基极与地线之间输入，与一般放大器一样。VT2 基极上没有另加输入信号，而是通过电容 C1 交流接地。因为电路中只有一个信号端，所以将这种差分放大器称为单端输入式电路。输出信号 U_o 从 VT1 集电极与地线之间输出，与一般放大器一样。

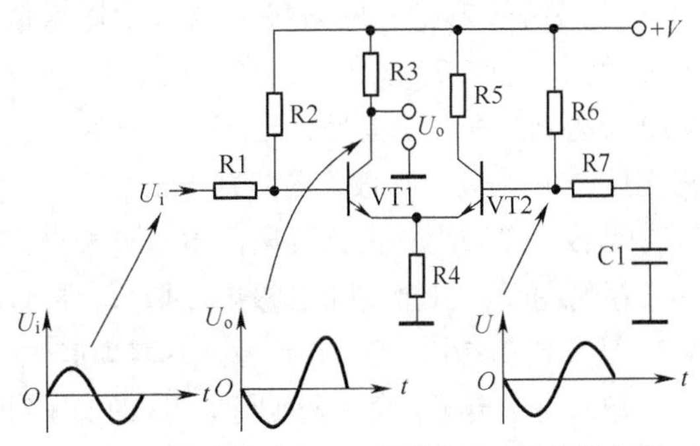

图 2-18　典型单端输入、单端输出式差分放大器

1．直流电路分析

（1）R2 为 VT1 提供基极直流偏置电流，R6

为VT2提供基极直流偏置电流，R4是两管共用的发射极电阻，R3和R5分别是VT1和VT2集电极负载电阻。$R_2=R_6$，$R_3=R_5$。VT1和VT2工作在放大状态，而且两管直流电路工作状态相同。

（2）VT1和VT2均处于正向偏置状态，它们的基极电流都是从基极流入三极管，从发射极流出，通过R4流到地线。VT1和VT2基极电流足够大，当三极管基极加上负半周信号时，使发射结正向偏置电压减小，输入信号使基极电流减小，但是仍然有基极电流。

（3）两管共用的发射极电阻R4阻值比较大，这是出于要获得比较大共模负反馈的原因。

2．单端输入电路分析

对单端输入电路工作原理理解的关键是，差模输入信号 U_i 加到VT1基极，为什么VT2也会有差模输入信号。**对这一问题的理解有下列几种方法。**

（1）第一种理解方法是：由于VT1和VT2共用的发射极电阻R4阻值比较大，可以视R4为开路，同时VT1和VT2发射结（基极与发射极之间的PN结）均处于正向偏置后的导通状态，这样输入信号电流的回路为 U_i → R1 → VT1基极→ VT1发射极→ VT2发射极→ VT2基极→ R7 → C1 →地端。由此可见，输入信号电流同时流过了VT1和VT2。

在输入信号电压为正半周期间，输入信号给VT1加正向偏置，加大了VT1基极电流，使VT1基极电流增大；对于VT2发射结而言，由于输入信号电压在发射极上增大（输入信号 U_i 增大，使VT1发射极信号电压增大），给VT2发射结加的是反向偏置电压，这样输入信号电压减小了VT2基极正向偏置电压，所以使VT2基极电流减小。由此可见，输入信号电压为正半周期间，引起VT1基极电流增大，导致VT2基极电流减小，可见这是输入的差模信号。

输入信号电压为负半周期间，给VT1发射结加的是反向偏置电压，使VT1基极电流减小；输入信号使VT1发射极电压减小，即VT2发射极电压减小，给VT2发射结加的是正向偏置电压，使VT2基极电流增大。这样，在输入信号 U_i 为负半周期间，VT1基极电流减小，而使VT2基极电流增大，所以这也是输入的差模信号。

由上述输入电路分析可知，当给差分放大器中一只三极管基极输入信号时，能够引起两只三极管的基极电流变化，并且为反向变化，相当于给差分放大器输入差模信号。

（2）输入电路工作原理还可以这样理解：当加到VT1基极的输入信号增大时，VT1基极电流增大。由于发射极电压跟随基极电压，所以VT1发射极电压也在增大，VT1发射极信号电压增大，使VT2发射结的正向偏置电压减小，引起VT2基极电流减小，这样输入信号加到VT1和VT2中；当输入信号电压减小时，VT1发射极电压减小，VT2发射极电压也减小，对VT2发射结而言是正向偏置电压，所以VT2基极电流增大。

VT1和VT2两管发射结在直流偏置电压下已导通，由于两管正向偏置电压相等，所以两管发射结导通后内阻相等，两管发射结内阻串联后接在输入信号电压 U_i 上，这样两管发射结上的输入信号电压相等，而且只有 U_i 的一半。所以，VT1和VT2每只三极管中只相当于有一半的输入信号 U_i。

在单端输入式电路中，对于共模信号而言，例如，温度变化会引起两只三极管的电流同时增大或同时减小，对共模信号的抑制与前面电路相同。

3．交流电路分析

输入信号 U_i 加到VT1和VT2中，两管分别放大输入信号，由于输出信号从VT1集电极与地端之间取出，而输入到VT1基极的信号只有输入信号 U_i 的一半，所以这一放大器对差模信号的放大倍数只有一半。

4．电路故障分析

（1）当R1开路时，不影响两只三极管的直流工作状态，但是差模输入信号不能加到放大器中，所以没有输出信号。

（2）当R7开路时，不影响两只三极管的直流工作状态，但是差分输入信号不能加到VT2，这时就不是差分放大器，因为VT2中没有差模信号，发射极电阻R4对差模信号的负反馈量很大。

（3）当 C1 开路时，与 R7 开路时故障分析一样；当 C1 漏电时，影响 VT2 直流电路，从而也影响了 VT1 直流电路，两只三极管各电极直流电压异常，影响对差模信号的正常放大。

电路分析小结

关于单端输入、单端输出式差分放大器的电路分析小结主要说明以下几点。

（1）输出信号不仅可以从 VT1 集电极与地端之间输出，也可以从 VT2 集电极与地端之间输出，从不同三极管集电极输出信号时，输出信号电压相位与输入信号电压相位不同。

（2）当输出信号取自 VT1 集电极时，输出信号电压与输入信号电压反相；当从 VT2 集电极输出信号时，输出信号电压与输入信号电压同相。

（3）单端输入电路中，有一只三极管基极要交流接地，这样输入信号才能成回路。

（4）只要是单输入电路，加到每只三极管基极的信号只有输入信号的一半。

（5）只要是单端输出电路，差模输出信号只受到一只三极管的放大。

2.7.6 单端输入、双端输出式差分放大器

图 2-19 所示是典型单端输入、双端输出式差分放大器。电路中，输入信号 U_i 从 VT1 基极与地端之间输入，VT2 基极上没有另加输入信号，而是通过电容 C1 交流接地。U_o 是输出信号，它取自 VT1 和 VT2 集电极之间，为双端输出式电路。

1．直流电路和输入电路分析

（1）这一电路的直流电路同前面的单端输入、单端输出式差分放大器一样，通过直流偏置电路使 VT1 和 VT2 处于放大状态，而且 VT1 和 VT2 直流工作状态相同。

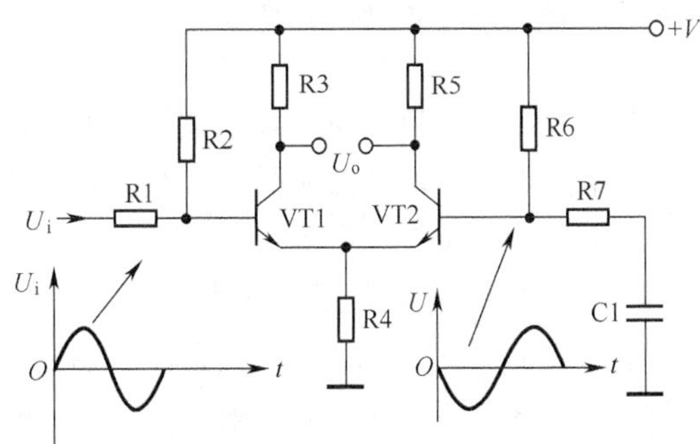

图 2-19　典型单端输入、双端输出式差分放大器

（2）输入信号 U_i 加到 VT1 和 VT2 中的原理与前面介绍的单端输入式电路相同。

2．交流电路分析

（1）输入信号 U_i 加到 VT1 和 VT2 后，加在每只三极管上的输入信号大小只有输入 U_i 的一半，两管同时放大信号，从 VT1 和 VT2 集电极之间输出。

（2）两管集电极电流反方向变化，所以两管集电极电压的相位相反，这样从 VT1 和 VT2 集电极之间可以取出输出信号 U_o。

（3）在单端输入、双端输出式差分放大器中，VT1 和 VT2 电流变化相反，所以没有差模信号电流流过两管共用的发射极电阻 R4，R4 对差模信号不存在负反馈作用。

电路分析小结

（1）单端输入、双端输出式差分放大器中，实际加到两只三极管基极上的信号电压只有输入信号电压的一半，两只放大管分别放大一半信号之后在输出端合并，所以放大器总的放大倍数相当于一只三极管放大了输入信号 U_i。

（2）在单端式输入电路中，只有两管共用的发射极电阻比较大时，VT2 才能有接近一半 U_i 信号的输入，因为电阻 R4 对 VT1 发射极上的信号存在着一定的对地分流衰减作用，电阻 R4 大，这种分流作用才小。

2.7.7 带恒流源差分放大器

前面介绍了 4 种不同形式、典型的差分放大器，实用电路中差分放大器的电路变化比较多，这里介绍一些变化后的差分放大器。

图 2-20 所示是具有恒流源的差分放大器。电路中，VT1 和 VT2 构成双端输入、双端输出式差分放大器，两管共用的发射极电阻由三极管 VT3 代替，VT3 和 VD1、R5 构成恒流源电路。

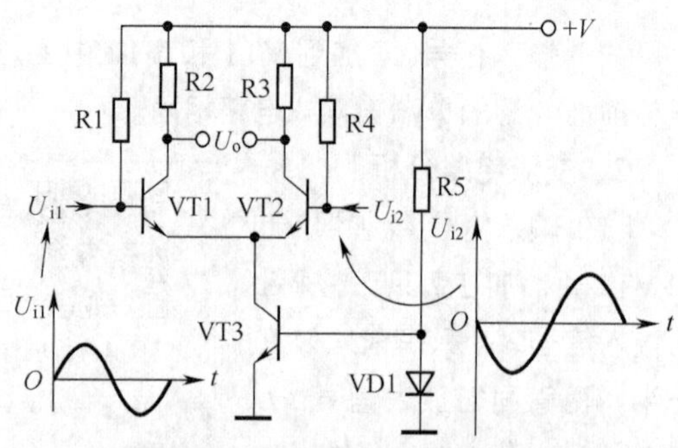

图 2-20 具有恒流源的差分放大器

1．电路分析

关于这一电路分析主要说明下列几点。

（1）这一差分放大器与前面电路不同之处是两管共用发射极电阻采用了恒流源电路（VT3 等元器件）代替，所以电路分析的重点是恒流源电路特性和采用恒流源电路后对差分放大器的影响。

（2）VT1 和 VT2 两管共用的发射极电阻对共模信号具有负反馈作用，这一电阻的阻值愈大，对共模信号的负反馈愈强烈，共模抑制比愈大，差分放大器的性能愈好。

（3）如果两管共用的发射极电阻阻值太大，两管的发射极直流电流同时流过这一电阻，使两管的发射极直流电压比较高，在直流工作电压 +*V* 不变时，发射极直流电压愈高，三极管集电极与发射极之间的工作电压愈小，这对提高放大器的性能不利，为此通过加入恒流源电路来解决这一问题。

2．恒流源输出电流特性

所谓恒流源就是输出电流大小恒定不变的电流源电路，见电路中 VT3，它的基极偏置电压通过 R5 和 VD1 这一特殊分压电路得到。由于二极管 VD1 导通后管压降大小基本不变，这样 VT3 基极电压大小不变，它的基极电流大小不变，它的集电极电流大小不变，所以 VT3 是一个恒流源。

电路中，VT1 和 VT2 发射极电流之和等于 VT3 集电极电流，由于 VT3 集电极电流大小不变，这样 VT1 和 VT2 发射极电流之和不变。

3．恒流源输出电阻特性

恒流源具有输出电阻大的特性。三极管有一个特性，当基极电流一定时，集电极与发射极之间直流电压在大小变化时，集电极电流基本不变化，这样三极管的输出电阻很大。

电路中，VT3 集电极与发射极之间的内阻很大，这样对共模信号的负反馈量很大。同时，VT3 集电极与发射极之间的直流压降很小，使 VT1 和 VT2 发射极直流电压不高，这样 VT1 和 VT2 既能获得很大的等效发射极电阻，同时 VT1、VT2 发射极直流电压不大，解决了接入大阻值电阻带来的问题。

实用的各种差分放大器中，普遍采用这种恒流源电路作为两管共用的发射极电阻。

4．电路故障分析

（1）VT1 和 VT2 直流电路故障分析与前面介绍的差分放大器直流电路故障分析相似。

（2）当电阻 R5 开路时，VT3 基极电压为 0V，VT3 截止，导致 VT1 和 VT2 截止。

（3）当 VD1 开路时，VT3 基极直流电压大幅升高，VT3 集电极电流大幅升高，使 VT1 和 VT2 发射极直流电流大幅升高，两管进入饱和状态；当 VD1 击穿时，VT3 基极直流电压为 0V，VT3 截止，导致 VT1 和 VT2 截止。

（4）当 VT3 开路或击穿时，直接影响 VT1 和 VT2 工作。

2.7.8 具有零点校正电路的差分放大器

图 2-21 所示是具有零点校正电路的差分放

大器。电路中，VT1 和 VT2 构成双端输入、双端输出式差分放大器，R3 是两管共用的发射极电阻，RP1 是零点校正可变电阻器。

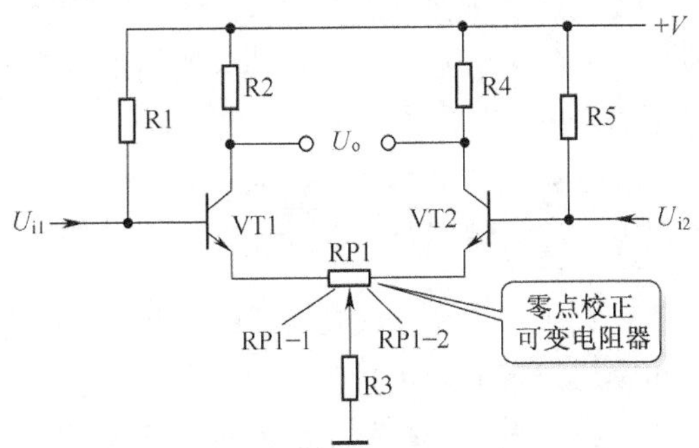

图 2-21 具有零点校正电路的差分放大器

1．电路分析

关于这一电路分析主要说明下列几点。

（1）可变电阻器 RP1 接在两只三极管 VT1 和 VT2 发射极电路中，但不是两管共用的发射极电阻，因为 RP1 的动片将 RP1 分成两部分。其中动片左边的为 RP1-1，接在 VT1 发射极回路中，只有 VT1 发射极电流流过它；动片右边的为 RP1-2，它接在 VT2 发射极回路中，只有 VT2 发射极电流流过它。所以，RP1 不是两管共用的发射极电阻。

（2）VT1 和 VT2 直流电路对称，在理想状态下 VT1 和 VT2 集电极直流电压大小相同，但是不可避免地会存在偏差，如元器件参数的误差等，这样 VT1 和 VT2 集电极直流电压大小可能不相等，使放大器在静态时输出信号电压 U_o 不等于 0V，为此可以加入零点校正电路。

（3）加入 RP1 后，当 RP1 动片在中间位置时，RP1-1 与 RP1-2 的阻值相等，对 VT1 和 VT2 直流电流影响相同，没有校正作用。当两只三极管的静态电流大小不相同时，输出信号电压在静态时不为 0V。此时可以调整 RP1 动片位置。

（4）当 RP1 动片向右侧调整时，RP1-1 阻值增大，RP1-2 阻值减小。如果 RP1-1 阻值增大，会使 VT1 基极电流减小，集电极和发射极电流均减小，其集电极电压升高；如果 RP1-2 阻值减小，会使 VT2 基极电流增大，它的集电极和发射极电流增大，其集电极电压减小。

（5）RP1 动片向右侧调整会使 VT1 集电极电压升高，使 VT2 集电极电压下降；RP1 动片位置向左侧调整，则会使 VT1 集电极电压下降，使 VT2 集电极电压升高。只要恰当调整 RP1 动片位置，能使 VT1 和 VT2 的静态集电极电压大小相等，这样在静态时输出信号电压为 0V，实现零点校正。

（6）接入 RP1 后，RP1-1、RP1-2 中只有一只三极管的发射极电流流过，所以对差模信号也存在负反馈作用。只要 VT1 发射极差模信号电流流过 RP1-1，在它上产生信号压降，对 VT1 中差模信号存在负反馈作用。同理，RP1-2 中也只有 VT2 的差模发射极信号电流流过，对 VT2 中的差模信号也存在负反馈作用。

（7）RP1-1、RP1-2 对差模信号存在负反馈作用，所以差模放大倍数有所下降。

（8）发射极电阻 R3 两管共用，所以只对共模信号产生负反馈作用，对差模信号无负反馈。RP1-1、RP1-2 对共模信号同样具有负反馈作用。在分析发射极电阻对差模信号是否存在负反馈时，主要看发射极电阻中是否流过两管的差模信号电流。

5.LC 谐振电路-谐振频率 1

2．电路故障分析

（1）当 RP1 动片开路后，VT1 和 VT2 发射极电流不能成回路。

（2）当 RP1 动片位置调整不恰当时，VT1 和 VT2 直流电流大小不相等，静态时两管集电极电压不相等，这样静态时输出信号电压 U_o 不为 0V，出现零点漂移。

2.7.9 多级差分放大器

差分放大器也可以组成多级放大器，图 2-22 所示是一个多级差分放大器。电路中，VT1 和 VT2 构成第一级放大器，这是一级单端输入、双端输出式差分放大器；VT3 和 VT4 构成第二级放大器，为第二级双端输入、双端输出式差分放大器。

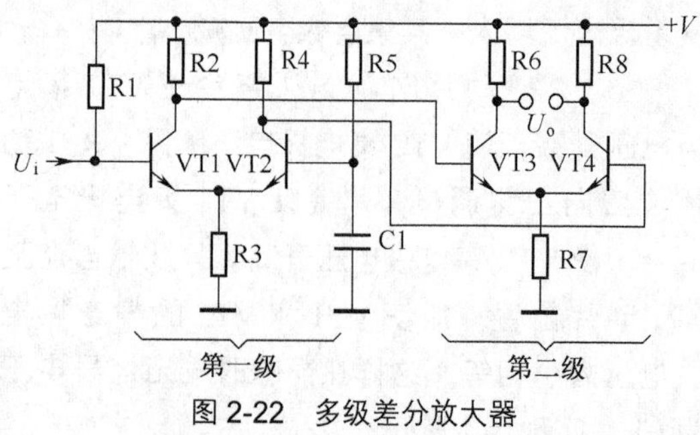

图 2-22　多级差分放大器

1．直流电路分析

对这一放大器直流电路的分析是：R1 和 R5 分别是 VT1 和 VT2 基极偏置电阻，R2 和 R4 分别是 VT1 和 VT2 集电极负载电阻，同时又是 VT3 和 VT4 上偏置电阻，R6 和 R8 分别是 VT3 和 VT4 集电极负载电阻。R3 是 VT1 和 VT2 共用的发射极电阻，R7 是 VT3 和 VT4 共用的发射极电阻。

2．交流电流分析

对这一放大器交流电路的分析是：输入信号 U_i 从 VT1 基极输入，VT2 基极通过 C1 交流接地，这样构成了基极交流输入信号电流回路，C1 是 VT2 基极旁路电容。

输入信号 U_i 通过 VT1 和 VT2 放大后，从它们的集电极输出，为双端输出式电路。这一输出信号分别加到 VT3 和 VT4 基极上，送入第二级放大器。信号经过 VT3 和 VT4 放大后，从它们的集电极输出，加到下一级放大器中。

3．电路故障分析

（1）对每个单级差分放大器的电路故障分析与前面介绍的电路故障分析一样。

（2）两级差分放大器之间采用直接耦合，所以有一级差分放大器的直流电路出现故障时将影响另一级差分放大器工作。

电路分析小结

关于多级差分放大器的输入电路和输出电路分析小结以下几点。

(1) 当输入级差分放大器采用双端输入式电路时，要求信号源电路是双端输出式电路；当输入级差分放大器是采用单端输入式电路时，要求信号源电路是单端输出式电路。

(2) 当某一级差分放大器采用双端输出式电路时，要求下一级放大器采用双端输入式电路；当某一级差分放大器采用单端输出式电路时，要求下一级放大器是单端输入式电路。

(3) VT2 基极与地端之间接入基极旁路电容 C1，由于电容 C1 只能让交流信号电流通过，不能让直流电流通过，所以这一差分放大器放大的是交流信号，即输入信号 U_i 是交流信号，这一放大器不能放大直流信号。

2.8　音频前置集成电路

集成电路在各种电子电路中的应用已经十分广泛。对集成电路的识图和电路故障检修不同于分立元器件电路，本章以音频前置集成电路为例，介绍集成电路有关常识和识图的基本方法以及电路故障分析方法。

2.8.1　电路分析方法

以某型号音频前置放大器集成电路为例，介绍集成电路音频前置放大器工作原理分析方法。

1．引脚作用

该型号集成电路共有 8 根引脚，各引脚作用如表 2-1 所示。

表 2-1　集成电路 μPC1228H 引脚作用

引　脚	作　用
①	左声道信号输入引脚
②	左声道负反馈引脚

续表

引　脚	作　用
③	左声道信号输出引脚
④	电源引脚
⑤	接地引脚
⑥	右声道信号输出引脚
⑦	右声道负反馈引脚
⑧	右声道信号输入引脚

2．应用电路

图 2-23 所示是集成电路 μPC1228H 实用电路，这是一个音频前置放大器，电路中只画出了左声道电路，右声道电路与此完全对称。

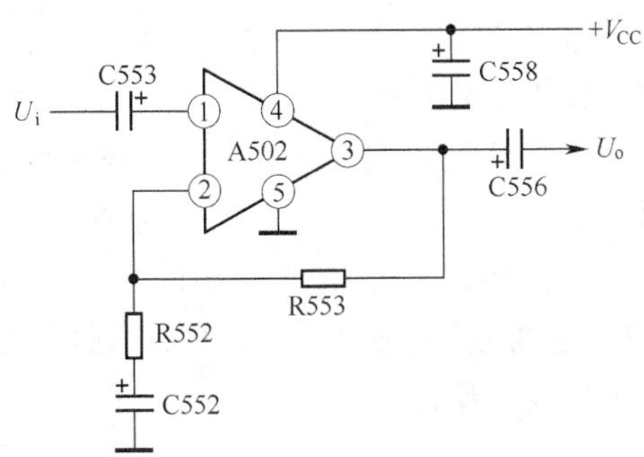

图 2-23　集成电路音频前置放大电路

电路中，A502 是双声音频前置放大器集成电路，这里的左声道电路只用了集成电路的一半电路，另一半电路为右声道电路。**双声道电路具有左、右声道电路，且两声道电路结构完全一样。**

电路分析方法

关于集成电路应用电路的分析主要说明下列几点。

（1）各引脚作用识别。对于双声道集成电路，由于左、右声道电路完全对称，所以只要识别一个声道的引脚即可。

（2）直流电路分析。主要是分析电源引脚外电路和接地引脚外电路。

（3）交流信号传输通路分析。关键是信号的输入引脚和输出引脚外电路分析。

（4）集成电路各引脚作用和元器件作用分析。

2.8.2　电路工作原理分析与理解

1．直流电路分析

集成电路的直流电路分析比较简单。电路中，直流工作电压 +V_{CC} 直接从④脚加到集成电路的内电路中，为内电路供电。

④ 脚是这一集成电路的电源引脚，C558 是电源滤波电容。

6.LC 谐振电路谐振频率 2

⑤ 脚是这一集成电路的接地引脚，集成电路内电路通过这一引脚与外电路中的地端相连。

2．交流电路分析

输入信号 U_i 经输入端耦合电容 C553 加到 A502 的输入端①脚，经 A502 内电路前置放大器放大后从③脚输出，再经输出端耦合电容 C556 加到后级电路中。

3．负反馈电路分析

电路中，R552 和 C552 构成交流负反馈电路。其中电容 C552 起隔直通交作用（C552 对音频信号呈通路），隔直的目的是为了不让直流成分通过，以便获得强烈的直流负反馈，以稳定集成电路 A502 的直流工作状态。

R552 是交流负反馈电阻，它的阻值一般在几十至几百欧。它的阻值愈小，放大器的交流负反馈量愈小，放大器闭环放大倍数愈大，反之则放大倍数愈小。

图 2-24 所示电路可以说明这一交流负反馈电路的详细工作原理。电路中，VT1 和 VT2 构成差分输入级，VT1 基极为 A502 的同相输入端①脚，VT2 基极为 A502 的反相输入端②脚。电路中，R552、R553 和 C552 构成负反馈电路。

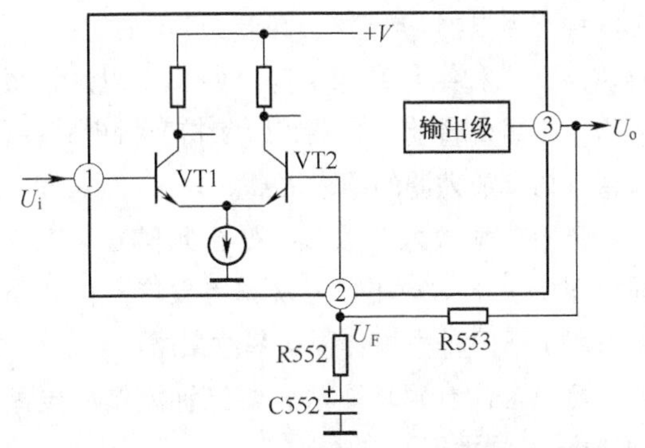

图 2-24　交流负反馈电路原理图

C552对交流信号的容抗为零，这样③脚输出信号 U_o 经R553和R552分压后大小为 U_F，该反馈信号电压通过②脚加到VT2基极。VT2基极电流愈大，VT1的基极电流愈小，可见这是负反馈过程。这样，加到VT2基极的负反馈信号 U_F 愈大，放大器负反馈量愈大，放大器的闭环增益愈小。

在负反馈电阻R553阻值不变时，R552的阻值愈大，负反馈信号 U_F 愈大。

对直流电流而言，电容C552开路，这样R553与VT2输入阻抗（很大）构成负反馈电路，由于VT2的输入阻抗很大而具有强烈的直流负反馈。

许多集成电路放大器中，R553这只负反馈电阻设在集成电路的内电路中，外电路中只有R552和C552串联的交流负反馈电路。

4．电路故障分析

关于图2-23所示电路的故障分析主要说明下列几点。

（1）直流工作电压 $+V_{CC}$ 为0V时，各引脚均没有直流电压，集成电路不工作，无信号输出。

（2）当输入端耦合电容C553开路时，集成电路A502没有输出信号；当C553漏电时，将出现噪声大故障。输出端耦合电容C556故障分析情况与C553相同。

（3）当电容C552开路时，集成电路各引脚直流工作电压不受影响，但是交流负反馈量增大许多，集成电路A502闭环增益下降许多，集成电路输出信号小；当C552漏电时，将影响②、③脚等的直流工作电压。

（4）当负反馈电阻R553开路时，②、③脚等的直流工作电压将受到影响。电阻R552开路不影响集成电路各引脚的直流工作电压，但是集成电路输出信号小。

（5）当集成电路的接地引脚⑤脚开路时，集成电路没有工作电流，不工作，无输出信号。

（6）当滤波电容C558漏电时，集成电路A502的④脚直流电压下降，其他各引脚上的直流电压均有下降。

2.9 音频功率放大器基础知识

音频功率放大器用来对音频信号进行功率放大。所谓功率放大就是通过先放大信号电压，再放大信号电流，实现信号的功率放大。掌握音频功率放大器的工作原理，可以更容易地学习其他功率放大器。

音频功率放大器是一种十分常用的放大器，在多种家用电器（收音机、录音机、黑白电视机、彩色电视机和组合音响）电路中都使用这种放大器。在组合音响、音响组合和扩音机电路中，对音频功率放大器的要求更高。

音频功率放大器放大的是音频信号，在不同机器中由于对输出信号功率等要求不同，所以采用了不同种类的音频功率放大器。

习惯上，音频功率放大器又称为低放电路（低频信号放大器）。

2.9.1 电路结构方框图和放大器种类

1．电路结构方框图

图2-25所示是音频功率放大器的电路结构方框图。从图中可以看出，这种放大器是一个多级放大器，主要由最前面的电压放大级、中间的推动级和最后的功放输出级电路组成。音频功率放大器的负载是扬声器电路，功率放大器的输入信号 U_i 来自音量电位器RP1动片输出信号。

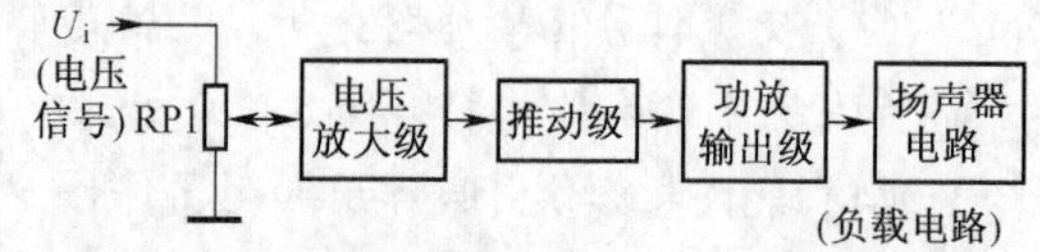

图2-25　音频功率放大器的电路结构方框图

2．各单元电路作用

关于音频功率放大器各部分单元电路的具体作用主要说明下列几点。

（1）电压放大器用来对输入信号进行电压放大，使加到推动级的信号电压达到一定的程度。根据机器对音频输出功率要求的不同，电压放大器的级数不等，可以只有一级电压放大器，也可以是采用多级电压放大器。

（2）推动级用来推动功放输出级，对信号电压和电流进行进一步放大，有的推动级还要输出两个大小相等、方向相反的推动信号。推动放大器也是一级电压放大器（当然同时也具有电流放大作用），它工作在大信号放大状态下。

（3）功放输出级是整个功率放大器的最后一级，用来对信号进行电流放大。电压放大级和推动级对信号电压已进行了足够的电压放大，输出级再进行电流放大，以达到对信号功率放大的目的，这是因为输出信号功率等于输出信号电流与电压之积。

（4）一些要求输出功率较大的功率放大器中，功放输出级分成两级，除输出级之外，在输出级前再加一级末前级，这一级电路的作用是进行电流放大，以便获得足够大的信号电流来激励功率输出级的大功率三极管。

3．功率放大器种类

功率放大器以功放输出级电路形式来划分种类，常见的音频功率放大器主要有下列几种。

（1）变压器耦合甲类功率放大器，这种电路主要用于一些早期的半导体收音机和其他一些电子电器中，现在很少见到。

（2）变压器耦合推挽功率放大器，这种电路主要用于一些输出功率较大的收音机中。

（3）OTL 功率放大器是目前广泛应用的一种功放电路，在收音机、录音机、电视机等许多场合中都有应用。

（4）DZL 功率放大器用于早期生产的便携式收录机中，而现在几乎已不再使用。

（5）OCL 功率放大器主要用于一些输出功率要求较大的场合，如扩音机和组合音响中。

（6）BTL 功率放大器主要用于一些要求输出功率比较大的场合，还用于一些低压供电的放音机中。

（7）矩阵式功率放大器主要用于低电压供电情况下的放音机中，采用这种功率放大器之后，可以使低压供电的放音机左、右声道输出较大的功率。

7.LC 并联谐振电路主要（阻抗）特性 1

2.9.2 甲类、乙类和甲乙类放大器

1．甲类放大器

在单级放大器中介绍了共发射极、共集电极和共基极放大器，这几种放大器是根据三极管输入、输出回路共用哪个电极划分的。

根据三极管在放大信号时的信号工作状态和三极管静态电流大小划分，放大器主要有甲类、乙类和甲乙类 3 种，此外还有超甲类等许多种放大器。

甲类放大器就是给放大管加入合适的静态偏置电流，这样用一只三极管同时放大信号的正、负半周。在功率放大器中，功放输出级中的信号幅度已经很大，如果仍然让信号的正、负半周同时用一只三极管来放大，这种电路称为甲类放大器。显然，前面介绍的各种放大器都属于甲类放大器。

在功放输出级电路中，甲类放大器的功放管静态工作电流设得比较大，要设在放大区的中间，以便使信号的正、负半周有相同的线性范围，这样当信号幅度太大时（超出放大管的线性区域），信号的正半周进入三极管饱和区而被削顶，信号的负半周进入截止区而被削顶，此时对信号正半周与负半周的削顶量相同，如图 2-26 所示。

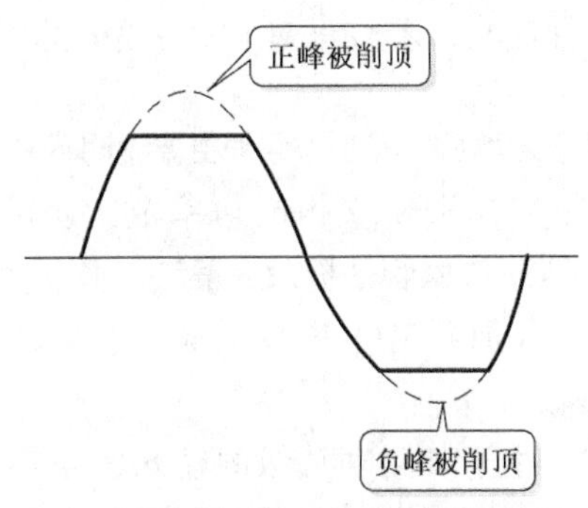

图 2-26 对称削顶示意图

甲类放大器的特点主要有下列一些。

（1）由于信号的正、负半周用一只三极管来放大，信号的非线性失真很小，声音的音质比较好，这是甲类功率放大器的主要优点之一，所以一些音响中采用这种放大器作为功率放大器。

（2）信号的正、负半周用同一只三极管放大，使放大器的输出功率受到了限制，即一般情况下甲类放大器的输出功率不可能做得很大。

（3）功率三极管的静态工作电流比较大，没有输入信号时对直流电源电压的消耗比较大，当采用电池供电时这一问题更加突出，因为对电源（电池）的消耗大。

2．乙类放大器

所谓乙类放大器就是不给三极管加静态偏置电流，而且用两只性能对称的三极管来分别放大信号的正半周和负半周，在放大器的负载上将正、负半周信号合成一个完整周期的信号，图 2-27 所示是没有考虑这种放大器非线性失真时的乙类放大器工作原理示意图。

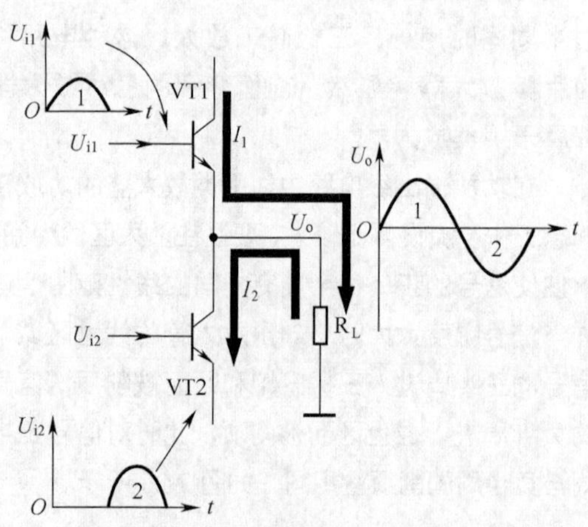

图 2-27　乙类放大器工作原理示意图

关于乙类放大器工作原理主要说明下列几点。

（1）VT1 和 VT2 构成功率放大器输出级电路，两只放大管基极没有静态工作电流。输入信号 U_{i1} 加到 VT1 基极，输入信号 U_{i2} 加到 VT2 基极。

（2）由于加到功放级的输入信号 U_{i1}、U_{i2} 幅度已经足够地大，所以可以用输入信号 U_{i1} 本身使 VT1 进入放大区。这一信号经 VT1 放大后加到负载 R_L，其信号电流方向如图中所示，即从上而下流过 R_L，在负载 R_L 上得到半周信号 1。VT1 进入放大状态时，VT2 处于截止状态。

（3）半周信号 1 过去后，另半周信号 U_{i2} 加到 VT2 基极，由输入信号 U_{i2} 使 VT2 进入放大区，VT2 放大这一半周信号，VT2 的输出电流方向如图中所示，从下而上地流过负载电阻 R_L，这样在负载电阻上得到负半周信号 2。VT2 进入放大状态时，VT1 处于截止状态。

关于乙类放大器特点主要说明如下。

（1）输入信号的正、负半周各用一只三极管放大，可以有效地提高放大器的输出功率，即乙类放大器的输出功率可以做得很大。

（2）输入功放管的信号幅度已经很大，可以用输入信号自身电压使功放管正向导通，进入放大状态。

（3）在没有输入信号时，三极管处于截止状态，不消耗直流电源电压，这样比较省电，这是这种放大器的主要优点之一。

（4）由于三极管工作在放大状态下，三极管又没有静态偏置电流，而是用输入信号电压给三极管加正向偏置。这样在输入较小的信号时或大信号的起始部分，信号落到了三极管的截止区，由于截止区是非线性的，将产生如图 2-28 所示的失真。从乙类放大器输出信号波形中可以看出，其正、负半周信号在幅度较小时存在失真，放大器的这种失真称为交越失真。这种失真是非线性失真中的一种，对声音的音质破坏严重，所以乙类放大器不能用于音频放大器中，只用于一些对非线性失真没有要求的功率放大场合。

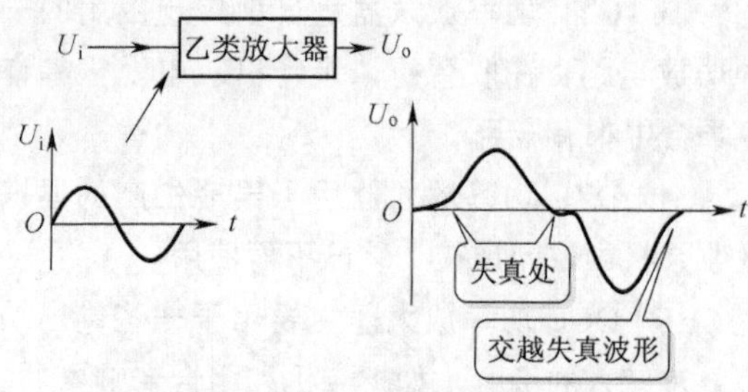

图 2-28　乙类放大器交越失真示意图

3. 甲乙类放大器

为了克服交越失真，必须使输入信号避开三极管的截止区。可以给三极管加入很小的静态偏置电流，以使输入信号“骑”在很小的直流偏置电流上，这样可以避开三极管的截止区，使输出信号不失真，如图 2-29 所示。

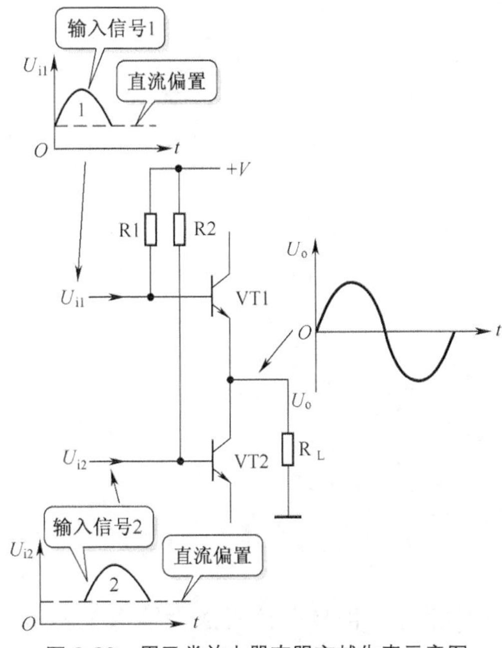

图 2-29 甲乙类放大器克服交越失真示意图

电路中，VT1 和 VT2 构成功放输出级电路，电阻 R1 和 R2 分别给 VT1 和 VT2 提供很小的静态偏置电流，以克服两管的截止区，使两管进入微导通状态，这样输入信号便能直接进入三极管的放大区。

从图中可以看出，输入信号 U_{i1} 和 U_{i2} 分别“骑”在一个直流偏置电流上，用这一很小的直流偏置电流克服三极管的截止区，使两个半周信号分别工作在 VT1 和 VT2 的放大区，达到克服交越失真的目的。

关于甲乙类放大器的特点主要说明下列几点。

（1）甲乙类放大器同乙类放大器一样，用两只三极管分别放大输入信号的正、负半周信号，但是给两只三极管加入了很小的直流偏置电流，以使三极管刚刚进入放大区。

（2）由于给三极管所加的静态直流偏置电流很小，在没有输入信号时放大器对直流电源电压的消耗比较小（比起甲类放大器要小得多），这样具有乙类放大器省电的优点；同时因为加入的偏置电流克服了三极管的截止区，对信号不存在失真，又具有甲类放大器无非线性失真的优点。所以，甲乙类放大器具有甲类和乙类放大器的优点，同时克服了这两种放大器的缺点。正是由于甲乙类放大器无交越失真和省电的优点，所以广泛地应用于音频功率放大器中。

（3）当这种放大电路中的三极管静态直流偏置电流太小或没有时，就成了乙类放大器，将产生交越失真；如果这种放大器中的三极管静态偏置电流太大，就失去了省电的优点，同时也造成信号动态范围的减小。

2.9.3 定阻式输出和定压式输出放大器

功率放大器的输出特性有两种：一是定阻式输出，二是定压式输出。

1. 定阻式输出电路

变压器耦合的功率放大器为定阻式输出特性，在这种输出式电路中要求负载阻抗确定不变。在功率放大器输出级电路中的输出变压器一次和二次绕组匝数确定后，扬声器的阻抗便不能改变。如原来采用 4Ω 扬声器，则不能采用 8Ω 等其他阻抗的扬声器，否则扬声器与功率放大器输出级之间阻抗不匹配，此时会出现下列一些现象。

（1）扬声器得不到最大输出功率。

（2）许多情况下要烧坏电路中的元器件。

一些采用定阻式输出的功率放大器中，输出耦合变压器二次绕组设有多个抽头，供接入不同阻抗扬声器时选择使用，此时要注意扬声器（或音箱）阻抗与接线柱上的阻抗标记一致。

8.LC 并联谐振电路主要（阻抗）特性2

显然，定阻式输出的功率放大器在与扬声器配接时使用不方便。

2．定压式输出电路

所谓定压式输出，是指负载阻抗大小在一定范围内变化时，功率放大器输出端的输出信号电压不随负载阻抗的变化而变化。OTL、OCL、BTL 等功放电路具有定压式输出的特性。

在定压式输出的功率放大器中，对负载（指功率放大器的负载）阻抗的要求没有定阻式输出那么严格，负载阻抗可以有些变化而不影响放大器的正常工作，但是负载所获得的功率将随负载阻抗不同而有所变化。负载上的信号功率由下式决定：

$$P_o = \frac{U_o^2}{Z}$$

式中：P_o 为功率放大器负载获得的信号功率，单位 W；U_o 为功率放大器输出信号电压，单位 V；Z 为功率放大器的负载阻抗，单位 Ω。

从上式可以看出，由于 U_o 基本不随 Z 变化，所以 P_o 的大小主要取决于负载阻抗 Z。负载阻抗 Z 愈小，负载获得的功率愈大，反之则愈小。

9.LC 并联谐振电路主要（阻抗）特性 3

在 OTL、OCL、BTL 功率放大器中，为了使负载获得较大的信号功率，扬声器大多采用 3.2Ω、4Ω，而很少采用于 8Ω 和 16Ω 的扬声器。

2.9.4 推挽、互补推挽和复合互补推挽放大器

1．推挽放大器

图 2-30 所示电路可以说明推挽放大器概念。电路中，T1 是输入耦合变压器，T2 是输出耦合变压器，VT1 和 VT2 构成推挽输出级电路，VT1 和 VT2 都是 NPN 型大功率三极管。

关于推挽放大器主要说明以下几点。

（1）在功率放大器中大量采用推挽放大器，这种放大器中用两只性能参数非常接近的同型号三极管（所谓配对）构成一级放大器。

（2）两只三极管 VT1 和 VT2 基极加有大小相等、极性相反的输入信号，如图中输入信号波形所示。输入信号加到 T1 二次绕组两端，二次绕组的中心抽头通过电容 C1 交流接地，这样在二次绕组两端得到一组大小相等、极性相反的交流信号。

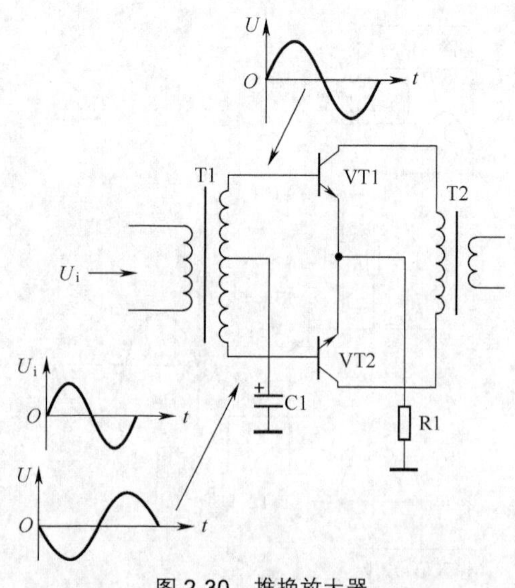

图 2-30　推挽放大器

（3）VT1 和 VT2 分别放大输入信号的正半周和负半周，两只三极管输出的半周信号（以集电极电流形式流过 T2 一次绕组）在放大器负载上（T2 一次绕组）合并后得到一个完整周期的输出信号。

（4）推挽放大器中，一只三极管工作在导通、放大状态时，另一只三极管处于截止状态，当输入信号变化到另一个半周后，原先导通、放大的三极管进入截止，而原先截止的三极管进入导通、放大状态，两只三极管在不断地交替导通放大和截止变化，所以称为推挽放大器。

2．互补推挽放大器

图 2-31 所示电路可以说明互补推挽放大器概念。电路中，VT1 和 VT2 构成互补推挽输出级电路，VT1 是 NPN 型大功率三极管，VT2 是 PNP 型大功率三极管，要求两只三极管极性参数十分相近。两只三极管基极直接相连，在两管基极加有一个音频输入信号 U_i。

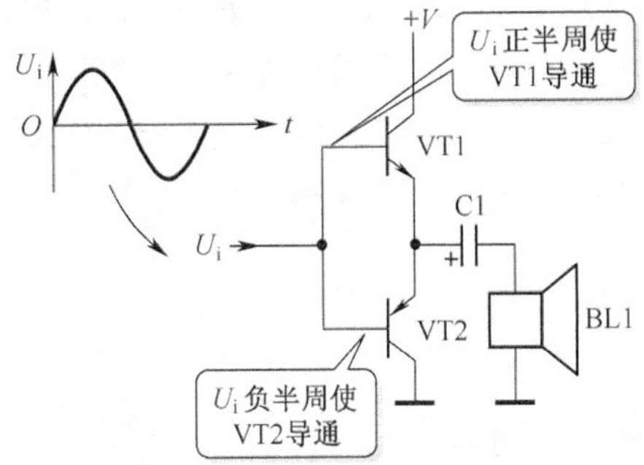

图 2-31　互补推挽放大器

关于互补推挽放大器主要说明以下几点。

（1）互补推挽放大器采用两种不同极性的三极管，利用不同极性三极管的输入极性不同，用一个信号来激励两只三极管，这样可以不需要两个大小相等、相位相反的激励信号。

（2）互补推挽就是在推挽电路的基础上再加入互补方式，通俗地讲互补推挽放大器是采用两只不同极性功放输出管构成的推挽放大器。

（3）从电路中可以看出，两管基极相连，由于两只三极管的极性不同，基极上的输入信号电压对两管而言一个是正向偏置，一个是反向偏置。

（4）当输入信号为正半周时，两管基极电压同时升高，此时输入信号电压给 VT1 加正向偏置电压，所以 VT1 进入导通和放大状态；由于基极电压升高，对 VT2 来讲加的是反向偏置电压，所以 VT2 处于截止状态。

（5）当输入信号变化到负半周之后，两管基极电压同时下降，使 VT2 进入导通和放大状态，而 VT1 又进入截止状态。

（6）这种利用 NPN 型和 PNP 型三极管的互补特性，用一个信号来同时激励两只三极管的电路，称为“互补”电路，由互补电路构成的放大器称为互补放大器。由于 VT1 和 VT2 工作时，一只导通、放大，另一只截止，工作在推挽状态，所以称为互补推挽放大器。

3．复合互补推挽放大器

在互补推挽放大器中两只输出管是不同极性的大功率三极管，要求两管的性能参数相同，而对大功率三极管做到这一点比较困难，若采用复合互补推挽式电路就能够解决这一问题，在实用电路中普遍采用复合互补推挽式电路。

所谓复合互补推挽就是采用复合管构成互补推挽电路。如图 2-32 所示，VT1 和 VT2 构成一只复合管，VT3 和 VT4 构成另一只复合管。VT2 和 VT4 是两只 NPN 型的大功率三极管，同极性大功率三极管性能相同容易做到。VT1 和 VT3 是两只不同极性的小功率三极管，不同极性的小功率三极管性能相同比不同极性的大功率三极管性能相同容易做到，这就是为什么要采用复合互补推挽电路的原因。

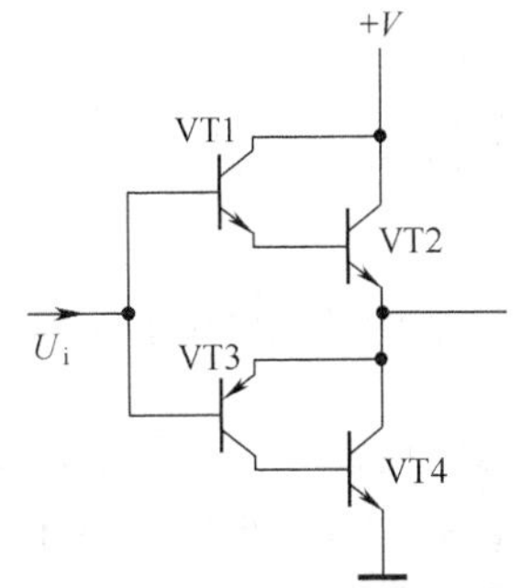

图 2-32　复合互补推挽放大器示意图

4．复合管电路

复合管电路共有 4 种。复合管用两只三极管按一定方式连接起来，等效成一只三极管，功率放大器中常采用复合管构成功放输出级电路。

（1）复合管电路之一。图 2-33 所示是复合管电路之一，**两只同极性 PNP 型三极管构成的复合管，等效成一只 PNP 型三极管。**

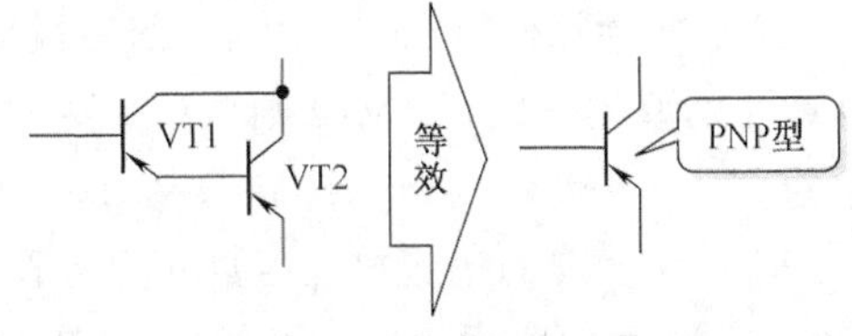

图 2-33　复合管电路之一

（2）复合管电路之二。图 2-34 所示是复合管电路之二，**两只 NPN 型三极管构成的复合管，等效成一只 NPN 型三极管。**

（3）复合管电路之三。图 2-35 所示是复合管电路之三，**VT1 是 PNP 型、VT2 为 NPN 型三极管，是不同极性三极管构成的复合管，等效成一只 PNP 型三极管。**

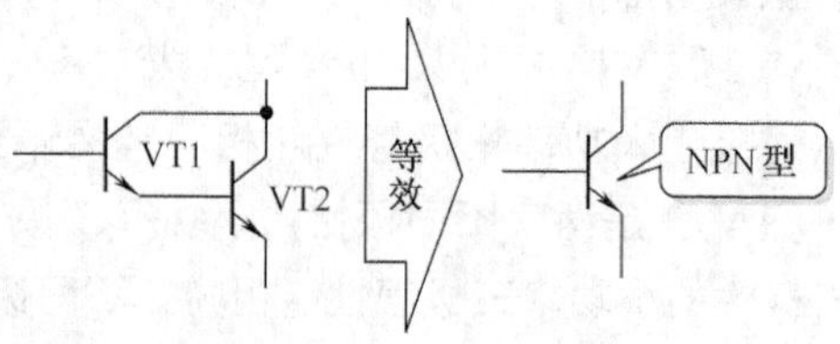

图 2-34　复合管电路之二

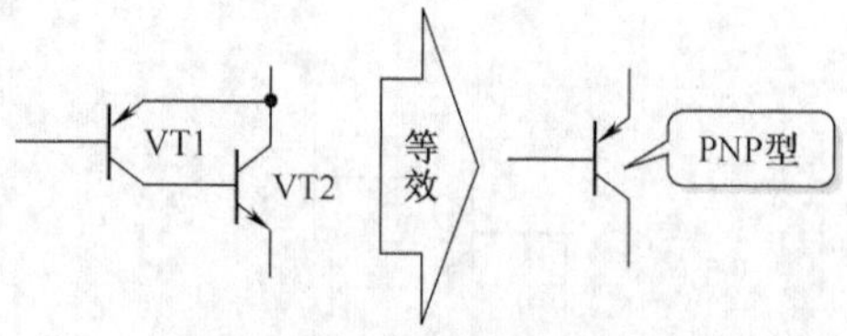

图 2-35　复合管电路之三

（4）复合管电路之四。图 2-36 所示是复合管电路之四，**VT1 是 NPN 型，VT2 为 PNP 型三极管，是不同极性三极管构成的复合管，等效成一只 NPN 型三极管。**

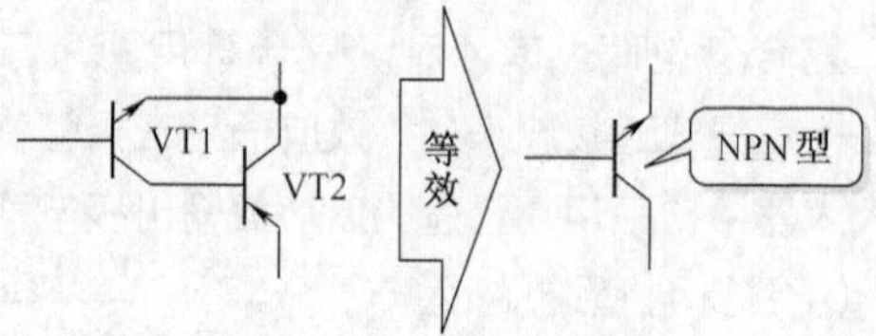

图 2-36　复合管电路之四

复合管极性识别绝招：两只三极管复合后的极性取决于第一只三极管的极性。

关于复合管需要掌握下列几个电路细节。

（1）VT1 为输入管，VT2 为第二级三极管。VT1 是小功率的三极管，VT2 则是功率更大的三极管。

（2）复合管总的电流放大倍数 β 为各管电流放大倍数之积，即 $\beta=\beta_1\times\beta_2$（$\beta_1$ 为 VT1 电流放大倍数，β_2 为 VT2 电流放大倍数），可见采用复合管可以大幅提高三极管的电流放大倍数。

（3）复合管的集电极 - 发射极反向截止电流（俗称穿透电流）I_{CEO} 很大，这是因为 VT1 的 I_{CEO1} 全部流入了 VT2 基极，经 VT2 放大后从其发射极输出。三极管 I_{CEO} 大，对三极管的稳定工作十分不利。为了减小复合管的 I_{CEO}，常采用如图 2-37 所示电路。

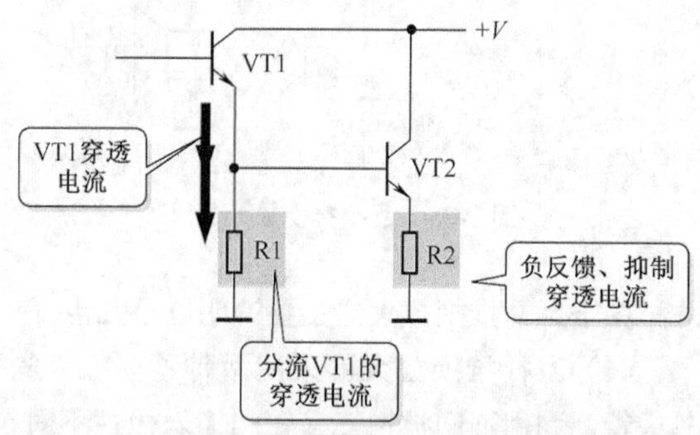

图 2-37　减小复合管 I_{CEO} 电路措施

接入分流电阻 R1 后，VT1 输出的部分 I_{CEO1} 经 R1 分流到地，减小了流入 VT2 基极的电流量，达到减小复合管 I_{CEO} 的目的。当然，R1 对 VT1 的输出信号也同样存在分流衰减作用。

电阻 R2 构成 VT2 发射极电流串联负反馈电路，用来减小复合管的 I_{CEO}，因为加入电流负反馈能够稳定复合管的输出电流，这样可以抑制复合管的 I_{CEO}。

另外，串联负反馈有利于提高 VT2 的输入电阻，这样 VT1 的 I_{CEO1} 流入 VT2 基极的量更少，流过 R1 的量更多，也能达到减小复合管 I_{CEO} 的目的。

2.9.5　推挽输出级静态偏置电路

1．二极管偏置电路分析

图 2-38 所示是采用二极管构成的推挽输出级静态偏置电路。电路中，VT1 是推动管，VT2 和 VT3 构成推挽输出级电路，VD1 和 VD2 是偏置二极管，A 点是这一放大器的输出端。

关于这一偏置电路主要说明下列几点。

（1）VT2 和 VT3 处于甲乙类工作状态，这两只三极管应有较小的正向偏置电流，这一偏置电流由二极管 VD1 和 VD2 提供，所以 VD1 和 VD2 构成 VT2 和 VT3 直流偏置电路。

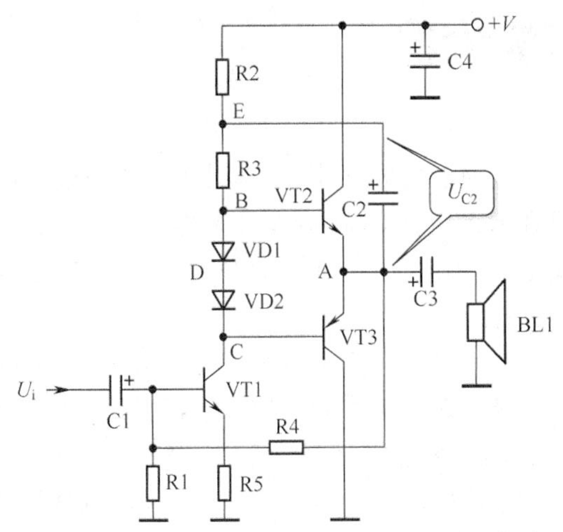

图 2-38　二极管构成的推挽输出级静态偏置电路

（2）**这一偏置电路的工作原理是**：二极管VD1和VD2串联，它们在直流工作电压+V作用下，处于导通状态（负极由VT1集电极→发射极→地端，构成回路）。每只二极管导通后的管压降为0.3V，这样电路中的B点电压比D点电压高出0.3V，而D点电压比C点电压高0.3V。

（3）B点与C点之间的电压差为两只二极管导通之后的电压降，这里为0.3×2 = 0.6V，这样B与C两点之间电压始终为0.6V，而VT1集电极直流电压高低便决定了B、C两点的直流电压。

（4）改变VT1基极、集电极电流的大小（调整VT1偏置电阻大小，图中未画出），从而可以改变VT1集电极电压大小，这样可以改变B点和C点的直流电压大小。

（5）由上述分析可知，只要适当调整VT1静态工作电流大小，就可以使电路中D点的直流电压也等于+V的一半，那么D点的直流电压等于A点直流电压。从电路可以看出，B点直流电压比D点的直流电压高出VD1的管压降，由于D点和A点的直流电压相等，说明B点的直流电压比A点直流电压高出0.3V，这恰好是VT2的正向偏置电压。0.3V的正向电压对VT2而言不是很大，但足可以使VT2处于刚刚导通的甲乙类工作状态，这样VT2已经有了合适的静态偏置电流。

（6）再讨论C点的直流电压。C点直流电压比D点直流电压低VD2的管压降，由于C点就是VT3基极，A点与D点直流电压相等，所以A点直流电压比C点直流电压高出0.3V，这恰好给VT3正向偏置电压。0.3V正向偏置电压不是很大，所以VT3处于刚导通状态。

（7）由于VD1和VD2的存在，VT2和VT3两管有相同的正向偏置，又因为VD1和VD2性能一致，VT2和VT3性能一致，所以VT2和VT3的静态偏置电流大小相同，处于刚刚导通的状态，即两管工作在甲乙类状态。

（8）两只二极管导通后，它们的内阻很小，在进行交流电路分析时，可以认为两只二极管的内阻为零。

2．电阻和二极管混合偏置电路分析

图2-39所示是采用电阻和二极管构成的推挽输出级静态偏置电路。电路中，VT1是推动管，VT2和VT3构成推挽输出级电路，R2和VD1构成VT2和VT3直流偏置电路，使两管工作在甲乙类状态。

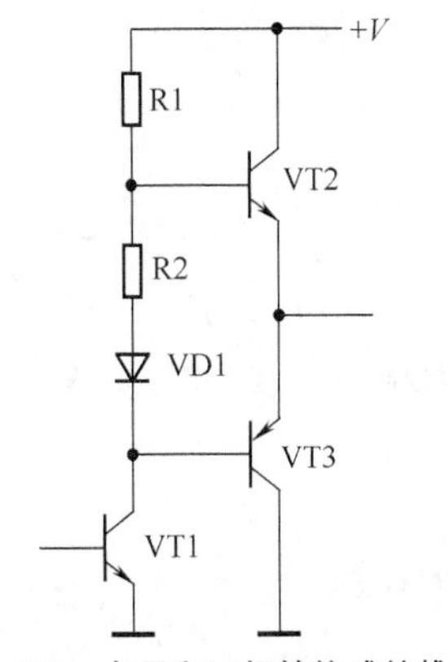

图 2-39　电阻和二极管构成的推挽输出级静态偏置电路

关于这一偏置电路主要说明下列几点。

（1）这一偏置电路与前面介绍的二极管偏置电路基本一样，只是串联了一只电阻R2，从直流偏置电路效果上讲没有本质变化。

（2）R2和VD1串联后接在VT2和VT3基极之间，当电流从上而下地流过R2和VD1后，在VT2、VT3基极之间产生了电压差，这个电压差为VT2和VT3提供静态直流偏置电压，使两管VT2和VT3工作在甲乙类状态。

2.10 变压器耦合推挽功率放大器

图 2-40 所示是变压器耦合甲乙类功率放大器。电路中，VT1 构成推动级放大器，VT2 和 VT3 构成推挽式输出级电路。

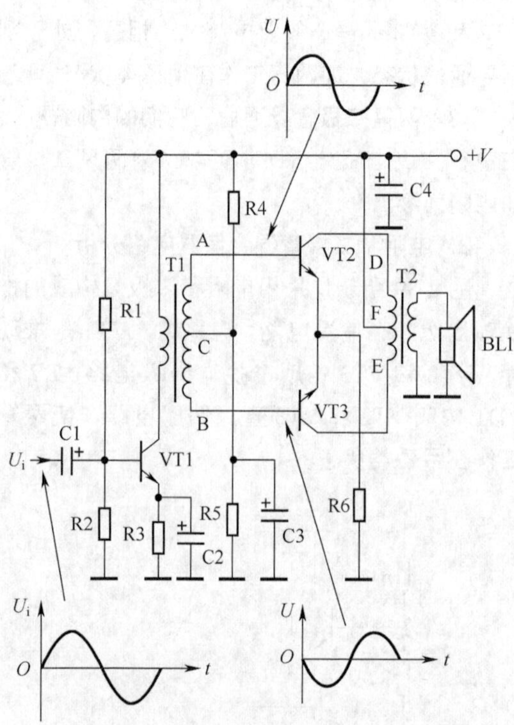

图 2-40 变压器耦合甲乙类功率放大器

2.10.1 推动级电路

电路中，推动管 VT1 工作在甲类放大状态。

1. 直流电路分析

直流工作电压 +*V* 经输入耦合变压器 T1 一次绕组给 VT1 集电极加上直流工作电压；R1、R2 构成 VT1 分压式偏置电路，给 VT1 基极提供静态直流偏置电流。由于 VT1 工作在大信号状态（输入推动管中的信号通过在前面多级放大器放大后，幅度已经很大），所以 VT1 静态偏置电流较大。R3 为 VT1 发射极电阻。

2. 交流电路分析

电路中，U_i 是所要放大的音频输入信号，它来自前面的电压放大级输出端。这一输入信号经耦合电容 C1 加到 VT1 基极，经放大后从集电极输出信号电流，这一信号电流流过 T1 一次绕组。

T1 是输入耦合变压器，其一次绕组是 VT1 集电极负载。通过变压器的耦合作用，T1 二次绕组输出经过推动级放大后的信号。

电路中，C2 为发射极旁路电容，这样 R3 只有直流负反馈而没有交流负反馈，使推动级放大倍数比较大。

3. 元器件作用分析

T1 是带中心抽头的输入耦合变压器，即 C 点是二次绕组中心抽头。这样便能在二次绕组的 A 与 C 之间、B 与 C 之间获得大小相等、相位相反的两个激励信号，如图 2-40 所示，这两个信号分别加到功放输出 VT2 和 VT3 基极输入回路中。

对于交流而言，T1 一次绕组阻抗作为 VT1 集电极交流负载，对直流而言 T1 一次绕组直流电阻很小。

2.10.2 功放输出级电路

电路中，VT2 和 VT3 两只三极管构成甲乙类功率放大器。

1. 直流电路分析

直流工作电压 +*V* 经 R4 和 R5 分压后，通过 T1 二次绕组分别加到 VT2 和 VT3 基极上，为两只三极管提供很小的静态直流偏置电流，使 VT2 和 VT3 进入微导通状态，这样 VT2 和 VT3 可以工作在甲乙类状态。

直流工作电压 +*V* 经 T2 一次绕组分别加到 VT2 和 VT3 集电极上。R6 是两管共用的发射极负反馈电阻。

2. 交流电路分析

输入耦合变压器 T1 二次绕组输出的交流

信号在 A、B 点的电压波形如图中所示，从图中可见，当 A 点信号电压为正半周时，B 点信号电压为负半周。

电路中，旁路电容 C3 将 T1 二次绕组中心抽头交流接地，如果没有 C3，中心抽头上的交流信号将经过 R4 和 R5 接地（R4 的另一端接 $+V$ 端，而 $+V$ 端对交流信号而言相当于接地），此时会在 R4、R5 上产生信号压降，造成信号损耗，所以用 C3 来进行交流旁路。

在 A 点信号电压为正半周期间，B 点信号电压为负半周，B 点的负半周信号电压使 VT3 基极电压下降，由于甲乙类放大管的静态偏置电流本来就很小，结果 VT3 在负半周信号电压的作用下，被迫处于截止状态。此时，VT2 基极受正半周信号激励处于导通、放大状态，其集电极信号电流经 F 和 D 点之间的绕组流过 T2 一次绕组，通过 T2 耦合作用，在扬声器 BL1 上得到正半周信号。

VT2 导通、放大期间，流过 T2 一次绕组的电流方向为从 F 点到 D 点，方向为从下而上。VT2 处于导通、放大期间，VT3 截止，所以 T2 的 E 和 F 点之间的绕组中无信号电流流过。

在 VT2 导通、放大时，VT2 基极信号电流的回路是：T1 二次绕组 A 点→ VT2 基极→ VT2 发射极→ R6 →地端→ C3 → T1 的 C 点经二次绕组上部形成回路。

正半周信号过去后，A 点信号变为负半周，负半周信号加到 VT2 基极，其基极电压下降而使 VT2 处于截止状态。在 A 点信号为负半周期间，B 点信号为正半周，这一正半周信号给 VT3 正向偏置而使之导通、放大。**在 VT3 导通放大期间，VT3 基极信号电流回路是：**T1 二次绕组 B 点→ VT3 基极→ VT3 发射极→ R6 →地端→ C3 → T1 二次绕组 C 点经二次绕组下部形成回路。VT3 集电极信号电流从 T2 的 F 点流向 E 点，电流方向为从上而下，信号通过 T2 耦合到 BL1 上。

由于 VT3 导通、放大时信号电流在 T2 一次绕组中的流动方向与 VT2 导通、放大时的电流流向相反，所以在 BL1 上得到另半周信号。在输入信号变化一个周期后，在负载 BL1 上得到一个周期（正、负半周）完整的信号。

3．元器件作用分析

12.LC 并联谐振电路其他特性 1

VT2 和 VT3 是两只同极性（NPN 型）三极管，要求它们的性能一致，否则输出的正、负半周信号幅度大小不等，造成失真。

改变偏置电阻 R4 或 R5 的阻值大小，可改变 VT2 和 VT3 两管静态直流偏置电流大小，要让两只三极管工作在甲乙类状态，即静态工作电流很小而不出现交越失真。

电阻 R6 是两管共用发射极负反馈电阻，它与差分放大器中的共用发射极负反馈电阻不同，它对交流信号也存在负反馈作用，因为两管发射极信号电流同方向流过 R6。由于 VT2、VT3 发射极信号电流很大，所以 R6 的阻值很小，否则负反馈量很大。

T2 为输出耦合变压器，一次绕组具有中心抽头，它的作用是耦合、隔直和阻抗变换，注意 T2 一次绕组对于某一只三极管而言只有一半绕组有效。对于 VT2 而言只用了 D 和 F 之间的绕组，对于 VT3 而言只用了 E 和 F 之间的绕组。所以，分析这一输出耦合变压器的阻抗变换作用时，一次绕组只有一半的匝数有效。

4．电路故障分析

关于变压器耦合甲乙类功率放大器的电路故障分析主要说明以下几点。

（1）当 T1 一次绕组开路时，放大器无输出信号；当它的二次绕组中心抽头开路时，放大器也无信号输出；当抽头以上或以下一个绕组开路时，放大器只有半周信号输出，BL1 中的声音小且音质差。

（2）当 R6 开路后，BL1 中无任何响声。

（3）当 T2 中心抽头开路时，BL1 中没有任何响声；当抽头以上或以下绕组开路时，放大器只有半周信号输出。

（4）C3 击穿时，VT2 和 VT3 均处于截止状态，BL1 中无信号声，但是存在很小的电流声。

（5）VT2、VT3 中有一只开路时，放大器只能输出半周信号；有一只三极管击穿时，放大器无输出信号，BL1 中有较大的噪声出现。

（6）电容 C4 开路时，存在交流声大故障；当它击穿后，无直流工作电压 +V；当它漏电时直流工作电压 +V 低，放大器输出信号小。

2.10.3 电路特点和电路分析小结

电路特点

变压器耦合甲乙类推挽功率放大器具有下列一些特点。

（1）由于是甲乙类功率放大器，所以功放输出级电路在静态时对电源电压的消耗不大。

（2）要求两只三极管的性能一样，而且是同极性的三极管。

（3）输出功率比较大，但是受到输出耦合变压器的限制，输出功率较大后 T2 的损耗增大，而且 T2 的体积也要较大。

（4）由于两只推挽管采用同极性三极管，要求推动级输出两个大小相等、相位相反的激励信号，采用带抽头的变压器可得到满足这样要求的两个激励信号。

（5）两只三极管采用并联供电方式，对直流而言 VT1 和 VT2 集电极并联（通过 T2 初级线圈），两管基极通过 T1 次级线圈并联，两管发射极直接相连。采用这种并联供电方式，电源利用率高，但是对修理造成了一定的麻烦，例如，VT2 发射结开路，VT2 已不能工作，但是扬声器中仍有声音，因为 VT3 仍然能正常工作，尽管此时放大器输出功率大大减小和信号严重失真，但是听起来声音只是有些变小，失真也不是严重到一听便能分辨出来的地步，会造成检修中的错误判断。

电路分析小结

关于变压器耦合推挽功率放大器的电路分析小结主要说明以下几点。

（1）推挽电路中用两只三极管来放大一个周期信号，分析推挽管工作时要了解三极管的静态电流很小，在加入交流信号（这一信号幅度已经比较大）后，交流信号电压极性对三极管的正向或反向偏置状态起决定性的作用。

（2）推挽电路中的两只三极管直流电路是并联的，因为从直流电压的角度讲，两只三极管的基极、发射极和集电极电压相等，为并联的关系。

2.11 分立元器件 OTL 功率放大器

OTL 是英文 Output Transformer Less 的缩写，意思是无输出变压器。前面介绍的两种功率放大器中均要设输出耦合变压器，OTL 功率放大器就是没有输出耦合变压器的功率放大器。

2.11.1 OTL 功率放大器输出端耦合电容分析

OTL 功率放大器采用输出端耦合电容取代输出耦合变压器。

1．输出耦合变压器

一个功率放大器采用输出耦合变压器后会带来以下几个问题。

（1）变压器安装不方便，成本高，体积大。

（2）对于低频信号而言，由于一般输出变压器的电感量不足，放大器对低频信号的放大倍数不够，造成低音不足现象。

（3）变压器的漏磁对整个放大器的工作构成了危害，它会干扰放大器的正常工作。

OTL 功率放大器没有输出耦合变压器，解决了上述问题，所以应用十分广泛。

2．输出端耦合电容充电分析

图 2-41 所示是 OTL 功率放大器输出端耦合电容电路。电路中，VT1 和 VT2 是 OTL 功率放大器输出管，C1 是输出端耦合电容，BL1 是扬声器。

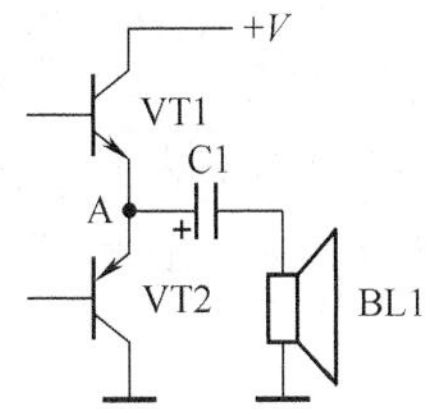

图 2-41　OTL 功率放大器输出端耦合电容电路

输出端耦合电容 C1 作用共有 3 个：一是耦合信号，二是隔直流，三是在 VT2 进入导通、放大状态时作为 VT2 的直流电源之用。

关于这一电路中直流工作电压 +V 对电容 C1 的充电过程主要说明下列几点。

（1）电路通电后，直流工作电压 +V 对电容 C1 充电，**其充电电流回路是：**直流工作电压 +V → VT1 集电极→ VT1 发射极（VT1 已在静态偏置电压下导通）→ C1 正极→ C1 负极→ BL1（直流电阻很小）→地端。很快 C1 充电完毕，C1 中无电流流过，BL1 中也没有直流电流流过。

（2）静态时 A 点（OTL 功率放大器输出端）直流电压等于 +V 的一半（将在后面电路中进行解说）。电容 C1 一端接 OTL 功率放大器输出端，另一端通过扬声器 BL1 接地，根据电容充电特性可知，静态时在 C1 上充到 +V 一半大小的直流电压，极性为左正右负，即 C1 两端的直流电压就是 A 点的直流电压。

3．输出端耦合电容的电源作用分析

在 OTL 功率放大器中，输出端耦合电容在工作时还要作为一只功率输出管的电源来使用，这一作用比较难理解，为了详细说明输出端耦合电容的电源作用，将输出端耦合电容电路重画成如图 2-42 所示电路。

13.LC 并联谐振电路其他特性 2

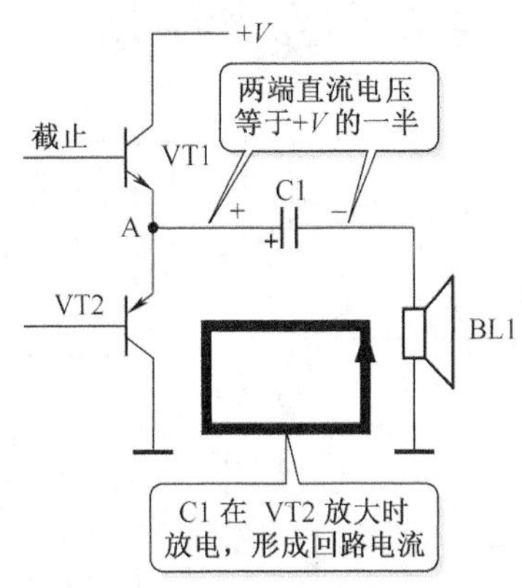

图 2-42　输出端耦合电容电路

关于输出端耦合电容 C1 的电源作用主要说明下列几点。

（1）静态时，电容 C1 上已经充到左 + 右 - 的电压，其值为 +V 的一半。当 VT2 进入导通、放大状态时，VT1 截止（推挽放大器中一只三极管导通，另一只截止），VT1 集电极与发射极之间相当于开路，直流工作电压 +V 不能通过 VT1 加到 VT2 发射极，在此期间直流电压 +V 不对 VT2 供电。

（2）这个期间，由 C1 上充到的电压作为 VT2 直流工作电压（C1 上的电压通过 BL1 加在 VT2 集电极和发射极上）。在 VT2 导通、放大期间，C1 上的电压供电过程就是 C1 的放电过程，其放电电流回路是：C1 正极→ VT2 发射极→ VT2 集电极→地端→ BL1 → C1 负极。

（3）在 C1 放电时，它的放电电流大小受 VT2 基极上所加信号控制，所以 C1 放电电流变化的规律为负半周信号电流的变化规律。

（4）为了改善放大器的低频特性和能为 VT2 提供充足的电能，要求输出端耦合电容 C1 容量要很大，在音频放大器中 C1 一般取 470～1000μF，输出功率愈大，C1 容量愈大。

图 2-43 所示是分立元器件构成的 OTL 功率放大器。OTL 功率放大器采用互补推挽输出级电路。OTL 功率放大器种类较多，这里以 OTL 音频功率放大器为例，详细介绍这种放大器的工作原理。

电路中，VT1 构成推动级放大器；VT2 和 VT3 构成互补推挽输出式放大器，VT2 是 NPN

型三极管，VT3 是 PNP 型三极管。

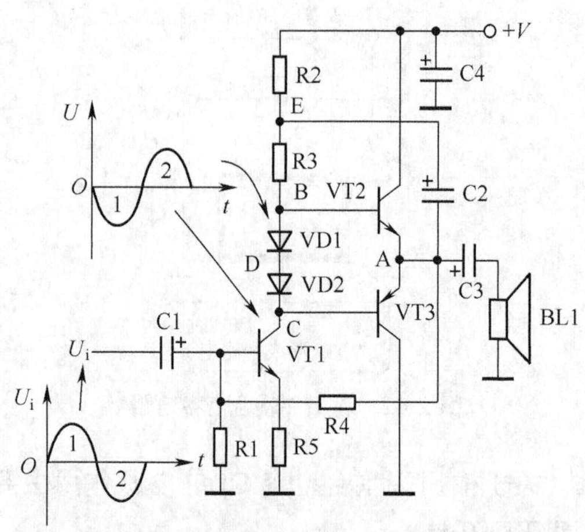

图 2-43　分立元器件构成的 OTL 功率放大器

2.11.2　直流电路分析

电路中，推动级与功放输出级之间采用直接耦合电路，所以两级放大器之间的直流电路相互影响。这一放大器的直流电路比较复杂，分成以下几个部分分析。

1．电路启动分析

接通直流工作电源瞬间，+*V* 经 R2 和 R3 给 VT2 基极提供偏置电压，使 VT2 发射极有直流电压，这一电压经 R4 和 R1 分压后加到 VT1 基极，给 VT1 提供静态直流偏置电压，VT1 导通。

VT1 导通后，其集电极（C 点）电压下降，也就是 VT3 基极电压下降，当放大器输出端 A 点电压大于 C 点电压时，VT3 也处于导通状态，这样电路中的 3 只三极管均进入导通状态，电路完成启动过程。

2．静态电路分析

接通直流电源瞬间，很快放大器进入稳定的静态，此时 A 点电压等于直流电源电压 +*V* 的一半（具体原因在后面说明），如果 +*V* 等于 12V，放大器输出端（A 点）的直流电压等于 6V。这是 OTL 功率放大器的一大特征，了解和记住这一点对检修 OTL 功率放大器很有用，**如果测量 A 点电压不等于 +*V* 的一半，说明 OTL 功率放大器已经出现故障。**

3．VT2 和 VT3 直流电压供电电路分析

对直流电流而言，VT2 和 VT3 是串联的，所以只有 +*V* 的一半加到了每只三极管的集电极与发射极之间，而不是 +*V* 的全部。

功率放大器中，电路的直流工作电压大小直接关系到放大器的输出功率大小，+*V* 愈大放大器的输出功率愈大。所以，对于 OTL 功率放大器而言，由于每只三极管的有效工作电压只有 +*V* 的一半，要求有更大的直流工作电压 +*V* 才能有较大的输出功率，这是 OTL 功放电路的一个不足之处。

2.11.3　交流电路分析

电路中，输入信号 U_i 经 VT1 放大后，从集电极输出。由于偏置二极管 VD1 和 VD2 在直流工作电压 +*V* 的正向偏置作用下导通，它们的内阻很小，所以电路中 A 点和 B 点上的信号可以认为大小一样。

VT1 构成共发射极放大器，它的集电极负载电阻比较复杂，主要有 R2、R3、VD1 和 VD2 导通后的内阻以及 VT2 和 VT3 输入电阻。

1．正半周信号分析

在 VT1 集电极上为正半周信号期间，由于 C 点电压随正半周信号增大而升高，VT3 处于截止状态；同时 B 点电压随正半周信号增大而升高，VT2 处于导通、放大状态，其放大后的输出信号经输出端耦合电容 C3 加到扬声器 BL1 中。

2．负半周信号分析

在 VT1 集电极为负半周信号期间，VT2 截止，VT3 导通、放大，其输出信号也是通过 C3 加到 BL1。这样，在 BL1 上得到一个完整的信号。

3．信号传输分析

这一放大器中的信号传输过程是：输入信号 U_i → C1（耦合）→ VT1 基极→ VT1 集电极（推动放大）→ VT2 基极（通过导通的 VD1 和 VD2）、VT3 基极→ VT2 和 VT3 发射极（射极

输出器，电流放大）→ C3（输出端耦合电容）→ BL1 →地端。

14.LC 串联谐振电路主要特性 1

4．定压式输出特性

电路中，R4 和 R1 构成电压并联式负反馈电路，具有强烈的负反馈作用。这一负反馈电路对直流和交流都存在负反馈作用。由于电压负反馈能够稳定输出电压，所以这种功率放大器具有定压式输出的特性。

2.11.4　自举电路分析

在 OTL 功率放大器中要设自举电路。图 2-43 所示电路中，C2、R2 和 R3 构成自举电路。其中，C2 为自举电容，R2 为隔离电阻，R3 将自举电压加到 VT2 基极。

1．设置自举电路的原因

为了电路分析的方便，将图 2-43 所示电路重画成如图 2-44 所示的形式。

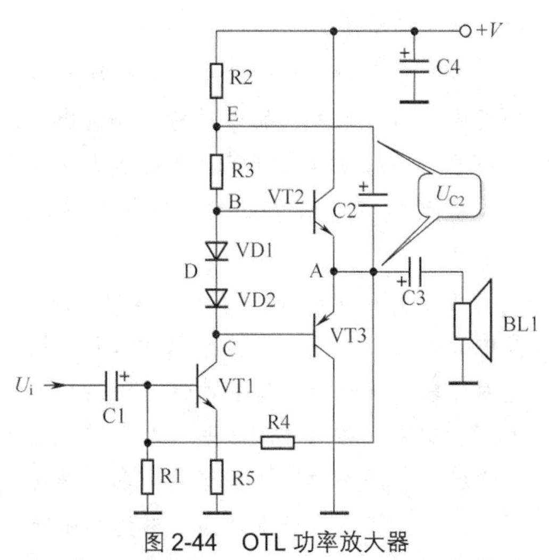

图 2-44　OTL 功率放大器

如果不加自举电容 C2，VT1 集电极信号为正半周期间 VT2 导通、放大。当输入 VT2 基极的信号比较大时，VT2 基极信号电压大，由于 VT2 发射极电压跟随基极电压，VT2 发射极电压逼近 +V，造成 VT2 集电极与发射极之间的直流工作电压减小。

三极管集电极与发射极之间的工作电压减小后，三极管容易进入饱和区，使三极管基极电流不能有效地控制集电极电流。换句话讲，在三极管集电极与发射极之间的直流工作电压减小后，基极电流增大许多才能使三极管集电极电流有一些增大，这显然使正半周大信号的输出受到抑制，造成正半周大信号的输出不足，必须采取措施来加以补偿，即采用自举电路。

2．自举电路静态情况分析

在静态时，+V 经 R2 对 C2 充电，使 C2 上充有上正下负的电压 U_{C2}，这样电路中 E 点的直流电压等于 A 点的直流电压加上 U_{C2}，E 点的直流电压高于 A 点电压。

3．自举过程分析

加入自举电路后，由于 C2 容量很大，它的放电回路时间常数很大，使 C2 上的电压 U_{C2} 基本不变。这样，当正半周大信号出现时，A 点电压升高导致 E 点电压也随之升高。

电路中，E 点升高的电压经 R3 加到 VT2 基极，使 VT2 基极上的信号电压更高（正反馈过程），有更大的基极信号电流激励 VT2，使 VT2 发射极输出信号电流更大，补偿 VT2 集电极与发射极之间直流工作电压下降而造成的输出信号电流不足，这一过程称为自举。

4．隔离电阻 R2 分析

自举电路中，R2 用来将 E 点的直流电压与直流工作电压 +V 隔离，使 E 点直流电压有可能在某瞬间超过 +V。

当 VT2 中的正半周信号幅度很大时，A 点电压接近 +V，E 点直流电压更大，并超过 +V，此时 E 点电流经 R2 流向电源 +V（对直流电源充电）端。

如果没有电阻 R2 的隔离作用（将 R2 短接），则 E 点直流电压最高为 +V，而不可能超过 +V，此时无自举作用。可见设置了隔离电阻 R2 后，自举电路在大信号时的自举作用更好。

2.11.5　电路故障分析和输出端直流电压分析

1．电路故障分析

关于这一分立元器件 OTL 功率放大器的

电路故障分析主要说明下列几点。

（1）C1 漏电或击穿，直接影响推动级和输出级直流电路正常工作，从而影响整个放大器的正常工作；C1 开路只影响放大器交流电路的工作，没有交流信号输出。

（2）C2 击穿将烧坏扬声器 BL1，同时损坏 VT2。

（3）推动级与输出级之间采用直接耦合电路，电路中的任何一个电阻出现故障，或一个电容出现漏电或击穿故障，都将影响这两级放大器直流电路的正常工作，其电路故障特征是输出端的直流工作电压不等于直流工作电压 +*V* 的一半。

2. 输出端直流电压等于直流工作电压 +*V* 一半分析

为了分析电路的方便，将输出级电路重画成图 2-45 所示的电路。

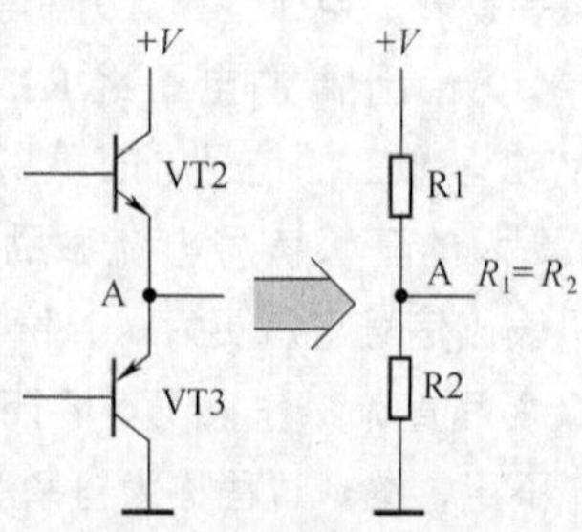

图 2-45　输出级电路示意图

电路中，A 点的直流电压大小由 VT2 和 VT3 集电极与发射极之间内阻分压后决定。VT2 和 VT3 性能一致，加上有相同的静态偏置电流，所以两管集电极与发射极之间的内阻相等。

根据分压电路有关特性，见图 2-45 右边的等效电路，放大器输出端的直流电压等于直流工作电压 +*V* 的一半。

如果 VT2 和 VT3 两管的静态偏置电流大小不等，则 VT2 和 VT3 内阻不等，放大器输出端的直流电压就不等于直流电压 +*V* 的一半。三极管工作电流大，其集电极与发射极之间内阻小；三极管工作电流小，其集电极与发射极之间内阻大。

当 VT2 内阻大于 VT3 内阻时，A 点的直流电压小于 +*V* 的一半；当 VT3 内阻大于 VT2 内阻时，A 点的直流电压就大于 +*V* 的一半。

由此可知，通过测量电路中 A 点的直流电压大小，可以知道 VT2 和 VT3 是否处于正常工作状态下。

电路特点

OTL 功率放大器具有下列一些特点。

（1）OTL 功率放大器是目前最常用的功率放大器。

（2）由于两只功放输出管采用串联供电方式，要求直流工作电压 +*V* 较高。因为每只三极管上的实际工作电压只有电源电压的一半，所以在直流工作电压较低时，这种功率放大器的输出功率不大，在采用电池供电的机器中不宜用这种功放电路。

（3）功放电路输出端直流工作电压为电源电压 +*V* 的一半，这一特点对修理相当重要，在没有电路静态工作电压等资料的情况下，这一直流电压特征对修理的作用显得尤为突出。

（4）采用输出端耦合电容代替输出耦合变压器，使放大器的低频特性和输出功率都有较大的改善。OTL 功放电路在采用较高的直流工作电压时，输出功率可以很大。

（5）OTL 功放电路在开机瞬间扬声器中会发生“砰”的一声开机冲击声，这是因为输出端耦合电容在刚开机时两端电压不能突变，相当于输出端耦合短路，开机时的这一冲击电流流过了扬声器，产生这一开机噪声。在许多收录机和组合音响中，为了消除这一开机冲击声，可以设置开机静噪电路。

2.11.6　实用复合互补推挽式 OTL 功率放大器

图 2-46 所示是实用的复合互补推挽式 OTL 功率放大器。

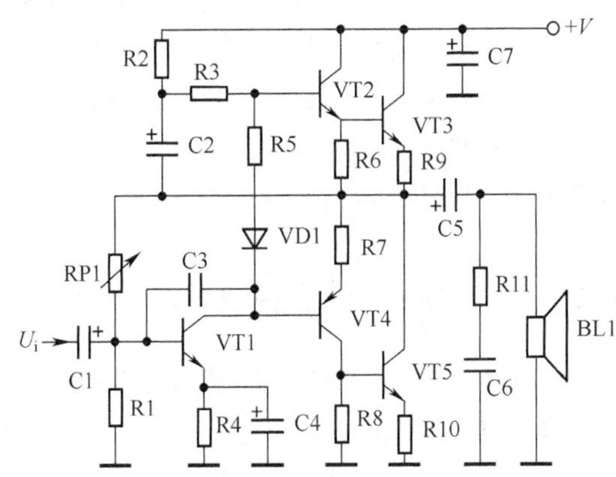

图 2-46　实用复合互补推挽式 OTL 功率放大器

1．电路组成

关于这一实用复合互补推挽式 OTL 功率放大器的电路组成主要说明下列几点。

（1）VT1 构成推动级放大器。

（2）VT2～VT5 构成复合互补推挽式输出级，其中 VT2 和 VT3 组成一个复合管，等效成一只 NPN 型三极管，VT4 和 VT5 构成一只 PNP 型三极管。

（3）VT2 和 VT4 可以采用小功率的不同极性三极管，两只输出管 VT3 和 VT5 可以采用同极性的大功率三极管，这样安排就解决了互补推挽功放电路中要求两只同性能而不同极性大功率三极管配对的问题。

2．直流电路分析

关于这一放大器直流电路分析主要说明下列几点。

（1）RP1 和 R1 对输出端的直流电压进行分压，分压后的电压给 VT1 提供基极直流偏置电压，调节 RP1 的阻值大小可改变 VT1 静态偏置状态，从而可改变 VT2～VT5 静态偏置状态。

（2）通过调节 RP1 的阻值，可以使功放输出级放大器输出端直流电压为 +*V* 的一半，这样整个放大器直流电路进入正常的工作状态。

（3）VT2～VT5 处于甲乙类工作状态，R5 和 VD1 是复合输出管 VT2～VT5 的静态偏置电路，提供很小的静态偏置电流，以克服交越失真。

（4）直流工作电压 +*V* 提供的直流电流流过 R5 和 VD1 偏置电路，在 R5 和 VD1 两端产生了电压降，使 VT2 和 VT4 基极之间有一定的电压差，这一电压差就是 VT2 和 VT4 的直流偏置电压，两管有了很小的直流偏置电流。

（5）VT2 偏置电流从发射极输出，加到 VT3 基极，给 VT3 提供基极直流偏置电流；VT4 集电极输出的直流偏置电流加到 VT5 基极，给 VT5 提供了直流偏置电流。

（6）电路中设置电阻 R5 的目的是为了加大 VT2 和 VT4 基极之间的电压，因为采用了复合管后需要更大的正向偏置电压（因为 VT2 和 VT3 的发射结串联），而 VD1 只有 0.6V 管压降，所以要加入电阻 R5，利用电阻 R5 产生的压降来使 VT2 和 VT4 基极之间存在足够大的电压降，作为偏置电压。

3．交流电路分析

15.LC 串联谐振电路主要特性 2

交流电路分析时将复合管看成是一只三极管，这样其工作原理的分析与前面介绍的 OTL 功率放大器基本一样，电路分析很方便。

关于这一放大器的交流电路分析主要说明下列几点。

（1）U_i 为输入信号，这一信号经 VT1 放大后从集电极输出。VT1 集电极输出信号直接加到 VT4 基极，同时通过已处于导通状态的 VD1 和 R5 加到 VT2 基极，由于 VD1 导通后内阻小，R5 阻值也很小，这样加到 VT2 和 VT4 基极上的信号可以认为大小一样。

（2）在 VT1 集电极输出正半周信号期间，VT2 和 VT3 导通、放大，VT4 和 VT5 截止；在 VT1 集电极输出负半周信号期间，VT4 和 VT5 导通、放大，VT2 和 VT3 处于截止状态。

（3）两只复合管输出的信号通过输出端耦合电容 C5 加到扬声器 BL1 中。

4．元器件作用分析

C2、R2 和 R3 构成自举电路，其中 C2 为自举电容，R2 为隔离电阻，R3 将自举电压加到 VT2 基极，并具有限流保护作用。

C1 为输入端耦合电容，C4 为 VT1 发射极旁路电容，C5 为输出端耦合电容。对于输出端耦合电容 C5 要了解它的几个作用：耦合作用、隔直作用和作为功率输出的电源作用。

R6、R9、R8 和 R10 用来减小两只复合管的 I_{CEO}。C3 为 VT1 高频负反馈电容，用来消除放大器自激和抑制放大器的高频噪声。C7 为滤波电容，R11 和 C6 构成“茹贝尔”电路。

5．电路故障分析

关于电路故障分析主要说明以下几点。

（1）当 RP1 动片未调整在正常位置时，放大器输出端的直流电压不等于 $+V$ 的一半，可能高也可能低，此时这一放大器不能正常工作。各种 OTL 功率放大器的正常工作条件之一是，输出端的直流工作电压等于电源直流工作电压的一半。

（2）除 R11 之外的电阻器发生故障时，放大器的直流电路正常状态将改变，放大器的输出端直流电压不等于 $+V$ 的一半。

（3）电路中除 C6 外的电容器发生击穿或漏电故障时，放大器的直流电路正常状态将改变，此时放大器的输出端直流电压不等于 $+V$ 的一半。

（4）当 VT1 发射极旁路电容 C4 开路之后，R4 具有交流负反馈作用，整个放大器输出功率有所减小。

（5）自举电容 C3 开路后，放大器对大信号的输出功率不足。

（6）输出端耦合电容 C5 开路后，BL1 没有任何响声；C5 击穿后，放大器输出端的直流电压为 0V，烧坏功放输出管，也要烧坏扬声器。

（7）VT1 ～ VT5 中有一只三极管性能不好时，放大器输出端直流电压不等于 $+V$ 的一半。

（8）R11 或 C6 开路时，对放大器正常工作基本没有影响；当 C6 击穿或漏电时，扬声器声音轻，并有烧坏功放输出管的可能。

电路分析小结

关于 OTL 功率放大器的电路分析主要说明以下几点。

（1）OTL 功率放大器输出端直流电压等于 $+V$ 的一半，这一点对检修 OTL 功率放大器故障很重要。

（2）OTL 功率放大器的直流电路分析比较困难，主要是功放输出管的偏置电路、输出端耦合电容的充电和放电、功放输出管的直流电路分析等。

（3）自举电路只对正半周大信号起补偿作用，对于负半周信号没有自举作用。接入隔离电阻后，只要有较小的电流对直流电源充电，在隔离电阻上的压降就比较大（隔离电阻比较大），就能使自举的电压超过直流工作电压 $+V$。

（4）只有掌握了典型分立元器件 OTL 功率放大器的工作原理之后，才能比较顺利地分析各种 OTL 功率放大器的变形电路和集成电路 OTL 功率放大器。

2.12 集成电路 OTL 功率放大器

OTL 功率放大器集成电路有两种：一是单声道 OTL 功率放大器集成电路，二是双声道 OTL 功率放大器集成电路。这两种集成电路工作原理一样，只是双声道电路多了一个完全相同的声道。

2.12.1 单声道 OTL 功率放大器集成电路

图 2-47 所示是单声道 OTL 音频功率放大器集成电路的典型电路。电路中，A1 为单声道 OTL 音频功率放大器集成电路；U_i 为输入信号，这一信号来自前级的电压放大器输出端；RP1 是音量电位器；BL1 是扬声器。

1．直流电路分析

集成电路的直流电流分析相当简单，先要找出电源引脚和接地引脚。

⑧脚是电源引脚。电源引脚外电路中有一只大电容 C9（滤波电容）和一只小电容 C8（高

频滤波电容），根据电源引脚这一外电路特征很容易找出电源引脚。

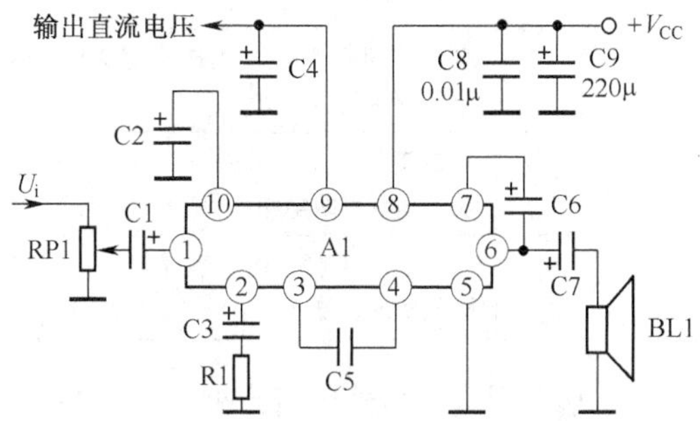

图 2-47　单声道 OTL 音频功率放大器集成电路

⑤**脚是接地引脚**，它与地端相连。

2．交流电路分析

音频信号的传输和放大过程是：输入信号 U_i 加到音量电位器的热端，经过 RP1 动片控制后的音频信号通过 C1 耦合，从 A1 的信号输入引脚①脚加到内电路中。

16.LC 串联谐振电路主要特性 3

经过集成电路 A1 内电路功率放大后的信号从信号输出引脚⑥脚输出，通过输出端耦合电容 C7 加到扬声器 BL1 中。

3．电路故障分析

关于这一电路的故障分析说明如下。

（1）当集成电路 A1 的电源引脚⑧脚上没有直流工作电压 $+V_{CC}$ 时，整个电路不能工作，无信号加到扬声器中，出现完全无声故障；当⑧脚上存在直流电压偏压时，扬声器中的声音不够大，⑧脚上直流电压低得愈多，声音愈小，因为功率放大器的输出功率大小在一定范围内与直流电压大小相关，直流工作电压高，放大器输出功率大。

（2）造成集成电路 A1 的⑧脚上没有电压或电压低的原因主要有：一是整机电源电路故障；二是电容 C8、C9 击穿或漏电故障，主要问题是滤波电容 C9。当 C9 开路时，将出现交流声大故障。C9 开路后滤波电路失效，直流工作电路中的交流成分大，窜入放大器中，就会引起“嗡嗡”的交流故障声。

当 C9 漏电时，有直流电流流过 C9，会造成集成电路 A1 ⑧脚上的直流工作电压下降现象，C9 漏电愈严重，⑧脚上的直流电压下降得愈多。C9 漏电加大了电源电路的工作电流，在电源内部上的压降增大，使整流电路输出的直流工作电压下降。对于 C9 这样的电源滤波电容而言，由于其容量较大，其漏电故障的发生率比较高。同时，由于 C9 漏电，其容量也减小，滤波效果变劣，会有交流声出现。

（3）当电容 C1 开路时，没有信号加到集成电路 A1 中，扬声器无声；当 C1 漏电时，出现噪声大故障，因为 C1 漏电说明有直流电流流过 C1，这一电流就是噪声，由于 C1 在整个放大器的最前面，稍有噪声就会被后级放大器放大，扬声器中将会产生很大的噪声。

（4）当电容 C3 开路时，相当于交流负反馈电阻 R1 开路，即阻值无穷大，使放大器的负反馈很大，放大器增益减小很多，此时扬声器中的声音减小许多；当 C3 漏电时，②脚内电路中的直流电流通过 C3 和 R1 到地端，使②脚的直流电压下降。

（5）当 C5 开路时，一般情况下放大器不会有什么异常现象，但是有可能出现高频噪声或啸叫，因为 C5 开路后没有高频负反馈的存在；当 C5 击穿时，③脚和④脚的直流电压相等，此时放大器不能工作，扬声器中无声；当 C5 漏电时，③脚和④脚的直流电压会异常，影响放大器的工作，C5 漏电严重时放大器不能正常工作。

（6）接地引脚的主要故障是接地引脚与线路板地线之间开路，测量集成电路 A1 的⑤脚和线路板地线之间的电阻可以确定是否开路。开路时，集成电路 A1 不能工作，扬声器中无声。

（7）输出引脚⑥脚是故障检查中的关键引脚之一，测量它的直流电压应该等于 $+V_{CC}$ 的一半，如果正常说明这一电路除 C8 和 C9 外所有电容不存在漏电和击穿故障，但是不能保证没有开路的故障，因为电容具有隔直通交功能；如果测量⑥脚电压小于 $+V_{CC}$ 的一半，检查 C7 是否漏电，可断开 C7，断开后如果电压恢复正常，说明 C7 漏电，否则与 C7 无关，测量集成电路其他引脚直流电压，无异常时更换集成电路 A1；如果测量⑥脚直流电压大于 $+V_{CC}$ 的一半，不必检查 C7，直接测量集成电路其他引脚的直流电压，无异常时更换集成电路 A1。

（8）电容 C7 漏电造成集成电路 A1 的⑥脚直流电压下降，因为 C7 漏电后⑧脚有直流电流输出，通过 C7 和 BL1 到地；C7 严重漏电时将损坏扬声器 BL1；C7 开路时，扬声器完全无声。

（9）当自举电容 C6 开路时，没有自举作用，在小信号（音量开得不大）时问题不大，但是大信号时放大器输出功率不够；当 C6 漏电时，⑥脚和⑦脚的直流电压将受到影响，通过测量这两根引脚的直流电压可以发现这一问题；当电容 C4 漏电时，集成电路⑨脚直流电压下降；当 C4 开路时，前级电源的滤波效果差，会出现随音量电位器开大交流声增大的故障现象；当 C2 开路后，每次开机时扬声器中会出现"砰"的冲击响声；当电容 C2 漏电时，集成电路⑩脚直流电压下降，当电压低到一定程度时，集成电路 A1 就不能工作，扬声器无声。

（10）测量电源引脚⑧脚上的直流电压是检查这种电路的另一个关键之处，当⑧脚上的直流电压为 0V 时，扬声器中完全无声。

4．集成电路 A1 各引脚作用

分析集成电路工作原理的关键之一是要了解各引脚的作用，为了详细讲述集成电路的各引脚作用，列出该集成电路的引脚作用，如表 2-2 所示。

表 2-2 集成电路 A1 引脚作用

引 脚 号	作 用
①	信号输入引脚，用来输入所需要放大的音频信号，与音量电位器 RP1 动片相连
②	交流负反馈引脚，与地之间接入交流负反馈电路，以决定 A1 闭环增益
③	高频消振引脚，接入高频消振电容，防止放大器出现高频自激
④	另一个高频消振引脚，接入高频消振电容，防止放大器出现高频自激
⑤	接地引脚，是整个集成电路 A1 内部电路的接地端
⑥	信号输出引脚，用来输出经过功率放大后的音频信号，与扬声器电路相连

续表

引 脚 号	作 用
⑦	自举引脚，供接入自举电容
⑧	电源引脚，为整个集成电路 A1 内部电路提供正极性直流工作电压
⑨	直流工作电压输出引脚，其输出的直流电压供前级电路使用
⑩	开机静噪引脚，接入静噪电容，以消除开机冲击噪声

5．输入引脚①脚外电路分析

集成电路的分析主要是外电路分析，关键是搞清楚各引脚的作用和各引脚外电路中的元器件作用，为了做到这两点要掌握各种作用引脚的外电路特征。

图 2-48 所示是输入引脚①脚外电路。输入引脚用来输入信号，从①脚输入的信号直接加到集成电路 A1 内部的输入级放大器中。①脚外电路接入耦合电容 C1，称为输入端耦合电容，其作用是将集成电路 A1 ①脚上的直流电压与外部电路隔开，同时将音量电位器 RP1 动片输出的音频信号加到集成电路 A1 的①脚内电路中。

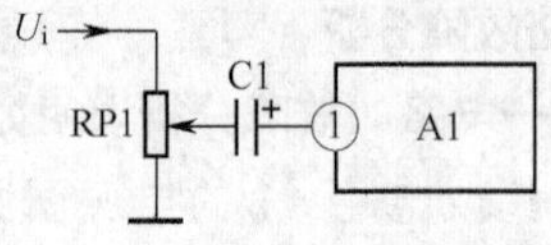

图 2-48 输入引脚①脚外电路

音频功率放大器的输入端电容为 1～10μF，集成电路 A1 输入端的输入阻抗愈大，这一输入耦合电容 C1 的容量可以愈小，减小输入耦合电容容量可以降低整个放大器的噪声，因为耦合电容的容量小，其漏电流就小，而漏电流是输入到下级放大器中的噪声。

音频功率放大器集成电路的信号输入引脚外电路特征是这样：音量电位器动片经一只耦合电容与集成电路的信号输入引脚相连，根据这一外电路特征，可以方便地从 A1 各引脚中找出哪根是输入引脚。

6．交流负反馈引脚②脚外电路分析

图 2-49 所示是交流负反馈引脚②脚外电

路。集成电路 A1 的②脚与地端之间接一个 RC 串联电路 C3 和 R1，这是交流负反馈电路，一般情况下负反馈引脚的外电路就有这样的特征，利用这一特征可以方便地在集成电路 A1 的各引脚上找出哪根引脚是负反馈引脚。

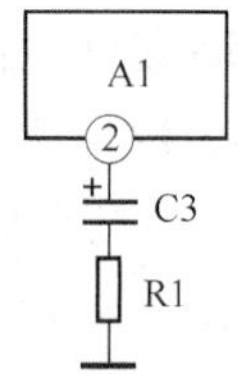

图 2-49 交流负反馈引脚②脚外电路

17.LC 串联谐振电路主要特性 4

音频功率放大器中，交流负反馈电路中的电容 C3 一般为 22μF，其交流负反馈电阻 R1 阻值一般小于 10Ω。

音频功率放大器集成电路中的交流负反馈引脚外电路也有一种例外情况，即集成电路的负反馈引脚与地端之间只接入一只电容，而没有负反馈电阻。因为负反馈电阻 R1 设在集成电路交流负反馈引脚的内电路中，这样在外电路中就见不到交流负反馈电阻。

7．高频消振引脚③脚和④脚外电路分析

图 2-50 所示电路可以说明高频消振引脚③脚和④脚外电路工作原理。在集成电路 A1 的③脚和④脚之间接入一只小电容 C5（几百皮法），用来消除可能出现的高频自激，这种作用的电容在音频功率放大器集成电路和其他音频放大器集成电路中比较常见。

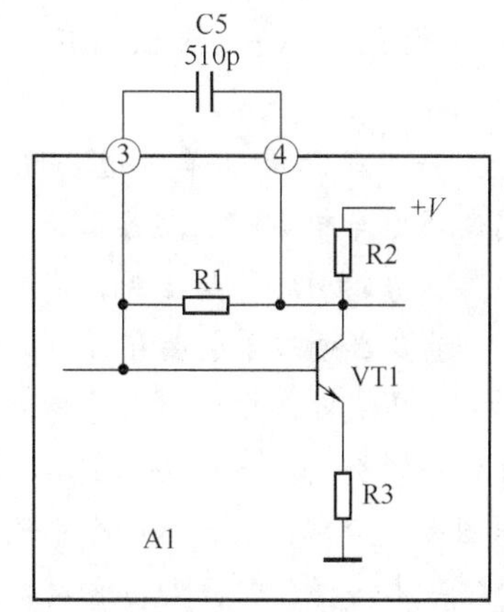

图 2-50 高频消振引脚③脚和④脚外电路

电路中，集成电路 A1 的③脚和④脚内电路中是一只放大管 VT1，③脚是该管基极，④脚是该管集电极，消振电容 C5 实际上接在放大管 VT1 基极与集电极之间，构成高频电压并联负反馈电路，用来消除可能出现的高频自激。

音频放大器集成电路高频消振引脚也有变异电路，图 2-51（a）所示集成电路中的某一引脚与地之间接入一只几千皮法的小电容，图 2-51（b）所示是这一引脚的内电路示意图，用这一内电路示意图可以说明这种消振电路的工作原理。这种高频消振电路的变异电路通常称为滞后式消振电路。

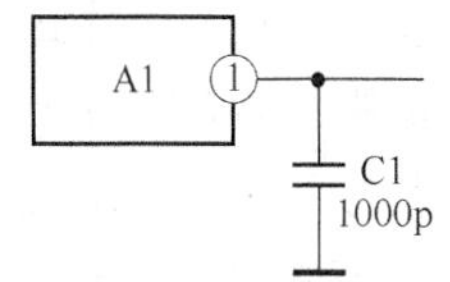

（a）

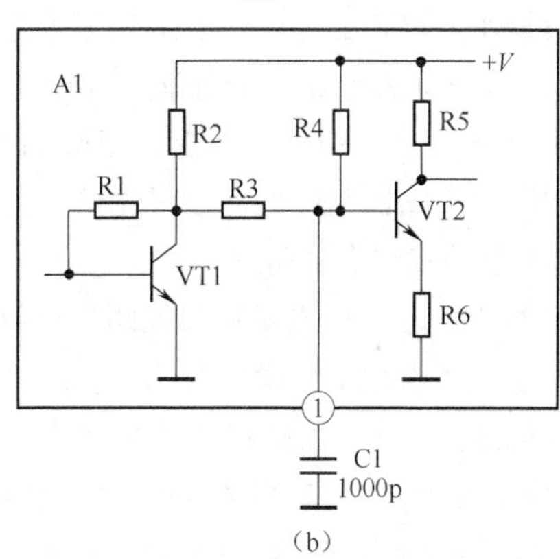

（b）

图 2-51 集成电路高频消振引脚变异电路

内电路中，VT1、VT2 构成两级直接耦合放大器，在两级放大器之间接入电阻 R3 和电容 C1，这两个元件构成了滞后式高频消振电路。

8．信号输出引脚⑥脚外电路分析

图 2-52 所示是信号输出引脚⑥脚外电路。集成电路 A1 的⑥脚是信号输出引脚，这一引脚的外电路特征是：它与扬声器之间有一只容量很大的耦合电容（一般为几百微法，甚至更大），同时还有一只几十微法的电容与自举引脚⑦脚相连。根据这一外电路特征可以方便地找出 OTL 功率放大器集成电路 A1 的信号输出

引脚。注意，一些输出功率很小的OTL功率放大器集成电路中不设自举电容，也没有自举引脚。

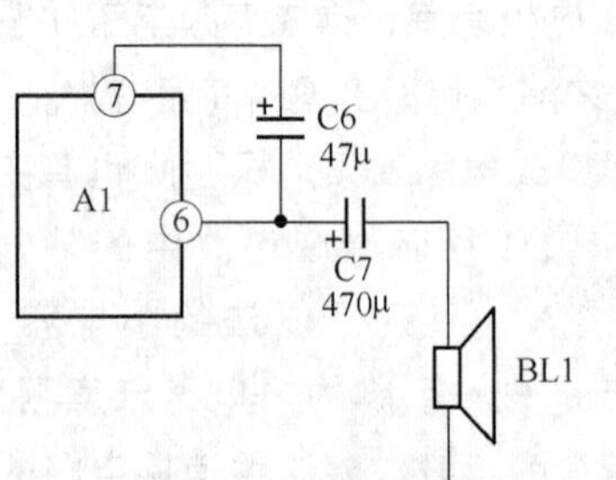

图 2-52　信号输出引脚⑥脚外电路

对OTL功率放大器集成电路而言，信号输出引脚外电路没有变化，记住这种集成电路信号输出引脚外电路特征即可分析各种型号OTL功率放大器集成电路信号输出引脚外电路。

9．自举引脚⑦脚外电路分析

电路中，**集成电路A1的⑦脚是自举引脚，这一引脚外电路特征是：**该引脚与信号输出引脚之间接有一只几十微法的自举电容C6，且电容的正极接自举引脚，负极接信号输出引脚。在确定了信号输出引脚之后，根据这一外电路特征能方便地找出自举引脚。

图2-53所示的内电路可以说明功率放大器集成电路自举引脚及自举电容的工作原理，这是集成电路A1自举引脚和信号输出引脚内电路示意图，也是OTL功率放大器自举电路。

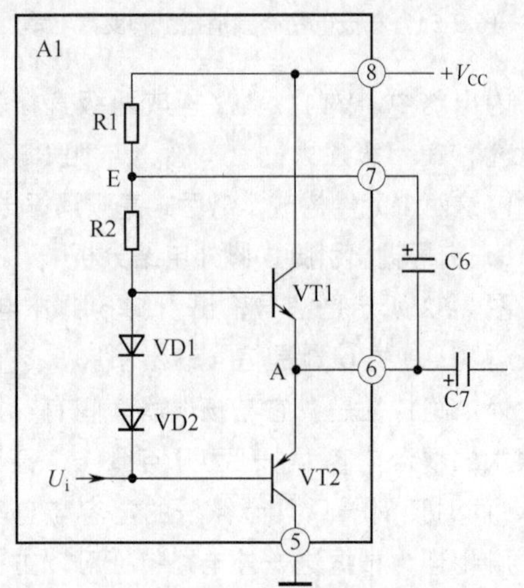

图 2-53　自举电路示意图

集成电路A1的内电路中，VT1和VT2构成功率放大器输出级，⑥脚是信号输出引脚，⑦脚是自举引脚，⑧脚是直流工作电压引脚，外电路中的C6和内电路中的R1、R2构成自举电路。其中，C6为自举电容，R1为隔离电阻，R2将自举电压加到VT1的基极。

10．前级电源输出引脚⑨脚外电路分析

图2-54所示是前级电源输出引脚⑨脚外电路。集成电路A1的⑨脚是前级电源输出引脚，该引脚的外电路特征是：与前级放大器的电源电路相连，而且该引脚与地之间有一只几百微法的电源滤波电容C4，根据这一外电路特征可以方便地确定哪根引脚是前级电源引脚。

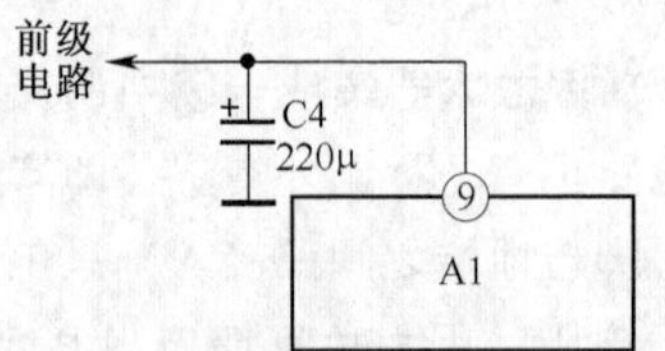

图 2-54　前级电源输出引脚⑨脚外电路

引脚外电路分析小结

（1）除上述几种集成电路引脚之外，有些OTL音频功率放大器集成电路还有这么一些引脚：一是旁路引脚，它用来外接发射极旁路电容，该引脚外电路特征是引脚与地端之间接入一只几十微法电容；二是开关失真补偿引脚，该引脚与地端之间接入一只0.01μF左右的电容。

（2）并不是所有的单声道OTL功率放大器集成电路中都有上述各引脚，前级电源引脚、旁路引脚一般少见，高频消振引脚在一些集成电路中也没有。

（3）当集成电路中同时有旁路电容引脚和开机静噪引脚时，这两根引脚的功能通过识图很难分辨，因为这两个引脚的外电路特征基本一样，即引脚与地端之间接

入容量相差不大的电容，分辨方法是：将这两根引脚分别对地直接短路，短路后扬声器中没有声音，说明该引脚是静噪引脚；另一种方法是分别测量这两根引脚的直流电压，电压高的一根引脚是静噪引脚。

（4）进行引脚作用分析过程中，自举引脚和输出引脚之间容易搞错，记住经过一只电容后与扬声器相连的引脚是信号输出引脚，如果错误地将自举引脚作为输出引脚的话，它要经过自举电容和输出耦合电容这两只电容后才与扬声器相连。

2.12.2　双声道OTL音频功率放大器集成电路

图 2-55 所示是双声道系统结构示意图。

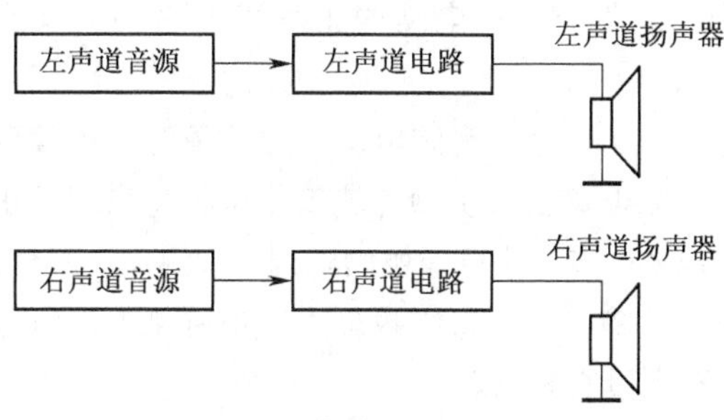

图 2-55　双声道系统结构示意图

在音响设备中，双声道电路是一种十分常见的电路形式。双声道立体声系统中使用左、右两个声道记录、重放信号，左侧的称为左声道，右侧的称为右声道，左、右声道的电路结构和元器件参数是完全对称的，即两个声道的频率响应特性、增益等电声指标相同，但是左、右声道中处理、放大的信号是有所不同的，主要是它们的大小和相位特性不同，所以将处理、放大不同相位特性信号的电路通路称为声道。

双声道电路有下列两种组成方式。

（1）采用两个单声道的集成电路构成一个双声道电路，这两个单声道集成电路的型号、外电路结构、元器件参数等完全一样。

（2）直接采用一个双声道的集成电路，这种电路形式最为常见。

图 2-56 所示是集成电路 A1 构成的双声道 OTL 功率放大器。电路中，RP1-1 和 RP1-2 分别是左、右声道音量电位器（双联同轴电位器），BL2 和 BL1 分别是左、右声道扬声器。

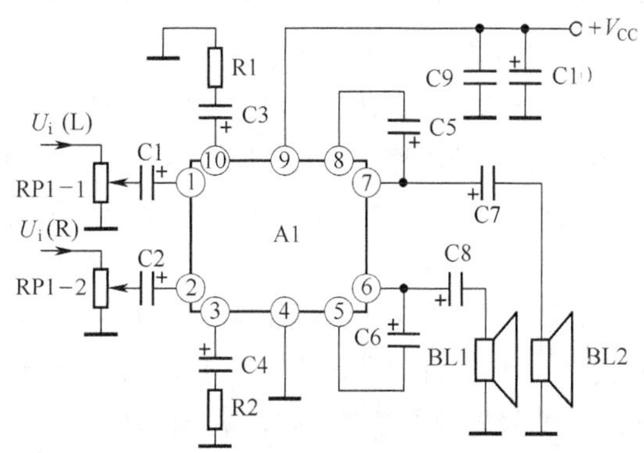

图 2-56　双声道 OTL 音频功率放大器集成电路

1. 引脚作用

集成电路 A1 共有 10 根引脚，引脚作用如表 2-3 所示。

表 2-3　集成电路 A1 引脚作用

引　脚　号	作　　用
①	左声道信号输入引脚，用来输入左声道信号 U_i（L）
②	右声道信号输入引脚，用来输入右声道信号 U_i（R）
③	左声道交流负反馈引脚，用来接入左声道交流负反馈电路 C4 和 R2
④	接地引脚，这是左、右声道电路共用的接地引脚
⑤	左声道自举引脚，用来接入左声道自举电容 C6
⑥	左声道信号输出引脚，用来输出经过功率放大后的左声道音频信号

续表

引 脚 号	作 用
⑦	右声道信号输出引脚，用来输出经过功率放大后的右声道音频信号
⑧	右声道自举引脚，用来接入右声道自举电容 C5
⑨	电源引脚，这是左、右声道电路共用的电源引脚
⑩	右声道交流负反馈引脚，用来接入右声道交流负反馈电路 C3 和 R1

2．各引脚外电路分析

双声道 OTL 音频功率放大器集成电路与单声道 OTL 音频功率放大器集成电路相比，各引脚外电路的情况基本一样，只是多了一个声道电路。

双声道集成电路中，有的功能引脚左、右声道各一根，有的则是左、右声道合用一根，关于引脚及外电路情况主要说明以下几点。

（1）集成电路的信号输入引脚左、右声道各有一根，且外电路完全一样。

（2）集成电路的信号输出引脚左、右声道各有一根，且外电路完全一样。

（3）集成电路的交流负反馈引脚左、右声道各有一根，且外电路完全一样。

（4）如果集成电路中有高频自激消振引脚，左、右声道电路各一根引脚，且外电路完全一样。

（5）如果集成电路中有旁路电容引脚，左、右声道各一根这样的引脚，且外电路完全一样。

（6）左、右声道电路上、下对称设置，一般情况下上面是左声道电路，下面则是右声道。

（7）如果集成电路中设开机静噪控制引脚，只有一根这样的引脚，两个声道共用一根引脚。

（8）双声道音频功率放大器集成电路的电源引脚一般情况下只有一根，左、右声道电路共用，但也有左、右声道各一根电源引脚的情况。

3．交流信号传输和放大分析

以左声道电路为分析电路。左声道信号的传输和放大过程是：左声道输入信号 U_i（L）经 C1 耦合从集成电路 A1 的信号输入引脚①脚送到内电路中，经内电路中左声道功率放大器的功率放大后，从信号输出引脚⑦脚输出，通过输出端耦合电容 C7 加到左声道扬声器 BL2 中。

右声道电路与左声道电路一样。

4．双联同轴音量电位器电路分析

电路中，RP1-1 和 RP1-2 分别是左、右声道的音量电位器，这是一个双联同轴电位器，这种电位器与普通的单联电位器不同，它的两个联共用一个转柄来控制，当转动转柄时左、右声道电位器 RP1-1、RP1-2 同步转动，这样保证左、右声道音量同步、等量控制，这是双声道电路所要求的。

5．电路故障分析

（1）当电源引脚和接地引脚电路出现故障时，两个声道电路的正常工作将同时受到影响。

（2）电容出现漏电、击穿故障时，故障声道集成电路相关引脚直流工作电压将出现不正常现象；某一个声道中的电容出现漏电、击穿、开路故障时，只影响故障声道电路工作，对另一声道没有影响。

电路分析小结

（1）左、右声道电路在绘图时上面一般是左声道电路，下面是右声道电路。

（2）对于双声道电路，在进行交流电路分析时，只要对其中的一个声道电路进行分析即可，因为左、右声道电路相同。

（3）双声道电路的分析方法同单声道电路一样，只是要搞清楚哪些引脚是左声道的，哪些是右声道的。

2.13　分立和集成 OCL 功率放大器

OCL 是英文 Output Capacitor Less 的简写，其意思为无输出电容，即没有输出端耦合电容的功率放大器。

2.13.1　分立元器件 OCL 功率放大器

重要提示

OCL 功率放大器在 OTL 功率放大器基础上变化而来，在电路结构上与 OTL 功率放大器相似，但也存在 3 个明显不同之处：没有输出端耦合电容，采用正、负对称直流电源，输出端的直流电压等于 0V。

1．电路特点

OCL 功率放大器与 OTL 功率放大器相比具有下列一些特点。

（1）省去了输出端耦合电容器，扬声器直接与放大器输出端相连，如果电路出现故障，功率放大器输出端直流电压异常，这一异常的直流电压直接加到扬声器上，因为扬声器的直流电阻很小，便有很大的直流电流通过扬声器，损坏扬声器是必然的。所以，OCL 功率放大器使扬声器被烧坏的可能性大大增加，这是一个缺点。在一些 OCL 功率放大器中为了防止扬声器损坏，设置了扬声器保护电路。

（2）由于要求采用正、负对称直流电源供电，电源电路的结构复杂，增加了电源电路的成本。所谓正、负对称直流电源就是正、负直流电源电压的绝对值相同，极性不同。

（3）无论什么类型的 OCL 功率放大器，其输出端的直流电压等于 0V，这一点要牢记，对修理十分有用。检查 OCL 功率放大器是否出现故障，只要测量这一点的直流电压是不是为 0V，不为 0V 时说明放大器已出现故障。

2．电路分析说明

关于 OCL 功率放大器的电路分析方法主要说明以下几点。

2.RC 移相电路简述 2

（1）直流电路分析中注意正、负电源供电电路，电路中 $+V$ 端直流电压最高，地端其次，$-V$ 端直流电压最低。直流电流是从 $+V$ 端流向地端，或流向 $-V$ 端，另外地端流出的直流流向 $-V$ 端。

（2）OCL 功率放大器中的输入级会采用差分放大器，对电路中负反馈电路的分析要倍加小心。

（3）直流电路和交流电路的分析同 OTL 功率放大器一样。

（4）OCL 功率放大器已集成化，有专门的 OCL 功率放大器集成电路。

3．输出端直流电压分析

OCL 功率放大器输出端的直流电压等于 0V。

前面介绍的 OTL 功率放大器中，输出端的直流电压等于直流工作电压的一半，而 OTL 功率放大器输出端的直流电压为 0V。图 2-57 所示是 OCL 功率放大器输出级电路，可以说明输出端直流电压为 0V。

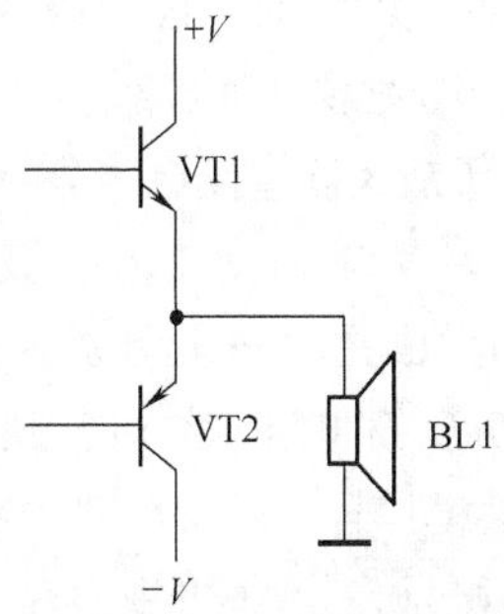

图 2-57　OCL 功率放大器输出级电路

关于 OCL 功率放大器输出端的直流电压等于 0V 主要说明下列几点。

（1）VT1 和 VT2 两管处于甲乙类工作状态，两管均有较小而且相同的直流偏置电流，VT1 和 VT2 的性能相同，这样 VT1 和 VT2 两管集电极与发射极之间的内阻相等。

（2）VT1 和 VT2 两管的内阻对 +*V*、−*V* 进行分压，由于两管内阻相等，同时 +*V*、−*V* 是对称电源电压，即它们的电压大小绝对值相等，所以输出端直流电压为 0V。

（3）VT1 和 VT2 集电极与发射极之间的直流工作电压相等，其值为 +*V* 或 −*V* 的绝对值。

（4）由于输出端的直流电压为 0V，所以在静态时没有直流电流流过扬声器 BL1，这样 OCL 功率放大器输出端可以不用隔直电容器。

（5）OCL 功率放大器中没有输出端耦合电容，是因为电路中采用了正、负对称电源。

图 2-58 所示是由分立元器件构成的 OCL 功率放大器。

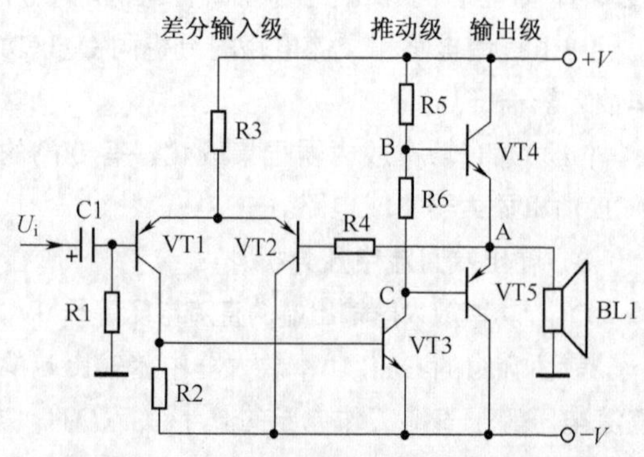

图 2-58　分立元器件构成的 OCL 功率放大器

电路中，VT1 和 VT2 构成差分放大器，作为电压放大级；VT3 构成推动级放大器；VT4 和 VT5 构成互补推挽式输出级。

4．输入级放大器直流电路分析

电阻 R3 为 VT1 和 VT2 发射极提供直流工作电压，同时 R3 是这一差分放大器中两管共用的发射极负反馈电阻，它对音频信号无负反馈作用，对共模信号具有负反馈作用。

R1 下端接地，给 VT1 提供了基极直流偏置电流回路，**VT1 基极直流电流回路是：**+*V*→R3→VT1 发射极→VT1 基极→R1→地端。R2 是 VT1 集电极负载电阻，R2 上端接 VT1 集电极，它下端接负电源 −*V* 端，使 VT1 发射极直流电压大于集电极直流电压，VT1 是 PNP 型三极管，这样建立了 VT1 正常直流工作状态。

R4 为 VT2 提供基极直流偏置电流，R4 右端接放大器输出端点（电路中 A 点），输出端 A 点静态时直流电压为 0V，相当于 A 点接地，这样 R4 构成 VT2 固定式偏置电路。**VT2 基极直流偏置电流回路是：**+*V*→R3→VT2 发射极→VT2 基极→R4→电路中 A 点→地端（等效地）。

VT2 集电极接负电源 −*V* 端，VT2 发射极通过 R3 接正电源 +*V* 端，发射极直流电压大于基极电压，由于 VT2 是 PNP 型三极管，所以 VT2 建立了正常直流工作状态。

5．推动级放大器直流电路分析

VT3 集电极经电阻 R5 和 R6 接电源 +*V* 端，获得集电极直流工作电压，VT3 发射极接负电源 −*V* 端。VT3 基极接 VT1 集电极，R2 上的电压降给 VT3 基极提供直流偏置电压。

由于 VT1 集电极电流从上而下地流过 R2，所以在 R2 上的直流电压降为上正下负，这一电压降给 VT3 加上正向偏置电压，这样 VT3 建立了直流工作状态。由于 VT3 工作在甲类状态，所以要求有较大的直流偏置电流。

6．输出级放大器直流电路分析

VT4 集电极接 +*V* 端，发射极接电路中 A 点（A 点为低电位），基极接电路中 B 点，这样 VT4 建立了正常直流工作状态；VT5 集电极接 −*V* 端，发射极接电路中 A 点（A 点直流电压高于 −*V*），基极接电路中 C 点，这样 VT5 建立了正常直流工作状态。

VT4 和 VT5 工作在甲乙类，两管需要很小的正向直流偏置电流，这一电流经电阻 R6 提供，其工作原理是：VT3 集电极直流电流从上而下地流过 R6，在 R6 上有一个电压降，其极性为上正下负。

改变 VT3 集电极直流电流就能改变 VT3 集电极电压和电路中 B 点、C 点直流电压大小，也能改变电阻 R6 上电压降的大小。电路设计时，使 R6 的一半阻值处电路直流电压为 0V，即等于电路中 A 点的直流电压。

通过上述分析可知，B 点直流电压高出 A 点直流电压一点，为电阻 R6 上压降的一半，这一电压等于给 VT4 加正向直流偏置电压，使 VT4 有很小的直流偏置电流，这样 VT4 工作在甲乙类状态下；同时，电路中 C 点直流电压低于 A 点直流电压一点，即低于电阻 R6 上压降的一半，这一电压等于给 VT5 加了正向直流偏置电压，VT5 有了很小的直流偏置电流。这样，VT4 和 VT5 两管均处于甲乙类状态。

7．交流电路分析

输入信号 U_i 经 C1 耦合加到 VT1 基极，经过 VT1 放大后从其集电极输出，直接耦合到推动管 VT3 基极，经过 VT3 放大后直接加到 VT5 基极，经 R6 加到 VT4 基极。

在 VT3 集电极输出信号为正半周期间，这一信号给 VT4 加正向偏置，给 VT5 加反向偏置，此时 VT4 导通、放大信号，**其信号电流回路是：**$+V$→ VT4 集电极→ VT4 发射极→ BL1 →地端。

在 VT3 集电极输出负半周信号期间，这一信号给 VT4 加反向偏置而使之截止，给 VT5 加正向偏置而使之导通、放大信号，**其电流的回路是：**地端→ BL1 → VT5 发射极→ VT5 集电极→ $-V$，成回路。

从上述分析可知，VT4 导通、放大时，信号电流从上而下流过 BL1；VT5 导通、放大时，电流方向从下而上。所以正、负半周信号流过扬声器，在扬声器上得到一个完整周期的信号。

8．负反馈电路分析

VT1 基极是 VT1、VT2 差分放大器的一个输入端，它的相位与输出端相同。VT2 基极是差分放大器的反相输入端。由差分放大器有关特性可知，从输入端输入同相位的信号时，放大器存在负反馈，放大倍数下降。

R4 接在输出端与 VT2 基极之间，它给 VT2 基极直流偏置电压之外还存在着负反馈作用，其负反馈过程是：假设输入 VT1 基极信号电压下降（由于 VT1 是 PNP 型三极管，此时基极信号电流在增大），则 VT1 集电极信号电压增大，VT3 基极信号电压增大，VT3 集电极信号电压在下降，VT5 基极信号电压下降，VT5 发射极信号电压下降。

这一下降的输出信号电压经电阻 R4 加到 VT2 基极，发射极电压跟随基极电压，VT2 发射极信号电压在下降，VT1 发射极信号电压下降，使 VT1 基极信号电流减小，而原先的 VT1 基极信号电流增大，所以这是一个负反馈过程，R4 是负反馈电阻。

R4 能将输出端直流和交流反馈到 VT2 基极，所以 R4 具有直流和交流双重负反馈作用。

9．电路故障分析

对于这一放大器的电路故障分析主要说明以下几点。

（1）这是一个直接耦合的多级放大器，所以电路中的任何一个电阻、三极管出现故障，均影响其他各级放大器直流电路的正常工作，导致电路输出端的直流电压不为 0V，而扬声器的直流电阻很小，这样会有很大的直流电流流过扬声器，烧坏扬声器。

3. 电阻的电流与电压相位关系 1

（2）检查 OCL 功率放大器故障时，首先测量放大器输出端直流电压是否等于 0V，不为 0V 时，说明放大器的直流电路存在故障，修理从恢复输出端直流电压等于 0V 开始。

（3）检查故障中，如果操作不当会使放大器输出端直流电压不为 0V，这就要损坏扬声器，为此可以先断开扬声器，或换上一只低价格的扬声器，待修理完毕，放大器工作稳定后再接入原配的扬声器，这样可防止原配扬声器的意外损坏。

（4）一些 OCL 功率放大器输出回路中接有多种形式的扬声器保护电路，在检查电路故障时切不可随意断开保护电路，否则会有损坏扬声器的可能。

（5）当扬声器开路、R1 开路、$+V$ 或 $-V$ 中有一个没有电压时，输出端直流电压不等于 0V。

2.13.2　集成电路OCL音频功率放大器

集成电路 OCL 音频功率放大器有单声道和

双声道电路之分，双声道电路由两个相同的单声道电路构成，共用电源电路。图 2-59 所示是单声道 OCL 音频功率放大器集成电路。

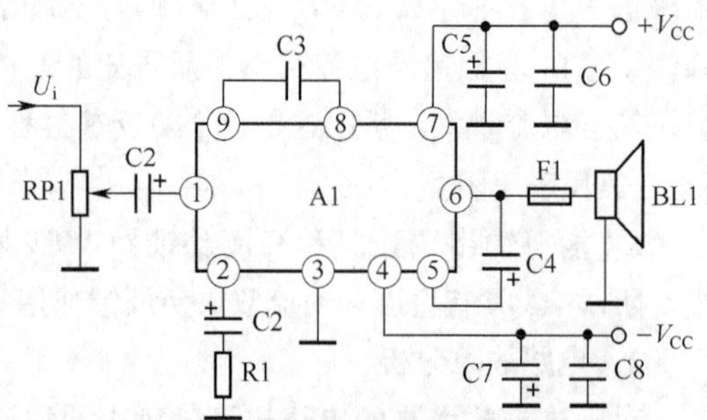

图 2-59 单声道 OCL 音频功率放大器集成电路

电路中，RP1 是音量电位器，U_i 为输入信号，A1 是 OCL 音频功率放大器集成电路，BL1 是扬声器，$+V_{CC}$ 和 $-V_{CC}$ 分别是集成电路 A1 的正、负电源端。

1．集成电路各引脚作用

集成电路 A1 共有 9 根引脚，表 2-4 所示是各引脚作用。

表 2-4 集成电路 A1 各引脚作用

引 脚	作 用
①	信号输入引脚，用来输入经过音量电位器控制后的音频信号
②	交流负反馈引脚，用来接入交流负反馈电路 C2 和 R1
③	接地引脚，A1 内电路的地线由这一引脚与外电路线路板中的地线相连
④	负电源引脚，负极性直流工作电压 $-V_{CC}$ 由这一引脚加到 A1 内电路
⑤	自举引脚，用来接入自举电容 C4
⑥	信号输出引脚，用来接入负载扬声器 BL1，⑥脚与 BL1 之间直接相连
⑦	正电源引脚，正极性直流工作电压 $+V_{CC}$ 由这一引脚加到 A1 内电路
⑧	高频消振引脚，用来接入高频消振电容 C3
⑨	另一个高频消振引脚，用来接入高频消振电容 C3

OCL 音频功率放大器集成电路外电路与 OTL 音频功率放大器集成电路外电路十分相似，**不同之处主要有两个**：一是有两个电源引脚，一正一负；二是信号输出引脚外电路不同，输出回路中没有输出端耦合电容。

2．正、负电源引脚⑦脚和④脚外电路分析

电路中，正电源引脚⑦脚外电路与 OTL 功率放大器集成电路的电源引脚外电路一样，这一引脚上接有滤波电容 C5 和高频滤波电容 C6。

④脚是集成电路 A1 的负电源引脚，它的外电路也有两只滤波电容，由于是负电源引脚，所以有极性滤波电容 C7 的正极接地，负极与负电源引脚相连，检修时注意这一点，更换这一电容时极性不可接反。电容 C8 是负电源引脚上的高频滤波电容，它的作用与 C6 一样。

3．信号输出引脚⑥脚外电路分析

从集成电路 A1 信号输出引脚⑥脚外电路中看出，这一引脚通过熔丝 F1 直接与扬声器 BL1 相连，没有输出耦合电容。

虽然 OCL 功率放大器集成电路的信号输出引脚外电路十分简单，但是这种电路有一个缺点，即很容易损坏扬声器 BL1，为此要设置扬声器保护电路，设置一只过流熔丝是最简单的一种保护方法。

4．交流电路分析

电路中，输入信号 U_i 经音量电位器 RP1 控制后，由 C1 耦合通过信号输入引脚①脚送入集成电路 A1 内电路，经 A1 功率放大后从⑥脚输出，经熔丝 F1 后推动扬声器 BL1。

电路中，其他元器件的作用与 OTL 功率放大器集成电路中的一样。

5．电路故障分析

（1）当集成电路 A1 输出引脚⑥脚的直流电压不为 0V 时，首先测量两个电源引脚上的直流电压大小是否相同。

（2）如果熔丝 F1 熔断，说明集成电路 A1 输出引脚⑥脚的直流电压不为 0V，检查电路中的所有电容是否漏电或击穿。

（3）对电路中其他元器件的电路故障分析同 OTL 音频功率放大器集成电路一样。

电路分析小结

（1）OCL 功率放大器与 OTL 功率放大器基本相同，只是采用两组不同极性的对称电源，同时输出端与扬声器之间采用直接耦合。

（2）OCL 功率放大器集成电路的信号引脚的直流工作电压等于 0V，这一点对检修这一电路十分重要。

（3）对于双声道电路而言，再多一个声道电路，两个声道电路完全一样。双声道 OCL 集成电路的正、负电源引脚可以共用一根引脚，也有的是左、右声道分开，接地引脚也可以分开或合用一根。不同型号的双声道 OCL 功率放大器集成电路，有几根接地引脚、正电源引脚、负电源引脚，以及这些引脚是否是两声道共用都是有所不同的。

（4）有的 OCL 功率放大器集成电路中没有接地引脚。

（5）双声道 OCL 功率放大器可以用一个双声道集成电路构成，也可以用两个单声道电路构成。分析双声道电路时，对于信号传输和放大电路的分析只要分析一个声道电路即可，因为左、右声道电路相同。

2.14　BTL 功率放大器

BTL 是英文 **Balanced Transformer Less** 的简写，意为平衡式无输出变压器。**BTL** 功率放大器是一种桥接式推挽电路。

2.14.1　BTL 功率放大器基础知识

1．电路结构及工作原理

图 2-60 所示是 BTL 功率放大器的电路结构示意图。这种功率放大器由两组功率放大器构成，扬声器 BL1 接在两组功率放大器的输出端之间。同时，要给两个功率放大器输入大小相等、相位相反的信号。

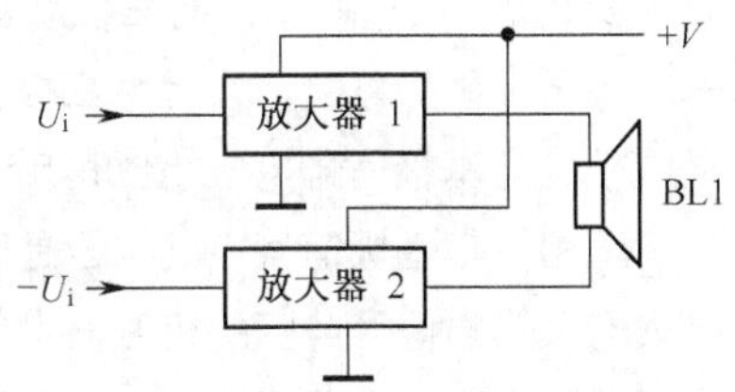

图 2-60　BTL 功率放大器的电路结构示意图

这一电路的基本工作原理是：在输入信号 U_i 为正半周期间，输入信号 $-U_i$ 为负半周，输入信号 U_i 经放大器 1 放大后从其输出端输出，这一输出信号在输出端为正半周信号。与此同时，输入信号 $-U_i$ 经放大器 2 放大后从其输出端输出，这一输出信号为负半周。这样，流过扬声器 BL1 的电流方向为从上而下。

4. 电阻的电流与电压相位关系 2

当输入信号变化了半周后，输入信号 U_i 为负半周，$-U_i$ 为正半周，这时两个输入信号经过各自的放大器放大后，放大器 2 输出端输出的是正半周信号，而放大器 1 输出端输出的是负半周信号，这时信号电流是从下而上地流过扬声器 BL1，在 BL1 中得到了一个完整的信号。

2．电路特点

BTL 功率放大器与其他功率放大器相比，主要有下列一些特点。

（1）输出功率与 OTL 电路相比，在相同直流工作电压 +V 和扬声器阻抗相等时，输出功率是 OTL 电路的 4 倍。由此可知，BTL 功率放大器的输出功率大，在较低直流工作电压下也能获得较大的输出功率，所以可以用于一些低压供电的机器中作为功率放大器。

（2）功放输出级所用元器件比 OTL 输出级多一倍，即两组 OTL（或两组 OCL）电路才能组成一组 BTL 电路。

（3）输出端无耦合电容，而且扬声器不接地，即所谓的负载浮地，这对修理不方便，扬声器很容易烧坏，这一点与 OCL 电路相同。通常，在扬声器回路中串一只保险丝对扬声器进行过流保护，但是这种保护的效果不佳，所以有的设有专门的扬声器保护电路。

（4）BTL 输出级实际上由两组 OTL 电路组成，这样就需要有两个大小相等、相位相反的激励信号。电路中需要有分负载放大器，也有些 BTL 电路采用自倒相方式，即利用一组 OTL 电路的输出信号经衰减后送到另一组 OTL 电路的反向输入端。

电路分析小结

关于 BTL 功率放大器的电路分析小结主要说明以下几点。

（1）流过扬声器的信号电流是从一组电路输出端流出，流入另一组电路的输出端，当输入信号变化了半周之后，扬声器中的信号电流方向相反。

（2）分析 BTL 功率放大器时，主要分析输入端的信号源电路，即产生大小相等、相位相反两个信号的电路。分析分负载放大器时，主要了解集电极电阻等于发射极电阻，集电极电流约等于发射极电流。

（3）扬声器不接地，并不是说扬声器某一端与地之间没有直流电压，只是扬声器两根引脚之间没有直流电压，所以没有直流电流流过扬声器。修理中，切不可将扬声器的某一根引脚直接接地，否则会有很大的直流电流流过扬声器，烧坏扬声器。当 BTL 输出级出现故障时，两组电路输出的直流电压不相等，将有很大的直流电流流过扬声器，扬声器也会被烧坏。

2.14.2 分立元器件BTL功率放大器

图 2-61 所示是分立元器件 BTL 功率放大器原理电路。电路中，VT1 构成分负载放大级（也是推动级放大器），VT2～VT5 构成输出级放大器。

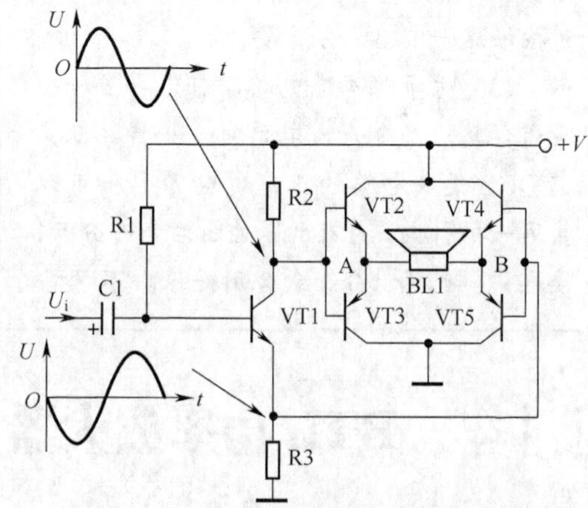

图 2-61　分立元器件 BTL 功率放大器原理电路

1．分负载放大级分析

电路中，VT1 构成的放大器有两个输出端，能从集电极和发射极输出两个信号，这种电路称为分负载放大器。

分负载放大器直流电路的工作原理是： 电阻 R1 构成 VT1 固定式偏置电路，R2 是 VT1 集电极负载电阻，R3 是 VT1 发射极电阻，电路中 $R_3=R_4$。

分负载放大器交流电路的工作原理是： U_i 为输入信号，经 C1 耦合加到 VT1 基极，经过 VT1 放大后分别从发射极和集电极输出两个信号。

电路设计时，令 $R_2 = R_3$，而三极管的集电极电流基本等于发射极电流，又因为三极管集电极信号电压相位与基极信号电压相位相反，而发射极信号电压相位与基极信号电压相位是同相关系，所以集电极输出信号电压的相位与发射极输出信号电压相位相反。这样，通过 VT1 将输入信号变成了两个大小相等、相位相反的输出信号。

2．功放输出级分析

BTL 功率放大器输出级中共有 4 只三极管，

比 **OTL** 或 **OCL** 电路多一倍，这是 **BTL** 功率放大器的一个特点。

输出级的直流电路工作原理是：VT2～VT5 应有很小的直流偏置电流（图中没有画出这一偏置电路），使之工作在甲乙类状态，以克服交越失真。

VT2 和 VT3 构成一组互补放大器，其中 VT2 是 NPN 型三极管，VT3 是 PNP 型，直流工作电压 $+V$ 对 VT2 和 VT3 串联供电，这与 OTL 功放电路一样，实际上 VT2 和 VT3 输出级放大器便相当于一组 OTL 输出级电路。

VT4 和 VT5 构成另一组互补放大器，两只三极管串联供电，相当于另一组 OTL 输出级电路。这样，这一输出级相当于有两组 OTL 放大器。

电路中，A 点是 VT2 和 VT3 互补放大器的输出端，静态时其直流工作电压等于直流工作电压 $+V$ 的一半。B 点是 VT4 和 VT5 这组放大器的输出端，其直流工作电压也等于 $+V$ 的一半。这样，电路中 A 点与 B 点之间无直流电位差，这样不必在扬声器回路中设置隔直电容，所以扬声器 BL1 在静态时无电流流过。

输出级交流电路的工作原理是：在输入信号 U_i 为正半周期间，VT1 集电极输出信号为负半周，加到 VT2 和 VT3 基极后，使 VT2 截止而使 VT3 进入导通和放大状态。同时，VT1 发射极输出信号为正半周，加到 VT4 和 VT5 基极上，使 VT5 截止、VT4 进入导通和放大状态。这样 VT3 和 VT4 同时导通、放大，有信号电流流过扬声器 BL1，**其信号电流回路是**：$+V$→VT4 集电极→VT4 发射极→BL1→VT3 发射极→VT3 集电极→地端。此时，BL1 中流有 VT3 和 VT4 两管的输出信号电流，这两只三极管的信号电流方向相同，所以是相加的关系，为从右向左地流过 BL1。

在输入信号 U_i 为负半周期间，集电极输出信号为正半周，加到 VT2 和 VT3 基极上后，使 VT3 截止，而 VT2 进入导通和放大状态。同时，VT1 发射极输出信号为负半周，加到 VT4 和 VT5 基极上，使 VT4 截止，VT5 进入导通和放大状态。这样 VT2 和 VT5 同时导通、放大，有信号电流流过扬声器 BL1，**这时的信号电流回路是**：$+V$→VT2 集电极→VT2 发射极→BL1→VT5 发射极→VT5 集电极→地端。此时，BL1 中流有 VT2 和 VT5 两管的输出信号电流，两只三极管信号电流方向相同，所以是相加关系，为从左向右流过 BL1。

由上述分析可知，在输入信号 U_i 正、负半周内，流过 BL1 的电流方向不同，这样可以在 BL1 中得到一个完整的信号。

5. 电容的电流与电压相位关系 1

3．电路故障分析

关于 BTL 功率放大器的电路故障分析主要说明以下几点。

（1）检查 BTL 功率放大器时，首先测量两个输出端之间的直流电压是否相等。对于单电源供电的电路，其输出端对地直流电压应等于直流工作电压的一半；对于采用正、负对称电源供电的电路，其输出端对地直流电压应等于 0V。

（2）由于 BTL 功率放大器同 OCL 功率放大器一样，其扬声器回路中没有隔直元件，修理中要设法保护扬声器的安全，具体方法与 OCL 电路中提到的相同。

（3）当输入端耦合电容 C1 开路时，扬声器中没有信号电流流过；当 C1 击穿或漏电时，两组功率放大器输出端的直流电压大小将改变，有直流电流流过扬声器，会烧坏扬声器。

（4）VT1 直流电路发生故障时，功率放大器输出端直流电压改变，有烧坏扬声器的危险。

（5）当 4 只功放输出管中有一只发生故障时，也将烧坏扬声器。

2.14.3　集成电路BTL功率放大器

图 2-62 所示是单声道 BTL 音频功率放大器集成电路。电路中，集成电路 A1 内电路中具有两组 OTL 音频功率放大器集成电路（因为采用单电源供电），还加入特殊的信号衰减电路（用于获得两个大小相等、相位相反的激励信号），U_i 是输入信号，BL1 是扬声器。

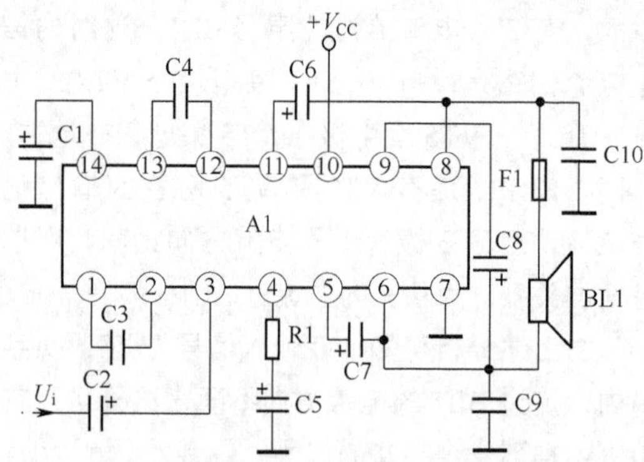

图 2-62　单声道 BTL 音频功率放大器集成电路

1．引脚作用

集成电路 A1 的各引脚作用如表 2-5 所示。

表 2-5　集成电路 A1 各引脚作用

引　脚	作　用
①	一组功率放大器的高频消振引脚，用来外接高频消振电容 C3
②	一组功率放大器的另一个高频消振引脚，用来外接高频消振电容 C3
③	一组功率放大器信号输入引脚，作为 BTL 功放电路的输入引脚，输入 U_i 信号
④	一组功率放大器的交流负反馈引脚，用来接入交流负反馈电路 R1 和 C5
⑤	一组功率放大器的自举引脚，用来接入自举电容 C7
⑥	一组功率放大器信号输出引脚，这里是 BTL 功放电路的一个信号输出引脚
⑦	接地引脚
⑧	另一组功率放大器信号输出引脚，这里是 BTL 功放电路的另一个输出引脚
⑨	另一组功率放大器反相信号输入引脚，作为 BTL 功放电路的反相信号输入引脚
⑩	电源引脚
⑪	另一组功率放大器的自举引脚，用来接入自举电容 C6
⑫	另一组功率放大器的高频消振引脚，用来外接高频消振电容 C4
⑬	另一组功率放大器的另一个高频消振引脚，用来外接高频消振电容 C4
⑭	旁路引脚，用来接入旁路电容 C1

2．引脚外电路分析

集成电路 A1 内电路中含有两组功率放大器，其中①、②、③、④、⑤和⑥脚是一组电路的引脚，⑧、⑨、⑪、⑫和⑬脚是另一组电路的引脚，这一集成电路引脚外电路与前面介绍的 OTL、OCL 集成电路基本一样，只是有个别引脚的外电路有所不同。

⑨脚是一组功率放大器的反相输入引脚，通常它是交流负反馈引脚，但在这里则作为 BTL 电路的一个反相输入引脚。从集成电路 A1 的⑥脚输出的信号，从⑨脚输入到 A1 的另一组功率放大器，而且为反向输入引脚，这样在⑨脚内电路经过足够的衰减后便能得到大小相等、相位相反的激励信号。⑨脚内电路中的信号衰减电路是这种 BTL 集成电路的特有电路，这一点与 OTL、OCL 集成电路不同。

⑭脚是集成电路 A1 内电路中一级放大器的旁路引脚，用来在外电路中接入容量较大的旁路电容 C1。

BTL 音频功率放大器集成电路虽然内电路中有两组功率放大器，但是在集成电路外电路中只能见到一根交流负反馈引脚④脚，在识图时要注意，这也是 BTL 集成电路的特殊情况。

扬声器 BL1 通过保险丝 F1 接在集成电路 A1 两个信号输出引脚⑥、⑧脚之间。

由于这种 BTL 功率放大器集成电路采用单电源供电，如同 OTL 功率放大器集成电路一样，所以集成电路 A1 的两个信号引脚⑥、⑧脚上的直流工作电压相等，且等于电源引脚⑩脚上直流工作电压的一半。正是由于 A1 的两个信号引脚⑥、⑧脚上的直流工作电压相等，扬声器 BL1 才能直接接入电路，才没有直流电流流过扬声器 BL1。

3．交流电路分析

输入信号 U_i 经耦合电容 C2 从集成电路 A1 ③脚送入内电路的一组功率放大器中，经放大后信号从信号输出引脚⑥脚输出。这一信号一路直接送到扬声器 BL1，另一路经过耦合电容

C8，从另一组功率放大器反相输入端⑨脚送入，经⑨脚内电路中衰减电路衰减后，输入A1内部的另一组功率放大器中，经放大后从集成电路⑧脚输出。

通过上述电路的信号处理，集成电路A1内部的两组功率放大器都有了信号。由于⑥脚与③脚同相位，而输入端⑨脚是反相输入端，这样集成电路A1的两个输出引脚⑥脚和⑧脚的信号相位相反。

正半周信号从集成电路A1的一组功率放大器的信号输出引脚⑥脚输出，经扬声器BL1和保险丝F1流入集成电路A1的⑧脚；负半周信号从集成电路A1另一组功率放大器信号输出引脚⑧脚流出，经F1和BL1从⑥脚流入内电路。

6. 电容的电流与电压相位关系 2

电路分析小结

（1）在扬声器BL1回路中接入了保险丝F1，它用作扬声器BL1的过流保护元件，但这种保护电路的效果不好。

（2）C9和C10分别接在集成电路A1的两组功率放大器信号输出引脚⑥脚、⑧脚与地之间，这是“茹贝尔”电路的简化形式，即只接入电容，不接入电阻，其电路功能同“茹贝尔”电路一样。

（3）电容C8将集成电路A1的⑥脚输出信号从另一组功率放大器的反相输入引脚⑨脚输入，由于这一输出信号经过了功率放大，所以幅度已经很大，为此要在集成电路A1的⑨脚内电路中设置一个信号衰减电路，这一信号经衰减后才能加到另一组功率放大器的输入端。

2.15　其他放大器

2.15.1　场效应管实用偏置电路

1. 场效应管的3种基本组态电路

场效应管的许多电路可以通过与晶体三极管电路的比较进行对应分析，以便于理解和记忆。

（1）共源放大器。如图2-63所示，它相当于晶体三极管中的共发射极放大器，是一种常用电路。输入信号从源极与栅极之间输入，输出信号从源极与漏极之间输出。

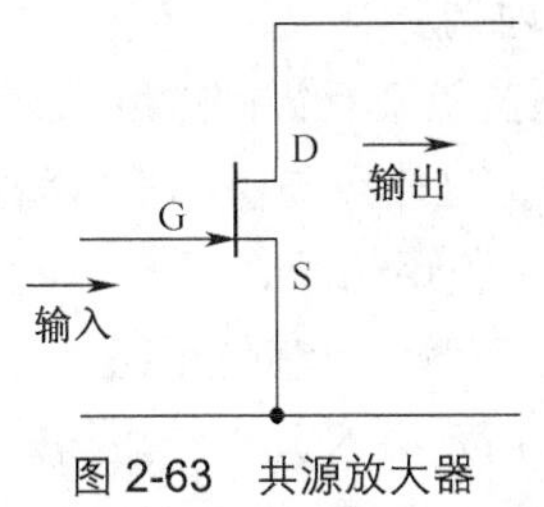

图2-63　共源放大器

（2）共漏放大器。如图2-64所示，它相当于三极管中的共集电极放大器，输入信号从漏极与栅极之间输入，输出信号从源极与漏极之间输出。这种电路又称为源极输出器或源极跟随器。

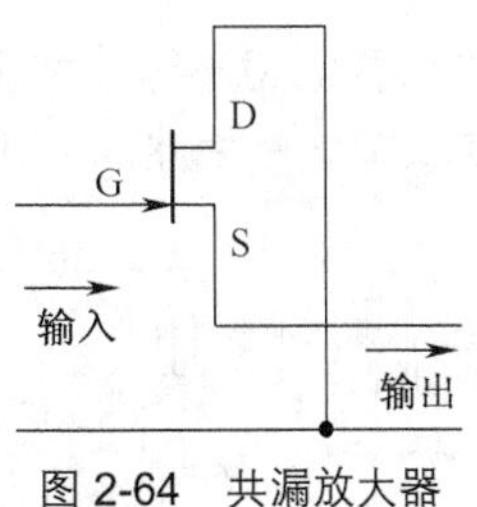

图2-64　共漏放大器

（3）共栅放大器。如图2-65所示，它相当于晶体三极管中的共基极放大器，输入信号从栅极与源极之间输入，输出信号从栅极与漏极之间输出。这种放大器的高频特性比较好，与晶体三极管放大器中的共基极放大器一样。

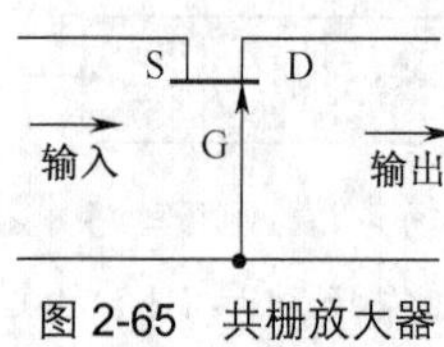

图 2-65　共栅放大器

2．场效应管偏置电路特点

场效应管偏置电路具有 3 个特点。

（1）只需偏置电压，无需偏置电流。这一点与晶体三极管偏置电路不同。因为场效应管是电压控制器件，通过栅极电压控制漏极电流。

（2）偏置电压要稳定。场效应管是电压控制器件，栅极的电压变化对漏极电流影响大。

（3）注意偏置电压的极性。晶体三极管偏置电路中，基极偏置电压极性与集电极一致，无论何种偏置电路，集电极电压低于发射极电压时，基极电压也低于发射极电压；集电极电压高于发射极电压时，基极电压也高于发射极电压。但是，场效应放大器偏置电路要复杂得多。

3．场效应管固定式偏置电路

常见的场效应管偏置电路有 4 种。场效应管与晶体三极管放大器一样需要直流偏置电路，这里以 N 沟道结型场效应管为例，讲解偏置电路工作原理。

图 2-66 所示是 N 沟道结型场效应管固定式偏置电路，又称外偏置电路。它与晶体三极管中的固定式偏置电路不同，需要采用两个直流电源，这是这种偏置电路的一个缺点。

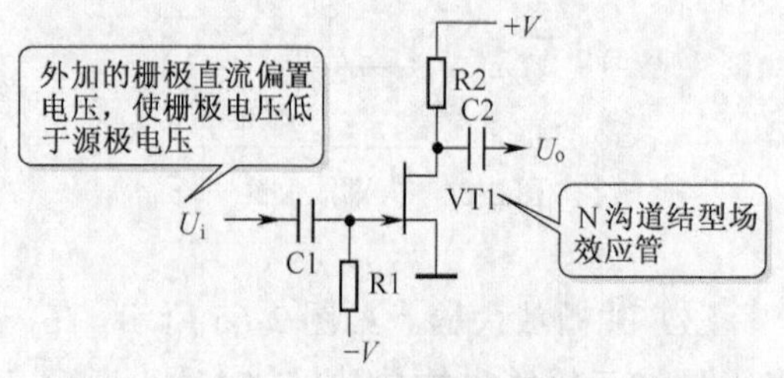

图 2-66　N 沟道结型场效应管固定式偏置电路

电路中的 +V 通过漏极负载电阻 R2 加到 VT1 漏极，VT1 源极直接接地。−V 是栅压专用偏置直流电源，为负极性电源，它通过栅极偏置电阻 R1 加到 VT1 栅极，使栅极直流电压低于源极直流电压，建立 VT1 正常偏置电压。

C1 和 C2 分别是输入端耦合电容和输出端耦合电容。

这种偏置电路的优点是 VT1 工作点可以任意选择，不受其他因素的制约，也充分利用了漏极直流电源 +V，可以用于低电压供电下的放大器中。

4．场效应管自给栅偏压电路

图 2-67 所示是 N 沟道结型场效应管自给栅偏压电路。电路中的 R1 是栅极电阻，R2 是漏极负载电阻，C3 是源极旁路电容。

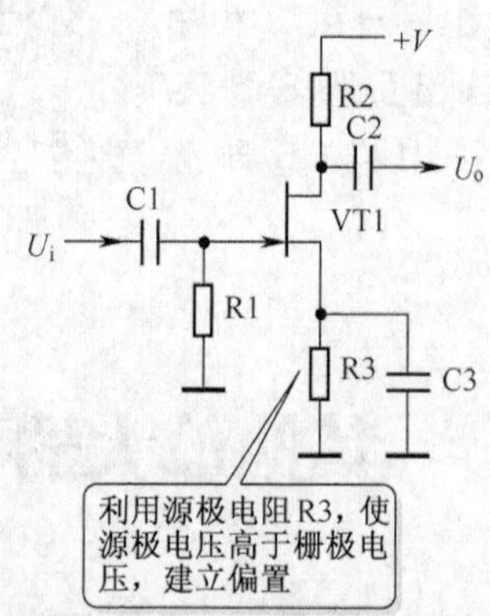

图 2-67　N 沟道结型场效应管自给栅偏压电路

自给栅偏压电路的工作原理是：源极电流从 VT1 源极流出，经过 R3 到地线，这样在 R3 上的电压降使 VT1 源极电压高于地端电压；VT1 栅极通过电阻 R1 接地，使 VT1 栅极电压等于地端电压，而 VT1 源极电压高于地端电压，这样 VT1 栅极电压低于源极电压，给 VT1 栅极建立负电压。

源极旁路电容 C3 将 VT1 源极输出的交流信号旁路到地端。

R3 具有直流负反馈的作用，可以稳定 VT1 的工作状态，这一点与晶体三极管放大器中的发射极负反馈作用相同。

5．场效应管混合偏置电路

图 2-68 所示是 N 沟道结型场效应管混合偏置电路，它在自给栅偏压电路基础上给 VT1 栅极加上正极性直流电压。

电路中R4上的直流电压降使VT1源极电压为正，R1和R2对直流工作电压+V进行分压，分压后的直流电压加到VT1栅极。只要VT1栅极电压低于源极电压，栅极电压就是负偏置电压，VT1就能进入放大状态

图 2-68　N 沟道结型场效应管混合偏置电路

采用混合偏置电路可以使 VT1 工作点的选择范围更大一些，在源极电阻 R4 大小确定后，通过调整 R1 和 R2 的阻值大小，可以保证 VT1 栅极为负偏压。

7.RC 滞后移相电路 1

加大源极电阻 R4 阻值可以加大直流负反馈量，更好地稳定 VT1 的工作。但是，由于 R4 阻值大，VT1 源极直流电压升高，如果不增大直流工作电压 +V，将使 VT1 漏极与源极之间有效直流工作电压下降，所以这种偏压电路一般不用于直流工作电压 +V 较低的场合。

这种偏压电路还有一个缺点，即降低了放大器的输入电阻，图 2-69 所示是这种偏置电路的等效电路。

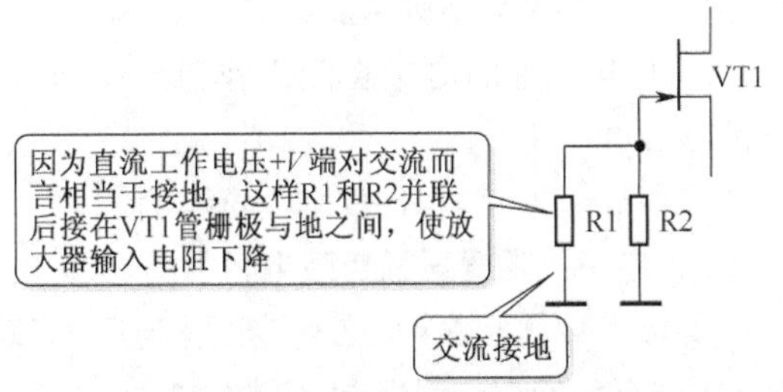

图 2-69　N 沟道结型场效应管混合偏置电路等效电路

6．场效应管改进型混合偏置电路

图 2-70 所示是 N 沟道结型场效应管改进型混合偏压电路。这一偏压电路的工作原理与前面一种电路基本相同，电源电压通过 R1 和 R2 分压后经 R3 加到 VT1 栅极，虽然 VT1 栅极的直流电压为正，但是 R5 上的电压降使 VT1 源极直流电压更高，所以 VT1 栅极仍然是负电压。

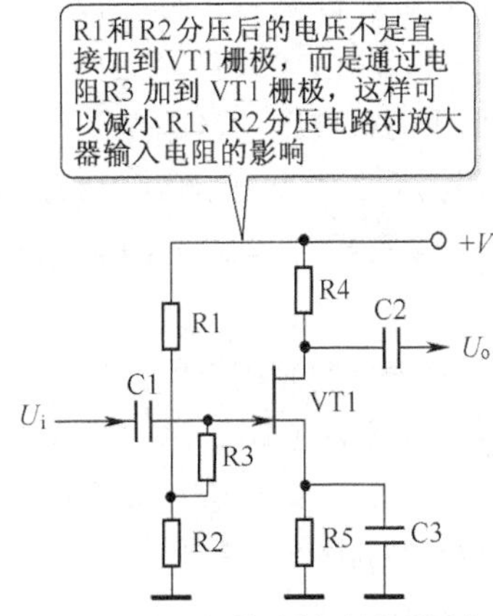

图 2-70　N 沟道结型场效应管改进型混合偏压电路

图 2-71 所示是图 2-70 的等效电路，可以说明加入电阻R3提高这一放大器输入电阻的原理。

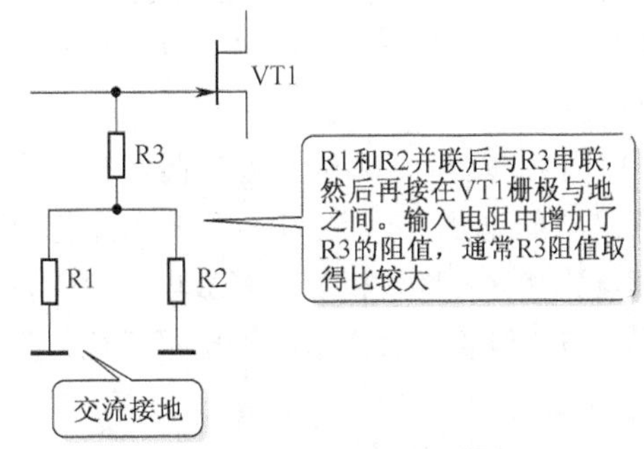

图 2-71　等效电路

2.15.2　场效应管和晶体三极管混合放大器

图 2-72 所示是场效应管和晶体三极管混合放大器。

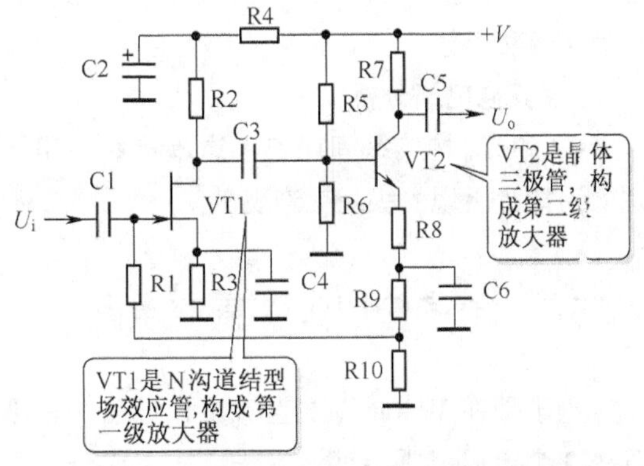

图 2-72　场效应管和晶体三极管混合放大器

1．直流电路分析

R3是VT1源极电阻，将源极直流电压抬高；R1为VT1栅极加上直流电压，但是栅极电压仍然低于源极电压，这样栅极为负偏压。

R2将直流工作电压加到VT1漏极，R2的作用与晶体三极管电路中的集电极负载电阻一样。

VT2直流偏压电路中各元器件作用：R5和R6构成分压式偏置电路，为VT2基极提供直流电压；R7是VT2集电极负载电阻，R8、R9和R10串联后构成VT2发射极电阻。

2．交流电路分析

输入信号U_i经耦合电容C1加到VT1栅极，经放大后从漏极输出，经过级间耦合电容C3耦合，加到VT2基极，经过VT2放大后从集电极输出，由输出端耦合电容C5加到后级电路中。

电阻R2是VT2漏极负载电阻，它一方面将直流电压加到VT1漏极，另一方面将VT1漏极电流变化转换成相应的漏极电压变化，这一作用与三极管放大器中的集电极负载电阻的作用一样。

3．负反馈电路分析

电阻R1不仅是VT1的偏压电阻，也是级间负反馈电阻。从VT2发射极电阻R10上取出的直流负反馈电压加到VT1栅极，构成两级放大器之间的环路负反馈电路，以稳定两级放大器的直流工作。

由于VT2的旁路电容C6将R10上的交流信号旁路到地，这样R1不存在交流负反馈，只有直流负反馈。

4．其他电路分析

R4和C2构成级间滤波、退耦电路，用于消除可能会出现的级间交连现象。

2.15.3 电子管放大器直流电路

电子管在工作时需要直流工作电压，三极管的3个电极都需要直流工作电压，这一点同晶体三极管放大器中的直流电路一样。

1．电子管直流电路组成

图2-73所示是电子三极管放大器的直流电路。

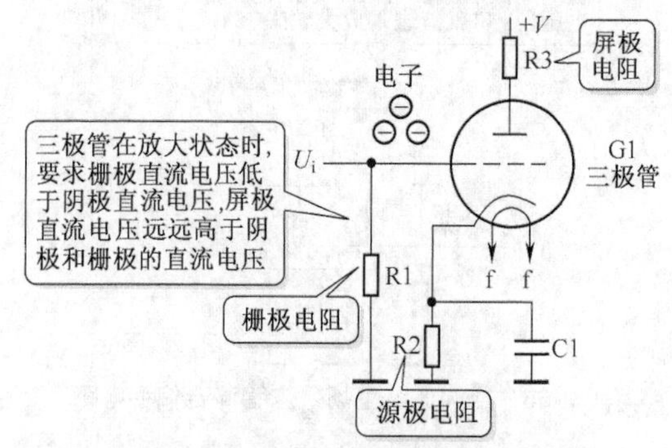

图2-73 电子三极管放大器的直流电路

电子三极管直流电路主要由3个部分组成。

（1）屏极直流电路。为三极管屏极提供直流工作电压，在屏极与直流工作电压+V端之间接有一只屏极负载电阻。

（2）阴极直流电路。为三极管阴极提供直流电流回路，并且提高三极管阴极的直流电压，为栅极偏置电路提供必要的条件。阴极电路中通常接有一只阴极电阻，在阴极电阻上并联一只阴极旁路电容。

（3）栅极直流电路。为三极管栅极提供直流电压，栅极偏置电路变化比较多，不同的偏置电路有不同的电路特征，栅极直流电路中的主要元件是电阻器。

电子管直流电路与晶体三极管直流电路有所不同，主要说明下列两点。

（1）电子管的屏极直流工作电压相当高，一般在200V以上。

（2）栅极直流电路中没有直流电流。

2．电子三极管屏极负载电阻

屏极负载电阻R3接在直流工作电压+V端与G1屏极之间，当屏极电流流过R3时，在R3上有电压降，通过屏极负载电阻R3可以将屏极电流的变化转换成屏极电压的变化。屏极负载电阻相当于晶体三极管电路中的集电极负载电阻。

给G1栅极加上交流电压时，屏极电流的大小会随栅极交流电压大小的变化规律而变化，通过屏极负载电阻R3将屏极的交流电流变化转换成屏极的交流电压的变化，以信号电压的形式传输到下一级放大器中。

3．电子三极管栅极电阻

栅极电阻 R1 有以下 3 个作用。

（1）R1 为栅极提供直流电压，G1 栅极通过 R1 接地。而 G1 阴极电压大于 0V（将在后面介绍），这样栅极相对于阴极而言电压为负，达到电子管在放大时栅极为负电压的要求。

（2）在电子管内部，阴极电子向屏极运动过程中会有少量的电子落在栅极上，电子是负电荷，栅极上的电子使栅极电压为负。如果有太多的电子落在栅极上，会因栅极电压太低而影响三极管的正常放大工作。在加入 R1 后，栅极上的电子通过 R1 流到地端，为电子提供了泄放通路，所以 R1 又称为栅漏电阻。

（3）R1 也是前级电路的负载电阻，信号电压加到这一负载电阻上，前级电路输出的交流信号是 G1 的输入信号。

4．电子三极管阴极电阻

阴极电阻 R2 接在 G1 的阴极与地端之间，电容 C1 并联在 R2 上，这两个元件构成自偏压电路，用来产生栅极的负电压。

自偏压电路作用原理是：阴极电流的方向是从 G1 管阴极流出，经过 R2 到地端，这样在 R2 上有电压降，使 G1 阴极电压高于地端。从阴极流出的电流有直流电流和交流信号电流。对于交流信号电流而言，由于 C1 的旁路作用，交流信号电流流过 C1 到地端，而不流过阴极电阻 R2。这样，只有从阴极流出的直流电流流过 R2，所以在 G1 阴极上只有直流电压。

G1 栅极通过电阻 R1 接地，由于流过 R1 的电流很小，G1 栅极电压等于地电压，为 0V，而 G1 阴极电压高于地电压，这样 G1 栅极电压低于阴极电压，给 G1 管栅极建立了负电压，三极管 G1 处于放大状态。

如果去掉电路中的阴极旁路电容 C1，那么阴极电阻 R2 对交流信号存在电流串联负反馈作用，这一点与晶体三极管放大器中的发射极负反馈电路相同。

5．电子三极管屏极电流方向

在电路中，G1 管屏极电流流动的方向：直流工作电压 $+V$ 端→屏极负载电阻 R3 → G1 管屏极→ G1 管阴极→阴极电阻 R2 →地端。

2.15.4 电子管阴极输出器电路

图 2-74 所示是三极管构成的阴极输出器。在电路中，U_i 是输入信号电压，U_o 是输出信号电压，从电路中可以看到，输出信号从 G1 管阴极输出，所以称为阴极输出器，这一放大器与晶体三极管中的射极输出器相似。

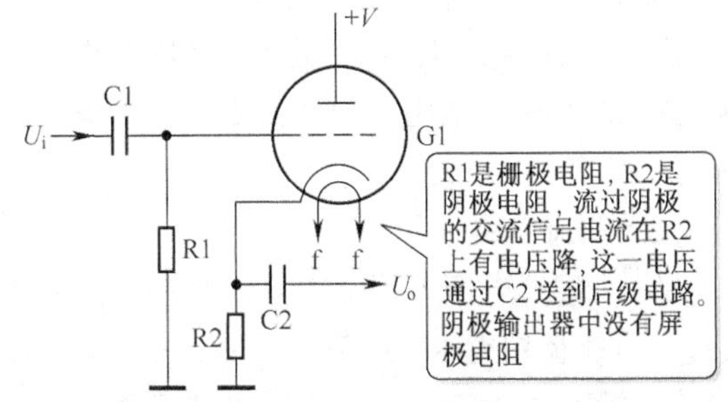

图 2-74 三极管构成的阴极输出器

2.15.5 电子三极管阻容耦合电压放大器

图 2-75 所示是两只电子三极管构成的双管阻容耦合电压放大器。

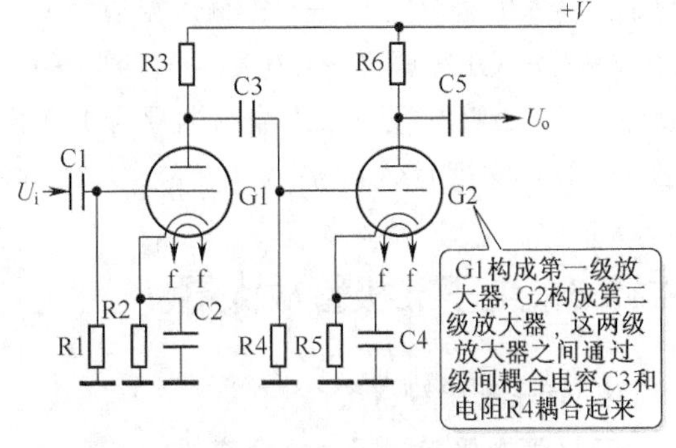

图 2-75 两只电子三极管构成的双管阻容耦合电压放大器

1．灯丝电路

两只三极管 G1 和 G2 的灯丝并联后，与整机电源变压器的一组二次绕组（图中未画出）相连，给电子管提供灯丝交流工作电压。电子管灯丝采用交流供电，供电电压为6.3V。

管灯丝电压偏高会加速阴极的老化，电子管的噪声也会增大，但是如果电子管本身已经有点老化，为了增加它的电流，可以适当提高它的灯丝电压。

管灯丝电压偏低会使阴极发射电子的能力下降，电子管的噪声会降低，所以在一些要求噪声很小的电子管放大器中，可以适当降低灯丝电压。

2．直流电路

电子管电路比晶体管电路简单得多，电路变化比较少。电路中的R1是G1管栅极电阻，R2是G1管阴极电阻，R3是G1管屏极电阻；R4是G2管栅极电阻，R5是G2管阴极电阻，R6是G2管屏极电阻。

3．交流电路

输入信号电压 U_i 经C1耦合加到G1管栅极，使G1栅极电压大小变化，引起G1管屏极电流的相应大小变化，G1管屏极电流流过了负载电阻R3，R3将G1管屏极电流的变化转换成G1管屏极电压的变化，这就是经过G1放大后的交流信号电压。

G1管屏极上的交流输出信号电压通过C3耦合加到G2管栅极，又经G2管放大，再从G2管屏极输出，经输出端耦合电容C5加到后级电路中。

这一双管阻容耦合电压放大器的信号传输过程是： 输入信号电压 U_i→C1（输入端耦合）→G1管栅极→G1管屏极→C3（级间耦合）→G2管栅极→G2管屏极→C5（输出端耦合）→输出信号 U_o，送到后级电路中。

2.15.6 电子五极管放大器

1．电子五极管特点

三极管栅极与屏极之间存在极间电容，所以高频特性不好，五极管能够克服三极管的这一缺点。五极管中通过增加帘栅极和抑制栅极，以减小栅极与屏极之间跨路电容的影响，改善高频特性。五极管还有较大的放大系数和较大的内阻，缺点是五极管失真和噪声比三极管大。图2-76所示是五极管放大器。

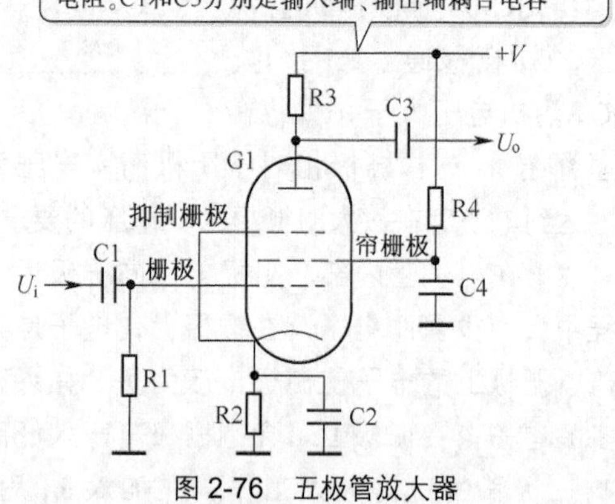

图2-76　五极管放大器

2．电子五极管抑制栅极电路

电路中的G1抑制栅极在外电路中与阴极相连，这样的电路可以消除从屏极表面所产生的二次电子发射影响。

所谓二次电子发射现象是： 从阴极发射出来的热电子受帘栅极和屏极正电场的加速作用，电子高速轰击屏极表面，使屏极表面的电子获得了动能而飞出屏极表面，这些电子称为二次电子，从阴极发射出来的电子称为一次电子。

由于帘栅极上也有很高的直流电压，这些二次电子会被帘栅极吸收，这样减小了屏极电流。屏极电压愈高，阴极电子轰击屏极速度愈快，二次电子愈多，屏极电流的下降量愈多，破坏了电子管的屏极电流特性，影响了电子管放大器的线性特性，造成放大信号的失真。

抑制栅极处于屏极与帘栅极之间，将抑制栅极接阴极后，抑制栅极与阴极同电位，这样抑制栅极排斥二次电子，使二次电子再次回到屏极，防止了二次电子被帘栅极吸引的现象，达到改善屏极电流的目的。所以，五极管电路中将抑制栅极接阴极。

3．电子五极管帘栅极电路

电路中的帘栅极通过帘栅极降压电阻R4接直流工作电压 $+V$ 端，使帘栅极上有很高的直流工作电压。同时，帘栅极与地之间接入一只帘栅极旁路电容C4。这样的电路对直流而言帘栅极电压很高，略低于屏极直流电压；对于交流而言，由于C4的旁路作用，帘栅极交流接地。

帘栅极的这种电路降低了屏极与帘栅极之间的电容，改善了电子管的高频特性。屏极、阴极结构为同轴的两个圆筒，两筒之间高度绝缘，这样的结构就是电容器的典型结构。屏极与阴极之间存在电容，这个电容对高频信号有害，所以五极管加入了帘栅极，它位于屏极与阴极之间，而且电路中将帘栅极交流接地，这样可以减小阴极与屏极之间的电容，其原理可以用如图2-77所示电路说明。

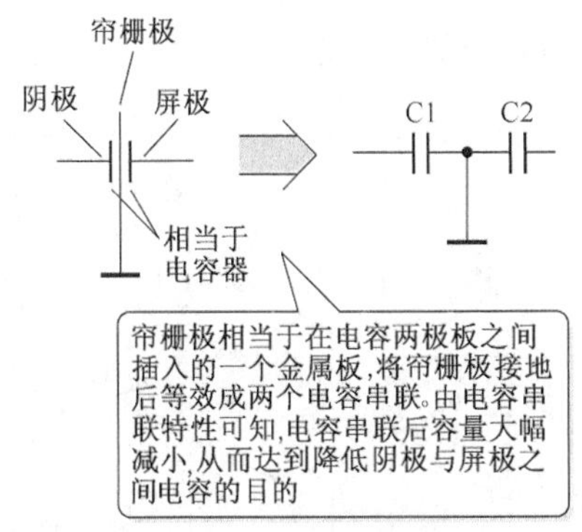

图2-77　帘栅极降低阴极与屏极间电容原理图

由于帘栅极必须对阴极发射的电子吸引和加速，所以帘栅极上要有很高的直流工作电压。但是，帘栅极对交流而言必须接地，所以在帘栅极与地之间接入帘栅极旁路电容。

4．电子五极管放大器

五极管放大器的电路原理与三极管放大器基本一样，但是要注意：帘栅极电路有一只帘栅极降压电阻和一只帘栅极旁路电容。

交流输入信号经C1耦合加到G1管栅极，再经放大后从G1管屏极输出，通过输出端耦合电容C3加到后级电路中。

2.15.7　多种集成运算放大器实用电路

1．集成运算放大器构成的音频放大器

图2-78所示是集成运放构成的音频放大器。A1是运算放大器，U_i是输入信号，U_o是输出信号，C2是交流负反馈电路中的隔直通交电容，R1是交流负反馈电阻。

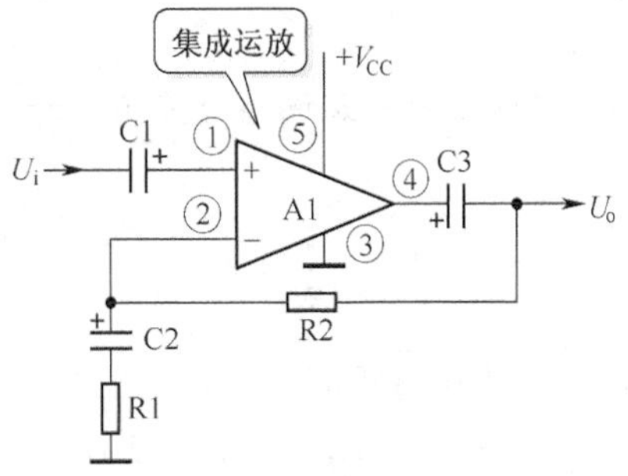

图2-78　集成运放构成的音频放大器

音频输入信号U_i经过耦合电容C1从A1同相输入端加到内电路中，放大后信号从输出端输出，经耦合电容C3加到后级电路中。

C2和R1构成运算放大器的交流负反馈电路，其直流负反馈设在A1的内部电路中。

电容C2具有隔直通交作用，将直流电流隔离，不让直流电流流过电阻R1，这样R1只存在交流负反馈作用。电阻R1的阻值愈大，其交流负反馈量愈大，整个放大器的放大倍数愈小，反之则大。

2．集成运算放大器构成的恒压源电路

利用集成运放可以构成恒压源电路。图2-79所示是用集成运放构成的恒压源电路，这一电路的输出电压具有恒压特性。

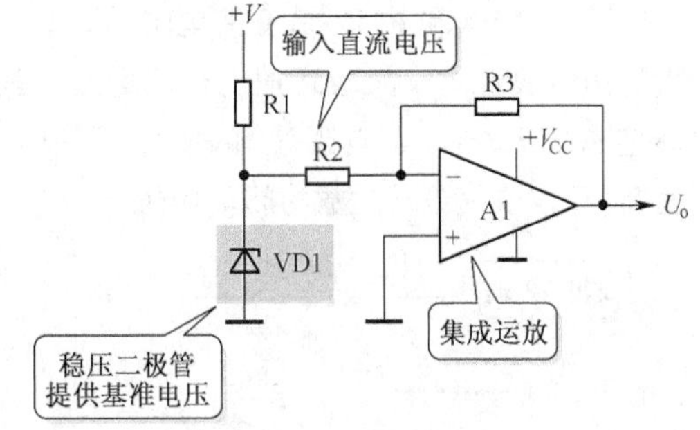

图2-79　恒压源电路

电路中的R1是稳压二极管VD1的限流保护电阻，给VD1所需要的导通电压。R2和R3构成集成运放负反馈电路，R2和R3是负反馈电阻，此时这一放大器的闭环增益为 R_3/R_2。

集成运放 A1 的同相输入端接地，集成运放处于单端运用状态。

VD1 导通后其管压降 U_z 基本不变，这样输入 A1 反相输入端的电压为 U_z，这是稳定的直流电压。

根据集成运放闭环增益公式可以计算出输出电压 U_o：

$$U_o = \frac{R_3}{R_2} \times U_z$$

由于 U_z 稳定不变，电阻 R_2 和 R_3 稳定不变，这样输出 U_o 稳定不变，说明 A1 具有恒压输出特性。

如果将电阻 R3 换成可变电阻器，改变可变电阻器的阻值大小，可以改变输出电压 U_o 的大小，这样可以做成一个可调的恒压源电路。

3．集成运算放大器构成的电压比较器

集成运放的一个重要应用是构成电压比较器。所谓电压比较器是一种将两个电压进行大小比较的电路。

电压比较器工作特点

电压比较器的工作特点是：集成运放的一个输入端加有稳压直流电压，另一个输入端加有大小变化的直流电压，通过两个输入端电压的大小比较，输出一个直流电压。

图 2-80 所示是集成运放构成的电压比较器。电路中的 R4 和 R1 为负反馈电阻，这两个电阻的阻值决定这一集成运放的闭环增益，其闭环增益为 R_4/R_1，当电阻 R1 的阻值不变时，改变 R4 可以改变这一运放的闭环增益。

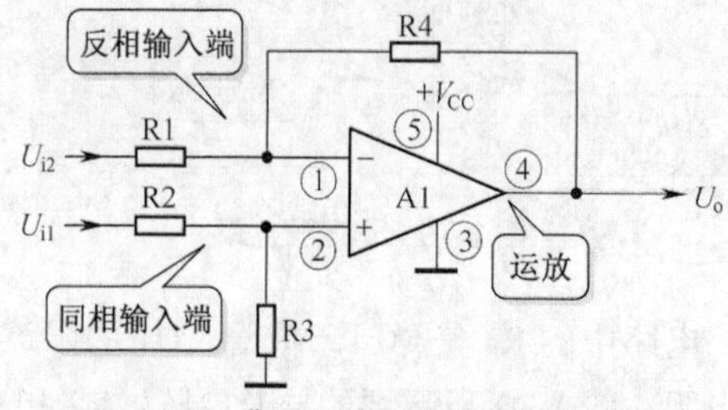

图 2-80　集成运放构成的电压比较器

电路设计时，使 $R_1=R_2=R_3=R_4$，通过数学解析电路的输出电压 U_o 由下式决定：

$$U_o = U_{i1} - U_{i2}$$

式中：U_o 为集成运放的输出电压；U_{i1} 为同相输入端信号电压；U_{i2} 为反相输入端信号电压。

这一电路能够实现两个输入信号 U_{i1} 和 U_{i2} 的减法运算。有下列 3 种比较结果。

（1）当 $U_{i1} = U_{i2}$ 时，$U_o = 0V$；

（2）当 $U_{i1} > U_{i2}$ 时，$U_o > 0V$，输出正电压；

（3）当 $U_{i1} < U_{i2}$ 时，$U_o < 0V$，输出负电压。

音响设备中大量使用的多级 LED 电平指示器中常用集成运放构成电压比较器，使各级 LED 分挡（级）指示电平大小，图 2-81 所示是集成运放构成的电压比较器。

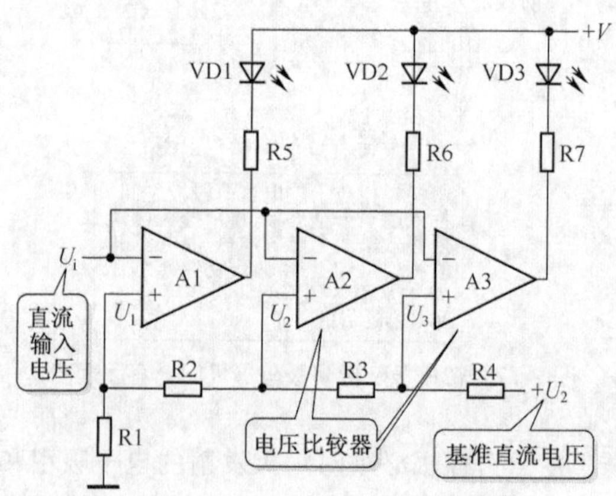

图 2-81　集成运放构成的电压比较器

集成电路 A1～A3 是 3 个运放构成的电压比较器，R1～R4 构成的 3 个分压电路的分压比不同，使 A1～A3 各比较器的基准电压大小不等，其中 A1 的基准电压最小，A3 的基准电压最大，正电压（$+U_z$）是一个恒压源，作为 A1～A3 各同相输入端的基准电压 U_1～U_3。VD1～VD3 这 3 只 LED 构成三级电平指示器。

U_i 是音频信号经过整流后的直流电压，它的大小代表音频信号的大小，音频信号幅度大，这一直流电压就大。

根据输入电压大小进行分别分析。

（1）输入电压 $U_i = 0V$。A1、A2 和 A3 反相输入端的输入电压均为 0V，而同相输入端有基准电压输入，此时A1、A2和A3同相输入端的输入电压大于反相输入端上的输入电压U_i，所以A1、A2和A3输出高电平，使VD1、VD2和VD3不能发光指示。

（2）输入电压U_i大于U_1而小于U_2。A1的反相输入端电压大于同相输入端上的基准电压，A1输出低电平，使VD1导通发光。

由于A2和A3的同相输入端基准电压U_2、U_3大于输入电压U_i，所以A2和A3仍然输出高电压，发光二极管VD2和VD3仍然不能发光指示。

（3）输入电压U_i进一步增大，达到$U_2 < U_i < U_3$。A1、A2的反相输入端电压大于同相输入端电压，此时A1、A2输出低电平，使VD1和VD2导通发光。同理，U_i进一步增大后，发光二极管VD3也导通发光。

在电平指示器中，利用设置不同大小的基准电压来实现各级LED的分级指示。

2.16　限幅放大器电路

许多电路中都需要使用限幅放大器，例如，调频收音机和电视机伴音通道都是调频信号放大、处理电路，所以电路中会使用限幅放大器。

限幅放大器主要有3种。

（1）二极管限幅电路，采用二极管进行限幅；

（2）三极管限幅电路，使用三极管进行限幅；

（3）差分放大器限幅电路，利用差分放大器特性进行限幅。

重要提示

限幅放大器电路的特点如下。

（1）限幅电路设置在中频放大器最后一级。当中频放大器最后一级电路中没有限幅二极管时，这一级电路是三极管限幅放大器，但是在采用比例鉴频器时可以不用中频限幅放大器。

（2）中频限幅放大器通过对信号的限幅处理，使中频调频信号的幅度整齐，幅度没有起伏变化。

2.16.1　二极管限幅放大器

1．二极管限幅原理

图2-82所示电路可以说明二极管限幅电路的工作原理。电路中，VD1和VD2两只二极管反向并联，用来限幅。U_i是输入信号，U_o是经过限幅后的输出信号。

关于这一限幅电路的工作原理主要说明下列几点。

（1）输入信号参差不齐。输入信号U_i的幅度参差不齐，幅度比较大，这一信号经电阻R1加到VD1和VD2二极管限幅电路中。

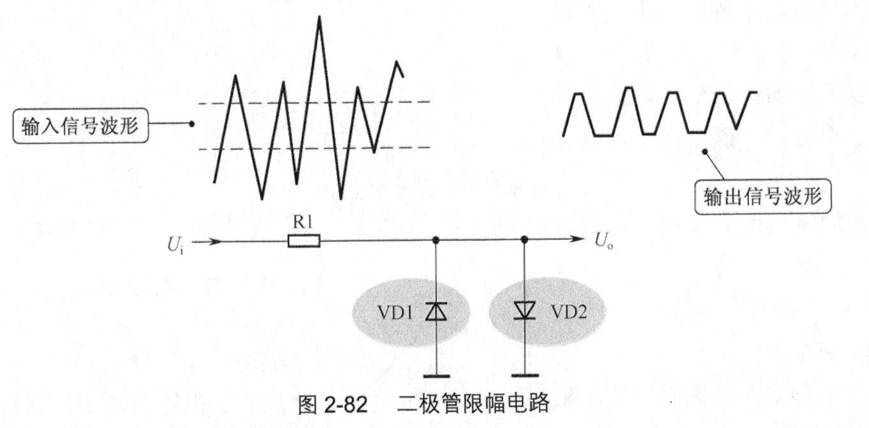

图2-82　二极管限幅电路

（**2**）**正半周信号期间**。在输入信号的正半周期间，由于输入信号幅度比较大，明显大于二极管的导通电压，这样正半周信号使 VD2 导通，其输出信号的幅度等于二极管 VD2 导通电压值。

（**3**）**负半周信号期间**。在输入信号的负半周期间，输入信号使 VD1 导通，这样负半周信号的输出幅度为二极管 VD1 的导通电压。

（**4**）**正负半周限幅量相同**。由于 VD1 和 VD2 型号相同，它们的导通电压值一样，这样通过限幅之后的正、负半周的信号幅度相等，而且幅度整齐，如图 2-82 中输出信号波形所示，达到限幅的目的。

2．二极管限幅电路之一

图 2-83 所示是采用二极管构成的限幅电路。电路中，VT1 管构成最后一级中频放大器，T1 是中频变压器，VD1 和 VD2 是限幅二极管。T1 二次绕组和电容 C2 构成一个中频 LC 并联谐振选频电路，VD1 和 VD2 反向并联在这一谐振选频电路两端。

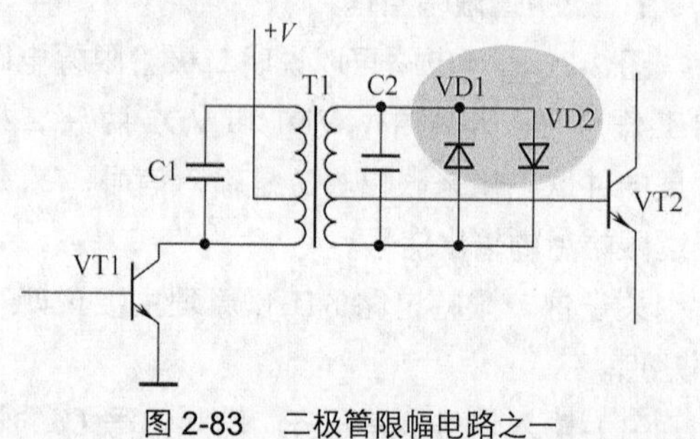

图 2-83　二极管限幅电路之一

当谐振选频电路两端的谐振信号幅度较大时，即大于二极管的导通电压值时，正半周信号使 VD2 导通，负半周信号使 VD1 导通，**这样在该谐振选频电路两端的正、负半周信号电压幅度都不会超过二极管的导通电压值，达到限幅目的**。

二极管限幅电路的特点是：限幅二极管设在中频变压器 T1 二次绕组回路中，而且设有两只限幅二极管。

3．二极管限幅电路之二

图 2-84 所示是另一种采用二极管构成的限幅电路。电路中的 T1 是中频变压器，VT1 管构成最后一级中频放大器，VD1 是限幅二极管。这一电路的限幅原理与上一种电路相同，只是采用了一只二极管，同时对信号的正、负半周进行限幅。

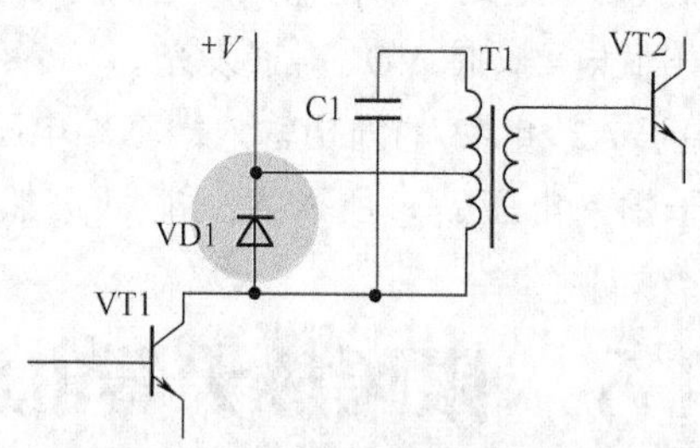

图 2-84　二极管限幅电路之二

T1 一次绕组和电容 C1 构成一个 LC 并联谐振电路，谐振过程中对 C1 进行充电，当充到的下正上负电压大于 VD1 导通电压时，C1 中再也不能充进电荷，即 C1 中的充电电荷能量受到限制。当电容 C1 放电时也只能放出这么多的电量，**所以用一只二极管也能进行信号的正、负半周限幅**。

2.16.2　三极管限幅放大器

图 2-85 所示是三极管限幅放大器，这一级电路处于中频放大器的最后一级，即在鉴频器电路之前一级，它本身就是中频放大器，VT1 是中频放大管。三极管中频限幅放大器从电路特征上看不出来，它与一般中频放大器没有什么两样。

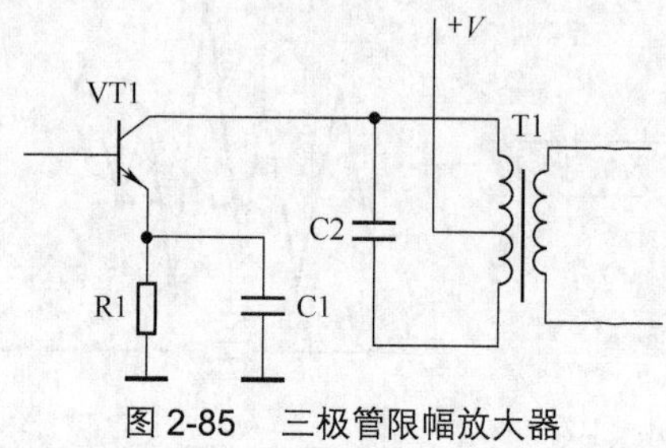

图 2-85　三极管限幅放大器

1．放大管工作点

通过电路设计，使三极管静态工作点设在

交流负载线的中央，同时要求限幅放大器的输入信号幅度比较大。

2．限幅分析

（1）正半周限幅原理。正半周信号较大时，VT1 处于饱和状态，由于不同幅度大小的输入信号均使 VT1 管处于饱和状态，而 VT1 管饱和后其输出信号幅度相同，这样使正半周信号达到限幅的目的。

（2）负半周限幅原理。输入 VT1 管的负半周信号的幅度也很大，不同幅度的负半周信号均使 VT1 处于截止状态，VT1 管截止后其输出信号幅度不变，这样可以使负半周信号也达到限幅的目的。

通过这一限幅放大器后的信号，其正、负半周的信号幅度受到等幅限幅。

2.16.3　差分放大器限幅电路

图 2-86 所示是差分放大器限幅电路。电路中的 VT1 和 VT2 管构成一级差分放大器，VT3 管是恒流管，U_i 是幅度参差不齐的中频输入信号，U_o 是经过限幅处理后幅度整齐的中频信号。

1．VT3 电流恒定

二极管 VD1 给 VT3 管基极提供偏置电流，由于 VD1 导通后压降基本不变，这样 VT3 管集电极电流大小不变，所以 VT3 管构成一个恒流源电路。

2．VT1 和 VT2 管电流大小相等

由于 VT1 和 VT2 构成的是差分放大器，所以 VT1 管发射极电流等于 VT2 管发射极电流，两管发射极电流之和等于 VT3 管集电极电流。

3．正半周信号期间

在输入信号为正半周期间，使 VT1 管导通，当正半周信号幅度较大后，VT1 管发射极电流很大（VT2 管处于截止状态），但是最大等于 VT3 管集电极电流，使 VT1 管集电极输出信号的幅度受到限制。

4．负半周信号期间

在输入信号为负半周期间，使 VT2 管导通，当负半周信号幅度较大后，VT2 管发射极电流很大（此时 VT1 管发射极电流为零而处于截止状态），但是最大等于 VT3 管集电极电流，使 VT2 管集电极输出信号的幅度受到限制。

由于 VT1 和 VT2 导通和放大正、负半周信号，其最大电流都不大于 VT3 管集电极电流，这样正、负半周信号同时受到等幅的限幅。

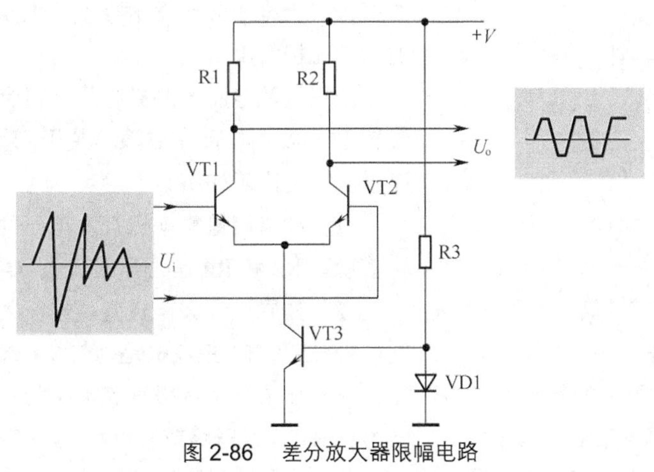

图 2-86　差分放大器限幅电路

2.17 万用表检修放大器知识点“微播”

2.17.1 单级音频放大器无声故障处理对策

单级放大器是组成一个多级放大器系统的最小放大单元。检查多级放大器是通过一些简单的检查，将故障范围压缩到某一个单级放大器中，所以检查单级放大器是检查电路故障的基础。这里介绍几种常见单级放大器的故障检查方法。

多级放大器是由几级单级放大器通过级间耦合电路连接起来的，根据级间耦合电路的不同，检查多级放大器的方法也有所不同。

这里以图 2-87 所示的单级音频放大器为例，介绍单级音频放大器故障处理方法。电路中，VT1 接成共发射极放大器，R1 是 VT1 基极偏置电阻，R2 是集电极负载电阻，R3 是发射极负反馈电阻，R4 是滤波、退耦电阻。C1 是输入端耦合电容，C2 是滤波、退耦电容，C3 是 VT1 发射极旁路电容，C4 是输出端耦合电容。U_i 是音频输入信号，U_o 是经过这一放大器放大后的音频输出信号。

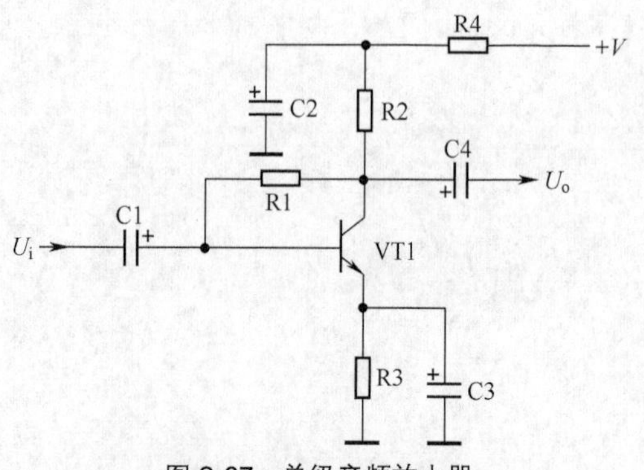

图 2-87　单级音频放大器

1．无声故障部位确定方法

当干扰放大器输出端（即图中的耦合电容 C4 负极）时扬声器中的干扰响声正常，再干扰输入端（C1 负极）时无响声，这说明无声故障出在这一级放大器中。如果上述检查不是这样的结果，说明无声故障与本级放大器无关。

2．测量直流工作电压 +*V*

用万用表直流电压挡测量电路中 +*V* 端的直流电压，是在测量该级放大器的直流工作电压，此点的直流电压应为几伏（视具体电路做出估计）。如果测量的电压为 0V，断开 C2 后再次测量，恢复正常说明 C2 击穿；如果仍然为 0V 说明是直流电压供给电路出了问题，检查送来这一电压的电压供给电路，放大器本身可以不必检查。

3．运用干扰检查法

在测得直流电压 +*V* 正常后，用干扰检查法干扰 VT1 集电极，输出端（C4 之后）没有干扰信号输出时，用代替法检查 C4 是否开路，无效后重新熔焊 C4 的两根引脚焊点。

上述检查无效后干扰 VT1 基极，输出端没有干扰信号输出时做下一步检查。

4．测量 VT1 各电极直流工作电压

在上述检查之后可以进行 VT1 各电极直流工作电压的测量检查。先测集电极电压，再测基极电压，最后测量发射极电压，这 3 个电压之间的关系对于 NPN 型三极管而言，集电极直流电压 > 基极直流电压 > 发射极直流电压，其中基极直流电压应比发射极直流电压大 0.6V 左右（硅三极管）。

如果直流电压的测量结果不符合上述关系，说明这一放大器存在故障。**关于测量各电极直流电压情况说明如下。**

（1）如果测量集电极直流电压为 0V，用电阻法检查 R2 和 R4 是否开路或假焊。

（2）如果测量集电极直流电压为 +*V*，用直观检查法查 VT1 集电极是否与 +*V* 端相碰。

（3）如果测量基极直流电压为 0V，用电阻法检查 R1 是否开路或假焊。

（4）如果测量发射极直流电压为 0V，用电阻法检测 VT1 发射结是否开路或 C3 是否击穿、

R3是否短路。

（5）如果测量基极直流电压等于发射极直流电压，用电阻法检测R2是否开路。

（6）如果测量集电极与发射极之间的直流电压为0.2V，说明三极管饱和，用电阻法查R1是否太小或两根引脚是否相碰。

（7）如果测量集电极与发射极之间的直流电压为0V，用电阻法在路测量VT1集电极与发射极之间是否击穿。

5．检查输入回路

如果干扰VT1基极时输出端有干扰信号输出，可再干扰输入端（C1的左端），如果输出端无干扰信号输出，重新熔焊C1的两根引脚焊点，无效后用代替法查C1是否开路。

2.17.2 单级音频放大器声音轻故障处理对策

1．声音轻故障部位确定方法

若干扰放大器输出端时干扰响声正常，而干扰输入端时声音轻，说明声音轻故障出在这一级放大器中。

存在声音轻故障，说明放大器是能够工作的，只是增益不足，所以检查的出发点与无声故障的检查有所不同。

2．检查发射极旁路电容C3

用代替法检查发射极旁路电容C3是否开路，因为当C3开路时，R3将存在交流负反馈作用，使这一级放大器的放大倍数下降，导致声音轻。

当出现声音很轻故障时，检查旁路电容C3是没有意义的，因为C3开路后只会造成声音较轻故障，不会造成声音很轻的故障现象。

3．测量直流工作电压+V

测量直流工作电压+V是否低（在没有具体电压数据时这一检查往往效果不明显），如果低，断开C2后再次测量，恢复正常的话是C2漏电（更换之），否则是电压供给电路故障。

当放大器的直流工作电压偏低时，将导致放大管的静态偏置电流减小，放大管的电流放大倍数β下降，使放大器增益下降，出现声音轻故障。但是，当直流工作电压太低时，由于VT1进入截止状态，所以会出现无声故障而不是声音轻故障。

4．测量VT1集电极直流工作电流

在通过上述检查而无明显异常情况或不能明确说明问题时，应测量VT1集电极直流电流，在没有三极管静态电流数据的情况下这一检查很难说明问题。

集电极直流电流的大小视具体放大器而定，但是集电极直流电压太大，说明三极管接近进入饱和区（放大器增益下降），可用电阻法查R1阻值是否太小，用代替法查C3是否漏电，用电阻法查R3是否阻值变小。

集电极直流电流太小，说明三极管工作在接近截止区（放大器增益也要下降），用电阻法查R1、R3是否阻值变大或引脚焊点焊接不良。

上述检查无收效时更换VT1一试。

2.17.3 单级音频放大器噪声大故障处理对策

1．噪声大故障部位确定方法

当将输出端耦合电容C4断开电路后无噪声（重新焊好C4），再断开C1时噪声仍然存在时，说明噪声大故障出在这一放大器中。

2．检修方法

对于噪声大故障可能同时伴有其他故障，如还存在声音轻故障，此时可以按噪声大故障检查，也可以按声音轻故障处理，一般以噪声大故障检查比较方便。**对于这一故障的检查步骤和方法如下。**

（1）重新熔焊C1、C4、VT1各引脚。

（2）将C3脱开电路，如果噪声消失，说明C3漏电，更换之。

（3）更换三极管VT1一试。

（4）更换C1、C4一试。

（5）测量VT1集电极静态工作电流，如果偏大，用电阻法查R1、R3的阻值是否变小了（可能是焊

12.RC超前移相电路3

点相碰、铜箔毛刺相碰等）。

2.17.4 单级音频放大器非线性失真故障处理对策和注意事项

1．单级音频放大器非线性失真故障处理对策

这种故障只能通过示波器观察输出端的输入信号波形才能发现，当示波器接在输出端观察到失真波形，而接在输入端波形不失真时，说明非线性故障出在这一放大器中，这时主要检查 VT1 的集电极静态工作电流是否偏大或偏小，更换三极管 VT1 一试。

2．单级音频放大器故障处理注意事项

关于单级音频放大器的电路故障检查要注意以下几个方面的问题。

（1）对单级音频放大器的电压测量次序应该是 $+V$ 端、集电极直流电压、基极直流电压和发射极直流电压。在这一测量过程中有一步的电压异常时，故障部位就发现了，下一步的测量就可以省去。

（2）对直流工作电压 $+V$ 的检查在不同故障时的侧重点是不同的，无声故障时测量该电压有没有，声音轻时查它是否小，噪声大时查它是否偏大。

（3）对三极管的检查方法是：无声时检查它是否开路或截止、饱和，集电极与发射极之间是否击穿；声音轻时查它的电流放大倍数是否太小，集电极静态工作电流是否偏大或偏小。

（4）对电容器的检查主要是漏电、容量变小。

（5）电阻器在单级音频放大器中的故障发生率很低，因为这种电路工作在小电流、低电压下，流过电阻器的电流不大。

（6）根据修理经验，当出现无声故障时主要测量电路中的直流电压来发现问题，出现声音轻故障时主要检查三极管的电流放大倍数，出现噪声大故障时主要查三极管本身及它的静态工作电流是否太大、检查元器件引脚是否焊接不良、电解电容器是否漏电。

2.17.5 单级选频放大器故障处理对策

这里以图 2-88 所示的单级选频放大器为例，介绍这种放大器故障的检修方法。电路中，VT1 是放大管，构成共发射极放大器；R1 是上偏置电阻，R2 是下偏置电阻，R3 是发射极负反馈电阻；T1 是变压器；C1 是输入端耦合电容，C3 是滤波、退耦电容，C2 与 T1 的一次绕组构成 LC 并联谐振回路（设谐振频率为 f_0），作为 VT1 集电极负载；U_i 是输入信号，U_o 是输出信号，其频率为 f_0，这一放大器只放大频率为 f_0 的信号。

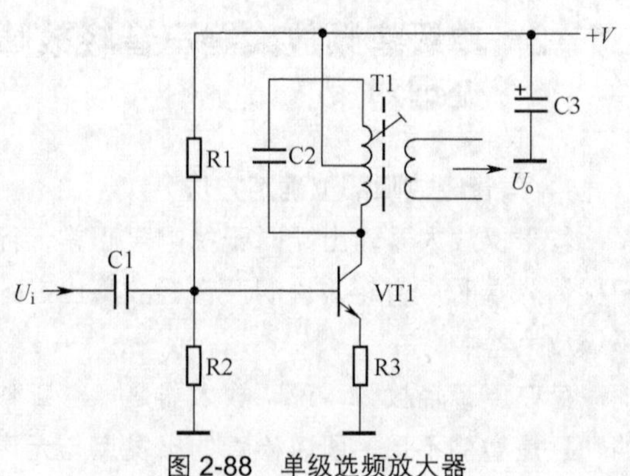

图 2-88 单级选频放大器

1．无信号输出故障处理方法

干扰放大器输出端（T1 二次绕组的上端），干扰信号大小输出正常（可以通过后级电路中的扬声器来监听干扰声，也可以用示波器接在这一放大器的输出端，通过观察输出信号波形有无或大小来监视干扰结果）；而干扰输入端（C1 的左端）时无干扰信号输出。这说明无信号输出故障出在这一级放大器中。**对这种故障的检查顺序如下。**

（1）测量直流工作电压 $+V$。如果测量的电压为 0V，断开 C3 后再次测量，恢复正常说明 C3 击穿；如果仍然为 0V 说明是直流电压供给电路出了问题，这一放大器本身可以不必检查。

（2）用电阻法测量 T1 二次绕组是否开路。

（3）在测量直流电压 $+V$ 正常后，用干扰检查法干扰 VT1 基极，输出端没有干扰信号输出时做下一步检查。

（4）测量 VT1 各电极直流工作电压。如果测量集电极直流电压为 0V，用电阻法检查 T1 的一次绕组是否开路或假焊；如果测量集电极直流电压为 $+V$，说明集电极直流电压正常，因为 T1 的一次绕组直流电阻很小。如果测量基极直流电压为 0V，用电阻法检查 R1 是否开路或假焊；若测量基极直流电压大于正常值，用电阻法检查 R2 是否开路或假焊。如果测量发射极直流电压为 0V，用电阻法检测 VT1 发射结是否开路。若测量集电极与发射极之间直流电压降为 0.2V 左右，用电阻法检查 R2 是否开路。

（5）如果干扰 VT1 基极时输出端有干扰信号输出，可再干扰输入端（C1 的左端），如果输出端无干扰信号输出，重新熔焊 C1 的两根引脚的焊点，无效后用代替法查 C1 是否开路。

上述检查无效后，用电阻法检查 C2 是否失效，可代替检查。必要时进行 T1 电感量的调整。

2．输出信号小故障处理对策

当干扰放大器输出端时干扰信号输出正常，而干扰输入端时干扰信号输出小，这说明输出信号小故障出在这一级放大器中。**这一故障的检查顺序如下。**

13.RC 超前移相电路 4

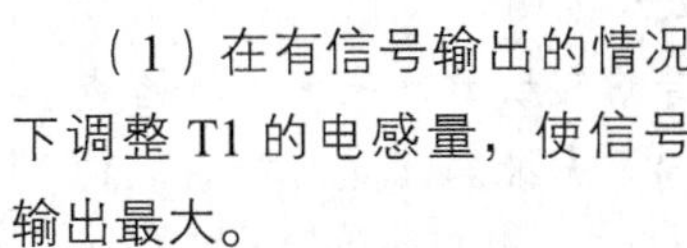

（1）在有信号输出的情况下调整 T1 的电感量，使信号输出最大。

（2）测量直流电压 $+V$ 是否偏低。

（3）更换三极管 VT1 一试。

3．噪声大故障处理方法

断开 T1 二次绕组后无噪声（再焊好 T1），再断开 C1 时噪声仍然存在时，说明噪声大故障出在这一放大器中。这种故障的检查顺序如下。

（1）重新熔焊 C1，无效后更换一试。

（2）代替法检查 VT1 管。

注意事项提示

（1）这种放大器不是音频放大器，往往是中频放大器，所以在放大器输出端不能听到音频信号的声音，可用真空管毫伏表监视，利用整机电路中的低放电路监听。

（2）对于变压器电感量的调整要注意，一般情况下不要随便调整，必须调整时调整前在磁芯上做一个记号，以便在调整无效时可以恢复到原来的状态。

（3）这种放大器工作频率比较高，所以滤波、退耦电容的容量比较小，小电容器的漏电故障发生率没有电解电容器的高。

2.17.6 阻容耦合多级放大器故障处理方法

这里以图 2-89 所示的双管阻容耦合放大器为例，介绍双管阻容耦合放大器故障处理方法。电路中，两级放大器之间采用耦合电容 C3 连接起来，VT1 构成第一级放大器，VT2 构成第二级放大器，两级都是共发射极放大器；R1 是 VT1 偏置电阻，R2 是 VT1 集电极负载电阻，R3 是 VT1 发射极负反馈电阻，R4 是级间退耦电阻，R5 是 VT2 上偏置电阻，R6 是 VT2 下偏置电阻，R7 是 VT2 集电极负载电阻，R8 是 VT2 发射极电阻；C1 是滤波、退耦电容，C2 是输入端耦合电容，C3 是级间耦合电容，C4 是输出端耦合电容；U_i 是输入信号，U_o 是经过两级放大器放大后的输出信号。

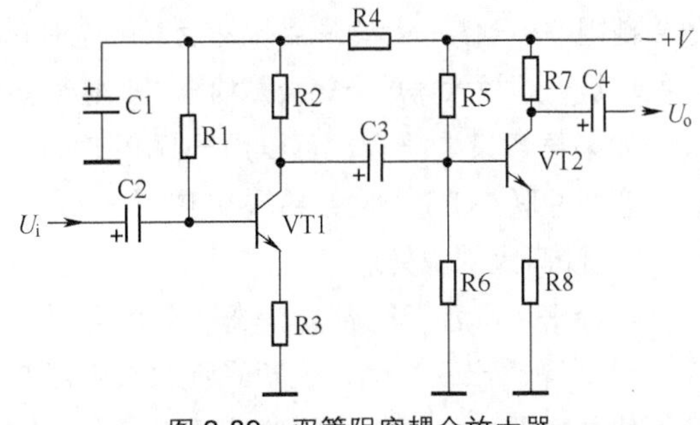

图 2-89 双管阻容耦合放大器

1．无声故障处理对策

当干扰 C4 右端时干扰响声正常，而干扰输入端（C2 左端）时无干扰响声，说明无声故障出在这两级放大器中。**这一故障的检查步骤和具体方法如下。**

（1）干扰 VT2 集电极，如果输出端有干扰信号输出，说明VT2集电极之后的电路工作正常。再干扰 VT2 基极，如果干扰响声更大，说明 VT2 基极之后的电路正常。如果干扰时输出端没有干扰信号输出，说明故障出在 VT2 放大级中，进一步的检查方法与前面介绍的单级放大器相同。

（2）在干扰检查 VT2 放大级正常后，再干扰 VT1 集电极。如果干扰时的响声与干扰 VT2 基极时一样大小，说明 VT1 集电极之后的电路工作正常；如果无干扰响声，重新熔焊 C3 两根引脚，无效时用代替法检查 C3。

（3）在干扰检查 VT1 集电极电路工作正常之后，下一步干扰检查 VT1 基极。如果干扰响声比 VT1 集电极时更大，说明 VT1 基极之后的电路工作正常，如果没有响声则是 VT1 放大级出现故障，用前面介绍的单级音频放大器的故障检查方法对 VT1 放大级进一步检查。

（4）在干扰检查 VT1 基极正常后，干扰输入端（C2 左端）。如果没有干扰响声，重新熔焊 C2 两根引脚，无效时用代替法检查 C2；如果干扰响声与 VT1 基极一样响，说明这一多级放大器没有故障。

2．声音轻故障处理方法

当干扰 C4 右端时干扰响声正常，而干扰输入端（C2 左端）时干扰响声轻，说明声音轻故障出在这两级放大器中。如果声音很轻，其检查方法同无声故障一样，采用干扰检查法将故障范围缩小到某一级电路中，然后再用前面介绍的单级音频放大器声音轻故障检查方法检查。

如果声音只是略轻，可以用一只 2μF 的电解电容器并联在 R3 上，或并联在 R8 上一试。

3．噪声大故障处理

当断开 C4 后无噪声，焊好 C4 后再断开 C2，此时噪声出现的话，说明噪声大故障出在这两级放大器中。**这一故障的检查步骤和具体方法如下。**

（1）将 VT2 基极与发射极之间用镊子直接短接，如果噪声消失，再将 VT1 基极与发射极之间直接短接，如果噪声出现，说明噪声故障出在 VT2 放大器中，用前面介绍的单级音频放大器噪声大故障检查方法检查。

（2）如果直接短接 VT1 基极与发射极之后噪声也消失，将电容 C1 断开电路，如果此时噪声出现，则噪声故障出在 VT1 放大器中，用前面介绍的噪声大故障检查方法检查。

4．非线性失真大故障处理方法

当用示波器接在输出端出现非线性失真波形，再将示波器接在输入端没有失真时，说明这两级放大器中存在非线性失真大故障。此时将示波器接在 VT1 集电极上，如果波形失真说明故障出在 VT1 放大器中，如果波形没有失真说明故障出在 VT2 放大器中。用前面介绍的单级音频放大器非线性失真大故障检查方法检查。

注意事项提示

（1）由于级间耦合采用电容器，所以两级放大器之间的直流电路是隔离的，可以通过干扰检查法、短路检查法将故障范围进一步缩小到某一级放大器，这样就同单级放大器故障处理方法一样。

（2）若是无声和声音轻故障，用干扰检查法缩小故障范围；噪声大故障要用短路检查法缩小故障范围。

（3）对声音略轻故障，采用干扰检查法缩小故障范围是无效的，此时可采取辅助措施，如在 VT1 发射极电阻 R3 上并联一只 20μF 发射极旁路电容，以减小这一级放大器的交流负反馈量，提高放大器增益，达到增大输出信号的目的。

2.17.7 直接耦合多级放大器故障处理对策

这里以图 2-90 所示的直接耦合多级放大

器为例，介绍直接耦合多级放大器故障处理方法。电路中，VT1 集电极与 VT2 基极之间直接相连，这是直接耦合电路；VT1 构成第一级放大器，VT2 构成第二级放大器；R1 是 VT1 集电极负载电阻，同时也是 VT2 上偏置电阻，R2 是 VT1 发射极负反馈电阻，R3 是 VT1 偏置电阻，R4 是 VT2 集电极负载电阻，R5 是 VT2 发射极负反馈电阻；C1 是输入端耦合电容，C3 是输出端耦合电容，C4 是 VT2 发射极旁路电容；U_i 是输入信号，U_o 是经过两级放大器放大后的输出信号。

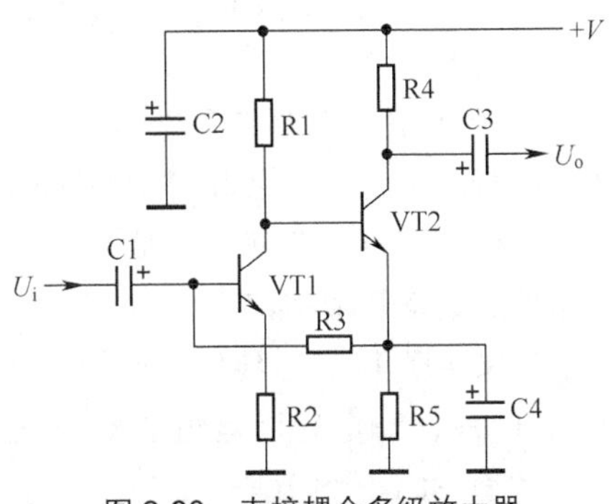

图 2-90 直接耦合多级放大器

1．无声故障处理对策

当干扰 C3 右端时干扰响声正常，而干扰输入端（C1 左端）时无干扰响声，说明无声故障出在这两级放大器中。这一故障的检查步骤和具体方法如下。

（1）测量直流工作电压 +V，若该电压为 0V，断开 C2 后再次测量，恢复正常的话更换 C2，否则是直流电压供电路故障，与这两级放大器无关。

（2）测量 VT2 集电极直流电压，若等于 +V，再测量 VT2 基极直流电压，若为 0V，用电阻法检查 R1 是否开路，无效后重焊 R1、VT2 各引脚。如果 VT2 基极上有电压，用电阻法检查 VT2 发射结是否开路，检测 VT2 两个 PN 结的正向和反向电阻是否有开路故障。

（3）如果测量 VT2 集电极电压低于正常值，用电阻法检查 VT1 是否开路、是否截止；如果测量 VT1 基极电压为 0V，用电阻法查 R3 是否开路、C4 是否击穿。测量 VT1 基极有电压时，用电阻法检测 VT1 是否开路、R2 是否开路。

14.RC 开关消火花电路 1

（4）在检查 VT1、VT2 各电极直流电压均正常时，接下来主要是用代替法查 C1、C3 是否开路。

2．声音轻故障处理方法

当干扰 C3 右端时干扰响声正常，而干扰输入端（C1 左端）时干扰响声轻，说明声音轻故障出在这两级放大器。**这一故障的检查步骤和具体方法如下。**

（1）测量直流工作电压 +V，如果这一电压低，断开 C2 后再次测量，若电压恢复正常更换 C2，否则是直流电压供电电路故障，与这两级放大器无关。

（2）用代替检查法查 VT2 发射极旁路电容 C4 是否开路。

（3）如果声音轻故障不是很明显，可用一只 20μF 电解电容并联在 VT1 发射极电阻 R2 上（正极接 VT1 发射极），通过减小 VT1 放大级交流负反馈来提高增益。

（4）如果故障表现为声音很轻，通过上述检查后可像检查无声故障一样检查 VT1、VT2 放大器，但不必怀疑 C1、C3 开路故障。

3．噪声大故障处理方法

当断开 C3 后噪声消失，再接好 C3 后断开 C1，如果噪声仍然存在，说明噪声大故障出在这两级放大器。**这一故障的检查步骤和具体方法如下。**

（1）重新熔焊 C1、C3、VT1、VT2 各引脚。

（2）代替检查法查 C1、C3、VT1、VT2。

（3）代替检查法查 C4。

注意事项提示

（1）由于两级放大器之间采用直接耦合，VT1、VT2 各电极的直流电压是相互联系的，当两只三极管电路中有一只三极管的直流电压发生变化时，在 VT2 的各电极直流电压上都能够反映出来，所以检查中主要是测量 VT2 各电极的直流电压。

（2）由于两只三极管的直流电路相联系，所以要将这两级放大器作为一个整体来检查，而不能像阻容耦合多级放大器那样，可以通过干扰法或短路法将故障再缩小到某一级放大器中。

（3）当R1、R2、R3、R4、R5和VT1、VT2中的任何一个元器件出现故障时，VT1、VT2各电极直流电压都将发生改变，这给电路检查带来了许多不便，所以检查直接耦合放大器比起阻容耦合多级放大器要困难得多，当直接耦合的级数多时，检查起来更加困难。

（4）当测量VT2有集电极电流而VT1没有集电极电流时，用电阻法查R3和R2是否开路、VT1是否开路。当测量VT1有集电极电流而VT2没有集电极电流时，用电阻法查R4是否开路。

2.17.8 变压器耦合推挽功率放大器故障处理对策

在一个音频放大系统中，功率放大器工作在最高的直流工作电压、最大的工作电流下，所以这部分电路的故障发生率远比小信号放大器要高。这里介绍6种不同类型功率放大器的故障处理方法。

这里以图2-91所示的变压器耦合推挽功率放大器为例，介绍对这种电路的故障处理方法。电路中，VT1、VT2构成推挽输出级放大器，T1是输入耦合变压器，T2是输出耦合变压器，BL1是扬声器，R1和R2为两只放大管提供静态偏置电流，C1是旁路电容，R3是两管共用的发射极负反馈电阻，C2是电源电路中的滤波电容。

1．完全无声故障处理对策

功率放大器会出现完全无声故障，对这一故障的检查步骤和具体方法如下。

（1）用电压检查法测量直流工作电压+V，如果为0V，断开C2后再次测量，仍然为0V说明功率放大器没有问题，需要检查电源电路。如果断开C2后直流工作电压+V恢复正常，说明C2击穿，更换C2。

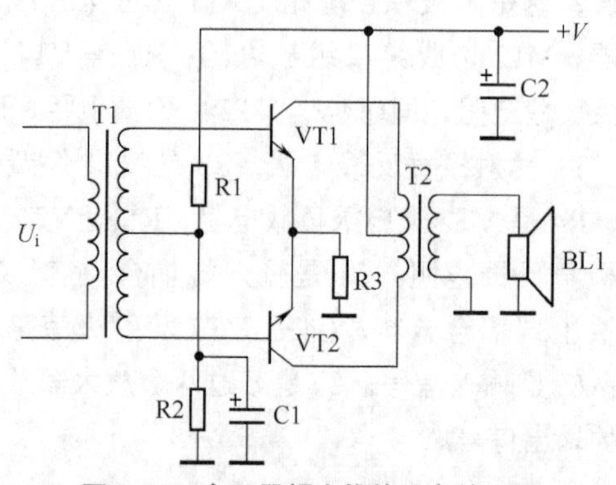

图2-91　变压器耦合推挽功率放大器

（2）用电压检查法测量T2一次绕组的中心抽头上的直流电压，如果为0V，说明这一抽头至+V端的铜箔线路存在开路故障，断电后用电阻法检测铜箔开路处。

（3）如果测量T2一次绕组中心抽头上的直流电压等于+V，断电后用电阻法检测BL1是否开路，检查BL1的地端与T2二次绕组的地端之间是否开路，检测T2的二次绕组是否开路。

上述检查均正常时，用电阻检查法检测R3是否开路，重新熔焊R3两根引脚的焊点，以消除可能出现的虚焊现象。

2．无声故障处理方法

当干扰T1一次绕组热端时，如果扬声器中没有干扰响声的话，说明无声故障出在这一功率放大器中。对这一故障的检查步骤和具体方法如下。

（1）用电压检查法测量T1二次绕组中心抽头的直流电压，如果为0V，断开C1后再次测量，恢复正常说明C1击穿，如果仍然为0V，用电阻法检测R1是否开路，重新熔焊R1两根引脚的焊点。

（2）如果测得T1二次绕组中心抽头电压很低（低于1V），用电阻法查C1是否漏电，如果C1正常，测量直流工作电压+V是否太低，如果低，可断开C2后再次测量，仍然低，则是电源电路故障，如果恢复正常电压值说明C2漏电，更换之。

（3）如果测得T1二次绕组中心抽头的直流电压比正常值高得多，用电阻法检查R2是否开路，重新熔焊R2两根引脚的焊点。

（4）分别测量 VT1、VT2 集电极的静态工作电流，如果有一只三极管的这一电流很大时，更换这只三极管一试。

（5）用电阻检查法检测 T1 的一次和二次绕组是否开路。

3．声音轻故障处理对策

当干扰 T1 一次绕组热端时，如果扬声器中的干扰响声很小的话，说明声音轻故障出在这一功率放大器中，如果扬声器中有很大的响声说明声音轻故障与这一功放电路无关。**对这一故障的检查步骤和具体方法如下。**

（1）用电压检查法测量直流工作电压 +*V* 是否太低，如果太低主要检查电源电路直流输出电压低的原因。

（2）用电流检查法分别测量 VT1 和 VT2 集电极的静态工作电流，如果有一只三极管的这一电流为 0A，更换这一只三极管，无效时用电阻检查法检测 T2 的一次绕组是否开路。

（3）用一只 20μF 的电解电容并联在 C1 上一试（负极接地端），如果并上后声音明显增大，说明 C1 开路，重新熔焊 C1 两根引脚的焊点，无效后更换 C1。

（4）用电阻检查法检测 R3 的阻值是否太大（一般为小于 10Ω）。

（5）同时用代替法检查 VT1、VT2。

（6）如果是声音略轻故障，适当减小 R3 的阻值，可以用一只与 R3 相同阻值的电阻器与 R3 并联，但是注意并上的电阻器功率要与 R3 相同，否则会烧坏并上的电阻器。

4．噪声大故障处理对策

断开 T1 一次绕组后噪声消失，说明噪声大故障出在这一功率放大器中。**对这一故障的检查步骤和具体方法如下。**

15.RC 开关消火花电路 2

（1）用代替法检查 C1。

（2）交流声大时用代替法检查 C2，也可以在 C2 上再并一只 1000μF 的电容（负极接地端，不可接反）。

（3）分别测量 VT1、VT2 集电极的静态工作电流，如果比较大（一般在 8mA 左右），分别代替 VT1、VT2，无效后适当加大 R1 的阻值，使两管的静态工作电流减小一些。

5．半波失真故障处理对策

在扬声器上用示波器观察到只有半波信号时，用电流检查法分别测量 VT1、VT2 的集电极电流，一只三极管的集电极为 0A 时更换这只三极管。两只三极管均正常时，用电阻检查法检测 T2 一次绕组是否开路。

6．冒烟故障处理对策

当出现冒烟故障时，主要是电阻 R3 过流，是电阻 R3 冒烟，这时分别测量 VT1、VT2 的集电极静态电流，如果都很大，用电阻法检测 R2 是否开路。如果只是其中的一只三极管电流大，说明这只三极管已击穿，更换这只三极管。

注意事项

在检查变压器耦合推挽功率放大器故障过程中要注意以下几个问题。

（1）电路中 VT1、VT2 各电极直流电路是并联的，即两管基极、集电极、发射极上的直流电压相等，所以在确定这两只三极管中哪一只开路时，只能用测量三极管集电极电流的方法。

（2）VT1、VT2 性能要求相同，更换其中一只三极管后，如果出现输出信号波形的正、负半周幅度大小不等时，说明换上的三极管与原三极管性能不一致。这两只三极管是要配对的（性能一致）。

（3）由于有输入耦合变压器，所以功放输出级与前面的推动级电路在直流上是分开的，这样可以将故障压缩到功放输出级电路中。

（4）当处理冒烟故障时，先要打开机壳，找到功放输出管发射极回路中的发射极电阻，通电时观察它，一旦见到它冒烟要立即切断电源。

（5）这种电路中的输入、输出变压器外形相同，分辨它们的方法是：用电阻检查法分别测量两只变压器的两根引脚线圈的直流电阻，阻值小的一只是输出变压器。

2.17.9 单声道OTL功率放大器集成电路故障处理对策

检修 OTL 功率放大器集成电路的方法是测量集成电路信号输出引脚的直流工作电压，正常时信号输出引脚上的直流工作电压等于集成电路电源引脚上直流工作电压的一半，否则集成电路必定出现了故障。

以图 2-92 所示的单声道音频功率放大器集成电路为例，对其故障检修方法进行讲解。

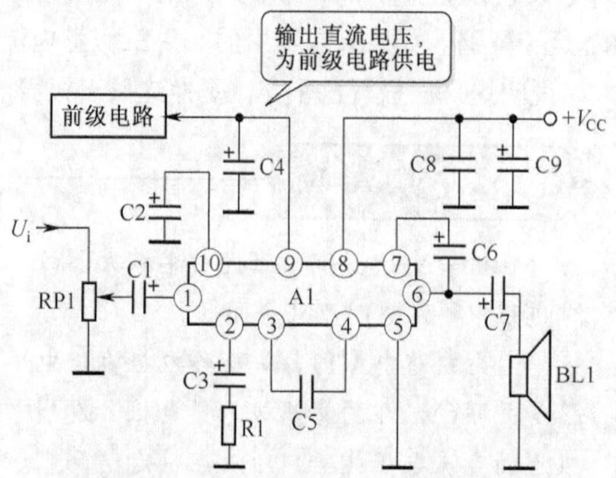

图 2-92　单声道音频功率放大器集成电路

1．完全无声（无信号无噪声）故障处理对策

对于完全无声故障的检查步骤和具体方法说明如下。

（1）用电压检查法测量集成电路 A1 电源引脚⑧上的直流工作电压 $+V_{CC}$，若测量为 0V，断开 C8、C9 后再次测量这一引脚上的直流工作电压，仍然为 0V 说明功率放大器集成电路 A1 没有问题，再用电压检查法检查电源电路；若断开两电容后集成电路 A1 的⑧脚直流工作电压恢复正常，则是 C8 或 C9 击穿（C8 容量较小一般不会击穿，C9 击穿的可能性较大），可用电阻检查法分别检测。

（2）在确定集成电路 A1 电源引脚上的直流工作电压正常后，测量集成电路 A1 的信号输出引脚⑥上的直流电压，正常时应该为 $+V_{CC}$ 的一半。

（3）当测得集成电路 A1 的信号输出引脚上的直流电压正常后，用电阻检查法检测扬声器 BL1 的接插件（图中未画出）是否接触不良、扬声器是否开路、扬声器接地是否良好、扬声器的地线与集成电路 A1 的地线之间的铜箔线路是否开裂。

（4）测量集成电路 A1 的静噪控制引脚⑩的直流电压，如果为 0V，检查电容 C2 是否击穿。断开 C2，如果声音出现，说明 C2 击穿，更换之。

（5）通过上述检查均没有发现故障部位时，重新熔焊 C7 两根引脚的焊点，用代替检查法检查集成电路 A1 的输出端耦合电容 C7 是否开路，用电阻检查法检测 C7 两根引脚的铜箔线路是否开裂。

2．无声故障处理对策

以下说明无声故障的检查步骤和具体方法。

（1）将音量电位器 RP1 开到最大音量位置，干扰 RP1 热端，若扬声器中有响声说明无声故障与功放电路无关。若扬声器 BL1 中没有干扰响声，说明无声故障出在这一功率放大器集成电路中，可以将无声故障范围确定在图示的单声道音频功率放大器集成电路中。

（2）用电压检查法测量集成电路 A1 的信号输出引脚⑥的直流电压，若不等于直流工作电压 $+V_{CC}$ 的一半，说明无声故障出在集成电路 A1 中。

（3）若测得集成电路 A1 ⑥脚的直流电压低于 $+V_{CC}$ 的一半，可断开 A1 的输出端耦合电容 C7 后再次测量⑥脚的直流电压，若恢复正常则是 C7 漏电；若仍然低，可断开 A1 的输入端耦合电容 C1 后测量⑥脚直流电压，如果恢复正常就是 C1 漏电；如果仍低说明集成电路 A1 有问题，可以用代替法一试。

（4）若测得集成电路 A1 ⑥脚的直流电压高于 $+V_{CC}$ 的一半，可断开 C6 后再次测量集成电路 A1 的⑥脚直流电压，若恢复正常则是 C6 漏电；若仍然高，断开 C3 后测量⑥脚直流电压，若恢复正常是电容 C3 漏电；若还高则说明集成电路 A1 有问题，可以对集成电路 A1 进行代替检查。

（5）用电阻检查法检测集成电路 A1 的⑤脚

与地端之间是否开路。

（6）在对集成电路外电路中的元器件检测时没有发现问题后，可用代替检查法检查集成电路A1。

（7）若A1的⑥脚直流电压等于$+V_{CC}$的一半，说明集成电路A1工作正常，可用代替法检查C1是否开路，用电阻法检测RP1动片与碳膜之间是否开路。

3．声音轻故障处理对策

对声音轻故障的检查步骤和具体方法说明如下。

（1）将音量电位器RP1开到最大，干扰RP1热端，若扬声器BL1中的干扰响声很小，说明声音轻故障出在这一功率放大器集成电路中，若扬声器中有很大的响声说明声音轻故障与集成电路A1无关。

（2）用电压检查法检测集成电路A1电源引脚上的直流工作电压$+V_{CC}$是否太低，如果电压太低可断开C8和C9，再次测量直流工作电压$+V_{CC}$，若此时直流电压$+V_{CC}$恢复正常，说明C8或C9击穿或严重漏电；如果$+V_{CC}$仍然太低，可将A1的电源引脚⑧的铜箔线路断开，再次测量$+V_{CC}$端直流电压，如果仍然低，则要用电压法检查电源电路；如果此时电压恢复正常，说明集成电路A1损坏，应予更换。

（3）用电压检查法测量集成电路A1的⑥脚直流电压，若偏离$+V_{CC}$的一半，用前面介绍的方法进行检查。

（4）测量集成电路A1的静噪控制引脚⑩的直流电压，如果电压偏低，检查电容C2是否漏电。可断开C2，如果故障现象消失，说明是C2漏电了，需更换。

（5）重新熔焊C1两根引脚的焊点。

（6）用电阻检查法检测RP1动片与碳膜之间接触电阻是否太大。

（7）对于声音略轻故障，可以适当减小交流负反馈电阻R1的阻值，即用一只与R1阻值相同的电阻并在R1上。

（8）用电阻法检测交流负反馈回路中的C3、R1是否开路，重新熔焊这两个元件的引脚焊点。

（9）如果故障只是表现为在大信号时声音略轻，可以用代替检查法检查自举电容C6。

（10）上述检查无效后对集成电路A1做代替检查。

4．噪声大故障处理对策

对噪声大故障的检查步骤和具体方法说明如下。

（1）在关死音量电位器RP1后，如果噪声消失，说明噪声大故障与这一功率放大器集成电路A1无关，故障出在前级放大器中；若关死后噪声仍然存在或略有减小，说明噪声大故障出在这一音频功率放大器集成电路中。

（2）交流声大时可用代替检查法检查C9，也可以在C9上再并一只1000μF的电容（负极接地端，不可接反）；如果是前级放大器出现交流声大的故障，可以检查电容C4是否出现开路或容量变小的故障。

（3）重新熔焊集成电路A1的各引脚和外电路中的元件，特别是集成电路外电路中的电容。

16.RC开关消火花电路3

（4）重点检查集成电路A1外电路中的各电容是否漏电，可进行代替检查，重点是电容C1、C3、C5、C2。

（5）如果只是在开机时出现一声噪声，可重点检查电容C2是否开路。

（6）上述检查无效后用代替法检查集成电路A1。

5．其他电路故障处理对策

对其他故障的检查步骤和具体方法说明如下。

（1）出现高频自激故障时，可以在电容C5上再并联一只相同容量的电容一试，若并联后高频自激消失，说明原C5失效或开路，应更换C5。

（2）如果在没有加信号时集成电路A1发热，说明集成电路A1存在超音频或超低频自激，此时可以更换电源高频滤波电容C8一试，无效后测量集成电路A1电源引脚的直流工作电压，若正常时可以更换集成电路A1一试。

（3）如果在调整音量时出现“咔啦、咔啦”的响声，不调整音量电位器时这一噪声就消失，说明是音量电位器转动噪声大的故障，可清洗音量电位器RP1，方法是：沿音量电位器转柄处滴入纯酒精清洗液，且不断转动电位器的转柄，使动片在碳膜上移动，以便充分清洗。这一清洗可以在通电下进行，随着清洗的进行，转动音量电位器时的噪声会越来越小，直至转动噪声消失。

注意事项提示

（1）检查这种集成电路最关键的一点是，集成电路信号输出引脚的直流电压应等于电源引脚上直流工作电压的一半，这一电压正常表示集成电路没有故障。外电路中的电容不存在击穿、漏电问题，但不能排除电容开路的可能性。

（2）当功率放大器集成电路外壳上出现裂纹、小孔时，说明集成电路已经烧坏，需要更换。

（3）功率放大器集成电路的故障发生率比较高。

（4）当功率放大器集成电路烧坏（击穿）后，会引起频繁烧保险丝的故障。

（5）功率放大器集成电路出现最多的故障是无声、声音很轻。

（6）在没有给功率放大器集成电路输入信号时，通电后集成电路的散热片已经很烫手，说明集成电路存在超低频自激或超音频自激故障。

2.17.10 双声道OTL音频功率放大器集成电路故障处理对策

双声道OTL音频功率放大器集成电路的故障检修基本上与前面介绍的单声道OTL音频功率放大器集成电路故障检修的方法一样，但双声道电路与单声道电路电路结构不同，所以故障检修也有许多不同之处。

以图2-93所示电路为例对双声道OTL功率放大器集成电路的故障处理方法进行说明。

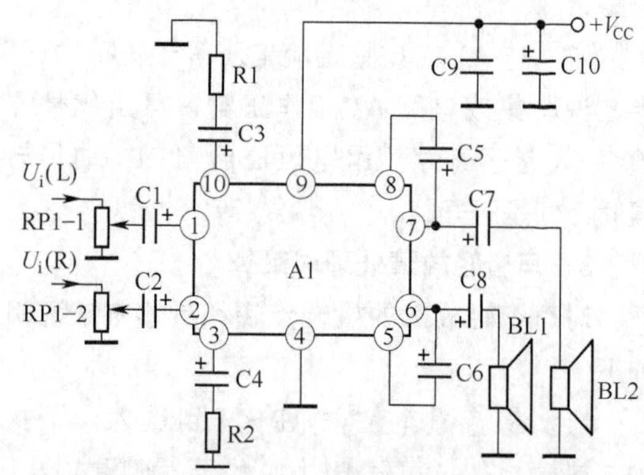

图2-93 双声道OTL功率放大器集成电路

1．两个声道同时完全无声故障处理对策

对两个声道完全无声的故障检修主要说明以下几点。

（1）由于两个声道的输出回路不太可能同时开路，所以这一故障的主要原因是集成电路A1没有直流工作电压。

（2）测量集成电路A1电源引脚⑨上直流电压 $+V_{CC}$，看其是否为0V，若为0V则检测C9、C10是否击穿，若C9和C10正常可用电阻检查法测量集成电路A1的⑨脚对地是否短路，如果是短路更换集成电路A1，如果A1也正常，$+V_{CC}$ 仍然为0V，再用电压检查法检查电源电路。

（3）如果集成电路A1的直流工作电压 $+V_{CC}$ 正常，可重新熔焊集成电路A1接地引脚④，无效时用代替法检查集成电路A1。

2．某一个声道完全无声故障处理对策

对某一个声道完全无声的故障检修主要说明以下几点。

（1）由于有一个声道电路工作正常，说明集成电路A1的直流工作电压正常，此时测量无声的那个声道电路的信号输出引脚上的直流工作电压，会有两种情况：一是这一引脚上的直流工作电压等于 $+V_{CC}$ 的一半，二是这一引脚上的直流工作电压为0V，两种情况检查电路的对象是不同的。

（2）若测得集成电路 A1 有故障声道的信号输出引脚上的直流工作电压等于 + V_{CC} 的一半，说明集成电路 A1 工作正常，故障出在扬声器回路中，可用电阻法检测输出回路的输出耦合电容、扬声器是否开路，检查输出回路的铜箔线路是否存在开裂故障。

（3）若测得集成电路 A1 有故障声道的信号输出引脚上的直流电压等于 0V，而集成电路电源引脚上的直流工作电压正常，可以更换集成电路 A1。

3．两个声道同时无声故障处理对策

对两个声道同时无声故障的检修需要说明以下几点。

（1）测量集成电路 A1 的电源引脚⑨的直流工作电压，如果电压非常低，分别断开电容 C9、C10 后再次测量⑨脚上的直流工作电压，若恢复正常，说明电容 C9 或 C10 击穿；若断开 C9、C10 后测量⑨脚上的直流工作电压仍然很低，用电压检查法检查是否是电源电路造成了电压低；没有发现故障部位时，再断开集成电路 A1 的电源引脚⑨，断电后测量集成电路 A1 的⑨脚与地线之间的电阻很低时，说明集成电路 A1 损坏，应予更换。

（2）如果测得集成电路 A1 的电源引脚⑨上的直流工作电压正常，则测量集成电路 A1 的接地引脚④上的直流工作电压，若不为 0V，说明该引脚接地不好，可能是假焊，重新焊接该引脚。

（3）测量集成电路 A1 的左、右声道信号输出引脚⑦、⑥脚上的直流工作电压是否等于集成电路电源引脚⑨上直流工作电压 +V_{CC} 的一半，如果不等，全面测量集成电路 A1 各引脚的直流工作电压，然后与引脚电压标准值进行比较，对相差较大引脚外电路中的元件进行检查。

（4）上述检查没有发现问题时，可更换集成电路一试。

4．某一个声道无声故障处理对策

对某一个声道无声故障的检修需要说明以下几点。

（1）测量集成电路 A1 有故障声道信号输出引脚⑦或⑥脚上的直流工作电压是否等于集成电路电源引脚⑨上直流工作电压 +V_{CC} 的一半，如果不等，全面测量集成电路 A1 该声道电路的其他引脚的直流工作电压，然后与另一个工作正常声道各对应引脚上的标准电压值进行比较，对相差较大引脚外电路中的元件进行检查，在外电路没有发现元件故障时，可以更换集成电路 A1 一试。

（2）测得集成电路 A1 信号输出引脚上的直流工作电压正常后，全面测量集成电路 A1 各引脚的直流工作电压，利用另一个声道工作正常的特点，进行对应引脚的直流工作电压对比，对有问题的引脚外电路中的元件进行重点检查。

17.RC 开关消火花电路 4

（3）分别检查输入端耦合电容 C1 或 C2 是否开路。

5．两个声道同时声音轻故障处理对策

对两个声道同时声音轻故障的检修需要说明以下几点。

（1）测量集成电路 A1 的电源引脚⑨上的直流电压是否偏低，若偏低，分别断开电容 C9、C10 后再次测量⑨脚上的直流工作电压，若恢复正常，说明电容 C9 或 C10 存在漏电故障，需更换；若断开 C9、C10 后测量⑨脚上的直流工作电压仍然偏低，用电压检查法检查造成电源电路电压低的原因。

（2）如果电源电路没有故障，断开集成电路 A1 的电源引脚⑨，此时测得 +V_{CC} 端直流电压恢复正常，可更换集成电路 A1 一试，可能是集成电路 A1 的内部有损造成了集成电路的直流工作电压下降。

（3）如果测得集成电路 A1 电源引脚⑨上的直流工作电压正常，需通过试听检查确定是声音略轻还是很轻，若是声音略轻故障可以同时减小电阻 R1 和 R2 的值（用与 R1、R2 阻值相同的电阻并联在这两个电阻上）；如果是声音很轻的故障，则全面测量集成电路 A1 的各个引脚上的直流工作电压，与标准值进行比较，对相差较大引脚外电路中的元件进行检查。

（4）若通过上述检查没有查出故障部位时，可对集成电路A1进行代替检查。

6．某一个声道声音轻故障

对某一个声道声音轻故障的检修需要说明以下几点。

（1）首先通过试听检查确定是哪一个声道出现故障，方法是分别干扰集成电路A1的①脚和②脚，哪个声道扬声器响声小就是该声道出现了声音轻故障。注意，集成电路的①脚与BL2是同一个声道，②脚与BL1是同一个声道。

（2）测量集成电路有故障声道的信号输出引脚上的直流电压是否等于电源引脚上的直流工作电压$+V_{CC}$的一半，不等时用前面介绍的集成电路信号输出引脚直流电压不为一半故障的检查方法进行检查。

（3）检查集成电路有故障声道中的交流负反馈引脚外电路中的元件是否开路，即检查C3和R1或C4和R2是否开路，这一电路开路将造成该声道放大器放大倍数大幅度下降，出现声音轻故障。

（4）如若一个声道的声音只是比另一个声道的声音略轻一些，可适当减小声音轻的那个声道的交流负反馈电阻的阻值，具体减小的阻值可以通过减小后试听两声道声音来决定，使两声道声音大小相等。注意，负反馈电阻越小，声音越响。

（5）检查集成电路有故障声道电路中的自举电容是否开路，即检查C5或C6是否开路。当自举电容开路时，大信号下输出信号不足，会出现声音略轻现象。

注意事项提示

(1) 凡是集成电路一个声道工作正常，另一个声道有故障时，不必测量集成电路电源引脚的直流工作电压；但对于左、右声道采用两块单声道集成电路构成的双声道电路，还是要测量集成电路电源引脚上的直流工作电压的。

(2) 凡是集成电路一个声道工作正常，另一个声道有故障时，可以通过测量两个声道中具有相同作用的引脚上的直流工作电压进行对比。如某引脚上过直流工作电压不同，该引脚就是要重点检查之处，主要是检查引脚外电路中的元器件，外电路元器件正常时可以更换集成电路一试。

(3) 集成电路的两个声道出现相同故障时，是两个声道的共用电路出了故障，主要是电源引脚外电路、接地引脚等。

2.17.11 单声道OCL音频功率放大器集成电路故障处理对策

故障处理对策提示

OCL音频功率放大器集成电路的故障类型和检修方法与OTL功率放大器集成电路基本相同，主要关注下列几个方面。

(1) OCL功率放大器集成电路的信号输出引脚直流工作电压在正常时为0V，这一点与OTL电路不同，检修时一定要注意。当OCL功率放大器集成电路信号输出引脚的直流工作电压不为0V时，将造成扬声器回路的保护电路或保护元器件动作，出现完全无声故障。如果扬声器回路中没有设置保护电路或保护元器件，将烧坏扬声器。

(2) 当正、负电源有一个不正常时，正、负电源的电压绝对值不相等，将造成OCL功率放大器集成电路的信号输出引脚的直流工作电压不为0V。检修电路时最重要的一环是测量集成电路信号输出引脚上的直流工作电压。

(3) 由于OCL功率放大器集成电路的特殊性，这种电路发生完全无声故障的可能性比OTL功率放大器集成电路高得多。

这里以图 2-94 所示的单声道 OCL 功率放大器集成电路为例，介绍对这种集成电路的各种故障检修方法。

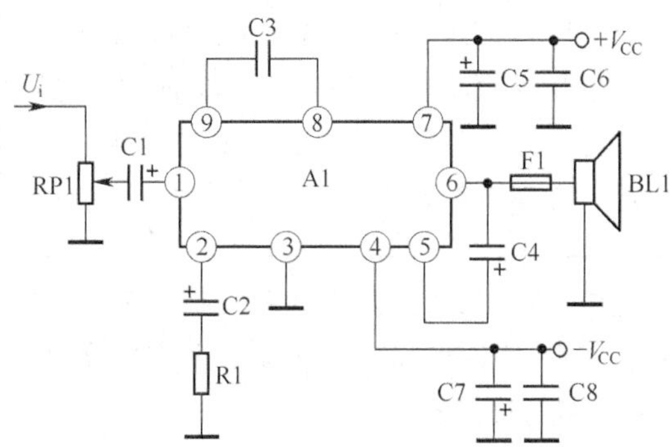

图 2-94　单声道 OCL 功率放大器集成电路

1．完全无声故障处理对策

（1）直观检查法检查熔丝 F1 是否熔断。如果通过直观检查发现熔丝 F1 已经熔断，在不更换新熔丝的情况下测量集成电路 A1 的信号输出引脚⑥的直流电压，若为 0V，可以重新更换熔丝；若不为 0V 更换熔丝后会再次熔断。

在更换熔丝 F1 之前，还要用电阻检查法检测扬声器 BL1 是否开路。

（2）检查信号输出引脚直流电压不为 0V 故障。若测得集成电路 A1 的信号输出引脚⑥的直流电压不等于 0V，应及时断开扬声器，用电压检查法测量 $+V_{CC}$ 和 $-V_{CC}$ 是否相等，若不相等，将电压低的一组电源电路中的滤波电容断开，再次测量集成电路电源引脚上的直流工作电压，电压恢复正常则是该滤波电容漏电，否则是电源电路故障，与这一功率放大器集成电路无关。

在测得 $+V_{CC}$、$-V_{CC}$ 正常，⑥脚直流电压不等于 0V 时，用电阻检查法或代替检查法对集成电路 A1 外电路中的电容（主要是电解电容）进行检测，检查其是否存在击穿或漏电问题。上述检查无效后，用代替法检查集成电路 A1。

（3）测得信号输出引脚为 0V。当测得集成电路 A1 的信号输出引脚⑥的直流电压为 0V 时，检测集成电路正、负电源引脚上是否有直流工作电压，无电压时检查电源电路。

2．无声故障处理对策

（1）测量集成电路 A1 的正、负电源引脚上的直流工作电压，如果严重偏低，按照前面介绍的电源引脚电压低的故障检查方法检查电压低的原因。

18.RC 低频噪声切除电路 1

（2）当测得集成电路 A1 的输出端⑥脚的直流电压等于 0V 时，主要用电阻法检测输入端耦合电容 C1 是否开路、音量电位器 RP1 动片与碳膜之间是否开路。

（3）测量集成电路 A1 的各引脚直流电压，然后与该集成电路各引脚的标准直流电压进行比较，对电压值相差 0.5V 以上的引脚外电路中的元器件进行重点检查，主要是注意电容是否存在漏电故障。

（4）通过上述检查没有发现故障部位时，对集成电路 A1 做代替检查。

注意事项提示

（1）当扬声器回路中没有设置过流熔丝或扬声器保护电路时，一旦集成电路出现故障使 OCL 功率放大器集成电路信号输出引脚的直流电压不等于 0V 时，将引起扬声器回路过流，损坏扬声器，出现完全无声故障。所以这种功率放大器出现完全无声故障的可能性比较大。

（2）检修 OCL 功率放大器集成电路故障的关键是测量集成电路信号输出引脚上的直流电压，应该等于 0V，在等于 0V 时可以排除集成电路故障及外电路中各电容击穿和漏电故障的可能性。

（3）检测这种 OCL 功率放大器集成电路正、负电源的直流电压是否相等是另一个重要检测项目。这两个电压大小不相等时，集成电路信号输出引脚的直流电压不会为 0V，这一点与检修 OTL 功率放大器集成电路故障不同。

（4）由于扬声器回路中的熔丝有时并不保险，所以有些情况下熔丝没有熔断而扬声器 BL1 已经烧成开路。

（5）在检查 OCL 功率放大器集成电路故障的过程中，当测得集成电路信号输出引脚上的直流电压不等于 0V 时，不能将扬声器接入电路，否则会烧坏扬声器，一定要等信号输出引脚上的直流电压正常后再接入扬声器。

（6）检修 OCL 功率放大器集成电路故障的过程中最容易烧坏扬声器，因为一旦操作不当就会使集成电路信号输出引脚的直流工作电压不为 0V，所以在检查时最好用一只普通扬声器接入电路试听，以免烧坏原配的扬声器。

（7）许多采用 OCL 功率放大器集成电路的机器中，在功率放大器输出回路中接有扬声器保护电路，这一电路开路（处于保护状态），将使扬声器完全无声。当然保护电路进入保护状态也与功率放大器故障密切相关，即集成电路的信号输出引脚上的直流电压不等于 0V，扬声器保护电路就会进入保护状态。

2.17.12 BTL功率放大器集成电路故障处理对策

重要提示

BTL 音频功率放大器集成电路的故障类型和检修方法与 OTL、OCL 功率放大器集成电路基本相同，这里主要说明下列几个方面。

（1）BTL 电路由两组功率放大器组成，所以电路中的元器件比较多，这两组功率放大器是完全对称的。

（2）BTL 功率放大器集成电路可以用单一的正电源供电，也可以用对称的正、负电源供电，在进行故障检修前先要搞清楚这一点。

（3）由于 BTL 功率放大器集成电路中的扬声器浮地，所以在故障检修中切不可将扬声器的任何一根引脚直接接地，否则会烧坏扬声器。

这里以图 2-95 所示的单声道 BTL 功率放大器集成电路为例，介绍这种功率放大器集成电路的故障处理对策。

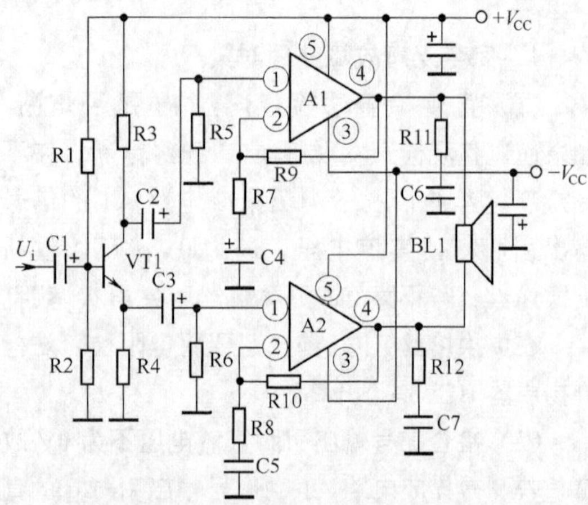

图 2-95 单声道 BTL 功率放大器集成电路

1. 完全无声故障处理对策

（1）如果扬声器回路中设有熔丝，用直观检查法检查熔丝是否熔断，若已经熔断，在不更换新熔丝的情况下分别测量集成电路 A1、A2 信号输出引脚④的直流工作电压，若都为 0V，可以重新更换熔丝，用电阻检查法检测扬声器是否烧成开路。

（2）若 A1 或 A2 中有一个集成电路的信号输出引脚直流电压不等于 0V，用前面介绍的 OCL 功率放大器集成电路信号输出引脚不为 0V 故障的检查方法去检查，因为 BTL 电路与 OCL 电路基本是一样的。

（3）只有在两块集成电路的信号输出引脚上的直流电压均为 0V 时才能接入扬声器，否则会烧坏扬声器。

2．无声故障处理对策

（1）用干扰检查法确定故障的部位：干扰VT1集电极和发射极，若扬声器中有很大的响声，说明集成电路A1和A2没有故障，应重点检查VT1放大电路；如果干扰时扬声器中没有响声，则检查集成电路A1和A2。

（2）对集成电路A1和A2无声故障的检查方法与前面介绍的OCL功率放大器集成电路无声故障一样。

（3）分别测量集成电路A1和A2信号输出引脚上的直流电压，在均为0V的情况下，主要检查VT1放大电路。

（4）用电压检查法测量放大管VT1集电极、基极和发射极的直流工作电压，正常情况下集电极直流工作电压高于基极和发射极的直流工作电压，基极的直流工作电压比发射极的直流工作电压高出0.6V。如果测量结果不是这样，可检查VT1的偏置电路，即用电阻检查法检查电阻R1～R4。

（5）如果VT1没有集电极直流工作电压，可用电压检查法检查集电极直流电压供给电路有没有出现开路故障；如果VT1的集电极直流工作电压很低，一是要检查VT1偏置电路中的电阻器，二是要检查VT1直流电压供给电路，三是更换VT1一试。

（6）检查VT1基极回路中的输入耦合电容C1是否开路，VT1的集电极和发射极输出耦合电容C2和C3是否开路。

3．声音轻故障处理对策

单声道BTL功率放大器集成电路声音轻故障的检修方法与前面介绍的OTL、OCL功率放大器集成电路声音轻故障的检修方法基本一样。**这里针对具体电路再说明下列几点。**

（1）如果声音很轻，测量集成电路A1、A2的信号输出引脚④，应该都是0V，有不正常时用电压检查法进行检查，前面已经介绍了检查方法。

19.RC低频噪声切除电路2

（2）在测量集成电路A1、A2各引脚直流工作电压正常的情况下，重点检查VT1放大器，主要是测量三极管VT1各电极的直流工作电压，无法确定故障部位时更换三极管VT1一试。

（3）整机的电源电路出现故障，导致正、负电源的电压下降，也是一个比较常见的故障原因。

注意事项提示

（1）对BTL功率放大器集成电路各种故障的检修方法与OTL、OCL功率放大器集成电路故障的检修方法基本相同。

（2）检查中由于扬声器回路中没有隔直元件，当集成电路A1或A2由于故障使信号输出引脚的直流电压不为0V时，都有可能烧坏扬声器，所以要注意保护扬声器，即检修故障时可用一只旧扬声器。

（3）在检修中，不能将扬声器的一根引线接地（其他功率放大器中的扬声器的一根引线都是接地的），否则会烧坏扬声器。在没有搞清楚是什么类型的功率放大器时，很容易出现这种问题。

（4）BTL功率放大器集成电路的信号输出回路也设有扬声器保护电路，检修时要注意这一电路对故障现象的影响。

2.17.13 基本扬声器电路故障处理对策

扬声器电路比较简单，故障检查也是简单的。在一些OCL和BTL功率放大器输出回路中设有扬声器保护电路，这一电路的作用是防止功率放大器出现故障时损坏扬声器。

这里以图2-96所示的最简单的扬声器电路

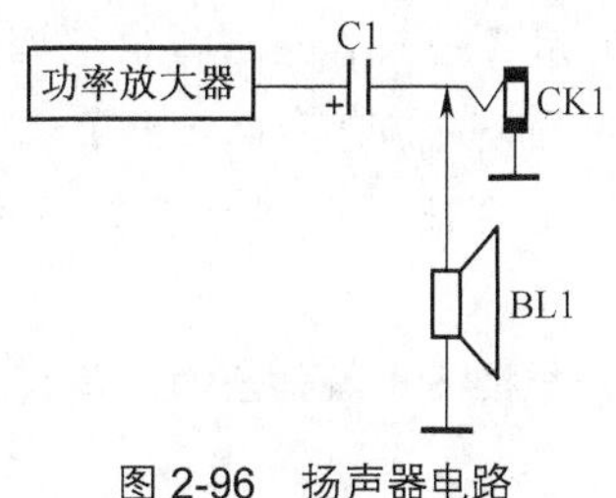

图2-96 扬声器电路

为例，介绍扬声器电路故障的处理方法。电路中，C1是功率放大器输出端的耦合电容，CK1是外接扬声器插座，BL1是机器内部的扬声器。

1．完全无声故障处理对策

由于电路中设外接扬声器插座，此时可以另用一只好的音箱插入CK1中，如果插入的音箱响声正常，说明故障出在扬声器电路中。**检查步骤和具体方法如下。**

（1）用电阻法检测BL1是否开路。

（2）用电阻法检测插座CK1的动、定片之间是否开路。

（3）用电阻法测量扬声器的接地是否良好，检查扬声器的地线是否与整机电路地线之间开路。

2．声音轻故障处理对策

用另一只音箱插入CK1中，若插入的音箱响声正常，说明声音轻故障出在扬声器电路中。**检查步骤和具体方法如下。**

（1）用电阻法检测插座CK1的动、定片之间的接触电阻是否大，大于0.5Ω就是接触不良故障，可更换CK1。

（2）直观检查扬声器纸盆是否变形，用代替法检查扬声器。

3．音质不好故障处理对策

用另一只音箱插入CK1中，若插入的音箱响声正常，音响效果良好，说明音质不好故障出在扬声器电路中。**检查步骤和具体方法如下。**

（1）直观检查扬声器纸盆有无破损、受潮腐烂现象。

（2）用代替检查法检查扬声器。

注意事项提示

对这种扬声器电路故障的处理过程要注意以下几点。

（1）用另一只音箱进行代替检查，可很快确定是否是扬声器电路出了故障。

（2）主要使用电阻检查法和代替检查法。

（3）外接扬声器插座的故障发生率比较高。

（4）扬声器电路的主要故障是完全无声。

（5）图2-97所示是另一种不含机内扬声器的电路，CK1是外接扬声器插座，外部的音箱通过这一插座与功率放大器相连。当这种电路出现完全无声故障时，用电阻法检测CK1的地线是否开路；出现声音轻故障时，用电阻法测量CK1的接触电阻是否太大。

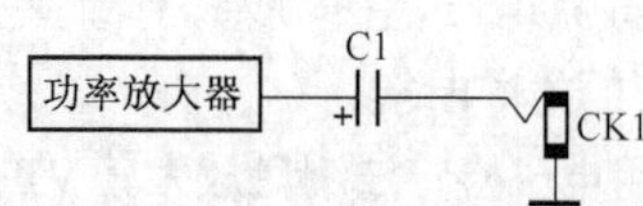

图2-97　不含机内扬声器的电路

2.17.14　特殊扬声器电路故障处理对策

图2-98所示是一种特殊扬声器电路，电路中的CK1是扬声器插座；BL1、BL2是两只型号相同的扬声器，它们相并联。

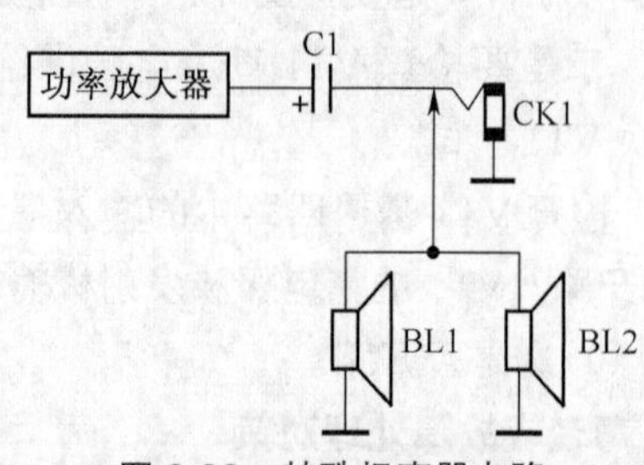

图2-98　特殊扬声器电路

1．两只扬声器同时完全无声故障处理对策

用另一只音箱插入CK1中，如果插入的音箱响声正常，说明故障出在扬声器电路中。**检查步骤和具体方法如下。**

（1）用电阻法检测CK1的动、定片之间是否开路。

（2）有些电路中BL1和BL2的地线是通过一根引线接电路总地线的，此时直观检查该地线是否开路。

2．只有一只扬声器完全无声故障处理对策

由于另一只扬声器工作是正常的，此时只

要用电阻法检测无声的这只扬声器是否开路，它的地线是否开路即可。

注意事项提示

（1）其他故障的检查方法与前面介绍的相同。

（2）由于有两只扬声器并联，可以通过试听功能判别法缩小故障范围，所以检查起来更方便。

2.17.15　二分频扬声器电路故障处理对策

这里以图 2-99 所示的二分频扬声器电路为例，介绍对二分频扬声器电路故障的检修方法。电路中，C1 是输出端耦合电容，C2 是分频电容，BL1 是低音扬声器，BL2 是高音扬声器。

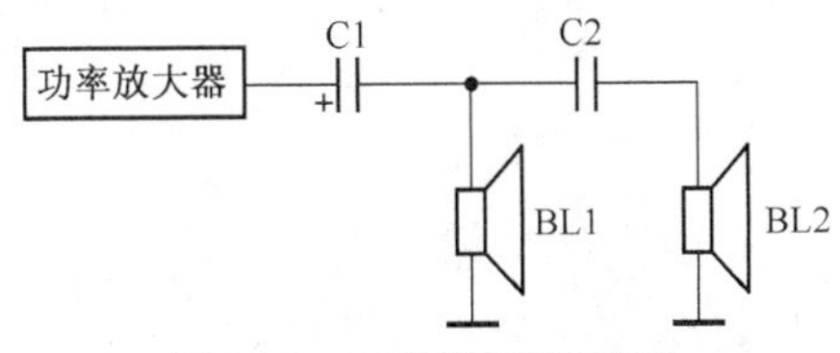

图 2-99　二分频扬声器电路

1．两只扬声器同时完全无声故障处理对策

对这一故障主要用直观检查法查音箱的两根引线是否开路。

2．只是高音扬声器完全无声故障处理对策

对于这种故障主要用电阻法检测高音扬声器 BL2 是否开路，检测分频电容 C2 是否开路。

3．只是低音扬声器完全无声故障处理对策

对于这种故障主要用电阻法检查低音扬声器 BL1 是否开路。

2.17.16　扬声器保护电路故障处理对策

扬声器保护电路能够同时对左、右声道扬声器进行保护，所以会出现两声道同时完全无声的现象。为了说明检查这种保护电路的方法，举常见的扬声器保护电路为例，如图 2-100 所示。

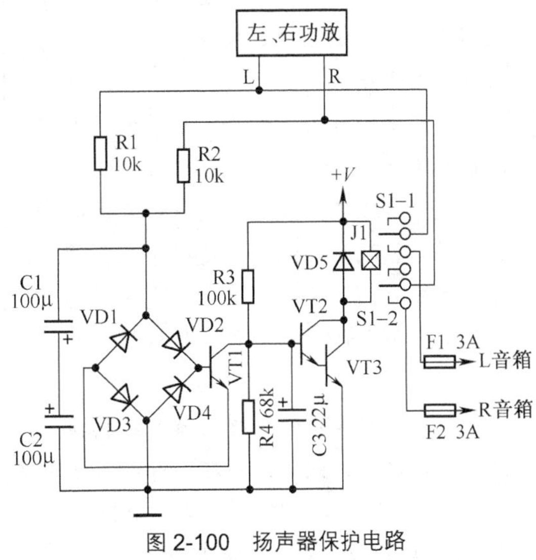

图 2-100　扬声器保护电路

1．两个声道同时完全无声故障处理对策

关于这一故障的处理方法主要说明以下几点。

20.RC 高频补偿电路 1

（1）检查这一电路时，在给机器通电后首先用万用表的直流电压挡测 VT2 基极电压，若小于 1V，则说明电路处于保护动作状态。然后，再测量左、右声道功放电路输出的直流电压，如果不为 0V，则说明功放电路故障导致保护电路动作。此时，检查的重点不在保护电路，而在功放电路中，即在输出端直流电压不为 0V 的那个声道的功放电路中。

（2）如果左、右声道功放电路的输出端电压均为 0V，这说明保护电路自身出了问题。重点检查 C3 是否严重漏电，VT2 或 VT3 是否开路，J1 线圈是否开路等。

2．开机有冲击噪声故障处理对策

在这种扬声器保护电路中设有软开机电路，即在开机时可以自动消除接通电源时扬声器中的响声。当出现开机冲击噪声时，检查电容 C3 是否开路。

注意事项

音响电器中，两只音箱是十分重要的部件，在检修扬声器保护电路和功放电路过程中，一不小心会损坏扬声器，为此要注意以下几点。

（1）切不可为了检修电路的方便而将保护电路断开。

（2）修理中，最好换上一对普通的音箱，因为原配音箱烧坏后是很难配到原型号扬声器的。待修好机器后，先用普通音箱试听一段时间，无问题后再换上原配的音箱。

（3）如果是功放电路故障导致扬声器保护电路动作，此时可以在断开扬声器的情况下进行检修，待修好功放电路、测得功放电路输出端直流电压为0V后再接入音箱，以免检修过程中不小心损坏扬声器。

（4）检修中，音响的音量不要开得较大。

（5）音箱保护电路有两种类型：一是图中所示电路，它的继电器J1线圈中无电流时处于保护状态；另一种电路是继电器中有电流时处于保护状态。检修前先对保护电路进行分析，然后再检修。

（6）一些档次较低的音响音箱保护电路采用一只熔丝作为音箱保护元件，此时要检查该熔丝是否熔断。

21.RC 高频补偿电路 2

第3章 电源系统电路

3.1 电源变压器降压电路

电源电路中，通常采用电源变压器进行交流市电电压的降低。图3-1所示是电源变压器降压电路在电源电路中的位置示意图。从图中可以看出，电源变压器降压电路在电源电路的前列，220V交流市电经电源开关电路之后直接进入电源变压器降压电路。

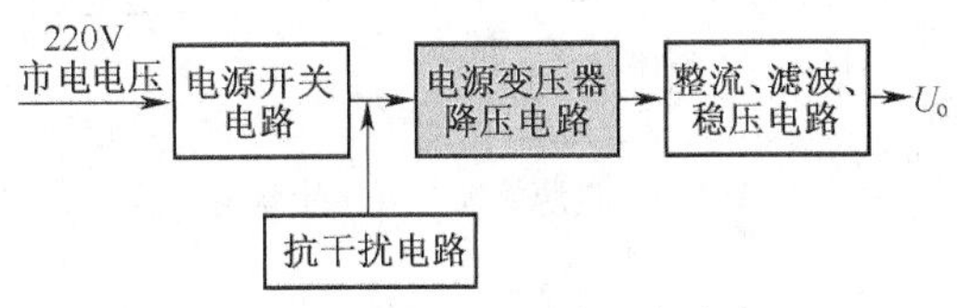

图3-1　电源变压器降压电路在电源电路中的位置示意图

有些进口或出口的电子电器中，为了适合不同国家和地区的交流市电电压需要，在电源变压器降压电路之前还设有交流电压转换电路。

3.1.1　电源接地电路

电源电路中的电源变压器二次绕组一端要接整机线路的地线，在讲解电源变压器电路之前，先对地线概念进行讲述。

1．正极性直流电源接地

图3-2所示是采用正极性直流电源供电电路中的接地示意图，从图中可以看出，接地点是电源的负极，电路中所有与电源负极相连的元器件、线路都可以用同一个接地符号来表示，这样同一个电路图中相同符号接地点之间是相通的。采用这种方法后，可以减少电路图中的连线，从而可以方便电路的分析。

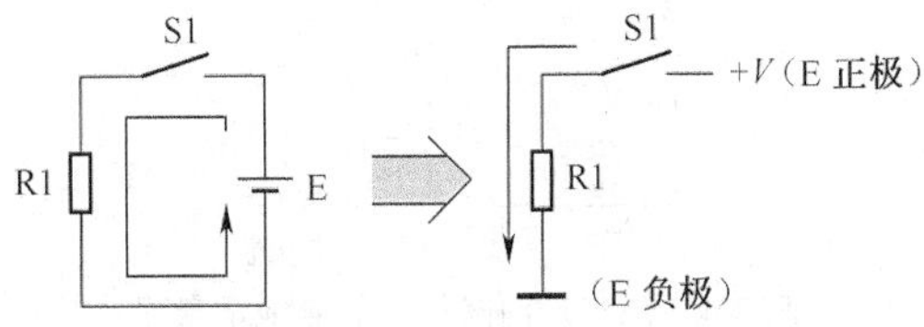

图3-2　正极性直流电源供电电路中的接地示意图

一般电路中采用正极性直流电源供电的情况比较多。

2．负极性直流电源接地

图3-3所示是采用负极性直流电源供电电路中的接地示意图，从图中可以看出，接地点是电源的正极，电路中所有与电源正极相连的元器件、线路都可以用同一个接地符号来表示。

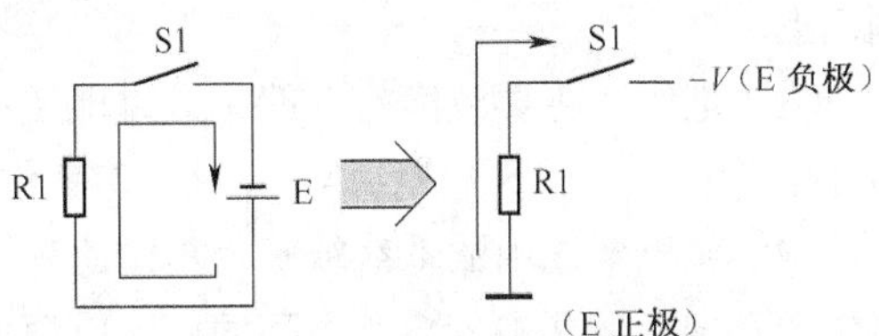

图3-3　负极性直流电源供电电路中的接地示意图

3．正、负电源同时供电时的接地

图 3-4 所示电路可以说明双电源供电时的接地概念。一般电子电路中只采用正电源或只采用负电源供电，但在有些电路中则要同时采用正、负电源供电，而且这两种电源之间也有共用参考点。

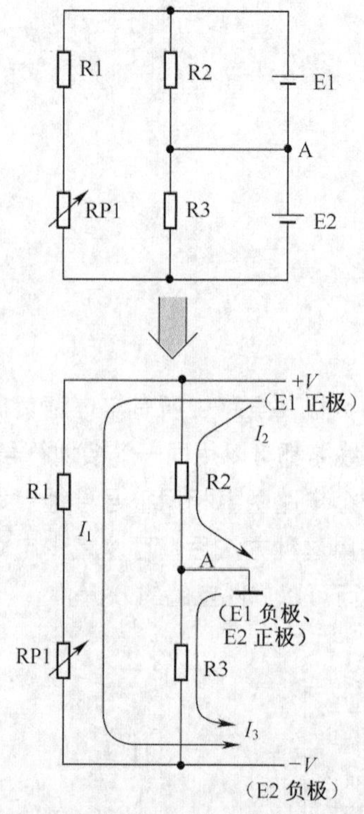

图 3-4　双电源同时供电的接地示意图

图 3-4 所示的原理图电路中没有接地的电路符号，电路中的 E1 和 E2 是直流电源，A 点是两电源的连接点，将 A 点接地就是下面的常见形式的电路图。

+*V* 表示正电源（E1 的正极端），−*V* 表示负电源（E2 的负极端）。这一电路中的接地点，对 E1 而言是与负极相连的，对 E2 而言是与正极相连的。

4．接地电路开路故障分析

关于电路中的接地故障分析，主要说明下列几点。

（1）地线的主要故障是开路，这时地线不通，电路中的电流不能成回路，电路不能工作。

（2）整机电路中的地线很长，具体的开路点位置不同，所影响的电路也不同。当电源的接地线开路时，整机电路中的所有电路都不能正常工作。当某一个局部电路的接地线开路时，只影响这部分电路的正常工作，其他地线没有开路的电路工作正常。

（3）某个元器件引脚接地线开路时，只影响该元器件的正常工作。但是，当该元器件工作不正常影响其他电路工作时，其他电路的工作均不正常。

（4）地线开路会使电源输出电流减小，当电源的接地线开路时，电源没有电流输出。

（5）图 3-5 所示电路中，当电源的接地线开路时，在电路中测量不到电压。图中，电压表（万用表的电压挡）一根表棒接地线，另一根接电源 E 正极，由于这时 E 的负极接地线断开，在图示测量状态下电压表的表针没有偏转，说明 E 正极与地线之间没有电压（如果电压表接在 E 正极和负极上能测到电压）。

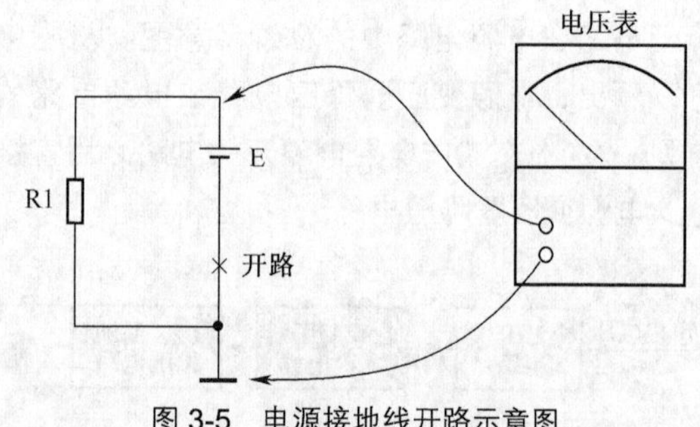

图 3-5　电源接地线开路示意图

3.1.2　典型变压器降压电路

图 3-6 所示是一种最简单的电源变压器降压电路。电路中，S1 是电源开关，T1 是电源变压器，VD1 是整流二极管。从 T1 一次绕组输入的是 220V 交流市电，二次绕组输出的是电压较低的交流电压，这一电压加到 VD1 正极。

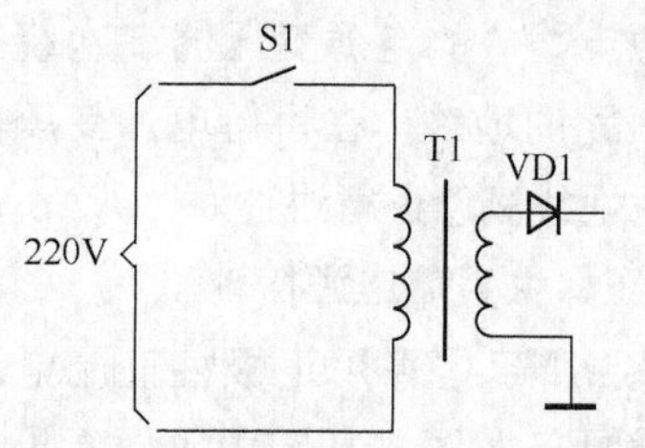

图 3-6　一种最简单的电源变压器降压电路

1．电路分析

这一电源变压器降压电路的工作原理是：在开关 S1 闭合时，220V 交流市电经 S1（图中未闭合）加到电源变压器 T1 的一次绕组两端，交流电流经 S1 从 T1 一次绕组的上端流入，从一次绕组的下端流出。

在 T1 一次绕组流有交流电流时，T1 二次绕组两端输出一个较低的交流电压。这样，T1 将 220V 交流市电电压降低到合适的低电压。

电路中的电源变压器 T1 只有一组二次绕组，所以 T1 输出一个交流电压，这一电压直接加到整流二极管 VD1 上。

2．电路分析关键点

电路中的电源变压器有几组二次绕组，关系到这一电路能输出几组交流低电压，也关系到对电源电路工作原理的进一步分析（分析整流电路等）。上面的电源变压器降压电路中 T1 只有一组二次绕组，所以是最简单的电源变压器降压电路。

电路分析提示

分析电源变压器二次侧电路的另一个关键是找出二次绕组的哪一端接地线。从图 3-6 中可以看出，电源变压器 T1 二次绕组的下端接地，这样二次绕组的其他各端点（图中只有上端）电压大小都是相对于接地端而言的。这一点对检修电源变压器降压电路故障十分重要，因为电源变压器降压电路故障检修过程中主要使用测量电压的方法，而测量电压过程中找出电路的地线相当重要。

3.1.3 电源变压器电路故障分析与处理对策

1．电源变压器电路故障分析

整机电路中，电源变压器承受整机全部的电功率，工作在高电压、大电流状态下，所以故障发生率比较高，是整机电路中的常见、多发故障部位。

对图 3-6 所示电源变压器降压电路的分析，主要说明下列几点。

（1）当电源变压器 T1 一次绕组回路开路时，将没有交流市电流过一次绕组，此时 T1 二次绕组两端没有交流电压输出。这一电路中，造成 T1 一次绕组回路开路的最大可能是电源开关 S1 接触不良（两触点之间开路）和 T1 一次绕组本身开路。

（2）电源变压器 T1 二次绕组两端交流输出电压大小与实际加到 T1 一次绕组两端的交流电压大小成正比关系。实际加到 T1 一次绕组两端的交流电压大，T1 二次绕组两端输出电压大，反之则小。

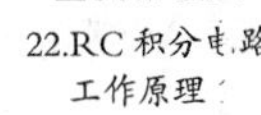

22.RC 积分电路工作原理 1

（3）影响实际加到 T1 一次绕组两端的交流电压大小的因素有两个：一是电源开关 S1 接触电阻大，这是故障；二是交流市电电压大小波动，这并非电路故障。

（4）如果电源变压器 T1 一次绕组内部存在局部的匝间短路，T1 二次侧输出的交流电压将升高，且电源变压器会发热；如果电源变压器 T1 二次绕组内部存在局部的匝间短路，T1 二次侧输出的交流电压将减小，且电源变压器也会发热。

2．电源变压器电路故障种类

电源变压器降压电路的常见故障主要有下列几种。

（1）电源变压器一次绕组开路故障；

（2）电源变压器发热故障；

（3）电源变压器二次绕组交流输出电压低故障；

（4）电源变压器二次绕组输出电压升高故障。

3．电源变压器一次绕组开路故障机理

这是电源变压器的常见故障，表现为电源变压器在工作时严重发热，最后烧成开路，一般是一次绕组烧成开路。从电路上表现为电源电路没有直流电压输出，电源变压器本身也没有交流低电压输出。

造成电源变压器一次绕组开路的主要原因有以下几种。

（1）电源变压器的负载电路（整流电路之后的电路）存在严重的短路故障，使流过一次绕组的电流太大。

（2）电源变压器本身质量有问题。

（3）交流市电电压异常升高。

（4）人为原因使一次绕组引出线根部引脚断开了。

一次绕组的线径比较细，容易发生开路故障；二次绕组的线径比较粗，一般不容易发生开路故障。

4．电源变压器发热故障机理

电源变压器在工作时，它的温度明显升高。从电路上表现为整机没有直流低电压输出，电源变压器二次绕组交流低电压输出低，流过变压器一次绕组的电流增大许多。

5．电源变压器二次绕组交流输出电压低故障机理

如果测量电源变压器一次绕组两端输入的交流市电电压正常而二次绕组输出的交流电压低，说明电源有输出电压低故障。

造成二次绕组交流输出电压低故障的根本原因有以下两个。

（1）二次绕组匝间短路，这种故障的可能性不太大。

（2）电源变压器过载，即流过二次绕组的电流太大。

6．电源变压器二次绕组输出电压升高故障机理

这一故障对整机电路的危害性大，此时电源电路的直流输出电压将升高，电源变压器二次绕组输出的交流低电压增大。

造成二次绕组输出电压升高故障的根本原因有以下3点。

（1）一次绕组存在匝间短路，即一次绕组的一部分之间短路。

（2）交流市电电压异常升高，这不是电源变压器本身的故障。

（3）有交流输入电压转换开关的电路，其输入电压挡位的选择不正确，应该选择在220V挡。

7．电源变压器降压电路故障关键测试点

关于电源变压器降压电路故障关键测试点，主要说明下列两点。

（1）电源变压器降压电路出故障，第一关键测试点是二次绕组两端的交流输出电压。当二次绕组交流低电压输出正常时，说明电源变压器降压电路工作正常；当一次绕组两端220V交流电压不正常时，电源变压器降压电路工作可能正常，也可能不正常。

（2）电源变压器降压电路出故障，第二关键测试点是一次绕组两端的220V交流电压。当一次绕组两端220V交流电压不正常时，说明电源变压器降压电路工作不正常，否则说明电源变压器降压电路工作正常。

8．电源变压器降压电路故障检修手段

关于电源变压器降压电路故障检修手段，主要说明下列两点。

（1）检修电源变压器电路故障的常用方法是分别测量一次和二次绕组两端的交流电压，测量一次绕组电压时用交流250V挡，测量二次绕组电压时用50V交流电压挡，切不可用欧姆挡测量。

（2）对电源变压器进一步的故障检查是测量绕组是否开路，使用万用表的R×1k挡，如果测量结果阻值无穷大说明绕组已经开路，正常情况下二次绕组电阻值应该小于一次绕组电阻值。

9．电源变压器降压电路故障检修综述

关于电源变压器降压电路故障检修，主要说明以下几点。

（1）当变压器二次绕组能够输出正常的交流电压时，说明变压器降压电路工作正常；若不能输出正常的交流电压，则说明存在故障，与降压电路之后的整流电路等无关。

（2）检测降压电路的常规方法是：测量电源变压器的各二次绕组输出的交流电压。若测量有一组二次绕组输出的交流电压正常，说明电源变压器一次绕组回路工作正常；若每个二次绕组交流输出电压均不正常，说明故障出在电源变压器的一次绕组回路，此时应测量一次绕组的交流输入电压是否正常。

（3）当一次绕组开路时，各二次绕组没有交流电压输出。当某一组二次绕组开路时，只是这一组二次绕组没有交流电压输出，其他二次绕组输出电压正常。

（4）当一次绕组存在局部短路故障时，各二次绕组的交流输出电压全部升高，此时电源变压器会有发热现象；当某一组二次绕组存在局部短路故障时，该二次绕组的交流输出电压就会下降，且电源变压器会发热。

（5）电源变压器的一次绕组故障发生率最高，主要表现为开路和烧坏（短路故障）。另外，电源变压器一次或二次绕组回路中的熔丝也常出现熔断故障。

（6）当变压器的损耗很大时，变压器会发热；当变压器的铁芯松动时，变压器会发出“吱、吱”响声。

23.RC 积分电路工作原理 2

10．电源变压器二次绕组无交流电压输出故障检修方法

关于电源变压器二次绕组无交流电压输出故障的检修方法，主要说明下列几点。

（1）判断电源变压器是否正常的关键检测方法是：用万用表交流 250V 挡测量电源变压器一次绕组两端 220V 交流电压是否正常。

（2）检查电源电路 220V 市电输入回路中的熔丝是否熔断，用万用表的 R×1 挡测量熔丝，阻值无穷大为熔断。

（3）直接测量电源变压器一次绕组两端的 220V 交流电压，没有电压说明电源变压器正常，故障出现在 220V 交流市电输入回路中，检查交流电源开关是否开路、交流电源输入引线是否开路；测量电源变压器一次绕组两端 220V 交流电压正常，说明交流电压输入正常，故障出在电源变压器本身，用万用表的 R×1 挡测量一次绕组是否开路。

（4）电源变压器一次绕组开路后，通过直接观察如果发现引出线开路，可以设法修复，否则更换。注意一种特殊情况，少数电源变压器一次绕组内部暗藏过流过温熔丝，它熔断的概率比较高，修理这种电源变压器时可以打开变压器，找到这个熔丝，用普通熔丝更换，或直接接通后在外电路中另接入熔丝。

（5）测量电源变压器一次绕组两端 220V 交流电压时，若一次绕组不开路，二次绕组线路两端没有交流低电压，说明二次绕组开路（发生概率较小），用万用表的 R×1 挡测量二次绕组电阻，阻值无穷大说明二次绕组已开路。

11．电源变压器二次绕组交流输出电压低故障检修方法

关于电源变压器二次绕组交流输出电压低故障的检修方法，主要说明下列几点。

（1）二次绕组还能输出交流电压说明电路没有开路故障，这时主要采用测量交流电压的方法检查故障部位。

（2）断开二次绕组的负载，即将一次绕组的一根引线与电路中的连接断开，再用万用表的 50V 交流电压挡测量二次绕组两端电压，恢复正常说明电源变压器没有故障，问题出在负载电路中，即整流电路之后的电路中；若二次绕组两端的输出电压仍然不正常，而测量一次绕组两端 220V 交流电压正常，说明电源变压器损坏，更换处理。

（3）如果加到电源变压器一次绕组两端的 220V 交流电压低，一般情况下可以说明变压器本身正常（电源变压器重载情况例外，此时电源变压器会发热），这时可检查 220V 交流电压输入回路中的电源开关和其他抗干扰电路中的元器件等。

（4）如果二次绕组交流输出电压低的同时变压器发热，说明变压器存在过流故障，很可能是二次绕组负载回路存在短路故障，可以按上述检查方法查找故障部位。

12．电源变压器二次绕组交流输出电压高故障检修方法

关于电源变压器二次绕组交流输出电压高故障的检修方法，主要说明下列两点。

（1）二次绕组交流输出电压高故障的关键测试点是一次绕组是否存在匝间短路故障。由于通过测量一次绕组的直流电阻大小很难准确判断绕组是否存在匝间短路，因此这时可以采

用更换一只新变压器的办法来验证确定。

（2）另一个很少出现的故障原因是市电网的220V电压异常升高，造成二次绕组交流输出电压升高，这不是电源变压器的故障。

13．电源变压器工作时响声大故障检修方法

关于电源变压器工作时响声大故障的检修方法，主要说明下列两点。

（1）电源变压器工作时响声大故障主要是变压器铁芯没有夹紧，可以通过拧紧变压器的铁芯固定夹螺钉来解决。

（2）对于自己绕制的电源变压器，要再插入几片铁芯，并将最外层的铁芯固定好。

14．电源变压器故障处理安全注意事项

关于电源变压器电路故障处理的安全注意事项，主要说明下列几点。

（1）电源变压器的一次侧输入回路存在220V交流市电电压，这一电压对人身安全有重大威胁，人体直接接触一次侧将有生命危险，所以必须注意安全。

（2）电源变压器一次绕组回路中的所有部件、引线都是有绝缘外壳的，在检修过程中切不可随意解除这些绝缘套，测量电压后要及时将绝缘套套好。

（3）养成单手操作的习惯，即不要同时用两手接触电路，必须断电操作时，一定要先断电再操作，这一习惯相当重要。另外，最好穿上绝缘良好的鞋子，脚下放一块绝缘垫。在修理台上垫上绝缘垫。

（4）电源变压器一次绕组两端的交流电压很高，测量时一定要将万用表置于交流250V挡，切不可置于低于250V的挡位，否则会损坏万用表，更不可用欧姆挡测量交流电压。

3.1.4 二次绕组抽头变压器降压电路

上面介绍的电源变压器降压电路是一种基本的电路，实用电路中其电路变化比较丰富，这里介绍一些变化的降压电路。

降压电路变化提示

（1）电源变压器二次绕组结构的变化，如二次绕组的抽头变化、多组二次绕组等，是电源变压器降压电路的主要变化电路。

（2）电源变压器一次绕组的变化，主要出现在能够使用于110V/220V交流市电电压的电子电器中。

图3-7所示是一种二次绕组抽头能够输出两组交流电压的电源变压器降压电路。电路中，S1是电源开关，T1是电源变压器，这一电路中的T1一次绕组结构与上面一个电路一样，但二次绕组不同，二次绕组有抽头，且二次绕组下端接地线，这样它有两组交流输出电压，即电路中的U_{o1}和U_{o2}。

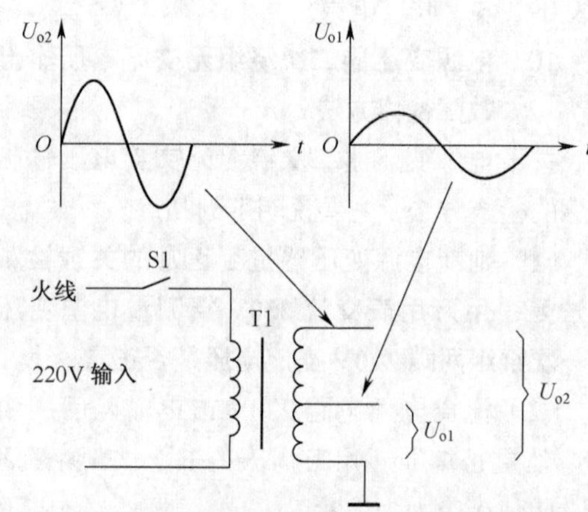

图3-7 二次绕组抽头电源变压器降压电路

1．电路分析

电源变压器T1只有一组二次绕组，但是二次绕组设有一个抽头，二次绕组的下端接地线，所以能够输出两个大小不同的交流电压，这两个交流电压直接加到各自的整流电路中。这样，这一电路可以输出两种大小不同的交流电压。

关于这一电路工作原理的分析，主要说明下列几点。

（1）交流输出电压U_{o1}是抽头与地线端之间的输出电压，U_{o2}是整个二次绕组上的输出电压，所以交流输出电压U_{o2}大于U_{o1}。

（2）由于二次绕组下端接地线，因此二

次绕组另两个端点输出的交流电压相位相同，如图中电压波形所示，只是二次绕组抽头上的输出电压幅度小于二次绕组上端的电压幅度。

（3）这一电路中，流过二次绕组抽头以下的电流要大于流过二次绕组抽头以上绕组的电流。

（4）二次绕组带抽头的电源变压器有两种情况：一是这一电路中的抽头，抽头不接电路的地线；二是抽头接地线。

2．电路故障分析

不同电源变压器降压电路的故障分析是相似的，这里根据这一电路的特点对电路故障分析说明下列几点。

（1）二次绕组的接地线开路，将使二次绕组输出的两组交流电压为0V，因为这两组输出电流都是通过同一个接地引线构成回路的。

（2）二次绕组除接地引线外，其他两端引线断路只影响一组交流输出电压为0V。

（3）电源开关S1接触不良（开路）将造成二次绕组的两组交流输出电压为0V。

3.1.5 另一种二次绕组抽头变压器降压电路

图3-8所示是另一种二次绕组抽头能够输出两组交流电压的电源变压器降压电路。电路中，T1是电源变压器，这一电路中的二次绕组结构与图3-7不同，二次绕组有抽头，且抽头端接地线，它也有两组交流输出电压，即电路中的 U_{o1} 和 U_{o2}，必要时它还可以输出第三组交流电压，即利用整个二次绕组输出交流电压，如图中的电压 U_{o3}。

1．电路分析

电源变压器T1有一组二次绕组，二次绕组设有一个抽头，且抽头接地线，所以也能够输出两组交流电压，这两组交流电压可以直接加到各自的整流电路中。

关于这一电路的工作原理，主要说明下列几点。

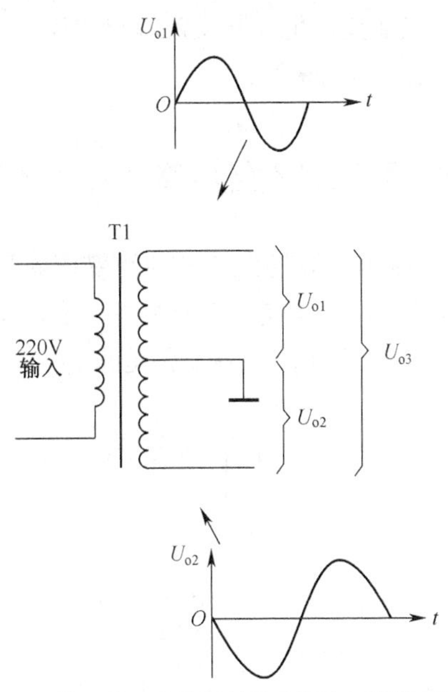

图3-8 另一种二次绕组抽头电源变压器降压电路

（1）由于抽头设在二次绕组的中间，因此抽头接地后抽头以上绕组和抽头以下绕组之间能够分别输出两个相位不同的交流电压，见图中输出电压 U_{o1}、U_{o2} 波形所示，一个为正半周时另一个为负半周。

（2）这一电路中，根据二次绕组抽头位置的不同有两种情况：一是抽头不在二次绕组的中心位置，这时输出两组大小不同、相位也不同的交流电压；二是抽头设在二次绕组的中心位置（为中心抽头），这时输出两组大小相同、相位相反的交流电压。

（3）二次绕组中间的抽头接地时，通常这一抽头为中心抽头。

24.RC积分电路工作原理3

（4）在二次绕组的上、下端之间也可以输出一组交流电压。

2．电路故障分析

根据这一电路的特点，对电路故障分析说明下列两点。

（1）当抽头的接地线断路时，二次绕组的两组交流输出电压 U_{o1} 和 U_{o2} 能够正常输出，但所在电路（指后面所接的整流电路）不能正常工作。

（2）当抽头的接地线断路时，交流输出电压 U_{o3} 正常，且所接电路工作也能正常，因为二次绕组抽头接地线与交流输出电压 U_{o3} 所在电路的电流回路无关。

3.1.6 两组二次绕组变压器降压电路

图 3-9 所示是两组二次绕组变压器降压电路。电路中，T1 是电源变压器，它有两组二次绕组，能够分别输出两组交流电压。

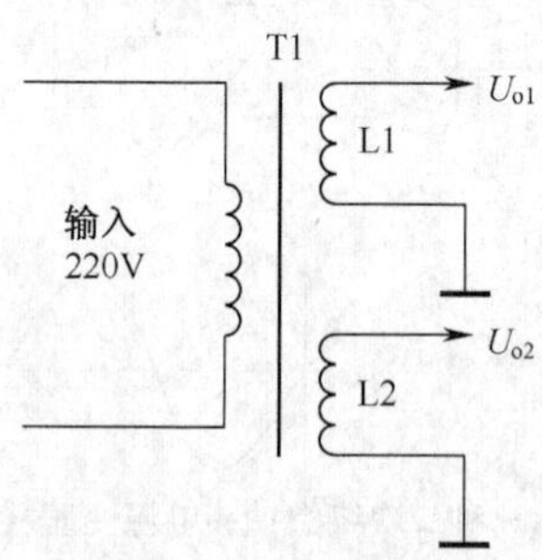

图 3-9 两组二次绕组变压器降压电路

1．电路分析

这一电源变压器有两组独立的二次绕组，这样能够输出两组交流电压，即电路中的电压 U_{o1}、U_{o2}。

关于这一电源变压器降压电路的工作原理，主要说明下列两点。

（1）两组二次绕组中哪一组二次绕组的匝数多，它的输出交流电压就大。如果电路中没有标出交流输出电压的大小，通常通过这一电路图是无法知道哪组交流输出电压大哪组小的。

（2）这一电路中的两组二次绕组接地端相同。如果两组二次绕组的接地点不相同，则可以输出两组彼此独立的交流电压。

2．电路故障分析

关于这一电路的故障分析，主要说明下列两点。

（1）变压器有两组二次绕组，由于两组二次绕组同时出现开路故障的可能性很小，因此，当两组二次绕组同时没有交流输出电压时，基本可以认为是变压器一次绕组开路，或没有 220V 交流市电电压加到一次绕组上。

（2）当一组二次绕组的接地引线开路时，只会使该组二次绕组所接的电路不能正常工作，不影响另一组二次绕组的工作。但是，如果一组二次绕组负载电路中存在短路故障时，将会造成另一组二次绕组的交流输出电压下降。

3.1.7 电容降压电路

降压电路除使用变压器外，还可以使用电容器进行交流市电电压的降低。图 3-10 所示是采用电容器降低交流电压的电路。电路中，C1 是降压电容，R1 是负载电阻，输入的是交流 220V 市电。

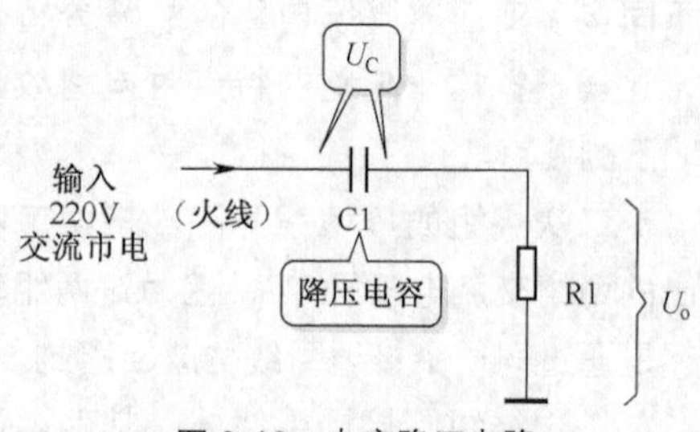

图 3-10 电容降压电路

1．电路分析

交流市电是 50Hz 的交流电，电容 C1 对交流市电存在着容抗，这样在 C1 上存在电压降，使加到负载 R1 两端的电压下降，只要根据负载电阻 R1 大小，合理选取 C1 的容量大小（取得合适的容抗），就能控制 C1 上的电压降 U_C 大小，从而获得所需要交流电压 U_o 的大小，达到降压的目的。

关于这一降压电路的工作原理，主要说明以下几点。

（1）由于交流市电电压比较高，因此对电路中降压电容 C1 的耐压要求较高，一般不低于 450V。

（2）由于采用电容降压，而电容器对交流电没有隔离作用，这样降压电路的负载电阻 R1 上会带电，有触电危险。如果交流市电的火线接线路板的地线端，地线接到 C1 上，这使整个电路的地线带有 220V 交流市电，是很不安全的，所以在这种降压电路中，严格要求 220V 火线要接电容 C1。

（3）由于电容降压电路的安全性不好，因

此在一般民用电器中不常采用。

（4）交流电源线应采用三插的插座，这样火线、地线、保护地线之间不会接错，提高了使用安全性。

25.RC 积分电路工作原理 4

2．电路故障分析

根据电容降压电路特点，对电路故障分析说明下列几点。

（1）当降压电容漏电时，在电容上的压降减小，加到负载电路上的交流电压升高，整机工作电压将升高，会严重降低电路工作的安全性。

（2）当降压电容击穿时，其失去了降压功能，负载上直接加上了220V电压，将损坏电路中的元器件。

（3）当降压电容开路时，没有交流电压加到负载电路上，整机电路不工作。

3.1.8 降压电路分析和故障分析小结

1．电路分析小结

关于降压电路分析，主要小结以下几点。

（1）电源电路中降压的主要目的是降低220V交流电压至合适的交流低电压。电路中主要使用降压变压器，电源变压器的基本作用是降低220V交流市电电压，从二次绕组得到一组或几组合适的交流低电压。

（2）了解变压器的变压特性，就能理解电源变压器降压电路的工作原理。

（3）变压器降压电路分析时主要是搞清楚变压器的一次和二次绕组，与220V交流市电相连的是一次绕组，一次绕组只有一组，电路分析比较简单，主要分析220V交流电压是如何加到一次绕组两端的。

（4）电源变压器二次绕组可以多于一组，分析二次绕组是否有抽头。在多于一组二次绕组时，电路分析稍复杂些，每组二次绕组后面都接有负载电路，通常是接整流电路，个别情况下是直接接上交流负载，如电源指示用的小电珠。

（5）搞清楚变压器一次和二次绕组回路中有没有保险丝，注意一次绕组回路中的保险丝电流比较小，二次绕组回路的保险丝电流比较大，这是因为一次绕组上的电压高、电流小。根据电路中变压器各绕组回路中的保险丝电流大小，也可以分辨出电源变压器的一次和二次绕组。

（6）电容也能用于220V交流市电的降压，但是因安全性差而不常用。电容降压电路结构简单，分析电容降压电路时要求掌握电容器的容抗特性。交流电压降在了降压电容器的两端，降低了加到负载电阻上的交流电压。

2．电路故障分析小结

关于电源变压器降压电路的故障分析，主要小结如下几点。

（1）变压器降压电路故障是非常危险的，具体表现为电源变压器冒烟、发热、响声大。

（2）当电源变压器的一次绕组存在匝间短路故障时，这是很危险的故障，二次绕组输出的交流电压将异常升高，导致电源电路输出的直流工作电压升高，使整机电路的直流工作电压升高，会损坏电路中的许多元器件。

（3）当电源变压器二次绕组匝间短路时，变压器的二次绕组输出电压下降，虽然对整机电路不存在破坏性的影响，但是整机电路由于直流工作电压低而无法正常工作。

3.1.9 电源变压器降压电路故障部位判断逻辑思路综述和检修方法

1．电路故障检修主要方法和手段

检修电源变压器故障主要方法是用万用表的交流电压挡测量二次绕组两端的交流输出电压大小，当二次绕组输出电压大小不正常时，说明电源降压电路工作已不正常，已发现电路故障点。

测量电源变压器二次绕组没有交流输出电压时，再直接测量一次绕组两端的220V交流市电电压是否正常。如果测量这一电压正常，说明故障存在于电源变压器，否则与电源变压器无关。

2．电路故障部位判断逻辑思路综述

当测量电源变压器二次和一次绕组两端都没有交流电压时，可以确定电源变压器没有故障，故障出在电源电路的其他单元电路中。

确定电源变压器故障原则

当电源变压器一次绕组两端有正常的220V交流电压，而二次绕组没有输出交流电压时，可以确定电源变压器出了故障。

当电源变压器一次绕组两端的交流电压低于220V时，二次绕组输出交流电压低是正常的；当电源变压器一次绕组两端的交流电压大小正常（220V）时，二次绕组输出交流电压低很可能是负载电路存在短路现象，此时断开负载电路，如果二次绕组交流输出电压仍然低，可以确定电源变压器二次绕组出现匝间短路故障。

3．二次绕组交流输出电压0V故障检修方法

关于二次绕组交流输出电压0V故障的具体检修步骤和方法，说明以下几点。

（1）检查电源变压器一次绕组中的保险丝是否熔断。

（2）用万用表250V交流电压挡测量电源变压器一次绕组交流电压为0V时，检查电源变压器一次绕组进线回路是否开路。

（3）用万用表R×1k挡测量电源变压器一次绕组的直流电阻，若开路，则是电源变压器一次绕组开路。

（4）如果二次绕组交流输出电压正常，但整流电路输入端没有交流电压，则检查二次绕组接地相线是否已开路。

4．二次绕组交流输出电压低故障检修方法

关于二次绕组交流输出电压低故障的具体检修步骤和方法，说明以下两点。

（1）测量电源变压器一次绕组交流电压为220V，二次绕组交流输出电压低，断开二次绕组负载，如果二次绕组交流输出电压恢复正常，那说明负载电路存在短路故障，与变压器降压电路无关。

（2）如果断开二次绕组负载后二次绕组输出电压仍然低，则测量220V进线电压是否偏低，测量交流高压回路的电源开关接触电阻是否大，检测高频抗干扰电容是否漏电。

3.2 电源开关电路

整机电路中，电源开关电路和保险丝电路一般是不能少的。电源开关电路用来控制整机的电源，保险丝电路则起电流保护作用。

电源开关电路种类比较多，主要有以下几种。

（1）高压回路单刀电源开关电路；

（2）高压回路双刀电源开关电路；

（3）直流低压回路电源开关电路；

（4）定时控制电源开关电路。

3.2.1 典型电源开关电路

图3-11所示是典型的高压回路单刀电源开关电路，许多情况下电源开关设置在220V交流进线电路中。

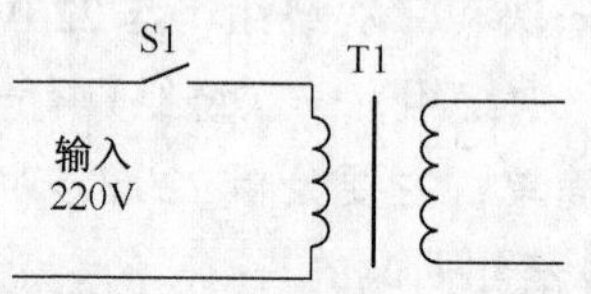

图3-11 典型的高压回路单刀电源开关电路

1．电路分析

电路中，S1是电源开关，它采用单刀电源开关，设置在电源变压器T1的进线回路中。

通常情况下，电源开关电路工作分析比较简单。关于这一电源开关电路，主要说明下列两点。

（1）当开关 S1 接通时，220V 交流市电加到电源变压器 T1 一次绕组两端，为电源变压器供电，使整机电路工作；当 S1 断开时，电源变压器一次绕组两端没有交流市电电压，整机电路不工作，实现对整机电源的控制。

（2）这种电源开关电路中，要求 S1 接在交流电压的火线回路中，且将开关 S1 的两根引脚用绝缘套管套好，以防止触电。

2．电路故障分析

交流高压回路中的电源开关工作电压比较高，所以故障发生率比低压回路中的电源开关高，主要故障是开关触点之间接触不良。

关于这一电源开关电路的故障分析，主要说明下列几点。

（1）接通电源开关 S1 状态下，S1 的两个触点之间仍然开路，这时没有 220V 交流电压加到电源变压器一次绕组两端，整机无工作电压，整机电路不工作。

（2）当电源开关 S1 两个触点之间的接触电阻大时，加到电源变压器一次绕组上的交流电压降低，使整机工作电压下降，严重时整机电路不能正常工作。

（3）当断开电源开关 S1 时，如果 S1 两个触点之间仍然在接通状态，则整机因无法断电而一直处于工作状态；如果 S1 两个触点断开电阻小，则电源变压器一次绕组上仍然加有一定的交流电压。

3．电路故障分析

电源开关电路的故障率比较高，这是因为整机电流都要流过电源开关，加上电源开关通常是机械式开关，频繁使用，容易出现故障。

电源开关一旦出现故障，整机电路的直流工作电压将出现问题，或是没有直流工作电压，或是直流工作电压低。

关于电源开关电路的故障分析，主要说明下列几点。

（1）当电源开关触点开路或是引线断路时，电源开关不能接通电源，这时整机没有直流工作电压，整机电路不工作。

（2）当电源开关接触电阻大时，有一部分电压降在了电源开关的接触电阻上，这样整机直流工作电压将下降。

（3）如果电源开关的断开电阻小，即开关两触点之间存在漏电，这时电源开关断开时也会有一部分电压加到电路中。

（4）对于由电子开关管构成的电源开关电路，主要有两部分故障：一是电子开关管本身损坏，二是控制电子开关管导通与截止的电路故障。

（5）当电子开关管集电极与发射极之间开路后，电源开关将无法接通，整机电路无直流工作电压；当电子开关管集电极与发射极之间短路后，电源开关将始终接通，无法断开，整机电路一直存在直流工作电压。

（6）电子开关管电源开关电路中，控制电子开关管工作状态的控制电路出故障之后，电子开关管或处于一直饱和导通状态，或处于一直截止状态，整机电源控制失效。

4．检测方法

26. 实用 RC 积分电路 1

检修电源开关的有效方法是：断电后，用万用表 R×1 挡测量电源开关接通时的接触电阻，应该小于 0.5Ω，否则说明该电源开关存在接触不良故障。

关于电源开关的检测方法，主要说明下列两点。

（1）在通电状态下，接通电源开关，测量电源开关两根引脚之间的电压，为 0V 表示正常，不为 0V 说明开关存在接触不良故障。

（2）对于由电子开关管构成的电源开关电路，主要检测电子开关管集电极与发射极之间是否击穿或开路。

3.2.2　高压回路双刀电源开关电路

图 3-12 所示是高压回路双刀电源开关电路，在黑白电视机电源电路中一般采用这种形式的电源开关电路。电路中，S1 是双刀

电源开关，S1-1、S1-2 分别是它的两组刀，设置在电源变压器 T1 进线的火线和地线回路中。

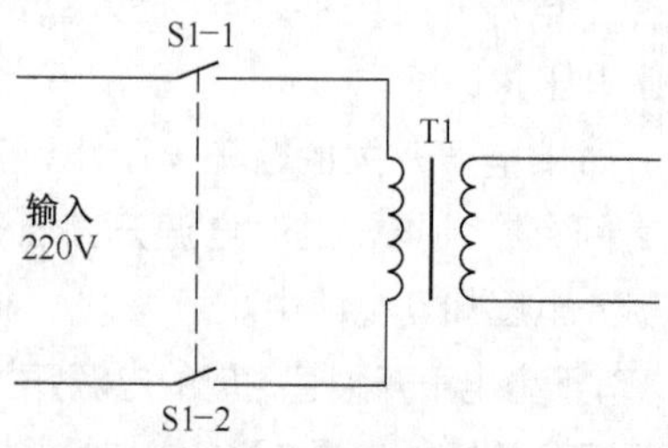

图 3-12　高压回路双刀电源开关电路

1．电路分析

由于电源开关采用了双刀开关，控制了 220V 交流市电的两根进线，因此无论电源线插头是正向或反向插入电源插座，S1-1、S1-2 断开时都会将交流电与电源变压器一次绕组之间断开，这种控制方式更加安全。

关于这一电源开关电路的工作原理，说明下列两点。

（1）S1-1、S1-2 开关之间在电路图中有一根虚线相连，这说明两个刀组是同步动作的，同时断开，同时接通，这是由双刀开关特性所决定的。

（2）当这个电源开关中的某一组刀发生接触不良故障时，电源开关就失效，所以双刀电源开关的故障发生率比单刀电源开关高一倍。

2．电路故障分析

当电源开关某一组刀发生故障时，都将影响电源开关的正常工作，因为开关 S1-1、S1-2 是串联在电源进线回路中的，串联电路中任何一个元器件出现故障都将影响整机串联电路的正常工作。

关于高压回路双刀电源开关电路的故障分析，主要说明下列两点。

（1）这种电源开关会出现一个刀组工作正常，另一个刀组发生故障的现象，故障检修中要分别检测两个刀组。

（2）判断 S1-1、S1-2 开关中哪个开关存在接触不良故障有一个简便的方法：通电状态下，用万用表的一根表棒线的两端分别接在 S1-1 两个触点上（注意操作的人身安全，手不要接触表棒线的金属部分），如果接上整机电路工作正常，说明 S1-1 存在接触不良故障，否则也排除了 S1-1 接触不良故障的可能性。同样的操作方法可以判断 S1-2 是否存在接触不良故障。

3.2.3　直流低压回路电源开关电路

电源开关不仅可以设置在电源变压器的一次绕组回路中，也可以设置在直流工作电压输出回路中，这是直流低压回路中的电源开关，也能起到整机电源控制的目的。图 3-13 所示是直流低压回路电源开关电路。电路中，S1 是电源开关，U_o 是电源电路输出的直流工作电压。

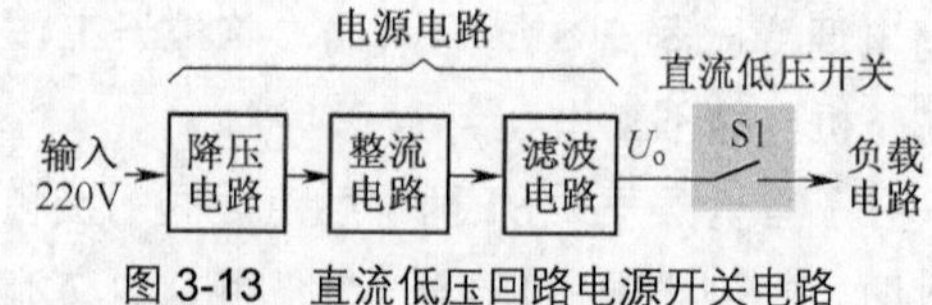

图 3-13　直流低压回路电源开关电路

1．电路分析

从电路中可以看出，在 220V 交流市电回路没有设置电源开关，这样在通入交流电之后，电源电路中的降压电路、整流电路和滤波电路都处于工作状态。

关于这一电源开关电路的工作原理，主要说明下列两点。

（1）滤波电路输出的直流工作电压 U_o 加到电源开关 S1 上，当 S1 接通时，给后面的负载电路供给直流工作电压，整机电路进入正常工作状态；当 S1 断开时，后面的负载电路没有直流工作电压，整机电路不能进入工作状态，但是，此时开关 S1 之前的电路仍然处于正常工作状态，这是这种电源开关电路的特点。

（2）盒式录音机中使用这种形式的电源开关电路。只有在拔掉盒式录音机电源线时，才能将全部电源断掉。

2．电路故障分析

直流低压回路工作电压比交流高压回路的工作电压低许多，但是工作电流大许多，流过电源开关触点的电流很大，很容易损伤开关的触点而造成接触不良故障。

关于直流低压回路电源开关电路的故障分析，主要说明下列两点。

（1）当电源开关 S1 发生接触不良故障时，整机电路不能正常工作，但电源开关 S1 之前的电路仍然工作正常。

（2）当电源电路负载中存在感性元器件时，在断开电源开关时感性负载两端产生的反向电动势会加到电源开关两个触点之间，这一反向电动势比较高，所以电源开关两个触点之间会产生打火现象而烧坏开关触点。

3．直流电源开关特点

直流低压回路电源开关具有下列一些特点。

（1）只能控制整机的直流工作电压，对交流电压无法进行电源的开与关控制，这是这种电源开关电路的一个不足之处。

（2）直流电源开关的工作电压低，操作开关的安全性比较高，检修开关电路时不会出现人身危险。

（3）由于直流开关电路的工作电压低，因此电源开关的引脚不需要进行绝缘处理，可以裸露在外。

（4）部分情况下，采用直流电源开关的电子电器中还可以通过其他方式切断 220V 交流市电的通路，达到断开交流电压的目的。

3.2.4　定时控制电源开关电路

在一些电子电器中，为了做到电源的定时开机和关机，需要具有定时开关机功能的电源开关电路。这种电源开关电路与普通的机械式电源开关有很大的不同，电源开关电路比较复杂，但是故障发生率比较低。

在具有定时开关机功能的电子电器中，通常设置时钟电路，通过这个时钟电路来进行整机电源的开关控制。

定时控制电源开关电路特点

（1）一般情况下只能进行直流电源开关的控制，即电源开关设置在直流电源回路中，通过继电器装置也可以实现交流电源的开关控制。

（2）定时控制电源开关电路中一般使用电子开关管作为电源开关，而不是普通的机械式电源开关。

（3）电子开关管具有开关速度快、无火花等优点。

1．定时控制电源开关电路

图 3-14 所示是定时控制电源开关电路。电路中，VT1 是代替直流电源开关的三极管，称为电子开关管。

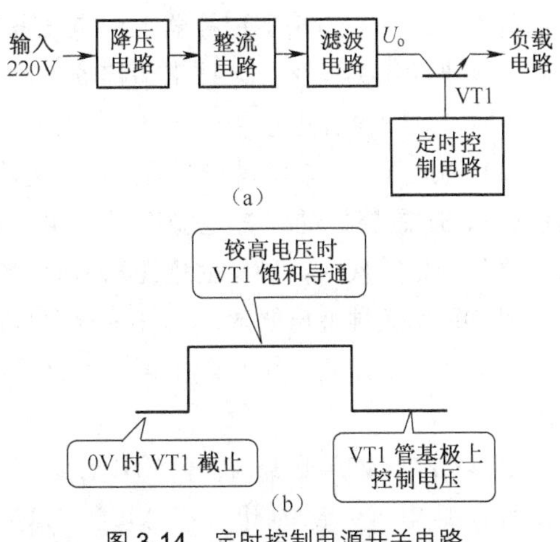

图 3-14　定时控制电源开关电路

（1）VT1 导通状态。电子开关管 VT1 基极与定时控制电路相连。当定时控制电路输出一个高电压时，如图 3-14（b）所示，电子开关管 VT1 饱和导通，VT1 集电极与发射极之间的内阻很小，相当于电源开关的接通，这样直流工作电压 U_o 通过 VT1 集电极和发射极加到后面的负载电路中，整机电路进入正常工作状态。

（2）VT1 截止状态。当定时控制电路输出一个低电压时，电子开关管 VT1 截止，VT1 集电极与发射极之间的内阻很大，相当于电源开关的断开，这样直流工作电压 U_o 不能通过VT1加到后面的负载电路中，整机电路处于停止工作状态。

2．遥控电源开关电路

图3-15所示是红外遥控电源开关电路，常见于遥控彩色电视机中。

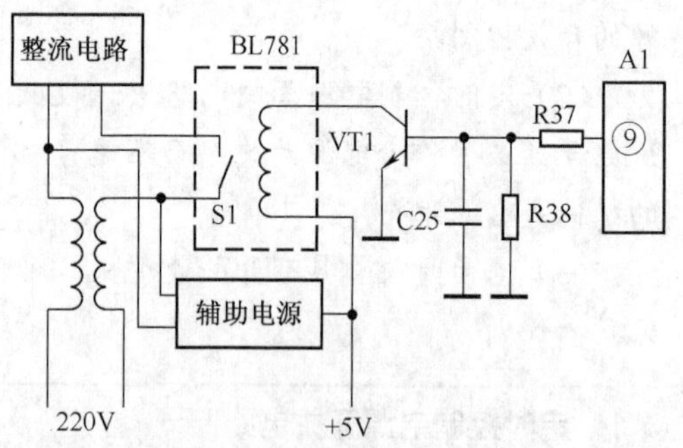

图3-15　红外遥控电源开关电路

（1）集成电路A1。集成电路A1是遥控电路中的微处理器，它的⑨脚用来控制电源开关电路的输出引脚。当按下遥控器上的电源通开关时，⑨脚输出高电平；当按下遥控器上的等待开关时，⑨脚输出低电平。

（2）继电器。BL781是一个常开式继电器，内设开关S1是整机的遥控电源开关。由于电源电路部分是热底板，而其他电路部分是冷底板，因此采用这种继电器对冷、热两部分电路进行隔离（继电器的绕组与开关部分之间是隔离的）。

（3）VT1。VT1是继电器的驱动管，它用来控制继电器内部的开关状态。当它导通时，继电器绕组得电，使开关S1接通；当VT1截止时，继电器绕组中没有电流，开关S1断开。

（4）辅助电源。在这种遥控电路中要设一个辅助电源电路（另有一个主电源电路），这一电路的作用是为有关遥控电路提供直流工作电压。从图中可以看出，没有经过电源开关的220V交流市电直接进入辅助电源电路中，通过对交流市电的整流、滤波后得到直流工作电压，这一电压加到继电器等有关遥控电路中，使遥控电路进入工作准备状态。

（5）遥控接通电源。在遥控电源开关接通时，遥控发射器发出电源通指令，彩色电视机内的遥控电路接收到该指令信号，经有关电路对这一信号放大和处理之后，使A1的⑨脚输出一个高电平控制遥控电源开关电路。由于A1的⑨脚输出高电平，VT1导通，BL781绕组得电，S1接通，这样220V的交流市电能够通过S1加到主电源电路中，为整机电路供电，完成电源接通的遥控控制。

（6）遥控关机。当要求电源切断时，通过遥控器使A1的⑨脚输出低电平，通过VT1和BL781使S1断开，这样交流市电就不能加到主电源电路中了，完成了遥控关机控制。

特点提示

各种遥控电源开关电路都是基本相同的，即控制交流电进入主电源的电路，其共同的特点有以下几个方面。

（1）设一个不受电源开关控制的辅助电源电路，为电视机内部的遥控电路提供直流工作电压，使遥控电路进入准备状态，一旦接到指令，遥控电路就开始工作。

（2）电视机内的微处理器中有一根用于电源通与断控制的输出引脚，它是用来输出电源通与断指令的。

（3）设一个继电器，它的开关串联在交流电进线回路中，控制交流市电是否送入电视机的主电源电路中。

3.2.5　电源开关电路和故障分析小结

1．电源开关电路分析小结

关于电源开关电路的工作原理分析，主要小结以下几点。

（1）电源开关电路的作用是控制整机的电源电压是否加到电路中，有交流电源开关和直流电源开关，它们的工作原理是相同的，都是控制电压传输回路的接通与断开。

（2）电路分析时，设电源开关在接通和断开两个状态，分别分析电路在电源开关接通和断开两个状态下的开关电路工作原理。

（3）电源开关可以设置在不同的回路中，主要有交流高压回路电源开关电路、交流低压回路电源开关电路、直流低压回路电源开关电路。

2．电源开关电路故障分析小结

关于电源开关电路的故障分析，主要小结以下几点。

（1）电源开关的使用频率比较高，流过开关的工作电流也比较大，所以故障发生率比较高，其主要故障是开关的触点打火造成的损坏，导致触点接触不良。

（2）电源开关触点接触不良时，两触点之间的接触电阻增大，在开关两端的电压降增大，导致整机工作电压下降，如果下降严重，整机电路将无法工作。

（3）电源开关电路最常见的故障是开关本身触点接触不良。

3.3 电源过流保险电路

电源电路中的过流保险电路起过电流保护作用，即当流过电路中的电流大到一定程度时，电路中的保险丝（术语为熔丝）或熔断电阻自动熔断，切断电流的回路，防止大电流进一步损坏电路中的其他元器件。过流保险电路中主要使用保险丝，又称为熔断器。另外，还有一种叫熔断电阻器的元件也具有过电流保护作用。

保险丝电路主要有下列几种。

（1）交流高压回路保险丝电路；

（2）交流低压回路保险丝电路；

（3）交流高压和低压回路双重保险丝电路；

（4）直流回路保险丝电路；

（5）交流直流回路双重保险丝电路；

（6）熔断电阻器过电流保护电路。

3.3.1 交流高压回路保险丝电路

图3-16所示是电源电路中的交流高压回路保险丝电路。电路中，T1是电源变压器，S1是电源开关，F1是保险丝。

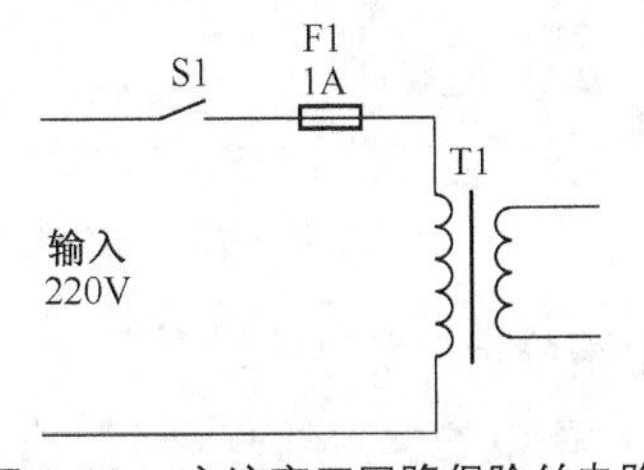

图3-16 交流高压回路保险丝电路

1．电路分析

保险丝的电路符号与电阻器的电路符号有点相似，通常它用大写字母F表示，F1中的1表示它是电路中的一个保险丝，电源电路中可能有多个保险丝。

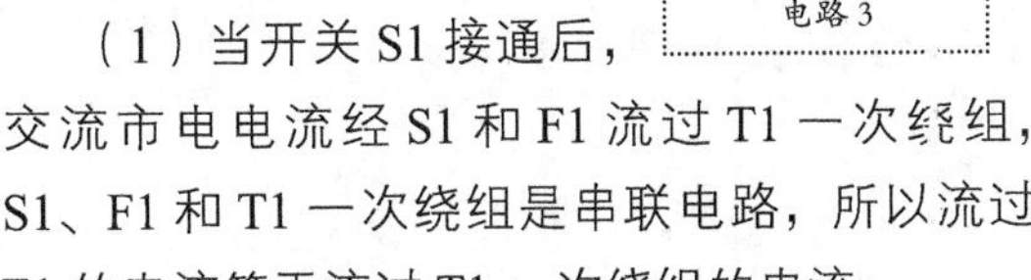

28. 实用RC积分电路3

关于交流高压回路保险丝电路工作原理，主要说明下列两点。

（1）当开关S1接通后，交流市电电流经S1和F1流过T1一次绕组，S1、F1和T1一次绕组是串联电路，所以流过F1的电流等于流过T1一次绕组的电流。

（2）当电路中存在过电流故障时，流过T1一次绕组的电流会增大，过电流故障愈严重，流过T1一次绕组的电流愈大，流过F1的电流也愈大。当流过F1的电流大到一定程度，即超过F1的熔断电流时（该电路中F1的熔断电流为1A），F1自动熔断，切断电源变压器一次绕组回路中的电流，这样从电源变压器开始之后的电路中都没有电源，即整机电路没有电源，停止工作。

2．电路故障分析

关于交流高压回路保险丝电路的故障分析，主要说明下列几点。

（1）保险丝本身故障发生率很低，个别情况下会因为质量问题发生接触不良故障而出现开路故障。

（2）保险丝F1是一次性的保护元件，即它一旦熔断，断电后再也不能恢复正常，得更换新的保险丝。

（3）由于保险丝设置在交流高压回路中，它熔断后，从电源变压器开始之后的整机电路都没有工作电压。

（4）高压回路的保险丝处于220V交流电回路中，更换时一定要先断电。一般情况下，保险丝会装在管套内，如图3-17所示，图3-17（a）所示是保险丝，图3-17（b）所示是保险丝管套。

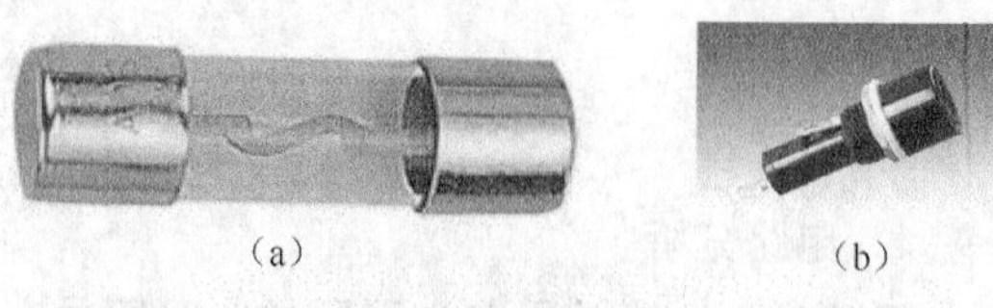

（a）（b）

图3-17　保险丝

3.3.2　交流低压回路保险丝电路

图3-18所示是电源电路中的交流低压回路保险丝电路。电路中，T1是电源变压器，S1是电源开关，F1是保险丝。

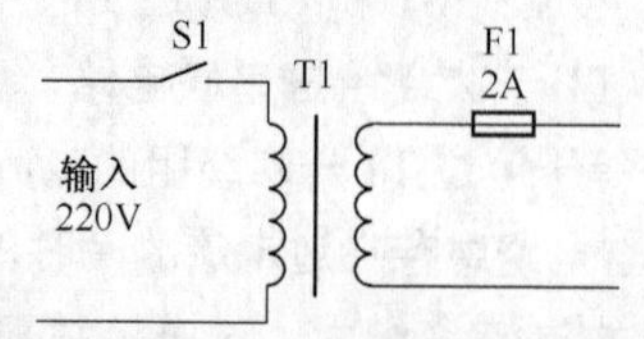

图3-18　交流低压回路保险丝电路

1．电路分析

这一电路中的保险丝F1设在电源变压器的二次绕组回路中，在T1一次绕组回路中没有设置保险丝，所以F1保护的是T1二次绕组之后的电路，对T1一次绕组本身故障造成的过电流故障没有保护作用。

当流过T1二次绕组的电流大于F1的熔断电流时（电路中F1为2A），F1自动熔断，将T1二次绕组回路断开，起到保护二次绕组之后电路的作用。

2．电路故障分析

关于交流低压回路保险丝电路的故障分析，主要说明下列几点。

（1）交流低压回路保险丝熔断后将使所在二次绕组的负载电路没有工作电压。如果电源变压器只有一组二次绕组，这时整机电路就没有直流工作电压；如果电源变压器有几组二次绕组，则只影响所在二次绕组的负载电路的正常工作，对其他二次绕组负载电路的工作没有影响。

（2）保险丝F1熔断后，电源变压器一次绕组内仍然流有电流，不过这一电流很小，是变压器的空载电流，即没有负载时的电流。

（3）当电源变压器一次绕组回路存在短路故障时，电路中的保险丝F1无法起到过电流保护的作用，这是低压回路保险丝电路的不足之处。

3.3.3　交流高压和低压回路双重保险丝电路

交流高压和低压回路双重保险丝电路具有下列两个特点。

（1）这种电路能够同时对高压和低压回路进行过电流保护，其过电流保护作用比前面的保护电路大了许多。

（2）交流高压和低压回路所用的保险丝熔断电流大小不同，而且安装方式不同，交流回路保险丝安装操作复杂。

图3-19所示是电源电路中的交流高压和低压回路双重保险丝电路。电路中，T1是电源变压器，F1是交流高压回路中的保险丝，F2是交流低压回路中的保险丝。

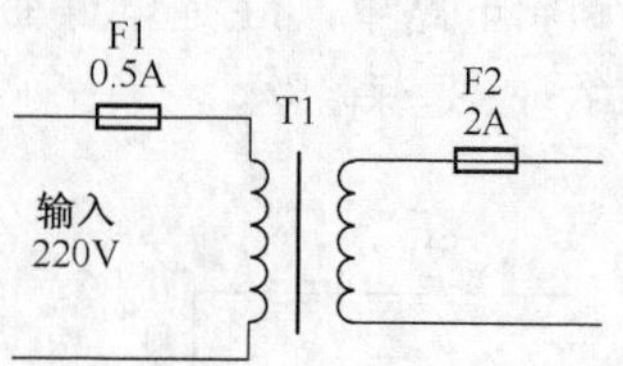

图3-19　交流高压和低压回路双重保险丝电路

1．电路分析

这一电路中的保险丝有两个，分别设置在电源变压器一次绕组和二次绕组回路中，是一

种双保险丝电路，许多电源电路中均采用这种方式，其过电流保险的能力比单设一只保险丝的电路强。

关于交流高压和低压回路双重保险丝电路的工作原理，主要说明下列几点。

（1）这种电路中，当一次绕组本身出现故障时，F1 会熔断，F2 不会熔断；当二次绕组负载回路出现短路故障时，F2 或 F1 都有可能先熔断，也有可能 F1 和 F2 同时熔断。

（2）设在电源变压器一次绕组和二次绕组回路中的保险丝 F1、F2 熔断电流大小是不一样的，一次绕组回路中的保险丝 F1 熔断电流小（0.5A），二次绕组回路中的保险丝 F2 熔断电流大（2A）。

（3）电源降压变压器中，因为一次绕组中的电流远小于二次绕组中的电流，所以要求 F1 熔断电流小于 F2 熔断电流。

记忆方法

在不考虑电源变压器损耗的情况下，一次绕组回路功率等于二次绕组回路功率。功率 $P=IU$，因为一次绕组两端电压 U 高，所以一次绕组回路电流 I 小；二次绕组两端电压 U 低，所以二次绕组回路电流 I 大。

2．电路故障分析

由于电源电路中设有多个保险丝电路，根据过电流大小不同，保险丝熔断情况也会有不同。严重过电流时，F1 和 F2 会同时熔断，其他情况下会使 F2 熔断，或只使 F1 熔断。

关于交流高压和低压回路双重保险丝电路的故障分析，主要说明下列几点。

（1）当 F2 之后的电路发生短路故障时，通常是 F2 首先熔断，也有可能是 F1 断开（说明 F1 熔断电流设置过小），还有可能 F2 和 F1 同时熔断。

（2）当 F2 和 F1 之间的电路发生短路故障时，F2 不会熔断，只有 F1 熔断。

（3）从 F1 和 F2 不同的熔断组合上可以进行逻辑的故障部位判断。

3.3.4 直流回路保险丝电路

直流回路保险丝电路是设置在电源电路输出端之后电路中的保险丝电路，流过这一保险丝的电流是直流电流。

29. 实用 RC 积分电路 4

图 3-20 所示是电源电路中的直流低压回路保险丝电路。电路中，F1 是直流回路中的保险丝，U_o 是直流输出电压。

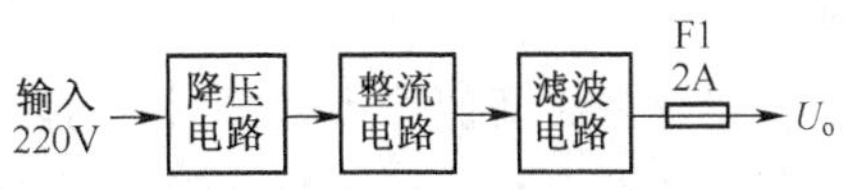

图 3-20　直流低压回路保险丝电路

1．电路分析

保险丝 F1 设在整流、滤波电路之后，也就是在直流电流回路中，所以称为直流回路保险丝。保险丝本身不分直流和交流，其作用和功能一样。

关于直流回路保险丝电路的工作原理，主要说明下列两点。

（1）这一电路中的保险丝 F1 只保护 F1 之后的直流电源负载电路，对于 F1 之前的滤波电路、整流电路和降压电路无过电流保护作用。

（2）当 F1 之后的电路存在过电流故障时，F1 自动熔断，以防止由于电流太大而进一步损坏 F1 之前的电路。当 F1 断开后，F1 之后的电路中没有直流工作电压而不工作，但 F1 之前的滤波电路、整流电路和降压电路仍然处于工作状态。

2．电路故障分析

关于直流回路保险丝电路的故障分析，主要说明下列两点。

（1）当保险丝 F1 之后的电路发生短路故障时，F1 熔断；而当降压电路、整流电路和滤波电路中的元器件发生短路时，F1 不会熔断。

（2）直流回路保险丝电路与交流回路保险丝电路故障分析方法一样。

3.3.5 交流直流回路双重保险丝电路

1．交流直流回路双重保险丝电路

许多实用的电源电路中，在直流、交流回路中设置多个过电流保险丝电路，主要有下列几种组合情况。

（1）直流回路和交流高压回路双重保险丝电路。

（2）直流回路和交流低压回路双重保险丝电路。

（3）交流低压回路和交流高压回路双重保险丝电路。

（4）当有多组直流输出回路时，可以在各组输出回路中或几个主要的直流输出回路中设置的保险丝电路。

2．保险丝管安装方式

220V交流市电回路保险丝管安装在电子设备的背面机壳上，有一个绝缘的旋钮，旋下该旋钮，便露出了保险丝管。这种安装方式确保了安全，保险丝管不露在外面，人身接触不到该保险丝管。

图3-21所示是直流回路保险丝管安装方式示意图。保险丝管设在机内，由于直流回路中的保险丝工作电压一般都在安全电压范围内，因此可以裸露在外，用一个支架固定保险丝管，支架焊在线路板上，支架就作为保险丝管的引出线与电路中其他元器件相连。

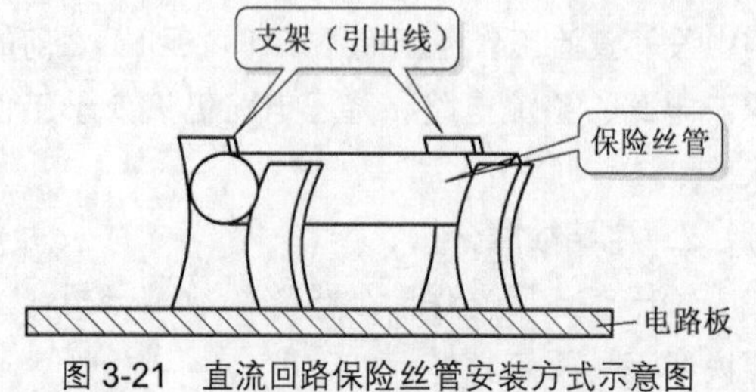

图3-21 直流回路保险丝管安装方式示意图

3．电路分析小结

进行保险丝电路分析时要明白，该保险丝只保护其后的电路，对之前的电路无保护作用，而且只对过电流故障进行保护，对于电路中的开路故障（使工作电流减小）没有任何保护作用。

关于保险丝电路的分析，总结如下几点。

（1）过电流保护只是保护电路中还没有损坏的元器件，是为了防止过电流故障进一步扩大电路中元器件的损坏面。

（2）若电路中有一个元器件工作电流异常增大，如果不及时切断电路工作电流，较长时间的过电流会损坏该元器件。在设置了保险丝电路之后，当电路发生过电流故障时，保险丝在第一时间内熔断，使电路失去工作电压，从而可以起到保护该元器件的作用。

（3）在电源电路中可以有多个保险丝，愈是前面的电路，其保险丝熔断电流愈小，因为前面电路的工作电压高，工作电流小。

4．电路故障分析小结

保险丝过电流后会自动熔断，根据过电流的大小不同，保险丝熔断后有3种不同情况。

（1）保险丝管没有发黑，能够清楚地看出熔断后保险丝的两个发亮的断头，这说明过电流不大，很可能是由于保险丝质量不好，或偶尔的浪涌电流所致，此时可更换一个保险丝一试。

（2）保险丝管发黑，且发黑程度不是很严重，保险丝管玻璃没有破碎，说明过电流比上一种情况大。

（3）保险丝管严重发黑、烧焦或玻璃管已破碎，这说明过电流很大。

3.4 电源高频抗干扰电路

220V交流市电网中存在着大量的高频干扰成分，例如，各种用电器电源开关时产生的高频脉冲会寄生在交流电网中，挂在电网中的各种用电器相互之间会干扰。例如，当开关室内用电器电源开关时，收音机中会发出“咔啦”一声，这就是用电器电源开关过程中对收音机工作的干扰。

当用电器对抗干扰要求不高时，电源电路中可以不设置高频抗干扰电路，否则必须设置，以确保用电器的正常工作。

电子电器中的高频抗干扰电路主要有下列几种。

（1）电源变压器屏蔽层高频抗干扰电路；

（2）电容高频抗干扰电路；

（3）电感高频抗干扰电路；

（4）电容和电感混合高频抗干扰电路。

3.4.1　电源变压器屏蔽层高频抗干扰电路

图 3-22 所示是电源变压器屏蔽层高频抗干扰电路。电路中，S1-1 和 S1-2 是双刀电源开关，F1 是保险丝，T1 是电源变压器。

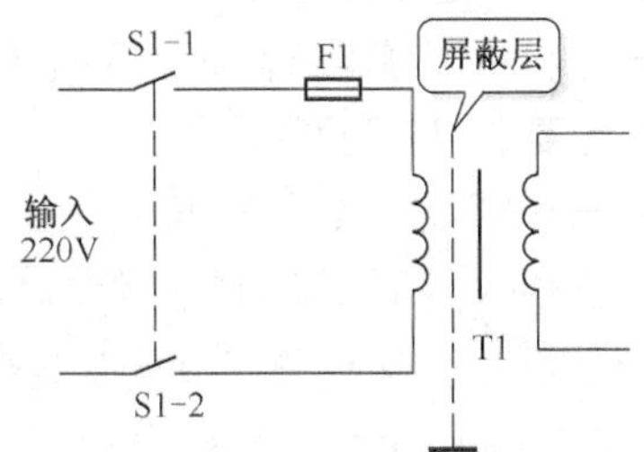

图 3-22　电源变压器屏蔽层高频抗干扰电路

1．电路分析

电路中，在电源变压器 T1 的一次绕组与二次绕组之间加有屏蔽层，该屏蔽层的一端接地，这一结构相当于一个小电容，能将从交流市电窜入电源变压器的高频干扰旁路到地，而不让高频干扰加到变压器的二次绕组中，达到抗干扰的目的。

这一抗干扰电路的功能是通过电源变压器本身实现的，是一种磁屏蔽抗干扰方式。由于电源变压器要加一个屏蔽层，工艺复杂，成本增加，现在较少采用。

2．电路故障分析

关于这一高频抗干扰电路的故障分析，主要说明下列两点。

（1）当屏蔽层的接地开路时，电源变压器降压工作正常，整机电路工作也会正常，只是没有高频抗干扰作用。

（2）当屏蔽层的两端引线都接地时，变压器的磁路短路，电源变压器会因发热而烧坏。

3.4.2　电容高频抗干扰电路

图 3-23 所示是电容高频抗干扰电路。电路中，T1 是变压器，C1 和 C2 是接在一次绕组上的高频抗干扰电容。

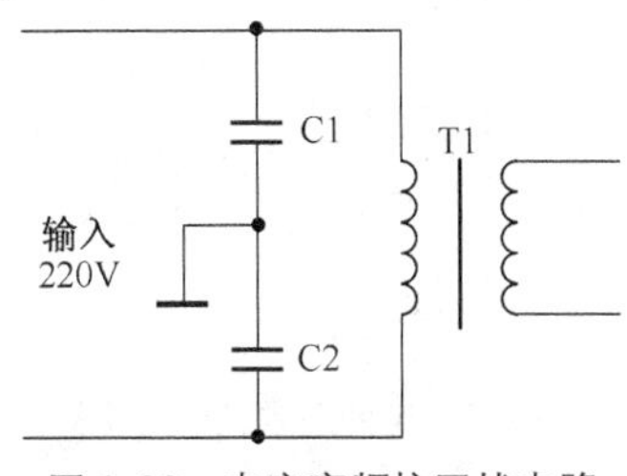

图 3-23　电容高频抗干扰电路

1．电路分析

电路中，C1 和 C2 分别并联在电源变压器两根一次绕组进线与地线之间，C1 和 C2 容量很小，对 50Hz 的交流电其容抗很大，相当于开路，但是对于高频干扰信号 C1 和 C2 的容抗很小，这样变压器一次绕组中的高频干扰信号被 C1 和 C2 旁路到地，而不能加到电源变压器一次绕组上，达到抗干扰的目的。

C1 和 C2 的容量相等，要求耐压比较高，因为它们是接在 220V 电路中的，一般耐压不低于 450V。

这一高频抗干扰电路的安全性能不太好，因为电容 C1、C2 接在 220V 电路上，如果 C1 和 C2 漏电，就有触电危险。

30. 微分电路 1

2．电路故障分析

关于这一高频抗干扰电路的故障分析，主要说明下列两点。

（1）当电容 C1、C2 中有一只短路时，将熔断 220V 市电的保险丝，电源变压器 T1 及之后的电路没有工作电压。

（2）当C1和C2的接地线开路时，高频抗干扰作用仍然存在，只是对高频干扰信号中的更高频率成分存在抗干扰作用，对于频率稍低的成分抗干扰能力下降。因为C1和C2的接地线开路后，C1和C2串联，其串联后总容量下降一半，对高频干扰信号的容抗增大一倍，从而对高频干扰信号的分流衰减能力下降一半。

3.4.3 电感高频抗干扰电路

图3-24所示是电感高频抗干扰电路。电路中，L1、L2是电感器，T1是电源变压器，L1、L2串联在电源变压器T1一次绕组进线回路中。

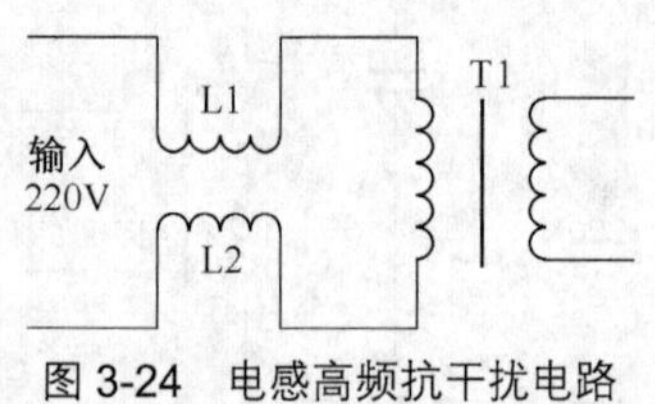

图3-24 电感高频抗干扰电路

1．电路分析

从电路中可以看出，L1、L2分别串联在电源变压器T1一次绕组的两根进线回路中。由于高频干扰信号的频率高，电感器对高频信号的感抗大，这样高频干扰信号不能进入电源变压器T1的一次绕组中，达到高频抗干扰的目的。

关于电感高频抗干扰电路的工作原理，主要说明下列两点。

（1）对于50Hz交流市电而言，因为频率很低，L1、L2对交流电的感抗很小而呈通路，这样220V交流市电能够加到电源变压器T1一次绕组中。

（2）这一抗干扰电路串联在交流电回路中，抗干扰元器件L1、L2不需要接地线，所以安全性能比较好。

2．电路故障分析

关于电感高频抗干扰电路的故障分析，主要说明下列两点。

（1）当L1、L2有一组开路时，220V交流电压不能加到电源变压器T1一次绕组两端，此时整机电路不工作。

（2）这一高频抗干扰电路的主要故障是L1、L2开路故障。

3.4.4 电容和电感混合高频抗干扰电路

图3-25所示是电容和电感混合高频抗干扰电路。电路中，L1、L2是电感，T1是电源变压器，C1和C2是高频抗干扰电容。

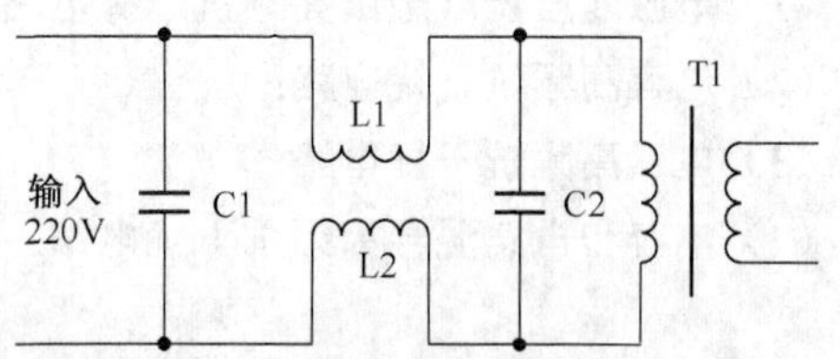

图3-25 电容和电感混合高频抗干扰电路

1．电路分析

这一电路是在电感高频抗干扰电路基础上再加入高频抗干扰电容C1和C2构成的，L1、L2对高频干扰成分的感抗大，可以阻止高频干扰成分加到电源变压器一次绕组两端。

关于电容和电感混合高频抗干扰电路的工作原理，主要说明下列两点。

（1）电容C1和C2容量很小，对50Hz交流电的感抗很大而呈开路特性，但对高频干扰信号其容抗很小，这样将高频干扰信号旁路，即220V交流电火线上的高频干扰信号通过电容C1、C2直接到了零线，而没有高频干扰信号电流流过电源变压器，达到抗干扰的目的。

（2）这一电路是一种双重抗干扰电路，即电容和电感同时起着高频抗干扰的作用，这种电路比前面几种电路抗干扰能力强。

2．电路故障分析

关于电容和电感混合高频抗干扰电路的故障分析，主要说明下列几点。

（1）当电感L1、L2其中一组开路时，220V交流电压不能加到电源变压器T1一次绕组两端，此时整机电路不工作。

（2）当电容C1、C2中有一只短路时，将熔断220V市电的保险丝，电源变压器T1及之后电路没有工作电压，整机电路不工作。

（3）由于这一电路中的抗干扰元器件比较多，因此电路故障发生率比较高。

3．电路分析小结

关于电源高频抗干扰电路工作原理的分析小结，主要说明下列几点。

（1）许多电子电器中是不设置电源高频抗干扰电路的。

（2）如果电源电路中设置了高频抗干扰电路，其电路变化比较多，但是所用元器件只有电容和电感。

（3）电源高频抗干扰电路中运用电容时利用了它的容抗特性，即对高频干扰信号的容抗小，对 50Hz 交流电的容抗大。

（4）电源高频抗干扰电路中运用电感时利用了它的感抗特性，即对高频干扰信号的感抗大，对 50Hz 交流电的感抗小。

4．电路故障分析小结

关于电源高频抗干扰电路的故障分析，主要小结下列几点。

（1）高频抗干扰电路的故障分析比较复杂，主要有高频抗干扰电感和高频抗干扰电容两种元件。电感的主要故障是开路，电容的主要故障是漏电和击穿。

（2）由于电感是串联在电路中的，因此它开路后没有交流电压加到电源变压器的一次绕组两端，整机没有工作电压，但不会烧掉电路中的元器件和保险丝。

（3）由于电容是并联在电路中的，所以它漏电或击穿后会熔断保险丝，严重时会损坏电路中的元器件。

3.5　交流输入电压转换电路

由于不同国家和地区的交流市电电压大小不同，一些出口或进口的电子电器为了适合当地的交流市电电压，在电源电路中被设置了交流输入电压转换电路。

3.5.1　交流输入电压转换电路原理和电路特点

1．交流输入电压转换电路原理

关于交流输入电压转换电路的原理，主要说明下列几点。

（1）交流输入电压转换电路利用了变压器的一次绕组抽头。

（2）变压器有一个特性，即一次和二次绕组每伏电压的匝数相同。如果电源变压器一次绕组共有 2200 匝，二次绕组共有 50 匝，二次绕组输出 5V 交流电压，也就是每 10 匝绕组 1V，一次和二次绕组一样也是每 10 匝绕组 1V。

（3）这种电路中的电源变压器一次绕组设有抽头，在不同的交流输入电压情况下，一次绕组接入不同的位置，保证每伏电压的匝数相同，就能保证电源变压器二次绕组输出的交流低电压相同。

2．电路特点

关于交流输入电压转换电路的特点说明如下。

（1）交流输入电压转换电路主要是在电源变压器一次绕组上设置抽头。

（2）设置了交流电压转换开关，这是一个工作在 220V 交流市电电压下的电源转换开关，是一个机械式开关，为单刀双掷式开关。

3.5.2　交流输入电压转换电路

1．电路分析

图 3-26 所示是交流输入电压转换电路。电路中，T1 是电源变压器，S1 是交流电压转换开关，这是一个单刀双掷开关。

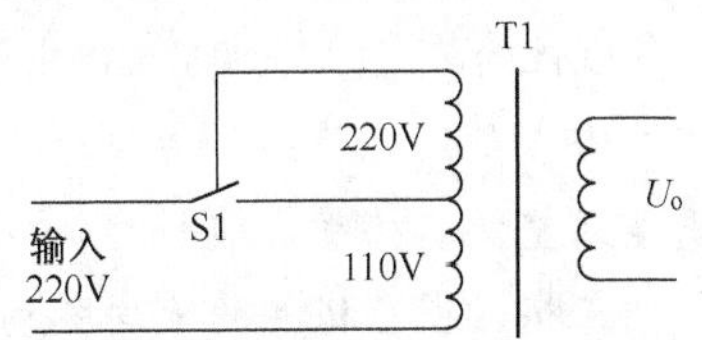

图 3-26　交流输入电压转换电路

关于交流输入电压转换电路的工作原理，主要说明下列几点。

（1）在220V地区使用时，交流电压转换开关S1在图示的220V位置上，这时220V交流电压加到T1全部的一次绕组上，T1二次绕组输出交流电压为U_o；在110V地区使用时，交流电压转换开关S1转换到图示的110V位置上，这时110V交流电压加到T1一部分的一次绕组上，二次绕组输出的交流电压大小也是U_o，大小不变，实现交流电压的转换。

（2）这种交流输入电压转换电路利用了变压器的一次绕组抽头。变压器有一个特性，即一次和二次绕组每伏电压的匝数相同。如果这个电源变压器一次绕组共有2200匝，二次绕组共有50匝，那么二次绕组输出5V交流电压，每10匝1V，一次和二次绕组是一样的。

（3）在电源变压器T1一次绕组为2200匝时，在110V抽头至下端绕组的匝数是1100匝，当送入110V交流电压时，也是每1V为10匝绕组，所以二次绕组同样输出5V，实现了不同交流输入电压下电源变压器T1有相同交流输出电压的功能。

2．电路故障分析

关于交流输入电压转换电路的故障分析，主要说明下列两点。

（1）当交流电压转换开关两触点之间开路时，交流电压不能加到电源变压器一次绕组两端，这时整机电路没有工作电压，不能工作。

（2）交流电压转换开关两触点之间存在接触电阻大故障时，有一部分交流电压降在了开关触点两端，这样到电源变压器一次绕组两端的交流电压就小，T1二次绕组输出的交流电压就低，影响整机电路正常工作，严重时整机电路不能工作。

3.6　半波整流电路

整流电路的作用是将交流电转换成直流电。电子电路是用直流电作为工作电压的，当电子电器使用交流供电时，必须使用整流电路将交流电转换成直流电，所以所有的电源电路中都设置了整流电路。

电源电路中整流电路种类

（1）半波整流电路是电源电路中一种最简单的整流电路，半波整流电路中只用一只整流二极管，根据电路的不同结构可以得到正极性的单向脉动性直流输出电压，也可以得到负极性的单向脉动性直流输出电压。

（2）全波整流电路中要用两只整流二极管，根据电路的不同结构也可以得到正极性或负极性的单向脉动性直流输出电压。

（3）桥式整流电路结构最复杂，电路中要用4只整流二极管，这种整流电路也可以得到正极性或负极性的单向脉动性直流输出电压。

（4）倍压整流电路与上述3种整流电路有所不同，它的特点是获得的直流电压比较高，但整流电路输出电流比较小。

3.6.1　正极性半波整流电路工作原理分析方法和思路

1．电路特点

正极性半波整流电路是各种整流电路中最基础的电路，关于这种整流电路的特点，要说明下列几点。

（1）在各种整流电路中，正极性半波整流电路使用频率最高，它的电路结构最为简单，只用一只整流二极管。

（2）正极性半波整流电路中的整流二极管正极与电源变压器二次绕组直接相连接，根据这一电路特征可以方便地分辨出电路中的正极性半波整流电路。如果整流二极管负极与电源变压器二次绕组直接相连接，就是负极性的半波整流电路。

（3）正极性半波整流电路中整流二极管的负极与滤波电容正极相连（滤波电容是有极性电容，它的负极接地线）。

2．电路分析思路和分析方法

正极性半波整流电路工作原理分析思路

（1）运用整流二极管的单向导通特性进行整流电路工作原理分析，在整流二极管导通时认为二极管是通路，让交流电压通过；在整流二极管截止时认为二极管是开路，不让交流电压通过整流二极管。

（2）正极性半波整流电路是各种整流电路的基础，掌握了这种整流电路工作原理的分析思路，便能分析各种变形的整流电路。

正极性半波整流电路工作原理分析方法

（1）因为整流电路中使用整流二极管，所以分析整流电路时主要是运用整流二极管的相关特性进行电路分析。

（2）分析正极性半波整流电路工作原理时，先设加到整流二极管正极的交流电压为正半周期间，这时整流二极管导通；然后设加到整流二极管正极的交流电压为负半周期间，这时整流二极管截止。

（3）分析整流二极管的工作状态就是分析整流电路工作原理，搞清楚了整流二极管在交流电压正、负半周期间是导通还是截止，电路工作原理分析就完成了一大半。

（4）对整流电路工作原理的进一步理解还要做到两点：忽略整流二极管导通后管压降对直流输出电压的影响，因为管压降与直流输出电压大小相比很小；不考虑二极管的其他特性对整流电路的影响，例如，不考虑二极管结电容对整流电路工作的影响，因为电源电路中的整流电路交流电频率只有50Hz。

3.6.2 正极性半波整流电路

图3-27所示是正极性半波整流电路。电路中，VD1是二极管，由于用于整流目的，因此称为整流二极管。R1是整流电路的负载电阻，在实用电路中这一负载不一定是电阻，还可以是某一个具体的电子电路，这里为了分析电路方便，用一个电阻来代替整流电路的负载。U_i是整流电路的输入电压，这是一个正弦交流电压；U_o是这一半波整流电路的输出电压，为正极性单向脉动性的直流电压。这两种电压的波形如图3-27所示。

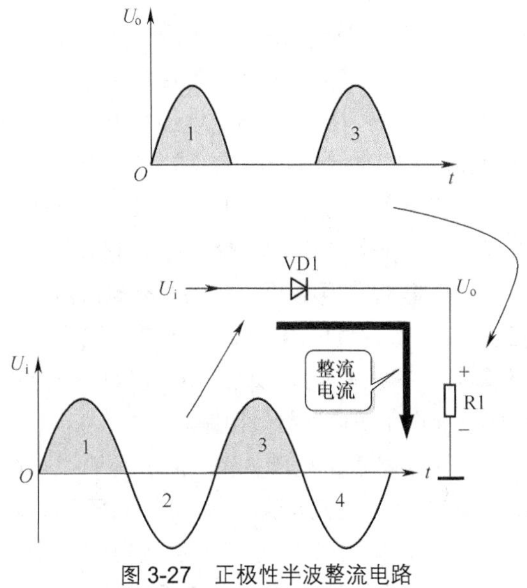

图3-27 正极性半波整流电路

1．电路分析注意事项

分析整流电路时要了解和注意以下几点。

32. 微分电路3

（1）电路分析中主要运用二极管的单向导电特性，只有在二极管正极上的电压足够大时，二极管才能导通，否则二极管处于截止状态。

（2）输入整流电路的信号电压是交流电压，电路分析时要将交流输入电压分成正半周和负半周两种情况。

（3）输入交流电压的某个半周给二极管加上正向偏置电压，另一个半周则是给二极管加的反向偏置电压。

（4）当输入的交流电压给二极管正向偏置电压时二极管导通，导通后认为二极管呈通路，可以忽略二极管正向导通后的管压降；当输入的交流电压给二极管反向偏置电压时二极管截止，截止时认为二极管呈开路。

（5）二极管特性之一是导通后有一个管压降，但在分析整流电路中的二极管时，可以不计整流二极管管压降对电路工作的影响，因为整流二极管导通后其管压降只有0.6V左右，而输入的交流电压则为几伏甚至几十伏，比二极管的管压降大许多，所以可以不考虑管压降对电路工作的影响。

2．输入正半周电压电路分析

这一半波整流电路的工作原理是：在正半周时，即图示1半周期间，交流输入电压使二极管VD1正极上的电压高于地线的电压，二极管的负极通过R1与地端相连，这样二极管VD1正极电压高于负极电压，由于交流输入电压足够大，二极管处于正向偏置状态，二极管导通。

二极管VD1导通后，电路中有电流流过二极管VD1和负载电阻R1，其电流回路是：二极管VD1正极→VD1负极→电阻R1→地线，通过交流电压源内部构成回路。

整流电路输出电流I从上而下地流过电阻R1，如图中电流I所示。在R1上的压降为输出电压U_o，因为输出电压是直流电压，所以它有正、负极性，在R1上的电压为上正下负，如图中“+”、“-”标记所示，这是输出的正极性单向脉动性直流电压。

整流二极管在交流输入电压正半周期间一直为正向偏置而处于导通状态，由于正半周交流输入电压大小在变化，因此流过R1的电流大小也在变化，这样输出电压U_o大小也在变化，并与输入电压U_i的波形相同，见图中输出电压U_o中的1半周。

二极管导通后存在着很小的管压降，使整流电路输出电压的幅度比输入电压略小些。

3．输入负半周电压电路分析

交流输入电压U_i变化到负半周之后，即图中2半周所示期间，交流输入电压使VD1正极电压低于它的负极电压（二极管正极电压为负，负极接地其电压为零，负比零更小），所以二极管在负半周电压的作用下处于反向偏置状态，此时二极管截止，相当于开路，电路中无电流流动，R1上也无压降U_o。这样，在输入电压为负半周期间，整流电路的输出电压为零。

交流输入电压下一个周期期间，第二个正半周电压到来时，整流二极管再次导通，负半周电压到来时，二极管再度截止，如此不断导通、截止。从图中输入和输出电压波形可以看出，通过这一整流电路，输入电压的负半周被切除，得到只有正半周（正极性）单向脉动性直流输出电压。

所谓单向脉动性直流电压，就是只有一连串半周的正弦波电压，如果是正半周，则是正极性单向脉动性直流电压；如果是负半周，则是负极性单向脉动性直流电压。

4．电路故障分析

关于正极性半波整流电路的故障分析，还要说明以下几点。

（1）这种整流电路中只有一只整流元器件，即VD1，所以整流电路的故障主要就是整流二极管VD1的故障。

（2）当VD1开路时，整流电路没有单向脉动性直流电压加到负载电阻R1上，这时电源没有直流电压输出。如果电源电路中只有一路整流电路，那么整机电路就没有直流工作电压；如果电源电路中有多路整流电路，那只影响这一路整流电路负载电路的正常工作。

（3）当VD1短路时，整流电路没有整流作用，输入到VD1正极的交流电压直接加到了负载电阻R1上，此时没有单向脉动性直流电压输出，VD1之后的电路不能正常工作。如果电源电路中设置有保险丝，此时会自动熔断保险丝。

（4）外电路对整流二极管的影响是：当输入VD1正极的交流电压异常升高时，流过VD1的电流会增大而有烧坏VD1的危险；当VD1的负载电阻R1存在短路故障时，流过VD1的电流会增大许多而烧坏VD1，如果不排除外电路故障，则更换新的整流二极管之后，整流二极管仍然会被烧坏。

5．电路分析说明

正极性半波整流电路分析提示

（1）在整流电路中，只有交流电压加到整流二极管上而没有直流电压输入，利用交流电压本身的电压大小来使整流二极管正向偏置（二极管导通）或反向偏置（二极管截止），这是整流电路的特点。

（2）当输入电压 U_i 比较小，即输入电压正半周峰值电压不超过 0.6V 时，整流二极管在正半周也不能导通，电路就不能起整流作用。所以，在整流电路中输入交流电压的幅度远大于整流二极管的管压降。分析整流电路时可将整流二极管的管压降（0.6V）忽略不计。

（3）在交流输入电压正半周期间，流过二极管的电流大小在变化但极性不变（都在正半周），所以流过 R1 的电流都是从上而下，在 R1 上的电压降为正电压，即上正下负。

（4）由于这一整流电路的输出电压只是利用了交流输入电压的半周，因此称为半波整流电路。

3.6.3　整流电路故障机理及检修方法

整流电路中主要使用整流二极管，所以整流电路故障机理与整流二极管相关，对整流电路的故障检修可以采用检测二极管的一套方法。

1．故障机理

关于整流电路的故障机理，主要说明下列几点。

（1）整流电路出故障的根本原因有两个方面：一是外电路对整流二极管的破坏性影响，这不是整流电路本身的故障；二是整流二极管本身的质量问题，由于整流二极管的工作电流比较大，容易出现故障。

33. 微分电路 4

（2）整流二极管有开路和击穿两个硬性故障，它的软性故障是二极管正向电阻大和反向电阻减小。

（3）整流二极管正向电阻增大后，在整流二极管两端的管压降增大，加到整流电路负载电阻上的直流电压减小，降低了电源电路的直流输出电压。整流直流工作电流愈大，在整流二极管上的管压降愈大，整流二极管本身也发热，严重时将烧坏整流二极管。

（4）整流二极管反向电阻减小后，二极管的单向导电性能变劣，使另一半周交流电压中的一部分通过整流二极管加到了整流电路负载电阻上，这是交流电压，它增大了直流工作电压中的纹波电压，加重了滤波电路的负担。

2．关键测试点

整流电路关键测试点

（1）整流电路的关键测试点是整流二极管的输出端。用万用表直流电压挡的适当量程测量整流二极管的输出端，有直流电压输出可以初步说明整流电路工作正常，否则说明整流电路可能存在故障。

（2）在正极性整流电路中，整流二极管的负极是整流电路的输出端，这时测量的是正极性直流电压；在负极性整流电路中，整流二极管的正极是整流电路的输出端，这时测量的是负极性直流电压。

3．有效检测手段

关于整流电路故障的有效检测手段，主要说明下列几点。

（1）断电后在路测量整流二极管的正向和反向电阻大小，可以判断二极管是否存在开路或短路的故障，在路测量结果不能确定时，可以将整流二极管脱开电路后进行测量。

（2）通电状态下测量整流二极管两引脚之间的直流电压降，正常情况下硅整流二极管为 0.6V，锗整流二极管是 0.2V，无论什么极性的整流电路都是这种特性。

（3）对于二极管的软性故障，可以采用更换一只新整流二极管的方法进行验证，更换后故障消失，说明判断正确，否则即可排除整流二极管出故障的可能性。

3.6.4 负极性半波整流电路

电路分析方法和思路

负极性半波整流电路是整流电路中另一种基本的整流电路，关于这种整流电路的分析方法和思路，主要说明下列几点。

（1）虽然这种整流电路上也是用了一只整流二极管，但是它的负极与电源变压器的二次绕组直接连接。

（2）无论什么情况下，当整流二极管的负极与电源变压器二次绕组直接相连时，就是负极性的整流电路。根据这一电路特征可以确定是负极性半波整流电路。

（3）负极性半波整流电路中的整流二极管正极接滤波电容的负极，滤波电容正极接线路中的地线，这是负极性整流电路的一个特点。

（4）负极性半波整流电路的具体电路分析方法与正极性半波整流电路一样，将加到整流二极管负极的交流电压分成正半周和负半周。

（5）负极性半波整流电路中，加到整流二极管负极的交流电压为负半周期间时，整流二极管导通，这一点与正极性半波整流电路原理分析不同；加到整流二极管负极的交流电压为正半周期间时，整流二极管截止。

1．判断整流二极管导通与截止的简便方法

在整流电路分析中，特别是负极性整流电路分析中，读者对整流二极管何时导通、何时截止有时会搞不清楚，下面是判断各种类型整流电路中整流二极管导通、截止的好方法，也便于记忆。

（1）交流电压正半周期间加到整流二极管正极时，整流二极管导通。

（2）交流电压正半周期间加到整流二极管负极时，整流二极管截止。

（3）交流电压负半周期间加到整流二极管正极时，整流二极管截止。

（4）交流电压负半周期间加到整流二极管负极时，整流二极管导通。

上述方法简化成记忆方法是：正对正导通，负对负也通；正对负截止，负对正也截止。

图 3-28 所示是负极性半波整流电路及电压波形。电路中，VD1 是二极管，无论是正极性还是负极性的，整流二极管没有什么不同，只是在电路中的连接方式不同。在负极性半波整流电路中，整流二极管的负极接交流输入电压 U_i 端。R1 是这一整流电路的负载电阻，U_o 是整流电路的输出电压。

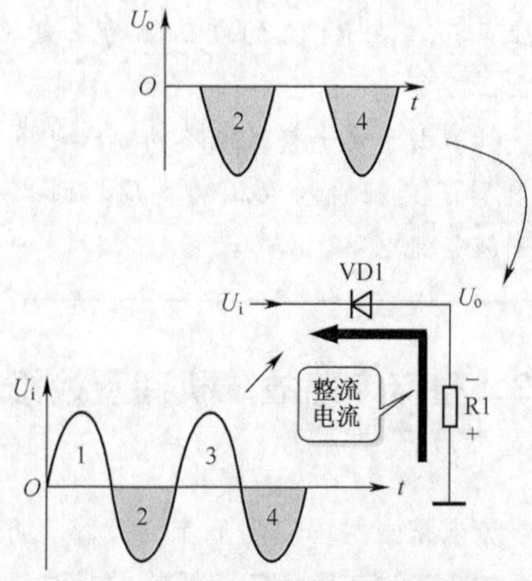

图 3-28　负极性半波整流电路及电压波形

2．电路分析

负极性半波整流电路的工作原理与正极性半波整流电路基本一样，交流输入电压 U_i 的正半周电压使整流二极管 VD1 的负极电压高于正极电压，这样整流二极管 VD1 处于截止状态，电路中没有电流。

交流输入电压 U_i 变化到负半周时，负电压加到 VD1 负极，VD1 正极通过 R1 接地，此时地线电压远高于 VD1 负极电压，所以交流输入

电压使整流二极管 VD1 的负极电压低于正极电压，VD1 处于导通状态，这时有电流流过整流二极管，其电流回路是：地线→电阻 R1→二极管 VD1 正极→ VD1 负极，通过交流输入电压源内电路构成回路。

这一电流是从下而上地流过电阻 R1，在电阻 R1 上的极性为下正上负，如图中“+”、“−”所示，所以这是负极性的半波整流电路。

从输出电压 U_o 波形中可以看出，输出电压只是保留了交流输入电压的负半周，即 2、4 半周波形，将正半周电压去除。交流电压去掉半周后就是单向脉动性直流电压，整流电路中的整流二极管就是要去掉交流输入电压的半周。

3．电路故障分析

关于负极性半波整流电路的故障分析，主要说明下列两点。

（1）负极性半波整流电路的故障分析与正极性半波整流电路的故障分析一样，只是注意该整流电路输出的是负极性单向脉动性直流电压，在整流电路故障检修中要注意万用表直流电压挡红、黑表棒的接法。

（2）在测量整流二极管输出端直流电压时，万用表选直流电压挡（适当量程），红表棒接地线，黑表棒接整流二极管 VD1 正极。

电路分析小结

（1）半波整流电路是各种整流电路的基础电路，搞清楚半波整流电路的工作原理，对其他类型整流电路的分析是有益的。

（2）分析半波整流电路主要是分析交流输入电压正、负半周加到整流二极管后，交流输入电压使整流二极管是导通还是截止。整流二极管截止时它相当于开路，没有电流流过整流二极管；整流二极管导通时它相当于通路，有电流流过整流二极管。

（3）整流电路分析中，整流二极管导通时的压降可以忽略不计，整流二极管在截止时所承受的最大反向电压是交流输入电压的峰值电压。

（4）整流电路工作原理分析中，还要分清整流电路输出什么极性的单向脉动性直流电压。当整流电流通过负载流向地线时为正极性单向脉动性直流电压；当整流电流从地线流出，流过负载时为负极性单向脉动性直流电压。

（5）半波整流电路输出的单向脉动性直流电压由一个间隔一个的半波正弦电压组成，这其中除含有直流电压成分外，还有交流电压成分。这一脉动性半波正弦电压的频率（即交流成分频率）等于输入整流电路的交流电压频率。对于电源电路中的整流电路而言，由于输入整流电路的交流电压频率是 50Hz，因此半波整流电路输出的单向脉动性直流电压中的主要交流成分频率也是 50Hz。了解这一点对理解后面将要介绍的滤波电路的工作原理是有益的，单向脉动性直流电压中的交流成分频率愈高，对滤波电路的滤波性能要求愈低。半波整流电路输出的单向脉动性直流电压中的交流成分频率最低，所以不利于滤波。

3.6.5　正、负极性半波整流电路

前面分别介绍了正极性和负极性半波整流电路，在电子电器中许多情况下需要电源电路能够同时输出正极性和负极性的直流工作电压，正、负极性半波整流电路可以实现这一电路功能。

1．电路特点

34. 微分电路！

关于正、负极性半波整流电路的特点，主要说明下列两点。

（1）这种电路也是半波整流电路，只是将两种极性的半波整流电路整合在一起。若这种半波整流电路有变化，主要是电源变压器二次绕组结构不同时的变化。

（2）一组半波整流电路中使用一只整流二极管，正、负极性半波整流电路等于两组半波整流电路，使用两只二极管。

电路分析方法

（1）电路分析方法与半波整流电路一样，只是分别分析正、负极性的半波整流电路。

（2）注意点是电源变压器二次绕组的变化，不同结构的二次绕组有不同的正、负极性半波整流电路。

图 3-29 所示是正、负极性半波整流电路及电压波形。电路中，T1 是电源变压器，这里是降压变压器，L2 和 L3 是它的两个二次绕组，分别输出 50Hz 交流电压。VD1 和 VD2 是两只整流二极管。L2、VD1、R1 和 L3、VD2、R2 分别构成两组半波整流电路，R1 和 R2 分别是两个整流电路的负载。

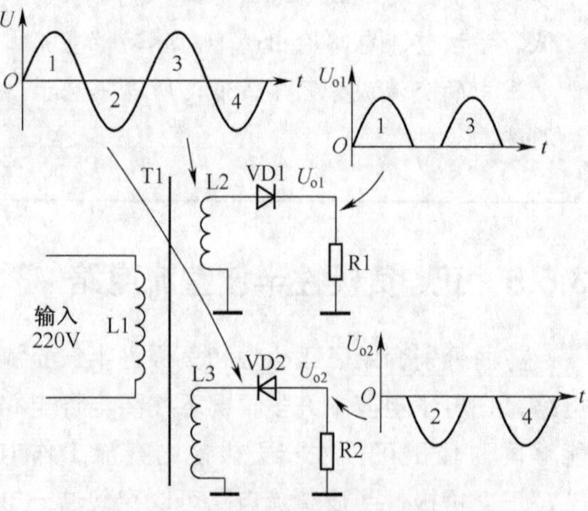

图 3-29　正、负极性半波整流电路及电压波形

2．电路分析

关于这一正、负极性半波整流电路的工作原理分析，主要说明以下几点。

（1）从电路中可以看出，VD1 和 VD2 的连接方法不同，VD1 正极接绕组 L2，VD2 负极接绕组 L3，所以这是两个能够输出不同极性直流电压的半波整流电路。

（2）当二次绕组 L2 输出信号电压为正半周期间时，即图中的 1 半周信号电压，由于绕组 L2 的输出电压远大于 VD1 的导通电压，这样正半周交流电压通过 VD1 加到负载电阻 R1 上；在绕组 L2 输出交流电压的负半周期间，即图中的 2，由于加到 VD1 正极上的电压为负，VD1 截止，这时 VD1 不能导通，负载电阻 R1 上没有输出电压。一个周期内，只有交流电压的正半周能够加到负载电阻 R1，这样这一半波整流电路只能输出正半周的单向脉动性直流电压，如图中 U_{o1} 输出电压波形所示。

（3）在另一组二次绕组 L3 输出负半周交流电压期间，由于 L3 输出电压远大于 VD2 的导通电压，同时负极性电压加到 VD2 的负极，这样 VD2 可以导通，使负半周交流电压通过 VD2 加到负载电阻 R2 上。流过负载电阻 R2 的电流方向是：绕组 L3 的下端→地线→R2→VD2 正极→VD2 负极→绕组 L3 上端→绕组 L3，构成回路；在绕组 L3 输出交流电压正半周期间，由于加到 VD2 负极上的电压为正，VD2 截止，这样 VD2 不能导通，负载电阻 R2 上没有输出电压。交流电压的一个周期内，只有交流电压的负半周能够加到 R2 上，这样这一半波整流电路只能输出负半周的单向脉动性直流电压 U_{o2}，如图中 U_{o2} 输出电压波形所示。

（4）整流电路输出的单向脉动性直流电压大小与电源变压器二次绕组输出的交流电压大小成正比关系。当电源变压器二次绕组输出的交流电压大时，整流电路输出的单向脉动性直流输出电压大。如果二次绕组 L2 的输出电压大于二次绕组 L3 的输出电压，那么整流电路的输出电压 U_{o1} 大于 U_{o2}。

（5）电路中，二次绕组 L2 和 L3 是两组独立的绕组，这样两个整流电路之间的相互影响比较小，有利于提高电路的抗干扰能力，能够使电源电路的负载电路（整机电路）工作稳定。电源电路是整机电路各部分电路的共用电路，所以很容易引起各部分电路之间的有害交连（相互之间影响）。

3．电路故障分析

关于这一正、负极性半波整流电路的故障分析，主要说明以下几点。

（1）由于这一电源电路中的电源变压器有两组独立的二次绕组，两组整流电路的故障分析要分开进行。除整流二极管短路故障外，一组二次绕组中的整流二极管发生其他故障对另一组二次绕组整流电路没有影响。

（2）整流二极管 VD1 开路时，没有正极性的单向脉动性直流输出电压 U_{o1}，但不影响另一组负极性整流电路输出单向脉动性直流电压 U_{o2}；整流二极管 VD2 开路时，没有负极性的单向脉动性直流输出电压 U_{o2}，但不影响另一组正极性整流电路输出单向脉动性直流电压 U_{o1}。

（3）整流二极管 VD1 短路时，二次绕组 L2 输出的交流电压直接通过短路的 VD1 加到 R1 上。负载电阻 R1 上还并联有滤波电容（图 3-29 中没有画出），该滤波电容对 50Hz 交流电的容抗很小而相当于短路，即将二次绕组 L2 输出的交流低电压短路，熔断电源电路中的交流保险丝。如果交流电路中没有保险丝，因为流过二次绕组 L2 的电流过大（电源变压器重载），另一个二次绕组 L3 的交流输出电压将下降，导致 VD2 输出的单向脉动性直流电压下降。

（4）整流二极管 VD2 短路故障分析同上述 VD1 短路故障分析一样，只是影响 VD1 整流电路的正常工作。

（5）二次绕组 L2 或 L3 的接地线开路时，只影响所开路绕组这一电路中的整流电路的正常工作，整流电路没有单向脉动性直流电压输出。

4．另一种正、负极性半波整流电路工作原理分析与理解

图 3-30 所示也是一种正、负极性半波整流电路。电路中，T1 是电源变压器，它的二次绕组中有一个抽头，抽头接地，这样抽头之上和之下分成两个绕组，分别输出两组 50Hz 交流电压。VD1 和 VD2 是两只整流二极管。L2、VD1、R1 和 L3、VD2、R2 分别构成两组半波整流电路，R1 和 R2 分别是两个整流电路的负载。

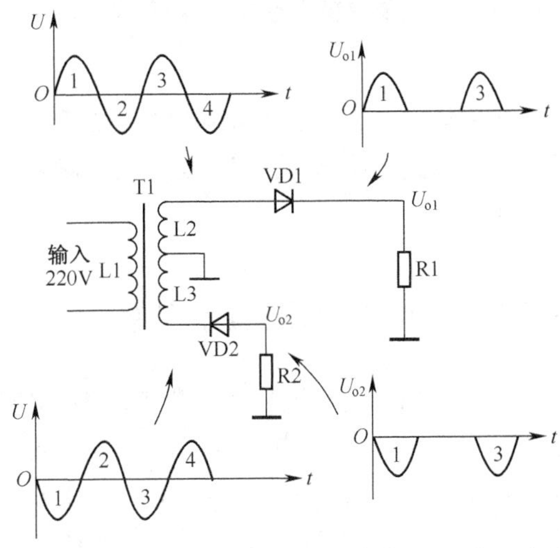

图 3-30　另一种正、负极性半波整流电路及电压波形

这一正、负极性半波整流电路的工作原理与前面一种电路基本一样，不同之处有以下几点。

（1）电源变压器的二次绕组通过抽头分成两组，两组二次绕组输出的交流电压加到各自的半波整流电路中。二次绕组两端的交流输出电压极性是不同的，如图中交流输出电压波形所示。当二次绕组上端交流电压为正半周时，其下端为负半周；当二次绕组上端交流电压为负半周时，其下端为正半周。

（2）流过整流二极管 VD1 的电流回路是：二次绕组上端→整流二极管 VD1 正极→ VD1 负极→负载电阻 R1 →地线→二次绕组抽头→二次绕组抽头以上绕组，构成回路。

（3）流过整流二极管 VD2 的电流回路是：地线→负载电阻 R2 →整流二极管 VD2 正极→ VD2 负极→二次绕组下端→二次绕组抽头以下绕组→二次绕组抽头，构成回路。

（4）由于这一电路中的二次绕组是通过抽头来分成两组交流输出电压的，两组二次绕组之间的耦合较紧，容易引起相互间的干扰，因此这一整流电路的抗干扰能力没有前一种正、负极性半波整流电路强。

1. 双管放大器电路 1

3.7 全波整流电路

全波整流电路中要使用两只整流二极管构成一组全波整流电路，且要求电源变压器有中心抽头。

3.7.1 正极性全波整流电路

图 3-31 所示是正极性全波整流电路及电压波形。电路中，T1 是电源变压器，这一变压器的特点是二次绕组有一个抽头，且为中心抽头，这样抽头以上和以下二次绕组输出的交流电压大小相等。VD1和VD2是两只整流二极管，R1 是这一全波整流电路的负载。

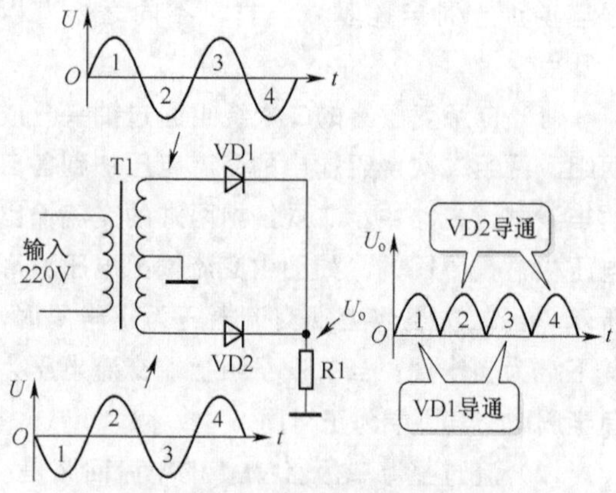

图 3-31 正极性全波整流电路及电压波形

1. 电路分析

关于这一正极性全波整流电路的工作原理，主要说明以下几点。

（1）当电源变压器 T1 二次绕组上端输出正半周交流电压时，二次绕组下端输出大小相等的负半周交流电压。

（2）T1 二次绕组上端正半周交流电压 1 使 VD1 导通，导通后的电流回路是：**二次绕组上端→整流二极管 VD1 正极→ VD1 负极→ R1 →地端→二次绕组中心抽头→二次绕组中心抽头以上绕组，构成回路。电流从上而下地流过负载 R1，所以输出的是正极性单向脉动性直流电压。**在绕组上端输出正半周交流电压的同时，下端输出的负半周交流电压加到整流二极管 VD2 正极，这一负半周交流电压给 VD2 反向偏置电压，不能使 VD2 导通，这时 VD2 处于截止状态。

（3）在 T1 二次绕组输出的交流电压变化到另一个半周时，二次绕组上端输出的负半周交流电压加到 VD1 正极，给 VD1 反向偏置电压，使 VD1 截止。此时，二次绕组下端输出正半周交流电压 2，这一电压给 VD2 正向偏置电压而使之导通，其导通后的电流回路是：**二次绕组下端→整流二极管 VD2 正极→ VD2 负极→负载电阻 R1 →地线→二次绕组抽头→二次绕组抽头以下绕组，构成回路。此时，流过整流电路负载电阻 R1 的电流仍然是从上而下，所以也是输出正极性的单向脉动性直流电压。**

2. 电路故障分析

关于这一正极性全波整流电路的故障分析，主要说明下列几点。

（1）整流二极管 VD1 开路，使全波整流电路变成半波整流电路，这时全波整流电路输出的单向脉动性直流电压只有正常时电压值的一半。整流二极管 VD2 开路故障的分析也一样，也是只能输出一半大小的单向脉动性直流电压。

（2）VD1 或 VD2 短路故障分析同上面几种电路中的整流二极管短路故障分析一样。

（3）当电源变压器 T1 二次绕组的抽头接地线断开时，VD1 和 VD2 均不能正常工作，这时全波整流电路输出的单向脉动性直流电压为 0V。

电路分析小结

（1）全波整流电路与半波整流电路不同，全波整流电路能够将交流电压的负半周电压转换成负载 R1 上的正极性单向脉动性直流电压。如图 3-31 所示，2 和 4 半周都是整流二极管 VD2 导通后将负半周转换成正半周。1 和 3 是整流二极管 VD1 导通时的输出电压，为交流输入电压的正半周。

（2）全波整流电路的效率高于半波整流电路，因为交流输入电压的正、负半周都被作为输出电压输出了。

（3）全波整流电路输出的单向脉动性直流电压中会有大量的交流成分，交流成分的频率是交流输入电压的两倍（因为利用了交流输入电压的正、负半周电压），为 100Hz，这一点有利于滤波电路的工作。对于滤波电路而言，在滤波电容的容量一定时，交流电的频率愈高，滤波效果愈好。

3.7.2　负极性全波整流电路

电路特点和电路分析方法

（1）负极性全波整流电路与正极性全波整流电路一样，采用两只整流二极管构成一组整流电路，交流电压输入电路也是一样的，不同之处是两只整流二极管的接法与正极性全波整流电路不同。

（2）这一电路工作原理的分析方法和正极性全波整流电路相同，只是在分析整流二极管导通后电流流向时要注意，电流可以从地线流出在理解上有困难。

图 3-32 所示是负极性全波整流电路及电压波形。电路中，T1 是电源变压器，与正极性全波整流电路中的电源变压器一样；VD1 和 VD2 是两只整流二极管，它们的负极与电源变压器 T1 的二次绕组相连，这一点与正极性的全波整流电路不同（主要不同点）；R1 是这一全波整流电路的负载。

1．电路分析

关于这一负极性全波整流电路的工作原理，主要说明以下两点。

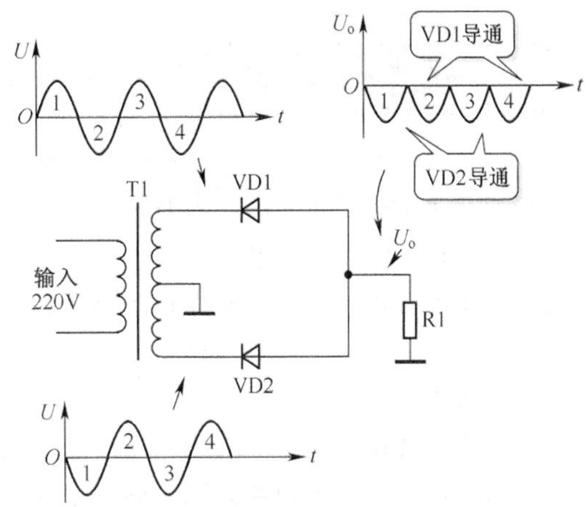

图 3-32　负极性全波整流电路及电压波形

（1）当电源变压器 T1 二次绕组上端输出正半周交流电压时，VD1 截止，同时二次绕组下端输出大小相等的负半周交流电压，使 VD2 导通，其导通后的电流回路是：**地线→负载电阻 R1 →整流二极管 VD2 正极→ VD2 负极→二次绕组下端→二次绕组抽头以下绕组→二次绕组抽头，构成回路。由于流过负载电阻 R1 的电流是从下而上的，因此这是负极性的单向脉动性直流电压。**

（2）在 T1 二次绕组输出的交流电压变化到另一个半周时，二次绕组上端输出的负半周交流电压加到 VD1 负极，给 VD1 正向偏置电压，VD1 导通，其导通后的电流回路是：**地线→负载电阻 R1 →整流二极管 VD1 正极→ VD1 负极→二次绕组上端→二次绕组抽头以上绕组→二次绕组抽头，构成回路。由于流过负载电阻 R1 的电流也是从下而上的，因此这也是负极性的单向脉动性直流电压。**

2. 双管放大器电路 2

2．电路故障分析

关于这一负极性全波整流电路的故障分析，主要说明下列两点。

（1）整流二极管 VD1、VD2 开路或短路的故障分析同正极性全波整流电路故障分析一样，只是在检修中要注意整流电路输出的单向脉动性直流电压极性为负。

（2）当电源变压器T1二次绕组的抽头接地线断开时，这一负极性全波整流电路输出的单向脉动性直流电压为0V。

电路分析小结

（1）全波整流电路输出正极性还是负极性单向脉动性直流电压，主要取决于整流二极管的连接方式。整流二极管正极接电源变压器二次绕组时，输出正极性的单向脉动性直流电压；整流二极管负极接电源变压器二次绕组时，输出负极性的单向脉动性直流电压。

（2）从地线流出的电流流过整流电路负载电阻时，输出的是负极性的单向脉动性直流电压；电流经过负载流到地线时，输出的是正极性单向脉动性直流电压。

（3）在全波整流电路中，电源变压器的二次绕组一定要有中心抽头，否则就不能构成全波整流电路。

3.7.3 正、负极性全波整流电路

电路特点和电路分析方法

（1）这一全波整流电路就是将正极性和负极性整流电路合二为一。

（2）对这一电路的分析方法同其他全波整流电路一样。

图3-33所示是能够输出正、负极性单向脉动性直流电压的全波整流电路及电压波形。电路中，T1是电源变压器，它的二次绕组有一个中心抽头。VD2和VD4构成一组全波整流电路，输出正极性的单向脉动性直流电压 U_{o1}；VD1和VD3构成另一组全波整流电路，输出负极性的直流电压 U_{o2}。

1．正极性整流电路分析

正极性整流电路由电源变压器T1和整流二极管VD2、VD4构成。

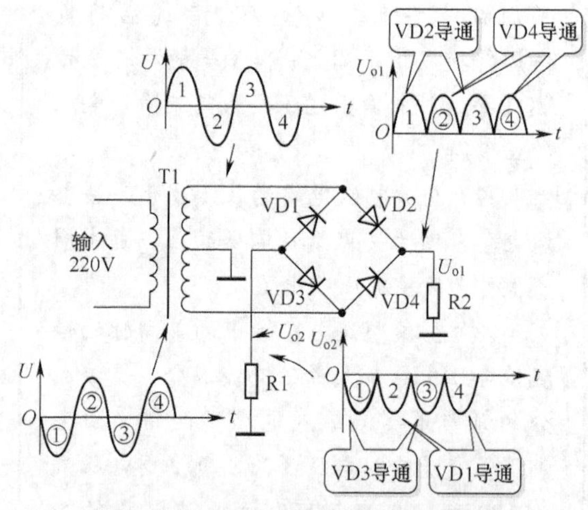

图3-33 输出正、负极性单向脉动性直流电压的全波整流电路及电压波形

在电源变压器二次绕组上端输出正半周电压1期间，该半周电压给整流二极管VD2正向偏置电压，使之导通，VD2导通后的电流回路是：**T1二次绕组上端→VD2正极→VD2负极→负载电阻R2→地线→T1的二次绕组抽头→二次绕组抽头以上绕组，构成回路。流过负载电阻R2电流的方向是从上而下，所以输出的是正极性单向脉动性直流电压，输出电压波形 U_{o1} 如图3-33中的1所示。**

在电源变压器二次绕组上端输出正半周电压1期间，二次绕组下端输出的是负半周交流电压①，这一负极性电压加到整流二极管VD4正极，使之处于截止状态。这样，在交流电压的一个半周内，只有VD2导通，在负载电阻R2上得到半周电压。

在交流电压变化到另一个半周后，电源变压器二次绕组上端输出负半周电压2，使VD2截止。这时，二次绕组下端输出正半周交流电压②，加到整流二极管VD4正极，使之导通，这时有整流电流流过负载电阻R2，其电流回路是：**T1二次绕组下端→VD4正极→VD4负极→负载电阻R2→地线→T1二次绕组抽头→二次绕组抽头以下绕组，构成回路。**流过负载电阻R2电流的方向是从上而下，所以输出的是正极性单向脉动性直流电压，其输出电压波

形 U_{o1} 如图 3-33 中的②所示。

从上述分析可知，这一正极性的全波整流电路的工作原理与前面介绍的一样，如果将电路中的整流二极管 VD1 和 VD3 去掉，则同前面介绍的正极性全波整流电路完全相同。

2．负极性整流电路分析

负极性整流电路由电源变压器 T1 和整流二极管 VD1、VD3 构成。

在电源变压器二次绕组下端输出负半周电压①期间，该负半周电压加到整流二极管 VD3 的负极，给 VD3 正向偏置电压，使之导通，VD3 导通后的电流回路是：**地端→负载电阻 R1 → VD3 正极→ VD3 负极→ T1 二次绕组下端→二次绕组抽头以下绕组→二次绕组抽头→地线，构成回路**。这一整流电流流过负载电阻 R1 的方向是从下而上，所以输出的是负极性单向脉动性直流电压，其输出电压波形 U_{o2} 如图 3-33 中的①所示。

当 T1 二次绕组上的交流输出电压变化到另一个半周时，二次绕组上端为负半周交流电压 2，这一电压使 VD1 导通，其导通后的电流回路是：**地端→负载电阻 R1 → VD1 正极→ VD1 负极→ T1 二次绕组上端→二次绕组抽头以上绕组→二次绕组抽头→地线，构成回路**。这一整流电流流过负载电阻 R1 的方向是从下而上，所以输出的是负极性单向脉动性直流电压，其输出电压波形 U_{o2} 如图 3-33 中的 2 所示。

3．电路故障分析

关于这一正、负极性全波整流电路的故障分析，主要说明下列几点。

（1）整流二极管 VD1 或 VD3 开路时，只影响负极性整流电路的单向脉动性直流电压输出，不影响 VD2、VD4 这组正极性整流电路的单向脉动性直流电压输出。同理，整流二极管 VD2 或 VD4 开路时，只影响正极性整流电路的单向脉动性直流电压输出，不影响 VD1、VD3 这组负极性整流电路的单向脉动性直流电压输出。

（2）当 VD1、VD2、VD3 或 VD4 中有一只短路时，都将影响到正、负极性两组全波整流电路的正常工作。

（3）当电源变压器 T1 二次绕组的抽头接地线断开时，正、负极性两组全波整流电路均不能正常工作，没有单向脉动性直流电压。

（4）由于正、负极性两组全波整流电路共用了电源变压器 T1，因此当 T1 有故障时将同时影响两组整流电路的正常工作。

重要提示

（1）这一全波整流电路中用了 4 只整流二极管，构成两组全波整流电路，这两组整流电路共用了电源变压器的一组二次绕组。

（2）图 3-33 所示的输出电压 U_{o1}、U_{o2} 波形，输出电压 U_{o1} 由 VD2 和 VD4 两只二极管轮流导通，输出电压 U_{o2} 由 VD1 和 VD3 两只二极管轮流导通。

（3）这一正、负极性的全波整流电路从电路结构上很容易与后面将要介绍的桥式整流电路搞错，因为桥式整流电路中也采用了 4 只二极管，且二者的电路结构十分相似。

3.7.4 半桥堆构成的负极性全波整流电路

图 3-34 所示是由半桥堆构成的负极性全波整流电路。电路中，用虚线框表示 VD1 和 VD2 这两只二极管封装在一起，是一个正极相连的半桥堆；T1 是电源变压器，有一组二次绕组，二次绕组有中心抽头；R1 是这一全波整流电路的负载电阻。

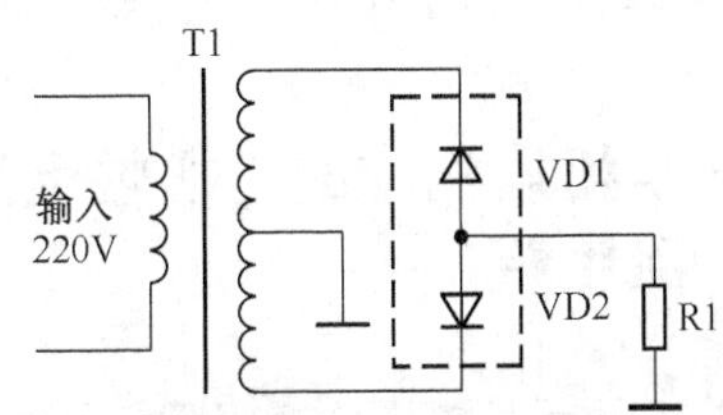

图 3-34 半桥堆构成的负极性全波整流电路

1．电路分析

这一负极性全波整流电路的工作原理同前面介绍的采用分立元器件二极管构成的负极性全波整流电路是一

样的。在电源变压器 T1 二次绕组的上端为正半周期间，这一正半周电压加到 VD1 负极上，给 VD1 加的是反向偏置电压，使 VD1 处于截止状态。在二次绕组上端为正半周时，二次绕组下端为负半周，这一负半周电压加到 VD2 负极上，使 VD2 导通。

在 VD2 导通时，流过 VD2 的电流回路是：**负载电阻 R1 的下端（地线）→ R1 → VD2 正极→ VD2 负极→二次绕组下端→二次绕组抽头→地线→ R1 下端。这一电流从下而上地流过电阻 R1，所以在电阻 R1 上的电压为负半周，为负极性电压。**

在交流电压变化到另一个半周时，二极管 VD2 截止，VD1 导通，VD1 导通的电流回路是：**负载电阻 R1 的下端（地线）→ R1 → VD1 正极→ VD1 负极→二次绕组上端→二次绕组抽头→地线→ R1 下端。这一电流从下而上地流过电阻 R1，所以在电阻 R1 上的电压为负半周，为负极性电压。**

当交流电压再次变化后，VD2 再度导通，VD1 截止，这样交替地变化。在整流电路负载电阻 R1 上得到连续的负半周输出电压，也就是将交流电压的正半周转换到负半周，完成负极性的全波整流。

2．电路故障分析

（1）该电路故障分析的基本原理与前面的全波整流电路故障分析一样。

（2）当半桥堆的接地引脚开路时，VD1 和 VD2 均不能正常工作，全波整流电路不能正常工作。

（3）由于 VD1 和 VD2 设置在半桥堆里，因此 VD1、VD2 有一只损坏时，要更换整个半桥堆。

3.7.5 半桥堆构成的正极性全波整流电路

图 3-35 所示是由半桥堆构成的正极性全波整流电路。电路中，虚线框内的 VD1 和 VD2 是一个负极相连的半桥堆；T1 是电源变压器，有一组二次绕组，二次绕组有中心抽头；R1 是这一全波整流电路的负载电阻。

1．电路分析

这一正极性全波整流电路的工作原理同前面介绍的采用分立元器件二极管构成的正极性全波整流电路是一样的，只是整流元器件换成了半桥堆。对这一电路的工作原理，主要说明下列两点。

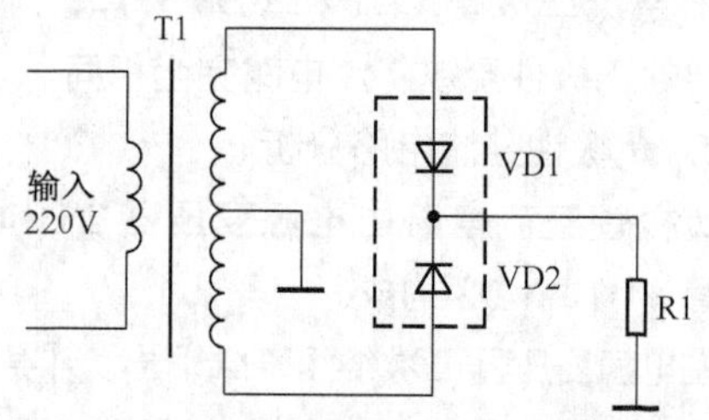

图 3-35　半桥堆构成的正极性全波整流电路

（1）由半桥堆构成的全波整流电路与由整流二极管构成的全波整流电路在电路作用上是完全一样的，电路分析方法也相同。

（2）只有负极相连的半桥堆才能输出正极性单向脉动性的直流电压。

2．电路故障分析

（1）该电路故障分析的基本原理与前面的全波整流电路故障分析一样。当半桥堆接地引脚开路时，整个全波整流电路不能正常工作。由于 VD1 和 VD2 设置在半桥堆里，因此 VD1、VD2 有一只损坏时，要更换整个半桥堆。

（2）由于极性不同和采用不同的半桥堆时，要注意半桥堆的接地也有所不同，电路故障检修中要注意这一点。

3.7.6 桥堆构成的正、负极性全波整流电路

电路特点与分析方法

(1) 由于采用桥堆构成电路，因此电路结构相当简洁，只用一个桥堆就能构成正、负极性全波整流电路。

(2) 桥堆构成的正、负极性全波整流电路对电源变压器的要求与分立元器件构成的正、负极性全波整流电路一样。

(3) 电路分析过程更方便，只要找出全波整流电路的输出端即可。

图 3-36 所示是由桥堆构成的正、负极性全

波整流电路。电路中，T1是有一组二次绕组的电源变压器，二次绕组设有中心抽头；R1是负极性全波整流电路的负载电阻，R2是正极性全波整流电路的负载电阻；VD1～VD4是桥堆内部的4只整流二极管，在许多电路中采用这种直接标注二极管的方式来表示桥堆。

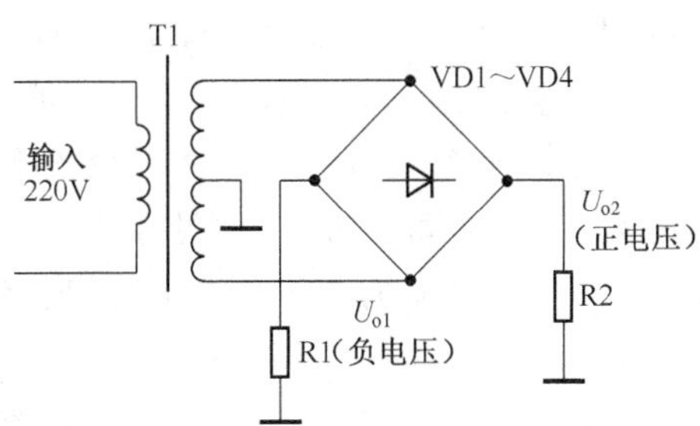

图3-36　桥堆构成的正、负极性全波整流电路

1．电路分析

对这一全波整流电路的工作原理分析必须建立在分立元器件全波整流电路的基础上，因为电路中的桥堆没有画出内部的4只整流二极管，所以没有办法进行详细的电路工作原理分析，只能分析这一整流电路的直流电压输出情况。

从电路中可以看出，电源变压器二次绕组输出的交流电压加到桥堆的两个交流电压输入端，二次绕组的中心抽头接地，桥堆的两个输出端分别接负载电阻R1和R2。

根据桥堆电路符号中的二极管极性示意可知，R1是负极性全波整流电路的负载电阻，R1与桥堆内部的两只正极相连的二极管连接，所以在R1上的单向脉动性直流电压是负极性的；R2是正极性全波整流电路的负载电阻，R2与桥堆内部的两只负极相连的二极管连接，所以在R2上的单向脉动性直流电压是正极性的。

2．电路故障分析

（1）该电路故障分析的基本原理与前面的全波整流电路故障分析一样。

（2）当桥堆中某一只整流二极管开路时，只影响该整流二极管所在全波整流电路的正常工作，没有单向脉动性直流电压输出。

（3）当桥堆中某只二极管短路时，要更换整个桥堆。

4. 退耦电路及讨论课2

3．电路分析小结

（1）当桥堆电路符号中没有画出内部的4只整流二极管时，要根据桥堆电路符号中的二极管极性来判断哪路是输出正极性的单向脉动性直流电压，哪路是输出负极性的单向脉动性直流电压。

（2）在有的由桥堆构成的全波整流电路中，在桥堆的电路符号中不标出二极管符号，这时判断正、负极性单向脉动性直流电压输出端应借助于滤波电容，图3-37所示电路可以说明这一点。

电路中，VD1～VD4是桥堆内部的4只整流二极管，桥堆电路符号中没有标出内部的二极管；C1和C2是两只滤波电容，它们是有极性的电解电容，从图中可以看出，C1的负极接地线，而C2是正极接地线。电子电路中，地线的电压为0V，C1的正极不接地，说明U_{o1}是正极性的单向脉动性直流输出电压；C2的正极接地，说明U_{o2}是负极性的单向脉动性直流输出电压。

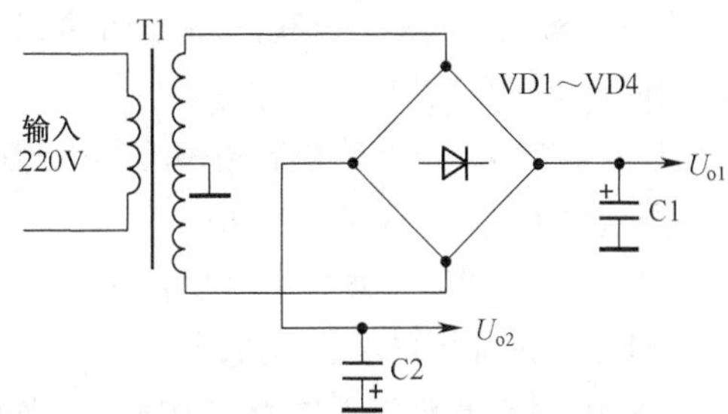

图3-37　判断正、负极性单向脉动性直流电压输出端示意图

（3）这种采用桥堆构成的能够输出正、负极性电压的全波整流电路很容易与后面将要介绍的桥式整流电路相混，一旦分不清电路性质，电路分析就无法进行。分辨时注意两点：一是这种电源电路中电源变压器二次绕组有中心抽头，二是有两路直流电压输出。

3.8　桥式整流电路

桥式整流电路是电源电路中应用量最大的一种整流电路，每一组桥式整流电路中要用4

只整流二极管，这是这种整流电路的特点。

3.8.1 正极性桥式整流电路

图 3-38 所示是正极性桥式整流电路及电压波形，这是一种十分常见的整流电路。电路中，VD1～VD4 是 4 只整流二极管，T1 是电源变压器。

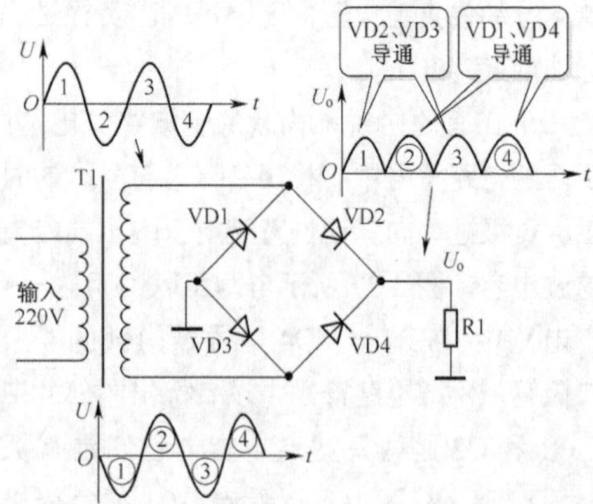

图 3-38 正极性桥式整流电路及电压波形

1. 电路分析

对桥式整流电路的分析与全波整流电路基本一样，将交流输入电压分成正、负半周两种情况进行分析。图 3-38 所示这一正极性桥式整流电路的分析可分成以下几步。

（1）T1 二次绕组上端和下端输出的交流电压相位是反相的，上端为正半周时下端为负半周，上端为负半周时下端为正半周，如图 3-38 中二次绕组交流输出电压波形所示。

（2）当 T1 二次绕组上端为正半周时，上端的正半周电压 1 同时加在整流二极管 VD1 的负极和 VD2 的正极，给 VD1 反向偏置电压而使之截止，给 VD2 加正向偏置电压而使之导通。与此同时，T1 二次绕组下端的负半周电压①同时加到 VD3 的负极和 VD4 正极，这一电压给 VD4 反向偏置电压而使之截止，给 VD3 正向偏置电压而使之导通。

由上述分析可知，当 T1 二次绕组上端为正半周、下端为负半周时，VD2 和 VD3 同时导通。VD2 和 VD3 的导通电流回路是：**T1 二次绕组上端→ VD2 正极→ VD2 负极→负载电阻 R1 →地端→ VD3 正极→ VD3 负极→ T1 二次绕组下端→通过二次绕组回到绕组的上端**。流过整流电路负载电阻 R1 的电流方向为从上而下，所以在 R1 上的电压为正极性，如图 3-38 中的输出电压 U_o 波形中的 1 所示。

（3）当 T1 二次绕组两端的输出电压变化到另一个半周时，即二次绕组上端为负半周电压 2，下端为正半周电压②，二次绕组上端的负半周电压加到 VD2 正极，给 VD2 反向偏置电压而使之截止，这一电压加到 VD1 负极，给 VD1 正向偏置电压而使之导通。与此同时，T1 二次绕组下端的正半周电压②同时加到 VD3 的负极和 VD4 正极，这一电压给 VD3 反向偏置电压而使之截止，给 VD4 正向偏置电压而使之导通。

由上述分析可知，当 T1 二次绕组上端为负半周、下端为正半周时，VD1 和 VD4 同时导通。VD1 和 VD4 的导通电流回路是：**T1 二次绕组下端→ VD4 正极→ VD4 负极→负载电阻 R1 →地端→ VD1 正极→ VD1 负极→ T1 二次绕组上端→通过二次绕组回到绕组的下端**。流过整流电路负载电阻 R1 的电流方向为从上而下，所以在 R1 上的电压为正极性，如图 3-38 中的输出电压 U_o 波形中的②所示。

提 示

从整流电路的输出端电压波形中可以看出，通过桥式整流电路，可以将交流电压转换成单向脉动性的直流电压，这一电路作用同全波整流电路一样，也是将交流电压的负半周转到正半周来。

2. 电路故障分析

关于这一正极性桥式整流电路的故障分析，主要说明下列几点。

（1）当整流电路的接地线开路时，桥式整流电路中各整 流二极管的电流不能成回路，整流电路无法正常工作，没有单向脉动性直流电压输出。

（2）当 4 只整流二极管中任何一只开路时，整流电路所输出的单向脉动性直流电压下降一半；当 VD1 和 VD4 或 VD2 和 VD3 同时开路时，整流电路所输出的单向脉动性直流电压也是下降一半。但是，当 VD1 和 VD2 或 VD3 和 VD4 同时开路时，桥式整流电路没有单向脉动性直流电压。

（3）当 VD1、VD2、VD3 和 VD4 中有一只整流二极管击穿时，整个桥堆要更换。

几点说明

（1）比较桥式整流电路与全波整流电路有两个明显的不同：一是电源变压器的不同，桥式整流电路中的电源变压器二次绕组不需要抽头；二是一组桥式整流电路中需要有 4 只整流二极管。

（2）桥式整流电路输出的单向脉动性直流电压利用了交流输出电压的正、负半周，所以这一脉动性直流电压中的交流成分频率也是 100Hz。

（3）桥式整流电路可以构成正极性的单向脉动性直流电压电路，也可以构成负极性的单向脉动性直流电压电路。

3.8.2　负极性桥式整流电路

图 3-39 所示是输出负极性直流电压的桥式整流电路及电压波形。电路中，VD1～VD4 这 4 只整流二极管构成桥式整流电路；T1 是电源变压器，这一变压器的二次绕组没有抽头。

1．电路分析

这一电路的工作原理是：当电源变压器 T1 二次绕组上端输出正半周交流电压时，VD2 导通；二次绕组下端输出负半周电压时，VD3 导通。这两只二极管导通后的电流回路是：**二次绕组上端→ VD2 正极→ VD2 负极→地端→地线→ R1 → VD3 正极→ VD3 负极→二次绕组下端，通过二次绕组成回路**。由于这一电流是从下而上地流过 R1，因此输出的直流电压是负半周电压，如电路中的输出电压 U_o 波形所示。

二次绕组的交流电压变化到另一半周后，二次绕组上端输出负半周交流电压使 VD4 导通，二次绕组下端输出正半周电压使 VD1 导通。这两只二极管导通后的电流回路是：**二次绕组下端→ VD4 正极→ VD4 负极→地端→地线→ R1 → VD1 正极→ VD1 负极→二次绕组上端，通过二次绕组成回路**。这一直流输出电压也是负半周的，是输出负极性的单向脉动性的直流电压。所以这一桥式整流电路将电源变压器二次绕组输出的正半周电压转换到负半周，整流电路输出的是负极性直流电压。

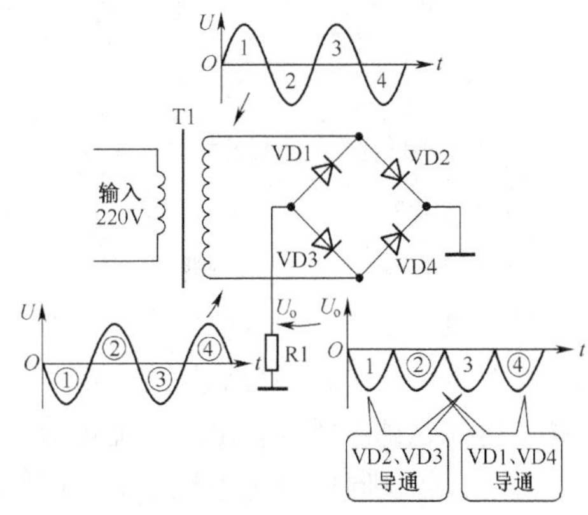

图 3-39　输出负极性直流电压的桥式整流电路及电压波形

2．电路故障分析

（1）负极性桥式整流电路的故障分析与正极性桥式整流电路的故障分析相同。

（2）桥式整流电路在工作时有两只整流二极管同时导通，其中的一只整流二极管如果出现开路故障，这一半周的整流就无法完成，桥式整流电路输出的单向脉动性直流电压就下降一半。

几点说明

（1）整流电路的负载电阻 R1 接在两只正极相连的二极管端点上，前面电路是接在两只负极相连的二极管端点上。

（2）整流二极管的接地点也不同，两只二极管正极连接点接地。

（3）这一电路输出的是负极性单向脉动性直流电压，流过整流电路负载的电流是从地线流出，通过负载电阻流向整流电路。

3.8.3　桥堆构成的正极性桥式整流电路详解及电路故障分析

图 3-40 所示是桥堆构成的正极性桥式整流

电路。电路中，VD1～VD4是桥堆内部的4只整流二极管，T1是电源变压器，R1是这一整流电路的负载电阻。

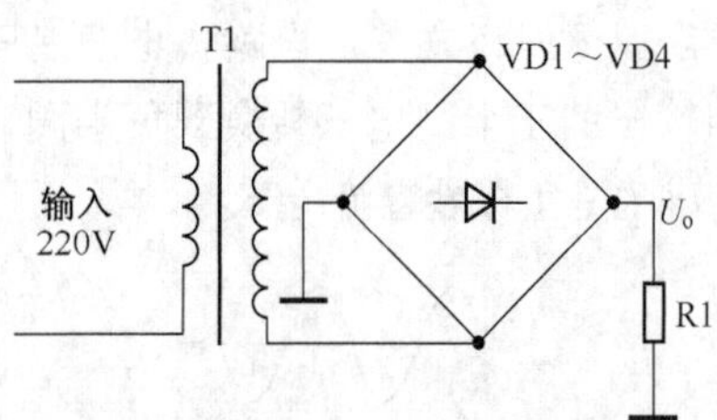

图3-40 桥堆构成的正极性桥式整流电路

1．电路分析

这一整流电路中，电源变压器T1二次绕组输出的交流电压加到桥堆的两个输入端，桥堆的另两个端口一个输出整流后的电流，一个接地构成电流回路。桥堆输出的整流电流从上而下地流过负载电阻R1，通过地线流入桥堆。

2．电路故障分析

（1）当桥堆的接地线引脚开路时，这一桥式整流电路没有单向脉动性直流电压输出。

（2）当桥堆中有一只整流二极管开路时，这一桥式整流电路输出的单向脉动性直流电压下降一半。

两点说明

（1）分析这一电路的工作原理时，无法进行每只二极管的导通和截止过程分析，只能分析整流电路的输出端和输出什么极性的单向脉动性直流电压。

（2）在采用了桥堆之后，整流电路的分析就简化了，但是必须有分析分立元器件桥式整流电路工作原理的基础，否则就不能理解桥堆构成的桥式整流电路的工作原理和电路中整流电流流过的路径等。

3.8.4 桥堆构成的负极性桥式整流电路详解及电路故障分析

图3-41所示是桥堆构成的负极性桥式整流电路。电路中，VD1～VD4是桥堆内部的4只整流二极管，T1是电源变压器，R1是这一整流电路的负载电阻，U_o是负载电阻R1上的电压（也是这一整流电路的输出电压，是负极性的电压）。

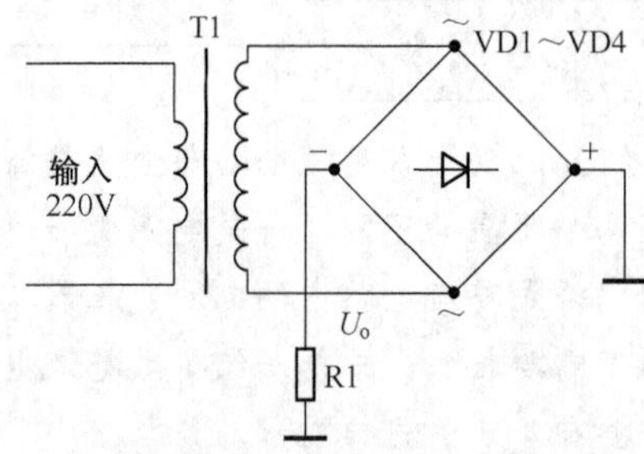

图3-41 桥堆构成的负极性桥式整流电路

1．电路分析

这一桥式整流电路在桥堆的电路符号上画了4个引脚符号，两个“～”引脚用来接入电源变压器T1二次绕组输出的交流电压，“+”端接地线，“–”端接整流电路的负载电阻R1。由于电流从桥堆的“–”端输出，因此这一桥式整流电路输出的是负极性单向脉动性直流电压。

这一整流电路中，整流电流从桥堆的“+”端输出，通过地线从下向上地流过负载电阻R1，再从“–”端流入桥堆中。

2．电路故障分析

（1）负极性桥式整流电路的故障分析与正极性桥式整流电路的故障分析基本一样。

（2）当桥堆中有一只整流二极管短路时，桥式整流电路就不能正常工作，应更换桥堆；当桥堆中有一只整流二极管开路时，这一桥式整流电路输出的单向脉动性直流电压下降一半。

两点说明

（1）当电路中标出桥堆4个引脚的标记时，能很方便地识别是输出正极性还是负极性的单向脉动性直流电压。“+”端接地时，是输出负极性的单向脉动性直流电压；“－”端接地时，是输出正极性的单向脉动性直流电压。

（2）采用桥堆构成的桥式整流电路比采用4只整流二极管构成的桥式整流电路更为简洁，电路分析也方便。

3.9　倍压整流电路

倍压整流很少用于电源电路中作为整流电路，主要用于对交流信号的整流。倍压整流电路有多种，如二倍压、三倍压、四倍压电路等，常见的是二倍压整流电路。

二倍压整流电路是倍压整流电路中使用频率最高的一种倍压整流电路，也是电路结构最简单的倍压整流电路。

3.9.1　二倍压整流电路

图 3-42 所示是典型的二倍压整流电路及电压波形。电路中，U_i 为交流输入电压，是正弦交流电压；U_o 为直流输出电压；VD1、VD2 和 C1 构成二倍压整流电路；R1 是这一倍压整流电路的负载电阻。

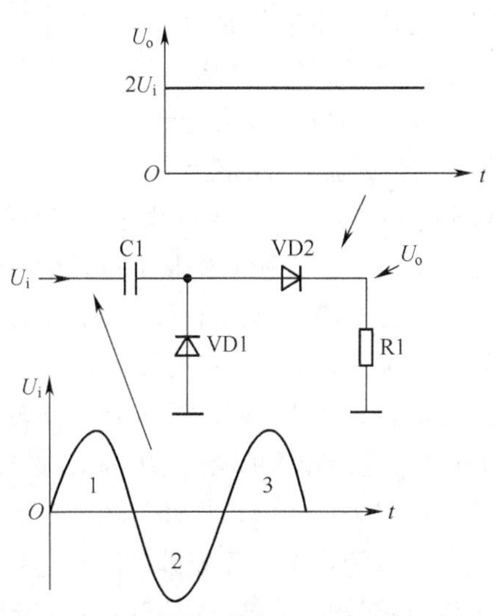

图 3-42　二倍压整流电路及电压波形

1．电路分析

这一电路的工作原理是：交流输入电压 U_i 为正半周 1 时，这一正半周电压通过 C1 加到 VD1 负极，给 VD1 反向偏置电压，使 VD1 截止。同时，这一正半周电压加到 VD2 正极，给 VD2 正向偏置电压，使 VD2 导通。

二极管 VD2 导通后的电压加到负载电阻 R1 上，VD2 导通时的电流回路是：交流输入电压 U_i → C1 → VD2 正极→ VD2 负极→负载电阻 R1。这一电流从上而下地流过电阻 R1，所以输出电压 U_o 是正极性的直流电压。

当交流输入电压 U_i 变化到负半周 2 时，这一负半周电压通过 C1 加到 VD1 负极，给 VD1 正向偏置电压，使 VD1 导通，这时的等效电路如图 3-43 所示。

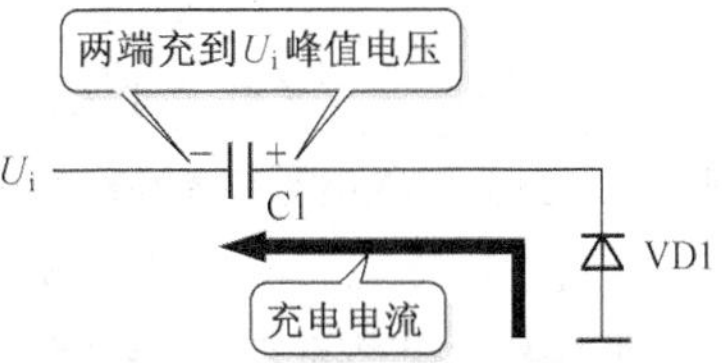

图 3-43　VD1 导通时的等效电路

VD1 导通后的电流回路是：**地端→ VD1 正极→ VD1 负极→ C1 →输入电压 U_i 端，这一回路的电流对电容 C1 进行充电，其充电电流如图中电流 I 所示，在 C1 上充到右正左负的直流电压，这一电压的大小为输入电压 U_i 负半周的峰值电压**。注意：输入电压 U_i 负半周是一个正弦电压的半周，但是 C1 两端充到的电压是一个直流电压，这一点在理解中一定要注意。

在交流输入电压 U_i 为负半周 2 时，由于负电压通过电容 C1 加到 VD2 正极，这是给 VD2 加的反向偏置电压，所以 VD2 截止，负载电阻 R1 上没有输出电压。

交流输入 U_i 变化到正半周 3 时，这一正半周电压经 C1 加到 VD1 的负极，这是给 VD1 加的反向偏置电压，所以 VD1 截止。同时，这一输入电压的正半周电压和 C1 上原先充到的右正左负的充电电压的极性一致，即为顺串联。图 3-44 所示是这时的等效电路，图中将充电的电容用一个电池 E 表示，VD1 已开路。

从这一等效电路中可以看出，输入电压 U_i 的正半周电压和 C1 上的充电电压顺串联之后加到二极管 VD2 的正极，给 VD2 加的是正向偏置电压，所以 VD2 导通，其导通后的电流回路是：**输入电压 U_i 端→ C1 → VD2 正极→ VD2 负极→ R1 →地端，构成回路。其电流如图中电流 I 所示，这一电流从上而下地流过负载电阻 R1，所以输出的是正极性直流电压。**

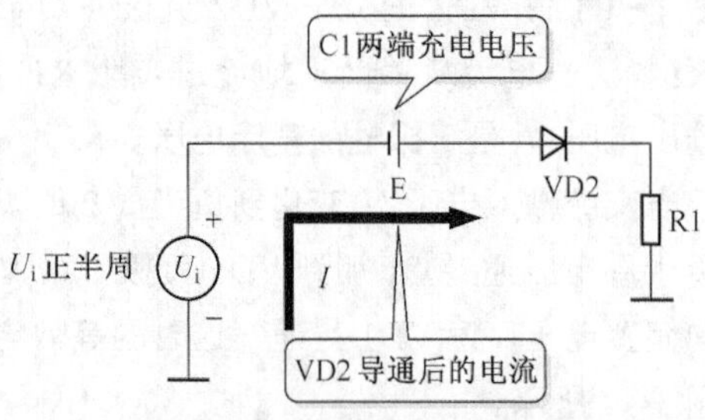

图 3-44　VD2 导通时的等效电路

由于 VD2 导通时，在负载电阻 R1 上是两个电压之和，即为交流输入电压 U_i 峰值电压的两倍，因此在 R1 上得到了是交流输入电压峰值两倍的直流电压，所以称此电路为二倍压整流电路。

2．电路故障分析

（1）当 VD1 和 VD2 中有一个开路时，都不能得到二倍的直流电压；当 VD1 短路时，这一整流电路没有直流电压输出。

（2）当 C1 开路时整流电路没有直流电压输出；当 C1 漏电时整流电路的直流输出将下降；当 C1 击穿时这一整流电路只相当于半波整流电路，没有倍压整流功能。

识图小结

（1）倍压整流电路中可以有 N(N 为整数）倍电压整流电路，在电子电路中常用二倍压整流电路。

（2）倍压整流电路的特点是在交流输入电压不高的情况下，通过多倍的倍压整流电路可以获得很高的直流电压。

（3）倍压整流电路有一个不足之处，就是整流电路输出电流的能力比较差，具有输出电压高、输出电流小的特点，所以带负载的能力比较差，在一些要求有足够大输出电流的情况下，这种整流电路就不合适了。

（4）倍压整流电路在电源电路中的应用比较少，主要用于交流信号的整流电路中。例如，在音响电路中用于对音频信号的整流，在电平指示器电路中就常用二倍压整流电路。

（5）掌握二倍压整流电路的工作原理之后，再分析三倍压或 N 倍压整流电路的工作原理就相当方便了。

（6）二倍压整流电路中使用两只整流二极管；三倍压整流电路中使用 3 只整流二极管；以此类推。

3.9.2　整流电路小结

1．识图小结

7. 退耦电路及讨论课 5

关于上述 4 种整流电路的分析，主要说明以下几点。

（1）电源电路中的整流电路主要有半波整流电路、全波整流电路和桥式整流电路 3 种；倍压整流电路用于其他交流信号的整流，例如用于发光二极管电平指示器电路中，对音频信号进行整流。

（2）半波、全波和桥式整流电路输出的单向脉动性直流电特性有所不同。半波整流电路交流输出电压只有半周（正或负半周），所以这种单向脉动性直流电中的主要交流电成分仍然是 50Hz 的，因为输入的交流市电频率是 50Hz，半波整流电路去掉了交流电的半周，没有改变单向脉动性直流电中交流成分的频率；全波和桥式整流电路是相同的，用了输入交流电压的正、负半周，使频率扩大一倍而为 100Hz，所以这种单向脉动性直流电的交流成分主要是 100Hz 的，这是因为整流电路将输入交流电压的一个半周转换了极性，使输出的直流脉动性电压的频率比输入交流电压提高了一倍，这一频率的提高有利于滤波电路的滤波。

（3）在电源的 3 种整流电路中，只有全波整流电路要求电源变压器的二次绕组设有中心抽头，其他两种电路对电源变压器没有抽头的要求。另外，半波整流电路中只需一只二极管，全波整流电路中要用两只二极管，而桥式整流电路中则要用4只二极管。根据上述两个特点，可以方便地分辨出3种整流电路的类型，但要注意，以电源变压器有无抽头这一点来分辨3种类型的整流电路更加准确。

（4）在半波整流电路中，当整流二极管截止时，交流电压峰值全部加到二极管两端。对于全波整流电路而言也一样，当一只二极管导通时，另一只二极管截止，承受全部的交流峰值电压。所以，对这两种整流电路，要求电路中的整流二极管承受反向峰值电压的能力较高；对于桥式整流电路而言，两只二极管导通时，另两只二极管截止，它们串联起来承受反向峰值电压，在每只二极管两端只有反向峰值电压的一半，所以对这一电路中整流二极管承受反向峰值电压的能力要求较低。

（5）在要求直流电压相同的情况下，对全波整流电路而言，电源变压器二次绕组抽头至上端和下端的交流电压相等，且等于桥式整流电路中电源变压器二次绕组的输出电压，这样在全波整流电路中的电源变压器相当于绕了两组二次绕组。

（6）全波和桥式两种整流电路都是将输入交流电压的负半周转换到正半周（在负极性整流电路中是将正半周转换到负半周），这一点与半波整流电路不同，在半波整流电路中，是将输入交流电压的一个半周切除。

（7）在整流电路中，输入交流电压的幅值远大于二极管导通后的管压降，所以可将整流二极管的管压降忽略不计。

（8）对于倍压整流电路，它能够输出比输入交流电压更高的直流电压，但是这种电路输出电流的能力较差，所以它具有高电压、小电流的输出特性。

（9）分析上述各种整流电路时，主要用二极管的单向导电特性，整流二极管的导通电压由输入交流电压提供。

2．4种整流电路特性的比较

表3-1给出了4种整流电路的有关特性，供识图时参考。

表3-1　4种整流电路的有关特性比较

电路名称 特性	半波整流电路	全波整流电路	桥式整流电路	倍压整流电路
脉动性直流电压频率	50Hz，不利于滤波	100Hz，有利于滤波	100Hz，有利于滤波	—
整流效率	低，只用半周交流电	高，使用正、负半周交流电	高，使用正、负半周交流电	高，使用正、负半周交流电
对电源变压器的要求	不要求有抽头，变压器成本低	要求有抽头，变压器成本高	不要求有抽头，变压器成本低	不要求有抽头，变压器成本低
整流二极管反向电压	低	高	低	低
电路结构	简单	一般	复杂	一般
所用二极管数量	1只	2只	4只	*N*只

3．电路故障分析小结

关于上述4种整流电路的故障分析，主要小结以下几点。

（1）整流电路中的主要元器件是整流二极管，对整流电路的故障分析建立在掌握整流电路工作原理和二极管故障种类、故障特征、故障机理的理论基础上，没有这些基础知识，整流电路故障分析将寸步难行，而且错误的分析层出不穷。

（2）整流电路的故障检修是建立在整流电路故障分析基础上的，不能正确地运用整流电路的故障分析方法，将直接影响整流电路的故障检修，检修中走弯路是必然的，甚至无从下手。

（3）整流二极管的开路故障只影响整流电路的单向脉动性直流电压输出，使整流电路的这一输出电压为0V，不会造成电源电路中其他元器件的损坏。整流电路故障检修中，整流电路没有单向脉动性直流电压输出时，第一反应是整流二极管开路。检测整流二极管是否开路的有效和常用方法是测量整流二极管的正向电阻值。

（4）整流二极管的短路故障对电源电路的危害比整流二极管开路故障严重，它不仅使整流电路没有单向脉动性直流电压输出，而且造成整流电路的前级电路（电源变压器降压电路）过载，使流过电源变压器的电流增大许多，引发熔断保险丝，甚至烧坏电源变压器的恶性故障。

（5）整流二极管的开路和短路都是硬性故障，故障发生后电源电路的故障现象明显，所以检修中能很快发现整流二极管的故障所在。有效和常用的检测方法是测量整流电路输出端的单向脉动性直流电压是否正常。

（6）整流二极管的软性故障很难发现，如整流二极管正向电阻大、反向电阻小等。比较有效的检测方法是拆下整流二极管，测量它的正向电阻和反向电阻，或进行代替检查，即换上一只新的整流二极管一试。

3.9.3 实用倍压整流电路

图 3-45 所示是实用倍压整流电路及电压波形，三极管 VT1 等构成单级发光二极管指示器电路。电路中，VD2 是发光二极管，VT1 是电路中发光二极管 VD2 的驱动三极管，VD1、C1 和 VT1 发射结构成二倍压整流电路，R1 是发光二极管 VD2 的限流保护电阻。

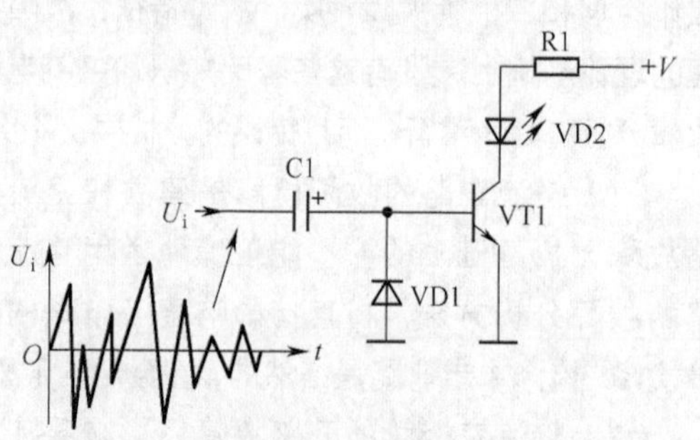

图 3-45 实用倍压整流电路及电压波形

1. 指示电路作用

这一电路的作用是通过发光二极管 VD2 的发光，指示交流输入信号 U_i 的大小。交流输入信号幅度大时，发光二极管发光亮；交流输入信号幅度小时，发光二极管发光亮度弱。用发光二极管的发光强弱来表示交流输入信号的幅度大小，这就是单级发光二极管电平指示器电路。

电路中交流输入信号 U_i 波形的幅度在连续不断地变化。

2. 倍压整流电路分析

这一电路中的倍压整流电路是一种变形的电路，前面介绍的二倍压整流电路中有两只整流二极管，可这一电路中只有一只整流二极管 VD1，另一只整流二极管是三极管 VT1 的发射结（基极与发射极之间的 PN 结，相当于另一只整流二极管），图 3-46 所示是这一倍压整流电路的等效电路。

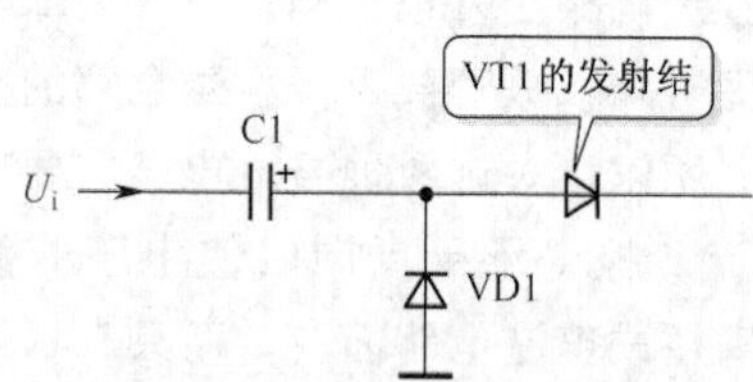

图 3-46 二倍压整流电路等效电路

从这一等效电路中可以看出，这是一个标准的二倍压整流电路，只是第二只整流二极管采用的是驱动管 VT1 的发射结。

二倍压整流电路整流输出的直流电压加到了三极管 VT1 基极，这是一个正极性的直流电压，这一直流电压作为 VT1 的直流偏置电压，使 VT1 导通。

在 VT1 导通之后，VT1 有了基极电流，也有了集电极电流，其集电极电流流过了发光二极管 VD2，使发光二极管发光指示，表示有交流输入信号。

当交流输入信号的幅度愈大时，二倍压整流电路输出的直流电压愈大，使 VT1 基极电流愈大，其集电极电流愈大，流过 VD2 的电流愈大，VD2 发光愈强。

由上述电路分析可知，通过 VD2 发光亮度的强弱变化，可以指示交流输入信号的幅度大小，这就是单级发光二极管电平指示器的电路功能。

3. 电路故障分析

（1）当三极管任何一个电极开路时，该电路中的发光二极管 VD2 不亮；当 VT1 集电极与发射极之间击穿时，VD2 始终发光。

（2）当 VD1 开路时，由于没有倍压整流作用，加到 VT1 基极的信号电压减小，VD2 发光亮度下降；当 VD1 短路时，VD2 不发光。

（3）C1 漏电或击穿时，VD2 发光亮度均要下降。

电路分析说明

（1）分析这一变形的二倍压整流电路时，如果不能了解三极管 VT1 的基极与发射极之间的 PN 结可以起到整流二极管的作用，那么对这一电路中的倍压整流电路的工作原理就无法正确理解，也就不能理解这一电平指示器电路的工作原理。

（2）这一电路中的三极管 VT1 工作在整流、放大状态，它不同于一般工作于放大状态的三极管。工作于放大状态的三极管有专门的直流偏置电路，由直流工作电压提供恒定的直流工作电流。工作在整流、放大状态的三极管则没有专门的直流偏置电路，而是通过整流交流输入信号得到的直流电压作为三极管的直流偏置电流，使三极管进入放大状态。一旦没有交流输入信号，三极管也就没有直流偏置电压，三极管便进入截止状态。这种三极管工作在整流、放大状态，首先是整流，然后才是放大。这种三极管电路对静态电流的消耗比较小。

（3）对典型电路的分析是比较容易的，对变形电路的分析就需要有灵活的头脑，而实用电路中有许多的变形电路，这里介绍的这种电路只是一种比较简单的变形电路。

3.10 电容滤波电路

重要提示

电源滤波电路中，主要的滤波元件是电容，起滤波作用的电容称为滤波电容。在没有特殊说明的情况下，滤波电容是指电源电路中的交流滤波电容。此外，其他电路中还有高频滤波电容、中频滤波电容等，如收音机检波电路中的中频载波滤波电容。这里主要讲解电源电路中的滤波电容电路。

滤波电路是一个特殊的低通滤波器，它的作用是去除交流成分，让直流成分通过。

3.10.1 电容滤波电路

8. 退耦电路及讨论课 6

图 3-47 所示电路可以说明电容的滤波原理。电路中，C1 是滤波电容，它接在整流电路的输出端与地线之间，整流电路输出的单向脉动性直流电压加到电容 C1 上；R1 是整流、滤波电路的负载电阻。

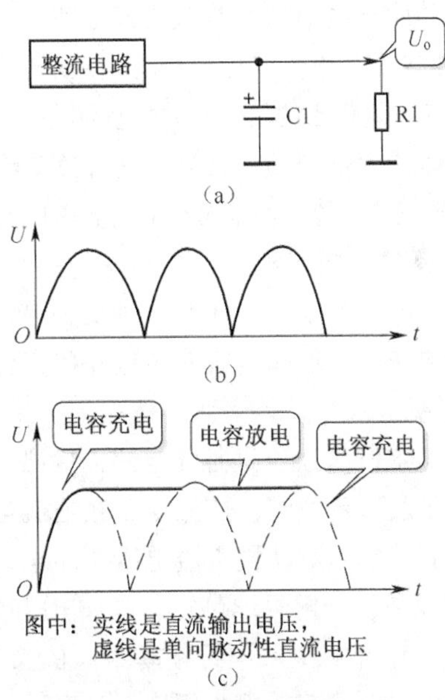

图 3-47 电容滤波原理图

1. 电容滤波原理

图 3-47（a）所示是电容滤波电路，滤波电路紧接在整流电路之后，加了滤波电路之后的输出电压是直流电压 U_o，不再是整流电路输出的单向脉动性直流电压。

图 3-47（b）所示是整流电路输出的单向脉动性直流电压波形，从图中可以看出，它是一连串的半周正弦波。

图 3-47（c）所示是滤波电容的工作原理示意图。**电容滤波的过程是：**整流电路输出的单向脉动性直流电压加到电容 C1 上，在脉动性直流电压从零增大的过程中，这一电压开始对滤波电容 C1 充电，如图中所示，这一充电使 C1 上充至脉动性电压的峰值。此时，电容 C1 上的充电电压最大，C1 中的电荷最多，电容具有储能特性，电容 C1 保存了这些电荷。在上述电容充电期间，整流电路输出的电压一方面对电容 C1 充电，另一方面与电容上所充的电压一起对负载电阻 R1 供电。

在脉动性电压从峰值下降时，整流电路输出的电压降低，此时电容 C1 对负载电阻 R1 放电。由于滤波电容 C1 的容量通常是很大的，能储存足够多的电荷，但对负载电阻 R1 的放电很缓慢，即 C1 上的电压下降很缓慢。很快，整流电路输出的第二个半波电压到来，再次对电容 C1 恢复充电，以补充 C1 放掉的电荷。

整流电路输出的单向脉动性直流电压不断变化，电容 C1 不断充电、放电，这样负载电阻 R1 上得到连续的直流工作电压，完成电容滤波任务。

2．等效分析方法

对于电容滤波电路还有一种更为简单的等效分析方法，对理解电容滤波电路的工作原理相当方便。

图 3-48（a）所示是整流电路的输出电路及输出电压波形示意图，交流电压经整流电路之后输出的是单向脉动性直流电压，即电路中的 U_{o1}。根据波形分解原理可知，这一电压可以分解为一个直流电压和一组频率不同的交流电，如图 3-48（b）所示（图中画出一种主要频率的交流电流波形）。图中，$+V$ 是单向脉动性直流电压 U_{o1} 中的直流电压分量，交流分量是 U_{o1} 中的交流成分，滤波电路的作用是将直流电压 $+V$ 取出，滤除交流成分。

图 3-48（c）所示是电容滤波电路，电路中的 C1 是滤波电容。由于电容 C1 对直流电相当于开路，这样整流电路输出的单向脉动性直流电压中的直流成分不能通过 C1 到地，只有加到整流电路负载电阻 R1 上。

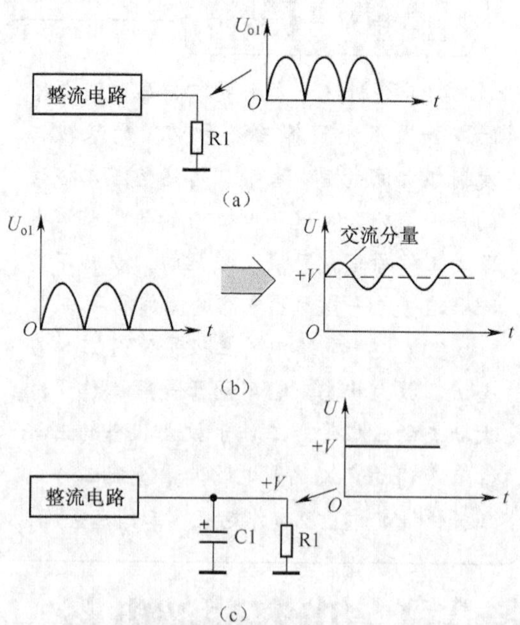

图 3-48　电容滤波电路等效分析示意图

对于整流电路输出的单向脉动性直流电压中的交流成分，因为 C1 容量较大，其容抗小，交流成分通过 C1 流到地端，而不能加到整流电路的负载 R1 上。这样，通过电容 C1 的滤波，从单向脉动性直流电压中取出了所需要的直流电压 $+V$，达到滤波目的。

滤波电路中的滤波电容其容量相当大，通常至少是 470μF 的有极性电解电容。滤波电容 C1 的容量愈大，对交流成分的容抗愈小，使残留在整流电路负载 R1 上的交流成分愈小，滤波效果就愈好。

从滤波角度上讲，滤波电容的容量愈大愈好，但是第一节的滤波电容其容量太大对整流电路中的整流二极管是一种危害，图 3-49 所示的电路可以说明大容量滤波电容对整流二极管的危害。

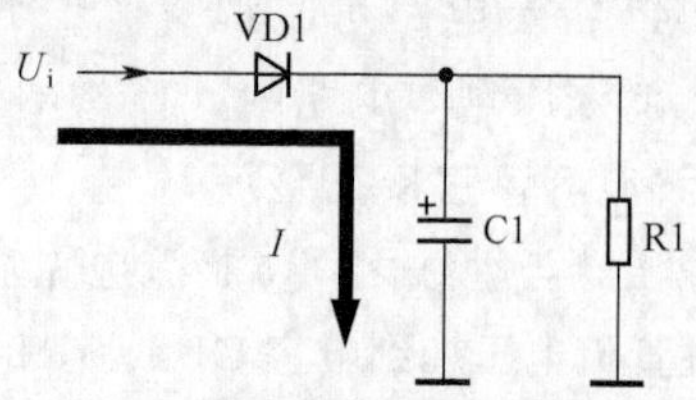

图 3-49　大容量滤波电容危害整流二极管原理示意图

电路中，VD1是整流二极管，C1是滤波电容，R1是整流电路的负载电阻。在整机电路没有通电前，滤波电容C1内部没有电荷，所以C1两端的电压为0V。

在整机电路刚通电瞬间，整流二极管在交流输入电压的作用下导通，对滤波电容C1开始充电，由于原先C1两端的电压为0V，相当于将整流电路的负载电阻R1短路，这时有很大的电流（即对滤波电容C1的充电电流，如图中的电流所示）流过整流二极管VD1。

不仅如此，由于C1的容量很大，C1两端的充电电压上升很慢，这意味着在比较长的时间内整流二极管中都有大电流流过，这会烧坏整流二极管VD1。第一节滤波电容C1的容量愈大，大电流流过VD1的时间愈长，损坏整流二极管VD1的可能性愈大。

为了解决大容量滤波电容与整流二极管长时间过电流易损坏之间的矛盾，实用电路中有下列两种解决方法。

（1）如图3-50所示，在整流二极管的两端并联一只0.01μF的小电容C1，C1保护整流二极管VD1，其保护原理是：在电源开关（电路中未画出）接通时，由于电容C1内部原先没有电荷，C1两根引脚之间电压为0V，C1相当于短路，**这样开机瞬间的最大电流（冲击电流）通过C1对电容C2充电，开机时最大的冲击电流没有流过整流二极管VD1，达到保护VD1的目的。**开机之后，C1内部充到了足够的电荷，这时C1相当于开路，由VD1对交流电压进行整流。

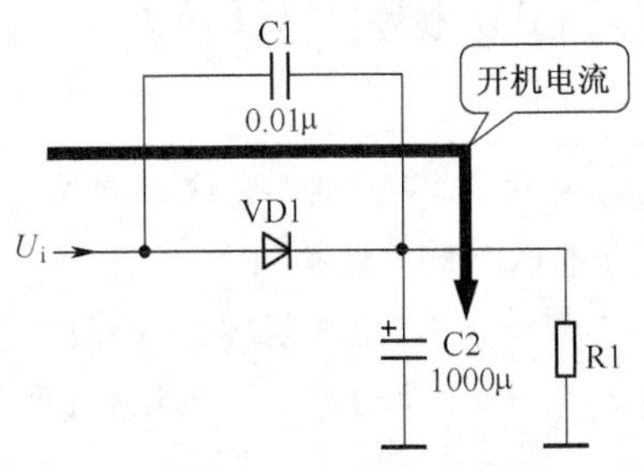

图3-50　整流二极管两端保护电容电路

（2）采用多节滤波电路，提高滤波效果，这样可以将第一节滤波电容的容量适当减小，以防止损坏整流二极管。

3．电路故障分析

（1）当滤波电容C1开路时，没有滤波作用，整流电路输出的单向脉动性直流电压直接加到电源的负载电路中，由于这种直流电压中含有大量的交流成分，所以整流电路不能正常工作，对于音频电路而言，这时的交流声非常大。

（2）当滤波电容C1使用时间较长后，其容量下降，滤波效果下降，这时整流滤波电路输出的直流工作电压中的交流成分增加，影响整机电路的正常工作，对于音频电路而言则会出现交流声大故障。

9. 负反馈基本知识1

（3）当滤波电容C1击穿时，没有滤波作用，而且将整流电路输出端对地短路，流过整流二极管的电流很大，如果保险丝不能及时熔断，必将烧坏整流二极管。

（4）当滤波电容C1漏电时，滤波作用减弱。滤波电容漏电就是有直流电流流过滤波电容，使流过整流二极管的电流增大，滤波电容严重漏电相当于滤波电容击穿。

滤波电容漏电不仅有损坏整流二极管的危险，而且会造成滤波电路输出的直流工作电压下降，引起交流声大，熔断保险丝。

3.10.2　滤波电路故障机理及故障种类

滤波电路故障机理

（1）滤波电路出故障的根本原因是滤波元器件失效，对于滤波电容而言，有3种故障形式：一是开路，二是击穿，三是漏电。

（2）滤波电容开路时，整流电路输出的单向脉动性直流电压中的交流成分没有被旁路到地，结果这一交流成分加到了电源电路的负载电路中，影响了整机电路的正常工作。

（3）滤波电容短路时，根本没有滤波作用的同时，也没有直流工作电压输出。

（4）滤波电容漏电时，分为两种情况：一是轻度漏电，这时电源电路直流输出电压稍有下降，交流声稍有增大；二是严重漏电，这时对电路的影响类似于滤波电容击穿故障。

（5）滤波电路中的滤波电容开路时，直流电压供给电路被切断，电源电路没有直流工作电压输出。

1．故障种类

（1）交流声大故障。这是滤波电路最常见的故障，其故障原因有3点：一是滤波电容开路；二是滤波电容容量变小（漏电造成或使用时间长后老化）；三是电容轻度漏电。

（2）滤波电路输出的直流电压低故障。这一故障是滤波电容漏电造成的。

（3）滤波电路无直流输出电压故障。这一故障是滤波电容击穿或滤波电感开路造成的。

2．交流声大故障检修

（1）这一故障的根本原因是滤波电容失效，所以进行滤波电容的代替检查是有效手段，即更换一只滤波电容试试。

（2）一般情况下交流声很大故障是滤波电容开路造成的，可以直接在原滤波电容上再并联一只同等容量的滤波电容一试。

（3）如果交流声不是很大，很可能是原滤波电容由于使用时间长而出现容量下降，此时也可以直接在原滤波电容上再并联一只同等容量的滤波电容一试。

（4）如果交流声不是很大，而且直流工作电压还下降，很可能是滤波电容漏电所致，这时不能直接在原滤波电容上再并联一只同等容量的滤波电容，而是要拆下原滤波电容后再并联一只同等容量的滤波电容。

3．滤波电路输出的直流电压低故障检修

（1）对于滤波电路而言，造成直流工作电压低的唯一原因是滤波电容漏电。滤波电容漏电后一部分直流电流通过滤波电容流到地线（正常时滤波电容具有隔直特性，不能让直流电流通过），使流过整流电路、电源变压器降压电路的电流加大，在这些电路内阻上的压降增大，使滤波电路输出的直流工作电压下降。

滤波电容漏电分轻度漏电和严重漏电两种情况，滤波电容漏电愈严重，滤波电路输出的直流工作电压下降量愈多。

（2）滤波电容严重漏电时将熔断电路中的保险丝，在没有排除严重漏电的滤波电容时，更换保险丝后，保险丝会再次熔断。加大保险丝容量是非常严重的错误，将可能严重烧坏电路中的其他元器件。

（3）滤波电容轻度漏电时不会熔断电路中的保险丝，只是表现为滤波电路直流输出电压略有下降和交流声略大，滤波电容的这种故障很难发现，有效检修手段是更换滤波电容进行代替性检查。

4．滤波电路无直流电压输出故障检修

造成滤波电路没有直流工作电压输出的唯一原因是滤波电容击穿。

3.11 π形RC滤波电路和π形LC滤波电路

电源滤波电路中，π形滤波电路是最常见的一种滤波电路，其中π形RC滤波电路应用最为广泛。

3.11.1 π形RC滤波电路

电路特点说明

（1）这是一种常用的滤波电路，几乎所有的电源电路中都使用这种滤波电路，它的成本低，电路结构简单。

（2）π形RC滤波电路是一种复合型的滤波电路，它主要由滤波电阻和滤波电容复合而成，其中滤波电容起滤波的主要作用。

（3）π形RC滤波电路中，前节的滤波电容容量大，后节的滤波电容容量小。

图3-51所示是π形RC滤波电路。电路中，

C1、C2是两只滤波电容，R1是滤波电阻，C1、R1和C2构成一节π形RC滤波电路。由于这种滤波电路的形式如同字母π和采用了电阻、电容，因此称为π形RC滤波电路。从电路中可以看出，π形RC滤波电路接在整流电路的输出端。

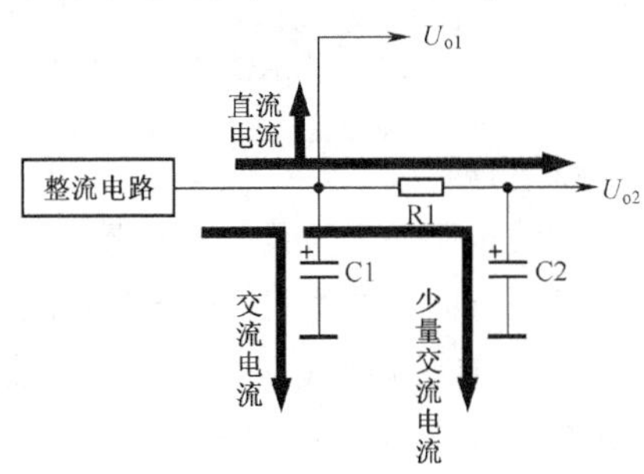

图3-51　π形RC滤波电路

1．电路分析

（1）这一电路的滤波原理是：从整流电路输出的电压首先经过C1的滤波，大部分的交流成分被滤除，见图中的交流电流示意图。经过C1滤波后的电压再加到由R1和C2构成的滤波电路中，电容C2进一步对交流成分进行滤波，有少量的交流电流通过C2到达地线，如图中的少量交流电流所示。

（2）可以这样理解R1和C2滤波电路的工作原理：将电容C2的容抗X_C与电阻R1构成一个分压电路，图3-52所示是等效电路。对于直流电而言，由于电容C2具有隔直作用，直流电流不能流过电容C2，直流电流只能流过电阻R1，如图中直流电流所示，所以，R1和C2分压电路对直流电压不存在分压衰减的作用，这样直流电压通过R1输出；对于交流电流而言，因为C2的容量很大，容抗很小，所以R1、C2构成的分压电路对交流成分的分压衰减量很大，达到滤波目的。

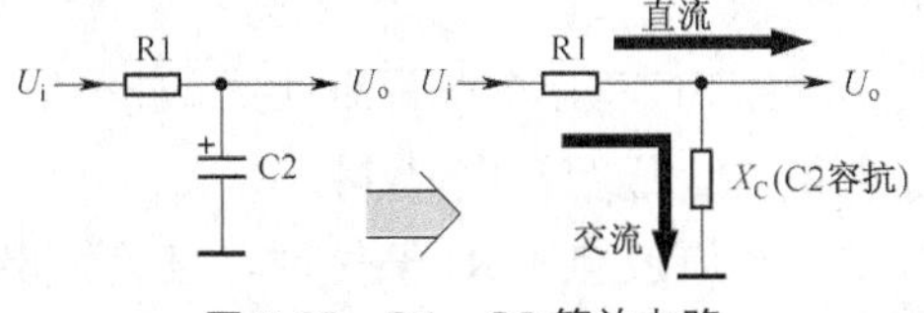

图3-52　R1、C2等效电路

（3）在电阻R1阻值大小不变时，加大滤波电容C2的容量可以提高滤波效果，这是因为C2容量大后其容抗小，对交流成分的分压衰减量更大；在C2容量大小不变时，加大R1的阻值也可以提高滤波效果，这是因为加大R1的阻值后分压衰减电路对交流成分衰减量增大，所以滤波效果更好。但是，滤波电阻R1的阻值不能太大，因为流过负载的直流电流流过电阻R1，会在R1上产生很大的直流电压降，使滤波电路输出的直流输出电压U_{o2}减小。R1的阻值愈大，在R1上的电压降愈大，使滤波电路输出的直流输出电压U_{o2}愈低；流过负载的直流电流愈大时，在R1上的电压降也愈大，使直流输出电压U_{o2}也愈低。

10. 负反馈基本知识2

（4）电路中，C1是第一节滤波电容，加大它的容量可以提高滤波效果，但是C1太大时，在开机时对C1的充电时间很长，这一充电电流是流过整流二极管的，当充电电流太大、时间太长时，会损坏整流二极管，所以采用这种π形RC滤波电路可以使C1容量小一些，通过R1和C2来进一步提高滤波效果。

（5）这一滤波电路中共有两个直流电压输出端，分别输出U_{o1}、U_{o2}两个直流电压。其中，U_{o1}只经过电容C1滤波；U_{o2}则经过了C1、R1和C2电路的滤波，所以滤波效果更好，直流输出电压U_{o2}中的交流成分更小。

（6）上述两个直流输出电压的大小是不同的，U_{o1}电压最高，一般这一电压直接加到功率放大器电路，或加到需要直流工作电压最高、工作电流最大的电路中，这是因为这一路直流输出电压没有经过滤波电阻，能够输出最大的直流电压和直流电流；直流输出电压U_{o2}稍低，这是因为电阻R1对直流电压存在电压降，同时由于滤波电阻R1的存在，这一滤波电路输出的直流电流大小也受到了一定的限制。

重要提示

在多节RC滤波电路中，最后一级的直流输出电压最低而且交流成分最少，这一电压一般供给前级电路作为直流工作电压，因为前级电路的直流工作电压比较低，而且要求直流工作电压中的交流成分少。

2．电路故障分析

（1）当滤波电容C1开路时，整个π形RC滤波电路的滤波性能变劣，直流输出电压U_{o1}中含有大量的交流成分，同时，另一种直流输出电压U_{o2}中含的交流成分也增加许多；当C1击穿时，直流输出电压U_{o1}、U_{o2}为0V；当C1漏电时，直流输出电压U_{o1}、U_{o2}下降，而且交流成分增大。

（2）当滤波电阻R1开路时，直流输出电压U_{o1}正常，直流输出电压U_{o2}为0V；当R1短路时，直流输出电压U_{o2}等于U_{o1}，此时整机电路中的一部分电路的直流工作电压将升高，使这部分电路工作失常，表现为放大器的放大倍数增大，电路的噪声增大。

（3）当滤波电容C2开路时，对直流输出电压U_{o1}没有影响，另一路直流输出电压U_{o2}中含的交流成分也增加许多，而且这一路直流输出电压源的内阻增大，容易产生啸叫等故障；当C2击穿时，直流输出电压U_{o1}将减小，U_{o2}为0V；当C2漏电时，直流输出电压U_{o1}略有减小，U_{o2}下降，而且交流成分增大。

（4）滤波电阻R1的主要故障是开路，短路故障理论上存在，但实际中很少发生。

3.11.2 多节π形RC滤波电路工作原理分析与理解

电路特点说明

（1）实用的滤波电路通常都是多节的，即由几节π形RC滤波电路组成，各节π形RC滤波电路之间可以是串联连接，也可以是并联连接。

（2）多节π形RC滤波电路也是由滤波电容和滤波电阻构成的。

图3-53所示是多节π形RC滤波电路。电路中，C1、C2、C3是3只滤波电容，其中C1是第一节的滤波电容，C3是最后一节的滤波电容；R1和R2是滤波电阻。

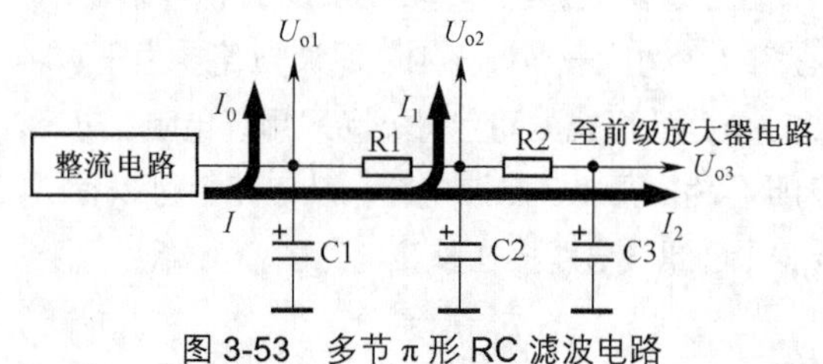

图3-53 多节π形RC滤波电路

1．电路分析

这一滤波电路的工作原理与上面的π形RC滤波电路基本相同，这里再说明下列几点。

（1）这一滤波电路是多节π形RC滤波电路，实用电路中还可以有更多节的π形RC滤波电路。在多节π形RC滤波电路中，前面的滤波电阻其阻值较小，后面的可以较大，这是因为流过前面滤波电阻的直流工作电流比较大，后面的比较小，这样在滤波电阻上的直流电压降比较小，对直流输出电压的大小影响不太大。

（2）多节π形RC滤波电路中，整流电路、滤波电路输出端输出的总电流要分成几路，如图中所示，I是总电流，分成了I_0、I_1、I_2。

（3）多节π形RC滤波电路中，愈是后面的直流输出电压端输出电压愈低，并且直流输出电压中的交流成分愈少。

2．电路故障分析

（1）当滤波电容C1开路时，整个多节π形RC滤波电路的滤波性能受到严重影响，直流输出电压U_{o1}根本没有得到滤波电路的滤波，其中含有大量的交流成分。同时，另两路直流输出电压U_{o2}、U_{o3}中的交流成分也增加许多；当C1击穿时，直流输出电压U_{o1}、U_{o2}和U_{o3}均为0V；当C1漏电时，直流输出电压U_{o1}、U_{o2}和U_{o3}均有不同程度下降，而且交流成分增大，整流电路中出现交流声大故障。

（2）当滤波电阻R1开路时，直流输出电压U_{o1}正常，直流输出电压U_{o2}和U_{o3}均为0V；当R1短路时，直流输出电压U_{o2}等于U_{o1}，U_{o3}也有增大，此时会使整机电路中的一部分电路直流工作电压升高，使这部分电路工作失常，表现为放大器的放大倍数增大，电路的噪声将增大许多。

（3）当滤波电容C2开路时，对直流输出电压 U_{o1} 没有影响，另两路直流输出电压 U_{o2}、U_{o3} 中的交流成分增加许多，而且这两路直流输出电压源的内阻增大，使退耦性能降低，容易产生啸叫等故障；当C2击穿时，直流输出电压 U_{o1} 将减小，U_{o2} 和 U_{o3} 为0V；当C2漏电时，直流输出电压 U_{o1} 略有减小，U_{o2} 和 U_{o3} 下降，而且交流成分增大。

（4）当滤波电阻R2开路时，直流输出电压 U_{o1} 和 U_{o2} 正常，直流输出电压 U_{o3} 为0V；当R2短路时，直流输出电压 U_{o1} 正常，U_{o3} 等于 U_{o2}，此时整机电路中的一部分电路直流工作电压将升高，使这部分电路工作失常，电路的噪声增大。

（5）当滤波电容C3开路时，对直流输出电压 U_{o1} 和 U_{o2} 没有影响，直流输出电压 U_{o3} 中的交流成分增加许多，而且这一路直流输出电压源的内阻增大，电路容易产生啸叫等故障；当C3击穿时，直流输出电压 U_{o2} 将有所减小，U_{o3} 为0V；当C3漏电时，直流输出电压 U_{o2} 和 U_{o3} 略有减小，而且交流成分增大。

（6）滤波电阻R1和R2的主要故障是开路，短路故障理论上存在，但实际中很少发生。

3．多节π形RC滤波串并联电路

图3-54所示是多节π形RC滤波串并联电路。从电路中可以看出，RC滤波电路有串联也有并联，能够输出3路直流工作电压。

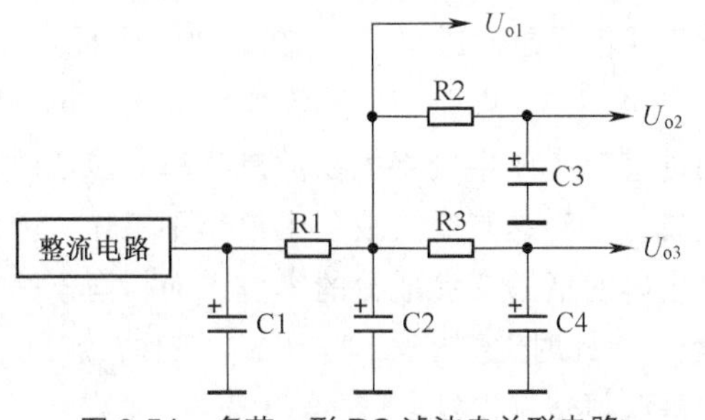

图3-54　多节π形RC滤波串并联电路

关于这一多节π形RC滤波串并联电路的工作原理和电路故障分析，主要说明下列几点。

（1）滤波电容C2上的直流工作电压分成两种，接有R2和C3、R3和C4并联π形RC滤波电路，而这两节滤波电路与R1和C2滤波电路之间是串联连接。

11. 负反馈基本知识3

（2）对这一多节π形RC滤波串并联电路的故障分析运用串并联电路基本工作原理可以方便进行。

（3）当R1开路时，R2和R3支路都没有直流工作电压输出，R1、C1、C2的任何故障都导致R2和R3支路直流工作电压输出的不正常。

（4）当R2或R3开路时，只影响所在支路的直流工作电压输出，不影响其他任何一个滤波电路的直流工作电压输出。

（5）当C3或C4开路时，也不影响其他任何一个支路的直流工作电压正常输出，只是所在支路的滤波效果下降。但是，C3或C4短路时，不仅影响所在支路的直流工作电压输出，还要影响到其他所有支路直流工作电压的输出。

3.11.3　π形LC滤波电路

π形RC滤波电路中，由于使用了滤波电阻，当直流电流流过滤波电阻时，在该电阻上会产生直流电压降，当直流电流很大时，这一直流电压降会很大，为了解决这一问题，引入了π形LC滤波电路。

图3-55所示是π形LC滤波电路。电路中，C1和C2是滤波电容，L1是滤波电感，L1代替π形RC滤波电路中的滤波电阻。

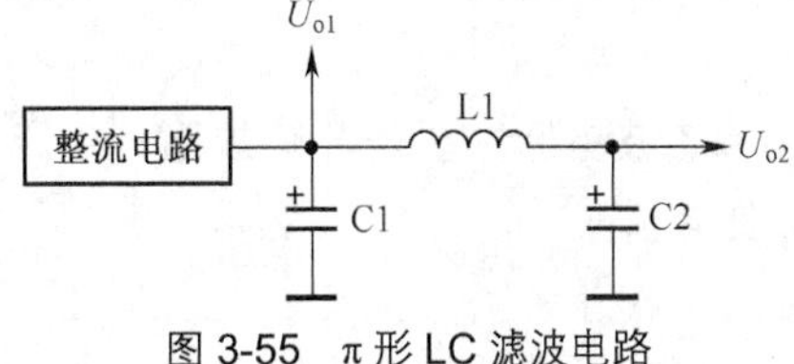

图3-55　π形LC滤波电路

1．电路分析

这一滤波电路与π形RC滤波电路的工作原理基本相似，这里主要说明下列几点。

（1）这一滤波电路也有两个直流工作电压输出端，分别输出直流工作电压 U_{o1} 和 U_{o2}，其

中 U_{o2} 经过了滤波电感，所以其交流成分远少于 U_{o1}。

（2）L1和C2这节滤波电路的工作原理是： 经过C1滤波的电压加到L1和C2这节滤波电路中，对于直流电压而言，由于电感L1的直流电阻很小，因此直流电流流过L1时在L1上产生的直流电压降很小，这一点比滤波电阻要好；对于交流成分而言，因为电感L1感抗的存在，且这一感抗很大，这一感抗与电容C2的容抗（容抗很小）构成分压衰减电路，对交流成分有很大的衰减作用，达到滤波的目的。

（3）由于滤波电感L1的直流电阻很小，因此在L1上的直流电压降很小（可以不计），这样滤波电路的直流输出电压 U_{o1} 大小基本上与 U_{o2} 相等，这是π形LC滤波电路的特点。

（4）π形LC滤波电路中，滤波电感L1的电感量愈大，其感抗愈大，滤波效果愈好。

（5）实用电源滤波电路中，在π形LC滤波电路之后也可以接入π形RC滤波电路。

（6）由于滤波电感L1的成本比滤波电阻的成本高得多，所以电源电路中π形LC滤波电路的应用不是很多。

2．电路故障分析

（1）对这一滤波电路的故障分析与前面的π形RC滤波电路的故障分析基本相似，只是对滤波电感L1的故障分析有所不同。

（2）当滤波电感L1开路时，直流输出电压 U_{o1} 正常，直流输出电压 U_{o2} 为0V；当L1短路时，对直流输出电压 U_{o2} 的大小没有影响，只是 U_{o2} 这一路的滤波效果变劣，会出现交流声大故障。

（3）滤波电感主要是开路故障，短路故障发生率比较低。

3.11.4 高频滤波电路

图3-56所示是电源电路中的高频滤波电容电路。电路中，一个容量很大的电解电容C1与一个容量很小的电容C2并联。C1是一个1000μF的大容量滤波电容，C2是一个只有0.01μF的小电容，为高频滤波电容，用来进行高频成分的滤波，这种一大一小的电容相并联的电路在电源电路中十分常见。

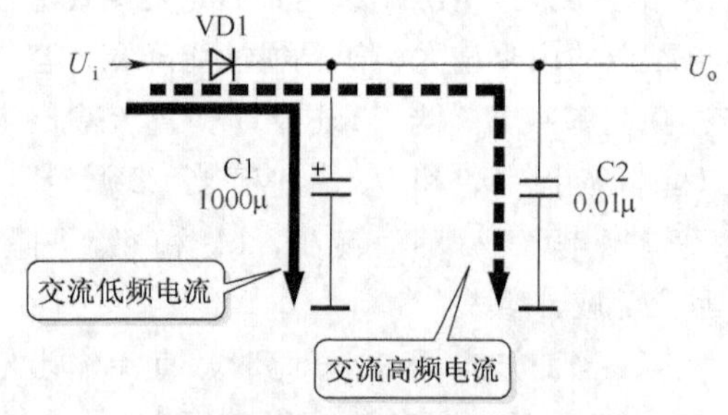

图3-56　高频滤波电容电路

1．电路分析

（1）电源电路将220V的交流市电进行整流和滤波，由于电网中存在大量的高频干扰，因此要求在电源电路中对高频干扰成分进行滤波。电源电路中的高频滤波电容电路就是起这一高频滤波作用的电路。

（2）从理论上讲，在同一频率下容量大的电容其容抗小，这样一大一小两电容相并联后容量小的电容C2是不起作用的。但是，由于大容量电容存在感抗特性（在前面讲解电解电容特性时已经介绍），它在高频情况下的阻抗反而大于低频时的容抗。

（3）为了补偿大电容C1在高频情况下的这一不足，再并联一个小电容C2。由于小电容的容量小，在制造时可以克服电感特性，所以小电容C2几乎不存在电感。当电路的工作频率高时，小电容C2的容抗已经很小，这样高频干扰信号是通过小电容C2滤波到地的。

（4）这一电路中，整流电路输出的单向脉动性直流电压中的绝大多数是频率比较低的交流成分，对这些交流成分小电容不工作（因为小电容对低频交流成分的容抗大而相当于开路状态），此时主要是大电容C1在工作，流过C1的是低频交流成分。

（5）对于高频成分而言，频率比较高，大电容C1处于开路状态而不工作，小电容C2的容抗远小于C1的阻抗而处于工作状态，用于滤除各种高频干扰信号，所以流过C2的是高

频成分。

12. 负反馈基本知识 4

2．故障分析

（1）滤波电容 C1 的电路故障分析与前面的滤波电容电路的故障分析一样。

（2）当高频滤波电容 C2 开路时，整机电路的正常工作基本不受影响，偶尔会发生高频干扰故障，出现高频啸叫现象；当 C2 击穿时，滤波电路没有直流工作电压输出，而且会熔断电源电路中的保险丝；当 C2 漏电时，滤波电路输出的直流工作电压将有所下降。

3.11.5 地线有害耦合与滤波电路

滤波电路不仅要对整流电路输出的单向脉动性直流电压中的交流成分进行滤波，还要去掉直流电流中的各种干扰成分。

1．单路直流电源电路

图 3-57 所示是单路直流电源电路。电路中，T1 是电源变压器，它只有一组二次绕组；C1 是滤波电容，C2 是高频滤波电容。

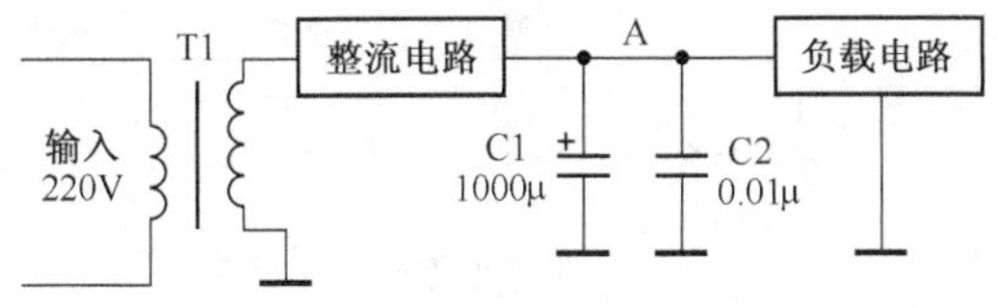

图 3-57 单路直流电源电路

从电路中可以看出，如果电路中 A 点存在各种干扰成分，高频干扰成分通过高频滤波电容C2流到地线，低频干扰成分通过C1流到地线，这样就不能加到后面的负载电路中了。如果没有滤波电容 C1 和 C2，电路中 A 点的干扰成分将流入负载电路中，影响负载电路的正常工作。

由于这一直流电源电路只有一路，因此干扰成分主要来自交流电网中，而许多整机电路中需要有多路的直流电源电路，这时干扰成分来源又增加了。

2．两路直流电源电路之一

图 3-58 所示是第一种两路直流电源电路。电路中，T1 是电源变压器，它只有一组带抽头的二次绕组；C1 和 C2 是低频滤波电容，C3 和 C4 是高频滤波电容。

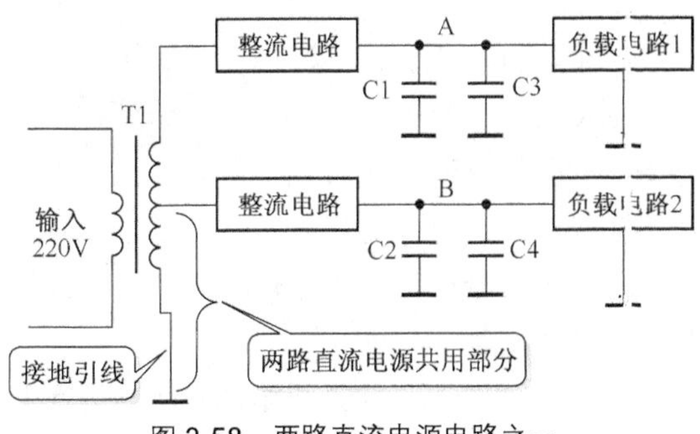

图 3-58 两路直流电源电路之一

（1）电路中 A 点的干扰成分分别通过 C1 和 C3 流到地线，电路中 B 点的干扰成分分别通过 C2 和 C4 流到地线。

（2）从电路中可以看出，电源变压器 T1 二次绕组由于有抽头，接入了两组整流、滤波电路，能够输出两路直流工作电压。

（3）两路整流、滤波电路有共用的部分，即电源变压器 T1 二次绕组抽头以下绕组和接地引线，两个负载电路中的电流都流过了这一共用的电路，这个共用电路所产生的干扰成分会对两个负载电路造成有害影响。

（4）图 3-59 所示是共用电路对两个负载电路的有害影响示意图。电路中，R1 构成两个负载电路的共用电路。负载电路 1 的电流流过 R1，在电路中的 A 点会产生一个电压降，这个电压降就相当于是负载电路 2 的输入信号而加到负载电路 2 中，对负载电路 2 的正常工作造成有害影响。同时，负载电路 2 的电流在电路中 A 点产生的电压降影响负载电路 1 的正常工作。所以，在负载电路的输入端接入对地旁路电容很有必要。

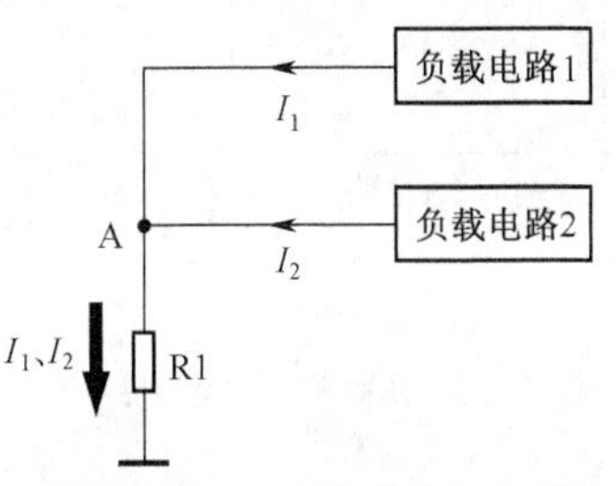

图 3-59 共用电路对两个负载电路的有害影响示意图

（5）图 3-60（a）所示是逻辑学上的交叉关系示意图，上述电路分析可以用逻辑学中的交叉概念来说明，这也是电路故障分析常用的逻辑推理方法。

从交叉关系示意图中可以看出，C 部分是 A 和 B 的共用部分，C 部分同时影响 A 和 B。当 C 部分出现故障时，必将导致 A 和 B 同时出现故障。

图 3-60（b）所示是逻辑学的重合概念示意图，它也可以用来对应电路中的故障部位。

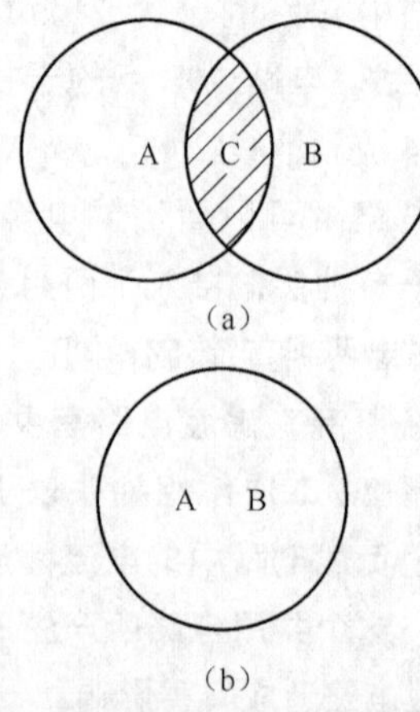

图 3-60　逻辑学上的交叉关系示意图

3．两路直流电源电路之二

图 3-61 所示是第二种两路直流电源电路。电路中，T1 是电源变压器，它只有一组带抽头的二次绕组，但是二次绕组的结构与上一种电源电路不同，其抽头接地；C1 和 C2 是低频滤波电容，C3 和 C4 是高频滤波电容。

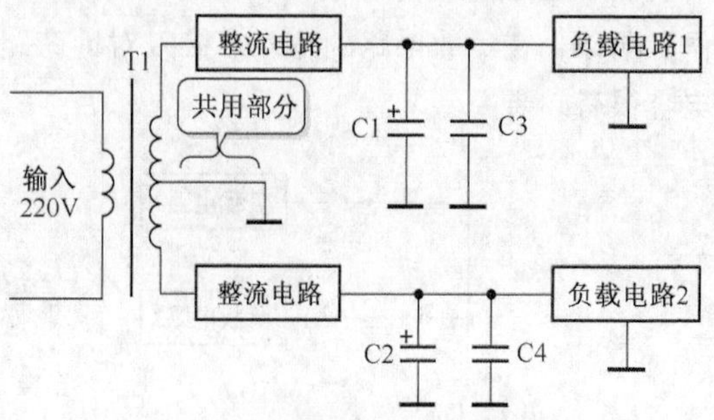

图 3-61　两路直流电源电路之二

（1）由于电源变压器的二次绕组抽头接地，两组整流、滤波和负载电路只有二次绕组的抽头接地引线是共用的，共用部分电路相当少。因两组直流电源电路之间的相互耦合比前一种电路少，两组直流电源电路之间的相互有害影响小。

（2）虽然电源变压器二次绕组抽头接地了，将二次绕组分成了两组相对“独立”的绕组，但是二次绕组抽头以上绕组和抽头以下绕组之间仍然存在磁路（磁力线所通过的路径，相当于电路）之间的相互影响。

（3）这一电路的其他部分电路的工作原理与前面相同。

4．两路直流电源电路之三

图 3-62 所示是第三种两路直流电源电路。电路中，T1 是电源变压器，它只有两组独立的二次绕组；C1 和 C2 是低频滤波电容，C3 和 C4 是高频滤波电容。

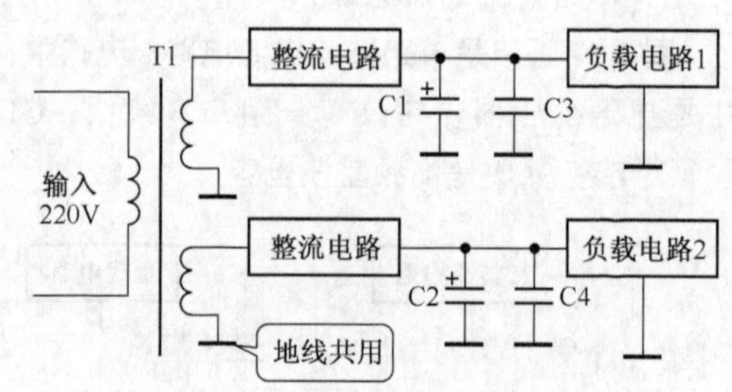

图 3-62　两路直流电源电路之三

（1）这一电路与前面一种电路相比较，由于两组二次绕组相互独立，因此相互影响要小一些。两种整流、滤波和负载电路之间主要是地线共用，电源变压器两组二次绕组之间的磁路会相互影响。

（2）由于电源变压器采用两组独立的二次绕组，因此变压器制作工艺复杂一些，成本增加了，但抗干扰效果优于带抽头的一组二次绕组的变压器。

5．两路直流电源电路之四

图 3-63 所示是第四种两路直流电源电路。电路中，T1 是电源变压器，它只有两组独立的二次绕组；C1 和 C2 是低频滤波电容，C3 和 C4 是高频滤波电容。

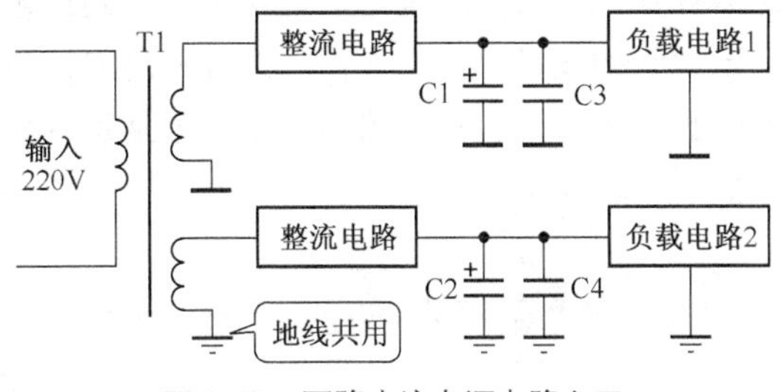

图 3-63　两路直流电源电路之四

（1）从电路图中可以看出，这一电路与前面电路的不同之处是两组整流、滤波、负载电路的接地符号不同，这表示两组整流、滤波、负载电路之间使用不同的地线回路，使由于地线造成的两组直流电源之间的有害影响为零，其抗干扰性能显然优于前面的电路。

（2）这一电路中的电源变压器的两组二次绕组之间仍然存在磁路上的相互影响。如果电路上要求需要将磁路之间的相互影响也降低到最低限度，可以采用两只独立的电源变压器供电，而且两只电源变压器接地线路彼此独立。

3.12　电子滤波器电路

要使三极管正常工作就必须给它建立直流电路，电子滤波器中使用了三极管，电子滤波器中的三极管也要有相应的直流电路。

3.12.1　单管电子滤波器电路

图 3-64 所示是一种电子滤波器电路。电路中，VT1 是电子滤波管；C1 是电子滤波器输出端滤波电容，C2 是电子滤波管 VT1 基极滤波电容；R1 是这一滤波电路的负载电阻，R2 是 VT1 基极偏置电阻。

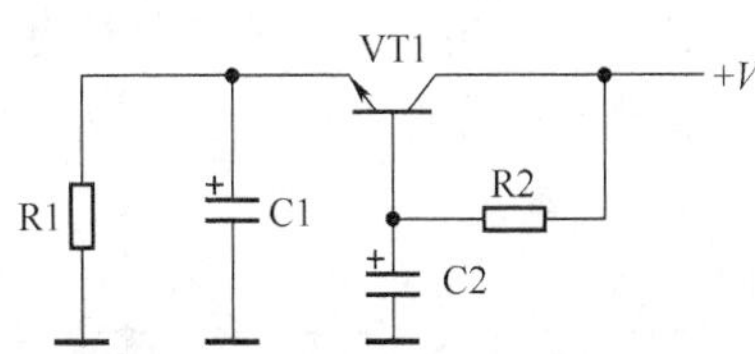

图 3-64　单管电子滤波器电路

1．直流电路分析

电子滤波管 VT1 工作在导通状态，+*V* 是没有经过电子滤波的直流工作电压，电子滤波管 VT1 所需要的直流工作电压由 +*V* 提供。

电路中，VT1 集电极直接接直流工作电压 +*V* 端，电阻 R2 给 VT1 基极提供偏置电压，VT1 发射极直流电流通过负载电阻 R1 到地线。这样，VT1 建立了直流工作状态，VT1 导通，即直流工作电压 +*V* 通过 VT1 集电极、发射极加到负载电阻 R1 上。

电路中，电阻 R2 的阻值大小决定了 VT1 基极电流大小，从而决定了 VT1 集电极与发射极之间的管压降，也就决定了 VT1 发射极输出直流电压大小（VT1 发射极输出直流电压等于直流工作电压 +*V* 减去 VT1 集电极与发射极之间的管压降）。R2 阻值愈小，VT1 集电极与发射极之间的管压降愈小，VT1 发射极输出的直流电压愈大。**所以，改变 R2 的阻值大小，可以调整直流输出电压 +*V* 的大小。**

2．滤波原理分析

（1）电子滤波器的作用是进行滤波，**它的滤波效果相当于一只容量为 $C_2 \times \beta$ 大小电容的滤波效果**（C_2 是电子滤波管基极滤波电容容量，β 为 VT1 电流放大倍数，而这一电流放大倍数一般大于 50），可见电子滤波器的滤波性能是很好的。例如，当 C_2 为 220μF，β 为 50 时，这一电子滤波器的滤波效果就相当于一只 11000μF 这样大的滤波电容的滤波效果。

（2）对电子滤波器电路工作原理的理解有多种方法，这里介绍一种比较简单的方法：电路中，R2 和 C2 构成一节 RC 滤波电路，R2 一方面为 VT1 提供基极偏置电流，同时也是滤波电阻。由于流过 R2 的电流是 VT1 基极偏置电流，这一电流很小，因此 R2 阻值可以取得比较大，这样 R2 和 C2 的滤波效果很好，使 VT1 基极上直流电压中的交流成分很少。由于三极管发射极电压具有跟随基极电压的特性，这样 VT1 发射极输出电压中的交流成分也很少，达到滤波的目的。

（3）电子滤波器电路中，滤波主要是靠R2和C2实现的，这也是RC滤波电路，但与前面介绍的RC滤波电路有所不同，在这一电路中流过负载电阻R1的直流电流是VT1发射极电流，流过滤波电阻R2的电流是VT1基极电流，基极电流很小，所以可以使滤波电阻R2阻值设得很大（滤波效果好），但不会使直流输出电压下降太多。

（4）电子滤波器电路中有两只滤波电容，其中起主要作用的是电子滤波管基极上的滤波电容，即电路中的C2。

（5）电子滤波器的滤波效果很好，所以应用比较广泛。

3．电路故障分析

（1）当电阻R2开路时，电子滤波管VT1发射极没有直流输出电压；当电阻R2阻值大小变化时，电子滤波管VT1发射极的直流输出电压大小变化，R2阻值大直流输出电压小，R2阻值小直流输出电压大。

（2）当滤波电容C2开路时，电子滤波器没有滤波作用，VT1发射极输出的直流电压中的交流成分增大；当滤波电容C2击穿时，电子滤波管VT1发射极直流输出电压为0V；当滤波电容C2漏电时，电子滤波管VT1发射极直流输出电压将有所下降。

（3）当电子滤波管VT1集电极与发射极之间开路时，电子滤波器没有直流工作电压输出；当VT1集电极和发射极之间短路时，VT1发射极电压增大许多，电路的直流工作电压增大许多，电路噪声明显增大。

（4）当滤波电容C1开路时，电子滤波器的滤波作用略有下降，VT1发射极输出的直流电压大小不变化；当滤波电容C1击穿时，电子滤波管VT1发射极直流输出电压为0V；当滤波电容C1漏电时，电子滤波管VT1发射极直流输出电压将有所下降。

3.12.2　双管电子滤波器电路

有些场合下为了进一步提高滤波效果，可采用双管电子滤波器电路，这种电路中两只电子滤波管构成了复合管电路，这样总的电流放大倍数为各管电流放大倍数之积，显然可以大幅提高滤波效果。

电路特点说明

（1）它是电子滤波器中的一种电路，电路结构与单管电子滤波器电路基本一样，不同之处是采用了复合管作为电子滤波管。

（2）采用复合管作为电子滤波管之后，滤波效果更好，所以在一些对滤波要求很高的电路中使用这种双管电子滤波器电路。

（3）电子滤波器中采用两只三极管的主要目的是提高电流放大倍数，因为电子滤波器的滤波效果与三极管的电流放大倍数成正比。

（4）与普通的电容滤波电路相比，由于三极管的成本低，所以采用双管电子滤波器电路不仅可以大幅提高滤波效果，还可以降低滤波电路成本。

图3-65所示是双管电子滤波器电路。电路中，VT1和VT2是两只同极性三极管，它们构成复合管；电阻R2是这两只三极管的基极偏置电阻，R1是这一电子滤波器的负载电阻；C1是电子滤波器的输出端滤波电容，C2是电子滤波管基极滤波电容。

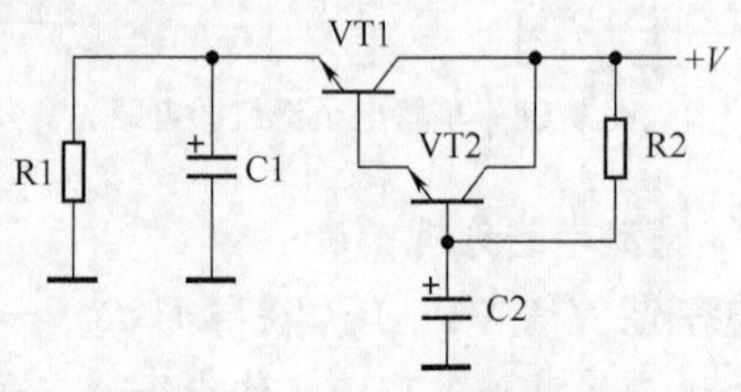

图3-65　双管电子滤波器电路

1．电路分析

VT1和VT2复合管直流偏置电路的原理是：电阻R2给VT2基极偏置，使之产生基极偏置电流，VT1有发射极电流，其发射极电流直接流入VT2基极，这样VT2也有了静态偏置电流，VT1和VT2处于导通状态。

复合管电路中，VT1 和 VT2 复合后可以等效成一只 NPN 型三极管，这只等效三极管的电流放大倍数 β 等于两只三极管电流放大倍数之积，如果两只三极管的电流放大倍数都是 60，那复合管的电流放大倍数是 3600，可见复合管可大幅度提高电流放大倍数。

双管电子滤波器电路与单管电子滤波器电路的工作原理一样，只是因为采用了复合管后电流放大倍数增大了许多，使滤波效果更好。

2．电路故障分析

（1）这一双管电子滤波器电路的故障分析与前面讲解的单管电子滤波器电路的故障分析基本相同。

（2）C1、C2 和 R2 的故障分析与前面单管电子滤波器电路故障分析中的这几个元件一样。

（3）当 VT2 开路时，VT1 发射极输出的直流电压大幅下降，或直流输出电压为 0V；当 VT2 短路时，VT1 发射极电压大幅增大，存在烧坏 VT1 的危险。同时，电路噪声大幅增大。

（4）当 VT1 开路时，VT1 发射极上的直流输出电压为 0V；当 VT1 短路时，VT1 发射极电压大幅增大，电路噪声增大。

3.12.3　具有稳压功能的电子滤波器电路

电子滤波器电路本身只起滤波作用，没有稳压作用，如果在电路中加入稳压二极管，则可使电子滤波器输出的直流工作电压比较稳定。

14. 常用负反馈放大器 2

如图 3-66 所示，在 VT1 基极与地端之间接入稳压二极管 VD1 后，由于稳压二极管的稳压特性 VT1 基极电压稳定，由于三极管发射极电压跟随其基极电压变化，这样 VT1 发射极输出的直流电压也比较稳定。

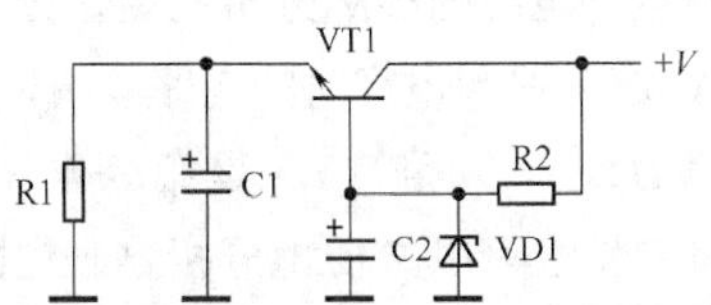

图 3-66　具有稳压功能的电子滤波器电路

1．电路分析

（1）这种电子滤波器的输出电压稳定与否是由 VD1 的稳压特性决定的，与电子滤波器本身没有关系，因为电子滤波器没有稳压功能。

（2）电阻 R2 为电子滤波管 VD1 提供偏置电流的同时，还是稳压二极管 VD1 的限流保护电阻，当流过稳压二极管的电流增大时，在电阻 R2 上的电压降加大，这样加到稳压二极管 VD1 上的电压减小，防止了流过 VD2 的电流进一步增大，达到保护稳压二极管的目的。

（3） 电子滤波器中加入稳压二极管 VD1 后，改变 R1 的阻值大小已不能改变 VT1 发射极输出电压大小，电子滤波器的直流输出电压大小由稳压二极管的稳压值决定。实际的 VT1 发射极直流输出电压比 VD1 稳压值略小（受 VT1 发射结的压降影响）。

2．电路故障分析

（1）对这一电路的故障分析与前面介绍的电子滤波器电路相似，主要不同点是对稳压二极管 VD1 的电路故障分析。

（2）当 VD1 开路时，VT1 基极直流电压升高，VT1 发射极直流电压升高，电路噪声将增大许多；当 VD1 短路时，VT1 发射极没有直流电压输出。

电路分析小结

关于电子滤波器电路的分析，主要小结下列几点。

（1）进行电子滤波器电路分析时，要知道滤波管基极上的电容是滤波的关键元件。

（2）分析电子滤波器工作原理时要进行直流电路分析，电子滤波管有基极电流、集电极电流和发射极电流，流过负载的电流是电子滤波管的发射极电流。在没有加入稳压二极管的情况下，改变基极电流大小可以改变电子滤波管集电极与发射极之间的管压降，从而可以改变电子滤波器输出的直流电压大小。

（3）电子滤波器本身没有稳压功能，但是加入稳压二极管之后可以使电子滤波器输出的直流电压比较稳定。

电路故障分析小结

关于电子滤波器电路的故障分析，主要说明下列几点。

（1）电子滤波器中有电子滤波管，它的故障主要是集电极与发射极之间击穿，这时没有滤波作用，而且电子滤波器输出的直流工作电压异常升高，使整机电路中的一部分电路（大多数情况下是前级电路）直流工作电压升高，结果电路的噪声增大许多。

（2）电子滤波管电路中，另一个比较常见的故障是集电极与发射极之间开路，或发射极与基极之间开路，这时电子滤波器不仅没有滤波作用，而且也不能输出直流工作电压，整机电路中的一部分电路将因没有直流工作电压而不能正常工作。

（3）检修电子滤波器故障时的关键测试点是滤波管的3个电极上的直流工作电压。对于NPN型电子滤波管而言，集电极上的直流电压是输入电压，它最高；基极上的电压其次，它比发射极电压高一个PN结压降（硅管0.6V）。

（4）当电子滤波器没有直流工作电压输出时，重点检查电子滤波管是否开路，基极上的偏置电阻是否开路，基极上的稳压二极管是否短路。

3.13 普通二极管简易稳压电路、稳压二极管稳压电路工作原理分析与理解

重要提示

在整机电源电路中很少采用稳压二极管稳压电路，在整机电路的局部直流电压供给电路中时常采用稳压二极管稳压电路和简易二极管稳压电路。

3.13.1 普通二极管简易稳压电路工作原理分析与理解

图3-67所示是普通二极管构成的简易稳压电路。电路中，**VD1**、**VD2**和**VD3**是**3**只普通二极管，它们是串联起来的。

1．电路分析

（**1**）这一稳压电路的作用就是稳定电路中**A**点的直流工作电压，为放大器提供稳定的直流工作电压。

（**2**）分析这一电路工作原理需要运用二极管的管压降特性，当二极管导通后，其管压降是基本不变的。对于硅二极管而言，这一管压降是**0.6V**。

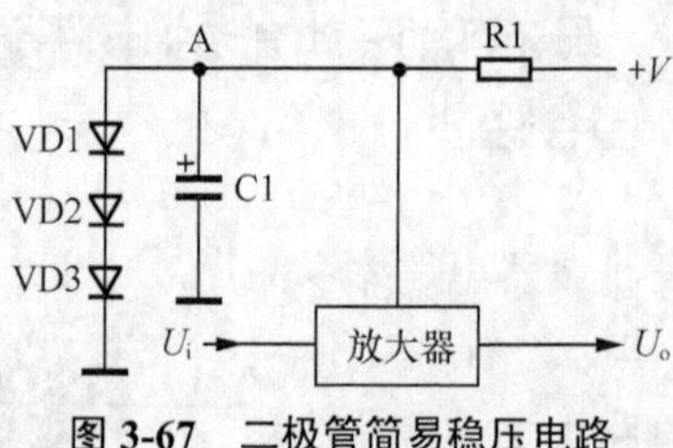

图3-67　二极管简易稳压电路

（**3**）**VD1**、**VD2**和**VD3**串联起来，直流工作电压**+V**通过**R1**加到这**3**只串联二极管上，使**3**只二极管同时导通，这样电路中**A**点的直流工作电压是**3×0.6=1.8V**，而且是稳定的，达到稳定电路中**A**点直流工作电压的目的。

2．电路故障分析

（**1**）这一电路的故障分析主要是分析**VD1**、**VD2**和**VD3**开路和击穿时的电路故障现象。

（**2**）**VD1**、**VD2**和**VD3**是串联电路，根据串联电路的特性可以方便地分析这一电路故障。

（**3**）当**3**只二极管中有**1**只二极管开路时，

这一串联电路就开路，不存在稳压功能，而且电路中A点直流电压升高许多；当这其中有一只二极管短路时，电路中A点直流电压下降0.6V，由于A点正常直流工作电压本来就低，所以当有一只二极管短路时将影响到放大器的正常工作。

15. 常用负反馈放大器3

3.13.2　稳压二极管典型稳压电路工作原理分析与理解

图3-68所示是稳压二极管稳压电路。电路中，VD1是稳压二极管；U_i是没有经过稳压的直流电压，在这一电路中是输入电压；U_o是经过这一电路稳定后的直流输出电压，其电压大小稳定。

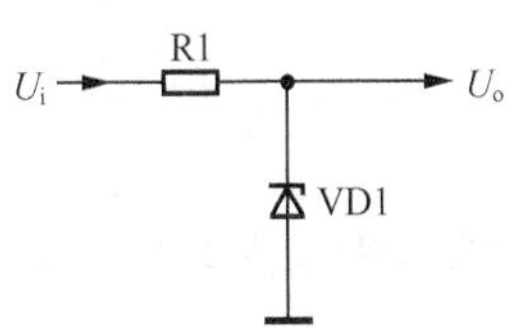

图3-68　稳压二极管稳压电路

1．电路分析

（1）如果电路中没有接入稳压二极管VD1，当直流输入电压U_i大小在波动时，直流输出电压U_o大小也随之波动，这时直流输出电压U_o没有稳压特性。

（2）加入稳压二极管VD1之后，直流输入电压U_i经电阻R1加到VD1上，使VD1导通，根据稳压二极管特性可知，这时VD1两端的直流电压降是稳定的，这样直流输出电压U_o也是稳定的，达到稳压目的。

（3）稳压二极管稳压电路中，稳压电路的直流输出电压大小就是电路中稳压二极管VD1的稳压值。选择不同稳压值的稳压二极管，可以得到不同的直流输出电压。

（4）当直流输入电压U_i大小波动时，流过电阻R1的电流大小在波动，这样在电阻R1上的电压降大小波动，这一波动保证了直流输出电压U_o大小稳定。当直流输入电压U_i增大时，流过R1的电流增大，在R1上的电压降增大；当直流输入电压U_i减小时，流过R1的电流减小，在R1上的电压降减小。

（5）R1称为稳压二极管的限流保护电阻，具有限制大电流流过VD1的保护作用，R1的阻值大，对VD1的保护作用强。在稳压二极管保护电路中必须接这样的保护电阻，如果没有限流保护电阻R1，直流输入电压U_i大于稳压二极管的稳压值时，将有很大的电流流过VD1，VD1烧坏。

（6）电阻R1限流保护稳压二极管VD1的原理是：当流过稳压二极管的电流增大时，在电阻R1上的电压降相应地加大。由于R1上的直流电压降增大，加到稳压二极管VD1上的电压减小，VD1上的压降减小可以防止VD2的电流进一步增大，这样通过接入电阻R1达到保护稳压二极管的目的。

2．电路故障分析

（1）这一电路中只有两个元器件，所以电路故障分析相当简单。R1和VD1中，VD1故障发生率比较高，但是VD1出现击穿故障将有烧坏R1的危险。

（2）当VD1开路时，直流输入电压U_i直接通过R1加到负载电路中，没有稳压功能，同时直流输出电压U_o将增大，电路噪声将增大；当VD1短路时，直流输出电压U_o为0V，流过R1的电流大幅增加，有烧坏R1的危险。

（3）当R1短路时，直流输入电压U_i直接加到VD1上，使VD1工作电流太大而烧坏VD1，必将导致直流输出电压U_o为0V；当R1开路时，直流输出电压U_o为0V。

3．稳压二极管实用电路工作原理分析与理解

图3-69所示是一种稳压二极管实用电路。电路中，VT1和VT2构成双管阻容耦合放大器，VT1是第一级放大管，VT2是第二级放大管；VD1是稳压二极管，它接在第一级放大器的直流电压供给电路中。

（1）加入稳压二极管VD1的目的是稳定VT1管的直流工作电压。R4是稳压二极管VD1的限流保护电阻。

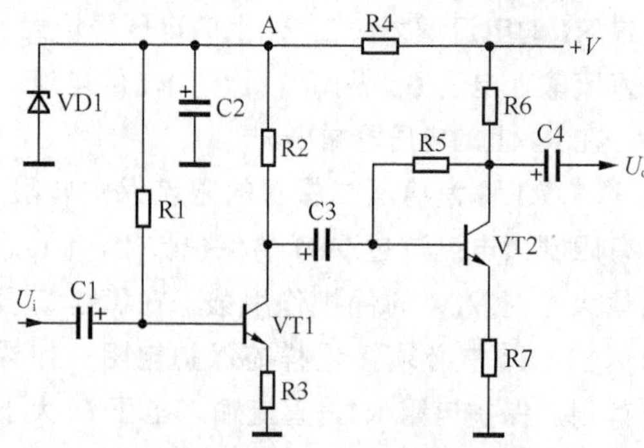

图 3-69　稳压二极管稳压实用电路

（2）如果没有加入 **VD1**，电路中 **A** 点的直流电压大小会随直流工作电压 +*V* 的大小变化而变化，因为直流工作电压 +*V* 没有经过稳压电路处理，它的大小会随着许多因素而变化，这一电压的大小波动会通过电阻 **R4** 引起电路中 **A** 点的电压大小变化。

（3）电路中 **A** 点直流电压的波动通过电阻 **R1** 和 **R2** 分别将引起 **VT1** 管基极和集电极直流电压的大小变化，这对三极管 **VT1** 的稳定工作不利，为此在一些要求比较高的电路中会设置这样的稳压电路，以稳定前级放大器的直流工作电压。

16. 常用负反馈放大器 4

（4）加入稳压二极管 **VD1** 后，**VD1** 两端稳定的直流电压就是电路中 **A** 点的直流电压，**A** 点直流电压稳定，三极管 **VT1** 管基极和集电极直流工作电压稳定，所以 **VT1** 管工作不受直流工作电压 +*V* 大小波动的影响。

电路故障分析小结

（1）这一电路中与稳压电路工作相关的两个元器件是 R4 和 VD1，主要是这两个元器件的电路故障分析。

（2）当 VD1 开路时，电路中 A 点的直流电压不能稳定，而且有所升高，使三极管 VT1 工作电压升高，VT1 管噪声将有所增大；当 VD1 短路时，A 点直流电压 **U_o** 为 0V，VT1 管不能正常工作，VT2 也不能正常工作。

（3）当 R4 短路时，VD1 将有烧坏的可能；当 R4 开路时，电路中 A 点直流电压 **U_o** 为 0V，VT1 管不能工作，VT2 管工作正常，但是整个 VT1 和 VT2 这一双管放大器不能输出信号，因为 VT1 管已经不工作。

4. 特殊稳压二极管稳压电路工作原理分析与理解

图 **3-70** 所示是特殊稳压二极管稳压电路。电路中，**VD1** 是一种比较特殊的稳压二极管，内部由两只正极相连的相同特性稳压二极管组合而成。

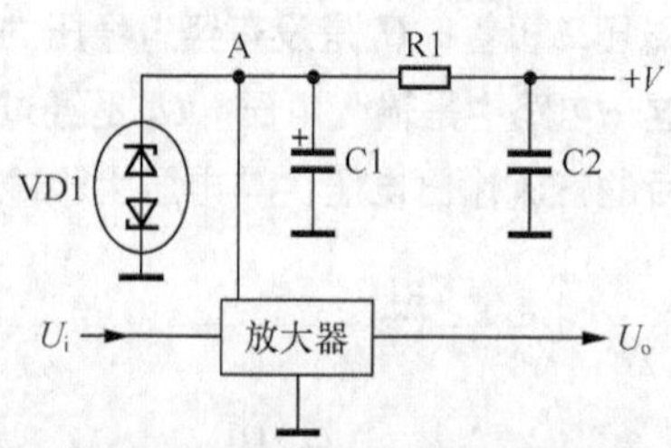

图 3-70　特殊稳压二极管稳压电路

（1）这一稳压电路的作用是稳定电路中 **A1** 点的直流工作电压，为放大器提供稳定的直流工作电压，这一点与前面的稳压电路相同。

（2）从 **VD1** 电路符号中可以看出，两种稳压二极管正极相连，工作时上面一只工作在稳压状态，下面一只作为二极管使用，**PN** 处于正向导通状态，这样工作的稳压二极管不仅具有稳压作用，还具有温度补偿作用。

（3）稳压二极管的温度补偿作用是：当工作温度高低变化时，稳压二极管的稳压值大小不变。普通稳压二极管在工作温度大小变化时，其稳压值有一个较小的变化量，在一些要求稳压性能很高的电路中，可以使用具有温度补偿特性的稳压电路。

（4）**VD1** 进行温度补偿的原理是：由于 **VD1** 中两只稳压二极管一只正向运用，一只反向运用，所以它们的温度特性相反。当温度升高时，一只稳压二极管的管压降增大，另一只稳压二极管的管压降则减小，这样两只串联稳压二极管总的管压降随温度升高的变化量大幅减小，达到温度补偿目的；当温度降低时也一样，一只稳压二极管的管压降减小，另一只稳压二极管的管压降则增大，也具有温度补偿特性。

电路故障分析小结

（1）VD1 电路故障分析与前面一种稳压电路基本相似。

（2）当 VD1 中有一只二极管开路时，就没有稳压作用。

（3）当 VD1 中的下面一只二极管击穿时，电路中 A 点的直流工作电压下降 0.6V，A 点的直流电压仍然稳定，但是这一稳压电路没有温度补偿作用，对放大器的正常工作影响不太大；当 VD1 中的上面一只二极管击穿时，电路中 A 点的直流工作电压大幅下降，对放大器的工作造成严重影响，放大器不能工作。

3.14　典型串联调整型稳压电路详解及电路故障分析

实用的直流稳压电路大量使用的是串联调整型稳压电路，这种稳压电路比稳压二极管稳压电路复杂得多，但是稳压性能更好。

3.14.1　串联调整型稳压电路组成及各单元电路作用

1．串联调整型稳压电路方框图

图 3-71 所示是串联调整型稳压电路方框图，从图中可以看出，它设有调整管、比较放大器、基准电压电路和取样电路，有的稳压电路中还接入了各种保护电路等。稳压电路的输入电压是整流、滤波电路输出的直流电压，是不稳定的直流电压，经过这一稳压电路稳定后的直流电压 U_o 是稳定的。

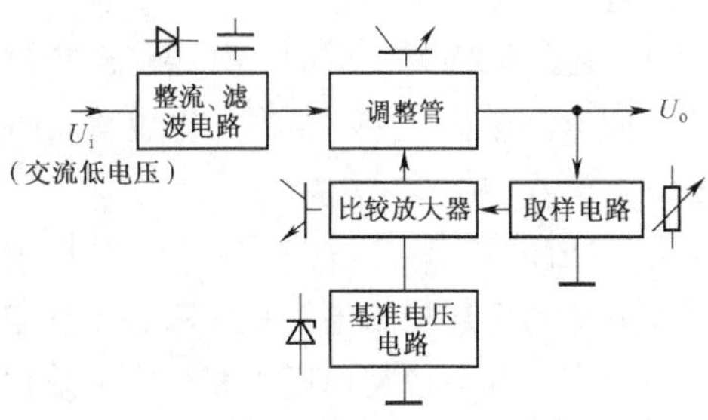

图 3-71　串联调整型稳压电路方框图

2．各单元电路作用

串联调整型稳压电路中各单元电路的作用说明如下。

（1）基准电压电路用来为比较放大器提供一个稳定的直流电压，这一直流电压作为比较放大器的一个基准电压。

基准电压也是一个直流电压，而且是一个电压非常稳定的直流电压，在两个电压的比较中用它作为标准，所以称为基准电压。

基准电压电路中的主要元器件是稳压二极管。

（2）取样电路的作用是将稳压电路输出的直流电压大小变化量取样出来，再将该取样电压送入比较放大器电路。从取样电路中取出的直流电压变化量，反映了稳压电路直流输出电压大小波动的情况。

（3）比较放大器的作用是对两个输入电压进行比较，并将比较的结果送到调整管电路中，对调整管进行控制。输入比较放大器的两个信号是取样电压和基准电压，这两个电压信号在比较放大器中进行比较，比较的结果有误差时，比较放大器放大输出这一误差电压，由这一误差电压去控制调整管的工作电流大小。

（4）调整管是一只三极管，利用三极管集电极与发射极之间内阻可控特性，对稳压电路的直流输出电压进行大小调整。调整管的基极工作电流受比较放大器的误差输出电压控制，当比较放大器有误差电压输出时，调整管基极电流大小进行相应的改变，进行稳压电路的直流输出电压自动调整，实现稳压。由于调整管与稳压电路负载串联，因此称这种稳压电路为串联稳压电路。又因为直流输出电压的稳定是靠调整管集电极与发射极之间电压降自动调整实现的，所以称为串联调整型稳压电路。

3．稳压原理

图3-72所示是串联调整型稳压电路的稳压原理电路。电路中，VT1是调整管；U_i是输入稳压电路的直流电压；U_o是经过稳压电路稳压之后的直流工作电压；R1是稳压电路的负载（实际电路中R1是整机电路）。

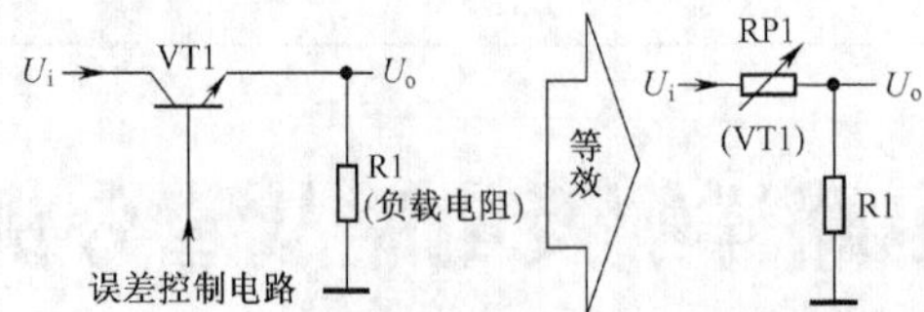

图3-72　串联调整型稳压电路原理电路

（1）直流输入电压U_i从VT1集电极输入，经过VT1集电极与发射极之间的内阻，从VT1发射极输出，加到负载R1上，R1上的直流电压为U_o。

（2）从电路中可以看出，调整管VT1集电极与发射极之间的电压降加上R1上的电压降（U_o）等于直流输入电压U_i。

（3）串联调整型稳压电路的基本稳压原理是：由于某种因素使负载R1两端的直流输出电压U_o增大时，VT1基极电流进行相应的减小变化，使VT1集电极与发射极之间管压降增大，这样直流输入电压U_i更多地降在VT1集电极与发射极之间，迫使负载R1上的直流工作电压U_o下降，稳定稳压电路的直流输出电压U_o。

（4）由于某种因素使负载R1两端的直流输出电压U_o减小时，VT1基极电流增大，使VT1集电极与发射极之间内阻减小，这样在VT1集电极与发射极之间的管压降降低，使负载R1上的直流工作电压U_o增大，稳定稳压电路的直流输出电压U_o。

（5）观察电路中稳压电路的等效电路，调整管VT1相当于一只可变电阻器RP1，RP1与负载R1串联，流过RP1的电流等于流过R1的电流。当负载R1两端的直流输出电压大小变化时，RP1的阻值进行相应的变化，使RP1两端的直流压降有相应的改变，迫使负载R1两端的直流工作电压U_o稳定。

3.14.2　直流电压波动因素解析和电路分析方法

稳压电路的根本目的是稳定稳压电路输出的直流工作电压U_o，了解哪些因素会引起稳压电路直流输出电压U_o的大小波动是分析电路的基础，也是检修稳压电路不能稳定直流输出电压的基础。

1．直流输入电压因素

从输入稳压电路的直流输入电压U_i角度上讲，造成稳压电路直流输出电压U_o大小波动的主要因素有下列两个。

（1）在其他因素不变时，如果输入稳压电路的直流电压U_i增大，会引起稳压电路输出的直流工作电压U_o增大。

（2）在其他因素不变时，如果输入稳压电路的直流电压U_i减小，将引起稳压电路输出的直流工作电压U_o减小。

2．负载大小因素

17.RC低频衰减电路1

稳压电路的负载R1实际上是接在电源电路输出端的整机电路，当整机电路的电路工作状态不同时，负载轻重也不一样，简单地讲负载电阻R1的阻值大小也不一样，这时也会引起稳压电路输出的直流工作电压大小波动。

从稳压电路的负载R1大小波动角度上讲，造成稳压电路直流输出工作电压U_o大小波动的主要因素有下列两个。

（1）在其他因素不变时，如果稳压电路的负载电阻R1增大，会引起稳压电路输出的直流工作电压U_o增大。

（2）在其他因素不变时，如果稳压电路的负载电阻R1减小，会引起稳压电路输出的直流工作电压U_o减小。

3．电流因素

上述两种引起稳压电路直流输出工作电压波动的因素，都可以用稳压电路的直流输出电流变化来解释，关于这一点说明如下。

（1）如果负载R1大小不变，稳压电路的输出电流增大，那么在R1上的电压降增大，必将引起稳压电路的直流工作电压U_o增大。

（2）如果负载 R1 大小不变，稳压电路的输出电流减小，那么在 R1 上的电压降减小，必将引起稳压电路的直流工作电压 U_o 减小。

准备知识和电路分析方法

分析串联调整型稳压电路的工作原理，需要运用下列几个方面的基础知识。

（1）了解三极管的放大原理，掌握基极电流对集电极电流和发射极电流的控制原理。

（2）掌握三极管直流电路的工作原理和电路分析方法。

（3）掌握共发射极放大器中三极管各电极的电压特性。三极管的集电极电压与基极电压相位相反，即当基极电压增大时其集电极电压下降，基极电压减小时其集电极电压增大，这称为电压相位的反相特性。

（4）了解比较放大器电路的分析方法。比较放大器有两个功能：一是对两个信号电压的大小进行比较，二是对比较出现的误差电压进行放大。比较放大器对两个输入信号电压的大小进行比较，然后对比较后的结果（误差信号）进行放大，这也是三极管的一种具体应用电路。

关于串联调整型稳压电路的分析方法，主要说明下列几点。

（1）串联调整型稳压电路的核心是稳定直流输出电压，所以要以假设稳压电路输出端的直流输出电压波动为电路分析出发点，进行电路分析。

（2）电路分析时通常设稳压电路直流输出电压增大，沿取样电路、比较放大器、调整管电路，再回到稳压电路直流电压输出端这样一个闭合回路进行分析。

（3）也可以设稳压电路直流输出电压减小，其分析过程和方法一样，只是每一步的分析结果都相反。在电路分析中，通常只需要分析一次，习惯上设稳压电路直流输出电压增大情况进行稳压过程的分析。

3.14.3　典型串联调整型稳压电路

图 3-73 所示是典型串联调整型稳压电路。电路中，VT1 是调整管，它构成电压调整电路；VD1 是稳压二极管，它构成基准电压电路；VT2 是比较放大管，它构成电压比较放大器电路；RP1 和 R3、R4 构成取样电路。

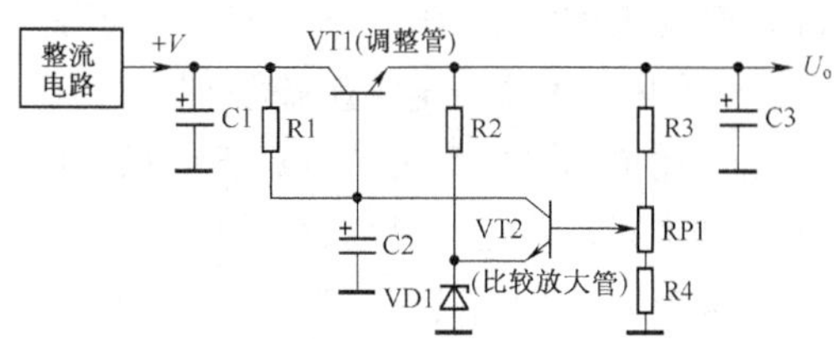

图 3-73　典型串联调整型稳压电路

1．直流电路分析

（1）从整流和滤波电路输出的直流电压 +V 加到调整管 VT1 集电极，同时经电阻 R1 加到 VT1 管基极和 VT2 集电极。

（2）VT1 管直流回路是：直流工作电压 +V 直接加到调整管 VT1 集电极，R1 为 VT1 提供一定的正向偏置电流，VT1 发射极电流通过 R3、RP1、R4 和稳压电路负载电路（图中未画出）成回路。

（3）VT2 管直流回路是：直流工作电压 +V 经 R1 加到比较放大管 VT2 集电极；R3、RP1、R4 构成 VT2 基极分压式偏置电路，RP1 动片输出的直流电压加到 VT2 基极，为 VT2 提供基极偏置电压；VT2 发射极电流通过导通的 VD1 到地端。

（4）VT1 管发射极输出的直流电压通过 R2 加到 VD1 上，使 VD1 处于导通状态，R2 是稳压二极管 VD1 的限流保护电阻。

（5）R3、RP1、R4 构成分压电路，RP1 动片输出电压为 VT2 基极提供正向偏置电压的同时，稳压电路直流输出电压 U_o 的大小波动变化量也通过 R3、RP1、R4 取样电路，由 RP1 动片加到 VT2 基极。

2．稳压原理分析

设某种因素导致稳压电路的直流输出电压 U_o 在增大，通过取样电路 R3、RP1、R4 使 VT2 基极电压增大，因为直流输出电压 U_o 增大时，RP1 动片上的输出电压也增大，即 VT2 基极电压增大。

由于 VT2 发射极上的直流电压取自稳压二

极管上的电压，因此这一电压是稳定的，这一直流电压作为 VT2 基准电压。

18.RC 低频衰减电路 2

因为加到 VT2 基极上的取样电压使基极电压升高，所以 VT2 集电极电压下降（VT2 接成共发射放大器，它的集电极电压与基极电压相位相反），使 VT1 基极电压下降，VT1 发射极直流输出电压下降（发射极电压跟随基极电压变化），即稳压电路直流输出电压下降。

由上述电路分析可知，当稳压电路直流输出电压增大时，通过电路的一系列调整，稳压电路的直流输出电压 U_o 将下降，达到稳定直流输出电压的目的。

同理，由于某种因素使稳压电路的直流输出电压 U_o 下降时，VT2 基极电压下降，VT2 集电极电压在升高，VT1 基极电压升高，使 VT1 发射极电压降升高，稳压电路的直流输出电压 U_o 将升高，达到稳定输出电压 U_o 的目的。

3．直流输出电压调整电路分析

串联调整型稳压电路输出的直流工作电压 U_o 大小是可以进行连续微调的，即在一定范围内对直流输出电压大小进行调整。

（1）当将 RP1 的动片向上端调整时，RP1 动片输出的直流电压升高，使 VT2 基极电压升高，VT2 集电极电压下降，VT1 基极电压降低，VT1 发射极电压下降，稳压电路的直流输出电压 U_o 将减小。由此可知，将 RP1 动片向下调整时，可以降低直流输出电压 U_o。注意，虽然直流输出电压 U_o 下降，但是仍然是稳定的。

（2）当将 RP1 的动片向下端调整时，RP1 动片输出的直流电压下降，使 VT2 基极电压下降，通过电路的一系列调整，直流输出电压 U_o 增大。

4．其他电路分析

电路中，电容 C1、C2 和 C3 是滤波电容，其中电容 C2 与调整管 VT1 构成了电子滤波器电路。

5．电路故障分析

（1）当 VT1 集电极与发射极之间或其他电极存在开路故障时，这一稳压电路没有直流工作电压输出；当 VT1 集电极与发射极存在击穿故障时，这一稳压电路的直流输出电压升高许多，将损坏整机电路中的元器件，熔断电源电路中的保险丝。

（2）当 VT2 集电极与发射极之间开路时，由 R1 给 VT1 导通电流，VT1 发射极仍然能够输出直流工作电压，而且电压升高，没有稳压功能，直流输出电压大小也不能调整；当 VT2 集电极与发射极之间短路时，由 R1 给 VT1 导通电流，VT1 发射极仍然能够输出直流工作电压，但是没有稳压功能，直流输出电压大小也不能调整。

（3）当 VT2 集电极与发射极之间短路时，VT1 能够导通，VT1 发射极输出的直流工作电压 U_o 比 VD1 稳压值低 0.6V，直流输出电压 U_o 下降，没有稳压功能，直流输出电压大小也不能调整。

（4）当 RP1 动片调整不恰当时，稳压电路输出的直流工作电压大小不正常；当 RP1 动片开路时，故障分析与 VT2 集电极与发射极之间开路时一样。

（5）当 R3、R4 和 RP1 中有一只元件开路时，故障分析与 VT2 集电极与发射极之间开路时一样。

（6）当 R2、VD1 中有一只开路时，基准电压电路不能正常工作，这时的电路故障分析与 VT2 集电极与发射极之间开路时一样；当 VD1 击穿时，故障分析与 VT2 集电极与发射极之间击穿时一样。

（7）当 C1 开路时，交流声大；当 C1 短路时，稳压电路没有直流工作电压输出。

（8）当 C2 开路时，交流声更大；当 C2 短路时，VT1 截止，稳压电路没有直流工作电压输出。

（9）当 C3 开路时，交流声稍有增大；当 C3 短路时，稳压电路没有直流工作电压输出，而且容易损坏 VT1。

电路分析小结

（1）上述稳压电路的稳压过程有多种理解方法，最简单、容易接受的方法是上面介绍的电压分析方法，也可以从调整管电流大小变化这个角度来理解，但是理解比较困难。

（2）电路分析的过程是：先分析直流电路，再搞懂各单元电路的工作原理，最后进行稳压过程的分析。

（3）在比较电路中，必有两个输入信号电压，其中一个是基准信号电压，两信号电压比较的结果会产生一个误差信号电压。

（4）稳压电路的分析过程主要是直流电压电路的分析过程，所以要牢记三极管 3 个电极之间的电压关系和相位。

3.15 串联调整型变形稳压电路

重要提示

串联调整型稳压电路有许多的变形电路，主要是调整管电路、取样电路等电路变形，主要有下列几种变形的串联调整型稳压电路。

（1）采用复合管构成的串联调整管稳压电路；

（2）采用辅助电源的串联调整型稳压电路；

（3）接有加速电容的串联调整型稳压电路；

（4）接有启动电阻的串联调整型稳压电路；

（5）采用并联调整管的串联调整型稳压电路。

3.15.1 串联调整管电路中复合管电路

图 3-74 所示是串联调整管稳压电路中的复合管电路，VT1 和 VT2 构成复合调整管，其中 VT1 是激励管，VT2 是调整管，VT3 是比较放大管。

1．电路分析

（1）这一稳压电路中的调整管采用复合管，由 VT1 和 VT2 构成。VT1 是激励管，用来激励调整管 VT2。

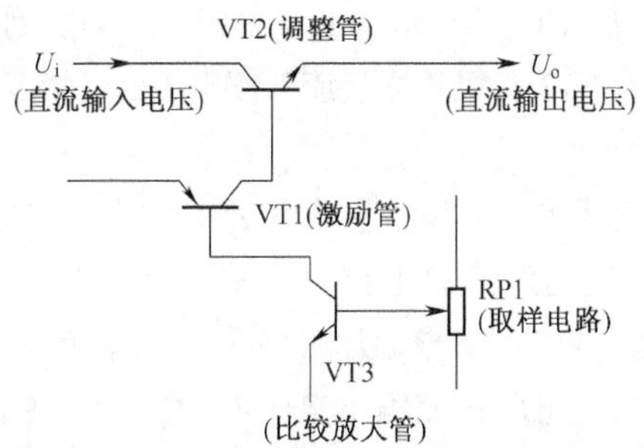

图 3-74　串联调整管稳压电路中的复合管电路

（2）在要求稳压电路输出很大工作电流的情况下，调整管必须使用大功率三极管。由于大功率三极管所需的基极驱动电流很大，比较放大管输出的集电极电流太小，无法直接驱动大功率调整管，因此在比较放大管和大功率调整管之间接入一只激励管 VT1。

（3）比较放大管 VT3 集电极输出的误差电流加到激励管 VT1 基极，经放大后加到调整管 VT2 基极，这样 VT2 基极有足够的驱动电流。

2．电路故障分析

（1）当 VT1 集电极与发射极之间击穿时，VT2 电流很大，容易损坏 VT2，而且稳压电路的直流输出电压异常升高；当 VT1 集电极与发射极之间开路或 VT1 有电极开路时，VT2 没有集电极电流输出，VT2 截止，稳压电路的直流输出电压为 0V。

（2）调整管 VT2 的故障分析与前面稳压电路中调整管电路的故障分析一样。

3.15.2 采用复合管构成的串联调整管稳压电路

图 3-75 所示是采用复合管构成的串联调整管稳压电路，与上面一种电路的不同之处有两点：一是稳压二极管接法不同，二是采用了启动电阻 R1。

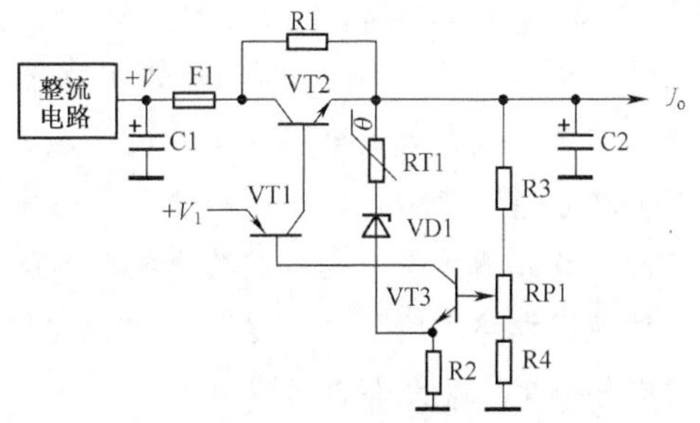

图 3-75　采用复合管构成的串联调整管稳压电路

电路中，VT1 和 VT2 构成复合调整管，其中 VT1 是激励管，VT2 是调整管，VT3 是比较放大管；VD1 是稳压二极管；RT1 是热敏电阻器。

这一稳压电路与前面介绍的电路有下列几

点不同之处。

1．比较放大器电路分析

电路中，稳压二极管VD1接在稳压电路输出端与比较放大管VT3发射极之间，而前面的电路中(见图3-73)接在比较放大管发射极与地线之间。

当稳压电路输出电压U_o下降时，通过取样电路R3、RP1和R4中的RP1动片输出电压，使VT3基极电压下降，而VT3发射极电压也在下降，但是VT3发射极电压的下降量大于基极电压的下降量，因为VT3基极电压下降量经过了R3、RP1和R4分压。所以，当输出电压U_o下降时，VT3正向偏置电压增大。

当稳压电路输出电压U_o增大时，通过取样电路使VT3基极电压增大，通过电路的一系列调整，VT3正向偏置电压减小。

2．稳压原理分析

设输出直流电压U_o增大，由上述基准电压电路分析的结果可知，这会使VT3正向偏置电压减小，VT3集电极电流减小，使VT1基极电流减小，其集电极电流减小，使调整管VT2基极电流减小，VT2集电极与发射极之间内阻增大，使VT2集电极与发射极之间电压降增大，导致直流输出电压U_o下降，达到稳定输出电压U_o的目的。

当输出直流电压U_o减小时，通过电路的一系列调整，使调整管VT2集电极与发射极之间电压降减小，使直流输出电压增大U_o，达到稳定输出电压的目的。

重要提示

分析这一电路稳压工作原理的关键是，搞懂比较放大器电路的工作原理，否则电路分析寸步难行。而这一稳压电路中的比较放大器、基准电压电路分析与前面一种稳压电路不同，电压增大、减小过程中有一个变化量大小的问题。

这一电路的稳压过程分析也与前面一个稳压电路不同，不能单纯地运用电压概念分析电路，还要用到三极管电压、电流之间的关系，否则也很难理解这一电路的工作原理。

3．保护电路

这一电源电路中设有输出端短路保护电路，这一电路的工作原理是：当稳压电路的输出端对地端短路后，VT3基极电压为0V，使VT3处于截止状态，其集电极电流为零；使VT1基极电流为零，VT1截止，其集电极电流为零；使调整管VT2基极电流为零，这样导致VT2截止，没有电流流过调整管VT2，可以防止因为稳压电路输出端短路而烧坏调整管VT2，达到输出端短路保护的目的。

4．直流输出电压微调电路分析

这一稳压电路中的直流输出电压可以通过改变可变电阻器RP1的动片位置进行微调。调整RP1动片位置，改变了比较放大管VT3基极上的直流电压，所以改变了比较放大管VT3集电极的输出电流，从而可以实现稳压电路的直流输出电压大小调整。

当RP1动片向上端调节时，VT3基极直流电压增大，其基极电流增大，导致VT1、VT2基极和发射极电流增大，使VT2集电极与发射极之间电压降减小，所以稳压电路的直流输出电压U_o增大。RP1动片向上端调节量愈多，稳压电路的直流输出电压U_o增大量愈多。当RP1动片向上端调节时，电路一系列调整过程的分析方法与向上端调节相同，使稳压电路的直流输出电压U_o减小。

5．启动电阻R1电路分析

刚开机或这一电源电路保护动作之后，稳压电路输出端没有直流工作电压U_o，使VT3基极无直流工作电压，VT3处于截止状态，也使VT1和VT2截止，使3只三极管处于截止状态而保护了这3只三极管。R1启动电路的工作原理是：电路中接入电阻R1之后，未稳定的直流电压由R1从VT2集电极加到发射极上，即加到输出端，给VT3基极建立直流工作电压，使稳压电路启动。

电阻R1具有调整管的分流作用。电容C1和C2是电源滤波电容。F1是直流回路中的保险丝。调整可变电阻器RP1的动片，可以改变这一稳压电路直流输出电压U_o的大小。RT1是热敏电阻，用来起温度补偿作用。

6．电路故障分析

（1）当 VD1 击穿时，VD1 两个电极之间的内阻很小，使 VT3 发射极电压升高，其基极电流减小，集电极电流减小，使 VT1 基极电流和集电极电流减小，VT2 基极电流减小，集电极与发射极之间的电压降增大，所以这一稳压电路的直流输出电压 U_o 下降；当 VD1 开路时，VD1 两个电极之间的内阻为无穷大，通过电路的一系列调整，这一稳压电路的直流输出电压 U_o 增大。

（2）当启动电阻 R1 开路时，比较放大器不能导通，激励管 VT1 截止，调整管 VT2 也截止，稳压电路没有直流工作电压输出。

热敏电阻器简介

关于热敏电阻器，主要说明下列几点。

（1）热敏电阻器是一种阻值随温度变化而变化的电阻器。当稳压电路的工作温度变化时，稳压电路输出的直流工作电压大小会随温度变化而有微小的变化，通过热敏电阻器 RT1 改变基准电压大小，使稳压电路的直流输出电压 U_o 不随温度变化而变化，这就是温度补偿电路。

（2）热敏电阻器是一种阻值对温度敏感的电阻器，即在温度发生变化时，其电阻值发生改变，所以它是一种温度敏感元件。热敏电阻器有正温度系数（PTC）和负温度系数（NTC）两种。温度升高阻值增大的称为正温度系数热敏电阻器，温度升高阻值减小的称为负温度系数热敏电阻器。

（3）PTC 热敏电阻器是以钛酸钡为主原料，辅以微量的锶、钛、铝等化合物经过加工制作而成的正温度系数热敏电阻器，从这种热敏电阻器的阻值 - 温度特性曲线中可以看出，当温度升高到一定值后，阻值增大到很大值。

（4）PTC 热敏电阻器的主要特性参数有：一是室温电阻值 R25，它又称标称阻值，它是指电阻器在 25℃下通电时的阻值；二是最低电阻值 R_{min}，它是指阻值 - 温度特性曲线中最低点的电阻，对应的温度为 t_{min}；三是最大电阻 R_{max}，它是指热敏电阻器零功率时阻值 - 温度特性曲线上的最大电阻；四是温度 t_p，它是指元件承受最大电压时所允许达到的温度。

（5）从阻值 - 温度特性曲线可知，当环境温度比最大电阻值时温度还要高时，PTC 热敏电阻器的阻值回落，成为负温度特性。由于电阻减小，功率增大，温度进一步升高，电阻再减小，这一循环将导致电阻器的损坏。

（6）检测 PTC 热敏电阻器的方法是：在常温下用 R × 1k 挡测量其电阻值，应该很小，然后让电烙铁靠近 PTC 热敏电阻器，给它加温后再测量阻值，应该增大许多，如若阻值没有增大，则说明这一 PTC 热敏电阻器已经损坏。

3.15.3 采用辅助电源的串联调整型稳压电路

19.RC 低频衰减电路 3

1．采用辅助电源电路的目的

前面介绍的典型串联调整型稳压电路存在一个缺点，可以用图 3-76 所示电路来说明。

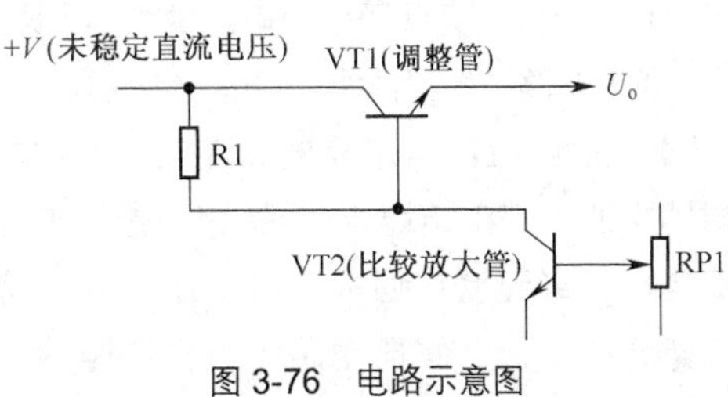

图 3-76 电路示意图

电路中，电阻 R1 是比较放大管 VT2 集电极电阻，同时又是调整管 VT1 基极偏置电阻。电路中，VT1 基极偏置电压取自未稳压的直流电压 +V，当输入电压 +V 大小变化时，将引起调整管 VT1 集电极电压的大小变化，导致稳压电

路输出电压 U_o 的大小变化。为了解决这一问题，可以采用具有辅助电源的串联调整型稳压电路。

图 3-77 所示是采用辅助电源的串联调整型稳压电路。电路中，T1 是电源变压器，它有两个二次绕组；VT1 是调整管，VT2 是比较放大管；VD1 是整流二极管，VD2 是桥堆，VD3 和 VD4 是稳压二极管。

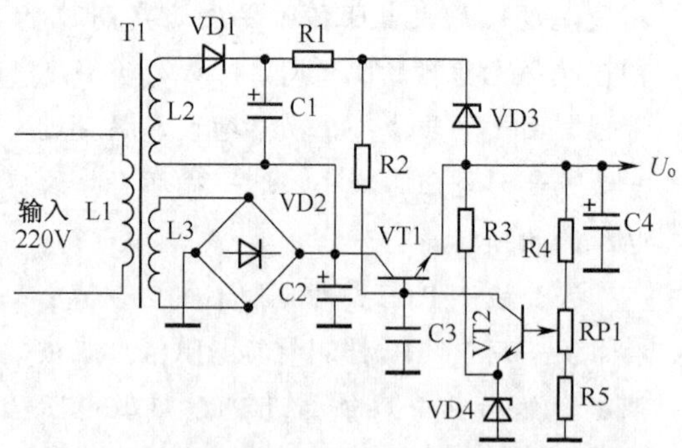

图 3-77　采用辅助电源的串联调整型稳压电路

2．电路分析

（1）整流二极管 VD1 和电源变压器的一组二次绕组 L2 构成一个半波整流电路，C1 是这一半波整流电路中的滤波电容。

（2）半波整流电路输出的直流电压经 R1 加到稳压二极管 VD3 上，使 VD3 导通，R1 是 VD3 的限流保护电阻。

（3）从电路中可以看出，电阻 R2 一端接在稳压二极管 VD3 上，而 VD3 接在稳压电路直流输出电压 U_o 端上，稳压电路输出端的直流电压 U_o 是稳定的，这样调整管 VT1 基极接在经过稳压后的直流电压输出端上，克服了前面电路中的不足之处，使这一稳压电路的稳压性能得到进一步提升。

（4）桥堆 VD2 构成桥式整流电路，这是电源电路中的主整流电路，C2 是这一整流电路的滤波电容，经过滤波后的直流电压加到调整管 VT1 集电极。这一稳压电路中其他电路的工作原理与前面的稳压电路一样。

3．电路故障分析

（1）如果桥堆 VD2 所在电路出现故障，将影响稳压电路的正常工作。

（2）如果辅助电源电路中的整流二极管 VD1 出现故障，没有正常的辅助电源，也将影响稳压电路的正常工作。

（3）如果 R2 开路，调整管无法启动，稳压电路不能工作，没有直流工作电压输出。

3.15.4　接有加速电容的串联调整型稳压电路

图 3-78 所示是接有加速电容的串联调整型稳压电路。电路中，C1 是加速电容，VT1 是调整管，VT2 是比较放大管。

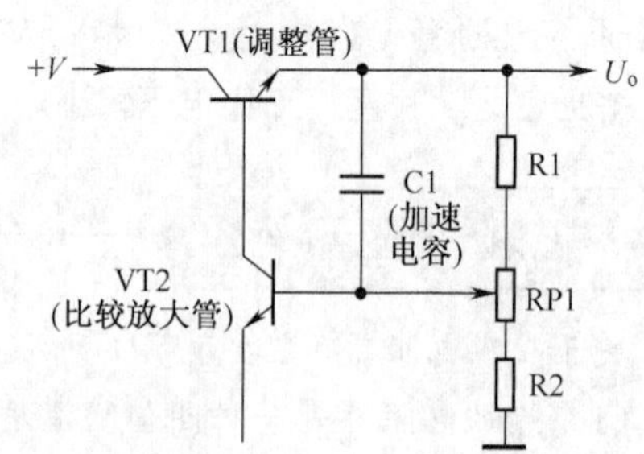

图 3-78　接有加速电容的串联调整型稳压电路

1．电路分析

（1）VT1 是调整管，VT2 是比较放大管；R1、RP1 和 R2 构成取样电路，RP1 动片输出的误差电压加到 VT2 基极。

（2）当稳压电路输出的直流电压 U_o 在大小波动时，RP1 动片给 VT2 基极输入波动的取样电压，但是这一取样电压是经过 R1、RP1 和 R2 分压衰减的，所以加到 VT2 基极的电压波动量减小。假设直流输出电压 U_o 的波动量是 1V，R1、RP1 和 R2 分压电路衰减一半，那么加到 VT2 上的波动误差电压只有 0.5V。

（3）在加入加速电容 C1 后，根据电容两端的电压不能突变特性，当直流输出电压 U_o 出现 1V 大小的波动量时，C1 将 1V 波动电压（这一波动的电压相当于是交流电压）直接加到比较放大管 VT2 基极，使 VT2 迅速进行调节反应，所以能够加速稳压电路的稳压调整。在电路中能够起这样加速作用的电容称为加速电容。

（4）当稳压电路输出端的直流电压稳定时，直流电压输出端没有波动电压，相当于没有交流电压，所以 C1 相当于开路（电容不能让直流电通过），C1 不起作用。

2. 电路故障分析

（1）这一电路中除C1之外其他元器件的电路故障分析同前面的电路故障分析一样。

（2）当加速电容C1开路时，对稳压电路的直流输出电压大小没有影响，只是稳压性能有所下降；当C1漏电时，稳压电路的直流输出电压将下降；当C1击穿时，稳压电路没有直流输出电压。

3.16 调整管变形电路

串联调整型稳压电路中最重要的元器件是调整管，流过它的工作电流最大，所以故障发生率也相对比较高。

> **重要提示**
>
> 在串联调整型稳压电路中，调整管的变形电路主要有下列3种。
>
> （1）采用复合管构成的调整管；
>
> （2）调整管分流电阻；
>
> （3）复合管并联电路。

3.16.1 调整管并联电路

图3-79所示是调整管并联电路原理图。电路中，VT1和VT2都是调整管，VT3是比较放大管。

1. 电路分析

（1）从电路中可以看出，两只调整管VT1和VT2并联，它们的基极与基极相连，集电极与集电极相连，发射极与发射极相连。

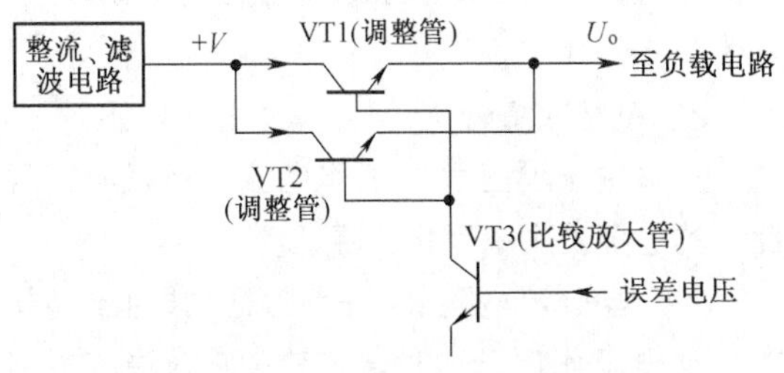

图3-79　调整管并联电路原理图

（2）由于两只调整管并联连接，因此要求两只三极管是同型号的，性能相同，这样两只三极管的工作电流相等。

（3）从比较放大管VT3集电极输出的误差控制电流同时加到VT1和VT2基极，同时控制两只调整管稳定直流电压。

2. 电路故障分析

（1）当比较放大管VT3出现故障时，同时影响两只调整VT1和VT2的正常工作。

（2）当VT1和VT2中有一只三极管集电极与发射极之间击穿时，稳压电路直流输出电压异常升高，而且没有稳压作用。

（3）当VT1和VT2中有一只三极管　集电极与发射极之间开路时，另一只三极管的工作电流增大许多，有烧坏三极管的危险。

20.RC低频衰减电路4

3.16.2 复合管调整管电路

图3-80所示是采用复合管作为调整管的电路原理图。电路中，VT1和VT2构成复合管，VT3是比较放大管。

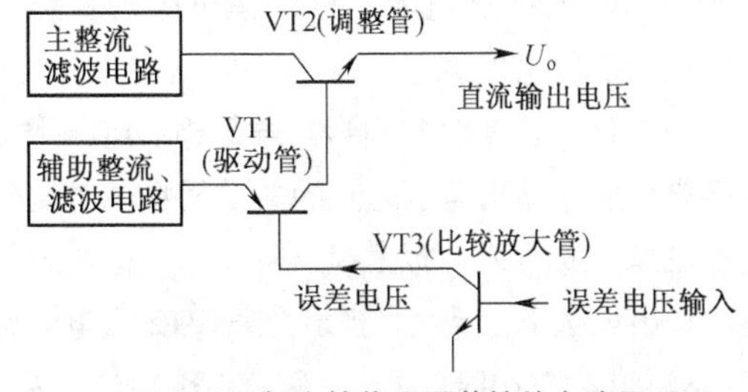

图3-80　采用复合管作为调整管的电路原理图

1. 电路分析

（1）采用复合管作为调整管的原因是调整管VT2基极要求的驱动电流很大，由于比较放大管VT3集电极输出的电流不够大，因此在 VT3 和 VT2 之间加入一只驱动管（又称激励管）VT1，也就是 VT1 作为比较放大管 VT3 集电极输出误差信号的放大管。

（2）VT2 是大功率三极管，要求它能够输出很大的直流电流，因为稳压电路的负载电流全部流过调整管，这一电流很大。

（3）VT1 作为 VT2 的驱动管，为小功率三极管，主要起电流放大作用。

2．电路故障分析

（1）VT3、VT1 和 VT2 之间的直流电路直接相互连接，3 只三极管之间没有隔离直流电流的元件，所以相互制约，其中有一只三极管的直流电流发生改变时，必将引起其他两只三极管工作电流的相应改变。这一电路特性给检修电路故障造成了麻烦。

（2）VT3 开路将造成 VT2 没有直流电压输出。这里的电路故障分析思路是：从电路中可以看出，当 VT3 没有电流时，VT1 基极没有电流，其集电极没有电流，导致 VT2 没有基极电流，集电极和发射极也就没有电流。VT2 没有电流，VT2 处于截止状态，所以 VT2 发射极没有直流电压输出。同理可知，当 VT3 电流很大时，将导致 VT2 发射极直流输出电压异常升高。

（3）VT1 的电路故障分析与 VT3 相似。

（4）VT2 电路故障分析中要运用电流与电压之间的转换关系：三极管基极电流、集电极电流和发射极电流愈大，集电极与发射极之间的电压降就愈小；反之，三极管基极电流、集电极电流和发射极电流愈小，集电极与发射极之间的电压降就愈大。

（5）调整管 VT2 集电极与发射极上电压降与稳压电路直流输出电压之间的关系相反，当调整管 VT2 集电极与发射极上电压降大时，稳压电路直流输出电压小；反之，当调整管 VT2 集电极与发射极上电压降小时，稳压电路直流输出电压大。

3.16.3 调整管分流电阻电路

图 3-81 所示是调整管分流电阻电路原理图。电路中，VT1 是调整管，VT2 是比较放大管，R1 是分流电阻。

1．电路分析

（1）从电路中可以看出，分流电阻 R1 并联在调整管集电极和发射极之间，从整流、滤波电路输出的直流工作电流 I 有一部分通过调整管集电极和发射极流入负载电路（图中未画出），另一部分电流通过分流电阻 R1 流入负载电路。

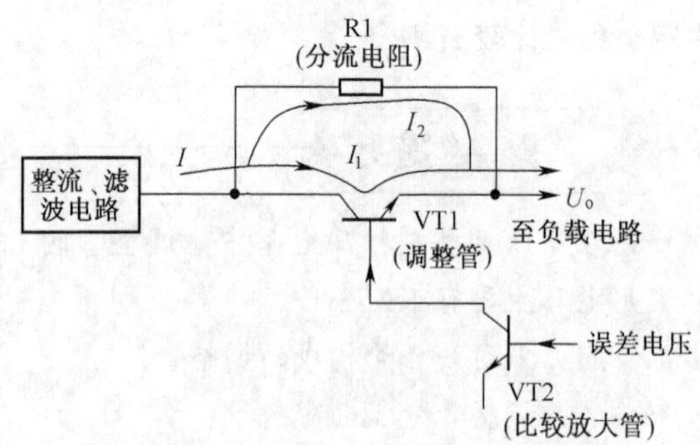

图 3-81　调整管分流电阻电路原理图

（2）由于 R1 的接入，原来整流、滤波电路输出的一部分电流没有通过 VT1 流入负载电路，降低了调整管的工作电流要求。分流电阻 R1 的阻值愈小，流过 R1 的电流愈大，流过调整管的电流愈小。

（3）由于一部分负载工作电流通过分流电阻 R1 流入，这部分电流不能参与稳压电路的自动稳压调整，因此接入分流电阻后的稳压电路其稳压性能有所下降，流过 R1 的电流愈大，稳压电路的稳压性能愈差。

（4）这种电路中，由于流过电阻 R1 的电流比较大，所以要求电阻 R1 的额定功率比较大，一般为 6～10W。

2．电路故障分析

（1）由于调整管的工作电流有所减小，因此它的故障发生率也相应降低。

（2）当分流电阻 R1 开路时，如果 R1 还起着启动电阻作用，这时调整管截止，稳压电路没有直流工作电压输出。如果 R1 不起启动电阻的作用，则 R1 开路后调整管 VT1 工作电流增大而发热，有损坏 VT1 的可能。

（3）由于 R1 的工作电流比较大，因此这一电路发生故障的可能性也大，主要是流过它的电流太大而烧坏 R1。R1 故障初期表现为发热，严重时会烧成开路。

稳压电路分析方法小结

关于稳压电路的分析方法，主要小结以下几点。

（1）输入稳压电路的是直流电压，输出的也是直流电压，但是输入的直流电压没有经过稳压电路稳压，这一直流电压的大小会随外界因素变化而变化。经过稳压电路之后的直流工作电压比较稳定，当负载或输入直流电压大小在一定范围内变化时，其输出的直流电压大小不变。

（2）在分析稳压电路的稳压过程时，要设输出电压升高、降低的变化，通过对电路的分析之后，应使输出电压向相反方向变化。通常可以只设输出电压升高后的电路稳压过程，不再分析输出电压降低时的电路变化。

（3）在串联调整型稳压电路中，基准电压电路有一些变形电路，分析这一电路工作原理时，主要抓住比较放大管的正向偏置电压是增大还是减小。

（4）稳压电路的电压稳定调整是通过控制调整管的基极电流大小，改变调整管集电极与发射极之间的管压降，实现输出电压的稳定。

电路故障确定方法

只有整流、滤波电路工作正常而稳压电路无直流电压输出或输出电压不正常时，才说明稳压电路存在故障，所以在检修稳压电路时，首先测量滤波电容上的直流电压，确认其正常之后再对稳压电路进行检查。

3.17 三端稳压集成电路

3.17.1 三端稳压集成电路典型应用电路

1. 基础知识

（1）外形特性。只有 3 根引脚，与普通三极管相近，标准封装是 TO-220，也有 TO-92 封装。

（2）系列。78 和 79 两个系列。

（3）散热片要求。小功率应用时不用散热片，但带大功率时要在三端集成稳压电路上安装足够大的散热器，否则稳压管温度过高，稳压性能将变差，甚至损坏。

（4）输出电压规格。5V、6V、8V、9V、12V、15V、18V、24V，−5V、−6V、−8V、−9V、−12V、−15V、−18V、−24V。

（5）输入电压范围。上限可达 30 余伏，为保证工作可靠性，比输出电压高出 3～5V 裕量，过高的输入电压将导致器件的严重发热，甚至损坏，同时输入电压也不能比输出电压低 2V，否则稳压性能不好。

（6）保护电路。电路内部设有过电流、过热及调整管保护电路。

2. 78 和 79 系列

21.RC 低频提升电路 1

（1）78 系列。78 系列为正极性三端稳压集成电路，输出正极性直流电压。78 后面的两位数字表示输出电压。例如，7805 表示输出 +5V，7812 表示输出 +12V。

（2）79 系列。79 系列则为负极性三端稳压集成电路，输出负极性直流电压，79 后面的两位数字表示输出电压。例如，7905 表示输出 −5V，7912 表示输出 −12V。

有时在数字 78 或 79 后面还有一个 M 或 L，如 78M15 或 79L12，用来区别输出电流和封装形式等。

78L 系列的最大输出电流为 100mA，78M 系列最大输出电流为 1A，78 系列最大输出电流为 1.5A。

79 系列除输出负电压外，其他与 78 系列一样。

3．三端稳压集成电路引脚分布规律

图 3-82 所示是三端稳压集成电路引脚分布规律示意图。这种集成电路只有 3 根引脚，其引脚功能分别是：直流电压输入引脚①、直流电压输出引脚③和接地引脚②，将集成电路正面放置，左起为①脚，自左向右为各引脚。

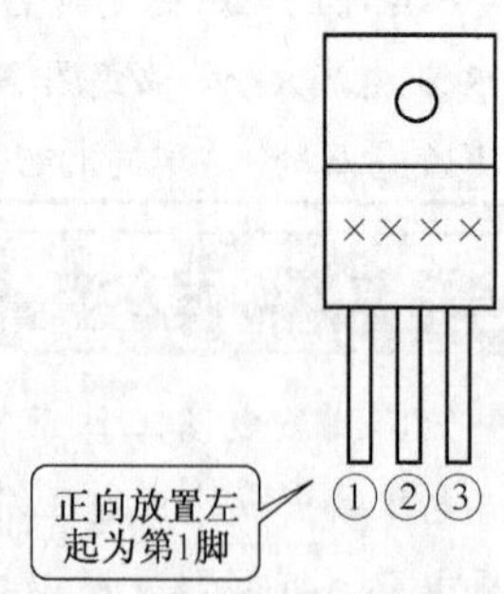

图 3-82　三端稳压集成电路引脚分布规律示意图

4．三端稳压集成电路典型应用电路

图 3-83 所示是三端稳压集成电路典型应用电路。三端稳压集成电路 A1 的外电路非常简单。三端稳压集成电路接在整流、滤波电路之后，输入集成电路 A1 的是未稳定的直流电压，输出的是经过稳定的直流电压。

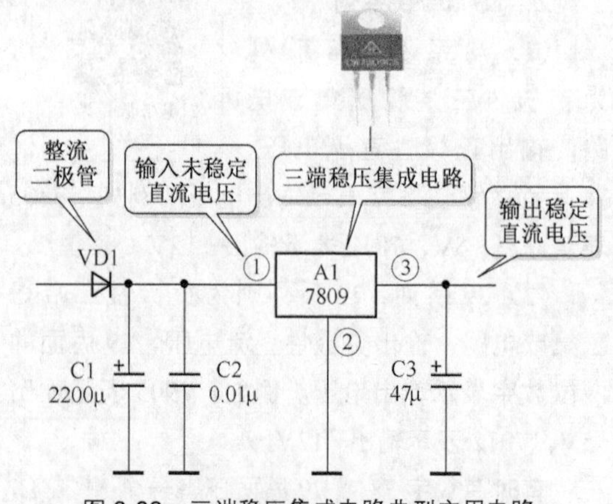

图 3-83　三端稳压集成电路典型应用电路

① 脚是集成电路的直流电压输入引脚，从整流、滤波电路输出的未稳定直流电压从这一引脚输入到 A1 内电路中。

② 脚是接地引脚，在典型应用电路中接地，如果需要进行直流输出电压的调整，这一引脚不直接接地。

③ 脚是稳定直流电压输出引脚，其输出的直流电压加到负载电路中。

电路中的 C1 为滤波电容，其容量比较大；C2 为高频滤波电容，用来克服 C1 的感抗特性；C3 是三端稳压集成电路输出端滤波电容，一般容量较小。

3.17.2　三端稳压集成电路输出电压调整电路

典型的三端稳压集成电路②脚直接接地，如果实用电路中所要求的输出电压不在 78 或 79 系列的输出电压值中，可以通过改动电路来实现。

1．三端稳压集成电路输出电压调节电路工作原理分析与理解

图 3-84 所示是三端稳压集成电路输出电压大小任意调节电路。这一电路与典型应用电路不同之处是在②脚与地线之间接入了一只可变电阻器 RP1。

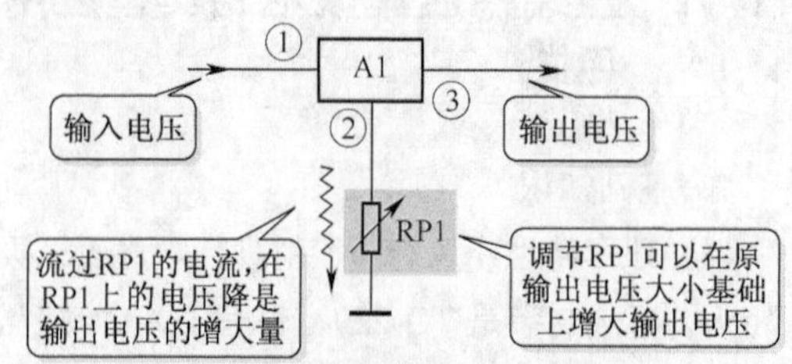

图 3-84　三端稳压集成电路输出电压大小任意调节电路

② 脚流出的电流流过 RP1 时存在电压降，该压降是这一电路输出电压的增大量。设 A1 采用 7809，那么③脚相对于②脚是 9V。而③脚相对于地线电压是 9V 加上 RP1 上的电压降。

调节 RP1，可以改变 RP1 的阻值大小，从而可以调节 RP1 上的电压降，达到调整稳压电路输出电压大小的目的。

当 RP1 的阻值调到为 0Ω 时，就是典型的三端稳压电路；当 RP1 阻值增大时，这一电路

的输出电压增大。

2．串联稳压二极管电路

图 3-85 所示是串联稳压二极管电路。这是三端稳压集成电路 A1 ②脚串联稳压二极管的电路。

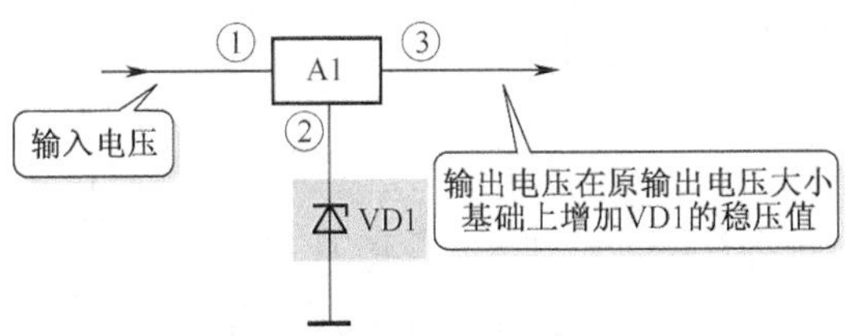

图 3-85　串联稳压二极管电路

VD1 是稳压二极管，集成电路 A1 ②脚输出的电压使 VD1 导通，这样②脚对地之间的电压就是 VD1 的稳压值，所以这一稳压电路的输出电压大小就是在 A1 输出电压值基础上加 VD1 的稳压值。

3．串联普通二极管电路

图 3-86 所示是串联普通二极管电路，这是三端稳压集成电路 A1 ②脚串联普通二极管的电路。

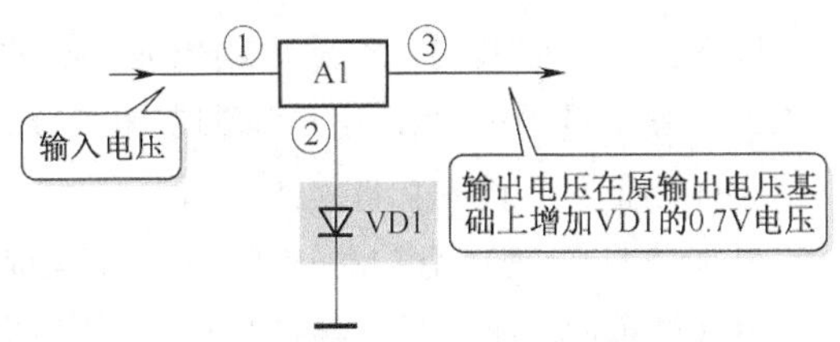

图 3-86　串联普通二极管电路

电路中的 VD1 是二极管，正极接 A1 的②脚，VD1 在②脚输出电压作用下导通，VD1 上的压降为 0.7V，所以这一稳压电路输出的电压比典型电路高 0.7V。如果多串联几只二极管，输出电压还会增大。

3.17.3　三端稳压集成电路增大输出电流电路

采用单个三端稳压集成电路不能满足输出电流要求时，可以采用增大输出电流电路。

1．三端稳压集成电路分流管电路

图 3-87 所示是三端稳压集成电路分流管电路。电路中的 R1 和 VT1 是在典型应用电路基础上另加的，用来构成集成电路 A1 的分流电路。

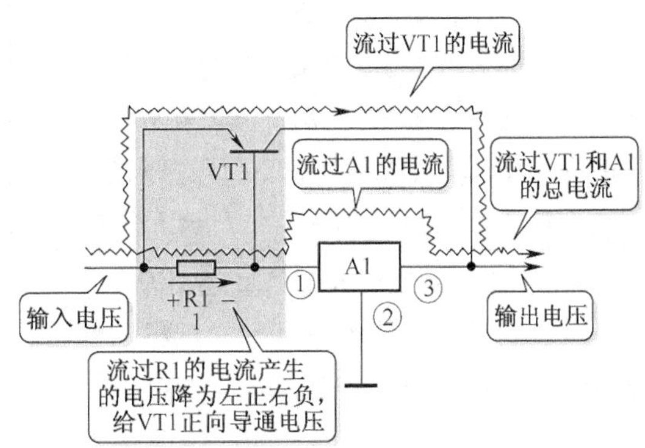

图 3-87　三端稳压集成电路分流管电路

流过 R1 的电流在 R1 两端产生电压降，其极性为左正右负，压降加到 VT1 基极与发射极之间，是正向偏置电压，VT1 导通，一部分负载电流通过 VT1 发射极、集电极供给负载。

R1 的阻值可以取 1Ω，流过 R1 的电流比较大，要求它的额定功率比较大，否则会烧坏 R1。

VT1 是 PNP 型管，为 A1 分流，称为分流管，流过 VT1 和 A1 的电流之和是负载电流。

2．三端稳压集成电路并联运用电路

图 3-88 所示是三端稳压集成电路并联运用电路。电路中的 A1 和 A2 是两个同型号三端稳压集成电路，要求两个集成电路性能一致，否则会在烧坏一块后继续烧坏另一块。

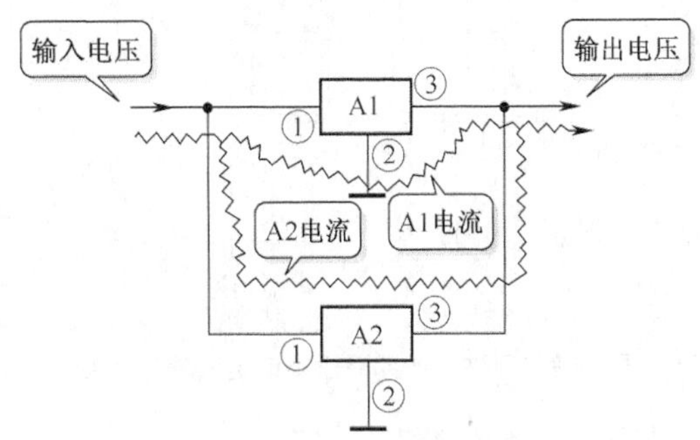

图 3-88　三端稳压集成电路并联运用电路

集成电路 A1 为负载平均分担工作电流，A1 和 A2 为负载电路提供相同的工作电压。

3.17.4 可调式稳压集成电路

重要提示

可调式三端稳压集成电路的三根引脚分别是：直流电压输入引脚、直流电压输出引脚和电压调节引脚，即将固定式三端稳压集成电路中的接地引脚改成了电压调节引脚。

1．可调式稳压集成电路基础知识

可调式稳压集成电路基础知识根据输出电压极性不同有两种：正极性式和负极性式。

（1）正极性式可调式三端稳压器集成电路的输出电压为正电压，且输出电压能在一定范围内可调整，在电压调整端外接电位器后，可对输出电压进行调节。LM117、LM217、LM317 就是输出电压能在 1.2 ~ 37V 范围内可调的三端可调式稳压集成电路，最大输出电流 1.5A。外形与 78×× 系列的 TO-3、TO-39、TO-202 等相同，只是管脚排列不同。

（2）负极性式可调式三端稳压器集成电路的输出电压为负电压，其输出电压大小可在一定范围内可调整。有 LM137、LM237、LM337 几种类型，最大输入电压为－40V，其输出电压在－1.2 ~ －37V 范围内可调整，最大输出电流 1.5A。

2．外形特征和引脚分布

图 3-89 所示是两种可调式稳压集成电路外形特征和引脚分布示意图。

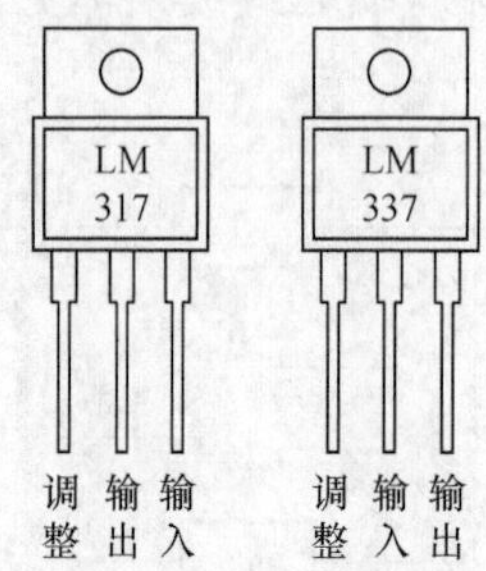

图 3-89　两种可调式稳压集成电路外形特征和引脚分布示意图

3．可调式稳压集成电路内电路

图 3-90 所示是 LM317 可调式稳压集成电路内电路。

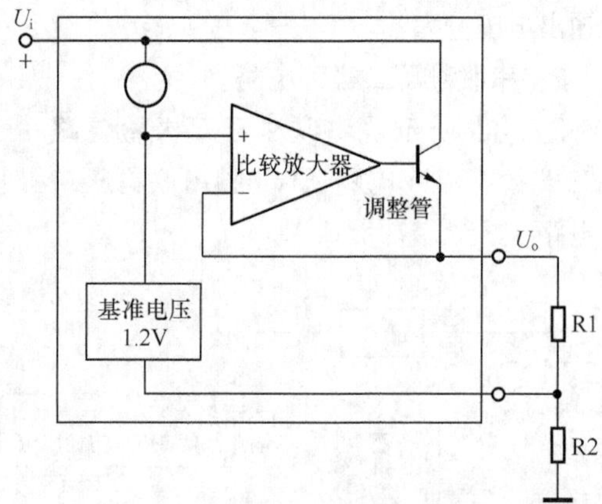

图 3-90　LM317 可调式稳压集成电路内电路

4．可调式稳压集成电路典型应用电路

图 3-91 所示是 LM317/LM337 可调式稳压集成电路典型应用电路。

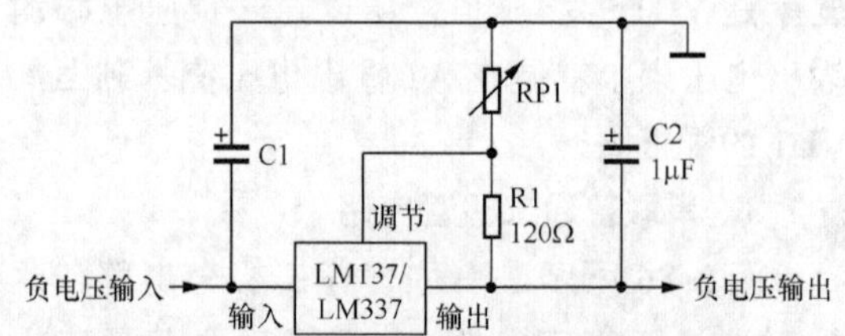

图 3-91　LM317/LM337 可调式稳压集成电路典型应用电路

从电路中可以看出，集成电路的外电路非常简单，其中的 RP1 为输出电压调节电位器，改变 RP1 阻值可以改变负电压的输出大小。

图 3-92 所示是采用 LM317 和 LM337 构成的正负极性可调式稳压器，其中 LM317 为正极性可调式三端稳压集成电路，LM337 是负极性可调式三端稳压集成电路。

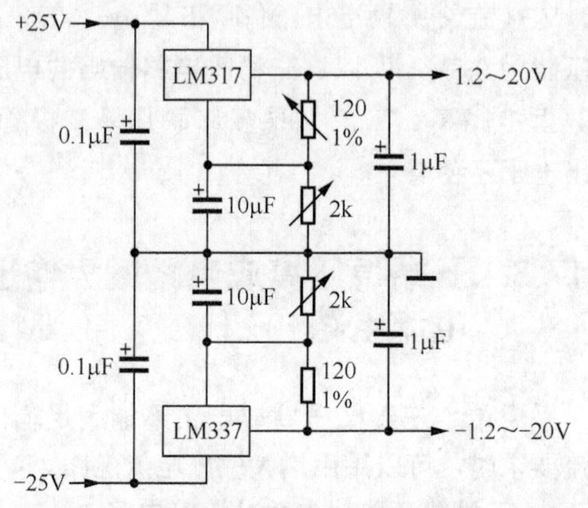

图 3-92　采用 LM317 和 LM337 构成的正负极性可调式稳压器

3.18　直流电压供给电路

电子电路使用直流工作电压，采用电池可直接供电，采用交流电源供电时，则要通过电源电路转换成直流电源。

电路工作原理的分析重点之一是直流电路分析，电路故障检修中的重点是检查直流电压供给电路，通过测量直流电压供给电路有关测试点的直流电压大小情况，判断电路故障部位，所以掌握直流电压供给电路工作原理的意义重大。

3.18.1　了解直流电压供给电路

重要提示

了解下列几点直流电压供给电路的作用，对分析这一电路的工作原理有益。

（1）直流电压供给电路是由一节节的RC电路串接起来的电路，具有降低直流工作电压的特点，愈是串接电路的后级其直流输出电压愈低。

（2）直流电压供给电路对直流工作电压具有进一步滤波的作用。

（3）直流电压供给电路在多级放大器中还具有级间退耦的作用。

1. 直流电压正常是电子电路工作的保证

一个整机电路中，直流电压供给电路无处不在，只要存在有源器件，就有直流电压供给电路，所以处处需要进行直流电压供给电路的分析。

电子电路的工作电压是直流电压，所以电路中只要存在有源器件（如三极管、集成电路）的地方就存在直流电压供给电路。图3-93所示是集成电路的直流电压供给电路，直流电压是这些有源器件正常工作的保证，当直流工作电压大小或其他方面不正常时，必将影响整个电路的正常工作。

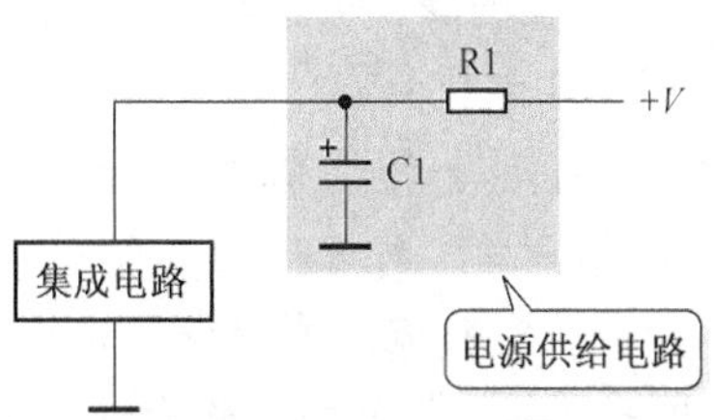

图3-93　集成电路直流电压供给电路

从整流滤波电路输出端之后的电路中都存在直流电压供给电路。这一直流电压通过串联、并联电路形式，为每一级放大器、每一个有源器件提供直流工作电压。

电子电路的故障检修中，最为有效的方法是测量电路中关键测试点上的直流电压大小，根据这些测量的电压数据进行故障部位的逻辑判断。

这是因为电路正常工作时，在电路的关键测试点上存在一个确定的直流电压值，当电路发生故障时这些直流电压值将发生大小的改变，电路故障检修中就是抓住这些直流电压变异情况，进行正确的逻辑性电路故障分析。

2. 整机直流电压供给电路

图3-94所示是直流电压供给电路示意图。电路中的R1、R2、R3作用相同，都是直流电压供给电阻（退耦电阻），C1、C2和C3都是滤波、退耦电容。

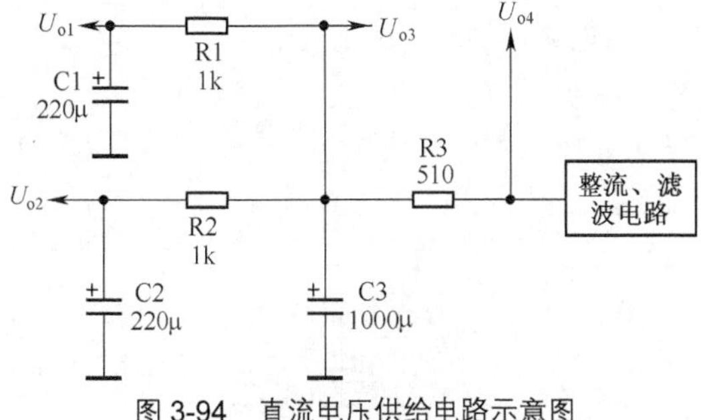

图3-94　直流电压供给电路示意图

重要提示

整机的直流电压供给电路有许多条，这些电路采用并联和串联的形式向外发散，有时这些并联、串联直流电压供给电路十分复杂。

整机电路中的直流工作电压等级（大小）有许多，如这一电路中的 U_{o1}～U_{o4}。愈是靠近整流、滤波电路输出端的直流电压愈高，愈向外电压愈低，如 U_{o1} 低于 U_{o3}。

单独一路直流电压供给电路非常简单，主要是由电阻和电容构成，每一条直流电压供给电路的结构都是相同的。

直流电压供给电路中的电阻比较小，电容比较大，见电路中的标称参数，这是直流电压供给电路特征，必须牢记。

3．实用直流电压供给电路

直流电压供给电路中，采用电阻串联或是并联的形式向整机各部分电路供电，在部分直流电压供给电路中也会采用电感滤波电路，如图 3-95 所示。

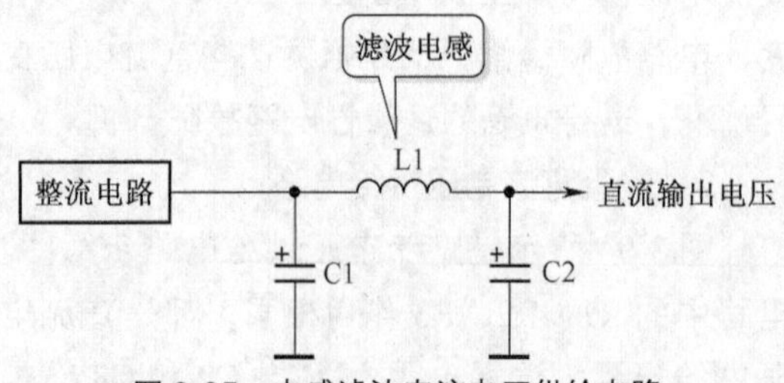

图 3-95　电感滤波直流电压供给电路

还有一些电路中使用电子滤波管的直流电压供给电路，如图 3-96 所示。

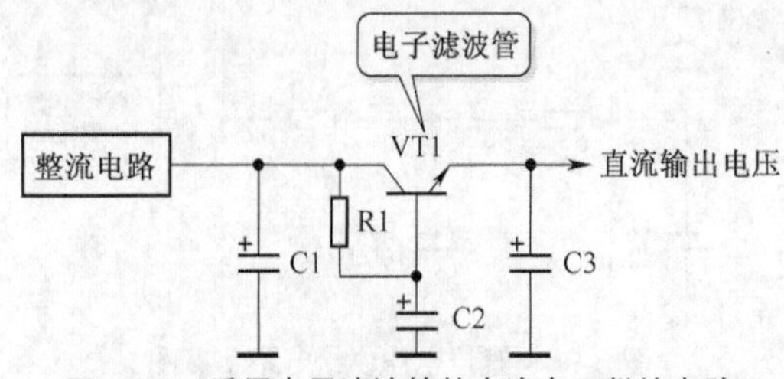

图 3-96　采用电子滤波管的直流电压供给电路

滤波和退耦电容接在直流电压供给线路与地线之间，绝不会串联在直流电压供给电路中，因为电容具有隔直的作用，如图中所示。

重要提示

直流电压供给电路按照直流电压的极性不同有两种：一是正极性的直流电压供给电路，二是负极性的直流电压供给电路。

这两种直流电压供给电路的结构一样，识别方法是：如果滤波、退耦电容的负极接地，则是正极性的直流电压供给电路；如果滤波、退耦电容的正极接地，则是负极性的直流电压供给电路。

检修直流电压供给电路时，需要测量直流电压大小，此时要注意直流电压的供电极性，以免表针反转。

3.18.2　整机直流电压供给电路分析方法

1．整机电路中找出整流、滤波电路输出端方法

检修或分析整机直流电压供给电路时，第一步是在整机电路图中找出整流、滤波电路的输出端，因为这一端点是整机直流电压供给电路的起点。

图 3-97 所示是找出整流、滤波电路输出端方法示意图。

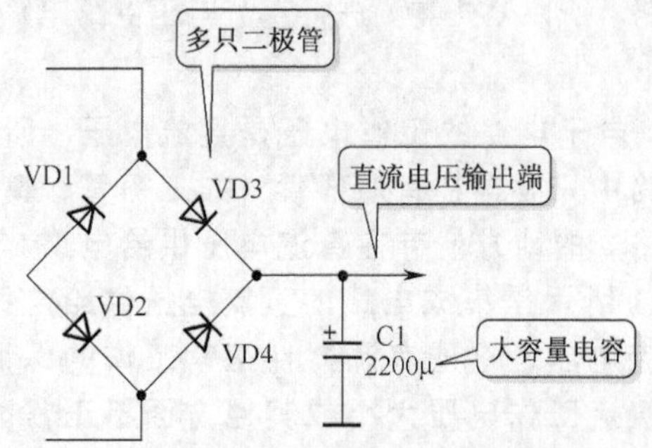

图 3-97　找出整流、滤波电路输出端方法示意图

整机电路图中，整流、滤波电路一般画在右下方或左上方（也有例外），更为准确的方法是找出整机电路图中有许多二极管的地方，这很可能就是整流电路。

另外，根据滤波电容容量在整机电路中容量最大（通常大于 1000μF）、体积最大的特点，找出整机的滤波电容 C1，它接在整流电路输出端与地线之间，这样可以确定整流、滤波电路的输出端。

2．确定直流电压供电极性方法

根据整机滤波电容接地引脚极性确定是什么极性的直流电压供给电路，如图 3-98 所示，一般采用正极性直流电压供给电路。

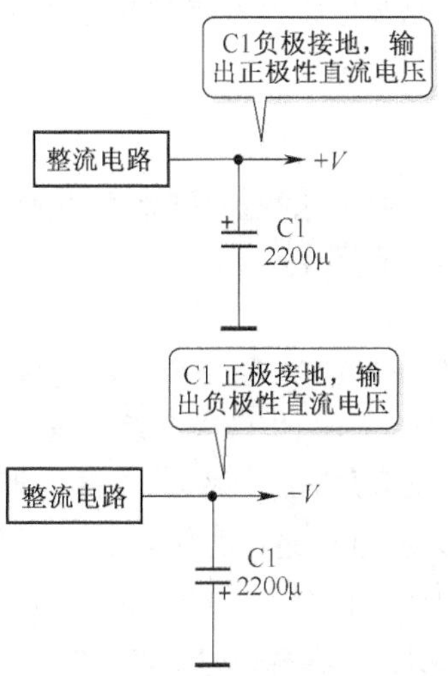

图 3-98 确定直流电压极性方法示意图

电路分析小结

（1）分析直流电压供给电路的主要目的是，查清楚直流电压是如何供给整机中各部分主要电路的。例如，如何供给功率放大器，如何供给集成电路的电源引脚，如何供给各三极管的集电极和基极等，如图 3-99 所示。

（2）如果供给电路有支路，那是并联供给电路的连接形式，此时要分两路分别进行分析。通常在整流、滤波电路输出端就分成两路：一路加到整机功率消耗最大的电路中，如功率放大器电路；另一路通过一节 RC 滤波电路向前级电路供电，如图 3-99 所示。

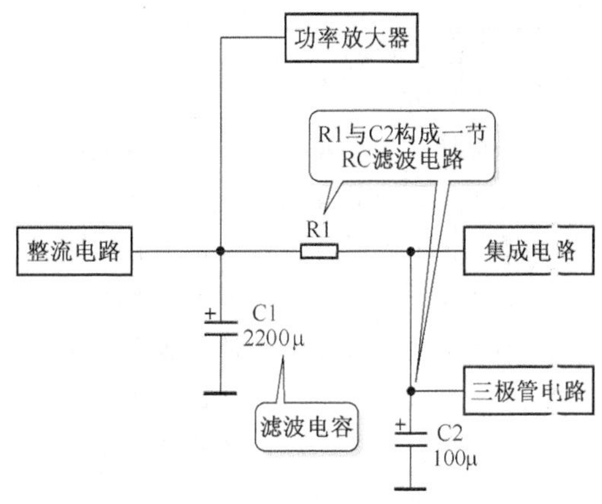

图 3-99 分析直流电压负载电路示意图

（3）整机电路中，整流、滤波电路输出端的直流电压最高，通过一节节 RC 串接电路后直流电压下降，因为滤波、退耦电阻上的电压降去了直流电压，同时直流电压中的交流成分愈来愈少，滤波、退耦电容滤除了直流电压中的交流成分。

（4）部分直流电压供给电路中，整流、滤波电路输出端回路串联了保险丝管，以起过电流保护作用。有的电路中还设置了直流电源开关，以控制整机的直流电压，图 3-100 所示是直流电压输出电路中保险丝、电源开关位置示意图。

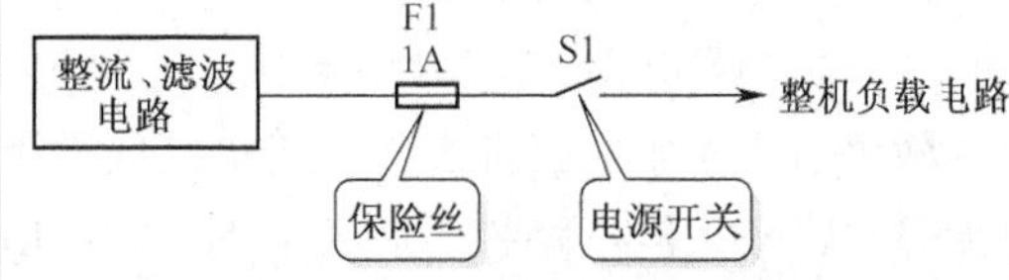

图 3-100 直流电压输出电路示意图

（5）直流电压供给电路中的每一个节点（印制电路板上接有滤波、退耦电容的点）都是要特别注意的关键点，在故障检修中需要测量这些点上的直流工作电压有还是没有，大还是小，以便对供电电路的工作状态进行正确的判断。

3.19 万用表检修电源电路故障知识点“微播”

重要提示

在检修电子电路过程中，关键是对某一单元电路进行故障的检查，在这一步检查中要找出具体的故障部位，即找出损坏的元器件或线路，并进行相应的处理。

单元电路的故障检修是根据电路工作原理，对照故障现象，综合运用各种检查方法和手段，一步步缩小故障范围，最后查出故障的具体部位。

电源电路一旦发生故障，电路中关键点的电压变化现象相当明显，而万用表测量电压的功能方便、有效，所以相对而言处理电源电路和电压供给电路故障是比较轻松和方便的。

3.19.1 故障种类

电源电路和电压供给电路主要有以下几种故障。

1．无直流工作电压输出故障

当整机电路出现没有直流工作电压输出的故障时，将导致整机电路不能工作，所有电路功能消失，电源指示灯也不亮。

2．直流输出电压低故障

当整机电路出现直流输出电压低故障时，将导致整机电路不能正常工作。当电压低得不是太多时，放大器电路的增益将下降，并会出现各种各样的具体故障现象；当直流电压很低时整机电路将不能正常工作，这时电源指示灯将比较暗。

3．电源电路过电流故障

当整机电路出现电源过电流故障时，流过电源电路的电流太大，表现为总是烧保险丝，或损坏电源电路中的其他元器件。有时一些机器中还会有烧焦的味道，有冒烟的现象。

4．直流输出电压中的交流成分多故障

在音频放大器中，当出现直流输出电压中的交流成分多故障时，扬声器中的交流声将变大，即出现“嗡嗡”响声。在视频电路中会导致图像垂直方向扭动现象。

5．直流输出电压升高故障

当整机电路出现直流输出电压升高故障时，整机电路工作因电压过高而出现各种故障现象，如烧坏元器件、声音很响、噪声大等，电源指示灯也会非常亮。

电源电路一般由电源变压器降压电路、整流电路、滤波电路等构成，下面分别介绍这些电路的检查方法。

3.19.2 电源变压器降压电路故障检修方法

这里以图3-101所示典型的电源变压器降压电路为例，介绍电源变压器降压电路各种常见故障的处理方法。电路中，T1是电源变压器；F1是一次绕组回路中的保险丝；F2是二次绕组回路中的保险丝。这一电路中的T1只有一组二次绕组，二次绕组的一端接地。

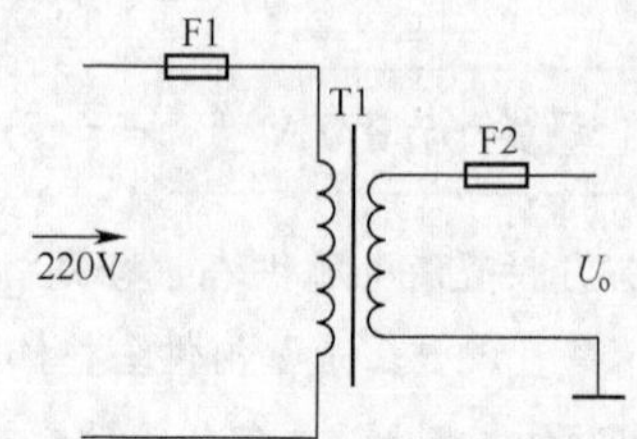

图3-101 典型电源变压器降压电路

正常情况下，给电源变压器通电后，在T1的二次绕组上能够测量到交流电压，因为电源变压器一般都是降压变压器，所以二次绕组的交流电压低于220V，但具体多大在各种情况下是不同的，许多情况下可以通过电路图等有关资料算出二次绕组交流输出电压的大小。

计算方法提示

设已知电源电路的直流输出电压（平均值）为 $+V$，二次绕组交流输出电压（有效值）为 U_o，采用不同整流电路时的计算公式如下。

（1）半滤整流电路：$+V=0.45U_o$，$U_o=2.2(+V)$。

（2）全波整流电路和桥式整流电路：$+V=0.9U_o$，$U_o=1.1(+V)$。

1．了解直流工作电压大小和整流电路类型方法

（1）当机器采用电池供电时，电池电压一般等于电源电路的直流输出电压，知道使用了几节电池，便可知道直流工作电压大小。

（2）有些电源电路图中标出了直流电压的大小。当机器不采用电池供电和电路图中没有标出直流电压数据时，便不能准确知道电源电路直流输出电压大小。

（3）电源电路采用什么整流电路可以通过查看电源电路图知道，或直接查看电源电路线路板。一般情况下，整流电路中只用一只整流二极管的是半波整流电路，用两只的是全波整流电路，用 4 只的是桥式整流电路，当用 4 只整流二极管而变压器二次绕组有抽头时仍然为全波整流电路（能够输出正、负电压的全波整流电路）。

电源电路出现故障之后，从变压器二次绕组测得的电压就会发生改变，通过这一现象可以追查电路的故障部位。在检查电源电路时，首先要保证 220V 交流市电正常。

2．二次绕组没有交流输出电压故障检修方法

这一故障的检修步骤和具体方法如下。

（1）直观检查保险丝 F1 和 F2 是否熔断。如果有熔断的，则更换一只试试，更换后又熔断的为总烧保险丝故障，这一故障的检修方法见下面的总烧保险丝故障所述。

（2）用电阻检查法测量 T1 一次绕组是否开路，检查一次绕组回路是否开路。

（3）直观检查二次绕组的接地是否正常，用电阻检查法测量 T1 的二次绕组是否开路（二次绕组的线径较粗而一般不会出现断线故障，主要查引线焊点处）。

25.RC 低频提升电路 5

3．总烧保险丝故障检修方法

（1）总烧保险丝 F1（不烧 F2）。对于这一故障，如果将保险丝 F2 断开后不烧 F1 的话，说明变压器电路没有问题，问题出在二次绕组的负载电路中，即整流电路及之后的电路中。如若仍然烧 F1，再将二次绕组的地端断开，不烧 F1 的话是二次绕组上端引线碰变压器铁芯、金属外壳或碰地端。若仍然烧 F1，用电阻检查法测量 T1 的一次绕组是否存在匝间短路、一次绕组是否与变压器外壳相碰。

（2）总烧保险丝 F2（不烧 F1）。对于这种故障，可将 F2 右端的电路断开，此时不再烧 F2，说明二次绕组负载回路过电流，存在短路故障。另外，检查一下 F1、F2 保险丝的熔断电流大小，若 F1 太大，在二次绕组回路出现过电流故障时总烧 F2，F1 不能起到过电流保险作用。

4．二次绕组交流输出电压低故障检修方法

（1）将二次绕组的负载回路断开（可将 F2 取下），再测量二次绕组输出电压，仍然低时测量 T1 一次绕组两端的交流电压是否低，如果低，则用电阻法测量 F1 与保险丝座的接触是否良好，检查电源变压器二次绕组是否存在匝间短路故障（可进行变压器的代替检查）。

（2）将二次绕组的负载回路断开，二次绕组输出电压恢复正常，这说明二次绕组负载回路存在过电流故障，或者是二次绕组的焊点接触不好、电源变压器质量不好（代替检查）。

5．二次绕组交流输出电压升高故障检修方法

（1）有些质量较差的电源变压器在空载时的交流输出电压比负载状态下高出许多，这是正常现象，当加上负载之后电源变压器的二次绕组交流输出电压会下降。

（2）电源变压器的一次绕组存在局部匝间短路时，会使二次绕组输出电压升高。一次绕组的局部匝间短路故障不易通过测量发现，要采用代替电源变压器的方法来确定。

6．电源变压器响声大故障检修方法

这一故障主要出现在新绕的变压器中，或更换新变压器之后，是变压器铁芯松动造成的，可夹紧变压器铁芯，或再用一些铁芯插入变压器的骨架中。

另外，当电源变压器处于重载状态时（变压器的二次绕组输出回路存在短路故障），电源变压器也会出现“嗡嗡”的响声。

7．电源变压器电路其他故障检修方法

（1）第一种情况。如图3-102所示，因为变压器一次绕组回路有个交流电压转换开关S1，当二次绕组没有交流输出电压时，要用电阻检查法测量S1的接通情况，看其是否处于开路状态。当二次绕组交流输出电压低时，要测量S1的接触电阻是否大。当二次绕组交流输出电压升高一倍时，要直观检查S1是否在110V挡位置上。

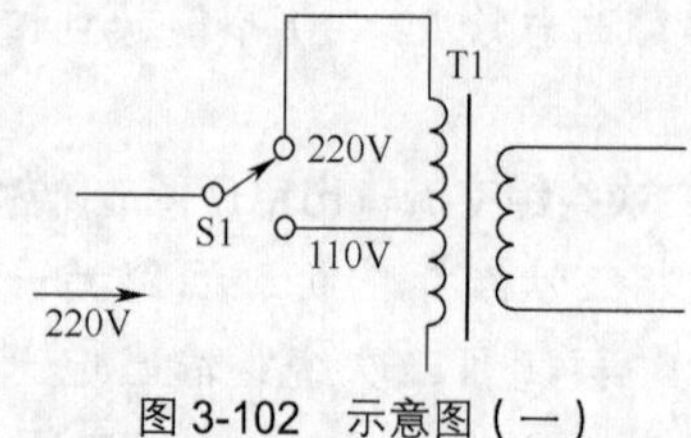

图3-102　示意图（一）

（2）第二种情况。如图3-103所示，由于二次绕组设中心抽头，当两组二次绕组的交流输出电压不相等时（相差1V以下是正常的），说明二次绕组存在匝间短路故障，要用代替检查法代替电源变压器。当两组二次绕组均没有电压输出时，再测量1、3端有没有交流电压输出，有电压输出时，用电阻检查法测量中心抽头2是否接地良好。

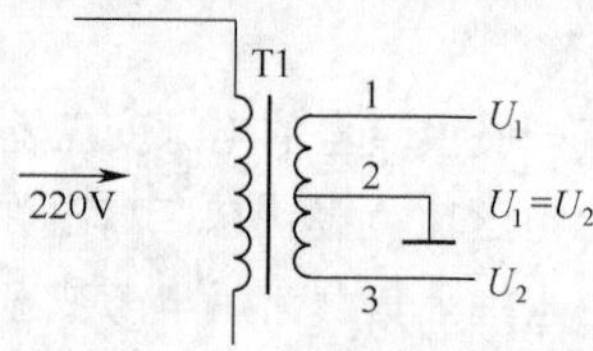

图3-103　示意图（二）

（3）第三种情况。如图3-104所示，因为二次绕组有抽头但不是中心抽头，3端接地，测量交流电压U_2大于U_1是正常的。当U_1、U_2均为零而1、2端之间有电压时，用电阻检查法测量3端接地是否良好。

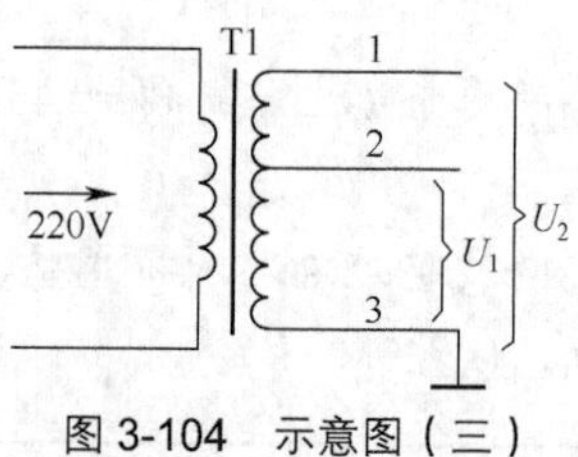

图3-104　示意图（三）

（4）第四种情况。如图3-105所示，二次绕组抽头2不是中心抽头，测得交流电压U_1大于U_2是正常的，当抽头不接地时U_1、U_2均为0V。

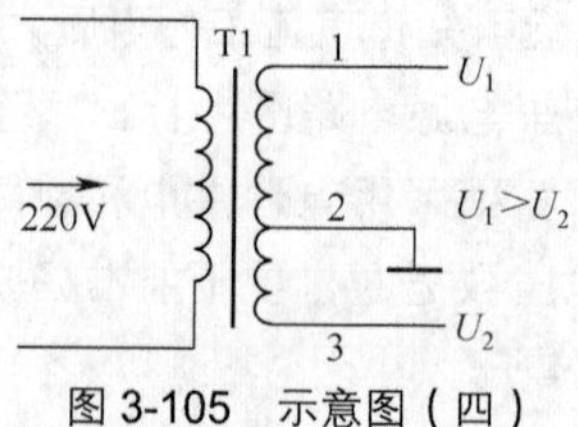

图3-105　示意图（四）

3.19.3　半波整流、电容滤波电路故障检修方法

下面介绍的检查整流、滤波电路的方法是以电源变压器降压电路工作正常为前提的，当整流、滤波电路出现故障时，也会造成电源变压器降压电路表现为工作不正常，但是故障部位出现在整流或滤波电路中。

1．故障种类

整流电路和滤波电路的故障主要表现为以下几种。

（1）无直流输出电压故障。当整机电路出现没有直流输出电压故障时，整机电路不能工作，并且电源指示灯也不亮，这是常见故障之一。

（2）直流输出电压低故障。当整机电路出现直流输出电压低故障时，整机电路的工作可能不正常；当直流输出电压太低时，整机电路不能工作。根据直流输出电压低多少，其具体故障现象有所不同。

（3）直流输出电压中的交流成分多故障。当出现交流声大故障时，说明直流输出电压中的交流成分太多，主要是电源滤波电路没有起到滤波作用。

（4）总烧保险丝故障。当出现总烧保险丝故障时，整机电路也不能工作，根据电源电路的具体情况和熔断保险丝的情况不同，整机电路的具体故障表现也不同。

这里以图 3-106 所示半波整流、电容滤波电路为例，介绍对这种整流、滤波电路故障的处理方法。电路中，T1 是电源变压器；VD1 是整流二极管；C2 是滤波电容，C1 是抗干扰电容，并有保护整流二极管的作用；+*V* 是整流、滤波电路输出的直流电压。

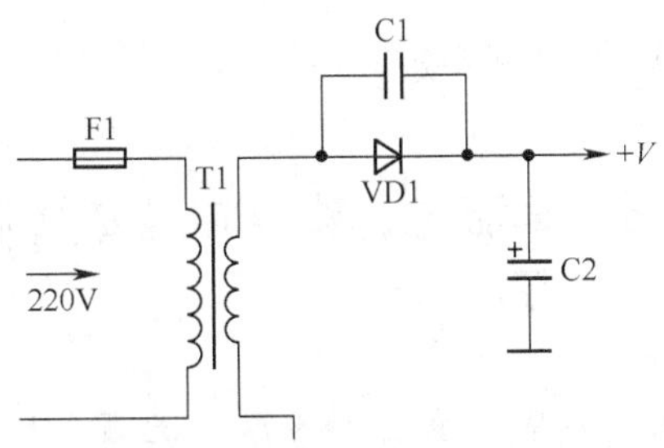

图 3-106 半波整流、电容滤波电路

2．无直流电压输出故障检修方法

通电后测量 C2 上的输出电压为 0V，测量 T1 的二次绕组交流输出电压正常，断开 C2 后再测量 +*V*，如果有电压，说明 C2 击穿，做更换处理。

如果仍然没有电压输出，断电后在路测量 VD1 的正向电阻。如果开路，更换二极管；如果正常，则用电阻检查法测量二次绕组接地是否开路。

3．直流输出电压低故障检修方法

通电后测量 C2 上的直流电压低于正常值，断电后将 +*V* 端铜箔线路切断，再次测量直流输出电压，恢复正常说明 +*V* 端之后的负载电路存在短路故障；如果直流输出电压仍然低，则再将 C2 断开，如果测量的直流输出电压恢复正常，说明 C2 漏电，更换之；如果仍然低，则更换 VD1 一试。

当 VD1 正向电阻大时直流输出电压会低。

4．交流声大故障检修方法

如果存在交流声大的同时输出电压低，更换 C2 一试，无效后断开 +*V* 端，测量直流输出电压，若仍然低的话，说明 +*V* 端之后的负载存在短路故障。

如果只是交流声大而没有直流输出电压低的现象，更换 C2。

5．总烧保险丝 F1 故障检修方法

如果断开 C2 后不烧保险丝的话，更换 C2，无效后在路测量 C1 是否击穿（这一故障比较常见），最后在路测量 VD1 是否击穿。如果通过上述检查没有发现问题的话，断开 C1 后开机，如果 F1 不熔断，说明 C1 在加电后才击穿。这种故障在实际修理中比较常见，要注意这一点。

3.19.4 全波整流、电容滤波电路故障检修方法

这里以图 3-107 所示的全波整流、电容滤波电路为例，介绍对这种电路故障的检修方法。电路中，T1 是电源变压器；VD1、VD2 是整流二极管；C1 是滤波电容；+*V* 是直流输出电压。

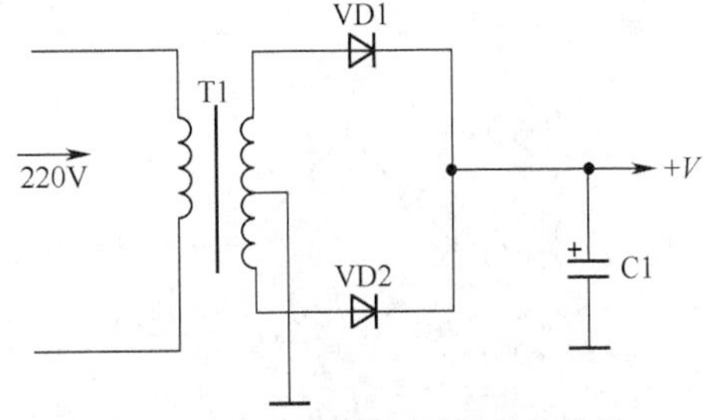

图 3-107 全波整流、电容滤波电路

1．无直流电压输出故障检修方法

通电后测量 C1 上的直流输出电压为 0V，测量 VD1 正极与地端之间的交流电压，如果没有电压，用电阻检查法测量二次绕组抽头接地是否正常。

如果 T1 的二次绕组交流输出电压正常，断开 C1 后再测量 +*V*，若有电压说明 C1 击穿，更换处理；如果仍然没有电压输出，断电后在路测量 VD1、VD2 是否同时开路（这种故障的可能性很小，但对于人为故障要特别注意这一点）。

2．直流输出电压低故障检修方法

如果测得直流输出电压比正常值低一半，断电后在路检测 VD1、VD2 是否有一只开路。直流输出电压不是低一半的话，用电阻法测量 T1 的二次绕组接地电阻是否太大。最后，断电后将 +*V* 端铜箔线路切断，再测直流输出电压，恢复正常说明 +*V* 端之后的负载电路存在短路故障；若直流输出电压仍然低，则更换 C1 一试。

3．交流声大故障检修方法

当出现交流声大故障时，可以再并一只足够耐压的 2200μF 滤波电容在 C1 上一试，如果交流声消失，说明 C1 容量小，更换 C1；如果无效，直接更换 C1；仍然无效的话，说明 +*V* 端之后的负载存在短路故障。

3.19.5 桥式整流、电容滤波电路故障检修方法

这里以图 3-108 所示的桥式整流、电容滤波电路为例，介绍这种电路的故障处理方法。电路中，T1 是电源变压器；VD1 ～ VD4 构成桥式整流电路；C1 是滤波电容；+*V* 是直流输出电压端。

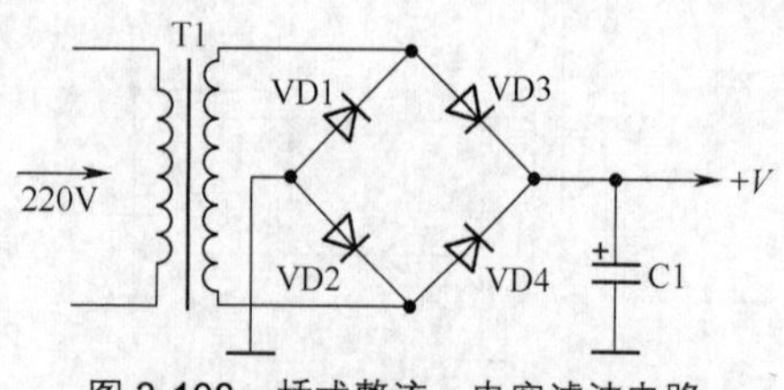

图 3-108 桥式整流、电容滤波电路

1．无直流电压输出故障检修方法

通电后测量 C1 上的输出电压为 0V，测量 T1 二次绕组的交流输出电压正常。用电阻法检查 VD1、VD2 正极的接地是否良好，若没有发现问题，更换滤波电容 C1 一试，若无效后，用电阻法在路检查 4 只整流二极管是否存在多只二极管开路的故障。

2．直流输出电压低故障检修方法

如果测得直流输出电压比正常值低一半，断电后在路检测 4 只整流二极管中是否有一只存在开路故障。如果直流输出电压不是低一半的话，用电阻法测量 VD1、VD2 正极的接地是否良好，另外，测量 4 只整流二极管中是否有一只正向电阻大。

上述检查无效时，断电后将 +*V* 端铜箔线路切断，再测量直流输出电压，恢复正常说明 +*V* 端之后的负载电路存在短路故障；如果直流输出电压仍然低，则更换 C1 一试。

3．交流声大故障检修方法

用一只滤波电容并接在滤波电容 C1 上一试，交流声消失说明 C1 失效，更换 C1；如果无效，直接更换 C1，仍然无效说明 +*V* 端之后的负载存在短路故障。

3.19.6 直流电压供给电路故障检修方法

图 3-109 所示是一种常见的直流电压供给电路。电路中，VT1 构成电子滤波器；C1 是第一只滤波电容，C2 是电子滤波器中的滤波电容；R4 是这一滤波器中的熔断电阻；R2 和 C3、R3 和 C4 构成两节 RC 滤波电路。

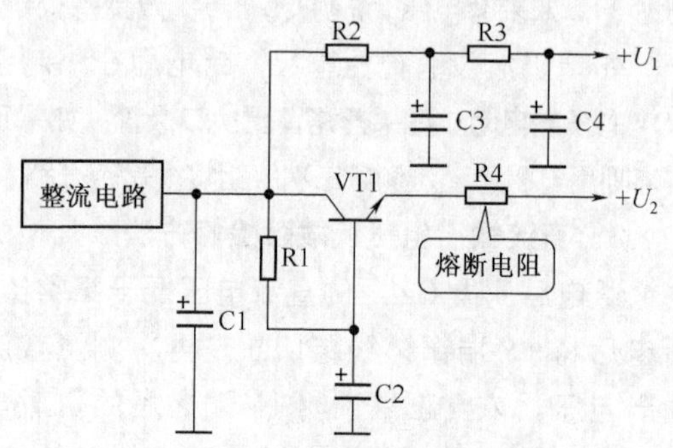

图 3-109 常见的直流电压供给电路

1．电子滤波器电路故障检修方法

电路中，VT1、R1、C2 和 R4 构成电子滤

波器，这种滤波电路滤波效果好，但故障发生率比较高。关于对这一电路的故障检修说明如下。

（1）当出现无直流输出电压故障时，重点用电阻检查法检查电子滤波管 VT1 发射结是否开路和熔断电阻 R4 是否熔断。

（2）当出现交流声大故障时，重点检查 VT1 基极上的滤波电容 C2 是否开路和容量变小。

2．直流电压 $+U_1$ 正常，$+U_2$ 电压为 0V 故障检修方法

当出现这一故障现象时，用电压法测量 VT1 集电极上的电压，如果没有电压，说明 VT1 集电极与 C1 正极端之间的铜箔线路开路，用直观法检查。

如果 VT1 集电极电压正常，测量其发射极上的直流电压，如果这一电压为 0V，断电后用电阻法检测 VT1 的发射结是否开路。另外，用代替法检查 C2 是否击穿，用电阻检查法检测 R1 是否开路（R1 开路后 VT1 截止，发射极没有电压输出）。

如若 VT1 发射极上的电压正常，断电后用电阻法检测熔断电阻器 R4 是否开路（这是一个常见故障）。

3．直流电压 $+U_2$ 正常，$+U_1$ 电压为 0V 故障检修方法

当出现这种故障时，用电压法测量 C3 上的直流电压，若为 0V，断电后用电阻法检测 R2 是否开路，另外查 C3 是否击穿。如若 C3 上的直流电压正常，则断电后用电阻法检测 R3 是否开路、C4 是否击穿。

4．直流电压 $+U_1$ 正常，$+U_2$ 电压比正常值高故障检修方法

当出现这种故障时，往往伴有交流声大故障，此时断电后用电阻法检测 VT1 管集电极与发射极之间是否击穿，或 R1 阻值是否变小（这一原因不常见）。

5．直流电压 $+U_1$ 正常，$+U_2$ 电压比正常值低故障检修方法

当出现这种故障时，用电压法测量 VT1 基极的直流电压，若也低，则更换 C2 一试（C2 漏电会使 VT1 基极电压低，导致 $+U_2$ 电压低），无效后用电阻法测量 R1 阻值是否增大，再更换 VT1 一试。

6．直流电压 $+U_2$ 正常，$+U_1$ 电压比正常值低故障检修方法

27.RC 低频提升电路 7

当出现这种故障时，主要查电容 C3、C4 是否存在漏电故障，无效后重新熔焊 R2、R3 的引脚焊点（当它们的引脚焊点未焊好时，接触电阻大，压降大，使 $+U_1$ 电压低）。

若仍然无效，断开 $+U_1$ 端，若电压恢复正常，说明 $+U_1$ 端之后的电路存在短路故障。

7．交流声大故障检修方法

当出现这种故障时通过试听检查确定交流声是来自 $+U_1$ 还是 $+U_2$ 供电电路的放大器，如果是前者，用一只 220μF 电解电容分别并在 C3、C4 上，若并上后交流声大现象有改善，说明原滤波电容失效，更换之。如果来自 $+U_2$ 供电电路，则用 220μF 电解电容器并在 C2 上一试。

3.19.7 简易稳压二极管稳压电路故障检修方法

图 3-110 所示是由稳压二极管构成的简易稳压电路。电路中，A1 是集成电路，①脚是它的电源引脚；$+V$ 是直流工作电压，经电阻 R1 加到 A1 的①脚上；VD1 是稳压二极管；C1 是滤波电容。

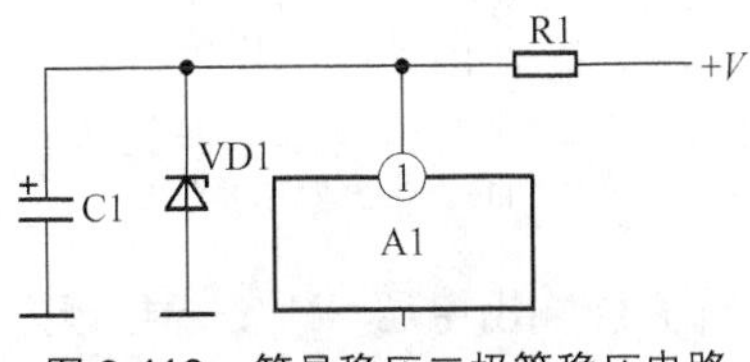

图 3-110 简易稳压二极管稳压电路

这一电路的主要故障是集成电路 A1 的电源引脚①脚上没有直流工作电压，或直流工作电压升高故障。

1．①脚上无直流工作电压故障检修方法

当测得集成电路 A1 的①脚上没有直流工

作电压时，测量直流工作电压 $+V$，如果也没有直流电压，检查直流电压供给电路。

如果 $+V$ 正常，断电后检测稳压二极管的正、反向电阻，检查它是否击穿，通常是出现击穿故障。如果 VD1 正常，断开 C1 后再测量 A1 ①脚上的直流工作电压，如果恢复正常，说明 C1 击穿。

2．①脚上直流工作电压升高故障检修方法

如果测量 A1 的①脚上直流电压比正常值高，说明稳压二极管 VD1 开路，断电后对 VD1 的正、反向电阻进行检测。如果 VD1 正常，测量直流工作电压 $+V$ 比正常值高，说明电源电路有故障。

3.19.8 调整管稳压电路故障检修方法

图 3-111 所示是调整管稳压电路。电路中，VT1 是调整管，VT2 是比较放大管，RP1 是直流输出电压微调可变电阻器，$+V$ 是来自整流、滤波电路输出端的直流工作电压（这一电压没有经过稳压电路稳压处理），$+U_1$ 是经过稳压电路稳压后的直流工作电压。

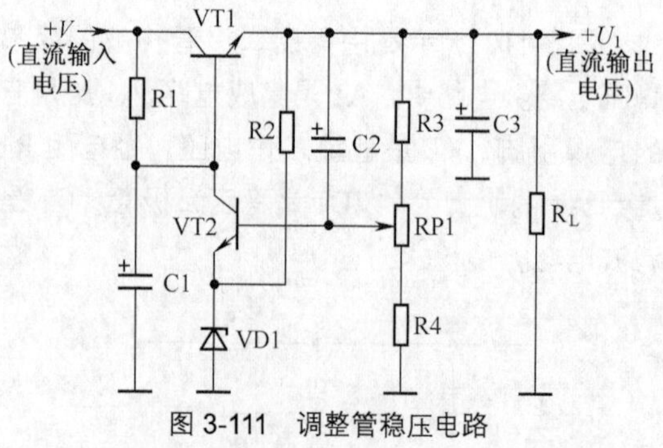

图 3-111　调整管稳压电路

1．无直流输出电压 $+U_1$ 故障检修方法

如果测得直流输出电压 $+U_1$ 为 0V，测量直流输入电压 $+V$，如果此电压也为 0V，说明故障与这一稳压电路无关，要检查前面的整流、滤波电路等。如果测量 $+V$ 正常，说明故障出在这一稳压电路中，这时可按下列步骤进行检查。

（1）测量 VT1 基极直流电压，如果基极电压为 0V，检查 R1 是否开路，C1 是否击穿。如果测量 VT1 基极电压略低于 $+U_1$，说明 VT1 发射结开路，可对 VT1 用电阻检查法进行检测。

（2）如果 VT1 正常，检测电容 C3 是否击穿。

（3）如果 C3 正常，断电后测量 VT1 发射极对地端电阻，如果接近于零，说明稳压电路输出回路存在短路故障，将输出端 $+U_1$ 线路断开后分段检查负载回路，查出短路处。主要注意负载回路中的滤波电容是否击穿，铜箔线路和元器件引脚是否相碰等。

2．直流输出电压 $+U_1$ 升高故障检修方法

如果测量 $+U_1$ 高于正常值，可以先调整 RP1 一试，如果调整 RP1 时直流输出电压大小无变化，重点检查 RP1 及 R3、R4，检查 RP1 动片与定片之间接触是否良好。此外，还要对下列元器件进行检查。

（1）查调整管 VT1 的集电极与发射极之间是否击穿。

（2）检测比较放大管 VT2。

（3）检查稳压电路的负载是否断开。

（4）测量直流输出电压 $+V$ 是否升高。

（5）检查电阻 R1 是否存在阻值变小故障。

（6）检查 VT2 是否截止。

（7）检查 R2 和 VD1 是否开路。

3．直流输出电压 $+U_1$ 变小故障检修方法

关于这一故障，主要检查以下元器件。

（1）调整 RP1 动片一试，检测它是否存在动片与定片之间接触不良故障。

（2）检测 C1 和 C3 是否存在漏电故障，可进行代替检查。

（3）检测 VT1 是否存在内阻大问题，检测 VT2 是否处于饱和状态。

（4）检测 R4 是否开路，检测 R3 阻值是否变小。

（5）检测 VD1 是否击穿。

（6）测量直流输出电压 $+V$ 是否偏低。

（7）检查稳压电路的负载是否太重，即测量 $+U_1$ 端对地电阻是否偏小。

3.19.9　实用电源电路故障检修方法及注意事项

1. 实用电源电路故障检修方法

这里以图 3-112 所示的电源电路为例，从整体上介绍检查电源电路故障的步骤和方法。电路中，T1 是电源变压器，它共有两组二次绕组；VD1 构成半波整流电路；C1 是滤波电容；$+V_1$ 是这一组整流、滤波电路的直流输出电压；VD2～VD5 构成另一组能够输出正、负电压的全波整流电路；C2、C3 分别是两个整流电路的滤波电容；$+V$ 是正极性直流电压，$-V$ 是负极性直流电压。这里要注意 4 只二极管构成的不是桥式整流电路。这一电源电路能够输出 3 组直流电压。

（1）这一电源电路能够输出 3 组直流电压，所以当某一组直流输出电压出现问题时，要测量一下其他各组直流电压的输出情况，以便分析故障的产生部位。当 3 组电压均有相同问题时，说明问题出在电源变压器的二次绕组回路中，如果不是同时出现相同问题，就是在有问题的这组二次绕组回路中。

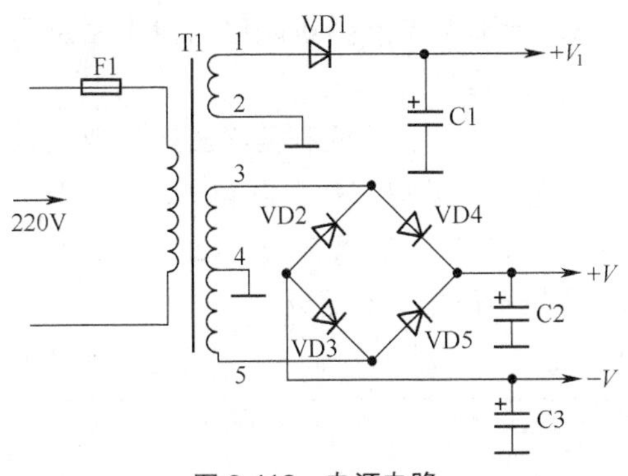

图 3-112　电源电路

（2）对于总烧保险丝故障，首先确定是哪一个二次绕组回路存在短路故障，将二次绕组的 1 端断开，若不烧保险丝，说明是这一二次绕组回路存在短路故障，否则是另一个二次绕组回路存在短路故障。当下面一级二次绕组存在短路时，除前面介绍的检查项目外，还要用电阻法在路检测 4 只整流二极管中是否有一只击穿，因为当某一只二极管击穿后，二次绕组 3、5 端之间的交流电压有半周是短路的。

（3）当出现 3 组直流电压输出均为 0V 故障时，直观检查保险丝 F1 是否熔断，用电阻法检测 T1 的一次绕组是否开路。

（4）当出现直流电压 $+V_1$ 正常，而 $+V$ 和 $-V$ 均为 0V 故障时，用电阻法检测变压器中心抽头是否接地良好。

28. 负反馈放大器中消振电路简述

（5）当出现直流电压 $+V$ 正常，而 $-V$ 为 0V 故障时，断电后在路情况下用电阻法检测 VD2、VD3 是否开路，检测 C3 是否击穿。

（6）当出现直流电压 $-V$ 正常，而 $+V$ 为 0V 故障时，断电后在路情况下用电阻法检测 VD4、VD5 是否开路，检测 C2 是否击穿。

2. 注意事项

（1）电源电路的输入电压是 220V 交流市电电压，它对人身有触电危险，所以检修电源电路的输入回路时，一定要注意安全问题。如果更换了电源变压器，一定要包好变压器一次绕组的接线点，以防止短路或碰到其他元器件。

（2）电源电路的变化比较多，不同的电路有不同的检查方法，不要求完全按照上面介绍的去检查。但在初学时由于对电源电路故障检查方法不了解，可以按部就班地去做，待有了修理经验后可以省去许多检查步骤，检查的顺序根据具体故障现象也可以调整。

（3）对于总烧保险丝故障，切不可为了通电检查而用更大熔断电流的保险丝代用，更不能用铜丝去代替保险丝，否则会烧坏电路中的某些元器件，这样不但不能修理故障，反会扩大故障的范围。

（4）在更换整流二极管时，新装上的二极管要注意正、负极性，接反了会使电路短路。在更换滤波电容时也要注意它的正、负极性，若接反了，电解电容会爆炸，这很危险。

（5）在对二极管、滤波电容进行代替检查时，若怀疑它是开路故障，可以先不拆下二极管，再用一只二极管、电容直接焊在背面的焊点上，但怀疑是击穿故障时，一定要先拆下原先的二极管、电容。

（6）在测量直流输出电压时，万用表的挡位一定要正确，切不可在置于电流挡的情况下测量直流电压。

（7）当电源变压器的外壳带电时，说明变压器的一次绕组与铁芯之间绝缘已经不好了，要及时更换电源变压器。

（8）一般电源变压器的一次绕组引线接点是用绝缘套管套起来的，在测量时要去掉这一套管，测量完毕要及时套好，以保证安全。

（9）电源变压器的一次绕组回路有220V的交流市电，检查中要注意安全。金属零部件不要落到电源电路的线路板上，以免造成短路故障。

（10）检查电源电路过程中，不要使直流电压输出端与地线之间短路。

（11）电源电路中故障发生率比较高的几个元器件及故障现象是：滤波电容漏电、击穿，整流二极管开路，并联在整流二极管上的小电容击穿，保险丝熔断。

（12）对于电源电路的故障检查，主要使用电压检查法、电阻检查法和代替检查法。

3.20 低压差稳压器集成电路

3.20.1 低压差稳压器集成电路基础知识

1．低压差稳压器集成电路特点

在线性稳压器集成电路众多指标中有一个非常重要的技术指标，就是线性稳压器的输入端与输出端之间的电压差，在低压供电、电池供电的电子电器中，线性稳压器的这一指标就显得更为重要。

线性稳压器的输入端与输出端之间的电压差，与流过线性稳压器的电流之积就是这个线性稳压器的自身损耗。在低压供电、电池供电的电子电器中，为了提高系统效率，降低自身的损耗，总是希望稳压器本身的电压降尽可能小一些。

输入电压端与输出电压端之差比较小的稳压器被称作低压差（LDO）稳压器。目前，在相关英文资料中常常把LDO稳压器简写成LDO，把LDO稳压器系列产品缩写成LDOs。

低压差稳压器是相对于传统的线性稳压器来说的。传统的线性稳压器，如78××系列的集成电路都要求输入电压要比输出电压高出2～3V，甚至更高，否则就不能正常工作。但是在低压供电、电池供电的电子电器中，这样的条件显然是太苛刻了，许多情况下无法满足这个条件，如5V转3.3V，即将5V直流电压转换成3.3V直流电压，稳压器输入端与输出端的压差只有1.7V，普通的线性稳压器显然不能满足条件，所以才有了低压差稳压器这类的电源转换集成电路。

低压差稳压器的主要优点是可最大限度地降低调整管压降，从而大大减小了输入、输出电压差，使稳压器能在输入电压略高于额定输出电压的条件下工作。

2．低压差稳压器集成电路内电路及工作原理

图3-113所示是低压差稳压器集成电路内电路示意图。从电路中可以看出，它主要由调整管VT1、比较电阻R1和R2、比较放大器A1、基准电压电路等组成。

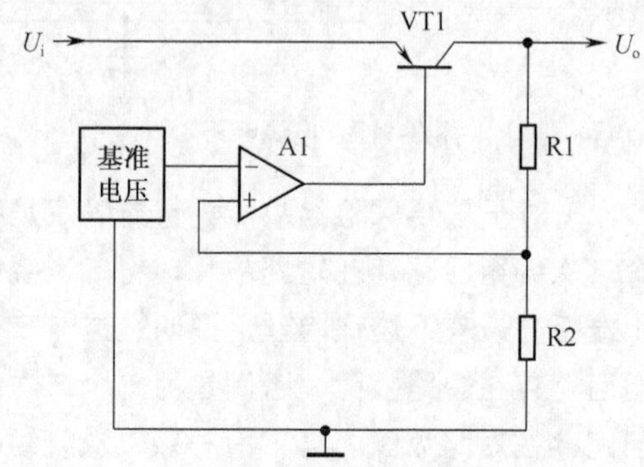

图3-113　低压差稳压器集成电路内电路

这一电路的稳压原理与普通的串联调整管电路相同，取样电阻R1和R2将输出端的直流输出电压分压后加到比较放大器A1的同相输

入端，当输出电压 U_o 大小变化时，加到比较放大器 A1 同相端的直流电压大小也相应变化。比较放大器 A1 的反相输入端接基准电压，基准电压是大小不变的直流电压。

当稳压电路输出端的直流电压升高时，经取样分压电路后的直流电压也在升高，即加到比较放大器 A1 同相输入端的直流电压在升高，而比较放大器 A1 的反相输入端直流电压不变，这时比较放大器 A1 输出电流减小，使调整管 VT1 基极电流减小，调整管 VT1 集电极与发射极之间的电压降增大，从而使稳压器输出端直流电压减小，达到稳压的目的。

注意，输入电压 U_i 等于调整管 VT1 集电极与发射极之间电压降加输出电压 U_o。

同理，当输出端直流电压 U_o 下降时，通过取样电路、比较放大器 A1、调整管 VT1 使输出端直流电压升高，达到稳压目的。

供电过程中，输出电压校正连续进行，调整时间只受比较放大器和输出三极管回路反应速度的限制。

29. 负反馈放大器中超前式消振电路 1

实际的低功率低压差稳压器集成电路还具有负载短路保护、过压关断、过热关断、反接保护功能等。

3．低压差稳压器输出电压公式

低压差稳压器集成电路的直流输出电压 U_o 由下式决定：

$$U_o = U_{REF}\ (1+R_1/R_2)$$

式中：U_o 为稳压集成电路直流输出电压；U_{REF} 为基准电压；R_1 和 R_2 为取样电阻。

3.20.2　固定型低压差稳压器集成电路典型应用电路

1．应用电路

图 3-114 所示是 GM1117-3.3 固定型低压差稳压器集成电路典型应用电路。这种集成电路共有 3 根引脚，分别是输入电压端③脚，输出电压端②脚和接地端①脚。不稳定的直流电压从③脚输入，这一输入电压要求大于 4.75V，经过稳压器集成电路 A1 的稳压，输出 3.3V 稳定的直流电压。

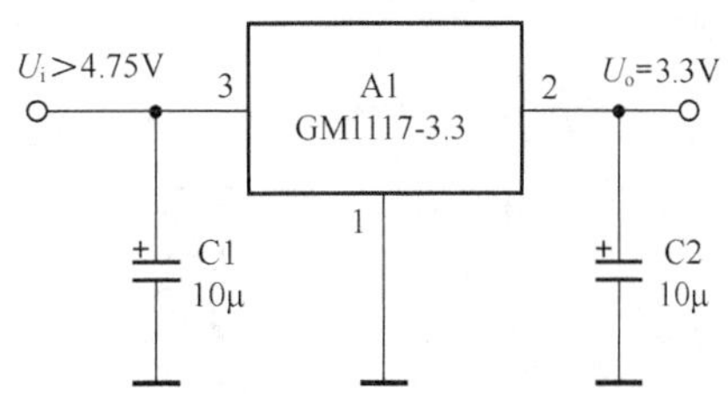

图 3-114　GM1117-3.3 固定型低压差稳压器集成电路典型应用电路

电路中的 C1 和 C2 为滤波电容，需采用钽电容。

2．内电路方框图

图 3-115 所示是 GM1117-3.3 固定型低压差稳压器集成电路内电路，它的两只取样电阻 R1 和 R2 内置在集成电路内部。

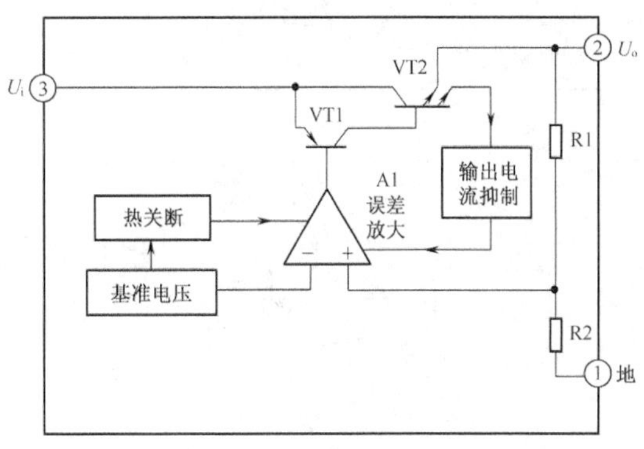

图 3-115　GM1117-3.3 固定型低压差稳压器集成电路内电路

固定型低压差稳压器集成电路的输出电压有 1.2V、1.8V、2.5V、2.85V、3.0V、3.3V、5.0V 等规格。

3.20.3　调节型低压差稳压器集成电路典型应用电路

1．应用电路

图 3-116 所示是 GM1117-ADJ 调节型低压差稳压器集成电路典型应用电路。这一电路与固定型电路的不同之处是将取样电阻 R1 和 R2

设置在外电路中，这是两只精密电阻器。在 $R_1=133\Omega$、$R_2=232\Omega$ 时，输出电压为3.45V。R1、R2取值不同时，可以得到不同大小的输出电压。

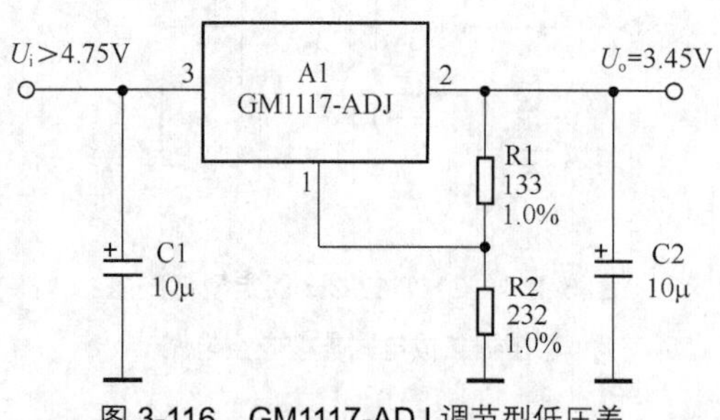

图 3-116　GM1117-ADJ调节型低压差稳压器集成电路典型应用电路

2．内电路方框图

图3-117所示是GM1117-ADJ调节型低压差稳压器集成电路内电路。从内电路中可以看出，它没有取样电阻，取样电阻需要在外电路中设置，以方便调节输出电压大小。

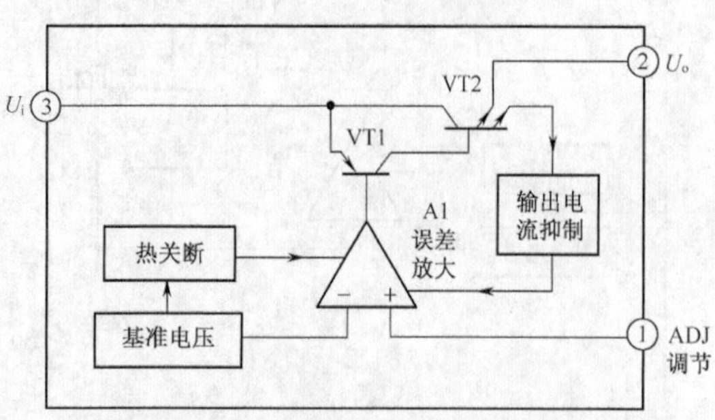

图 3-117　GM1117-ADJ调节型低压差稳压器集成电路内电路

调节型低压差稳压器能够改变输出电压大小的原理：通过改变取样电阻的阻值比大小，就能改变比较放大器输出大小，从而能够改变调整管电流大小，这样就可以改变调整管集电极与发射极之间的电压降，实现调节型低压差稳压器输出电压大小的调节。

3．外形特征和引脚分布

图3-118所示是GM1117集成电路的几种实物示意图，它的各引脚分布规律为：型号面正对着自己，引脚朝下，此时从左向右依次为①、②和③脚。

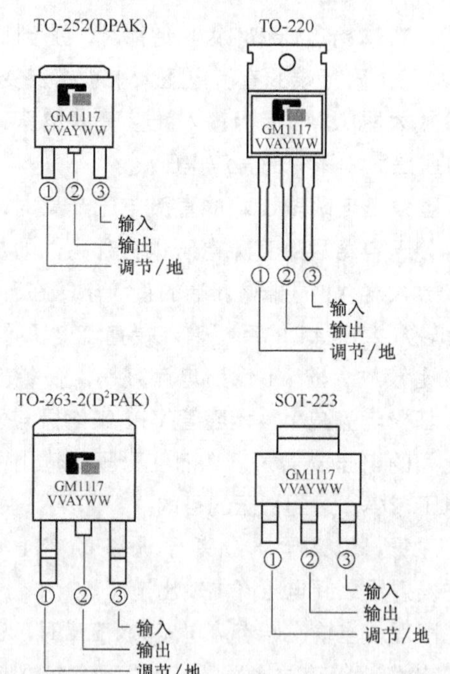

图 3-118　GM1117集成电路的几种实物示意图

3.20.4　5脚调节型低压差稳压器集成电路

图3-119所示是MIC29712调节型低压差稳压器集成电路。它有5根引脚，其中①脚用于通/断的控制，当①脚为高电平时电路处于接通状态，稳压器有直流电压输出，如果需要电路始终处于接通状态运用时，可将电路中的①脚和②脚在外电路中连接在一起。当①脚为低电平时，电路关断，稳压器无直流电压输出。

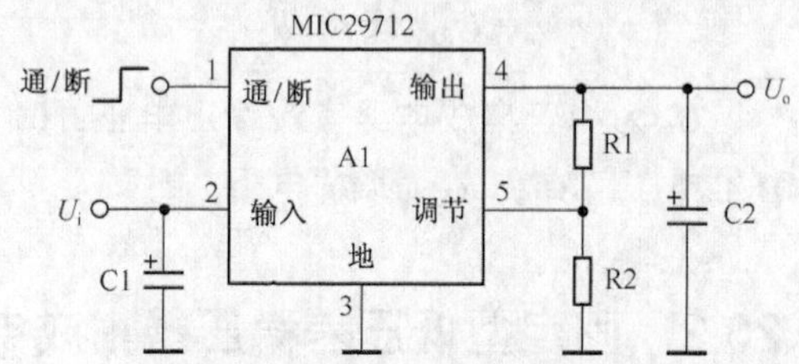

图 3-119　MIC29712调节型低压差稳压器集成电路

1．引脚作用

图3-120所示是MIC29712调节型低压差稳压器集成电路外形和引脚分布示意图。

2．应用电路

图3-121所示是MIC29712调节型低压差稳压器集成电路典型应用电路（始终接通运用）。

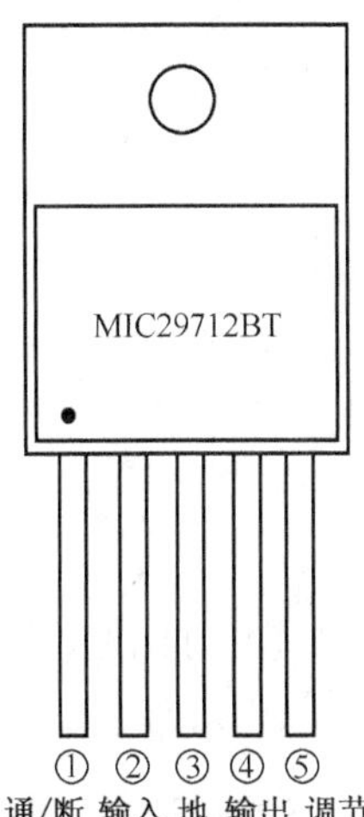

图 3-120　MIC29712 调节型低压差稳压器集成电路外形和引脚分布示意图

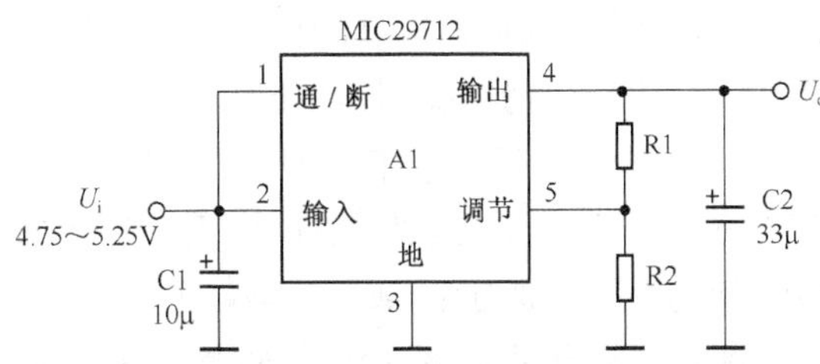

图 3-121　MIC29712 调节型低压差稳压器集成电路典型应用电路

输出电压 U_o 计算公式如下：

$$U_o = 1.240\left(\frac{R_1}{R_2}+1\right)$$

电阻 R_1 计算公式如下：

$$R_1 = R_1 \cdot \left(\frac{U_o}{1.240}-1\right)$$

表 3-2 所示是输出电压 U_o 与电阻 R_1、R_2 之间关系。

表 3-2　输出电压 U_0 与电阻 R_1、R_2 之间关系

输出电压 U_o（V）	R_1（kΩ）	R_2（kΩ）
2.85	100	76.8
2.9	100	75.0
3.0	100	69.8
3.1	100	66.5
3.15	100	64.9
3.3	100	60.4
3.45	100	56.2
3.525	93.1	51.1
3.6	100	52.3
3.8	100	48.7
4.0	100	45.3
4.1	100	43.2

3.20.5　低压差稳压器集成电路并联运用

图 3-122 所示是采用两块 MIC29712 低压差稳压器集成电路并联后构成的大电流输出稳压器电路。电路中，A1 和 A2 为 MIC29712 低压差稳压器集成电路，它们接成并联形式。在需要输出大电流时，可以采用这种并联运用的方式。

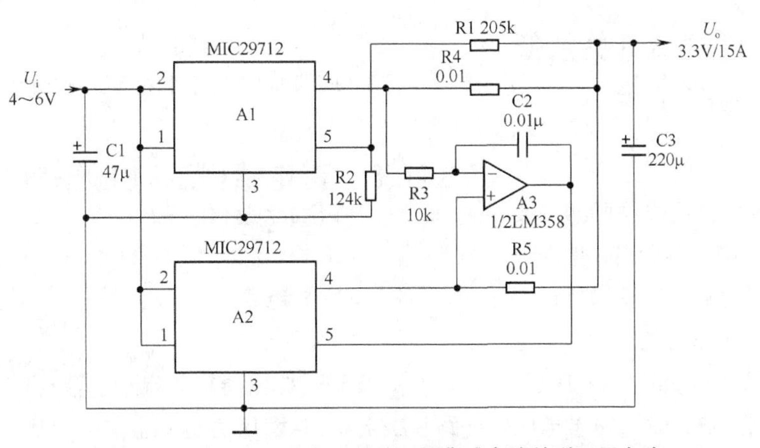

图 3-122　MIC29712 低压差稳压器集成电路并联运用电路

30. 负反馈放大器中超前式消振电路 2

电路中的单运放 A3 用来解决线性稳压器并联运用时的均流问题。

3.20.6　负电压输出低压差稳压器集成电路

低压差稳压器集成电路除能够输出正极性直流电压的集成电路外，还有能够输出负极性直流电压的集成电路。图 3-123 所示是 LM2990 低压差稳压器集成电路典型应用电路。从电路中可以看出，它输出 $-U_o$。这一电路的工作原理与正极性的低压差稳压器集成电路工作原理基本相同，只是要注意输入电压为负极性直流电压，同时输入端和输出端滤波电容的正极性引脚接地线。

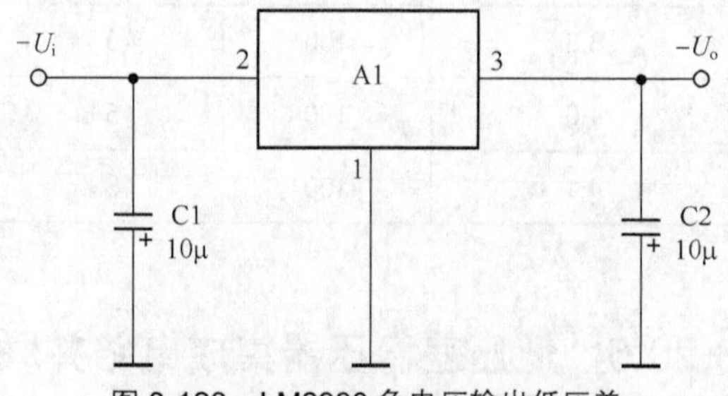

图 3-123　LM2990 负电压输出低压差稳压器集成电路典型应用电路

LM2990 系列集成电路是 1A 的负电压稳压器，其固定输出电压为 -5V、-5.2V、-12V、-15V。例如，LM2990T-12 为输出 -12V 低压差稳压器集成电路。

3.20.7　负电压输出可调节可关断低压差稳压器集成电路

1．应用电路

图 3-124 所示是 LM2991 低压差稳压器集成电路典型应用电路。从电路中可以看出，是一个 5 根引脚低压差稳压器集成电路，它输出负极性的稳定直流电压，同时输出电压 LM2991 连续可调，并且通过开关 S1 可实现 A1 的通、断控制。

当调节电路中可变电阻 RP1 时，输出电压可以在 -2 ～ -25V 范围内连续变化。

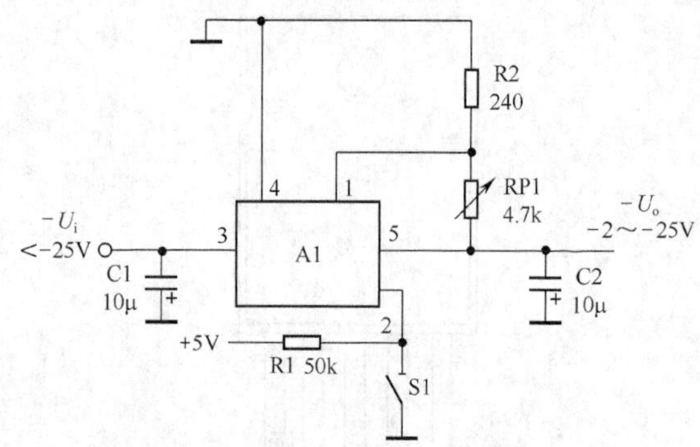

图 3-124　LM2991 负电压输出可调节可关断低压差稳压器集成电路典型应用电路

这一集成电路的②脚是控制端，②脚通过电阻 R1 接在 +5V 直流电压端，②脚与地之间接有通、断控制开关 S1。当 S1 在断开状态时，+5V 高电平通过 R1 加到集成电路 A1 的②脚上，使集成电路 A1 关断，这时 A1 无直流电压输出。

当开关 S1 接通时，集成电路 A1 的②脚上直流电压为 0V，这时集成电路 A1 可以输出负极性直流电压，通过 S1 实现对集成电路 A1 的通、断控制。此外，集成电路 A1 的②脚还能接 TTL 或是 CMOS 电平进行遥控。

2．引脚作用

图 3-125 所示是 LM2991S 实物图和引脚作用说明。

图 3-125　LM2991S 实物图和引脚作用说明

3.20.8　带电源显示的低压差稳压器集成电路

1．固定式电路

图 3-126 所示是带电源显示的低压差稳压器集成电路 ADP7102 典型应用电路。这一电路接成固定输出式电

31. 负反馈放大器中超前式消振电路 3

路，即输出电压是固定的，为 5V。集成电路的②脚直接接在输出端。

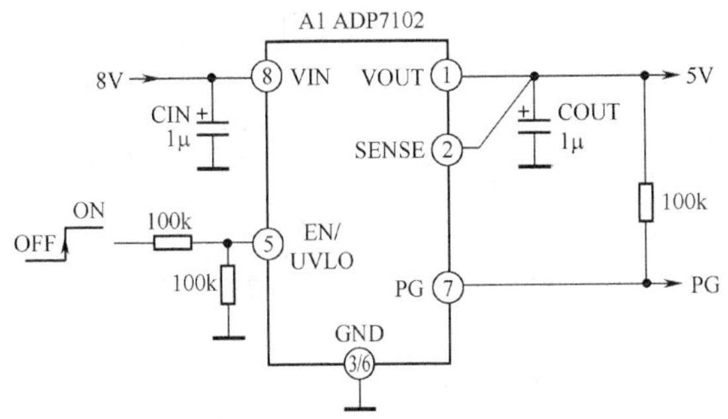

图 3-126　输出电压固定的低压差稳压器集成电路 ADP7102 典型应用电路

2．可调式电路

图 3-127 所示是输出电压可调的低压差稳压器集成电路 ADP7102 典型应用电路，集成电路的②脚与取样电路的输出端相连。

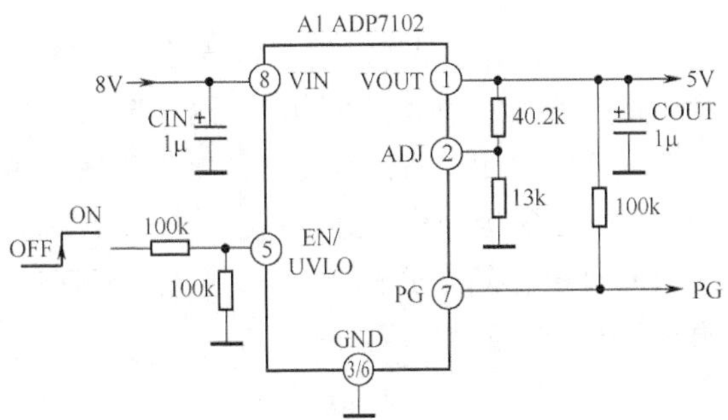

图 3-127　输出电压可调的低压差稳压器集成电路 ADP7102 典型应用电路

3．引脚分布

图 3-128 所示是低压差稳压器集成电路 ADP7102 引脚分布示意图。

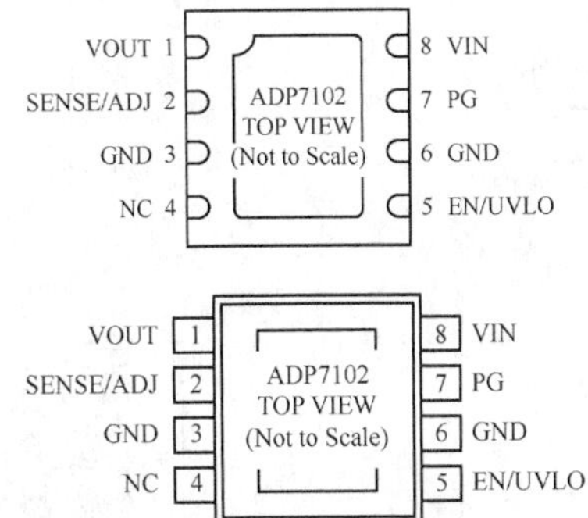

图 3-128　低压差稳压器集成电路 ADP7102 引脚分布示意图

3.20.9　双路输出低压差稳压器集成电路

双路输出低压差稳压器集成电路能够输出两种独立的稳定直流电压，且可以进行每路直流输出电压的控制。

1．电路之一

图 3-129 所示是典型的双路输出低压差稳压器集成电路应用电路。

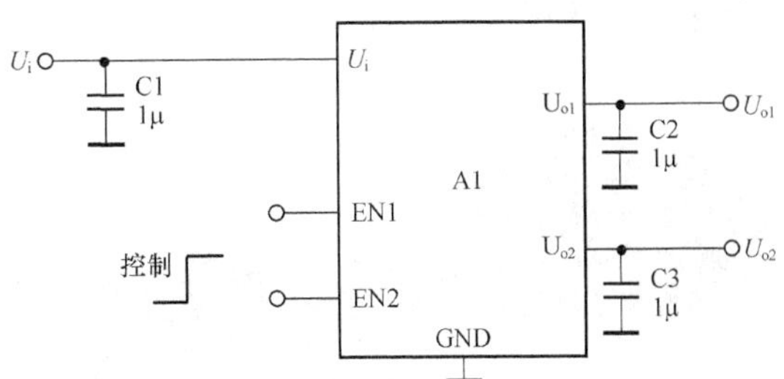

图 3-129　典型的双路输出低压差稳压器集成电路应用电路

电路中，U_i 是不稳定的直流输入电压，U_{o1} 和 U_{o2} 是经过集成电路 A1 稳定后得到的两个直流输出电压；C1 是输入端滤波电容，C2 和 C3 分别是两路输出端的滤波电容；GND 是接地端。

EN1 是第一路控制端，当它为高电平时第一路有直流电压输出 U_{o1}，当它为低电平时第一路无直流电压输出。EN2 是第二路控制端，当它为高电平时第二路有直流电压输出 U_{o2}，当它为低电平时第二路无直流电压输出。

2．电路之二

图 3-130 所示是另一种形式的双路输出低压差稳压器集成电路（TQ6411），它采用 SOT23-5 封装。这一集成电路的特点是输入直流电压有两个，即 U_{i1} 和 U_{i2}，与前面一种双路输出低压差稳压器集成电路不同。

双路输出低压差稳压器集成电路有多种规格的输出电压值，如有 1.8/2.8V、1.5/3.3V、1.5/3.0V 等规格。

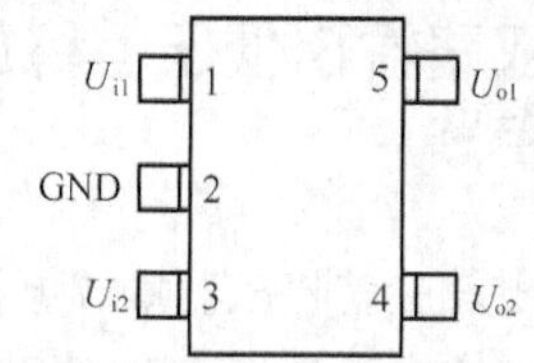

图 3-130　另一种形式的双路输出低压差稳压器集成电路

3．多种封装形式双路输出低压差稳压器集成电路

图 3-131 所示是 6 脚的贴片式双路输出低压差稳压器集成电路实物图。

图 3-131　6 脚的贴片式双路输出低压差稳压器集成电路实物图

双路输出低压差稳压器集成电路有多种封装形式和多种引脚规格，如图 3-132 所示。

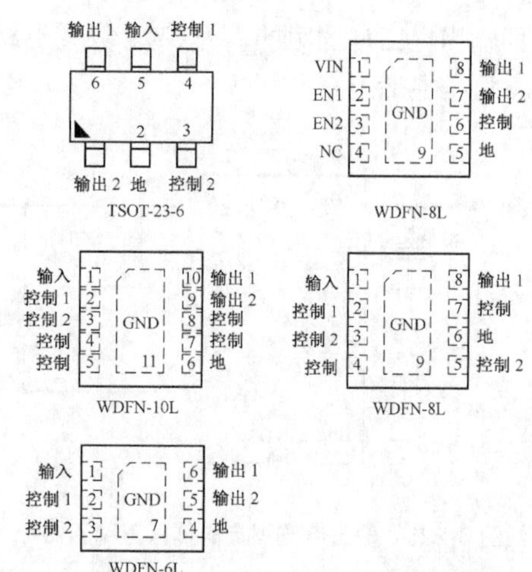

图 3-132　其他封装双路输出低压差稳压器集成电路

3.20.10　3 路输出低压差稳压器集成电路

1．应用电路

图 3-133 所示是 3 路输出低压差稳压器集成电路 ADP5020 典型应用电路。这一集成电路输入一个未稳定的直流电压，能够同时输出 3 种不同电压等级的稳定直流电压，其中 2 路是 DC/DC 变换器输出的直流电压，1 路是低压差稳压器输出的直流电压。

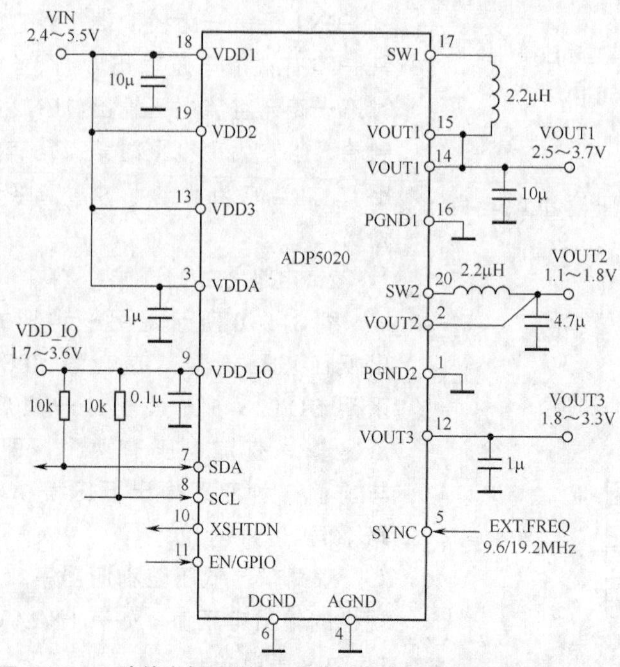

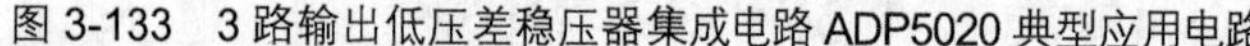

图 3-133　3 路输出低压差稳压器集成电路 ADP5020 典型应用电路

32. 负反馈放大器中超前式消振电路 4

2．引脚作用

表 3-3 所示是集成电路 ADP5020 各引脚作用说明。

表 3-3　集成电路 ADP5020 各引脚作用说明

引　　脚	符　　号	作 用 说 明
①	PGND2	降压变换器 2 接地引脚
②	VOUT2	直流电压输出 2。这是一个 DC/DC 变换器的直流电压输出端
③	VDDA	电源引脚。它是内电路中模拟电路的电源引脚，为模拟电路提供直流工作电压。同时，它也是直流电压输入引脚
④	AGND	接地引脚。这是内电路中模拟电路的接地引脚
⑤	SYNC	频率同步引脚。它用来外接一个 9.2MHz 或 9.6MHz 的时钟信号，以同步集成电路 ADP5020 内部的振荡器
⑥	DGND	接地引脚。这是内电路中数字电路的接地引脚
⑦	SDA	串行数据线引脚
⑧	SCL	串行时钟线引脚
⑨	VDD_IO	电源引脚。它为集成电路内部的逻辑输入 / 输出电路提供直流工作电压
⑩	XSHTDN	关断输出引脚。该引脚为低电平时关断
⑪	EN/GPIO	使能端口 / 通用可编程输入 / 输出接口引脚。当电源启动后，该引脚作为使能端口。当该引脚为高电平时，成为通用可编程的输出引脚
⑫	VOUT3	电压输出引脚。该引脚为低压差稳压器直流电压输出引脚
⑬	VDD3	电源引脚。该引脚为内电路中低压差稳压器提供直流工作电压，也是直流电压输入引脚
⑭	VOUT1	电压输出引脚。这是变换器 1 直流电压输出引脚
⑮	VOUT1	电压输出引脚。这是变换器 1 直流电压输出引脚
⑯	PGND1	接地引脚。降压变换器 1 接地引脚
⑰	SW1	开关引脚。变换器 1 的开关引脚
⑱	VDD1	电源引脚。变换器 1 电源引脚，也是变换器 1 的直流电压输入引脚
⑲	VDD2	电源引脚。变换器 2 电源引脚，也是变换器 2 的直流电压输入引脚
⑳	SW2	开关引脚。变换器 2 的开关引脚

3．封装形式

图 3-134 所示是 ADP5020 集成电路引脚分布图。

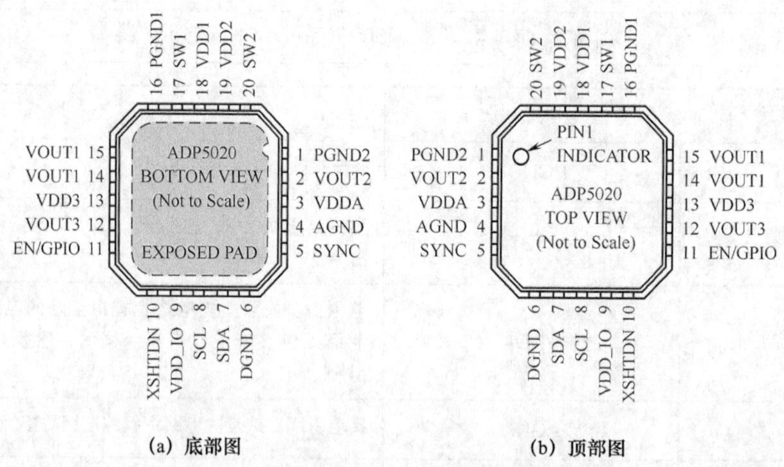

图 3-134　ADP5020 集成电路引脚分布图

3.20.11　4 路输出低压差稳压器集成电路

1．应用电路

图 3-135 所示是 4 路输出低压差稳压器集成电路 ADP5034 典型应用电路。这一集成电路内部设有两个 DC/DC 变换器，用一个未稳定的直流输入电压，同时输出两路直流电压。集成电路内电路中还设置了两个独立的低压差稳压器电路，这样该集成电路可以同时输出 4 路直流电压，且可以实现各路直流输出电压的关断和接通控制。

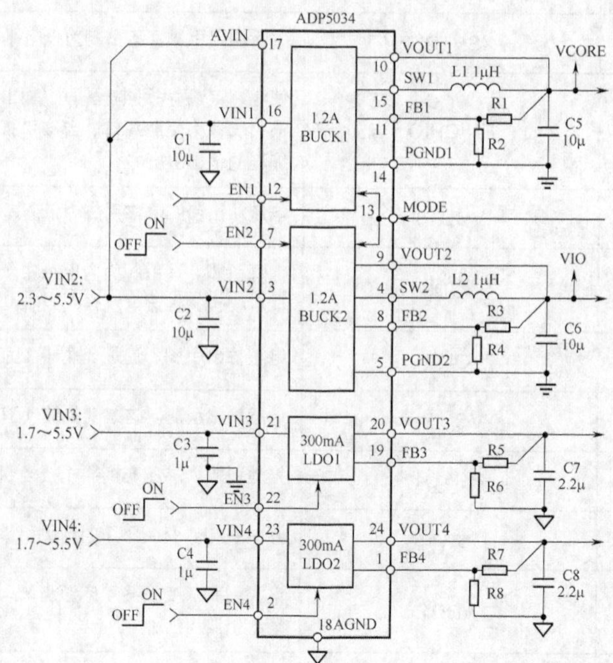

图 3-135　4 路输出低压差稳压器集成电路 ADP5034 典型应用电路

2．引脚作用

表 3-4 所示是集成电路 ADP5034 各引脚作用说明。

表 3-4　集成电路 ADP5034 各引脚作用说明

引　　脚	符　　号	作 用 说 明
1	FB4	LDO2 反馈输入引脚
2	EN4	LDO2 使能引脚。当它为高电平时启用 LDO2，当它为低电平时关断 LDO2
3	VIN2	降压变换器 2 输入电压电源引脚
4	SW2	降压变换器 2 开关引脚
5	PGND2	降压变换器 2 接地引脚
6	NC	未用
7	EN2	降压变换器 2 使能引脚。当它为高电平时启用降压变换器 2，当它为低电平时关断降压变换器 2
8	FB2	降压变换器 2 反馈输入引脚
9	VOUT2	降压变换器 2 输出电压引脚
10	VOUT1	降压变换器 1 输出电压引脚
11	FB1	降压变换器 1 反馈输入引脚
12	EN1	降压变换器 1 使能引脚。当它为高电平时启用降压变换器 1，当它为低电平时关断降压变换器 1
13	MODE	降压变换器 1/ 降压变换器 2 控制引脚。高电平时为 PWM 方式，当它为低电平时为自动 PWM/PSM 方式
14	PGND1	降压变换器 1 接地引脚
15	SW1	降压变换器 1 开关引脚
16	VIN1	降压变换器 1 输入电压电源引脚
17	AVIN	模拟输入电压电源引脚
18	AGND	模拟电路接地引脚
19	FB3	LDO1 反馈输入引脚
20	VOUT3	LDO1 输出电压引脚
21	VIN3	LDO1 输入电压引脚
22	EN3	LDO1 能引脚。当它为高电平时启用 LDO1，当它为低电平时关断 LDO1
23	VIN4	LDO2 输入电压引脚
24	VOUT4	LDO2 输出电压引脚

3．封装形式

图 3-136 所示是 ADP5034 集成电路引脚分布图。

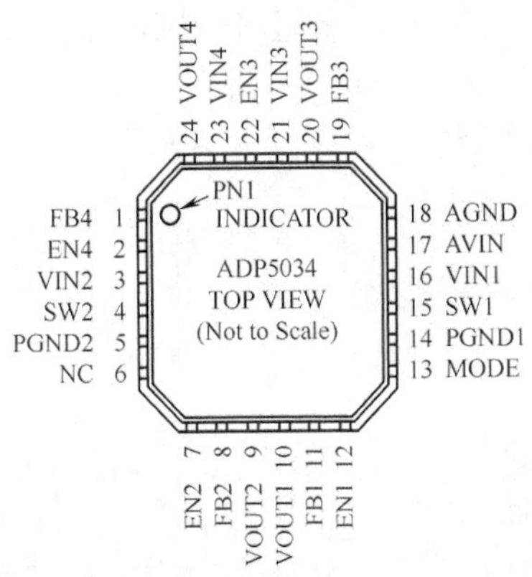

图 3-136　ADP5034 集成电路引脚分布图

3.21 低压差稳压器集成电路知识点“微播”

3.21.1 低压差稳压器集成电路主要参数

1．输入/输出电压差（Dropout Voltage）

输入/输出电压差是低压差稳压器最重要的参数。在保证输出电压稳定的条件下，该电压差越小，稳压器的性能就越好。比如，5.0V的低压差稳压器，只要输入5.5V电压，就能使输出电压稳定在5.0V。

2．输出电压（Output Voltage）

输出电压是低压差稳压器最重要的参数，也是电子设备设计者选用稳压器时首先应考虑的参数。低压差稳压器有固定输出电压和可调节输出电压两种类型。

固定输出电压稳压器使用比较方便，而且由于输出电压是经过生产厂家精密调整的，所以稳压器精度很高。但是其设定的输出电压数值均为常用电压值，不可能满足所有的应用要求。

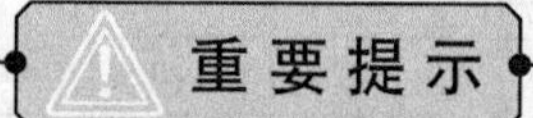

外接元件参数的精度和稳定性将影响稳压器的稳定精度。

3．最大输出电流（Maximum Output Current）

用电设备的功率不同，要求稳压器输出的最大电流也不相同。通常，输出电流越大的稳压器成本越高。为了降低成本，在多只稳压器组成的供电系统中，应根据各部分所需的电流值选择适当的稳压器。

4．接地电流（Ground Pin Current）

接地电流有时也称为静态电流，它是指串联调整管输出电流为零时，输入电源提供的稳压器工作电流。通常较理想的低压差稳压器的接地电流很小。

5．负载调整率（Load Regulation）

图3-137所示是负载调整率示意图。低压差稳压器的负载调整率越小，说明低压差稳压器抑制负载干扰的能力越强。

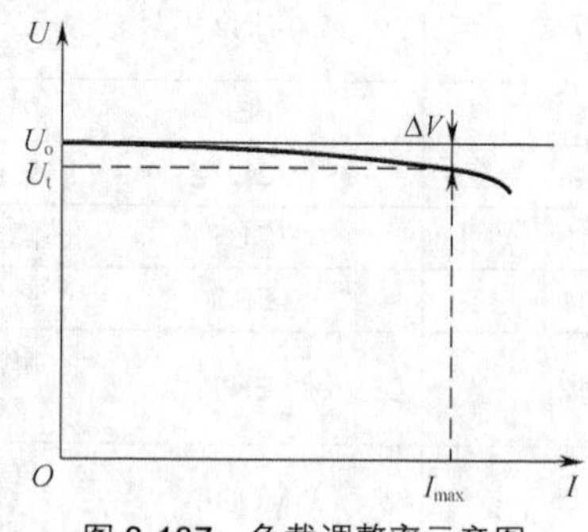

图3-137　负载调整率示意图

ΔV_{load} 由下列公式决定：

$$\Delta V_{\text{load}} = \frac{\Delta V}{U_o \times I_{\max}} \times 100\%$$

式中：ΔV_{load} 为负载调整率；I_{max} 为低压差稳压器最大输出电流；U_t 为输出电流为 I_{max} 时，低压差稳压器的输出电压；U_o 为输出电流为0.1mA时，低压差稳压器的输出电压；ΔV 为负载电流分别为0.1mA和 I_{max} 时的输出电压之差。

6．线性调整率（Line Regulation）

图3-138所示是线性调整率示意图。低压差稳压器的线性调整率越小，输入电压变化对输出电压影响越小，低压差稳压器的性能越好。

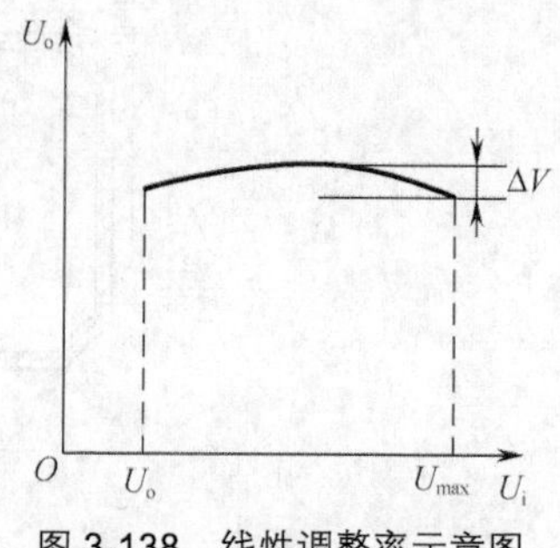

图3-138　线性调整率示意图

低压差稳压器线性调整率ΔV_{line}由下列公式决定：

$$\Delta V_{line} = \frac{\Delta V}{U_o \times (U_{max} - U_o)} \times 100\%$$

式中：ΔV_{line}为低压差稳压器线性调整率；U_o为低压差稳压器名义输出电压；U_{max}为低压差稳压器最大输入电压；ΔV为低压差稳压器输入电压从U_o增大到U_{max}时输出电压最大值和最小值之差。

7．电源抑制比（PSSR）

低压差稳压器的输入源往往存在许多干扰信号。电源抑制比反映了低压差稳压器对于这些干扰信号的抑制能力。

低压差稳压器最重要的指标有4个：输入/输出电压差（Dropout Voltage）、电源抑制比（PSRR）、接地电流（Ground Pin Current）、噪声（Noise）。

3.21.2　低压差稳压器知识点

1．低压差稳压器与开关稳压器比较

低压差稳压器与开关稳压器相比，主要有以下优点。

（1）稳压性能好。

（2）外围电路简单，使用方便。

34. 负反馈放大器中超前式消振电路 6

（3）成本低廉。

（4）低噪声（可达几十微伏，无开关噪声），低纹波（电源抑制比可达60～70dB），这对于无线电和通信设备至关重要。

（5）低静态电流（超低压差稳压器的静态电流可低至几微安至几十微安），低功耗，当输入电压与输出电压接近时可达到很高的效率。

（6）具有快速响应能力，能对负载或输入电压的变化做出快速反应。

2．稳压器分类

根据压差大小可以将稳压器分为4类：标准稳压器、准低压差稳压器、低压差稳压器和越低压差（ULDO）稳压器。

（1）标准稳压器。标准稳压器通常使用NPN调整管，通常输出管的压降大约为2V。例如，常见的输出正电压的78××系列和输出负电压的79××系列集成电路稳压器。

标准稳压器比其他类型稳压器具有较大的压差、较大的功耗和较低的效率。

（2）准低压差稳压器。准低压差稳压器通常使用达林顿复合管结构，以便实现由一只NPN三极管和一只PNP三极管组成的调整管。这种复合管的压降通常大约为1V，比低压差稳压器高但是比标准稳压器低。

（3）低压差稳压器。低压差稳压器通常压差在100～200mV范围。

（4）超低压差（ULDO）稳压器。ULDO稳压器为超低压差稳压器，比低压差稳压器有更低的压差。

3．超低压差稳压器

低压差稳压器电路架构简单，外部组件很少且简单。一般的低压差稳压器架构为：一个误差放大器驱动一个P型MOSFET，利用反馈电位与参考电位做比较，使输出电压保持稳定。

当系统中需求的是超低压差、低输出电压（0.8～1.8V）、高输出电流时，用传统单电源、P-MOSFET的架构来设计低压差稳压器就变得相当困难。因此出现了超低压差稳压器，它采用N-MOSFET来当驱动器，以相同大小的驱动器来说，N-MOSFET的驱动特性一般来说是优于P-MOSFET的。但是，在低输入电压时，N-MOSFET的驱动特性又显不足，且可能不适合整个集成电路的工作电压。为此，采用了另一组电源输入来提供集成电路稳定的工作电压，并且大大提升N-MOSFET的驱动能力。这样能够实现低电压输入转换低电压输出，并且能够具有大的输出电流。

图3-139所示是LTC3409超低压差稳压器集成电路的典型应用电路，它的未稳定直流输入电压为1.6～5.5V，输出稳定的直流电压为1.5V。当改变电路中电阻R1、R2阻值时可以得到更多的输出电压等级。

电路中的电容C1为输入端滤波电容，C3为输出端滤波电容，均使用陶瓷电容器。

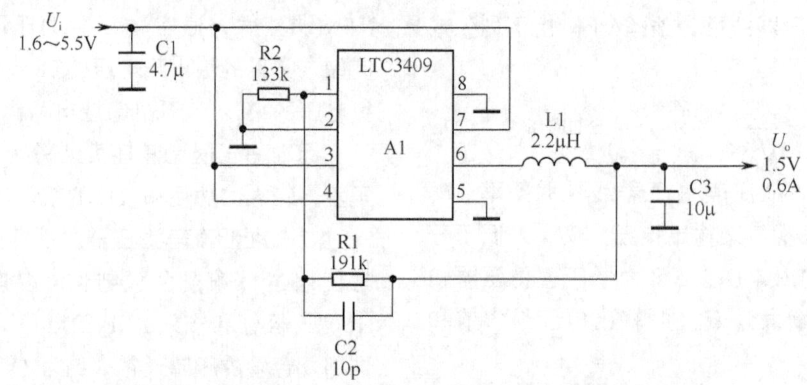

图 3-139 LTC3409 超低压差稳压器集成电路的典型应用电路

表 3-5 所示是不同输出电压 U_o 情况下的电阻 R1、R2 阻值。

表 3-5 不同输出电压 U_o 情况下的电阻 R1、R2 阻值

U_o（V）	R_1（kΩ）	R_2（kΩ）
0.85	51.1	133
1.2	127	133
1.5	191	133
1.8	255	133

图 3-140 所示是另一种超低压差稳压器集成电路 MPC33 外形示意图。

图 3-140 超低压差稳压器集成电路 MPC33 外形示意图

4．稳压器调整管类型

图 3-141 所示是 4 种类型的稳压器调整管。图 3-141（a）所示是 NPN 型单管，图 3-141（b）所示是 NPN 型复合管，图 3-141（c）所示是 PNP 型单管，图 3-141（d）所示是 PMOS 管（PMOS 管是指 N 型衬底、P 沟道，靠空穴的流动运送电流的 MOS 管）。

在输入电压确定的情况下，双极型调整管可以提供最大的输出电流。PNP 型三极管优于 NPN 型三极管，这是因为 PNP 型三极管的基极可以直接接地，必要时使三极管完全饱和。对于 NPN 型三极管而言，三极管的基极只能尽可能地接高的电源电压，这样最小压降限制到一个 PN 结电压降，所以 NPN 管和复合管不能提供小于 1V 的压差。

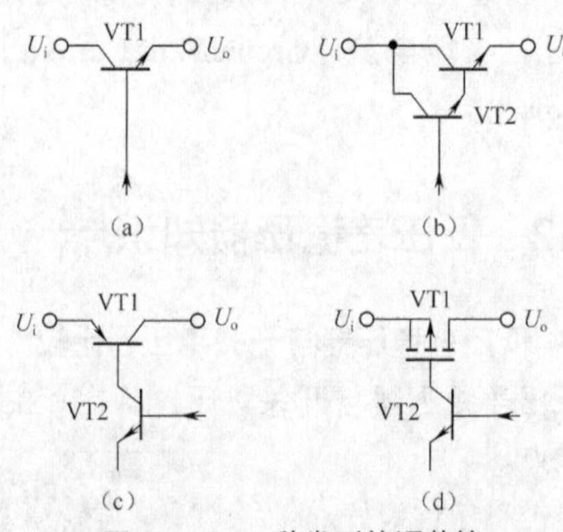

图 3-141 4 种类型的调整管

PMOS 管和 NPN 三极管可以快速达到饱和，这样能使调整管电压损耗和功率损耗最小，可以实现低压差和低功耗。

PMOS 管可以提供尽可能低的电压降。

5．低压差稳压器集成电路输入和输出电容

在低压差稳压器集成电路应用电路中需要接入输入端滤波电容和输出端滤波电容，这两只滤波电容对整个电路的性能有影响。

使用较低 ESR（电容器的等效串联电阻）的大电容器一般可以全面提高电源抑制比、噪声及瞬态性能。

输入端和输出端滤波电容首选陶瓷电容器，这是因为这种电容器价格低，ESR 比较低（10mΩ 量级），而且故障模式是断路，即陶瓷电容器出现故障时表现为开路故障，对稳压

器电路危害不大。采用陶瓷电容时，最好使用X5R和X7R电介质材料，这是因为它们具有较好的温度稳定性。

这两只滤波电容也可以采用钽电容，不过钽电容价格比较高，而且它的故障模式是短路故障，这对稳压器的危害比较大。

3.21.3 低压差稳压器的4种应用类型

1. AC/DC电源中的应用

图3-142所示是低压差稳压器在AC/DC电源中的应用。这一电路中，交流电通过电源变压器降压得到交流低电压，再经过整流滤波电路得到不稳定的直流电压，然后通过低压差稳压器得到稳定的直流电源，并且通过低压差稳压器消除了电源电路中的交流声，抑制了纹波电压。

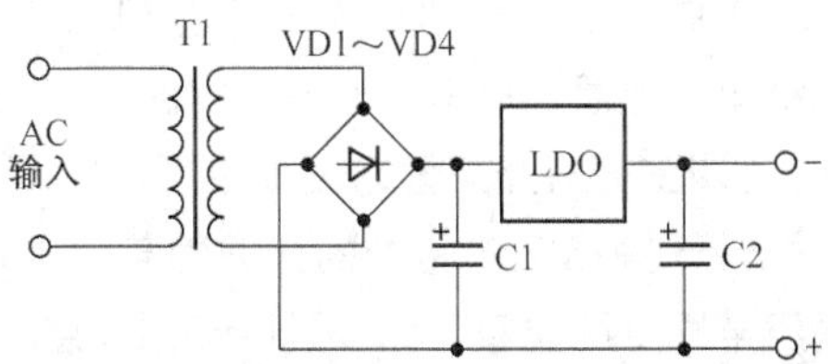

图3-142 低压差稳压器在AC/DC电源中的应用

2. 电池或蓄电池电源电路中的应用

图3-143所示是低压差稳压器在电池或蓄电池电源电路中的应用。

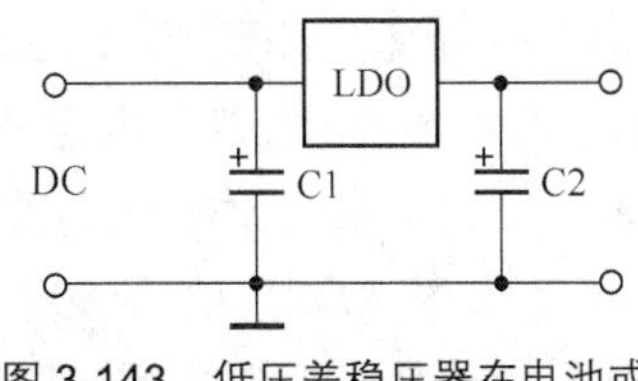

图3-143 低压差稳压器在电池或蓄电池电源电路中的应用

电池或蓄电池的供电电压都会在一定范围内变化，电池或蓄电池随着使用时间的增加，它的输出电压都要下降，在电路中增加了低压差稳压器后，直流工作不仅能够稳定，而且在电池或蓄电池接近放电完毕时，直流输出电压都保持稳定，提高了电池或蓄电池的使用寿命。

3. 开关电源电路中的应用

图3-144所示是低压差稳压器在开关电源电路中的应用。当输入直流电压远远高于所需要的直流工作电压时，可以在低压差稳压器电路之前加一个开关电源电路。

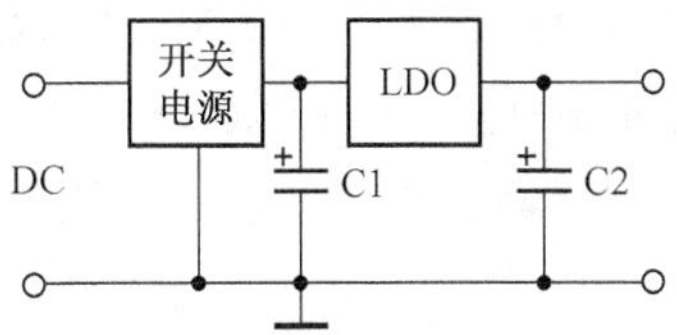

图3-144 低压差稳压器在开关电源电路中的应用

众所周知，开关电源有其独特的优点，如效率很高，输入电压和输出电压可以相差很大等，但是它也有许多缺点，特别是运用于模拟电路中时它的缺点更加明显，如输出纹波电压较高、噪声大、电压调整率较低等。

在开关电源电路之后加入低压差稳压器，可以集两种电路的优点于一体，低压差稳压器可以实现有源滤波，去除干扰，同时大幅度提高了稳压精度，此外电源系统的效率也没有明显下降。

4. 多路相互隔离电源电路中的应用

图3-145所示是低压差稳压器在多路相互隔离电源电路中的应用。在一些应用中，例如通信设备中，往往由一只电源供电，但是需要多组小电源，并且要求这些小电源相互隔离，即其中的一些小电源工作，其他小电源不工作时为了节电需要关断，这时就可以采用多组低压差稳压器电路，通过低压差稳压器集成电路（5根引脚的集成电路）中的控制端进行该集成电路的通、断控制。

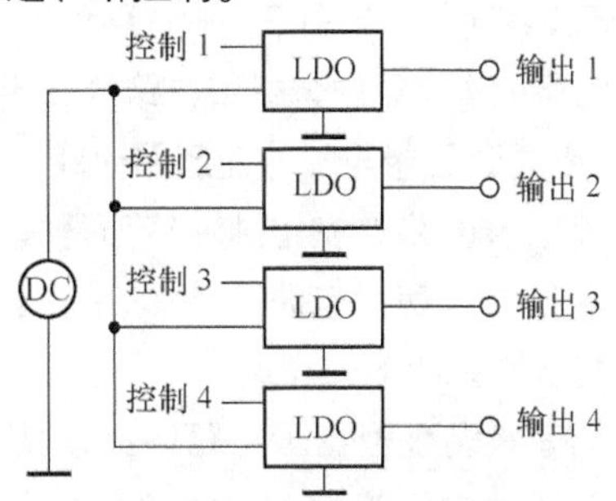

图3-145 低压差稳压器在多路相互隔离电源电路中的应用

3.22 开关型稳压电源

DC/DC是“直流电压转直流电压的意思”，即有一输入直流电压通过DC/DC变换器转换成另一个电压等级的直流电压，或是转换成另一个极性的直流电压（正极性直流电压转换成负极性直流电压）。低压差稳压器也属于DC/DC变换器，现在DC/DC多指开关电源（Switching Power Supply）。开关电源除这种DC/DC变换器外，还有AC/DC变换器，即从交流电压到直流电压的变换器。

重要提示

电子电路中，许多情况下需要将一个直流电压进行升压或是降压，这时就可以使用DC/DC电源变换器。升压时一定要选DC/DC变换器，降压时可以选用线性电源变换器，如果需要降掉的电压很小时可以选用低压差稳压器，需要降低的电压很大时使用DC/DC变换器，此外还需要考虑成本、效率、噪声性能等因素。

3.22.1 开关稳压电源与串联调整型稳压电源比较

开关稳压电路在各种直流稳压电路中，电路结构最复杂，电路变化最丰富，电路识图难度最大，故障分析和检修最困难。

开关稳压电源与串联调整型稳压电源都是电子电器中广泛使用的直流稳压电源，对这两种稳压电源进行详细比较，有利于认识这两种电源电路，有利于电路工作原理的分析和电路故障的检修。

1．电源变压器与脉冲变压器比较

开关稳压电路中使用脉冲变压器，串联调整型稳压电路中使用电源（工频）变压器，对这两种变压器说明下列几点。

（1）串联调整型稳压电路中必须使用电源变压器，通过电源变压器降低220V的交流市电电压。为了有别于开关电源中的脉冲变压器（开关电源中的变压器，又称开关电源变压器），将串联调整型稳压电路中的变压器称为工频电源变压器，俗称电源变压器。

图3-146所示是开关电源变压器实物图。

图3-146 开关电源变压器实物图

（2）开关稳压电路种类较多，只有在脉冲变压器耦合开关电源电路中才使用脉冲变压器（开关电源变压器），其他类型的开关电源都不使用开关电源变压器。

（3）电源（工频）变压器因为工作频率低，采用硅钢片作为铁芯；脉冲变压器工作频率高，采用磁芯。

（4）脉冲变压器与电源变压器相比，体积大幅缩小，重量也只是电源变压器的1/5。

2．调整管与开关管比较

关于开关稳压电路中的开关管与串联调整型稳压电路中的调整管比较说明下列几点。

（1）开关管工作频率高。开关电源中使用开关管，串联调整型稳压电源中使用调整管，两者工作方式不同，三极管的工作频率不同，开关管的工作频率要高得多。

（2）开关管工作在开关状态。开关电源中的开关管工作在开关状态，即要么工作在截止状态，要么工作在饱和状态，例如彩色电视机中的开关管工作频率为15625Hz。工作在这种方式下的开关管功耗很小，效率高，可以达到80%～90%。

（3）开关管功耗小，温度低。工作在开关状态下的三极管由于功率消耗小，所以不需要给开关管很大的散热片，机内温度低，有利于电源电路长时间工作，电源的寿命比较长。

（4）调整管效率低。串联调整型稳压电源中的调整管工作在放大状态，全部的负载电流流过调整管，利用调整管集电极与发射极之间的管压降进行稳压调整，在集电极与发射极之间的管压降大（多余的直流电压全部降在调整管集电极与发射极之间），调整管温度高，需要有较大体积的散热片。另外，从电能的消耗上讲效率低，只有 50%。

3．整流电路和滤波电路比较

关于开关稳压电源与串联调整型稳压电源的整流、滤波电路比较说明下列几点。

（1）整流电路工作电压不同。AC/DC 变换器中的整流电路直接对 220V 交流市电进行整流，整流电路中的交流电压比较高，要求整流二极管的反向耐压高。

串联调整型稳压电源中的整流电路对电源变压器二次绕组输出的交流电压进行整流，整流电路中的交流工作电压比较低，整流二极管的反向耐压低。

（2）滤波电容容量要求不同。开关型稳压电源中滤波电容的容量比较小，这是因为开关管工作频率高，交流成分的频率高，所以采用较小容量的滤波电容能够达到良好的滤波效果。

串联调整型稳压电源中滤波电容的容量比较大，这是因为整流电路输出电压中的交流成分低，所以要采用容量足够大的滤波电容才能达到良好的滤波效果。

（3）滤波电容品质要求不同。开关电源整流输出的脉动性直流电中交流成分频率相当高，普通的铝电解电容由于高频特性不好而不能良好胜任，所以需要使用高频特性好的电解电容才能达到好的滤波效果。

串联调整型稳压电源中整流电路输出的是 50Hz 或 100Hz 交流成分，频率低，使用普通铝电解电容就能很好地完成滤波任务。

4．电路复杂性综合比较

关于开关稳压电源与串联调整型稳压电源的电路复杂性综合比较说明下列几点。

（1）开关稳压电源电路。开关稳压电源电路复杂，主要是控制电路复杂，各种保护电路的加入使本来复杂的电路显得更为复杂。

开关稳压电源电路工作原理的理解相当困难，电路分析时需要有多种条件同时运用，各电路之间相互联系多，所以要求有分析电路的综合能力。

开关稳压电源电路中的保护电路复杂，而且电路分析复杂。

（2）串联调整型稳压电源电路。相对开关稳压电源电路而言，串联调整型稳压电源电路要简单得多，电路工作原理理解和分析比较方便。

串联调整型稳压电源电路中的保护电路简单，电路分析也比较方便。

3.22.2　有关开关稳压电源专业术语的英语单词和缩写

开关稳压电源资料中会涉及一些英语单词和缩写，现集中加以说明。

Buck 意为降压式，其输出电压 U_o 小于输入电压 U_i，极性相同；

Boost 意为升压式，其输出电压 U_o 大于输入电压 U_i，极性相同；

Buck-Boost 意为升压 - 降压式，其输出电压 U_o 大于或小于输入电压 U_i，极性相反，电感传输；

Cuk 意为串联式，降压或升压式，其输出电压 U_o 大于或小于输入电压 U_i，极性相反，电容传输；

36. 负反馈放大器中超前式消振电路 8

Sepic 意为并联式；

Zata 意为塞达式；

PWF 意为调频式；

PWM（Pulse Width Modulation）意为调宽式；

PAM 意为调幅式；

RSM 意为谐振式；

Forward Converter Mode 意为正激式；

Feedback Converter Mode 意为反激式；

Half Bridge Mode 意为半桥式；

Overall Bridge Mode 意为全桥式；

Push Draw Mode 意为推挽式；

RCC（Ringing Choke Converter）意为阻塞式；

CCM（Continuous Conduction Mode）意为连续导电模式；

DCM（Discontinuous Conduction Mode）意

为不连续导电模式；

ZCS（Zero Current Switching）意为零电流开关；

ZCS-PWM 意为零电流开关 - 调宽变换器；

ZVS（Zero Voltage Switching）意为零电压开关；

ZVS-PWM 意为零电压开关 - 调宽变换器；

QRC 意为准谐振变换器。

3.22.3 开关稳压电路种类综述

DC/DC 电源变换器分类的方法较多。DC/DC 基本电路种类繁多，比较复杂，多数电路都具有个性，有典型应用价值，也有的电路并无实用价值。

1．按升压或降压和极性划分

DC/DC 变换器按升压或降压和极性可以分为升压型、降压型、升 / 降压型和反相型电路，如图 3-147 所示。

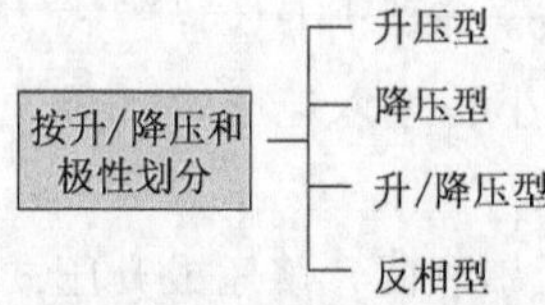

图 3-147 DC/DC 变换器按升压或降压和极性分类

所谓升压型就是通过 DC/DC 变换器升高了输出电压，降压型就是通过 DC/DC 变换器降低了输出电压，升 / 降压型就是通过 DC/DC 变换器既能升高输出电压，同时又能降低输出电压，反相型是指直流输入电压的极性反转了。

2．按输入和输出回路绝缘划分

DC/DC 变换器按照电源输入回路和输出回路是否绝缘分为两种：非绝缘型和绝缘型，且可以进一步分类，如图 3-148 所示。

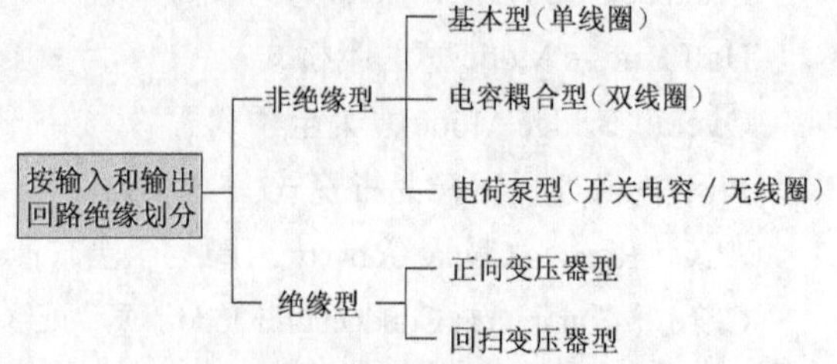

图 3-148 DC/DC 变换器按照电源输入回路和输出回路是否绝缘分类

表 3-6 所示是这几种类型 DC/DC 变换器特点。

表 3-6 DC/DC 变换器特点

电路种类	输出功率	纹波	元器件数目	成本
基本型	大	小	少	低
电容耦合型	中等	中等	中等	中等
电荷泵型	小	中等	少	中等
正向变压器型	大	中等	多	高
反向变压器型	中等	大	中等	中等

3．按开关管连接划分

DC/DC 变换器中的开关管与负载电路之间、开关管与整流电路输出端之间有不同的连接方式。图 3-149 所示是 DC/DC 变换器按照开关管连接方式划分示意图。

图 3-149 DC/DC 变换器按照开关管连接方式划分示意图

（1）串联开关型 DC/DC 变换器。这种开关型稳压电路中的开关管（还有储能电感）串联在输入电路和负载电路之间。

（2）并联开关型 DC/DC 变换器。这种开关型稳压电路中的开关管与输入电压、负载电路是并联的。

（3）脉冲变压器耦合开关型 DC/DC 变换器。这种开关型稳压电路中的开关管与脉冲变压器一次绕组串联后接入整流电路输出端，即与整流电路并联，负载电路与脉冲变压器二次绕组并联。

4．按电路形态划分

DC/DC 变换器按电路形态划分有脉宽调制（PWM）型、谐振型和前两者的组合型，如图 3-150 所示。

脉宽调制型还可以进一步划分，如图 3-151 所示。

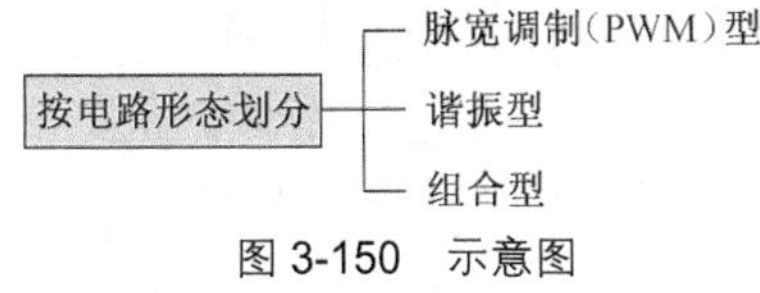

图 3-150　示意图

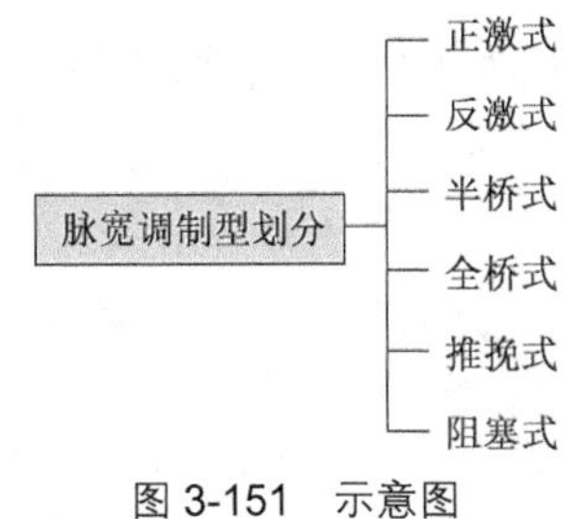

图 3-151　示意图

（1）脉宽调制型。在脉宽调制型中按开关的形式分为两种：一是“硬开关”，二是“软开关”。

①“硬开关”的意思是，电子开关管外加控制脉冲，外加的控制脉冲用来控制开关管的通与断，这种控制脉冲控制开关管通和断时与开关管本身集电极和发射极（场效应管为漏极和源极）两端的直流电压无关，也与流过开关管集电极和发射极的电流无关。硬开关关断和导通时，开关管上同时存在电压、电流，损耗是比较大的（相对于“软开关”）。

②“软开关”的意思是，采用这样的一种控制方式，使流过电子开关管集电极与发射极的电流为零时开关管关断，或使电子开关管集电极与发射极两端电压为零时开关管导通而提供电流。“软开关”的导通、关断损耗理想值为零，由于损耗小，开关频率可提高到兆赫级，开关电源体积、重量显著减小。

正激式是输出电压与激励信号同相，就是在开关管导通时开关变压器二次绕组输出电压。反激式是开关管关闭时开关变压器二次绕组输出电压。

（2）谐振型。可以使用 LC 谐振方法使电子开关管集电极和发射极上的电压或电流按正弦规律变化，具有这种导通和关断电子开关管条件的，称为谐振型变换器。

在 LC 谐振电路工作时，电子开关管集电极和发射极两端电压按正弦规律振荡，当振荡到零时，电子开关管导通，开关管集电极和发射极流过电流，称为零电压导通。同理，当流过电子开关器件的电流振荡到零时，电子开关管断开，称为零电流关断。

准谐振是这样，由于 LC 谐振电路的正向和反向 LC 回路参数值不一样，即振荡的正向和反向频率不同，电流幅值也不同，所以振荡不对称。通常，正向正弦半波大于负向正弦半波，所以常称为准谐振。无论是 LC 串联谐振还是 LC 并联谐振都会产生准谐振。

准谐振是开关技术的一次飞跃，准谐振变换器分为零电流开关准谐振变换器和零电压开关准谐振变换器。

LC 谐振分为串联谐振和并联谐振，所以分为串联和并联谐振变换器两种。

变换器中的谐振电路、参数可以超过两个，称为多谐振变换器。

（3）组合型。组合型的种类很多，举例如下。

① 零开关 - 脉宽调制型变换器是指在准谐振变换器中，增加一个辅助开关控制的电路，使变换器一周期内，一部分时间按零电流开关（ZCS）或零电压开关（ZVS）准谐振变换器工作，另一部分时间则按脉宽调制型变换器工作。这样，变换器既有电压过零（或电流过零）控制的“软开关”特点，又有脉宽调制型恒频调宽的特点。

这种变换器的谐振电路中的电感与主开关串联。

② 零转换 - 脉宽调制型变换器与零开关 - 脉宽调制型变换器无本质上的差别，同样是“软开关”与脉宽调制型变换器的结合，只是谐振电路与主开关并联。

5. 按激励方式划分

DC/DC 变换器中的开关管在电源接通时，要有一个启动电压才能导通。DC/DC 变换器按激励方式可分为多种，如图 3-152 所示。

37. 负反馈放大器中滞后式消振电路 1

（1）自激式 DC/DC 变换器。这种开关型稳压电路利用电源电路中的正反馈电路来完成自激振荡，启动电源。

（2）他激式 DC/DC 变换器。这种开关型稳压电路中专门设有一个振荡器，利用它来启动电源。

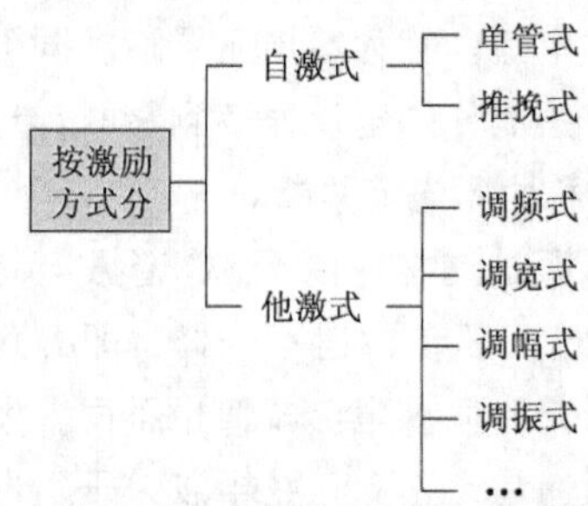

图 3-152　DC/DC 变换器按激励方式分类

（3）调宽式 DC/DC 变换器。这种开关型稳压电路通过改变开关管基极上的开关脉冲宽度来稳定输出电压。

（4）调频式 DC/DC 变换器。这种开关型稳压电路通过改变开关管基极上的开关脉冲频率来稳定输出电压。

谐振式可以进一步划分，如图 3-153 所示。

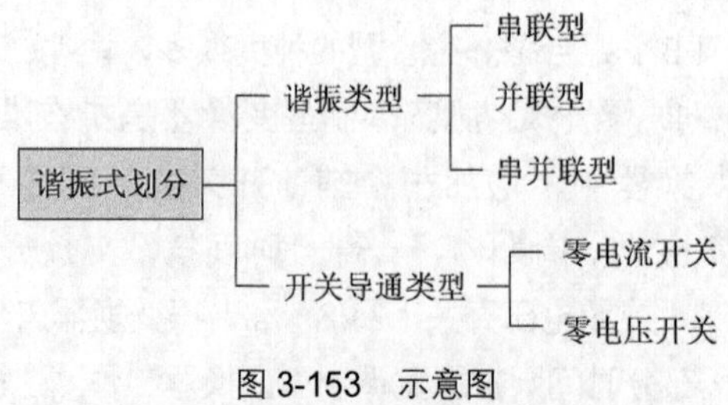

图 3-153　示意图

6．按控制信号隔离方法划分

DC/DC 变换器按控制信号的隔离方法划分主要有 4 种，如图 3-154 所示。

有些电路通过电子元器件完成电压 / 频率，或者频率 / 电压的转换工作后，采用变压器与控制信号进行隔离。

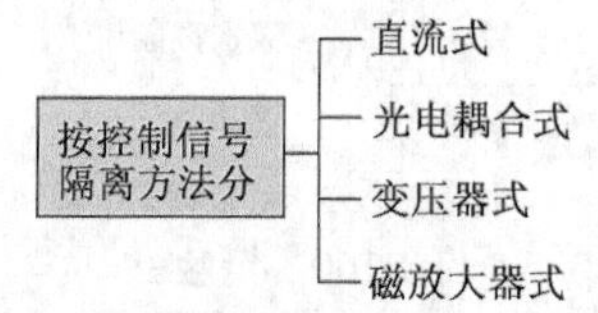

图 3-154　DC/DC 变换器按控制信号的隔离方法分类

7．按电感电流是否连续划分

DC/DC 变换器按电感电流是否连续可分为两种工作模式，如图 3-155 所示。

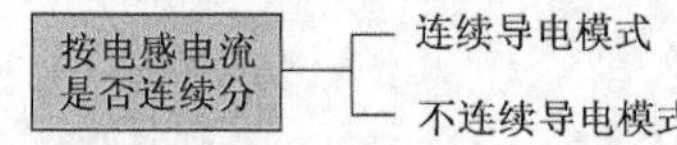

图 3-155　DC/DC 变换器按电感电流是否连续分类

连续导电模式用 CCM 表示，DC/DC 变换器在重载时通常工作于连续导电模式。不连续导电模式用 DCM 表示，DC/DC 变换器在轻载时工作于这种模式。

3.22.4　串联型开关稳压电路

图 3-156 所示是串联型开关稳压电路方框图。通过这一方框图可以掌握串联型开关稳压电路的基本工作原理。电路中，VT1 是开关三极管；L1 是储能电感；VD1 是续流二极管；C1 是滤波电容；R1 是稳压电源的负载电阻；U_i 是未经稳压的直流输入电压，它来自于整流电路的输出端；U_o 是经过稳压电路稳压后的直流输出电压。

1．电路组成

从电路中可以看出，开关管 VT1 和储能电感 L1 串联在输入电压和负载之间，所以这是串联型开关稳压电路。

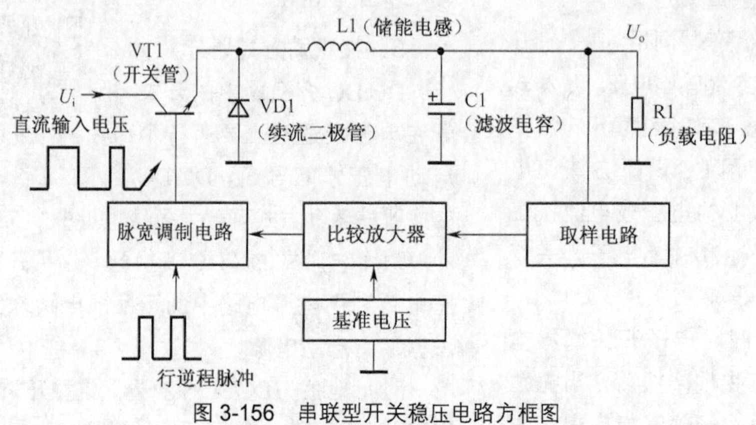

图 3-156　串联型开关稳压电路方框图

电路中还设有取样电路、基准电压电路、比较放大器电路和脉宽调制电路，前面3种电路与串联调整型稳压电路中的取样电路、基准电压电路、比较放大器电路作用一样。

脉宽调制电路用来控制开关的导通与截止，通过开关管VT1控制开关稳压电路的直流输出电压大小，稳定直流输出电压。

2. 电路工作分析

电路中，输入U_i是直流电压，所以它就是开关管VT1的集电极直流电压，VT1管发射极通过负载电路（负载电阻R1）与地相连，这样VT1管的导通与截止就受其基极上的脉冲信号控制。

关于开关管导通和截止工作过程主要说明下列几点。

（1）VT1基极正极性脉冲电压出现期间。在开关管VT1基极加有正极性脉冲电压期间，VT1管基极为高电平，如图3-157所示，给VT1管正向偏置，使VT1管导通；没有脉冲出现在VT1管基极期间，VT1基极为低电平，VT1管处于截止状态。

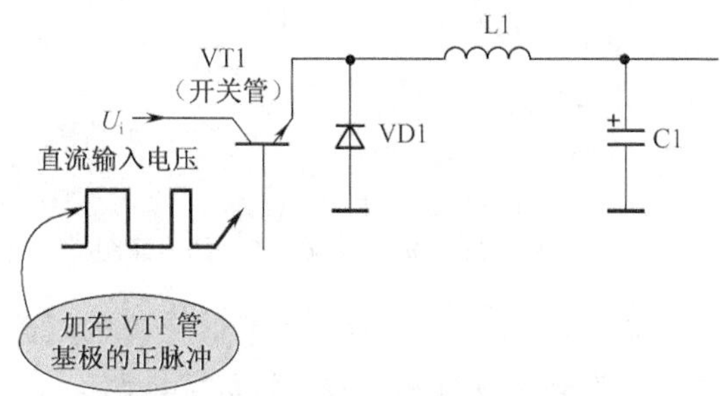

图3-157 示意图

开关脉冲的出现与否决定开关管VT1是否导通。

（2）VT1管导通期间。在VT1管导通期间，输入电压U_i为电路提供电流，这一电流流过储能电感L1，如图3-158所示，通过L1将电能提供给负载R1，同时输入电流又以磁能的形式储存在L1中（电感器与电容器一样具有存储电能的特性），L1储能电感之名由此而来。

（3）VT1管截止期间。在VT1管截止期间，VT1管集电极与发射极之间相当于开路，此时输入电压U_i无法为负载供电，这期间改由电容C1对负载R1放电，为负载提供直流工作电压。

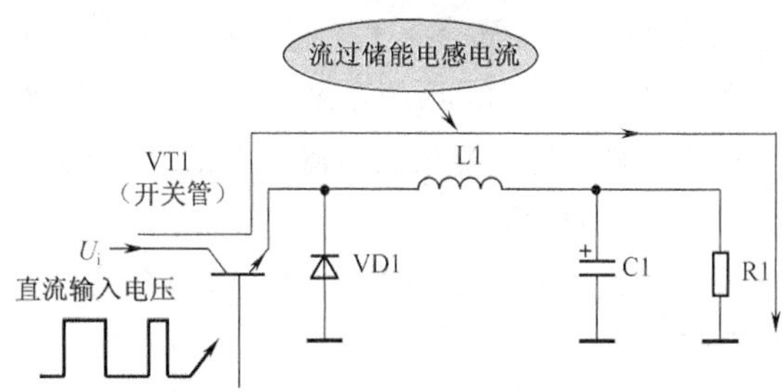

图3-158 示意图

与此同时，由于储能电感L1的输入电压断开，在储能电感L1两端要产生电动势，其极性在L1上为左负右正，这一电动势通过续流二极管VD1对电容C1充电，如图3-159所示，这一充电过程将磁能转换成电能形式储存在电容C1中，为电容C1补充电能。

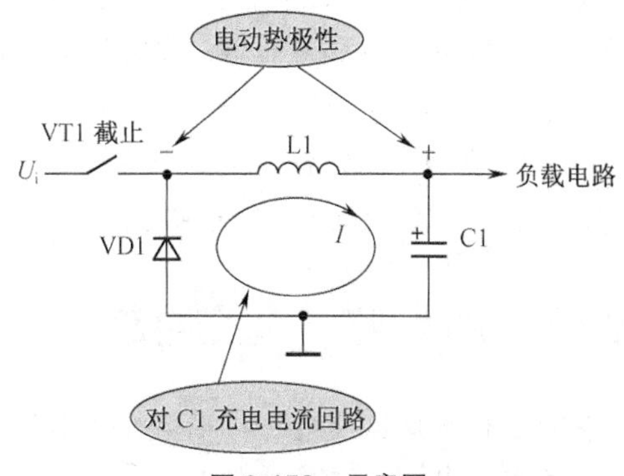

图3-159 示意图

（4）VT1管基极正脉冲再次出现。当VT1管基极上正脉冲再次到来时，VT1管再度导通，为储能电感L1补充能量，开始了第二个循环。

3. 稳压过程

由于VT1管导通与截止受到VT1管基极脉冲电压控制，所以VT1管工作在导通、截止的开关状态，开关型稳压电路的名称由此而来。

在一定时间内，如果开关管VT1导通的时间长、截止的时间短，在L1中储存的电能就多，稳压电路的输出电压就大。如果VT1管的导通时间短、截止时间长，则L1中的电能就少，稳压电路的输出电压就小。显然，改变VT1管基极上的脉冲宽度就能改变稳压电路的输出电压大小。

当开关稳压电路输出端的直流工作电压大小波动时，通过取样电路取出直流输出电压大小波动的成分（电压）加到比较放大器中，在比较放大器中完成与基准电压的比较和放大，输出误差控制电压给脉宽调制电路，再控制开关管 VT1 基极上的脉冲宽度，控制 VT1 导通与截止特性，达到稳定直流输出电压的目的。

4．电路分析说明

关于这种串联型开关稳压电路还要说明以下几点。

（1）由于输入电压与负载是串联关系，没有隔离电路，所以整个电路是带电的，称为热底板，在调试和修理时要注意安全。

（2）由于开关管与负载串联，所以对开关管的反向耐压要求不高。

（3）这种开关稳压电路只能输出一个电压等级的直流工作电压，而且输出电压低于输入电压。如果这种开关电源用于彩色电视机中，由于彩色电视机往往需要电源电路输出多个等级的直流工作电压，显然这一电路不够方便，加上又是热底板，所以这种电路只用于一些单一直流工作电压等级的电子设备中。

3.22.5 并联型开关稳压电路

图 3-160 所示是没有脉冲耦合变压器的并联型开关稳压电路。电路中的 L1 是储能电感，VT1 是开关管，VD1 是脉冲整流二极管，C1 是滤波电容，R1 是稳压电路的负载电阻。

从电路中可以看出，储能电感 L1 与开关管 VT1 之间是串联连接，然后并联在直流输入电压 U_i 上。

1．VT1 管基极开关脉冲为高电平期间

VT1 管导通，这时输入电压 U_i 给电感 L1 供电，电流通过 L1 和导通的 VT1 管集电极、发射极成回路，如图 3-161 所示，此时将电能以磁能的形式储存在储能电感 L1 中。

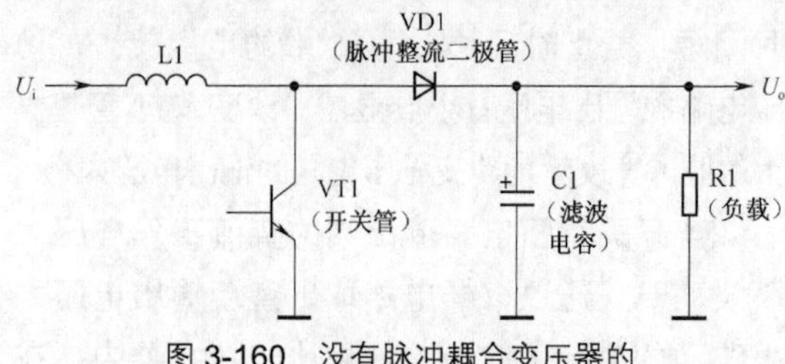

图 3-160　没有脉冲耦合变压器的并联型开关稳压电路

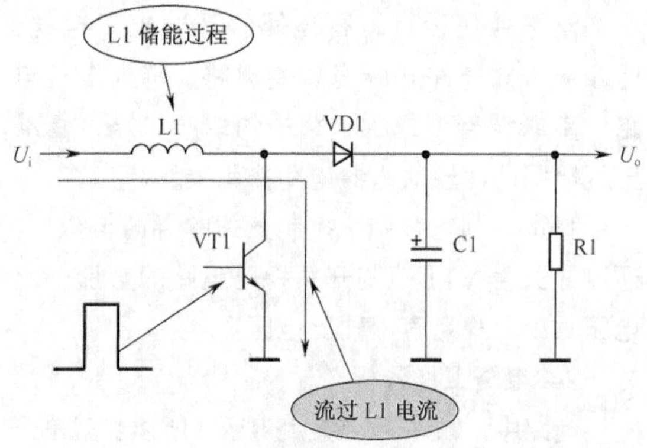

图 3-161　L1 电流回路

在 VT1 管导通期间，由于 VT1 管的集电极为低电平，所以 VD1 正极电压很低，VD1 截止，截止后的 VD1 将滤波电容 C1 与前面的储能电感等电路脱开。图 3-162 所示是 C1 向负载放电电流回路示意图。

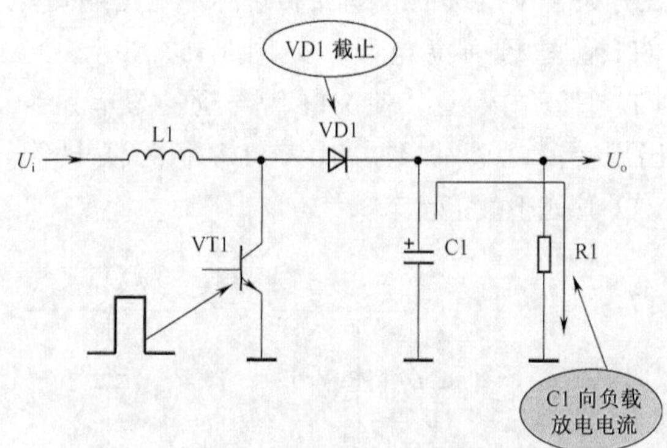

图 3-162　C1 向负载放电电流回路示意图

在此期间，以电容 C1 中所储存的电能通过对负载电路放电的形式，为负载电路（R1）提供直流工作电压。

2．VT1 管基极开关脉冲为低电平期间

VT1 管截止，L1 产生反向电动势，其极性为左负右正，如图 3-163 所示。这一电动势使 VD1 管导通，电动势所产生的电流 I 流过 VD1，对 C1 充电，补充 C1 中的电能，并为负载电路供电。此时，L1 中的磁能转换成 C1 中的电能。

电路中，改变 VT1 管基极脉冲的宽度，可以改变稳压电路输出电压的大小，并且可以使输出电压高于输入电压，所以这是一个不用变压器也能升高直流电压的电路，其升压原理是这样：当 VT1 管截止时，加到电容 C1 上的电

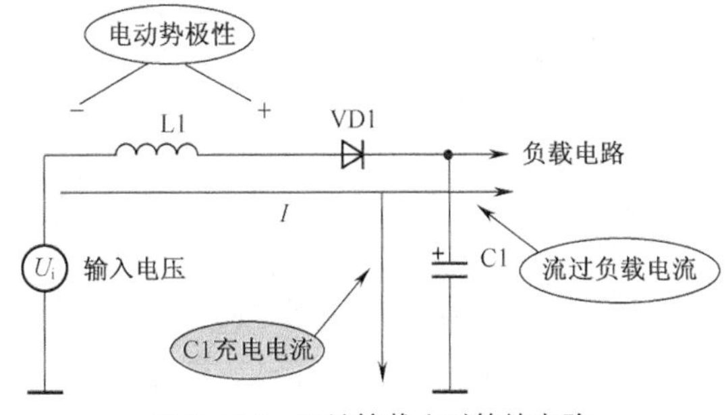

图 3-163 开关管截止时等效电路

压是 L1 上的反向电动势和输入电压之和，因为这两个直流电压顺串联，如图 3-164 所示。

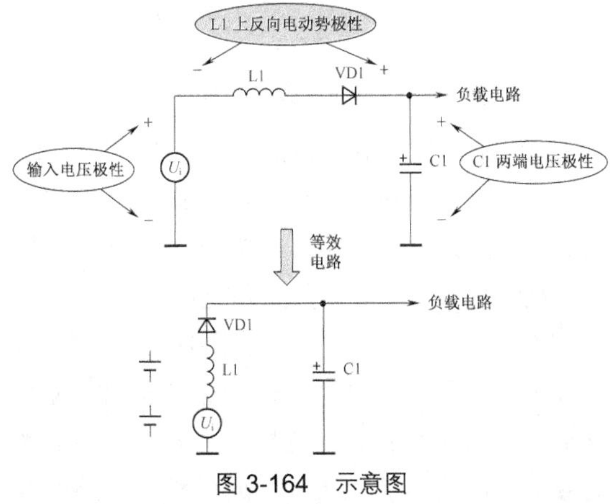

图 3-164 示意图

3.22.6 脉冲变压器耦合并联开关型稳压电路

图 3-165 所示也是并联开关型稳压电路，只是电路中多了一只脉冲变压器 T1。L1、L2 和 L3 构成脉冲变压器，其中 L1 是储能电感，为 T1 的一次绕组，L2 是 T1 的二次绕组，L3 是正反馈绕组（用来起振）；VT1 是开关管；VD1 是脉冲整流二极管；C1 是滤波电容；R1 是稳压电路的负载电阻。

1. 电路组成

这一电路最大的变化是多了脉冲变压器 T1，T1 由一个一次绕组和两个二次绕组构成，开关电路中所用的储能电感是 T1 的一次绕组 L1。

L3 也是脉冲变压器的一组绕组，它用来启动开关管，即在接通电源时让开关管 VT1 进入导通状态，所以将 L3 称为起振绕组，在这一开关稳压电路中还有一个振荡电路。

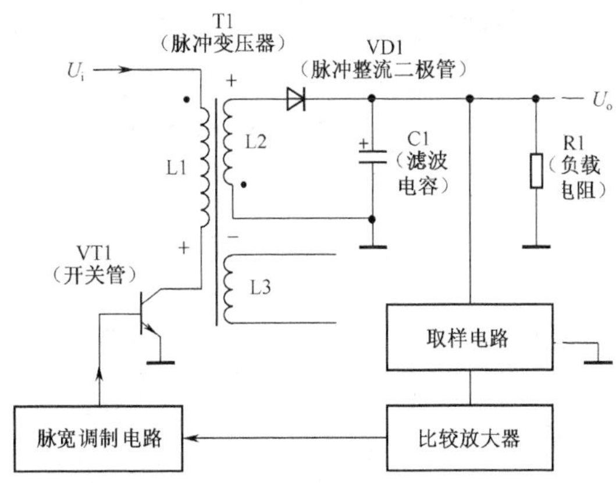

图 3-165 脉冲变压器耦合并联开关型稳压电路

其他电路与前面介绍的开关电路相似。

2. 电路工作原理

脉冲变压器 T1 具有普通变压器的特性，只是工作电流为脉冲电流。

（1）VT1 管基极开关脉冲为高电平期间。VT1 管导通，输入电压 U_i 产生的电流通过 L1 和导通的 VT1 管集电极、发射极成回路，如图 3-166 所示，此时将电能以磁能的形式储存在 L1 中。

从电路中 L1 和 L2 的同名端标记可以知道，由于 VT1 管集电极为低电平，所以 VD1 正极为低电平，见图中“-”所示，VD1 截止。在此期间，由电容 C1 中所储存的电能为负载电路提供直流工作电压，如图 3-166 所示。

（2）VT1 管基极开关脉冲为低电平期间。VT1 管截止，L1 产生反向电动势，其极性为上负下正，这一脉冲电压由变压器耦合到二次绕组 L2，其极性为上正下负，即这一电动势使 VD1 管正向偏置而导通，如图 3-167 所示。这一电动势所产生的电流流过 VD1，对 C1 充电，电流回路如图 3-167 所示，此期间完成将 L1 中磁能转换成 C1 中电能。

电路中，通过脉宽调制电路，改变 VT1 管基极脉冲的特性，同样可以改变稳压电路输出电压的大小。

39. 负反馈放大器中滞后式消振电路 3

3. 几点说明

关于脉冲耦合变压器并联型开关稳压电路还要说明以下几点。

（1）由于采用了脉冲耦合变压器，交流电网与稳压电路的负载电路之间隔离，脉冲变压器二次绕组回路的电路为冷底板，为调试和修

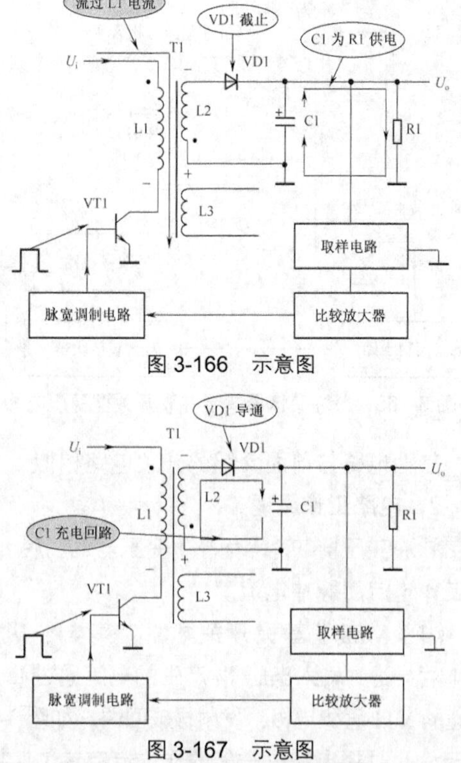

图 3-166　示意图

图 3-167　示意图

理提供了方便。但是，对于开关管、L1 绕组，以及前面的整流电路等仍然为热底板。

（2）这种电路的脉冲变压器如果设有多个不同匝数的二次绕组，每组二次绕组可以构成一个脉冲整流电路，这样可以获得不同等级的几路直流输出电压，这是前两种开关稳压电路所办不到的，而彩色电视机中需要这种多等级的直流工作电压，所以这种并联型开关稳压电路在彩色电视机中应用十分广泛。

（3）对开关管 VT1 的反向耐压要求比较高。

3.22.7　调宽式和调频式开关型稳压电路

调宽式和调频式是指对开关管导通、截止的控制方式，前者是调整开关管开关脉冲的宽度，后者是调整开关管开关脉冲的频率。

1．调宽式开关型稳压电路工作原理

图 3-168 所示的开关脉冲波形可以用来说明调宽式电路的工作原理。

关于调宽式开关稳压电路中开关管调宽电路的工作原理主要说明下列几点。

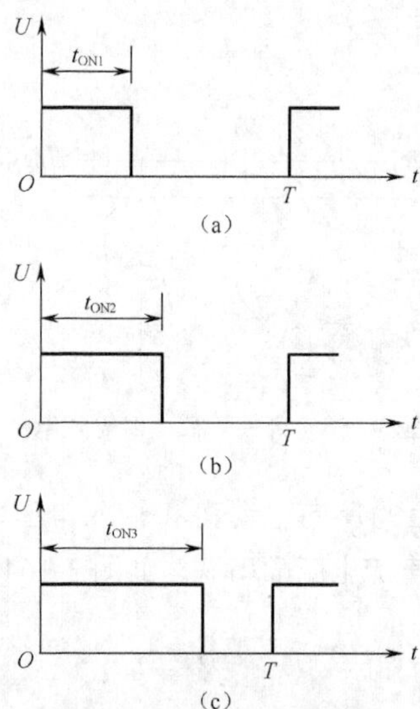

图 3-168　调宽式脉冲波形示意图

（1）从调宽式脉冲波形示意图中可以看出，加到开关三极管基极上的脉冲电压周期 T 不变，但是脉冲出现时间 t_{ON} 可以改变，这样脉冲的占空比（即脉冲出现时间与消失时间之比）可以变化。

（2）在一个周期 T 内，当脉冲出现时间 t_{ON} 比较长时，开关管导通的时间比较长，对储能电感的充电时间较长，这样一个周期 T 内储能电感中的能量存储比较多，所以稳压电路的直流输出电压比较大。

（3）图 3-168（a）所示脉冲电压出现时间最短，开关稳压电路输出的直流工作电压最小；图 3-168（c）所示脉冲电压出现时间最长，开关稳压电路输出的直流工作电压最大；图 3-168（b）所示脉冲电压出现时间居中，开关稳压电路输出的直流工作电压居中。

（4）通过上述脉冲波形分析可知，改变开关脉冲的 t_{ON}，可以改变输出电压的大小，达到控制输出电压的目的。在稳压过程中，脉宽调制电路通过改变加到开关管基极上的脉冲电压宽度，实现直流输出电压的自动稳定。

2．调频式开关型稳压电路工作原理

图 3-169 所示开关脉冲波形示意图可以说明调频式开关型稳压电路的工作原理。

关于调频式开关稳压电路中开关管调频电路的工作原理主要说明下列几点。

（1）从调频式脉冲波形示意图中可以看出，加到开关三极管基极上的脉冲电压周期 T 不断变化，脉冲消失时间 t_{OFF} 不变，但是脉冲出现时间 t_{ON} 在变，变脉冲的占空比同样可以变化，这样也能控制稳压电路的输出电压大小。

（2）从图 3-169 中可以看出，图 3-169(a) 所示脉冲出现时间最短，所以这时开关稳压电路输出的直流工作电压最小；图 3-169(c) 所示脉冲出现时间最长，所以这时开关稳压电路输出的直流工作电压最大；图 3-169(b) 所示居中。

（3）调频式电路中通过改变加到开关管基极脉冲的频率，实现直流输出电压的调整。

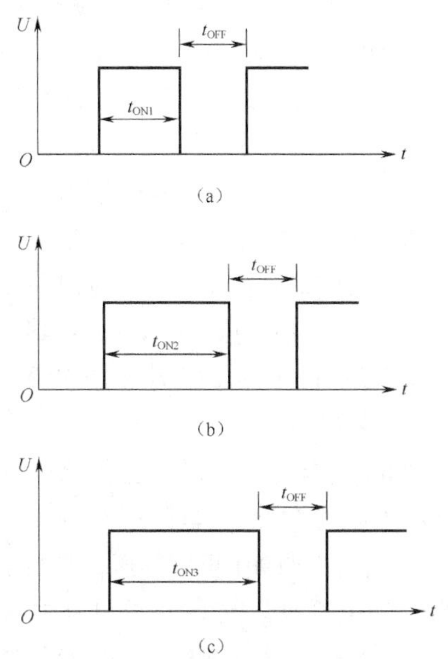

图 3-169　调频式脉冲波形示意图

3.22.8　实用开关稳压电源电路之一

图 3-170 所示是一种实用开关稳压电源电路。这是一个自激式脉冲变压器耦合并联型调宽开关电路。电路中，T901 是脉冲变压器；VT901 是开关三极管；VT902 是比较放大管；VT903 是脉宽调制三极管；基准电路由厚膜组件 CP90 担任；T906 是消磁线圈。

1．电源输入电路和整流 / 滤波电路分析

（1）电源输入电路。交流市电经双刀双掷电源开关 S901 后，直接加到桥式整流电路中，这种 220V 交流市电直接加到整流电路中的电路形式，在彩色电视机电源电路中十分常见。

F901 是交流输入回路中的保险丝，C901 用来抑制外电网对开关电源的干扰。

（2）整流和滤波电路。VD901 ～ VD904 构成桥式整流电路，并在整流二极管上的小电容具有保护整流二极管和抗干扰的作用。

整流电路输出的电压由 C906、L901、C907 进行滤波，其中 C901 是高频滤波小电容，用来滤掉高频干扰。滤波后的直流电压是不稳定的，这一电压要加到稳压电路中。

2．自激振荡过程

这是一个自激式的开关电源，电源的启动是由电源电路中的正反馈回路与开关管一起自

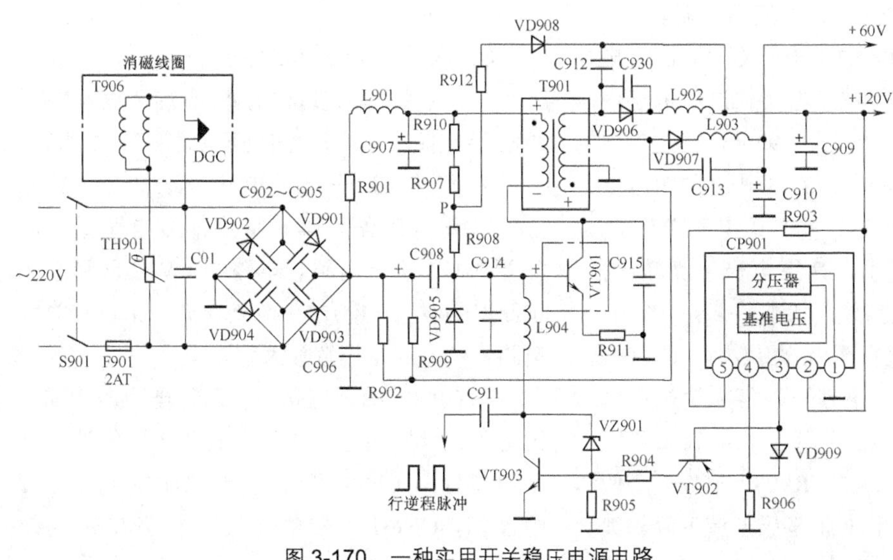

图 3-170　一种实用开关稳压电源电路

激振荡后完成的。自激振荡电路由R910、R907、R908、VT901、T901、R902、R909、C908等构成。

这一电路的自激过程是这样：在开机后，整流、滤波后的直流电压通过T901的一次绕组加到开关管VT901的集电极，同时直流电压通过R910、R907和R908加到VT901基极，使VT901基极电流从零开始增大，便有集电极电流从零增大过程，集电极电流是流过T901一次绕组的，在这一绕组上的电压极性是上正下负。

有电流流过脉冲变压器一次绕组后，二次绕组上要有输出电压，图3-170中二次绕组下端与一次绕组上端为同名端，这样二次绕组下端输出的正极性电压经R902和R909、电容C908加到VT901的基极，使VT901的基极电流更大，导致集电极电流更大，显然这是正反馈过程，正反馈的结果是很快使开关管VT901从截止进入饱和导通状态。

开关管导通说明稳压电路启动，这是自激振荡过程。

（1）VT901饱和导通后。稳压电路工作，电路中的各三极管均进入工作状态，其中VT903也导通了，这时T901二次绕组下端的正极性电压继续对电容C908充电，其充电回路如下：

二次绕组下端→R902和R909→C908→L904→VT903集电极→VT903发射极→地端→T901二次绕组抽头→二次绕组下端。

随着对电容C908的充电，C908上的电压升高，其电压极性为左正右负，这一电压使VT901的基极电压下降。当C908上的充电电压大到一定程度后，即VT901基极上的电压低到一定程度后，由于VT901的基极电压降低了，VT901的基极电流减小，其集电极电流减小，使VT901从饱和退回到放大状态。

由于VT901集电极电流的减小，即T901一次绕组电流的减小，要在一次绕组两端产生反向电动势，其极性为上负下正，即在二次绕组下端为负，通过R902、R909和C908，使VT901基极为负，使VT901基极电流下降，其集电极电流下降，显然这是正反馈过程，其结果是很快使VT901进入截止状态。

（2）VT901从放大过渡到截止。VT901在截止状态期间T901的二次绕组输出电压，其极性为上正下负，这一电压给VD906和VD907都是正向偏置，所以两只脉冲整流二极管导通，分别给C909和C910充电，为它们补充能量。由于T901二次绕组是设抽头的，所以输出的直流电压等级是不同的，分别是+54V和+108V。

C909和C910是滤波电容，L902和L903是高频滤波电感，并用来防止高频干扰辐射，C913也是高频抗干扰电容，采用这些高频抗干扰措施是为了防止开关干扰对图像的影响。

（3）开关管VT901截止后。电容C908上左正右负的电压开始放电，其放电回路如下：

C908左端→R902和R909→T901二次绕组下端→T901二次绕组抽头→地端→二极管VD905正极→VD905负极→C908右端。由于这一放电回路的时间常数很小，所以放电很快结束。

在C908放电结束后，来自整流电路输出端的直流电压经R908等电阻再次为VT901提供基极电流，使VT901再度导通，开始了自激振荡的第二个周期。在自激式电路中，为了最终能够让行逆程脉冲来控制开关管的导通与截止，要求自由振荡周期略大于行周期，通常取10kHz。

3．取样、比较和放大电路分析

开关电源是通过取样电路、比较和放大电路、脉宽调制电路，最终通过控制开关管来实现稳压的。

为了说明这一电源电路中取样、比较和放大电路的工作原理，将这部分电路重画成如图3-171所示电路。电路中，VT902和厚膜电路CP901（HM9012）构成取样、比较和放大电路；VT903是调宽放大管。

在CP901的内电路中有两只电阻，构成分压电路，稳压电路输出端的直流电压经这一分压电路，从CP901③脚取出电压加到VT902的基极。CP901内部的稳压二极管VZ1接在VT902的发射极上，构成基准电压电路。

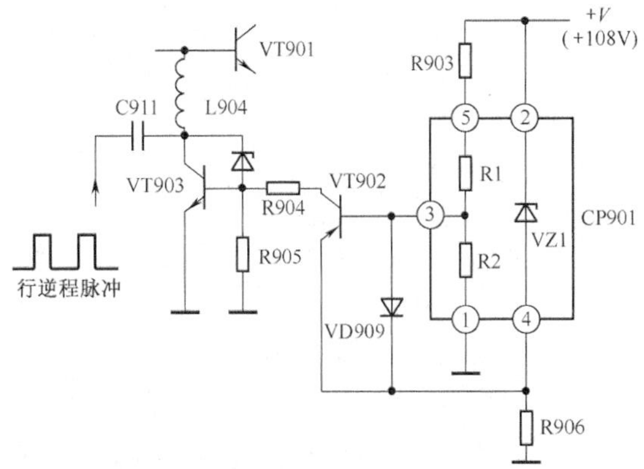

图 3-171　取样、比较和放大电路

当稳压电路输出端的直流电压 +V（+108V）在增大时，通过 VZ1 使 VT902 的发射极电压增大，通过分压电路也使 VT902 的基极电压增大，但是发射极的电压增大量大于基极的增大量（因为基极电压是分压后的电压，增大量较小），这样导致 VT902 的发射结正向偏置电压增大，集电极电流增大，使通过 R904 流入调宽放大管 VT903 的基极电流增大，其集电极与发射极之间的内阻减小。

同理，当稳压电路的输出电压下降时，通过上述电路后会使 VT903 的集电极与发射极之间的内阻增大。

由上述分析得到这么一个结论：当稳压电路直流输出电压增大时，VT903 的集电极与发射极之间内阻减小；当直流输出电压下降时，VT903 集电极与发射极之间的内阻增大。

4．脉宽调制电路分析和稳压原理

前面讲过对电容 C908 的充电回路有 VT903 集电极与发射极之间的内阻。当这一内阻比较小时，C908 的充电时间常数就小，C908 充电就快，充电时间就短，开关管导通时间就短。反之，这一三极管的内阻较大时，C908 的充电就慢，充电时间就长，开关管导通时间就长。

稳压过程是这样：在 C908 充电期间，开关管 VT901 导通。当稳压电路的输出电压增大时，VT903 集电极与发射极之间的内阻减小，使 C908 充电快，VT901 导通时间短，即开关管导通的时间短，这样对储能电感的充电能量就小，稳压电路的输出电压减小，达到稳压的目的。

当稳压电路的输出电压减小时，VT903 的内阻增大，C908 充电慢，说明开关管 VT901 导通时间长，这样储能电感中的能量增大，使稳压电路的输出电压增大，以稳定输出电压。

5．行逆程脉冲同步过程

行逆程脉冲通过 C911 和 L904 加到开关管 VT901 基极，当开关管截止时，由于行逆程脉冲出现，VT901 从截止提前进入饱和状态，只要电路的自激振荡周期大于行频周期，这种强迫同步就能实现。

开关管的开关频率就是行频，采用行频作为开关管的工作频率是为了减小开关电源对图像的干扰影响。

由于开关管的开关频率是由行频控制的，这样开关管的工作周期是一定的。开关管导通时间的长短是由输出电压的大小决定的，它是可以改变的，所以这是一个调宽式电路。

6．过压保护电路分析

开关型稳压电源的一个优点是能够很方便地引入各种保护电路，这一电源电路设有 3 种保护电路：一是过压保护电路，二是行输出过流保护电路，三是场输出级短路保护电路。图 3-172 所示是这种机芯电源电路中的保护电路，电路中的 VT704 用于保护电路中的晶闸管；VT702 是行输出管；M601 构成场输出级电路；T703 是行输出变压器。

过压保护电路是用来防止彩色电视机中高压太高的电路，当高压太高时会出现危险情况。这一保护电路的工作原理是：当高压升高时，行输出变压器 T703 的另一组绕组（②-③）两端的电压也升高，这一电压经 VD707、VD705 和 C729 构成的倍压整流电路的整流，再经 C730 滤波后，加到电源电路中 CP701 的①脚上，经内电路中的 R1、R2 分压，加到稳压二极管上，使之导通，这样 CP701 的③脚输出一个直流电压，加到晶闸管控制极上，使之导通。

在 VT704 导通后，将电阻 R729 接地，由于该电阻只有 1Ω，这样相当于将稳压电源 +60V 输出端对地短接，使脉冲变压器的二次绕组对地短接，自激振荡所需要的正反馈被破坏，电源电路停止工作，没有直流电压输出，达到过压保护的目的。

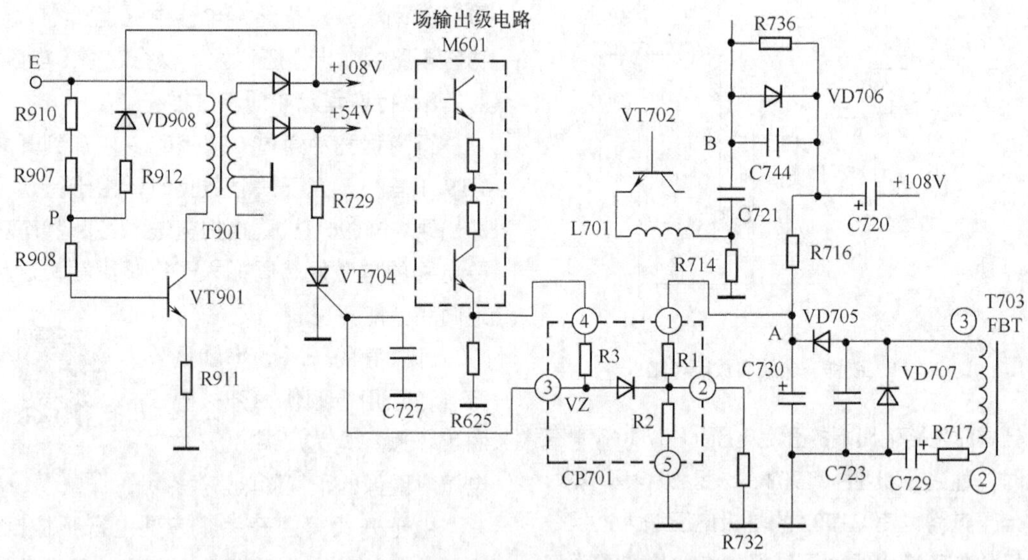

图 3-172　电源电路中的保护电路

当电路不存在过压故障时，由于 T703 绕组上的电压不是足够大，CP701 内的稳压二极管不能导通，VT704 的控制极上没有电压，VT701 不导通，R729 不能接地，此时电路没有保护的动作，电源电路正常工作。

7．过流保护电路分析

R714 是行输出管过流保护电路中的取样电阻，过流保护电路也使用过压保护电路中的 CP701、VT704 等元器件。

这一电路的工作原理是这样：当行输出管的工作电流正常时，行电流在取样电阻 R714 上的压降不太大。当行输出管过流时，流过 R714 的电流很大，在它上的电压降也很大，这一电压降经电容 C721 耦合到二极管 VD706 正极，使之导通，其负极输出的直流电压由 R716 加到 CP701 的①脚上，使 CP701 内部的稳压二极管导通，最终使 VT704 导通，电路进入保护动作状态。

8．场输出级短路保护电路分析

M601 为场输出级电路，R625 为保护电路中的取样电阻，这一保护电路也用到了过压保护电路中的元器件。

这一保护电路的工作原理是：当场输出级电路工作正常时，场输出管的电流不太大，在 R625 上的压降不太大，不足以使 VT704 导通。

当由于场输出级短路等原因而导致场输出管过流时，流过 R625 的电流很大，在 R625 上的压降很大，这一电压经 CP701 内部的 R3 加到 VT704 的控制极，使之导通，电路进入保护状态。

另外，R625 本身是熔断电阻，当工作电流太大时它也会自动熔断，起过流保护作用。

9．电源电路保护状态特征

当电源电路进入保护状态后，具有下列几个特征。

42. 负反馈放大器消振电路小结 1

（1）脉冲变压器会发出很轻的“吱、吱”叫声，其频率约为 500Hz。这是因为保护电路动作后，电路停振，停振使稳压电路没有直流电压输出，没有直流电压后晶闸管截止，此时电源又启动，稳压电路又输出直流电压，导致保护电路再次进入保护状态，然后再停振，如此往复使脉冲变压器间歇振荡，并发出上述声音。

（2）稳压电路 +108V 输出端的电压下降至 27V 以下。

3.22.9　实用开关稳压电源电路之二

图 3-173 所示是实用电源电路，这是自激式并联调频型开关电路。S901 是电源开关；VD901 ～ VD904 是整流二极管；L901 是消磁线圈；VT901 是

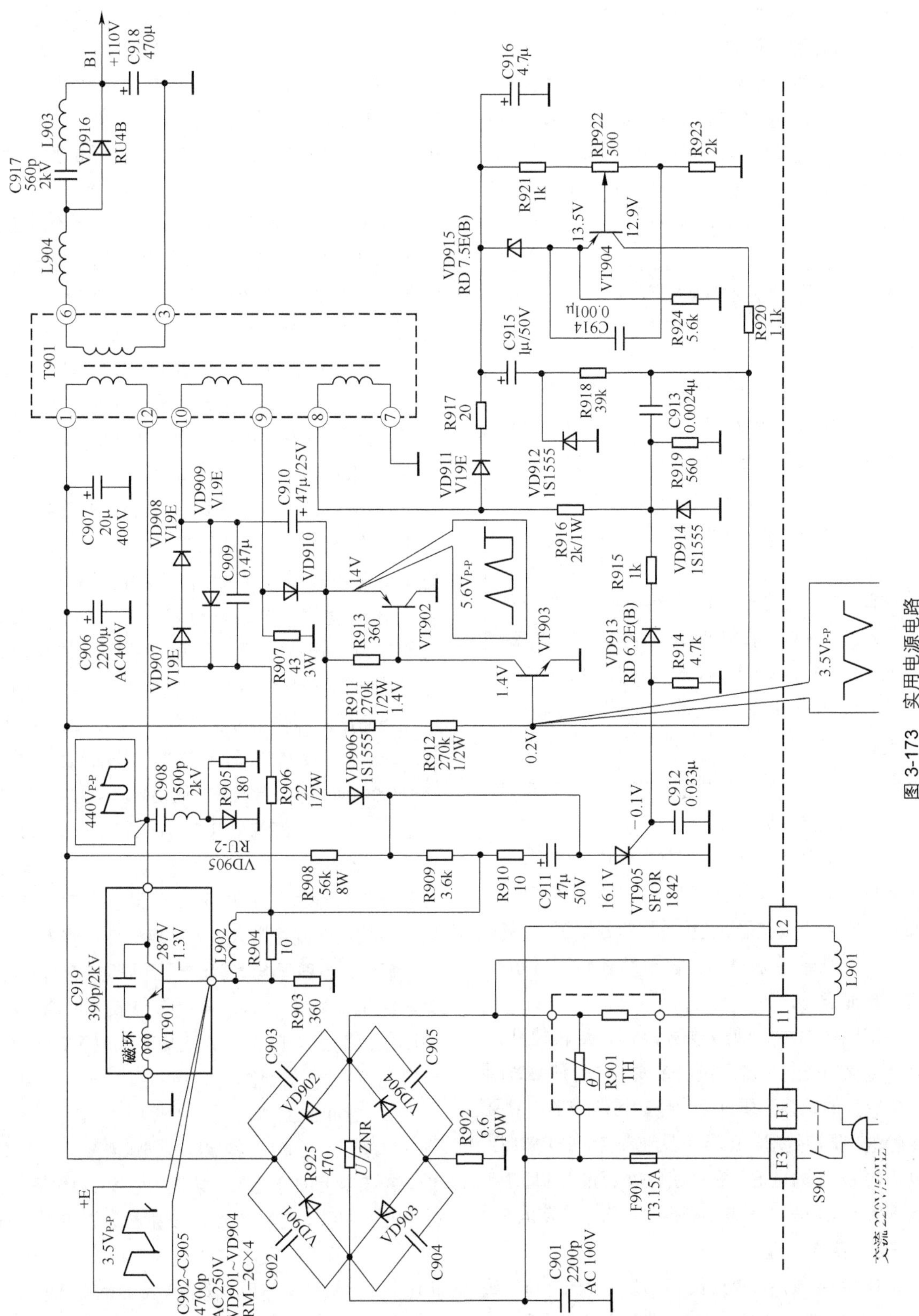

图 3-173　实用电源电路

开关管；T901是脉冲变压器；VT902、VT903是脉冲调宽管，VT904是取样放大管。

1．整流和滤波电路

220V交流市电经双刀双掷式电源开关S901和保险丝F901直接加到由VD901～VD904构成的桥式整流电路中，经C906、C907滤波后，没有稳压的290V直流电压通过T901一次侧（①-⑫绕组）加到开关管VT901的集电极。

元器件作用提示

S901的两个刀组同时控制交流市电的两根线，关机时同时切断市电两根进线，使机器保证不带电。R925是压敏电阻，当输入电压太高时它动作（阻值大幅度减小），保护电源电路不会因输入电压太高而损坏。

并在各整流二极管两端的小电容具有保护整流二极管（刚开机的大电流流过这些小电容而不通过整流二极管）和抗干扰作用（防止高频干扰载波在整流电路中与50MHz交流电产生调制后窜入通道，形成对图像的干扰）。

C901可将通过交流市电窜入的高频干扰滤除。

2．消磁电路

彩色显像管与黑白显像管对防止磁场的干扰要求不同。当彩色显像管带磁后还将影响图像的色彩，所以在彩色电视机中设置消磁电路。这是一个自动消磁电路，该电路在每次开机时对彩色显像管进行一次退磁处理。

消磁电路中设消磁线圈L901，当幅值从大到0变化的交流电流通过消磁线圈时，消磁线圈产生交变的从强到弱直至为零的退磁磁场，对显像管进行退磁处理。正温度系数热敏电阻R901控制流过L901的电流，在开机时使流过L901的电流很大，很快其幅度减小到很小状态，完成消磁。

3．自激过程

电源接通后，整流、滤波后未稳压的直流电压经T901的①-⑫绕组加到VT901的集电极，同时经R908、R909、L902、R904、R903分压后加到VT901的基极，使VT901基极和集电极产生电流，集电极电流流过①-⑫绕组，在⑨-⑩绕组上感应出电压（⑩端为正），这一电压经C909、R906、L902、R904反馈到VT901基极，使基极电压更大，这是正反馈过程。很快VT901饱和导通，VT901饱和后的集电极电流流过①-⑫绕组，该线圈储能，电源启动。

在VT901饱和导通期间，⑨-⑩绕组上的电压继续对C909充电，其电压极性为右正左负，左负的电压加在VT901的基极。当C909上的充电电压达到一定程度后，VT901的基极电压太低而从饱和状态退出，其集电极电流减小，通过①-⑫、⑨-⑩绕组的正反馈很快使VT901进入截止状态。C909的放电回路由VD909构成。

4．取样放大

T901中的⑦-⑧是取样绕组，是T901的一组二次绕组，它两端的电压大小反映了整个稳压电路的输出电压大小。该线圈两端的电压由VD911整流，给取样电路供电，同时C916上的直流电压大小反映了取样绕组上的电压，即反映稳压电源输出电压的大小。

当稳压电源输出电压增大时，C916上的电压升高，通过VD915（它与R924构成基准电压电路）使VT904的发射极电压增大量相同。同时C916上的电压经R921、RP922、R923分压后，RP922的动片（VT904基极）上的电压也升高，但增大量没有发射极电压的大（因为经过了分压）。这样VT904的发射结正向偏置增大，其集电极电流增大。

反之，当稳压电源输出电压下降时，VT904的集电极电流减小。这样通过取样放大电路，将稳压电源输出电压大小的变化转换成VT904集电极电流的大小变化。

5．脉冲调宽电路

VT902、VT903等构成脉冲调宽电路。T901的⑩-⑨绕组上的电压（⑨端正）由VD910整流、C910滤波后加到VT902的发射极，经R913加到VT903的集电极。VT903的基极电压一路由R912供给，另一路取自C913右端的电压。

T901的⑧-⑦绕组上感应的脉冲电压（开关管VT901饱和导通、截止产生脉冲），⑧端为正，该脉冲电压经 VD911、R917、C915 加到由 R918、C913、R919 构成的积分电路中 [见图 3-174(a)]，将矩形脉冲转换成 C913 上的电压波形，如图 3-174(b) 所示。该电压加到 VT903 的基极，经倒相放大其集电极输出图 3-174(c) 所示的尖顶脉冲。该脉冲从 VT902 的发射极输出，再通过 VD906、R909、R904、L902 加到 VT901 的基极，控制 VT901 的饱和导通、截止。脉冲出现时 VT901 饱和导通，脉冲愈宽饱和时间愈长，储入 T901 的能量愈多，稳压电路输出电压愈高，反之则输出电压低。当脉冲消失时，VT901 截止。

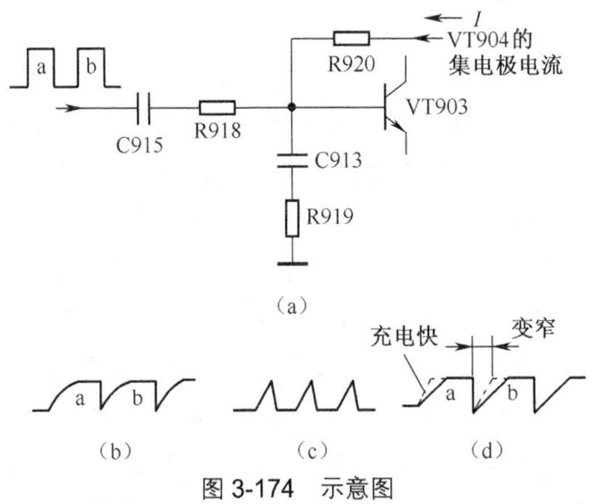

图 3-174　示意图

稳压（脉冲调宽）过程是：当稳压电源输出电压升高时，通过取样使 VT904 的集电极电流增大，单位时间内对 C913 的充电电流加大，使矩形脉冲变宽，如图 3-175(d) 所示，则尖顶脉冲变窄，VT901 的基极脉冲变窄，VT901 饱和导通时间变短，使稳压电源输出电压减小，以稳定输出电压。当稳压电源输出电压下降时，取样电路使 VT904 的集电极电流减小，单位时间内对 C913 的充电电流减小，矩形脉冲变窄，则尖顶脉冲变宽，VT901 饱和导通时间变长，使稳压电源输出电压增大。这样，当输出电压大小变化时通过取样放大、脉冲调宽电路使输出电压反方向变化，以稳定输出电压。

重要提示

对 C913 的充电电流有两路：一路通过 R918，另一路是 VT904 的集电极电流。

6．直流电压输出电路

当 VT901 截止时，T901 的③ - ⑥线圈上的脉冲电压通过 VD916 整流、C918 滤波，输出稳定的直流电压。L904 为平滑电感，L903、C917 构成串联谐振电路，用来吸收 200kHz 的高频干扰。

7．过电压保护电路

43. 负反馈放大器消振电路小结 2

当某种原因导致开关管导通时间过长，稳压电源输出电压超过允许值时（过电压），T901 的⑦ - ⑧绕组感应电压也相应增大，⑧端电压升高，经 R916、R915 使 VD913 导通，触发晶闸管 VT905，VT905 导通后其阳极电压下降，经 C911、R910、L902、R904 使 VT901 的基极电压下降，VT901 截止。

VT905 阳极电压下降又使 VD906 导通，VT902 的发射极电压下降，VT902 停止工作。这样，电源电路进入保护状态，没有直流电压输出。电路保护后，R908 将整流电路输出电压继续加到 VT905 阳极，维持 VT905 导通。

8．抗干扰电路

重要提示

开关型稳压电路的主要缺点是开关干扰问题，这是因为开关型稳压电源工作在频率很高的开关状态下，开关脉冲又是矩形脉冲，这种脉冲含有丰富的高频成分，很容易造成对图像的干扰和污染电网（对其他用电器形成干扰），为此电源电路中设有多种抗干扰电路。

干扰按其性质分，有机内干扰和机外干扰两种。

（1）机内干扰是指开关电源工作时产生的高频辐射，通过机内元器件耦合所形成的干扰，主要有静电和磁辐射两种形式。

（2）机外干扰是指电网中的其他用电设备通过开关电源电路对机器的干扰。

套在 VT901 发射极的小磁环（相当于在发射极回路中串联了一个电感）、L902、C919 都是用来抗干扰的。

第4章 扫描系统电路

4.1 扫描电路组成和同步分离电路

4.1.1 电子扫描

1．名词和概念

（1）**帧**。每幅画面称为一帧。在电视机中，每秒要接收和处理25帧，这样才能正常重显活动的图像。这一帧数不能太多也不能太少，太多会有图像重叠现象，太少则图像有抖晃感。

（2）**场**。在学习电视机知识过程中更多的是接触到场的概念。在电视中，对每帧画面采用分成两个不同部分进行两次传送的方法，这两个不同部分的画面称为场，即一帧图像有两场。

（3）**行**。一场由若干行组成。

（4）**荧光效应**。像荧光粉这类有机化合物在受到高速电子轰击时，它们的表面会发出光，当轰击它们的电子数目愈多其能量愈大时，它们的发光愈强，这称为荧光效应。

（5）**活动图像传送**。在电视技术中，活动图像的传送方法是这样的：通过摄像机将活动场面转换成一幅幅的瞬间静止的画面，按一定的顺序将这些静止的画面以每秒25帧（50场）的频率传送。电视机接收到以后，以每秒50场（25帧）的频率重显，看到的图像便是连续的、活动的整体画面。

（6）**像素**。近看显像管时，会发现在屏幕上有许许多多的小点，每一个小点称为一个像素，在电视机中重显的图像都是由这些发光明暗不同的像素构成的。

（7）**扫描**。扫描是指电子束沿某个方向的运动过程。在电视技术中有行扫描（水平扫描）和帧扫描（垂直扫描）两种，前者电子束在水平方向运动，后者电子束在垂直方向运动。

（8）**光栅**。在电子扫描过程中，电子束轰击显像管荧屏上的数十万个荧光点（像素），只要行和帧扫描均正常，满屏的像素均发光，整个荧光屏就会亮起来，形成了一幅光栅。在电视机的修理过程中，光栅的表现状况对故障的判断是十分关键的。

重要提示

光栅正常可以说明扫描电路工作正常，光栅存在几何失真说明行或场的线性不好，只有一条水平亮线或亮带说明场扫描不正常，只有一条垂直亮线或亮带说明行扫描不正常，只有一个亮点说明高压正常而行、场扫描均不正常，若无光栅则说明电子扫描根本没有进行。

由于图像是建立在光栅上的，光栅不正常就会直接影响图像的正常。

（9）**电子偏转**。磁场中的电子要根据磁场的方向和大小进行移动。在电视机中，为了控制电子束的扫描运动，设置了水平和垂直两个方向的偏转磁场。行偏转磁场由行偏转线圈产生，控制电子束的水平扫描；场偏转磁场由场偏转线圈产生，控制电子束垂直方向的扫描。

（10）**扫描的正程和逆程**。在电视机的水平扫描中，电子束先从左向右扫描，这是行正程扫描；然后电子束快速从右向左返回到左侧，这是行逆程扫描。在垂直扫描中，电子束先从上而下扫描，这是场正程扫描；然后电子束快速从下而上返回到上端，这是场逆程扫描。在电视机中，图像信号只在扫描的正程中传送，在逆程期间是不传送图像信号的。

2．行扫描

行扫描又称水平扫描，图 4-1 所示是行扫描过程示意图。

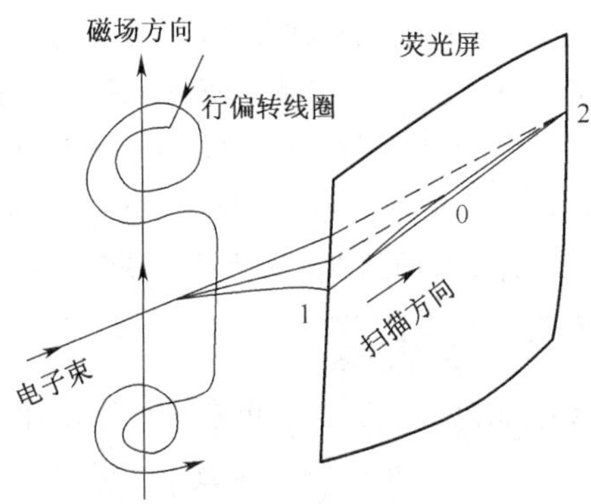

图 4-1　行扫描过程示意图

图中上下对称放置了两个行偏转线圈，给线圈通入特定的锯齿波电流，通电的线圈要产生磁场。用右手定则可判断出磁场的方向，即四指指向电流的方向，大拇指指向磁场的方向，图中电流方向和磁场方向一致，磁场方向垂直且向上，当电流方向相反后，磁场方向仍垂直但方向向下。

电子束通过垂直的磁场，受磁场作用而产生水平方向的偏转。电子束在磁场中受力偏转的方向可用左手定则来判断，即掌心朝着磁场方向，四指指向电子束运动方向，大拇指则指向电子束的受力偏转方向。图示磁场方向朝上时电子束的偏转方向为向左；当扫描电流方向相反、磁场方向从上而下后，电子束的偏转方向为向右。

（1）当行扫描电流为零时，无偏转磁场，电子束不受磁场的作用，电子束只打在中心 0 处。

（2）当行扫描电流如图示方向且为最大时，电子束偏向左侧的端点 1 处。

（3）当行扫描电流反向且为最大时，电子束偏向右侧的端点 2 处。

1. 变压器耦合正弦波振荡器 1

结果是：当行扫描电流大小和方向变化时，电子束在水平方向左右偏转，实现行扫描。

图 4-2 所示是一行扫描的具体轨迹示意图，水平扫描时电子束轰击这行上的各荧光点，使之发光。由于行扫描的频率比较高和视觉的惰性作用，同一个荧光点（像素）不断地受到轰击，只要两次轰击的时间间隔小于视觉的惰性时间，这一荧光点就好像始终在发光。一行的各荧光点都是一样在发光，所以行扫描的结果是产生一条水平的亮线。

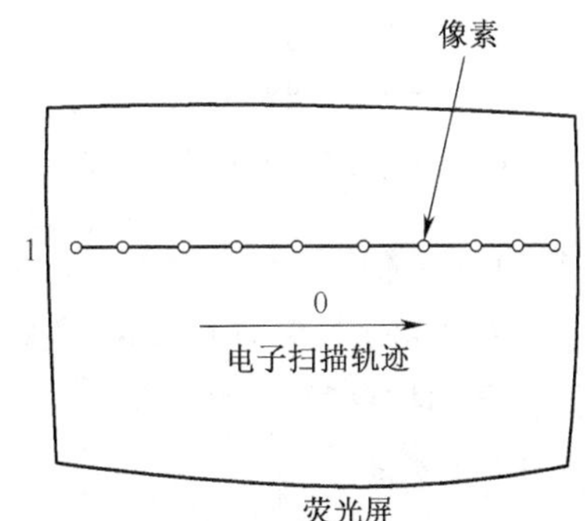

图 4-2　一行扫描的具体轨迹示意图

3．场扫描

场扫描又称垂直扫描，垂直扫描与水平扫描类似。图 4-3 所示是场扫描过程示意图。

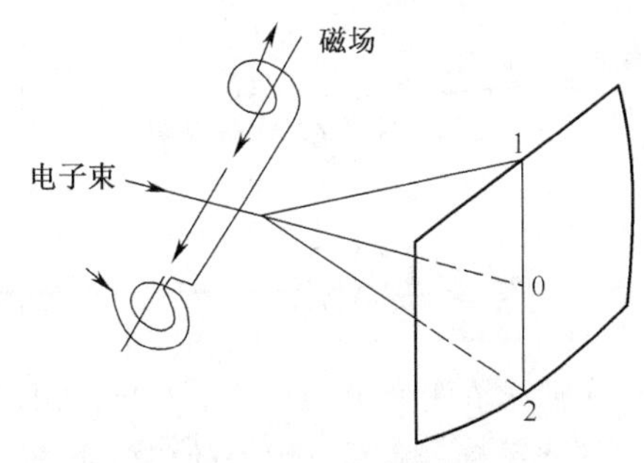

图 4-3　场扫描过程示意图

图中有两个平行水平放置的偏转线圈，这是场偏转线圈，给它通入锯齿波电流（场扫描电流）后，会产生水平方向的偏转磁场。由于偏转磁场是水平的，所以对电子束的受力和偏转作用方向是垂直的。

（1）当场扫描电流为零时，电子束不受什么影响，电子束打在中心0处。

（2）当磁场方向为图示方向且为最大时，电子束向上偏转到最上端的1处。

（3）当磁场方向相反且达到最大时，电子束向下偏转到端点2处。

当场扫描电流的大小和方向在变化时，电子束便沿垂直方向上下扫描，得到一条垂直的亮线，这便是场扫描，如图4-4所示。

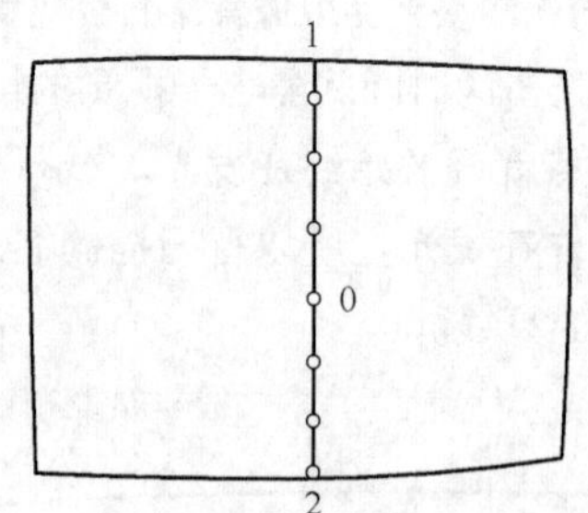

图4-4　一场扫描的具体轨迹示意图

4．行和场扫描

前面分别介绍了行和场扫描的过程，在电视机中行和场扫描是同时进行的。图4-5所示是行和场扫描示意图。

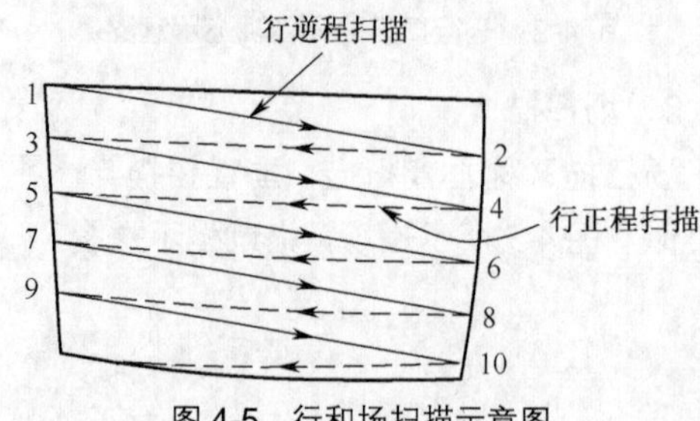

图4-5　行和场扫描示意图

重要提示

电子束在射向荧光屏的过程中，同时受到了水平和垂直两个方向的偏转磁场作用，电子束在水平方向偏转的同时还有垂直方向的偏转。

对一帧画面的扫描过程如下。

电子束首先从1点处开始扫描，从左向右扫至2点处，完成了一行的扫描。从1、2之间的扫描线可以看出，电子束不仅有了水平方向的位移，而且也向下有了位移，这说明1、2扫描线不仅完成了整整一行的扫描，同时也完成了一部分场扫描。

电子束在扫到2点后，迅速返回到3点处，然后沿3、4线扫描，这是第二行的扫描，同时也有了一部分的场扫描。

重要提示

显然，1、2等各行的扫描轨迹是一组平行的斜线，向下斜的部分就是场扫描的量。同理，电子束继续向下一行一行地扫描，当完成最后一行的扫描后，垂直方向的扫描也正好结束。这样，完成了一帧画面的扫描。

在对一帧画面的扫描中，水平方向的扫描次数有许多，而垂直方向的扫描只有一次，这说明行扫描的频率远高于帧扫描的频率。

5．静止画面传送

当电视机荧光屏上各像素按一定规律明暗变化时，荧光屏便重显一帧画面。电视机荧光屏上有几十万个像素，不可能用几十万个电子束来分别轰击各像素所在的荧光点，只有采用扫描的方法。

摄像管是一个光电管，它有一个电子束在按一定规律进行扫描，在扫到某个像素时，该像素的明暗程度决定了摄像管输出信号的大小。

重要提示

每个像素的明暗变化由摄像管转换成了电信号的大小变化，通过发射机将这一电信号发出。电视机接收到以后，再按相同的扫描规律对电视机中的显像管进行扫描，使显像管荧光屏上的各像素以相应的明暗程度发光，这样便能重显原画面。这里要清楚的是，摄像机前原画面上各像素的位置要与电视机显像管上各像素位置一一对应，这是靠摄像管与显像管中的电子束扫描严格同步来实现的。

6．隔行扫描

在电视技术中，对一帧画面是分成两场来传送的，这要求采用隔行扫描技术。图 4-6 所示是隔行扫描过程示意图。

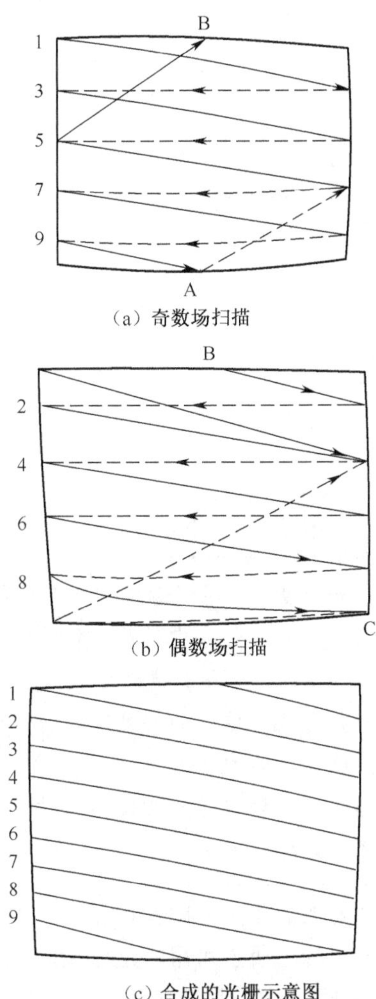

（a）奇数场扫描
（b）偶数场扫描
（c）合成的光栅示意图
图 4-6　隔行扫描过程示意图

在隔行扫描中，先从左上角的 1 处开始扫描，扫完第一行后电子束返回到第三行的起点处 3，开始扫第三行而不是扫第二行。扫完第三行后接着扫第五行、第七行等奇数行，一直扫到奇数行的最后一行结束处 A 点。

图中只画出了 9 行，而电视机中的行数远比这多得多。另外，奇数行的最后一行结束处 A 点在荧光屏的正中央下方。在扫完了全部的奇数行后，奇数场扫描也结束了，如图 4-6（a）所示。

奇数场扫描结束以后，电子束从 A 点处迅速返回到荧光屏的中央上方 B 点处，开始了偶数场扫描，如图 4-6（b）所示。

偶数场的扫描是扫 2、4、6、8 等行（图中也只画出了 8 行）。扫完偶数场的最后一行时，电子束在荧光屏的右下角处 C 点。然后，电子束迅速返回到荧光屏的左上角 1 处，接着开始了第二次的奇数场扫描。

在隔行扫描技术中，一帧图像是分成了奇数场和偶数场来扫描、传送的，扫完这两场才能得到一帧完整的画面。

图 4-6（c）是奇、偶场合成后的光栅示意图，这是一帧光栅。

2. 变压器耦合正弦波振荡器 2

4.1.2　扫描电路组成

1．扫描电路组成方框图

图 4-7 所示是扫描电路组成方框图。从图中可以看出，扫描电路可以分成行扫描和场扫描两大部分，上面的电路是场扫描电路，下面的电路是行扫描电路。在行、场扫描电路前面的是同步分离电路，它要从全电视信号中取出复合同步信号（行同步信号和场同步信号），再分别加到行扫描电路和场扫描电路中。同步分离级的输入信号是全电视信号，这一信号来自抗干扰电路或预视放级。场扫描电路的负载是场偏转线圈 LV，行扫描电路的负载是行偏转线圈 LH 和高压电路。

2．说明

从扫描电路的方框图中可以看出以下几点。

（1）从同步分离级输出的是复合同步信号，这一信号同时加到行、场扫描电路中，对行扫描、场扫描的同步是由这一信号来完成的。

（2）积分电路要从复合同步信号中取出场同步信号，再加到场振荡电路。场振荡器产生场频脉冲，由锯齿波形成电路获得场锯齿波扫描信号，经场激励和场输出级放大，馈入场偏转线圈 LV 中，以控制场扫描。

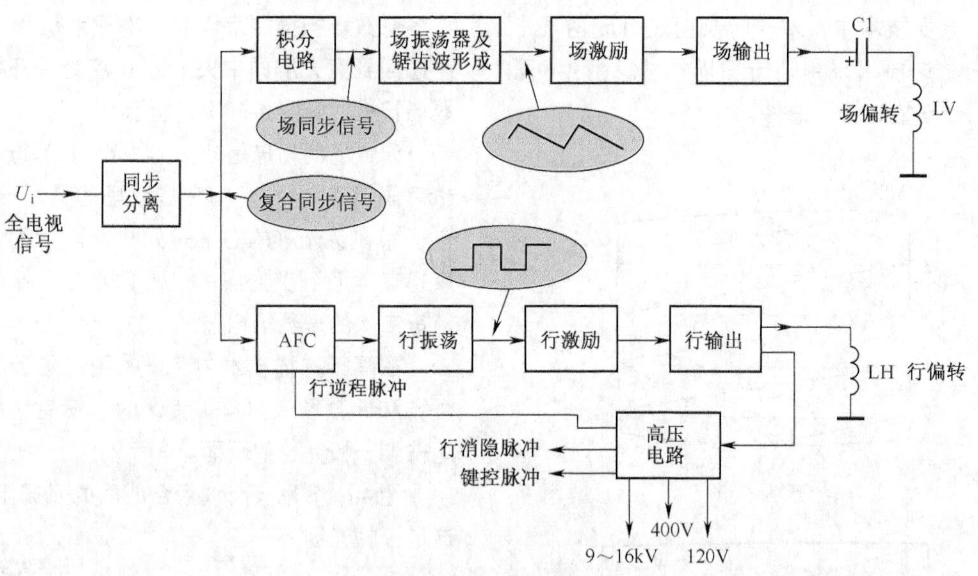

图 4-7　扫描电路组成方框图

（3）行振荡器产生的是行频矩形脉冲，不是锯齿波信号，这一信号经行激励级放大后，去控制行输出级行管的工作状态，在行偏转线圈 LH 中直接形成行频锯齿波扫描电流，以控制行扫描。行扫描电路在行输出级中才形成行频锯齿波扫描电流，而场扫描电路是在场激励级之前就获得了场扫描锯齿波，这一点两个扫描电路是不同的。

（4）在扫描电路中，识图比较困难的电路是场振荡器、AFC 电路、行振荡器和行输出级电路。

4.1.3　同步分离电路

电视机中的行和场扫描必须由行、场同步信号来进行同步，否则显像管有光栅（扫描是不同步的），但无图像。

电视台在发射电视信号时，同时发送了行、场同步信号，同步信号与图像信号是混合在一起的，即是全电视信号。同步分离电路的作用是从全电视信号中取出复合同步信号。

重要提示

对一个复合信号的分离方法有多种。

（1）当复合信号中的几种信号频率不同时，可以采用频率分离的方法。

（2）当几种信号的幅度不同时，可以采用幅度分离的方法。

（3）当几种信号的相位不同时，可以采用相位分离的方法。

在全电视信号中，同步信号（同步头）的幅度是最大的，所以可用幅度分离的方法从全电视信号中取出复合同步信号。

1．同步分离电路分析

图 4-8 所示是一种实用同步分离级电路。电路中，VT1 是 PNP 型同步分离管，VT2 是 NPN 型同步放大管，U_i 是来自预视放级的正极性全电视信号，U_o 是同步放大级输出的复合同步信号。

（1）直流偏置电路。图中，电阻 R3 和 R4 构成 VT1 的分压式偏置电路，给 VT1 提供很小的偏置电流，以克服三极管在截止区的非线性，提高分离效率。电阻 R7 供给 VT2 偏置电流。

（2）抗干扰电路。图中，C1、C2 和 R2 构

成大幅度窄脉冲抑制电路，以抑制全电视信号 U_i 中的干扰脉冲。该电路的工作原理在前面抗干扰电路中已经介绍过，这里省略。

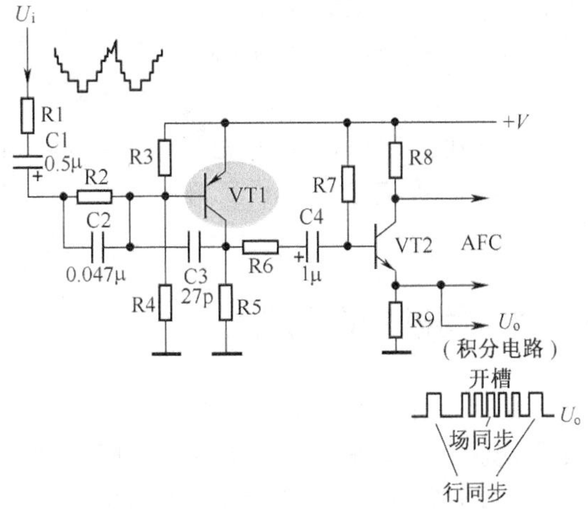

图 4-8　一种实用同步分离级电路

（3）**幅度分离电路**。正极性的全电视信号（同步信号朝下）经 R1、C1、R2 和 C2 加到 VT1 基极，全电视信号对电容 C1 充电，在 C1 上得到同步信号电平，这样 VT1 只能在同步信号出现时才导通。VT1 导通后，其集电极输出正极性的同步脉冲，即正极性的复合同步信号，完成同步分离任务。

元器件作用提示

电路中，电阻 R1 起隔离作用，使同步分离级的工作不影响前级（预视放级）电路。电容 C3 接在 VT1 的集电极和基极之间，这是高频消振电容，防止 VT1 出现高频自激。

（4）**同步放大级电路**。从 VT1 集电极输出的复合同步信号经 R6 和 C4 加到 VT2 基极。正极性的同步信号对电容 C4 充电，由于充电回路的时间常数很小，所以在 C4 上很快充电到同步信号电平；又因 C4 放电回路的时间常数很大，这样在 C4 上保持同步信号电平。

由于 R7 只给 VT2 很小的偏置，加上 C4 上的电压是左正右负，这样，VT2 在没有同步信号时处于截止状态，只有当 VT2 基极上出现同步信号时，VT2 才导通，其发射极输出同步信号 U_o，这是复合同步信号，波形如图 4-8 所示。

3. 变压器耦合正弦波振荡器 3

VT2 对同步信号而言是一级共集电极放大电路。

2．说明

关于同步分离级电路主要说明以下几点。

（1）它是一级幅度分离电路，其作用是从全电视信号中取出复合同步信号，再送到行、场扫描电路中。

（2）当输入同步分离级的全电视信号极性不同时，同步分离管的极性是不同的。当输入正极性的全电视信号时，要求采用 PNP 型的分离管；当输入负极性的全电视信号时，要采用 NPN 型的分离管。

（3）前面介绍的同步分离电路中，分离管是在同步信号出现时才导通，没有同步信号时分离管是不能导通的，这种同步分离电路称为正向分离电路。这是目前黑白电视机中常用的分离电路，具有工作稳定、输出脉冲信号的前沿延迟小等优点。

（4）同步放大电路用来放大和整形复合同步信号，这样可以改善同步性能。

4.2　场振荡器

图 4-9 所示是场振荡器在电视机扫描电路中的具体位置示意图。**从方框图中可以看出，场振荡器在同步分离级后、场激励级之前。通过场振荡器及锯齿波形成电路可直接得到所需要的锯齿波场扫描波形。**

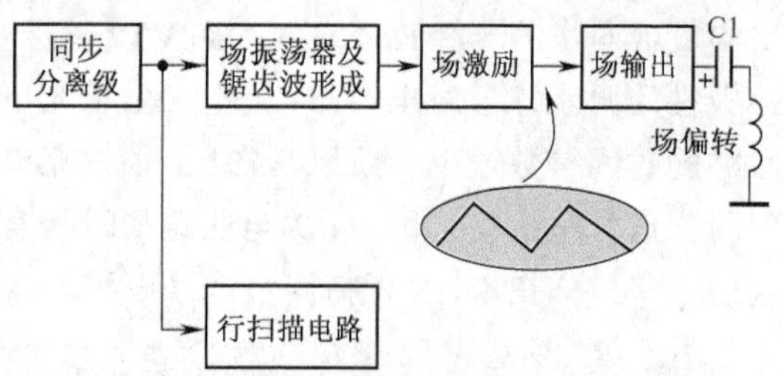

图 4-9　场振荡器在电视机扫描电路中的具体位置示意图

重要提示

场振荡器用来产生频率略低于场频的场振荡信号。场振荡器输出的是一个矩形脉冲信号，这一脉冲信号经锯齿波形成电路得到场锯齿波扫描信号。在电路中这两部分电路是连在一起的，为了分析电路工作原理的方便，也时常将这两个电路合在一起分析。

场振荡器主要有几种：间歇场振荡器、多谐振荡器构成的场振荡器和再生环场振荡器。

电路分析方法提示

场振荡器是一个脉冲振荡器，对这种振荡器的分析方法不同于正弦波振荡器，要注意以下几个问题。

（1）对场振荡器的分析主要有以下几项内容：振荡分析、同步过程分析、电路中主要元器件的作用分析。

（2）要将振荡器的工作过程按时间间隔划分成几个阶段来分别进行分析，即脉冲前沿阶段、脉冲平顶阶段、脉冲后沿阶段和间歇阶段 4 个部分，这与正弦波振荡器的分析方法完全不同。

（3）在每个阶段分析时要注意振荡管的工作电流的大小。在脉冲的前沿和后沿阶段，主要是电路中的正反馈分析；在脉冲的平顶和间歇阶段，主要是电容的充电和放电分析。

（4）在这种振荡器中没有 LC 谐振选频电路，要注意振荡管基极的直流电压对振荡频率的影响，基极直流电压能影响振荡频率，对场振荡器的同步就是通过改变振荡管的基极电压实现的。

（5）在电路分析过程中最好运用信号波形去理解电路的工作原理。采用波形可以帮助理解，加深记忆。

4.2.1　间歇场振荡器

图 4-10 所示是间歇场振荡器。电路中的 T1 是场振荡变压器，它共有 3 个线圈，在线圈上有同名端的黑点标记，3 个线圈黑点这一端的振荡信号电压相位是相同的；VT1 是振荡管；R3 和 C2 构成锯齿波形成电路。

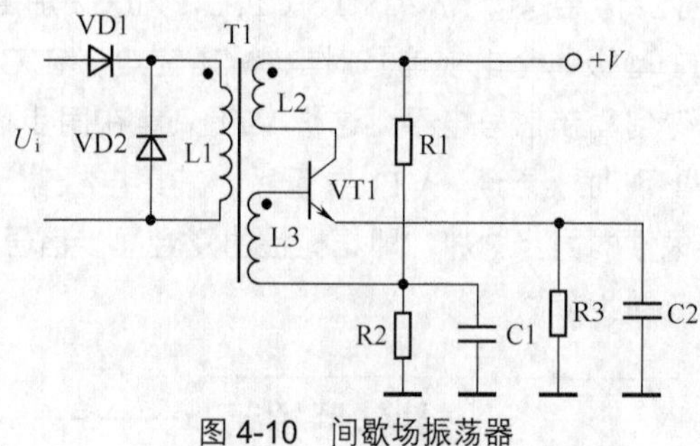

图 4-10　间歇场振荡器

下面将间歇场振荡器的工作过程分成下列 4 个阶段来分析。

1．脉冲前沿阶段

刚接通电源瞬间，直流电压 $+V$ 经 L2 加到 VT1 集电极，同时 $+V$ 经 R1 和 R2 分压后通过 L3 加到了 VT1 基极，使 VT1 基极电流从 0 开始增大，集电极电流 I_C 也增大。

由于 VT1 集电极电流增大，所以 VT1 的集电极电压减小，即为负，也就是 L2 的下端为负，则 L2 的上端为正，根据同名端标记和变压器耦合特性可知，L3 的上端（VT1 基极）电压为正。这样使 VT1 基极电流更大，显然这是正反馈过程。

图 4-11 所示是 VT1 基极电流回路示意图。

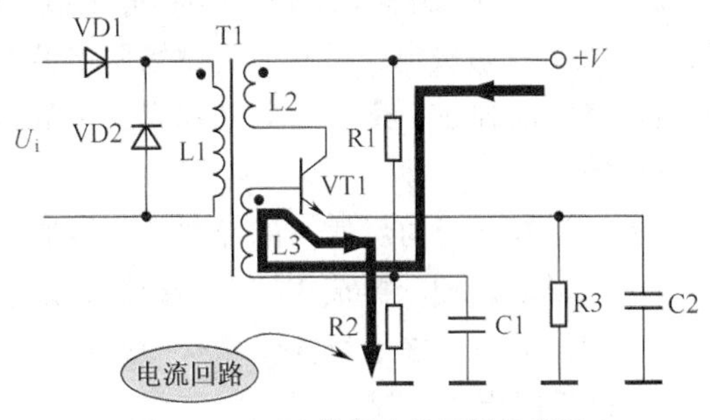

图 4-11　VT1 基极电流回路示意图

由于正反馈的作用，**VT1** 很快从刚开机时的截止状态转变为饱和状态。**VT1** 在饱和状态时集电极电流很大，如图 **4-12** 所示 I_C 波形中的 **0 ～ 1** 段，I_C 从 **0** 迅速增大到很大值。

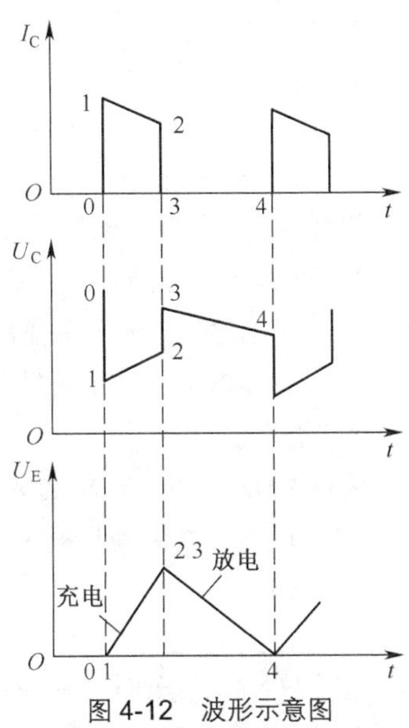

图 4-12　波形示意图

见图 **4-12** 中的 **VT1** 集电极电压 U_C 波形，刚开机时集电极电压大，很快在 **1** 时刻降到很低状态。见图 **4-12** 中的 **VT1** 发射极电压 U_E 波形，**VT1** 发射极上接有电容 **C2**，由于电容两端电压不能突变，所以在 **0 ～ 1** 这一很短的时间内 **VT1** 发射极电压不变，仍然为低电平状态，见波形所示。

2．脉冲平顶阶段

脉冲前沿阶段以 VT1 饱和导通而结束，进入脉冲的平顶阶段。

由于 VT1 电流很大，它的发射极电流开始对电容 C2 充电，使 C2 上的电压上升，即 VT1 发射极电压在升高。图 4-13 所示是对电容 C2 充电回路示意图。

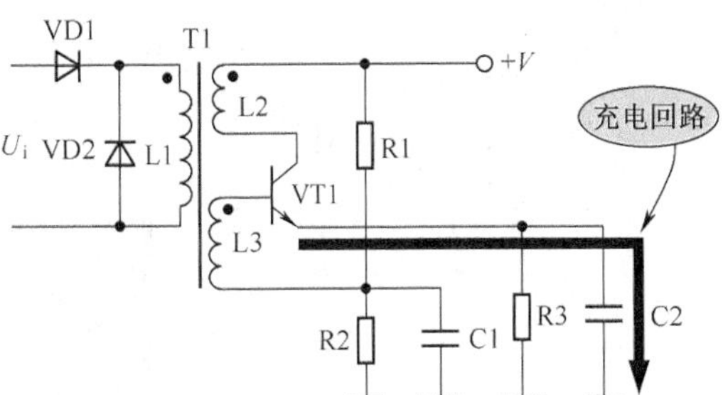

图 4-13　对电容 C2 充电回路示意图

在对 **C2** 充电期间，**VT1** 集电极电流大，见 I_C 波形中 **1 ～ 2** 段；**VT1** 集电极电压 U_C 仍然为低电位，见 U_C 波形中 **1 ～ 2** 段；**VT1** 发射极电压在升高，见 U_E 波形中的 **1 ～ 2** 段。

3．脉冲后沿阶段

随着电容 C2 上充电电压的升高，VT1 发射极电压升高，导致 VT1 基极与发射极之间正向偏置电压下降。在 2 时刻因 VT1 基极和发射极之间正向电压太小，VT1 从饱和状态退回到放大状态，并且 VT1 基极电流下降，其集电极电流下降。

此时 **VT1** 集电极上的振荡信号电压为正，即 **L2** 的下端为正，**L2** 的上端为负。根据同名端标记可知，此时 **L3** 的上端振荡信号电压为负，即 **VT1** 基极振荡信号电压为负（说明基极信号电压在下降），导致 **VT1** 基极电流进一步下降，可见这是正反馈过程。

通过正反馈，**VT1** 很快从饱和状态转为截止状态，即在 **3** 时刻 **VT1** 进入了截止状态。

在 2 ～ 3 时刻内，VT1 集电极电流从很大下降到很小，见 I_C 波形中 2 ～ 3 段；VT1 集电极电压从低电位突变到高电位，见 U_C 波形中 2 ～ 3 段；VT1 发射极电压因电容 C2 两端电压不能突变而基本不变，见 U_E 波形中 2 ～ 3 段。

4．间歇阶段

从 3 时刻起，VT1 处于截止状态，没有发射极电流输出，对电容C2充电结束。电容C2上已经充到的电压通过电阻R3放电，在C2放电期间，VT1一直处于截止状态。图4-14所示是电容C2放电回路示意图。

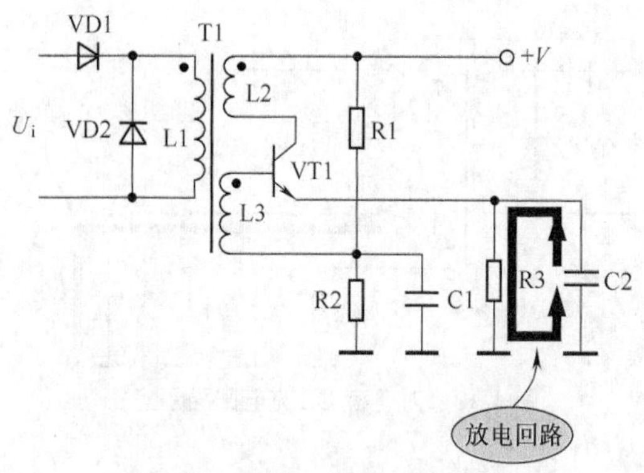

图4-14　电容C2放电回路示意图

随着C2放电的进行，C2上的电压在下降，即VT1发射极电压下降，使VT1基极与发射极之间正向电压上升。

在4时刻，VT1基极与发射极之间又获得足够的正向电压而再度导通，VT1进入第二周期的振荡。

在3～4时刻内，VT1一直处于截止状态，所以集电极电流为零，见I_C波形中的3～4段；VT1集电极电压因VT1处于截止状态而为高电位，见U_C波形中的3～4段；VT1发射极电压因电容C2的放电而逐渐减小，见U_E波形中的3～4段。

5．同步过程分析

在场扫描电路中的场振荡器的振荡频率和相位要与场同步信号的频率和相位相同。为了做到这一点，在发射电视信号时专门为场振荡器传送了一个同步信号，即场同步信号，用这一信号强制性地使场振荡器的振荡信号与场同步信号同频率、同相位。

场同步信号U_i经VD1加到T1初级绕组，经耦合由L3加到VT1基极，根据同名端标记可知，加在VT1基极的场同步信号是正电压。当VT1处于振荡间歇阶段时，VT1截止，此时场同步信号加到VT1基极，使VT1基极电压升高。因基极电压升高，VT1不用再等电容C2放电（VT1发射极电压下降）而由场同步信号直接使其提前导通，实现对VT1振荡频率的强制性控制。

由此可知，场同步信号能控制振荡器的间歇时间，说明能控制振荡周期，即能控制振荡频率，使场振荡器按照场同步信号的频率来振荡，实现场同步的控制。

重要提示

为使场同步信号能够控制振荡器的振荡频率，要求场同步信号出现时，场振荡器应处于间歇阶段，这就要求场振荡器的自然振荡频率略低于场频，让场同步信号来强迫场振荡器提前结束间歇阶段而进入脉冲的前沿阶段。

（1）二极管VD1分析。电路中的二极管VD1一方面将场同步信号加到T1初级绕组上，用场同步信号去直接同步场振荡器的振荡频率；另外，VD1还可以用来防止场振荡信号窜到同步分离级电路中。

（2）二极管VD2分析。VD2起阻尼作用，以消除VT1截止瞬间产生的高频振荡，这一高频振荡可能击穿VT1。

电路分析提示

在对这一电路进行分析时，将锯齿波形成电路与场振荡器联系起来一起分析，因为这样分析比较简单，易于理解。有的场振荡器要与锯齿波形成电路分开分析，不同的电路具体情况有所不同。

4.2.2　多谐场振荡器

图4-15所示是多谐场振荡器及输出波形。电路中的VT1和VT2都是振荡管，两管均接成共发射极电路，每级电路对信号反相，而

VT2 集电极输出信号又通过电容 C2 加到 VT1 基极，这样 VT1 和 VT2 构成了环路正反馈电路；C1 和 C2 是耦合电容。

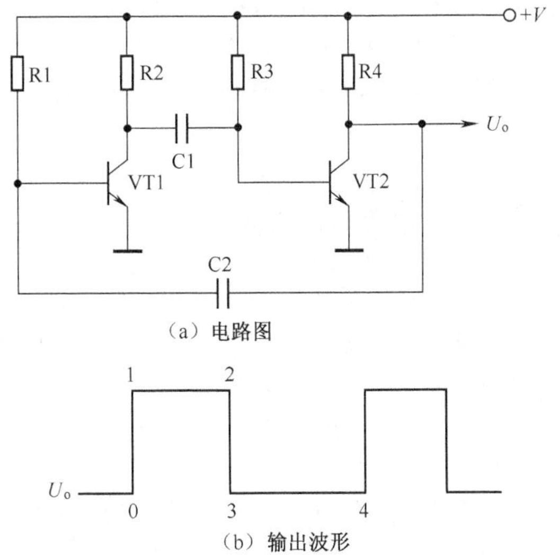

图 4-15　多谐场振荡器及输出波形

电路中的 R1 和 R3 分别是 VT1 和 VT2 基极偏置电阻，R2 和 R4 分别是 VT1 和 VT2 集电极负载电阻。两管具备处于放大、振荡状态的直流条件。

1．振荡过程分析

对这一电路的振荡过程分析可以分成以下 4 个阶段进行。

（1）脉冲前沿阶段。接通电源时为 0 时刻，直流电压 +*V* 经 R1 给 VT1 基极提供直流电流，VT1 有基极电流，导致其集电极电压下降，即振荡信号的极性为负。这一负电压经 C1 加到了 VT2 基极，使 VT2 基极电压下降，其集电极电压上升，为振荡信号的正电压。这一正电压经 C2 加到了 VT1 基极，使 VT1 基极电流更大。图 4-16 所示是这一正反馈回路示意图。

由此可见，这是正反馈过程，经正反馈电路很快使 VT1 进入饱和导通、VT2 进入截止状态，即在 1 时刻 VT1 饱和、VT2 截止。

由于 VT2 是截止的，所以其集电极电压为高电位，见输出信号 U_o 波形中的 1 点。0 ～ 1 段为脉冲前沿阶段。

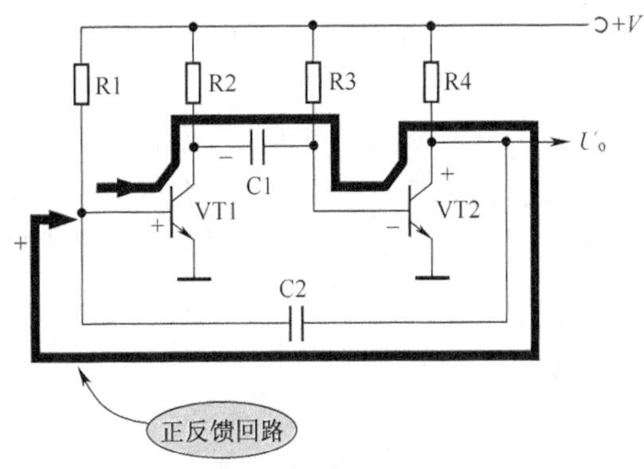

图 4-16　正反馈回路示意图

（2）脉冲平顶阶段。在 VT1 饱和、VT2 截止后，因为 VT1 饱和后的集电极电压很低（0.1V 左右），这时直流电压 +*V* 通过电阻 R3 对 C1 充电，其充电电流回路是 +*V* → R3 → C1 → VT1 集电极→ VT1 发射极→地，在 C1 上充到的电压为左负右正。图 4-17 所示是电容 C1 充电电流回路示意图。

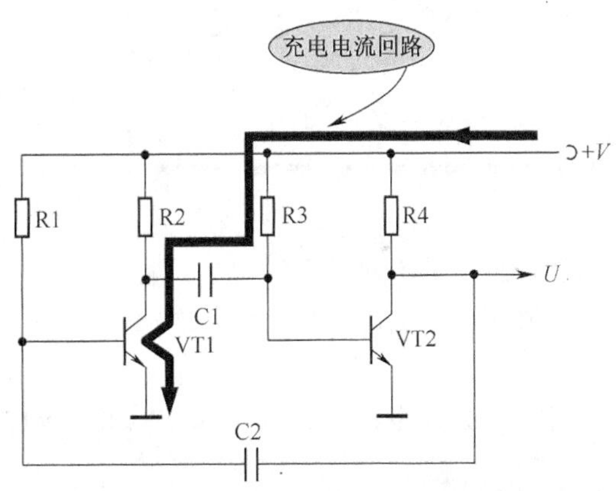

图 4-17　电容 C1 充电电流回路示意图

在对电容 C1 充电期间，保持 VT1 饱和、VT2 截止状态，这是脉冲的平顶阶段，VT2 集电极电压为高电位，见输出信号 U_o 波形中的 1 ～ 2 段。

（3）脉冲后沿阶段。随着对电容 C1 的充电，C1 上的电压增大，使 VT2 基极电压升高，当 VT2 基极电压高到一定程度时，VT2 基极与发射极之间获得了足够大的正向电压，迫使 VT2 从截止状态进入导通状态，VT2 有基

极电流，使 VT2 集电极电压下降，这一电压经 C2 耦合到 VT1 基极，使 VT1 集电极电压升高。

VT1 集电极升高的电压经 C1 耦合到 VT2 基极，导致 VT2 基极电流更大，显然这是正反馈过程。通过正反馈，VT2 很快进入饱和导通状态，VT1 退出饱和而进入截止状态。这一过程是很快的，对应于输出信号 U_o 波形中的 2 ～ 3 段。

（**4**）**间歇阶段**。从 3 时刻起，由于 VT2 饱和，其集电极电压很低，直流电压 +*V* 经电阻 R1 对电容 C2 充电，其充电电流回路是 +*V* → R1 → C2 → VT2 集电极→ VT2 发射极→地。图 4-18 所示是电容 C2 充电电流回路示意图。

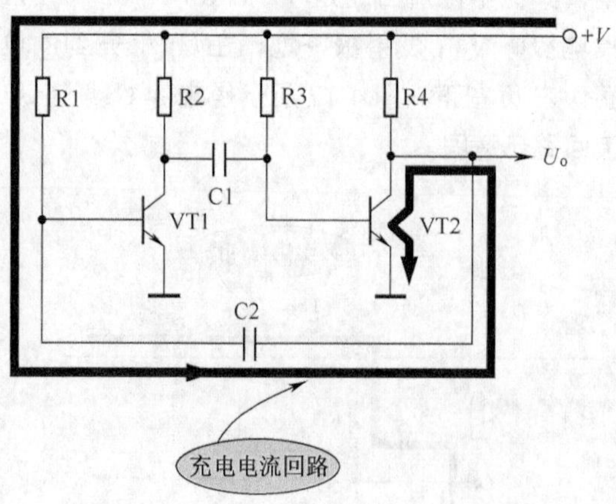

图 4-18　电容 C2 充电电流回路示意图

在对 C2 充电期间，VT1 保持截止，VT2 保持饱和导通。随着对 C2 的充电，C2 上的电压上升，即 VT1 基极电压上升，在 4 时刻，由于 VT1 基极电压已经足够大，VT1 从截止进入导通状态，开始了第二个周期的振荡。

在间歇阶段，由于 VT2 饱和导通，其集电极电压为低电位，见输出信号 U_o 波形中的 3 ～ 4 段。

重要提示

从上述分析可知，R1 和 C2 的充电电流回路的时间常数大些，VT2 饱和的时间就长些，即间歇阶段的时间延长。

2．实用电路

多谐振荡器在电视机中用作场振荡器时，往往采用图 4-19 所示的电路结构。从图中可以看出，VT1 放大级是一级共发射极电路，场输出级电路是另一级电路，这两级电路之间通过电阻 R4 构成正反馈电路，这是多谐振荡器，使 VT1 工作在饱和导通和截止两种状态。

当 VT1 处于截止状态时，直流电压 +*V* 经 R3 对电容 C2 充电，见图中 U_C 波形。当 VT1 处于饱和导通状态时，电容 C2 通过导通的 VT1 放电。这样，在电容 C2 上获得锯齿波信号。

6.RC 移相式正弦波振荡器 2

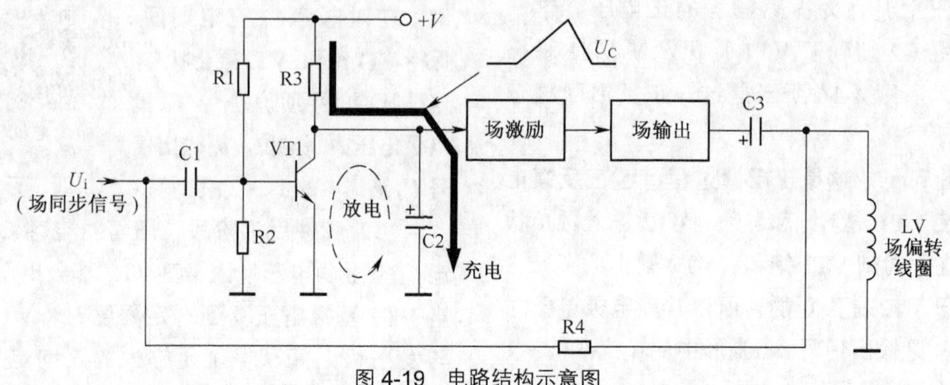

图 4-19　电路结构示意图

4.2.3　再生环场振荡器

图 4-20 所示是再生环场振荡器。电路中 VT1 和 VT2 构成正反馈开关电路，当这一电子开关处于断开状态时 +*V* 通过 RP2 和 R8 对电容 C2 和 C3 充电；当这一电子开关处于导通状态时电容 C2 和 C3 通过这一电子开关放电，在 C2 上形成锯齿波，如图 4-20 所示。**充电时是场扫描的正程，放电时是场扫描的逆程。**

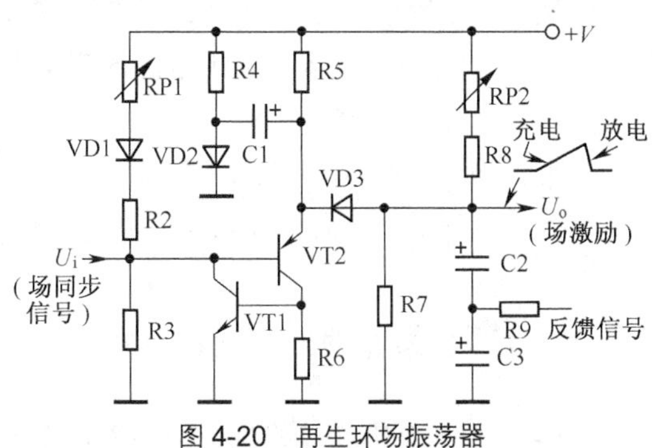

图 4-20　再生环场振荡器

1．振荡过程分析

（1）直流电压 +*V* 通过 R5 对 C1 充电。接通电源后，直流电压 +*V* 经 RP1、VD1、R2 和 R3 的分压，给 VT2 基极提供一个电压。同时，+*V* 通过 R5 对 C1 充电，其充电电流回路是 +*V* → R5 → C1 → VD2 正极→ VD2 负极→地。图 4-21 所示是电容 C1 充电电流回路示意图。

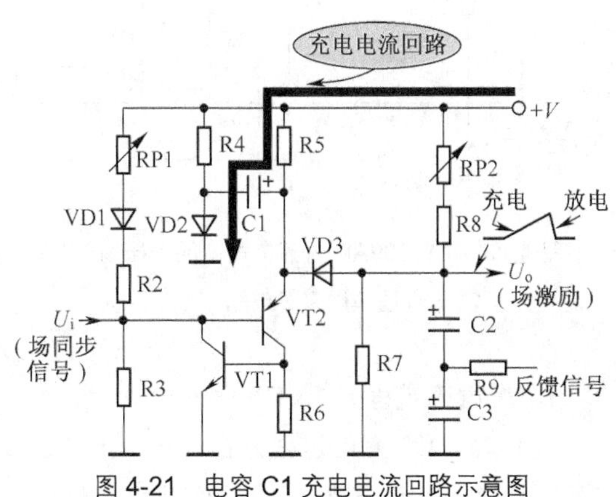

图 4-21　电容 C1 充电电流回路示意图

由于电容 C1 中原来无电荷，所以开始充电时电容两端的电压为 0，VT2 发射极电压低于基极电压，这样 VT2 处于截止状态，其集电极电压约为 0，使 VT1 处于截止状态。

（2）直流电压 +*V* 对电容 C2、C3 充电期间。由于 VT2 截止，VD3 也截止，此时 +*V* 通过 RP2、R8 对 C2、C3 充电，形成锯齿波的正程，如图中所示。

随着对 C1 的充电，在 C1 上的电压增大，C1 上的电压为右正左负，这样使 VT2 发射极电压升高。当 VT2 发射极电压高到一定程度时，VT2 导通，其集电极有电压输出，这一电压加到了 VT1 基极，使 VT1 导通，VT1 集电极电压下降，即 VT2 基极电压下降，使 VT2 基极电流更大。显然这是正反馈过程，VT1 和 VT2 很快均饱和导通。

（3）C1 放电。VT1、VT2 饱和后，VT2 的发射极电压为低电位。此时，由于电容 C1 两端的电压不能发生突变，C1 左端的负电压加到 VD2 正极，使 VD2 截止，C1 开始放电。其放电（也就是对 C1 的反向充电）电流回路是 +*V* → R4 → C1 → VT2 发射极→ VT2 基极→ VT1 集电极→ VT1 发射极→地。图 4-22 所示是电容 C1 反向充电电流回路示意图。

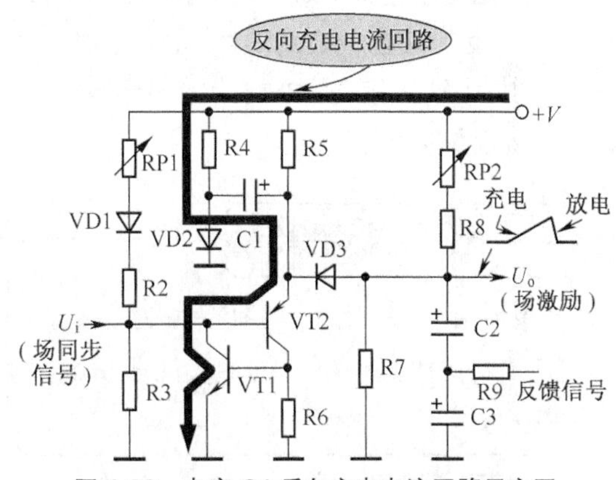

图 4-22　电容 C1 反向充电电流回路示意图

在电容 C1 反向充电的同时，由于 VT2 和 VT1 已经饱和导通，VT2 发射极为低电位，VD3 导通，C2 和 C3 上的电压通过导通的 VD3 和 VT1、VT2 放电，得到逆程，见图中的 U_o 波形所示。

随着电容 C1 的放电，VT2 发射极电压下降，当发射极电压下降到低于基极电压时，VT2又截止，导致VT1也截止。

在两管截止后，电路恢复对电容C1充电，同时VD3也截止，对电容C2和C3的充电开始，进入第二个振荡循环。

重要提示

电路中的电阻R5的阻值远大于R4，所以对C1的充电时间长于它的放电时间。同样，对C2和C3充电电流回路的时间常数大于它放电回路的时间常数，这样使输出信号 U_o 的正程时间长于它的逆程时间，如图4-22中的 U_o 波形所示。

2．场频微调原理

RP1是场振荡器的振荡频率微调电阻，其调整原理是：**改变RP1阻值可以改变VT2基极电压。**

（1）RP1阻值增大时。VT2基极电压降低，VT2发射极上的电压不用太大，VT2就可以从截止转为饱和导通，这样对C1的充电时间可以短些，显然可以使振荡频率升高。

（2）RP1阻值减小时。VT2基极电压升高，要求VT2发射极电压更高（对C1充电时间更长），VT2才能从截止状态转为饱和导通状态，这样振荡频率就降低了。

分析结论提示

RP1阻值大，VT1基极电压低，振荡频率高；RP1阻值小，VT1基极电压高，振荡频率低。

3．场同步过程

输入信号 U_i 是场同步信号，这是一个负极性电压，它加到VT2基极。在VT2处于截止状态时，场同步信号电压加到VT2基极，强迫VT2从截止状态提前进入饱和导通状态，实现场同步。

4．场幅调整电路

场锯齿波信号的幅度大小代表了场幅的大小，这是因为场锯齿波信号幅度大，使电子束的垂直方向偏转角度大，场幅大，反之则小。电路中，RP2是用来调整场幅的可变电阻。

这一电路的工作原理是：对电容C2和C3的充电时间是一定的（由VT2和VT1截止时间来控制），这样充电电流的大小就决定了在电容上的充电电压大小。

在相同的时间内，当RP2阻值大，对C2和C3的充电电流小，使电容上的充电电压低，即锯齿波信号幅度小；反之，当RP2阻值小时，对C2和C3的充电电流大，使电容上的充电电压大，即锯齿波信号的幅度大。

这样，通过调整RP2的阻值大小，可以改变锯齿波信号幅度，从而实现调整场幅的目的。

4.2.4 集成电路场振荡器

图4-23所示是集成电路TA7609AP内部电路中的场振荡器、场频调整等电路。

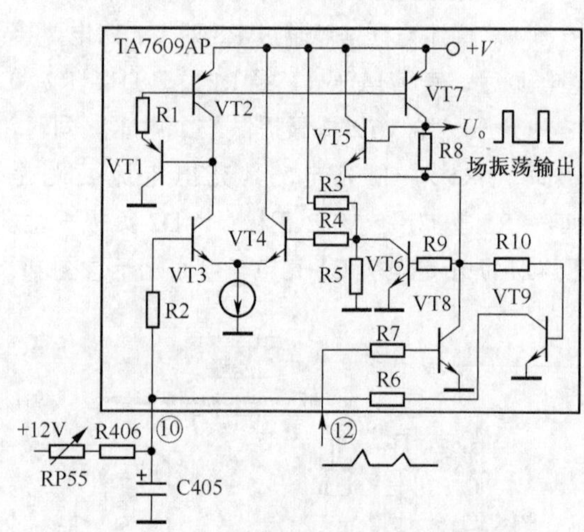

图4-23 TA7609AP内部电路中的场振荡器、场频调整等电路

1．场振荡过程分析

（1）对C405充电过程分析。直流+12V工作电压通过RP55、R406对C405充电。充电开始时，C405（集成电路的⑩脚）上的电压较低，该电压经内部电路中的R2加到VT3基极。因

这一电压较低使 VT3 截止，其集电极上的高电位加到 VT1 基极，使 VT1 截止，VT1 发射极上的高电平经 R1 加到了 VT7 基极，使 VT7 截止，VT7 集电极为低电位，即此时场振荡器输出电压 U_o 为低电平。

VT7 集电极上的低电平经 R8 和 R10 加到 VT9 基极，使 VT9 截止。在 VT9 截止期间，R6 和 VT9 这一支路对 C405 的充电无影响。

随着对 C405 充电的进行，VT3 基极上的电压上升（C405 上充电电压极性为上正下负），当 VT3 的基极电压上升到一定程度后，VT3 由截止转为导通，其集电极电压下降，使 VT1 的基极电压下降，VT1 导通，其发射极电压为低电位，该电压经 R1 加到 VT7 基极，使 VT7 导通，其集电极输出高电平，即场振荡器此时输出高电平，见图中波形。

（2）C405 放电过程分析。在 VT7 导通后，其集电极输出的高电平经 R8 和 R10 加到 VT9 基极，使 VT9 由截止转为饱和导通。VT9 集电极与发射极之间内阻很小。这时电容 C405 上的充电电压通过集成电路的⑩脚、R6 和导通的 VT9 集电极与发射极之间的内阻放电。图 4-24 所示是 C405 放电电流回路示意图，因这一放电电流回路的时间常数很小，放电很快完成。

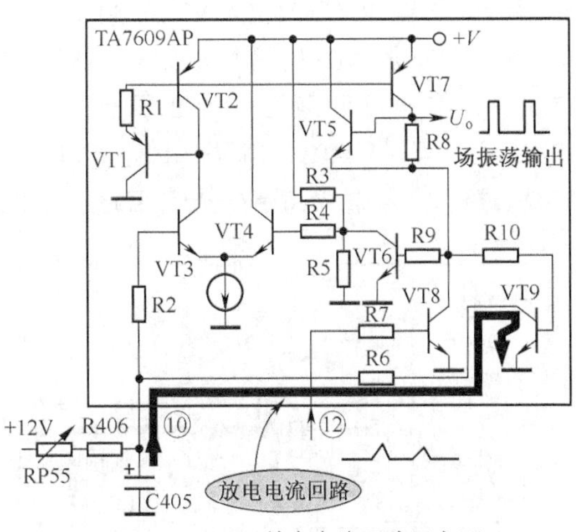

图 4-24　C405 放电电流回路示意图

C405 的放电使 VT3 基极电压下降，当 VT3 的基极电压下降到一定程度后，VT3 从导通状态转为截止状态，直流 +12V 电压再次开始对电容 C405 进行充电，场振荡器进入第二个周期的振荡过程。

电容 C405 充电期间为场扫描的正程，C405 放电期间为场扫描的逆程。

2．场同步控制过程分析

场同步信号从集成电路的⑫脚输入，由 R7 加到 VT8 基极。当正尖脉冲场同步信号出现时，VT8 导通，VT8 集电极为低电平，其集电极上的低电平经 R9 加到 VT6 基极，使 VT6 截止。

VT6 截止后，集成电路内部电路中的直流工作电压 +V 经 R3 和 R5 分压后的电压，由 R4 加到 VT4 基极，使 VT4 导通。

集成电路内部电路中，VT3 和 VT4 构成差分电路。由于 VT4 导通，VT3 电流减小，使 VT3 提前由导通转为截止，VT3 截止后其集电极变为高电平，导致 VT1 截止，使 VT7 截止，又使 VT9 截止，C405 放电提前结束而进入第二个周期的振荡，这样场振荡器的振荡周期缩短。场振荡器的振荡频率升高，强迫场振荡器的振荡频率等于⑫脚输入的场同步信号的频率，实现场同步。

重要提示

从上述场同步分析过程中可知，为了能够使场同步信号对场振荡器的振荡进行同步，要求场振荡器的自由振荡周期（不加场同步信号时的振荡周期）略大于场周期，也就是场频略低，场同步信号才能实现对场振荡器的同步控制。

3．场频调整分析

集成电路外部电路中，RP55 为场频调整电阻，它串在电容 C405 的充电电流回路中，改变 RP55 的阻值大小，可以改变充电电流回路的时间常数，即可以改变对电容 C405 充电的快慢。

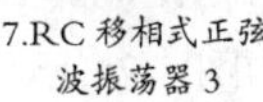

7.RC 移相式正弦波振荡器 3

RP55 阻值调整到较小时，C405 充电电流回路时间常数小，这样对 C405 的充电快，使 VT3 基极电压很快达到了导通值，场扫描正程结束，场频高。

RP55 阻值较大时，对 C405 的充电慢，需要更长时间才能使 VT3 基极电压达到导通值，这样场扫描正程时间加长，场频变低。

图 4-25 所示是场频调整原理示意图。RP55 阻值小，C405 充电电流回路的时间常数 τ 小，振荡周期短，场频高；反之，充电电流回路的时间常数 τ 大，振荡周期长，场频低。通过调整 RP55 的阻值，可以对场振荡器的振荡频率进行调整。

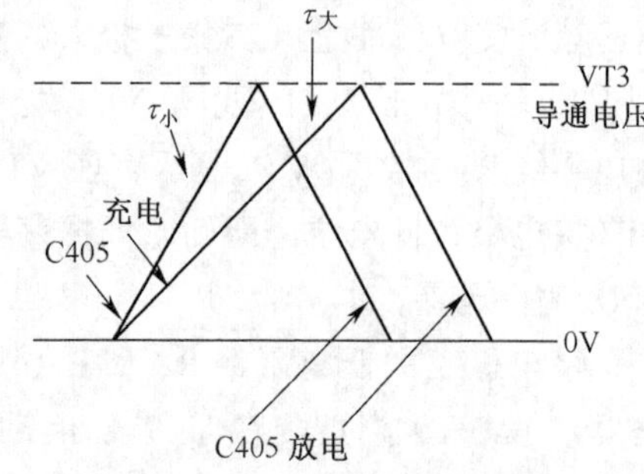

图 4-25　场频调整原理示意图

调节 RP55 阻值，使场振荡频率略低于 50Hz，以使场同步信号能够对场振荡器进行同步。使用中，调整场同步时就是让场振荡器的振荡频率略低于场频，以进入可同步的频率范围内。

4.3　场输出级电路和实用场扫描电路

4.3.1　场输出级电路

场输出级电路种类较多，其中分流调整型 OTL 场输出级电路工作原理最复杂，如图 4-26 所示。电路中，VT401 和 VT402 是场输出管，其中 VT402 又兼推动管。VT401 和 VT402 两管极性相同是这种 OTL 场输出电路的特点。

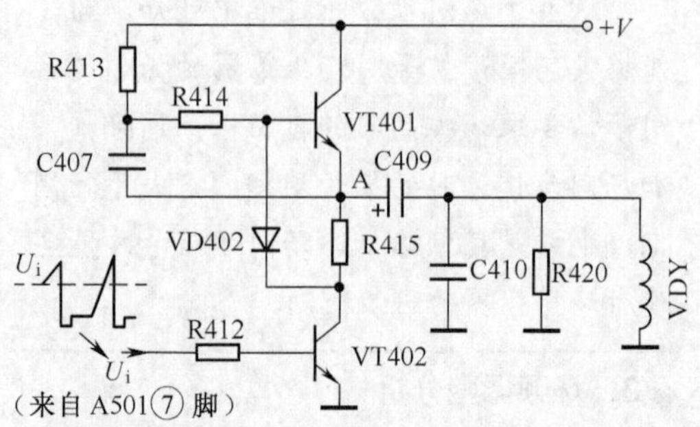

图 4-26　分流调整型 OTL 场输出级电路

1．电路分析

来自集成电路 TA7609AP（A501）⑦脚的场频锯齿波信号经 R412 加到 VT402 基极，这一信号是场输出级电路的输入信号，其信号波形如图 4-26 所示。

（1）没有信号时。输出端 A 点的直流电压为 +110V 的一半，这一点与一般 OTL 电路相同。

（2）输入信号为正半周时。正半周信号使 VT402 基极电压升高，其集电极电压下降，该电压经已导通的 VD402 加到 VT401 基极。因为 VT401 静态偏置电流很小，这样使 VT401 截止，直流电压 +110V 不能对 VT402 进行供电，由 C409 上充到的电压放电为 VT402 供电。

经 VT402 放大后的信号加到场偏转线圈 V.DY 中，其电流回路为 C409 正极→ R415 → VT402 集电极→ VT402 发射极→地端→ V.DY → C409 负极。图 4-27 所示是这一电流回路示意图。

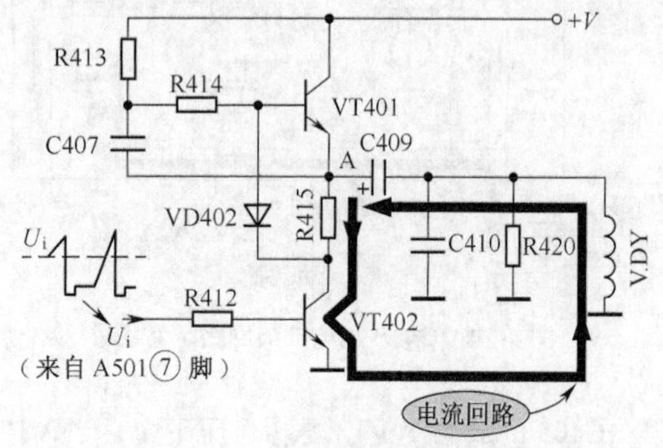

图 4-27　VT402 导通电流回路示意图

（3）**输入信号为负半周时**。信号使 VT402 基极电压下降，其集电极输出信号电压升高，该电压经已导通的 VD402 加到 VT401 基极，给 VT401 正向偏置，使 VT401 放大信号，其输出信号经 C409 流入 V.DY 中，这样场偏转线圈中流有一个完整周期的扫描电流。

重要提示

这种 OTL 场输出电路在信号正半周期间只有 VT402 放大，而 VT401 截止；而在输入信号的负半周期间，两只三极管同时处于放大状态，由 VT402 放大和倒相后的信号再加到 VT401 中进行放大（只有电流放大），此时 VT402 作为 VT401 的推动管。

图 4-28 所示的场扫描电流波形可以说明两只三极管的工作过程。场扫描的正程前半部分由 VT401 完成，此期间直流电压 +110V 对电容 C409 充电；正程的后半部分由 VT402 完成，此期间 C409 放电为 VT402 供电。

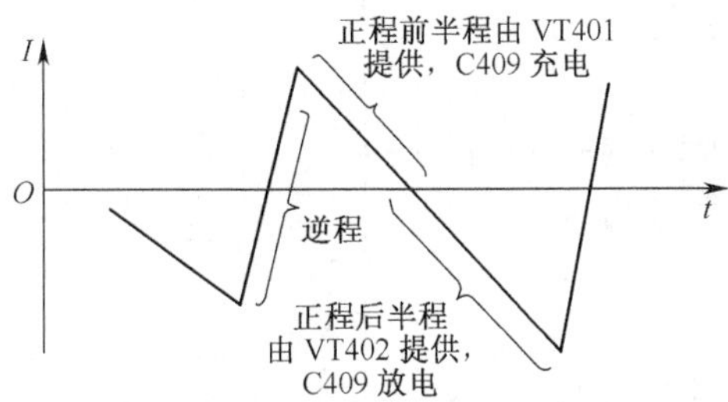

图 4-28　场扫描电流波形示意图

电路中的 C407 是自举电容，R413 是隔离电阻。**自举过程是：**静态时，在电容 C407 上充有一定大小的电压，由于 C407 放电电流回路时间常数很大，所以 C407 上充到的电压基本不变。

当 VT401 导通放大后，由于 VT401 基极上的信号幅度较大，其发射极电压（即电路中 A 点的电压）也跟着上升较大，这样使 VT401 基极与发射极之间的正向电压减小，使 VT401 的输出电流不足，VT401 输出的信号幅度不足。

加入自举电路后，由于电路中 A 点的电压上升，加到 C407 两端的电压基本不变，使电路中 VT401 基极的电压上升，这样 VT401 有更大的基极激励，使 VT401 输出信号电流增大，以补偿 VT401 输出的不足。

自举过程实际上是一个正反馈过程，其目的是在大信号时增大 VT401 的输出信号幅度。

元器件作用提示

电路中的 C409 是输出端耦合电容；R420 是阻尼电阻，用来抑制场偏转线圈与分布电容产生的振铃效应；C410 用来旁路行频，因为行、场偏转线圈相距很近，行频通过磁耦合会窜入场偏转线圈中，干扰场扫描。

2．电路分析说明

关于场输出级电路分析主要说明以下几点。

（1）场输出级是一级大信号放大电路，是一级功率放大器电路。

（2）输入信号是场频锯齿波扫描信号，场输出级电路只是放大这一信号，对信号不作变换，这一点与音频放大电路相同。

（3）由于场输出级电路对输入信号只是放大，没有信号变换作用，所以其电路分析方法同一般音频功率放大电路基本相同。

4.3.2　实用场扫描电路

图 4-29 所示是采用 OTL 场输出级的场扫描电路。电路中，VT1 ～ VT3、VD4、VT5 和 VT6 构成大环路的自激多谐振荡器电路，VT2 是场激励管，VT5、VT6 构成 OTL 场输出级电路；LV 是场偏转线圈。

1．场振荡电路

从电路图中可以看出，该电路没有场振荡变压器，这是一个大环路自激多谐振荡电路。**电路的工作原理是：设某瞬间在 VT1 基极上的信号电压为正，则电路具有下列正反馈过程。**

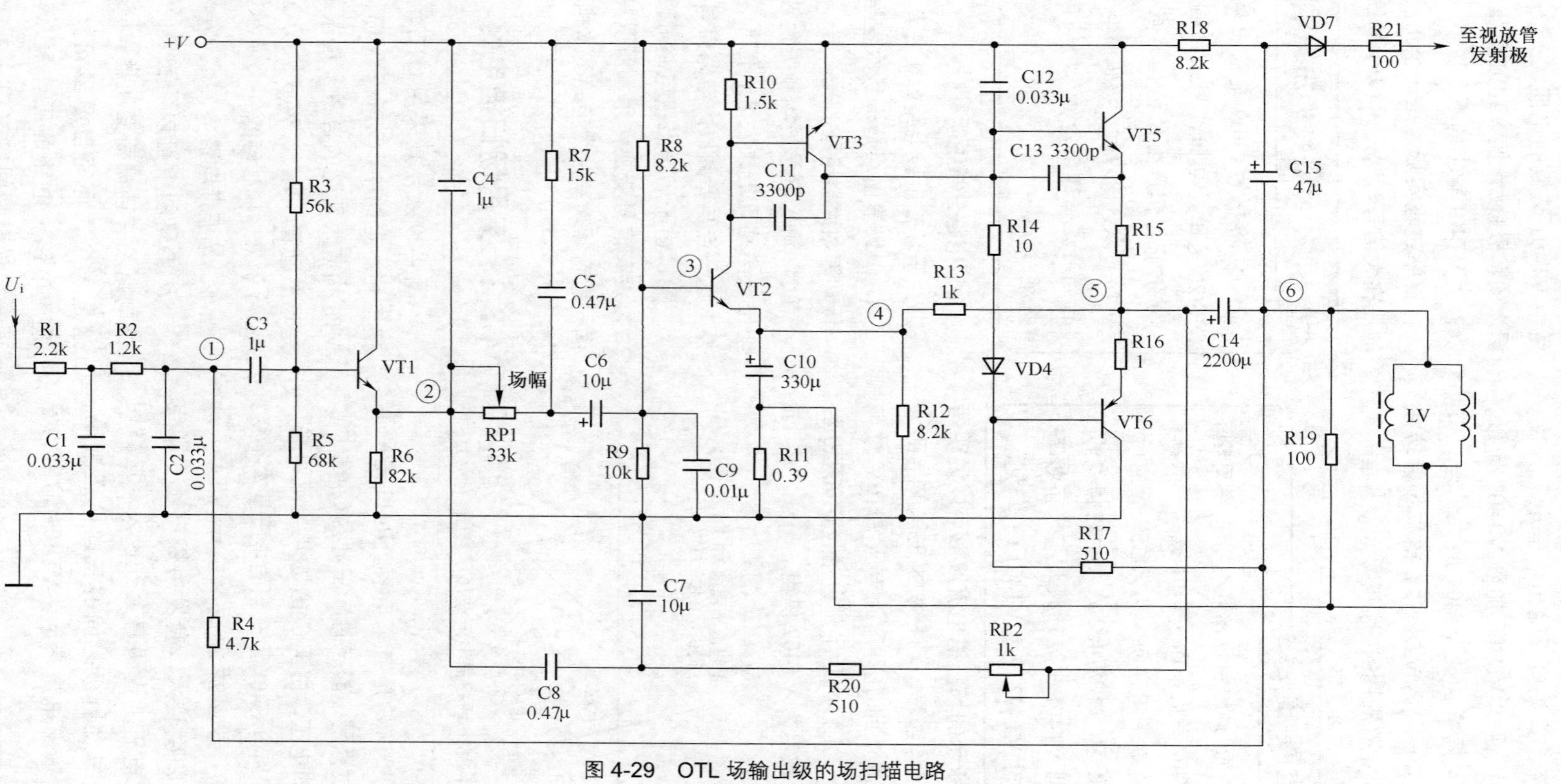

图 4-29 OTL 场输出级的场扫描电路

VT1 的基极电压↑→ VT1 的发射极电压↑（射极跟随器特性）→ VT2 的基极电压↑（通过 RP1 和 C6）→ VT2 的集电极电压↓（共发射极放大器输出、输入信号电压反相特性）→ VT3 的基极电压↓→ VT3 的集电极电压↑（共发射极放大器输出、输入信号电压反相特性）→ VT5 的基极电压↑→ VT5 的发射极电压↑（射极跟随器特性）→ VT1 的基极电压↑↑（通过 R4 和 C3）。

通过这一正反馈，VT1 很快处于饱和导通状态，锯齿波形成电容 C4 中的电荷通过导通的 VT1 放电，这是场扫描的逆程。

在 VT1 饱和导通期间，电路中的⑥点处为高电位（场逆程脉冲），这一电压经 R4 对电容 C3 充电，在 C3 上的充电电压为左正右负，使 VT1 的基极电压随着充电的进行而下降。当 VT1 基极的电压低到一定程度时，VT1 从饱和状态退回到放大状态，由于此时基极电流是下降的，通过电路的正反馈，VT1 很快从饱和状态转为截止状态。

在 VT1 截止时，直流工作电压 +*V* 由电阻 R6 构成回路，对电容 C4 充电，对 C4 充电的过程是场扫描的正程。

在 +*V* 对电容 C4 充电过程中，+*V* 对电容 C3 进行反向充电（也可以说是 C3 的放电过程），**其充电电流回路是：**+*V* → R3 → C3 → R4 → LV →地。在电容 C3 上的这一充电电压是左负右正的，当这一充电电压大到一定程度时，即 VT1 的基极电压比发射极电压大到一定程度时，VT1 从截止状态进入导通状态，通过电路的正反馈，VT1 很快又进入饱和状态，开始了第二个周期的振荡。

2．场同步分析

来自同步分离级电路的复合同步信号 U_i 经 R1 和 C1、R2 和 C2 两节积分电路之后，取出场同步信号，由 C3 加到 VT1 的基极，强迫 VT1 从截止转入导通状态，达到场同步的目的。这是电容耦合场同步信号的电路。

3．场幅调整电路

电路中的 RP1 是场幅调整电阻，改变 RP1 的阻值大小，可以改变场锯齿波信号的幅度，达到场幅调整的目的。

4．场激励级电路

VT2 构成场激励级电路。R8 和 R9 构成 VT2 的分压式偏置电路；R10 是 VT2 集电极负载电阻；R12 是发射极电阻之一，它构成 VT2 的直流回路；R11 也是 VT2 发射极电阻，但是由于 C10 的隔直作用，只存在交流电流负反馈作用；因为 C11 很大，而 R11 远小于 R12，所以对交流而言，电阻 R12 相当于开路；电阻 R13 引入环路的直流负反馈，以稳定直流工作状态。

5．场输出级电路

这是一个典型的 OTL 场输出级电路。电路中的 VT3 是推动管，VT5 和 VT6 是输出管；VD4 和 R14 构成 VT5 和 VT6 的静态偏置电路，使两只输出管工作在甲乙类，以克服交越失真。

> **元器件作用提示**
>
> C13 和 C12 是高频消振电容，C14 是输出端的耦合电容；R19 是阻尼电阻，R15 和 R16 是交流和直流负反馈电阻。

6．场线性补偿电路

电阻 R7 和电容 C5 构成上线性补偿电路。由于电源端对交流而言是接地的，所以该上线性补偿电路的一端是交流接地的，改变电阻 R7 的阻值大小，可以改变上线性的补偿量。

从场输出级电路输出端取出的信号电压经 RP2、R20 和 C7 构成的积分电路，得到一个下凹的锯齿波信号，该信号由 C8 耦合到 VT1 的发射极上。这是下线性补偿电路，进行下线性补偿。调整 RP2 的阻值大小，可以改变下线性的补偿量。

7．场逆程脉冲耦合电路

电路中的 C15 是场逆程脉冲耦合电容，VD7 是隔离二极管，R21 是 VD7 的限流电阻。R18 为 VD7 提供一个较小的正向偏置电压，这一电压使 VD7 只有在场逆程脉冲出现期间才导通，在场正程期间 VD7 是不能导通的。

9.RC 移相式正弦波振荡器 5

4.4 行扫描电路

行扫描电路和场扫描电路一起构成电视机的扫描电路，行扫描电路控制显像管电子束的水平方向运动。行扫描电路的故障发生率比较高。

4.4.1 行扫描电路综述

1. 电路方框图

图 4-30 所示是行扫描电路方框图。

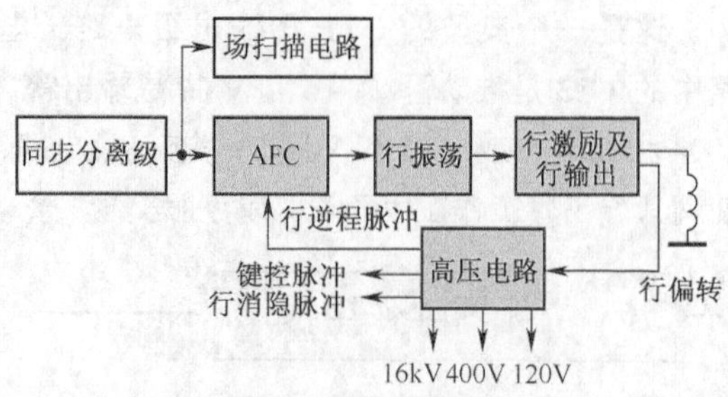

图 4-30 行扫描电路方框图

重要提示

行扫描电路的主要作用如下。

（1）产生行频的锯齿波扫描电流馈入行偏转线圈中，要求线性良好，并有适当的幅度，与行同步信号同步。

（2）产生显像管工作所需要的各种中压和高压。

（3）产生多种用途的脉冲信号，如行消隐信号、行 AFC 电路所需要的比较脉冲信号等。

2. 行扫描电路特点

（1）行扫描电路对电源的消耗占整机电源消耗的 60% 左右。

（2）行扫描电路中的各管工作在开关状态，这是为了提高效率。

（3）行输出管工作在高频、高压和开关状态下。

（4）行偏转线圈的工作频率高，直流电阻小，它基本上可以看成是一个纯感性负载。

4.4.2 电视机行AFC电路

电视机的行扫描电路中设有行 AFC 电路。

行 **AFC** 电路是一个鉴相电路，其两个输入信号分别是行同步脉冲和行逆程脉冲。这一电路对这两个输入信号的频率和相位进行比较，当两个输入信号的频率和相位存在偏差时，行 **AFC** 电路输出一个误差电压，以控制行振荡器的振荡频率和相位。

10.RC 移相式正弦波振荡器 6

图 4-31 所示是某集成电路内部电路中的行 AFC 电路和集成电路的①脚、②脚外部电路。

输入信号提示

输入行 AFC 电路的信号有两个。

（1）头朝下的行同步脉冲。这一脉冲信号来自同步分离级电路，在集成电路的内部直接加到 VT1 基极。

（2）来自行输出变压器的行逆程脉冲，这一脉冲信号经 R511、C509 加到 R505、C507 上（4 元件构成积分电路），将矩形的行逆程脉冲转换成①脚上的锯齿波，见图中①脚上的信号电压波形，这一信号的频率和相位代表了当前行振荡器的振荡频率和相位。

当行同步脉冲出现时，VT1 基极为低电平，VT1 截止，其集电极输出高电平，通过 VD1（直流电压 $+V$ 通过 R2、R1 使 VD1 处于导通状态）和 VD2、VD3 分别使 VT2 和 VT3 导通，若两管导通程度相同，则 VT2 发射极电流全部流入 VT3 集电极，集成电路①脚没有电流流入或流出。

当集成电路①脚电压偏低时，VT2 导通程度高于 VT3，这样 VT2 一部分发射极电流流出①脚；当①脚电压偏高时，VT3 导通程度高于 VT2，这样 VT2 全部电流流入 VT3 还不够，还要从①脚外部电路中流入一部分电流给 VT3。

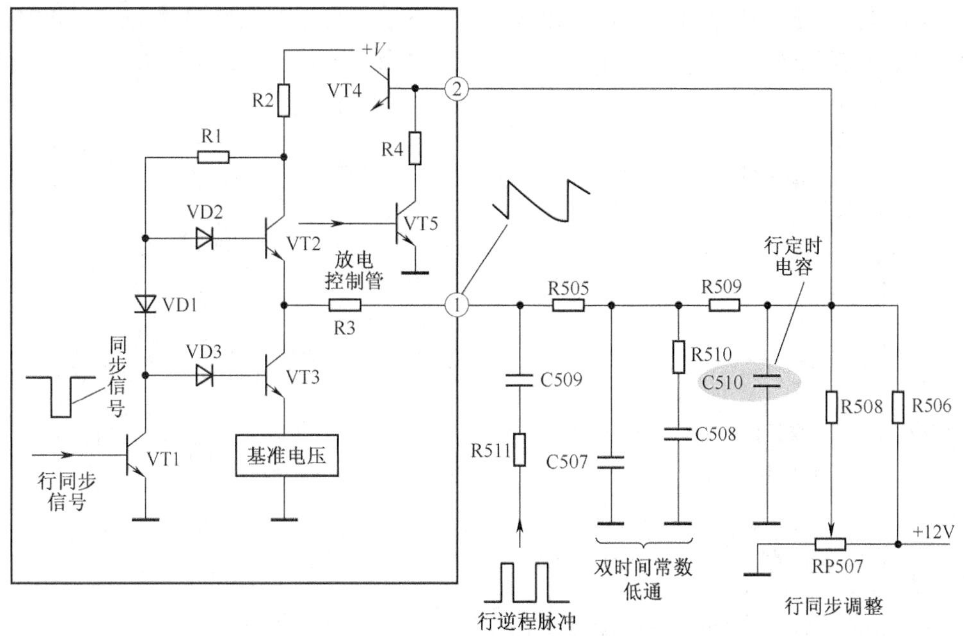

图 4-31　某集成电路内部电路中的行 AFC 电路和集成电路的①、②脚外部电路

电路中，VT2 和 VT3 导通程度是否相同，由 VT1 基极上同步脉冲和①脚上锯齿波电压决定。下面分成 3 种情况来分析行 AFC 电路的工作过程。

1．两输入信号同频同相情况分析

图 4-32 所示是行同步脉冲中心对准锯齿波中心的情况。在行同步脉冲出现期间内锯齿波正、负半周的平均值为 0，使 VT2 和 VT3 导通程度相同，这样两管电流相等，使集成电路①脚没有电流流入也没有电流流出，**鉴相器输出（①脚）的误差电压为 0，说明此时行振荡器处于同步状态。**

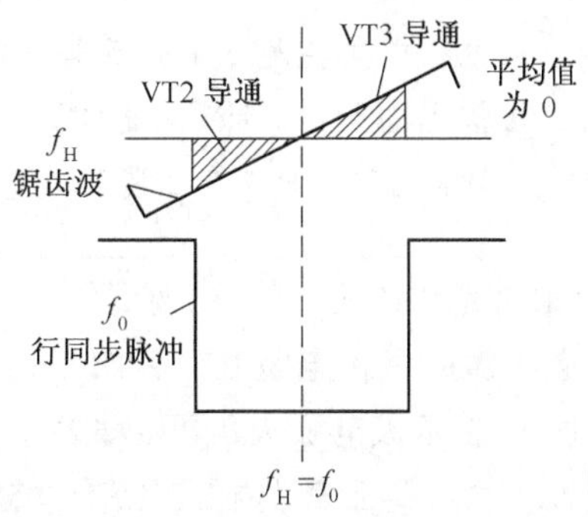

图 4-32　两输入信号同频同相示意图

2．行振荡器振荡频率高于行同步脉冲频率情况分析

图 4-33 所示是行逆程脉冲的频率高于同步脉冲频率（当前行逆程脉冲的频率就等于当前行振荡器的振荡频率）的情况。

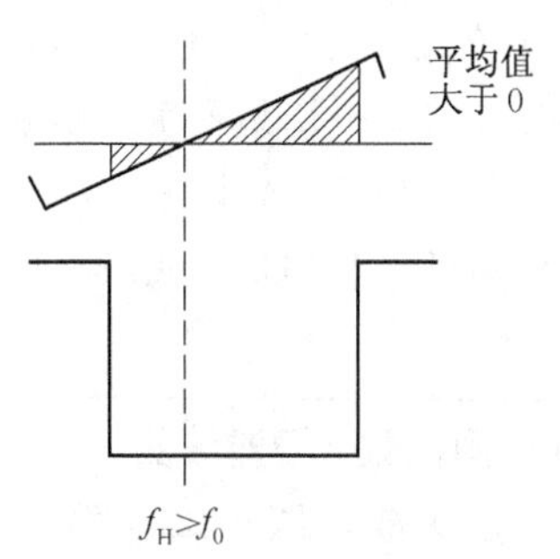

图 4-33　行振荡器振荡频率高于行同步脉冲频率示意图

在行同步脉冲出现期间内，锯齿波的正峰值大于负峰值，其平均值大于 0，使 VT2 导通程度低于 VT3，VT2 电流小于 VT3 电流，VT2 发射极电流全部流入 VT3 集电极还不够，还需要从集成电路①脚流入一部分电流到 VT3 集电极，这样流入集成电路①脚的电流大于①脚输出电流，所以①脚有误差电压输出。

3．行振荡器振荡频率低于行同步脉冲频率情况分析

图 4-34 所示是行逆程脉冲频率低于同步脉冲频率的情况。在行同步脉冲出现期间，锯齿波正峰值小于负峰值，其平均值小于 0，使 VT2 导通程度高于 VT3，VT2 电流大于 VT3 电流，

这样流入集成电路①脚的电流小于①脚输出电流，所以①脚也有相反极性的误差电压输出。

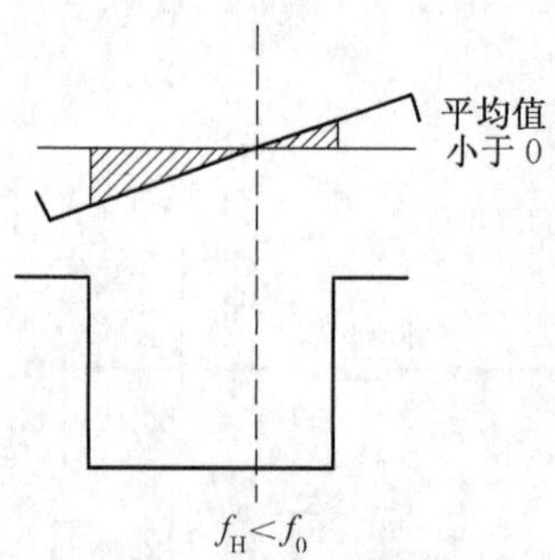

图 4-34　行振荡器振荡频率低于行同步脉冲频率示意图

分析结论提示

通过上述电路分析可知，当输入到行AFC电路的两个信号频率和相位不同时，行AFC电路将它们转换成集成电路①脚上误差电压的大小变化。当误差电压不为0时，说明当前的行振荡器振荡频率、相位不正常，由①脚输出的误差电压去控制振荡器的振荡频率和相位，使之与行同步信号同频、同相。

4．双时间常数低通滤波器

电路中，集成电路①脚上的误差电压由R505加到C507、R510和C508构成的双时间常数低通滤波器中，滤除高频。直流误差电压由R509从②脚送入集成电路内的行振荡器中，控制行振荡器振荡频率和相位。

4.4.3　行振荡器

分立元器件行振荡器电路主要采用电感三点式脉冲振荡器，如图4-35（a）所示，这一电路又称为变形间歇振荡器电路。电路中的VT1是行振荡管，L1和L2是带抽头的行振荡线圈，U_i是来自行AFC输出电路的行频误差电压，图4-35（b）所示是这种振荡器产生的近似矩形的脉冲信号。

电路中的VT1是PNP型管，直流电压$+V$经L1和R3加到VT1发射极，R2是VT1的偏置电阻（固定式偏置电路），R4和R5是VT1集电极电阻，其输出电压U_o通过R4和R5分压电路输出。

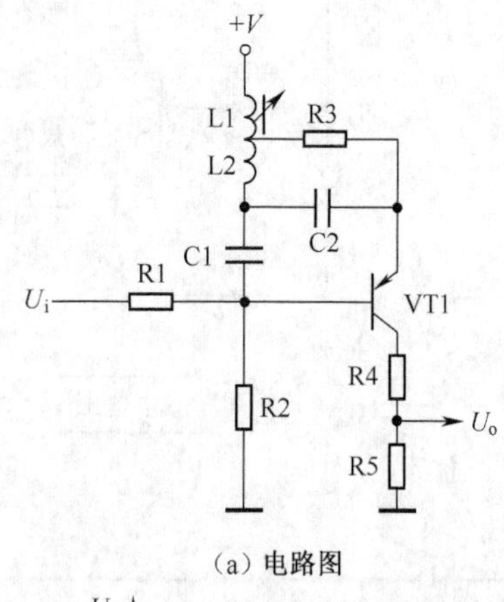

（a）电路图

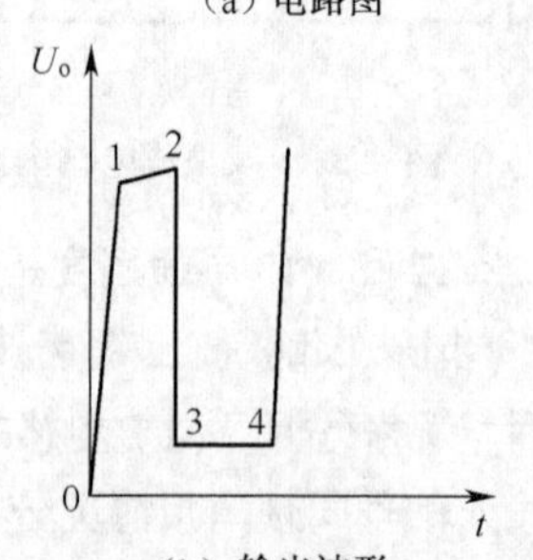

（b）输出波形

图 4-35　变形间歇行振荡器电路及输出波形

重要提示

对于行振荡器电路的分析像场振荡器一样，将振荡过程分成4个阶段进行。在电路分析过程中主要是运用正反馈、电容充电、电容放电（相当于反向充电）、线圈两端的反向电动势、自耦变压器等概念。

1．脉冲前沿阶段（0～1阶段）

接通电源瞬间，电阻R2为VT1提供基极电流，使VT1基极电源从0开始增大。VT1基极电流I_B增大，导致其发射极电流I_E增大。由于发射极电流是流过线圈L1的（见图4-36），L1要产生反向电动势阻碍流过L1的电流的增大，这一电动势在L1上的极性为上正下负。

因为L1和L2构成的是自耦变压器，所以在线圈L2上也产生电压，其极性是上正下负。

L2 下端的负极性振荡信号经电容 C1 耦合到 VT1 的基极上，使 VT1 的基极电压更低，使 VT1 的基极电流更大。显然这是正反馈过程，通过这一正反馈，VT1 很快进入饱和导通状态。

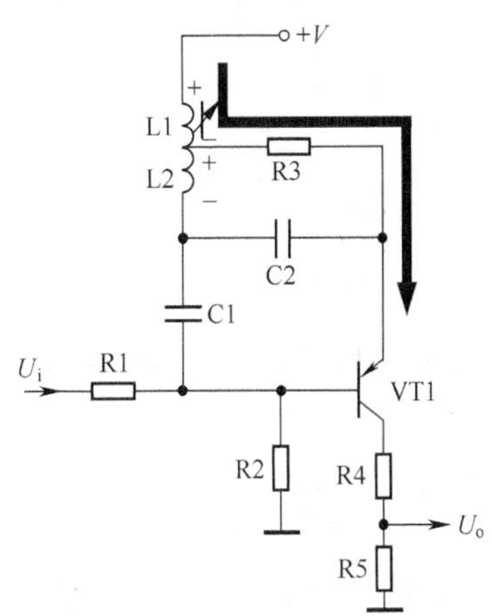

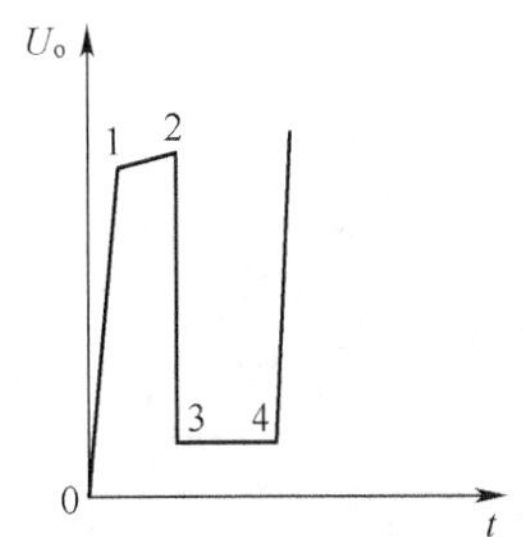

图 4-36　0 ～ 1 阶段示意图

VT1 饱和之后，其集电极电流很大，该电流流过电阻 R4 和 R5，此时 VT1 集电极电压为最大，见输出信号 U_o 波形中 0 ～ 1 段。0 时刻 VT1 截止，所以集电极电压为 0；1 时刻 VT1 饱和导通了，所以集电极电压为最大。

2．脉冲平顶阶段（1 ～ 2 阶段）

VT1 进入饱和状态后，线圈 L2 上的电压有两个回路对各自回路中的电容充电。如图 4-37 所示，一个回路是 R3 和 C2，由 L2 上的电压通过 R3 对 C2 充电；第二个回路是 R3、VT1 发射结（PN 结）和 C1，由 L2 上的电压通过 R3 和 VT1 发射结对电容 C1 充电。

在此期间，由于对电容 C1 的充电电流是 VT1 的基极电流，这一电流远小于对电容 C2 的充电电流，所以对 C2 的充电快于对 C1 的充电。

在 C1 上的充电电压为下正上负，对 C2 上的充电电压为右正左负。对 C1 充电使 VT1 基极电压升高，对 C2 充电使 VT1 发射极电压升高，由于 C2 充电快于 C1，所以 VT1 发射极电压大于基极电压而使 VT1 继续处于饱和导通状态。

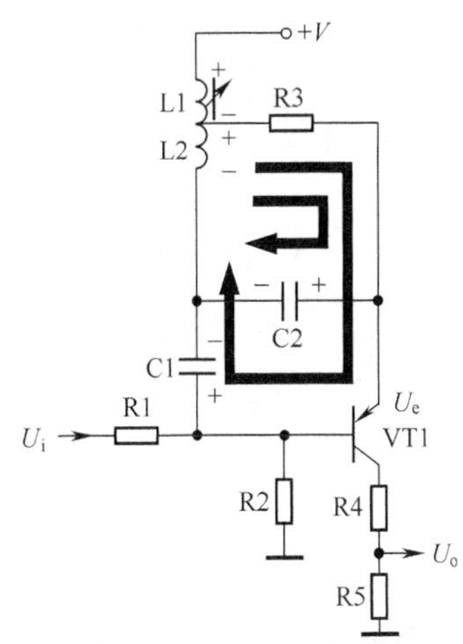

图 4-37　1 ～ 2 阶段示意图

随着 L2 上电压对两个电容充电的进行，C2 的充电电压上升变慢（快要充满电了），而 C1 上的电压仍然较快地增大，这样使 VT1 发射极与基极之间的正向电压差越来越小，当小到一定程度时，VT1 因基极电流减小而退出饱和状态，进入放大状态，即在 2 时刻 VT1 开始退出饱和状态，结束脉冲平顶阶段。

在这一阶段，由于 VT1 仍然处于饱和导通状态，所以 VT1 集电极电流较大，为脉冲的平顶阶段，如图 4-38 所示输出信号波形中的 1 ～ 2 段。

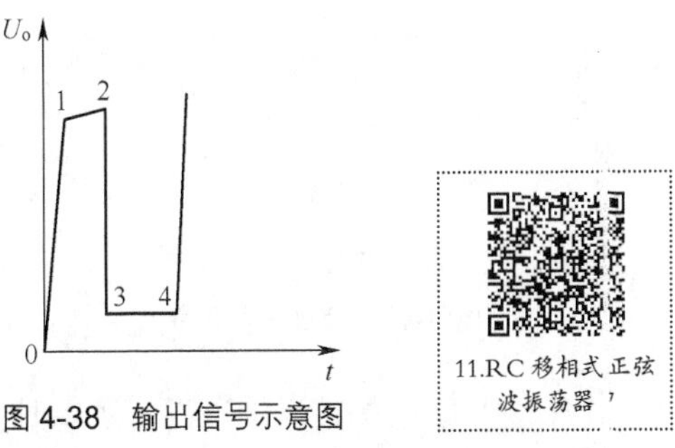

图 4-38　输出信号示意图

3．脉冲后沿阶段（2 ～ 3 阶段）

在 2 时刻，由于对电容 C1 和 C2 充电，VT1 基极电流减小，直至小到使 VT1 退出饱和状态而进入了放大状态。因为 VT1 基极电流减小，导致发射极电流减小，即流过 L1 的电流在减小，L1 要产生反向电动势阻碍流过 L1 的电流的减小，这一电动势在 L1 上的极性为上负下正，如图 4-39 所示。

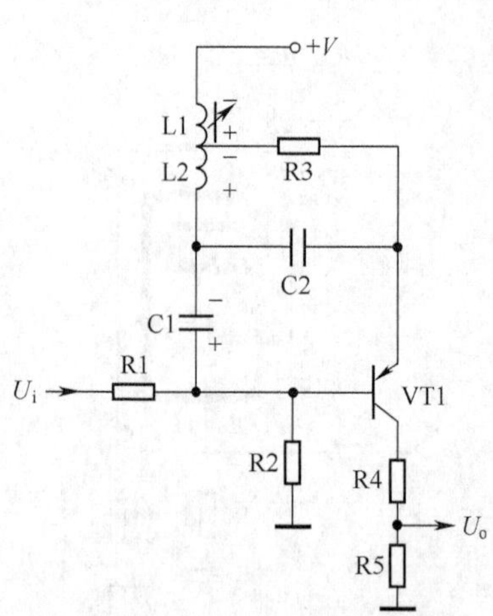

图 4-39　2 ～ 3 阶段示意图

L1 上极性为上负下正的电压耦合到 L2 上，在 L2 上的电压极性也是上负下正。由于电容 C1 两端电压不能突变，L2 下端的正极性电压通过 C1 加到了 VT1 基极，使 VT1 的基极电流进一步减小，显然这是正反馈过程。

通过这一正反馈，VT1 很快从饱和状态退回到截止状态，VT1 的集电极电压为 0。图 4-40 所示输出信号中 2 ～ 3 段波形，这是脉冲后沿阶段。在 3 时刻，VT1 已经进入截止状态了。

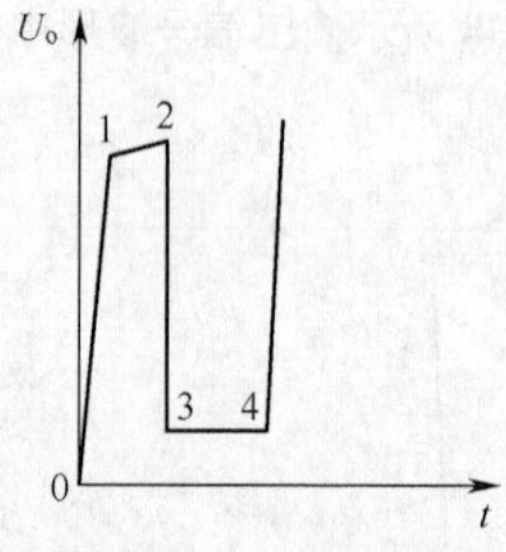

图 4-40　输出信号示意图

由于这一阶段是正反馈过程，所以时间很短。时间越短，脉冲的后沿越陡，振荡信号性能越好。

4．脉冲间歇阶段（3 ～ 4 阶段）

图 4-41 所示是脉冲间歇阶段振荡信号波形示意图。

在脉冲间歇阶段 VT1 处于截止状态，振荡电路的工作可以分成 3 个阶段分析。

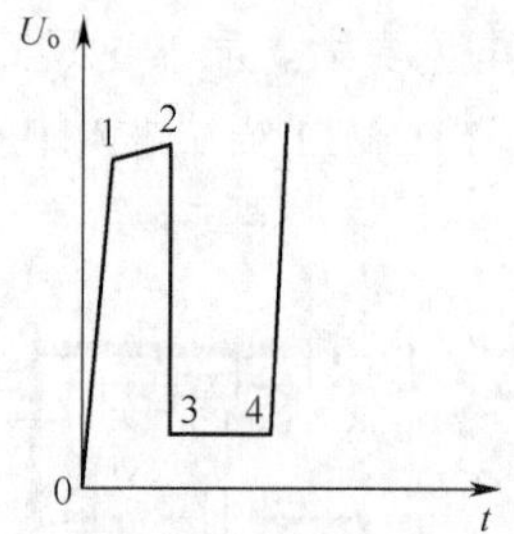

图 4-41　脉冲间歇阶段振荡信号波形示意图

（1）第一个阶段。如图 4-42 所示，在线圈 L2 上的电压为下正上负，这一电压通过 R3 对电容 C2 充电，在 C2 上充到左正右负的电压，由于这一电压对 VT1 而言是使发射极与基极之间的正向偏置电压更小，所以使 VT1 保持截止状态。

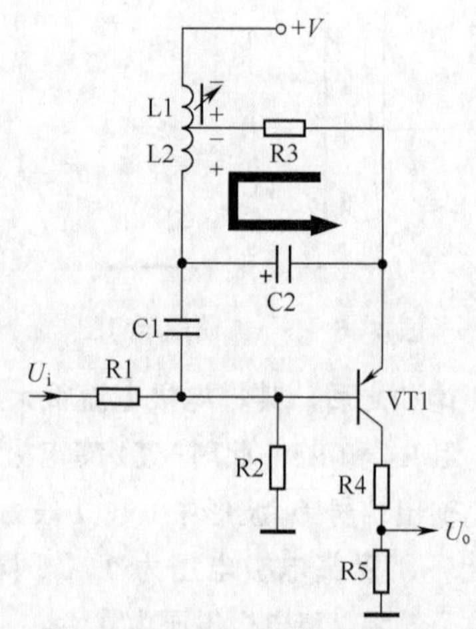

图 4-42　第一阶段示意图

（2）第二个阶段。如图 4-43 所示，当 L2 中的磁能全部转换成电容 C2 中的电能后，电容 C2 开始对线圈 L2 放电。这是电能向 L2 中磁能转换的过程，随着这一放电的进行，VT1 向导通方向发展。

重要提示

在上述第一和第二阶段期间，实际上是由电容 C2 和线圈 L2 构成的 LC 谐振电路的半个周期信号的谐振过程。

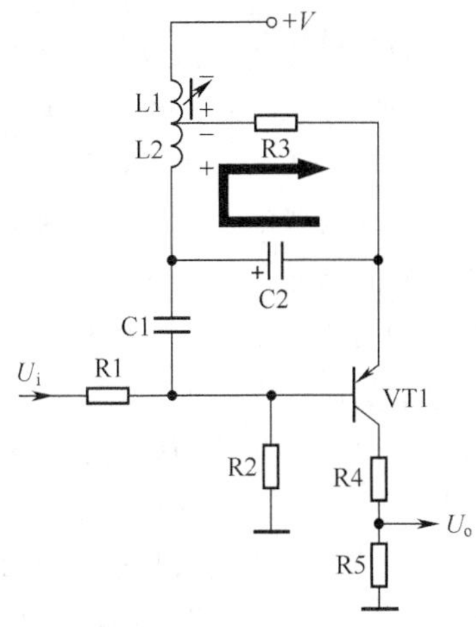

图 4-43　第二阶段示意图

（3）第三个阶段。如图 4-44 所示，在 C2、L2 电路谐振过程中，直流电压 +*V* 与 VT1 基极直流电压 U_i 之差对电容 C1 充电，其充电电流方向如图中所示，在 C1 上充到的电压极性是上正下负。C1 上的充电电压使 VT1 基极电压下降。

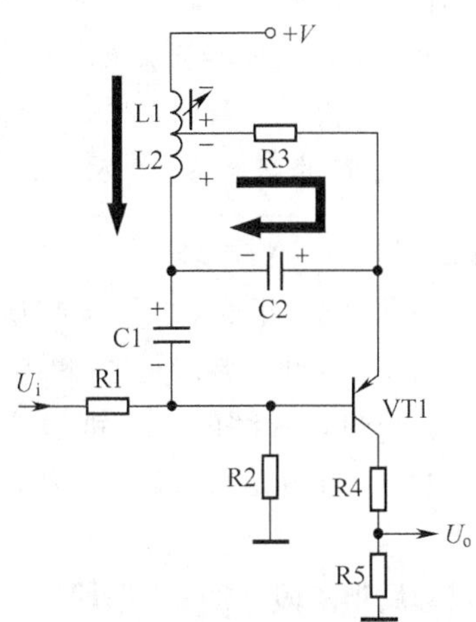

图 4-44　第三阶段示意图

当充电到一定时候时，VT1 基极电压因足够低而从截止状态进入导通状态，即 VT1 又有基极电流，振荡器开始了第二个周期的振荡。

5．行同步分析

12.RC 选频电路
正弦波振荡器
直流交流电路 1

如图 4-45 所示，从行 AFC 电路输出的误差电压 U_i 加到 VT1 基极，这一电压的大小与行振荡器的振荡频率有关。

电压 U_i 加到 VT1 基极上，在 VT1 截止期间，对电容 C1 的充电使 VT1 基极电压下降。若输入电压 U_i 比较小的话，只要对 C1 充较小的电压便能使 VT1 从截止进入导通状态。显然 U_i 的大小可以改变行振荡管间歇时间的长短，即能改变行振荡周期，也就改变了行振荡的频率。

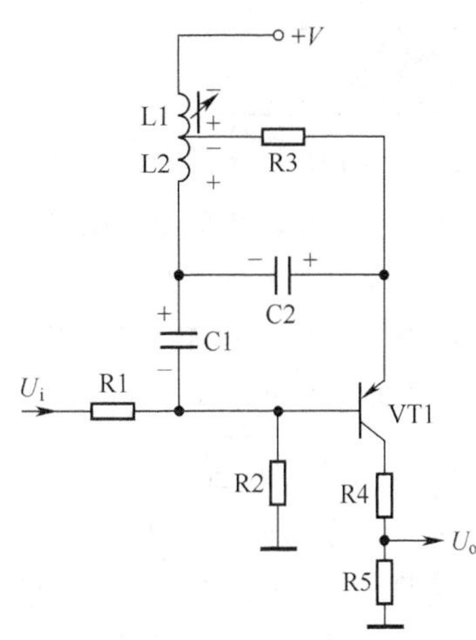

图 4-45　示意图

电路分析提示

（1）行振荡器的振荡频率与许多因素有关。其中，与输入电压 U_i 的大小成反比关系，U_i 大行频低，U_i 小行频高。这种振荡频率与电压大小有关的振荡器称为压控振荡器。

（2）改变电阻 R1 的阻值可以改变行频。L1 和 L2 的电感量大小也影响行频高低。也可采用改变 L1 和 L2 电感量的方法进行行频调整，所以 L1 和 L2 带微调磁芯，这就是用来调整行振荡器振荡频率的。

（3）在行振荡器电路中有两个频率调整电路，一是 L1 和 L2 的磁芯调整，这是手动调整，是粗调；另一个是用输入电压 U_i 来调整行频，这是自动调整，为连续、自动的微调。

（4）在行振荡管集电极回路用一个分压电路输出行振荡信号，这是为了减轻行激励级电路对行振荡器的影响。

（5）行振荡器输出的是近似矩形的脉冲信号，这一信号不必转换成锯齿波，这一点与场扫描电路不同。

（6）集成电路构成的行振荡器基本上同集成电路的场振荡器相同。

4.4.4 行输出级电路

重要提示

行输出级电路的工作原理比场输出级电路复杂得多。场输出级电路工作在放大状态，而行输出级电路工作在高频、高压的开关状态。对行输出级电路工作原理的理解要从它的等效电路入手。

图 4-46 所示是行输出级电路及等效电路。电路中的 VT1 是行输出管，VD1 是阻尼二极管，C1 是逆程电容，C2 是 S 校正电容，LH 是行偏转线圈，T1 是行输出变压器，U_i 为输入行管基极的行频脉冲开关信号（它来自行激励级电路），$+V$ 是行输出级直流工作电压。

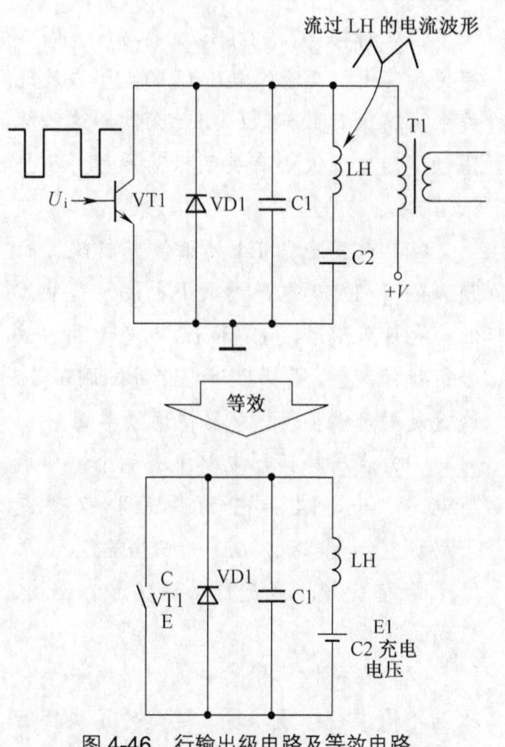

图 4-46 行输出级电路及等效电路

等效电路提示

为了分析行输出级电路的方便，要对这一电路进行简化，即绘制行输出级的等效电路。将行输出管（简称为行管）用一个开关来等效，因为行管工作在开关状态。当输入信号为高电平时，行管饱和导通，相当于开关接通，即行管的集电极与发射极之间呈通路；当输入信号为低电平时，行管相当于开路，即集电极与发射极之间相当于断开。

由于行输出变压器初级绕组（又称一次绕组）的电感量比行偏转线圈的电感量大得多，这样可以忽略 T1 初级绕组的分流作用，在等效电路中将它去掉。

对直流电而言，$+V$ 经 T1 的初级绕组和 LH 对电容 C2 充电，在 C2 上的电压相当于一个直流电源，所以在等效电路中用直流电源 E_1 来表示电容 C2，在电路工作过程中，直流电源会不断给 C2 充电补充电能。这样，在行输出级的等效电路中只有 VT1、VD1、C1、LH 和直流电源 E1（C2）。利用这一行输出级的等效电路，可以比较方便地进行行输出级电路工作原理的分析。

行输出级电路工作原理的分析要分成 4 个阶段进行，用图 4-47 来说明。图 4-47（a）所示是输入行管的行频开关脉冲信号；图 4-47（b）所示是流过行偏转线圈的行频锯齿波扫描电流；图 4-47（c）所示是行管集电极的电压，这是行逆程脉冲。

1．正程后半阶段（0 ～ 1 阶段）

图 4-47（a）所示为输入信号 U_i 波形。在 0 ～ 1 阶段它是高电平，这一信号使行管 VT1 饱和导通，此时的行输出级等效电路如图 4-48 所示，VT1 相当于开关接通。图直流电压 E_1 产生的电流通过 LH 和 VT1 成回路，产生电流。

由于线圈中的电流不能突变，所以流过 LH 的电流逐渐增大。其电流波形见图中 0 ～ 1 阶段，这段锯齿波电流对应于行扫描正程的后半部分。

2．逆程前半阶段（1 ～ 2 阶段）

图 4-47（a）所示为输入信号 U_i 波形，1 时刻输入信号从高电平变为低电平，使行管基极为低电平，行管从饱和退回到截止状态，VT1

相于开路，等效电路如图 4-49 所示。

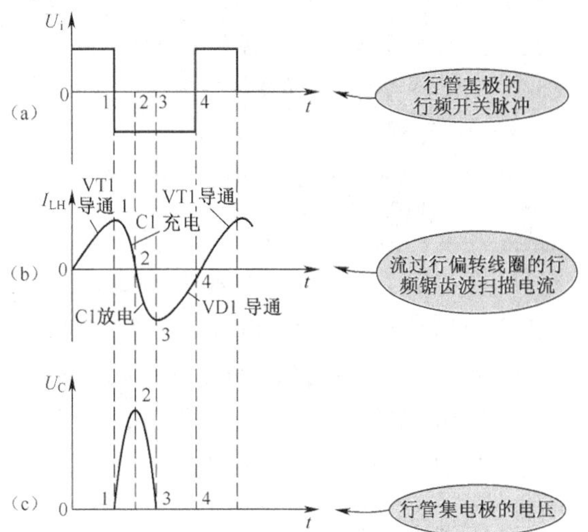

图 4-47　行输出级电路波形图

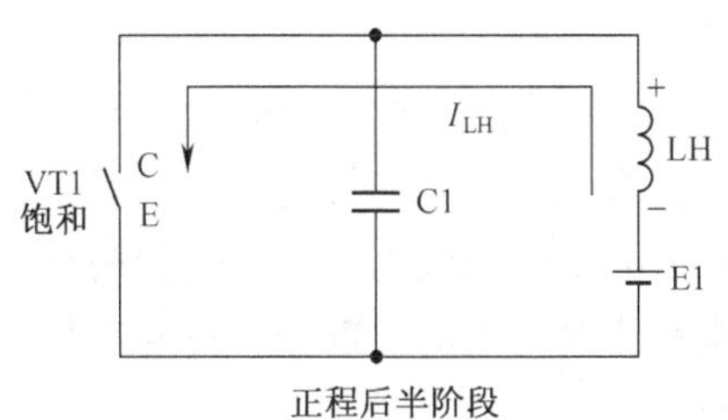

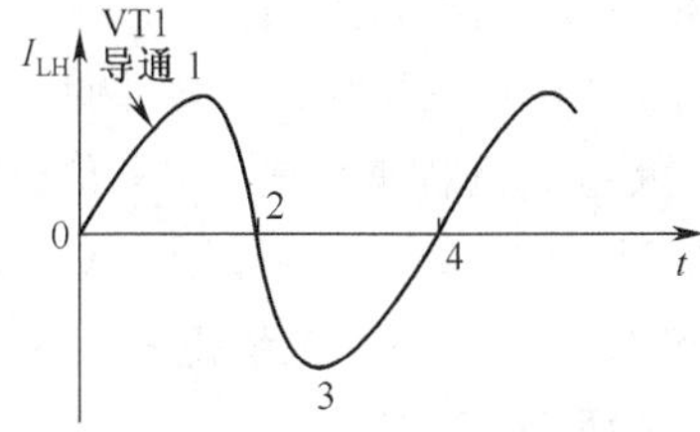

图 4-48　正程后半阶段等效电路及波形

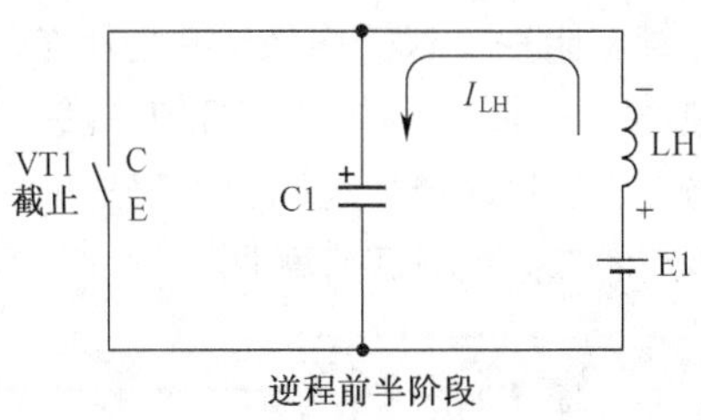

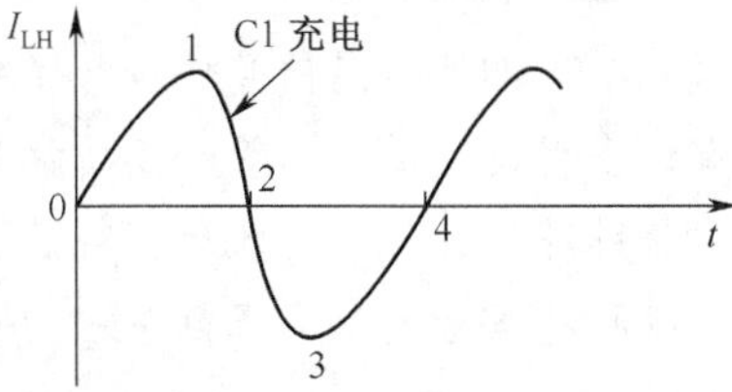

图 4-49　逆程前半阶段等效电路及波形

由于 VT1 断开，此时的等效电路为一个 LC 并联谐振电路，即由逆程电容 C1 和行偏转线圈 LH 构成。

在 1 时刻，由于 VT1 突然截止，流过 LH 的电流减小，线圈要产生一个反向电动势来阻止电流减小，这一反向电动势在 LH 上的极性为上正下负，如图 4-49 所示。

由这一电动势产生的电流开始对电容 C1 充电，其充电电流在 LH 中的方向仍然是由下而上，但电流大小在逐渐减小，即对电容 C1 充电的电流在逐渐减小，流过 LH 的电流如图 4-49 所示波形中的 1 ～ 2 阶段。

重要提示

这期间 LH 中的磁能通过对电容 C1 充电转变成了电容 C1 中的电能，在 C1 上充电电压极性是上正下负。

随着充电的进行，C1 上的电压越来越大，也就是行管 VT1 集电极的电压越来越高，如图 4-47（c）中行管集电极电压波形的 1 ～ 2 阶段所示。在 2 时刻这一电压达到最大，并且线圈 LH 中的磁能已经全部转换成 C1 中的电能。

3. 逆程后半阶段（2 ～ 3 阶段）

这一阶段输入脉冲信号仍然为负。前面 1 ～ 2 阶段实际上是 LH 和 C1 并联谐振电路振荡的四分之一周期，在 2 时刻，C1 上电压达到最大，C1 开始对 LH 放电。如图 4-50 所示，C1 放电电流从上而下地流过 LH，所以 LH 中的电流方向与 1 ～ 2 阶段相反，为负极性。因有 LH 的反向感应电动势，I_{LH} 从 0 逐渐增大，流过 LH 的电流如图 4-50 所示波形中的 2 ～ 3 阶段，波形在负半周。

随着 C1 的放电，C1 上的电压在减小，即行管 VT1 集电极的电压在减小，如图 4-47（c）所示波形中的 2 ～ 3 阶段。在此期间，对电源 +*V*（C2）是充电过程。

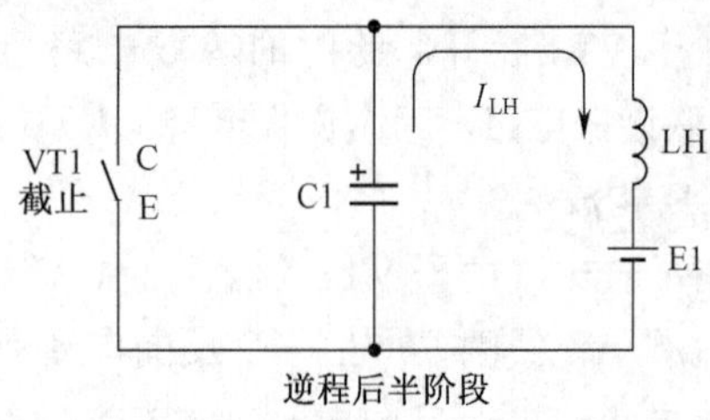

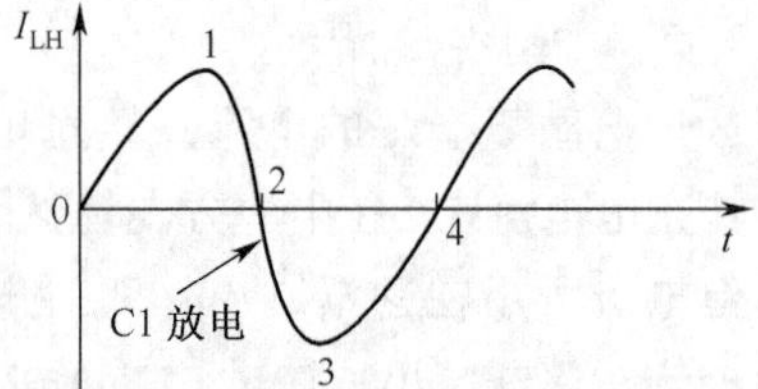

图 4-50 逆程后半阶段等效电路及波形

重要提示

整个 1～3 阶段是 LH 和 C1 这一并联谐振电路的二分之一振荡周期，这是行扫描的逆程阶段。

4．正程前半阶段（3～4 阶段）

在这一期间，输入脉冲信号仍然为负半周。在 3 时刻，电容 C1 中的电能已经全部转换成 LH 中的磁能，在 LH 上产生的电动势极性为下正上负，如图 4-51 所示。

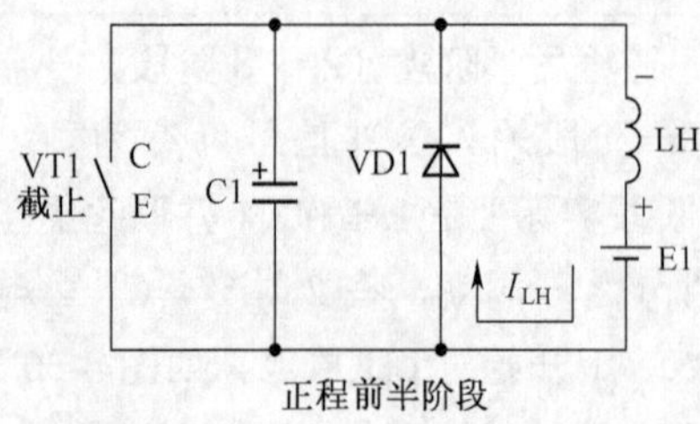

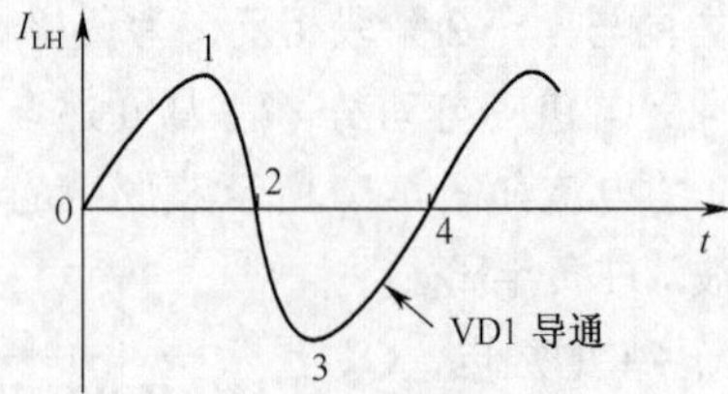

图 4-51 正程前半阶段等效电路及波形

这一电动势要开始对电容 C1 反向充电，由于此时充电电压对阻尼二极管是正向偏置电压，所以二极管 VD1 导通而不能对电容 C1 充电，这样 LH 上电动势产生的电流通过 VD1 成回路。

由于 LH 中的电流不能突变，流过 VD1 的电流（也就是流过 LH 的电流）是从大到小地变化的，如图 4-51 所示波形中的 3～4 阶段，这是行扫描正程的前半部分。

重要提示

在 4 时刻，由于输入脉冲信号从负半周变化到正半周，行管 VT1 饱和导通。VT1 导通后，+V 产生的电流又由 VT1 构成回路，开始了第二个周期的工作，这样完成了一个周期内行输出级电路的工作过程。

5．电路分析说明

关于行输出级电路的工作过程还要说明以下几点。

（1）行管导通与截止的规律。行管导通与否直接受输入脉冲信号控制，行管只在行扫描正程的后半部分期间内导通，使行偏转线圈获得正程锯齿波电流的一部分，行管在其他时间内处于截止状态。

（2）阻尼二极管导通与截止的规律。阻尼二极管只在行扫描正程的前半部分期间内导通，使行偏转线圈获得正程锯齿波的另一部分。在行扫描的其他时间内，阻尼二极管处于截止状态。

由此可知，行扫描的正程是分别由行管和阻尼二极管的导通完成的。

（3）行扫描逆程期间。在行扫描逆程期间，由于行管和阻尼二极管均处于截止状态，行输出级电路中只有逆程电容 C1 和偏转线圈 LH，它们构成 LC 并联谐振电路，逆程期间是这一谐振电路的二分之一振荡周期。

重要提示

这半个周期的振荡信号作为行逆程脉冲具有许多用途，如显像管的高压就是由这一逆程脉冲经升压、整流后获得的。这一行逆程脉冲信号是行高压电路中的输入电压。

（4）行扫描四阶段。4个阶段的行扫描对应于显像管中的扫描可以用图4-52来表示。由于行扫描是从左向右进行的，所以0～1阶段的正程后半部分对应于从中间扫描到右端，1～2阶段的逆程前半部分对应于从右端扫描到中间，2～3阶段的逆程后半部分对应于从中间扫描到左端，3～4阶段的正程前半部分对应于从左端扫描到中间。

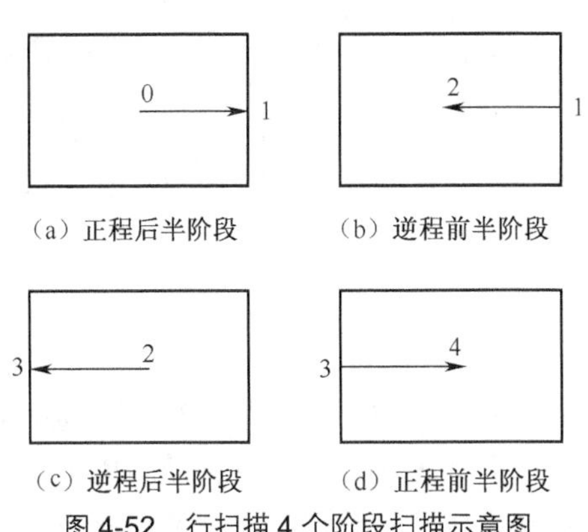

图4-52　行扫描4个阶段扫描示意图

（5）行管和阻尼管开关工作状态。由上述行输出级电路工作原理的分析可知，行管和阻尼二极管工作在开关状态，LH和C1在行逆程期间是工作在振荡状态的。

重要提示

输入行输出级的开关信号是矩形脉冲信号。通过行管、阻尼二极管等才能使行偏转线圈获得锯齿波扫描电流，这一点与场扫描电路是不同的。

实用的行输出级电路中，阻尼二极管可能设在行管的内部，这种带阻尼二极管的行管工作性能要比分开的好。

（6）行逆程电容电路的特点。行逆程电容是不能断开的，否则高压会升高许多而造成打火和元器件的损坏，为此在实用行输出级电路中采用多只行逆程电容并联、串联的方式，以确保行逆程电容不开路。因为多只电容串、并联后，如有一只电容开路还有其他电容接入电路中工作，高压不会升得太高，这样可提高安全性。

14.RC选频电路正弦波振荡器直流交流电路3

4.5　视频电路知识点“微播”

4.5.1　视觉特性基础知识

在学习视频技术过程中时常会遇到一些专用的技术名词，不理解这些技术名词的含义对学习是无益的。

1．光与彩色

光是电磁波。

（1）可见光。**在电磁波中，可见光所占的范围很小，其波长极短，为380～780nm。只有这一范围内的电磁波才能引起人眼视觉的反应，所以称为可见光。**

可见光的波长只占电磁波波长很小的一部分，按波长的长短分，电磁波中波长最长的是无线电波，其他依次是红外线、可见光、紫外线、X射线和宇宙射线。

电磁波中，辐射波的能量主要集中在可见光范围内。

（2）彩色。彩色是可见光作用于人眼而引起的一种视觉反应，即感觉和意识。光的颜色与可见光的波长有关，当可见光的波长从长到短变化时，颜色从红、橙、黄、绿、青、蓝到紫变化。

白色不是单色光，它是多种彩色光按一定比例混合而成的混合色。

（3）非彩色。非彩色是指黑色、深浅不同的灰色和白色，即黑白系列。

非彩色和彩色的总称为颜色。

2．彩色三要素

彩色三要素是彩色的3个基本参量。亮度、色调、色饱和度构成彩色的三要素，其中色调、色饱和度组成色度，在彩色电视机中的色度信号就是用来传送色调、色饱和度信息的。传送亮度信息的信号称为Y信号。

（1）**亮度表示某彩色引起视觉明暗的变化**，它与两个因素有关：一是彩色光本身的强弱，光愈强亮度愈高，反之则相反；二是与物体表面的反射特性有关，反射率愈高亮度愈亮，反之则相反。

（2）**色调是指颜色的类别**，它与彩色光的波长（频率）有关，可见光中波长最长的是红色，波长最短的是紫色。

（3）**色饱和度用来表示某单色光中含白色光的多少，即表示某颜色光的深浅**。纯红色光的色饱和度为100%。所含白色光愈多，光的色饱和度愈小，白色光的色饱和度为零。

3．视觉特性

（1）**物体的颜色**。**物体的颜色由两个因素决定：一是光源的特性，二是物体表面对光的吸收、反射和透射的特性**。

在白色光源的照射下，对光完全反射的物体呈白色，对光完全吸收的物体呈黑色。自然界没有纯白或纯黑的物体。在白色光源的照射下，若物体对各种波长的光反射均在80%以上时，该物体为白色；当反射均在40%以下时，该物体为黑色的。黑白系列物体的反射率不同时，在视觉上会引起亮度的不同变化。反射率高，接近白色，亮度高，反之则相反，所以黑白系列只有明暗的变化。对于白色光源而言，同一个物体，当光源亮度高时，物体接近于白色，反之则相反。

在白色光源的照射下，当某一物体表面能够反射红色光而吸收其他彩色光时，该物体呈红色，同样绿色物体只能够反射绿色光。不同彩色的光源照射同一个物体时，物体的颜色不同，如阳光（白色光源）下的红布如果在绿色光源照射下则呈绿色。

（2）**亮度视觉**。人的视觉对不同波长光的感觉灵敏度是不同的，并且在不同亮度下对不同波长光的敏感程度也不相同，可以用如图4-53所示的视觉视敏特性曲线来说明。曲线中一条为暗视觉特性曲线，一条为亮视觉特性曲线。

（3）**视觉范围**。人眼的视觉范围是很宽的，但是不能在同时感受很宽的亮度范围。当人适应了某一环境的亮度之后，所能够分辨亮度差别的范围就很小了。在很暗时，能够分辨上、下限亮度之比为10:1，在一般亮度下这一比值为1000:1。

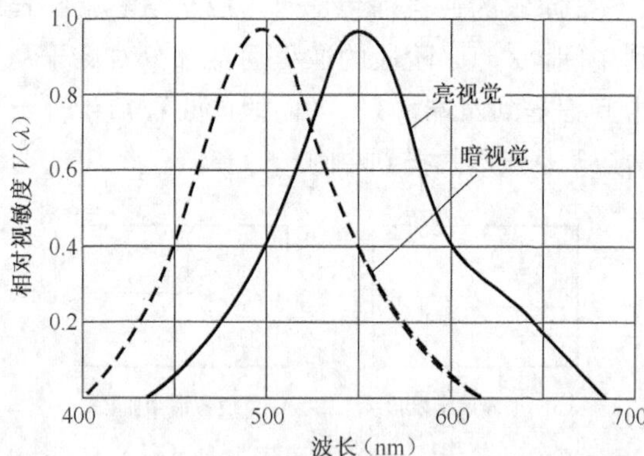

图4-53　视觉视敏特性曲线

人眼的感光作用还随环境光的强弱不同而自动调节，即人眼的亮度感觉随环境亮度的变化而变化。由于人眼的这一特性，电视可以不必以景物真实的亮度就能给人以真实的亮度感受。在白天和晚上看电视时，为了获得真实的景物亮度感受，需要调节电视机的亮度。

（4）**视觉分辨力**。视觉分辨力又称视觉锐度。视觉分辨力与照明强度有关，随着照明强度的增加，视觉分辨力增加，但当照明强度大到一定程度后，视觉分辨力不再增加。物体运动的速度对视觉分辨力也是有影响的，物体运动的速度愈快，视觉分辨力愈低。

人眼对彩色细节的分辨力远低于对亮度细节的分辨力，对不同色调的细节分辨力也是不同的。

在彩色电视机中，根据人眼对彩色细节分辨力低于亮度分辨力的特点，不传送彩色图像的细节部分，而用黑白图像的细节来代替，以节省传输频带。

（5）**视觉惰性**。人眼的视觉惰性可以用如图4-54所示视觉惰性曲线表示。图4-54（a）所示是光脉冲曲线，图4-54（b）所示是人眼相应的主观亮度感觉曲线。从图中可以看出，人眼的视觉感觉总是滞后于光源信号的。当光源突然出现时，人眼的视觉感觉以近似的指数特性上升，在光源消失后也以近似的指数特性下降。

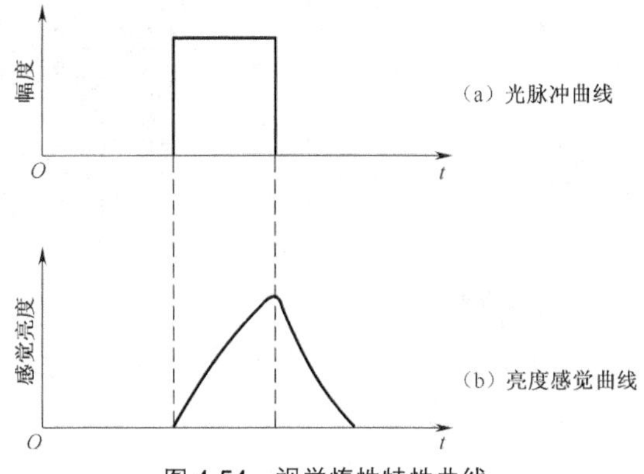

图 4-54　视觉惰性特性曲线

人眼存在视觉惰性，在生活中我们都有这样的体会，看了一个光源后闭上眼睛，眼前光的影子要过一会儿才消失，这就是视觉惰性造成的。

重要提示

在电视技术中，黑白和彩色电视技术中的帧频采用 25Hz、场频采用 50Hz 就是考虑到人眼的视觉惰性，借助于视觉惰性，可以主观感觉到电视画面是连续活动的。

4.5.2　三基色

三基色原理提示

存在 3 种独立的颜色，它们通过一定比例的混合可以获得自然界的各种彩色，而一种彩色通过分解可以得到这 3 种独立的颜色，这种独立的颜色称为基色。基色共有 3 种，称为三基色。

这 3 种颜色还有一个特性，即任何两种基色不能合成另一种基色，所以称它们为三基色。

三基色分别是：红色，用字母 R 表示；绿色，用 G 表示；蓝色，用 B 表示。

1. 混色相加图

图 4-55 所示是混色相加图，图中 3 个圆分别表示红（R）、绿（G）和蓝（B）3 种基色，从图中可以看出：

红 + 绿 + 蓝 = 白；

红 + 绿 = 黄；

红 + 蓝 = 紫；

绿 + 蓝 = 青。

15.RC 选频电路
正弦波振荡器
直流交流电路 4

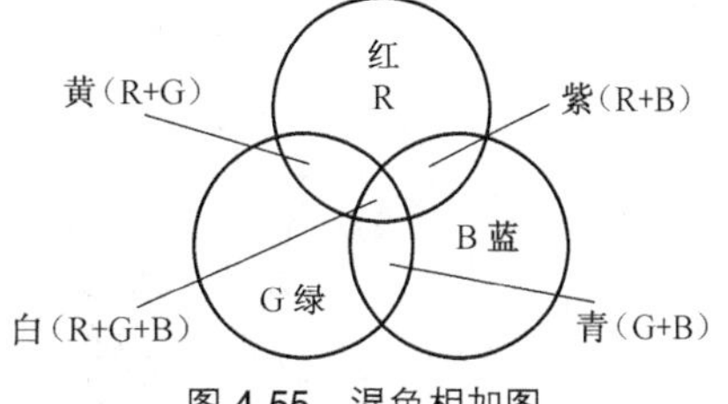

图 4-55　混色相加图

2. 混色方法

重要提示

多种彩色混合在一起可以得到一种新的彩色。混合在一起的方法有下列 3 种：

第一种是空间相加混色法；

第二种是时间相加混色法；

第三种是生理相加混色法。

（1）空间相加混色法。它利用了人眼空间分辨能力较差的特点。只要 3 种基色的发光点相邻很近，且观察的距离足够远，当 3 种基色发光点同时发光时便能获得混色后的彩色效果。

目前，这种混色方法用于同时制的彩色电视机中。

（2）时间相加混色法。它利用人眼的视觉惰性实现混色，目前顺序制彩色电视机中采用这种混色方法。时间相加混色法是将 3 种基色发光点放在同一点，让它们按时间顺序依次发送，只要 3 种基色发光点的发光速度足够快，便获得混色效果。

（3）生理相加混色法。人的两眼同时观看两种不同颜色的同一彩色景物时，会有两种彩色印象，这两种彩色印象便在大脑中产生混色后的彩色效果。

目前，这种混色方法还没有用于彩色电视技术中。

3. 色度三角形

图 4-56 所示是色度三角形，利用它可以帮助记忆混合过程。从这一三角形上可以看出以下几点。

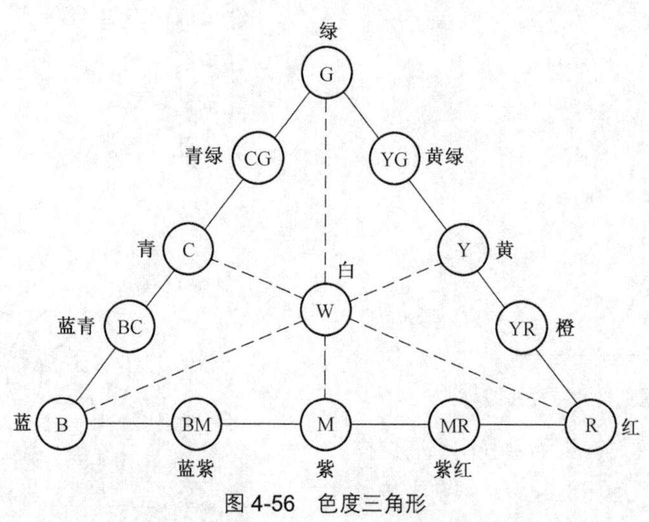

图 4-56　色度三角形

（1）三角形 3 个顶点分别代表 3 个基色 R、G 和 B，它们中的任何一个不能用另两个基色通过混色获得。

（2）三角形的 3 个顶点代表 3 个纯色，其色饱和度为 100%。在 B－W 线或 R－W 线、G－W 线上，其颜色是相同的，如在 R－W 线上都是红色，但色饱和度不同，愈接近顶点色饱和度愈大。

（3）三角形内的任何一点由不同比例的 R、G 和 B 混色后得到，如 R、G 和 B 混色后得到白色。

（4）三角形每条边上的颜色由两种颜色混色后得到，如黄＋红得到橙。

（5）穿过W点的任一条线与三角形边线及顶点相交的两点所代表的颜色互为补色，如红、青互为补色，两种互补的颜色混色后可以得到白色。

4.5.3　电视机常用信号波形

电视机电路中的视频信号波形比较特别，了解它们的波形特征对分析和理解视频电路工作原理很有帮助。

1．图像信号波形

图 4-57 所示是黑白图像信号波形示意图。图像信号是反映画面内容的电信号，又称视频信号。白、灰、黑垂直条，分别对应白电平、灰电平和黑电平，这是负极性的图像信号（波形）。所谓负极性图像信号是信号电平愈大像素愈暗，正极性的图像信号则是信号电平愈大像素愈亮。

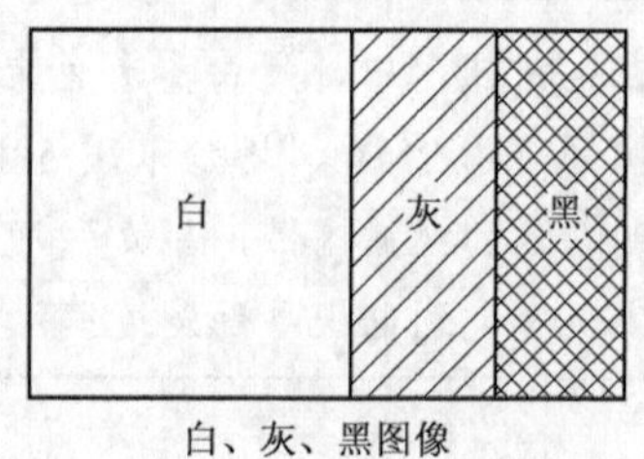

白、灰、黑图像

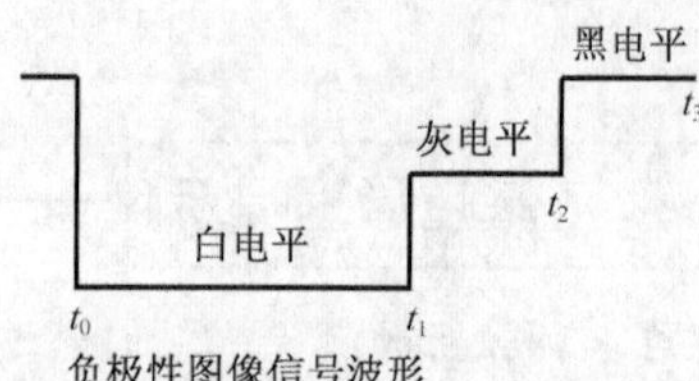

负极性图像信号波形

图 4-57　黑白图像信号波形示意图

t_0 与 t_1 之间画面均为白色，亮度一样，所以图像信号的电平为最小且大小不变；t_1 与 t_2 之间画面均为灰色，电平较大；t_2 与 t_3 之间画面为黑色，所以信号为最大。

重要提示

图像信号的频率高低表达了图像的复杂程度，低频信号代表了大面积的图像，高频信号则表示了图像的细节，直流成分则表达了图像的背景亮度。

2．行同步信号波形

图 4-58 所示是行同步信号波形示意图。行同步信号是电视机同步信号中的一种同步信号，它的作用是控制行振荡器的振荡频率和相位。每行有一个行同步信号（设在行逆程期间）。

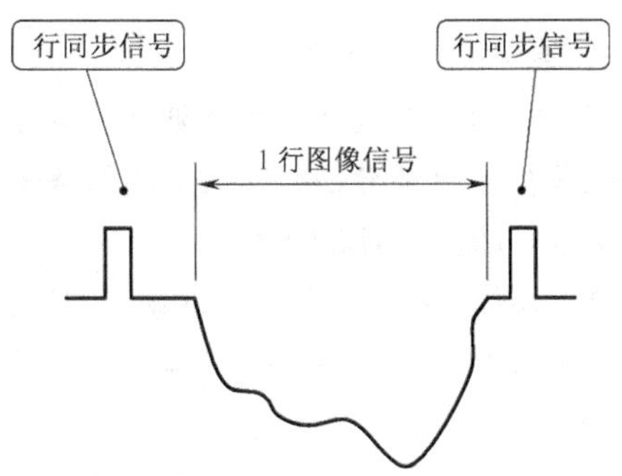

图 4-58　行同步信号波形示意图

行同步信号是一个矩形脉冲，负极性图像信号中的行同步信号的电平为最大，比黑电平还要大。

行同步信号又称行同步头，行同步头电平最高是为了能够方便地从全电视信号中取出，电视机中是通过幅度分离的方法切割出同步头的。

重要提示

行同步脉冲信号的宽度为 4.7μs。由于行同步信号设在逆程期间，所以在屏幕上不会反映出行同步信号的情况。

3．场同步信号波形

图 4-59 所示是场同步信号波形示意图。场同步信号又称场同步头，它也出现在场逆程期间，屏幕上也不会反映出场同步信号的情况。场同步信号的作用是控制电视机中场振荡器的振荡频率和相位，使电视机中的场扫描与摄像机中电子束的场扫描同步。场同步信号也是一个矩形脉冲。

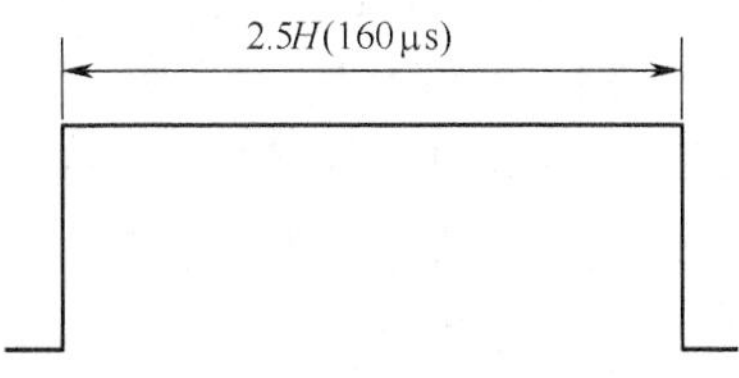

图 4-59　场同步信号波形示意图

4．复合同步信号波形

图 4-60 所示是复合同步信号波形示意图。电视机中的复合同步信号通常是指行同步信号和场同步信号复合而成的信号，而实际上是行同步信号、开了 5 个槽的场同步信号和场同步信号前后各 5 个共 10 个均衡脉冲复合而成的信号，如图所示是偶数场和奇数场的复合同步信号的实际波形示意图。

重要提示

复合同步信号是全电视信号中的一部分，它从全电视信号中分离出来，这一工作由同步分离级完成。

复合同步信号是保证电视机扫描系统正常扫描的唯一控制信号，若这一信号不正常，电视机的扫描系统工作将不正常，图像也就不正常。正常地重现图像是靠电视机正常的扫描来保证的，就好比晶体管放大器中，没有正常的静态工作状态就没有正常的动态工作状态，静态好比扫描，动态好比图像。

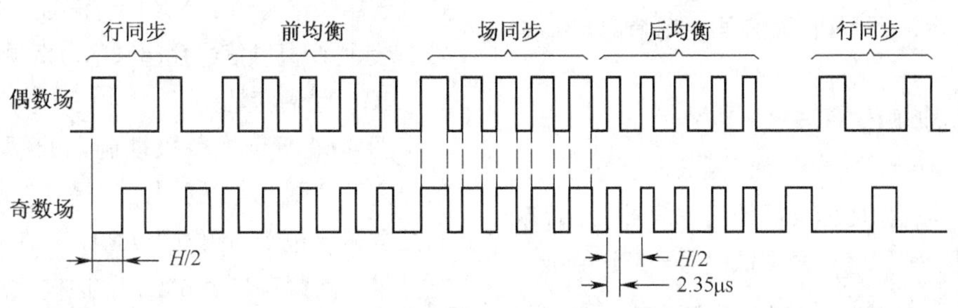

图 4-60　复合同步信号波形示意图

5．行消隐信号波形

图 4-61 所示是行消隐信号波形示意图。行消隐信号是复合消隐信号中的一种信号，作用是消除行逆程期间的行回扫线。行扫描中，电子束从屏幕左侧向右侧扫描（这是正程），扫到右端后电子束要返回到左侧来，电子束的这一返回过程称为行逆程。逆程期间不传送图像，而电子束回扫到屏幕上要出现一条细的亮线，此亮线称为行回扫线。这一回扫线是没用的，而且还干扰图像的正常重现，所以要去掉这一回扫线，这由行消隐信号来完成。

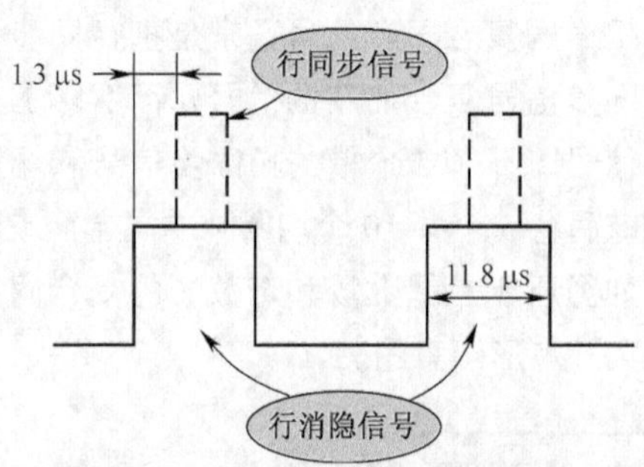

图 4-61　行消隐信号波形示意图

6．场消隐信号波形

图 4-62 所示是场消隐信号波形示意图。场消隐信号是复合消隐信号中的另一个消隐信号，其作用是消除场逆程期间的场逆程回扫线，消除这一逆程回扫线的原理同行消隐信号一样。

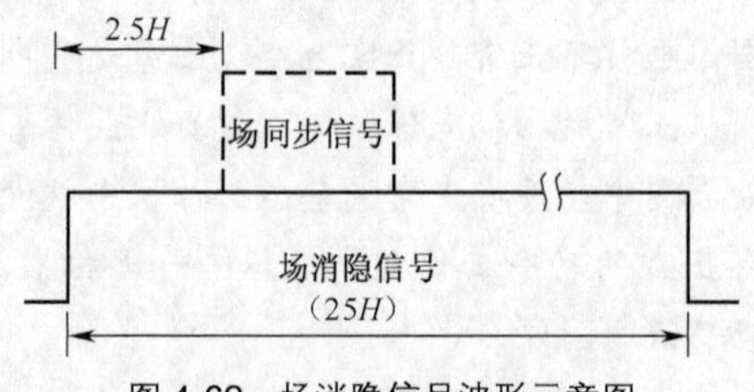

图 4-62　场消隐信号波形示意图

每一场有一个场消隐信号，场消隐电平等于黑电平。

7．复合消隐信号波形

图 4-63 所示是复合消隐信号波形示意图。复合消隐信号是行消隐信号和场消隐信号复合而成的信号。复合消隐信号同图像信号一起送到显像管阴极（通常是阴极），以控制电子束的工作状态。

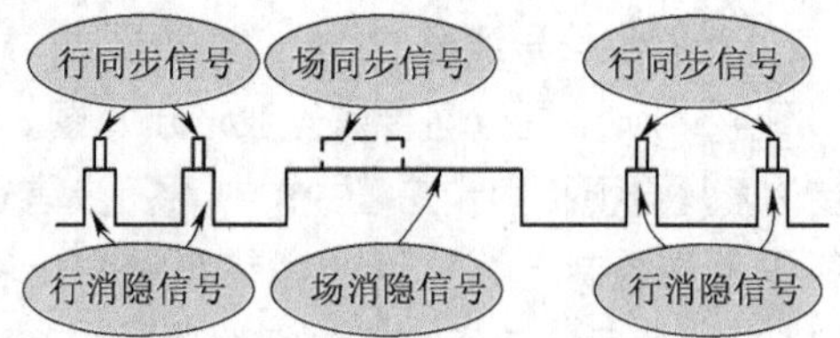

图 4-63　复合消隐信号波形示意图

8．全电视信号波形

图 4-64 所示是全电视信号波形示意图。全电视信号由 **3 个部分信号组成：图像信号、复合同步信号和复合消隐信号。**

全电视信号在电视机中是从检波级输出的，这一信号按时间轴来讲各信号是串联、顺序变化的。

全电视信号中的 3 个部分信号其电平大小是不同的，从图 4-64 中可以看出，同步信号电平为 100%，消隐电平（黑电平）为 75%，白电平为 12.5%。

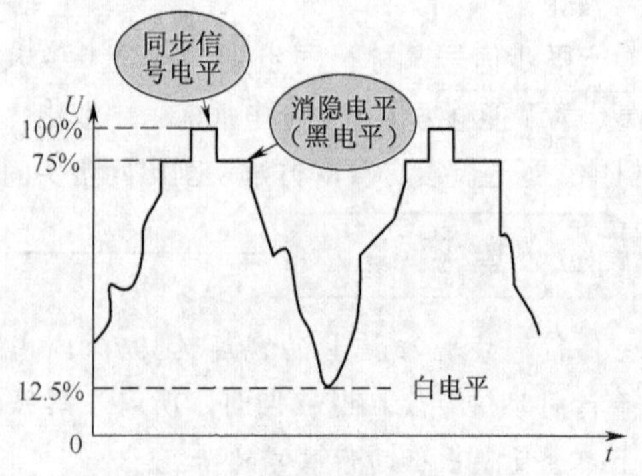

图 4-64　全电视信号波形示意图

9．高频全电视信号波形

图 4-65 所示是高频全电视信号波形示意图。电视信号由全电视信号和伴音信号组成，用全电视信号去调制高频载波的幅度便得到了高频全电视信号（即调幅波信号），用伴音信号去调制高频载波的频率得到了高频伴音信号（即调频波信号），这两个高频信号合起来称为高频电视信号。

10．频谱特性

图 4-66 所示是负极性调幅的频谱示意图。从频谱示意图中可以看出，f_0 是载波频率，在它的左侧为下边带，频宽为 6MHz；在它的右侧为上边带，其频宽也为 6MHz。这样，总的频带宽度为 12MHz，比全电视信号的频带宽了一倍。

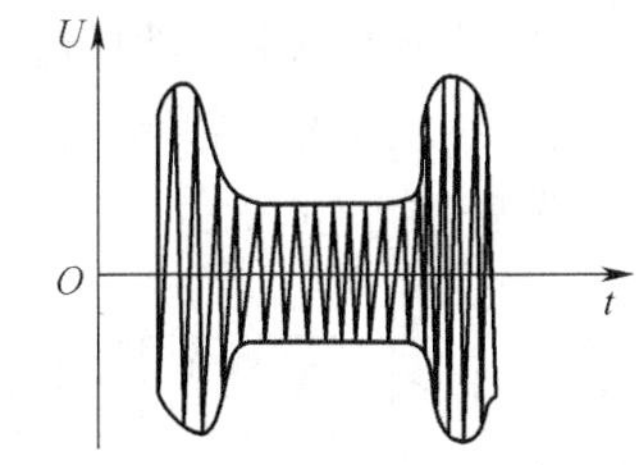

图 4-65　高频全电视信号波形示意图

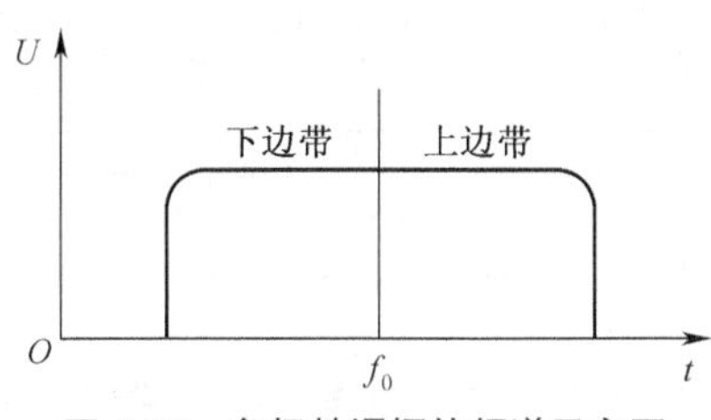

图 4-66　负极性调幅的频谱示意图

在频谱图中，靠近载波频率两侧的信号是全电视信号中的低频成分，远离载波频率的信号是全电视信号的高频成分。上边带、下边带信号所包含的全电视信号内容是完全一样的，所以理论上讲只要传送一个边带信号就可以了，但实际上很难将一个边带的信号全部滤除。

重要提示

在电视机中，采用残留边带发送方式，即发送上边带的全部和下边带的一部分（低频部分，由于它很难滤除），如图 4-67 所示。图中阴影部分是被滤除的。图中也包括了高频伴音信号，它的载波频率 f_{02} 比高频全电视信号的载波频率 f_{01} 高 6.5MHz。采用残留边带发送方式是为了节省电视频道的带宽。

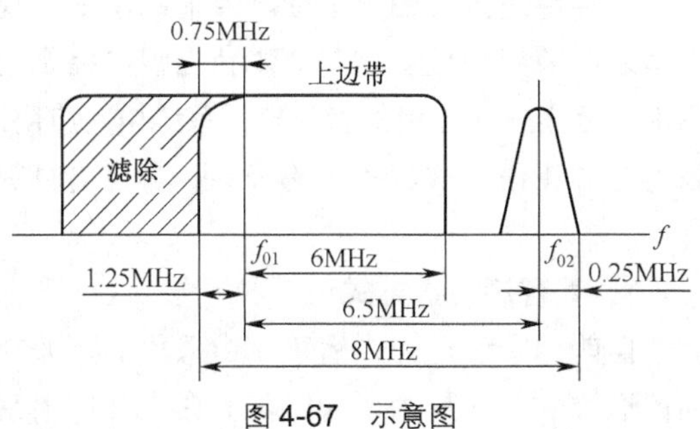

图 4-67　示意图

我国电视标准规定，每个频道占 8MHz，其中残留边带占 0.75MHz，另有 0.5MHz 的逐渐衰减过程，上边带为 6MHz。

4.5.4　彩色电视常用信号波形

彩色电视是在黑白电视的基础上发展起来的，它向下兼容黑白电视信号，所以彩色电视中的许多电路和信号与黑白电视相同或相近。

1．色同步信号波形

图 4-68 所示是色同步信号波形示意图。**色同步信号是彩色电视中所特有的信号，它是用来保证彩色电视色度通道中副载波振荡器同步的信号。**

色同步信号是一串 8 ～ 12 个周期的正弦波，其频率和相位与发送端的副载波频率和相位相同。

色同步信号位于行消隐信号的后肩处，每行传送一个色同步信号。

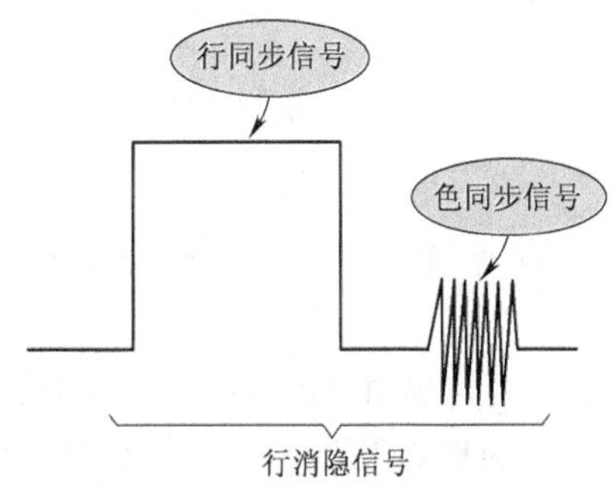

图 4-68　色同步信号波形示意图

2．彩色全电视信号波形

图 4-69 所示是彩色全电视信号波形示意图。**彩色全电视信号用 F、B、Y、S 表示，它们分别是色度信号、色同步信号、亮度信号、复合同步与消隐信号。**

色度信号 F 的作用是还原彩色图像的彩色部分的信息，彩色电视中有色度通道来放大和处理 F 信号。

17.RC 选频电路正弦波振荡器选频电路 2

B 是色同步信号。

亮度信号 Y 是表示彩色图像亮度信息的信号，它相当于黑白全电视信号中的图像（视频）信号。彩色电视中有亮度通道，用来放大和处理 Y 信号。

彩色电视中的复合同步与消隐信号 S 与黑

白电视中的一样，用来保证行、场扫描的同步和扫描逆程的消隐。

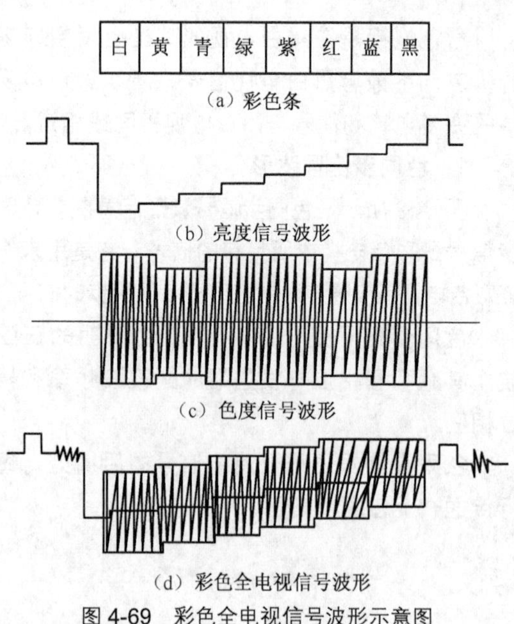

图 4-69 彩色全电视信号波形示意图

4.5.5 彩色电视信号传送方式

彩色电视与黑白电视不同，黑白电视只要传送图像的明暗变化信息，而彩色电视要传送图像的彩色信息。由于彩色图像的彩色信息多（各种彩色），所以彩色电视信号在传送方式上与黑白电视的信号存在很大的不同。

彩色电视最基本的传送原理就是将彩色图像的各种彩色信号同时传送到接收机端，由于颜色的类别很多，如果分别传送每种颜色，显然会使传送和接收设备十分繁杂。

根据三基色原理，可以只传送 3 种基色信号，在接收机端再运用混色原理用 3 种基色信号混合出各种彩色来。各种彩色电视就是运用这一原理进行彩色电视信号传送的，具体的传送方式有下列 3 种。

1. 三通道同时传送方式

这种传送方式和图像复原原理可以用图 4-70 所示的示意图来说明。从图中可以看出，一幅彩色图像通过 R、G、B 3 只摄像管分别得到 3 个基色信号，这 3 个基色信号再通过 3 个独立的通道传送到接收机端，然后通过 3 只显像管同时再现出 R、G、B 3 幅图像，利用空间相加混色原理得到彩色图像。

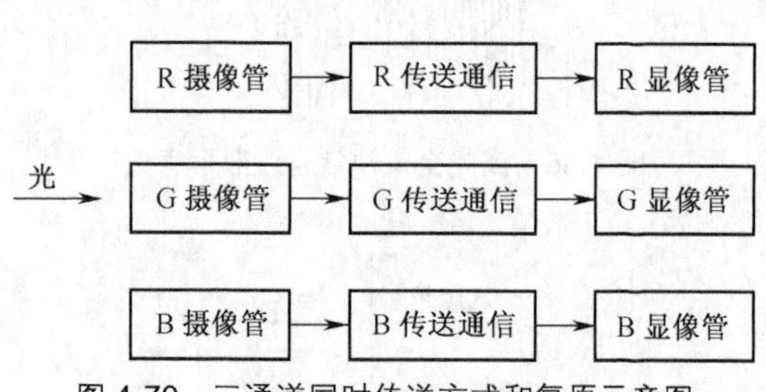

图 4-70 三通道同时传送方式和复原示意图

这种传送方式从原理上讲很简单，但设备很复杂，它要用 3 套电视发送机和接收机，所占的频带很宽（3 倍于黑白电视的频带），而且不能与目前的黑白电视兼容，所以没有实用价值。

2. 顺序制传送方式

顺序制传送方式的工作原理和复原方法可以用图 4-71 所示的示意图来说明，即将 R、G、B 三基色信号用一个通道按时间顺序轮流传送，利用人眼的视觉惰性获得彩色图像。

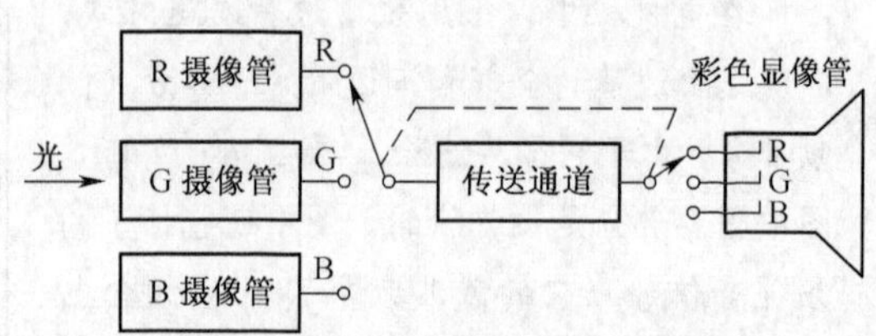

图 4-71 顺序制传送方式和复原示意图

这种传送方式由于不能与目前的黑白电视广播系统兼容而没有被普通彩色电视广播系统采用，但在一些专用的彩色电视系统中有应用，因为这种传送方式具有结构简单、彩色逼真等优点。

3. 兼容制传送方式

目前，彩色电视广播系统中采用的是兼容制传送方式，这是为了能够与黑白电视广播系统相兼容。这种传送方式的特点是，所传送的彩色电视信号也能够被黑白电视所接收，当然只能够重显黑白图像，为此这种传送方式比前两种要复杂得多。

4.5.6　兼容制彩色电视

兼容性要求提示

为了与黑白电视兼容，要求兼容制的彩色电视做到以下几点。

（1）行、场扫描方式和扫描频率与黑白电视一样。

（2）图像、伴音的载频频率和调制方式、同步信号与黑白电视一样。

（3）视频信号的频带宽度与黑白电视一样，为 0 ～ 6MHz。

（4）黑白电视机在接收到彩色电视信号后，能够从中得到所要的黑白电视信号（亮度信号），并且要求彩色电视信号对这一黑白电视信号所产生的干扰要小。

（5）彩色电视信号本身要比较容易还原成彩色图像。

1．亮度信号和亮度公式

亮度信号反映了彩色图像的明暗变化情况，黑白电视在接收到彩色电视信号后，要重现亮度信号。这样，就要求兼容制彩色电视，必须能专门传送一个亮度信号，这是为了与黑白电视相兼容。

亮度信号在彩色电视中称为 Y 信号。

亮度公式通常可以表示如下（电压形式表示的方程式）：

$$Y = 0.3R + 0.59G + 0.11B$$

式中：Y为亮度信号；R为红基色信号；G为绿基色信号；B为蓝基色信号。

重要提示

上式表明，将 R、G、B 按一定的比例混合可以得到 Y 信号。兼容制彩色电视传送方式中要求独立传送 Y 信号，从亮度公式中可以知道，若再传送 R、G 和 B 中的两个信号，就可以得到另一个基色信号。因此，兼容制的彩色电视至少要传送包括Y信号在内的3个信号。

2．色差信号

由于兼容制彩色电视信号传送中已经传送了 Y 信号，因此 R、G、B 三基色信号中的亮度成分就不必再传送了，即只要传送 R-Y、G-Y、B-Y 中的两个信号即可。R-Y、G-Y、B-Y 信号中没有亮度成分，这样的信号称为色差信号。R-Y 称为红色差信号，G-Y 称为绿色差信号，B-Y 称为蓝色差信号。

在彩色电视中，传送的是 R-Y、B-Y 这两个色差信号，这是因为在 3 个色差信号中 G-Y 信号最小，传送最小的色差信号不利于提高信噪比。

3．色差信号 G-Y

在彩色接收机中，最终还是要还原出 R、G、B 3 种基色信号。由于只传送了 Y 和两个色差信号 R-Y、B-Y，为了得到 R、G、B 三基色信号，先要获得 G-Y 信号。G-Y 信号是在接收机内部通过矩阵电路获得的。

由亮度公式 Y = 0.3R + 0.59G + 0.11B 可导出 G-Y 信号：

$$G\text{-}Y \approx -0.51（R\text{-}Y）- 0.186（B\text{-}Y）$$

重要提示

由上式可知，只要有了 R-Y、B-Y 色差信号，便能得到 G-Y 色差信号，因此不必专门传送 G-Y 色差信号。

4．三基色还原

彩色接收机中的彩色显像管最终是受 R、G、B 3 个基色信号的控制。在接收机中得到 Y、R-Y、G-Y 和 B-Y 信号后，便可以还原出 3 个基色信号 R、G 和 B，如下所示：

（R-Y）+ Y = R；

（G-Y）+ Y = G；

（B-Y）+ Y = B。

18.RC 选频电路 正弦波振荡器 选频电路 3

5．传送的信号

综上所述，在兼容制彩色

电视系统中，为了获得三基色信号 R、G、B 并与黑白电视兼容，共传送 3 个信号：亮度信号 Y、色差信号 R-Y、色差信号 B-Y。

在 Y 信号中包含了三基色信号中的亮度信息，两个色差信号中包含了三基色信号的色度信息。由于 Y、R-Y 和 B-Y 3 个信号都是从三基色信号转化而来的，所以它们有相同的频谱结构和相同的频带宽度（均为 6MHz）。

6．大面积着色原理

重要提示

在黑白照片上着色，便可以得到一幅逼真的彩色照片，这是大面积着色原理应用的一个例子。大面积着色原理指人眼对彩色图像的细节分辨能力较差。

在兼容制彩色电视系统中，所传送的 3 个信号 Y、R-Y、B-Y 有相同的频带宽度，各信号的频带均为 6MHz，3 个信号一共要 18MHz 宽的频带，这不仅太宽而且与黑白电视不兼容，必须设法将信号的频带加以压缩，首先是对两个色差信号的频带进行压缩。

由前面介绍的人眼视觉分辨特性可知，人眼对彩色图像细节的分辨能力低于对黑白图像（亮度）细节的分辨能力，这样彩色图像的细节部分可以用亮度（Y）信号来代替，将色度信号中代表细节部分的信号去掉，可以压缩色差信号的频带。

重要提示

在图像信号即视频信号中，高频成分是图像的细节，低、中频信号是图像的主体部分（轮廓），利用大面积着色原理将色度信号中的高频部分去掉，保留亮度信号的细节部分（高频成分），从观看效果上讲并不影响重现彩色图像的细节。

7．频谱交错

对色度信号的频带进行压缩后仍然不能做到用 6MHz 宽的频带同时传送 Y 信号和两个色差信号，因为 Y 信号本身的频带宽度就已经是 6MHz 了，解决这个问题的方法是采用频谱交错技术。

对 Y 信号进行频谱分析后，发现 Y 信号并没有占满整个 6MHz 的频带，如图 4-72（a）所示，由此图可以得出以下几点结论：

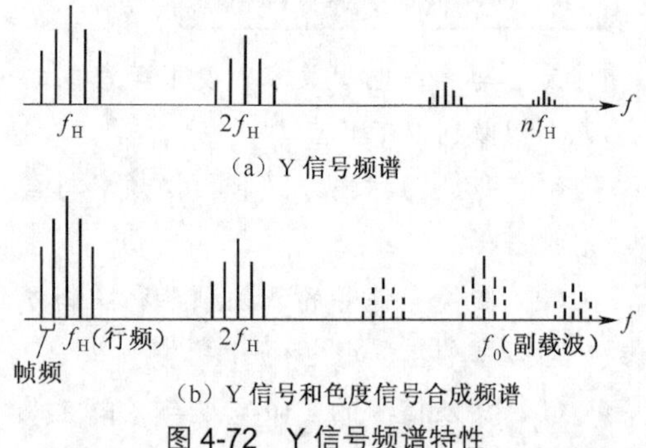

图 4-72　Y 信号频谱特性

（1）Y 信号的能量分布不是连续的，而是离散的。

（2）信号能量按行频及其谐波进行分布，谐波次数愈高能量愈小，即 Y 信号的能量主要集中在低频段，其高频段能量较小。

（3）以行频 f_H 及其谐波 $2f_H$、$3f_H$、…、nf_H 为主谱线，在主谱线两侧的谱线以帧频为间置，距主谱线愈远能量愈小，能量成束状分布。

由于 Y 信号这种离散结构，所以可将色度信号按一定的方式插入其中，一起传送，这样可以用 6MHz 宽的频带同时传送 Y 信号和两个色差信号。

重要提示

由于色差信号的频谱结构与 Y 信号是相同的，所以就不能用简单的方法直接将两个色差信号插入其中，否则 Y 信号和色差信号会相互干扰，且不能再将它们分开。

为了解决上述问题，将两个色差信号调制到一个频率较高的载波（称为副载波）上，然后再插入 Y 信号中，如图 4-73（b）所示。这样就可以用 6MHz 宽的频带同时传送 Y 信号和两个色差信号了，这一技术称为频谱交错。

8．平衡调幅

平衡调幅是调幅的一种，它的特点是调幅并

将载波抑制掉。平衡调幅可以用图 4-73 来说明，其中图 4-73（a）所示为调制信号 P，图 4-73（b）所示为载波，图 4-73（c）所示为普通的不平衡调幅波，图 4-73（d）所示是平衡调幅波。

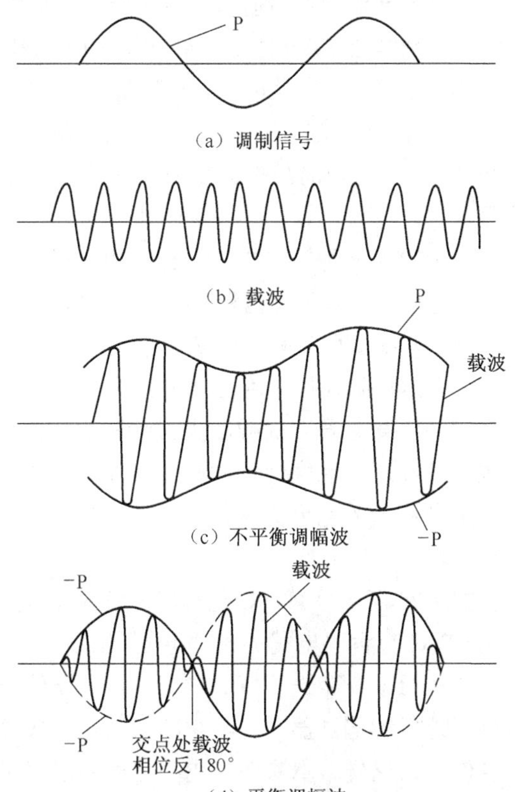

图 4-73　调幅信号波形示意图

重要提示

比较不平衡调幅和平衡调幅的波形有以下几点不同之处。

（1）不平衡调幅的上包络 P 和下包络 -P 是不相交的，上、下包络之间是载波。

（2）平衡调幅的上包络 P 和下包络 -P 是相交的，上、下包络之间也是载波，但特性有所不同（在交点处载波相位反相，后面将详细介绍），使得载波在一个周期内的平均值为零。这样，在接收机端不能直接从平衡调幅信号中取出载波信号，这一点与不平衡调幅不同。为此彩色电视中要专门加入一个色同步信号，以恢复标准的副载波。

9．正交平衡调幅

前面讲到，要将两个色差信号一起调制到一个频率较高的载波上（称为副载波），若将这两个色差信号简单地合并，会导致无法再将它们分开的问题，为此，采用正交平衡调幅的方法来解决。

所谓正交平衡调幅就是用两个频率相同但相位相差 90° 的副载波分别去传送两个色差信号 R-Y（可用 V 表示）、B-Y（可用 U 表示）。

具体地讲就是用 B-Y 色差信号调制在相位为 $\sin\omega_S t$ 的副载波上，得到（B-Y）$\sin\omega_S t$ 信号，也可以用 $U\sin\omega_S t$ 表示。用 R-Y 色差信号调制在相位为 $\sin(\omega_S t + 90°) = \cos\omega_S t$ 的副载波上，得到(R-Y)$\cos\omega_S t$ 信号，也可以用 $V\cos\omega_S t$ 表示，这样就得到两个相位差为 90° 的平衡调幅信号。

10．色度信号 F

在彩色电视中，色度信号用 F 表示，F 又叫已调色度信号。F 是代表图像彩色信息的信号，它是两个色差信号进行正交平衡调幅处理后相加的信号。

19.RC 选频电路正弦波振荡器选频电路 4

F 信号的矢量表示图如图 4-74 所示，该图称为彩色矢量图。

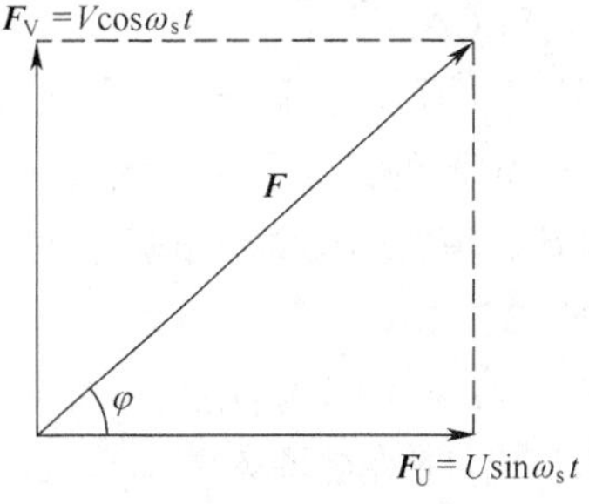

图 4-74　彩色矢量图

关于彩色矢量图说明有以下几点。

（1）F_V 是 F 的一个分量，$F_V = V\cos\omega_S t$。

（2）F_U 是 F 的另一个分量，$F_U = U\sin\omega_S t$。

（3）F 是 F_V 与 F_U 的矢量和，F 也是一个矢量。

（4）F_V 与 F_U 为正交，即相位差 90°。

（5）色度信号 F 的幅值由 F_V、F_U 幅值的大小决定，它决定了彩色图像的饱和度大小。

（6）色度信号 F 的相角 φ 由 F_V、F_U 幅值的比值大小决定，它决定了彩色图像的色调。

4.5.7 彩色电视制式

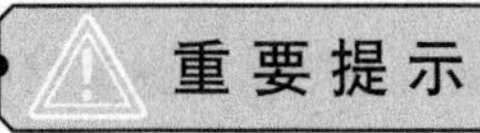

重要提示

这里讨论的彩色电视制式都是兼容传送方式中的，常见的实用彩色电视制式共有3种：一是NTSC制，二是PAL制，三是SECAM制。这3种彩色电视制式的区别主要在两个色差信号的副载波频率及其调制和处理方式上，不同的频率和调制处理方式便有了不同的彩色电视制式。

1．黑白电视制式

彩色电视要和黑白电视相兼容，由于黑白电视也存在多种制式，所以彩色电视存在与哪一种黑白电视相兼容的问题，我国采用的是PAL-D的彩色电视制式，其中的D表示与黑白电视制式中的D制式兼容。

2．3种不同制式

彩色电视共有3种不同的制式：PAL制、NTSC制、SECAM制。

值得注意的是，在同一种彩色电视制式中，各个国家、地区的具体图像中频频率、第一伴音中频频率、第二伴音中频频率等都有所不同。

3．NTSC制简介

这是较早的一种兼容性彩色电视制式，1953年由美国提出。NTSC是英文National Television Systems Committee的缩写，意为国家电视制式委员会。这一制式根据处理色差信号的特点，又称为正交平衡调幅制，前面已介绍。**现对这种制式的情况和一些主要特性说明如下。**

（1）两个色差信号采用正交平衡调幅方式调制副载波。

（2）为了减小亮度信号与色度信号之间的干扰，副载波采用1/2行频间置，以实现亮度信号和色度信号频谱交错。其行间置最大，有利于亮度和色度信号的分离，且亮度串色的影响较小。

（3）3种制式中，这种制式的色度信号组成方式最简单，使解码电路（接收机中还原两个色差信号的电路）比较简单，降低了接收机成本。

（4）色同步信号为正弦信号，为一小串副载波群（约9个周期），设在每行消隐信号的后肩，其相位与色度信号的蓝色差分量相差180°。在场消隐期间，它不传送色同步信号。

（5）由于这种制式中每一行都用同样的方式传送色度信号（另外两种制式不是这样），所以不存在对图像质量有不良影响的行顺序效应。

（6）这种制式的彩色还原效果很好。

（7）色度信号 F 的幅度失真会影响彩色图像的色饱和度，色度信号的相位失真会明显地影响彩色图像的色调失真，这是这种制式的一个缺点。

图4-75所示是NTSC制解码电路方框图。

NTSC制解码电路的工作原理是：彩色全电视信号分成3路送到解码电路中，一路信号送到延迟线和陷波器中，其中陷波器用来去掉色度信号，这样就从彩色全电视信号中取出了亮度信号Y，Y信号再送到矩阵电路中；另一路信号送到带通滤波器中，取出色度信号，再送到两个同步检波器中，取出两个色差信号I和Q，这两个色差信号也送到矩阵电路中，通过矩阵电路得到3个基色信号R、G和B，完成解码过程；还有一路彩色全电视信号送入门电路中，以便从全电视信号中取出色同步信号，这一同步信号用来控制副载波振荡器的振荡频率和相位，副载波振荡器输出的33° 和123° 副载波供两个同步检波器使用。

4．SECAM制

SECAM制是顺序传送彩色和存储的法文缩写，这种制式是由法国人在1956年提出的，又称行轮换调频制。行轮换是指逐行传送色度信号的一个分量，调频制是指色差信号采用调频方式传送。下面对这种制式的情况和一些主要特性作简要说明。

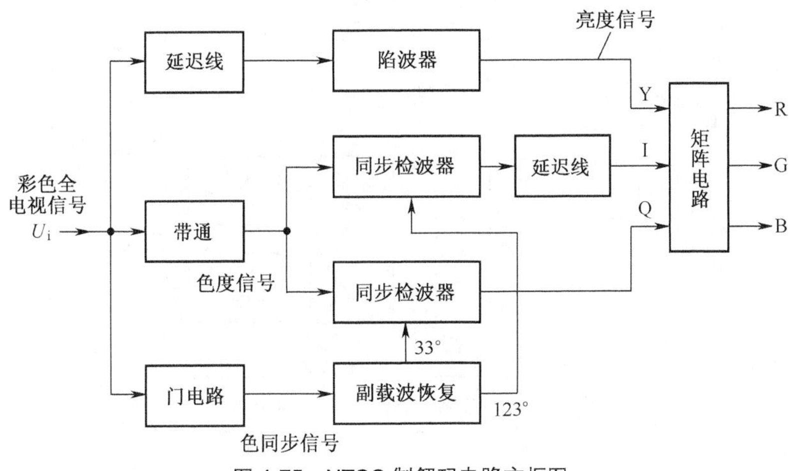

图 4-75　NTSC 制解码电路方框图

（1）传送的信号是亮度信号 Y 和两个色差信号 R-Y、B-Y。

（2）色差信号对副载波进行调频，而不是调幅。

（3）采用逐行传送的由色差信号 R-Y 和 B-Y 调频的副载波信号，即一行是传送 R-Y 调频的副载波信号，下一行是传送 B-Y 调频的副载波信号，再下一行又传送 R-Y 调频的副载波信号，对亮度信号则是每行都传送。这样，在同一时间内传输通道中只有亮度信号和一个色度信号分量，从而避免了两个色度信号分量的相互干扰。

在接收端为了能够解调出 3 个基色信号，必须同时有 Y、R-Y 和 B-Y 3 个信号，而这种行轮换方式，在当前行只有色度信号中的一个，为此采用了一行延迟方式，将上一行的色度信号存储起来，这样上一行和当前行的色度信号与亮度信号都有了。

（4）这种制式的主要缺点是接收机电路复杂，图像质量也没有其他两种制式的好。

SECAM 制解码电路方框图如图 4-76 所示。

SECAM 制解码电路的工作原理是：彩色全电视信号加到解码电路后分成两路，一路加到延迟线和陷波器，取出亮度信号 Y，Y 信号加到矩阵电路；另一路信号加到钟形特性带通滤波器，取出色度信号，然后，分别加到电子开关电路，其中一路是经一行延迟线后加到电子开关电路，这样从电子开关输出的两路信号分别是当前行和上一行色度信号中的两个不同分量的信号。

由于色度信号是采用调频方式传送的，所以要通过鉴频器取出色差信号。两个色差信号通过去加重电路后也送到矩阵电路，最后取出 3 个基色信号 R、G、B，完成解码过程。

重要提示

我国彩色电视制式采用 PAL-D 制，即彩色电视制式为 PAL，与黑白电视的 D 制式兼容。

PAL 制是在 NTSC 制基础上改进而来的，许多方面与 NTSC 制是相同的，只是在两个色差信号的传送方式上作了改动。

20. RC 选频电路
正弦波振荡器
选频电路 5

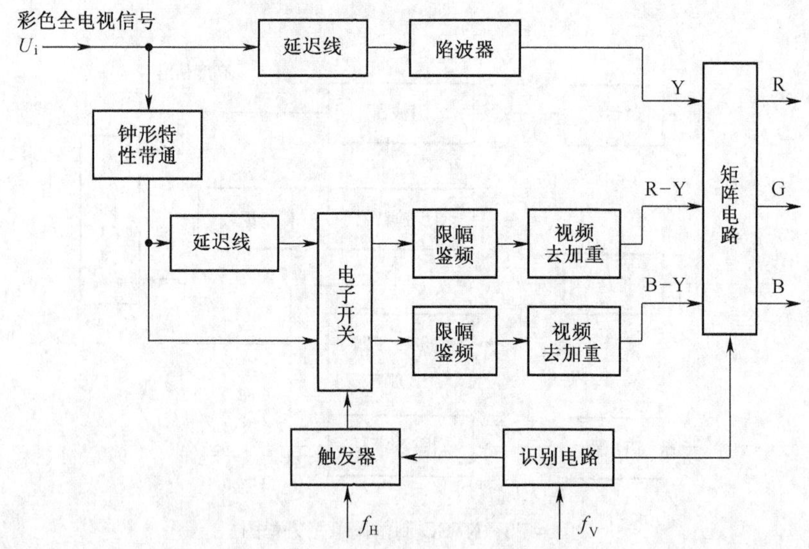

图 4-76　SECAM 制解码电路方框图

4.5.8　黑白电视机整机电路方框图

图 4-77 所示是我国采用的超外差内载波式黑白电视机整机电路方框图。图中给出了黑白电视机的各单元电路，对这些单元电路的分类方法有多种。

1. 第一种分法

这种分法分成下列 3 个部分。

（1）图像和伴音信号系统。它包括放大和处理图像信号、伴音信号的所有单元电路，即高放、混频、本振（本机振荡器）、中放（图像和第一伴音中频信号的中放）、检波、预视放、AGC 和高放 AGC、视放、伴音中放、鉴频和音频放大等电路。

（2）同步稳定和扫描系统。它包括 ANC、同步分离级、AFC、行振荡、行激励、行输出、高压电路、积分电路、场振荡、场激励和场输出电路。

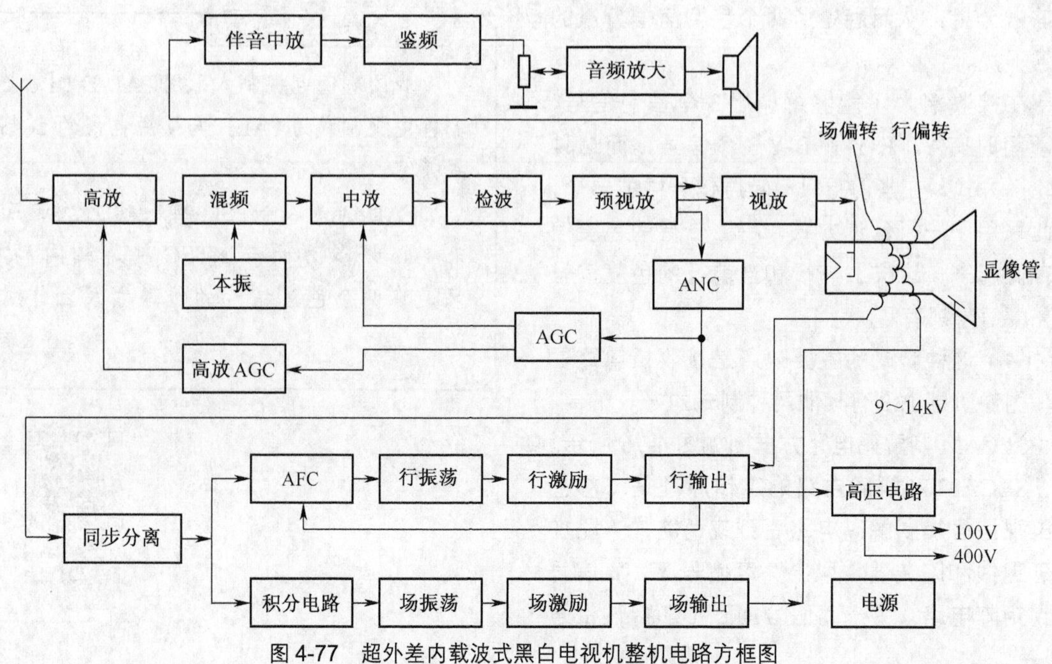

图 4-77　超外差内载波式黑白电视机整机电路方框图

（3）电源电路。

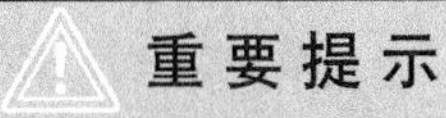

显像管附属电路中的一部分电路归入图像信号系统，另一些则归入扫描系统。这种分法中，图像和伴音信号系统又称通道部分，同步稳定和扫描系统又称扫描部分。

2．第二种分法

这种分法中，扫描和电源部分与第一种分法相同，只对通道部分再划分细一些。

由于高放、混频、本振、中放、检波、预视放、AGC 和高放 AGC 是图像信号和伴音信号的共用电路，所以将这些电路称为公共通道。

将伴音中放、鉴频和音频放大电路称为伴音通道，将视放级称为视频电路。

3．第三种分法

这种方法与第二种类似，只对通道部分再划分，分成图像通道和伴音通道。其中，图像通道是从高放级到视频放大级，伴音通道是从高放级到音频放大电路。

另外，有的情况下将高压电路划分到电源电路中，称为高压电源电路。

4.5.9　黑白电视机各单元电路作用

1．高频放大器

高频放大器位于整机电路的最前面，它放大高频电视信号并完成调谐任务。高频电视信号的成分很多，包括电视机工作所需要的全部信号，即调幅的全电视信号和调频的伴音信号。

21.RC 选频电路正弦波振荡器振荡频率 1

整个电视机电路中，高频放大器的工作频率低于本机振荡器的工作频率的一个中频。高频放大器的最低工作频率是 1 频道的图像载波频率 49.75MHz，最高工作频率是 68 频道的伴音载波频率 957.75MHz。

重 要 提 示

高频放大器是高频调谐放大器，从天线接收的高频电视信号经放大和调谐，输出的是某一频道的高频调幅全电视信号和高频调频伴音信号，这两个信号的载波频率高低是由选择哪个频道来决定的。无论是哪个电视频道，其伴音载波频率均始终比图像载波频率高出 6.5MHz。

为了识图和修理上的方便，往往将高频全电视信号和高频伴音信号看成是一个整体，其实从发射机发射出来的高频电视信号是由这两部分组成的，高频放大器同时放大这两个信号。

2．本机振荡器

黑白电视机本机振荡器的作用和工作原理同收音机中的本机振荡器一样，用来产生一个等幅的高频正弦信号，只是黑白电视机中的本振工作频率很高。

3．混频级

混频级就是混频器，它的作用和工作原理也同收音机中的一样，通过差拍产生中频信号。

混频器有两个输入端，一个用来输入本振信号，另一个用来输入来自高放级输出端已经调谐后的高频电视信号，这两个输入信号通过混频器的非线性作用，产生差拍，差拍的结果是有一个信号的频率为两输入信号频率之差，这是所需要的中频信号。

重 要 提 示

由于差拍的结果要产生 4 个主要频率的信号，为了能从这 4 个频率信号中选出所需要的中频频率信号，在混频器的输出回路中要设置一个中频选频电路。

从混频器输出的中频信号直接加到中频放大级，该中频信号中含有两个成分的中频信号：一是图像中频，二是第一伴音中频，这两个中频信号在混频器中通过差拍同时获得。

4．中频放大器

中频放大器同时放大图像中频信号和第一伴音中频信号，以图像中频信号放大为主，所以习惯上称为图像中频放大器。

中频放大器也同收音机中的中放电路一样，用来放大中频信号。图像中频频率为 38MHz，伴音中频频率为 31.5MHz，所以中频放大器的频带比较宽。

5．检波级

检波级的作用有以下两个。

（1）从调幅的图像中频信号中解调出全电视信号，这同调幅收音机中检波级的工作原理一样。

（2）完成伴音信号的第二次变频，利用检波器的非线性作用，使图像中频信号与第一伴音中频信号产生差拍，获得第二伴音中频信号。由于各频道的第一伴音中频信号频率比图像中频信号的频率高出 6.5MHz，这样差拍的结果是 6.5MHz 中频信号，这是第二伴音中频信号。

6．预视放

检波级输出的是全电视信号和第二伴音中频信号。这两个信号加到预视放级放大，这一级电路是整机电路中众多信号分离的电路，所以是一级关键电路。图 4-78 所示是预视放级在整机电路中的位置示意图。

从这一级输出的第二伴音中频信号加到伴音通道，全电视信号加到视放级、扫描电路和 AGC 电路。

重要提示

修理电视机时，通过观察光栅、图像和听伴音，可以将电路的故障范围确定在是预视放级以前的电路中，还是在以后的电路中，因为预视放级及以前的电路是图像和伴音信号共用电路，当这部分电路出故障后通常表现为图像和伴音均不正常（一些软故障例外）；若图像或伴音有一个正常，可以说明预视放和以前的电路工作正常，这样就大大缩小了故障范围。所以说，预视放级是一个节点。

7．视放级

视放级就是视频信号放大器，它在放大视频信号的同时，对高频视频信号进行适当的提升。视频放大器输出的视频信号送到显像管中，以控制显像管电子束电流的强弱。

视频信号是重显图像内容的信号，故又称图像信号。

8．伴音通道

电视机中的伴音通道与调频收音机电路基本一样，只是中频频率不一样，电视机第二伴音中频频率为 6.5MHz。

伴音中放放大第二伴音中频信号，鉴频器从调频的伴音中频信号中解调出音频信号，音频放大器对鉴频器输出的音频信号进行功率放大，以推动扬声器发声。

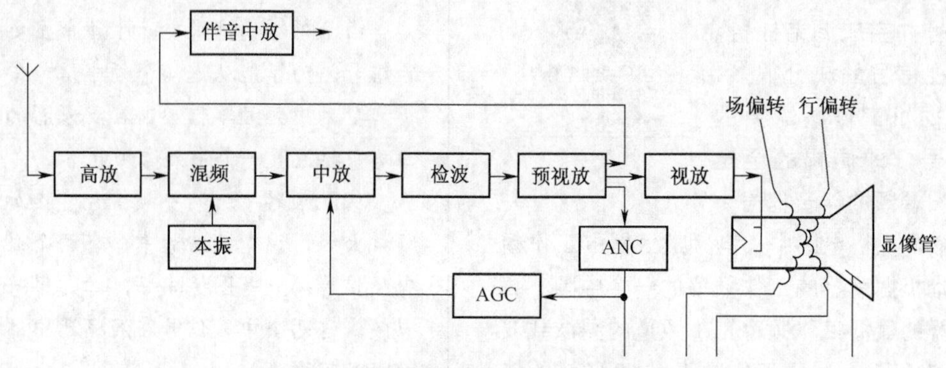

图 4-78　预视放级在整机电路中的位置示意图

9．ANC 电路

ANC 电路是自动消噪电路，又称抗干扰电路。它用于消除混入全电视信号中的大幅度干扰脉冲，以避免 AGC 电路和同步分离电路的工作受其影响，可提高图像的稳定性。

10．AGC 电路

AGC 电路是自动增益控制电路。它由中放 AGC 电路和高放 AGC 电路两部分组成，其作用是根据高频电视信号的强弱自动控制中频放大器和高频放大器的增益大小，使到达检波级的信号电平幅度变化范围不大。

重要提示

AGC 电路输入端输入的是全电视信号，通过电路的处理获得直流的 AGC 控制电压，首先去控制中频放大器增益，全电视信号过大时再去控制高频放大器增益。AGC 电路一旦出故障是很难处理的，往往表现为软性故障。

11．同步分离电路

同步分离电路处于扫描电路的最前面，它从全电视信号中取出复合同步信号，为行、场扫描电路提供行同步信号和场同步信号，这是一级扫描电路中重要的一级电路。图 4-79 所示是同步分离电路在整机电路中的位置示意图。

同步信号用来保证电视机扫描系统与摄像管中的电子束扫描同步，若同步信号出问题，电视机扫描系统的工作会失去控制，将造成图像失常故障。

22.RC 选频电路正弦波振荡器振荡频率 2

复合同步信号是指行同步信号和场同步信号两个信号复合后的信号。从发射机发出的是复合同步信号，与图像信号、复合消隐信号复合在一起。同步分离级从全电视信号中分解出复合同步信号。

重要提示

全电视信号中，由于复合同步信号的幅度比其他信号的幅度大许多，所以从全电视信号中分解出复合信号时采用幅度分离方法，故同步分离级又称为幅度分离级。

12．积分电路

积分电路从复合同步信号中分离出场同步信号。场同步信号送到场振荡器，以控制场振荡器的工作频率和相位，使场振荡器准确、稳定地振荡在 50Hz 上，这一频率与摄像管中的场扫描频率一样。

场同步信号出问题将造成整幅图像不稳定，向上或向下滚动。积分电路中，输入的是复合同步信号，输出的是场同步信号。

13．场振荡器、场激励和场输出级

（1）场振荡器。场振荡器用来产生场频（50Hz）锯齿波电流。场振荡器是一个脉冲振荡器，它的振荡频率受积分电路送来的场同步信号控制。

场振荡器有一个锯齿波形成电路，这一电路将脉冲信号转换成锯齿波电流。

（2）场激励和场输出级。从场振荡器输出的场锯齿波扫描电流首先送到场激励级放大，再送到场输出级。

场输出级是一个功率放大器，所以需要场激励级来推动。

场输出级的负载是场偏转线圈，由场偏转线圈产生的偏转磁场控制电子束垂直方向的扫描。

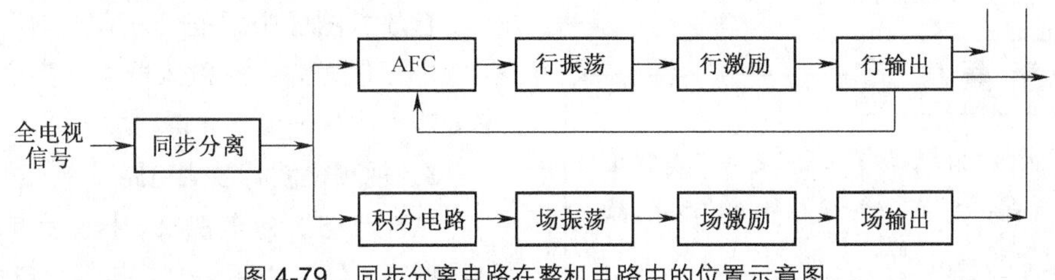

图 4-79　同步分离电路在整机电路中的位置示意图

14．AFC 电路、行振荡器、行激励级和行输出级

（1）AFC 电路。AFC 电路有两个输入端：一个用来输入复合同步信号（有效成分是其中的行同步信号），另一个输入来自行输出变压器的行逆程脉冲信号。

其中，行同步信号是基准信号，行逆程脉冲信号的频率和相位代表了行振荡器当前振荡信号的频率和相位状况。

重要提示

当两个信号在频率或相位上存在偏差时，AFC 电路会输出一个直流误差电压给行振荡器，调整它的振荡频率和相位，直到它的振荡与行同步信号处于同频同相的状态，否则 AFC 电路将输出直流误差电压去控制行振荡器的工作。

（2）行振荡器。行振荡器用来产生行频（15625Hz）脉冲信号，它的振荡频率和相位受行同步信号控制（通过 AFC 电路）。

重要提示

行振荡器与场振荡器不同，一是它的振荡频率高，二是它产生的矩形脉冲并不立即转变成锯齿波扫描电流，而是在行输出级才作这样的转换。

（3）行激励级。行激励级又称行推动级，它放大行频脉冲信号。这是一级脉冲放大器，它输出的信号去控制行输出管的导通和截止。

（4）行输出级。行输出级是整个电视机电路中最重要的环节之一，它输入的是行频矩形脉冲，输出的是行频锯齿波电流，负载是行偏转线圈以及行输出变压器。

重要提示

由于行输出级工作在高频、高压和重负载的开关状态下，电视机 1/3 左右的故障出在这部分电路中。

15．高压电路和电源电路

（1）高压电路。高压电路是指行输出变压器及输出电路，它产生几个等级的直流高压和中压。黑白电视机中通常产生 3 组直流电压：9 ～ 14kV 高压，供给显像管阳极；100V 中压，供给视放级和显像管加速极；400V 中压，供给显像管聚焦极。

（2）电源电路。黑白电视机电源电路采用串联调整管稳压电路，为全机电路提供稳定的直流工作电压。23 ～ 31cm 黑白电视机中，这一直流电压通常为 12V；40cm 以上黑白电视机中为 32V、70V 或 100V。

4.5.10 PAL 制彩色电视机单元电路作用

图 4-80 所示是 PAL 制彩色电视机整机电路方框图，方框图中标出了各单元电路及它们之间的相对位置。阴影部分的单元电路是彩色电视机所特有的，其他电路与黑白电视机相同。

1．高频头

它处于整机电路的最前端，将各电视频道的高频信号转换成频率固定的中频信号。由于彩色电视机采用电调谐的全频道高频头，与它配合使用的是频道预选电路，由这一电路控制电调谐高频头，完成频段切换和频道选择。

重要提示

彩色电视机高频头所输出的图像和第一伴音中频信号频率与黑白电视机中的一样，在图像中频信号中包含了亮度和色度两部分信号，这一点与黑白电视机不同。

2．中频放大器

它放大图像中频信号，有抑制地放大第一伴音中频信号。中频放大器中，亮度和色度两部分信号作为一个整体得到放大。

3．视频检波与放大电路

这部分与黑白电视机一样，完成视频检波和得到第二伴音中频信号。与黑白电视机不同

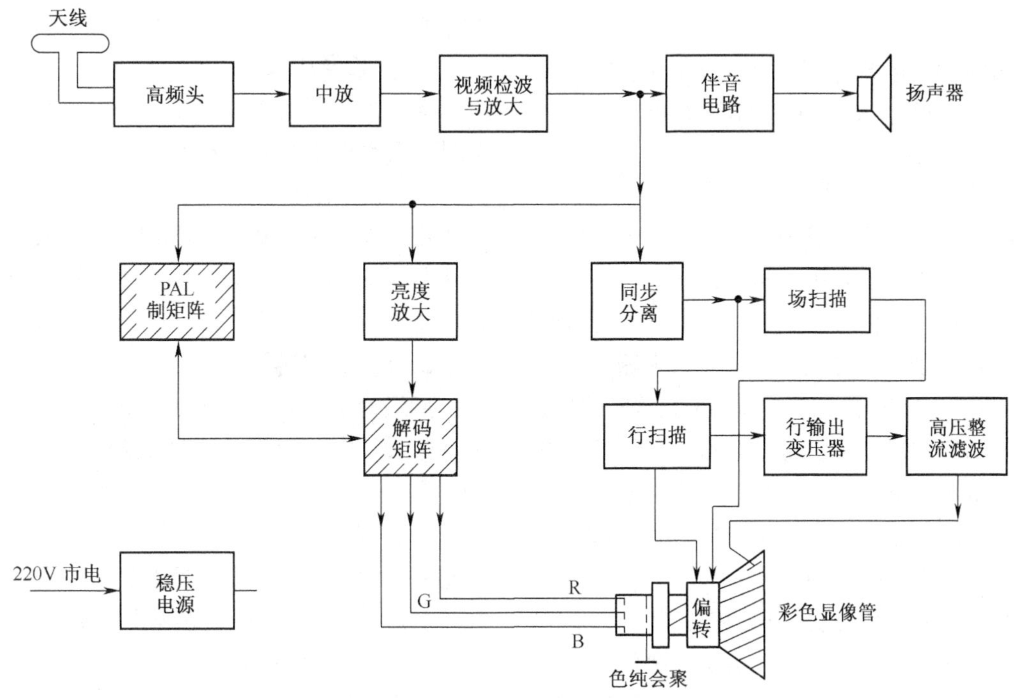

图 4-80　PAL 制彩色电视机整机电路方框图

的是，视频检波后的信号为彩色全电视信号。

> **重要提示**
>
> 值得注意的是，从视频检波电路输出的全彩色电视信号作为一个整体输出，亮度和色度信号并没有分开，这两个信号在视频放大电路之后才分开。

4．伴音电路

它的作用是从调频的第二伴音中频信号中取出音频信号，加到低放电路，还原出伴音。

5．亮度通道

它是放大、处理亮度信号的电路，相当于黑白电视机中的视放电路。亮度信号混在彩色全电视信号中，在去掉色度信号后便得到亮度信号。

黑白电视机收到彩色电视信号后，用亮度信号作为视频信号，送到黑白显像管的阴极。

6．色度通道

PAL 制矩阵和解码矩阵电路组成色度通道，它放大、处理色度信号，最终得到 3 个基色信号 R、G 和 B。

黑白电视机收到彩色电视信号后，色度信号因频率很高（4.43MHz）而被滤波，不送到黑白显像管的阴极。

23.RC 选频电路正弦波振荡器振荡频率 3

7．同步分离电路

它从彩色全电视信号中分离出复合同步信号，以控制行、场振荡器的振荡频率和相位。

8．扫描电路

场扫描电路用来控制垂直方向的扫描，行扫描电路用来控制水平方向的扫描。彩色电视机扫描电路中的各种线性补偿电路比黑白电视机复杂。

9．彩色显像管

它与黑白显像管相比，有 R、G、B 3 个阴极，每一个像素由三色光构成。另外，彩色显像管的高压也比黑白显像管高。

> **重要提示**
>
> 彩色电视机的整机电路结构虽然与黑白电视机的相差不大，许多电路的基本工作原理相同，但由于彩色电视机大量采用集成电路构成整机电路，各种机芯所用的集成电路型号变化较大，所以不能认为看懂黑白电视机整机电路图就能够看懂彩色电视机整机电路图。

4.5.11 彩色电视机亮度通道方框图和各单元电路作用

1．亮度通道方框图

图 4-81 所示是亮度通道方框图，输入该通道的信号是彩色全电视信号（FBYS），从该通道输出的是亮度信号 Y。方框图中，亮度通道主要由 4.43MHz 陷波器、Y 信号放大器、Y 信号延迟线、直流分量恢复电路、Y 信号输出级、自动清晰度控制电路、勾边电路、对比度控制器、黑电平钳位电路、亮度控制器、自动亮度限制（ABL）电路、行和场消隐电路等构成。

2．4.43MHz 陷波器

为了从彩色全电视信号 FBYS 中取出 Y 信号，亮度通道中设置了 4.43MHz 陷波器，将频率为 4.43MHz 的 F、B 信号去掉，分离出 Y 信号。

在去掉 4.43MHz 色度信号的同时，频率为 4.43MHz 左右的高频 Y 信号也同时被去掉，使图像的清晰度受到影响，为此在 Y 通道电路中要对高频 Y 信号进行补偿。

3．自动清晰度控制电路（ARC 电路）

当彩色电视机接收到黑白电视信号时，色度通道会产生一个消色电压给 ARC 电路，由它控制 4.43MHz 陷波器不工作（不陷波），这样能够保留黑白图像中的高频信号，即保留图像的细迹部分，使彩色电视机显示黑白图像时比较清晰。

4．Y 信号放大器

这一放大器用来放大 Y 信号，同时为勾边处理和对比度控制提供方便。

5．勾边电路

由于 Y 信号要送入 4.43MHz 的陷波器，其高频信号受到损耗，为了提高图像轮廓的清晰度而采用了勾边电路。

6．对比度控制器

所谓对比度就是黑与白的比例。对比度控制器通过控制 Y 信号放大器增益来改变 Y 信号的大小，使对比度发生改变，以适应观看需要，所以对比度控制器的实质是控制 Y 信号放大器的增益，改变加到显像管阴极上的 Y 信号幅度大小。对比度调整旋钮设在电视机外壳上。

7．Y 信号延迟线

亮度信号和色度信号通过两个通道的放大和处理，它们在基色矩阵电路中混合。Y 通道的频宽为 6MHz，比色度通道频带宽许多，信号在窄频带通道中受到的延迟量较大，这样亮度和色度通带宽不同，Y 信号先到屏幕，色度信号后到达，两信号不能同时在屏幕上重叠，因为行扫描从左向右进行，所以亮度信号先到（在左侧），色度信号后到（在右侧）。

为了使亮度和色度信号同时到达，对 Y 信号进行延迟处理，通过 Y 信号延迟线来延迟 Y 信号，使亮度、色度信号同时到达屏幕。

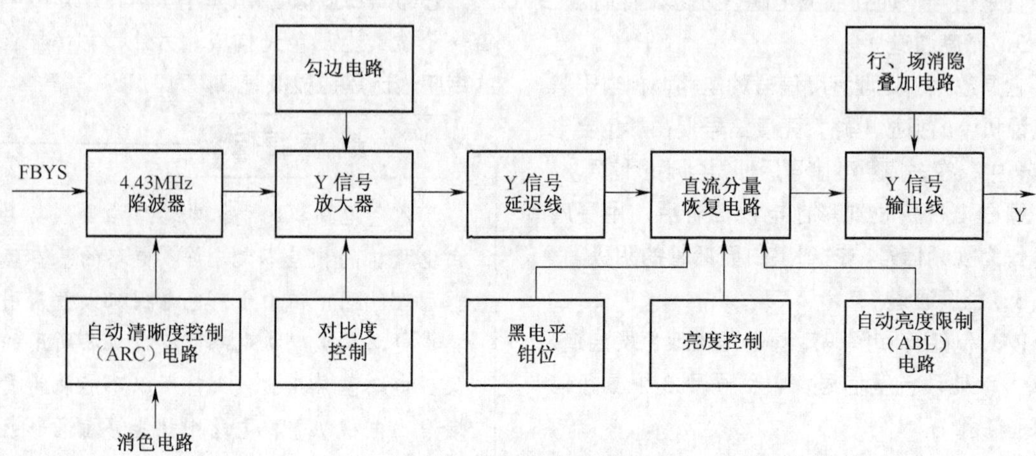

图 4-81 亮度通道方框图

8．直流分量恢复电路

在 Y 信号输出级之前的放大器采用阻容耦合电路，使 Y 信号中的直流成分丢失，而直流成分代表了图像的背景亮度，图像没有背景亮度就会失真，为此要对直流分量进行恢复，这由黑电平钳位电路完成。

9．自动亮度限制（ABL）电路

设置自动亮度限制电路可以限制屏幕的整体亮度。自动亮度限制电路可自动限制显像管的束电流，防止屏幕受超量电子束轰击，保护屏幕，并可防止束电流太大而损坏显像管。

10．亮度控制器

亮度控制器用来调节显像管屏幕的平均亮度，它有一个亮度旋钮设在电视机机壳外。

11．Y 信号输出级放大器

经过前面各部分处理、放大后的 Y 信号在输出级中再次被放大和高频补偿，之后 Y 信号被送到基色矩阵电路。

12．行和场消隐信号叠加电路

来自扫描电路的行、场消隐脉冲加到 Y 信号输出级放大器，控制输出管的直流状态，在扫描逆程期间使显像管的 3 个阴极电压升高，显像管截止，消除行和场回扫线。

13．信号传输过程

来自中频图像通道输出端的彩色全电视信号 FBYS 经 4.43MHz 陷波器，去掉色度信号，得到亮度信号 Y。

该信号经 Y 信号放大器放大、对比控制、图像轮廓补偿（勾边）后，送入 Y 信号延迟线，其输出信号加到直流分量恢复电路，经亮度控制等处理加到 Y 信号输出级，再送到基色矩阵电路。

4.5.12 彩色电视机色度通道方框图和各单元电路作用

色度通道主要由两大部分电路组成：一是色度信号放大和解调电路，二是基准副载波恢复电路。

1．色度通道方框图

图 4-82 所示是色度通道方框图，输入色度通道的是彩色全电视信号，输出的是 R-Y、B-Y 两个色差信号。

方框图中，色度通道主要由 4.43MHz 带通放大器、延迟激励电路、延迟解调器、U 同步检波器、V 同步检波器、ACC 电路、色同步信号消隐电路和基准副载波恢复电路等组成。

2．各单元电路作用

关于色度通道电路中各单元电路的作用简介如下。

（1）4.43MHz 带通放大器。这一电路从彩色电视信号中取出、放大 F 和 B 信号，去掉 Y 和 S 信号。

（2）自动色饱和度控制（ACC）电路。它自动控制 F 信号的大小，如同中频图像通道中的 AGC 电路一样。

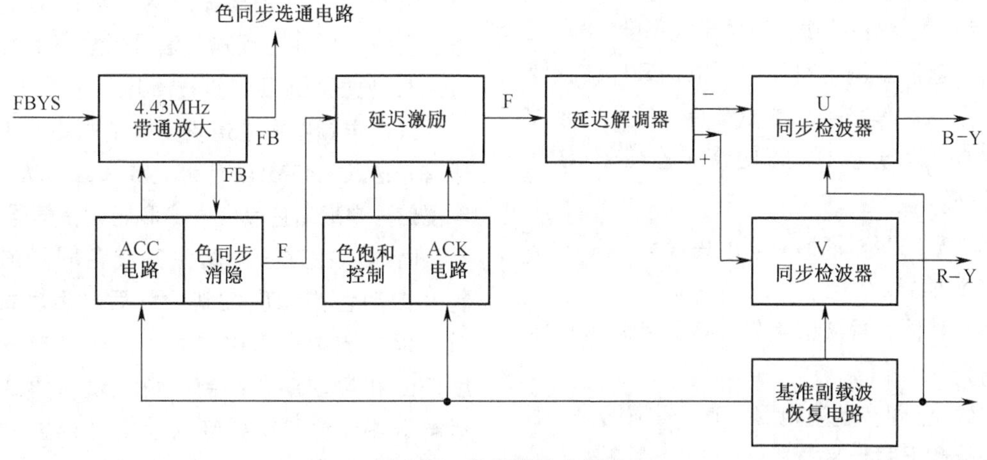

图 4-82　色度通道方框图

重要提示

在高放级和中放电路中设置的AGC电路，虽然对稳定色度信号大小有一定作用，但仍然不够，为此色度通道中加入了ACC电路，当色度信号增大时通过ACC电路使色带通放大器增益减小，当信号减小时让其增益增大。

ACC电路受ACC电压控制，这一电压有两种方法获得：一是7.8kHz行半频信号（由副载波恢复电路产生），二是色同步信号（由发射机送出），这两个信号均与图像内容无关而只与色度信号大小相关。

（3）**色同步消隐电路**。这一电路用来消去同步信号B，因为F、B信号频率相同，它们能够同时进入色带通放大器，而B信号只在副载波恢复电路中使用，在色度信号放大和解调电路中不用，所以要将它去掉。

（4）**延迟激励级电路**。这一电路对色度信号进行放大，同时完成色饱和度控制、自动消色控制。

（5）**色饱和度控制电路**。这一电路手动控制F信号大小，以改变彩色图像的色饱和度。F信号大色饱和度深，反之则浅。

（6）**自动消色控制（ACK）电路**。它是一个自动控制电路。当彩色电视机接收到黑白电视信号或彩色电视信号比较弱时，ACK电路自动切断色度通道，没有色度信号输出，此时彩色电视机显示黑白图像，以免干扰亮度信号。

（7）**延迟解调电路**。这一电路又称梳状滤波器，它从F信号中分离出红色差信号分量V和蓝色差信号分量U，以便分别送入V、U同步检波器。

（8）**V同步检波器**。这一电路从V信号中得到R-Y信号。

（9）**U同步检波器电路**。这一电路从U信号中得到B-Y信号。

（10）**色同步选通电路**。这一电路从F、B信号中分离出同步信号B。

（11）**鉴相器电路**。这一电路对两个输入信号的频率和相位进行比较，当两个信号的频率和相位不一致时，鉴相器输出误差电压；当两个输入信号的频率和相位不一致时，鉴相器的误差输出电压为0V。

（12）**环路滤波器**。这一电路对鉴相器输出的误差电压进行滤波，以获得直流误差电压，用这一电压去控制副载波压控振荡器的频率和相位，使之与色同步信号同频同相。

（13）**副载波压控振荡器**。这是一个振荡频率受直流电压大小控制的振荡器，其振荡频率为4.43MHz，与色同步信号同频率、同相位，以获得基准副载波，供同步检波器使用。

（14）**行半频放大器**。鉴相器在输出误差电压的同时还输出一个“副产品”，即行半频信号（频率只有行频的一半），该信号经行半频放大器放大后去控制ACC、ACK、ARC电路，同时加到PAL识别电路。

（15）**PAL识别电路**。这一电路输入的是行半频信号，输出一个控制信号给PAL开关电路。这一电路能在PAL行时输出一个控制信号，使PAL开关电路动作。

（16）**PAL开关电路**。这一电路受PAL识别电路输出的控制信号控制，该电路动作时输出的副载波（在NTSC行时开关不动作而不能输出副载波）经90°移相后供给V同步检波器，因为V、U同步检波器电路中所用的基准副载波频率相同但相位不同，并有特殊要求。

（17）**90°移相电路**。这一电路对输入信号进行90°移相，而输入信号的频率不改变。

3．色度通道工作过程简介

来自中频图像通道输出端的彩色全电视信号首先送入4.43MHz色带通放大器，从彩色全电视信号中取出色度信号F和色同步信号B。

同时，在这一电路中完成色同步消隐控制及自动色饱和度控制。然后，色度信号F送入延迟激励电路中放大，同时完成色饱和度控制和自动消色控制，色度信号再送入延迟解调器，这样得到红色差信号分量V和蓝色差信号分量U。

这两个信号分别送入各自的同步检波器中，得到 R-Y 和 B-Y 色差信号。这两个色差信号一路送到 G-Y 矩阵电路，另一路加到基色矩阵电路。

4．基准副载波电路方框图

图 4-83 所示是基准副载波电路方框图，这一电路由色同步选通电路、鉴相器电路、环路滤波器、副载波压控振荡器、副载波放大器、行半频放大器、PAL 识别电路、PAL 开关电路、90° 移相电路等组成。

5．基准副载波电路工作过程简介

输入基准副载波电路的是色度信号和色同步信号，从这一电路输出的是两个符合要求的基准副载波。

经过 4.43MHz 带通滤波器取出的色度信号 F 和色同步信号 B 加到色同步选通电路，取出色同步信号，这一同步信号加到鉴相器，输入鉴相器的另一个信号是副载波振荡器输出的、经 90° 移相后的信号，这两个信号在鉴相器中进行频率和相位比较。

当两输入信号的频率和相位不相同时，鉴相器输出一个误差电压，该电压经环路滤波器加到副载波压控振荡器，以控制副载波压控振荡器的频率和相位，使它的振荡频率和相位与色同步信号一致。

副载波压控振荡器输出的基准副载波一路直接加到 U 同步检波器，另一路加到 PAL 开关电路。PAL 开关电路受 PAL 识别电路的控制，控制 PAL 开关电路使之输出另一个符合要求的基准副载波，这一副载波经 90° 移相后送到 V 同步检波器。

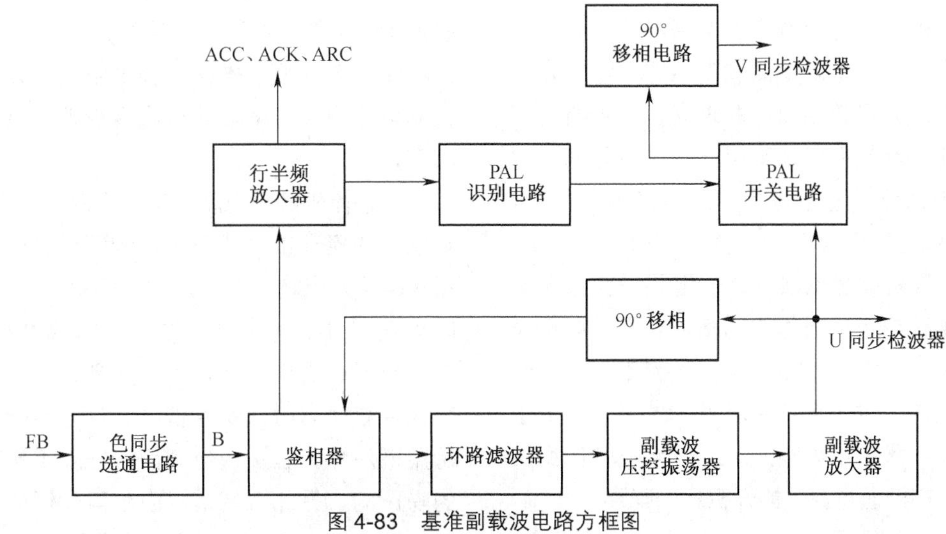

图 4-83　基准副载波电路方框图

第5章 音响系统电路

5.1 静噪电路

5.1.1 静噪电路种类和基本工作原理

1．静噪电路种类

静噪电路根据作用不同，主要有以下几种。

（1）机内话筒录音静噪电路。这一电路设在卡座中。由于机内话筒设在机器内，它距扬声器较近，会导致话筒、放大器、扬声器的声路和电路正反馈而出现啸叫。这一电路的作用是在机内话筒录音时将录音监听扬声器切断，以避免出现啸叫声。

（2）开机静噪电路。这一电路设在主功率放大器电路或扬声器保护电路中。在机器接通电源瞬间，放大器电路在获得直流工作电源时会产生噪声，这一噪声经后级放大器电路的放大，在扬声器中出现噪声。这一电路的作用是消除机器在接通电源时的开机冲击噪声。

（3）选曲静噪电路。这一电路设在卡座中。在自动或电脑选曲时，由于磁头与磁带间的相对速度较高，选曲时输出的选曲信号比正常放音时的信号大出许多，这会使放大器电路进入饱和状态，而且扬声器中的噪声很大。这一电路的作用是在机器进入自动或电脑选曲状态时，抑制选曲时的“啾、啾”噪声。

（4）调谐静噪电路。这一电路设在调谐器中。调谐过程中，当未收到电台信号时，会出现噪声。一旦收到信号后因为信噪比较高而不会感到噪声的存在，特别是调频电路调谐噪声很大。这一电路的作用是消除调谐噪声。

（5）开关操作静噪电路。这一电路主要设在卡座中。操作录放开关等时，放大器电路的工作状态转换，会产生噪声。这一电路的作用是消除开关转换过程中的噪声。

（6）电磁吸铁操作静噪电路。它设在机芯控制电路中，用来消除电磁吸铁动作过程中的噪声。

（7）停机静噪电路。这一电路设在卡座中。功能开关置于工作状态时，卡座还没有进入工作状态（两卡均没有进入放音等状态），此时卡座电路产生的噪声会通过主功率放大器放大，在扬声器中出现噪声，特别是音量控制器处于较大音量状态时，噪声很大。这一静噪电路就是用来消除卡座接通电源而未进入工作状态时的噪声的。另外，调谐器中也有类似的静噪电路，但卡座中的这一电路简单得多。

（8）录音静噪电路。它又称录音编辑电路，这一电路设在录音卡中。当这一电路投入工作时，录音卡的磁带正常走动，但磁带上没有录音信号和噪声，用来产生两段录音节目之间3 s的无噪声空白段，以供自动或电脑选曲电路识别之用。

2．静噪电路基本结构和工作原理

各种形式的静噪电路除机内话筒录音静噪电路外，都有相同或相似之处，其基本电路结构如图 5-1 所示。

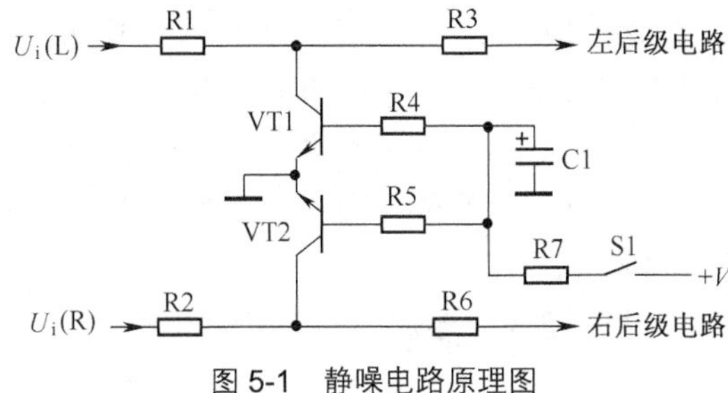

图 5-1 静噪电路原理图

U_i(L)和 U_i(R)分别是左、右声道的输入信号，分别通过隔离电阻 R1 和 R3、R2 和 R6 加到后级电路中，静噪电路就接在这一电阻电路之间。VT1 和 VT2 是静噪控制管，S1 是静噪开关。

当 S1 接通后，直流电压 +V 通过 S1、R7 和 R4、R5 分别加到 VT1 和 VT2 基极，这是两只 NPN 型三极管，管子基极为高电位时两管导通，其集电极和发射极之间的内阻很小。导通的 VT1 将 R1 送来的噪声分流到地，导通的 VT2 将 R2 送来的噪声分流到地，这样通过 R3 和 R6 加到后级放大器电路中的噪声就很小，电路处于静噪工作状态。

当 S1 断开时，因为 VT1 和 VT2 基极无电压，两管处于截止状态，其集电极与发射极之间的内阻很大，对 R1 和 R2 送来的信号没有分流衰减等影响，此时整机电路处于正常的信号放大和处理工作状态。

重要提示

从上述电路分析可知，将静噪开关 S1 接通，静噪电路接入工作，否则电路不进入工作状态。静噪开关 S1 是受有关功能电路控制的开关，当需要电路静噪时，它接通，否则它断开。静噪开关 S1 可以是一般的机械式开关，也可以是电子开关。

R4 和 R5 是两管的基极限流保护电阻。电容 C1 可消除开关 S1 动作时（接通和断开）产生的噪声，其原理是：若没有 C1，在 S1 接通瞬间，由于 VT1 和 VT2 突然从截止进入导通，电路会产生噪声；同样在 VT1 和 VT2 从导通转换到截止时，也会产生噪声。接入 C1 后，当 S1 接通后，由于电容 C1 两端的电压不能发生突变，随着电容 C1 通过电阻 R7 的充电，C1 上的电压渐渐增大，这样 VT1 和 VT2 由截止较缓慢地进入导通，这样可以消除上述噪声。同理，当 S1 断开之后，C1 中的电荷通过 R4、R5 和两管的发射结放电，使两管渐渐由导通转换成截止，这样可以消除上述噪声。

26. LC 并联谐振滤波电路 3

在静噪电路进入静噪状态时，R1 和 R2 分别是左、右声道前级放大器的负载电阻，以防止前级放大器输出端短路。

5.1.2 机内话筒录音静噪电路

机内话筒录音静噪电路主要有 3 种形式的电路：一是通过录放开关自动在录音时切断扬声器，这一电路的缺点是其他录音方式下扬声器也不能进行录音监听了；二是通过一个监听开关，该开关串联在扬声器回路中，在机内话筒录音时将该开关断开，其他录音方式下使该开关接通，这一电路的缺点是要通过手动来控制；三是用电路使机器在机内话筒录音时静噪电路工作，这是目前最好的一种机内话筒录音静噪电路。

1．电路之一

图 5-2 所示是采用录放开关构成的机内话筒录音静噪电路。S1-1 为录放开关，图示在录音状态下，这样包括机内话筒录音在内的一切录音都没有扬声器的录音监听。在扬声器切除之后，不存在了机内话筒、放大器、扬声器之间的声路和电路正反馈，也就没有啸叫声，达到机内话筒录音静噪目的。

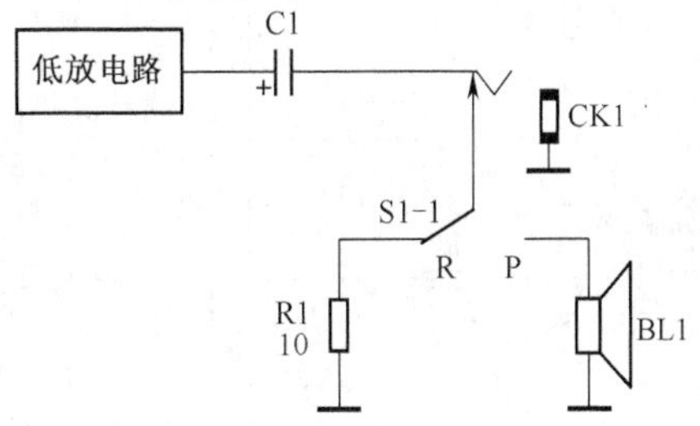

图 5-2 采用录放开关构成的机内话筒录音静噪电路

放音状态下，录放开关 S1-1 进入放音状态，将扬声器接入电路，所以这种机内话筒录音静噪电路不影响放音通道的正常工作。R1 为录音时低放电路的假负载。

2．电路之二

图 5-3 所示是另一种机内话筒录音静噪电路。S10 是录放开关，图示在录音位置；3S3-1 是功能开关，图示在磁带位置（可以进行放音和录音）；3S2-6 是话筒选择开关，图示在机内话筒状态；4A1 是功放集成电路 D7240，③脚是该集成电路的静噪控制脚；4VT3 是机内话筒录音静噪控制管。

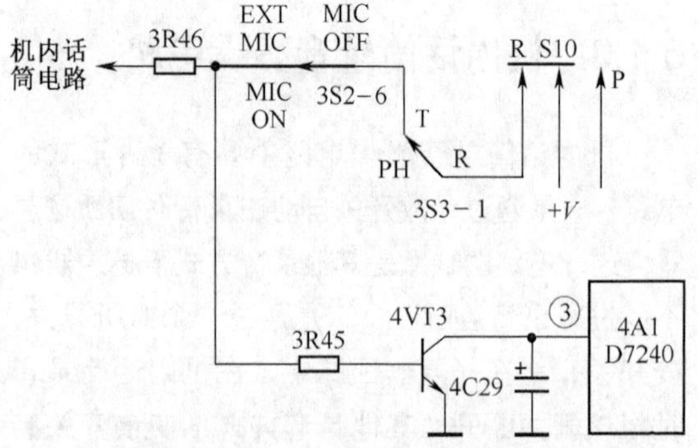

图 5-3　另一种机内话筒录音静噪电路

集成电路 D7240 是一个功率放大器电路，它内设静噪电路，③脚是这一电路的控制引脚。当③脚为低电位时，内电路中的静噪电路进入工作状态，使左、右声道功率放大器电路无信号输出，扬声器无声。当③脚为高电位时，内部的静噪电路不工作。

在机内话筒录音时，直流工作电压 +V 通过 S10、3S3-1、3S2-6 和 3R45 加到 4VT3 基极，使之导通，这时 4VT3 集电极与发射极之间内阻很小，将③脚对地短接，使 4A1 的③脚为低电位，扬声器无声，达到机内话筒录音静噪目的。

在机内收音录音时，由于功能开关 3S2-6 转换到收音（R）位置上，切断了 4VT3 基极电压，4A1 的③脚直流信号没有接地，无静噪作用，故可以进行机内收音录音的监听。在放音时，由于录放开关 S10 在放音（P）位置，也将 4VT3 基极电压切断，此时也没有静噪作用。4C29 具有开机静噪作用。

3．电路之三

图 5-4 所示是另一种机内话筒录音静噪电路。2VT14 是低放电路中的推动管，2R57 和 2R58 是该管的分压式偏置电路，使推动管处于甲类放大状态。2S2-5 是录放开关，2S3-4 是功能开关。

27.LC 并联谐振选频
电路 1

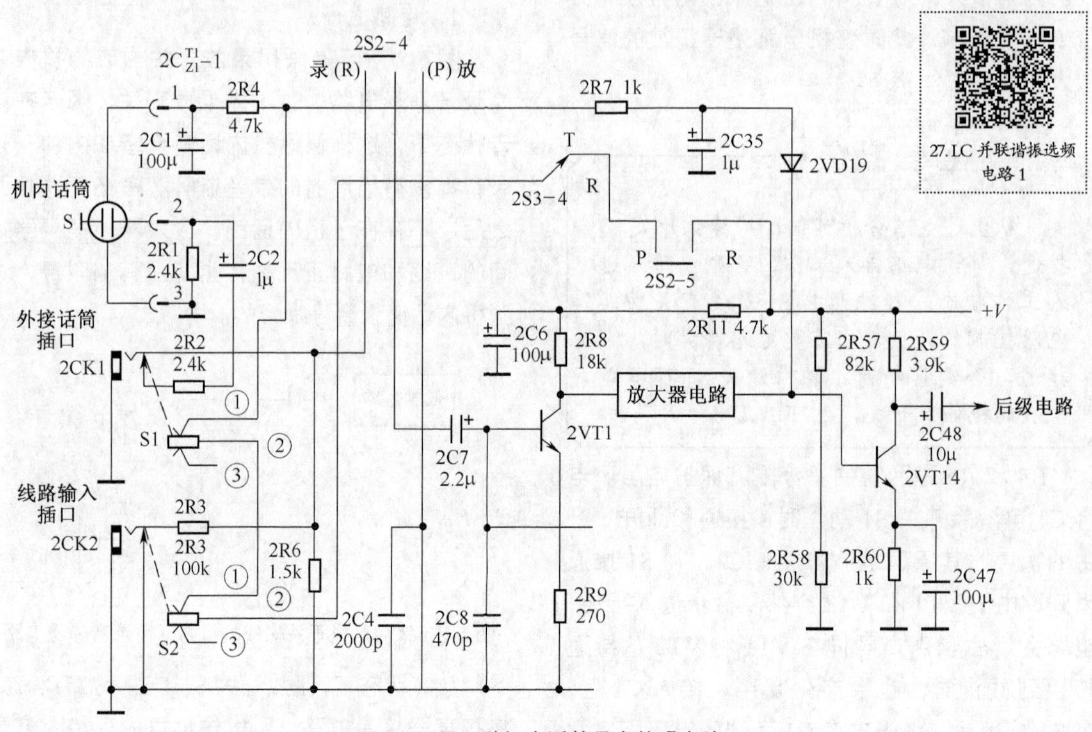

图 5-4　另一种机内话筒录音静噪电路

在机内话筒录音时，直流工作电压 $+V$ 通过 2S2-5、2S3-4、S2、S1、2R7 和 2VD19 加到推动管 2VT14 基极，使之处于饱和状态，这样就没有信号加到功放输出级电路中，扬声器中没有声音，达到机内话筒录音静噪目的。

在机内收音录音时，2S3-4 断开 $+V$，在外接话筒录音时 S1 断开 $+V$，在线路录音时 S2 断开 $+V$，在放音时 2S2-5 断开 $+V$，使推动管 2VT14 基极上没有另外的直流电压，这样推动管正常工作，没有静噪作用。

5.1.3　开机静噪电路和选曲静噪电路

1．开机静噪电路

重要提示

开机静噪电路主要有两种形式的电路：一是将静噪电路设在功率放大器电路中，在开机后使功放输出级电路延时输出信号，以避开开机时的冲击噪声；二是设在扬声器保护电路中，使扬声器在开机后延迟接入电路，达到消除开机冲击噪声的目的。

图 5-5 所示是某型号集成电路内电路中的静噪电路，许多功率放大器集成电路的静噪电路与此类似。⑩脚是该集成电路的静噪控制引脚，VT3 是低放电路中的推动管，VT1、VT2 等构成静噪电路。

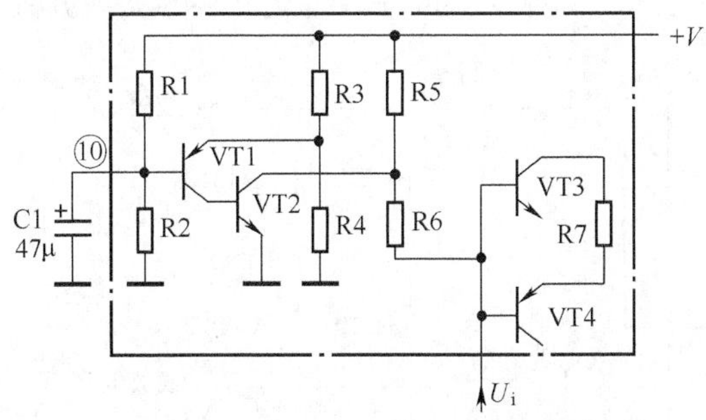

图 5-5　某型号集成电路内电路中的静噪电路

内电路中，电阻 R1 和 R2 分压后的电压加到 VT1 基极，R3 和 R4 分压后电压加到 VT1 发射极上，这两个分压电路使 VT1 基极上的直流电压等于发射极上电压，这样在静态时 VT1 处于截止状态。

开机瞬时，由于电容 C1 两端的电压不能突变（C1 内原先无电荷），⑩脚电压为 0V，此时 VT1 处于导通状态，其集电极电流流入 VT2 基极，VT2 饱和，其集电极为低电位，将推动管 VT3、VT4 基极通过 R6 对地端短接，推动级停止工作，功放输出级没有信号输出。这样开机时的冲击噪声不能加到扬声器中，达到开机静噪的目的。

开机后，$+V$ 通过 R1 对电容 C1 充电，很快使 C1 充满电荷，C1 对直流而言相当于开路，此时 VT1 基极电压由 R1 和 R2 分压后决定，即此时 VT1 处于截止状态，使 VT2 也截止，这时 VT2 对推动管 VT3 基极输入信号没有影响，没有静噪作用。关机后，电容 C1 中的电荷通过 R2 放电，使下次开机时静噪电路投入工作。

2．选曲静噪电路

电脑和自动选曲电路中，为了消除选曲过程中的噪声，设置了选曲静噪电路，如图 5-6 所示，自动选曲和电脑选曲电路中的静噪电路相同。A101 是放音前置放大器集成电路，A501 和 A502 构成电脑选曲电路，A102 构成选曲静噪电路。从内电路中可以知道，内电路中主要是两只静噪控制管。

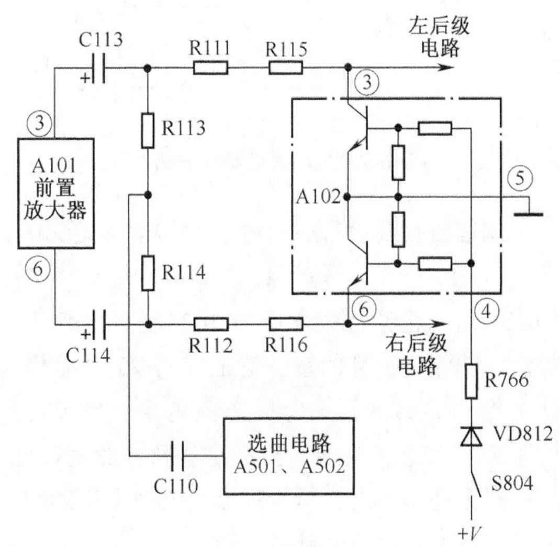

图 5-6　选曲静噪电路

机器进入选曲状态时，选曲开关 S804 接通，+V 通过 S804、VD812、R766 加到 A102 的④脚，使内电路中的两只管子导通，这样 R115 和 R116 送来的左、右声道选曲信号被这两只管子分流到地，大大地降低了加到后级放大器电路中的选曲信号，达到选曲静噪目的。

R111 和 R115、R112 和 R116 是隔离电阻，有了隔离电阻后左、右声道的选曲信号才能通过 R113 和 R114 混合，加到选曲集成电路 A501 和 A502 中。在选曲完成后，选曲开关 S804 断开，A102 的④脚上没有电压，无静噪作用，R115 和 R116 送来的信号能够正常地送到后级放大器电路中。

5.1.4 调频调谐静噪电路

图 5-7 所示是调频调谐静噪电路。调频收音机调谐过程中会出现特有的噪声，此静噪电路用来消除这一噪声。调谐静噪电路设在中放末级与立体声解码器电路之间。

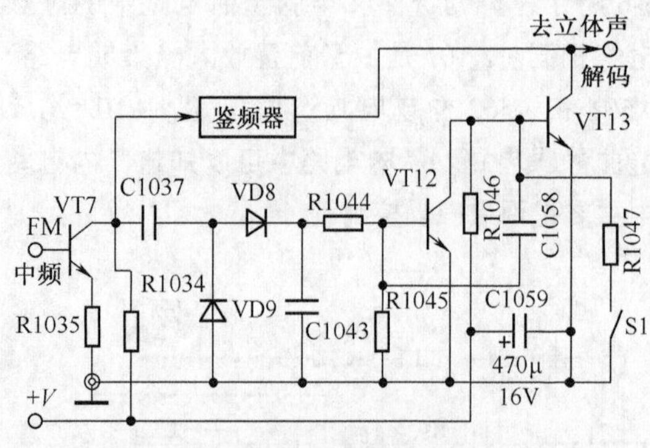

图 5-7 调频调谐静噪电路

调谐器收到信号后，由于 VT7 集电极输出的信号较大，这一信号经 C1037、VD9、VD8 构成的倍压整流电路整流，C1034 起滤波作用，整流、滤波后得到的直流电压加到 VT12 基极，使之饱和导通，其集电极为低电平，使 VT13 处于截止状态，这时 VT13 集电极与发射极之间相当于开路，对鉴频器输出的信号没有影响，信号正常加到后级电路中。

在调谐过程中没有收到信号时，VT7 集电极上的噪声信号较小，通过整流、滤波后的直流电压不足以使 VT12 导通，而 VT12 没有直流偏置，所以 VT12 处于截止状态。这样，直流电压 +V 经 R1046 加到 VT13 基极，使之饱和导通，其集电极与发射极之间相当于通路，将鉴频器输出端对地短接，鉴频器的噪声不能加到后级电路中，起到消除调谐噪声的目的。

重要提示

开关 S1 在断开时有调谐静噪作用，当它接通时则没有静噪作用。在 S1 接通后，VT13 基极通过 R1047 接地，使 VT13 基极电压很低而不足以导通，VT13 截止而没有静噪作用。当接收一些信号比较弱的电台信号时，将 S1 接通，否则因静噪电路的作用而不能接收弱信号电台。

5.1.5 开关操作静噪电路

开关操作静噪电路主要是卡座中录放开关等操作时的静噪电路。当电路处于通电工作状态时，若电路中的某一开关发生转换动作，电路会产生噪声，这一静噪电路就是用来消除这种类型的噪声的。

1. 录放开关操作静噪电路

图 5-8 所示是录放开关操作静噪电路。A131 构成前置放大器电路。SW102-C 是录放开关中一组特殊的刀开关，它的特点是在开关

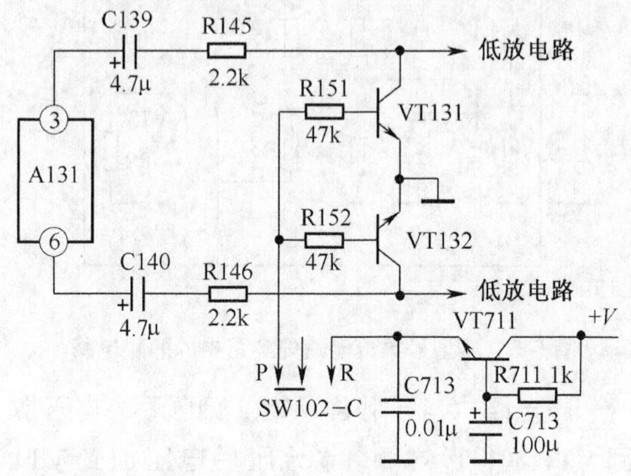

图 5-8 录放开关操作静噪电路

转换时（无论是从录音转换到放音，还是放音转换到录音），开关的3个触点均有一个很短时间的同时接通过程，然后开关进入断开状态，所以这一点与普通录放开关不同，静噪电路正是利用这一特点来工作的。

当录放开关在转换时，由于3个触点同时接通，这样直流电压 $+V$ 经电子滤波管 VT711 集电极和发射极、SW102-C、R151 和 R152 分别加到 VT131、VT132 基极，两管导通，对前级送来的噪声分流，达到开关操作静噪目的。在开关转换的机械动作完成之后，SW102-C 的触点断开，此时 VT131 和 VT132 基极没有电压，两管截止，没有静噪作用，放大器进入正常工作状态。

2．机芯开关操作静噪电路

图 5-9 所示是机芯开关操作静噪电路。这一电路具有两种开关操作静噪作用：一是机芯开关操作静噪，二是暂停开关静噪。S1 是与机芯开关相关的静噪开关，S2 是机芯开关，S3 是暂停开关，A1 是具有 ALC（自动电平控制）电路的前置放大器集成电路。

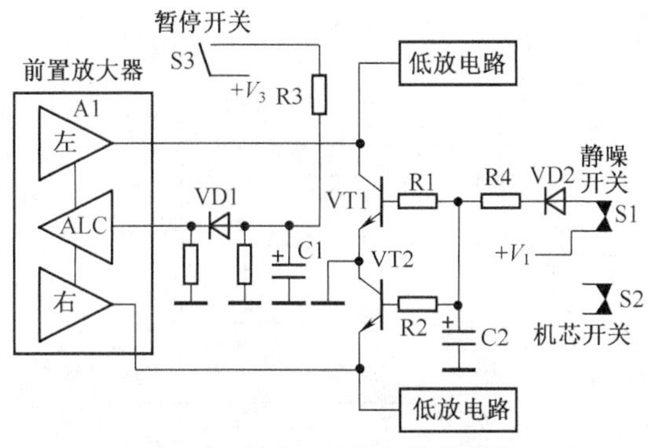

图 5-9 机芯开关操作静噪电路

当机芯开关 S2 接通时，S1 也有一个接通 - 断开动作过程。在 S1 接通时，$+V_1$ 通过 S1、VD2、R1 和 R2 加到 VT1 和 VT2 基极，两管导通，将左、右声道噪声分流到地。在 S1 断开后，VT1 和 VT2 基极没有电压，两管截止，电路进入正常工作状态。

当按下暂停键后，S3 接通，此时直流电压 $+V_3$ 经 S3、R3 和 VD1 加到 A1 中的 ALC 电路输入端，使集成电路 A1 的增益大幅度下降，这样 A1 输出的开关转换噪声也大大减小，达到开关操作静噪目的。这一电路的特色是利用了 A1 中的 ALC 电路进行静噪控制。

5.1.6 停机静噪电路

28. LC 并联谐振选频电路 2

停机静噪电路用于机器处于停机时的噪声抑制，这种静噪电路在中、高档次卡座和录音机中有着广泛应用。

1．电路之一

图 5-10 所示是一种停机静噪电路。SW806 是放音开关，SW805 是快进、快倒静噪开关；A102 是静噪集成电路，A161 是前置放大器集成电路。

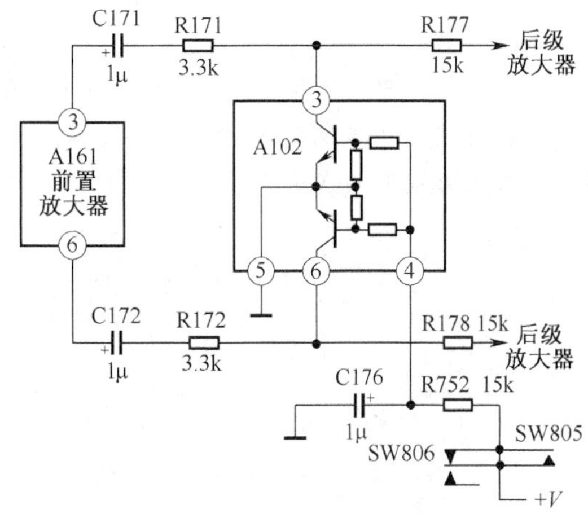

图 5-10 停机静噪电路

机芯开关与放音开关 SW806 之间的关系是：当没有接通机芯开关时，放音开关 SW806 处于接通状态。当接通机芯开关后，电动机转动，带动磁头滑板向前移动，通过滑板将 SW806 断开，所以在通电状态下只要接通机芯开关，放音开关 SW806 就断开。

在停机状态下，即接通了整机电源但是机器又没有进入放音或录音时，机芯开关断开，而放音开关 SW806 接通，此时直流电压 $+V$ 经 SW806、R752 加到 A102 的④脚，使内电路中的两只三极管导通，将前级放大器在停机时的噪声分流到地，达到停机静噪目的。

在机器进入放音或录音状态后，机芯开关接通，放音开关 SW806 断开，这时 A102 的④脚没有电压，没有静噪作用，放大器电路处于正常工作状态。

当按下快进或快倒键之后，SW806 接通，这时 A102 的④脚上有直流电压，电路处于静噪状态下，将此时的噪声消除。在快进或快倒时，整个放大系统处于通电工作状态下，但是没有放音信号输出，此时只有噪声输出，若音量电位器开得较大的话噪声也较大，所以采用停机静噪电路可以大大抑制这种噪声。

2．电路之二

图 5-11 所示是另一种停机静噪电路。S106 是放音卡机芯开关，S105 是放音卡放音开关，S109 是录放卡放音开关，S110 是录放卡机芯开关，S103 是两卡转换开关（图示在 1（放音卡）位置）。注意，这一电路中的放音开关 S105 和 S109 在机器进入放音状态时放音开关接通，没有进入放音状态时放音开关断开。

当两卡转换开关 S103 在图示放音卡位置时，直流电压 +*V* 经 R521、VD125 加到 VT116 基极，使该管导通，这样构成了 VT117 的基极电流回路，VT117 导通，其发射极上的直流电压 +*V* 由集电极加到稳压二极管 VD131 上，使 VD131 导通，这样直流电压通过 R162、R262 加到 VT104 和 VT204 基极上，两管导通，电路处于静噪状态，这是放音卡的停机静噪。

当按下放音卡的放音键之后，机芯开关 S106 接通，电动机转动，磁头滑板向前移动，使放音开关 S105 接通。由于 S105 接通后，直流电压 +*V* 不能通过 R521 加到 VT116 基极，这样 VT116 截止，使 VT117 也截止，这时 VT104 和 VT204 基极上也没有直流电压，两管截止，此时电路没有静噪作用，左、右声道信号能够通过线路输出插口加到主功率放大器电路中。

当转换开关置于录放卡（2）位置时，停机静噪电路的工作原理同上面类似，在此省略分析。

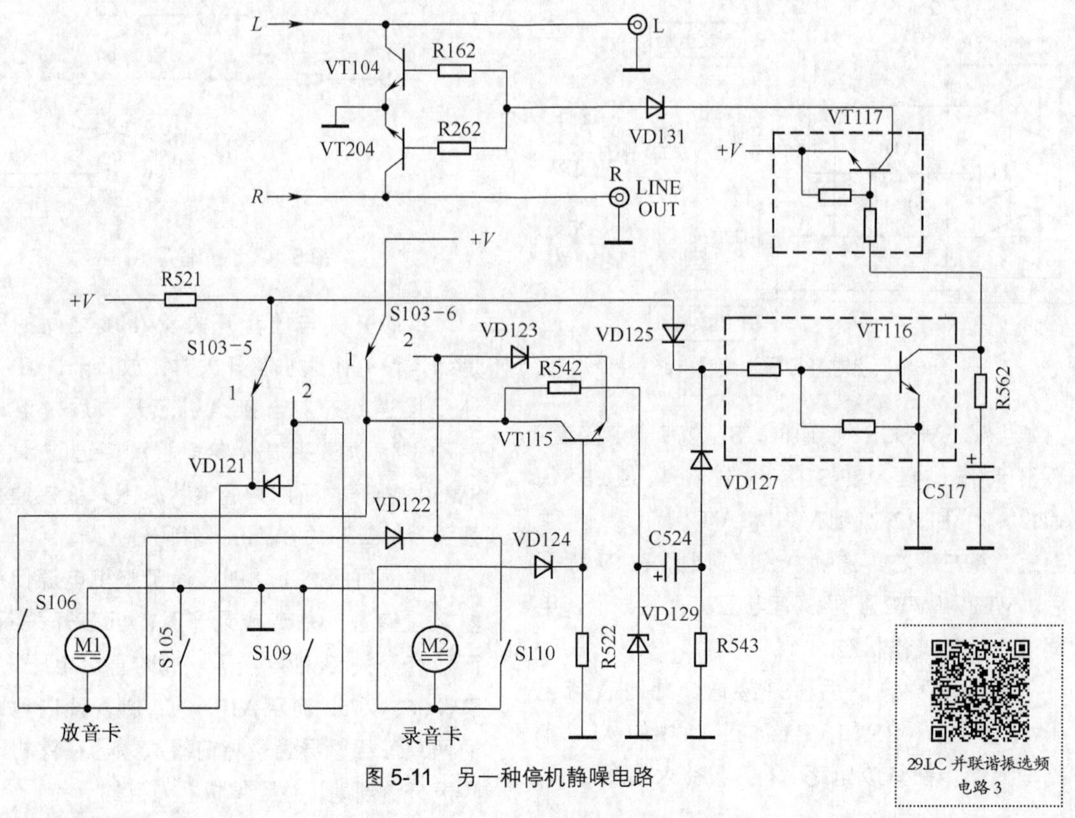

图 5-11　另一种停机静噪电路

开机静噪作用提示

这一电路还具有开机静噪作用：在接通电源瞬间，由于VT117基极回路中的电容C517两端的电压不能突变，这时VT117基极电流通过R562对C517充电，使VT117导通，VT104和VT204两管导通，实现开机静噪。在开机后，对电容C517的充电很快结束，VT117截止，导致VT104和VT204截止，此时无静噪作用。

这一电路还有开关操作静噪电路的功能：见电路中的VT115，当该管截止时其集电极为低电位，当该管突然从截止转变为导通时，其集电极上的低电位突变到高电平，电容C524两端的电压不能突变，这样将VT115集电极上的高电平通过C524、VD127加到VT116基极，使VT104和VT204两管导通，电路具有静噪作用。

VT115所在电路的具体控制作用如下。

（1）转换开关S103在图示位置时，当机芯开关S106接通时，直流电压+*V*经S103-6的1端、S106、VD122、VD123，加到VT115发射极，其基极中的R522是基极偏置电阻，这样VT115导通，其集电极输出高电平，使静噪电路动作，以消除机芯开关接通时的噪声。

（2）当转换开关S103-6从位置1转换到2时也有静噪作用：在S103-6转换到2位置后，直流电压+*V*经S103-6、VD123加到VT115发射极，其集电极输出高电平，使静噪电路动作，以消除这一转换开关转换时的噪声。

（3）当录放卡处于工作状态，在该卡的机芯开关S110从接通转换到断开时，电路也具有静噪作用：此时S103-6在2位置上，但由于S110在接通状态，所以直流电压+*V*不能加到VT115管发射极上。当录放卡工作完毕，机芯开关S110断开时，直流电压+*V*经S103-6、VD123加到VT115管发射极上，其集电极输出高电平，静噪电路动作。

5.1.7　专用静噪集成电路

集成电路TA7324P是专用的静噪电路，它共有3种静噪作用，图5-12(a)所示是它的具体应用电路图，图5-12(b)所示是内电路方框图。

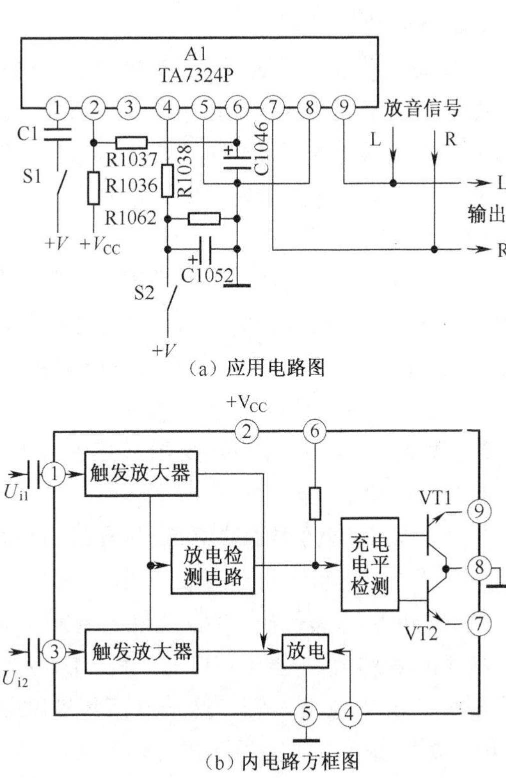

图5-12　集成电路TA7324P应用电路和内电路

1. 集成电路TA7324P引脚作用

TA7324P共9根引脚，采用单列直插结构，共有3种静噪功能，它的各引脚作用说明见表5-1。

表5-1　集成电路TA7324P各引脚作用说明

引　脚	说　明
①	触发输入1
②	电源
③	触发输入2
④	关机静噪控制输入
⑤	接地端

续表

引　脚	说　明
⑥	开机静噪控制输入
⑦	静噪输出 1
⑧	静噪控制管接地
⑨	静噪输出 2

2．静噪原理分析

S1 是机芯开关，S2 是卡座的电源开关。从图中可以看出，TA7324P 的两个静噪控制输出引脚⑦、⑨脚分别接在左、右声道信号传输线路上。从⑦、⑨脚内电路中可以看出，当内电路中的静噪控制管 VT1、VT2 导通时，将左、右声道信号传输线路对地端短接，左、右声道信号和噪声被导通的 VT1、VT2 短接到地端，没有信号、噪声加到后面的放大器电路中，此时 TA7324P 处于静噪状态。当 VT1、VT2 处于截止状态时，对左、右声道的传输没有影响，此时 TA7324P 无静噪作用。

这一电路共有 3 种静噪功能：一是开机静噪作用，二是关机静噪作用，三是机芯操作静噪作用。

（1）开机静噪作用。TA7324P 的⑥脚用来控制开机静噪功能。当电源接通之后，TA7324P 得到直流工作电压 $+V_{CC}$，这一电压经 R1036、R1037 加到⑥脚上。由于⑥脚与地端之间的静噪控制电容 C1046 两端电压不能突变，所以在开机瞬间⑥脚电压为 0V（为低电位），使内电路中的 VT1、VT2 处于导通状态，TA7324P 的⑦、⑨脚与地端之间的内阻很小，将开机时左、右声道的冲击噪声对地短接，达到开机静噪的目的。

在开机之后，$+V_{CC}$ 通过电阻 R1036 和 R1037 对电容 C1046 充电，随着充电的进行，⑥脚电压升高，当⑥脚电压升高到一定程度之后（⑥脚为高电位），内电路中的 VT1 和 VT2 处于截止状态，这样集成电路没有静噪作用，左、右声道信号能够正常传输。显然，TA7324P 的开机静噪作用靠 C1046 充电特性实现。

R1037、C1046 这一 RC 电路的时间常数决定了开机静噪的时间长短，开机静噪时间约等于 $1.3\times(R_{1037}\cdot C_{1046})$，改变两个元件的标称值大小，可以改变开机静噪时间的长短。

（2）关机静噪作用。TA7324P 的④脚是关机静噪控制引脚。在电源开关 S2 接通期间，电容 C1052 已经充到了电，在关机时 S2 断开后，C1052 中的电荷通过电阻 R1062 放电，使内电路中的 VT1、VT2 导通，集成电路处于静噪状态，达到关机静噪的目的。

（3）机芯操作静噪作用。TA7324P 的①、③脚是用来控制机芯操作静噪的，电路中只用了①脚（③脚未用）。当机芯中的操作开关 S1 动作时，C1 将操作脉冲输入集成电路的①脚，经内电路处理后使 VT1、VT2 导通一个很短的时间，即实现机芯操作静噪作用。这种静噪时间的长短与 R1037、C1046 有关，其静噪时间约等于 $0.45\times(R_{1037}\cdot C_{1046})$。

5.1.8　动态降噪集成电路

降噪电路的种类繁多，主要用于磁带降噪中，如杜比降噪电路等，这里介绍的动态降噪电路主要应用于音频放大器系统中。动态降噪电路是一种非互补型降噪电路。

动态降噪电路简称 DNR。在一些音响设备中设置了动态降噪电路，其具体的电路位置如图 5-13 所示。从图中可见，这一降噪电路位于功能转换开关电路与音调控制器电路之间，所以对音响设备的各节目源信号都具有降噪作用。

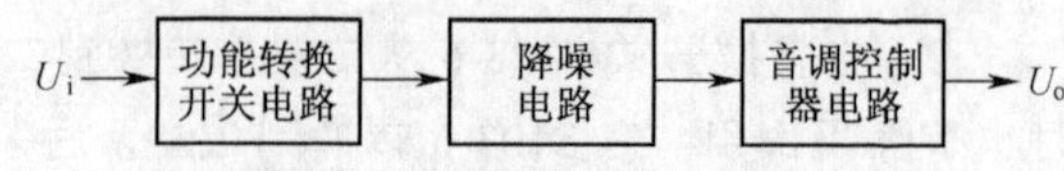

图 5-13　降噪电路位置示意图

1．方框图

动态降噪电路的工作原理可以用图 5-14 所示的方框图来说明，这是一个双声道示意图。从图中可以看出，这一电路由左、右声道各自独立的主通道和左、右声道共用的副通道电路构成。

左、右声道信号分别经各自的主通道（跨导放大器和运放）放大、处理后输出，加到后级电路中。左、右声道混合后的信号加到副通道电路中，这一副通道是左、右声道共用的电路。

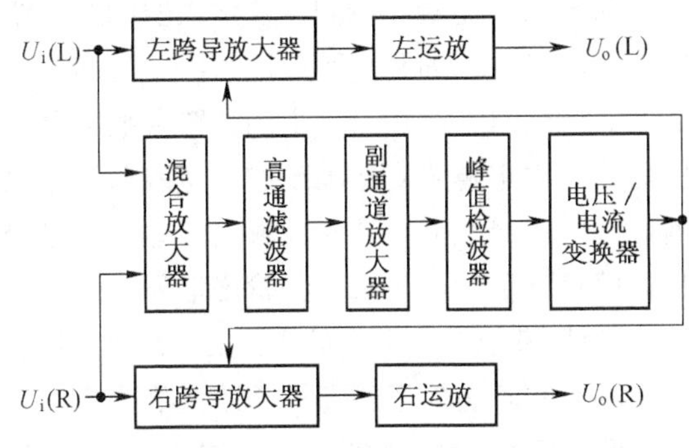

图 5-14　动态降噪电路方框图

左、右声道混合后的信号为左、右声道信号之和，这一信号加到高通滤波器中，从全频域的音频信号中只取出高频段的信号，这一高频信号再加到副通道放大器中（实际是一个高频段信号放大电路）。经过放大后的高频信号加到峰值检波电路中，其输出是一个直流电压，这一电压的大小与高频信号的大小成正比。这一直流电压再加到电压 - 电流变换电路中，然后分别去控制左、右声道跨导放大器的频带宽度，利用放大器频带宽度的自动变换实现降低噪声。

2．降噪原理说明

动态降噪的基本理论是：动态降噪利用了噪声与放大器的频带宽度成正比的特性和人耳的掩蔽效应。

当输入的音频信号中高频信号不够大时，副通道电路输出的控制电流将跨导放大器的频带变窄（高频段下跌），这样放大器对输入信号的影响不大（因为输入信号本身的高频成分不多），放大器的高频段下跌之后，使放大器的高频段噪声大幅度减小，达到降噪的目的。

当输入信号中的高频段信号比较大时，副通道电路输出的控制电流使跨导放大器的频带变宽，这样高频信号能够通过跨导放大器。由于此时高频段信号比较大，信噪比较高，根据人耳的掩蔽效应，此时听不到噪声。

副通道电路的作用是通过检测音频信号中的高频段信号成分的多少，来控制左、右声道主通道中的跨导放大器频带宽度。

3．动态降噪集成电路 LM1894

在一些音响设备中采用了动态降噪电路，图 5-15 所示是动态降噪集成电路 LM1894 的具体应用电路。

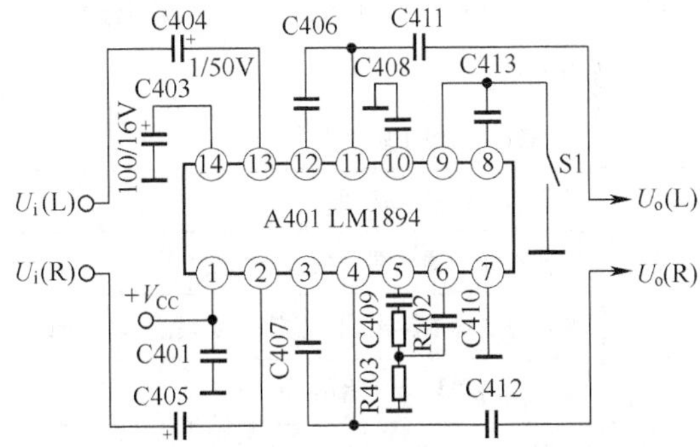

图 5-15　动态降噪集成电路 LM1894 的具体应用电路

（1）集成电路 LM1894 内电路方框图。图 5-16 所示是集成电路 LM1894 的内电路方框图，

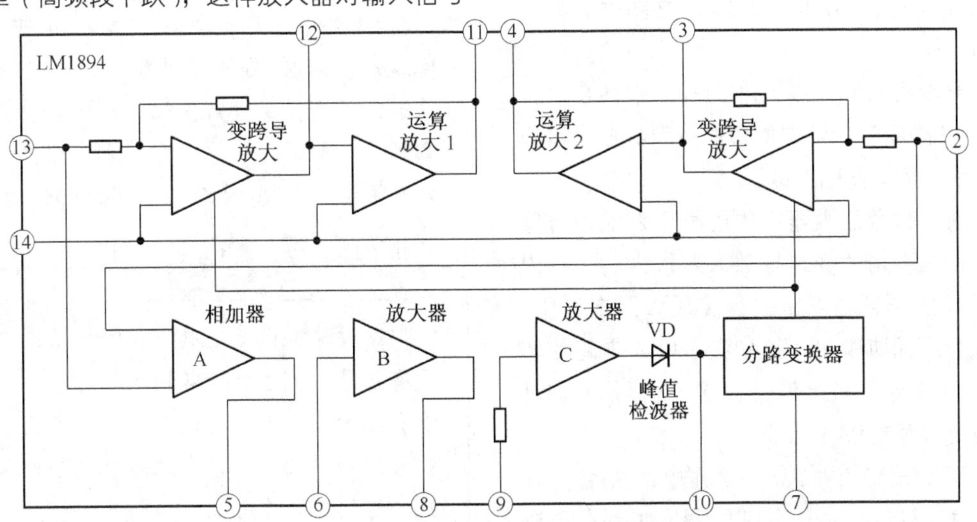

图 5-16　集成电路 LM1894 内电路方框图

从这一方框图中可以看出，这一集成电路是一个双声道电路，上面一排是左、右声道的主通道电路，下面一排是左、右声道的副通道电路。

（2）引脚作用。集成电路 LM1894 共 14 根引脚，采用双列直插封装，各引脚作用说明见表 5-2。

表 5-2　集成电路 LM1894 各引脚作用说明

引脚	说　明
①	电源端，典型值 +8V，范围为 +4.5 ～ +18V
②	右声道输入端，输入音频信号 R
③	右声道跨导放大器输出端
④	右声道主通道输出端，输出降噪后音频信号 R
⑤	混合放大器输出端，输出音频信号 L+R
⑥	副通道高通放大器输入端，输入音频高频段信号
⑦	接地端
⑧	高通放大器输出端
⑨	峰值检波器输入端
⑩	峰值检波器输出端，接检波电容
⑪	左声道主通道输出端，输出降噪后音频信号 L
⑫	左声道跨导放大器输出端
⑬	左声道输入端，输入音频信号 L
⑭	去耦端，接去耦电容

（3）电路工作原理和引脚外电路分析。借助于集成电路 LM1894 内电路方框图很容易进行电路分析。

左声道输入信号 U_i(L) 经输入端耦合电容 C404 从⑬脚同时加到左声道的变跨导放大器输入端和混合放大器输入端。

加到变跨导放大器中的信号作为主通道信号，经过左声道的变跨导放大器放大后，在内电路中直接加到左声道的运算放大器电路中，经放大后从⑪脚输出，这是经过降噪电路处理后的左声道音频输出信号，这一信号经 C411 耦合加到后面电路中。

右声道输入信号 U_i(R) 经输入端耦合电容 C405 从集成电路 A401 的②脚同时加到左声道的变跨导放大器输入端和混合放大器的另一个输入端。其中，加到变跨导放大器中的信号作为主通道信号，经过右声道的变跨导放大器放大后，在内电路中直接加到右声道的运算放大器电路中，经放大后从④脚输出，这是经过降噪电路处理后的右声道音频输出信号，这一信号经 C412 耦合加到后面的音频功率放大器中。

左、右声道信号加到混合放大器中后，经混合后（相加）从⑤脚输出，经 C409、R402 和 C410，从⑥脚再加到集成电路 A401 内电路中。

在集成电路 A401 的⑤脚和⑥脚电路之间接高通滤波电路，由于 C409 和 C410 的容量较小，C409、R402 和 R403 构成第一节高通滤波电路，C410 和⑥脚内电路中的放大器 B 的输入阻抗构成第二节高通滤波电路，这样从⑧脚输出的信号是左、右声道音频信号中的高频段信号。

这一高频段信号经耦合电容 C413 从⑧脚输入到内电路的峰值检波器电路中（此时降噪开关 S1 应在图示断开状态），峰值检波器所需要的检波电容通过⑩脚接入电路，即 C408 是峰值检波电容。

检波后的直流控制电压在内电路中变换后直接去控制左、右声道的变跨导放大器的频带宽度，实现动态降噪目的。

电路中的 C403 是滤波电容，C406 和 C407 分别是左、右声道运算放大器的高频负反馈消振电容。

开关 S1 是用来控制动态降噪电路工作状态的，当 S1 处于断开状态时，LM1894 进入降噪工作状态。当 S1 处于接通状态时，S1 将⑨脚与地端之间短接，使峰值检波器电路输入端没有高频段信号输入，这时左、右声道的变跨导放大器频带处于最宽状态，没有降噪作用。

重要提示

这种降噪电路还具有静噪作用，即当没有信号加到 LM1894 输入端时，由于也没有高频段信号，这时左、右声道变跨导放大器的频带很窄，有效地抑制了电路噪声，起到静噪作用。

5.2　杜比降噪系统

重要提示

在组合音响中，有两种形式的降噪电路。

（1）设在录音座中，专门用来处理磁带录音、放音过程中的噪声，对其他节目源不能进行降噪处理，目前一般采用集成化的杜比B型降噪电路。

（2）设在功率放大器的输入电路中，它能降低各种节目源的噪声，此时一般采用非互补型降噪系统，如动态降噪系统（DNR）。

组合音响中消除噪声的方式也有两种。

（1）消除夹在节目信号中的噪声，意在提高信噪比的消噪电路，即降噪电路。

（2）用来消除机器静态时的各种噪声，这一电路称为静噪电路。静噪电路和降噪电路的具体电路很丰富，这里主要讨论降噪电路，并且是比较常见的用于磁带录音和放音过程中的杜比B型降噪电路。

5.2.1　杜比B型降噪系统基本原理

磁带降噪电路按照其降噪原理划分有两大类。

31.LC并联谐振移相电路1

（1）互补型降噪系统，又称压缩扩屉型，它要在录音过程和放音过程分别对信号进行处理，由于压缩和扩展的特性相反对称，在录音和放音后便能还原信号原来的频率特性，同时降低噪声。

（2）非互补型降噪系统，它只能在录音或放音（通常是在放音）过程对信号进行处理，以降低噪声，提高信噪比。

1．两个根据

根据对上述两个现象的研究，形成了杜比B型降噪电路的基本设计思想。

（1）人耳听觉的掩蔽效应，即当信号强度比噪声强度大到一定程度后，可以用信号声音淹没噪声。换句话讲只要将信噪比提高到足够大的程度，便可以获得相当于消除噪声的效果。

（2）对磁带噪声的分布研究表明，噪声主要分布在中频段和低频段；而对音乐和语言信号能量分布的研究表明，能量主要集中在中频段，低频段和高频段较小，并且是高频段更小。这样可以用图5-17所示表示噪声和信号的分布状态。

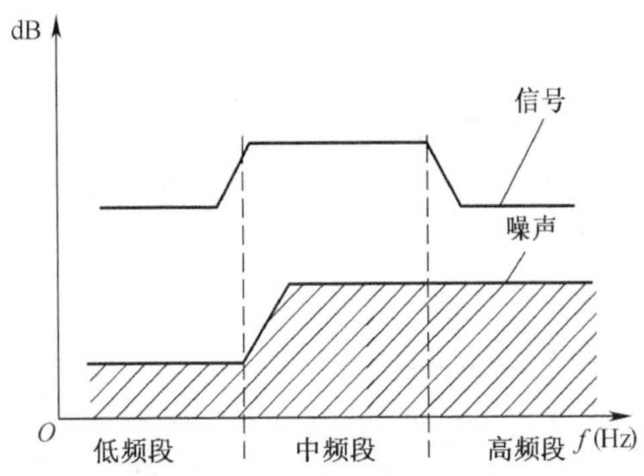

图5-17　噪声和信号的分布状态

从图5-17中可以看出，在中频段虽然磁带噪声较大，但由于信号能量很大，所以能保持足够的信噪比，利用掩蔽效应可以克服中频段噪声。在低频段，虽然信号能量不是很大，但磁带噪声却很小，这样仍有较大的信噪比，也可以通过掩蔽效应克服噪声。问题严重的是高频段，信号能量小，而磁带噪声又较大，这样信噪比较低。所以，在磁带录放音中的高频段噪声问题最为突出。

重要提示

杜比B型降噪电路就是要降低高频段的噪声，这一降噪系统的降噪作用从500Hz频率开始，重点是1kHz以上，因为人耳对1kHz的高频噪声最为敏感。

2．压缩和扩展原理

杜比B型降噪电路属于互补型降噪系统。在录音时，对高频段小信号进行提升（相当于

压缩了录音信号的动态范围），且信号愈小提升量愈大。在放音时，再对高频段信号进行衰减（相当于扩展了信号的动态范围），在衰减信号的同时也衰减了磁带噪声。

图 5-18 所示的示意图可以说明杜比 B 型降噪系统的压缩、扩展过程。

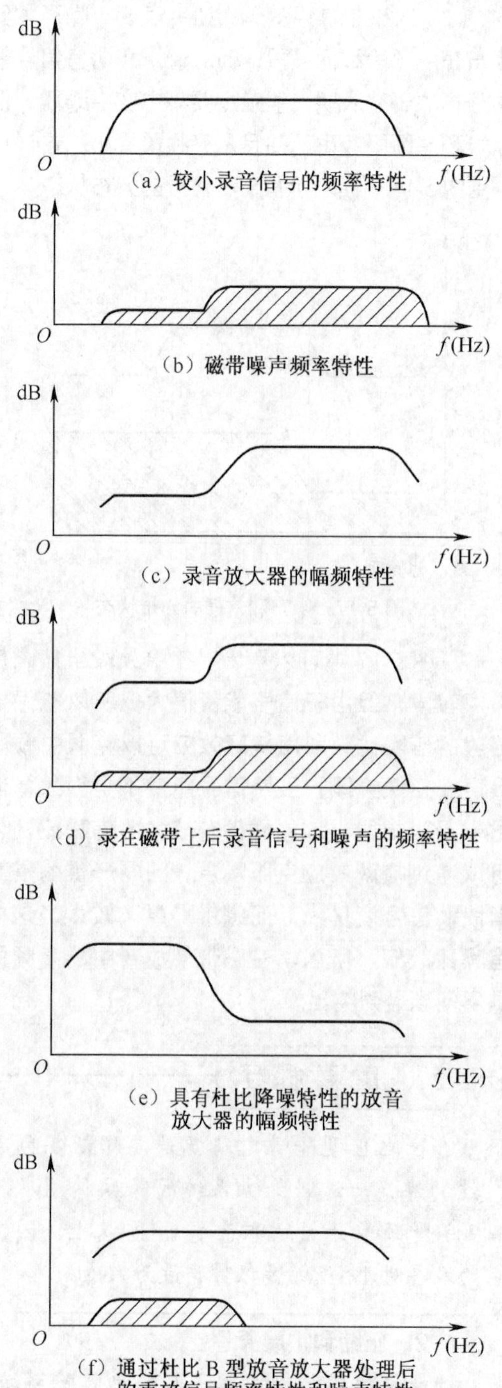

图 5-18　杜比 B 型降噪系统压缩、扩展过程示意图

图 5-18(a) 所示是较小录音信号的频率特性，此时曲线是平坦的，表明低、中、高频段信号大小基本一样。

图 5-18(b) 所示是磁带噪声频率特性，中、高频段较大些。

图 5-18(c) 所示是录音放大器的幅频特性，从中可以看出对高频段信号进行了提升。录音放大器高频段的特性是可变的，并且是自动变换的。录音高频段信号愈小，录音放大器的高频段提升量愈大。

当录音信号中高频信号较大或很大时，则录音放大器的高频段提升量较小或根本不作提升。所以说录音放大器高频段特性是随录音信号高频段分量大小变化而自动变化的，普通录音放大器的高频段特性是固定不变的。

图 5-18(d) 所示是录在磁带上后录音信号和噪声的频率特性，可见高频段信号由于受到提升而较大。这是录音过程中对录音信号的处理，实际上是对录音高频段信号的处理，可见高频段信噪比已较大。

图 5-18(e) 所示是具有杜比降噪特性的放音放大器的幅频特性。**它在高频段是下跌的，其特性曲线恰好与图 5-18(c) 所示录音放大器幅频特性曲线相反，以便还原信号的原来幅频特性。放音放大器的高频段幅频特性也是自动变化的，并且始终与录音时放大器的高频段幅频特性相反、对称。**

图 5-18(f) 所示是通过杜比 B 型放音放大器处理后的重放信号频率特性和噪声特性。由于放音放大器对高频段信号进行衰减，在衰减放音高频段信号的同时，磁带高频段噪声也被衰减，实现了降低磁带高频段噪声，提高放音信号高频段信噪比。

图 5-19 所示是加了杜比 B 型降噪系统和未加这一降噪系统情况的噪声输出比较，显然加了降噪系统后大大降低了高频段噪声。

市场上出售的一些原声音乐磁带是采用杜比 B 型降噪系统录制的。为了区别这种录音磁带与大量的非降噪系统录制的磁带，在磁带盒套上设有图 5-20 所示的杜比录音标记。

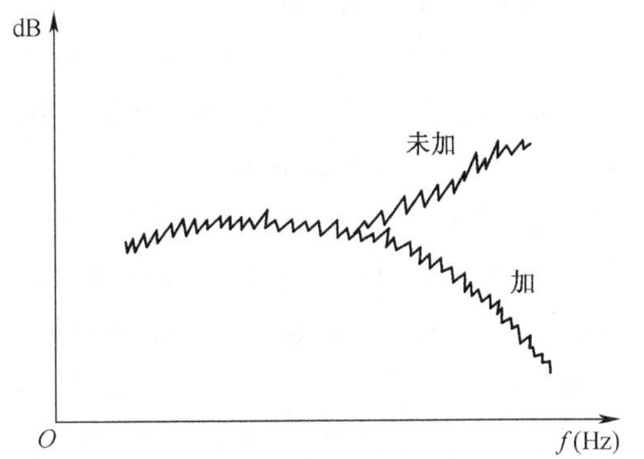

图 5-19　加与未加杜比 B 型降噪系统的噪声输出比较

图 5-20　杜比录音标记

重要提示

这种录音磁带在具有降噪系统的组合音响中放音才能获得预期的、令人满意的降噪效果。

有时，在没有杜比 B 型降噪系统功能的机器中使用这种磁带放音，将高音控制器作适当的衰减，显然重放这种磁带的降噪效果也是不佳的。因为杜比 B 型放音放大器的高频特性是随高频段信号自动调整的，而仅将高音控制器作适当衰减后其放音放大器的高频特性仍然是不变的，会引起音频信号失去原先频率的特性。

3．电路结构方框图

图 5-21(a) 所示是录音时的降噪电路方框图。从图中可以看出，电路主要由主通道和副通道两部分组成。输入的录音信号 U_i 分成主、副信号两部分，主通道中有一只加法器，副通道中有可变高通滤波器和控制电路两部分。副通道输出信号也加到加法器中，与主信号混合后送入录音磁头中。

图 5-21(b) 所示是放音时的降噪系统方框图，它也是由主、副两个通道构成。不同的是主通道中是减法器，让主信号和副通道输出信号进行相减。副通道的输入信号取自减法器的输出端，其可变高通滤波器和控制电路工作原理及特性与录音时一样。所以，这部分电路往往是共用的，如图 5-21(c) 所示，通过录放开关 S1 来控制副通道工作状态。

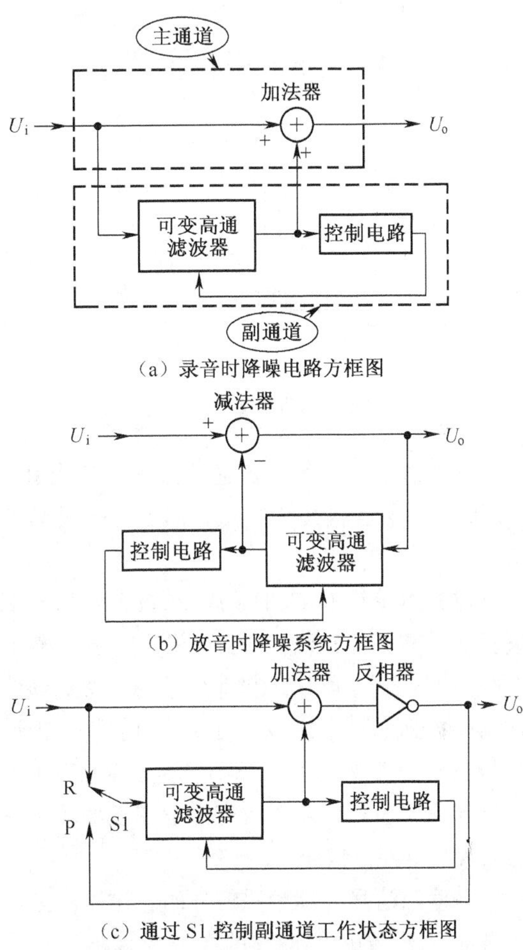

图 5-21　杜比 B 型降噪系统结构方框图

控制电路用来控制可变高通滤波器。在这一降噪电路中，可变高通滤波器是一个核心，高通滤波器的特性是让高于某一频率的信号通过。可变高通滤波器的高通特性是可变的，受控制电路所控制，而输入控制电路的信号是音频信号，所以可变高通滤波器的高通特性是受信号中高频段信号成分控制的。

4．可变高通滤波器工作原理

可变高通滤波器工作原理可用图 5-22 所示

原理图来说明。电路中，RP1 是一个压控变阻器件，它的阻值是随控制电路送来的控制电压大小变化而变化的。

整个滤波器由两级 RC 高通滤波器构成。第一级是 C1 和 R1 构成的固定式 RC 高通滤波器，其转折频率设在 1.5kHz 左右，以便让高于这一转折频率的信号通过，低于这一转折频率的信号被抑制而不能加到后一级滤波器中。通常，R1 取值为 3.3kΩ，C1 取值 0.033μF 左右。

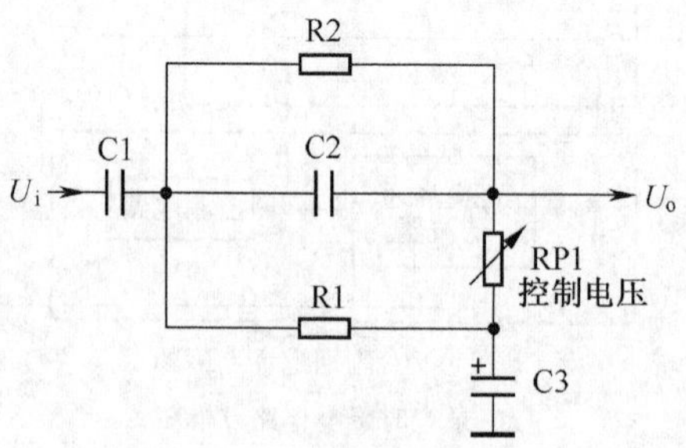

图 5-22　可变高通滤波器

第二级是一个可变高通滤波器，它由 R2、C2 和压控变阻器 RP1 构成，RP1 的转折频率可变。

首先讨论没有 C2 时的第二级可变高通滤波器工作情况：R2 和 RP1 构成一个分压衰减电路，当输入信号 U_i 的频率低于第一级高通滤波器转折频率时（20Hz ～ 1.5kHz 信号），无论它的信号幅度有多大，都不能通过 R1、C1 这一级高通滤波器，所以可变高通滤波器输出信号中没有这部分信号成分。

当输入信号为高频段信号时，这些高频信号通过了 R1 和 C1 构成的高通滤波器。当这部分高频信号幅度较小时，由于此时的控制电压小而使 RP1 的阻值很大，这样 R2、RP1 分压衰减量不大，输出信号 U_o 较大，送到加法器中与主通道信号相加，此时对高频信号提升量较大。

当输入信号为高频段信号且幅度较大时，这些信号也通过了 R1 和 C1 这级滤波器，但此时由于控制电压大而使 RP1 的阻值较小，这样 R2、RP1 的分压衰减量较大，输出的信号 U_o 较小。

重要提示

由上述分析可知，从可变高通滤波器输出的信号 U_o 首先只是高频段的，当输入信号 U_i 中的高频段信号较小时，输出信号 U_o 较大；高频段信号较大时，输出信号 U_o 较小；当高频段信号幅度大到杜比电平时，U_o 几乎为零，此时便无降噪处理作用。

杜比电平是有统一规定的，盒式磁带的杜比电平规定为 200nWb/m（对 400Hz 信号而言）。当输入信号电平高于杜比电平时，降噪系统不投入工作，只有当信号电平低于杜比电平时降噪系统才开始进行降噪处理。当信号高频段电平大于杜比电平时，由于信号远比噪声大，掩蔽效应便能克服噪声，所以不作降噪处理了。

上面讨论的是未考虑 C2 影响的情况，在加入电容 C2 后可以使第二级高通滤波器的转折频率随输入信号情况而发生向高段偏移，图 5-23 所示是输出频率特性曲线。由于 RP1 的阻值是可变的，第二级高通滤波器的转折频率也能改变，如果转折频率不能改变则会产生调制噪声。

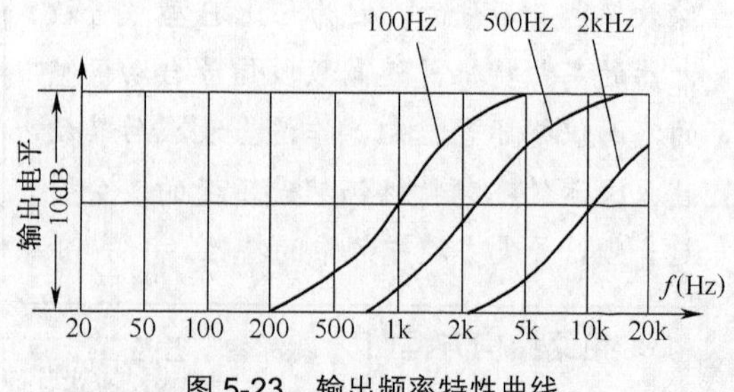

图 5-23　输出频率特性曲线

举例说明如下：如果将第二级高通滤波器的转折频率固定为 500Hz，则输出特性为图 5-23 中 500Hz 这一条。假设此时输入一个 2kHz 的高电平信号，由于转折频率不能变，从 500Hz 这条曲线上可以看出输出已有几分贝，这会引起调制噪声。采用了可变高通滤波器之后，输入 2kHz 高电平信号时转折频率变到 2kHz 处，此时的输出特性曲线为图 5-23 中

2kHz 这一条，输出为 0dB(即不提升)，这符合对高电平信号不处理的原则。

从这一输出频率特性曲线中还可以了解杜比 B 型降噪系统的降噪特点。见图中 500Hz 曲线，即输入 500Hz 高电平信号时，对 5kHz 信号的提升量为 8dB 左右；而当输入 2kHz 高电平信号时，对 5kHz 信号的提升量只有 2dB 左右。可见提升量不同，降噪量也是不同的（降噪量等于提升量）。

5．录音过程信号处理电路分析

杜比 B 型降噪系统在录音过程中对信号的处理可用图 5-24 所示电路来说明。

这一电路的工作原理是：输入的录音信号 U_i 分成两路，一路加到加法器的一个输入端，另一路加到可变高通滤波器的输入端。整个处理电路的输出信号取自加法器的输出端，为主通道中直达信号和副通道输出信号之和。

从可变高通滤波器输出的信号是高频段信号，这一信号经过放大器 1 放大，一路信号要加到放大器 2 中，另一路加到非线性限幅电路中，经限幅后作为副通道输出信号加到加法器的一个输入端。

经放大器 2 放大后的信号加到整流电路中，经 VT2 整流后将高频段录音信号转换成单向脉动性直流电，再加到平滑电路中。

平滑电路是一个非线性积分滤波器。R3 和 C3 构成一级积分电路，时间常数较大（约 100ms），这样具有良好的滤波特性，不会引起场效应管 VT1 基极电压的突变，从而能抑制信号调制。

二极管 VD1 和 C3 构成非线性积分电路。在录音输入信号大小变化较缓慢时（指高频段信号大小变化缓慢），C3 上的电压也能随信号大小变化，这样 VD1 处于截止状态，只有 R3 起作用。当输入信号中高频段信号急剧变大时，由于 C3 两端电压不能急剧增大，这样 VD1 正极电压远大于负极电压，VD1 导通。VD1 导通后内阻很小，使积分电路时间常数很小，C3 上的电压迅速增大，导致 VT1 内阻很小，使可变高通滤波器输出很小或为零，从而抑制了信号过冲现象。

经过平滑电路后的直流控制电压加到场效应管 VT1 的栅极，这一电压与 VT1 源极回路中的参考电压 E 比较后，控制 VT1 S、D 极之间的内阻 r。当高频段信号电平愈大时，栅压愈大，内阻 r 愈小，可变高通滤波器的输出愈小，反之则愈大。可变高通滤波器的输出信号大小，

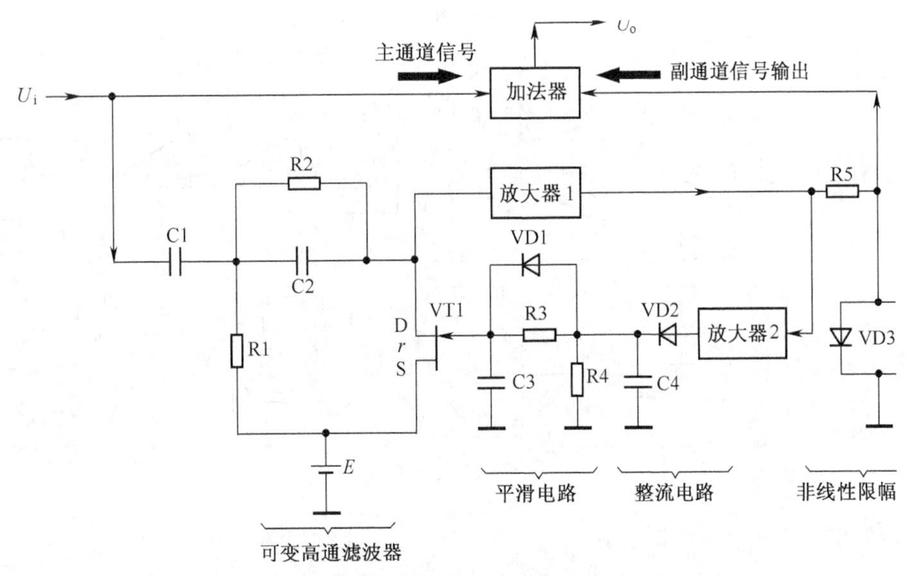

图 5-24 录音过程信号处理电路

决定了副通道输出信号大小。

R5、VD3 和 VD4 构成双向限幅电路。 尽管电路中设有非线性积分的电路，但对于大幅度的突变信号，VT1 栅极的控制电压跟不上其变化，而导致可变高通滤波器输出过冲信号，此时利用 R5、VD3 和 VD4 限幅电路来加以限制。当加到 VD3 和 VD4 上的过冲信号幅度大于二极管的开启值时，正半周 VD3 导通，负半周 VD4 导通，加以限幅，使送入加法器的副通道输出信号不会产生较大幅度的过冲。在小信号时，VD3 和 VD4 均处于截止状态，而无限幅作用。

5.2.2 杜比 B 型降噪集成电路 LM1011N 应用电路

图 5-25 所示是杜比 B 型降噪集成电路 LM1011N 构成的降噪电路。

1. 集成电路 LM1011N 引脚作用

集成电路 LM1011N 引脚作用说明见表 5-3。

表 5-3　集成电路 LM1011N 各引脚作用说明

引　脚	说　明
①	第一级高通滤波后信号输入端
②	反相放大器输入端
③	反相放大器输出端
④	偏置端
⑤	缓冲放大器输入端
⑥	缓冲放大器输出端
⑦	信号输出端（加法器输出）
⑧	去耦
⑨	接地端
⑩	积分电路反馈去耦
⑪	积分电路输出端
⑫	整流电路输入端
⑬	整流器偏置端
⑭	整流器输出端
⑮	可变电阻器控制端
⑯	电源

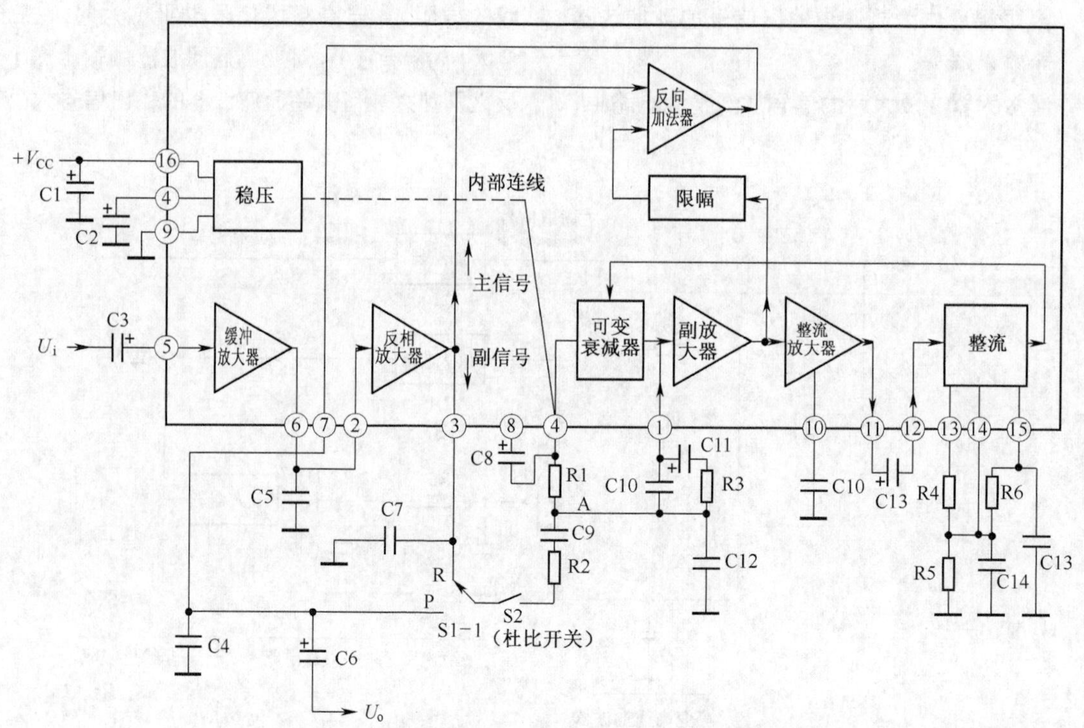

图 5-25　杜比 B 型降噪集成电路 LM1011N 构成的降噪电路

2．电路分析

电路中的 S1-1 是录放开关，图示在录音位置。S2 是杜比开关，图示在断开位置，断开时能接入副通道电路，无降噪作用，只有 S2 接通才具有降噪作用。

在录音时，对录音信号降噪处理的原理是：录音信号 U_i 经 C3 耦合，加到⑤脚内电路缓冲放大器中放大，从⑥脚输出，再从②脚送入反相放大器中放大。其输出信号分成两路，一路作为主信号加到加法器的一个输入端，另一路从⑧脚输出，经过录放开关 S1-1（R）和杜比开关 S2（合上）加到第一级固定高通滤波器输入端。第一级高通滤波器由 R2、C9、R1 构成（④脚通过 C2 交流接地），从该高通滤波器输出的信号（A 点输出）加到第二级可变高通滤波器中。可变高通滤波器由 C10、R3、C11 和①、④脚内电路中的可变衰减器构成，其中 C11 因为容量较大起隔直通交作用。

从第二级可变高通滤波器输出的高频提升信号加到副通道放大器中放大，其输出信号分成两路：一路加到限幅电路中，其输出作为副通道输出信号，加到加法器的一个输入端；另一路加到整流放大器中，对信号进行进一步的放大。

从整流放大器输出的信号（音频信号）从⑪脚输出，通过 C13 耦合，从⑫脚加到内电路整流电路中，经过整流后获得的直流控制电压加到可变衰减器中，以控制可变高通滤波器的衰减量和转折频率。

经过降噪电路处理后的信号从加法器输出，由⑦脚送到外电路中，经 C6 耦合到录音放大器中。这一输出信号 U_o 是主、副通道输出信号之和，是经过提升的录音全频段信号。

这一电路在放音过程中的信号处理原理是：图中录放开关 S1-1 处于放音（P）位置，降噪开关在接通位置。从图 5-25 中可以看出，此时降噪电路基本上没有什么变化，只是高通滤波器的输入信号通过录放开关 S1-1（P）取自于⑦脚，即反向加法器的输出信号。由于反向加法器的反相作用，②、⑦脚的信号相位相反，这样通过 S1-1（P）、S2 加到副通道的信号相位与录音时相反，经过限幅电路后加到反向加法器的信号相位与录音时相反，这样反向加法器变成了减法器，即为主通道信号减去副通道输出信号，还原了录音时对高频段信号的提升。由于可变高通滤波器电路是录音、放音时共用的，所以进行录音、放音降噪电路处理后，信号能还原成原来的特性。

重要提示

杜比 B 型降噪系统对录音信号中的高频信号无作用，这一降噪系统只能降低录音信号录在磁带上引起的噪声。

当杜比开关在断开位置时，将副通道断开，此时加法器只有一个信号输入。此时，录音信号或放音信号从⑤脚输入→⑥脚输出→②脚输入→加法器→⑦脚输出，信号只作约 18dB 的放大，无降噪处理作用。

5.3 扬声器分频电路

扬声器电路设在音箱内，包括扬声器和分频电路。扬声器电路主要采用二分频电路或三分频电路。

34. 实用 LC 串联谐振吸收电路 2

5.3.1 分频电路种类

分频电路有两大类：一是电子分频电路，二是功率分频电路。以三分频电路为例，说明这两种分频电路在结构上的不同之处。

1．电子分频电路

图 5-26 所示是电子分频电路方框图，从图中可以看出，前置放大器输出的音频信号加到电子分频器中，分出高音、中音和低音 3 个频段信号，再分别加到各自的功率放大器中放大，

然后分别推动高音、中音和低音扬声器。

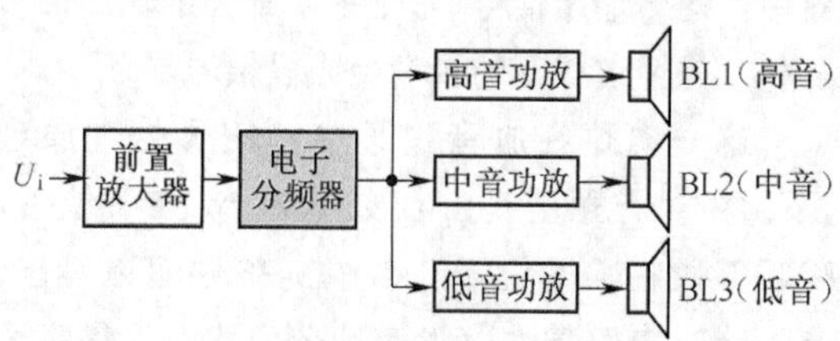

图 5-26　电子分频电路方框图

这种分频电路结构复杂，成本高，用于高级的音响系统中。

2．功率分频电路

图 5-27 所示是常见的功率分频电路方框图，它的特点是音频信号先经过前置放大器和功率放大器，然后再通过分频电路进行分频，最后送到各扬声器中，所以只需要一个音频功率放大器，电路简单，成本低。

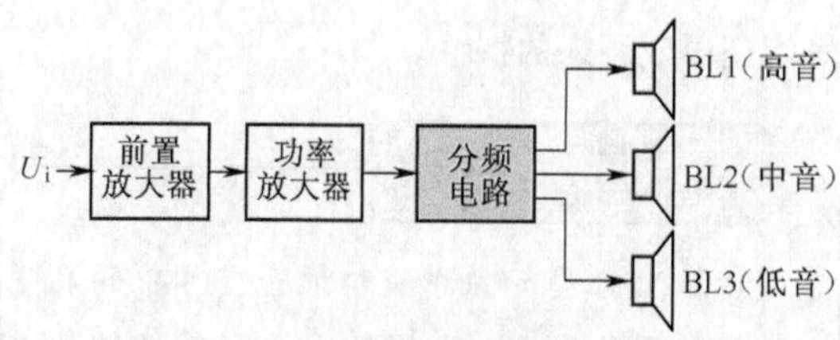

图 5-27　常见的功率分频电路方框图

5.3.2　二分频扬声器电路

所谓二分频扬声器电路就是在一只音箱中设有高音扬声器和中、低音扬声器。

高音扬声器的高频特性好、低频特性差，即它重放高音的效果好，重放中音和低音的效果差，让功率放大器输出的高音频信号通过高音扬声器重放出高音，让低音扬声器（习惯称法）重放中音和低音。采用这种分频重放方式还原高、中、低音，效果比单独使用一只扬声器好。

1．电路之一

图 5-28 所示是最简单的二分频电路，电路中的 BL1 是低音扬声器，BL2 是高音扬声器。这一电路中没有分频元件，这是因为高音扬声器采用压电式扬声器，这种扬声器的高频特性好，阻抗高，这样 BL2 用来重放高音，BL1 重放中音和低音。

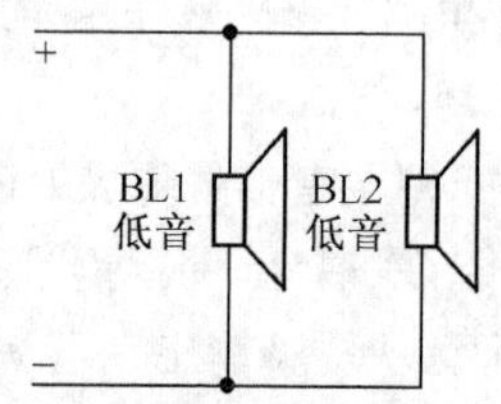

图 5-28　最简单的二分频电路

对于中频和低频信号而言，由于 BL2 的阻抗较高，相当于开路。对于高频信号而言，BL1 的高频特性差，而 BL2 的高频特性好，这样高频信号由 BL2 来重放。

2．电路之二

图 5-29 所示是常见的二分频扬声器电路，电路中的 BL1 是低音扬声器，BL2 是高音扬声器，C1 是分频电容（采用无极性分频电解电容），通过适当选取分频电容 C1 的容量，使 C1 只让高频段信号通过，不让中频、低频段信号通过，这样 BL2 就重放高音，中音和低音由 BL1 重放而实现了二分频重放。

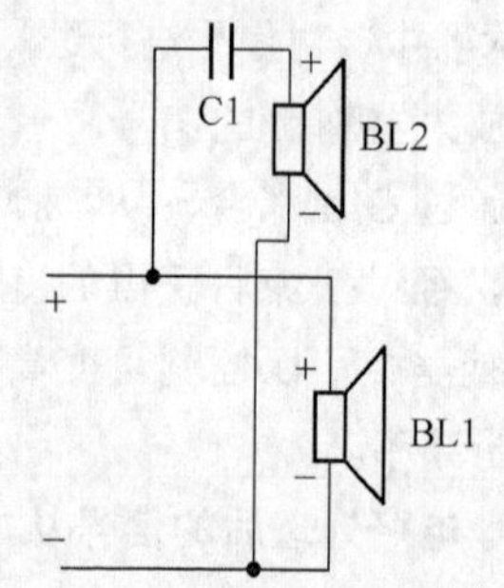

图 5-29　常见的二分频扬声器电路

重要提示

在二分频电路中，两只扬声器的引脚分成有极性了，它们的接线应如图 5-29 所示，正极与正极相连，负极与负极相连，否则两只扬声器重放的声音相位相反，即一只扬声器的纸盆向前振动时，另一只向后振动。

3．电路之三

图 5-30 所示是单 6dB 二分频扬声器电路，它是在前一种电路基础上在低音扬声器回路中接入了电感 L1，通过适当选取 L1 的电感量大小，使之可以让中频和低频段信号通过，但不让高频段信号通过，这样更好地保证了 BL1 工作在中频和低频段。

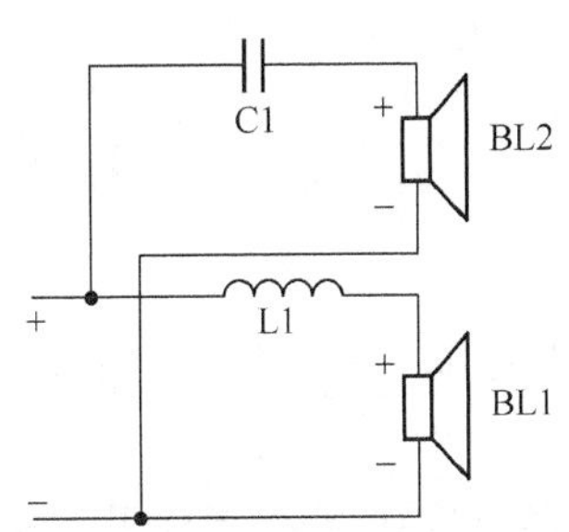

图 5-30　单 6dB 二分频扬声器电路

这种电路在高音和低音扬声器回路中各设一只衰减元件，为 6dB 型。

4．电路之四

35. 实用 LC 串联谐振吸收电路 3

图 5-31 所示是单 12dB 型二分频扬声器电路，它是在前一种电路基础上在高音扬声器上并接一只电感 L2 而成的，通过适当选取 L2 的电感量大小，让 L2 将中频和低频段信号旁路。这样高音扬声器回路有两次选频过程：一是分频电容 C1，二是分频电感 L2，使 BL2 更好地工作在高频段。

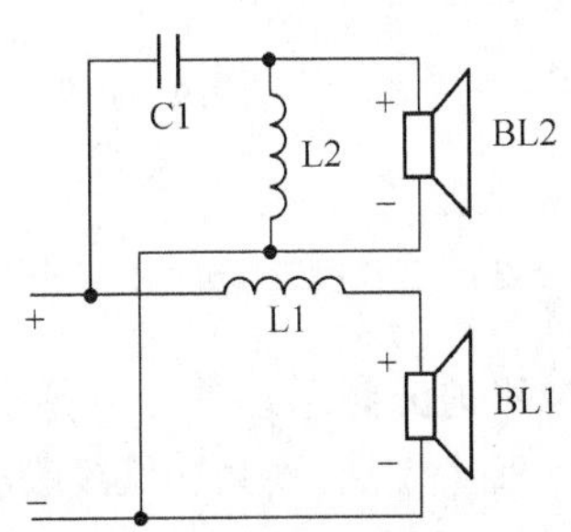

图 5-31　单 12dB 型二分频扬声器电路

这种电路中的 L2 和 C1 对中频、低频段具有各 6dB 共 12dB 的衰减效果，所以为 12dB 型电路。

5．电路之五

图 5-32 所示是双 12dB 型二分频扬声器电路，它是在前一种电路基础上在低音扬声器 BL1 上并联分频电容 C2 而成的。C2 将从 L1 过来的剩余的高频段信号旁路，让 BL1 更好地工作在中频和低频段，这样 C2 与 L1 也具有 12dB 的衰减效果，所以这一扬声器电路是双 12dB 型二分频扬声器电路。

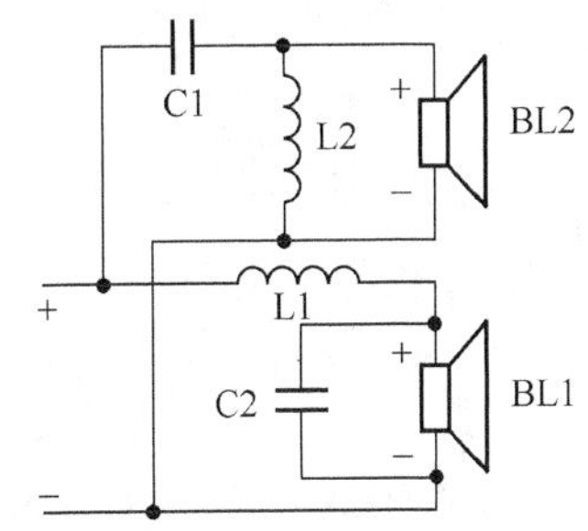

图 5-32　双 12dB 型二分频扬声器电路

6．3 种变异的二分频扬声器电路

重要提示

在一些音箱中，为了扩大声场或加重低音效果，采用变异的二分频扬声器电路。这些电路中有的是采用两只低音扬声器，以加重低音和扩展声场；有的是采用两只高音扬声器，以改善高音效果。

（1）两只低音扬声器并联电路。 图 5-33 所示是两只低音扬声器并联的二分频扬声器电路，BL1 和 BL2 都是低音扬声器，C1 是分频电容，BL3 是高音扬声器。在中、低频段，BL1 和 BL2 同时工作；在高频段 BL1 和 BL2 同时不工作。这一电路中，在低频段的扬声器阻抗是 BL1 和 BL2 的并联值，BL1 和 BL2 采用相同阻抗和相同型号的扬声器。

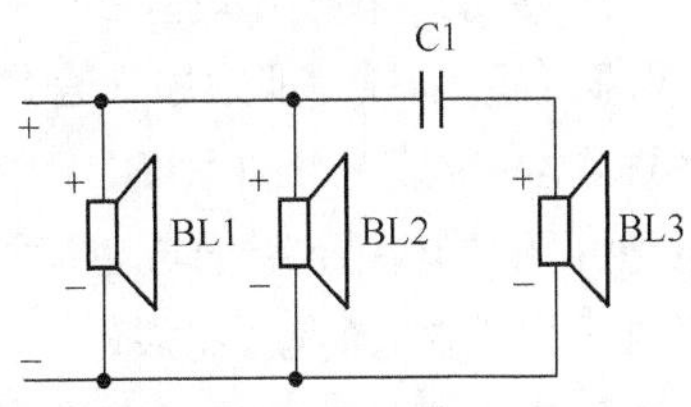

图 5-33　两只低音扬声器并联的二分频扬声器电路

（2）两只低音和两只高音扬声器并联电路。

图 5-34 所示是两只低音和两只高音扬声器并联的二分频扬声器电路。两只低音扬声器 BL1 和 BL1 并联，同时工作在中频和低频段，在高频段时相当于开路。BL3 和 BL4 是两只高音扬声器，它们同时工作在高频段，在中、低频段时它们同时相当于开路。由于采用了两只高音扬声器，所以高音效果有所改善。

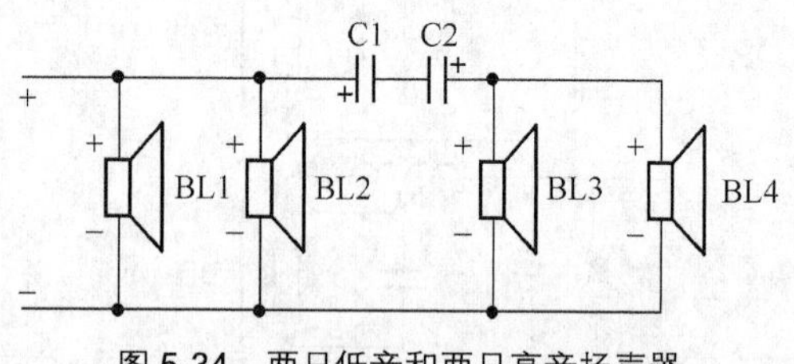

图 5-34　两只低音和两只高音扬声器并联的二分频扬声器电路

重要提示

C1 和 C2 是两只有极性的电解电容，由于分频电容流过的是大信号的音频信号电流，是交流电流，而有极性电解电容是不能直接接入交流电路中的，因为这种电容有极性，在正常工作时正极电位要始终高于负极的电位，在采用了逆串联之后，它们就成为一只无极性电解电容，可以作为分频电容使用，但从效果上讲没有专门的无极性分频电容好。

这一电路的阻抗是这样的，中、低频段是 BL1 和 BL2 的并联值，高频段是 BL3 和 BL4 的并联值。

（3）两只低音和两只高音扬声器串联电路。 图 5-35 所示是两只低音和两只高音扬声器串联电路，扬声器采用串联方式，整个扬声器电路的阻抗升高。对于中、低频段而言是 BL1 和 BL2 的串联值，高频段是 BL3 和 BL4 的串联值。扬声器电路的阻抗升高不利于与功率放大器的配接，不利于获得更大的输出功率。

在扬声器串联电路中也有极性问题，两只扬声器要采用顺串联方式，即一只扬声器的负极与另一只的正极相连。同时，两个扬声器串联电路再并联时也有极性问题。

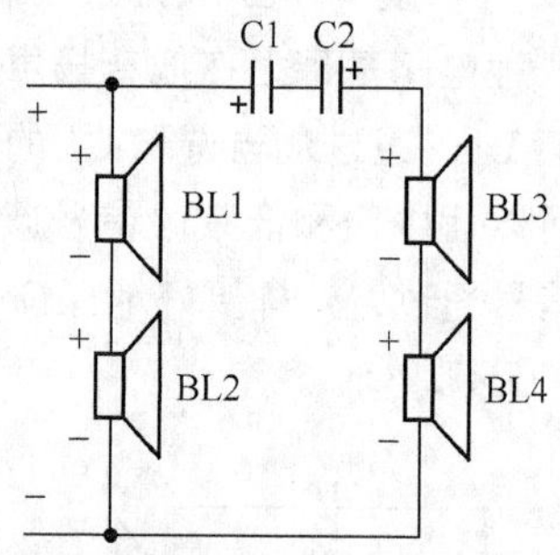

图 5-35　两只低音和两只高音扬声器串联电路

5.3.3　两种三分频扬声器电路

所谓三分频扬声器电路就是将整个音频信号频段分成 3 段，分别用低音、中音和高音扬声器来重放。

1．6dB 型三分频扬声器电路

图 5-36 所示是 6dB 型三分频扬声器电路，BL1 是高音扬声器，BL2 是中音扬声器，BL3 是低音扬声器，电路中的其他电容是分频电容，电感是分频电感。

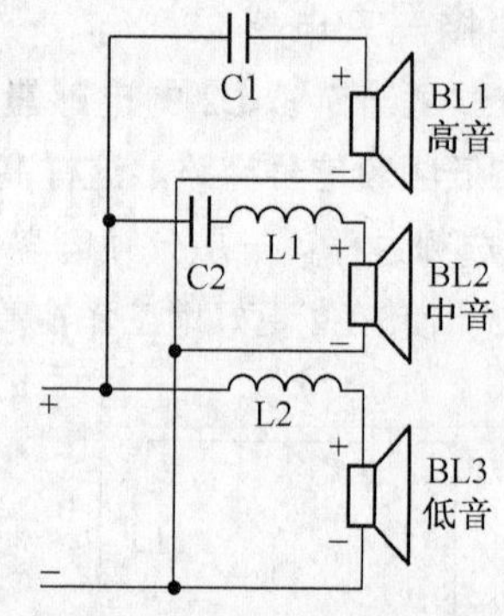

图 5-36　6dB 型三分频扬声器电路

这一电路的分频原理是： 分频电容 C1 让高频段信号通过，不让中频和低频段信号通过，这样 BL1 重放高音声音。分频电容 C2 让中频和高频段信号通过（C2 容量比 C1 大），L1 让中频段信号通过（因对高频段信号感抗高而不让高频段信号通过），这样 BL2 重放中频段信号。

L2 只让低频段信号而不让高频和中频段信

号通过，这样 BL3 重放低频段信号。在这一电路中，每一个扬声器回路中都是 6dB 的衰减。

2．12dB 型三分频扬声器电路

图 5-37 所示是 12dB 型三分频扬声器电路，它是在 6dB 型电路基础上再接入分频电感和电容而成的。L4 用来进一步将中频和低频段信号旁路，L3 进一步旁路低频段信号，C3 进一步旁路高频段信号，C4 进一步旁路中频和高频段信号，使各扬声器更好地工作在各自频段内。这种三分频电路是 12dB 型的，其分频效果好于 6dB 型电路。

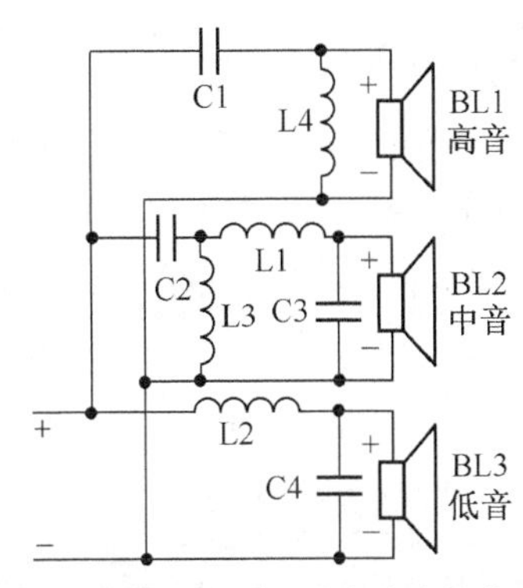

图 5-37　12dB 型三分频扬声器电路

3．实用分频电路

图 5-38 所示是一种实用的三分频电路。电路中的 BL1 是低音单元，BL2 是中音单元，BL3 是高音单元。L1 和 C1、L2 和 C2 将中、高频信号滤除，让低频信号加到 BL1 中。L3 和 C3、C4 将低频和高频信号去除，让中频信号加到 BL2 中。C5 和 L4 将低频和中频信号去除，让高频信号加到 BL3 中。

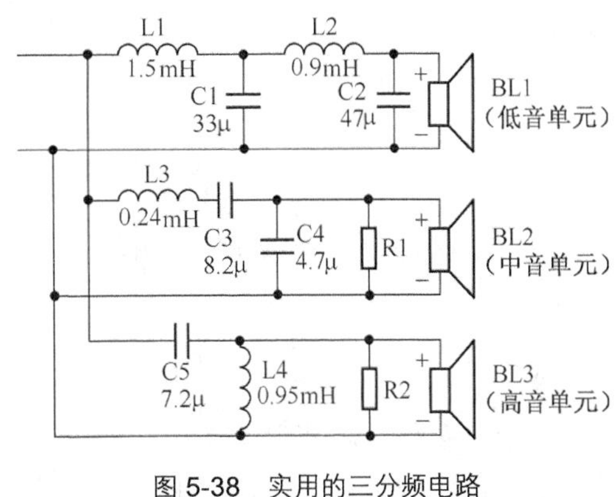

图 5-38　实用的三分频电路

5.4　立体声扩展电路

在立体声重放系统中，为了改善立体声效果，要求左、右声道音箱在放置时要适当拉开距离，这样声像的定位效果、移动感才更为明显。

在加入立体声扩展电路后，可以在少拉开左、右声道音箱的同时也能获得更加开阔的立体声声场。

立体声扩展电路的种类较多。

5.4.1　频率分段合成方法

1．基本原理

频率分段合成方法立体声扩展电路的原理可用图 5-39 所示来说明。**这种扩展方式的基本原理是：**对左声道信号不作任何处理，而对右声道信号进行处理，即用一个低通滤波器，取出 500Hz 以下频段信号，让这一低频段信号通过。

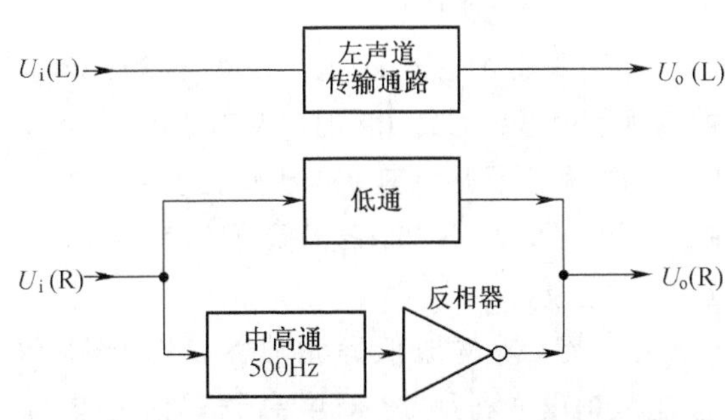

图 5-39　频率分段合成方法立体声扩展电路方框图

再设一个截止频率为 500Hz 的中高通滤波器，取出 500Hz 以上的中高频段信号，送入反相器使信号反 180°，再将这一信号与低通滤波器输出的信号混合，得到一个全频段右声道音频信号。

大于500Hz的右声道信号已与原来未处理的信号反了180°，这样左、右声道音箱中重放出来的声音由于中高频段两声道信号相位已反相而具有更为广阔的声场，但是对500Hz以下低频段信号无扩展效果。不过，低频段声音对定位的影响不大。

2．实用电路分析

图5-40所示是频率分段合成扩展的实用电路，图中只出右声道的频率分段合成部分电路，左声道是一个传输电路（无信号处理环节），在此省略。

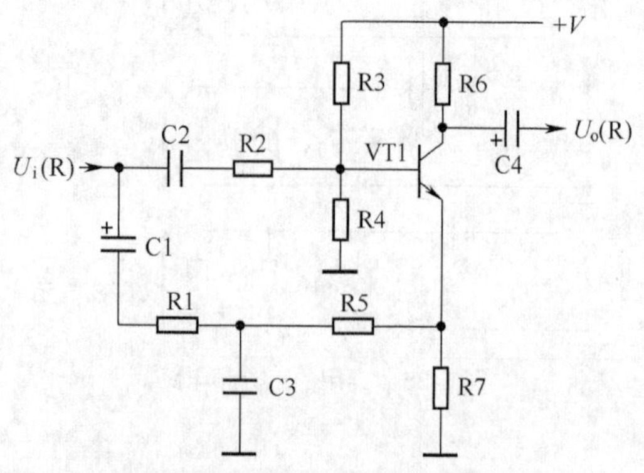

图5-40　频率分段合成扩展的实用电路

这一电路的工作原理是：C2、R2和VT1放大器的输入阻抗构成一个RC高通滤波器，截止频率为500Hz，利用C2对低频段信号容抗大的特点实现高通特性。

右声道输入信号U_i(R)中大于500Hz的中高频段信号经C2、R2加到VT1基极，经过VT1放大和反相后从其集电极输出。由于C2、R2等的作用，小于500Hz的低频段信号不能加到VT1基极。

R1、C3等构成低通滤波器，截止频率也是500Hz，利用C3对中高频段信号容抗很小而分流掉500Hz以上的中高频段信号。这样，右声道输入信号U_i(R)中的低频段信号经C1、R1、R5加到VT1发射极，此时VT1作为共基极电路，低频段信号经VT1放大在VT1内部与中高频段信号混合后从集电极输出。

重要提示

由于共基极电路输入、输出端信号电压同相位，这样U_o(R)中的500Hz以下信号未反相，而500Hz以上信号被反相，符合了分频段合成扩展电路对信号处理的要求。

5.4.2　同相和反相分取信号扩展电路

1．基本原理

在立体声信号中，左声道信号L中含有右声道信号成分ΔR，同样右声道信号R中含有左声道信号成分ΔL，即左、右声道信号L'、R'可以表示成下列形式：

$$L'=L+\Delta R$$
$$R'=R+\Delta L'$$

左、右声道中的ΔR、ΔL成分是影响立体声声场扩展的因素，通过电路处理，可将左、右声道信号L'、R'变成如下形式：

$$L'=L+\Delta R-KR$$
$$R'=R+\Delta L-KL$$

重要提示

利用$-KR$、$-KL$去分别抑制ΔR、ΔL，来达到扩展立体声效果的目的。同相或反相分取信号扩展电路就是利用这一原理，实现立体声的扩展的。

2．同相分取信号立体声扩展电路

图5-41所示是同相分取信号立体声扩展电路原理图。A1是左声道功率放大器集成电路，C1和R1是它的交流负反馈电路。A2是右声道功率放大器集成电路，R2和C2是它的交流负反馈电路。

这一电路的工作原理是：A1输出的左声道信号L（当然还含ΔR）经R4、R2分压后由C2耦合到A2的反相输入端，经A2放大和反相，从

A2 中输出 $-KL$，A2 放大输入信号 U_i(R) 所输出的 $R+\Delta L$ 混合，这样 A2 总的输出信号为 $R+\Delta L-KL$。其中，K 由 R1、R2 分压比和 A2 的增益决定，“-”号是由加到 A2 的反相输入端而来的。

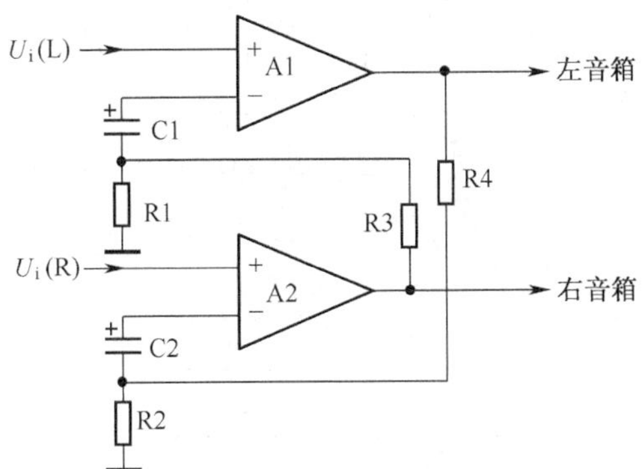

图 5-41　同相分取信号立体声扩展电路原理图

同理，A2 输出的右声道信号 R 经 R3、R1 分压后，由 C1 耦合从 A1 的反相输入端输入 A1，在 A1 输出端获得 $-KR$，与 A1 放大 U_i(L) 输入信号混合，获得 $L+\Delta R-KR$。

3．反相分取信号方法扩展电路

图 5-42 所示是反相分取信号方法扩展电路原理图。电路中，A1 和 A2 分别是左声道的前置放大器和功率放大器，A3 和 A4 分别是右声道的前置放大器和功率放大器。这里的前置放大器有两个输出端，一个输出同相信号，另一个输出反相信号，例如同相信号可以从三极管发射极输出，反相信号可以从三极管集电极输出。

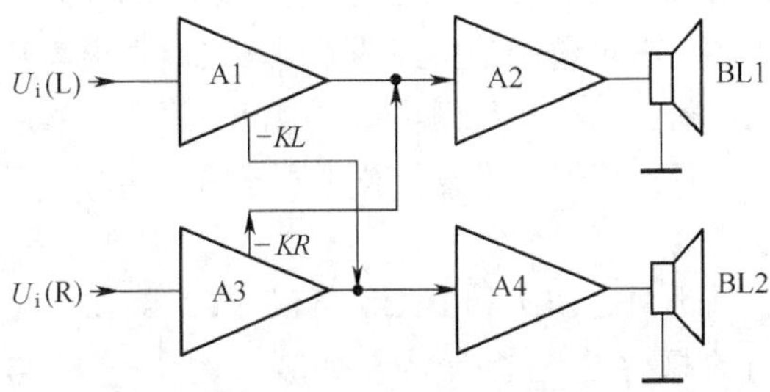

图 5-42　反相分取信号方法扩展电路原理图

这一电路的工作原理是：A1 输出一个同相信号 L，同时输出一个反相信号 $-KL$，这一反相信号加到右声道功率放大器 A4 的输入端。同样，A3 输出的同相信号 R 加到 A4 输入端，A2 输出的反相信号 $-KR$ 加到左声道功率放大器 A2 的输入端。这样送入 A2、A4 的信号分别是 $L+\Delta R-KR$ 和 $R+\Delta L-KL$，达到立体声扩展的目的。

重要提示

反相分取信号方法扩展电路的 $-KL$、$-KR$ 取自于前置放大器，而同相分取信号方法扩展电路则取自于功率放大级。

5.4.3　界外立体声扩展电路

重要提示

同相或反相分取信号方法扩展电路存在于左、右声道之间，互相馈送一部分信号，以用于立体声扩展。由于左、右声道信号之间有部分信号是相同的，当相互反相馈送时这部分共用信号要产生畸变，造成若干深谷和尖峰，出现梳状效应。

为了抑制这一效应，左、右声道之间信号的馈送量必须控制在 20% 左右，这影响了立体声效果的进一步改善。采用界外立体声扩展电路可以避免梳状效应，更大程度地改善立体声效果。

界外立体声扩展电路工作原理可以用图 5-43 所示电路来说明。A1 是一个减法器，A2 是全通带恒延时贝塞尔滤波器。VT1 是界外信号放大管，VT2 和 VT3 分别是左、右声道信号放大管。

1．电路分析

37. 实用 LC 串联谐振提升电路 1

这一电路的工作原理是：左、右声道输入信号 U_i(L) 和 U_i(R) 分成两路：一路经 R1 和 R8 加到 VT2 基极，R2 和 R9 加到 VT3 基极，作为直达信号；另一路分别由 R3、R4 和 RP1 馈入减法器 A1 中。这样，将 U_i(L) 和 U_i(R) 信号相同成分信号减去，从 A1 输出的是左、右声道信号中的不同部分，即为界外信号。

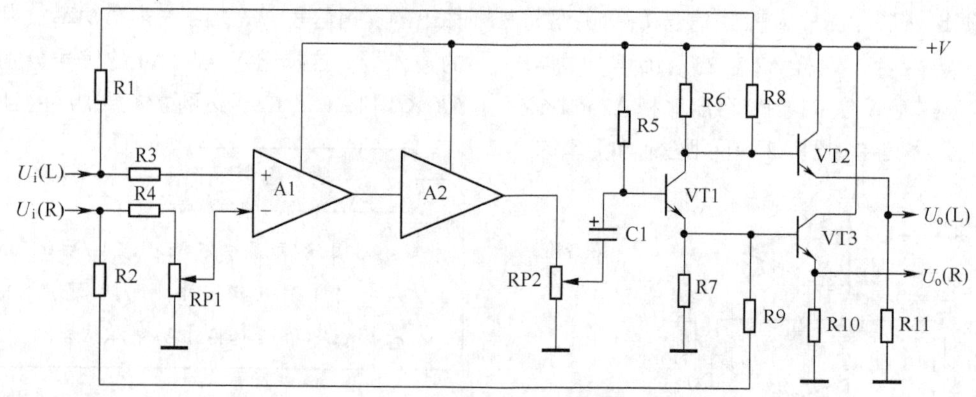

图 5-43　界外立体声扩展电路

调节 **RP1** 动片位置，可使输入 **A1** 的左、右声道共同部分的信号大小相等，以便 **A1** 将它们全部减去。

从 A1 输出的界外信号经 A2 处理，通过 RP2 动片控制，由 C1 耦合到 VT1 基极，放大后的信号分别从其集电极、发射极输出。由于 VT1 集电极、发射极的信号电压相位相反，加上 $R_6 = R_7$，输出界外信号经 VT1 放大后输出了两个大小相等、相位相反的信号，并且分别与 R8、R9 送来的左、右声道直达信号叠加，送到 VT2、VT3 中放大。

这样，左、右声道中不相同的信号成分加大且反相，可以获得良好的立体声扩展效果。

2．扩展量调整

调节 RP2 动片可以改变馈入 VT1 的界外信号大小，从而可以改变立体声扩展程度。界外信号愈大，立体声扩展愈大，所以 RP2 称为立体声扩展调整电阻器。

5.4.4　扬声器反相扩展电路

1．电路分析

二分频扬声器电路的原理可以用图 5-44 所示示意图来说明。图 5-44(a) 所示是普通双声道二分频扬声器电路及扬声器分布示意图。图中 BL1、BL2 分别是左声道的高音和低音扬声器，它们同极性并联；BL3 和 BL4 分别是右声道低音和高音扬声器，它们也是同极性并联。这是常见的二分频扬声器电路接法。

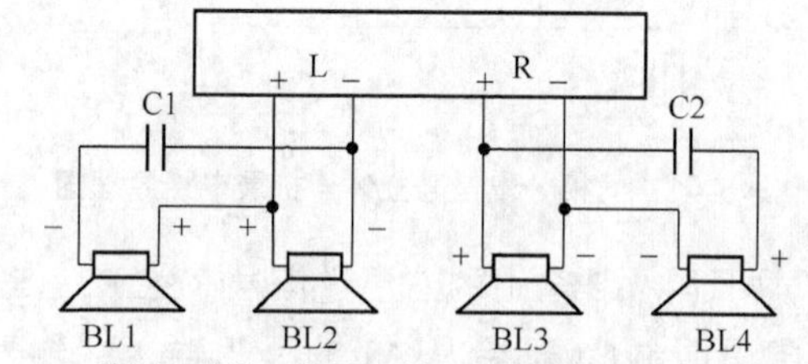

(a) 普通双声道二分频扬声器电路及扬声器分布示意图

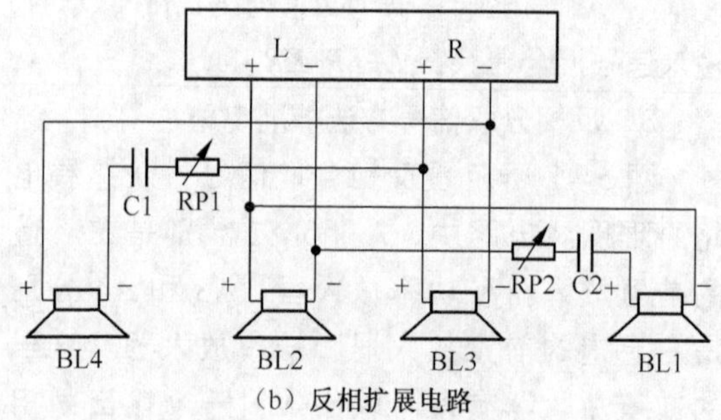

(b) 反相扩展电路

图 5-44　二分频扬声器电路原理图

图 5-44(b) 所示电路中，BL1 是左声道的高音扬声器，但它放在右侧；BL2、BL3 分别是左、右声道低音扬声器；BL4 是右声道高音扬声器，它设在左侧。图 5-44(b) 中左、右声道高音扬声器的设置位置不同于图 5-44(a) 所示方式。

此外，BL1 和 BL2 之间、BL3 和 BL4 之间的极性也是相反的，如 BL2 的“+”极与 BL1 的“-”极相连，这样 BL1 重放信号相位与 BL2 相位相反，为 $-KL$。同理，BL4 重放信号为 $-KR$。这样，同样能获得立体声扩展效果。

2．电路调整

RP1、RP2 是微调电阻器，改变 RP1、

RP2 的阻值大小可改变 $-KL$、$-KL$ 中 K 的大小，从而可以调节立体声扩展程度。通常，取 $RP_1=RP_2$（为 50Ω 左右），$C_1 = C_2$（几十微法）。

5.4.5　中间声场功放及扬声器电路

重要提示

为了改善立体声效果，可以将左、右声道扬声器拉开距离，但是随之而来的问题是左、右声道扬声器由于相距较远，中间这部分声场比较弱，听音时有空的感觉。

为了解决这一问题，有的机器上设置了中间声场功放及扬声器电路，如图 5-45 所示。其中，图 5-45（a）所示是左、右声道功放和中间声场功放（双声道）及相应的扬声器电路，图 5-45（b）所示是 3 组扬声器的分布示意图。BL3、BL4 是中间声场扬声器，以增强中间区域的声强。

图 5-45（a）所示电路中，A1 输出的左声道信号经 R1、R2 分压衰减后，由 RP1 动片馈入 A2 的左声道电路，去驱动左声道中间声场扬声器 BL3。同样，A3 输出的右声道信号加到 A2 的右声道电路，去驱动右声道中间声场扬声器 BL4。调节 RP1、RP2 的动片，改变馈入 A2 的信号大小，从而可以调整左、右声道中间声场扬声器的声音大小。

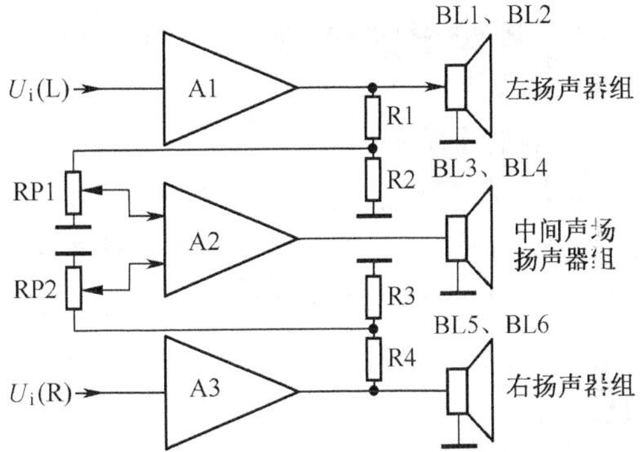

（a）左、右声道功放和中间声场功放及相应扬声器电路

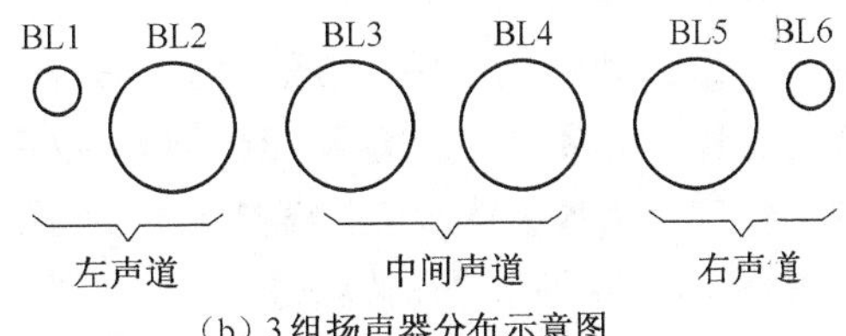

（b）3 组扬声器分布示意图

图 5-45　中间声场功放及扬声器电路

5.5　混响器

重要提示

室内听音时，从声源发出的声波传到听众耳朵中的主要有下列 3 种成分。

（1）直达声，为由声源直接传播到耳朵的声波，这是主要成分。

（2）近次反射声，是声源发出的声波经墙壁物体很少几次反射后到达的声波。

（3）多次反射声，是声源声波经过许多次后才传到耳朵的声波。

显然，直达声因传播距离最短而首先到达耳朵，近次反射声其次，多次反射声最后。在高质量的听音中，上述 3 种声音缺一不可，并且相互之间的比例要合适。在专业听音室中，为了满足合适的声学条件，对听音室作了精心的设计，但在普通家庭中显然做这种工作是不可能的，所以要借助于模拟混响器。

在声源停止发声后，由于多次反射声的存在使听音者感到余音不断，这一余音称之为混响声。

38. 实用 LC 串联谐振提升电路 2

混响时间是在声源停止发声后，声压降低 60dB 所需要的时间。混响时间的长短决定了混响效果，并不是混响时间愈长愈好，也不是混响愈快愈好，要根据听音环境实际情况来选择。混频器中有专门的混响时间调节旋钮，混响时间太长，听音含糊，层次不清。

5.5.1 混响器的分类

1．混响器种类

混响器按实现混响的手段划分有两大类：机械式混响器，它利用钢板、金箔弹簧等手段来达到混响的目的；电子混响器，它通过电子电路来实现混响，主要手段是对信号进行延迟处理。

2．电子混响器种类

在电子混响器中也有两大类：模拟电子混响器，它实现延迟方便，但信噪比、失真率、动态范围和通频带方面指标不够理想；数字混响器，它利用数字技术克服模拟电子混响器的一些不足，实现高质量的混响。

5.5.2 模拟电子混响器

模拟电子混响器中的关键器件是 BBD。BBD 是英文 Bucket-Brigade Devices 的缩写，意为斗链器件。

1．BBD

BBD 的基本功能是电荷存储和电荷转移，这是一种由电荷耦合的模拟移位寄存器。BBD 与其他半导体器件相比最根本的不同之处是它以电荷作为信号，而不是以电流或电压作为信号。

BBD 已经集成电路化，称为斗链式延迟集成电路，它由大量的 MOS（金属 - 氧化物 - 半导体）电容器和场效应管构成。

2．BBD 结构

图 5-46 所示是 BBD 的结构示意图。

电路中，VT1-1、VT1-2、…和 VT2-1、VT2-2…、是场效应管，为电子开关管。C1-1、C1-2、…和 C2-1、C2-2、…是精密的 MOS 电容器。U_i 是音频输入信号，U_o 是经过延迟后的输出信号。U_1、U_2 分别是用来控制两组场效应电子开关管导通、截止的脉冲信号。

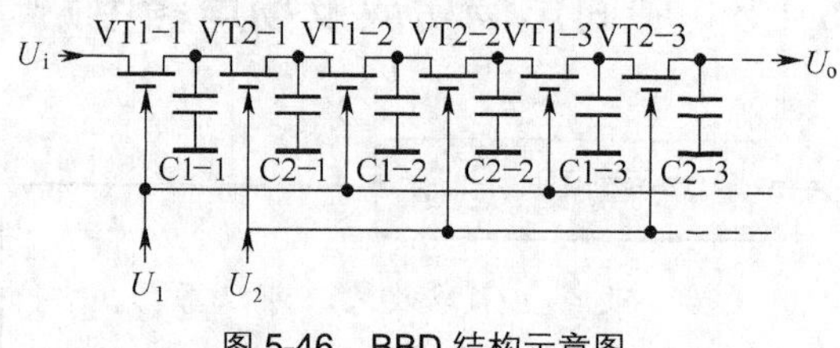

图 5-46 BBD 结构示意图

3．工作原理

图 5-47 所示是 BBD 等效电路。

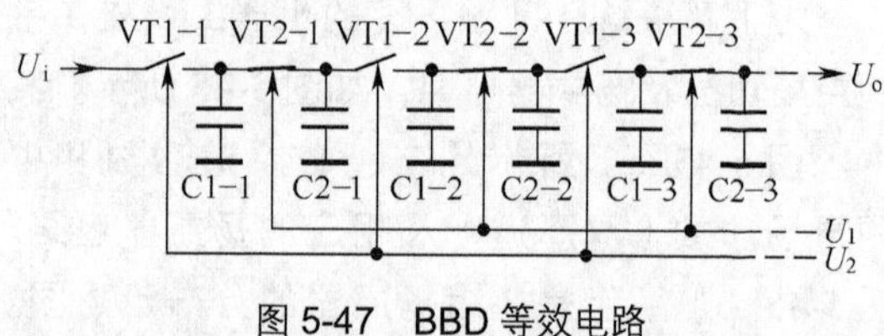

图 5-47 BBD 等效电路

BBD 电路的工作原理是：当 U_1 为高电平时，VT1-1、VT1-2、VT1-3 等接通，此时 VT2-1、VT2-2、VT2-3 断开，这样输入信号 U_i 经导通的 VT1-1 对电容 C1-1 充电，C2-1 内原先储存的电荷经已导通的 VT1-2 对 C1-2 充电（称为电荷转移到 C1-2 中）。

同理，C2-2 中的电荷经已导通的 VT1-3 转移到 C1-3 中。

当 U_2 为高电平时，VT2-1、VT2-2、VT2-3 等导通（图示状态），此时 VT1-1、VT1-2、VT1-3 等管截止，这样 C1-1 中的电荷转移到 C2-1 中，C1-2 中的电荷转移到 C2-2 中……

当 U_1、U_2 不断高、低电平变化时，输入信号 U_i 便通过 BBD 从输出端输出，由电荷的转移过程获得延迟，这样实现 U_o 滞后于 U_i 的延迟功能。

4．典型混响电路

BBD 已有专用集成电路，与此配套的时钟信号发生器也有专用集成电路，如集成电路 MN3101 就是 BBD 用时钟信号发生器集成电路。

重要提示

采用BBD集成电路不同的连接方式和不同的延迟时间，可以得到不同效果的音响电路。延迟时间为5～10ms时，可以获得颤音效果、声像扩展效果、合唱效果、渐弱和滑动效果等；当延迟时间在几十毫秒时，可以产生回音效果、双重唱效果等。

（1）混响电路方框图。图5-48所示是混响电路方框图。电路中，U_i是音频输入信号，U_o是经过处理后的音频输出信号。

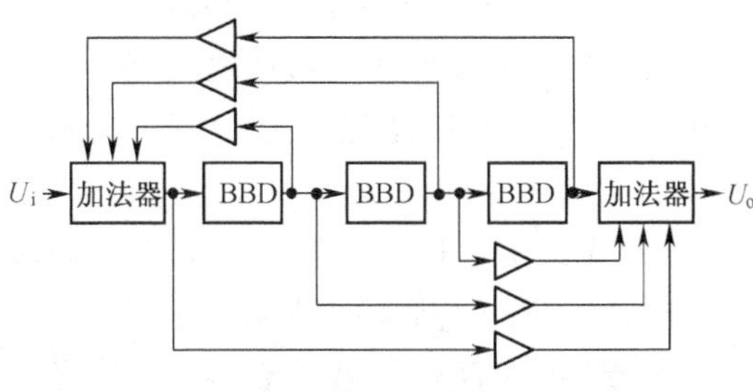

图5-48　混响电路方框图

（2）回声效果电路方框图。图5-49所示是回声效果电路方框图。它是将经过BBD延迟后的信号再通过反馈电路加到BBD输入端，改变反馈量可以改变回声效果中的声音重复次数。

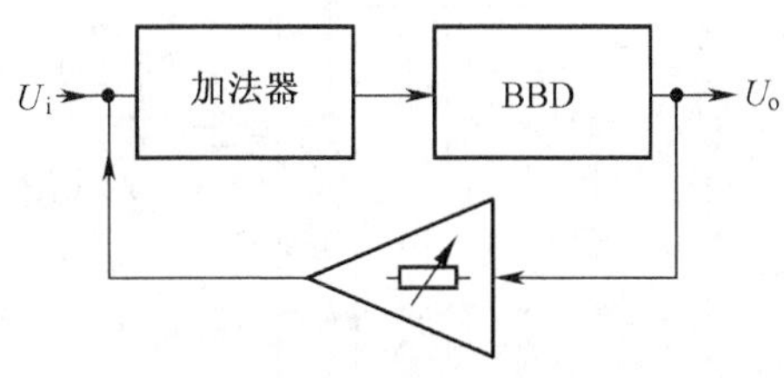

图5-49　回声效果电路方框图

电路中的U_i是音频输入信号，U_o是经过回声处理后的音频输出信号。

（3）合唱效果电路方框图。图5-50所示是合唱效果电路方框图，用这种效果电路可以使独唱效果模拟成合唱的效果。它的基本做法是将输入信号分成直达信号和延迟信号两路，在输出端加法器中相加。

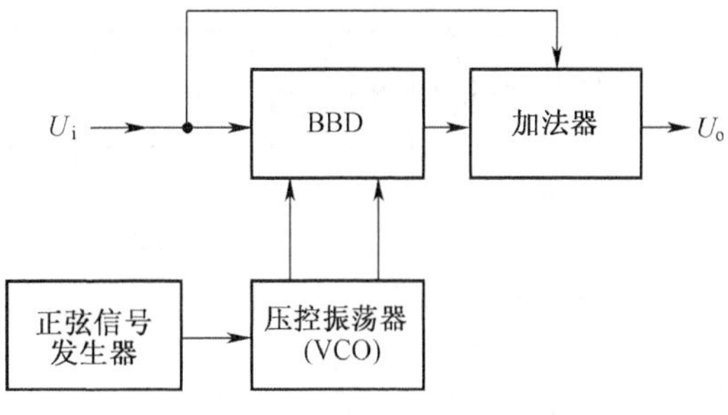

图5-50　合唱效果电路方框图

其中，对延迟信号做些处理，即利用正弦信号发生器产生的正弦信号，对VCO（压控振荡器）产生的时钟脉冲信号CP_1、CP_2的频率做些微小的调制，使音色随时发生微妙的变化，可模拟成近似于二重唱或合唱的音响效果。

电路中的U_i为输入音频信号，U_o为经处理后的音频输出信号。

39. 实用LC串联谐振放音高频补偿电路

5.5.3　数字混响器

数字混响器是利用数字技术构成的混响器，目前已经单片集成电路化。数字混响器具有比模拟电子混响器更为优越的混响性能。

1．数字混响器方框图

图5-51所示方框图可以说明数字混响器的电路结构。

它的基本工作原理是：输入的音频信号U_i首先经过低通滤波器，滤除不必要的高频成分，然后音频信号送入模/数转换器中进行数字化处理，将音频模拟信号转换成数字信号，再送入存储器电路，经过一定时间延迟后再读出数字信号，然后送入数/模转换器中转换成模拟信号，经低通滤波器输出延迟后的模拟音频信号。这种电路的延迟时间由采样频率和存储器的容量决定。

重要提示

数字混响器主要由两块大规模集成电路构成：一是数字延迟集成电路，二是64KB的动态存储器（DRAM）。

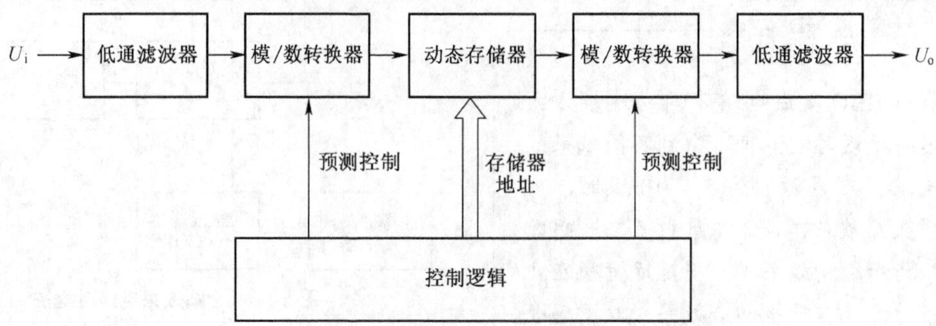

图 5-51　数字混响器电路方框图

2．电路分析

图 5-52 所示是由集成电路 M50199P 和 M5K4164ANP 构成的数字混响器。电路中，输入音频信号 U_i 送入集成电路 A1 的㉘脚，经低通滤波器滤波后从㉗脚输出，加到集成电路 A3 中。A3 输出的信号加到 A1 的⑲脚，经内电路处理后得到延迟信号，从 A1 的㉞脚低通滤波器输出端输出。

电路中，S1、S2 和 S3 分别是长、中、短 3 种延迟时间控制开关。

（1）开关 S1。接通 S1 时，A1 的㉑脚为高电位，此时延迟电路采样频率为 250kHz。

S1 接通后，VT1 导通，此时 VD1 发光指示，表示电路工作在长延迟状态，延迟时间为 196.5ms。

（2）开关 S2。开关 S2 接通时，A1 的⑳脚为高电位，此时的采样频率为 250kHz。

S1 接通，VT2 导通，VD2 发光指示，表示电路工作在中等延迟状态，延迟时间为 147.5ms。

（3）开关 S3。接通开关 S3 时，A1 的⑱脚为高电位，此时采样频率为 500kHz。

S3 接通，VT3 导通，使 VD3 发光指示，表示延迟为短时间状态，延迟时间为 98.3ms。

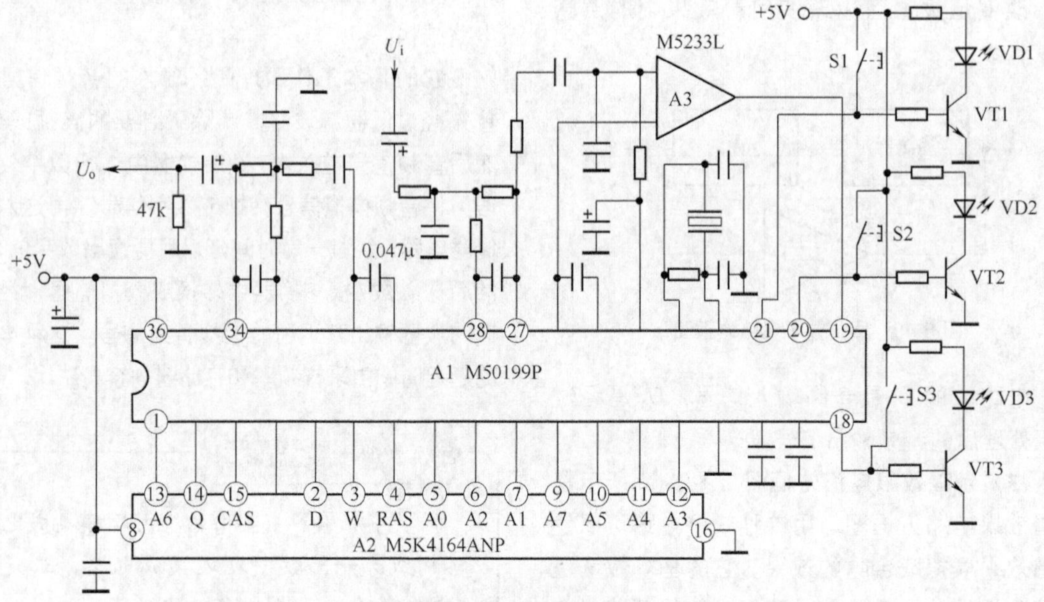

图 5-52　数字混响器

5.6　音响技术知识点“微播”

5.6.1　声音三要素

电信号可以用幅值、频率和相位3个参量来表达。用响度、音调和音色3个参量来表示声音的特性，俗称声音三要素。

1．响度

响度俗称音量，与声音强度有关的主观感觉可用响度来表示。响度表示听音时人耳对声音强弱的主观感受，它主要与声波振幅有关。

重要提示

当调整音响设备的音量电位器使音量增大时，便能感受到声音在增大。音量开大后，功率放大器馈入扬声器的电功率增大，扬声器纸盆振动的振幅增大，声波振幅增大，主观感受声音增大。

响度的大小除与声波振幅有关外，还与声波频率有关，可用图5-53所示等响度曲线说明。人耳听觉在中频段比较灵敏，而在低频段和高频段比较迟钝，要在高、低频段获得与中频段相同的响度，就要提高低频段、高频段声波的振幅，而且频率愈低或愈高，要求的声压级愈高。

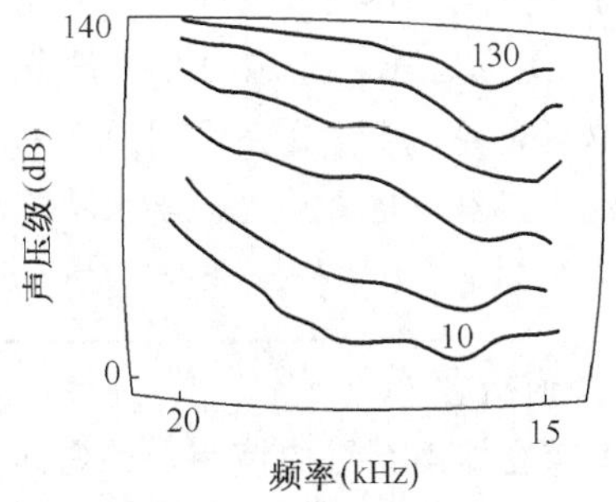

图5-53　等响度曲线

人耳对高频段、低频段声音的感知灵敏度还与声音的强度大小有关。声音愈小，人耳对高、低频段的感知灵敏度愈低。

听音操作提示

正因为人耳的上述听觉特性，加上人们居住条件等因素的限制，在室内听音时不可能将音响的音量开得较大，加上人耳对高音和低音的感知欠灵敏，导致听音时感觉低音不够丰满、柔和，高音不够明亮、纤细，音响效果不佳。为弥补人耳的上述不足，在音响设备中设有响度补偿电路，用来在较小音量下分别提升放大器的高音和低音信号输出。

2．音调

音调又称音高，它反映了声波频率的高低。平时所说的女高音、男低音就是指音调的高低。

重要提示

各种乐器、声源的发声频率都有一个范围。低音提琴的频率较低，高频段发声能力差；而小提琴的频率较高，可以用来表现高音域节目。

生理声学和心理声学的研究成果表明，低音给人以丰满、柔和的感受；中音给人以雄壮、有力的感受；高音给人以明亮、纤细的感受。例如，运动员进行曲以中音成分为主，如果以低音或高音为主则不会达到雄壮、有力的效果。

不同频率的声响对人的心理感受是不同的。为了满足不同人群的听音喜好，在音响设备中设置了音调控制器。图5-54所示是频率为330Hz的音调控制特性曲线，可以提升和衰减音频信号中的330Hz信号。

40. 实用LC串联谐振输入调谐电路

3．音色

音色是指声音的色彩和特性，它主要取决于声音基频的频谱，就是谐波组成的成分、比例，声音的持续时间，声音的建立和衰变等因素，也就是取决于频谱中的泛音成分。此外，它也与基频和强度有关。

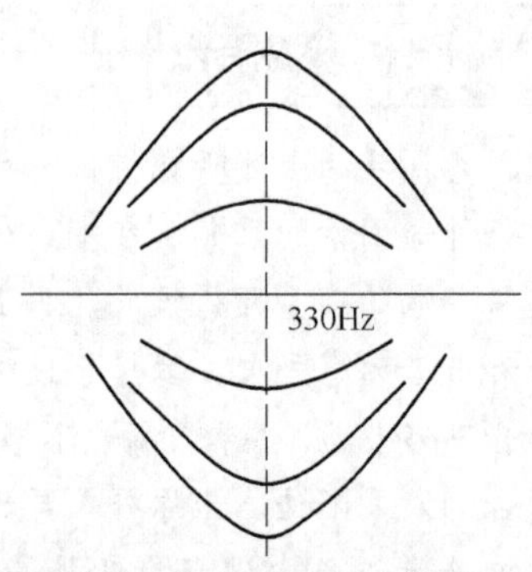

图 5-54　频率为 330Hz 的音调控制特性曲线

重要提示

音色代表了声源的特色和个性，各种声源都有它特定的音色，而且各不相同。人的耳朵在辨别两个声源时，就是根据音色去区分它们的。

对乐器来说，音色很重要。同样一种乐器，比如相同的几把小提琴，它们的音色有很大差别。对于音响设备而言，用同一个节目源播放，但由于机器性能不同，重放声音的音响效果就不一样，其中重要的一点是两台音响设备重放节目时的音色不同。

由于音色与声音基波的高次谐波大小、比例等因素有关，这就要求机器在放大、处理信号时能不失真地按这些谐波的大小和比例重放。

对于频率不高的基波来说，一般放大器都能不失真地放大、重放，可基波的高次谐波频率却是很高的，而且频率成分丰富，要想不失真地放大和重放这些谐波，对放大器、音箱等的要求就很高了。

5.6.2　立体声概念

日常生活中我们听到的声音就是立体的，立体声的含义比较丰富，包括了声源的距离、方向、角度、移动的还是静止的，我们听到的这种声音场称为自然声场。

1．立体声与高保真

立体声与高保真不是一回事，将它们混为一谈是错误的。

立体声是指听到的声音具有声像的移动感、空间感、临场感等方向感。高保真是指通过音响设备重放出来的声音各种畸变之小，以致人耳无法觉察。立体声的音响设备不一定是高保真的，只有建立在高保真前提下的立体声音响设备才能达到高保真特性。

2．双声道立体声

平时所讲的立体声，一般是指从双声道录放音系统出来的声音，但是双声道立体声距离真正的从自然声场中听到的立体声效果还差得很多。图 5-55 所示曲线表明了双声道的立体声效果。

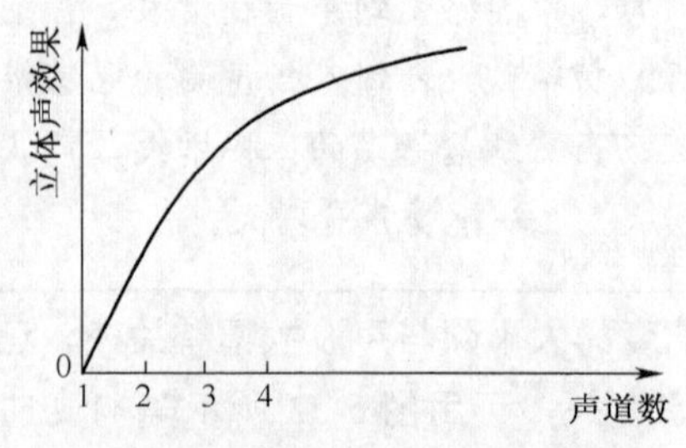

图 5-55　双声道的立体声效果曲线

重要提示

选择双声道制式是出于降低成本的考虑。除双声道立体声外，还有三声道、四声道、5.1 声道等。目前，音响设备一般都是双声道的，多声道系统则用于家庭影院系统中。双声道音响中，要求从节目源到扬声器都是左、右声道分开，彼此独立。

3．声道概念

双声道立体声系统中使用左、右两个声道记录、重放信号，左侧的称为左声道，右侧的称为右声道，左、右声道的电路是完全对称的，即两个声道的频率响应特性、增益等电声指标相同，但是左、右声道中处理、放大的信号是有所不同的，主要是它们的大小和相位特性不同，所以将处理、放大不同相位特性信号的电路通路称为声道。

图 5-56 所示是双声道电路结构方框图。

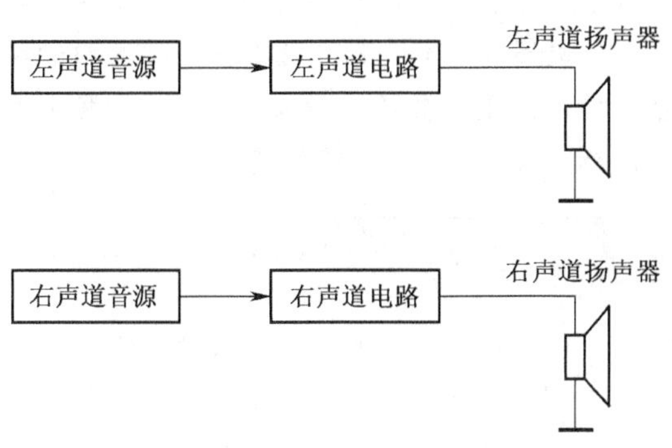

图 5-56 双声道电路结构方框图

5.6.3 听觉基本特性

1. 音频功率放大器简述

人的感觉器官有许多特性，这些特性过去只与心理学、生理学的研究有关，而现在已影响到音响设备的设计。所以，了解这些特性对学习音响电路有益。

1．听觉辨别力和容许畸变量

人耳听音时存在着对各种性质声音辨别能力的问题，声音的畸变量小到人耳无法分辨清楚时，可以认为高保真音响系统已达到了主观保真的程度。

由于高保真音响系统不可避免地存在不能完全保真的因素，因此只要使这些失真量控制在人耳无法分辨清楚的水平之内时，便可以获得高质量、高保真的音响效果。

音响设备中，有许多电路都是根据人耳的有关特性进行设计，例如著名的杜比降噪系统。

2．可闻声范围

一般来说，可闻声的频率范围为 20～20 000Hz，且与人的年龄有关，年龄超过 25 岁，对 15kHz 以上声音的听音灵敏度明显下降，且逐年下降。对可闻声的声压级来讲，一般 0dB 以上是可闻的。当声压级大到 120dB，由于声音太响人耳会感到不舒服。

3．声波室内、外传播特性

在室内，声源发出的声波可以沿地面传播，也可以进入大气层后由于折射使声波返回地面传播。在室外，声源以球面波的形式发散，到达听音者的只有直达声。

重要提示

当声源在室内传播时，除了直达声之外还有经墙壁、天花板等物体的反射声，这些反射声的总和称为混响声。室内声场可以看成是直达声和混响声的叠加。直达声和混响声是不相干的，所以它们在空间的叠加表现为声能密度相加。

在室内，靠近声源处的总声压级以直达声为主，混响声可以不计。在远离声源处则是以混响声为主，直达声可以忽略不计，此时总声压级与声源的距离无关。

4．频率域主观感受

频率域中最重要的主观感觉是音调，像响度一样音调也是一种听觉的主观心理量，它是听觉判断声音调门高低的属性。

重要提示

心理学中的音调和音乐中音阶之间的区别是，前者是纯音的音调，而后者是音乐这类复合声音的音调。复合声音的音调不单纯是频率解析，也是听觉神经系统的作用，受到听音者听音经验和学习的影响。

5．时间域主观感觉

如果声音的时间长度超过大约 300ms，那么声音的时间长度增减对听觉的阈值变化不起作用。对于音调的感受也与声音的时间长短有关。当声音“咔啦”持续的时间很短时，听不出音调来，只是听到“咔啦”一声。声音的持续时间加长，才能有音调的感受，只有声音持续数十毫秒以上时，感觉的音调才能稳定。

时间域的另一个主观感觉特性是回声。

6．空间域主观感觉

人耳用双耳听音比用单耳听音具有明显的优势，其灵敏度高，听音阈值低，对声源具有方向感，而且有比较强的抗干扰能力。

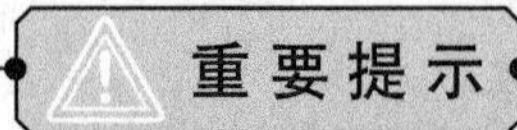
重要提示

在立体声条件下，用扬声器和用立体声耳机听音获得的空间感是不相同的，前者听到的声音似乎位于周围环境中，而后者听到的声音位置在头的内部。为了区别这两种空间感，将前者称为定向，后者称为定位。

5.6.4 音响技术重要定律和效应

1．听觉的韦伯定律

韦伯定律表明了人耳听声音的主观感受量与客观刺激量的对数成正比关系。当声音较小，增大声波振幅时，人耳的主观感受音量增大量较大；当声音强度较大，增大相同的声波振幅时，人耳主观感受音量的增大量较小。

根据人耳的上述听音特性，设计音量控制电路时要求采用指数型电位器作为音量控制器，这样均匀旋转电位器转柄时，音量是线性增大的。

2．听觉的欧姆定律

著名科学家欧姆发现了电学中的欧姆定律，同时他还发现了人耳听觉上的欧姆定律，这一定律揭示：人耳的听觉只与声音中各分音的频率和强度有关，而与各分音之间的相位无关。根据这一定律，音响系统中的记录、重放等过程的控制可以不去考虑复杂声音中各分音的相位关系。

重要提示

人耳是一个频率分析器，可以将复音中的各谐音分开。人耳对频率的分辨灵敏度很高，在这一点上人耳比眼睛的分辨度高，人眼无法看出白光中的各种彩色光分量。

3．掩蔽效应

环境中的其他声音会使听音者对某一个声音的听力降低，称为掩蔽。一个声音的强度远比另一个声音大，当大到一定程度时只能听到响的那个声音存在，而觉察不到另一个声音存在。

掩蔽量与掩蔽声的声压有关，掩蔽声的声压级增加，掩蔽量随之增大。另外，低频声的掩蔽范围大于高频声的掩蔽范围。

重要提示

人耳的这一听觉特性给设计降低噪声电路提供了重要启发。磁带放音中，有这样的听音体会，当音乐节目在连续变化且声音较大时不会听到磁带的本底噪声，可当音乐节目结束（空白段磁带）时，便能感觉到磁带的“咝……”噪声存在。

为了降低噪声对节目声音的影响，提出了信噪比（*S*/*N*）的概念，即要求信号强度比噪声强度足够大，这样听音便不会觉得有噪声的存在。一些降噪系统就是利用掩蔽效应的原理设计而成的。

4．双耳效应

双耳效应的基本原理是：如果声音来自听音者的正前方，此时由于声源到左、右耳的距离相等，从而声波到达左、右耳的时间差（相位差）、音色差为零，此时感受出声音来自听音者的正前方，而不是偏向某一侧，如图 5-57 所示。声音强弱不同时，可感受出声源与听音者之间的距离。

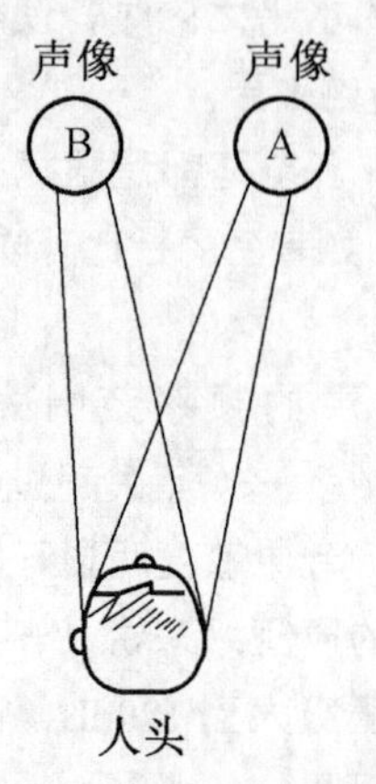

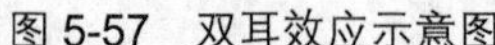
图 5-57　双耳效应示意图

2. 了解多级放大器

5．哈斯效应

哈斯的试验证明：在两个声源同时发声时，根据一个声源与另一个声源的延时量不同，双耳听音的感受是不同的，可以分成以下3种情况。

（1）两个声源中一个声源与另一个声源的延时量在5～35ms范围内时，就好像两个声源合二为一，听音者只能感觉到超前一个声源的存在和方向，感觉不到另一个声源的存在。

（2）若一个声源延时另一个声源30～50ms时，已能感觉到两个声源的存在，但方向仍由前者所定。

（3）若一个声源延时量大于另一个声源50ms时，则能感觉到两个声源的同时存在，方向由各个声源来确定，滞后声为清晰的回声。

哈斯效应是立体声系统定向的理论基础之一。

6．德·波埃效应

德·波埃效应是立体声系统定向的另一基础，其实验是：放置左、右声道两只音箱，听音者在两只音箱对称线上听音，给两只音箱馈入不同的信号，**可以得到定论如下所述。**

（1）如果给两只音箱馈入相同的信号，即强度级差$\Delta L=0$，时间差$\Delta t=0$，此时只感觉到一个声音，且来自两只音箱的对称线上。

（2）如果两只音箱的强度级差ΔL不为0，此时听音感觉声音偏向较响的一只音箱；如果强度级差ΔL大于或等于15dB，此时感觉声音完全来自较响的那一只音箱。

（3）如果强度级差$\Delta L=0$，但两只音箱的时间差Δt不为0，此时感觉声音向先到达的那只音箱方向移动。如果时间差Δt大于或等于3ms时，感觉声音完全来自先到达的那只音箱方向。

7．劳氏效应

劳氏效应是一种立体声范围的心理声学效应。

劳氏效应揭示：如果将延迟后的信号再反相叠加在直达信号上，会产生一种明显的空间感，声音好像来自四面八方，听音者仿佛置身于乐队之中。

8．匙孔效应

单声道录放系统使用一只话筒录音，信号录在一条轨迹上，放音时使用一路放大器和一只扬声器，所以重放的声源是一个点声源，如同听音者通过门上的匙孔聆听室内的交响乐，这便是所谓的匙孔效应。

9．浴室效应

身临浴室时有一个切身感受，浴室内发出的声音，混响时间过长且过量，这种现象在电声技术的音质描述中称为浴室效应。

当低、中频某段夸张，有共振、频率响应不平坦、300Hz提升过量时，会出现浴室效应。

10．多普勒效应

多普勒效应揭示移动声音的有关听音特性：当声源与听音者之间存在相对运动时，会感觉某一频率所确定的声音其音调发生了改变，当声源向听音者接近时是频率稍高的音调，当声源离去时是频率稍降低的音调。这一频率的变化量称为多普勒频移。

移近的声源在距听音者同样距离时比不移动时产生的强度大，而移开的声源产生的强度要小些，通常声源向移动方向集中。

11．李开试验

李开试验证明：两个声源的相位相反时，声像可以超出两个声源以外，甚至跳到听音者身后。

李开试验还提示，只要适当控制两声源（左、右声道扬声器）的强度、相位，就可以获得一个范围广阔（角度、深度）的声像移动场。

5.6.5 3种用途的放大器

在音响组合系统中，放大器是一件最重要的器材。放大器要对信号源送来的信号进行高保真、高质量的放大，以便达到足够的功率以推动扬声器。

重要提示

在家庭音响组合系统中的放大器共有3大类：一是纯功放，二是AV放大器，三是卡拉OK放大器。

这3种类型放大器有一个共性，就是对节目源播放器材输出的小电平信号进行低失真、低噪声、大动态、大功率、宽频带地高素质放大，放大信号的电功率，从这个角度上讲3种放大器是同一类放大器，所以在一些低档、中档的家庭音响组合系统中，用同一个放大器作为纯音乐系统、家庭系统和卡拉OK系统中的放大器。

从专业角度或发烧角度上讲，这3种放大器的性能还是有较大不同的，因为这3种放大器的用途不同，对它们所放大信号构成的声场要求不同，它们都有各自的个性。

1．纯功放

纯功放追求音质的细腻表现，强调音色的高保真重现，要求声场层次分明、清晰。相对AV放大器而言纯功放有个性，即不同型号的纯功放有它的特性，有的纯功放更适合人声的表现，有的纯功放用来播放弦乐最佳等。从放大器的技术性能指标角度上讲，在同档次3种放大器中纯功放的指标最高。图5-58所示是一款纯功放实物图。

图5-58　一款纯功放实物图

重要提示

关于纯功放还要提示下列几点。

（1）纯功放都是双声道结构，即只有左、右两个声道电路，这也是传统的纯音乐系统中放大器的结构，因为传统理论认为采用两个声道已经能够充分表现音乐的各个方面，没有必要再增加声道数目，设置多声道搞不好画蛇添足。这是传统理论的观点，现代理论认为多声道纯音乐系统比双声道纯音乐系统更能完整地反映乐队演奏现场的氛围和丰富多彩的音色。但是，目前双声道纯音乐系统仍然占据着上风，新概念的多声道纯音乐系统还没有独立成章，只是附属于一些多声道的家庭影院环绕声系统之中。

（2）从技术性能指标、做工、所用元器件的品质上讲，纯功放都是一流水准的，特别是名牌纯功放、顶级纯功放的生产厂家更是不惜代价，对每一个焊点的处理都认认真真，一丝不苟，将放大器当作工艺品精工制作，追求尽善尽美。

（3）从放大器的整机电路结构上讲，纯功放结构最为简洁，简洁至上是纯功放的电路设计原则，在这一点上与多声道AV放大器和多声道的纯音乐系统放大器全然不同。电路简单是获得高素质的保证。

（4）如果将纯功放与AV放大器相比，纯功放可能没有低档产品，若是一定要比较的话，纯音乐系统中的低档放大器技术性能指标相当于中低档AV放大器的技术性能指标。

（5）中、高档次的纯音乐系统中，放大器采用前级、后级形式比较多，这种前级和后级形式的放大器种类比AV放大器的前级、后级要多得多，挑选和搭配的空间大。

（6）从价格上讲，纯功放的下限价格高于多声道AV放大器的下限价格，纯功放的上限价格比AV放大器上限价格高。

2．AV放大器

AV放大器所追求的是声音的力度和宏大的声场，声场均匀，且要有较高的声压场，气势逼人，有浓厚而纯洁的低音和量感，包围全身的环绕声感，具有强烈的影院氛围。相对纯功放而言，AV放大器的个性比较少。

从放大器的技术性能指标角度上讲，在同档次3种放大器中AV放大器的指标低于纯功放，它也无法做到很高，原因之一是这种放大器所在的系统中还有环绕声解码器等，由于环绕声解码器较低的技术性能指标影响了AV放大器。图 5-59 所示是一款 AV 放大器实物图。

图 5-59　一款 AV 放大器实物图

关于 AV 放大器还要说明下列几点。

（1）由于 AV 放大器要与某种类型的环绕声解码器配合，所以电路结构比较复杂，这样放大器的技术性能指标一般不容易做得很高。另外，由于声道数目多，若采用"补品"级元器件，必将大幅度提高放大器的成本。

（2）AV 放大器是多声道放大器，使用在不同类型家庭影院系统中的 AV 放大器其声道数目是不同的，AV 放大器最少得有 4 个声道，多的可达到 8 个声道以上。对于 AV 放大器而言，从某种意义上讲声道数目愈多环绕声场效果愈好。

（3）在 AV 放大器中，往往要加入一些信号辅助处理系统，如 YAMAHA 的 DSP 电路等，这使得整个家庭影院系统的电路更加错综复杂。

（4）多声道 AV 放大器的控制功能比较丰富，不像纯功放除音量、音调控制之外没有什么控制功能，但 AV 放大器中的工作模式选择、各声道平衡控制、影院均衡器调校等，使得用户的操作变得复杂起来，有的高级家庭影院系统中的放大器调节项目多达上百项，专业人员也不敢掉以轻心。

3. 多级放大器直流电路 1

（5）用于最简单的家庭影院系统（杜比环绕系统）中的放大器最少为 4 个声道，即左、右声道，两个被模拟出来的左、右环绕声道。这种放大器的输出功率比较小，特别是环绕声道的输出功率小到只有几瓦，左、右声道的输出功率一般也小于 50W。这种类型的 AV 放大器基本上没有什么档次之分，或是层次差别不大，几乎都是清一色的内置环绕声解码器的合并式多声道放大器。

（6）假冒内置杜比定向逻辑解码器的五声道 AV 放大器在市场上已有不少。这种 AV 放大器也像真货一样设有 5 个声道，即左、中、右和两个环绕声道，其内置的环绕声处理器不是真正的杜比定向环绕声解码器。这种 AV 放大器各声道的技术性能指标不高，输出功率达不到杜比定向逻辑系统的规定要求，特别是中置声和两个环绕声输出功率只有 20W 左右，左、右声道输出功率一般也只有 50 ～ 60W。

（7）真正内置杜比定向逻辑解码器的五声道 AV 放大器有各声道输出功率大的特点。左、中、右声道输出功率大小不同，一般在 60W 以上，两个环绕声道的输出功率也在 40W 左右。有的这种 AV 放大器还设一个模拟出来的超低音声道，供外接有源超低音音箱使用，有的甚至是超低音声道带功率放大器，只要接一只无源超低音音箱后就能使用。

（8）5.1 声道 AV 放大器专门用于杜比 AC-3 家庭影院系统，也可以用于 THX 家庭影院系统和 DTS 家庭影院系统中作为多声道放大器。这种放大器各个声道的输出功率都比较大，左、中、右、左环绕和右环绕 5 个声道的输出功率一样大小，均不小于 80W。

在 5.1 声道 AV 放大器中，有专门用于杜比 AC-3 家庭影院的放大器，也有兼容 THX 或 DTS 系统的放大器，严格地讲用于杜比 AC-3 的多声道放大器与用于 THX 系统的多声道放大器，虽然它们的声道数目相同，但杜比 AC-3 的 5 个声道都是全频域的，所以其技术性能指标更高，特别是环绕声道的频率响应为 20Hz ～ 20kHz。在 5.1 声道 AV 放大器中，它的 0.1 声道（超低音道）没有功率放大作用，需要外接

有源超低音音箱。

（9）7.1 声道 AV 放大器专门用于带 DSP 处理器的杜比 AC-3 家庭影院系统中，它是在前面所介绍的 5.1 声道 AV 放大器的基础上，再增加左前方效果声道和右前方效果声道，这两声道的输出功率比其他声道输出功率小，一般只需 30W 左右。

3．卡拉 OK 放大器

卡拉 OK 放大器强调卡拉 OK 效果，具有完备的卡拉 OK 功能。由于卡拉 OK 人声信号占主导地位，所以要求这种放大器能够充分表现人声效果，要求人声饱满而有个性，自然而逼真地与伴乐融为一体，且人声和伴乐平衡。图 5-60 所示是一款卡拉 OK 放大器实物图。

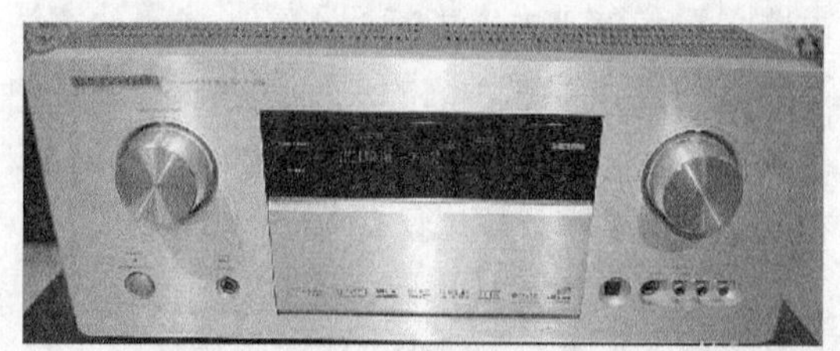

图 5-60　一款卡拉 OK 放大器实物图

相对纯功放和 AV 放大器而言，卡拉 OK 放大器主要追求功能性，从性能和技术指标上都没有前两者优良。卡拉 OK 放大器都是双声道的放大器，除专用的卡拉 OK 系统外，一般家庭中都是与纯音乐系统或家庭影院系统中的放大器共用。

5.6.6　音响放大器技术性能指标

1．客观评价

重要提示

放大器处于整个音响系统的头（节目源播放器材）与尾（音箱）之间，具有承上启下的重要作用。从节目源播放器材输出的小电平信号开始，一直到处理和放大到强大功率的电信号的整个过程，都是由放大器完成的。小信号的这一“成长”过程经历了许许多多对信号处理和放大的环节，每一个环节都会使信号的“发育”产生畸变，这些畸变的方式有许多，如有的造成信号的相位变化，有的使信号中的噪声增大，最坏的是出现了许多本来并没有的“新频率信号”，这些畸变最终通过音箱使本来很好的声音变坏。

为了从技术层面表征放大器在放大信号过程中对信号的畸变情况，人们列出了一整套放大器的技术指标，这些技术指标力求能够客观地反映出放大器对声音影响的程度，但在科学技术高度发达的今天，这一问题并没有得到完美解决，目前为止人们还未能找到一些技术指标能够真正、完全、彻底地反映出放大器的实际情况。

所以，在采用技术性能指标这一客观评价放大器性能方法的同时，还存在着一种主观评价，即通过对放大器重放声音的实际试听，再得到一个主观结论，客观指标与主观评价结果结合起来才能比较真实地反映出放大器的性能状况。

在当前没有找出真正意义上的客观评价技术指标之际，主观评价与客观评价互为补充，为矛盾的统一体，谁也离不开谁。

如果只有客观评价，它不能全面、真正地反映放大器的性能。在音响界有一个大家共认的事实：世界上共认的音质、音色最好的放大器，其技术性能指标却不是最高的；世界上技术性能指标最高的放大器，其音质和音色却又不是最好的。

如果只有主观评价，由于参与试听评价的专家主观意识干扰的不可避免存在，得到的评价结果离散性大，所以客观评价绝不能少。客观评价采用仪器测量，测量仪器没有人的主观意识成分，可以做到测试仪器前“人人平等”。

2．客观评价中的技术指标

客观评价中的技术指标是音响技术领域中的一个研究热点，有许多的技术专家为此贡献了毕生精力。例如，在芬兰 OUIU 大学任教的 M.Otala 博士，在 1970 年首先提出了关于晶体管放大器的瞬间互调（TIM，Transient

Intermodulation）失真的理论，之后发表的20多篇这方面的论文，对瞬间互调失真进行了深入、系统的研究。我国在这方面的研究也有重大贡献，20世纪70年代我国首先提出了采用猝发声定理测量放大器瞬态响应的方法，并研制成功了专门的测量仪器JTB-1型瞬态畸变测试仪。

（1）放大器的静态技术指标。放大器的技术指标分成静态指标和动态指标两大类。所谓静态指标是用稳定的正弦信号作为测量信号所测得的技术指标，这也是传统的测试方法。静态技术指标主要有频率响应、谐波失真、信噪比和互调失真。

（2）放大器的动态技术指标。只用上述4个静态技术指标还不能很好地反映放大器的性能特性，所以20世纪60年代人们开始进行动态指标测量的研究。所谓动态指标就是采用非稳定信号（如脉冲信号）作为测试信号所测得的技术指标。动态测试指标主要有瞬态互调失真、瞬态响应相位失真等。

人们一般采用静态和动态两项指标来表征放大器的技术性能。

3．表征电信号输出能力的指标——输出功率 P_o(POWER)

输出功率是功率放大器的主要指标之一，它表征了功率放大器能够输出的电信号功率大小，在不考虑其他情况时功率放大器的输出功率愈大愈好，当然价位也会愈高。

（1）4种输出功率表示方式。由于对功率放大器输出功率的测量方法不同，输出功率的标注出现了多种方式，说明如下。

① **输出功率采用有效值（Root Mean Square，*RMS*）**。这是采用1 000Hz连续、稳定的正弦波信号作为测试信号，测量出负载 R_L 上的有效电压值 V，再通过公式 $P = U^2/R_L$ 计算得到的输出功率，这属于静态指标。

② **额定输出功率**。它也采用1 000Hz的连续、稳定的正弦波信号作为测试信号，当谐波失真达到10%时的平均功率称为额定输出功率，或称最大输出功率或不失真输出功率。这也是属于静态指标。

③ **音乐输出功率（Music Power Output，*MPO*）**。这一功率测量不采用正弦信号，而是用模拟音乐或语言信号、脉冲信号作为测试信号，所以音乐输出功率能够反映出爆棚性输出功率的能力，反映了功率放大器动态输出功率的情况。这是一种输出功率的动态技术指标。

④ **峰值音乐输出功率（*PMPO*），它又称最大音乐输出功率**。它的测量信号基本上与音乐输出功率测试情况相同，它是在不计失真的情况下，放大器所能输出的最大音乐功率。这也是一种输出功率的动态技术指标。

目前，音乐输出功率和峰值音乐输出功率国际上还没有统一的测量标准。

4. 多级放大器直流电路2

重要提示

上述4种输出功率的表示方式中，对同一台功率放大器而言其值也不同，峰值音乐输出功率最大，其次是音乐输出功率，再是额定输出功率，最小的是有效输出功率。一般来讲峰值输出功率可以是有效输出功率的5～8倍，所以在选择功率放大器时要注意是采用何种标注方式。在AV放大器或纯功放中，一般不采用音乐输出功率、峰值音乐输出功率，较多地采用前两种方式。

（2）关于输出功率的6个问题。

① **音响组合系统中，放大器的输出功率与音箱灵敏度和阻抗的关系**。考虑放大器输出功率大小要与选择音箱的灵敏度、阻抗结合起来。音箱灵敏度高时可选用较小功率放大器，音箱阻抗小可选用较小输出功率的放大器，因为一般功率放大器是定压式输出特性，在负载阻抗较小时负载可获得更大的功率。

② **顶级放大器的输出功率标注与负载阻抗等相关**。放大器的输出功率标注一般不标明在什么阻抗下的输出，但在顶级放大器中会标出不同阻抗下的输出功率，此时负载阻抗愈小，

放大器输出功率愈大。同时，还会标出在特定输出功率下的失真度和频率范围条件，如某放大器输出功率标注为 80W（20Hz ～ 20kHz、0.015%*THD*、8Ω），括号内更具体地说明该放大器在 8Ω 下输出 80W，以及此时的谐波失真大小情况，这种具体的标注方式更能让人了解放大器的输出功率指标含义。

③ **纯功放输出功率标注方式**。纯功放的输出功率标注成 ××W+××W，这是指左、右声道各输出 ××W，纯功放只有左、右两个声道。

④ **多声道 AV 放大器输出功率标注方式**。对于多声道 AV 放大器要分别标出各声道的输出功率，此时根据 AV 放大器的类型不同，输出功率大小也不同。对于非 AC-3 的 5.1 声道 AV 放大器，除左、右主声道输出功率较大外，环绕声道和中置声道输出功率均较小。对于 AC-3 放大器，5 个声道输出相等，且均不小于 80W。但对于前置效果声道输出功率可以较小。

⑤ **胆机输出功率标注方式**。胆机输出功率指标后不加阻抗后缀，但在说明书上会同时标出放大器的输出阻抗，如 4Ω、8Ω 和 16Ω。由于胆机输出级采用输出变压器与扬声器之间的耦合，它是通过更换抽头实现阻抗匹配的，所以在上述 3 种不同负载阻抗下，胆机的输出功率不变，这种输出称为定阻式输出。对于晶体三极管功率放大器，由于采用定压式输出，所以当放大器接有不同的负载阻抗时，放大器的输出功率也不同。

⑥ **输出功率"深度"概念**。在一些顶级功率放大器中，输出功率采用这样的标注方式：如 YAMAHA DSP-3090 顶级七声道 AV 功率放大器的输出功率标注为 8Ω/6Ω/4Ω——100W/120W/160W，即标出在不同负载阻抗下的输出功率，这种标注方式更能让人看出功率放大器的输出功率"深度"。理想的功率放大器其输出功率应该满足下式：

$$P = U^2/R$$

式中：P 为放大器输出功率；R 为负载阻抗；U 为阻抗上的输出信号电压。

按这一要求，若 8Ω 下输出 10W，则 4Ω 输出 20W，2Ω 下输出 40W，1Ω 下输出 80W。如果功率放大器输出功率能够达到这一要求，说明这一放大器的输出功率特性非常好。由于众多技术原因放大器还不能实现这一目标。

4．表征放大器各频率信号放大能力的指标——频率响应（Frequence Response，*FR*）

频率响应是放大器诸多技术指标中最为重要的指标，是放大器传统技术指标中的一项，对放大器而言这一指标做到很高已经不困难。频率响应属于放大器的静态技术指标。放大器的频率响应指标有两项：一是幅频特性，二是相频特性。

（1）幅频特性。幅频特性用来表征放大器对各种频率信号的放大能力。放大器放大不同频率的信号时，其放大能力（放大倍数）是不同的，可以用图 5-61 所示的放大器幅频特性曲线来进一步说明。图 5-61（a）所示是理想的幅频特性曲线，在整个频率范围内（f_1 ～ f_2）都是 0dB。图 5-61（b）所示是某放大器的幅频特性曲线，可见实际情况并不理想，曲线在下端（低频段）和上端（高频段）存在下跌现象，并且中间部分（中频段）也不是平直的，而是有小幅起伏，这就能充分说明对某个频率信号的放大能力大于对其他频率信号的放大能力。在放大器的幅频特性指标中规定，当曲线下降 3dB 时放大器对这些频率的信号无有效的放大。图 5-61（c）所示中频率 f_L 和 f_H 是最低和最高频率点，对频率低于 f_L 的信号放大器无有效放大能力，同样对频率高于 f_H 的信号也没有有效放大能力，它只对频率为 f_L ～ f_H 之间的信号存在有效放大，将 f_L ～ f_H 称为放大器的通频带。

（2）相频特性。放大器在对不同频率信号进行放大过程中，不仅会造成不同频率信号的放大能力不同的问题，还会对不同频率信号产生不同的相位移动，即通过放大器放大后的不同频率信号其相位产生不同的变化，可用图 5-62 所示的相频特性曲线来说明。从曲线中可看出，中频段信号的相位没有变化，可是高频段和低频段信号的相位发生了变化，且频率愈高或愈低，其相移量愈大。

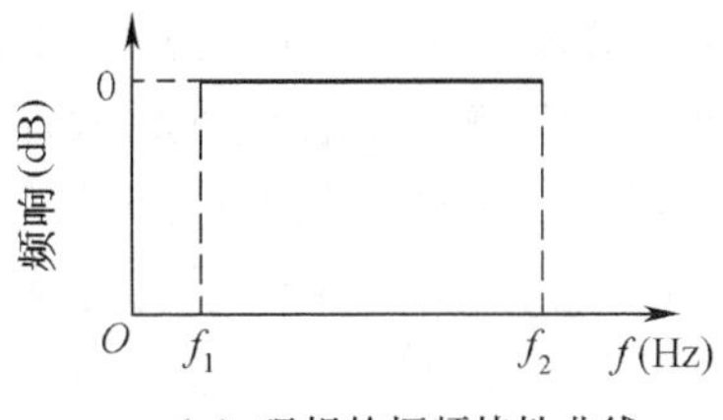

（a）理想的幅频特性曲线

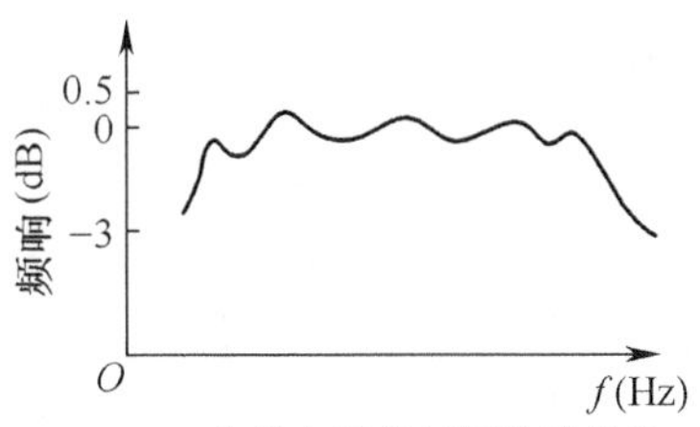

（b）某放大器的幅频特性曲线

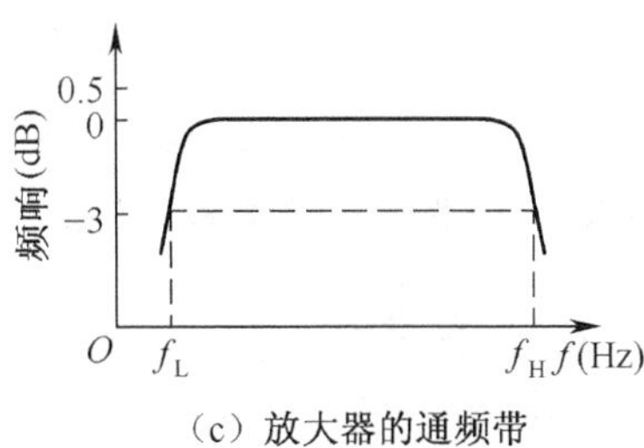

（c）放大器的通频带

图 5-61　放大器幅频特性曲线

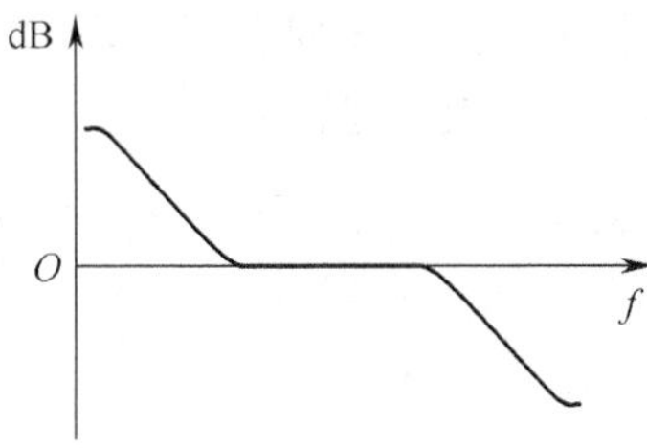

图 5-62　放大器相频特性曲线

另外，功率放大器的相频特性还与输出功率大小相关，当放大器输出功率增大时，其高频段和低频段信号的相位移量增大。

5. 多级放大器信号传输和元器件作用 1.

重要提示

放大器的幅频和相频特性中，由于人耳对幅频特性的变化更为敏感，所以强调幅频特性，一般情况下放大器指标中只标出幅频特性指标，不说明相频特性。当放大器指标中只说明频响指标而没有具体说明是幅频和相频时，此时就是指的放大器幅频特性。

（3）各档次放大器指标。不同档次放大器其频率响应指标不同，一般放大器为 70Hz ～ 10kHz，中档机为 10Hz ～ 20kHz，高档机为 5Hz ～ 40kHz，顶级机为 2Hz ～ 60kHz。这一指标低频频率愈低愈好，高频频率愈高愈好。

重要提示

虽然人耳听觉频率范围只有 20Hz ～ 20kHz，没有高档机那么宽的频率范围，但研究结果表明，音乐中的高次谐波分量对音色有着潜移默化的影响，为了保留这些高次谐波分量，放大器的上限频率一定要高，但高到 60Hz 以上目前发现已无意义。

（4）两种标注方式。一般低档次放大器中只标出频率响应的频率范围，如 60Hz ～ 16kHz，它没有后缀加以进一步说明，此时可认为这一指标没有参考性（不能说明具体含义），或是说明放大器在这一频率范围内最高灵敏度点与最低灵敏度点之间差为 15dB。

重要提示

在高级机中采用另一种标注形式，即在标出频率范围指标的同时还有附加后缀加以限定，如 20Hz ～ 20kHz（±0.5dB）。这表明在该频率范围内，各频率点响应的不匀度只有 ±0.5dB，即最高点为 +0.5dB，最低点为 −0.5dB，在要求频率范围愈宽愈好的同时，不匀度愈小也愈好。

5. 叫得很响的“新概念”指标——转换速率（Slew Rate，*SR*）

可以这么讲，转换速率是表征频率响应的另一种方式，参数单位是 V/μs，这一指标近年来叫得很响，它与频率响应有正比的关系。转换速率愈大，放大器的上限频率愈高。高档次放大器的转换速率常常高达数十或更高值。转换速率是用动态测量方法测试放大器频率响应特性的一种指标，所以它属于动态技术指标。

6．关系到音质的指标——总谐波失真（Total Harmonic Distortion，*THD*）

总谐波失真是表征放大器非线性失真程度的一项指标，是放大器传统技术指标中的一项，它的重要性仅次于频率响应指标。放大器在放大的同时，不可避免地会使所放大信号产生各种失真现象，这一技术指标就是用来说明放大器对信号产生这种失真程度的指标。这一指标为百分比，其值愈小愈好。

（1）线性失真。如果将原信号中的频率丢失，这种失真称为线性失真，它比较容易抑制，对音质的影响不大，所以一般不去关心它。

（2）非线性失真。如果输出信号中增加了新的频率信号，这样的失真称为非线性失真，也称为谐波失真，这种失真难抑制，且对音质的危害大，特别是奇次谐波是非音乐性的，对音质的危害极大，所以要求这一指标的数值愈小愈好。

（3）总谐波失真的多种表示方式。某机器的总谐波失真表示成这样：20Hz ～ 20kHz、40W/8Ω——0.005%，这说明该放大器在这一频率范围内，8Ω 负载输出功率为 40W 时失真小于 0.005%。

另一种表示方式是“以点带面”，即用点频（通常是 1kHz 处）方式，如 0.01%（1kHz，100W），这说明输出功率为 100W 时，在频率为 1kHz 处的失真情况。

（4）谐波失真与信号频率之间的关系很大。同一个放大器在对不同频率信号放大的过程中，对其造成的谐波失真大小是不同的，在 1kHz 附近的信号其谐波失真最小，低于或高于这一频率的信号谐波失真均将增大。特别是高于 1kHz 的信号，随着频率升高谐波失真明显增大，其失真量可以是 1kHz 信号的 4 倍左右。

由此可见，在上述两种谐波失真的标注方式中，第一种方式更能全面表征放大器的谐波失真情况，第二种方式只是说明了各种频率信号中失真量最小那个频率的谐波失真情况，指标的技术含义不够全面。

（5）谐波失真大小与放大器输出功率有关。当输出功率增大时谐波失真也增大，这是显然的，因为输出功率增大时对信号的放大力度加大，同时造成信号的各种畸变也随之加大。图 5-63 所示曲线表示了它们之间的关系，可见当输出功率比较大之后，谐波失真明显增大，这也是放大器在运用中不可满输出功率运行的原因之一。

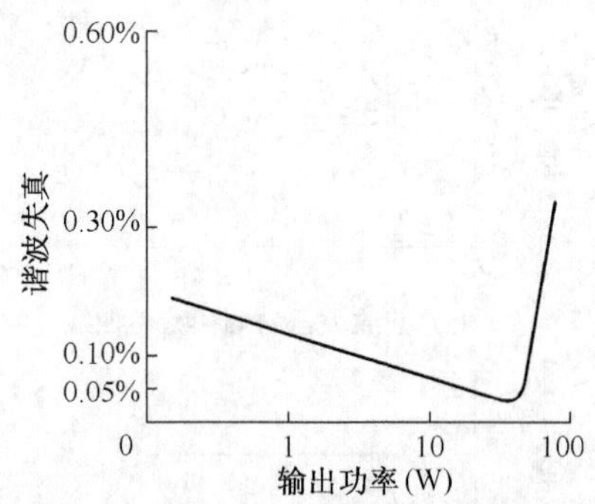

图 5-63　谐波失真与输出功率之间关系曲线

（6）左、右声道放大器的谐波失真特性有所不同。在双声道放大器中，左、右声道放大器电路结构对称，要求它们的各项技术性能指标一致，但左、右声道放大器的谐波失真大小还是有不同的，如图 5-64 所示，左声道的谐波失真比右声道的大一些。

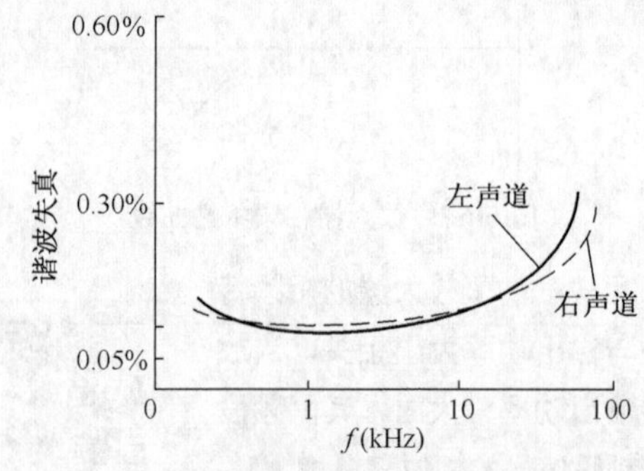

图 5-64　左、右声道放大器的谐波失真情况比较

（7）其他 5 种失真。谐波失真只是放大器中的一种失真，此外还有下列 5 种失真。

① **互调失真**。互调失真用互调失真系数 *DM* 表示其失真程度，这一失真又称互调畸变。当给放大器输入两种或两种以上不同频率的信号时，如同时输入 200Hz 的低音管信号和 600Hz 的小提琴信号，由于放大器非线性作用，在放大器的输出信号中除这两种频率信号之外，

还有它们的和频（200 + 600 = 800Hz）和差频（600-200 = 400Hz）信号，这两个新频率信号称为互调失真信号。尽管产生的互调失真信号很微弱，但由于它是原音乐中没有的声音，也没有什么相似之处，所以人耳容易觉察到它们的存在，对音质破坏力极大，令人生厌。提高放大器音质，降低互调失真是关键之一。当采用有效值总和方法衡量功率放大器的互调失真系统 *DM* 时，对高级纯功放要求其值小于 0.2%，对于一般高保真放大器其值要小于 0.4%，一般放大器为小于 2%，一般收音机为 5%。

在互调失真范围有个交越失真，其失真信号波形如图 5-65 所示，图 5-65（a）所示是输入放大器的标准正弦信号，图 5-65（b）所示是经过放大后出现了交越失真的信号波形。这一失真又称交叉失真，这是甲乙类放大器所特有的失真，这是由于功放管的静态偏置电流太小所致。

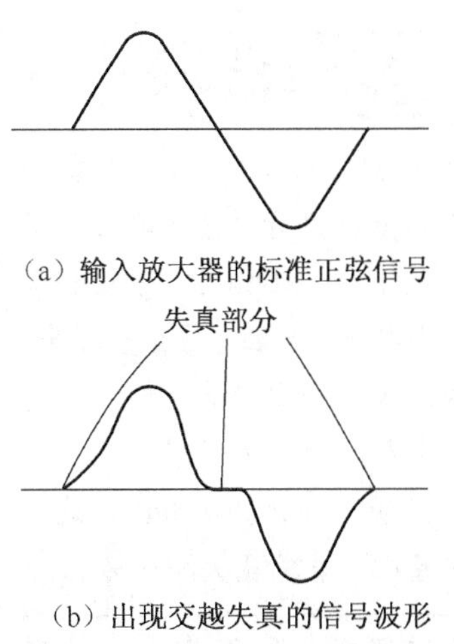

（a）输入放大器的标准正弦信号

（b）出现交越失真的信号波形

图 5-65　交越失真信号波形示意图

② **削波失真**。削波失真在大信号出现时产生，由于大信号的正半周峰值部分会进入放大管的饱和区，同时信号的负半周进入截止区（对推动管而言，甲乙类功放管不存在负半周信号的削顶），大信号的正、负半周的顶部被削去一截。在晶体三极管放大器中，这种削波失真是硬削波，即信号峰值部分被整齐地削去，如图 5-66 所示。此时会产生大量的奇次谐波，而奇次谐波是非音乐性的，所以会严重损害音质，使声音模糊且抖动。

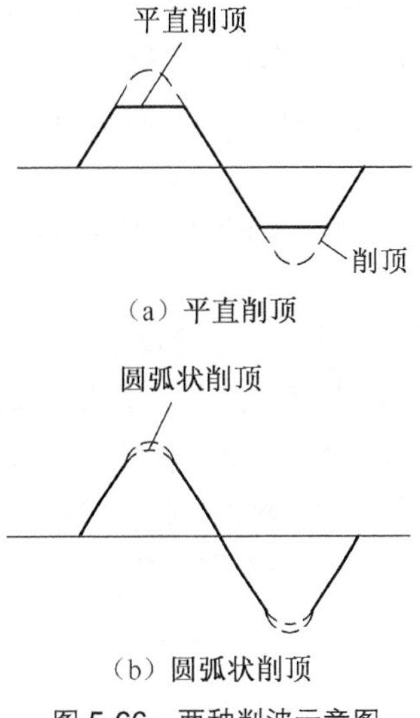

（a）平直削顶

（b）圆弧状削顶

图 5-66　两种削波示意图

重要提示

在电子管放大器中，削波失真是软失真，即削顶部分呈圆弧状，此时产生的谐波是偶次性的多，而偶次性谐波是音乐性的，对音质破坏程度远低于奇次性谐波，这一点也是为什么胆机音质、音色的某些方面比石机（晶体三极管功放）更胜一筹的原因。

消除放大器削波失真的方法是不让放大器工作在大信号状态，可以选择输出功率大的放大器，适当控制放大器的音量电平，使之不进入过载状态。

③ **开关失真**。这是甲乙类放大器所特有的失真，这种放大器中的功放管工作在开关状态下，在放大高频信号时，若功放管的开关速度跟不上高频信号变化，就会出现相位的滞后，这就是开关失真。

6. 多级放大器信号传输和元器件作用 2

④ **瞬态失真**。这一失真又称瞬态响应，它表征了放大器对瞬态信号的跟随能力。当给放大器输入一个瞬态信号时，放大器应能够立即响应，否则放大器输出就跟不上瞬态

信号，产生所谓的瞬态失真。鼓、钹、铃等打击乐器，木琴、扬琴等敲击乐器和钢琴、琵琶等弹奏乐器都能产生猝发声脉冲，这些声音的高保真再现需要放大器等有很好的瞬态响应能力。

测量瞬态响应要采用脉冲信号。图 5-67 所示为瞬态失真示意图。其中，图 5-67（a）所示为输入放大器的标准脉冲测试信号；图 5-67（b）所示是经过放大器后已存在瞬态失真的输出信号波形，从图中可看出脉冲前沿顶部变成了圆弧状，这说明放大器的高频响应能力差，如果瞬态响应好这一顶部也是方角。

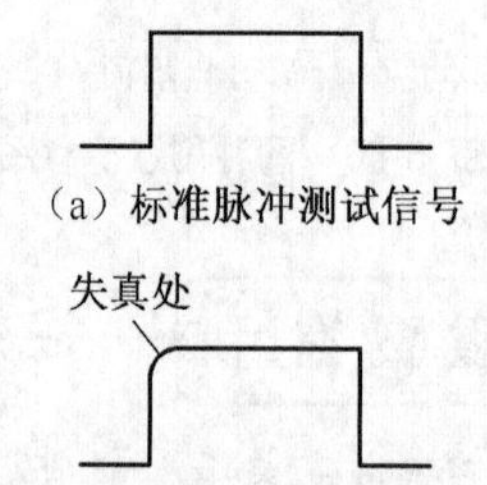

（a）标准脉冲测试信号

（b）存在瞬态失真的输出信号波形

图 5-67　瞬态失真信号波形示意图

重要提示

放大器瞬态失真与放大器的频率范围有关，所以频率范围宽是放大器高品质的基本保证。瞬态失真是放大器的动态性能指标之一。

⑤ **瞬态互调失真**。这是现代电声领域中的一个重要技术性能指标。一般功率放大器都是负反馈放大器，且是加入大环路的深度负反馈，为防止负反馈放大器的自激还要设置各种频率补偿电路（如滞后式移相电路）。

在输入瞬态信号时，上述电路会造成放大器输出端不能立即输出瞬态信号，这样会造成负反馈信号滞后加到前级电路中，导致前级电路因过载而出现瞬态过载，使放大器产生许多瞬态的互调失真，这种失真称为瞬态互调失真。瞬态互调失真也是放大器的动态性能指标之一。

重要提示

胆机的这一失真远比晶体三极管放大器低，这也是胆机的长处之一。在许多晶体三极管放大器中，为了降低瞬态互调失真，不采用大环路的深度负反馈电路，出现了如全无负反馈的功率放大器电路等。

7．表征声音清晰度的指标——信噪比 *S/N*（Signal-to-noise Ratio）

信噪比是放大器传统技术指标中的一种，对放大器而言提高这一性能指标相比于其他指标是最困难的。在信噪比达到一定值后，每提高 1dB 都要付出巨大的代价。所以，在选用放大器时对这一性能指标必须加倍关注，一般高级功率放大器的信噪比为大于 100dB。一般信噪比很高的放大器将给专业人员留下良好印象，而对外行人员而言可能视若无睹。

重要提示

放大器噪声难免存在，但噪声若太大，将影响到重放声音的清晰程度，为此给放大器规定了信噪比指标，它是信号大小与噪声大小之比，单位为 dB，其值愈大愈好。当信噪比大到一定程度，有噪声存在人耳也不会觉察，这是人耳特性之一。如果一个放大器的信噪比为 100dB，这说明它的输出信号比噪声输出大出十万倍。

对于前级放大器而言，许多产品生产厂家不标出信噪比指标，这是因为信噪比指标不很高，怕给专业人员留下不好的印象。但是，一些货真价实的前级放大器在说明书中会公开信噪比指标，如新德克 XA8200 前级放大器信噪比为 120dB（A），括号中的 A 表示加计权网络。

8．表征放大器噪声大小的指标——噪声电平 *N*

对于功率放大器而言，就是信噪比很高噪声也很大，这是因为输出信号电压很大时的噪声电压同样也很大了，当没有输入信号时这一噪声（放大器本身的噪声）会从音箱中出现，令人讨厌，所以一些档次高的功率放大器在标出信噪比指标的同时，还会标出噪声电平指标。对功率放大器而言标出噪声电平比信噪比更恰当，噪声电平由下式决定：

$$N = 201g\frac{U_{\mathrm{N}}}{775}(\mathrm{dB})$$

式中：N为噪声电平，单位为dB；U_{N}为功率放大器输出的噪声电压的有效值，单位为mV；775为参考电压，单位为mV。

噪声电平N值愈小，说明功率放大器的噪声输出愈小。

重要提示

信噪比是一个相对值，是信号电压与噪声电压之比，而噪声电平是一个相对于775mV电压的绝对值，这两个技术指标都与噪声大小有关，但不是两个相同的概念。噪声电平低的放大器，在没有输入信号时的输出噪声很小，使整个音响系统非常静。

9．表征放大器内阻特性的指标——阻尼系数*DF*(Damping Factor)

扬声器作为功率放大器的负载，接在放大器的输出端，由放大器推动扬声器，完成重放过程的电信号到声场形成的转换。

由于扬声器处于重放声场之中，声场又对扬声器的盆体存在反作用，即声波对扬声器盆体的推、拉作用，而一般扬声器都为电动式结构，这时盆体的振动带动音圈，音圈切割磁力线而产生反向电动势。这一反向电动势在音圈两端，即加在功率放大器输出端，因功率放大器存在内阻的原因，这一反向电动势与放大器输出的“正宗”信号相叠加，将对重放的声音产生影响，主要是会产生失真和意外的噪声，为此在功率放大器中要给出阻尼系数这一指标。

功率放大器的内阻愈小，有害反向电动势愈小，对声音的危害愈小，即阻尼系数愈大。阻尼系数有下面3种表示形式。

（1）全频域表示方式。如YAMAHA DSP-3090AV功率放大器的阻尼系数200(20Hz～20kHz)，这说明该放大器在上述频率范围内均能保持较低的阻抗特性。

（2）中频频带表示方式。如某功率放大器为500(100Hz～1kHz)，这说明该功率放大器在上述频率范围内有较好的低输出阻抗特性。

（3）点频表示方式。如某功率放大器为1000(100Hz)，这说明该功率放大器在上述频率点有很好的低输出阻抗特性。

5.6.7 放大器性能指标与音质之间关系

放大器性能指标尽管不能百分之百地反映音质情况，但对音质有影响这一点是肯定的，归纳起来说明下面几个方面的问题。

1．信噪比指标的影响

当放大器的信噪比小于100dB时，会令临场感变弱，如果信噪比低于80dB时，会听到“沙……”的噪声出现。若是交流声出现，这在音响系统中是绝对不能接受的。当信噪比大于100dB时，听到的声音“干干净净”，无一丝杂音，给人一种纯净感、细腻感，声音的动态范围大。

7. 多级放大器信号传输和元器件作用3

2．失真度指标的影响

当放大器的失真度大于0.1%，听交响乐时会令人烦躁不安。虽然放大器的失真度指标不理想时，不会使人听到变样的声音，但总会给人不舒服的感受，如声音发破、发硬，声音毛糙炸耳，金属声感等。

当放大器的失真度指标很高时，会给人一种柔和感、透明感、真实和强烈的现场感，声场平衡、和谐，声音纤细、圆润。在31种音质评价术语中，有17种与失真度技术指标相关。

3．频率响应指标的影响

虽然人类耳感的听觉频率范围为20Hz～

20kHz，但是更高或更低频率的声音人类可能会通过其他形式感受到它们的存在，如对于20Hz以下的次声，人们会感受到一种特有的振撼感。在31种音质评价术语中，只有4种与频率响应指标无关，可见频率响应指标对放大器性能的影响范围之广。

当放大器的高频段扩展不够时，就不能将一些乐器的泛音充分表现出来，也就是放大器不能充分放大这些信号的高次谐波，这时的听感比较单调、无味，只能听到步调一致的基色，对各乐手的演奏特色、各乐器的音色感受就比较弱，甚至根本不存在。只有在放大器的频率响应指标很高时，才能充分感受到各乐器的丰富音色个性，听到各乐手演奏时那参差不齐的音符，营造出一个丰富多彩的声场。发烧友们都有一个共同的体会，一个性能更好的放大器能够听到更多的以前闻所未闻的声音细迹。

当放大器的通频带小于50kHz时，声音的透明度下降，通频带的低端下延量不够时，会导致低频力度不足和影响低频的解析力。

4．互调失真指标的影响

人耳对互调失真的感知灵敏度高于对谐波失真的感知灵敏度，而大多数放大器中的互调失真又大于谐波失真，这真是一件非常遗憾的事。放大器只要存在较小的互调失真，人耳就能感知，所以降低互调失真已成为提高放大器性能的关键之一。

由于互调失真所产生失真信号的声音与自然音调没有相似之处，它对音质的影响不只是声音听起来舒服与不舒服的问题，而是十分地令人讨厌。放大器的互调失真会使放大器的输出信号频率多出$n(n-1)$个分量（n为不同频率的输入信号数目），若n为5，则多出的新频率为20个。试想一下，乐队在演奏时的和弦是非常复杂的，各种频率信号错综复杂，而由于互调失真产生的新频率分量之多和复杂程度真是不敢想象。

互调失真对音质的影响重大，目前对这种失真的测量方法还不够完善，人们还没有找到互调失真测量结果与主观评价结果相一致的测量方法。根据经验，互调失真与谐波失真之间存在着一定的关系，即互调失真与谐波失真之间的比例为（1～6）:1，在1～6中取几种情况非常复杂。

5．瞬态响应指标的影响

瞬态响应指标对打击乐、弹拨乐的重放影响最大，放大器瞬态响应指标高说明放大器对信号的跟随能力强，瞬态响应能力强，信号的高次谐波被充分输出，各种乐器的音色表现透彻，如鼓声、钢琴声等清晰、悦耳。

6．瞬态互调失真

分立元器件功率放大器和集成电路功率放大器电路的瞬态互调失真较为严重，这类放大器的"晶体管声"主要是瞬态互调失真所致。瞬态互调失真主要发生在高频段，所以瞬态互调失真会导致高音刺耳。

5.6.8　扬声器质量对音质的影响

将扬声器、分频器和辅助材料装在箱体内就是音箱，当然高级音箱并非如此简单，而是相当精致和复杂。音箱种类繁多，图5-68所示是常见音箱实物图。

图5-68　常见音箱实物图

重要提示

音箱用来将电信号转换成声音。在整个音响系统中，电信号转换成声音这一过程是最薄弱的环节，所以音箱的质量对整个系统的表现起着决定性的作用。

音箱由音箱壳体、扬声器、分频器和其他

辅助材料组成，其中扬声器对音质的影响最大，所以历来对扬声器的高投入研究、高科技运用是各大音箱生产厂家的主题。由于扬声器在电能转换成声能过程中涉及电、机、声系统3个方面的诸多因素，因此会出现多种形式的失真，这些失真是破坏音质的罪魁祸首。

1．幅度非线性失真对音质的影响

扬声器同放大器等音响器材一样，也存在一个幅度非线性失真问题，即在扬声器的输出信号中出现了输入扬声器中没有的频率成分。这种失真有两种：一是谐波失真，二是互调失真。

（1）谐波失真对音质的影响。扬声器机械系统和磁路系统的非线性，会使声音产生谐波失真和互调失真，它将改变频谱，音色也随之改变。根据掩蔽效应可知，人耳对谐波失真的感知阈为0.6%。

（2）互调失真对音质的影响。当扬声器出现互调失真时，声音听感表现为混浊，尤其是在重放合唱时会变得更为明显。在互调失真中还有两个特殊的失真，一是调制失真，二是差频失真。调制失真给人以嘈杂刺耳的感觉。

2．瞬态失真对音质的影响

重要提示

扬声器瞬态特性是指其对猝发信号的“跟随”和“停顿”的能力。由于扬声器的结构、振膜材料等不良因素的影响，扬声器的“跟随”和“停顿”能力差，会产生所谓的瞬态失真。

金属振膜硬球顶扬声器“跟随”能力强，即爆发快，但这种扬声器的“停顿”能力差；而软球顶扬声器的“停顿”能力强，但“跟随”能力差。到目前为止还没有找到一种材料和制造工艺使得扬声器“跟随”和“停顿”能力都好，这是因为决定“跟随”和“停顿”能力的重要因素是材料的阻尼特性。当材料的阻尼大时，启动特性不好，即“跟随”能力差，但“停顿”能力好，反之则相反。

3．相位失真对音质的影响

相位失真是指各声音之间的相位差。关于相位对音质的影响有两种截然不同的看法。一种观点认为人耳虽然对相位不是很敏感，但相位差会引起音色的变化，人耳通过这种音色变化感知相位差的存在。另一种观点是人耳只能对人工产生的复音感知相位差，对音乐、语言是感知不出相位差的。

重要提示

引起扬声器相位差的因素主要有3个方面：一是由于驱动力变化引起的相位失真，二是由振膜引起的相位失真，三是由支承系统引起的相位失真。

5.6.9　音箱的个性

8. 多级放大器中各级放大器有所不同

在音响系统的各器材中，要数音箱的个性最突出。在音箱中，不同体积的音箱其个性也是不同的。

1．高保真音箱的3种风格

在高保真音箱（纯音乐系统中的音箱）、AV音箱和卡拉OK音箱中，高保真音箱的个性最突出。

高保真音箱可以分成三大类。

一是用于欣赏交响乐的音箱，这类音箱又称英国风味的音箱，如CODA系列音箱，这类音箱的特点是低频采用倒相式或间接辐射式，其音响效果为低音厚实、高音柔和。

二是用于表现摇滚音乐的音箱，又称美国味音箱（西海岸），如JBL音箱等，这类音箱一般是低频为反射式音箱，常采用号筒式扬声器作为中、高音辐射单元，这类音箱具有承受功率大、声音洪亮、中音清晰、效率高的优点。另外，美国风味音箱还有一种东海岸音箱，如AR，这类音箱多采用封闭式箱体结构，球顶高音。

三是专门用来欣赏流行音乐的音箱，即北

美风格的音箱。

重要提示

上述3类高保真音箱由于其个性不同，所以能够表现出不同特色的音乐，如摇滚音乐具有大动态、强节奏、强劲震撼力的特点，所以在原汁原味欣赏摇滚音乐时要选用瞬态特性好、转换速率快、反应灵敏、音色锐利的音箱，这类音箱对打击乐有“金光闪射”的听感，对铜管乐有极好的中高音表现能力。

在高保真音箱中，还有一种被称为中性的音箱，如加拿大的PSB音箱，说它中性是指它的个性比较少。另外，监听级音箱其个性很少，强调对音乐原汁原味的还原。

2．大音箱和小音箱的个性

音箱按照它的体积大小可分成两大类（卫星音箱除外）：一是大体积音箱，俗称落地式音箱；二是小体积音箱和中体积音箱，俗称书架式音箱。这两种音箱由于体积的不同，其个性表现相差甚远。

（1）落地式音箱。这种音箱的低音单元一般为6.5～12英寸。通常是低音单元的口径愈大，音箱的体积愈大。这类音箱有三分频和二分频两种。图5-69所示是落地式音箱实物图。

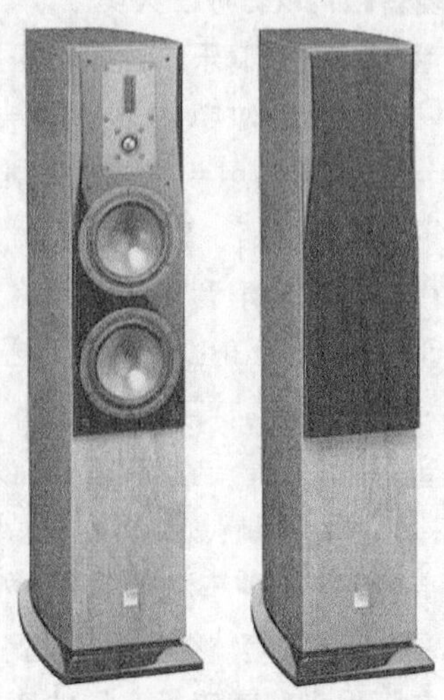

图5-69　落地式音箱实物图

大体积音箱的特点是高音、中音和低音平衡，由于低音单元口径大，加之音箱的容积大，所以低音延伸好、量多，在重放大场面音乐时，气势宏大，震撼力强。另外，对弦乐的质量和大型乐队的群体感表现比较好，能够充分表现出对人声的胸腔共鸣声，对管乐的空气感有出色的表现，音乐的感染力强。大体积音箱比较适合用来欣赏管乐、弦乐、爵士乐、摇滚、合唱、歌剧等节目。

（2）书架式音箱。书架式音箱的体积比较小，按体积划分有小型书架音箱和中型书架音箱两种。图5-70所示是书架式音箱实物图。

图5-70　书架式音箱实物图

书架式音箱一般采用二分频结构，中型音箱的低音单元口径一般为6～8英寸，小型音箱的低音单元口径为小于6英寸。由于低音单元口径小、音箱的箱体容积小的原因，书架式音箱的低音一般不及落地式音箱。但书架式音箱也具有大音箱所没有的优点，即声像定位十分准确，声场的表现能力尤其突出，中高音极具光泽和感染力，音质纯真、细腻。

根据书架式音箱的特点，用这种音箱欣赏动态范围不大的弦乐、人声和古典音乐时，其声音飘逸、迷人。

9.差分放大器

5.6.10　音箱灵敏度

音箱的技术指标也同放大器等一样有许多，其技术含义也与它们相同，这里重点介绍音箱的灵敏度技术指标。音箱灵敏度是音箱诸多技术性能指标中较重要的一个，选配音箱和功率放大器时都用这一指标作为参考。

1．音箱灵敏度含义

首先解释音箱灵敏度指标的具体含义，如某一只音箱的灵敏度指标为 88dB SPL/W/m，这是说该音箱在接受 1W 信号时，在距音箱 1m 处的声压为 88dB。显然，在放大器同等输出功率条件下，音箱灵敏度愈高，其声音愈响。反之，要获得同等音量，音箱灵敏度愈高，要求的放大器输出功率愈小，这一条对选择放大器输出功率指标具有现实的指导意义。

家用音箱的灵敏度一般选择 80 ～ 110dB 之间比较适宜。

2．室内最大声压计算方法

听音室内获得的最大声压等于音箱灵敏度（分贝数）加上功率放大器功率放大倍数的分贝数。由于放大器说明书中的输出功率都标注成输出 ×××W 的形式，为了能够知道听音室内一组音箱、功放能够产生的最大声压情况，先要将输出功率估算成分贝数值，估算公式如下

$$\text{分贝(dB)} = 10\lg\frac{\text{输出功率(W)}}{\text{基准功率(W)}}$$

估算时基准功率以 1W 计。

几组换算结果见表 5-3。

表 5-3　几组换算结果

W	1	2	10	20	40	50	100	200	400
dB	0	3	10	13	16	17	20	23	26

3．室内最大声压听感

在一般家庭听音环境中，90dB 的声压已经比较大，100dB 已是相当大，110dB 则是非常大的声音了，120dB 就是天翻地覆、震耳欲聋之声。

4．提高性价比方案

众所周知，功率放大器的价位很大程度上与输出功率相关。这里设选择灵敏度为 85dB 的音箱，再选输出功率为 200W（23dB）的功率放大器，此时总声压为 85 + 23 = 108dB。如果选择灵敏度为 91dB 的音箱，此时要达到 108dB 的总声压，只需要选择 17dB（相当于 50W）的功率放大器。对于灵敏度相差 6dB（91−85 = 6）的音箱而言，价位相差不大，但对于输出功率相差 150W（200−50 = 150）的功率放大器而言，其价位就相差不少了。

5.6.11　常见音箱结构和几种特殊音箱

1．音箱分类

图 5-71 所示是按照结构分类的音箱示意图。这些音箱由于结构的不同，它们的特性是不同的。**这些音箱按大类划分有 3 类：**一是敞开式，二是封闭式，三是倒相式。其中倒相式音箱中的变异情况最多，如迷宫式就是倒相式音箱的变形种类。

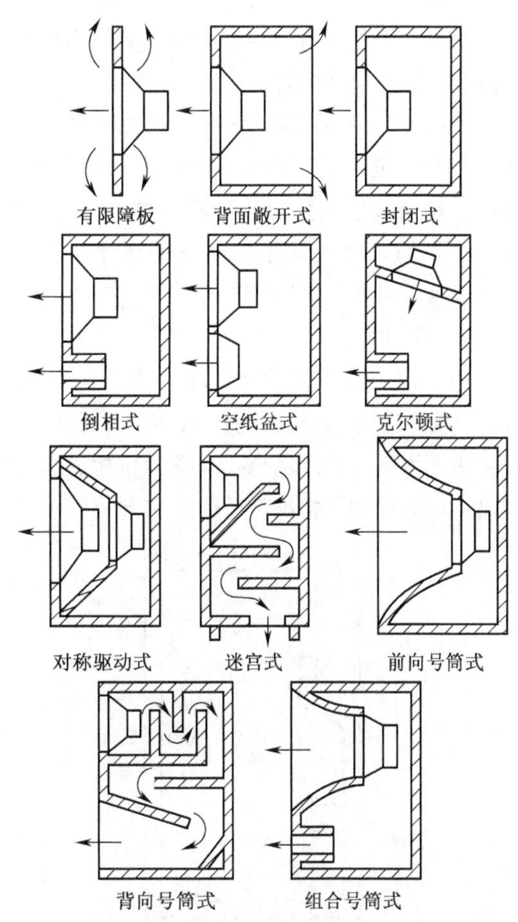

图 5-71　按照结构分类的音箱示意图

2. 封闭式音箱

图 5-72 所示是封闭式音箱结构示意图。这种音箱的特点是结构简单，它除了扬声器孔之外，箱体上没有其他孔，呈全密封状态，所以得名封闭式音箱。

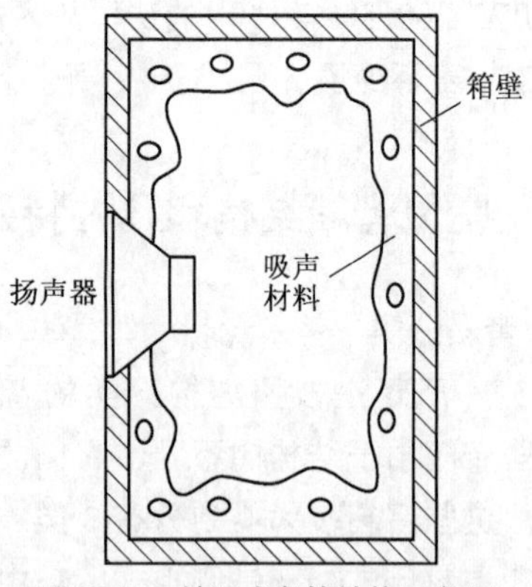

图 5-72　封闭式音箱结构示意图

封闭式音箱中扬声器纸盆前后被分隔成两个互不通气的空间，一个是无限大的箱体外空间，另一个则是具有一定容积空间的箱内空间，箱内各壁面布满了吸声材料。

当扬声器在前后振动时，纸盆前面的声音向外辐射，纸盆后面的声音则被分布在箱内的吸声材料所吸收和阻隔而不能传送到箱体外面来，这样箱内声波与箱外声波不能发生干涉，从而改善了音箱的低频特性。

3. 倒相式音箱

图 5-73 所示是倒相式音箱结构示意图，从图中可看出这种音箱在封闭式音箱的基础上，在前板上再开一个出声口（又称为倒相孔），并在出声口后面加一根出声管（又称倒相管）。

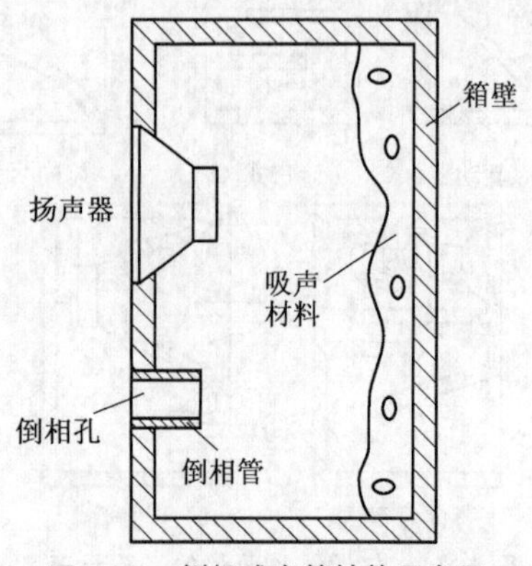

图 5-73　倒相式音箱结构示意图

倒相式音箱将扬声器纸盆背面辐射的低频分量声波倒相 180°，通过倒相管和倒相孔辐射到正面来。由于这一声波已经倒相，所以与扬声器纸盆正面辐射的声波相位相同，这样两声波之间是相加关系，加强了低频声波辐射，大大提高了低频辐射声压级。倒相式音箱应用非常广泛。

4. 空纸盆音箱

重要提示

在一些音箱面板上常看到两只大口径的纸盆，其实有不少这样的音箱并不是装了两只大口径的扬声器，其中只有一只是真正的大口径扬声器（有源辐射器），另一只则是一个空纸盆（无源辐射器），这样的音箱称为空纸盆音箱，它又称为无源辐射音箱。

空纸盆音箱由美国人奥而森于 1935 年发明，这种空纸盆音箱技术一直使用至今。空纸盆音箱实际上是倒相式音箱的变异品种，有源辐射器振动，箱体内部的空气经倒相后作用于空纸盆，使空纸盆也振动，且空纸盆的振动相位与有源辐射器相同。

这种音箱与普通的倒相式音箱相比有 5 个方面的优点：一是箱内不会产生驻波，二是重放的低频段灵敏度比较高，三是重放的低频段解析力比较好，四是空纸盆可有效地减少扬声器振幅，五是空纸盆谐振频率调整比较容易。

5. 平板式扬声器音箱

普通扬声器的纸盆都是圆锥体形状，而平板式扬声器的盆呈平板状态。平板式扬声器主要有静电型和铝带型，采用这种扬声器制成的音箱称之为平板式扬声器音箱。

重要提示

平板式扬声器音箱的特色是能产生电动式扬声器所望尘莫及的声场真实感，这种音箱重放的声音在横向和纵向都显得更加宽阔、生动、活泼，能够充分表现大音乐厅的空间感。平板式扬声器的另一个优点是很薄。

平板式扬声器音箱的缺点是价格昂贵，需要有充分的信号功率“喂饱”它，另外对这种音箱的摆位十分讲究，搞不好低音就缺乏厚度，声音干瘪。

6．天朗同轴音箱

英国天朗同轴音箱是闻名于世的音箱，这是因为这种音箱中采用了天朗同轴扬声器（同轴扬声器是天朗同轴技术的结果，已有70年历史）。所谓同轴扬声器就是一种将高音单元和低音单元合二为一的扬声器，天朗同轴扬声器将高音单元放在低音单元的中央位置，使高音单元和低音单元和谐地播出相位正确的音色，用这种同轴单元制成的音箱其高音和低音相位一致性好。

7．无音圈同轴单元音箱

无音圈同轴单元音箱采用了一种被称之为无音圈同轴的扬声器。这种扬声器采用ICT（倍感应）技术，运用这种技术制造出的扬声器由一个中低音单元和位于中央的一个金属球顶高音单元组成，这样它也是一个同轴结构的扬声器，所以两个单元的相位一致性较好。

但是，这种同轴扬声器中的高音单元不与功率放大器直接相连接，而是通过一种称为倍感应系统收集放大器的装置转送过来能量，其工作原理同变压器的原原理颇为相似，所以整个扬声器的结构具有机电一体化的味道。这种扬声器与其他全频域扬声器相比，安全系统增加了，至少是高音单元的安全系统增加了，同时保证了较好的音质。

8．QWT音箱

QWT音箱就是四分之一波长负载式音箱，这种音箱利用谐振管来增强4倍于谐振管长度的波长声波，可有效地提升低频部分。

另外，这种音箱可以利用其加载特性给扬声器一个声压，使扬声器在其谐振频率处有较小的振幅，这样失真较小。同时，这种音箱的谐振管为楔形展开管，工作时类似于号筒式，所以效率比较高，而且没有号筒式音箱低频不好的缺点。

重要提示

QWT音箱在其底部设有一个气孔，该气孔愈小则箱体吸入的能量愈多，提升的低频出来的声压就愈低。如果没有这一气孔时，该音箱就变成了封闭式音箱，此时就达不到提升低频的目的，听音感觉到低频潜不下去。

9．数字式音箱

10. 功放电路方框图及各单元电路作用1

数字式音箱是一种采用数字技术的音箱，目前已经投入使用的数字式音箱有：一是互补式数字音箱，二是数字分频式数字音箱，另一种是最新的功率解码式数字音箱（又称真数字式音箱）。

（1）互补式数字音箱。这种音箱系统的核心是一台专用的数字式音箱处理器，互补式数字音箱系统（音箱加音箱处理器）建立在房间的室内声学特性和音箱系统的互补式频率基础上。

这一音箱系统的工作原理是：由标准的粉红噪声发生器向音响系统输入宽带的、均匀的粉红噪声，然后使用与电脑相连接的专用测试话筒对听音室内的声学性进行测量，将室内声学特性对频响影响的因素采样，并将采样数据储存在电脑中，通过电脑对频响特性不平坦之处进行检测和运算，再将得到的相应补偿数据输入给音箱数字处理器，通过这一处理器处理后的音频信号再送入音箱中，这样可有效地补偿听音室内的声学缺陷。

（2）数字分频式数字音箱。扬声器的分频电路有功率分频和电子分频两大类，常见的是功率分频方式，电子分频是对音频信号先通过模拟电路进行分频，分频后的音频信号（电压信号）分别通过功率放大器放大，再推动音箱。

数字分频式数字音箱是建立在这种电子分

频理论基础之上的，但它的分频电路不是采用的模拟电路，而是采用数字分频电路，采用双20bit的模/数（A/D）转换器将模拟音频信号转换成数字音频信号，再通过24bit的数字处理系统进行分频，在对分频后的各路信号进行独立的相位校正后，还要送入48bit的数字限幅电路中进行限幅处理。

通常这种音箱系统采用四分频形式，为保证数字信号的处理精度，对高、中、低和超低频数字音频信号的采样速率分别为2×171倍、2×31倍和2×15倍。通过上述处理后的4路数字音频信号经过独立电平控制和48bit的噪声电路整形之后，分别加到4个独立的20bit数/模转换器还原成模拟音频信号，经功率放大器放大，推动音箱。

重要提示

数字式音箱的数字处理技术在对信号进行处理过程中有两个明显的优点：一是信号处理过程中可保持相当高的信噪比和动态范围，二是在信号处理过程中不会引入新的信号相位失真。这两点是模拟信号处理电路所无法实现的。

10．球顶扬声器

球顶扬声器广泛地应用于高保真音箱中作为中高音单元，更多的是用于高音单元。这种扬声器的振膜呈半球状，其振膜材料一般是采用刚性好、重量轻的金属，也有采用橡胶类、丝类、麻类、合成纤维类、布类等材料。

球顶扬声器根据振膜的软硬程度不同分为3种：一是硬球顶扬声器，二是软球顶扬声器，三是介于硬与软球顶之间的扬声器。

（1）硬球顶扬声器。这种球顶扬声器“跟随”能力强，冲击力大，频率响应峰谷多，比较适合用来听流行音乐。

（2）软球顶扬声器。它的“停顿”能力强，声音纤细、丰满，但高频特性稍差，比较适合用来欣赏古典音乐。

（3）球顶扬声器口径。这种扬声器的口径一般为19～70mm，口径小的优点是指向性好，但输出相同的声压必须加大振幅。

（4）球顶扬声器特点。球顶扬声器的优点是重放的指向性好，频带较宽，音质较好；缺点是效率比较低。

11．偶极子和双极扬声器

偶极子和双极扬声器是最新设计的新概念式扬声器，不少纯音乐系统和家庭影院系统中采用偶极子和双极扬声器音箱作为左、右声道音箱和环绕声道音箱。

（1）振膜种类。偶极子和双极扬声器除采用传统的锥体形振膜外，已有不少采用大型平板式结构的振膜。

（2）声辐射特性。图5-74所示是普通扬声器、偶极子和双极扬声器的声辐射特性示意图，从中可看出图5-74（a）所示普通扬声器为单面辐射，而偶极子和双极扬声器为双面辐射，并且图5-74（c）所示的双极扬声器比图5-74（b）所示偶极子扬声器的辐射面更宽。偶极子和双极扬声器通过控制混响声场来营造出声音的空间感。

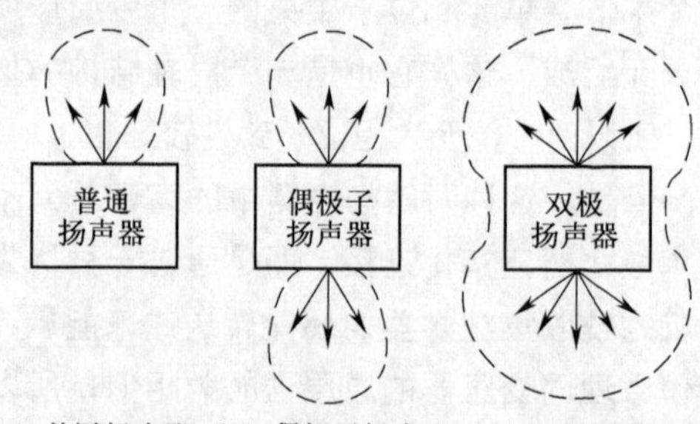

（a）普通扬声器（b）偶极子扬声器（c）双极扬声器

图5-74　3种扬声器声辐射示意图

（3）偶极子扬声器音箱。这种扬声器音箱在摆位时不要靠近墙壁，因为后面辐射直接反射回听音室内，这会破坏正面的声音。当偶极子扬声器音箱接近墙壁摆放时，低音得到加强，此时就完全同普通扬声器音箱一样而失去这种扬声器的优势，所以要通过摆位调整来得到一个最佳的重放效果。

利用偶极子扬声器音箱的特性，协调某些深沉低音，以较好地控制进入听音室内的低音。

偶极子扬声器音箱与双极扬声器音箱相比，有一个较狭的悦耳听音区，显得声音比较集中。

（4）双极扬声器音箱。当双极扬声器音箱向内侧倾斜朝着听音者时，有更好的声音表示，并且应该将这种音箱远离墙壁摆放，与偶极子扬声器音箱一样，双极扬声器音箱不同的摆位有不同的声场差别。只有摆位正确，双极扬声器音箱才能够营造出更大的声音空间感。

5.6.12　书架音箱外形

落地音箱好还是书架音箱好是音响发烧友们聚在一起时常争论的话题，应该说国内书架箱已占音箱市场的半壁江山。

选择书架音箱要考虑的因素很多，这里只从音箱外形、前障板结构的角度上分析。

11. 功放电路方框图及各单元电路作用2

1．外形

书架音箱品种繁多，其外形主要有图5-75所示的几种，一是长方体结构，这是目前最常见的音箱；二是圆弧面结构，箱体为长方体，但前障板做成弧状；三是锥体状结构，箱体底部大于顶部；四是腰鼓形结构；五是钻石体结构，中部大、上部和下部小；六是前障板突出形。

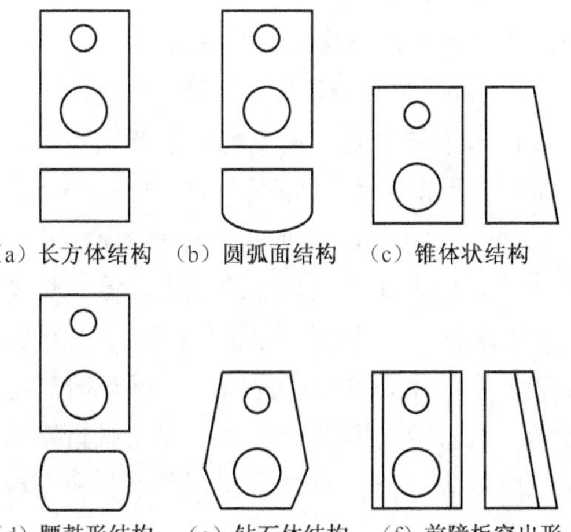
（a）长方体结构　（b）圆弧面结构　（c）锥体状结构
（d）腰鼓形结构　（e）钻石体结构　（f）前障板突出形

图5-75　书架音箱外形示意图

2．前障板结构

（1）前障板几何形状对音色的影响。现代声学研究和听音实验揭示，前障板狭窄对改善声像定位、音场和声音的空间感有益，上面介绍的弧面、腰鼓形等都是出于收缩前障板的目的，让高音单元面板形成向外扩散的弧面，将前障板对高音单元的影响降低到最低程度。钻石体结构音箱利用前障板扰射原理，改良音场的表现能力。

（2）前障板材料及高音单元布置。一般音箱的前障板厚度要比其他几面厚，如一些音箱前障板要比其他几面厚出10cm。

当高音单元四周边结构对称时，对抑制前障板有害反射不利，会引起某频段的声干扰。为此可改变高音单元传统的对称轴放置方式，而采用偏轴方式，如图5-76（b）所示，高音单元与中低音单元不在同一轴线上，以改变图5-76（a）所示高音单元四周边对称而引起的不良高音反射。

（3）前障板表面贴皮技术。前障板上的贴皮技术可改善高音的反射。当前障板表面过分光滑时，会引起前障板的不良反射，从而影响声音定位、音场效果，为此可采用前障板表面贴皮技术，来降低前障板表面的反射系数。

表面贴皮可以是贴木皮、绒面材料和真皮。由于木质贴皮的吸声系数比较小（0.05左右），所以前障板表面大面积铺贴高吸声系数的绒面材料或真皮效果更佳。

（4）高音单元安装位置的影响。根据前障板上高音单元的安装位置不同，书架音箱有5种安装方式。图5-76（a）所示是同轴安装方式，即高音单元与中低音单元在同一对称轴线上。图5-76（b）所示是高音单元偏轴安装方式。图5-76（c）和3-76（d）所示是将高音单元与中低音单元靠近安装，这样做的目的是为了让中低音和高音更接近一个点声源，使中低音、高音相位保持尽可能的一致性。从这一角度上讲，同轴扬声器制成的音箱更具优势，图5-76（e）所示就是采用这种同轴扬声器制成的音箱，它的高音与中低音单元在一根轴线上，保证了中低音、高音相位的一致性。

3．误区

上面介绍了书架音箱外形与前障板对音色、

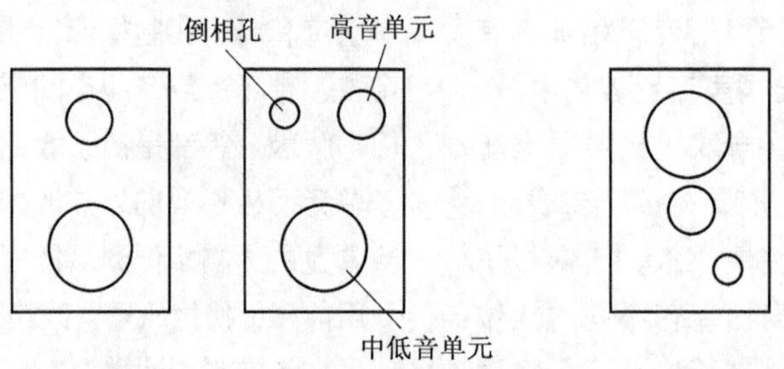

（a）同轴安装　（b）高音单元偏轴安装　（c）高、中低音单元靠近安装 1

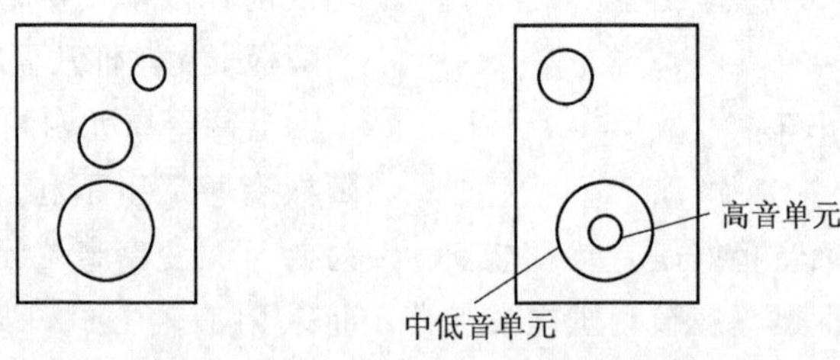

（d）高、中低音单元靠近安装 2　　（e）同轴安装

图 5-76　前障板各单元布置示意图

音场的影响，对于落地音箱也有相近的道理，但要说明的一点是决定音箱质量的不是它的外形与前障板结构，而是中低音单元和高音单元的内在质量、箱体、分音器等。箱体外形和前障板的影响与它们相比微乎其微，只有在寻找高品质音箱时才能去讲究这些问题。

5.6.13　低音

1．超低音和重低音概念

可闻声 20Hz ～ 20kHz 内，一般将其分成低音、中音和高音 3 个频段，将 500Hz 以下的声音称为低音。为了进一步说明低音，时常将低音频段再进一步分割。如图 5-77 所示，将最低的两个倍频程分别称为超低音和重低音，即

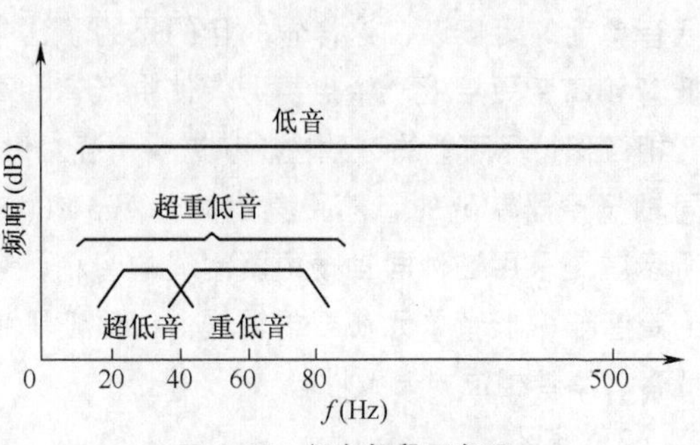

图 5-77　低音频段示意图

超低音的频段为 20 ～ 40Hz，重低音的频段为 40 ～ 80Hz，超低音和重低音合起来称为超重低音，其频段为 20 ～ 80Hz。

超低音的尽善尽美是广大发烧友的美好愿望，尤其是年轻的发烧友，可玩过超低音的朋友都有深刻的体会：恨它、爱它。恨的是弄来弄去低音无法入耳；爱的是多了一点低音浑身说不出的舒服、刺激，少了低音就是不对劲。研究表明，较深沉的低音可带给人们置身于立体声和环绕声声场中的感觉，所以在家庭影院系统中超低音是不可缺少的声音。

2．音乐中的低音和中高音

音乐中的中高音更多地用于抒发情感，表达意境，而低音不仅如此还可以使人在心理上、生理上产生共鸣，从而具有震撼人心的效果。低音给人更真切、更强烈的感觉，给人更多美好的心理活动，这是人们重视低音、喜欢低音、渴望低音的生理根源。同时，心理学研究结果表明，低音更加有助于人类心理紧张情绪的缓解。所以，对低音的渴望是人类心理和生理双重的需要。

3．低音量的多少

是不是低音的量愈多愈好？回答是否定的，最好是需要低音量多时系统能够送出充足的量，

此时低音必须是饱满的、厚实的，即要有足够的声功率和声能密度。但是，在音乐元素不需要过多低音量的配合时，低音量应该减小，否则由于低频段的过于夸张，瞬态响应不好且伴有失真，会导致声音听起来发闷，反而令人生厌。

4．低音的下延量

在目前的技术条件下，音响系统的低音下延量应该做到足够的量，该系统能够重放的低音应该能够足够的低，这是对高品质音响系统的基本要求。但是，在系统的实际运用过程中，这一观点就不一定是正确的，因为不同的音乐素材需要不同的低音下延量配合。需要下延量时系统就能够提供足够的下延量，当音乐素材不需要过分的低音下延量时，就不能一味地追求低音的下延量，否则适得其反，会破坏音乐的情感、意境、声部平衡、整体效果和自然声感。

5．理想中的低音

好的低音需要具有下列特性。

（1）必须具有充足的声能密度，并且还要伴有丰富的低音谐波，这样听起来声音厚而不板，松而不软，富有弹性感。如果低音没有足够的能量支撑，则会给人发虚、发散和有气无力的感觉。

12. 功放电路方框图及各单元电路作用 3

这里要说明的是，希望获得的低音谐波不是音箱本身的分谐波，这一分谐波是有害的，会破坏重放声音的音质。这里所需要的低音谐波是系统音响放出并经过良好的听音室环境所形成的谐波，听音室环境是形成低音丰富谐波的决定性因素。

（2）好的低音其量要适宜，该多时要多，该少时要少。

（3）好的低音要尽可能减小或避免声染色，造成低音声染色的主要原因是听音室环境。

（4）好的低音要纯正，就是要避免其他噪声的干扰。

6．获得良好低音的 4 个条件

为了获得令人满意的低音，必须同时满足下列 4 个方面的条件。

（1）优质的节目源信号，光盘的录制内容、质量。要求光盘所记录信号其低音的量本身就适宜、下延量适中、噪声极小，否则其他硬件设备再好也不管用，也不能获得自然、平衡、舒展的低音。

（2）硬件设备性能要优良。硬件指激光播放器材、放大器和音箱等，在这 3 件器材中音箱是最重要的硬件，也是目前技术条件下最薄弱的环节。没有一只好的超低音音箱，就无法获得好的低音，这一点是打不破的真理。

（3）听音室声学特性要良好。首先要求听音室容积足够大，其高度也最好高一些，各墙面尽最大可能设计成不平行。如果有条件的话地面与天花板之间也不要平行，为消除声染色可在听音室内墙面上采取挂布帘等增大阻尼的措施。

（4）音箱的合理摆位也很重要。一般情况下超低音音箱不要紧贴地面、后墙面和侧墙面，否则低音会不自然地被加重。

5.6.14　超低音音箱

在家庭影院系统中，超低音是不可缺少的。超低音声道所用的音箱称为超低音音箱或低音炮，图 5-78 所示是超低音音箱实物图。

图 5-78　超低音音箱实物图

这种音箱的重放低音频率一般在 160Hz 以下，有的要求在 120Hz 以下。这种音箱的上限频率一般在 160Hz 左右，它的下限频率一般在 20 ～ 60Hz，其频率范围可调（有的是连续式调整，有的是步进式调整）。但是，许多超低音音箱的下限频率（−3dB 频率点）达不到 20Hz，甚至达不到40Hz，所以这类音箱也不一定就能够重放超低音，但习惯上称这类音箱为超低音音箱。

−3dB 频率点在音响系统中常见到，可用图 5-79 所示频率响应特性曲线来说明。图中曲线下降到 −3dB 所对应的频率点称为 −3dB 频率点，其中 20Hz 称为下限频率，180Hz 称为上限频率。当频率低于下限频率和高于上限频率时，由于其响应很差而视为无响应能力。

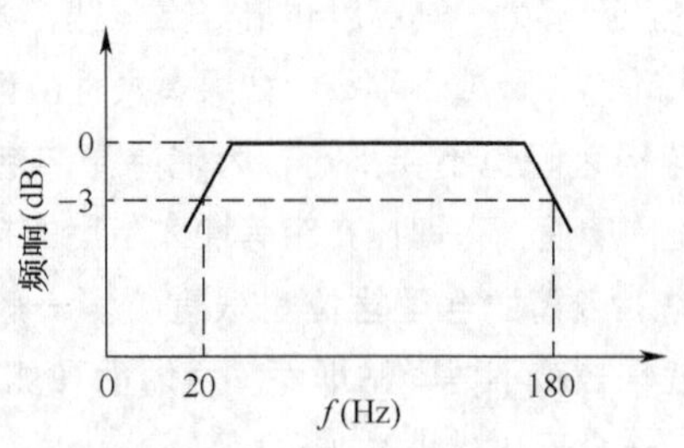

图 5-79　−3dB 频率点示意图

1．超低音音箱种类

超低音音箱可分成有源和无源两大类，其中有源音箱又分成普通有源超低音音箱和有源均衡超低音音箱。有源超低音音箱又称为主动式超低音音箱，无源超低音音箱又称为被动式超低音音箱。

（1）无源超低音音箱。这种音箱箱体本身已设计成具有重放超低音的能力，对驱动它的功率放大器没有什么特别要求，只要功率足够和阻抗匹配就能使用，可以直接与立体声功率放大器连接。

在这种超低音音箱内部设有线圈和电容构成的简单分频器，并设有 2 个或 3 个分频点调节装置，通过这些频率点的调整可与音响系统中其他音箱（如主音箱等）保持频率响应方面的匹配，使用比较方便，但这种音箱的效果不是很理想。

（2）普通有源超低音音箱。如果在上述无源超低音音箱中设置一组普通音频功率放大器，那么就是普通的有源超低音音箱了。显然，这种普通的有源超低音音箱其性能也一般。

（3）有源均衡超低音音箱。在 3 种超低音音箱中，有源均衡超低音音箱最为复杂，当然重放超低音的效果相当好，音箱的体积相对而言也较小。这种音箱的箱体本身并不具备或并不完全具备重放超重低音的能力，但是通过针对箱体专门设计的电子电路（包括功率放大器），这种音箱的下限频率延伸到超低音频段。

这种音箱通过“均衡”电路，可将音箱的下限频率向下延伸 0.5 ～ 1oct（倍频程）。如音箱的下限频率为 40Hz，若能向下延伸 1oct 的话，通过“均衡”作用后的该音箱下限频率可达到 20Hz。这种音箱的电子电路部分有多种专利技术，电路形式变化繁多。电子电路部分可设在音箱的箱体内部，也可以单独设置。

2．超低音音箱的箱体结构

上述 3 种超低音音箱的箱体应该说与非超低音音箱的箱体在结构上有所不同，超低音音箱的箱体结构主要有传统箱体和特殊箱体两大类若干种。

（1）传统箱体的超低音音箱。这类音箱采用密封式或倒相式音箱结构，采用这种箱体的超低音音箱要采用大口径、大功率、长冲程的低音单元，并且要求箱体的容积比较大。这种超低音音箱的不足之处是重放超重低音时的瞬态响应不太好，另外音箱体积太大也不利于家庭的摆位。这类超低音音箱有的用数个较小口径的低音单元代替大口径的低音单元，这样可改善重放超重低音时的瞬态响应特性。这种传统箱体主要用于有源均衡超低音音箱中。

（2）特殊箱体之一的单元内置式双腔体单开口超低音音箱。这种超低音音箱的结构和工作原理可用图 5-80 所示的示意图来说明。图 5-80（a）所示是箱体结构示意图，扬声器置于体积较小的箱体 A 内，箱体较大的 B 开口。图 5-80（b）、（c）、（d）所示是这种音箱的等效特性示意图。

如图 5-80（a）所示，空腔 A 可以看成是一个密封箱，开口腔 B 是一个赫姆霍茨共振器，所以这种单开口超低音音箱是由一个密封箱与一个赫姆霍茨共振器复合而成的。扬声器设置在密封箱内，扬声器向开口腔 B 辐射时的声压

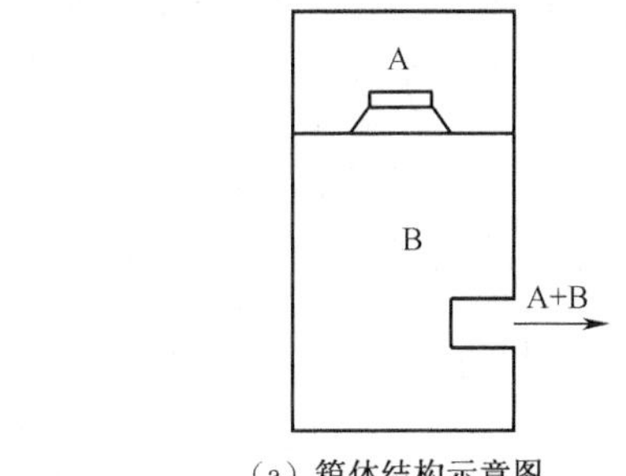

（a）箱体结构示意图

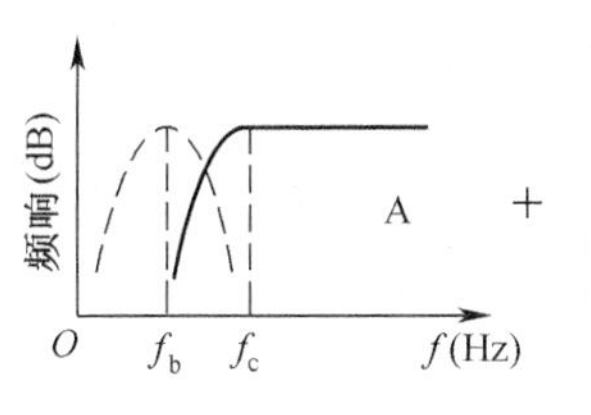

（b）频响曲线

+

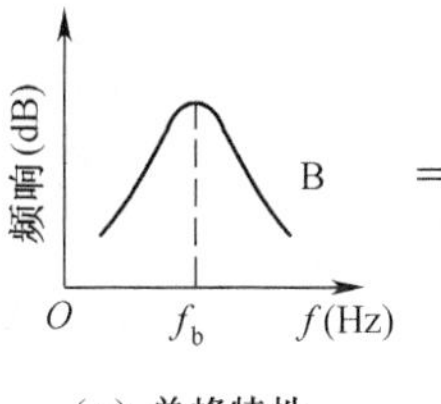

（c）单峰特性

=

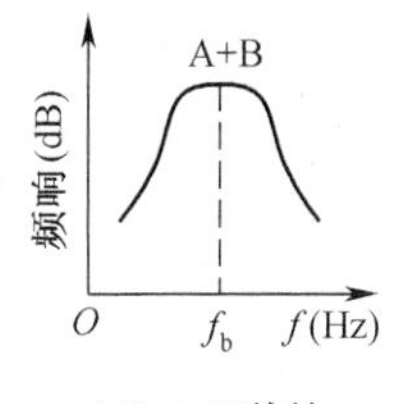

（d）A+B 特性

图 5-80　单元内置式双腔体单开口超低音音箱示意图

频响与一般密封式音箱相同，其频响曲线如图5-80（b）所示，f_c为密封箱的共振频率。

赫姆霍茨共振器由开口辐射的声压呈一定带宽的单峰特性，如图 5-80（c）所示，开口腔的共振频率f_b一般低于密封箱的共振频率f_c。

从扬声器辐射声波通路来看，密封腔和开口腔是串联的关系，结果从开口辐射出来的声压形成 A+B 特性，如图 5-80（d）所示，以f_b为中心频率，具有一定频带宽度的带通特性，所以这种双腔体单开口超低音音箱又称双腔体单开口带通型超低音音箱。

这种音箱的频率特性是通过两个箱体形成的，开口腔单峰特性的低端扩展了密封箱共振频率的下限（因为f_b小于f_c），同时开口腔单峰特性的上端又限止了密封箱的高频特性，最后形成中心频率为f_b的带通特性，重放的下限频率（−3dB）一般可达到 $0.7f_b$。

（3）特殊箱体之二的单元内置式双腔体双开口超低音音箱。这种音箱的结构和工作原理可用图 5-81 所示的示意图来说明。图 5-81（a）所示是箱体结构示意图，从图中可见扬声器置于较大的箱体 A 内，箱体也开口，箱体 B 较小。图 5-81（b）、（c）、（d）所示是这种音箱的等效特性示意图。

单元内置式双腔体单开口超低音音箱由一个密封箱和一个赫姆霍茨共振器复合而成，它们之间是串联关系；而单元内置式双腔体双开口超低音音箱则是一个倒相式音箱与一个赫姆霍茨共振器复合而成的，它们之间是并联关系。

倒相式音箱的频响特性如图 5-81（b）所示，因为箱体 A 容积较大，所以它的共振频率f_a较低，一般f_a低于或等于扬声器的谐振频率f_{s0}。箱体 B 的共振频率为f_b，箱体 A、B 均呈单峰特性，但 A+B 具有带通特性。与单元内置式双腔体单开口超低音音箱相比，它具有更宽的频带，−3dB 的下限频率一般略低于 A 箱的共振频率f_a。

重要提示

上述两种特殊箱体的超低音音箱中的扬声器设置在箱体内部，所以称为内置式。扬声器设在内部，扬声器振膜没有直接向空间辐射声波，这样可减小重放失真。这是因为扬声器振膜本身的振动及移位非线性等因素会产生高次谐波，这一高次谐波会造成重放的失真。空腔 B 及其开口等效成一个低通滤波器，能够有效地抑制这种有害无利的高次谐波。

在采用双腔箱结构后，可以采用较小口径的低音单元，也能获得低失真、超低音的重放特性。这种双箱体的结构主要用于无源超低音音箱中。

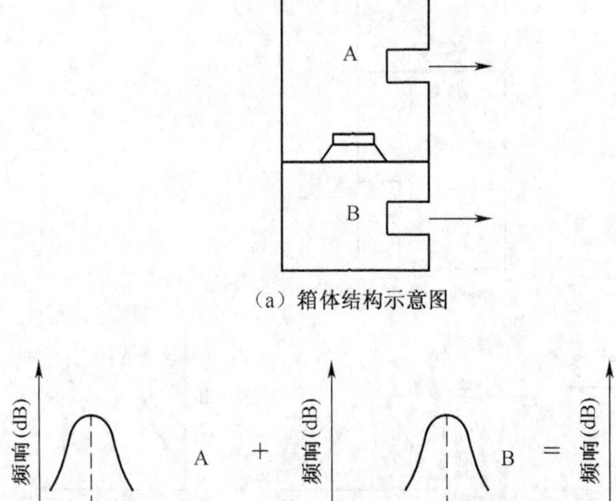

（a）箱体结构示意图

（b）频响曲线　（c）单峰特性　（d）A+B 特性

图 5-81　单元内置式双腔体双开口超低音音箱示意图

（4）赫姆霍茨共振器概念。在讲到超低音音箱时就会谈起赫姆霍茨共振器，它的基本原理可以这样说明：当我们贴着一个空瓶子的瓶口吹气时，就会听到一种“呼、呼”的声音，这就是共鸣现象，即瓶口颈部的空气“活塞”与瓶体内部空气“弹簧”因吹气而形成共鸣振动。像瓶体这样的空腔称为赫姆霍茨共振器，超低音音箱中的赫姆霍茨共振器其工作原理与此相同。采用这种原理制造的超低音音箱在极低的音量下也能获得低音效果。

3．有源伺服技术（AST）

在有源超低音音箱中有一种技术称为 AST（Active Servo Technology），意为有源伺服技术。这种技术使小型扬声器也能重放出丰富的低音，并可与大型扬声器相媲美，这一技术是由日本 YAMAHA 公司发明的。

AST 的核心是通过特殊的功率放大器来强制性地驱动低音扬声器，使扬声器纸盆在谐振频率以下也能振动起来。

众所周知，纸盆上设有音圈，音箱的阻抗愈低，扬声器纸盆振动就愈容易。若采用超导材料来制作扬声器将会得到一个阻抗接近零的音圈，但目前这还不能成为现实。AST 则是从另一个角度来解决音圈阻抗的问题，即 AST 将功率放大器的输出阻抗变成负阻，这样通过放大器的负阻来抵消音圈的正阻抗，这就解决了音圈的阻抗问题。所以，采用 AST 的放大器称为负阻放大器。

负阻放大器的输出阻抗并不是负的，负阻放大器的工作原理可这样说明：由于音圈存在阻抗，这样功率放大器的输出信号电压有相应的减小，AST 放大器通过正反馈电路将这部分信号电压的损耗补偿回来，即通过动态伺服以相应的负输出阻抗与音圈的正阻抗抵消。在降低了音圈阻抗后，扬声器纸盆所承受的驱动力理所当然地增大许多。

4．扩展低频（ELF）技术

ELF（Extented Low Frequencies）意为扩展低频。扩展低频技术用于放大器电路中，通过对放大器低频输出功率的提升来补偿音箱低频下跌的特性，使音箱的低频下跌特性重新恢复平坦。ELF 电路通常设置于放大器的前置放大器电路中，ELF 就好像是一个积分器，能够对音箱在低频段的衰减处的衰减进行有效的补偿。

另外，这种积分器具有低通滤波器的功能，并且这一滤波器的特点是延时固定，不会像普通 RC 滤波器的延时量会随频率变化而变化，这样 ELF 电路就不会产生时差。采用 ELF 技术后，10 英寸扬声器可达到 18 英寸扬声器的效果，并可缩小音箱的体积。

5．超低音音箱中的单元方向性

超低音音箱按照低音单元的设置方向不同有多种：一是低音单元向前放置的音箱；二是低音单元向后放置的音箱；三是低音单元向下放置的音箱；四是整个音箱是封闭的，只是在侧面开了几个小孔。这4类超低音音箱由于设计不同，在听音室内的摆位要求也不同。

重要提示

低音单元向后放置的超低音音箱其发音要靠后墙反射，与音箱距后墙的距离直接相关。如果这种音箱没有脚钉的话，可加上5cm左右长的脚钉，这样可获得更加清晰的低音。

对于低音单元向下放置的超低音音箱其发音效果与音箱与地面的距离有直接关系，这种音箱一定有脚钉，低音是从音箱底部与地面之间的空间传送出来，所以不能再加长脚钉，更不能将音箱地面铺地毯等吸声材料，应保持光滑的反射地面。同时，这种音箱与后墙距离保持在10cm左右。

6．超低音音箱与其他音箱配合问题

超低音音箱只是家庭影院扬声器群中的一部分，尽管超低音音箱十分重要，但也不能特殊化，超低音音箱辐射的超低音声音必须与其他音箱辐射出的声音融为一体，**主要注意超低音音箱接入系统后4个方面的问题：音量、分频点、相位、速度。**

（1）音量问题。有源超低音音箱上设有音量调整旋钮，调节超低音的音量是将超低音音箱融入系统扬声器群的最重要一环。超低音的音量调得太小，低音量感不足；调得太大则声音变闷，弄巧成拙。应该调整到低音量感适宜而又不感觉到低音是来自超低音音箱为宜。

（2）分频点问题。超低音音箱的分频点要与主扬声器连贯，如果主扬声器下限截止频率为80Hz，则可将超低音音箱的上限频率调至80Hz或略高一些。在许多超低音音箱中设有上限截止频率的调整装置。

14. 功率放大器种类1

（3）相位问题。超低音音箱的相位要与其他扬声器群的相位保持一致，这样才能使各音箱“步调一致”地工作，否则超低音声波与其他频率声波的相位混乱。在许多超低音音箱上设有正、负相位调整开关。

（4）速度问题。超低音音箱的速度要与其他扬声器速度保持一致，对于有源超低音音箱这不成问题，对于被动式音箱则要通过精心的摆位调整，才能使各音箱的速度达到一致。

5.6.15　线材与靓声

线材是整个音响系统的神经，它的作用是连接整个系统中各器材的电信号通路。

1．3种看法

音箱、放大器和CD机本身品质对声音的音质、音色的影响是公认的，因为无论是发烧友还是普通用家，一听便能知道不同品质音箱、放大器、CD机所播放的声音存在明显不同之处。但是，线材自身品质对整套器材的影响，并不像音箱、放大器、声源播放器材那样被一致公认，现有3种看法。

3种看法提示

（1）坚决肯定的烧线派，认为音响系统发烧非烧线材不可，这一派系中以资深发烧友居多，还有为数不少的刚“入道”烧友。

（2）坚决否定的否定派，认为完全没有必要将大笔的资金投入到线材上，有钱要花在刀刃上，应在音箱、放大器、CD机三大硬件上升级，并提出了一些很有道理的理由，如通过音箱摆位、改良听音室声学条件等。有的还责疑烧线派人士是否也应该将机器内部的信号线更换成8N线材。更有的摆开试听、比试“战场”，通过盲听来考验烧线派的金耳朵含金量有多少。

（3）介于烧线派和否定派之间的大众派，此派人多势重，认为线材对声音的音和音色效果有影响，但在影响程度、“投入产出比”上持比较冷静态度，普遍认为对线材的投资要慎重，可以作为二期、三期的“技改项目”。

对发烧级线材的多流派争论，也是音响理性发烧的一个焦点，为广大用家和刚刚发烧的朋友提供了认识的机会。要特别提醒的一点是，不能人云亦云，要独立自主地思考，对于那些将某线材说成逢机必配、如何之好的广告宣传不要太过迷信。

从品种繁多、价格不菲的线材上看，发烧级线材对改善音响系统的音声和音色肯定有用，问题出在有用的程度上，用多大的代价能换取多少好处。一般线材几元到十几元一根，而价格最低的发烧线材也要上百元一根，价格上相差非常大。

2．导线对声音传送的影响

从理论上讲，信号线是由电阻、电容和电感三者共同构成的一个分布参数系统，加上集肤效应的影响，不同频率信号电流通过导线时，受到的阻碍作用不同，也就使导线呈现了不同的阻抗特性，导致各频率信号通过导线时的速度不同，造成了声音的模糊，所以导线的电阻、电容和电感特性都是制造发烧级线材的重点考虑问题。

重要提示

导线所传送的各种频率成分的信号中，高频谐波是最容易受到损害的成分；而对于高保真的音响系统而言，高频率的谐波成分正是反映纯真音色的精华，失去它们声音将缺乏光泽。

5.6.16 发烧级线材

图5-82所示是部分发烧级线材实物图。

1．铜质为主的发烧级线材

从导电特性上讲银是最好的非合金金属，但银质线材贵，加上不能做得很粗，因而发烧级线材中的银质线比较少。铜的导电性能仅次于银，加上价格低和可加工性好，所以发烧级线材中绝大多数是铜质线。

AV 发烧级线材

喇叭发烧级线材

图5-82 部分发烧级线材实物图

最初人们发现铜线中的铜质对声音有影响，当铜的质地愈纯、所含杂质愈少时，声音就愈好，于是开始对用于发烧级线材的铜质进行深入研究。

（1）各种杂质对声音的影响。在高级音响器材的研究中发现，音响线材中的杂质对高保真地重现声音存在有害影响。金属锌会使声音变得发涩和不流畅，锰则使声音失去光泽，氧化物会使声音在大动态时缺乏该有的庞大气势，而使影院效果大打折扣。对于极少量的砷，也会导致人声显得不够甜润。从上述已经知道的结果来看，对音响线材的纯度要求是所要解决的诸多问题中的重中之重。

（2）OFC线。最初用于发烧级线材中的是无氧铜，即OFC(Oxyacid Free Copper)，它基本不含氧化物。这种铜的熔融工艺比较特殊，在与空气隔绝的情况下冶炼，使铜的纯度提高许多。现在，无氧铜纯度愈来愈高，出现了纯度为99.99999%的无氧铜。常说的4N、6N、8N(N是英文Nine的第一个字母)就是指上述纯度中的几个9，8N是目前纯度最高的OFC，有8个9。当每多一个N时，价格就增加一倍。

（3）大结晶OFC线。随着OFC技术在发烧级线材中的广泛应用，人们进一步研究又发现除铜质的纯度对声音有影响外，铜的晶体之间存在界面，这一界面对声音也有一定的影响，于是出现了大结晶OFC线材，在同样长度下这种线材的结晶数量比普通OFC线材少了许多。最新的研究成果出自有100多年铜线生产历史的日本古河电工，它研制成功了以PC OCC为注册商标的单方向性单结晶连续铸造式无氧铜线。PC OCC中的O不是氧的意思，而是“高温热铸模式连续铸造法”发明人日本大野（Ohno）教授姓氏中的第一个字母。

这种单方向性单结晶无氧铜线在一根线材中只有一个结晶，从而彻底克服了线材中晶体与晶体之间的界面，将这种界面对声音的影响铲除。当纯度高达6N时，线材就不能采用拉丝法生产，而要采用铸造法，无论是粗线还是很细的线，都要一根根地铸造，所以生产成本很高，这也是发烧级线材都那么贵的一个原因。

（4）**镀金或镀银线**。在发烧的顶级线材中也有的用纯金或纯银制成，其主要目的是为了降低线材对电流的阻碍作用。线材作为传送信号的神经线，理想情况下要求线材对信号电流没有任何阻碍和修饰作用，尤其是对音频信号中的高次谐波成分不能衰减，因为这些宝贵的高次谐波是美好音色中的重要成分，所以音响中的连接线要采用纯金或纯银这些电阻系数值更小的贵金属。

但是，由于纯金、纯银的价格太高，更多情况下这些纯金和纯银只是作为无氧铜线材的表面镀层，其使用效果与纯金或纯银线材相差无几。采用纯金或纯银对导线表面进行镀层处理，是因为高次谐波信号频率高，这一高频信号电流在导体的表面流动，即在电阻更小的纯金或纯银镀层中流动，可使高频谐波信号的损耗降至最低程度。

（5）**智能型线材**。高频电流在导体中沿导体的表层流动，对音响线中的高频信号电流也是如此。现已有一种智能型信号线（喇叭线），该线在制造中运用高科技理化手段来改变铜线的金属结构，使该铜线的一定厚度外层只适合于频率高于5kHz的信号流过，低于5kHz的信号从线芯通过，让各频率信号电流“各行其道”，互不干扰。据称采用这种技术制造的喇叭线由于各频率的信号电流各行其道，低音、中音和高音都有最佳的表现。

2．发烧级线材的频率线性度、质地选材、制作工艺

发烧级线材在形状设计上很有讲究，影响到线材整体的品质，导线的结构如圆形还是方形，导线的排列如单支、多股绞合线还是空心线，对线材的传送效果也会产生影响。

（1）**导线的集肤效应**。这一效应对音响线材的设计也有影响。集肤效应是导线内交流电流集向其周边的效应。在交变电流产生的电磁场作用下，导线的中心部分比周边部分所感应的反向电动势要大，其频率高的电流比频率低的电流感应更大的反向电动势，这样电流就向导线周边聚集。对一定截面的导线，其交流阻抗随频率信号升高而增大。

（2）**导线的频率线性度**。对于导线的性能而言，电阻抗频率和频率的线性度是两个重要指标，从技术指标上讲影响上升时间和相位的一致性。图5-83所示是相同截面面积下，3种不同结构导线的频率特性曲线。

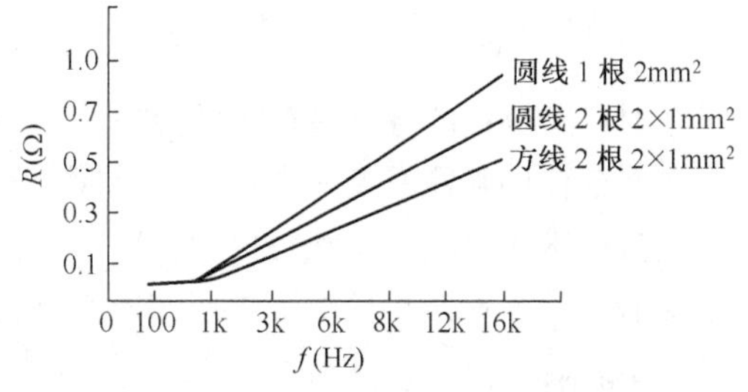

图5-83　导线的频率特性曲线示意图

图中3种导线的截面面积均为$2mm^2$。采用单支$2mm^2$的圆形导线时，它的频率特性曲线最差，从听感讲此种结构导线低音和中音清晰度具有很好的表现，声音连贯自然，但高频段声音稍有衰减。

15. 功率放大器种类2

当采用双支$1mm^2$圆形导线时，导线的频率特性优于前者，其听音感觉是低音和中音充满温暖之感，高音柔和但有所衰减。

当采用2根$1mm^2$方形导线时，频率特性最好，其听感是低音和中音生动活泼而有力，中高音连贯又自然。

（3）**方形导线**。为了进一步提高频率线性度，美国超时空（Tara Labs）公司开发了截面形状为方形的发烧级线材，如RSC（Rectangular

Solid Corr）方芯铜系列音响线，如图 5-84（d）所示。这种方形导线采用空心排列方式，使集肤效应大大减小，在图示 4 种导线中它的频率线性度最好。图 5-84（a）为最差，然后图 5-84（b）、（c）、（d）频率线性度依次提高，能够获得清晰自然而无背景噪声的最佳效果。

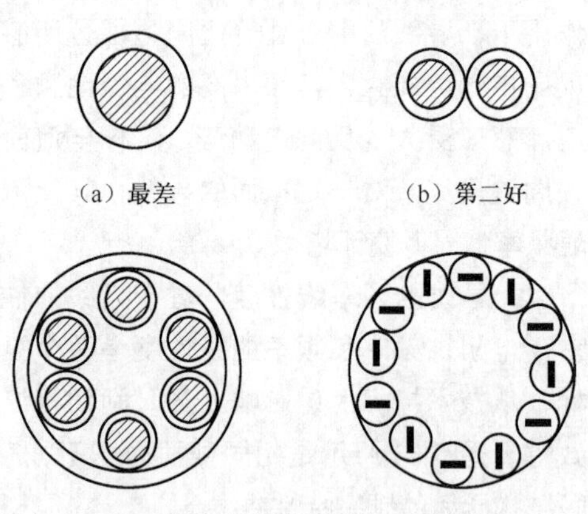

图 5-84　4 种导线频率线性度比较

超时空音响线的导体有一个特定的直径厚度，这一最佳的直径厚度是通过科学计算出来的，此直径下可获得保持线性的较高频率，因此在 20kHz 以下有最小的直流电阻和对高频信号的最小衰减率。

（4）导线间空气间隙对声音传送的影响。多股绞合线有一个缺点影响了声音传送性能，就是线与线之间还存在着很小的空气间隙，会对导线产生氧化作用，使用一定时间后氧化产生的负面效果使声音失真，并出现背景噪声。在高级线材中，为防止导线氧化，线刚拉出就用高级材料加以密封，杜绝氧化现象的发生。

（5）发烧级线材中的绝缘材料。对音响线材中的绝缘材料，除要求其漏电损耗小之外，还要在保证抗拉、抗折强度的前提下有很高的柔韧性，并要有很好的耐老化和耐腐蚀性能。

对于音响线的绝缘层的研究也已相当深，人们发现导线工作时的电场可使绝缘物质出现极化现象，从而使音色变坏。

美国超时空音响线采用航天用聚乙烯绝缘材料，经特殊的化学处理，具有较低的绝缘吸收率和高绝缘宽容度，有较好的柔韧性，这一绝缘材料比特富龙绝缘材料性能更好。

1995 年，美国超时空音响线材厂与美国太空署合作，将称为“和谐合金”（Consonant Alloy）材料用于该厂的方芯铜系列音响线上，使得这种音响线在瞬态、空气感、音场感、声像定位、超高频拓展、低频下延等诸方面有明显改良。

3．喇叭线和信号线

（1）喇叭线形状设计。图 5-85 所示是一般喇叭的形状设计，采用对称平行间距方式，每根导线采用 504 支无氧铜细丝，导线截面面积不小于 3mm²。一般功率放大器的输出阻抗很小，所配接的音箱阻抗一般为 8Ω、6Ω、5Ω 等，阻抗很低，这样要求喇叭线本身的阻抗也不大。当这种线材的两根导线间距过小时，因交变磁场的互感作用增强，增大了线材的阻抗，破坏了音频信号电流的传输性能，特别是对高频信号、谐波成分影响更大。当间距过大时，会产生音频电流的离散效应，导致喇叭线整体上的传输阻抗不平衡。

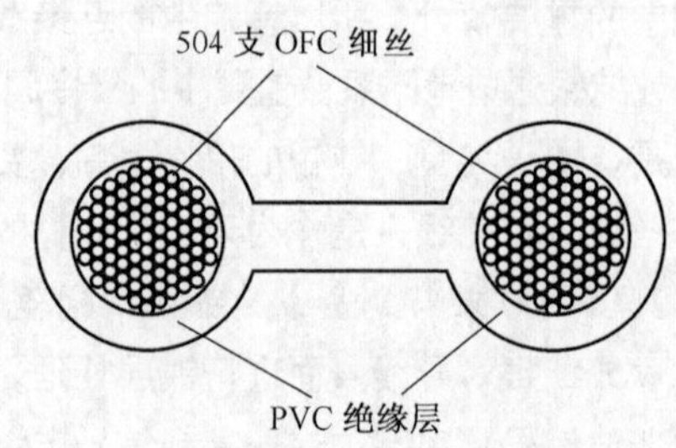

图 5-85　对称平行间距方式的喇叭线示意图

喇叭线形状除对称平行间距方式外，还有采用单根多股绞合线、双根多股绞合线和单根铜芯线等几种。

喇叭线形状设计的不同，对音色有一定影响。如果导线芯是多股细线绞合而成的喇叭线，一般属于温和型线材。芯线是单根铜芯，它比较强调中高音表现，低音有力但略欠厚度。若芯线采用了镀银工艺，则低音有弹性、中高音亮泽、声染很小。

（2）信号线形状设计。图 5-86 所示是美国怪兽 101 型发烧级信号对线示意图。对线是指两根单线连在一起的线材，机器间的连接通过一副对线完成。

这种线从里到外共 5 层，最里面是 42 支

OFC 细铜丝，以减少集肤效应的影响。然后是LPB 介质，之后是双重屏蔽层，其金属丝编织屏蔽网采用 48 支以上的细铜丝编织成密集有序的网状结构。金属箔与编织屏蔽网相贴一面是导电层（地线），内侧面涂覆绝缘层。导线的最外层是 PVC 保护层。两根主线之间的一根多股细导线是测试校验用基准线。

屏蔽线除采用金属编织网外，还有一种采用优质塑料套套住芯线进行屏蔽，在塑料套管的内层镀有高电导率的特殊金属层，并紧密地与一根裸导线相接触。这种屏蔽线使用方便，但价格贵。

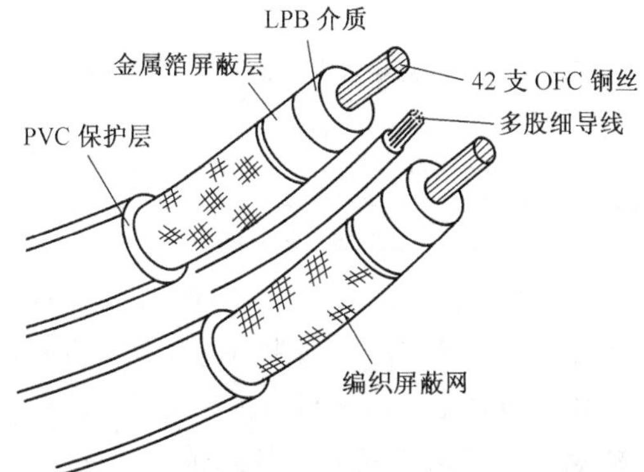

图 5-86 美国怪兽 101 型发烧级信号对线示意图

5.6.17 纯音乐系统

16. 功率放大器种类 3

> **重要提示**
>
> 家庭音响器材名目繁多，如果将它们按用途和功能组合可组成下列 5 种形式的家庭音响系统。
>
> （1）纯音乐系统，这一系统专门用来欣赏音乐。
>
> （2）组合音响，这是大家比较熟悉的音响系统。
>
> （3）家庭 AV 中心，即家庭音频和视频中心，是一种几年前流行的系统。
>
> （4）家庭影院系统，这是目前叫得最响、最热门的系统。
>
> （5）卡拉 OK 系统，这是大家熟悉、十分喜爱且相当实用的家庭娱乐系统。

这一系统又称为高保真（Hi-Fi）系统，对该系统的要求是能够原汁原味地重现声音。

从声场角度上讲，纯音乐系统讲究声场的宽度、厚度感，声像的结像力强、解析力高、定位准确，声音层次分明、细迹清晰，音乐味强。从技术角度上讲，对纯音乐系统中器材的技术要求很高，如输出功率、频率响应、信噪比、动态范围、总谐波失真度等。

1．“高贵”的系统

纯音乐系统在上述 5 种家庭音响系统中应属于“高贵”的音响系统，“高贵”是指它的品位高，高档次的纯音乐系统在价格上也较高。

> **重要提示**
>
> 纯音乐系统与其他的 4 种系统相比，系统所用的器材件数虽然不多，但它对硬体、软件和全线器材的性能要求高，资金投入量大，平的、准发烧级的、发烧级的、预备顶级的、顶级的纯音乐系统在声音再现方面相差大，价格上差异就更大。
>
> 音响界有一句话：音响器材在性能上按算术级提升时，价格上要按指数级攀升。音响器材这种性能与价格之间的关系，在纯音乐系统中表现得更为明显。万元可以购置一套准发烧级的纯音乐系统，但一个四件套的顶级纯音乐系统则会超百万。如一套由 4 件名贵器材构成的纯音乐系统配置：一是 DYAUDIO COUTOUR 3.3 三路四单元音箱，二是 Mark Levinson No.33 顶级放大器，三是 JAMICHELLORBELP 唱盘，四是 AUDIO RESEARCH P112 唱头放大器。

2．纯音乐系统的声道数目

“正宗”的纯音乐系统都是双声道结构，即采用左声道和右声道构成系统。采用这种双声道结构已经能够将声场建立，并“原汁原味”地重现声场，所以不必采用多声道的纯音乐系统。

多声道的纯音乐系统并非没有，如 DTS 系统（可用于多声道纯音乐系统），又如将 DSP 系统引入纯音乐系统中后，就必须采用多声道的纯音乐系统，这种系统可以模拟出各种特定的听音环境，如将听音室的房间尺寸模拟出各种大小等。但是，一些纯音乐发烧友认为这种加入 DSP 系统的音乐已经不“纯洁”了，不符合纯音乐系统的高保真度要求。下面将要介绍的各种纯音乐系统都是双声道的纯音乐系统。

3．6 种纯音乐系统组成方案

方案提示

纯音乐系统根据发烧级别的不同，可以有下列 6 种系统配置方案。

（1）合并式放大器方案。

（2）前、后级放大器方案。

（3）CD 转盘加 DAC 解码器方案。

（4）单声道放大器方案。

（5）双功放方案。

（6）简洁至上的两件套方案。

4．纯音乐系统基本构成

纯音乐系统的硬件基本组成是：音源设备＋纯功放＋左、右声道音箱三大件，还有线材和配件。不同档次的纯音乐系统，其具体配置情况相差较大，图 5-87 所示是一般纯音乐系统的硬件配置示意图。

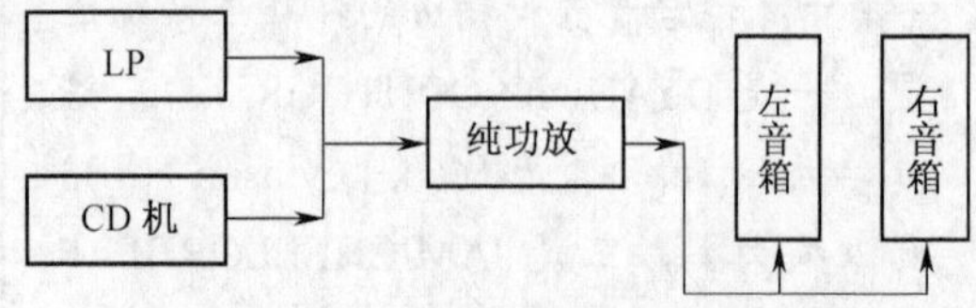

图 5-87　一般纯音乐系统的硬件配置示意图

系统中，CD 机（激光唱机）和 LP（电唱盘）是系统中的两件音源器材。其中，CD 机拾取激光唱片（CD 光盘）上的数字信号和将数码音频转换成模拟的双声道音频信号。

LP 拾取唱片上的模拟立体声音频并输出。

纯功放采用合并式放大器，它用来高保真地放大音频信号，然后驱动左、右声道音箱，通过音箱来将音频电信号转换成声音。

5．前、后级放大器系统

前、后级放大器系统中的纯功放采用前级和后级式配置，即将合并式的放大器换成前级放大器和后级放大器两部分，图 5-88 所示是这种纯音乐系统的组成示意图。其中，前级放大器除对音频信号进行电压放大之外，还设有音量控制器等电路。后级放大器就是一个纯功率放大器。

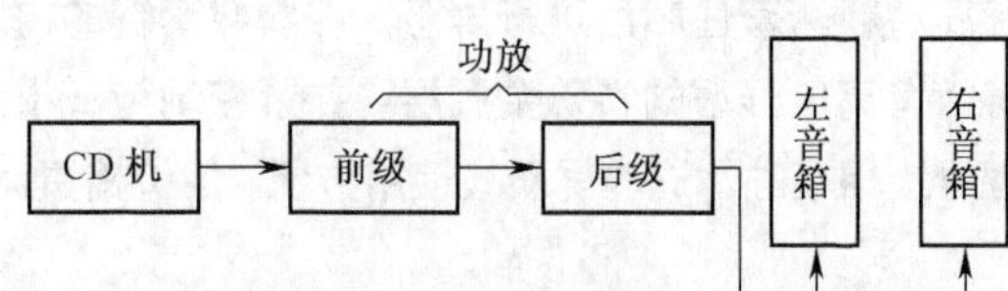

图 5-88　前、后级放大器纯音乐系统示意图

重要提示

在前、后级放大器方案中，CD 机输出信号加到前级放大器中，前级放大器输出信号通过信号线加到后级放大器中，后级放大器推动音箱。一般来讲，采用前、后级放大器形式比采用合并式放大器更高档一些。

由于前、后级放大器之间分开，所以在系统连接时要多一根信号线。如果采用较高档次的线材时，这种方案就增加了成本。

6．CD 转盘＋DAC 解码器系统

CD 转盘＋DAC 解码器系统中将 CD 机换成 CD 转盘＋DAC 解码器两件，CD 转盘和 DAC 解码器各自独立成一体，分成两层，每一层有属于自己的电源系统，图 5-89 所示是这种纯音乐系统的组成示意图。该系统中，放大器可以采用合并式放大器，也可以采用前级放大器和后级放大器。

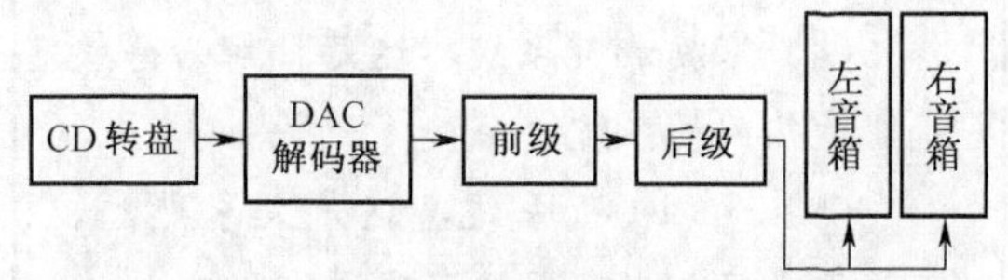

图 5-89　CD 转盘＋DAC 解码器纯音乐系统示意图

CD 转盘将激光唱片上的数字信号拾取并进行前置放大等处理，DAC 解码器的任务是将数码音频转换成模拟的左、右声道信号。

CD 转盘与 DAC 解码器之间可以通过同轴数码线连接，也可以通过光纤线进行连接，DAC 解码器输出的信号加到放大器中。

重要提示

CD 转盘 + DAC 解码器系统可大幅度提升音源的质量，特别是选择高档 DAC 解码器时能够听到更好的声音。当然建立一个 CD 转盘 + DAC 解码器纯音乐系统的资金投入也是很大的，在 CD 转盘与 DAC 解码器两件器材中，后者对整个系统的影响更大，所以在资金投入时要向 DAC 解码器倾斜。

7．单声道放大器系统

纯音乐系统一般都是双声道结构，可以采用双声道的放大器构成系统，也可以采用两个相同的单声道放大器构成双声道电路，这种方案比直接采用双声道放大器还要好。图 5-90 所示是单声道放大器系统的组成示意图。

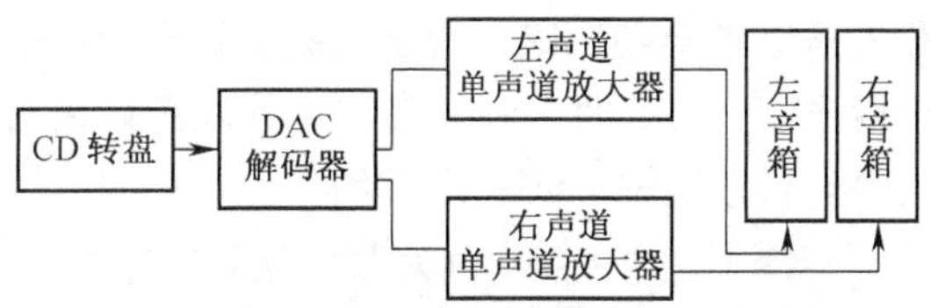

图 5-90　单声道放大器纯音乐系统示意图

采用两组单声道放大器后，左、右声道之间的相互影响降至最低程度，而左、右声道之间的相互影响直接关系立体声声像的高质量还原。

重要提示

在采用这种纯音乐系统方案时要注意一个问题，由于单声道放大器采用独立的电源系统，两台单声道放大器需要两根电源线，若采用发烧级的电源线时，成本将增加。同时，如果要给系统购置一个净化电源，还要考虑净化电源上的交流电源插口数量是否足够。

单声道放大器方案已属于比较发烧的组合了，所以应该考虑采用 CD 转盘 +DAC 解码器的方式来提升音源水准。只有做到整个系统中的各部分硬件合理搭配，才能实现花最少的钱获得最佳的声音。

8．简洁至上的两件套纯音乐系统

Mark Levinson No.39 CD 机和 Meyer 音箱可构成一套很发烧的纯音乐系统。这套纯音乐系统简洁到只有两个器件，没有什么专门的前级放大器和后级放大器，将 CD 输出端连接到音箱便构成一套纯音乐系统，图 5-91 所示是这种纯音乐系统的示意图。

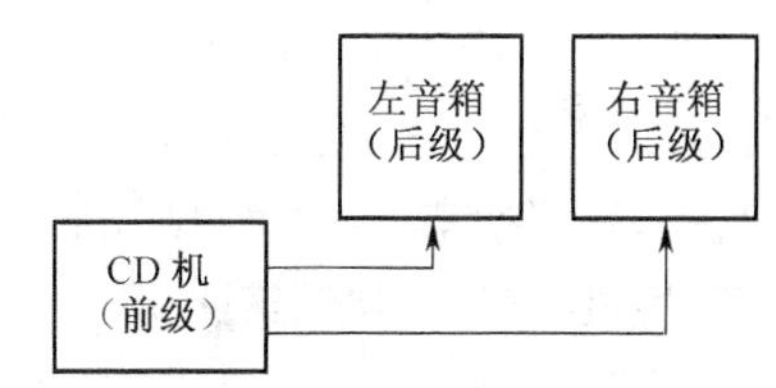

图 5-91　简洁至上的两件套纯音乐系统示意图

（1）非同一般的 CD 机。一般 CD 机中是不含前级放大器的，而 Mark Levinson No.39 CD 机则采用与众不同的设计方案，它将前级放大器置于自己机内，使系统中的连接环节降到最少，充分体现了纯音乐系统的简洁至上原则。

Mark Levinson No.39 CD 机采用全平衡式设计，功能十分丰富，除内置前级放大器外，还内置了控制器，其音量控制为模拟方式，精度达 0.1dB，机内电脑可控制音量增加值。

17. 功率放大器种类 4

该机丰富的控制功能还有播放程序设定、相位程序选择、静音电平设定、启动时间控制、数码输入 / 输出选择等。

（2）含有后级的有源音箱。有源音箱人们并不陌生，但是一般见到的有源音箱是指超低音有源音箱和含前、后级放大器的有源全频域音箱（这种有源音箱较低档），这里所讲的 Meyer

音箱与上述两种有源音箱绝对不能相提并论。

Meyer 音箱为一款有源音箱，低音单元为 8 英寸纸盆扬声器，高音单元为 1 英寸球顶扬声器，两个低音反射孔设在前障板下端。音箱内置两台后级放大器，并设有电子分频和矫正系统，推动低频为 150W，推动高频为 75W，频率响应为 40Hz ～ 20kHz ± 1dB，最大输出声压为 120dB，信噪比大于 100dB。Meyer 有源音箱只设平衡输入接口，可以与前级输出接口直接连接。

（3）试听报告。这一系统可用于录音室作为监听、音频后期制作、CD 母带制作等专业用途，用于发烧级的家庭应用更是没话可讲。

这一系统有着十分清晰、准确和高度逼真的声音。在欣赏弦乐合奏时，它没有一般系统那种整齐一致的声音，可听出更多的细迹，甚至能够感受到个别乐手拉出的“步调不一致”的音符。高档次的系统能够听到更多的其他系统中所不能听到的音符，包括乐符、现场的细节声和众多乐器“参差不齐”的微小细节。

9．双功放纯音乐发烧级系统

（1）系统组成和接线方法。所谓双功放（Bi-Amp）就是用一个双声道前级放大器，同时激励两组双声道（共 4 个声道）后级放大器，两组后级放大器分别推动一对音箱中的高音、中低音单元。目前，纯音乐系统中的“主力军”不采用双功放形式，主要原因是资金的投入量太大。

在该系统中，左、右声道前级输出信号分别连接到两台双声道后级放大器，一个双声道后级的左、右声道输出端分别接一声道音箱的高音和低音单元，另一个双声道后级的左、右声道输出端接另一声道音箱的高音和低音单元。图 5-92 所示是双功放纯音乐发烧级系统示意图。

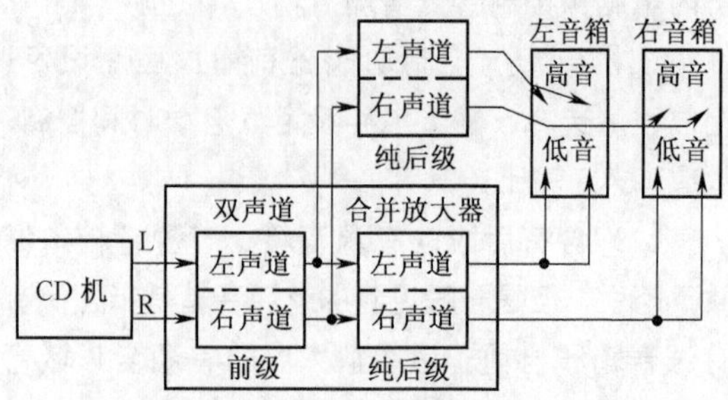

图 5-92　双功放纯音乐发烧级系统示意图

> **重要提示**
>
> 在双功放纯音乐系统中，各只音箱中的中低音单元和高音单元分别用一个声道后级放大器推动，采用分音连接，这样可以减小电缆功率损耗和无源分频器上的功率损耗，令中低音和高音扬声器能以最有效的方式工作。

（2）硬件要求。双功放纯音乐发烧级系统对硬件具有下列要求。

一是两组四声道的后级放大器性能一致。但是，在有的双功放系统中用来推动两只音箱中高音单元的后级放大器输出功率可比推动中低音单元的后级放大器输出小一半左右。

二是要求音箱具有双线分音输入。如果音箱的双线分音设计不合理、不过关，采用这种系统就不能达到提升音质的目的。

三是应使用同一型号、同一长度的分音喇叭线。

10．三大件对靓声的贡献率

从整体上讲，一套纯音乐系统的全线器材和线材、配件要平衡、畅通。从光盘的信号拾取，到声音从音箱中的弹跳而出，整条线上的每一处对声音都存在影响。让全线器材处于最佳配合状态下，让每件器材、每根导线发挥最大潜力是纯音乐系统始终追求的目标。

全线器材中的每一件对靓声重现都有影响，但其影响程度各不相同，这其中要数音箱最重要，它是靓声的基本保证；其次是纯功放，它是保证音箱处于最佳工作状态的基础；再是音源，它是全方位提高系统素质的龙头；四是线材，它是系统表现声音细迹、通畅连贯全系统的神经线。

> **重要提示**
>
> 如果用百分比来说明各器件对声音的影响程度，一般情况下是这样：音箱为 45% 左右，纯功放为 30% 左右，音源为 20% 左右，线材为 5% 左右。相应的资金

分配比例也基本相同。

但是，对于档次更高的纯音乐系统，将会更加注重纯功放的投入和线材、附件的投入，例如，采用发烧级信号线和喇叭线，增加电源净化器和购置发烧级音箱架、避震钉等。

建立纯音乐系统提示

如果想建立一个家庭纯音乐系统，最好要全面了解下面一些问题。

（1）现代纯音乐系统中已不再配置LP（激光唱机），这不仅是因为LP的声音已不敌CD的数码音源，而且LP唱片市场上也无法充足地供应。

（2）上面所介绍的都是“正宗血统”的纯音乐系统，它的唯一功能是欣赏音乐，没有卡拉OK功能和影院功能。

（3）在纯音乐系统的基础上也可以扩展成家庭影院系统，此时要在原系统基础上增加VCD播放机、环绕声解码器、环绕音箱、中置音箱等。

（4）纯音乐系统也可能扩展成卡拉OK系统，选配具有卡拉OK功能激光播放器材就能实现。如果纯音乐系统只是兼顾卡拉OK功能，此时增加一台卡拉OK机即可。

（5）上面介绍的6种纯音乐系统只是在系统的结构上不相同，并不能说明哪一种纯音乐系统是最好的。即使同一个结构的系统，由于组成系统的音箱、放大器和音源器材的档次不同，也会有不同的效果。

（6）在进行器材选配时要注意的问题更多，因为各种牌号的器材（放大器、音箱和CD机）除档次不同时声音素质不同之外，同价位的不同品牌器材之间也各有特色，对音乐的表现也各有侧重点，所以这给合理选配提供了很大的空间，但实际操作时是增加了最佳选配的难度。

（7）同一套纯音乐系统，对不同音乐所具备的表现能力也是不同的，对古典乐、轻音乐、人声的表现能力不同，对打击乐、弦乐的重播能力也有不同，所以要结合自己的实际情况、侧重点慎重进行选配。对于更多的普通用家而言，要结合价位进行选配考虑，在完成了系统档次的定位后，选择性价比高的器材。

5.6.18　组合音响

18. 推动管静态工作电流

1. 曾经“大红大紫”的组合音响

组合音响与音响组合不只是词组排序上的不同，这两种音响在许多方面存在质的区别。从直观上讲，组合音响体现一个套装性，以厂家已经组合好的一套为单位。音响组合以音响系统中的“件”为单位，它的“套”是通过科学的、经验性的“东拼西凑”完成的，是由用家根据所需自己动手完成的“套装”音响系统。

图5-93所示是某款组合音响实物图。组合音响是继收录机之后进入家庭的组合式音响设备，国内组合音响曾经红透了半边天，它以组合形式、功能齐全、外观优美、音质较好（相对收录机而言）为特色，在前后10年中占据了国内家庭音响的主导地位。但是，随着人们经济收入的增加，音乐欣赏能力的不断提高，越来越多的人认识到组合音响在音质、音色方面的先天不足，一部分人转而钟情于选择音响组合，于是音响组合在国内渐渐热了起来，加上国内音响专家和发烧友的推波助澜，经过两年多的蓬勃发展，音响组合已经在中国被越来越多的人认可。

图5-93　某款组合音响实物图

重要提示

从音响系统应最大程度地满足人们听音需要这一基本要求来讲，组合音响存在一个致命的不足之处，就是在同价位下，音响组合的音质、音色等音响设置的重要要素比组合音响高了几个数量级。

2．组合音响与音响组合大比试

组合音响与音响组合相比存在下列不足。

（1）组合音响的性能指标偏低，追求高指标、高性能本身就不是它的目的。

（2）组合音响的音箱表现平平，没有从提高音响效果这一高度去考虑音箱的设置，而是过多地考虑了美观、价格。

（3）功率放大器电路一般采用厚膜集成电路，不太讲究功率放大器对声音的贡献率。同时，功率放大器的输出功率比较小，在播放一些大功态声音时电路频频出现“灭顶”失真。

（4）功能设置过多，且过分地强调功能齐全，使机器的成本增加，而有许多功能其实用意义并不大。

（5）中高档组合音响中的CD机普遍采用多碟机，如五碟、六碟，增加了成本，而追求声音品质的发烧级CD机往往是单碟结构。

（6）用来组成电子电路的元器件为普通件，中低档组合音响做工上不讲究，声染现象较严重。

目前，组合音响根据它的实际情况，已经回到它应该所处的位置，即作为准家庭音响系统，追求低价位，满足低层次的听音需求。

5.6.19 家庭AV中心

1．家庭AV中心是家庭影院系统的雏形

家庭AV中心就是家庭中将音响系统与视频系统（电视机等）进行简单结合后形成的一种音响、视频混合系统，这是家庭影院系统的雏形，是几年前出现的一个新概念。该中心所采用的信号源器材一般是普通录像机（采用LD播放机的情况较少），放大器也以双声道为主，且性能平平，较好的AV中心最多有一些现在看来非常简单的环绕声解码电路。当时，家庭AV中心的主要功能是进行家庭卡拉OK，还没有提到使用这种系统来欣赏电影。家庭AV中心的出现，加快了家庭影院系统的发展步伐。

2．家庭AV中心与家庭影院系统比较

家庭AV中心与家庭影院系统相比，存在下列区别。

（1）家庭AV中心没有或基本没有加强影院效果的信号处理电路和相应的硬件要求，音响效果和图像效果都不理想，只是满足了有声音、有画面的基本要求。无论从音响效果还是图像质量上讲，家庭AV中心都不能说成是家庭影院系统，否则无法与新概念的家庭影院系统定义相接轨。

（2）没有性能好的环绕声解码器，也没有相应的环绕音箱，这应该说是家庭AV中心与家庭影院的根本区别。

（3）放大器没有达到重现影院效果所需的基本要求，延用组合音响中的那套放大器，只是简单地将组合音响与电视机、录像机组合起来，在技术上没有调整和进步。

（4）没有营造影院氛围的超低音声道和相应的超低音音箱。没有超低音的重放系统，就不能称得上是真正的家庭影院。

（5）电视机的屏幕尺寸偏小，一般是18英寸或21英寸，电视机本身的清晰度就低。另外，只能采用射频接口（RF）或视频接口（V），没有高清晰度的S端接口。

（6）由于采用普通的录像机作为节目源器材重放图像，其图像清晰度达不到要求，与影院系统中的图像清晰要求相差比较大。另外，这种录像机都是单声道音频格式。

（7）软件质量差，大部分电影录像带不含环绕声编码信息，为单声道伴音。另外，录像带容易磨损，影响播放质量。

（8）家庭AV中心当时的中心功能应该说就是为卡拉OK娱乐提供活动的画面，观赏没有影院效果的电影节目软件。

5.6.20　家庭影院系统

家庭影院系统中的音响与纯音乐系统有所不同，家庭影院音响系统努力追求的是营造出一个真正的影院声场和氛围，强调的是通过各种技术手段（加入延时、混响、方向增强、声场处理等）模拟出各种听音环境下的声场，要求声音有包围感，来自听音者的各个方向（前方、后方、侧面、顶部），有很强的空间感、声像移动感等。从技术角度上讲，系统器材要求有足够高的声道分离度。

家庭影院系统中的器材由于采用了各种声场处理电路，其电路结构复杂、技术性能指标不容易做得很高，如AV功放的信噪比一般只能做到90dB，而纯功放可达到高于100dB。图5-94所示是某款家庭影院系统实物图。

图5-94　某款家庭影院系统实物图

1．定义

家庭影院系统通俗地讲就是将电影院搬到家庭里，通过家庭影院系统的器材，在家里欣赏到清晰图像的同时，感受到只有在电影院里才有的逼真、震撼的声场氛围。

19. 乙类放大器静态工作电流

家庭影院使我们不出家门便能享受电影院才能有的听觉和视觉感受，做到这一点主要有如下3个方面的条件。

（1）视频设备。视频设备主要是指彩色电视机和激光播放器材（影碟机、CD机和DVD播放机等）。

（2）影院音响系统。影院音响系统是指环绕声处理器和多声道放大器（两者又称环绕声处理系统）。在家庭影院系统中，影院音响系统是最重要的。

（3）软件。软件主要是指光盘、LD和DVD光盘。

家庭影院的音响是衡量影院效果的最重要方面，它很大程度上受到所用音响器材的规格、档次影响。对于图像效果，则受到视频设备的制约。由于高清晰电视机还没有进入家庭，所以目前仍然以大屏幕彩色电视机构成家庭影院系统中的图像显示器材主体，更为超前一步的是采用投影机、投影电视机作为图像显示器材，这能有效扩大画面尺寸。

重要提示

在上述3个方面中，影院环绕声处理系统中的环绕声处理器是关键，正是因为这一原因，环绕声处理器的技术在音响器材诸多领域中发展最快。

2．环绕声处理器种类

各种家庭影院系统的种类也是以环绕声处理器来划分的，目前主要有以下5种。

（1）杜比环绕声处理器。这是最早的一种环绕声处理系统，性能最差。

（2）杜比定向逻辑环绕声处理器。这是目前技术最成熟、性价比最高，也是现阶段最普及的环绕声处理器。

（3）THX环绕声处理器。这种处理系统被杜比AC-3环绕声处理系统所抑制。

（4）杜比AC-3环绕声处理器。这是目前性能指标最高、环绕效果最好的处理器。

（5）DTS系统。

3．杜比环绕声家庭影院系统

图5-95所示是最简单的一种家庭影院系统组成示意图，其环绕声处理器采用最早的杜比环绕声处理系统。这一家庭影院系统的主要硬件有彩色电视机，左、右声道主音箱和左、右声道环绕音箱，影碟机和三声道AV功率放大器。

关于这一系统主要器材的配置说明以下6点。

（1）杜比环绕声家庭影院系统是目前诸多家庭影院系统中最简单的一种，效果最差，价格也最低。

（2）彩色电视机用来重显图像，一般要求采用大屏幕的。

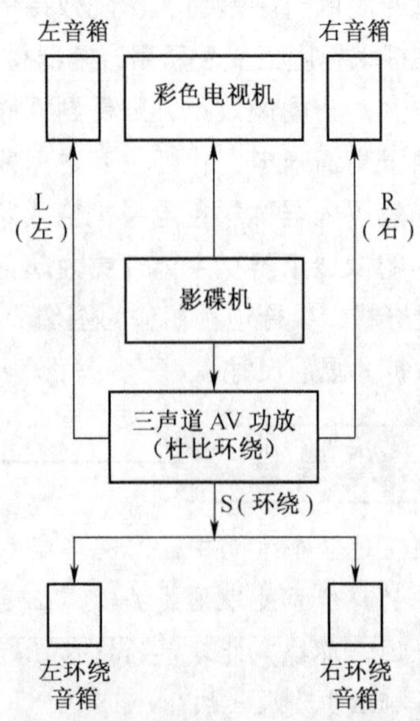

图5-95　杜比环绕声家庭影院系统配置示意图

（3）影碟机可以采用LD或DVD，其视频信号加到彩色电视机中，影碟机输出的双声道音频信号加到三声道AV功率放大器中。

（4）三声道AV功率放大器只适合于这种称为杜比环绕声的处理系统，这一放大器内置杜比环绕声处理器，它能将双声道音频信号处理成三声道信号，这3个声道信号分别是左声道、右声道和一个环绕声道信号。

（5）环绕声道音箱有左、右两只，但这两只音箱接在同一声道中。虽然两只环绕音箱与AV功率放大器连接时，两只音箱分别有两根接线，但送入两只环绕音箱的信号仍然相同，所以这一系统中的环绕声是单声道的，也就是两只环绕音箱中的声音一样。

（6）采用这种环绕声处理系统构成的家庭影院，其效果较差，这也是过去所说的家庭AV中心的环绕系统，只是3个声道的输出功率更大些，所以基本上不能产生多少影院效果，只是提供一些简单的环绕效果。

4．杜比定向逻辑环绕声家庭影院系统

图5-96所示是采用杜比定向逻辑环绕声处理器构成的家庭影院系统配置示意图，关于这一系统的配置说明以下七点。

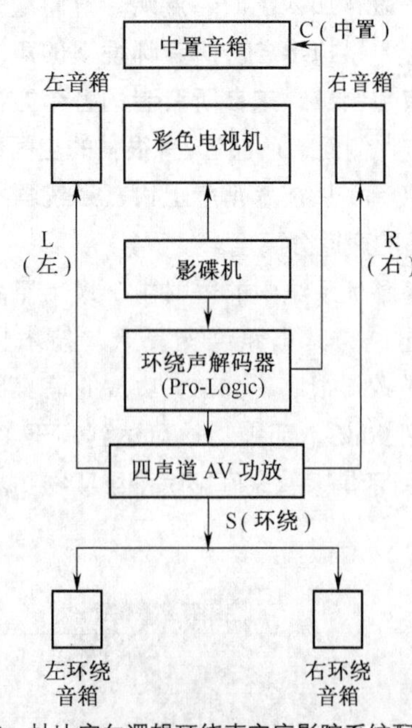

图5-96　杜比定向逻辑环绕声家庭影院系统配置示意图

（1）杜比定向逻辑环绕声家庭影院系统比前一种家庭影院系统高一档次，价格也贵一些。

（2）这一家庭影院系统使用了五只音箱，除了两只主音箱和两只环绕音箱之外，新增加了一只中置音箱。这只中置音箱的加入大大地提高了影院效果的表现能力，这是因为电影中大量的人物对话将从这只中置音箱中播放出来，使人物的对白声音和图像保持一致，加强了人声的定位效果，有效地扩大了听音和观看区。

（3）杜比定向逻辑环绕声解码器可以是设在AV功率放大器内部，这称为内置式解码器，也可以用专门的杜比定向逻辑环绕声解码器，后者解码效果更好，但价格高一些。

（4）杜比定向逻辑环绕声解码器有两种电路，一是压控式解码器，二是合成式解码器，前者性能远差于后者，价格也便宜。

（5）在这种家庭影院系统中，左、右环绕声道仍然是一个声道，但通过环绕声解码器已模拟成左、右声道形式，其环绕效果要比前一种好一些，但从真正实现家庭影院效果这一角度上，这种杜比定向逻辑环绕声处理器构成的家庭影院系统仍然不能产生令发烧友满意的环绕声场。

（6）放大器采用了4个声道，这4个声道分别是：左声道、右声道、环绕声道和中置声道，比前一种多了一个中置声道。

这里要说明的一点是，有的杜比环绕声处理器电路中也设置中置声道，但这一中置声道是通过简单的电路模拟而成，其中置效果差，与杜比定向逻辑环绕声处理器中的真正中置声道不能相提并论。

（7）杜比定向逻辑环绕声处理器是当前技术最成熟、性价比最高的环绕声处理系统。但从重现环绕声和影院效果角度上讲，它的缺点显然还是多了一点。

5．THX环绕声家庭影院系统

图5-97所示是采用THX环绕声解码器构成的家庭影院系统配置示意图。

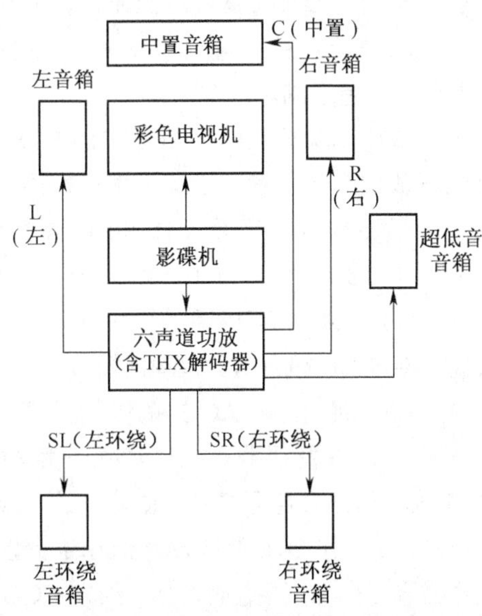

图5-97　THX环绕声解码器家庭影院系统配置示意图

关于这一种家庭影院系统重点说明下列5点。

（1）THX环绕声家庭影院系统比前两种在重现效果方面有长足进步，系统所用器材更多，加上受专利限制，整套系统的价格很贵，目前进入家庭影院系统的量很小。

（2）THX环绕声家庭影院系统使用了6只音箱，即在前面两种系统的基础上新增加了一只超低音音箱，使影院中的超低频音响得到明显的加强，大大改善了影院效果，突出了影院气氛。在影院系统中低音的量是不可缺少的，所以该系统加入超低音声道。

20. 甲乙类放大器静态工作电流

（3）采用4.1声道结构，即左、右、中置、环绕和超低音声道。0.1声道指超低音声道，这一声道的频响为超低音域（30～120Hz），所以称为0.1声道。

另外，环绕声道是通过单声道模拟出的左、右声道环绕立体声，所以有时将THX环绕声家庭影院系统称为5+1声道，5是指主左、主右、中置、左环绕、右环绕声道，1指超低音声道。

（4）这一系统中的THX解码器是一种根据影院效果经修正后的环绕声解码器，比前面介绍的环绕声解码器更适合用于影院系统中。

（5）THX强调双极性式环绕音箱，另外AV放大器、THX解码器和全套音箱都需要采用THX标志的产品，所以系统建立较困难，且成本比较高。

6．杜比AC-3环绕声家庭影院系统

图5-98所示是采用当前最高级环绕声解码器AC-3环绕声处理器构成的家庭影院系统配置示意图。关于这种家庭影院系统主要说明下列7点。

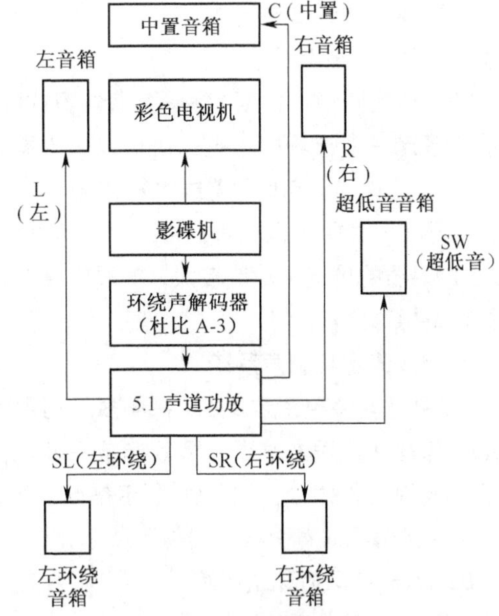

图5-98　杜比AC-3环绕声家庭影院系统配置示意图

（1）杜比 AC-3 环绕声家庭影院系统是目前最有吸引力的家庭影院系统，也是今后一段时间内重点发展、推广的系统，从影院效果角度上是目前最好的，从价格上讲虽然比杜比环绕、杜比定向逻辑系统贵许多，但由于具有诱人的影院效果和较高的性价比，所以是一种前景十分看好的家庭影院系统。

（2）图 5-98 中是一个标准配置的杜比 AC-3 环绕声家庭影院系统，它有 5.1 声道，即左、右、中置、左环绕、右环绕和超低音声道。这里的 0.1 声道含义与上面的 THX 相同，是一个超低音声道。

（3）这一系统与上面其他几个系统相比的一个明显特点之一是环绕声道是真正的双声道结构和全频域声道，从信号源制作开始就是左、右声道分离的，所以其环绕效果是上面各种系统中最好的，而对于家庭影院系统来讲，环绕声道的环绕效果在整个系统中具有举足轻重的地位。

（4）杜比 AC-3 环绕声家庭影院系统的另一个特点是 5.1 声道采用全数字处理技术。

（5）杜比 AC-3 环绕声家庭影院系统需要采用五声道放大器，且要求 5 个声道输出功率、频率范围等指标完全一样，要求配置一只有源超低音音箱。

（6）要求除超低音音箱外，其他音箱的承受功率相同，且比较大。

（7）杜比 AC-3 环绕声解码器有外置式的，已有许多产品在市场中可见；也可以是内置式的，它可以内置于 5.1 声道放大器内部，也可以内置于 DVD 播放机内部。各种档次的杜比 AC-3 解码器的价格相差比较大，一般内置式解码器价格相对比较便宜。

7．6.1 声道环绕声系统

6.1 声道环绕声系统比 5.1 系统多了后中置效果，包围感和后方发出的音效非常清晰，特别适合表现动作大片，图 5-99 所示是 6.1 声道环绕声系统解码器背面接口实物图。

8．DTS 多声道环绕系统

DTS 系统是由美国 Degital Theater Systems 公司在 1996 年推出的多声道数字式环绕家庭影院系统。DTS 是英文 Digital Theater Sound 的简写，意为数字影院音响系统。DTS 多声道环绕系统的出现将打破多声道环绕家庭系统中杜比 AC-3 的垄断地位。关于 DTS 系统与杜比 AC-3 系统之间的关系说明下列几点。

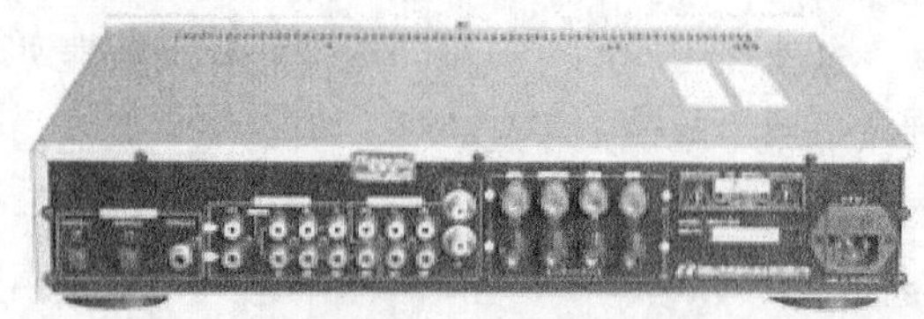

图 5-99　6.1 声道环绕声系统解码器背面接口实物图

（1）DTS 系统也是一个 5.1 声道环绕声系统，这一点与杜比 AC-3 相同。另外这两种多声道环绕系统都是全数字式的，均采用 5.1 声道放大器（放大器部分可相互兼容）。DTS 和 AC-3 均兼容现行的杜比模拟环绕系统。

（2）DTS 采用专门的 DTS LD 光盘，此外它还有专门的 DTS CD 标准的光盘，而杜比 AC-3 没有 CD 标准的光盘。DTS CD 光盘都是四声道和五声道录制。

（3）DTS LD 光盘要采用专门的 DTS LD 播放机播放，对于普通的 LD 播放机如果设有数码同轴输出接口也可播放 DTS 的 LD 光盘。对于 DTS CD 光盘与 DTS LD 光盘情况一样，在 DTS LD 影碟机中可以播放，在普通 CD 机中播放时要求 CD 机具有数码输出接口。

（4）DTS 解码器与 AC-3 解码器是不同的，有分置式的 DTS 解码器。如果建立一套 AC-3 与 DTS 兼容的多声道环绕家庭影院系统，最好的方法是 AC-3 和 DTS 解码器都选择是分置式的，再配置一个 5.1 声道放大器。如果 AC-3 系统已经建立，且为内置式的 AC-3 解码器，此时要建立 DTS 系统的投入是双倍的，还需要一套内置 DTS 解码器的 5.1 声道合并式放大器。

9．家庭影院与纯音乐系统比较

家庭影院系统与家庭纯音乐系统相比，在器材配置上存在下列 7 点不同之处。

（1）拥有视频显示设备，即彩色电视机。

一般要求彩色电视机采用多制式、大屏幕的，甚至要求采用投影机。

（2）家庭影院系统比纯音乐系统要复杂得多，系统种类多，就环绕声处理器而言就多达6种，而且档次相差很大。

（3）音箱多于两只，除需要左、右声道主音箱之外，另外设置了环绕音箱。大多数的家庭影院系统中还要设置更多的音箱，即设置中置音箱和超低音音箱。

（4）家庭影院系统中的节目源器材采用影碟机（VCD或LD）而不是CD机，这是因为家庭影院系统需要有图像信号输出。

（5）家庭影院系统在器材的数量上明显地多于纯音乐系统。

（6）家庭影院系统中的放大器采用AV放大器，这种放大器可内置一个环绕声处理器，且放大器声道数目多于两个，为多声道放大器。

（7）家庭影院系统中的AV音箱与纯音乐系统中的音箱也有所不同，甚至不同的家庭影院系统中还要求有不同性能的AV音箱。

5.6.21 家庭卡拉OK系统

卡拉OK 20世纪70年代起源于日本，它是无人乐队演奏的意思，是一种不需要乐队伴奏自己也能进行演唱的自娱自乐形式。这种娱乐形式对设备要求不高，形式活泼，被广大年轻人所喜爱，所以国内也很快风靡起来，一般用家在配置音响组合时都配置了卡拉OK功能。

1．卡拉OK的几个问题

配置和使用家庭卡拉OK系统之前需要了解这种系统的几个突出问题，这和音响系统的安全有重大关系。

（1）卡拉OK系统中由于使用了话筒，出现了系统之内的声-电正反馈回路而导致室内的高频啸叫。由于房间一般比较小，加之许多音响器材需要在较大音量下才能有好的效果，所以这种有害的正反馈更容易出现。

（2）这种正反馈回路不仅会使系统出现高频啸叫而使人讨厌，更重要的是这种高频啸叫会导致音箱中的高音单元损坏。由于卡拉OK的配置和使用不当，音箱的高音扬声器时常损坏。所以，用于卡拉OK的专用音箱要求高音单元能够承受比较大的功率。

21. 推挽功率放大器直流电路1

（3）纯音乐系统中一般不设家庭卡拉OK功能。这是因为纯功放中不设混响、延时等功能电路；另一个重要原因是纯音乐系统中的音箱一般价格较贵，也没有根据卡拉OK的要求去设计，一旦扬声器损坏，损失惨重。

（4）高档次的家庭影院系统中不设卡拉OK功能，主要原因也是为了防止扬声器的损坏。

2．卡拉OK装备

家庭卡拉OK系统需要硬件和软件两个部分，硬件是指具有卡拉OK功能的机器，软件是节目源。目前，可以实现卡拉OK功能的设备主要有下列一些。

（1）专门的卡拉OK机，这是一种具有卡拉OK功能的前级机器。

（2）专门的具有卡拉OK功能的功率放大器，可以直接与卡拉OK音箱连接而构成一套专门的卡拉OK系统。

（3）具有卡拉OK功能的录音机或组合音响，这种类型的机器已经过时。

（4）具有卡拉OK功能的彩色电视机，有些这种功能的彩色电视机还具有卡拉OK曲库功能。

（5）具有卡拉OK功能的录像机，这在前几年是十分流行的，现在由于VCD播放机的出现而退出了市场。

（6）具有卡拉OK功能的LD机，这是VCD没有出现时能获得高质量卡拉OK活动画面和伴乐的重要器材，现在由于VCD播放机的大量进入市场，家庭卡拉OK系统才多一个所要选择的器材。

（7）具有卡拉OK功能的VCD机，这是目前家庭卡拉OK系统中的主力器材，许多VCD播放机具有强大的卡拉OK功能。

（8）具有卡拉OK功能的DVD播放机，如松下公司最新推出的A300 DVD播放机便具有卡拉 OK 功能。

3．家庭卡拉 OK 系统

家庭卡拉 **OK** 系统通常是与纯音乐系统、家庭影院系统结合起来，很少有专门设置一套家庭卡拉 **OK** 系统的。如果在纯音乐系统、家庭影院系统的基础上提升成家庭卡拉 **OK** 系统，其设备的投入很少，特别是在家庭影院基础上升级所需器材就更少了。

5.6.22 筹建家庭音响组合系统的思考

1．系统间兼容问题

在实际使用中，家庭音响的各系统之间往往需要进行多功能的相互兼容，这就会出现下列两种主要的家庭音响组合系统模式。

（1）纯音乐系统兼顾家庭影院，且兼顾卡拉 OK 系统。

（2）家庭影院系统兼顾纯音乐系统，且具备卡拉 OK 功能。

上述两种系统的焦点是纯音乐兼顾家庭影院还是家庭影院兼顾纯音乐，有关这一点与用家的实际情况紧密相关。谁兼顾谁关系到系统器材的选配方案，所以在建立系统之前必须确定。

2．兼容问题三思而行

纯音乐系统在欣赏音乐方面有优势，家庭影院在满足视觉、影院音响效果方面有长处，目前还不可能找到两种系统完全相融的结合点，所以在决策之前先认真考虑下列几方面问题。

全面了解这两种系统的组成、功能、特点和资金投入情况，这是其一。

就一般用家而言，欣赏音乐的时间长，用来看电影的时间短，根据各自情况从系统的使用率角度上好好考虑，这是其二。

第三是从纯音乐系统向家庭影院系统升级，能够做到分步“投资”的操作，但是从家庭影院向纯音乐方向升级时，就只能一步到位了。

一次规划分步实施提示

家庭音响系统的建立要多多地考虑“一次规划分步实施”的投资方式。规划的中心问题是系统档次的定位，即首先确定最终系统的规格和档次，然后分成三步实施：第一步选择未来系统中的主件，即主音箱、放大器和信号源器材；第二步建立整个系统完整的硬件设施；第三步选择系统中的线材等音响附件和建立软件库。

3．明智的参考选择方案

家庭影院和纯音乐系统如何兼容的问题一直是发烧友所讨论的热点话题，也是厂家、商家密切关心的问题。

到底是纯音乐兼顾家庭影院，还是家庭影院兼顾纯音乐，不能简单地说谁好谁不好，应该分成下列 4 种情况来分析。

（1）音乐发烧，看电影为辅。对这类用家没有第二种选择，从建立纯音乐系统开始，向家庭影院方向升级。

（2）影院发烧，也要欣赏音乐。对这类用家应一次性建立家庭影院系统。为了使影院效果比较好，应建立杜比 AC-3 加 DVD 的家庭影院系统，否则用杜比定向逻辑的家庭影院系统，由于影院效果不理想谈不上影院发烧。对于这种家庭影院系统，由于所用 5.1 声道放大器也是性能相当优良的，所以在满足音乐欣赏方面自然问题不大。同时，这种方案也提供了卡拉 OK 功能。

（3）音乐和影院没有特别要求。对于这类的用家明智的参考选择方案应该是从纯音乐系统开始起步，分步实施家庭影院和卡拉 OK 系统，这样在音响系统的使用率、一次投入资金量、实际使用效果等方面有明显的优势。

（4）1 万元左右的系统选择方案。如果家庭音响系统只能投入 1 万元左右，因为在这种价位没有高质量的家庭影院系统，只能建立纯音乐系统，而这种价位的纯音乐系统可称得上是初级发烧系统了，并且还可以继续升级。

5.6.23　听音室声学条件和改良方案

同样一套音响系统放置于不同的房间时其音响表现情况是有所不同的，这里所讲的有所不同是指听音时的声场大小、音色差别等存在听感的稍有不同。

同样一套系统放置在室内的不同位置，也存在上述的有所不同，所以系统器材（主要是音箱群）在室内的摆放就相当重要，这其中的根本性原因就是室内声学条件对系统表现的影响。通过合理的音箱摆位和室内声学条件的简单调控，可以使系统处于最佳发挥状态。

重要提示

了解下列影响听音效果的4个环节，对改良音响效果有很大益处。

（1）硬件器材的品质要优良，这是指全线器材要精心挑选和搭配，这是获得靓声的最重要一环。

（2）软件节目要仔细筛选，在相同的听音硬件、系统和听音环境下，不同版本录制的软件，其音色、声音细节等方面都会有相当大的不同。

（3）听音室声学特性对听音效果的影响举足轻重，听音室的不同声学环境会影响声音细节、影响音乐的感染力、音场气氛等。

（4）扬声器系统的摆位。

1．听音室几何尺寸要求

（1）等边房间声学条件最次。听音室的房体长、宽、高几何尺寸往往由于建筑原因而不能改变，但在选择房间时应有所考虑。

重要提示

当房间的长、宽、高3个尺寸相同时，作为听音室最不理想，此时有10个明显的共振频率点。由于室内墙壁、地板和天花板表面光滑、较坚硬，当声源发声时会激发室内某些固定频率的声音，引起所谓的共振现象，使声源中的某些频率声音被过分地加强，扬声器发出的声音中被附加上另外的音色，即声染色现象，这大大有害于声音的原汁原味重现。

同时，这种共振还会导致某些频率（主要是低频）声音在空间上分布不均匀，在某些点处出现过分加强，而在另一些点处出现低谷，使听音室内的声场分布不匀。

（2）长方体房间声学条件一般。当将听音室长、宽、高尺寸比值取一个无理数时（如1.6:1.25:1），上述共振在室内分布比较均匀，可减轻这种共振带来的危害。在一些较小听音室内出现低频的轰鸣声与上述共振现象直接相关。

（3）推荐尺寸。国际电工委员会推荐的听音室高、长、宽之比为1:2.4:1.6，房间面积应大于20m²。当房间面积太小时，立体声效果不理想。另外，房间不能太长，也不可太宽。其具体尺寸是高（2.75±0.25）m，长（6.6±0.6）m，宽（4.4±0.4）m，房间容积（80±20）m³。

音箱的地面无地毯，音箱的背面与天花板为反射性，听音者背面为吸声性。混响时间100Hz为0.4～1.0s，400Hz为0.4～0.6s，1kHz为0.4～0.6s，8kHz为0.2～0.6s。

2．室内混响时间要求

（1）T60定义。所谓混响是由于室内墙体等各表面对声波无规则乱反射的结果，用混响时间T60表征一个听音室的混响情况。当室内建立稳定的声场后，突然切断声源，当声音续持衰减到原声场百万分之一（降低60dB）所经历的时间，定义为混响时间T60，单位为秒（s）。

同一个听音室内，不同频率的混响时间不同，在没有特别注明时为500Hz的混响时间。

（2）影响T60的因素。混响时间与房间的大小成正比关系，房间愈大，混响时间愈长；与房间内的

22. 推挽功率放大器直流电路2

总吸声量成反比，室内吸音愈强，混响时间愈短。在房间大小确定后，只能通过改变室内的总吸声量大小来调整混响时间。

（3）T60 大小对声音的影响。房间内的混响时间对听音有很大影响，它是听音室众多声学要求中极其重要的条件。混响时间适当，才能使声音听起来感到圆润、丰满、生动，音乐才能产生很强的感染力。

如果听音室内混响时间过短，声音会发干，有沉静、死寂之感，不动听，音乐无感染力；如果混响时间过长，则声音发浑、不清晰，层次感不强，声音拖着长长的尾巴，犹如身临浴室一样。

对于家庭听音室而言，一般混响时间取 0.2 ～ 0.6s。

（4）不同声源下的混响时间要求。听音室混响时间除与听音室的容积、音箱种类有关外，还与声源内容相关。

重要提示

作为 AV 视听室时，要求混响时间小些，平均吸声系数可取 0.35%；加入 DSP 声场处理系统时，要求混响时间更小些，平均吸声系数更大些。

若用于大音量下听流行音乐时混响时间可大些，平均吸声系数可取 0.3%。聆听古典音乐时，要求混响时间更大些，平均吸声系数可取 0.20% 左右。

（5）不同听音状态下的混响时间要求。若大音量下听音，混响时间可短些（吸声强些），在小音量下听音则相反。

若采用纯音乐音箱，即为声场型音箱，混响时间可长时（吸声弱些）。若是声像型音箱（AV 音箱），混响时间可短时（吸声强些）。

3．声波入射墙体后的 4 种情况

声波也是一种能量，宇宙间能量守恒。当声波入射到墙体后，其能量出现下列 4 种转换形式。

（1）大部分能量被墙面反射回来，仍然以声波形式存在于听音室内的空间。

（2）一部分能量由于声波入射时引起墙体表面的振动而被消耗。

（3）一部分能量穿透过墙体而溢出听音室外。

（4）一部分能量被墙体表面装饰材料吸收后转换成热能。

当第一种情况过分时，说明混响时间过长。当第二种情况过分时，会引起声染色现象，对“原汁原味”还原声音有百害而无一益。当第三种情况过分时，室外的嘈杂之声也会窜入听音室内，影响正常听音。所以，降低听音室内 T60 最好是借助第四种能量吸收的方式。

4．改变室内混响时间方法和吸声材料

（1）T60 过大。一般家庭听音室普遍存在混响时间过长问题，这是因为墙、天花板和地板表面对声波反射能力太强，即室内总吸声量过小，为此可以通过在室内表面敷设强吸声材料来降低混响时间，使 T60 适宜。

（2）吸声系数定义。墙体表面材料的吸声系数定义是：吸声系数 =（入射声能 - 反射声能）/ 入射声能，为百分比值，其值在 0 ～ 1 之间，数值愈小说明吸声能力愈差，其值愈大则吸声能力愈强。如某材料的吸声系数为 0.58%，说明有 38% 的入射声能被该材料所吸收，产生反射的声能为 62%。

（3）吸声材料。坚实、光滑墙面对声波具有接近全反射的能力，所以它的吸声系数基本为 0。开着的大门或窗户若其尺寸足够大（大于入射声波的波长），对入射声波具有强烈的吸声作用，几乎有去无回，所以它的吸声系数接近于 1。多孔型材料构成的墙面，对声波也有很强的吸收能力。

（4）常见材料吸声系数。常见材料的吸声系数见表 5-4，表中的帷幔是围在四围的帐幕。

23. 推挽功率放大器直流电路 3

表 5-4　常见材料的吸声系数

名称	吸声材料名称	吸声系数
帷幔	双层丝绒帷幔	0.69% ～ 0.82%
	长毛绒帷幔	0.51% ～ 0.70%
	灯芯绒帷幔	0.34% ～ 0.43%
	毛毯帷幔	0.47% ～ 0.68%
	全毛麦尔登呢帷幔	0.77% ～ 0.91%
	平绒窗帘	0.31% ～ 0.47%
	双层软缎窗帘	0.22% ～ 0.33%
窗帘	针织纯涤纶窗帘	0.11% ～ 0.28%
	普通涤纶窗帘	0.10% ～ 0.18%
	绒绨窗帘	0.17% ～ 0.37%
	高级纯羊毛地毯	0.68% ～ 0.80%
	优质腈纶地毯	0.47% ～ 0.68%
地毯	优质化纤地毯	0.51% ～ 0.71%
	普通化纤地毯	0.22% ～ 0.48%
	普通棉织品地毯	0.15% ～ 0.33%
	木质地板	0.03% ～ 0.05%
地板	油漆地板	0.02% ～ 0.03%
	塑料地板	0.02% ～ 0.04%
	打蜡地板	0.03% ～ 0.04%
地面	水磨石地面	0.01% ～ 0.03%
	混凝土地面	0.02% ～ 0.03%
	普通抹灰砖墙	0.02% ～ 0.04%
墙面	镶瓷砖的光滑墙面	0.01% ～ 0.02%
	贴塑料墙布的墙面	0.03% ～ 0.08%
	油漆过的水泥墙面	0.02% ～ 0.03%
	软背坐椅	0.15% ～ 0.30%
其他	木桌椅	0.02% ～ 0.05%
	听音者	0.44% ～ 0.56%

5．多孔型吸声材料的吸声能力

同一种吸声材料，当它的表面形状等不同时，其吸声能力也不同。

（1）**多孔型吸声材料须孔孔相通**。对多孔型吸声材料而言，孔洞要对外开，且孔与孔之间通气、气深入内部才能有很好的吸声效果。当声波入射到这种形式的多孔型材料后，能顺着微孔进入材料内部，引起空隙中空气振动，因空气的粘滞阻力、空气与孔壁的摩擦和热传导作用，相当部分的声能转化成热而消耗。

重要提示

对于多孔型吸声材料，其内部孔洞之间必须相通，如果只是表面有许多孔，如供包装使用的白色轻质发泡塑料，虽有许多孔，但孔孔之间不相通，所以其吸声效果甚差。

（2）**多孔材料的厚度影响**。如果吸收低频声波，需较厚的材料，较薄的材料只能吸收高频声波。在厚度不变时，若加大材料的单位体积重量，也可以提高中低频声波的吸收作用，但没有增加材料的厚度效果好。

（3）**多孔材料安装方式的影响**。当这种吸声材料离墙面一定距离（留有空气隙）时，其吸声效果最佳，增大留有的空气隙可以增强吸声能力，但间隙大过一定程度后其吸声能力不再增强。留有空气隙与填满相同材料具有相近的吸声效果，若多孔材料直接贴在墙体上，对中低频声波的吸声能力有所下降。

当厚度为 2.5cm 的多孔型材料距墙面 10cm 时，对 500 ～ 600Hz 声波有最强吸收能力。

6．挂帘吸声

挂帘是家庭吸声措施的重要组成部分，它的优点是可通过调整挂帘面积大小，改变吸声特性。

（1）**褶皱的挂帘对高频影响最大**。当将挂帘打上褶皱时，对高频声波的吸收能力大大加强，但注意一般情况下对高频声波的吸收不是家庭听音室声学处理的主体。

（2）**挂帘与墙之间距离的影响**。挂帘与墙面之间的距离对吸收声波也有一定影响，当挂帘距墙面 7.6cm 时，对 1000Hz 声波吸收处于最强状态。

7．室内声学基本要求

（1）**听音室的声学特性对称要求**。对家庭听音室的声学基本要求是音箱两侧墙面的声学特性对称，注意是指声学特性对称，而不是墙体本身的对称。如一侧开有门，而另一侧的对称位置是光滑的墙面，此时声学特性上不对称。如果一侧是关闭的玻璃窗，另一侧是光滑的墙面，由于玻璃表面与光滑墙体表面有相近的声波反射特性，所以从声学上讲是对称的。

重要提示

为了使室内音箱两侧声学特性尽可能接近，可以通过吸声材料的布位来调整。如左侧有一扇窗（窗开着），可在右侧对应位置装饰强吸声材料来补救。

（2）室内墙体和天花板的影响。室内规则的墙体、天花板不如无规则的表面更有利于克服室内共振频率的不均匀性。可将天花板做成不规则形状，或将吸声材料不规则地分布在室内。

（3）室内角落的影响。室内的方角不如圆角，可将顶装饰成圆形状。

8．室内吸声材料装饰的主次轻重

（1）首先处理后墙体表面。图 5-100 所示是室内吸声材料装饰次序示意图，后墙体要采用强吸声材料，使之形成弱反射面，这对重现立体声场有益。其次，处理前场两侧墙体表面，再处理后场两侧墙体表面。

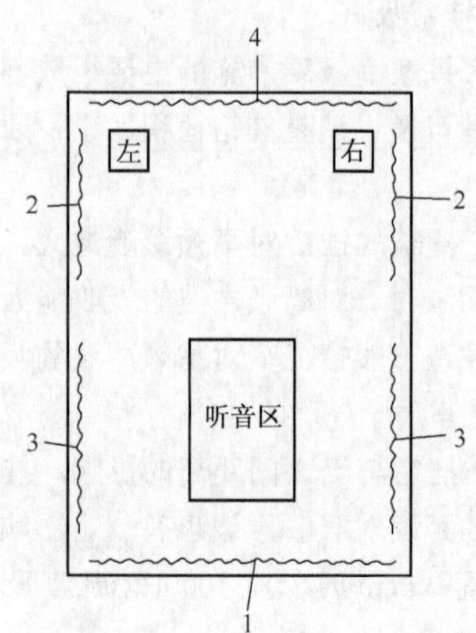

图 5-100　室内吸声材料装饰次序示意图

（2）正面墙体表面处理的两种意见。在听音室内，为了利用早期反射声，可在音箱背面墙体表面不装饰强吸声材料，以便形成反射壁。但也有反对意见，在音箱的前面装上从顶到地的透声不透光的幕布，这样可减弱室内有害反射，同时因看不见音箱，听者从心理上更易感觉到立体声声像的存在。这样的幕布要比较厚实，但过厚会对高音造成衰减过多。

9．听音室隔声处理

听音室的一个基本要求是保持室内宁静，以免外界噪声对室内的影响，这就要求听音室具有良好的隔声性能。听音室内的环境噪声最好能低于 30dB(A 计权)，听音室内噪声大就相当于放大器的信噪比低，可见隔声处理非常重要。

重要提示

用来隔声的材料质地愈重愈好，砖墙具有良好的隔声性能，若将墙体做到双层结构，中间填满吸声的玻璃棉，墙再厚些，隔声性能就相当好了。

将隔声材料和吸声材料同时使用，其隔声效果就会更好。

室内的窗和门是隔声处理的重点环节。大门最好设一个过道，称为声阱。窗的玻璃要厚些（最好采用双层窗结构），并在四周嵌紧橡皮条，这对重放超低音时防止玻璃的振动非常有效。

5.6.24　左、右声道主音箱摆位要素

无论是双声道的纯音乐系统还是多声道的家庭影院系统，左、右声道两只主音箱的摆位事关重大，玩音响到家的“发烧友”只要将两只主音箱位置搬动一番（摆位），就能让音质、音场更上一层楼，这正是广大发烧友和音响用家所追求的，也是玩音响的“玄机”之一。

1．长方形房间音箱摆位

长方形房间的音箱摆位共有 3 种情况，视房间内具体情况作为参考。

（1）宽侧面摆位。如图 5-101 所示，将左、右声道主音箱放置在室内宽侧一面，这在长方形房间音箱 3 种摆位中效果最好，要注意音箱离背面和侧面各留大于 20cm 的距离。

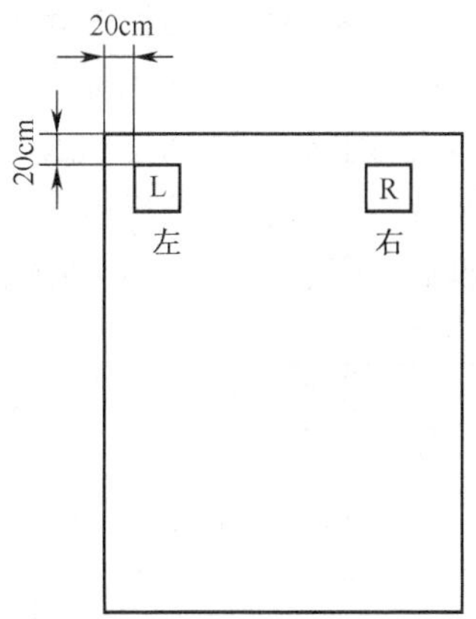

图 5-101　宽侧面摆位示意图

（2）长侧面摆位。图 5-102（a）所示是居中情况，此时要求 L_2 小于或等于 $2L_1$。由于要求 L_2 为 1.5 ～ 2m，所以要求长边有 4m 以上的房间才适合长侧面摆位。图 5-102（b）所示是另一种摆位情况，音箱靠一边，此时右侧墙边最好装饰吸声材料或挂幕布。

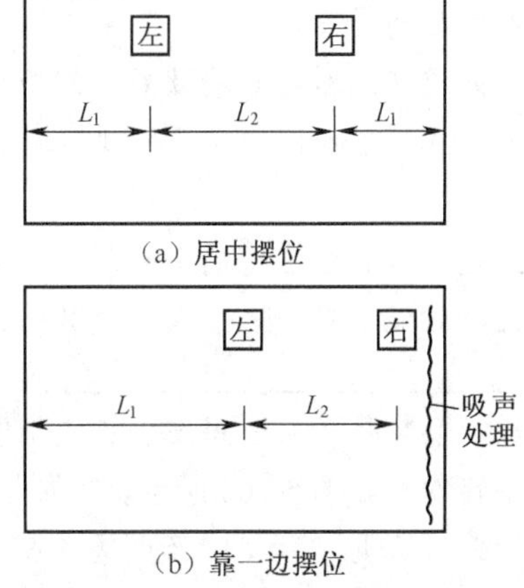

图 5-102　长侧面摆位示意图

2．正方形房间音箱摆位

正方形或接近正方形的房间作为听音室是最不理想的，此时可按图 5-103 所示对角线对称放置，同时室内要加饰吸声材料。

3．最佳听音区和最佳音箱摆位

图 5-104 所示是声学专家推荐的音箱摆位和最佳听音区示意图。图中 A 点与两音箱的夹角为 60°，一般不应小于 50°。最佳听音点应该是在图中的 A 点，即 A 点与左、右声道音箱两个点构成等腰三角形。

24. 推挽功率放大器直流电路 4

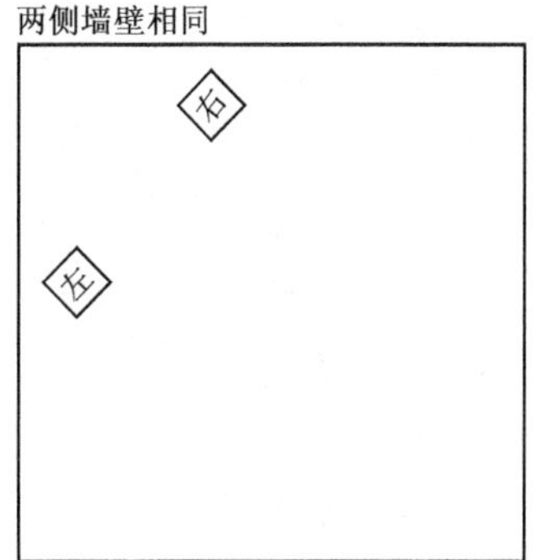

图 5-103　正方形房间音箱摆位示意图

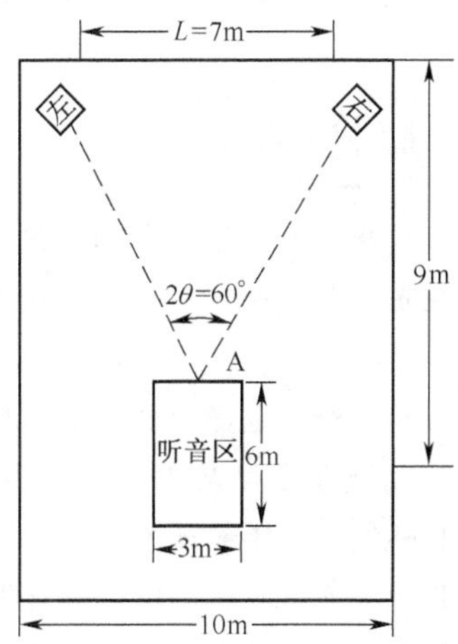

图 5-104　最佳听音区和最佳音箱摆位示意图

4．左、右音箱间距

左、右音箱间距关系到立体声的声像定位、声场宽度、中间声场强弱等诸多方面。左、右音箱的间距大些，有利于提高声像定位准确性，也扩展了声场的宽度，但减弱了中间声场的强度，使声场左侧向右侧过渡，出现谷度现象，即所谓的中间声场空的感觉。反之则相反，当左、右音箱间距太小时将会接近单声道的效果。

一般情况下，听音人数不多时，左、右音箱间距可取 1.5 ～ 2m，人数较多时可取 2.5 ～ 3m，此时可以适当提高音量，以加强中间声场。

5．音箱放置高度和角度的影响

音箱的摆放高度对音响效果也有重要影响，

尤其对低音和高音影响最大。

（1）音箱指向性概念。图 5-105 所示是一般音箱水平方向指向性示意图，所谓指向性就是音箱向空间辐射声波强弱的特性，它与声音的频率直接相关。

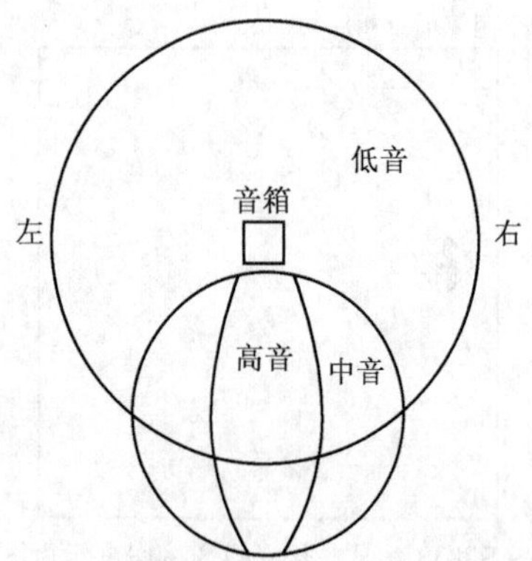

图 5-105　一般音箱水平方向指向性示意图

重要提示

高频的指向性最强，它的声波能量主要集中在正向轴线两侧一宽束范围内，如图 5-105 所示。

中频的指向性也是比较强的，比较明显，其声波能量主要集中在扬声器正向，并在正面轴线上的能量最大。

低频的指向性最差，它基本上是以扬声器为圆心的一个圆，这表示低频声波大小与方向无关，只与距扬声器的距离有关。扬声器的背面、两侧面也有相同大小的低音声波能量。正是由于这一指向性，对音箱的摆位不好会影响到低音的效果。

音箱在垂直方向的指向性基本上同水平方向的指向性一样。

（2）音箱最佳放置方案。音箱放置的最佳方案中 3 个条件：离背墙不小于 20cm 是其一，离侧面墙不少于 20cm 是其二，其三是高度条件，音箱的高音单元与听音者双耳齐平，或是音箱的台脚高度是低音扬声器口径的 1 ～ 2 倍。此时高频、中频和低频能量比较接近、平衡，同时背墙、侧墙和地面对中频和低音的反射适度，低音能量提升适度。

（3）音箱落地放置。这时，由于地面和侧墙对低音能量的大量反射，低音过强，因房间的驻波效应而产生轰鸣声，影响了整体声场的清晰度，这是许多落地音箱产生低音轰鸣声的重要原因之一。

（4）音箱放置过高和离墙过远。这时，由于地面和侧墙对低音能量的反射大大减弱，听音者会感到低音不足，这也是不可取方案。

重要提示

音箱各种放置方案对低音的影响说明下面 5 种情况。

一是将音箱悬挂在室内空中，箱体六面距墙、顶、地面都较远，此时低音反射基本为零，对低音没有提升效果。

二是将音箱置墙角，此时低音被提升的量最大，比第一种情况低音大 18dB（8 倍），产生轰鸣声不可避免。

三是音箱放入柜子中或置于地柜上，此时低音比第一种情况提高 12dB（4 倍），也会有明显的轰鸣声。

四是将音箱紧贴靠墙放置（侧面离墙一定距离），此时低音比第一种情况也是提升 12dB。

五是将音箱挂在背墙上或是嵌入墙体内，此时对低音有 6dB（1 倍）提升。

（5）角度影响。可以将左、右主音箱的轴线向里稍转动，如图 5-106 所示。特别是当左、右音箱相距较远时，能将中音声场的左、右侧丰满起来，使处于声场中 A、B 点的声像更加清晰。当听音者距音箱较近时，这种音箱角度的转动也是有益而无害的。要注意，两音箱内倾的角度要相同。

6．音箱背面的吸声处理方法

如果由于安装环境的影响，音箱距背、侧面墙较近而产生共鸣声时，可在音箱背面（必要时也在侧面）加强吸声材料，以对背面和侧面低频反射声波进行衰减，通过调整吸声材料的位置、大小、厚度达到最佳效果。

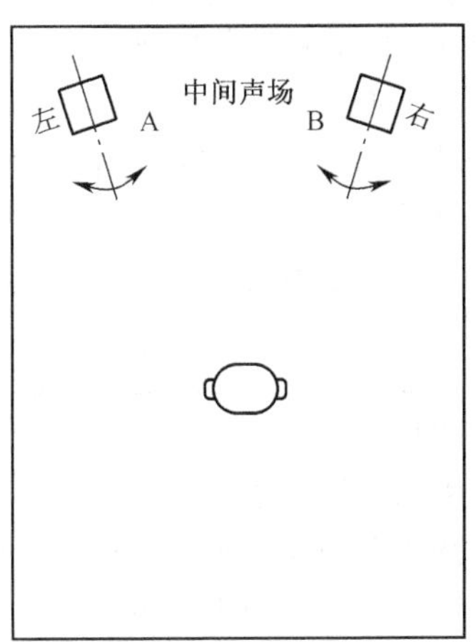

图 5-106　音箱转角示意图

另外，可在声源（CD 机或 LD 机、VCD 机、DVD 机）前的地面上垫一块地毯，主要是防止光盘落地而遭损坏。

5.6.25　其他音箱的摆位要求

1．环绕音箱的摆位要求

一般要求将环绕音箱放置于听音者后方（靠近后方墙面，但不要贴着后方墙面），距地面约 2m。环绕音箱可以直接挂在后方墙面上，也可以放置在专门的环绕音箱架上。

2．中置音箱的摆位要求

专门的中置音箱都是防磁音箱，将中置音箱放置在彩色电视机的上面或下面，位置居中，在电视机屏面稍后一些，以便听觉声像和视觉图像处于同一平面。

25. 推挽功率放大器推挽分析 1

3．前方效果音箱的摆位要求

前方效果音箱放置于听音者的前方，比左、右声道音箱更远一些的地方，距地面约 2m。前方效果音箱一般就直接挂于前面的墙面上。

4．超低音音箱的摆位要求

超低音音箱的摆位相对立体声左、右声道音箱和环绕音箱而言较为随便，这一音箱的位置对立体声声像的定位影响不大，这是因为低音的方向性不强。但是，这并不意味着超低音音箱的摆位对其他音响效果没有影响，应该讲超低音音箱的摆位主要影响听音室内的超低音声压特性。根据室内驻波或共振特性的不同，超低音音箱的摆位也有所不同。

重要提示

当超低音音箱的摆位不当时，会出现听音室内较大的超低音峰谷现象，即某一位置超低音声压强，而另一位置超低音的声压弱。通过调整超低音音箱的摆位可以避免上述现象的出现，一般情况下超低音音箱不应该放置于室内声学对称位置上。

5.7　立体声调频收音电路

5.7.1　调频收音电路高频放大器

种类提示

调频收音电路中的高频放大器根据所采用的放大器件不同，可以分成以下 3 种电路。

（1）晶体管高频放大器。

（2）场效应管高频放大器，一般采用双栅场效应管。

（3）集成电路高频放大器，此时集成电路中还设有本机振荡器和混频器电路，这样的集成电路称为高频头集成电路。

图 5-107 所示是采用双栅 MOS 场效应管构成的调频高频放大器。电路中，VT1 是双栅 MOS 场效应管，它有两个栅极 G1 和 G2，G1 是信号栅，用来输入高频信号；G2 是 AGC 栅，

用来输入 AGC 电压。C3-1、C3-2 是调频波段的调谐连。

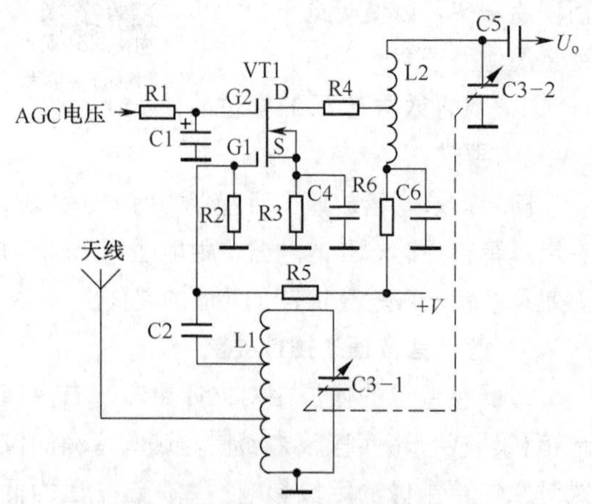

图 5-107　采用双栅 MOS 场效应管构成的调频高频放大器

1．直流电路

直流工作电压 +*V* 经 R6、线圈 L2 和 R4 加到场效应管 VT1 的漏极（R4 是 VT1 的源极电阻），+*V* 经 R5 和 R2 分压后加到栅极 G1，给 VT1 提供合适的偏置电压。栅极 G2 上加有 AGC 电压。

2．放大和调谐电路

从天线下来的高频信号经 L1 和 C3-1 构成的 LC 并联调谐电路调谐，取出某一电台的高频信号，经抽头和电容 C2 耦合，加到 VT1 的栅极 G1。L1 设有两个抽头，这是为了进行阻抗匹配。

经过 VT1 放大后的高频信号从漏极输出，加到由 L2 和 C3-2 等构成的调谐回路中进行再次调谐。线圈 L2 的下端由电容 C6 交流接地，这样 L2 和 C3-2 构成 LC 并联调谐回路。经调谐后的高频信号通过电容 C5 耦合，加到后面的混频器电路中。

高频信号经过 VT1 的放大和两次调谐，经 C5 耦合加到后面的混频器电路中。

元器件作用提示

电路中的电阻 R4 为稳定电阻，又称防振电阻，它具有稳定电路工作和抑制振荡的作用。

C6 是电源滤波电容。

R4 本来具有交流和直流负反馈作用，但加入源极旁路电容 C4 后，R4 只有直流负反馈作用，可稳定电路工作。

C1 是 AGC 滤波电容，它一方面防止 AGC 电压中的交流成分加到 G2 极上，另一方面防止 VT1 中的交流信号窜到 AGC 电路中，因为在双栅场效应管中 G2 极紧靠漏极，栅极与漏极之间会产生耦合。

3．中和电路

在采用晶体三极管作为高频放大管时，在高频放大器电路中要设置中和电路，但在采用双栅场效应管的高频放大器电路中可以不设中和电路，这是因为 G2 极上接有滤波电容 C1，它有效地减小了漏极与栅极 G1 之间的正反馈。这种高频放大器电路具有增益高而工作稳定的优点，有良好的 AGC 特性和抗干扰能力。

5.7.2　调频收音电路本机振荡器

调频收音电路中的本机振荡器的振荡频率比调幅收音电路中的本机振荡器高出许多，另外要求频率的稳定性更高，所以通常采用改进型的电容三点式振荡器电路和差动式振荡器电路。

1．带缓冲级电容三点式本机振荡器电路

图 5-108 所示是带缓冲级的电容三点式本机振荡器。电路中的 VT1 等元器件构成本机振荡器电路；VT2 是结型场效应管，它构成振荡器的缓冲级；C1 是调频本振连；U_o 为本振输出信号。

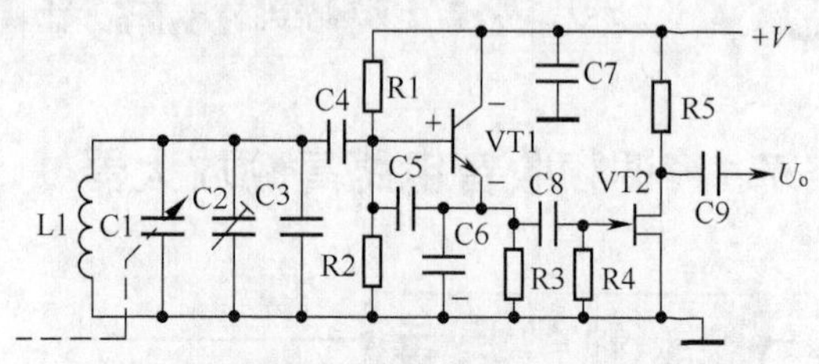

图 5-108　带缓冲级的电容三点式本机振荡器

（1）直流电路。直流工作电压 +*V* 经 R1 和 R2 分压后加到 VT1 基极，给 VT1 建立基极偏置电压，R4 是 VT1 的发射极电阻，VT1 集电极接电源 +*V*，经电容 C7 交流接地，所以这是一个集电极交流接地式电容三点式振荡器电路。

电路中，R5是VT2的漏极电阻，R4是VT2的栅极偏置电阻。

（2）正反馈过程。这一电路中的正反馈过程是：设某瞬间振荡信号电压在VT1基极为+（使VT1电流增大），则集电极为－，通过电容C7、C6使VT1发射极为－，使VT1电流更大，所以这是正反馈过程。C4是正反馈耦合电容。

（3）振荡选频电路。这一振荡器的选频电路由L1和C1、C2、C3、C4、C5和C6构成，其中C1是调频振荡，改变它的容量其谐振回路频率可以改变，即改变了本振频率。电容C4、C4和C6串联后与L1并联。

重要提示

该LC并联谐振电路在谐振时电路的阻抗为最大，本机信号在L1上的幅度最大，本机信号经C4加到VT1基极中进行进一步放大。对于非振荡频率信号，由于该LC谐振电路失谐，电路的阻抗很小，在L1上的信号幅度很小，这样这些非振荡频率信号就不能加到VT1基极而得到进一步放大。所以，通过这一LC谐振电路可以取出所需要的振荡频率信号。

（4）缓冲级电路。从VT1发射极输出的振荡信号通过C8耦合到VT2的栅极，经放大后从其漏极输出，由C9耦合到混频器电路中。

重要提示

电路中的VT2接成共漏极放大器电路，这种电路具有输入阻抗大、输出阻抗小的特点，利用这种特性可以起隔离作用（或称缓冲作用），使振荡器VT1与后面的混频器电路之间相互隔离，互不影响，以提高振荡器电路的工作稳定性。

2．差动式振荡器

26. 推挽功率放大器推挽分析2

图5-109所示是差动式正弦波振荡器。电路中，VT1和VT2是两只振荡管，构成差动式振荡器电路，其中VT1基极因旁路电容C1而接成共基极电路，VT2接成共集电极电路，两管构成共集-共基的反馈放大器。

（1）振荡器类型识别。差动式振荡器电路中有两只振荡管，但不是有两只振荡管的电路都是差动式振荡器电路，如推挽式振荡器电路中也有两只振荡管。当两只振荡管接成共集-共基放大器电路形式时，则是差动式振荡器电路。

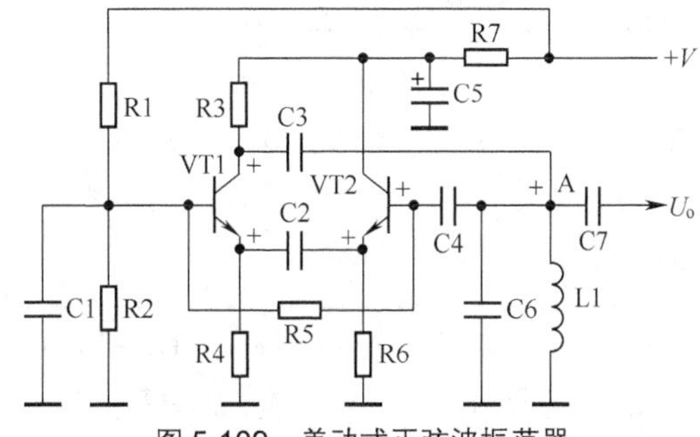

图5-109　差动式正弦波振荡器

（2）直流电路。直流工作电压+V经R7、R3加到VT1集电极，其中R3是VT1的集电极负载电阻，R7是退耦电阻（C5是退耦电容）。R1、R2分压后给VT1加上基极偏置电压，R4是VT1的发射极电阻。

VT2的集电极电压直接取自R7送来的直流工作电压+V，R5将VT1基极上的电压加到VT2基极，建立VT2的基极偏置电压。R6是VT2的发射极电阻。

这样，VT1和VT2都有了进入放大和振荡状态所需要的直流工作条件。

（3）正反馈过程。这一电路的正反馈原理是：假设振荡信号某瞬间在VT2基极极性为+，**则正反馈过程是：**VT2基极电压增大→VT2发射极电压增大→耦合电容C2→VT1发射极电压增大→VT1集电极增大（VT1接成共基极电路，发射极和集电极上信号电压同相）→A点电压增大（通过正反馈耦合电容C3）→VT2基极电压增大的量更多（通过耦合电容C4）。由此可见这是正反馈过程，图5-110所示是这一正反馈过程示意图。

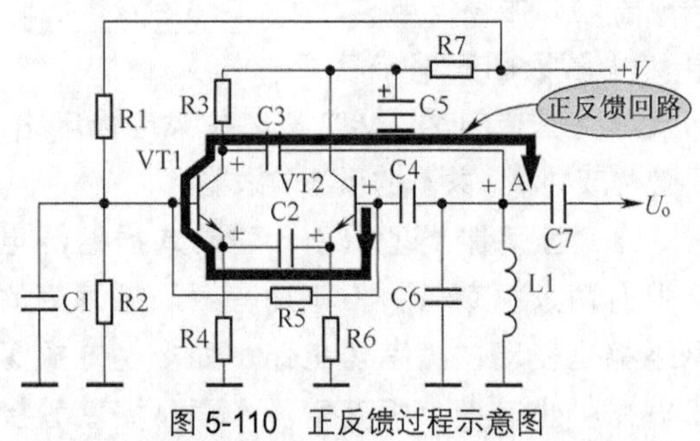

图5-110 正反馈过程示意图

振荡原理提示

上面分析了正反馈过程，而VT1和VT2构成的放大器电路具有放大能力，所以同时满足了相位和幅度条件，电路能够振荡。

（4）选频电路。选频电路由L1和C6构成，该电路通过C7、C4与VT2基极相耦合。

电路的选频原理可以这么理解：设L1和C6谐振频率为f_0，则C3正反馈到VT2基极的f_0信号因L1和C6阻抗很大，而绝大部分信号正反馈到VT2基极，保证了振荡的幅度条件。对于频率偏离f_0的信号，由于L1和C6失谐，电路阻抗很小，C3反馈过来的信号被L2和C6分流到地，而不能加到VT2的基极，使这部分信号的正反馈量大大下降，从而达到取出f_0振荡信号的目的。

C7为振荡器输出端耦合电容。

（5）阻抗匹配电路。电路中的VT2接成共集电极电路，C5将VT2集电极交流接地。VT1接成共基极电路，C1将VT1的基极交流接地，VT1发射极是输入端，集电极为输出端。VT2接成共集电极电路，具有输入电阻大、输出电阻小的特点；而VT1则是共基极电路，具有输入电阻小、输出电阻大的特点。这样VT1和VT2两级间具有良好的阻抗匹配特性。

差动振荡器提示

这种振荡器电路的正反馈过程分析在两管电路之间，要了解发射极电压相位与基极电压是同相的。对于其基极放大器电路而言，发射极上的输入信号电压相位与集电极上的输出信号电压相位相同。

了解共集-共基放大器电路中级间阻抗匹配良好。

这种振荡器电路具有波形好、谐波成分少、频率稳定的优点。

VT1和VT2是两只低噪声管子，对三极管的频率特性要求并不高。

5.7.3 调频收音电路混频器

1．种类

混频器电路按照所用元器件划分可以有下列3种电路。

（1）分立器件晶体三极管构成的混频器电路。

（2）分立器件场效应管构成的混频器电路。

（3）集成电路构成的混频器电路。

2．场效应管混频器

图5-111所示是采用双栅场效应管构成的混频器。电路中，VT1是MOS场效应管，构成混频电路；T1是中频变压器。

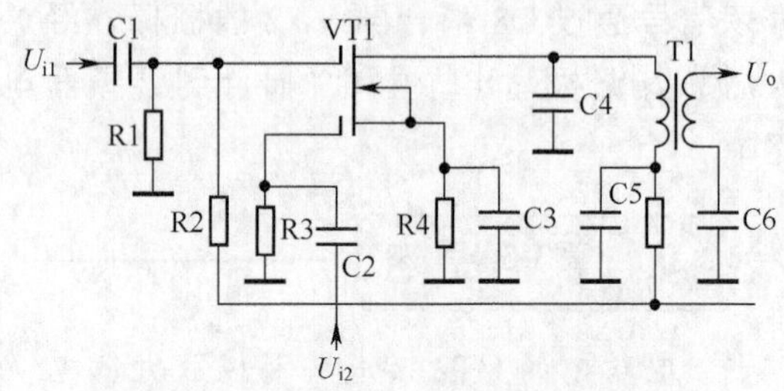

图5-111 采用双栅场效应管构成的混频器

关于这一混频器电路的工作原理主要说明下列几点。

（1）来自高频放大器输出端的高频信号U_{i1}经C1耦合，加到混频器VT1的一个栅极，它的另一个栅极通过耦合电容C2输入本机振荡信号U_{i2}。

（2）两个输入信号U_{i1}和U_{i2}在混频器中进行混频，混频后的信号从VT1的漏极输出，加到由T1一次侧回路构成的中频调谐回路中。

（3）T1一次绕组的下端通过旁路电容C5交流接地，这样一次绕组与C4构成LC并联谐振电路，其谐振在中频10.7MHz。

（4）10.7MHz谐振电路是VT1的漏极负载，由于该谐振电路在谐振时阻抗最大，这样VT1对中频信号的放大倍数最大，所以通过这一选频电路能够取出调频中频信号。

（5）中频信号从T1的二次绕组输出，加到后面的中频放大器电路中。电容C6将T1二次绕组下端交流接地。

电路中的C3和C5是旁路电容，R4是VT1源极负反馈电阻，由于C3的接入，它只有直流负反馈作用。

5.7.4 中频放大器

电路特点提示

调频收音电路中的中频放大器电路与调幅收音电路中的中频放大器电路结构相同，一般设在同一块集成电路中，它们之间的不同之处主要有下列几点。

（1）一个放大465kHz中频信号，一个放大10.7MHz中频信号。

（2）两个中频放大器电路中的滤波器是不同的，一个采用调幅收音电路的滤波器，一个采用调频收音电路的滤波器，两种滤波器的工作频率不同。

（3）调幅收音电路中的中频放大器不设限幅放大器，但一些调频收音电路中的中频放大器中设有中频限幅放大器，用来对中频信号进行限幅处理，以消除调频中频信号的幅度干扰。

1．电路种类

调频收音电路中的中频限幅放大器电路主要有下列几种。

27. 推挽功率放大器信号电流分析 1

（1）二极管限幅电路；

（2）三极管限幅电路；

（3）差分限幅电路。

2．二极管限幅原理

二极管限幅电路的工作原理可以用图5-112所示电路来说明。电路中，VD1和VD2是两只反向并联的二极管，用来进行限幅；U_i是输入信号，U_o是经过限幅后的输出信号。

关于这一限幅电路的工作原理主要说明下列几点。

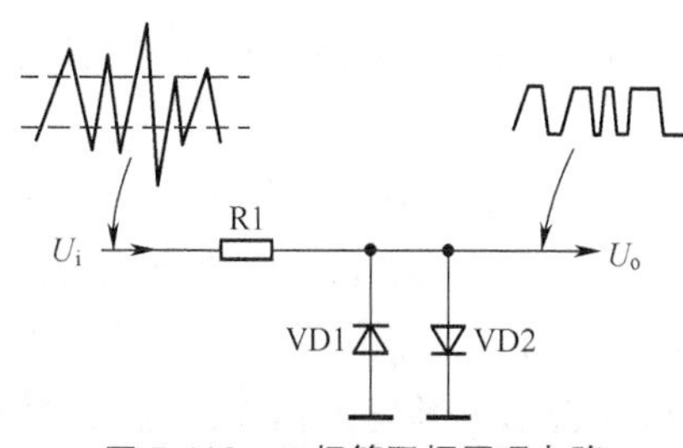

图5-112 二极管限幅原理电路

（1）输入信号U_i的幅度参差不齐，这一信号经电阻R1加到VD1和VD2构成的二极管限幅电路中。输入限幅电路的输入信号U_i幅度已经比较大。

（2）在输入信号的正半周期间，由于输入信号幅度比较大，明显大于二极管的导通电压，这样正半周信号使VD2导通，其输出信号的幅度等于二极管VD2导通电压值。

（3）在输入信号的负半周期间，输入信号使VD1导通，这样负半周信号的输出幅度为二极管VD1的导通电压。

重要提示

由于VD1和VD2型号相同，它们的导通电压值一样，这样通过限幅之后的输出信号，其正、负半周的信号幅度相等且整齐，达到限幅的目的。

3．二极管限幅电路之一

图 5-113 所示是采用二极管构成的一种限幅电路。电路中的 VT1 构成最后一级中频放大器电路；T1 是中频变压器；VD1 和 VD2 是限幅二极管。

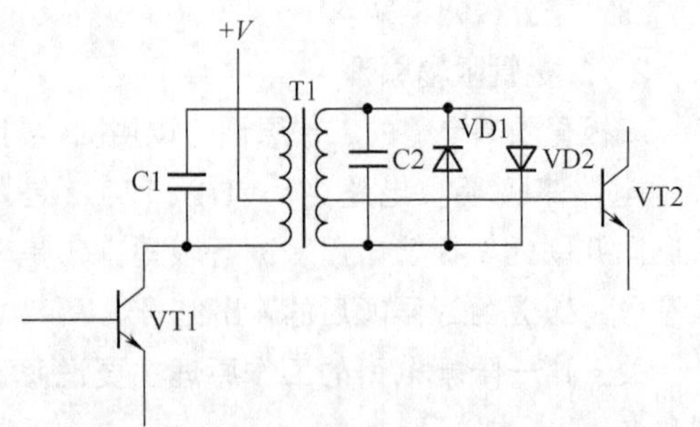

图 5-113　采用二极管构成的一种限幅电路

关于这一限幅电路的工作原理主要说明下列几点。

（1）T1 的二次绕组和电容 C2 构成一个中频谐振选频电路，VD1 和 VD2 反向并联在这一谐振选频电路两端。

（2）当谐振选频电路两端的谐振信号幅度较大时，即大于二极管的导通电压值时，正半周使 VD2 导通，负半周使 VD1 导通，这样在该谐振选频电路两端的信号电压幅度，正、负半周都不会超过二极管的导通电压值，达到限幅目的。

这一二极管限幅电路的特点是，限幅二极管设在中频变压器 T1 的二次绕组回路中，且设有两只限幅二极管。

4．二极管限幅电路之二

图 5-114 所示是另一种采用二极管构成的限幅电路。电路中的 T1 是中频变压器；VT1 构成最后一级中频放大器电路；VD1 是限幅二极管。

关于这一限幅电路的工作原理主要说明下列几点。

（1）这一电路的限幅原理与上一种电路相同，只是采用了一只二极管，同时对信号的正、负半周进行限幅。

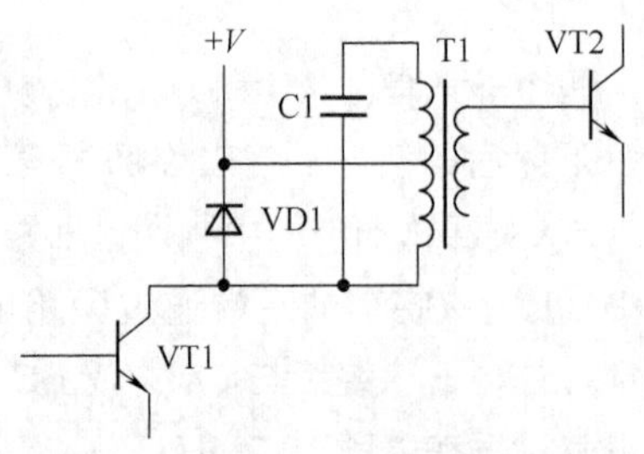

图 5-114　另一种采用二极管构成的限幅电路

（2）采用一只二极管进行正、负半周信号限幅的原理可用图 5-115 所示机械摆来说明。该摆初始位置为 1 处，摆落下后碰到墙体做非弹性碰撞，这样摆反弹时只会摆到图中的 2 处，而不是原先的 1 处。

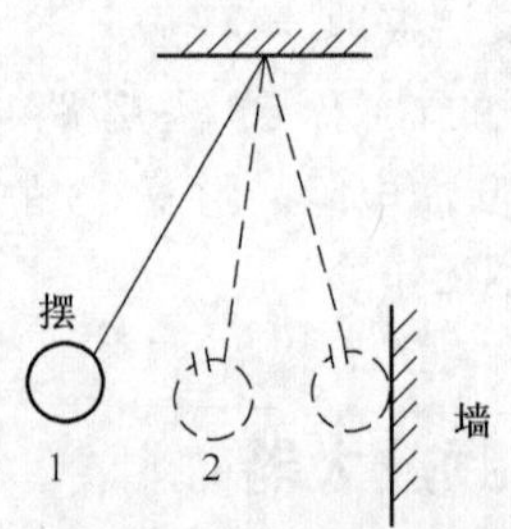

图 5-115　机械摆示意图

（3）T1 一次绕组和电容 C1 构成一个 LC 并联谐振电路，谐振过程中对 C1 进行充电，当充的下正上负电压大于 VD1 的导通电压时，C1 中再也不能充电，即 C1 中的充电电荷能量受到限制。当该电容放电时也只能放出这么多的电量，所以用一只二极管也进行信号的正、负半周限幅。

5．三极管限幅放大器

图 5-116 所示是三极管限幅放大器，这一级电路处于中频放大器的最后一级，即在鉴频器电路之前一级，它本身是放大中频信号的。电路中的 VT1 是中频放大管。

三极管中频限幅放大器电路在电路特征上是看不出来的，它与一般中频放大器电路没有什么两样。

这一电路的限幅原理是：通过电路设计使三极管的静态工作点设在交流负载线的中央，输入的信号幅度比较大，正半周信号较大时使管子处于饱和状态，由于不同幅度大小的输入信号均使管子处于饱和状态，而管子饱和后其输出信号幅度是相同的，这样使正半周信号达到限幅的目的。

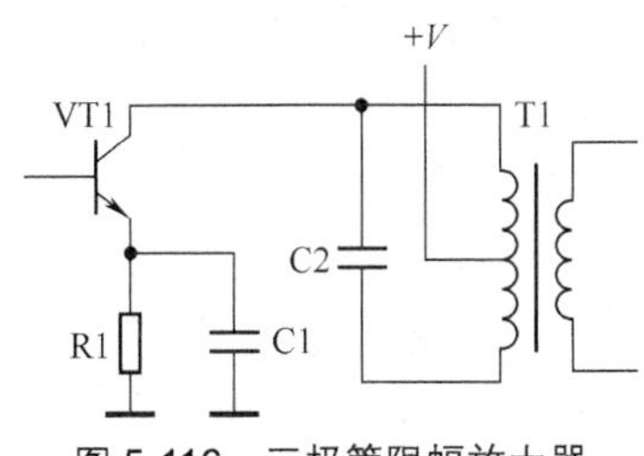

图 5-116　三极管限幅放大器

输入管子负半周信号的幅度也是很大的，不同幅度的负半周信号均使管子处于截止状态，管子截止后其输出信号幅度不变，这样可以使负半周信号也达到限幅。

通过这一限幅放大器电路的信号，其正、负半周信号的幅度得到等幅的限幅。

6．差分限幅电路

图 5-117 所示是差分限幅电路。电路中的 VT1 和 VT2 构成一级差分放大器电路；VT3 是恒流管；U_i 是幅度参差不齐的中频输入信号，U_o 是经过限幅处理后幅度整齐的中频信号。

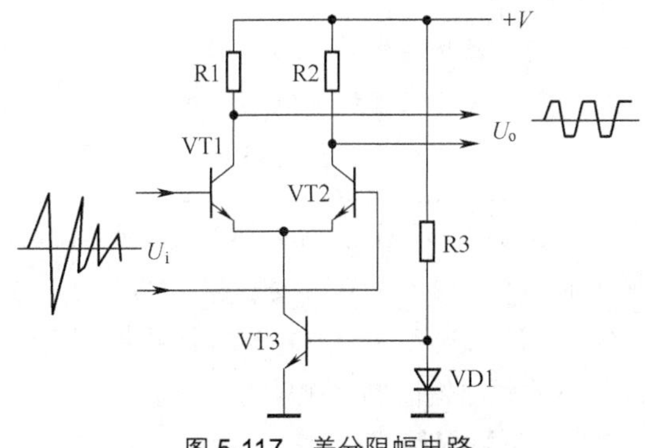

图 5-117　差分限幅电路

关于这一电路的工作原理主要说明下列几点。

（1）二极管 VD1 给 VT3 基极提供偏置电流，由于 VD1 导通后的压降基本不变，这样 VT3 的集电极电流大小不变，所以 VT3 构成一个恒流源电路。

28. 推挽功率放大器信号电流分析 2

（2）VT1 发射极电流等于 VT2 发射极电流，两管发射极电流之和等于 VT3 的集电极电流。

（3）当输入信号正半周使 VT1 导通，正半周信号幅度较大后，VT1 发射极电流很大（VT2 处于截止状态），但最大等于 VT3 的集电极电流，使 VT1 集电极输出信号的幅度受到限制。

重要提示

输入信号负半周使 VT2 导通，当负半周信号幅度较大后，VT2 发射极电流很大（此时 VT1 发射极电流为零而处于截止状态），但最大等于 VT3 的集电极电流，使 VT2 集电极输出信号的幅度受到限制。

（4）由于 VT1 和 VT2 导通、放大正、负半周信号时，其电流最大等于 VT3 电流，这样正、负半周信号同时受到等幅的限幅。

重要提示

关于中频放大器电路和限幅放大器主要说明以下几点。

（1）由于中频信号的幅度较小，一般要加 2 ～ 3 级中频放大器电路，将中频信号放大到足够大，以便鉴频器电路能够正常工作。

（2）当中频放大器最后一级电路中没有限幅二极管时，这一级电路是三极管限幅放大器电路，但在采用比例鉴频器电路时可以不用中频限幅放大电路。

（3）中频限幅放大器通过对信号的限幅处理，使中频调频信号的幅度大小没有变化，并不是说限幅的目的是不让信号大于某一幅度。

5.7.5　调频收音电路 AFC 电路和 AGC 电路

调频收音电路中的 AFC 电压来自于调频收

音电路中的鉴频器电路输出，AFC 电路控制的对象是本机振荡器的本振选频电路中的变容二极管结电容。

1. AFC 电路

图 5-118 所示是 AFC 电路。电路中的 VD1 是变容二极管；L1 和 C2 是本机振荡器电路中的选频电路。

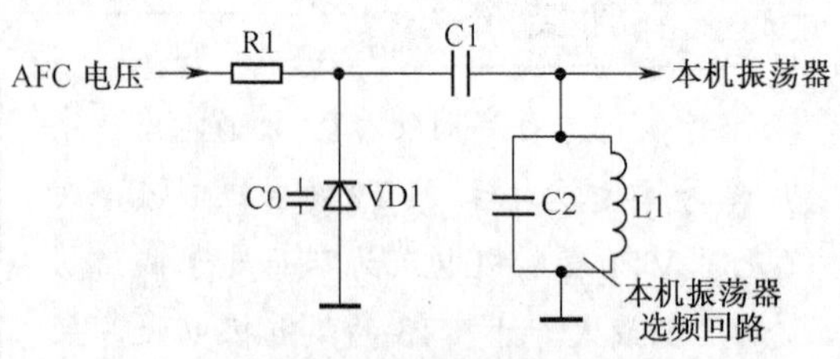

图 5-118　AFC 电路

关于这一电路的工作原理主要说明下列几点。

（1）变容二极管 VD1 的结电容 C0 通过电容 C1 与选频电路 L1 等并联，这样 C0 的容量大小变化将引起本机振荡器的振荡频率改变。

（2）来自鉴频器电路的 AFC 电压通过电阻 R1 加到 VD1 上。AFC 电压与本机振荡器振荡频率之间的关系是：当振荡频率升高时，AFC 电压减小；当振荡频率降低时，AFC 电压增大。

（3）当振荡器的振荡频率升高时，AFC 电压减小，使 VD1 的结电容 C0 增大，使选频电路中总的谐振电容容量增大，这样振荡频率降低，达到稳定振荡频率的目的。同理，当振荡频率降低时，AFC 电压增大，使 C0 减小，结果选频电路的振荡频率升高。

分析结论提示

通过 AFC 电压和 VD1，本机振荡器的振荡频率不断受到控制，使之稳定地振荡在比外来的高频信号频率高出 10.7MHz 的频率上。

2. AGC 电路说明

关于调频收音电路中的 AGC 电路主要说明下面几点。

（1）调频收音电路中的 AGC 电路与调幅收音电路基本相同，只是控制的对象是高频放大器增益，以防止混频器过载。

（2）调频收音电路中的 AGC 电压检波设在中频限幅放大电路之前，这是因为经过限幅后的中频信号就不能反映信号幅度大小，就不能得到 AGC 电压。

（3）AGC 电路主要是控制高频放大器电路的增益。

（4）对于采用晶体管或集成电路构成的高频放大器电路，采用反向 AGC 电路；对于采用场效应管构成的高频放大器电路，则采用正向 AGC 电路。

5.7.6　比例鉴频器

种类提示

鉴频器电路的种类比较多，主要有下列几种。

（1）比例鉴频器电路，这种电路又分成对称型和不对称型两种，常见的是对称型电路。

（2）正交鉴频器电路。

（3）脉冲密度型鉴频器电路。

（4）锁相环鉴频器电路。

图 5-119 所示是常见的对称型比例鉴频器。电路中的 T1、T2 为鉴频变压器；VT1 是末级中放管；U_i 为输入中频放大器的调频中频信号，U_o 为从鉴频器输出的音频信号。

1. 鉴频原理

在分析鉴频器电路的工作原理过程中，首先要了解以下几点（这非常重要）。

（1）鉴频的过程是将调频中频信号的频率变化转换成信号电压的变化。

（2）电路中 T1 的一次绕组和 T2 的一次绕组是串联的，串联后的绕组与电容 C2 构成 LC 并联谐振电路，其谐振频率等于中频频率 10.7MHz；R1 是该谐振电路的阻尼电阻，这一谐振电路是 VT1 集电极负载。

（3）另一个并联谐振电路由 T2 二次绕组和电容 C5 构成，这一并联谐振电路的谐振频率也是等于中频 10.7MHz。这两个并联谐振电路的谐振频率相等且为中频频率。

（4）电路中的 A 点和 B 点的信号由两部分组成：一是 T1 二次绕组从一次侧耦合过来的信号，二是 T2 二次绕组从一次侧耦合过来的信号，所以在 A 点和 B 点上的信号是这两个信号的合成信号。

（5）T1 的一次绕组与二次绕组之间是紧耦合，是相位为 0° 的信号，由于这一信号是从 T2 二次绕组中心抽头加到 A 点和 B 点的，所以在 A 点和 B 点的信号相位相同，均为 0°，如图 5-120（a）、（b）和（c）所示的信号电压 U_1。

29. 推挽功率放大器信号电流分析 3

（6）从 T2 二次绕组耦合过来的信号在 A 点和 B 点的信号相位是相差 180° 的。同时，由于 T2 的一次绕组与二次绕组之间耦合不紧，为松耦合，这样二次绕组上的信号相位还与输入 T2 一次绕组的输入信号频率有关，**分成下列 3 种情况讨论。**

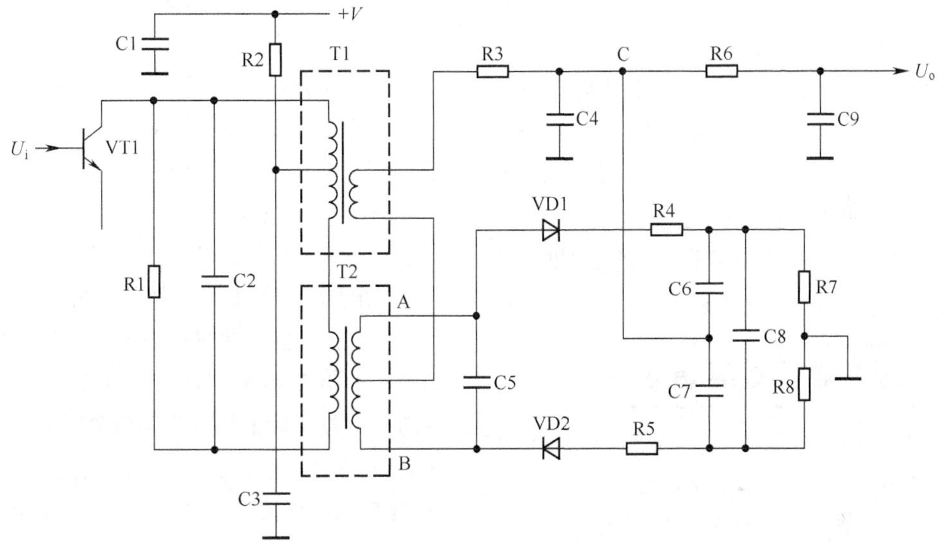

图 5-119　对称型比例鉴频器

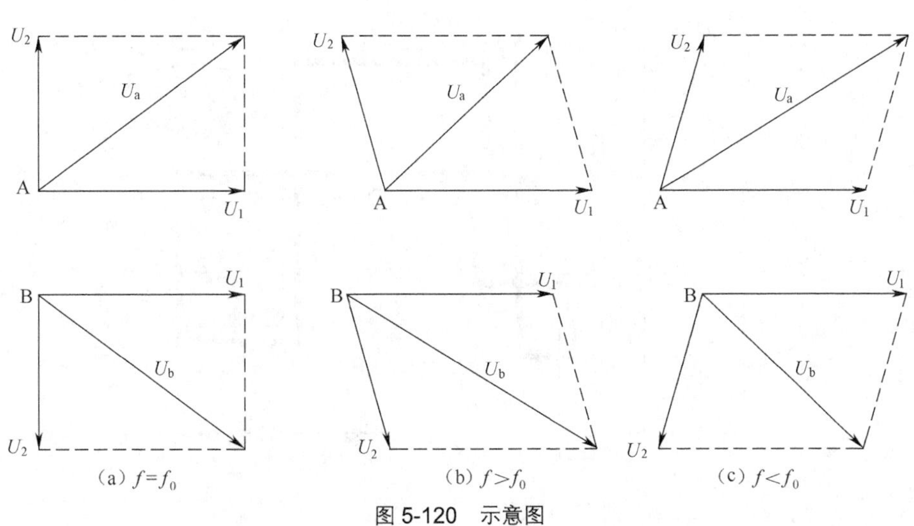

图 5-120　示意图

当输入信号的频率等于中频频率时，二次绕组上的信号相位与一次绕组上的信号相位相差90°。如图5-120(a)中的U_2，在A点U_2与U_1相差90°，在B点U_2相位与A点U_2的相位相反，所以B点的U_2与U_1之间相位差为90°，此时A点的总电压U_a等于B点的总电压U_b。

当输入T2一次侧的信号频率高于中频频率时，从二次侧耦合到A点的信号相位为大于90°，即A点的U_2与U_1相位差大于90°，因为A、B两点之间相位相反，所以B点U_2与U_1之间的相位差小于90°，此时A点的总电压U_a小于B点的总电压U_b，如图5-120(b)所示的U_2与U_1之间的相位差。

当输入T2的信号频率低于中频频率时，从二次侧耦合到A点的信号相位差为小于90°，即A点的U_2与U_1之间相位差小于90°，B点的U_2与U_1之间相位差大于90°，此时A点的总电压U_a大于B点的总电压U_b，如图5-120(c)所示的U_2与U_1之间的相位差。

分析结论重要提示

从上述分析可知，电路中A点和B点的信号电压U_1、U_2是两个信号合成的，并且当输入T2一次侧的信号频率不同时，从T2二次侧传输过来的信号电压U_2与由T1二次侧送来的信号电压U_1之间相位差不同。

通过将两个信号电压U_1和U_2合成之后可知，当信号频率等于中频频率时，A点总的信号电压U_a大小等于B点的总信号电压U_b，如图5-120(a)中U_a、U_b所示。

当信号频率高于中频频率时，U_a小于U_b，如图5-120(b)所示。

当信号频率低于中频频率时，U_a大于U_b，如图5-120(c)所示。

2．电路分析

在了解了上述关系之后，可以方便地对鉴频器的鉴频过程进行分析。

（1）在A点的总信号电压U_a(即A、C点之间的电压）给二极管VD1的是正向偏置电压，使VD1导通，其导通后的信号电流回路是：A点→VD1→R4→C6→C点→R3→T1二次绕组→T2的二次绕组上半部分→A点。图5-121所示是这一电流回路示意图。

（2）B点的总信号电压U_b(即C、B点之间的电压）给二极管VD2正向偏置电压，使VD2导通，**其导通后的信号电流回路是：**C点→C7→R5→VD2→B点→T2二次绕组的下半部分→T2二次绕组中心抽头→T1二次绕组→R3→C点。图5-122所示是这一电流回路示意图。

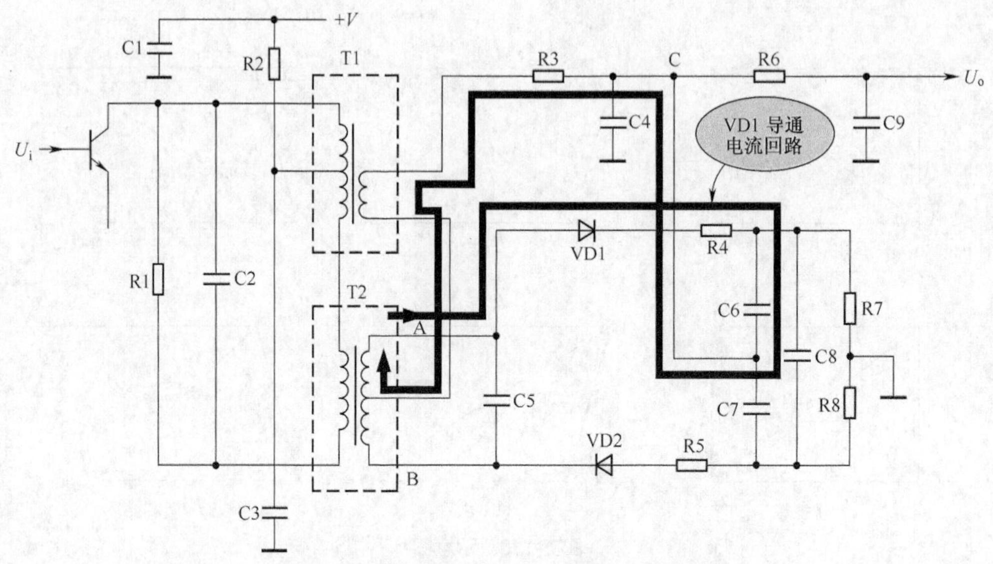

图5-121 VD1导通后的信号电流回路示意图

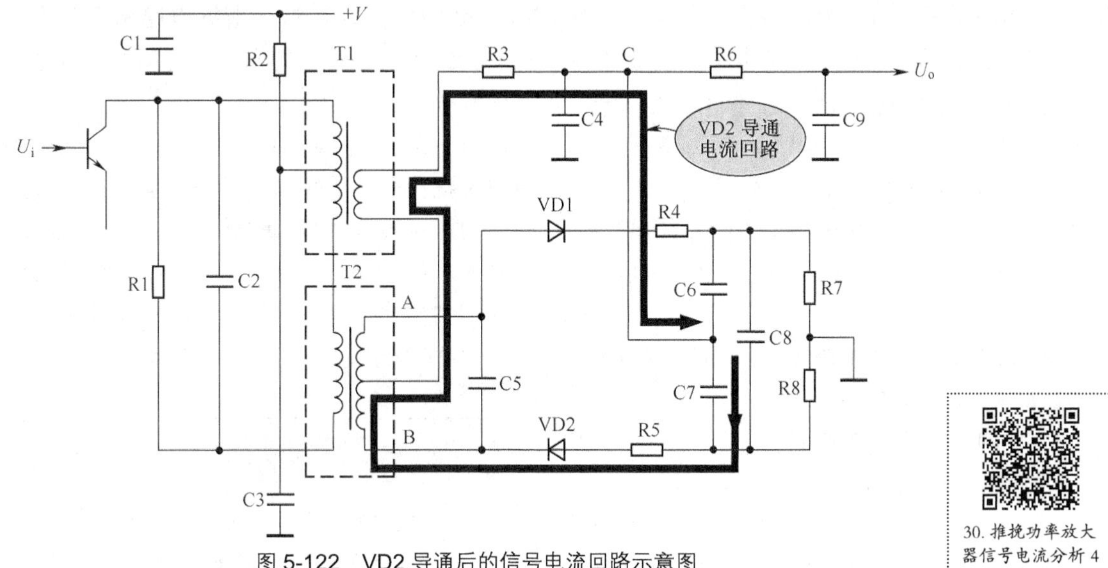

图 5-122　VD2 导通后的信号电流回路示意图

30. 推挽功率放大器信号电流分析 4

重要提示

在上述这两个电流回路中，电阻 R_4 = R_5，电容 C_6 = C_7，VD1 和 VD2 的性能一致。

A 点的总电压为正半周，VD1、VD2 导通；在另半周 B 点的总电压为正半周，使 VD1、VD2 截止。

（3）由于 A 点和 B 点的总信号电压在不同频率下是大小不同的，所以要将 VD1 和 VD2 导通后的电流大小变化分成下列 3 种情况来分析。

一是当输入信号的频率等于中频频率时，由于 A 点和 B 点的总信号电压 U_a 和 U_b 大小相等，所以此时流过 VD1 和 VD2 的电流是相等的，即流入 C 点的电流等于流出 C 点的电流，这样就没有电流流过 R6 支路。由此可知，当输入信号频率等于中频频率时，鉴频器输出信号电压为零。

二是当输入信号的频率高于中频频率时，由于此时 U_a 小于 U_b，VD1 的电流小于 VD2 的电流，这样在 C 点两电流抵消了一部分之后，仍然有一部分电流要流出 C 点，即从 C 点向右流出。所以，当输入鉴频器的信号频率高于中频频率时，鉴频器的输出电压大于零。输入信号频率愈是高于中频频率，鉴频器的输出信号电压愈是大于零，即愈正。

三是当输入信号频率低于中频频率时，由于此时的 U_a 大于 U_b，流过 VD1 的电流大于流过 VD2 的电流，这样 C 点需要从外电路再流入一部分电流，即外部电流从右向左通过 R6 流入 C 点，所以此时输出信号电压为小于零。当输入鉴频器的信号频率愈是低于中频频率时，鉴频器的输出信号电压愈是小于零。

3．鉴频器特性曲线

通过上述电路分析可知，输入鉴频器的信号频率变化，通过鉴频器电路之后已转换成信号电压的变化，鉴频器的这一特性可以用图 5-123 所示的曲线表示。

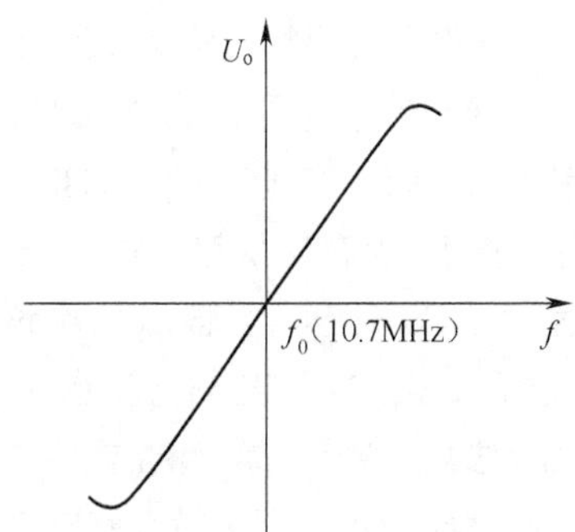

图 5-123　鉴频器鉴频特性曲线

从曲线中可以看出下列几点。

（1）当输入信号频率等于中频频率 f_0 时，

鉴频器的输出信号电压为 0V。

（2）当输入信号的频率高于中频频率 f_0 时，鉴频器的输出信号电压大于 0V，频率愈是高于中频频率输出信号电压愈大。

（3）当输入信号的频率低于中频频率 f_0 时，鉴频器输出信号电压小于 0V，输入信号频率愈是低于中频频率，其鉴频器的输出信号电压愈小。

（4）无论哪种类型的鉴频器电路，其特性曲线均与这一曲线相同。

4．比例鉴频器自限幅特性

比例鉴频器电路本身具有限幅特性，这样当采用比例鉴频器电路时可以省去中频限幅放大级电路。为了分析比例鉴频器电路的限幅特性，将有关部分电路重画成图 5-124 所示电路。

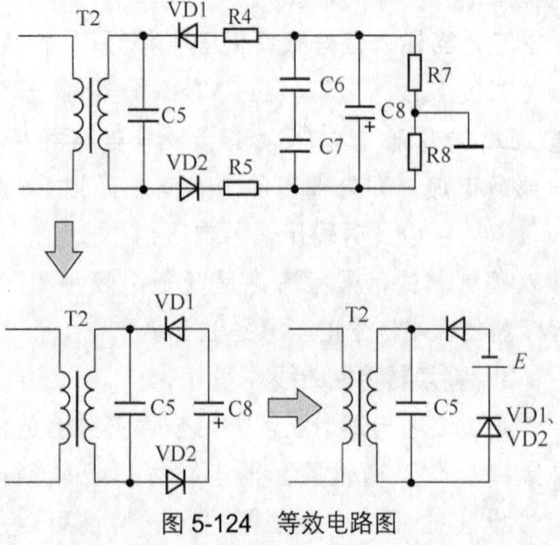

图 5-124　等效电路图

关于这一电路的限幅原理主要说明下列几点。

（1）将电路中与限幅过程无关的元器件省去后，可以画成等效电路，这样 T2 二次侧回路中只有 VD1、VD2 和电容 C5、C8。

（2）电容 C8 的容量是较大的，当 VD1 和 VD2 导通时对 C8 充电，当输入的调频中频信号幅度愈大时，对 C8 的充电电流愈大，在 C8 两端的电压愈大，所以 C8 上的电压与输入信号的幅度大小成正比，而 C8 的放电很慢，这样 C8 可以用一个电池等效。

（3）从等效电路中可以看出，T2 的二次绕组与电容 C5 构成 LC 并联谐振电路，而二极管 VD1 和 VD2 并联在这一谐振电路两端，这与前面介绍的二极管限幅电路是相同的，可见具有限幅作用。

（4）比例鉴频器不仅能限幅，而且限幅值可以根据信号的大小自动调整。当信号比较大时，VD1 和 VD2 的导通电流大，对电容 C8 的充电电压就大，即 E 大，C5 上的信号电压大。反之，当信号较小时，E 小，限幅值就小，这一点与前面介绍的限幅电路是不同的。

电路分析提示

关于鉴频器电路主要说明以下几点。

（1）分析比例鉴频器电路工作原理时，关键是要搞清楚电路中 A 点和 B 点的信号电压与频率之间的关系，这主要是指 T2 一次绕组与二次绕组之间是松耦合和一次、二次绕组各有一个谐振频率相同的 LC 并联谐振电路。

（2）平时所讲的变压器一次绕组和二次绕组之间的耦合都是紧耦合，即一次绕组与二次绕组之间的耦合很紧。在紧耦合的变压器中，二次绕组的一端信号电压与一次绕组上的电压相位是同相的，另一端是反相的。

（3）在松耦合的变压器中，一次绕组和二次绕组之间的耦合不紧，当变压器的一次和二次绕组回路都有相同频率的 LC 并联谐振电路，输入变压器一次绕组的信号频率不同时，其二次侧输出信号的相位是不同的，这样就能使信号的频率变化转换成相应的信号电压变化。

5.7.7　正交鉴频器

图 5-125 所示是正交鉴频器电路的原理图。电路中，U_i 为来自限幅中放级的调频中频信号，经过限幅处理后信号近似于矩形信号；U_o 是经过正交鉴频器电路之后的输出信号。

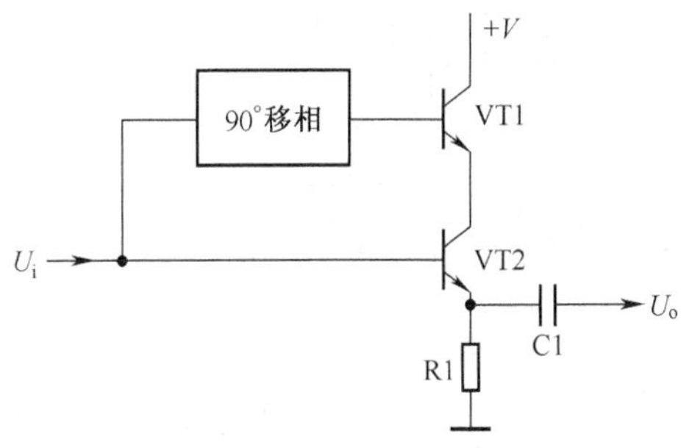

图 5-125　正交鉴频器电路原理图

1．电路分析

电路中的 VT1 和 VT2 是两只电子开关管，这两只电子开关串联，同时导通，同时截止。

输入信号 U_i 一路直接加到开关管 VT2 基极，作为 VT2 的开关控制信号；另一路经 90° 移相电路后加到开关管 VT1 基极，作为 VT1 的开关控制信号。因 VT1、VT2 串联，所以只有 VT1、VT2 同时导通时才有输出信号电压 U_o。当开关管基极出现高电平时，开关管才导通。

不同输入信号频率时的两管导通情况是不同的，可用图 5-126 所示信号波形来说明这一电路的工作过程。

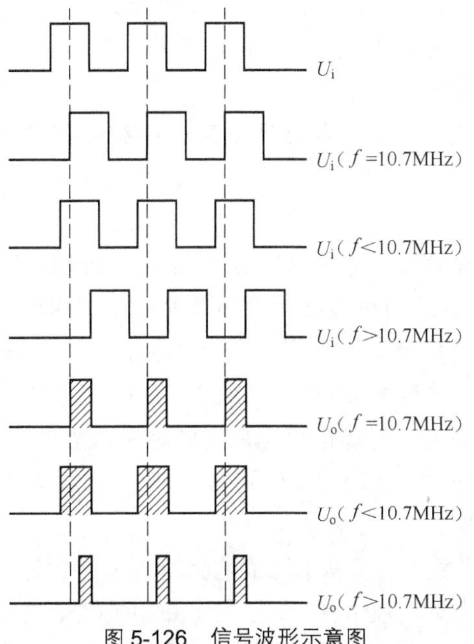

图 5-126　信号波形示意图

（1）当输入中频信号的频率 f 等于中频频率 10.7MHz 时，90° 移相电路对信号移相量正好为 90°，在两信号同时加到 VT1、VT2 基极时，有输出电压 U_o，如图 5-126 中阴影部分是 VT1、VT2 基极同时有控制信号时的输出信号电压，其脉宽等于输入脉冲的一半。

（2）当输入中频信号的频率低于中频 10.7MHz 时，由于 90° 移相电路的相移量小于 90°（不同频率下该移相电路的移相量不同），输入中频信号的频率愈低，其相移量愈小于 90°，此时的输出脉冲信号的脉宽大于 f = 10.7MHz 时输出脉冲的脉宽。

（3）当输入中频信号的频率高于中频 10.7MHz 时，90° 移相电路的相移量大于 90°。输入中频信号频率愈高，其相移量愈是大于 90°。此时的输出脉冲信号的脉宽小于 f=10.7MHz 时输出脉冲的脉宽。

31. 互补推挽功率放大器 1

2．低通滤波器

通过上述分析可知，当输入中频信号频率不同时，其输出信号脉冲的脉宽大小不同，将不同脉宽的脉冲输入送入低通滤波器中，如图 5-127 所示，便能输出鉴频后的音频信号。

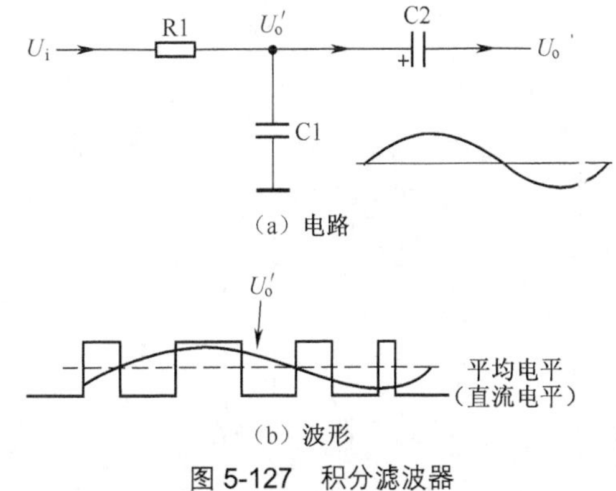

图 5-127　积分滤波器

电路中的 R1 和 C1 构成积分滤波器电路，C2 是输出端的隔直通交电容，U_i 是来自正交鉴频器的输出信号，U_o 是通过滤波后的音频信号，也就是鉴频器输出的音频信号或立体声复合信号。

5.7.8　脉冲密度型鉴频器

图 5-128 所示是脉冲密度型鉴频器电路的方框图，从图中可看出这种鉴频器的电路组成。电路中，U_i 是输入信号，为调频中频信号，U_o 为经过鉴频后的输出信号。

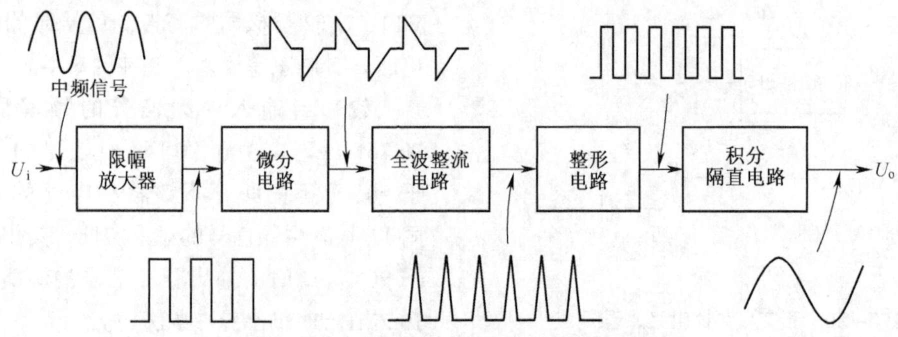

图 5-128　脉冲密度型鉴频器电路的方框图

1．限幅放大器电路

从图 5-128 中可看出，经过限幅放大之后，输入信号 U_i（正弦信号）变成了近似的矩形脉冲信号。

2．微分电路

图 5-129（a）所示是微分电路。从这一电路中可以看出，输出信号是取自电阻 R1 上的。关于微分电路工作原理说明如下。

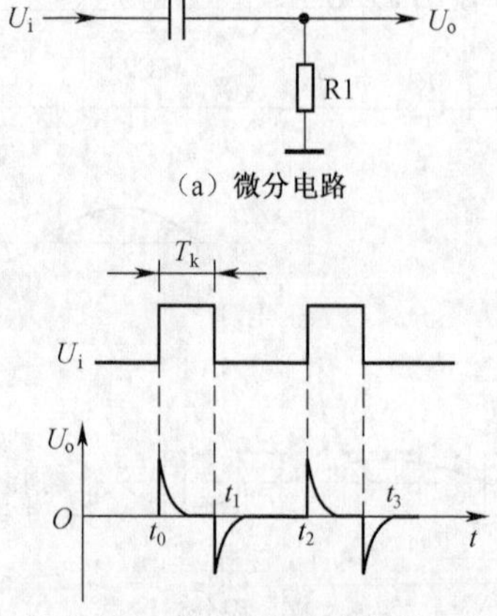

图 5-129　微分电路及充电曲线

微分电路中，要求 RC 时间常数远小脉冲宽度 T_k，这一点与积分电路相反。

（1）当输入信号脉冲没有出现时，输入信号电压为零，所以输出信号电压也为零。

（2）当输入脉冲出现时，输入信号从零突然跳变到高电平，由于电容 C1 两端的电压不能突变，C1 相当于短接，相当于输入脉冲 U_i 直接加到 R1 上，此时输出信号电压等于输入脉冲电压大小，如图 5-129（b）所示的充电曲线。

（3）在输入脉冲跳变后，输入脉冲继续加在 C1 和 R1 上，其充电电流回路仍然是经 C1 和 R1 到地，在 C1 上充得左正右负的电压，流过 R1 的电流为从上而下，所以输出信号电压为正。由于 RC 时间常数很小，远小于脉冲宽度，所以充电很快结束。在充电过程中，充电电流是从最大到零变化的，流过 R1 的电流是充电电流，这样在 R1 上的输出信号电压也是从最大到零变化的。

在充电结束后，输入脉冲仍然为高电平，由于 C1 上充到等于输入脉冲峰值的电压，电路中没有电流，R1 上的电压降为零，所以此时输出信号电压 U_o 为 0V。

（4）当输入脉冲从高电平跳变到低电平时，输入端的电压为零，这时的微分电路相当于输入端对地短接。此时，C1 两端的电压不能突变，由于 C1 左端相当于接地，这样 C1 右端的负电压为输出信号电压，输出电压为负且最大，其值等于 C1 上已充到的电压大小（输入脉冲的峰值）。在输入脉冲从高电平跳变到低电平之后，电路开始放电过程，由于放电回路的时间常数很小，放电很快结束。

放电电流从下而上地流过 R1，输出信号电压为负。放电使 C1 上电压减小，放电电流减小直至为零，这样输出信号电压从负的最大状态减小到为零状态，如图 5-129（b）中所示的放电曲线。

当第二个输入脉冲到后，电路开始第二次循环。

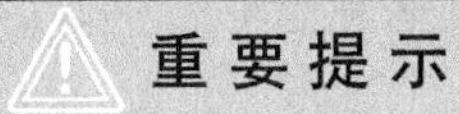

从波形中可以看出，通过微分电路将输入的矩形脉冲信号变成了尖顶脉冲，微分电路能够取出输入信号中的突变成分，即取出输入信号中的高频成分，去掉低频成分。

3．全波整流电路

经过微分电路之后，信号已变成正、负尖顶脉冲，通过全波整流电路，将负尖顶脉冲转换到正半周来，这样通过全波整流电路之后，输入信号的频率被提高一倍。

4．整形电路

经过全波整流之后的正尖顶脉冲信号加到整形电路中，整形电路可采用单稳态电路，整形的目的是将尖顶脉冲转换成等宽、等高的矩形脉冲。

图 5-130 所示是集 - 基耦合单稳态电路，这种电路也是由两只三极管构成。电路中的 U_i 为输入触发信号，是负尖顶脉冲信号。

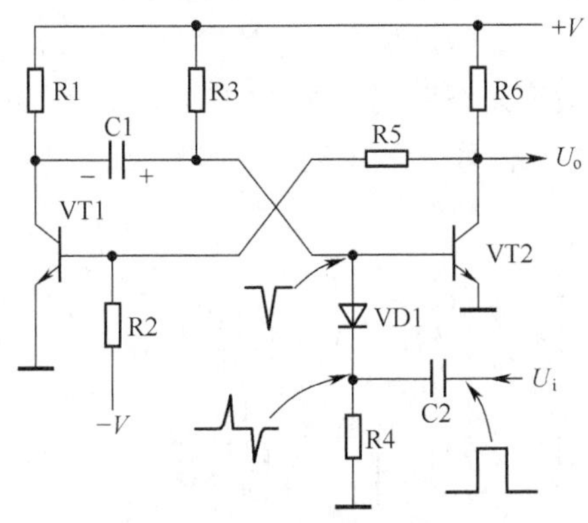

图 5-130　集 - 基耦合单稳态电路

（1）稳态分析。电阻 R2 将 $-V$ 加到 VT1 的基极，使 VT1 的基极电压为负，这样 VT1 处于截止状态。直流工作电压 $+V$ 经 R4 给 VT2 基极足够的电流，使 VT2 处于饱和状态，这是电路的稳态，即 VT1 截止、VT2 饱和，此时输出电压 U_o 为低电平。只要电路中没有有效的触发信号，电路就一直保持这种稳态。

图 5-131 所示是这一电路中有关电压的波形。其中图 5-131(a) 所示为输入触发信号电压 U_i 的波形；图 5-131(b) 所示是经 C2 和 R4 微分电路之后的输出电压波形；图 5-131(c) 所示是 VT2 集电极电压波形，即电路的输出信号电压波形。

（2）电路第一次翻转分析。当输入触发信号出现时（为负尖顶脉冲），VT2 的基极电压下降，电路中出现了正反馈过程，即输入负脉冲使 VT2 基极电压下降，其集电极电压上升，通过 R5 加到 VT1 基极，使 VT1 基极电压上升，其集电极电压下降，通过 C1 加到 VT2 的基极（电容两端电压不能突变），使 VT2 的基极电压进一步下降。很快通过这一正反馈，VT2 处于截止状态，VT1 处于饱和状态。由于 VT2 截止，所以此时输出电压为高电平，如图 5-131(c) 所示，这是电路的暂稳态。

32. 互补推挽功率放大器 2

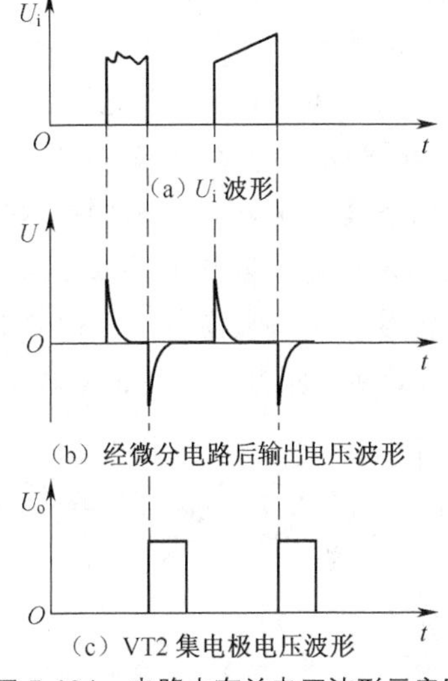

图 5-131　电路中有关电压波形示意图

（3）暂稳态分析。在电路进入暂稳态之后，由于 VT1 饱和，构成了对电容 C1 的充电回路，充电流回路为 $+V$→R3→C1→VT1 集电极→VT1 发射极→地端。图 5-132 所示是电容 C1 充电电流回路示意图。

重要提示

这一充电过程在 C1 上充到右正左负的电压，充电电压使 VT2 的基极电压升高，存在使 VT2 导通的趋势。对电容 C1 充电的时间长短，就决定了电路暂稳态的时间长短。

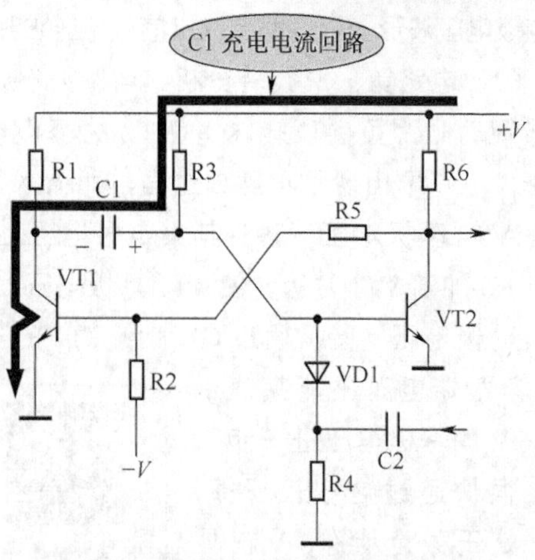

图 5-132　电容 C1 充电电流回路示意图

（4）第二次翻转分析。随着对 C1 充电的进行，VT2 的基极电压升高，当这一电压高到一定程度时，VT2 导通，电路再次发生正反馈过程，这次正反馈的结果是 VT2 从截止转为饱和，VT1 从饱和转为截止，进入稳态。只要没有有效的触发信号触发，电路始终保持这一状态。

（5）触发电路分析。电路中的 R4、C2 和 VD1 构成触发电路，其中 R4 和 C2 构成微分电路。输入信号 U_i 是矩形脉冲，经微分电路得到正、负尖顶脉冲，通过 VD1 将正尖顶脉冲去掉，这样只有负尖顶脉冲能够加到 VT2 的基极，作为有效触发信号。

触发信号通常是加在稳态为饱和三极管的基极上，对于 NPN 型三极管要加负尖顶脉冲，对于 PNP 型三极管则要加正尖顶脉冲。总之，加尖顶脉冲的极性要使原先饱和的三极管退出饱和，这才是有效触发信号。

（6）积分电路和隔直电路分析。经过整形电路之后得到了一连串矩形脉冲，脉冲愈密集表示信号的频率愈高，这一连串脉冲加到积分电路中，得到平均电压，再通过耦合电容的隔直，就得到鉴频器的输出信号电压，完成鉴频任务。

5.7.9　立体声复合信号组成和立体声解码器种类

1．立体声复合信号组成

在分析立体声解码器电路工作原理之前，必须了解立体声复合信号的组成。立体声复合信号波形示意图如图 5-133 所示。这种信号是一种复合信号，它由下列 3 个部分信号组成。

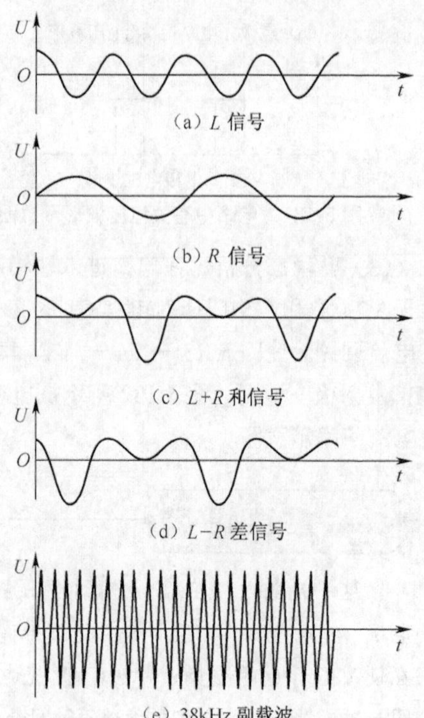

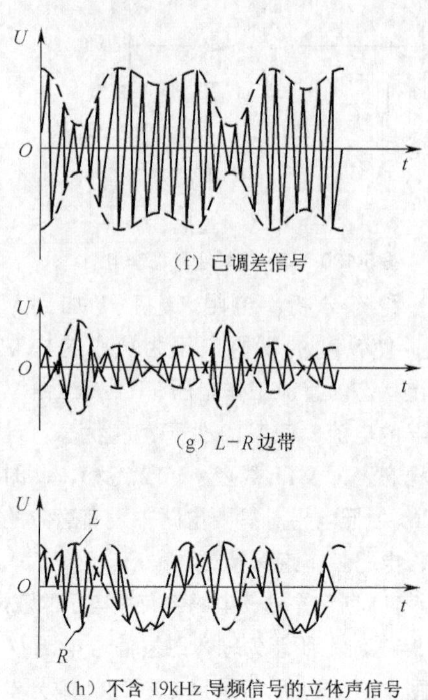

图 5-133　立体声复合信号波形示意图

（1）*L*+*R* 信号。这一信号就是左声道与右声道音频信号之和，这是一个单声道音频信号，其频率范围为 40 ～ 15000Hz。

重要提示

在立体声复合信号中设这一音频信号是为了能让普通调频收音电路收到立体声调频广播电台信号后听到单声道音频信号，是为了与普通调频收音电路兼容。

（2）***L*−*R* 副载波信号**。*L*−*R* 信号就是左、右声道音频信号之差信号。*L*−*R* 副载波信号是采用平衡调幅方式获得的信号，副载波频率为 38kHz，*L*−*R* 信号副载波信号的频率范围为 23 ～ 53kHz。

重要提示

在立体声复合信号中传输这一信号的目的为了获得 *L*-*R* 信号，最终用 *L*-*R* 与 *L*+*R* 通过矩阵电路得到 *L*、*R* 立体声音频信号。

（3）**导频信号**。这一信号的频率为 19kHz，是副载波频率的一半。

重要提示

在立体声复合信号中传输导频信号的目的是为了在收音电路中恢复副载波信号。由于 *L*-*R* 信号采用平衡调幅，这种调幅方式将副载波抑制掉，而在收音电路中立体声解码时要用到 38kHz 的副载波，为此传送一个 19kHz 的导频信号，通过这一导频信号使收音电路中的副载波振荡器的振荡频率和相位与 38kHz 副载波同频率、同相位。

2．立体声解码器电路种类

立体声解码器电路主要有以下几种。

（1）矩阵式立体声解码器电路。

（2）开关式立体声解码器电路。

（3）锁相环立体声解码器电路。

5.7.10 矩阵式立体声解码器

矩阵式立体声解码器电路又称频分式立体声解码器电路，这种立体声解码器根据立体声复合信号中各种信号成分的频率不同，通过频率分离电路来分离各种成分的信号，图 5-134 所示是这种立体声解码器电路的原理图。

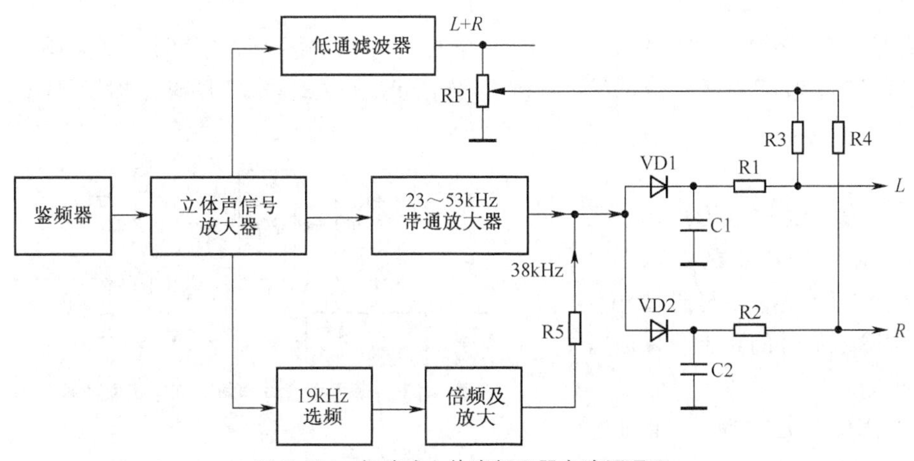

图 5-134 矩阵式立体声解码器电路原理图

电路中，输入信号来自鉴频器电路输出端，为立体声复合信号，***L*** 和 ***R*** 分别是经过解码器电路解码后的左、右声道输出信号。

从鉴频器电路输出的立体声复合信号加到立体声复合信号放大器中放大，其输出信号分成以下几路处理。

1．低通滤波器

立体声复合信号加到低通滤波器电路中，由于这一低通滤波器的截止频率为15000Hz，这样可以从立体声复合信号中取出频率为40～15000Hz的*L*+*R*信号。

分离出来的*L*+*R*信号经RP1的调整，通过R3和R4加到矩阵电路中。

2．带通滤波器电路

立体声复合信号加到23～53kHz的带通滤波器中，这一滤波器只让23～53kHz的*L*–*R*边带信号通过，而将其他两部分信号去掉，这样又从复合信号中取出了*L*–*R*边带信号，这一信号的波形如图5-133所示。

3．19kHz选频电路

立体声复合信号还要加到19kHz选频电路中，这一电路可以从立体声复合信号中取出频率为19kHz的导频信号。这一信号经放大和倍频，得到一定幅度的38kHz副载波信号，即将19kHz导频信号频率增大一倍。

恢复后的38kHz副载波信号通过电阻R5加到23～53kHz的带通滤波器输出端，与该滤波器输出的L-R边带信号叠加，得到恢复副载波后的*L*–*R*已调信号，其信号波形如图5-133所示，这一信号的上包络就是*L*–*R*信号，下包络为–(*L*–*R*)信号。

将这一信号加到VD1和VD2等构成的检波、矩阵电路中。

4．检波电路

如图5-133立体声复合信号波形所示，已调差信号加到检波二极管VD1正极和VD2负极，信号的正半周使VD1导通，这样通过VD1检波和C1滤波得到输入信号的正半周峰值信号，这就是*L*–*R*信号。

输入信号的负半周使VD2导通，这样通过VD2检波和C2滤波得到负半周峰值信号，这就是–(*L*–*R*)信号。

5．矩阵电路

电阻R4送来*L*+*R*信号，R1送来*L*–*R*信号，这两个信号相加得到*L*信号，即(*L*+*R*)+(*L*–*R*) = 2*L*。

同理，电阻R4送来*L*+*R*信号，R2送来–(*L*–*R*)信号，这两个信号相加得到*R*信号，即(*L*+*R*)+[–(*L*–*R*)] = 2*R*。

这样，可以得到左、右声道的音频信号，完成立体声解码任务。

元器件作用提示

关于电路中的元器件主要说明下列两点。

（1）C1和C2用来滤波38kHz的副载波信号。

（2）RP1是分离率调整器。调整RP1动片位置，可以改变其动片输出的*L*+*R*信号大小，在矩阵电路中要求*L*+*R*信号的幅度等于*L*–*R*信号幅度，这样才能在矩阵过程中将*L*–*R*信号中的*R*信号去掉，将–(*L*–*R*)信号中的*L*信号去掉。若*L*信号中还含*R*信号，*R*信号中还含*L*信号，这说明左、右声道的分离度不够高，这会影响双声道立体声效果。

5.7.11 开关式立体声解码器

开关式立体声解码器又称时分式解码器，图5-135所示是开关式立体声解码器电路原理图。

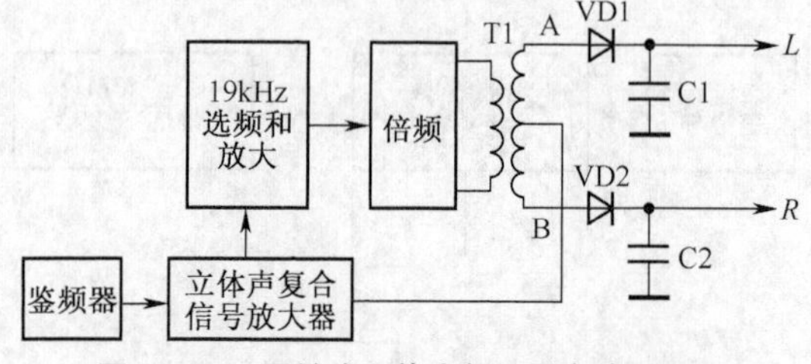

图5-135 开关式立体声解码器电路原理图

1．信号分离

从鉴频器输出的立体声复合信号加到立体声复合信号放大器中放大，其输出信号分成下列两路。

（1）一路加到 19kHz 选频电路中，从立体声复合信号中取出 19kHz 导频信号，该信号经倍频得到 38kHz 的基准副载波，这一副载波放大后加到 T1 一次侧，从二次侧输出后加到二极管 VD1、VD2 正极，这一信号作为控制二极管导通与截止的开关信号。

（2）第二路立体声复合信号直接加到 T1 二次侧的中心抽头，通过二次绕组也加到 VD1、VD2 正极。

2．解码分析

（1）*L* 信号分离。当副载波在 T1 二次侧 A 端为正半周且为正峰点时，38kHz 的副载波信号使 VD1 导通，使 VD2 截止。此时，立体声复合信号正好为 *L* 信号，这样导通的 VD1 输出 *L* 信号。

（2）*R* 信号分离。当副载波变化到负半周的负峰点时，VD1 截止，38kHz 的副载波信号使 VD2 导通，此时立体声复合信号正好为 *R* 信号，这样导通的 VD2 输出 *R* 信号。

重要提示

由于滤波电容 C1、C2 容量很小，当二极管导通时很快使电容充电到副载波的峰值，这样 VD1、VD2 只有在下一个峰值电平到来时才导通，保证 VD1 只有副载波正峰点电平出现时才导通，VD2 只在负峰点电平出现时才导通。这样，VD1 输出 *L* 声道的音频信号，VD2 输出 *R* 声道的音频信号。

电路中，电容 C1、C2 用来滤掉副载波。

5.7.12　锁相环立体声解码器

1．获得副载波信号的两种方法

立体声解码器电路解码过程中要用到 38kHz 的副载波，这一信号由收音电路产生，获得这一副载波信号的方式有下列两种。

（1）从立体声复合信号中取出 19kHz 导频信号，再经倍频得到 38kHz 副载波。

（2）采用锁相环电路。锁相环立体声解码器电路中只是获得副载波的方式不同，解码器电路部分仍然采用开关式电路。

34. 互补推挽功率放大器 4

2．锁相环电路

图 5-136 所示是锁相环电路原理方框图，从图中可看出这一电路的组成。关于这一电路的工作原理主要说明下列几点。

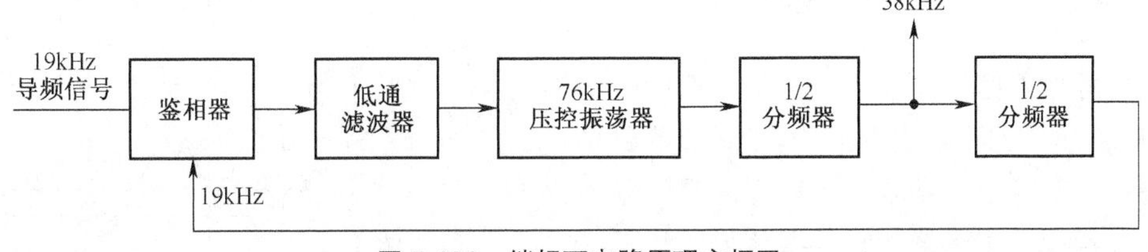

图 5-136　锁相环电路原理方框图

（1）76kHz 压控振荡器输出的信号经 1/2 分频得到 38kHz 副载波信号，再次 1/2 分频后为 19kHz 信号。这一 19kHz 振荡信号（振荡器当前振荡信号）与 19kHz 导频信号（标准信号）一起加到鉴相器中，进行频率和相位比较。

（2）在鉴相器电路中，当两个 19kHz 信号的频率、相位相同时，鉴相器没有误差电压输出；当两个输入信号的频率和相位不同时，鉴相器便有误差电压输出。

（3）鉴相器输出的误差电压通过低通滤波器滤波，加到 76kHz 压控振荡器中，控制它的振荡频率和相位，使之与 19kHz 的导频信号同步。同步是指振荡器的振荡频率和相位（76kHz 振荡频率经两次 1/2 分频后的 19kHz）与 19kHz 导频信号相同。

重要提示

当76kHz振荡器处于同步状态时，该电路输出的38kHz副载波与立体声复合信号中的副载波同频、同相，这样的副载波送入开关解码器中才能解调出L和R信号。

3．鉴相器工作原理

图5-137所示是鉴相器结构示意图，用这一示意图可以说明鉴相器的工作过程。关于这一电路的工作原理主要说明下列几点。

（1）76kHz压控振荡器输出的振荡信号经两次1/2分频和90°移相，加到鉴相器电路中，称这一信号为f_1。

（2）19kHz导频信号f_o直接加到鉴相器电路中。

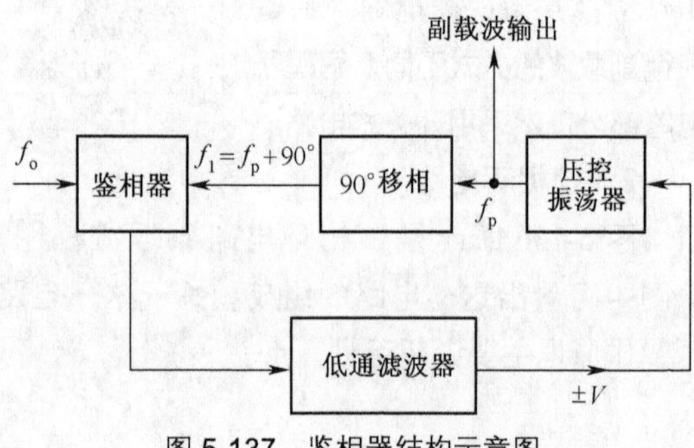

图5-137　鉴相器结构示意图

（3）当两输入信号同频、同相时误差电压输出为0V，当不是同频、同相时有正或负的误差电压输出，其输出的误差电压经低通滤波器后加到压控振荡器中，修正它的振荡频率和相位，这样f_1信号的频率和相位也随之改变，直到与f_o信号同频率、同相位，此时鉴相器输出的误差信号电压为0V，压控振荡器的振荡频率和相位被锁定。

4．3种情况下的鉴相器误差输出电压

图5-138所示是两输入信号f_o和f_1频率、相位三种不同情况下的鉴相器输出误差电压示意图。

图5-138（a）所示是频率相同、相位相同时的情况。此时，鉴相器输出图中的阴影部分，即f_o信号的正半周，这样鉴相器输出的误差电压为大于0V。

图5-138（b）所示是频率相同、相位相差**90°**时的情况。此时，鉴相器输出图中的阴影部分，即f_o信号的正半周一半和负半周一半，其平均值为0V，鉴相器输出的误差电压为0V。

图5-138（c）所示是频率相同、相位相差**180°**时的情况。此时，鉴相器输出图中的阴影部分，即f_o信号的负半周，这样鉴相器输出的误差电压为小于0V。

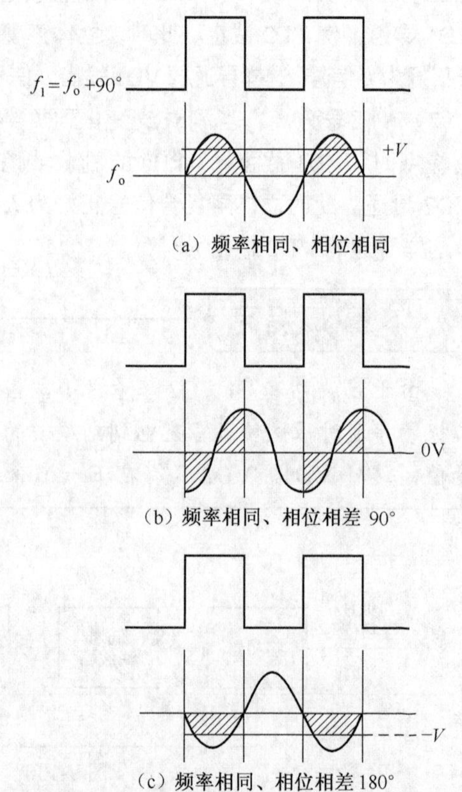

图5-138　两输入信号频率、相位3种不同情况示意图

重要提示

从上述分析可知，只有两输入信号相位相差90°时，鉴相器才没有误差电压输出，这时压控振荡器被锁定了振荡频率和相位。

5.7.13　去加重电路

1．噪声特性

调幅和调频的噪声特性是不同的，如图5-139所示。从图中可以看出，调幅噪声在不同频率下的噪声大小相等，可调频则是随着频率升高，其噪声增大，这说明调频的高频噪声严重。为了改善高频段的信噪比，调频发射机发射调频信号之前，对音频信号中的高频段信号进行预加重，即先提升高频段的音频信号，在调频收音电路中也去加重，还原音频信号的原来特性，在去加重过程中也将高频段噪声加以去除，这就是为什么要在调频收音电路中设置去加重电路。

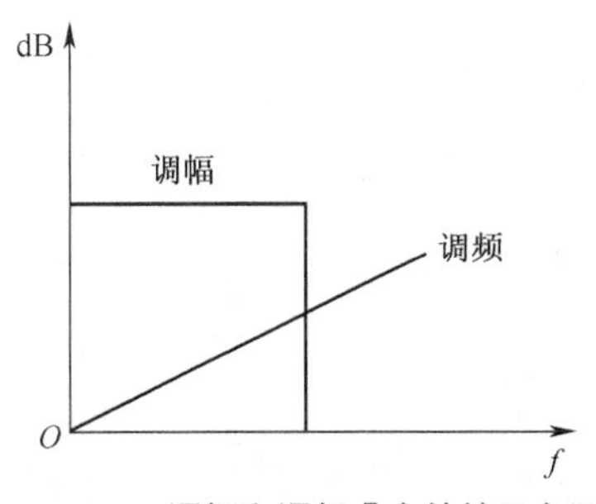

图 5-139　调幅和调频噪声特性示意图

2．去加重电路

图5-140所示是单声道调频收音电路和立体声调频收音电路中的去加重电路，图5-140（a）所示是单声道调频收音电路中的去加重电路，图5-140（b）所示是立体声调频收音电路中的去加重电路。

关于去加重电路主要说明下列几点。

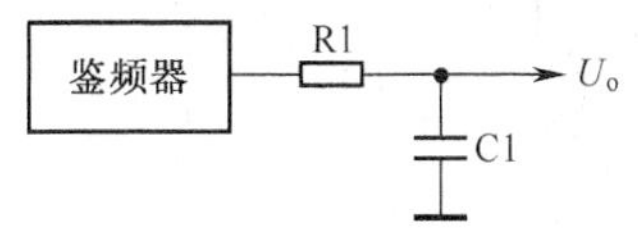

（a）单声道调频收音电路中的去加重电路

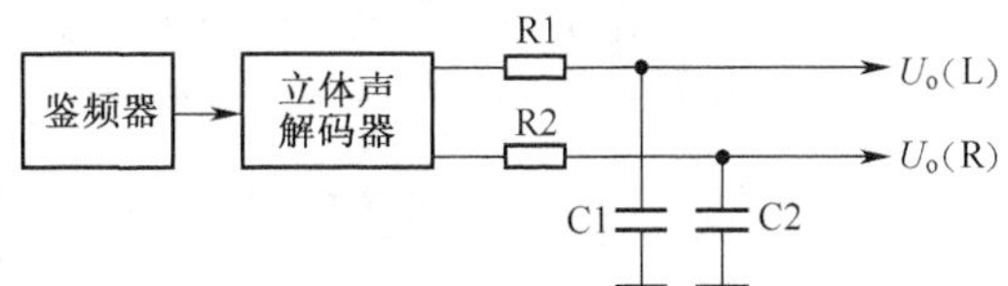

（b）立体声调频收音电路中的去加重电路

图 5-140　两种调频收音电路中的去加重电路

（1）对于单声道收音电路而言，去加重电路设在鉴频器电路之后，即鉴频器输出的音频信号立即进入去加重电路中。

（2）对于双声道收音电路而言，去加重电路设在立体声解码器电路之后，并且左、右声道各一个相同的去加重电路。

（3）立体声调频收音电路中的去加重电路不能设置在鉴频器之后，这是因为从鉴频器输出的立体声复合信号中，19kHz导频信号和23～53kHz边带信号会被去加重电路滤波掉，这样就无法进行立体声解码，所以要将去加重电路设置在立体声解码器电路之后。

（4）去加重电路由电阻和电容构成，由于电容对高频信号的容抗比较小，这样对高频信号存在衰减作用，达到衰减高频段信号的目的。在衰减高频段信号的同时，也将高频段噪声同时消除。

5.8　实用调频收音电路

5.8.1　调频头电路

1．调频头集成电路TA7335P

图5-141所示是集成电路构成的调频头电路，TA7335P是一个十分常见的调频头集成电路。图5-142（a）所示为集成电路TA7335P的内电路方框图，图5-142（b）所示是它的内电路。

集成电路TA7335P共有9根引脚，采用单列直插封装，各引脚作用见表5-5。

35. 互补推挽功率放大器 5

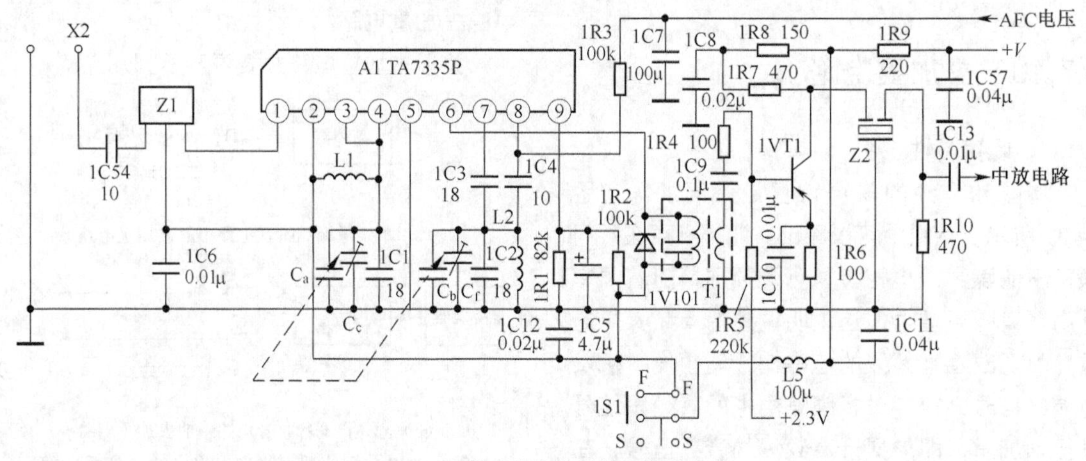

图 5-141　集成电路构成的调频头电路

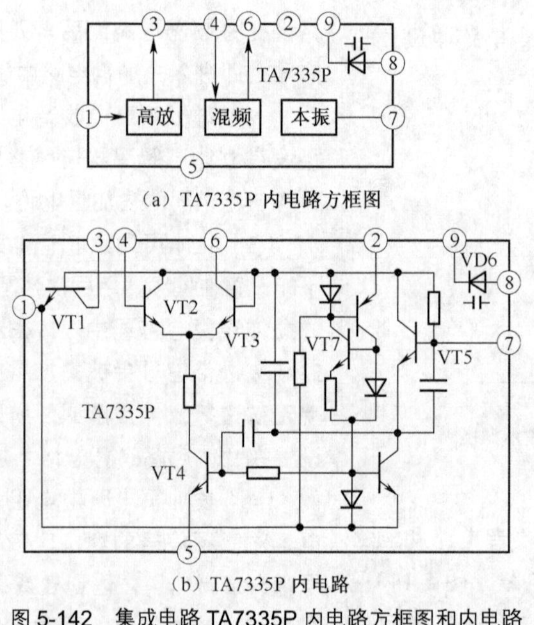

（a）TA7335P 内电路方框图

（b）TA7335P 内电路

图 5-142　集成电路 TA7335P 内电路方框图和内电路

表 5-5　集成电路 TA7335P 各引脚作用说明

引脚	说　明
①	高频信号输入引脚，信号送入高频放大器电路中
②	电源引脚
③	外接高频输入调谐回路，与内电路配合完成调谐
④	混频器输入引脚，用来输入已调谐的高频信号
⑤	接地引脚
⑥	混频器输出引脚，外接中频调谐回路
⑦	外接本机振荡器中的选频回路
⑧	AFC 电压输入引脚，变容二极管的正极
⑨	变容二极管的负极

（1）输入电路分析。从天线下来的高频信号经 1C54 耦合后加到带通滤波器 Z1 输入端，滤波器的输出信号直接从①脚送入 A1 内部的高频放大器电路中。Z1 是一个 88 ～ 108MHz 的带通滤波器，让调频波段内信号通过，将频段外信号去除，以提高抗干扰性能。

（2）高频放大器分析。集成电路 A1 的③脚内电路是高放管的集电极，③脚外电路接由 L1 和 C_a 等构成的高频调谐回路，这一回路作为高放管的集电极负载。

从高频放大器输出的高频信号从④脚加到内部混频器电路中。L1 是调谐线圈，它的左端经旁路电容 1C6 交流接地，这样 L1 与 C_a、C_c、1C1 构成 LC 并联谐振回路，改变调谐连 C_a 的容量时，可以改变这一调谐回路的谐振频率。

（3）本机振荡器电路分析。本机振荡器电路主要设在集成电路内部，⑦脚外接选频回路。L2 与 C_b、C_f、1C2 等构成 LC 并联谐振选频回路，改变振荡连 C_b 容量时可以改变本振频率。

（4）混频器电路分析。已调高频信号从④脚送入混频器，本振信号在内电路中直接送入混频器，混频后信号从⑥脚输出，加到由 T1 一次侧构成的中频调谐回路中，取出 10.7MHz 的中频信号。

（5）中频前置放大器电路分析。1VT1 等构成中频前置放大器电路，从 T1 二次绕组输出的中频信号经 1C9 和 1R4 加到 1VT1 基极，放大后信号从其集电极输出，加到中频滤波器 Z2 中进行滤波，其输出信号经 1C13 送到后面的中频放大器电路中。

1R7 是 1VT1 的集电极负载电阻，1C10 是发射极旁路电容，1R5 为 1VT1 提供静态偏置电流。

（6）AFC 电路分析。AFC 电压经 1R3 从⑧脚加到集成电路内部变容二极管的正极，⑨脚内部是变容二极管的负极，通过旁路电容 1C5 交流接地，即与 L2 相连。⑧脚内部是变容二极管的正极，通过电容 1C4 与 L2 的另一端相连，这样⑧脚、⑨脚内部的变容二极管通过 1C4、1C5 与 L2 并联。

当 AFC 电压大小变化时，变容二极管的容量发生改变，使本振选频回路的谐振频率发生改变，达到对本振频率进行自动控制的目的。

2．分立元器件调频头电路分析

图 5-143 所示是某型号调谐器中的调频高频头电路，这是一个由三极管构成的调频头电路。电路中，1VT1 是高放管，1VT2 是变频管，1VD5 是变容二极管，1VT3 是前置放大管，这一中频前置放大器用来补偿由于接入陶瓷滤波器 1BL1 带来的插入损耗。

（1）输入电路分析。电路中，1S1-3 是波段开关，用来转换波段，图示在调频位置（F）上。从天线来的调频信号经 1S1-3（F）和 1C1、1C2 等带通滤波器电路后，去除调频频带之外的各种频率干扰，然后调频信号加到高放管的输入端 1VT1 的发射极上。

电路中，1C1、1C2、1C3 和 1L1 构成一个 88 ～ 108MHz 带通滤波器电路，让 88 ～ 108MHz 频率范围内的信号通过，滤除调频广播频率范围之外的干扰信号。

一些调频收音电路中，带通滤波器采用陶瓷滤波器，如图 5-144 所示电路。电路中，1Z1 是一个 87 ～ 109MHz 的带通陶瓷滤波器，天线信号经波段开关 1S1-1（1FM）加到 1Z1 输出端，其输出信号经 1C1 加到调频头集成电路 1A1 的①脚，送入内电路的高频放大器输入端。电路中，二极管 1VD1 是用来防止雷击的，当天线感应到雷电时，1VT1 导通，以起到保护电路的目的。

（2）高频放大器电路分析。电路中的 1VT1 等构成共基极高频放大器，用来放大调频高频信号，这种放大器高频特性好。

直流电路是采用负电压（$-V$）供电，1R1 构成 1VT1 的发射极直流回路。1R2、1R4 为 1VT1 的分压基极偏置电阻。1VT1 的集电极经 1R4、1L2 接地，由于是负电压供电，所以地线电压为最高，这样 1VT1 集电极直流电压大于基极电压，基极电压大于发射极电压，建立起 1VT1 直流工作电路。

元器件作用提示

1C4 是 1VT1 的基极旁路电容，使基极交流接地，这样信号从 1VT1 的发射极、基极之间输入，从集电极、基极之间输出，所以这是共基极电路。

1L2 和 1C7A、1C6A、1C5 构成输入调谐电路，其中 1C7A 是调频连中的天线连，这一输入调谐电路是 1VT1 的集电极负载。这是一个 LC 并联谐振电路，当改变 1C7A（天线连）的容量时，便可改变该电路的谐振频率，从而实现调谐。

1C6A 是附在四连上的微调电容，起高频补偿作用。1R4 是 1VT1 的集电极稳定电阻。从调谐电路上取出的已调高频信号（即所选出的某电台高频信号）经 1C8 耦合到变频管 1VT2 的发射极上。

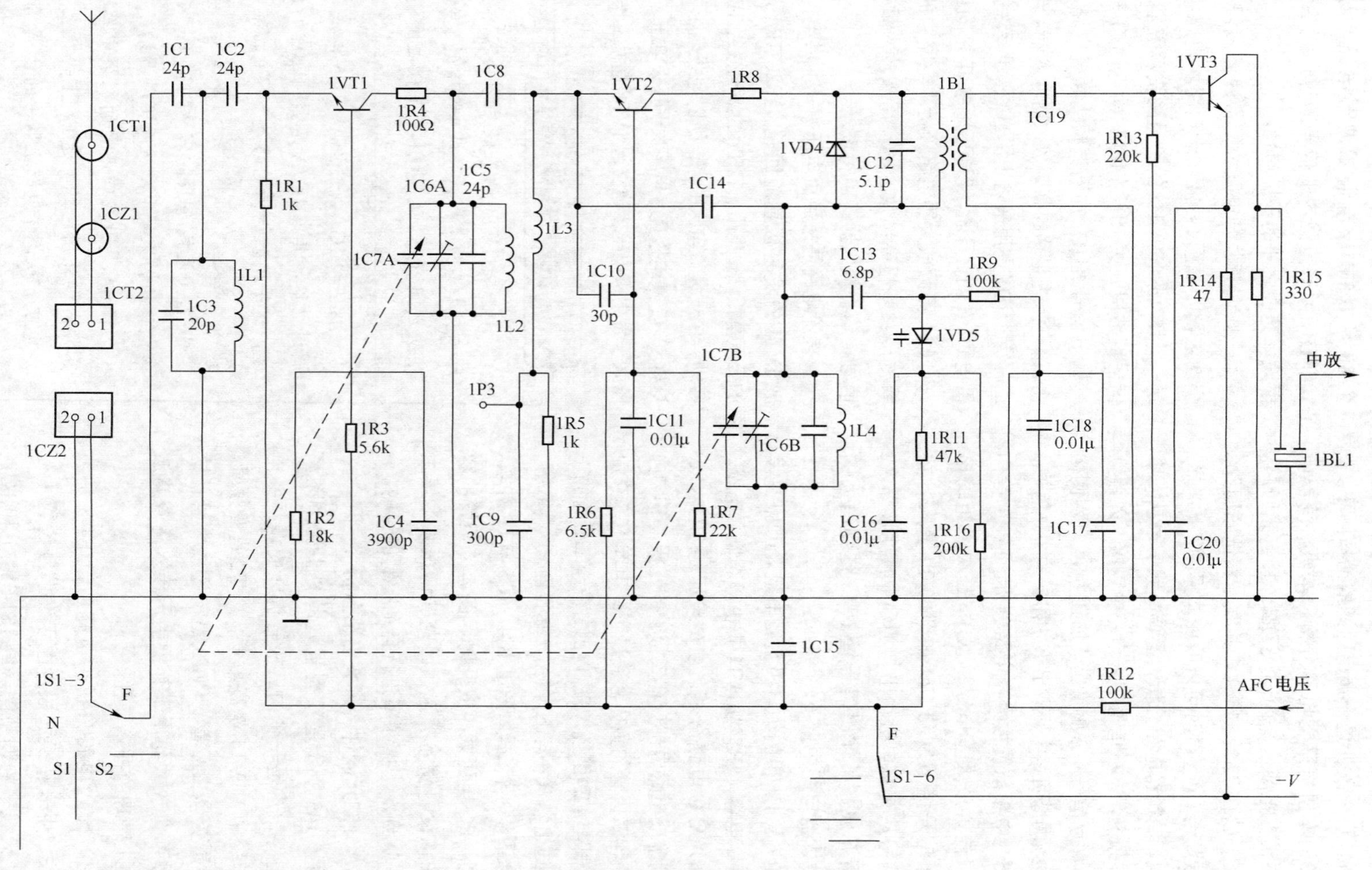

图 5-143 分立元器件调频头电路

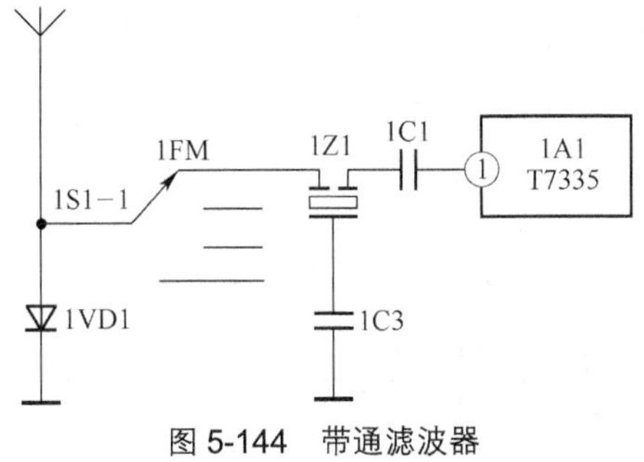

图 5-144 带通滤波器

（3）变频器电路分析。电路中的 1VT2 等元器件构成变频器电路。1VT2 的发射极经 1L3 和 1R5 接负电压（$-V$）。1R6、1R7 是 1VT2 的分压式基极偏置电阻。1VT2 的集电极经 1R8、1B1 一次侧和 1L4 接地，这样建立了变频管 1VT2 的直流工作电路。

1C11 是 1VT2 的基极旁路电容，使 1VT2 的基极交流接地。

本机振荡器选频电路由 1L4 和 1C14、1C6B、1C7B、1C12、1C10、1C13 和 1VD5 构成，其中 1C7B 是调频连中的天线连，1C7B 的容量与 1C7A 容量同步变化，以保证本振频率始终比高频信号频率高出 10.7MHz。1C6B 是四连中的微调电容。

本振信号经 1C14 加到 1VT2 发射极，来自高放级的信号也从发射极送入变频管 1VT2，其输出信号加到 1B1 一次侧调谐电路中，该调谐电路调谐在 10.7MHz 上，这样可取出差频信号，即 10.7MHz 的中频信号。这一中频信号从 1B1 二次侧输出，加到 1VT3 放大级中。

电路中，1L3 和 1C9 构成一个 LC 串联谐振电路，谐振在 10.7MHz 上，以吸收中频信号，防止变频产生的中频信号窜入高频放大器电路中。

（4）AFC 电路分析。变容二极管 1VD5 的结电容和 1C13 串联之后并在本机振荡器的谐振选频电路上，当 1VD5 结电容随 AFC 电压变化而变化时，便能改变本振频率。

电路中，$-V$ 经 1R10、1R11 分压给 1VD5 一定的偏置电压，AFC 电压经 1R12、1R9 加到 1VD5 的正极，这样 AFC 电压变化时，1VD5 两端的电压也随之变化，引起结电容的容量变化，改变本振频率，达到 AFC 的目的。

1C16 为 1VD5 负极旁路电容，由于它容量较大（0.01μF），对本振信号而言呈通路。1C17、1C18 为 AFC 电压滤波电容。

（5）中频前置放大器电路分析。一些中频放大器电路由于加入陶瓷滤波器带来了插入损耗，因而要设一级前置放大级（指中频信号前置放大），电路中的 1VT3 就是这种前置中频放大器。

1VT3 的发射极经发射极电阻 1R14 接 $-V$；1R13 接地，为基极偏置电阻（固定式偏置电路）；1VT3 的集电极负载电阻为 1R15，它又是滤波器 1BL1 输入端阻抗匹配电阻；1R15 接地；1VT3 集电极的电位为最高。这样 1VT3 建立了直流工作电路。电路中的 1C20 是 1VT3 的发射极旁路电容。

37. 复合互补推挽功率放大器 1

（6）波段控制分析。电路中的 1S1-6 是波段开关，这是用来控制调谐器各波段工作的，图示在调频波段（F）位置，$-V$ 经 1S1-6（F）加到调频收音电路中。当 1S1-6 在其他位置时，$-V$ 被切断，调频收音电路停止工作。

5.8.2 调频中频放大器和鉴频器电路

调频中频放大器和鉴频器电路往往采用集成电路，而且还包含调幅收音电路中的部分电路。这里介绍几种比较普遍的收音集成电路。

1. 集成电路 TA7640AP 分析

图 5-145 所示是集成电路 TA7640AP 构成的调频收音部分的应用电路，这是某型号调谐器中的调频中放、鉴频电路。

（1）信号传输分析。这一电路的信号传输过程是：来自混频器输出端的输入信号 U_i 经 1LB1 的中频滤波，取出了 10.7MHz 的中频信号，从⑮脚加入内电路调频中放电路。中频放大器输出的信号在内电路中送入鉴频器中，鉴频后输出的音频信号从⑨脚输出，送到后级电路中。

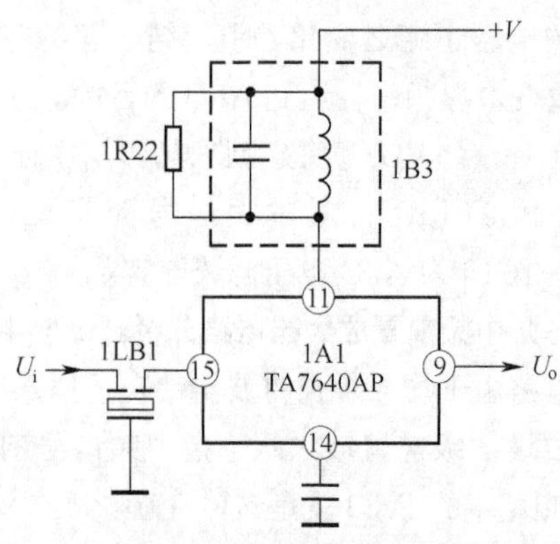

图 5-145　集成电路 TA7640AP 构成的调频收音部分的应用电路

（2）鉴频器电路分析。这一电路的鉴频器电路的工作原理是：集成电路 TA7640AP 的⑪脚外接 90° 移相电路 1B3，这是一个 LC 并联谐振移相电路。TA7640AP 采用双差分正交鉴频器电路，这种电路的工作原理可用图 5-146 所示电路来说明。

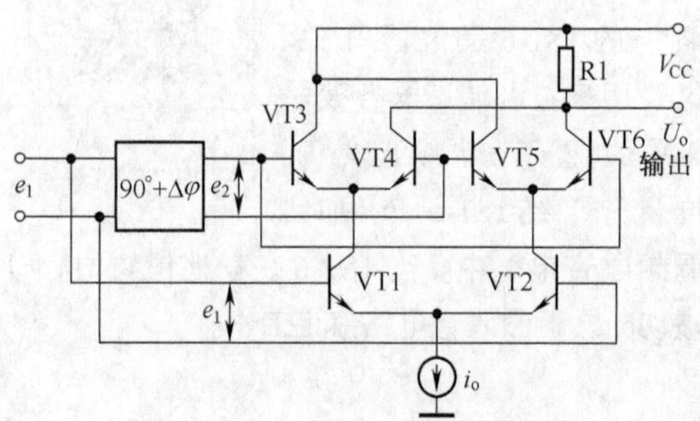

图 5-146　双差分正交鉴频器电路

电路中，VT1 ～ VT6 构成两组差分电路（双差分电路）。90° ± Δσ 为 90° 移相电路，该电路谐振在中频 10.7MHz 上。

输入信号频率为 10.7MHz 时，该电路对输入信号移相 90°；当输入信号频率高于或低于 10.7MHz，该电路对输入信号移相量分别为大于 90° 和小于 90°，并且相位相差量与输入信号频率和 10.7MHz 相差量成正比。

这一电路中有关信号的波形如图 5-147 所示，下面结合波形示意图分析电路的工作原理。e_1 是经过限幅放大级后中频信号，由于限幅作用它近似为矩形脉冲信号。e_2 是 e_1 信号经过 90° 移相电路之后的信号，由于 90° 移相电路是一个 LC 并联谐振电路，所以其输出信号为正弦信号。

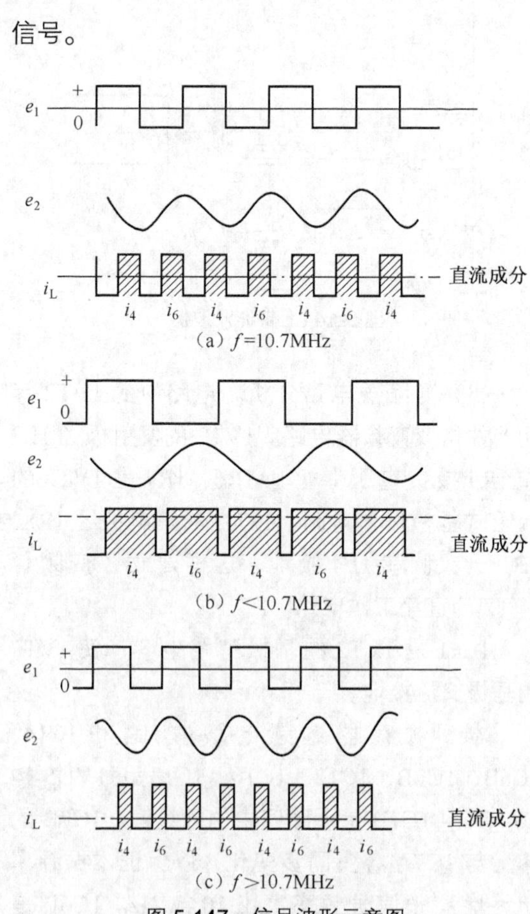

图 5-147　信号波形示意图

电路分析重要提示

从图 5-146 中可以看出，e_1 信号直接加到 VT1、VT2 基极，在 e_1 为正半周期间使 VT1 导通，VT2 截止；在 e_1 为负半周期间使 VT1 截止，VT2 导通。

e_2 信号加到 VT3 ～ VT6 基极，在 e_2 为正半周期间，使 VT3 和 VT6 获得正向偏置，使 VT4 和 VT5 处于反向偏置状态；当 e_2 为负半周期间，使 VT3 和 VT6 处于反向偏置状态，使 VT4 和 VT5 处于正向偏置状态。

由于三极管 VT3 和 VT1、VT4 和 VT1、VT5 和 VT2、VT6 和 VT2 是串联的关系，所以两只管子同时导通、同时截止。输出信号 U_o 取自于 VT4、VT6 两只管的集电极。

在 e_1 为正半周期间，VT1 获得正向偏置，此时 e_2 为负半周时使 VT4 获得正向偏置，这样 VT1、VT4 同时导通，VT4 的集电极电流流过负载电阻 R1，有输出信号 U_o。在 e_1 为负半周时，VT2 获得正向偏置，此时 e_2 为正半周时使 VT6 获得正向偏置，VT2 和 VT6 同时导通，VT6 的集电极电流流过 R1，也有输出信号 U_o。

如图 5-147 信号波形所示，图 5-147(a) 为输入信号频率等于 10.7MHz 时的波形，图 5-147(b) 为输入信号频率低于 10.7MHz 时的波形，图 5-147(c) 为输入信号频率高于 10.7MHz 时的波形。在不同输入信号频率时，90° 移相电路产生的相移量不同，使 VT4、VT6 导通的时间不同，即输出脉冲 U_o 的宽度不同。

重要提示

图 5-147(a) 所示 U_o 脉冲宽度为 e_1 脉冲的一半（此时移相为 90°），图 5-147(b) 所示为大于一半（此时相移小于 90°），图 5-147（c）所示小于一半（此时相移大于 90°）。这样，由于 U_o 脉冲宽度不同，其平滑后的直流分量大小不同，这就将输入信号的频率高低变化转换成 U_o 的直流成分大小变化，完成了鉴频任务。

2. 集成电路 LA1260S 分析

图 5-148 所示是集成电路 LA1260S 的应用电路，这是某型号组合音响调谐器中的实用调频中频、鉴频器电路。

图 5-149 所示是集成电路 LA1260S 内电路方框图。从图中可以看出，它含有调幅和调频收音两部分电路，其中调频部分为中放和鉴频电路。

集成电路 LA1260S 共有 16 根引脚，采用双列结构，其各引脚作用说明见表 5-6。

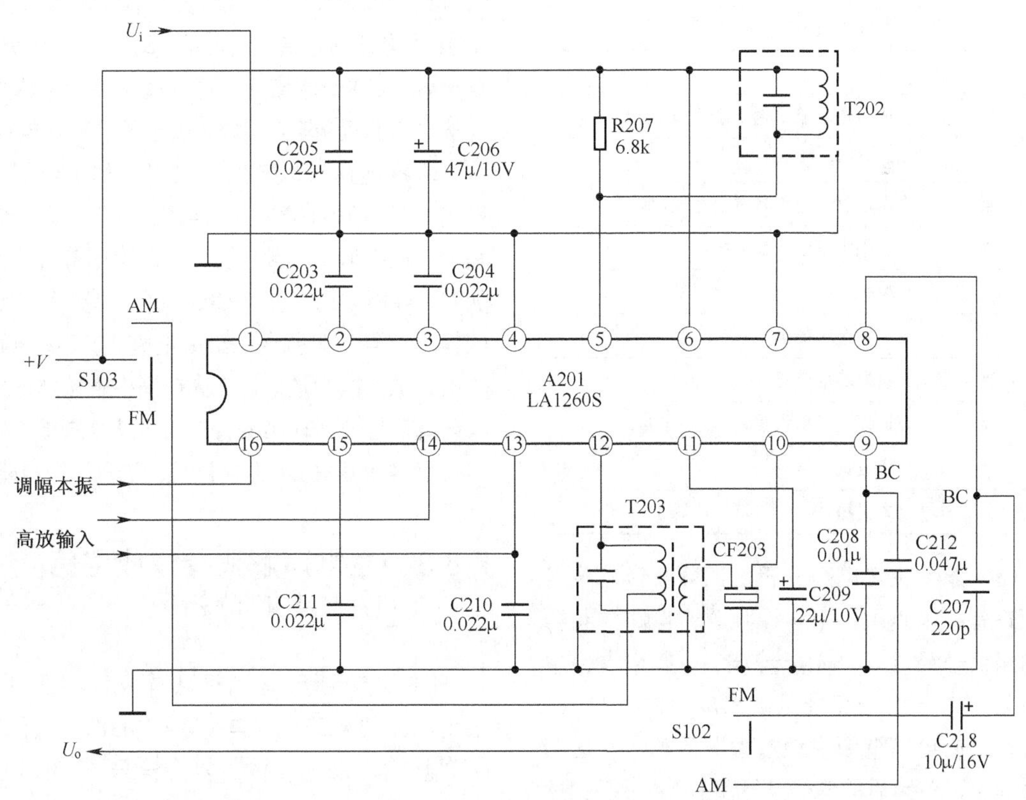

图 5-148　集成电路 LA1260S 应用电路

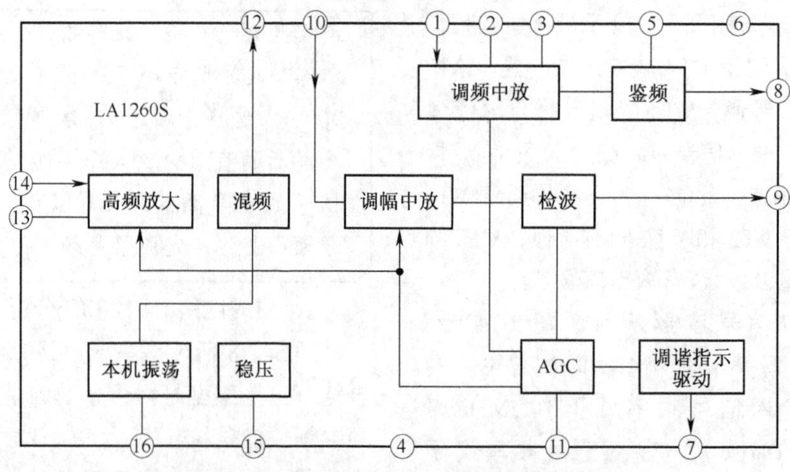

图 5-149　集成电路 LA1260S 内电路方框图

表 5-6　集成电路 LA1260S 各引脚作用说明

引　脚	说　明
①	调频中频信号输入端
②	调频中频旁路
③	调频中频旁路
④	接地端
⑤	鉴频（接 90° 移相电路）
⑥	电源
⑦	调谐指示驱动输出端（LED）
⑧	鉴频器输出端
⑨	调幅收音电路音频信号输出端
⑩	调幅中频信号输入端
⑪	AGC 滤波
⑫	调幅混频器输出端
⑬	调幅高放旁路
⑭	调幅高频放大器输入端
⑮	稳压输出端
⑯	本机振荡器（接选频电路）

（1）调频收音电路分析。调频收音电路工作原理是：电路中，来自调频收音电路混频器的输出信号经过 10.7MHz 滤波后，得到调频中频信号，这一信号直接送到集成电路 A201 的①脚，经内电路调频中频放大器的放大，送到鉴频器中，鉴频后的信号从⑧脚输出，经 C218 耦合加到波段开关 S102 上，此时该开关在图示调频（FM）位置上，送到后级电路中。

电路中的 C203、C204 为调频中频放大器中的旁路电容。T202 构成鉴频器中的 90° 移相电路，R207 为阻尼电阻。C205、C206 为高频电源滤波电容，C207 用来滤掉中频信号。

（2）调幅收音电路分析。调幅收音电路工作原理是：电路中，来自调幅收音电路的输入调谐电路的调幅高频信号从⑬、⑭脚送入集成电路 A201 内电路调幅高频放大器电路中。⑬脚通过旁路电容 C210 交流接地，这样调幅高频放大器电路从本来的双端输入电路，变成单端输入电路。

本振选频电路接在 A201 的⑯脚上。混频器输出信号从⑫脚输出，加到 T203 一次侧选频电路中，取出调幅中频信号，其二次侧输出的信号加到三端陶瓷滤波器 CF203 的输入端，经滤波后的输出信号从⑩脚送入集成电路 A201 内电路调幅中频放大器中放大，在内电路中直接送入检波器电路，检波器输出的音频信号从⑨脚输出，经 C212 和波段开关 S102（AM 位置）送到后级电路中。

5.8.3　立体声解码器集成电路 TA7343P 分析

图 5-150 所示是锁相环式立体声解码器，采用常见的解码集成电路 TA7343P，U_i 是来自鉴频器输出端的立体声复合信号，1VD6 是立体声指示灯。

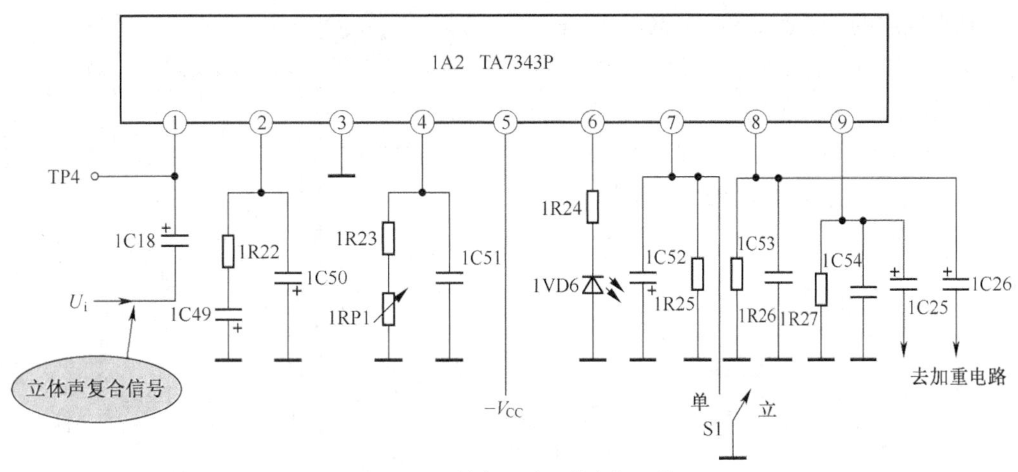

图 5-150　锁相环式立体声解码器

1. 集成电路 TA7343P 引脚作用

集成电路 TA7343P 各引脚作用说明见表 5-7，它共有 9 根引脚。

表 5-7　TA7343P 各引脚作用说明

引脚	说　明
①	立体声复合信号输入引脚
②	外接双时间常数低通滤波器（解码鉴相器用）
③	电源引脚
④	外接压控振荡器频率调整可变电阻器
⑤	接地端
⑥	立体声指示灯驱动输出引脚
⑦	外接低通滤波器（切换鉴相器用）
⑧	右声道音频信号输出引脚
⑨	左声道音频信号输出引脚

2. 集成电路 TA7343P 内电路方框图

图 5-151 所示是锁相环立体声解码器集成电路 TA7343P 内电路方框图。其他型号的锁相环立体声解码器集成电路与这一方框图基本相同。

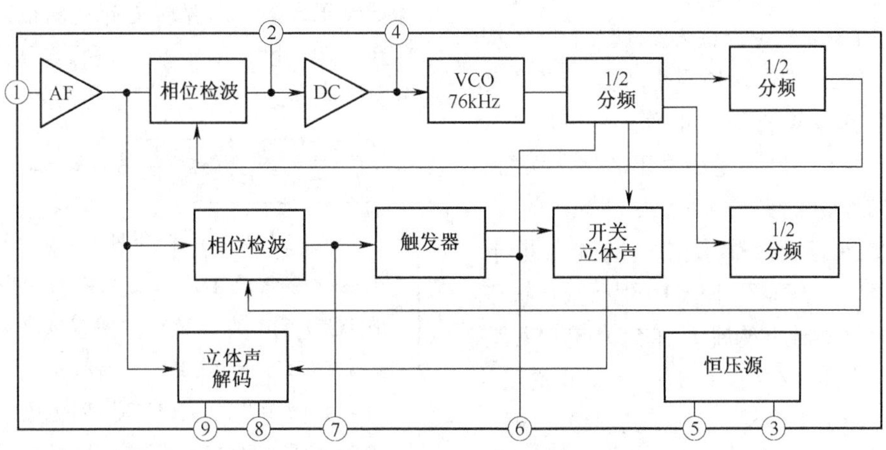

图 5-151　集成电路 TA7343P 内电路方框图

3. 内电路中的压控振荡器（VCO）电路

图 5-152 所示是集成电路 TA7343P 内电路中压控振荡器（VCO）。电路中，集成电路④脚外接振荡电容 1C51 和振荡频率调整元件 1R23、1RP1。U_o 为这一振荡器输出的 76kHz 矩形脉冲信号。

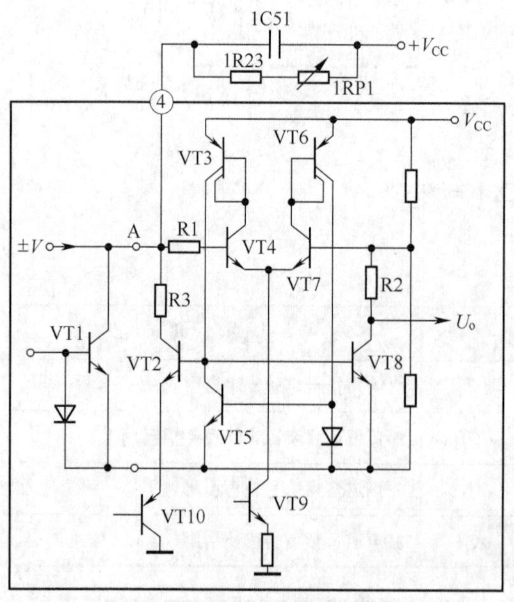

图 5-152　压控振荡器

电路中的 VT4 和 VT7 构成差分放大器，VT3 和 VT6 分别是 VT4 和 VT7 的有源集电极负载，VT9 构成 VT4 和 VT7 的发射极恒流源。

在电源接通瞬间，因为电容 1C51 两端的电压不能发生突变，④脚电压等于 $+V_{CC}$。这一电压经电阻 R1 加到 VT4 基极，使 VT4 基极电压为最高，导致 VT4 饱和导通，使 VT7 截止。VT4 导通后其集电极为低电平，使 VT3 获得正向偏置而导通，其集电极输出的高电平加到 VT2 和 VT8 基极，使这两只管子导通。

由于 **VT8** 导通，输出信号 U_o 为低电平，其经 R2 加到 VT7 基极，使 VT7 保持截止状态。

由于 **VT2** 导通，构成了 1C51 的充电回路，即直流工作电压 $+V_{CC}$ → 1C51 →集成电路的④脚→ R3 → VT2 集电极→ VT2 发射极→ VT10 发射极→ VT10 集电极→地端。图 5-153 所示是这一充电电流回路示意图。

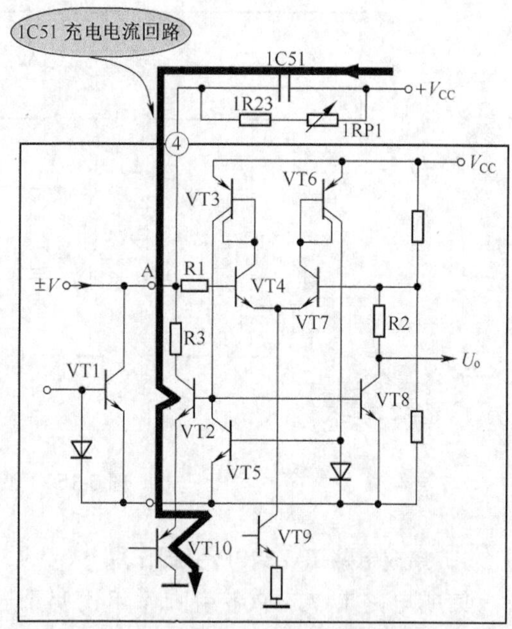

图 5-153　充电电流回路示意图

随着对 1C51 充电的进行，电路中的 A 点电压下降，当 A 点电压下降到一定程度（低于 VT7 基极电压）时，VT4 由导通转为截止，VT7 则由截止转为导通。由于 VT4 截止，其集电极为高电平，导致 VT3 截止，其集电极输出低电平，加到了 VT2 和 VT8 基极，使这两只三极管截止。

由于 **VT8** 截止，输出信号 U_o 变为高电平，VT7 基极因变为高电平而使 VT7 保持导通状态。

由于 **VT2** 截止，断开了 1C51 充电回路，这样原先该电容上充得的电压通过 1RP1 和 1R23 放电。随着这一放电的进行，集成电路的④脚电压升高，即 VT4 基极电压在升高，当升高到一定程度（高于 VT7 基极电压）时，VT4 再次导通，进行第二个周期的振荡。

重要提示

通过上述电路分析可知，1C51 的不断充电、放电使振荡器发生振荡，振荡周期由 1C51 的充电、放电时间常数决定，其中主要由 1C51 的放电时间常数决定，放电时间常数由 1C51、1R23 和 1RP1 决定，改变 1RP1 的阻值便可以调整这一振荡器的振荡频率，所以 1RP1 为振荡频率微调电阻器。

来自鉴相器输出端的误差电压 ±V 由 R1 加到 VT4 基极。误差电压为 +V 时，将使 VT4 提前从截止转为导通，且 +V 越大，提前的时间越多，使振荡周期缩短，振荡频率升高。同理，当误差电压为 −V 时，振荡频率降低。

4．差分式立体声开关解码器原理

集成电路的立体声解码器中常用差分式立体声开关解码器，这种解码器的工作原理可以用图 5-154 所示电路来说明。电路中的 VT1 和 VT3 构成差分开关电路，这两只三极管工作在开关状态。VT2 是放大管，它工作在放大状态下。

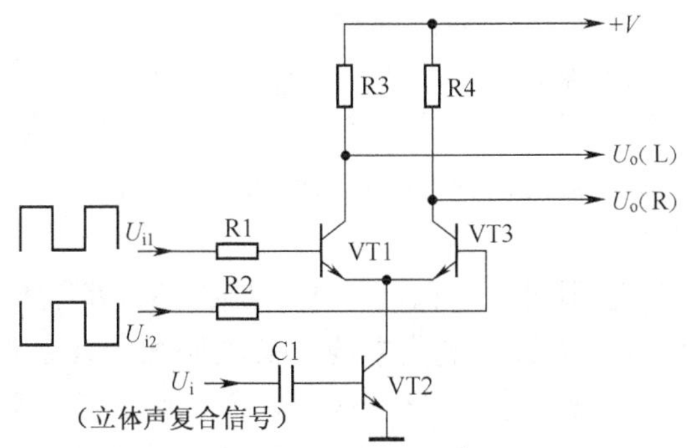

图 5-154　差分式立体声开关解码器原理电路

U_{i1} 和 U_{i2} 都是 38kHz 副载波开关信号，但它们之间相位相差 180°。U_i 为立体声复合信号。U_{i1} 与 U_i 中的副载波信号同频率、同相位。

输入信号 U_i 经 C1 耦合加到 VT2 基极，VT2 集电极负载，或是 R3 和导通的 VT1，或是 R4 和导通的 VT3。

当输入信号 U_{i1} 为正脉冲时，VT1 导通，此时 U_{i2} 为低电平而使 VT3 截止。在 VT1 导通时，恰好是 VT2 集电极上的信号为 L 信号，如图 5-133（h）所示信号波形，副载波正峰点对准 L 信号，这样 VT1 导通，在 R3 上获得 L 信号输出。

当输入信号 U_{i1} 为高电平时，在副载波反相 180° 后，即输入信号 U_{i1} 为低电平而使 VT1 截止，U_{i2} 为正脉冲使 VT3 导通，此时 VT2 集电极上的信号恰好是 R 信号，这样在 R4 上获得 R 信号输出。

5．双差分式立体声开关解码器原理

单差分式立体声开关解码器的分离度比较低，而采用双差分式立体声开关解码器可以大大提高分离度。差分式立体声开关解码器又称双平衡开关电路，图 5-155 所示是这种解码器的原理图。电路中的 VT1、VT2 和 VT3 构成一组差分开关电路，VT4、VT5 和 VT6 构成另一组差分开关电路。VT2 和 VT5 工作在放大状态下，其他三极管工作在开关状态下。

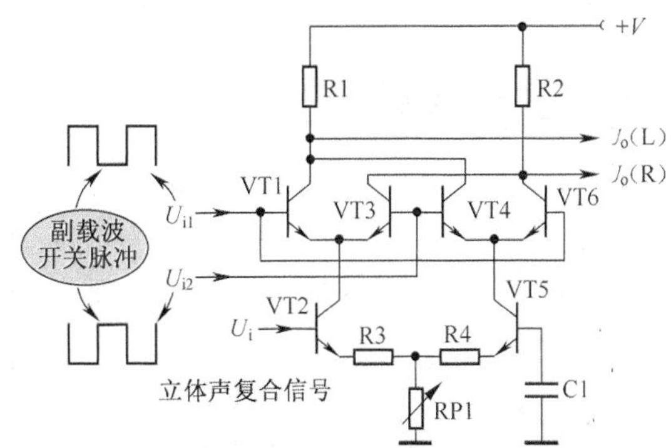

图 5-155　双差分式立体声开关解码器原理电路

输入信号 U_i 为立体声复合信号。U_{i1} 和 U_{i2} 都是 38kHz 副载波开关信号，但它们之间相位相差 180°。U_{i1} 与 U_i 中的副载波信号同频率、同相位。

输入信号 U_i 加到 VT2 基极，同时由于 VT5 基极接有交流旁路电容 C1，这样 VT2 和 VT5 构成一级单端输入式差分放大器，所以输入信号 U_i 也加到 VT5 基极，并且加到 VT2 和 VT5 基极的信号大小相等、相位相反。

当输入信号 U_{i1} 为高电平时，VT1 和 VT6 同时导通，此时 U_{i2} 为低电平而使 VT3 和 VT4 截止。这样，VT1 导通，在 R1 上获得 L 信号，同时 VT6 导通，在 R2 上也有 L 信号输出，但由于 VT5 信号与 VT2 信号的相位相反，所以此时 R2 上输出的是 $-\Delta L$ 信号。

当副载波信号反相后（变化 180°），U_{i1} 变为低电平而使 VT1 和 VT6 截止，U_{i2} 变为高电平而使 VT3 和 VT4 导通。由于 VT3 导通，在 R2 上输出 R 信号。同时，VT4 导通，在 R1 上输出 $-\Delta R$。

在一个信号周期内，输出信号如下。

$$U_o（L）=L+（-\Delta R）$$

U_o（R）=R+（$-\Delta L$）

由于VT1、VT3这一差分开关解码器的分离度较低，在L信号中含有ΔR，这$-\Delta R$分量被VT4和VT6差分解码器中的$-\Delta R$所抵消，只要ΔR和$-\Delta R$的大小相等，就能将输出信号U_o(L)中的ΔR分量抵消，达到提高立体声分离度的目的。同理，U_o(R)中的ΔL信号也能被抵消。

重要提示

为了抵消ΔR信号，要求$-\Delta R$信号幅度与ΔR信号幅度相等。调整电路中RP1的阻值大小，可以改变加到VT5中输入信号U_i的大小，从而可以调整$-\Delta L$和$-\Delta R$信号的大小，达到调整分离度的目的。

6．信号传输和处理过程

为了分析电路方便，将电路重成图5-156所示形式。

电路中，立体声复合信号经1C48耦合，从1A2的①脚送入内部复合信号放大器中放大，放大后信号分成3路。

（1）第一路加到鉴相器中，以获得38kHz的副载波开关信号。

（2）第二路送入鉴相器、触发器等构成的立体声指示灯电路中，当收到立体声广播电台信号时，集成电路的⑥脚由高电平转换成低电平，驱动⑥脚外电路中的立体声指示灯1VD6发光指示。

（3）第三路加到立体声解码器中，解码器在副载波开关信号的作用下，解调出左、右声道音频信号，从⑧脚输出右声道（*R*）音频信号，从⑨脚输出左声道（*L*）音频信号。

当①脚输入的是音频信号（不是立体声复合信号）时，解码器电路不工作，只是将这一音频信号从⑧脚和⑨脚输出。

7．集成电路TA7343P各引脚外电路分析

①**脚**用来输入立体声复合信号。

②**脚**用来外接双时间常数的低通滤波器，即1R22、1C49和1C50。②脚是解码器中鉴相器的输出端，接入的低通滤波器用来对鉴相器输出的误差电压进行滤波。

③**脚**是电源引脚。如果这一引脚在电路中接地，说明这时的集成电路采用负电源供电，所以电源引脚接地，而集成电路的接地引脚接负电源$-V_{CC}$。

④**脚**用来外接压控振荡器振荡频率调整元件，调整外电路中的可变电阻器1RP1可以改变这一振荡器的振荡频率。当振荡频率不准时解码器无法工作，无音频信号输出。

⑤**脚**是接地引脚，在采用负电源供电时接$-V_{CC}$。

⑥**脚**用来接入立体声指示灯1VD6，1R24是1VD6的限流保护电阻。当⑥脚为低电平时，1VD6发光，说明此时正接收立体声调频广播。

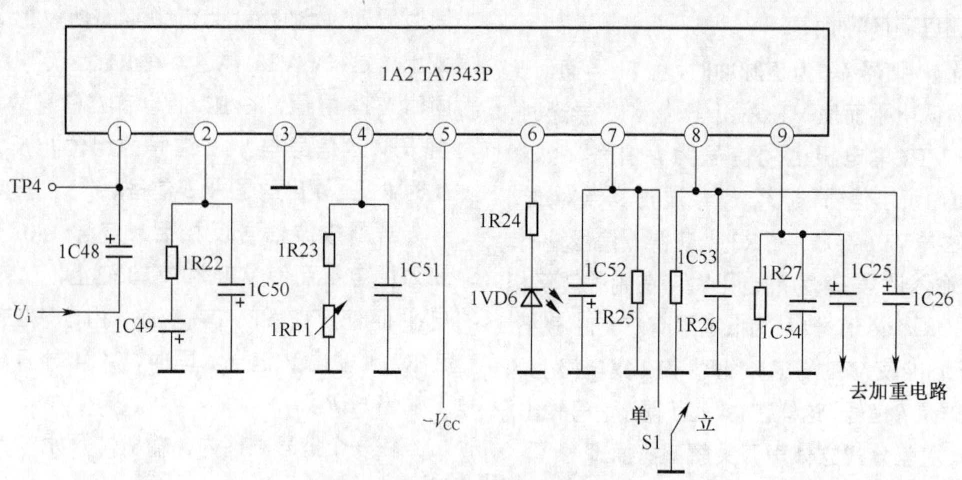

图5-156　TA7343P应用电路

当收到普通调频广播时，⑥脚为高电平，1VD6不发光，也不能输出左、右声道的立体声音频信号。另外，当收到的立体声调频广播信号太弱时，解码器也不能正常工作，⑥脚也是高电平，此时解码器不能输出左、右声道的立体声音频信号。

⑦脚用来外接低通滤波器1R25和1C52，同时外接立体声/单声道开关S1，图示在立体声位置。当该开关置于单声道位置时，⑦脚被强制接地，使内部的立体声解码器不能工作，从⑧脚和⑨脚输出的音频信号相同，为单声道的音频信号。

⑧脚和⑨脚用来分别输出右声道和左声道音频信号，外电路中的电容1C53和1C54起去加重作用。

电路分析提示

关于立体声解码器的电路分析主要说明以下几点。

（1）分析这一电路首先要搞清楚是采用的什么类型的解码器，目前用得比较多的是集成电路锁相环立体声解码器。

（2）在分析锁相环立体声解码器时，要搞清楚两个问题：一是锁相环电路的作用和工作原理，它只是为获得38kHz副载波而采用的一种电路；二是这种立体声解码器仍然采用的是开关式解码器。

（3）对于立体声解码器工作原理的理解，对立体声复合信号波形的了解很重要，不搞清楚这些信号波形的具体含义，理解电路的工作原理就相当困难。

（4）在分析集成电路解码器的工作原理时，一般情况下可以不去分析集成电路的内电路，但要搞清楚集成电路、引脚作用和外电路工作原理。

5.8.4 实用立体声解码器集成电路LA3361

图5-157所示是集成电路LA3361的应用电路，这是某型号组合音响调谐器中的立体声解码器实用电路。

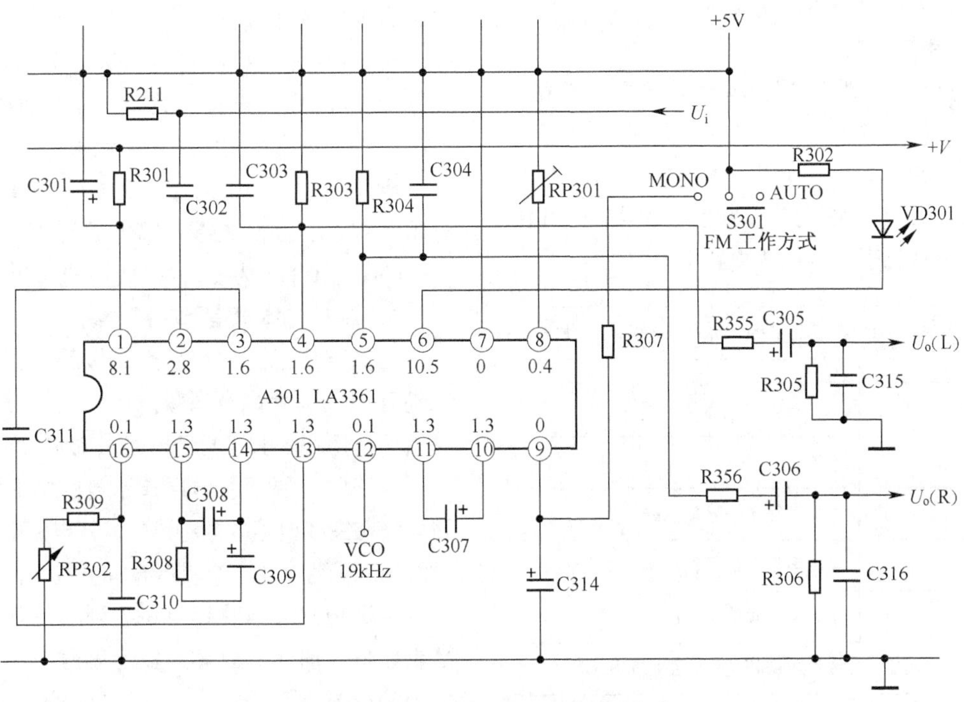

图5-157 集成电路LA3361的应用电路

1．集成电路内电路方框图

图 5-158 所示是集成电路 LA3361 的内电路方框图。从方框图中可以看出，76kHz 的压控振荡器（VCO）产生的振荡信号经分频器后获得 38kHz 副载波开关信号，送到立体声解码器中。这一 38kHz 副载波又经 1/2 分频后得到 19kHz 信号，送到相位比较电路（鉴相器）中，与⑬脚送入的 19kHz 导频信号进行比较，其输出的误差电压加到 VCO 中。

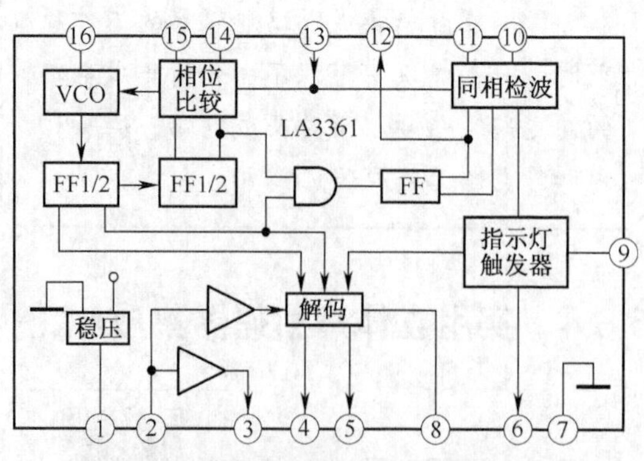

图 5-158　集成电路 LA3361 内电路方框图

2．引脚作用

集成电路 LA3361 共有 16 根引脚，采用双列结构，各引脚作用说明见表 5-8。

3．电路分析

电路中，来自鉴相器输出端的立体声复合信号 U_i 经 C302 耦合从 A301 的②脚送入集成电路内电路中，经放大后一路送到立体声解码器电路中，另一路从③脚输出，其中的 19kHz 导频信号从脚送入鉴相器电路中。

表 5-8　集成电路 LA3361 各引脚作用说明

引　脚	说　明
①	电源
②	立体声复合信号输入端
③	立体声复合信号输出端
④	左声道音频信号（L）输出端
⑤	右声道音频信号（R）输出端
⑥	调频立体声指示灯驱动输出端
⑦	接地端
⑧	立体声分离度调整端
⑨	单声道 / 立体声开关转换
⑩	同相检波
⑪	同相检波
⑫	19kHz 测试端
⑬	19kHz 导频信号输入端
⑭	低通滤波（鉴相器）
⑮	低通滤波（鉴相器）
⑯	压控振荡（频率调整）

经过解码后的左、右声道音频信号分别由④脚和⑤脚输出，再由 R355 和 C305、R356 和 C306 耦合到后级电路中。

电路中，C308、C309 和 R308 构成鉴相器的双向时间常数低通滤波器。S301 是单声道 / 立体声转换开关，图示在立体声位置，A301 的⑨脚为 0V，立体声解码电路工作，④脚和⑤脚输出左、右声道信号。

当 S301 在单声道（MONO）位置时，A301 的⑨脚为高电位，关闭立体声解码电路，④脚和⑤脚输出相同的单声道信号。

电路中，RP301 为左、右声道分离度调整电阻，RP302 为 VCO 频率微调电阻器。

C315、C316 为左、右声道去加重电容。

4．调频立体声指示电路分析

立体声指示灯采用发光二极管，它用来指示是否已收到立体声调频广播。这一电路的工作原理可用图 5-159 所示电路来说明。

电路中，调频立体声指示电路中的主要电路均设在集成电路的内电路中，外电路中只有一只发光二极管 VD1，R1 是 VD1 的限流保护电阻。

当调频立体声收音电路收到立体声调频广播电台信号时，从立体声复合信号中分离出来的 19kHz 导频信号 U_i 从①脚送入集成电路内电路鉴相器中，由 VCO 输出的振荡信号经两次 1/2 分频后获得 19kHz 信号也加到鉴相器中，这一 19kHz 信号是 0° 的。

由于加到鉴相器中的两个 19kHz 信号同频率和同相位，所以鉴相器有最大的误差电压输出。这一误差电压经低通滤波器滤波后，加到直流放大器中放大，再送到施密特触发器中。由触发器输出一个控制信号到指示灯电路中，使⑥脚为低电位，VD1 发光，完成立体声指示。

当未收到立体声调频信号时，便没有 19kHz 导频信号 U_i，这时鉴相器无输出，⑥脚为高电位，VD1 不能发光指示。当收到的立体声调频信号比较小时，19kHz 导频信号也比较小，此时鉴相器也没有输出电压，VD1 也不能发光指示。当②脚回路开路时，或将②脚用一只电阻接地，解码器工作在单声道状态，VD1 也不发光指示。

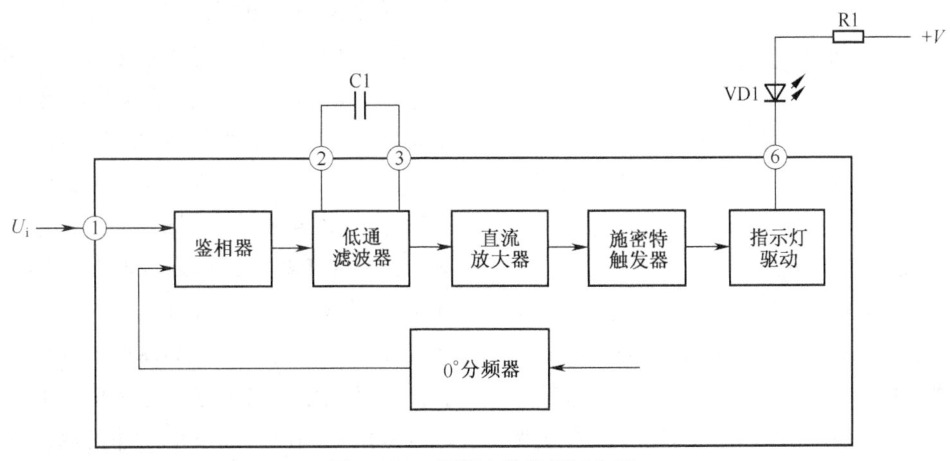

图 5-159　调频立体声指示电路

电路分析提示

关于这一立体声解码器电路的分析主要说明以下几点。

（1）分析这一电路首先要搞清楚是采用的什么类型的解码器电路，目前用得比较多的是集成电路锁相环立体声解码器电路。在分析锁相环立体声解码器电路时，要搞清楚两个问题：一是锁相环电路的作用和工作原理，它只是为获得 38kHz 副载波而采用的一种电路；二是这种立体声解码器电路仍然是采用的开关式解码器电路。

（2）对立体声解码器电路工作原理的理解，了解立体声复合信号波形的特性很重要，不搞清楚这些信号波形的具体含义，对电路工作原理理解就相当困难。

（3）在分析集成电路解码器电路工作原理时，一般情况下可以不去分析集成电路的内电路，但要搞清楚集成电路各引脚的作用和外电路工作原理。

5.9　数字调谐系统

数字调谐系统简称 DTS（Digital Tuning System），是目前中、高档组合音响调谐器中较新的调谐系统。调谐器的调谐方式有 3 种。

（1）最简单的也是用得最普通的机械调谐，即通过调节电容（双联或四联）来进行调谐。

（2）电子调谐系统，它的基本原理是利用变容二极管的容量随反向偏置电压变化而变化的特性，通过改变调谐电压的大小来进行调谐。

（3）这一节中将要介绍的数字调谐系统，它是在电子调谐系统基础上展起来的智能化调谐器。当中、高级组合音响采用了数字调谐系统之后，便可以省去四联这一机械调谐系统，简化了调频高放、本机、调幅调谐和本振电路。

5.9.1 DTS基本概念

为了系统而全面地介绍DTS的工作原理，在这里先介绍一些有关DTS技术的基本概念。

1．DTS调谐器电路结构

采用DTS的调谐器主要由两大系统构成。

（1）收音电路，与这普通调谐器电路结构、工作原理是基本一样的，不同之处是，各输入调谐、本振调谐网络改成了具有变容二极管参与的调谐振电路。

（2）数字调谐系统是一个控制系统，由一大规模集成电路和数块集成电路构成。图5-160所示是数字调谐系统调谐器方框图。

电路中，A1是调频高放集成电路，A2是调幅/调频中放等集成电路，A3是立体声解码集成电路，它们构成调幅、调频收音通道电路。预分频器、A5、A6构成了数字调谐系统主体电路，其中预分频器只用于调频渡段，A5是一块大规模集成电路，A6是频率数字显示驱动集成电路。

假设这一方框图表示了一个中波/调频波段的两波段调谐器。在调幅波段中，共有AM调谐和AM本振两个调谐回路，这两个回路中均设有变容二极管，由A5输出的直流调谐电压加到这两个回路中。电路设计时保证本振频率始终比AM调谐回路频率高出一个中频465kHz，AM本振频率还要馈入A5中。当A5输出的调谐电压大小连续变化时，可使AM调谐回路频率和AM本振频率同步变化，并覆盖整个收音频段。当调谐到电台信号后，便有调幅中频信号输出，这一信号作为触发信号，经自停触发电路加到A5中，使A5输出的调谐电压锁定，便自动停止了调谐过程中的自动电台搜索。

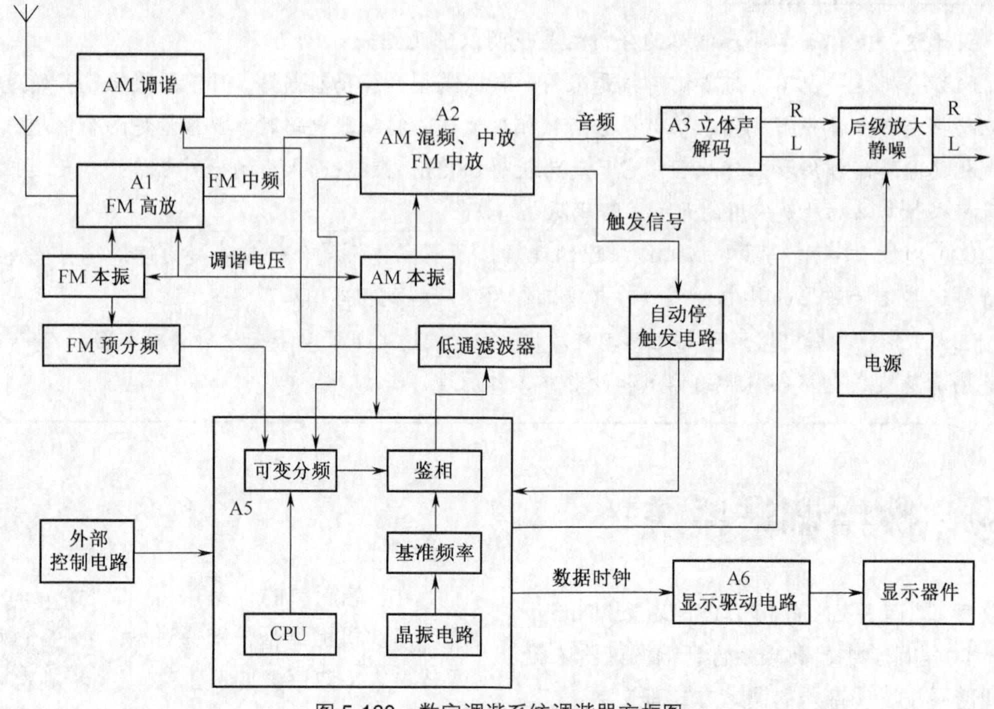

图5-160 数字调谐系统调谐器方框图

重要提示

调频段的工作原理同调幅段类同，只是多了一个FM预分频器。A5通过外电路控制，可工作在调幅或调频波段，以及工作在手动、自动调谐等多种工作状态下。频率显示电路则适时地显示调谐频率等。

2．数字式调谐系统种类

数字式调谐系统有多种。一种是称之为数模转换电压合成器方式，它的基本原理是：先将模拟形成的直流电压合成值数字化，再用数模转换电路将数字化值转化成直流调谐电压作用于变容二极管，进行调谐。它的缺点是调谐精度和稳定性还不够理想。

另一种是本节重点介绍的，称之为锁相环频率合成器方式的DTS。它的优点是调谐精度高、稳定性好，加上已能制造出将微处理器和锁相环频率合成器置于一起的大规模集成电路。所以这种DTS系统是目前数调领域的主流，应用广泛。

3．频率合成器

数字调谐系统的关键是能方便地获得大量离散频率，即能获得覆盖收音频段的所有频率范围，用这些频率作为本振频率（输入调谐回路频率也在其中，但频率比本振频率同步低一个中频频率），而且要求这些频率是准确的、稳定的、各频率之间间隙很小（间隙大会漏掉一些电台信号）。频率合成器的任务是要获得这些频率。

频率合成器要对一个高稳定性、高精度的频率进行加、减、乘、除后，获得大量的同样是稳定和准确的频率。频率合成的方式有多种，锁相环式频率合成器是利用锁相环的特性，获得大量的高性能频率。

4．锁相环的特性

有关锁相环的概念在立体声解码器中已经作过一些介绍，它利用鉴相器来锁定压控振荡器，以获得频率和相位都非常精确、稳定的所需频率。

锁相环路简称PLL（Phase Lock Loop，意为相位锁定环路）。关于锁相环的电路结构和工作原理前面解码器部分已经介绍，在此只对它的两个重要特性作些说明。

（1）窄带滤波特性。这一特性是不难理解的，由于在锁定状态压控振荡器的输出频率和相位都被锁定，在这一频率附近的频率（大于或小于）都由于环路滤波器而受到大大抑制，对压控振荡器的干扰被减到很低程度，这样锁相环路就好像一个以压控振荡器工作频率为中心频率的带宽很小的带通滤波器。由此可见，锁相环路虽然不是一个LC选频网络，但具有极好的选择性和极高的品质因数，能获得高质量的所需频率。

（2）宽带跟踪特性。当输入信号频率和相位变化时，只要加宽环路频带，压控振荡器便能跟随输入信号频率和相位的变化。

5．锁相环式频率合成器

用图5-161所示方框图可以说明锁相环式频率合成器的电路组成和工作原理。

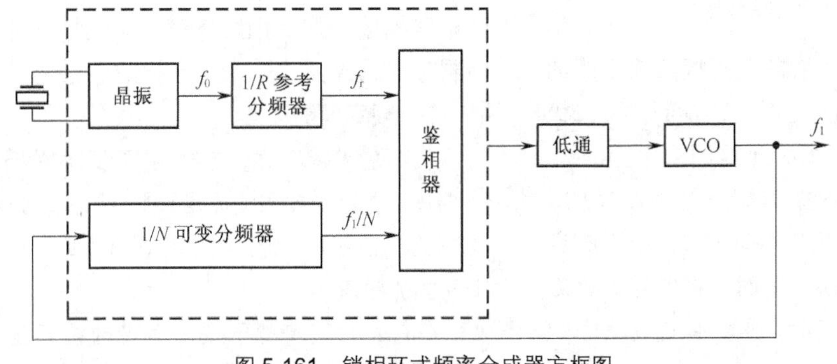

图5-161　锁相环式频率合成器方框图

这一电路的工作原理是：晶振是这一电路中的稳定、精确频率源，它的频率f_0质量非常高，f_0经1/R参考分频器获得f_0/R这一频率，记为f_r，同样f_r的频率非常准确和稳定，f_r加到鉴相器中，作为两个比较信号中的基准频率信号。

压控振荡器（VCO）产生的振荡频率f_1经1/N可变分频器分频后也加到鉴相器中，两输入信号经过频率和相位比较后，鉴相器输出的误差电压经低通滤波器后加到VCO上，使VCO工作频率变动，直到环路锁定。在环路锁定时VCO工作频率f_1是非常精确和稳定的，f_1由下式决定：

$$f_1=Nf_r$$

如改变分频比N，便可获得一系列频率间隔为f_r的稳定、精确频率，如$101f_r$、$102f_r$、$103f_r$……f_1便是本振频率，只要N取得恰当，便能使f_1覆盖整个收音频段。

在实际电路中，低通滤波器和压控振荡器不设在大规模集成电路中，图中虚线框内电路设在大规模集成电路内，这样这一集成电路有一个脚输出鉴相器输出的直流电压（调谐电压）。VCO设在收音通道中，图5-162所示是它的示意图。

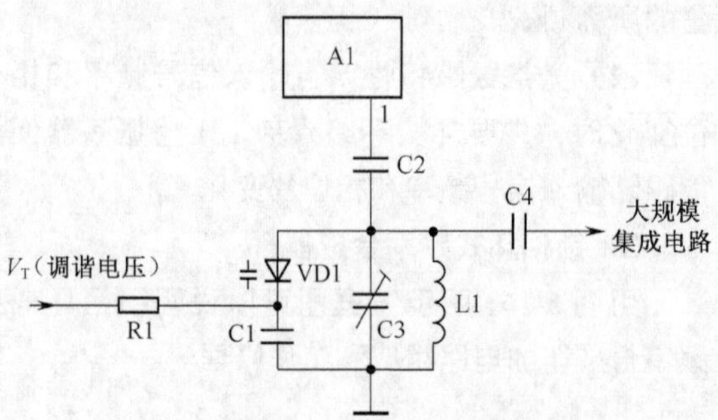

图5-162　VCO电路示意图

从图中可以看出，来自大规摸集成电路的鉴相器输出电压（调谐电压V_T），加到变容二极管上，以改变L1这一本振回路的频率。L1和C3、C1和VD1构成本振回路，为图5-161所示电路中的VCO。本振频率通过C2由①脚送入A1的内电路混频器中，同时本振信号（VCO输出信号f_1）经C4送到大规模集成电路中的1/N可变分频器中（见图5-161所示电路）。

图5-162所示只表示了一个调谐回路，收音通道中的其他调谐回路电路结构和工作原理相同，并在同一波段时共用同一个调谐电压V_{Tr}。

6．1/N可变分频器

见图5-161所示方框图，1/N可变分频器的作用有两个：一是将VCO工作频率f_1分频后降至f_r大小，作为鉴相器的一个比较频率信号；二是可控制VCO工作频率，即改变分频比N时，可获得不同频率的f_1，从而可控制合成器的输出频率f_1。

这里以调频波段（87～108MHz）为例，讨论分频比N的变化范围。设频率间隔f_r为25kHz，则要求频率合成器输出的最低频率为87MHz+10.7MHz(中频)=97.7MHz，最小分频比为97.7MHz/25kHz=3908。要求频率合成器的最高输出频率为108MHz+10.7MHz=118.7MHz，最大分频比为118.7MHz/25kHz=4748。由此可知，在调频波段N的变化范围为3908～4748。

再讨论调幅中波段（522～1505kHz）的N变化范围，调幅中波段设f_r=500Hz则要求频率合成器输出的最低频率为522kHz+465kHz(中顿)=987kHz，最小分频比为987kHz/500Hz=1974。要求频率合成器在调幅中波段输出的最高频率为1605kHz+465kHz=2070kHz，最大分频比为2070kHz/500Hz=4140。

在锁相环频率合成器中引入微处理器的程序控制，将1/N可变分频器变成可编程序分频器，由微处理器的程序控制实现N的变化，从而获得所需要的工作频率f_1。

可编程序分频器由多级可变计数器和若干门电路构成，加上预置环节，通过预置环节等控制分频比N。

7．频率间隔f_r

f_r又称调谐步比，或称频率步跳间隔，见图5-161所示方框图，f_r是通过对$f_0$1/R分频后获得的，在不同收音波段取不同的R，可获得不同的f_r频率。

f_r值取大些有利于提高调谐时搜索电台的速度，但f_r太大会造成漏台现象，即f_r大了在波段范围频率合成器输出的频率点少了，有的电台频率不在其中，便不能收到这一电台。如果减小 f_r，这可尽量避免漏台现象，但调谐时搜索电台的速度又慢了。所以，f_r 的大小要取得恰当，多方兼顾。在一般情况下，中等性能的机器 f_r 在调频段取 25kHz，中波取 500Hz，短波取 5kHz。在高性能机器中，调频取 5～10kHz，短波取 1kHz。

8．脉冲吞除计数原理

从前面的 N 计算可知，N 最大值为 4748，在调频高端。N 最小值为 1974，在调幅中波的低端，这就要求可变分频器的分频比在 1974～4748 范围内变化，这对一般计数器来讲是非常复杂的，而且计数速度也难以提高。脉冲吞咽计数器是针对这问题而进入锁相环频率合成器中，这一计数器的电路结构和工作原理可用图 5-163 所示的方框图来说明。

这一电路的工作原现适：预置分频器有两种分频比 M_H（高分顿比）和 M_L（低分频比），设 M_H=17、M_L=16。在计数开始时，数据锁存器将频车数据分别送入可变程序分频器 ÷N 和吞咽计数器 ÷S 中，同时使预置分频器工作在 ÷M_H 模式，VCO 输出的频率 f_1 经预置分频器以 M_H 预分频后分别送入吞咽计数器和可编程序分频器中，它们同时开始作减法计数。当吞咽计数器从预置的数 S 减法计数至 0 时，可编程序分频器也同样减去了 S 个数，此时吞咽计数器一方面输出一个换模信号给 RS 触发器，使触发器置 0，以控制预置分频器进入 ÷M_L 模式工作状态，另一方面也使吞咽计数器停止了计数。接着剩下 f_1 信号由预置分频器按 ÷M_L 分频后，再送到可编程序分频器中作减法计数，直至将 N—S 个数减完，可编程序分频器输出一个脉冲给频率数据锁存器，开始下一个周期的计数。

经过计算，这种分频率的总分频次数 N_T 由下式决定（M_H=M_L+1）：

$$N_T=M_LN+S$$

式中，N、S 都是由微处理器计算出来后送入频率数据锁存器，再分别送入吞咽计数器和可编程序分频器中，以便确定它们总的计数量。

这里以接收调频 98MHz 电台为例，根据前面介绍的计数方法得知总分频比为 4348。微处理器将 4348 除以 M_L(16)，得到的整数为 N=271，这一数置给可编程序分频器，除 16 后的余数为 S=12，将 S（12）置给吞咽计数器。对不同的电台频率，N_T 不同，其 N 和 S 也是不同的。

采用脉冲吞除计数器后可以简化电路结构、提高工作速度，故得到广泛应用。

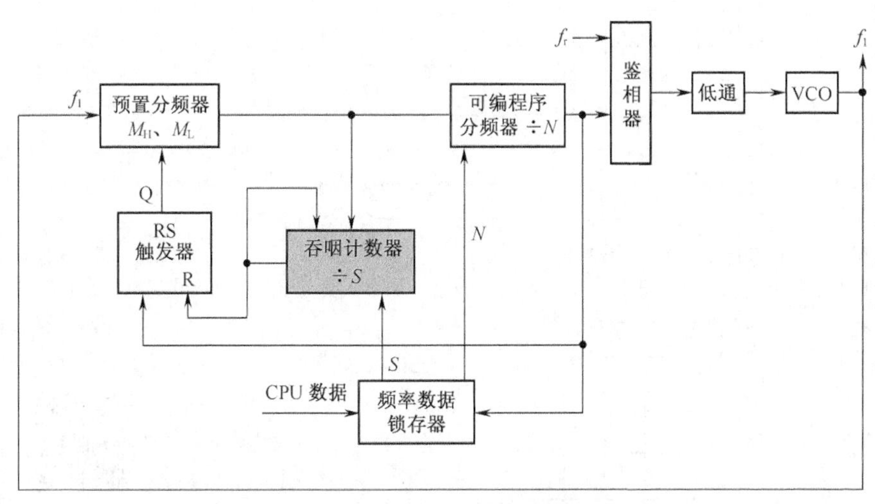

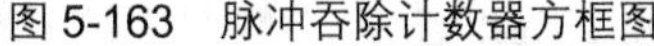
图 5-163　脉冲吞除计数器方框图

9．常用 DTS 集成电路

一个完整的 DTS 系统通常由三块集成电路构成：一块是大规模集成电路，它含有锁相环频率合成器的主干电路和微处理器，其集成电路型号有 TC9137P、TC9137AP 和 μPD1700 系列（μPD1701C、μPD1703C、μPD1704C、μPD1706G、μPD1707G、μPD1708G、μPD1710G、μPD1711CU、μPP1712CU、μPD1713AG、μPD1714G 和 μPD1715G）。

第二块是预分频器集成电路，即图 5-163 所示的预置分频器。这一集成电路的型号有 μPB553AC、TD6104P 等。

第三块是频率显示驱动集成电路，它用来驱动数字显示器件，显示字母和数字，指示接收频段和频率。

5.9.2 DTS 集成电路 TC9157AP 应用电路

某型号组合音响调谐器共用六块集成电路构成锁相环数字调谐系统，它的调谐器结构方框图如图 5-160 所示。其中，A1 采用 TA7358P，A2 采用 TA7758P，A3 采用 TA7343P，A4 采用 TD6104P，A5 采用 TC9157AP，A6 采用 TD6301AP。图 5-164 所示的是该机中 TC9157AP 集成电路应用电路示意图。

1．集成电路引脚作用

（1）TC9157AP。这是一块 42 根引脚双列结构的大规模集成电路，各引脚作用及说明如表 5-9 所示。

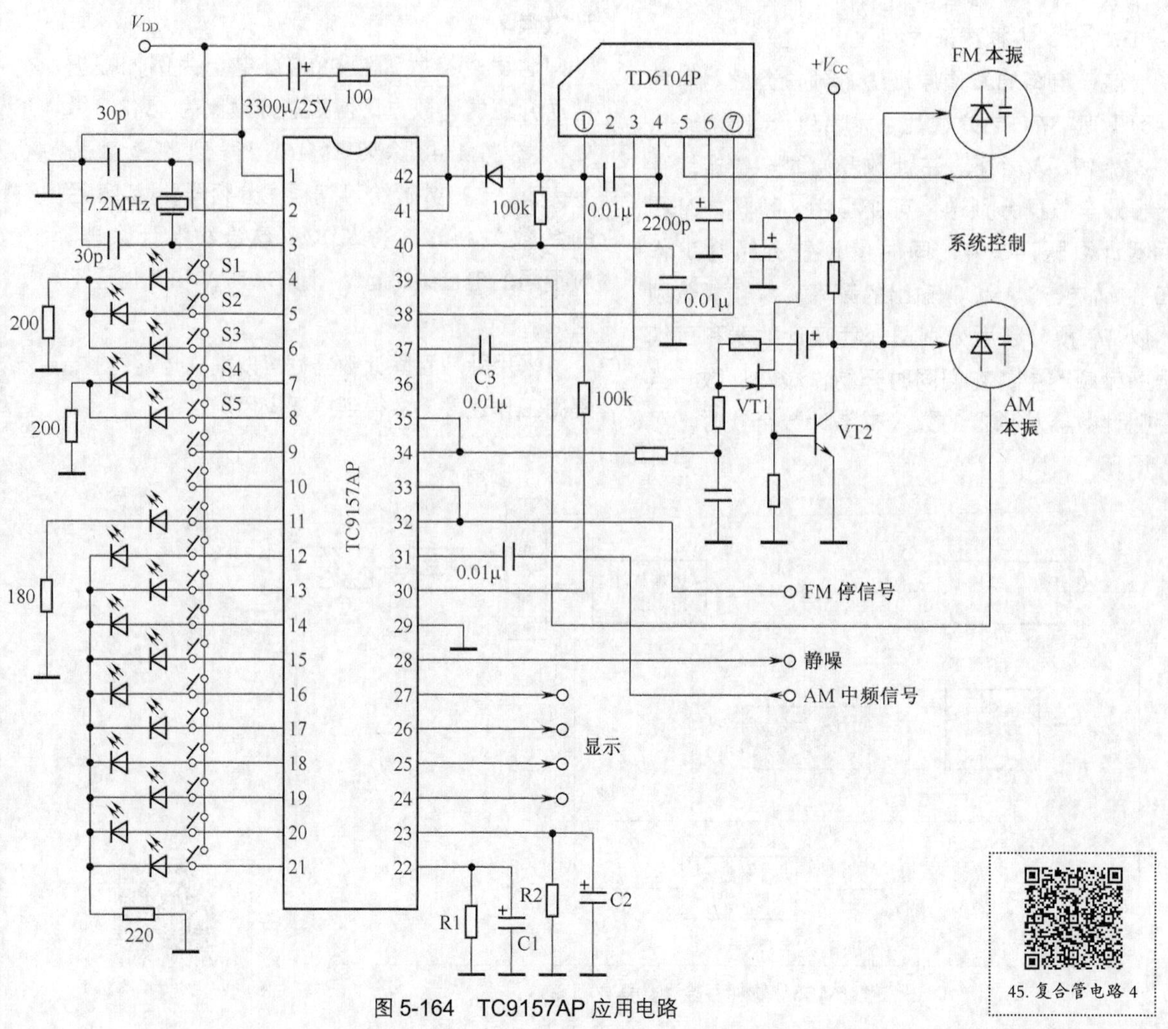

图 5-164　TC9157AP 应用电路

表 5-9　集成电路 TC9157AP 引脚作用

引　脚	符　号	作用及说明
①	GND	接地
②、③	X_T、$\overline{X}_T$	晶振（7.2MHz）端。获得稳定、精确频率
④	B1	波段选择控制输入端，为 FM
⑤	B2	波段选择控制输入端，为 FW
⑥	B3	波段选择控制输入端，为 LW
⑦	M	调谐控制，为手动控制输入端
⑧	A	调谐控制，为自动控制输入端
⑨	UP	调谐控制，为频率增高输入端
⑩	DOWN	调谐控制，为频率降低输入端
⑪	STO	储存控制，记忆电台频率指令输入端
⑫	M1	电台预选控制，电台频率存入输入端 1
⑬	M2	电台预选控制，电台频率存入输入端 2
⑭	M3	电台预选控制，电台频率存入输入端 3
⑮	M4	电台预选控制，电台频举存入输入端 4
⑯	M5	电台预选控制，电台频率存入输入端 5
⑰	M6	电台预选控制，电台频率存入输入端 6
⑱	M7	电台预选控制，电台频率存入输入端 7
⑲	M8	电台预选控制，电台频率存入输入端 8，上述⑫～⑲ 8 个开关功能一样，可同时存入 8 个预选电台频率
⑳	—	储存方式选择
㉑	—	储存方式选择
㉒	OSC	振荡端，按振荡器所用 RC 电路 1
㉓	OSC	振荡端，按振荡器所用 RC 电路 2
㉔	0/5	到频率显示电路，用于欧洲 FM 波段的 50kHz 显示
㉕	CK2	到频率显示电路，输出时钟数据 2
㉖	CK1	到频率显示电路，输出时钟数据 1
㉗	Data	到频率显示电路，输出二进制频率数据和所接收波段
㉘	MUTE	静噪控制输出端
㉙	E1	波段制式选择端 1
㉚	E2	波段制式选择端 2

续表

引　脚	符　号	作用及说明
㉛	A—STOP1	自停搜索控制端，为 AM 中频信号输入端
㉜	A—STOP2	自停搜索控制端，为 FM 中频信号输入端
㉝	A—STOP3	自停搜索控制端，为 FM 中频信号输入端
㉞	D0—1	鉴相器输出端，输出调谐电压
㉟	D0—2	鉴相器输出端，输出调谐电压
㊱	TEST	测试端
㊲	FM_{EN}	FM 输入端，为可编程序分频计数器输入端
㊳	PSC	预分频器控制输出端，控制预分频器
㊴	AM_{EN}	AM 输入端，为可编程序分频计数器输入端
㊵	INH	禁止输入端
㊶	RESET	复位端
㊷	V_{DD}	电源端

（2）TD6104P。这是一块 7 根引脚单列结构的 ECL（发射耦合逻辑）集成电路，其分频比为 1/30 和 1/32，它的各引脚作用如表 5-10 所示。

表 5-10　集成电路 TD6104P 引脚作用

引　脚	作　用	引　脚	作　用
①	电源	⑤	FM 本振输入
②	空	⑥	滤波
③	分频输出	⑦	分频控制输入
④	接地		

（3）TD6301AP。这是一块 28 根引脚双列结构的 I^2L 型集成电路，它可以直接驱动 LED、FL（荧光管）和 LCD（液晶显示器），它的各引脚符号、作用及说明如表 5-11 所示。

表 5-11　集成电路 TD6301AP 引脚符号、作用及说明

引　脚	符　号	作用及说明
①	L/D	输入状态选择。引脚为低电压时驱动荧光数码管，高电平时为驱动液晶显示器
②	Data	频率数据接收输入端
③	CK1	时钟信号输入端 1
④	CK2	时钟信号输入端 2

续表

引　　脚	符　　号	作用及说明
⑤	I/O	5 段驱动信号输出，对应 FM 的 100MHz、AM 的 1000KHz
⑥	g3	7 段驱动信号输出，对应 FM 的 10MHz、AM 的 100MHz
⑦	f3	
⑧	e3	
⑨	d3	
⑩	c3	
⑪	b3	
⑫	a3	
⑬	g2	7 段驱动信号输出，对应 FM 的 1MHz、AM 的 10KHz
⑭	GND	接地
⑮	f2	7 段驱动信号输出，对应 FM 的 1MHz、AM 的 10MHz
⑯	e2	
⑰	d2	
⑱	c2	
⑲	b2	
⑳	a2	
㉑	g1	7 段驱动信号输出，对应 FM 的 0.1MHz、AM 的 1kHz，3 个七段驱动信号输出分别驱动显示频率的 3 位数，即 a1 ～ g1 为个位，a2 ～ g2 为十位，a3 ～ g3 为百位
㉒	f1	
㉓	e1	
㉔	d1	
㉕	c1	
㉖	b1	
㉗	a1	
㉘	V_{CC}	电源

46. 定阻式和定压式输出功率放大器

2．TC9157AP 输入电路分析

如图 5-164 所示电路，S1 ～ S3 是 3 个波段开关，当按下其中之一时④～⑧脚的相应引脚得到一个有效触发，经过 TC9157AP 处理后控制调谐器进入相应波段工作状态。同时，该引脚上的 LED 指示灯发光指示，表示调谐器正工作在此波段上。

电路中，S4、S5 分别是手动调谐和自动调谐开关，操作相应的开关可选择调谐方式。

电路中，⑫～⑲脚上的 8 个开关用来记忆预选的电台频率，它与⑪脚上的开关配合使用。先调谐到某一频率的电台，按下⑪脚上的开关，再在⑫～⑲脚上按下某一开关，则这一电台频率被记忆在这一开关的电路中（指⑫～⑲脚上的开关）。在收听这一频率电台时，只要按下前

面所记忆的那个开关，调谐器便能收到这一电台节目。

3．振荡引脚电路分析

如图 5-164 所示电路，TC9157AP 的㉒、㉓脚外接振荡器的 RC 电路，这一 RC 电路的时间常数与振荡频率相关，而振荡频率又与自动调谐时的搜索电台速度有关。另外，这一振荡器频率还与预置存储器工作状态的自动解除时间和手动选台转为自动选台的转换时间有关。

4．鉴相器输出引脚电路分析

如图 5-164 所示电路，TC9157AP 内电路中鉴相器输出的直流电压从㉞、㉟脚输出，加到 VT1、VT2 中进行直流放大后，从 VT2 的集电极输出，这一直流电压作为调谐电压 V_T 加到 FM 和 AM 本振电路中。如图 5-165 所示是某型号组合音响调谐器中的调频调谐电路。电路中，V_T 是 TC9157AP 输出的、经过直流放大器放大后的调谐电压。

电路中，L4、C6、VD2 等构成高放级调谐回路，L5 和 VD3 等构成本振调谐回路。V_T 分别经 R3、R4 加到 VD2、VD3 的负极。当 V_T 大小变化时，VD2、VD3 的反向偏置电压大小也变化，其容量改变，谐振回路谐振频率改变，达到调谐的目的。从 L4 回路输出的高频信号经 C4 耦合，从④脚送入 TA7358P 的混频器中。本振信号经 C7 耦合，从 TA7358 的⑧加到内电路本振电路中。混频后信号从⑥脚输出，由 T1 初级选出中频信号，加到后级中频放大器中。

电路中，本振信号除加到 TA7358P 的⑧脚外，还经 C14 耦合到 VT3 栅极，放大后从漏极输出，送到预分频器中，如图 5-163 所示。FM 本振信号送到 TD6104P 的⑤脚，分频器的本振号从③脚输出后经 C3 耦合，从㊲脚送入 TC9157AP 内频率合成器电路中。

如图 5-165 所示电路，VT5 是调频头电路的直流工作电压供给电路中的电子滤波管，VD6 是开关管。在调谐器工作在调频波段时，VD6 负极为高电位，VD6 截止，此时 VT5 导通，正电压（+V）经

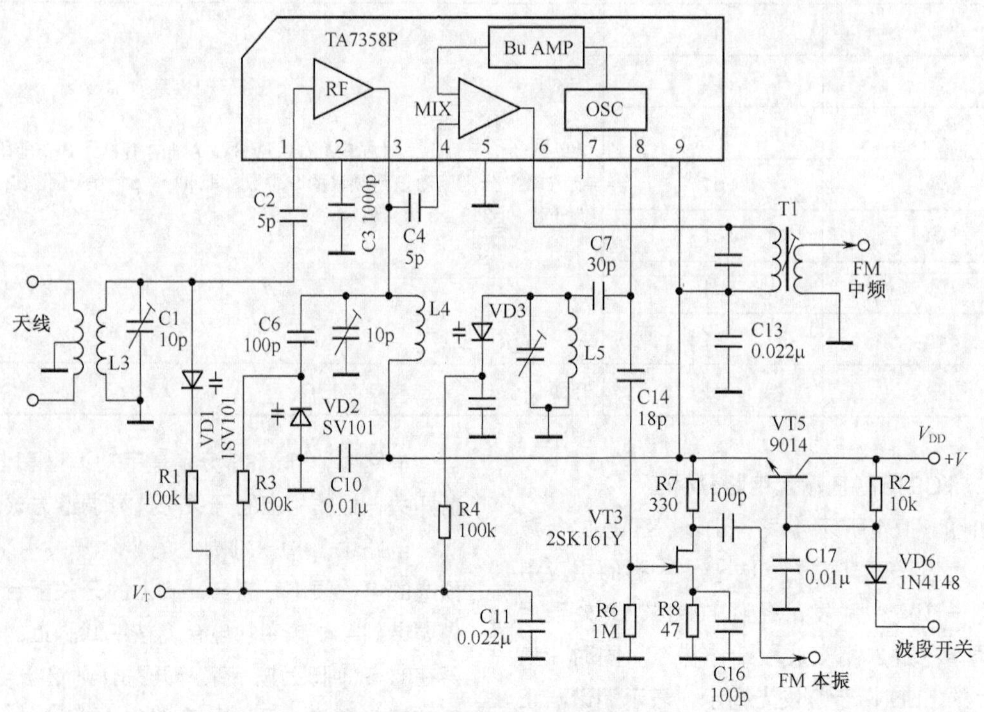

图 5-165　调频调谐电路示意图

VT5 滤波后加到 TA7358P ⑨脚等电路中，建立调频头直流工作电压。当调谐器工作在其他波段时，VD6 负极为低电位，VD6 导通，使 VT5 基极被钳于低电位，VT5 截止，正电压（$+V$）不能加到 TA7358 P ⑨脚，调频头电路不工作。

调幅波段收音电路的工作原理基本同上，如图 5-164 所示电路，VT2 集电极输出的调谐电压加到 AM 本振回路中，本振信号直接从 TC9157AP ㊴脚送入内电路，而不像调频波段那样要经过 TD6104P 预分频器集成电路。

TC9157AP 的㉛、㉜和㉝脚分别是 AM、FM 中频信号输入端，在调频过程中收到电台后，中频信号出现，这一中频信号馈入 TC9157AP，使自动调谐搜索停止。

5. 频率显示电路

如图 5-164 所示电路，TC9157AP ㉔～㉗脚 4 根引脚分频输出二进制频率数据、时钟信号给频率显示译码和驱动电路 TD6301AP，由于 TC9157AP 输出的是数字信号，所以要通过译码和驱动电路才能去驱动显示器件。

6. 调谐静噪电路分析

在 DTS 调谐器中也没有调谐静噪电路，在调谐搜索过程中，TC9157AP 的静噪端㉘输出高电平，使调谐静噪电路处于静噪状态，以抑制调谐噪声。在调到电台后，㉘脚变成低电平，调谐静噪电路不工作，调谐器正常工作。

图 5-166 所示是某型号组合音响 DTS 调谐器中的调谐静噪电路，电路中，大规模集成电路 A602(μPD1703C—016) 的⑧脚静噪端，在操作按键或调谐搜索过程中未收到电台时，⑧脚输出高电平，经 R501 加到 VT501 基极，使之饱和，其集电极输出的低电平经 R503 加到 VT502 基极，使之截止。这样，VT502 集电极的高电平经 R505、VD501、VD304 和 R321、R320 分别加到静噪开关管 VT303、VT304 基极，两管导通，将调谐器左、右声道输出端对地短接，使调谐器处于静器状态。在收到电台后，A602 的⑧脚输出低电平，使 VT501 截止、VT502 导通，这样 VT303、VT304 截止，无调谐静噪作用。

5.9.3 DTS 集成电路 TC9137P

图 5-167 所示是 TC9137P 内电路方框图，整个电路由两大系统构成：即锁相环式频率合成器系统和控制系统构成。TC9137P 是一种 42 根引脚、采用双列结构的大规模 C^2-MOS 型锁相环频率合成式 DTS 集成电路，具有 DTS 应具有的大部分功能，通常它还要与一块预分频器集成电路和一块频率显示驱动集成电路配合，构成 DTS 系统。

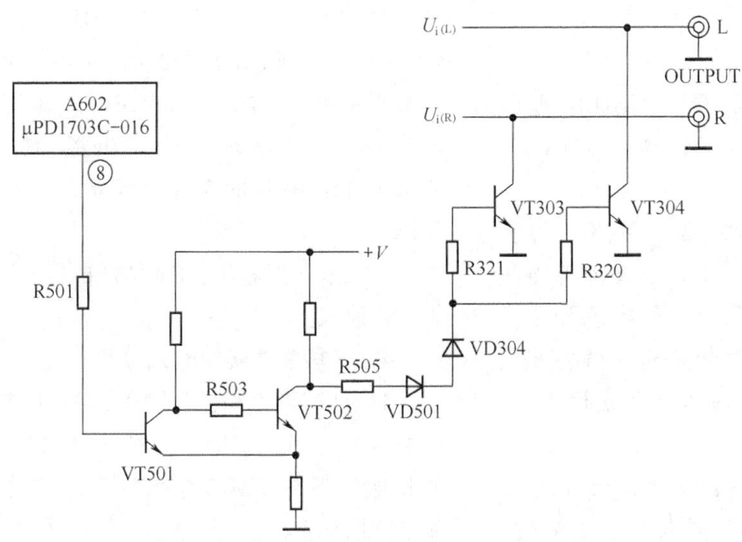

图 5-166 某型号组合音响调谐器调谐静噪电路

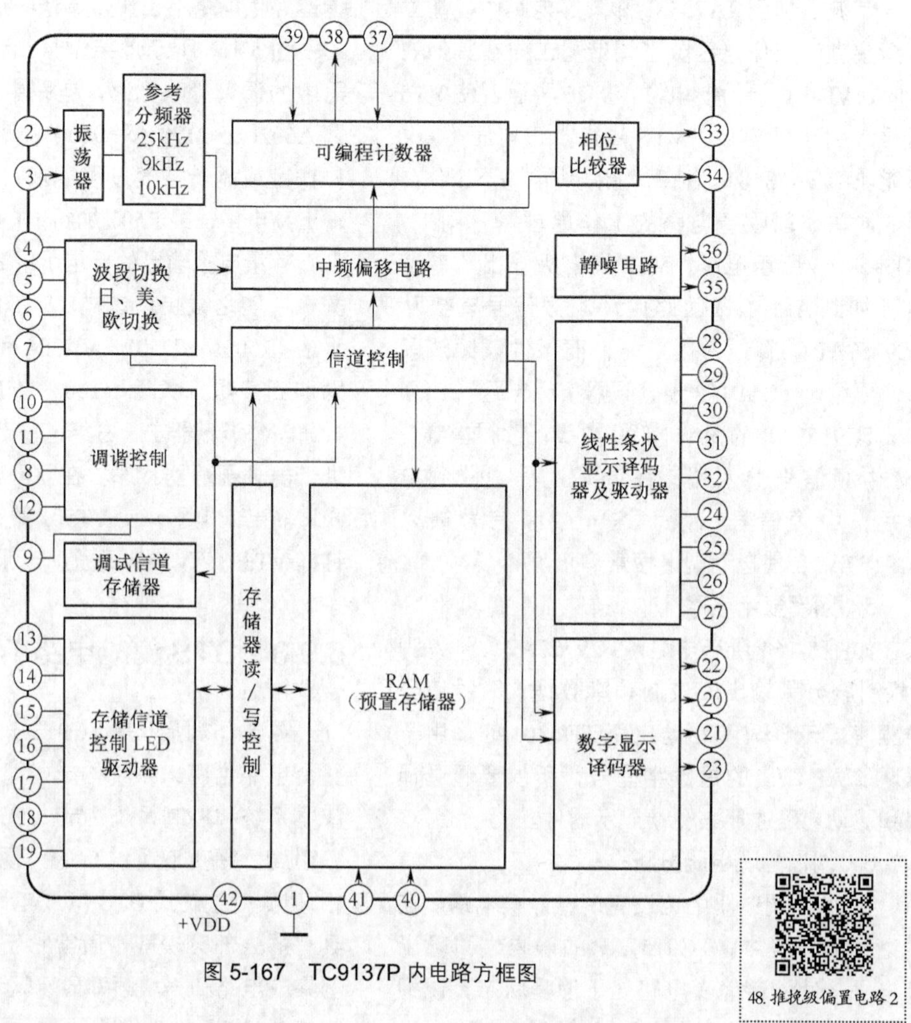

图 5-167　TC9137P 内电路方框图

下面根据 TC9137P 各引脚功能来介绍这种集成电路的特性及工作原理。

1．地端和电源端

TC9137P 的①脚为接地端（GND），㊷脚为电源端（V_{DD}），电源电压范围为 0 ～ +6V。

2．晶振端

TC9137P 的②、③脚为晶振端（X_T、$\overline{X_T}$）。晶振振荡频率为 72MHz，②、③脚内电路和晶振构成晶体振荡器，获得非常精确和稳定的频率。这一频率经参考分频器获得各波段的频率步跳间隔 f_r，此频率 f_r 送入鉴相器中。在调频段 f_r 为 25kHz 时，其分频比为 288；在调幅段 f_r 为 9kHz 和 10kHz 时，分频比分别为 800 和 720。当㊵脚为低电平时，这一晶体振荡器停振。

3．波段转换控制输入端

TC9137P 的④、⑤脚为 FM/AM 波段转换输入端（B1、B2），同时具有 FM 中频调整（微调）和转换输入作用。当④（B1）、⑤（B2）脚高、低电平不同组成时，TC9137P 能转换 AM/FM 波段和 FM 段时的 3 种中频状态，如表 5-12 所示。

从上表可以看出，B1、B2 的后 3 种状态均为 FM 波段。

4．波段制式转换输入端

TC9137P 的⑥、⑦脚为波段制式转换输入端（E1、E2）。TC9137P 能控制 5 个波段的接收，其中 FM 3 个波段和两个中波，如表 5-13 所示。

表 5-12　转换状态说明

B1（④）	B2（⑤）	波　段	VCO 频率	中　频
0	0	AM	常规	450kHz
1	0	FM	−50kHz	欧、美：10.65MHz、日本 10.75MHz
0	1	FM	+50kHz	欧、美：10.65MHz、日本 10.75MHz
1	1	FM	常规	10.7MHz

表 5-13　波段控制说明

波　段	频率范围	中　频	f_r	备　注
FM_U	87.5~108MHz	10.7MHz	100kHz	美国
FM_E	87.5~108MHz	10.7MHz	50kHz	欧洲
FM_J	76~90MHz	+10.7MHz	100kHz	日本
AM9	522~1602kHz	450kHz	9kHz	—
AM10	520~1610kHz	450kHz	10kHz	—

E1（⑥脚）、E2（⑦脚）状态如下所示。

E1	E2	状态
0	0	测试
1	0	日本（FM_J）
0	1	美国（FM_U）
1	1	欧州（FM_E）

从上分析可知，B1、B2、E1、E2 这 4 个输入端配合才能正确转换不同制式下的波段。当㊵脚为低电平且 FM、AM 已转换后，TC9137P 才能读入⑥、⑦脚上的 E1、E2，并且将它们锁存，调谐器便可工作在所要波段上。

5．振荡端

TC9137 的⑧脚为振荡端（OSC）。⑧脚用来连接振荡器所需要的 RC 网络，这一振荡器的振荡频率可由⑧脚上的 RC 网络时间常数决定，其振荡频率关系到 3 个速度：一是自动调谐（搜索）时的电台搜索速度，二是预置存储器工作状态的自动解除时间，三是手动转为快速找台的转换时间。其中，搜索速度应优先考虑。

6．自动 / 手动调谐转换输入端

TC9137P 的⑨脚为自动 / 手动调谐（搜索）转换输入端（A/M）。当⑨脚输入高电平时为自动调谐（搜索），此时若按下 UP 键，向频率增大方向搜索，进行到波段高端后又自动从波段低端开始向频率增高方向搜索，直到找到电台后自动停止搜索。若在向上搜索时按下 DOWN 键，即向频率降低方向搜索。

当⑨脚输入低电平时为手动调谐，此时要使用 UP、DOWN 键。

7．调谐键输入端

TC9137P 的⑩、⑪脚为调谐键输入端（$\overline{\text{UP}}$、$\overline{\text{DOWN}}$）。当⑩脚被暂短输入低电平时（小于 0.3s），即快速按下 UP 键又释放后，调谐频率向高波段高端进一个 f_r，不断按下 UP 键便不断以 f_r 间隔增长频率。如按下 UP 键大于 0.3s 后，成为快速手动调谐，松放按键时调谐便停止。

对于⑪脚上的 DOWN 键操作同⑩脚上的 UP 键一样，也有步进调谐和快速调谐两种手动调谐方式，只是调谐频率向频率降低方向变化。

在快调谐过程中，若搜索到波段边缘时停止调谐。

8．自动搜索停止输入端

TC9137P 的⑫脚是自动搜索停止输入端(A-STOP)。在自动调谐过程中，收到电台后⑫脚 (A- STOP) 为高电平便能停止自动搜索。

9．预置存储器存储输人端

TC9137P 的⑬脚是预置存储器存储输入端（$\overline{\mathrm{STO}}$）。这一输入端及相应的记忆键功能在前面已详细介绍，它与记忆电台频率的键配合使用。

10．存储地址指令输入端

TC9137P 的⑭～⑲脚是 6 个存储地址指令输入端（$\overline{\mathrm{M1}}$～$\overline{\mathrm{M6}}$）。这 6 个输入端分别配 6 个开关与⑬脚（$\overline{\mathrm{STO}}$）配合，可以分别记忆 FM、AM 各 6 个电台。

11．频率数显示数据和时序信号输出端

TC9137P 的⑳～㉓脚是频率数显示数据和时序信号输出端（CK-1、CK-2、Data、0/5）。在静态下，这几个脚输出低电平，只在有操作时才有输出，各引脚输出含义如表 5-14 所示。

TC9137P 可以采用多种方式显示接收频率，其中⑳～㉓脚输出端是供数字显示之用的，此时还要接一个频率数字显示驱动集成电路，通常是配 TD6301P 集成电路。

12．线性 LED 显示的驱动输出端

TC9137P 的㉔～㉗、㉘～㉜脚是线性 LED 显示的驱动输出端 (L1 ～ L4、H1~H5)。这些输出端可直接驱动 LED 而无需晶体管作驱动。线性显示可以同传统的指针调谐显示一样。线性显示的 LED 是由 H1~H5 和 L1~L4 所组成的矩阵系统以静态方式点亮。

13．相位比较器输出端

TC9137P 的㉝、㉞脚为相位比较器输出端(D_o-1，D_o-2)。㉝、㉞脚并行地送出相同的输出，可分别用于 FM 和 AM 波段。当程序分频器输出频率的相位滞后于 f_r 时，㉝、㉞脚均输出低电平。当程序分频器输出频率的相位超前于 f_r 时，㉝、㉞脚均输出高电平。其他情况㉝、㉞脚保持高阻状态。

14．“噼”声输出端

TC9317P 的㉟脚为“噼”声输出端（Pee）。这是为表明按键操作有效性而设计的一种功能，TC9137P 可用特定的周期发出 2.5kHz 左右的脉冲，用来确定操作是有效的。

15．静噪输出端

TC9137P 的㊱脚静噪输出端（MUTE）。在静噪时㊱脚输出高电平，其他状态均输出低电平。

16．FM 输入端

TC9137P 的㊲脚是 FM（中频）信号输入端（FM_{IN}）。它用来输入中频信号，以使调频波段自动调谐停止。

17．脉冲吞除控制器

TC9137P 的㊳脚为脉冲吞除控制端（PSC）。在 FM 波段，进行脉冲吞除计数时，㊳脚输出信号给预分频器（TD6104P 集成电路的⑦脚）去转换分频比。

18．AM 输入端

TC9137P 的㊴脚为 AM 输入端（AM_{IN}）。该脚用于调幅波段，其具体作用类同㊲脚。

19．禁止输入端

TC9137P 的㊵脚为禁止输入端（$\overline{\mathrm{INH}}$）。当㊵脚为低电平时，实现禁止功能，此时振荡器和晶振停振，时钟信号消失而处于完全静止状态，对任何键控制均无反映。在通常操作状态下，㊵脚为高电平。

表 5-14　引脚输出说明

引脚	符号	含　义	引脚	符号	含　义
⑳	CK-1	初始化和传送时钟信号	㉒	Data	频率二进制数据和接收波段
㉑	CK-2	初始化和传送时钟信号	㉓	0/5	用于欧洲 FM 波段的 50kHz 显示

20．初始化输入端

TC9137P 的㊶脚为初始化输和端（$\overline{\text{TEST}}$）。初始化操作时㊶脚为低电平，通常操作时为高电平。

5.9.4　μPD1700 系列 DTS 集成电路引脚作用

1．μPD1703C-016

某型号组合音响数字调谐器中采用 DTS 集成电路 μPD1703C-016，这是一块 28 根引脚，采用双列结构的大规模 CMOS 集成电路，它的各引脚符号、作用及说明如表 5-15 所示。

49. 推挽级偏置电路 3

表 5-15　集成电路 μPD1703C-016 引脚作用说明

引　脚	符号	作用及说明
①	EO	鉴相器输出端，输出调谐直流电压
②	0	空脚
③	CE	器件的选择信号输入端，通常为高电平，为低电平时除时钟动作外其他均停止工作
④	PSC	脉冲吞除控制端，给预分频器输出分频比转换信号
⑤	X1	晶振端 1，外接 4.5MHz 晶振
⑥	X2	晶振端 2，外接 4.5MHz 晶振
⑦	SD	电台检测端，在自动调谐时，⑦脚为高电平时便自动停止自动调谐
⑧	MUTE	静噪端，正常时输出低电平，调谐静噪时输出高电平给调谐静噪电路
⑨	$\overline{D1}$	输出$\overline{D1}$ ~ $\overline{D5}$信号端，作用时为低电平。显示电路采用动态扫描方式工作（节电），$\overline{D1}$ ~ $\overline{D5}$以脉冲方式轮流、循环使 5 只驱动管导通（5 只驱动管中始终只有一只导通）
⑩	$\overline{D2}$	
⑪	$\overline{D3}$	
⑫	$\overline{D4}$	
⑬	$\overline{D5}$	
⑭	V_{DD}	电源端（+5V±10%）
⑮	Sg	显示笔画（段）信号输出端，作用时为高电平，直接送到 FIP（荧光显示管）相应引脚上，它们各引脚的耐压可达 30V
⑯	S_f	
⑰	S_e	
⑱	S_d	
⑲	S_c	
⑳	S_b	
㉑	S_a	

续表

引　脚	符号	作用及说明
㉒	K3	键控信号输入端，它们与 S_a ～ S_g 一起构成开关矩阵电路，控制 DTS 工作状态，其中 S_a ～ S_g 作为天关矩阵的键盘返回信号的信号源
㉓	K2	
㉔	K1	
㉕	K0	
㉖	FM	调频本振信号输入端
㉗	GND	接地端
㉘	AM	调幅本振信号输入端

2．μPD1703C-020

μPD1703C-020 共 28 根引脚，采用双列结构，为 DTS 大规模集成电路，它的各引脚符号如表 5-16 所示。

表 5-16　集成电路 μPD1703C-020 引脚符号说明

引脚	符号	引脚	符号	引脚	符号
①	E01	⑪	$\overline{D3}$	㉑	S_a
②	E02	⑫	$\overline{D4}$	㉒	K3
③	CE	⑬	$\overline{D5}$	㉓	K2
④	PSC	⑭	V_{DD}	㉔	K1
⑤	X1	⑮	S_g	㉕	K0
⑥	X2	⑯	S_f	㉖	FM
⑦	SD	⑰	S_e	㉗	GND
⑧	MUTE	⑱	S_d	㉘	AM
⑨	$\overline{D1}$	⑲	S_c		
⑩	$\overline{D2}$	⑳	S_b		

3．μPD1704-011

μPD1704-011 共 42 根引脚，采用双列结构，为 DTS 大规模集成电路，它的各引脚符号如表 5-17 所示。

表 5-17　集成电路 μPD1704-011 引脚符号说明

引脚	符号	引脚	符号	引脚	符号
①	S_a	⑮	$\overline{D3}$	㉙	$\overline{RMC}$
②	S_b	⑯	$\overline{D2}$	㉚	AM
③	S_c	⑰	$\overline{D1}$	㉛	AC OUT
④	S_d	⑱	MUTE	㉜	FM/$\overline{AM}$
⑤	S_e	⑲	X2	㉝	AUX
⑥	S_f	⑳	X1	㉞	TAPE
⑦	S_f	㉑	V_{DD}	㉟	PHONO
⑧	K0	㉒	EO1	㊱	TUNER
⑨	K1	㉓	GND	㊲	A
⑩	K2	㉔	EO2	㊳	B
⑪	K3	㉕	CE	㊴	C
⑫	$\overline{D6}$	㉖	SD	㊵	D
⑬	$\overline{D5}$	㉗	FM	㊶	$\overline{DP}$
⑭	$\overline{D4}$	㉘	PSC	㊷	$\overline{COLON}$

50. 推挽级偏置电路 4

第6章 振荡系统电路

6.1 正弦波振荡器概述

许多电子电器中都用到了各种形式的振荡器，其中大多数是正弦波振荡器，例如，收音机中的本机振荡器、录音机中的超音频振荡器、彩色电视机中的副载波压控振荡器、各种仪表中的振荡电路应用等。

重要提示

用于各种场合下的振荡器，由于所要求的振荡频率等不同，具体的电路形式各种各样，正弦波振荡器是各种振荡器的基础。

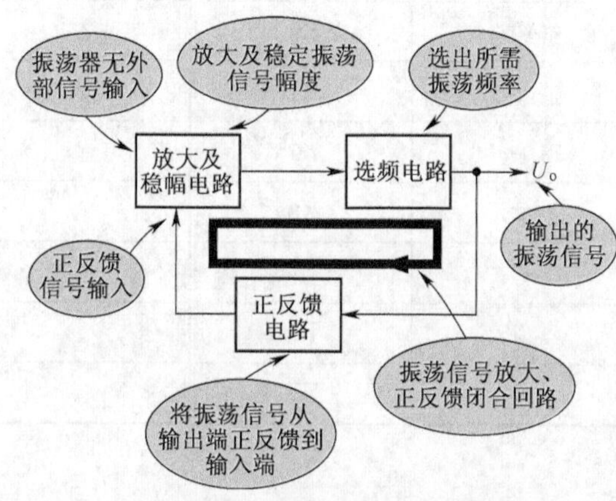

图 6-1　正弦波振荡器组成方框图

6.1.1 正弦波振荡器电路组成和各单元电路作用

1．方框图

图 6-1 所示是正弦波振荡器组成方框图，从图中可以看出，它主要由放大器及稳幅电路、正反馈电路和选频电路组成。

2．各单元电路作用

关于振荡器各单元电路作用说明如下。

（1）放大及稳幅电路。这一电路首先是放大振荡信号，其次还要稳定振荡信号的幅度。

（2）选频电路。这一电路的作用是从众多频率信号中选出所需要的某一频率信号，使振荡器中的放大器只放大这一频率信号，而不放大其他频率信号。

重要提示

从方框图中看出，振荡器没有输入信号，但有输出信号，这是振荡器电路的一个明显特征，这一特征在整机电路分析中很重要，有助于分辨哪个是振荡器电路，因为其他电路都是有输入信号的。

（3）正反馈电路。这一电路的作用是从放大器输出端向输入端送入振荡信号，使放大器中的振荡信号幅度愈来愈大。

6.1.2 振荡器电路工作条件和种类

1．振荡器电路工作条件

要使正弦波振荡器电路能够正常工作，必

须具备以几个条件。

（1）放大条件。振荡器电路中的振荡管对振荡信号要有放大能力，只有这样通过正反馈和放大电路，信号才能不断增大，实现振荡。

（2）相位条件。相位条件具体地讲是要求有正反馈电路的，由于是正反馈，从振荡器输出端反馈到振荡器输入端的信号加强了原输入信号，即反馈信号与原输入信号是同相位的关系，这样负反馈信号进一步加强了振荡器原先的输入信号。

相位条件和放大条件（也称幅度条件）是振荡器电路中必不可少的两个条件，也是最基本的两个条件。

（3）振荡稳幅。振荡器中的正反馈和放大环节对振荡信号具有愈反馈、放大，振荡信号愈大的作用，若没有稳幅环节振荡信号的幅度是愈来愈大的，显然这是不可能的，也是不允许的。稳幅环节要稳定振荡信号的幅度，使振荡器输出的信号是等幅的。

（4）选频电路。振荡器要求输出某一特定频率的信号，这就由选频电路来实现。值得一提的是，在正弦波振荡器中常用LC谐振选频电路，而在RC振荡器电路中通过RC电路等来决定振荡频率。

2．正弦波振荡器种类

正弦波振荡器种类很多，以下几种是常用的正弦波振荡器电路。

（1）RC移相式正弦波振荡器；

（2）采用RC选频电路的正弦波振荡器；

（3）变压器耦合正弦波振荡器；

（4）电感三点式正弦波振荡器；

（5）电容三点式正弦波振荡器；

（6）差动式正弦波振荡器。

6.1.3　正弦波振荡器电路分析方法

正弦波振荡器电路的分析步骤和方法如下。

1．直流电路分析

正弦波振荡器直流电路分析同放大器直流电路分析方法相同，振荡管有放大能力，这由直流电路来保证。

2．正反馈过程分析

51. 推挽级偏置电路5

正反馈过程分析同分析负反馈电路相同，只是反馈的结果应该是加强了振荡管的净输入信号。

3．选频电路分析

关于采用RC选频电路振荡器中的选频电路分析方法在后面具体电路中介绍，这里只介绍采用LC并联谐振电路作为选频电路的情况。

（1）找出谐振线圈L，这是比较容易的，通过L的电路符号可以找出。

（2）找出谐振电容，此时凡是与L并联的电容均参与了谐振，找谐振电容应该在找出L之后进行，这样就比较方便，因为电感L在电路中比较少，容易找出，电容在电路中比较多，不容易找出。

（3）对于选频电路中的电容或电感若是可变的，都将改变振荡器的振荡频率，说明这一振荡器电路的振荡频率可以调整。

（4）LC并联谐振电路选频的方式有多种，有的是作为振荡管的集电极负载，有的则不是这种电路形式。

4．找出振荡器电路输出端

振荡器电路输出端要与其他电路相连，输出信号可以取自振荡管的各个电极，可以通过变压器耦合，也可以通过电容器来耦合。

5．了解稳幅原理

对稳幅原理只要了解即可，不必对每一个具体电路进行分析。

稳幅原理是：在正反馈和振荡管放大的作用下，信号幅度增大，导致振荡管的基极电流也增大，当基极电流大到一定程度之后，基极电流的增大将引起振荡管的电流放大倍数β减小，振荡信号电流愈大β愈小，最终导致β很小，使振荡器输出信号幅度减小，即振荡管基极电流减小，β又增大，振荡管又具备放大能力，使振荡信号再次增大，这样反复循环总有一点是动平衡的，此时振荡信号的幅度处于不变状态，达到稳幅的目的。

6．了解起振原理

振荡器的起振原理也是只要了解即可，不

必对每一个电路都进行分析。

起振原理是：在分析正反馈过程时，假设某瞬间振荡管的基极信号电压为正，其实振荡器是没有外部信号输入的，而是靠电路本身自激产生振荡信号。

当开始振荡时的振荡信号产生过程是：在振荡器电路的电源接通瞬间，由于电源电流的波动，这一电流波动中含有频率荡度范围很宽的噪声，这其中必有一个频率等于振荡频率的噪声（信号），这一信号被振荡器电路放大和正反馈，信号幅度愈来愈大，逐渐形成振荡信号，完成振荡器的起振过程。

6.2 RC 正弦振荡器

RC 正弦振荡器是利用 RC 移相电路原理构成的正弦振荡器，在介绍 RC 正弦波振荡器前首先要掌握 RC 移相电路工作原理。

6.2.1 RC移相电路

RC 电路可以用来对输入信号的相位进行移相，即改变输出信号与输入信号之间的相位差，根据阻容元件的位置不同有两种 RC 移相电路：RC 滞后移相电路和 RC 超前移相电路。

1．电流与电压之间相位关系

在讨论 RC 移相电路工作原理之前，先要对电阻器、电容器上的电流相位和电压降相位之间的关系进行说明。

（1）电阻器上电流与电压之间的相位关系。电压和电流之间的相位是指电压变化时所引起的电流变化的情况。当电压在增大时，电流也在同时增大，并始终同步变化，这说明电压和电流之间是同相位的，即相位差为0°，如图6-2所示。

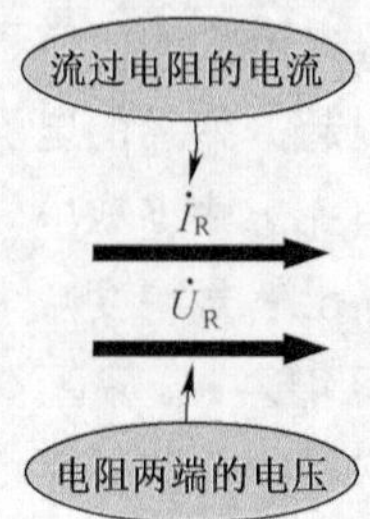

图 6-2　电阻器上电流与电压之间的相位关系示意图

当电压增大时，电流减小，这说明它们之间是不同相的。电压与电流之间的相位差可以是 0° ～ 360° 范围内的任何值。不同的元器件上的电流与电压的相位差是不同的。

电阻器上的电流和电压是同相的，即流过电阻器的电流和电阻器上的电压降相位相同。

（2）电容器上电流与电压之间的相位关系。电容器上的电流和电压相位相差 90°，并且是电流超前电压 90°，如图 6-3 所示。**这一点可以这样来理解：**只有对电容器充电之后，电容器内部有了电荷，电容器两端才有电压，所以流过电容器的电流是超前电压的。

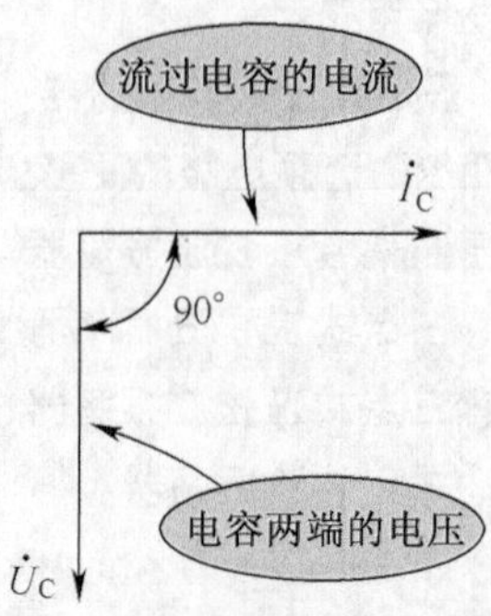

图 6-3　电容器上电流与电压之间的相位关系示意图

2．RC 滞后移相电路

图 6-4 所示是 RC 滞后移相电路。电路中的 U_i 是输入信号电压，U_o 是经这一移相电路后的输出信号电压，I 是流过电阻 R1 和电容 C1 的电流。

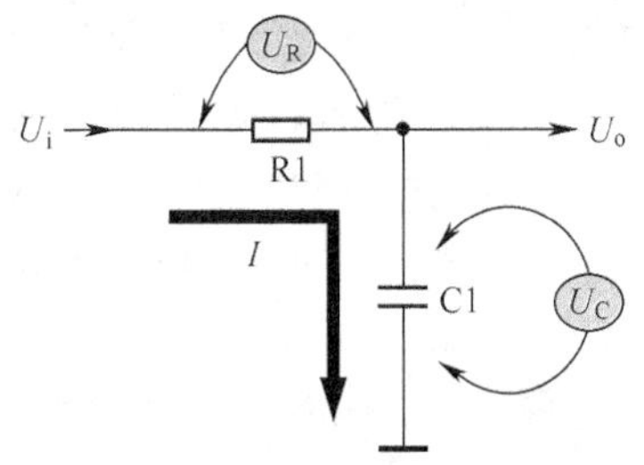

图 6-4　RC 滞后移相电路

分析 RC 滞后移相电路时要用到矢量的概念，并且要学会画矢量图。为了方便分析 RC 滞后移相电路的工作原理，可以用画图分析的方法。具体画图步骤如下。

（1）第一步，画出流过电阻和电容的电流矢量$\dot{I}$。第一步是画出流过电阻和电容的电流$\dot{I}$，图 6-5 所示的是一条水平线（其长短表示电流的大小）。

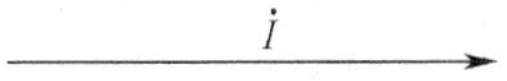

$\dot{I}$

图 6-5　第一步示意图

（2）第二步，画出电阻上的电压矢量。如图 6-6 所示，由于电阻上的电压降$\dot{U}_R$与电流$\dot{I}$是同相位的，所以$\dot{U}_R$也是一条水平线（与$\dot{I}$矢量线之间无夹角，表示同相位）。

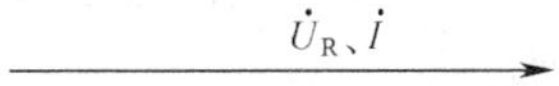

$\dot{U}_R$、$\dot{I}$

图 6-6　第二步示意图

（3）第三步，画出电容上的电压矢量。如图 6-7 所示，由于电容两端电压滞后于流过电容的电流 90°，所以将电容两端的电压$\dot{U}_C$画成与电流$\dot{I}$垂直的线，且朝下（以$\dot{I}$为基准，顺时针方向为相位滞后），该线的长短表示电容上电压的大小。

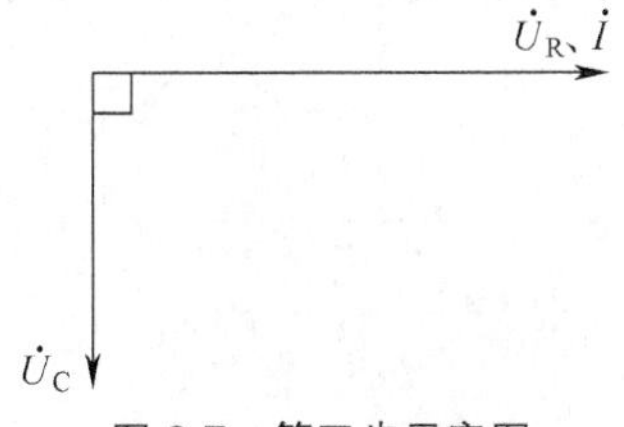

图 6-7　第三步示意图

（4）第四步，画出平行四边形。从 RC 滞后移相电路中可以看出，输入信号电压$\dot{U}_i=\dot{U}_R+\dot{U}_C$（这是矢量相加），先画出平行四边形，再画出输入信号电压$\dot{U}_i$，如图 6-8 所示。

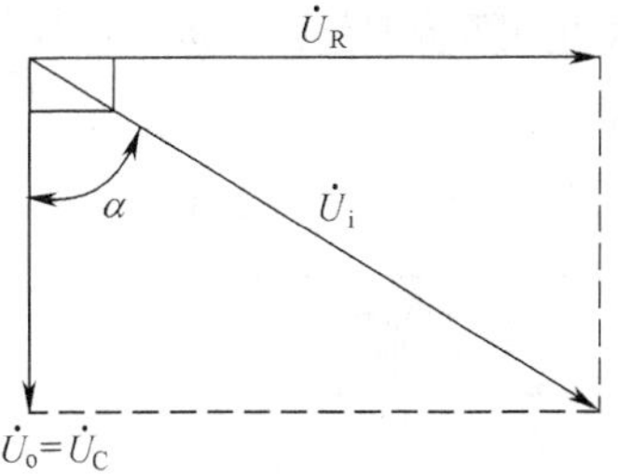

图 6-8　第四步示意图

分析提示

矢量$\dot{U}_R$与矢量$\dot{U}_C$相加后等于输入电压$\dot{U}_i$。从图中可以看出，$\dot{U}_C$与$\dot{U}_i$之间是有夹角的，并且是$\dot{U}_C$滞后于$\dot{U}_i$，或者是$\dot{U}_i$超前$\dot{U}_C$。

由于该电路的输出电压是取自于电容上的，所以$\dot{U}_o=\dot{U}_C$，输出电压$\dot{U}_o$滞后于输入电压$\dot{U}_i$一个角度。由此可见，该电路具有滞后移相的作用。

3．RC 超前移相电路

图 6-9 所示是 RC 超前移相电路，这一电路与 RC 滞后移相电路相比，只是电路中电阻和电容的位置变换了，输出电压取自于电阻 R1。

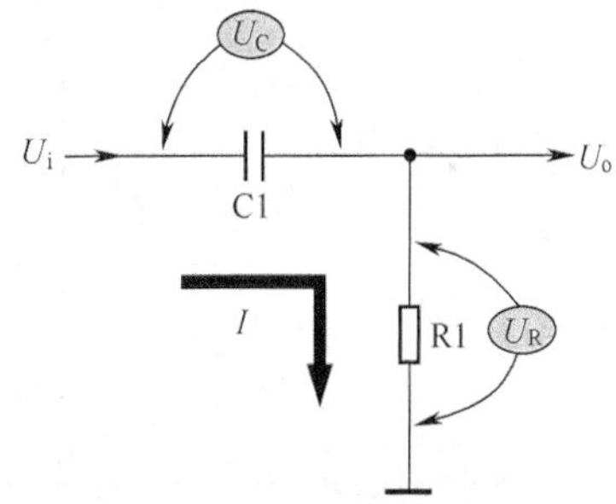

图 6-9　RC 超前移相电路

根据上面介绍的矢量图画图步骤，画出矢量图之后很容易看出，输出信号电压 U_o 超前于输入电压 U_i 一个角度，如图 6-10 所示。

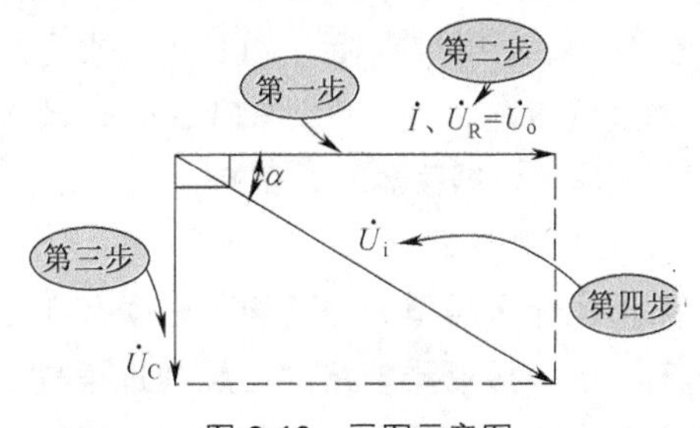

图 6-10　画图示意图

具体的画图步骤是：①画出电流$\dot{I}$；②画出电阻上压降$\dot{U}_R$；③画出电容上压降$\dot{U}_C$，并画出平行四边形；④画出输入电压$\dot{U}_i$。

重要提示

RC超前移相电路的最大相移量小于90°，如果采用多级RC超前移相电路则总的相移量可以大于90°。改变电路中的电阻或电容的大小，可以改变相移量。

在负反馈放大器电路中时常要用到这种移相电路，以破坏正反馈的相位条件，达到消除高频自激的目的。

6.2.2 RC移相式正弦波振荡器

图6-11所示是RC移相式正弦波振荡器电路。电路中，VT1接成共发射极放大器电路，VT1为振荡管，U_o这一振荡器的输出信号，为正弦信号。

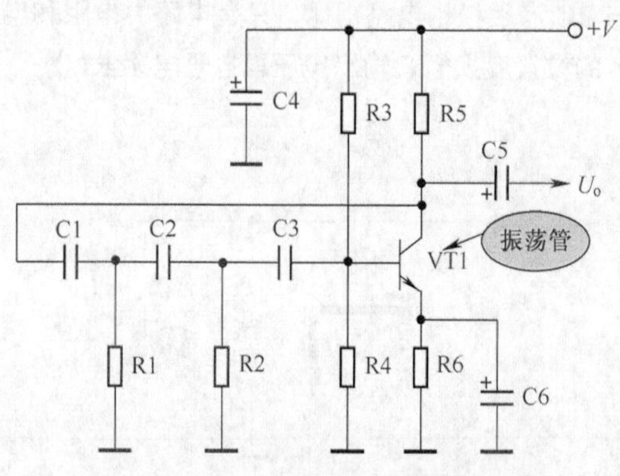

图6-11 RC移相式正弦波振荡器电路

1．直流电路

电路中的电阻R3和R4构成VT1的分压式偏置电路，R5是VT1的集电极负载电阻，R6是VT1的发射极电阻，VT1具备处于放大状态的直流电路工作条件。VT1工作在放大状态下，这是一个振荡器所必需的。

2．正反馈电路

无论是什么类型的振荡器，必须存在正反馈环节，这一振荡器电路的正反馈过程是：共发射极放大器电路具有反相的作用，即输出信号电压与输入信号电压之间相位差为180°，如若对放大器的输出信号再移相180°后加到放大器的输入端，那么就移相了360°，这样反馈回来的信号与输入信号之间是同相的关系。

重要提示

由RC移相电路工作特性可知，RC电路可以对信号进行移相，每一个RC移相电路对输入的相位移最大为90°，但此时输出信号电压已经为零了，就不能满足振荡的幅度条件了，这样最大移相量不能采用90°，所以要再移相180°必须至少要3个RC移相电路。

电路中的电容C1和电阻R1构成第一个RC超前移相电路，C2和R2构成第二个RC移相电路，C3和放大器输入电阻（由于R3、R4和VT1的输入电阻并联）构成第三个RC移相电路。

这3个RC移相电路对信号移相180°，再加上VT1共发射极放大器电路本身的180°移相，使VT1集电极经3个RC移相电路后加到VT1基极上的信号相位与基极上原信号相位相同，所以这是正反馈过程，满足相位正反馈条件。

3．振荡过程

图6-12所示为振荡信号相位示意图，设振荡信号相位在VT1基极为正，经VT1倒相放大（VT1接成共发射极放大器，其集电极信号电压相位与基极信号电压相位相反），这一振荡信号加入3个RC移相电路，对信号再移相180°，使反馈信号电压相位与VT1基极上输入信号电压相位之间同相，符合振荡的相位条件。

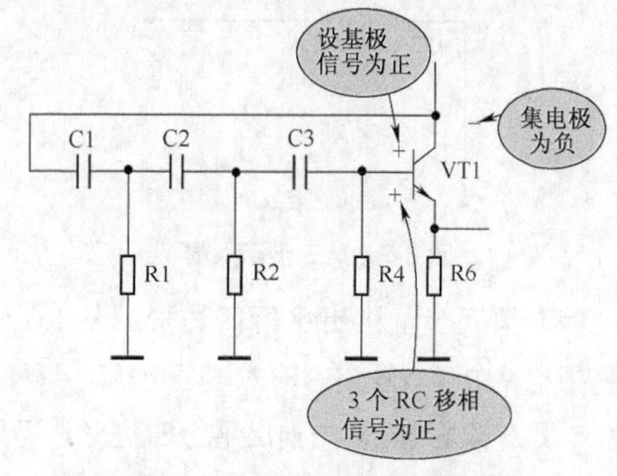

图6-12 振荡信号相位示意图

电路分析重要提示

实际上，三极管 VT1 移相 180°，3 个 RC 移相电路累计移相 180°，这样共移相 360°，为正反馈。

同时，VT1 本身具有放大能力，这样又符合幅度条件，振荡器便能振荡。振荡信号从 VT1 的集电极输出，通过耦合电容 C5 送出振荡器。

电路分析小结

关于这种 RC 移相式正弦波振荡器分析主要说明以下几点。

（1）电路中只采用一级共发射极放大器，对信号已经产生了 180° 的移相，这是由共发射极放大器特性决定的。

（2）这种振荡器中，最少要用 3 个 RC 超前移相电路，要了解 RC 移相电路的工作原理，并要了解这种移相电路最大有效移相量小于 90° 所以只有 3 个 RC 移相电路才行。

（3）3 个 RC 移相电路中，第一个先对频率为 f_0 的信号移相，第二个是在第一个已经移相的基础上再移相，第三个也是这样，3 个累计移相量恰好为 180°。3 个 RC 移相电路只是对频率为 f_0 的信号移相 180°。对于其他频率信号由于频率不同，3 个 RC 移相电路的移相量不等于 180°，或大于 180°，这样就不能满足振荡的相位条件，也就是只有频率为 f_0 的信号才能发生振荡。

在这种振荡器电路中，当 $C_1=C_2=C_3$，$R_1=R_2$ 且远大于 VT1 放大器输入电阻时，这一振荡器的振荡频率由下式决定：

$$f_0=\frac{1}{2\pi\sqrt{6R_1\times C_1}}$$

RC 移相式正弦波振荡器的振荡频率一般低于 200kHz。

（4）这种振荡器的电路结构比较简单、成本低，缺点是选择性较差，输出信号也不稳定，振荡频率不宜调整。

6.2.3　RC 选频电路正弦波振荡器

RC 电路也可以构成选频电路，图 6-13 是采用 RC 选频电路的正弦波振荡器电路，这是一个由两只三极管构成的振荡器电路，VT1 和 VT2 构成两级共发射极放大器电路，R2、C1、R1 和 C2 构成 RC 选频电路。

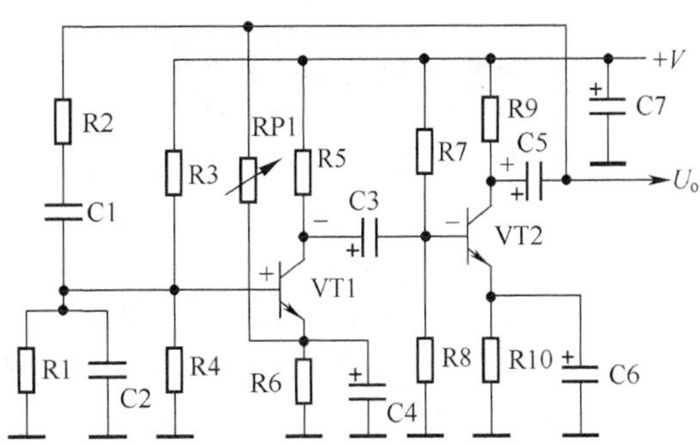

图 6-13　RC 选频电路的正弦波振荡器电路

1．RC 选频电路选频原理

53. 推挽级偏置电路 7

RC 选频电路由 R2 和 C1 串联电路、R1 和 C2 并联电路组成。

（1）输入信号频率很低时电路分析。图 6-14（a）所示是一个 RC 选频电路，R2 和 C1 串联，R1 和 C2 为并联，它们构成分压电路，U_i 为输入信号，U_o 为这一分压电路的输出信号。

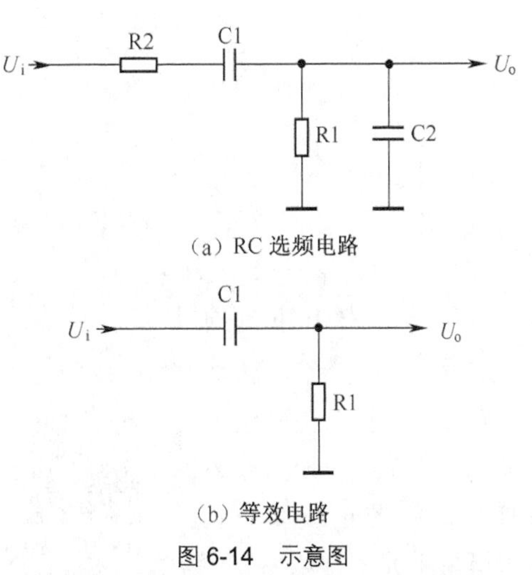

（a）RC 选频电路

（b）等效电路

图 6-14　示意图

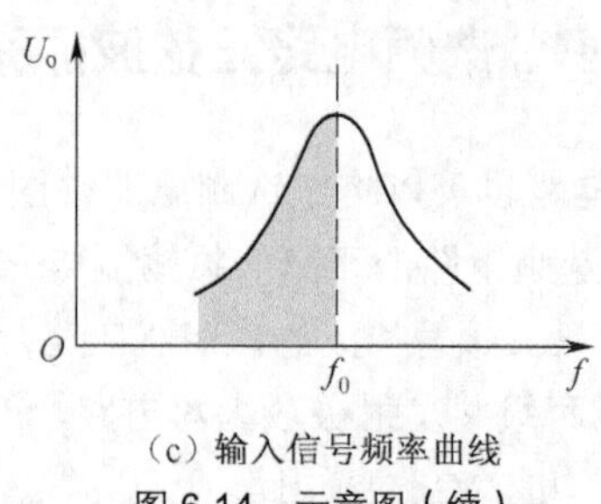

（c）输入信号频率曲线

图 6-14　示意图（续）

电路分析结论提示

这一分压电路中，当输入信号频率从很低升高时，输出信号 U_o 在增大，如图 6-14（c）所示频率低于 f_0 的那段曲线。

（2）当输入信号频率高到一定程度时电路分析。当输入信号频率高于振荡频率 f_0 后，由于频率高了，C1 的容抗远小于电阻 R2，这样在 RC 串联电路中只有 R2 在起作用。

同时，由于频率高了，C2 的容抗远小于电阻 R1，这样在 RC 并联电路中只有 C2 在起作用，此时的等效电路如图 6-15（a）所示。

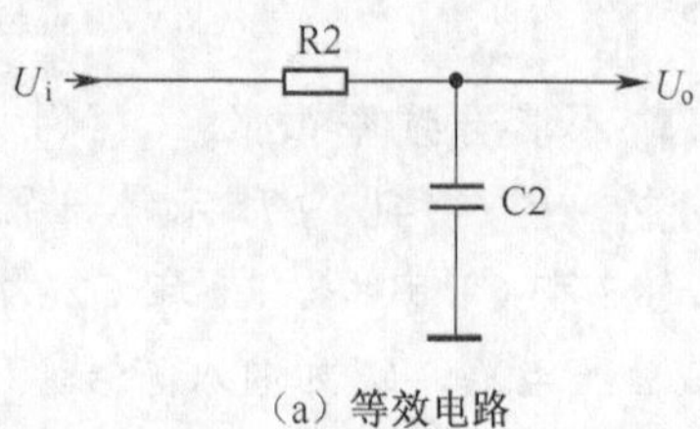

（a）等效电路

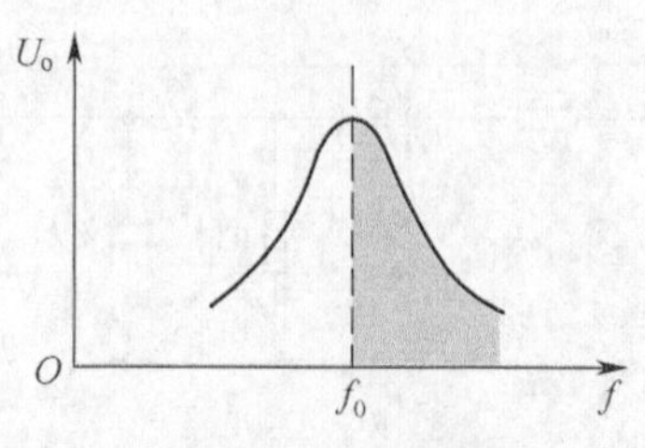

（b）输入信号频率曲线

图 6-15　示意图

从这一 RC 分压电路中可以看出，当输入信号频率降低时，输出信号电压 U_o 将增大，如图 6-15（b）所示频率高于 f_0 的那段曲线。

54. 推挽级偏置电路 8

重要提示

综合上述分析可知，当输入信号频率为 f_0 时，RC 选频电路的输出信号电压 U_o 为最大，其他频率输入信号的输出幅度均很小，这样说明这一电路可以从众多信号频率中选出某一个频率的信号，具有选频作用，所选信号的频率为 f_0。

RC 选频电路在选频过程中，对频率为 f_0 的信号不产生附加的相移，也就是说这一电路只有选频作用，没有移相作用。

2．正反馈过程分析

RC 选频电路正弦波振荡器中，VT1 和 VT2 构成共发射极放大器，这种放大器对信号电压具有反相的作用，两级放大器对信号电压分别反相一次，两次反相之后又成为同相位了，如图 6-13 所示电路中的信号相位标注，设 VT1 基极为 +，其集电极为 –，VT2 再次反相后其集电极为 +。

图 6-16 所示是正反馈回路示意图。当输入 VT1 基极的信号电压相位为正时，VT2 集电极输出信号电压的相位也是为正。

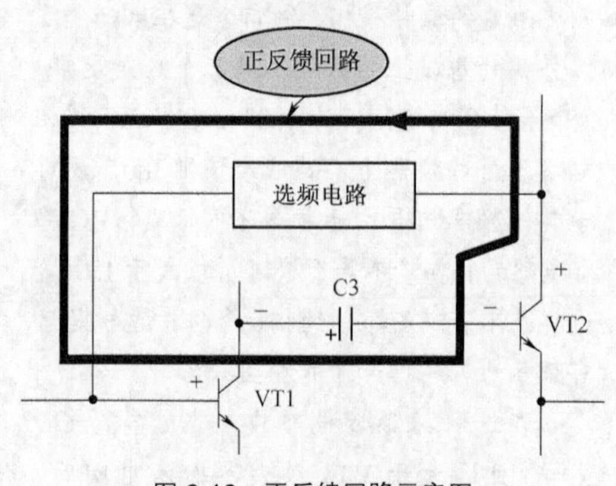

图 6-16　正反馈回路示意图

这一输出信号经 RC 选频电路的选频，取出频率为 f_0 的信号，加到 VT1 基极，这一信号相位仍然为正，这样加强了 VT1 基极上的输入信号，所以是正反馈过程，使振荡器满足了相位条件。

3．振荡过程

VT1 和 VT2 是具备放大能力的（直流电路保证两管进入放大状态），这样振荡器同时满足相位和幅度条件，经 VT1 和 VT2 放大后的信号，从 VT2 集电极输出，经 R2、C1、R1 和 C2 组成的 RC 选频电路，选出频率为 f_0 的信号，加到 VT1 基极，加强了 VT1 基极频率为 f_0 信号的幅度，这个频率信号再经 VT1 和 VT2 放大，再次正反馈到 VT1 基极，这样振荡器进入振荡的工作状态。

4．电路分析说明

在这一振荡器中，要用到两级共发射极放大器电路，利用这两级共发射极放大器对信号进行两次倒相来满足相位条件，这一点与前面的振荡器不同。关于这一振荡器分析主要说明以下几点。

（1）**关键理解 RC 选频电路**原理。RC 选频电路只在输入信号频率为 f_0 时输出信号电压才为最大，并且对频率为 f_0 信号没有附加的相位移。

重要提示

对于频率小于或高于 f_0 的信号，其幅度小，并且有附加相位移，这样就破坏了振荡器的相位条件而不能产生振荡，所以只有频率为 f_0 的信号才能在这一振荡器中振荡。

（2）**振荡频率计算公式**。当电路中的 $R_1 = R_2$，$C_1 = C_2$，且 VT1 放大器的输入电阻值远大于 R1 阻值（或 R2 阻值），VT2 放大器的输出电阻值远小于 R1 阻值（或 R2 阻值）时，这种振荡器的振荡频率由下列公式决定：

$$f_0 = \frac{1}{2\pi R_1 \times C_1}$$

（3）**主要缺点**。RC 选频电路的选频特性不太好，对频率为 f_0 附近的信号衰减不足，这样振荡信号的波形存在较大的失真。另外，放大器的放大倍数太大时，三极管容易进入饱和状态，使振荡信号产生削顶失真，振荡器输出信号失真更大。

实用电路中，为了解决上述问题给电路中引入负反馈电路，图 6-17 所示电路中的可变电阻器 RP1，它用来构成环路的负反馈电路。

这一负反馈电路的负反馈过程是：设某瞬间 VT1 基极信号电压相位为正，则 VT2 集电极上信号电压相位也为正，这一输出信号经 RP1 加到了 VT1 的发射极上，使 VT1 的发射极信号电压增大，VT1 的基极信号电流减小，所以这是负反馈过程，是一个电压串联负反馈电路。

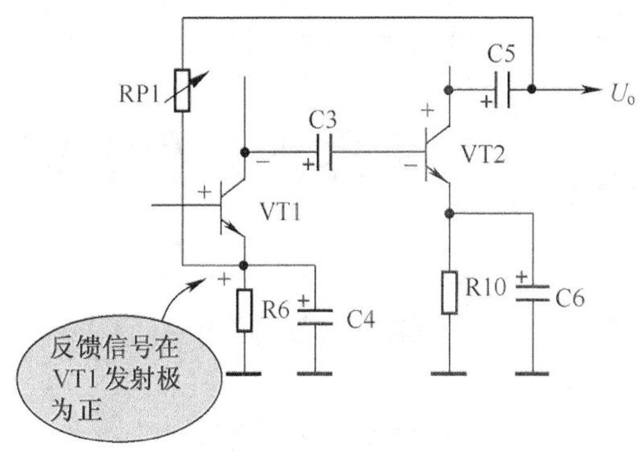

图 6-17 负反馈电路示意图

重要提示

加入 RP1 这一负反馈电路之后，这一振荡器的工作稳定性大大增强，通过调整负反馈电阻 RP1 的阻值，使整个负反馈放大器的放大倍数为 3 或略大于 3 时，这一电路可以满足振荡条件，并输出比较稳定的正弦信号。

在接入反馈电阻 RP1 之后，RP1 与其他元器件构成了一个 RC 电桥，如图 6-18 所示。从这一电路中可以看出，电桥的 4 个臂中两个由 RC 选频电路构成，另两个由负反馈电路构成，反馈信号（输入到电桥的信号）加到一个对角线上，加到 VT1 基极回路的电桥输出信号取自另一个对角线上。由于这些元器件构成了一个电桥，所以这种振荡器称为桥式振荡器，又称为文氏振荡器。

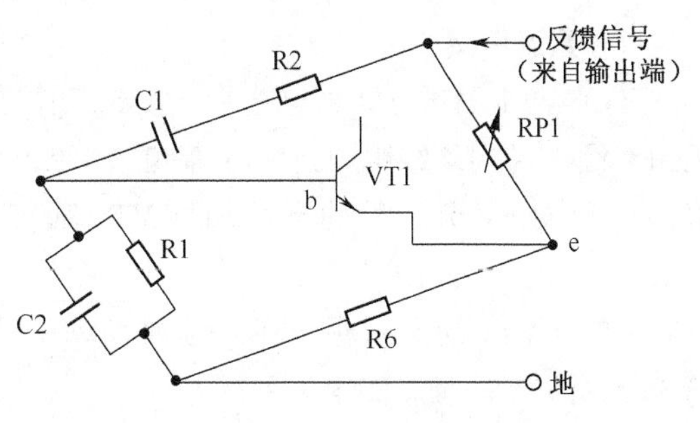

图 6-18 RC 电桥

重要提示

在加入负反馈电路之后，比较容易改变振荡器的振荡频率，只要将R1和R2用一只双联同轴电位器来代替，通过改变电位器的阻值，就可以改变振荡频率。或者，C1和C2用一只双联可变电容器来代替，也能方便地改变振荡频率，因为电阻或电容大小可以改变RC选频电路频率。

6.3 变压器耦合和电感三点式正弦波振荡器

6.3.1 变压器耦合正弦波振荡器

无论哪种振荡器，电路分析就是放大器部分、选频部分、正反馈电路部分，而放大器部分与普通放大器电路分析一样。

图6-19所示是采用变压器耦合正弦波振荡器电路。电路中，VT1为振荡管；T1为振荡耦合变压器；L2和C2构成LC谐振选频电路；U_o为振荡器的输出信号。

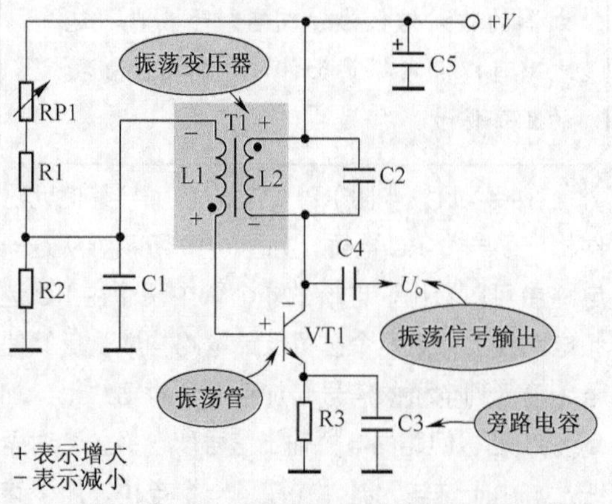

图6-19 变压器耦合正弦波振荡器电路

1．直流电路

（1）**VT1偏置电路**。电路中，直流工作电压+V经T1的L2绕组加到VT1集电极。RP1、R1和R2对+V分压后的电压加到VT1基极，建立VT1的直流偏置电压。

R3为VT1的发射极电阻。这样，VT1具备放大所需要的直流工作条件。

（2）**RP1作用**。调节RP1可改变VT1的静态直流偏置电流大小，从而可改变振荡器输出信号U_o的大小。电阻R1是保护电阻，防止RP1的阻值调得太小时，使VT1的工作电流太大而损坏。

在加了R1之后，即使RP1的阻值被调整为零，还有R1限制VT1的基极电流不会很大，达到保护VT1的目的。

2．正反馈电路

电路中，T1是振荡耦合变压器，用它来完成正反馈。从图中可以看出，T1的一次绕组L1（正反馈绕组）接在VT1的输入回路中（基极回路），它的二次绕组接在VT1的输出回路中（集电极回路）。T1的同名端如图中黑点所示。

这一电路正反馈过程是：假设振荡信号某瞬间在VT1基极为+，使VT1基极电流增大，则其集电极为–，这样T1的二次绕组L2下端为–，上端为+，根据同名端概念，T1的一次绕组L1下端为+，与VT1基极极性一致，所以L2上的输出信号经T1耦合到一次绕组L1，加强了VT1的输入信号，这是正反馈过程。

3．振荡原理

振荡器没有输入信号，振荡器工作后则能输出信号U_o，前面在分析正反馈过程中，是假设VT1基极有振荡信号，振荡信号是怎么产生的，这由振荡器的起振原理来说明。

在振荡器的直流工作电压+V接通瞬间，在VT1中会产生噪声，这一噪声的频率范围很宽，其中含有所需要的振荡信号频率f_0。由于 VT1 中的噪声（此时作为信号）被 VT1 放大，经正反馈，噪声又馈入 VT1 的基极，再次经放大和正反馈，VT1 中的振荡信号便产生了。

4．选频电路

电路中的 L2 和 C2 构成 LC 并联谐振电路（电路中只有这一个 LC 并联谐振电路），该电路的谐振频率便是振荡信号频率 f_0。

从电路中可以看出，L2 和 C2 并联谐振电路是 VT1 的集电极负载电阻，由于并联谐振时该电路的阻抗最大，所以 VT1 的集电极负载电阻最大，VT1 对频率为 f_0 信号的放大倍数最大。

对于 f_0 之外的其他频率信号，由于 L2 和 C2 的失谐，电路阻抗很小，VT1 的放大倍数很小，这样输出信号 U_o 是以频率为 f_0 的振荡信号，达到选频目的。

电路中，C1 是振荡信号旁路电容，将 L1 上端振荡信号交流接地，L1 耦合过来的正反馈信号又馈入 VT1 的输入回路，这一回路为 L1 下端→ VT1 基极→ VT1 发射极→发射极旁路电容 C3 →地端→旁路电容 C1 → L1 上端，如**图 6-20** 所示。

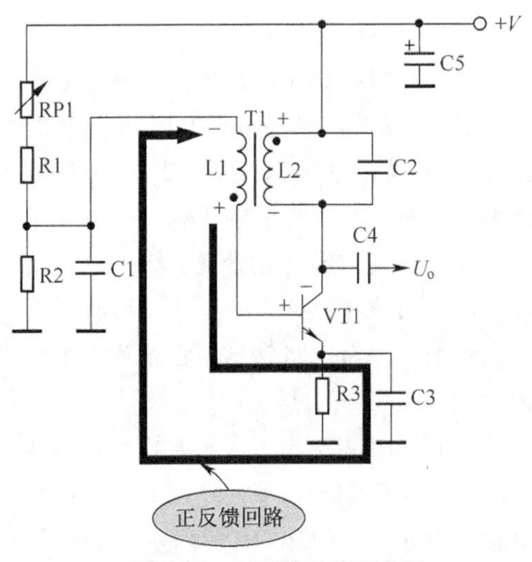

图 6-20　正反馈回路示意图

电路分析提示

（1）要注意振荡耦合变压器的同名端概念，在有些电路中振荡耦合变压器不标出表示同名端的黑点，此时分析正反馈过程时可认为反馈的结果是正反馈，只要分析出正反馈信号传输过程即可。

（2）在振荡器中，凡是容量最小的电容器是谐振电容，正反馈耦合电容的容量其次，旁路电容的容量最大，利用这一特征可以帮助识别电路中的谐振选频电路。

（3）调整 RP1 的阻值大小，可改变振荡管 VT1 的静态工作电流，从而可以改变振荡输出信号的大小。

（4）这种振荡器的振荡输出信号是从振荡耦合变压器的二次绕组输出的。

电路特点提示

（1）需要一个耦合变压器。

（2）适合于频率较低的场合下使用（几十千赫到几兆赫），通常只用几十千赫。

（3）由于采用了变压器可以进行阻抗的匹配，故输出信号电压较大，但在使用变压器时接线要注意，一次或二次绕组的头尾引线接反了将不能产生正反馈（变为负反馈），不能振荡。

（4）变压器耦合振荡器电路也有多种，按振荡管的接法有共集电极耦合振荡、共发射极耦合振荡和共基极耦合振荡电路，这几种振荡电路的工作原理基本一样。

6.3.2　电感三点式正弦波振荡器

图 6-21 所示是电感三点式正弦波振荡器电路。这一电路中，VT1 是振荡管；T1 的一次绕组是振荡电感；U_o 是振荡器输出信号，由变压器 T1 的二次侧输出。

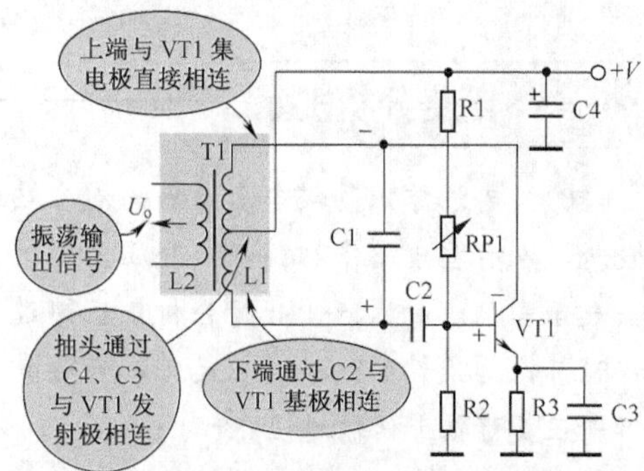

图6-21　电感三点式正弦波振荡器电路

识别方法提示

这是一个电感三点式正弦波振荡器电路，这种振荡器电路中的振荡电感在电路中的接法比较特殊，利用这一点可以识别这种振荡器电路。

从电路中可以看出，T1初级线圈L1有个抽头，它的3根引脚分别与振荡管VT1的3个电极交流相连，它的上端引脚与VT1集电极直接相连，它的下端引脚经振荡耦合电容C2与VT1基极交流相连，它的抽头与+*V*端相连，而+*V*端相当于交流接地，这样经电容C3与VT1发射极交流相连。

由于初级线圈L1的3根引脚分别与VT1的3个电极相连，所以将这种电路称之为电感三点式振荡器电路。在这种振荡器电路中，振荡电感必须有抽头。

1．电路分析

（1）直流电路。直流工作电压+*V*经T1的一次绕组L1抽头及抽头以上绕组加到VT1集电极，R1、RP1和R2构成VT1的基极分压式偏置电路，R3为VT1的发射极电阻。这样，VT1具备了放大能力。

（2）正反馈过程。假设振荡信号电压某瞬间在VT1基极为+，经VT1放大和倒相后，其集电极上信号电压极性为–，即T1一次绕组上端为–。

由于T1一次绕组的抽头接+*V*端，+*V*相当于交流接地，在它的下端信号电压极性为+，经C2耦合到VT1基极，与其基极极性相同，加强了输入信号，所以这是正反馈过程。

（3）振荡原理。在接通电源+*V*后，电路起振，通过正反馈、放大和稳幅环节，振荡器稳定工作。

L1和C1构成LC并联谐振选频电路，振荡器的振荡频率由L1和C1并联谐振电路的谐振频率决定。

电路中的C2是正反馈耦合电容，将T1的一次绕组上正反馈信号耦合到VT1基极。C2容量大，振荡器容易起振。另外，C2具有隔直作用，将VT1集电极和基极上的直流电压隔开。

C3为振荡管VT1的发射极旁路电容，将发射极交流接地。振荡器输出信号取自T1的二次绕组，T1在这里起耦合作用。

2．电路分析说明

（1）正反馈信号的反馈传输线路与变压器耦合振荡器电路不同，正反馈信号只在一次绕组中传输，二次绕组不参与正反馈信号的传输。

（2）振荡电感一定是有抽头的，振荡电感的3根引脚或是直接与振荡管某个电极相连，或是通过电容相连，要注意直流电源+*V*对交流而言是接地的。

（3）分辨这种电路中的振荡电感比较容易，带抽头的是振荡电感，与该线圈相并联的是谐振电容，振荡电感和谐振电容构成LC并联谐振选频电路。

（4）带抽头的L1是二次绕组，因为VT1集电极电流流过T1二次绕组L2才有振荡信号输出。

电路特点提示

（1）振荡频率一般，可以达到几十兆赫。

（2）电路容易起振。

（3）频率调整比较方便，只要将电感L1中加入磁芯，调整磁芯位置就能改变L1的电感量，就能改变选频电路的谐振频率，从而可以改变振荡频率。

（4）正反馈信号取自L1抽头与下端之间的一段线圈上，由于电感不能将高次谐波抑制掉，所以振荡器输出信号中高次谐波成分较多。

（5）电感三点式振荡器电路按照振荡管的接法不同也有多种，可以是发射极交流接地式电路、基极交流接地式电路等，但它们的工作原理基本一样。

6.4　电容三点式正弦波振荡器、差动式正弦波振荡器

6.4.1　电容三点式正弦波振荡器

电容三点式正弦波振荡器电路又称考毕茨振荡器电路。

图 6-22 是电容三点式正弦波振荡器电路的一种变形电路。电路中，VT1 是振荡管，C6 是输出端耦合电容，L1 和 C5、C4、C3、C2 构成 LC 并联谐振选频电路。C1 是 VT1 的集电极旁路电容，将 VT1 集电极交流接地。

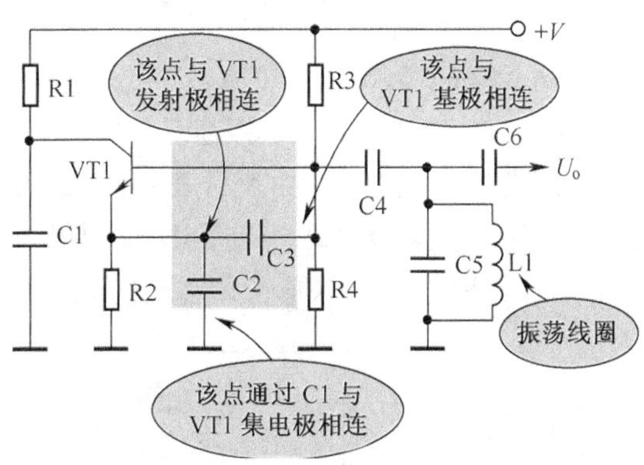

图 6-22　一种电容三点式正弦波振荡器电路变形电路

振荡器类型识别方法提示

电容三点式正弦波振荡器中，有两只电容串联，即电路中的 C2 和 C3 串联，这两只串联电容器后共有 3 个连接点，这 3 个连接点分别与振荡管的 3 个电极相连，这是这种振荡器的特点，以此可以分辨出电容三点式正弦波振荡器电路。

电路中 C3 的一端与 VT1 基极直接相连，C2 和 C3 连接点与 VT1 发射极直接相连，C2 的下端是接地的，而 VT1 集电极是通过旁路电容 C1 交流接地的，这样 C2 的下端引脚是与 VT1 集电极交流相连的，可见 C2 和 C3 的 3 个连接点是与振荡管 VT1 的 3 个电极相连。

1．直流电路

直流工作电压 +V 经 R1 给 VT1 集电极加上直流工作电压，R3、R4 分压后为 VT1 提供基极偏置电压，R2 是 VT1 发射极电阻。

2．正反馈电路

假设某瞬间振荡管 VT1 基极上的振荡信号极性为 +（使振荡管基极电流增大），则 VT1 集电极为 –，经 C1 旁路到地端为 –，极性为 – 的反馈信号电压经 C2 和 C3 分压后加到 VT1 发射极（或认为反馈信号从 C2 加到 VT1 发射极），其反馈信号极性仍为 –。由于发射极电压为 –，使 VT1 基极电流更大，这是正反馈过程。

C2、C3 的容量相对大小可以决定正反馈的强弱，以满足振荡的幅度条件。在一些振荡频率较高的电路中，可以用 VT1 基极和发射极之间发射结结电容来代替 C3，在分析时要注意这一点。

3．振荡原理及选频电路分析

这一振荡器电路的振荡原理同前面介绍的基本一样，这里主要说明选频电路的工作原理。选频电路由 C4、C3、C2 串联之后与 C5 并联，再与 L1 并联构成 LC 并联谐振选频电路。

选频原理理解方法提示

这一 LC 并联谐振电路接在振荡器输出端与地之间，设该电路的谐振频率为 f_0，在谐振时该电路阻抗最大，对输出信号分流衰减很小，而当该电路失谐时此电路阻抗很小，对地分流衰减严重，使 VT1 基极上的信号很小，这样只有频率为 f_0 的信号在 VT1 基极上的幅度为最大，VT1 的放大量最大，达到选频的目的。

4．电容 C4 作用

在典型的电容三点式正弦波振荡器电路中，

C4 容量取得较大，若 C4 远大于 C2、C3 的容量，那么 C2、C3、C4 的串联后总容量主要取决于 C2、C3，C4 对谐振频率影响很小，这样的电路称之为考毕茨振荡器电路。

由于 C2、C3 容量较小，VT1 的极间电容会影响振荡频率，造成振荡频率不稳定，为此将 C4 的容量取值较小，这样 C4 在决定振荡频率上的影响将占重要位置，可以克服三极管极间电容的影响，使振荡频率比较稳定，这种 C4 取值较小的电路是考毕茨振荡器电路的变形电路，称之为锡拉振荡器电路。

5．另一种电容三点式正弦波振荡器变形电路

图 6-23 所示是另一种电容三点式正弦波振荡器变形电路。这一电路的工作原理同前面基本一样，只是将克服振荡管参数变化而影响振荡频率稳定的小电容 C3 与 L1 相串联，这样 C3 的容量大小对振荡频率起重要作用，减小了振荡管极间电容对振荡频率的影响。

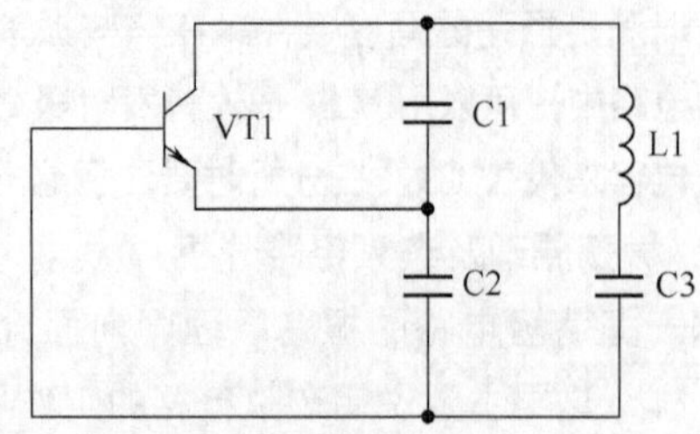

图 6-23　另一种电容三点式正弦波振荡器变形电路

电路分析提示

（1）这种振荡器的电路特点是两只振荡电容与振荡管的 3 个电极相连，从振荡管的 3 个电极出发可以找到这两只振荡电容，这是找出振荡电容的方法。

（2）在 LC 选频电路中的电容不一定只有两只，可以多于两只，凡是与振荡电感相并联的电容都有可能是振荡电容，但注意若某只电容的容量比其他电容大得多时，说明该电容不是振荡电容，而是耦合电容，注意电路图中电容的标称容量在这里就显得很重要。

（3）注意电容三点式正弦波振荡器的两种变形电路，记住它们的电路变形特征。

电路特点提示

（1）振荡频率可以做得很高。但是，如若需要在较大范围内调节振荡频率，这种电路则不太适合，一般只用于振荡频率要求固定的场合。

（2）正反馈主要是通过电容，频率高容抗小，反馈弱，所以振荡产生的高次谐波少，波形比较好。

（3）在要求振荡频率比较高时，常用电容三点式正弦波振荡器变形电路。

6.4.2　差动式正弦波振荡器

图 6-24 所示是差动式正弦波振荡器电路。电路中，VT1 和 VT2 是两只振荡管，构成差动式正弦波振荡器电路，其中 VT1 基极因旁路电容 C1 而接成共基极电路，VT2 接成共集电极电路，两管构成共集 - 共基的反馈放大器。

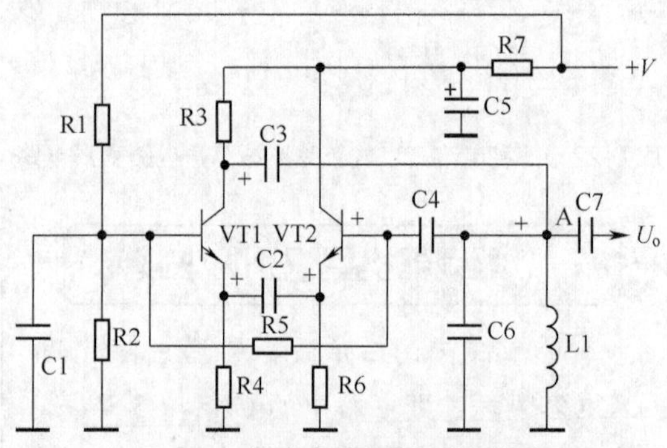

图 6-24　差动式正弦波振荡器电路

振荡器类型识别方法提示

差动式正弦波振荡器电路中有两只振荡管，但不是有两只振荡管的电路都是差动式正弦波振荡器，如推挽式正弦波振荡器电路中也有两只振荡管。

当两只振荡管是接成共基 - 共集放大器电路形式时，则是差动式正弦波振荡器电路。

1．直流电路

直流工作电压 +V 经 R7、R3 加到 VT1 集电极，其中 R3 是 VT1 的集电极负载电阻，R7 是退耦电阻（C5 是退耦电容）。

R1、R2 分压后为 VT1 提供基极偏置电压，R4 是 VT1 的发射极电阻。VT2 的集电极电压直接取自 R7 送来的直流工作电压 $+V$，R5 将 VT1 基极上的电压加到 VT2 基极，为 VT2 提供基极偏置电压。R6 是 VT2 的发射极电阻。

这样，VT1 和 VT2 都有了进入放大和振荡状态所需要的直流工作条件。

2．正反馈过程

这一电路的正反馈原理是：假设振荡信号某瞬间在 VT2 基极极性为＋，则有下列正反馈过程。

图 6-25 是正反馈信号回路示意图。VT2 基极电压↑→ VT2 发射极电压↑→ VT1 发射极电压↑（通过正反馈耦合电容 C2）→ VT1 集电极↑（VT1 接成共基极电路，发射极和集电极上信号电压同相）→ A 点电压↑（通过正反馈耦合电容 C3）→ VT2 基极电压↑（通过耦合电容 C4），由此可见这是正反馈过程。

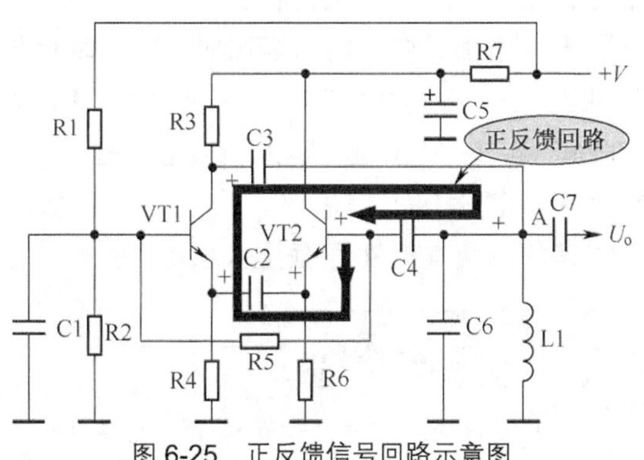

图 6-25　正反馈信号回路示意图

3．振荡原理

上面分析了正反馈过程，而 VT1 和 VT2 构成的放大器电路具有放大能力，所以同时满足了相位和幅度条件，电路能够振荡。

4．阻抗匹配特性好

电路中的 VT2 接成共集电极电路，C5 将 VT2 集电极交流接地。VT1 接成共基极电路，C1 将 VT1 基极交流接地，VT1 发射极是输入端，集电极为输出端。

2. OTL 功放输出端耦合电容 2

VT2 接成共集电极电路，具有输入电阻大、输出电阻小的特点，而 VT1 是共基极电路，具有输入电阻小、输出电阻大的特点，这样 VT1 和 VT2 两级间具有良好的阻抗匹配特性。

5．选频电路

选频电路由 L1 和 C6 构成，该电路通过 C7、C4 与 VT2 基极相耦合。**电路的选频原理可以这么理解：**设 L1 和 C6 谐振频率为 f_0，则 C3 正反馈到 VT2 基极的频率为 f_0 信号因 L1 和 C6 阻抗很大，而绝大部分信号正反馈到 VT2 基极，保证了振荡的幅度条件。

对于频率偏离 f_0 之外的信号，由于 L1 和 C6 失谐，电路阻抗很小，C3 反馈过来的信号被 L1 和 C6 分流到地，而不能加到 VT2 基极，使这部分信号的正反馈量大大下降，从而达到取出 f_0 振荡信号的目的。

C7 为振荡器输出端耦合电容。

电路分析提示

（1）这种振荡器电路的正反馈过程分析在两管电路之间，要了解发射极电压相位与基极电压是同相的，对于其基极放大器电路而言，发射极上的输入信号电压相位与集电极上的输出信号电压相位相同。

（2）了解共基－共集放大器电路中级间阻抗配匹良好。

电路特点提示

（1）这种振荡器电路具有波形好、谐波成分少、频率稳定的优点。

（2）VT1 和 VT2 是两只低噪声管，对三极管的频率特性要求并不高。

6.5 双管推挽式振荡器

图 6-26 所示是双管推挽式振荡器电路，也是正弦波振荡器电路中的一种。一般在 50 ～ 180kHz 的超音频范围内，作为超音频振荡器。电路中，VT1 和 VT2 是振荡管，T1 是振荡变压器，U_o 是振荡器输出信号。

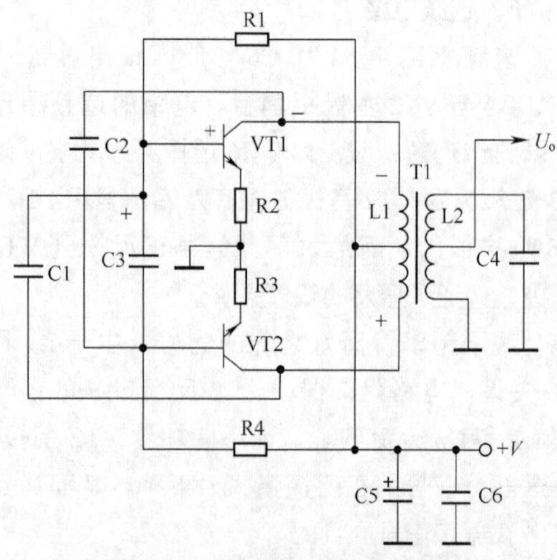

图 6-26　双管推挽式振荡器电路

1. 直流电路分析

直流工作电压经 L1 的抽头及线圈分别加到 VT1 和 VT2 集电极，为两管集电极提供直流电压。

电阻 R1 和 R4 分别是 VT1 和 VT2 的基极固定式偏置电阻。R2 和 R3 分别是两管的发射极负反馈电阻。

这样，VT1 和 VT2 具备了工作在放大和振荡状态所需要的直流工作条件。

2．正反馈过程

这一电路的正反馈过程是：图 6-27 是正反馈回路示意图，设某瞬间振荡信号在 VT1 基极的极性为 +，其集电极为 –，即 L1 的上端为 –，L1 的下端为 +，这一极性反馈信号经电容 C1 耦合，加到 VT1 基极，使 VT1 基极信号更大，所以这是正反馈过程。

VT2 正反馈过程同上，它的正反馈信号是通过电容 C2 耦合到 VT2 基极。

3．振荡原理

上面已分析过 VT1 和 VT2 都具有正反馈特性，两管本身又具备放大特性，这样两管都可以工作在振荡状态下。

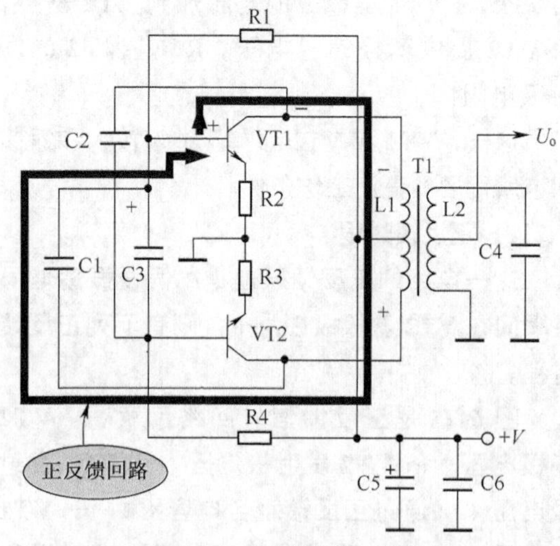

图 6-27　正反馈回路示意图

当振荡信号正半周在 VT1 基极的极性为 + 时，其集电极为 –，这一信号经 C2 加到 VT2 基极，使 VT2 基极为 –，VT2 处于截止状态，所以振荡信号的正半周使 VT1 处于放大、振荡状态，而使 VT2 处于截止状态。

当振荡信号变化到负半周时，VT1 基极的极性为 –，其集电极为正，这一信号经 C2 加到 VT2 基极，使 VT2 进入放大和振荡状态，此时 VT2 集电极输出的信号极性为 –，经 C1 加到 VT1 基极，使 VT1 处于截止状态。

重要提示

从上述分析可知，这种振荡器电路中的 VT1 和 VT2 像推挽功率放大器电路中的功放管一样，一只处于振荡状态时，另一只处于截止状态，振荡信号的正、负半周信号是由两只三极管合作完成的。两只三极管的振荡信号电流（各半个周期）流过 T1 的一次绕组，通过 T1 从二次绕组输出，并完成两个半周信号合并成一个完整周期信号的任务。

4. 选频电路分析

3.OTL 功放输出端耦合电容 3

电路中的选频电路由 L2 和 C4 构成，这是一个 LC 并联谐振电路，设谐振频率信号为 f_0。在谐振时该电路的阻抗最大，即 T1 次级线圈的阻抗为最大。

VT1 的集电极负载是 L1 抽头以上线圈，VT2 的集电极负载是 L1 抽头以下线圈，L1 与 L2 构成一个变压器。

由于 L2 在频率为 f_0 时的阻抗最大，这样 L1 在频率为 f_0 时的阻抗也为最大，即 VT1 和 VT2 的集电极负载阻抗在频率为 f_0 时最大，VT1 和 VT2 的放大倍数为最大，所以这一振荡器电路放大和振荡频率为 f_0 的信号，这样从 L2 抽头输出的振荡信号频率为 f_0。

电路分析提示

关于这一振荡器电路分析还说明以下两点。

（1）R2 和 R3 分别是 VT1 和 VT2 的发射极直流和交流负反馈电阻，能够稳定振荡器电路的工作，改善振荡器的输出信号波形，减小了输出信号失真。

（2）电容 C3 接在 VT1 和 VT2 基极之间，可以改善振荡信号正、负半周信号的对称性，也就是改善了振荡信号的失真。

（3）L1 的抽头是中心抽头，这样 VT1 和 VT2 的集电极负载阻抗才相等。

6.6 集成运放振荡器

集成运算放大器是制作在硅芯片上的一个完整的多级直流放大器，目前大量使用的运算放大器为集成运算放大器，它又称固体组件运算放大器，简称集成运放。现在集成运放广泛用于信号放大、振荡、检测、变换等方面。

6.6.1 集成运放基础知识

特点提示

（1）通用性强。它能够广泛地应用于许多功能电路中，如构成减法器、恒压源电路、振荡器、音频放大器、直流放大器、+1 放大器等，在各种放大器中它相当于一个最基本的放大单元。

（2）两大类应用。线性运用时工作在线性状态，可以视集成运放为一个深度负反馈运用的放大单元；非线性运用时工作在非线性区。

（3）开环增益大。这种放大器没有加入负反馈前的开环增益很大，一般为 60～140dB，工作不稳定，稍有干扰就输出很大的干扰信号，所以应用时都要加入负反馈。加入负反馈之后，放大器的闭环增益将下降。

（4）共模抑制比大。通常大于 80dB。

（5）基本功能引脚。两根输入引脚，一根输出引脚，还有电源引脚和接地引脚。

（6）两种供电方式。可以用单电源供电，也可以用正、负对称的双电源供电，同一个集成运放通过改变电源供给电路可以用这两种供电方式。

1. 外形特征和内部电路特点

图 6-28 所示是集成运放电路实物图，往往这种集成电路内部会设有多个运放单元，所以它的引脚比较多。

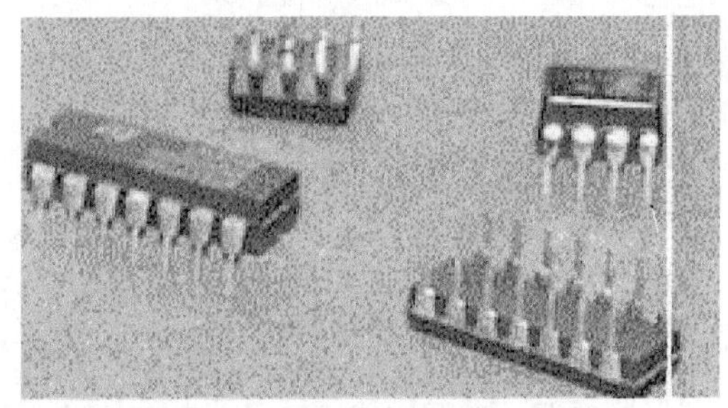

图 6-28 集成运放电路实物图

内部电路特点提示

集成运放的内部电路特点与集成电路的制造工艺相关，这里说明下列几点。

（1）两个输入端和一个输出端。内部电路的输入级采用双端输入式差分放大器。双端输出式差分放大器有两个输出端，所以输出级采用单端化电路，将两个输出端改成一个输出端。

（2）甲乙类状态。输出级电路一般采用工作在甲乙类状态下的互补对称或准互补对称放大器。

（3）直接耦合方式。内部电路中设有恒流源电路、直流移位电路等。内部电路全部采用直接耦合电路，可以放大直流信号和变化缓慢的信号（频率很低的信号）。

（4）多种放大器件。内部电路不仅可以用双极性三极管构成电路，还可以用N沟道和P沟道的MOS场效应管构成电路，这两类不同导电性质的场效应管可以组成互补放大器，称为CMOS电路。

（5）差分放大器是主要放大器。内部电路采用差分放大器作为“主力”放大器，以提高这些差动放大器的共模抑制比和降低零点漂移等，普遍采用恒流源作为放大管的集电极负载、发射极电阻，还采用复合管构成差分放大器。

2．图形符号

图6-29所示是集成运放的3种图形符号。电路符号中都有一个三角形，用来表示集成运放，而且引脚上标有“+”、“–”极性，表示输入信号与输出信号之间的相位关系。

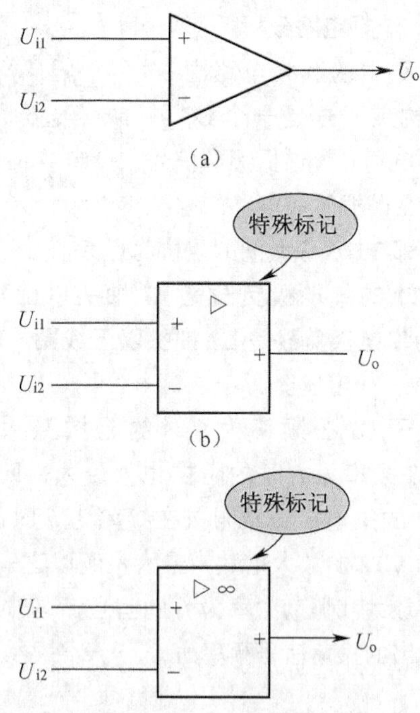

图6-29　集成运放3种图形符号

3．集成运放电路组成方框图

图6-30所示是集成运放电路组成方框图。

集成运算放大器由5个部分组成。

（1）输入放大器。输入放大器采用双端输入式差分放大器，为了减小零点漂移和具有较高的输入电阻、一定的电压放大倍数，通常采用带射极恒流源的双端输入式差分放大器。

输入放大器对集成运放的输入电阻、抑制零点漂移、提高共模抑制比有决定性的影响。输入级允许有较大范围的共模信号输入，以防止幅度较大的共模信号损坏集成运放。

重要提示

通常情况下输入放大器采用双端输入双端输出式差分放大器，它的共模抑制比比双端输入单端输出式差分放大器的高，抑制零点漂移的能力更强，但是有些集成运放中需要采用双端输入单端输出式差分放大器。

（2）中间放大器。整个集成运放的增益由中间放大器保证，而集成运放的增益要求比较高，所以中间放大级对整个集成运放很重要。

中间放大级通常采用一级或二级带射极恒流源电路的共发射极放大器（共发射极放大器电路电压增益大），中间放大级还要加入补偿电路和直流电平移位电路等。有的中间放大级采用双端输入单端输出式差分放大器，以完成单端化任务，为单端输入式的输出级放大器作好准备。

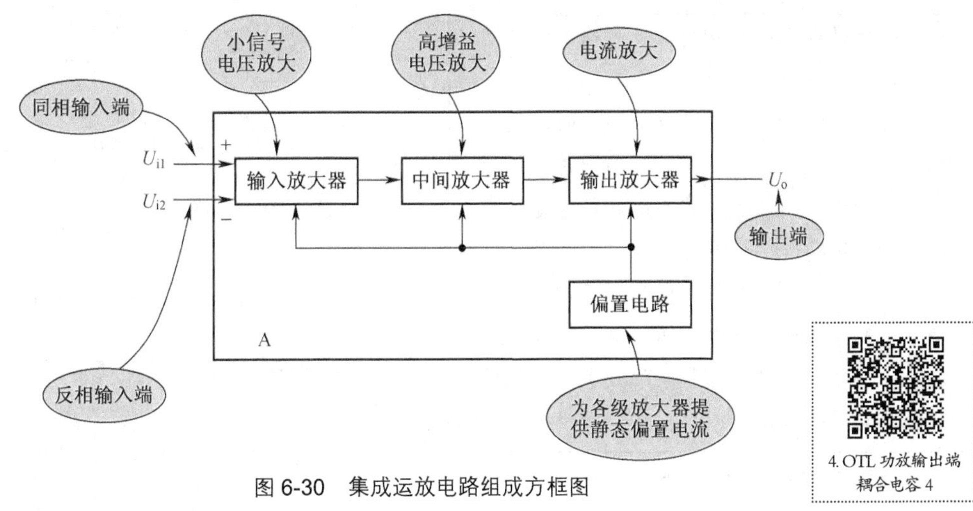

图 6-30 集成运放电路组成方框图

重要提示

电压放大器级数愈少愈好，早期的集成运放有：3 ～ 4 级，从第二代产品起一般减少到 2 级。电压放大器级数减小，高频转折频率就少，集成运放的附加相移量就小，有利于补偿电路的设置，更有利于在集成电路内部电路中进行补偿电路的设计。

（3）输出放大器。整个集成运放的输出特性由输出放大器决定，如集成运放的输出电阻大小、带负载能力、输出电流大小等。

在输出放大器电路中设置有完善的过载保护电路。要求输出放大器的输出信号电压范围足够大（如 ±12V）。

重要提示

综合对输出放大器的基本要求，集成运放的输出放大器采用射极输出器（共集电极放大器），或采用甲乙类互补对称功率放大器（也是一种射极输出器），这类放大器输出电阻小，带负载能力强。由于射极输出器只有电流放大没有电压放大，所以输出放大器没有电压放大，只有电流放大。

集成电路运放的保护电路分为内部电路保护和外部电路保护两大类，内部电路保护电路设置在集成电路的内部。

（4）偏置电路。集成运放中的各级放大器需要直流偏置电流，各只放大管需要合适的直流工作点，这由直流偏置电路统一提供。

直流偏置电路是一个系列的电流源电路，即有若干个电流源电路组合在一起。在电流源电路中，基准电流的稳定直接影响到电流源的稳定，所以集成运放系列电流源采用一个共同的基准电流，这样不仅可以提高电流源的稳定性，还可以减少集成电路内部电路中的电阻元件数量等。

（5）辅助电路。辅助电路包括直流电平移位电路等。

重要提示

对直流偏置电路的基本要求是工作稳定，如受温度影响小。

在系列的电流源电路中，根据对直流偏置电流的不同要求，主要采用比例恒流源电路、微电流源电路、镜像电流源电路等。

相位特性重要提示

关于集成运放输入输出信号之间相位关系特性说明下列 3 点。

（1）所谓同相和反相是指输入端与输出端之间信号电压相位关系，同相输入端与输出端的信号电压相位相同，反相输入端与输出端信号相位相反。

（2）反相输入端信号电压不变时，同相输入端的输入信号电压增大，输出端的信号电压也增大；同相输入端的输入信号电压减小，输出端的信号电压也减小。

（3）同相输入端信号电压不变时，反相输入端的信号电压增大，输出端的信号电压减小；反相输入端的信号电压减小，输出端的信号电压也增大。

4．集成运放输出信号电压

集成运放的输出电压公式为

$$U_o = A_o（U_{i1}-U_{i2}）$$

式中：U_o为集成运放的输出电压；A_o为集成运放的开环放大倍数；U_{i1}为集成运放同相输入端信号电压；U_{i2}为集成运放反相输入端信号电压。

当同相输入信号电压 U_{i1} 大于反相输入信号电压 U_{i2} 时，输出信号电压 $U_{o1} > 0$（为正）。

当同相输入信号电压 U_{i1} 小于反相输入信号电压 U_{i2} 时，输出信号电压 $U_{o1} < 0$（为负）。

5．集成运放线性区

集成运放是一种通用性很强的器件，它的工作状态根据运用时的工作状态不同，呈现不同特点。通常可以根据集成运放的工作状态进行分类，主要有两大类：线性运用和非线性运用。

图 6-31 所示是集成运放线性区输入输出特性曲线，x 轴是集成运放的输入信号电压，即同相输入端信号电压 U_{i1} 与反相输入端信号电压 U_{i2} 之差；y 轴是集成运放的输出信号电压，即输出端的信号电压。

实线所示是理想集成运放的特性曲线，虚线所示是实际集成运放的特性曲线。线性区就是输出信号电压 U_o 正向最大值 $+U_{om}$ 至反向最大值 $-U_{om}$ 之间的区域。当集成运放工作在线性区时，它的输出信号电压值就在这一区域内变化。

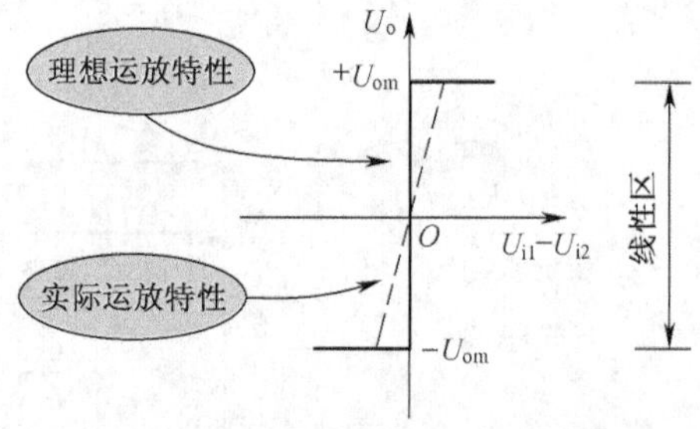

图 6-31　集成运放线性区输入输出特性曲线

对于输入信号 $U_{i1}-U_{i2}$ 而言，线性区域很小。

线性区之外的是集成运放的非线性区，当集成运放工作在非线性区时，它的输出信号电压要么是 $+U_{om}$ 值，要么是 $-U_{om}$ 值。

线性运用提示

为了便于进一步理解集成运放在线性运用下的工作状态，借三极管的放大状态来说明（线性运用状态下的集成运放如同三极管工作在放大状态一样）。线性运用时，集成运放带有深度的负反馈。集成运放线性运用说明以下几点。

（1）线性运用时，集成运放工作在线性状态下，即输出量与输入量之间呈线性状态，但是整个系统电路的输出量与输入量之间可以是非线性的。

（2）线性运用中，当集成运放用来构成加法器、减法器、微分、积分等电路时，其整个运算都是线性的。

（3）当集成运放用来构成对数电路、指数电路、乘法器、除法器等电路时，虽然集成运放本身工作在线性区，但是整个运算是非线性的。

6．集成运算放大器非线性运用

为了便于进一步理解集成运放在非线性运用下的工作状态，借三极管的饱和、截止状态来说明，非线性运用状态下的集成运放如同三极管工作在饱和、截止状态一样。集成运放的非线性运用主要说明以下 4 点。

“虚短”和“虚断”

虚短和虚断在分析线性运用的集成运放中经常用到，应深入理解这两种概念，灵活运用这两种概念去分析集成运放电路工作原理。

集成运放的同相输入端信号电压与反相输入端信号电压接近相等，同相输入端与反相输入端之间输入信号电压之差接近于零（不是等于零），两输入端不是真正意义上的短路，这时称为“虚短路”，简称“虚短”。

集成运放的同相输入端与反相输入端的输入信号电流接近相等，同相输入端与反相输入端之间输入信号电流之差接近于零（不是等于零），两输入端不是真正意义上的断路，这时称为“虚断路”，简称“虚断”。

（1）集成运放应用在非线性电路中时，集成运放本身不带负反馈，或者带有正反馈，这一点与在线性运用时明显的不同，依据这一点可以了解集成运放的运用状态。

（2）集成运放非线性运用状态下，集成运放输出量与输入量之间为非线性的，其输出端信号电压或为正饱和值，或为负饱和值。

（3）集成运放非线性运用状态下，虽然同相输入端和反相输入端上的信号电压不相等，由于集成运放的输入电阻很大，所以输入端的信号电流很小而接近于零，这样集成运放仍然具有虚断的特点。

（4）集成运放在非线性运用状态下，由于同相输入端和反相输入端上的信号电压大小不等，所以没有虚短的特点。

7．单电源和正负对称双电流供电电路

集成运放可以采用单电源和正负对称双电源两种供电方式。

（1）单电源供电电路。图6-32所示是集成运放单电源供电电路。集成运放的单电源供电电路与普通集成电路的单电源供电电路一样，集成运放电路有一个电源引脚⑤脚，这是正极性直流电源引脚，正极性的直流工作电压 $+V_{CC}$ 从⑤脚加到集成电路A的内部电路中。

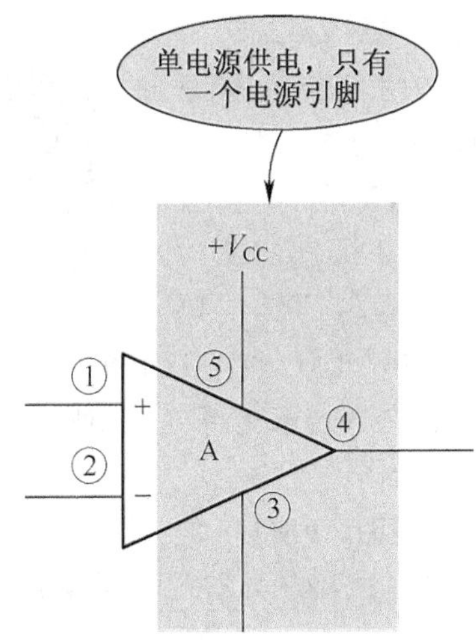

图6-32　集成运放单电源供电电路

接地引脚是③脚，集成电路A内部的所有电流从③脚流出，通过地线回到正极性电源 $+V_{CC}$ 的负极。

①脚是同相信号输入引脚，②脚是反相信号输入引脚，④脚是输出信号引脚。

（2）正负对称双电源供电电路。图6-33所示是集成运放正负对称双电源供电电路。正负对称双电源供电时，集成运放的接地引脚变成负电源引脚，③脚是负电源引脚，负电源用 $-V_{CC}$ 表示，正电源引脚⑤不变。

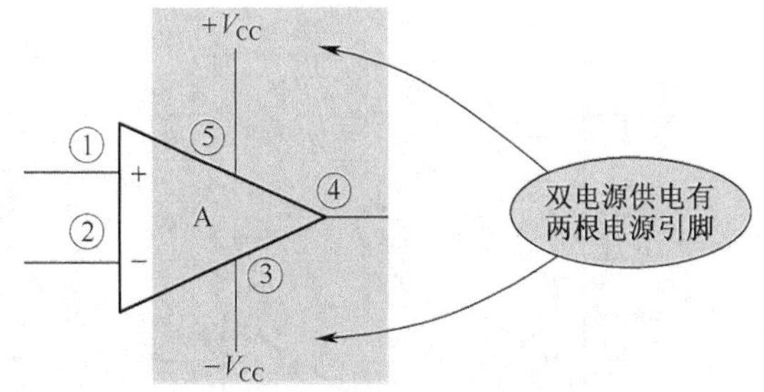

图6-33　集成运放正负对称双电源供电电路

正负对称是指正极性电源 $+V_{CC}$ 的电压大小等于负极性电源 $-V_{CC}$ 的电压大小。

6.6.2 集成运放构成的正弦波振荡器

这里介绍运用LM358集成运放构成的正弦波振荡器。

1．集成电路LM358

LM358内部包括有两个独立的、高增益、内部频率补偿的双运算放大器，有较宽的频响及极低的工作电流，与此类似的集成电路有LM158、LM258、HA17358、KA258、KA358等，它适合于电源电压范围很宽的单电源使用。

6. OTL功放输出端耦合电容6

（1）实物图。LM358的封装形式有塑封8引线双列直插式和贴片式，图6-34所示为实物图。

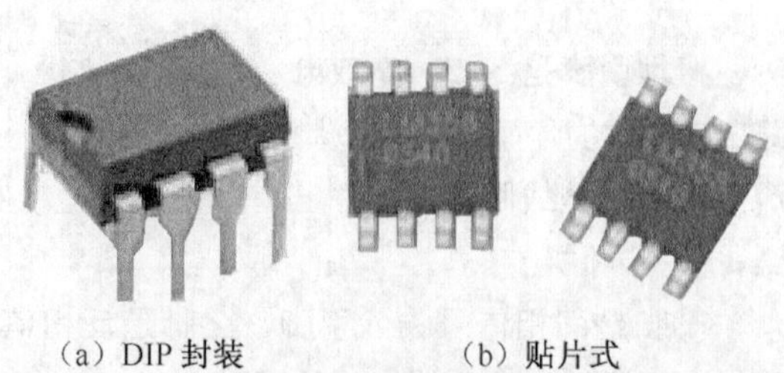

（a）DIP封装　　（b）贴片式

图6-34　实物图

（2）内部电路方框图和引脚作用。图6-35所示是集成电路LM358内部电路方框图，从图中可以看出它有两个独立的运放。表6-1所示是集成电路LM358各引脚作用说明。

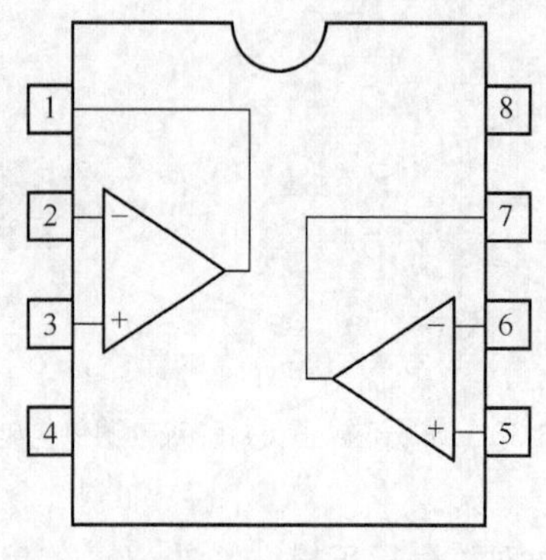

图6-35　集成电路LM358内部电路方框图

表6-1　集成电路LM358各引脚作用说明

引　脚	作　用
①	输出1
②	反向输入1
③	正向输入1
④	负电源或地
⑤	正向输入2
⑥	反向输入2
⑦	输出2
⑧	电源

（3）典型应用电路。图6-36所示是集成电路LM358典型应用电路。

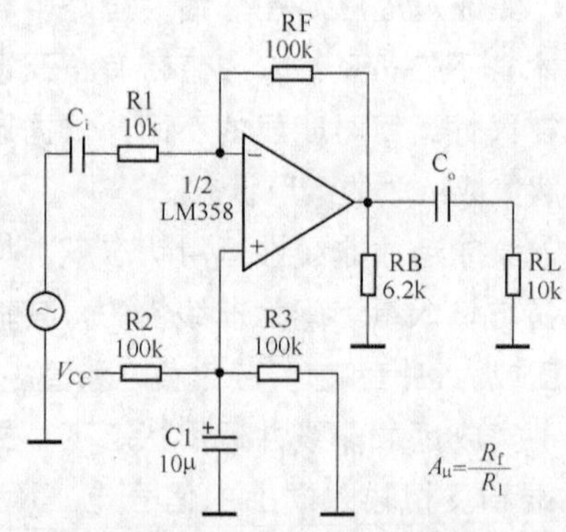

图6-36　集成电路LM358典型应用电路

2．振荡器分析

图6-37所示是集成运放LM358构成的正弦波振荡器电路，其频率范围可以在一定范围内改变，振荡输出信号幅度也可以在2～6V范围内调节。电路中，A1和A2是同一块集成电路LM358，是振荡器的内部电路中两个独立的运放。其中，A1组成的电路相当于比例积分器，A2组成的电路相当于比较器。

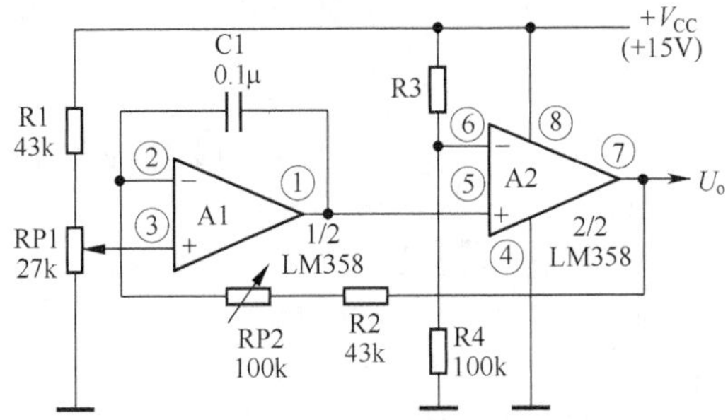

图 6-37　集成运放 LM358 构成的正弦波振荡器

（1）直流电路分析。+15V 直流工作电压加到集成电路的⑧脚，为内部电路提供直流工作电压，④脚接地。

电阻 R1 和可变电阻 RP1 构成一个分压电压，对直流电压分压后的电压加到 A1 同相输入端③脚。可变电阻 RP1 接成电位器形式，调节 RP1 动片位置可以改变 A1 ③脚上的直流电压大小，从而可以改变 A2 输出端⑦脚上的振荡信号输出幅度大小，这一电路的输出信号幅度可调范围为 2 ～ 6V。

电阻 R3 和 R4 阻值相等，构成另一个分压电路，对 +15V 直流电压分压后的电压加到集成电路 A2 的反相输入端⑥脚，为 A2 提供基准电压。

（2）正向充电过程分析。接通电源后，R3 和 R4 分压后的直流电压加到 A2 反相输入端，使 A2 的输出端⑦脚输出低电平（0V），这一低电平通过 R2 和 RP2 加到 A1 的反相输入端②脚上，如图 6-38 所示。如果没有电容 C1，根据运放特性，A1 的输出端立即成为高电平，但是由于 C1 两端的电压不能突变，C1 两端原来无电压，C1 左端（A1 的②脚）为低电平，所以开机后的 C2 右端为低电平（即 A1 的①脚也为低电平）。

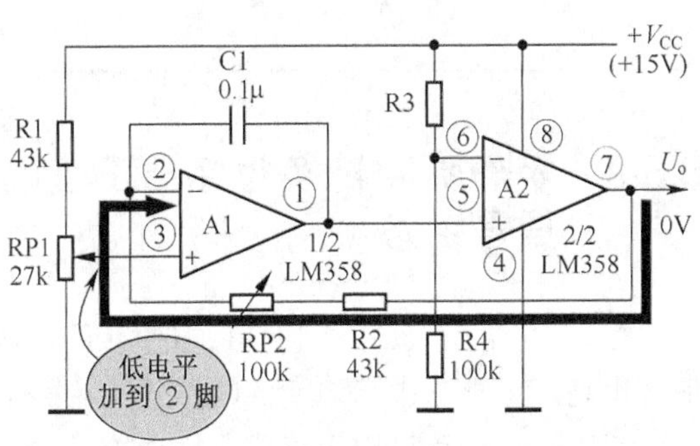

图 6-38　加到 A1 输入端②脚低电平示意图

但是，A1 的反相输入端②脚低电平强迫 A1 的输出端①脚输出高电平，这样就开始对电容 C1 的充电过程。这一状态下对电容 C1 的充电过程、方向和回路如图 6-39 所示，充电电流从 A1 的输出端①脚流出，从 A2 的输出端⑦脚流入内部电路，再从④脚流出后到地线。

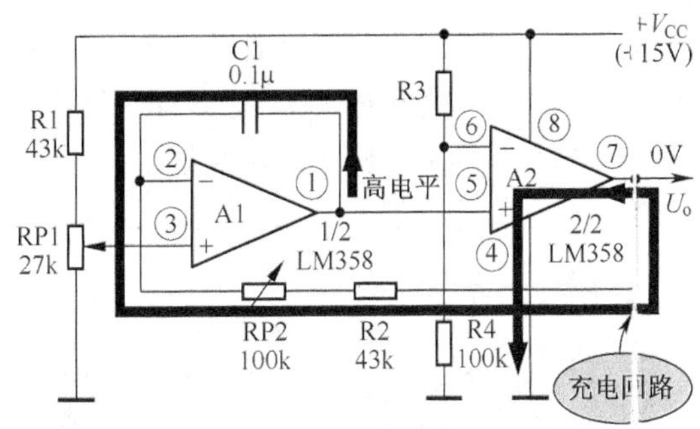

图 6-39　充电回路和方向示意图

重要提示

具体充电回路是：A1 输出端①脚→电容 C1 →可变电阻 RP2 →电阻 R2 → A2 输出端⑦脚→ A2 内部电路→流入内部电路→ A2 的④脚→地线（再通过地线与 A1 的①脚内部电路成回路，通过这一步分析可以不去分析）。

对电容 C1 充电时，在 C1 上的电压降极性是右正左负，如图 6-40 所示，而且这一充电是一个逐渐过程。随着这一充电的进行，C1 右端电压降增大，也就是 A1 的输出端①脚上的电压在不断增大。

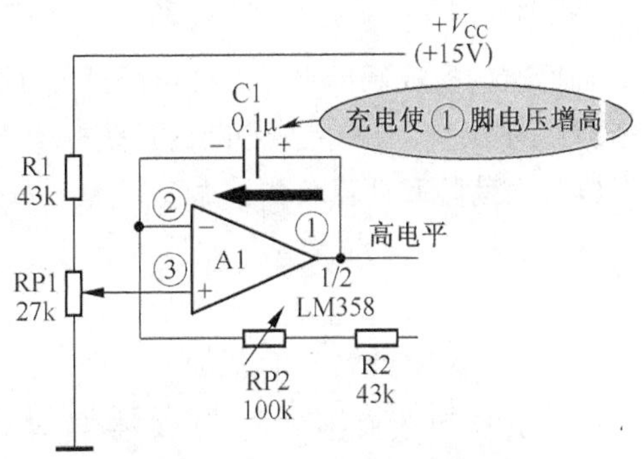

图 6-40　A1 的①脚电压增高示意图

（3）反向充电过程分析。集成电路A1的①脚与A2的同相输入端⑤脚直接相连，当A2的⑤脚电压高于A2的反相输入端⑥脚电压时（⑥脚电压是$+\frac{1}{2}V_{CC}$），A2的输出端⑦输出高电平。这一高电平通过R2和RP2加到A1反相输入端②脚，强迫A1输入端①脚输出低电平，但是电容C1两端的电压不能突变，A1的①脚还不能立即从高电平转换成低电平，这时电路进行了电容C1的反向充电过程，图6-41是这时的电容C1反向充电回路示意图。

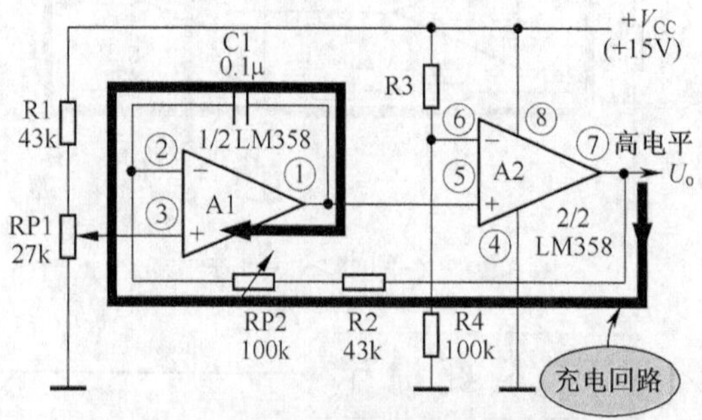

图6-41　电容C1反向充电回路示意图

重要提示

具体反向充电回路是：A2输出端⑦脚→电阻R2电容→可变电阻RP2→C1→A1输出端①脚→A1的①脚内部电路→A1的内部电路→地线。

这一充电过程使电容C1上的充电电压极性变为左正右负，如图6-42所示，随着这一充电的进行，A1的输出端①脚电压下降，也就是A2的同相输入端⑤脚电压下降。当A2的同相输入端⑤脚上的电压下降到$+\frac{1}{2}V_{CC}$，A2输出端⑦脚再次转换成低电平，这样电路开始了第二个周期的振荡，电路完成不断的正弦振荡。

（4）振荡频率计算公式。振荡频率计算公式如下：

$$f=\frac{1}{2\pi(RP_2+R_2)\cdot C_1}$$

调节RP2可改变振荡频率，调整电容C1容量也可以改变振荡频率。

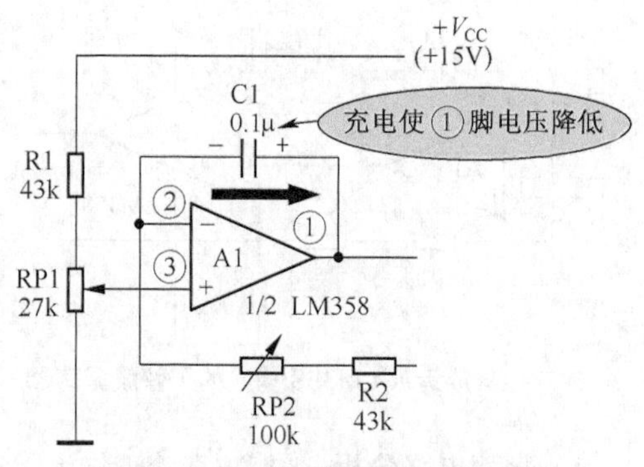

图6-42　A1的①脚电压降低示意图

理解方法提示

集成运放构成的正弦波振荡器工作原理的基础知识关键点如图6-43所示。

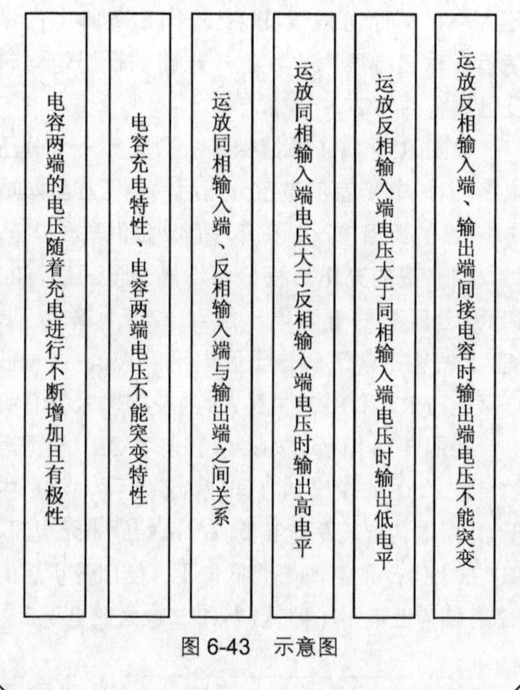

图6-43　示意图

6.6.3　矩形脉冲转换为标准正弦波信号电路

图6-44所示是矩形脉冲转换为标准正弦波信号电路。由于它由高稳定的时钟脉冲转换而来，所以这一电路可以用于稳定性高的正弦波信号发生器。

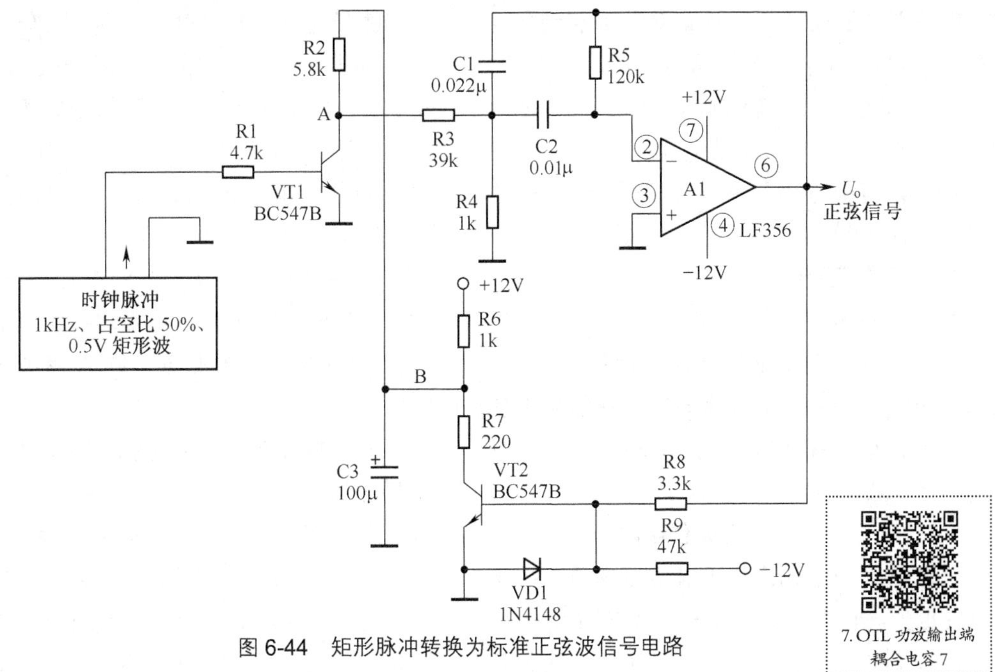

图 6-44　矩形脉冲转换为标准正弦波信号电路

1．集成运放 LF356

（1）实物图。电路中的集成运放采用单运放 LF356，图 6-45 所示是集成运放 LF356 实物图。

图 6-45　集成运放 LF356 实物图

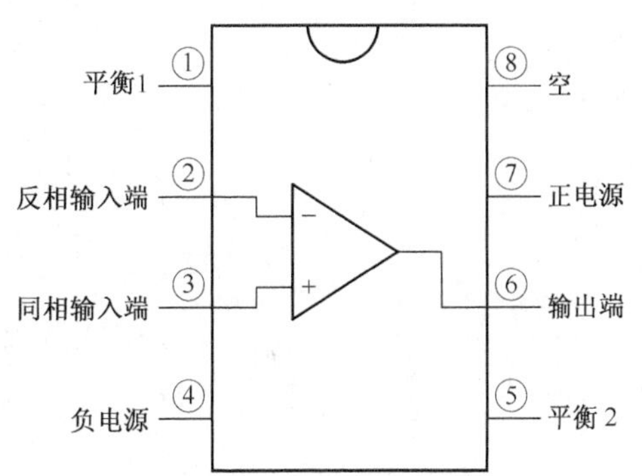

图 6-46　集成电路 LF356 内部电路方框图和引脚作用

（2）内部电路方框图和引脚作用。图 6-46 所示是集成电路 LF356 内部电路方框图及引脚作用。

（3）典型应用电路。图 6-47 所示是集成电路 LF356 典型应用电路。

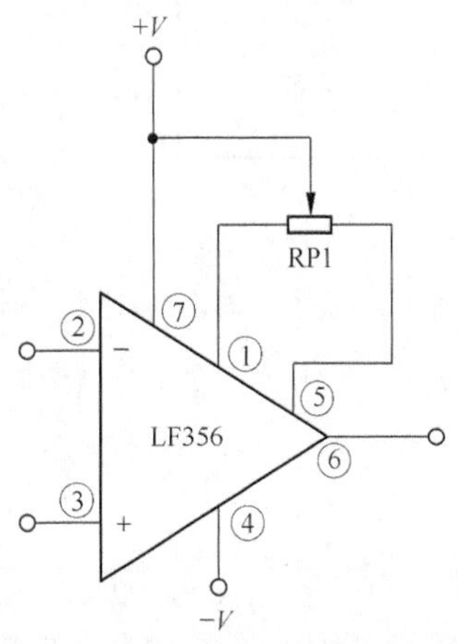

图 6-47　集成电路 LF356 典型应用电路

2．输入脉冲电路

输入脉冲是来自时钟电路的高稳定性矩形脉冲信号，它由晶振产生的高频振荡信号经分频后送出的占空比为 50%、变化周期上限为 20kHz 的时钟脉冲，脉冲幅度为 0.5V。

电路中的三极管 VT1 由时钟脉冲控制导通和截止，当时钟脉冲输出高电平时，通过 R1 加到 VT1 基极，使 VT1 饱和导通。当时钟脉冲输出低电平时，VT1 截止。

VT1 集电极输出脉冲通过 R3 加到后面的集成电路 A1 中。

3．正弦振荡器

如图 6-48 所示，集成电路 A1、电容 C1、电阻 R4、电容 C2 和电阻 R5 构成带通滤波和正弦波振荡电路，用来滤除矩形脉冲信号中的谐波成分，这样在集成电路 A1 的输出端⑥脚上输出正弦波信号。

4．振荡输出信号幅度调整电路

电路中 A 点上输出的方波信号幅值受控于 B 点的电位。同时，A 点上输出的方波信号用来强制控制集成运放 A1 等元器件构成的正弦振荡器的振荡频率，因为集成运放 A1 等元器件参数变化时会引起输出的正弦信号频率发生改变。

集成电路 A1 的输出端⑥脚上输出正弦波信号幅度自动控制电路工作原理是：在集成电路 A1 的⑥脚输出的正弦波信号幅度处在低电位时，通过 R8 使 VT2 截止，因为 VT2 截止所以电路中的 B 点电位升高，使 A 点的方波信号幅值相应增高。

正弦波信号由 R8 加到 VT2 基极，不断改变 VT2 集电极与发射极之间的动态导通电阻值，便能不断改变电路中 A 点的方波信号幅度。

如果集成电路 A1 的⑥脚输出的正弦波电压幅值高出正常值时，VT2 导通电流就会增大，使 B 点电位下降，又使 A 点电位下降，从而控制了转换器输出的正弦波幅值保持稳定。图 6-48 所示是集成电路 A1 的⑥脚输出的正弦波对 VT2 基极电流控制路径示意图，⑥脚输出的信号用来控制 VT2 基极电流大小。

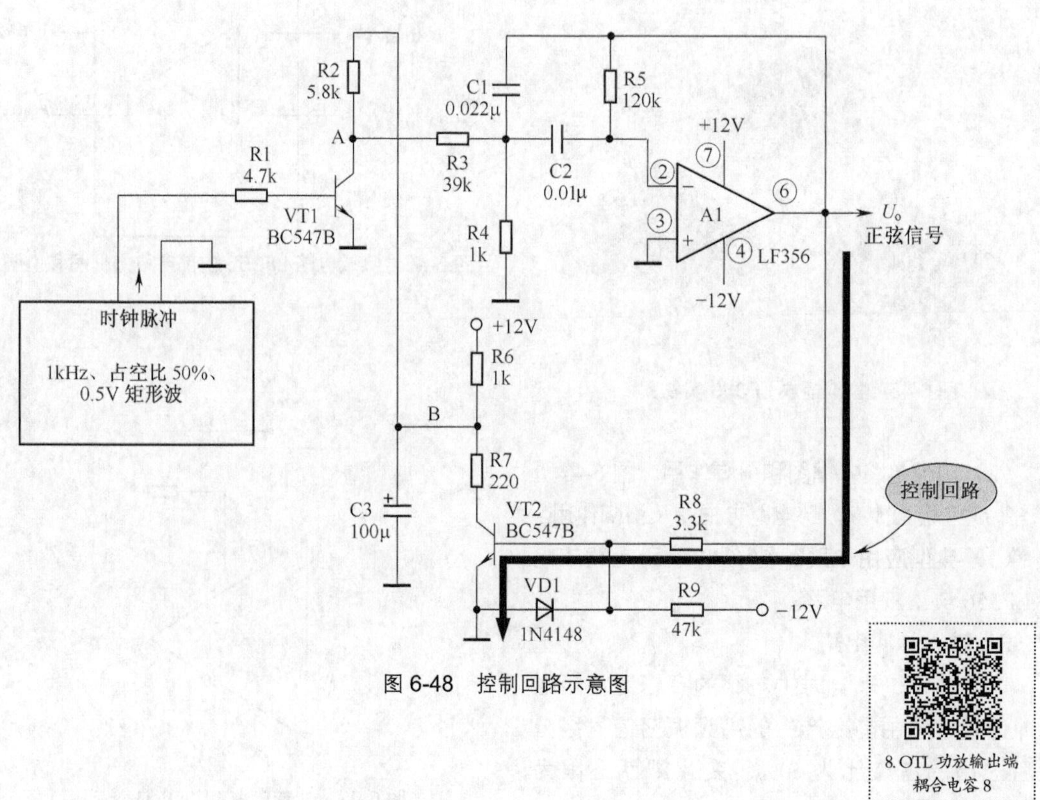

图 6-48　控制回路示意图

重要提示

电路中所示元器件参数适合于正弦波频率为1kHz，如果需要改变输出的正弦波频率，更改R4、C1和C2、R5构成时间常数即可。集成电路A1选用了高宽带型运算放大器，其通频带上限略超过20kHz。

6.6.4 集成运放构成的移相振荡器

图6-49所示是集成运放构成的移相振荡器电路。在图示参数下，振荡频率为4kHz左右。电路中，A1是集成运放，R2是运放的负反馈电阻，R3和C1构成一个RC滞后式移相电路，移相量为-60°。同样，R4和C2、R5和C3各构成一个-60°移相电路，这样3个RC电路共移相180°。移相180°后的信号通过电阻R1加到A1的反相输入端，这样符合了振荡器的相位条件。电路中，要求$R_3=R_4=R_5$，$C_1=C_2=C_3$。

理解方法提示

3个RC电路共移相180°，加上集成运放反相输入端与输出端之间相差180°，共有360°相移量，这是正反馈，符合振荡器的相位条件。

6.6.5 集成运放构成的缓冲移相振荡器

图6-50所示是集成运放构成的缓冲移相振荡器电路，输出端U_o输出的正弦信号。

1．电路分析

电路中，R3和C1构成第一个-60°移相电路，R4和C2构成第二个-60°移相电路，在这二个移相电路之间设有运放构成的缓冲级A2。同样，R5和C3构成第三个-60°移相电路，它与第二个电路之间也接有缓冲级A3。这种设有缓冲级的移相振荡器较好，可以克服各RC移相电路之间的相互影响。电路中，要求$R_3=R_4=R_5$，$C_1=C_2=C_3$，电路中的参数的正弦振荡频率为3kHz左右。

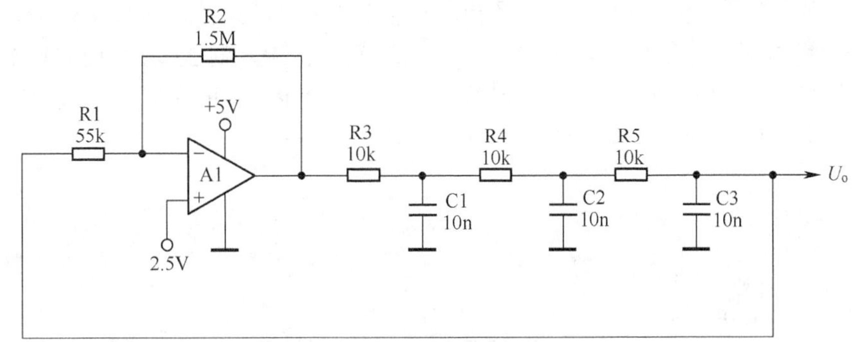

图6-49 集成运放构成的移相振荡器电路

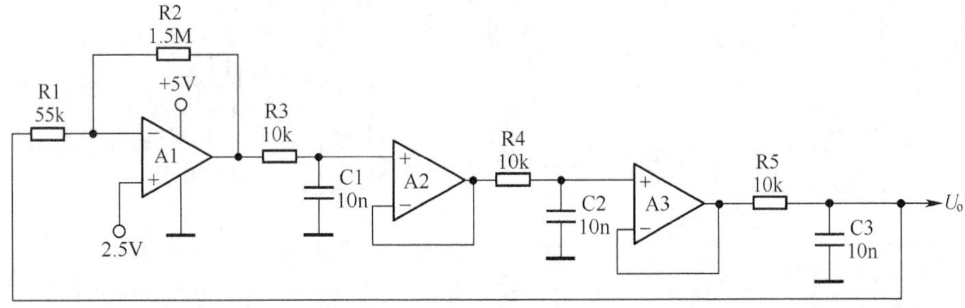

图6-50 集成运放构成的缓冲移相振荡器电路

2．+1 放大器

电路中的 A2 和 A3 均接成 +1 放大器形式，它们的输出端与反相输入端直接相连，这时放大倍数等于 +1，这样的放大器具有输入阻抗、输出阻抗低的特性，相当于三极管放大器中的射级输出器，具有良好的前后级之间隔离效果。

6.6.6 集成运放构成的正交振荡器

1．正交概念

两个相位相差 90° 的信号称为正交。可用图 6-51 所示的矢量图来说明。这是彩色电视机中的色度信号与正副载波、负副载波信号的示意图。从图中可以看出，色度信号与正副载波信号之间相差 90°，称之为正交。色度信号与负副载波之间也相差 90°，也称之为正交。

2．集成运放构成的正交振荡器

正交振荡器是另一种形式的移相振荡器，它能输出两个相位 90° 的正弦信号，即一个为正弦（sin）信号，另一个为余弦（cos）信号。

图 6-52 所示是集成运放构成的正交振荡器电路，电路中的 A1、A2 为集成运放。R1 和 C1、R2 和 C2、R3 和 C3 为 3 个 90° RC 移相电路。由于 A1 输出端信号 U_{o1} 与 A2 输出端信号 U_{o2} 之间加一个 90° RC 移相电路，所以两输出端信号之间相位差为 90°，即一个为正弦（sin）信号，另一个为余弦（cos）信号。

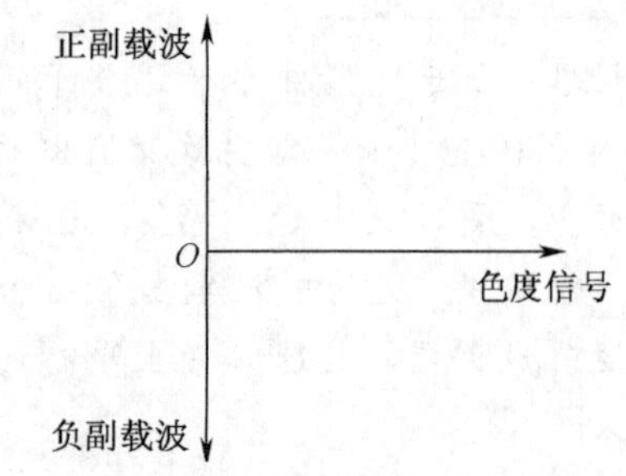

图 6-51 正交信号矢量表示示意图

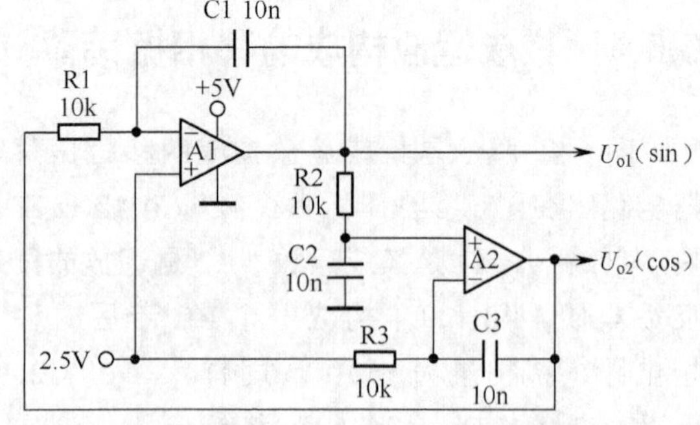

图 6-52 集成运放构成的正交振荡器电路

6.6.7 Bubba 振荡器

Bubba 振荡器也是一种移相振荡器，它使用了 4 个集成运放，如图 6-53 所示。电路中，R2 和 C1、R4 和 C3、R6 和 C4、R5 和 C2 均为 45° 的 RC 移相电路，总的移相量为 180°，以满足振荡相位条件。

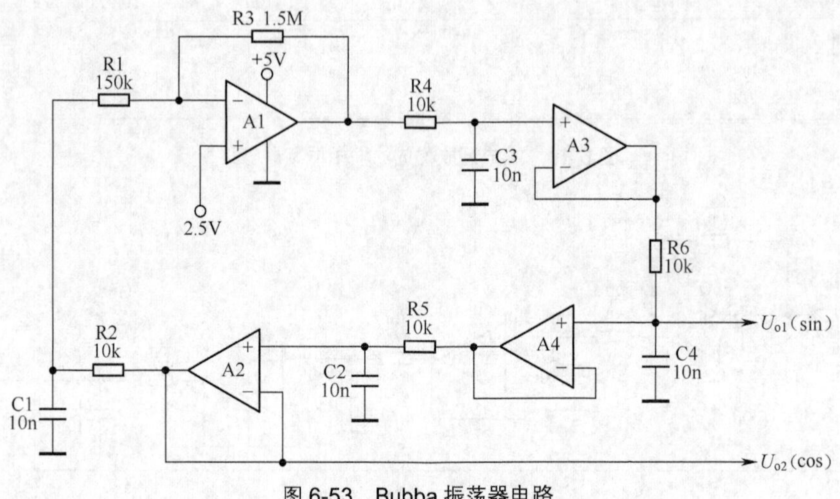

图 6-53 Bubba 振荡器电路

电路中的 A2、A3 和 A4 构成 +1 放大器，起缓冲作用。输出信号 U_{o1} 与输出信号 U_{o2} 之间经过了两个 45° 的 RC 移相电路，所以它们之间的信号相位相差 90°，为正交关系。

这种电路的频率漂移小。

6.7 晶振构成的振荡器

晶振构成的振荡器有两大类，即串联型振荡器和并联型振荡器。

6.7.1 石英晶振

石英晶体构成的谐振器的振荡频率十分准确且稳定度高，这是一个十分突出的优点，此外还有优良的抗干扰性能。

1．石英晶振实物图

图 6-54 所示是几种石英晶振实物图。石英晶振有多种形状，无源石英晶振只有两根引脚，且两根引脚没有极性之分。有源石英晶振 通常是 4 根引脚，还有 DIP-8 封装、DIP-14 封装。

2．石英晶体振荡种类

石英晶体振荡器分为非温度补偿式晶体振荡器、温度补偿式晶体振荡器（TCXO）、电压控制晶体振荡器（VCXO）、恒温控制式晶体振荡器（OCXO）、数字化 /μp 补偿式晶体振荡器（DCXO/MCXO）等。

（1）温度补偿式晶体振荡器。它是通过附加的温度补偿电路使由周围温度变化产生的振荡频率变化量削减的一种石英晶体振荡器。它又分直接补偿型（由热敏电阻和阻容元件组成的温度补偿电路，在振荡器中与石英晶体振子串联而成的）和间接补偿型（又分模拟式和数字式两种）。

（2）电压控制晶体振荡器。它是通过施加外部控制电压使振荡频率可变或是可以调制的石英晶体振荡器。通常是通过调谐电压改变变容二极管的电容量来“牵引”石英晶体振荡频率。

晶振还分为无源晶振 crystal（晶体）和有源晶振 oscillator（振荡器）两种类型。无源晶振是有两根引脚的无极性元件，需要借助于时钟电路才能产生振荡信号，自身无法起振。有源晶振有四根引脚，是一个完整的振荡器，其中除了石英晶体外，还有三极管和阻容元件，体积较大。

3．石英晶振图形符号

图 6-55 所示是石英晶振图形符号，它与两端陶瓷滤波器的电路符号相同，文字符号一般用 XT、X 等字母表示。

4．石英晶振结构及工作原理

图 6-56（a）是晶振内部结构示意图。电抗特性中，f_s 为串联谐振频率点，f_p 为并联谐振频率点。石英晶振的振荡频率既可近似工作于 f_s 处，也可工作在 f_p 附近，因此石英晶振可分为串联型和并联型两种电路。

9. OTL 功放输出端耦合电容 9

石英晶振工作原理是：在晶片的两个极上加一电场，会使晶体产生机械变形。在石英晶片上加上交变电压，晶体就会产生机械振动，同时机械变形振动又会产生交变电场，虽然这种交变电场的电压十分微弱，但是其振动频率十分稳定。

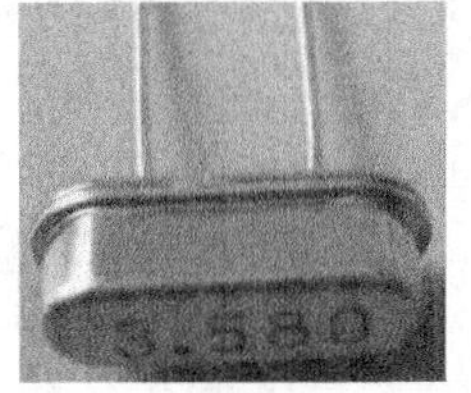

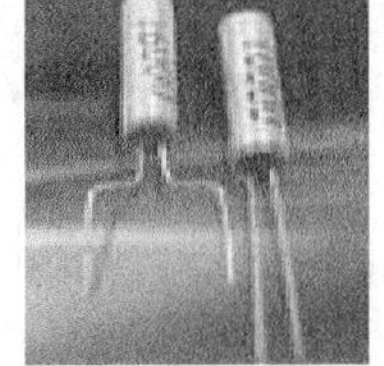

图 6-54　几种石英晶振实物图

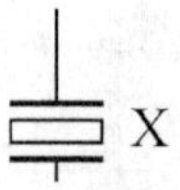

图 6-55　石英晶振图形符号

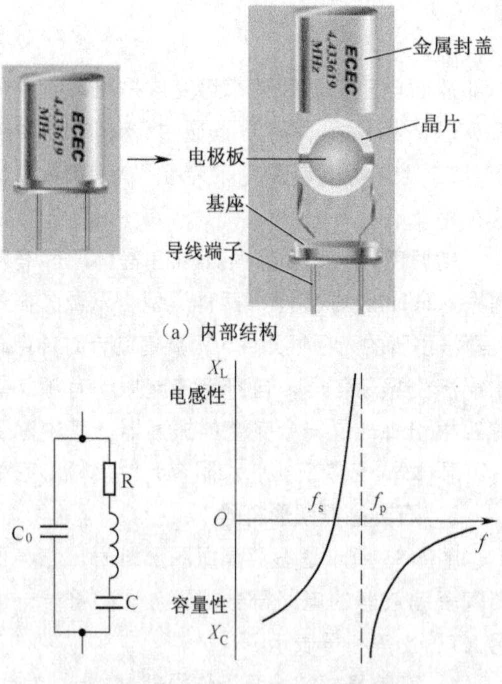

（a）内部结构

（b）等效电路

（c）电抗特性

图 6-56　晶振内部结构示意图

当外加交变电压的频率与晶片的固有频率（由晶片的尺寸和形状决定）相等时，机械振动的幅度将急剧增加，这种现象称为“压电谐振”。

5．石英晶振主要参数

表 6-2 所示是石英晶振主要参数。

表 6-2　石英晶振主要参数

名称	说　明
标称频率	它是指石英晶振上标注的频率
激励电平	石英晶振工作时消耗的有效功率，也可用流过石英晶振的电流表示。使用时，激励电平可以适当调整。激励强，容易起振，但是频率变化大；激励太强，石英晶片易破碎；激励低，频率变化大小可以改善，但是激励太弱时频率瞬稳变差，甚至不起振
负载电容	从石英晶振引脚两端向振荡电路方向看进去的全部有效电容为该振荡电路加给石英晶振的负载电容 负载电容与石英晶振一起决定它的工作频率。通过调整负载电容一般可以将振荡电路的工作频率调整到标称值。负载电容太大时，分布电容影响减小，但是微调率下降；负载电容太小时，微调率增加，但是分布电容影响增加、负载谐振电阻增加，甚至起振困难
基准温度	测量石英晶振参数时指定的环境温度。恒温石英晶振一般为工作温度范围的中心值，非恒温石英晶振为 25℃ ±2℃
调整频差	在规定条件下，基准温度时的工作频率相对于标称频率的最大偏离值
温度频差	在规定条件下，某温度范围内的工作频率相对于基准温度时的工作频率的最大偏离值
总频差	在规定条件下，工作温度范围内的工作频率相对于标称频率的最大偏离值
谐振电阻	在谐振频率时的电阻
负载谐振电阻	在规定条件下，石英晶振和负载电容串联后在谐振频率时的电阻
泛音频率	它是石英晶振振动的机械谐波，近似为基频的奇数倍。某次泛音频率必须工作在相应的电路上才能获得

6.7.2　晶振构成的串联型振荡器

图 6-57 所示是晶振构成的串联型振荡器电路，U_o 是输出信号，为矩形脉冲。电路中的 X1 为两根引脚晶振，三极管 VT1 和 VT2 构成一个双管阻容耦合两级放大器，VT1 和 VT2 均接成共发射极放大器。

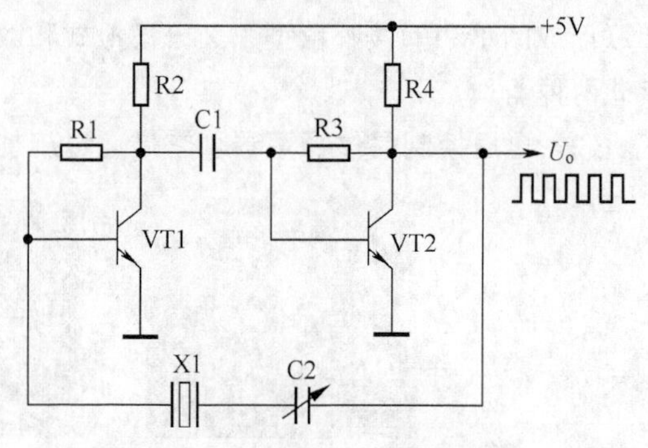

图 6-57　晶振构成的串联型振荡器电路

1．直流电路分析

R1是VT1集电极-基极负反馈式偏置电阻，R2是VT1集电极负载电阻。R3是VT2集电极-基极负反馈式偏置电阻，R4是VT2集电极负载电阻。电容C1是级间耦合电容。

2．正反馈过程分析

假设某瞬间VT1基极信号电压为正，如图6-57所示，因为VT2接成共发射极放大器，所以VT2集电极信号电压为负。经C1耦合加到VT2基极，即VT2基极振荡信号电压相位为负，VT2集电极信号电压相位为正。这一信号经电容C2和X1加到VT1基极，从而加强了VT1基极信号，这是正反馈过程。

3．选频分析

晶振X1相当于一个电感L，它与电容C2构成LC串联谐振电路。在这个LC串联谐振电路中，C2为可变电容器，调节其容量即可使电路进入谐振状态。串联型振荡器供电电压为5V，输出波形为方波。

6.7.3 晶振构成的并联型振荡器

图6-58所示是晶振构成的并联型振荡器电路。电路中，X1是晶振，它等效成一只电感L，与电容C1和C2构成电容三点式正弦波振荡器，将晶振等效成一个电感L，那么就能看出这是一个电容三点式正弦波振荡器。

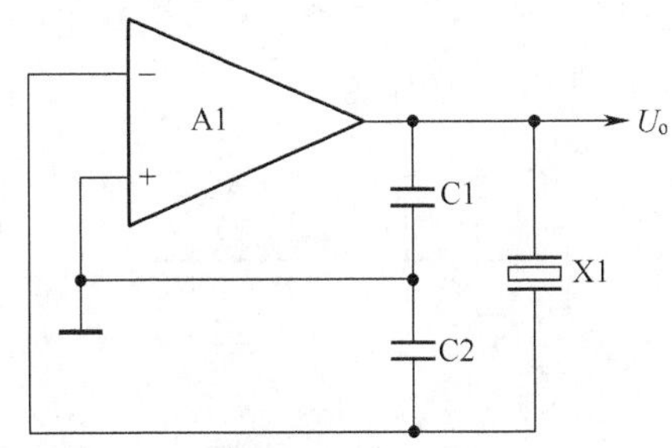

图6-58 晶振构成的并联型振荡器电路

重要提示

一般电路中的C1、C2值要比其他杂散电容高8～10倍，来减少杂散电容影响。

一般集成电路的引脚有2～3pF杂散电容。

晶振内部电容C_0容量为3～5pF。

6.7.4 微控制器电路中晶振电路

微控制器中大量使用晶振构成的振荡器，下面具体介绍各类电路。

1．电路之一

图6-59所示是电路之一。这是一个具有两根振荡元件引脚的电路。X1是晶振，接在集成电路A1的①脚和②脚之间，集成电路A1的内部电路中设有一个反相器，这一反相器电路与外接的X1和C1、C2构成一个振荡器，其振荡频率主要由晶振X1决定，电容C1和C2对振荡频率略有影响，可以起到对振荡频率的微调作用。

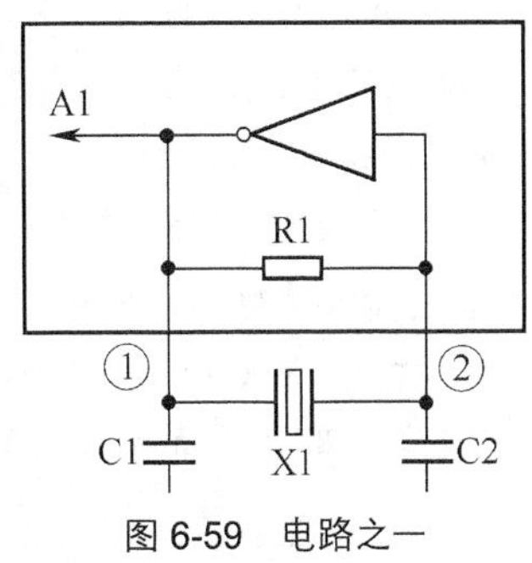

图6-59 电路之一

电路中的集成电路A1的①脚是振荡信号输出端，②脚是振荡信号输入端。

2．电路之二

图6-60所示是电路之二。这一电路中多了一只电阻R1。电路中集成电路A1的①脚是振荡信号输入端，②脚是振荡信号输出端，X1为晶振。

10. OTL功放电路分析1

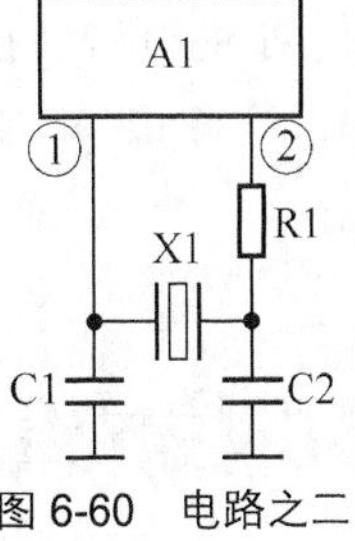

图6-60 电路之二

如果时钟信号采用外接方式时，将②脚外部电路断开，外部的时钟信号从①脚输入到集成电路A1的内部电路中。

3．电路之三

图 6-61 所示是电路之三。这一电路的特点是在晶振 X1 上并联了一只电阻，实际上该电阻在许多电路中是设置在集成电路 A1 内部电路中的。

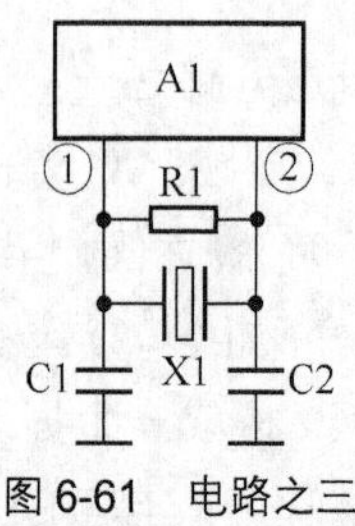

图 6-61　电路之三

4．电路之四

图 6-62 所示是电路之四。该电路特点是电容 C1 和 C2 不是直接接地，而是接在直流电源 $+V_{CC}$ 端。由于直流电源端对交流而言是等效接地的，所以对交流（振荡信号）而言，电容 C1 和 C2 仍然是一端接地的，其振荡电路的工作原理同前面几种电路一样。

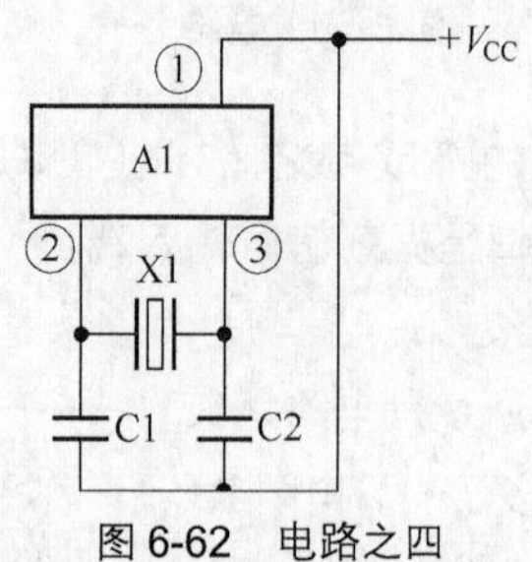

图 6-62　电路之四

5．电路之五

图 6-63 所示是电路之五。该电路的特点是电容 C1 和 C2 连接起来后接在集成电路 A1 的③脚，集成电路 A1 的③脚在内部电路中与接地引脚④脚相连，这样 C1 和 C2 的一端还是相当于接地的。

图 6-63　电路之五

6．电路之六

图 6-64 所示是电路之六。该电路的特点是电路中没有电容 C1 和 C2。电路中，集成电路 A1 的 XTAL1 引脚是内部振荡器电路的外接晶振输入端，这一引脚也可以用来接入外部振荡源，即它也是外部时钟脉冲的输入端。XTAL2 引脚是内部振荡器的输出端，用来外接晶振的另一端。

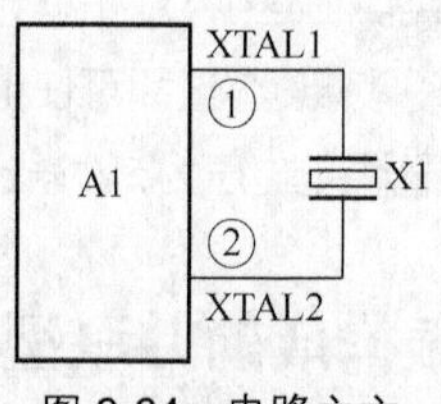

图 6-64　电路之六

7．电路之七

图 6-65 所示是电路之七。这是单根引脚的电路，从图中可看出，电路中只有一根引脚用来外接晶振 X1。图 6-65（a）和图 6-65（b）所示电路不同之处是：一个 X1 串接有电阻 R1，另一个则没有这一电阻。

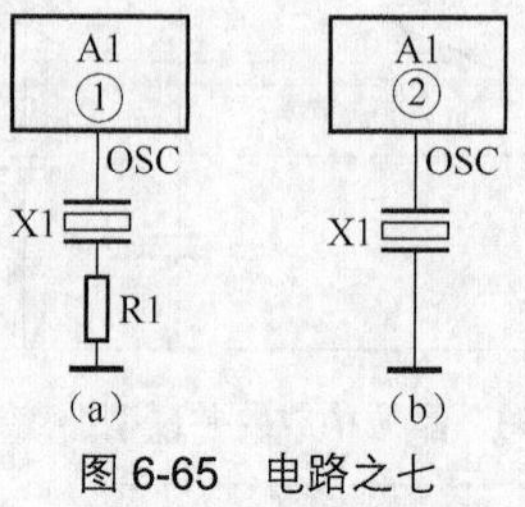

图 6-65　电路之七

6.8　555 集成电路振荡器

555 集成电路是一种应用广泛的电路，具体应用电路有上千种。

6.8.1　555 集成电路

555 集成电路开始是作为定时器应用的，

所以叫做 555 定时器或 555 时基电路。

1．555 集成电路外形特征

图 6-66 所示是 NE555 集成电路实物图，它为 8 脚双列直插集成电路。

图 6-66 NE555 集成电路实物图

555 集成电路有双极型和 CMOS 型两种。双极型的优点是输出功率大，驱动电流达 200mA，其他指标则不如 CMOS 型的。CMOS 型的优点是功耗低、电源电压低、输入阻抗高，但输出功率较小，输出驱动电流只有几毫安。

一般用双极性工艺制作的称为 555，用 CMOS 工艺制作的称为 7555。除单定时器外，还有对应的双定时器 556/7556。

555 集成电路的电源电压范围宽，可在 4.5 ～ 16V 范围内工作，7555 集成电路可在 3 ～ 18V 范围内工作。555 集成电路的输出驱动电流约为 200mA，因而其输出可与 TTL、CMOS 或者模拟电路电平兼容。

2．555 集成电路内部电路方框图

图 6-67 所示是双极型 555 集成电路内部电路方框图，图 6-68 所示为更详细的 555 集成电路内部电路方框图。它们内部电路结构基本一样，功能相同，只是所用元器件有所不同。

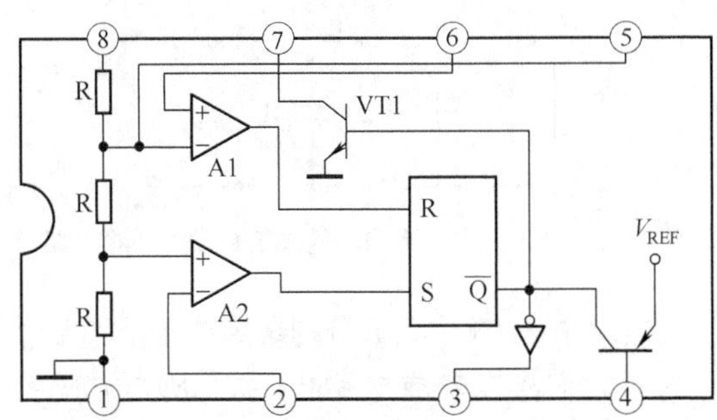

图 6-67 双极型 555 集成电路内部电路方框图

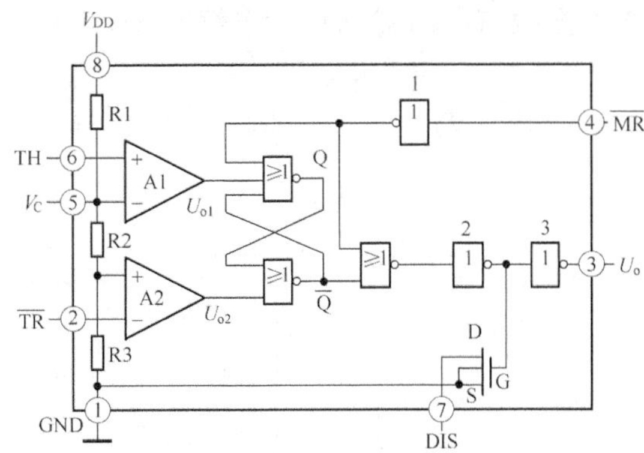

图 6-68 更详细的 555 集成电路内部电路方框图

图 6-68 所示的集成电路内部有几十个元器件，构成的单元电路有分压器、比较器、基本 RS 触发器、放电管、缓冲器等。电路比较复杂，既有模拟电路又有数字电路，它是一种模拟和数字功能相结合的中规模集成器件。

内部电路中，A1 是上比较器，A2 是下比较器。

3．555 集成电路各引脚作用

表 6-3 所示是 555 集成电路各引脚作用说明。

表 6-3 555 集成电路各引脚作用说明

引　脚	说　明
①	地端
②	触发端（TR），它是下比较器的输入端
③	输出端（U_o），它有高电平“1”和低电平“0”两种状态，由输入端所加的电平决定
④	复位端（MR），加上低电平时可使输出为低电平
⑤	控制电压端（V_C），可用它改变上下触发电平值
⑥	阈值端（TH），它是上比较器的输入端
⑦	放电端（DIS），它是内部放电管的输出，有悬空和接地两种状态，也由输入端的状态决定
⑧	电源端

4．555 集成电路等效电路

图 6-69 所示是 555 集成电路等效电路，它可以等效成一个带放电开关的 RS 触发器，这个特

殊的触发器有两个输入端：阈值端（TH）可看成是置0端R，要求高电平触发置“0”；触发端（TR）可看成是置1端S，要求低电平触发置位。

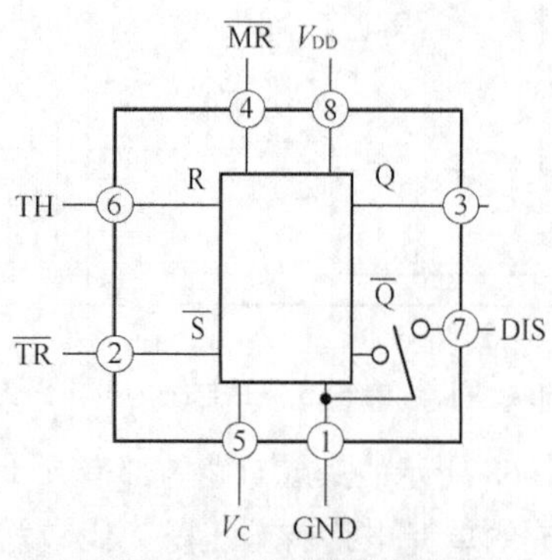

图6-69 555集成电路等效电路

输出端U_o可等效成触发器的Q端，放电端（DIS）可看成是由内部放电开关控制的一个触点，由触发器的Q端控制：Q=1时DIS端接地，Q=0时DIS端悬空。

重要提示

这个特殊的触发器有两个特点。

（1）两个输入端的触发电平要求一高一低，置0端R即阈值端（TH）要求高电平，而置1端S即触发端（TR）则要求低电平。

（2）两个输入端的触发电平使输出发生翻转的阈值电压值也不同，当VC端不接控制电压时，对TH（R）端来讲，大于等于电源工作$2/3V_{DD}$是高电平“1”，小于电源电压$2/3V_{DD}$是低电平“0”。而对TR（S）端来讲，大于等于电源电压$1/3V_{DD}$是高电平“1”，小电源电压$1/3V_{DD}$是低电平“0”。

如果在控制端（VC）上控制电压V_C时，这时上触发电平就变成V_C值，下触发电平就变成$1/2V_C$值，可见改变控制端的控制电压值就可以改变上下触发电平值。表6-4所示为它的功能表。

12. OTL功放电路分析3

表6-4 功能表

$\overline{MR}$	R	$\overline{S}$	U_o	DIS
	1	1	0	接地
1	0	1	Q_n	保持
		0	1	开路
0			0	接地

6.8.2 555集成电路构成的单稳电路

重要提示

众所周知，单稳电路有一个稳态和一个暂稳态，在555集成电路中利用电容的充放电形成暂稳态，因此它的输入端都带有定时电阻和定时电容。

常见的555单稳电路有三大类：人工启动型、脉冲启动型和压控振荡器。

1．555集成电路构成的人工启动型单稳电路

图6-70所示是555集成电路构成的人工启动型单稳电路，电路中的A1为555集成电路，它的②脚与⑥脚在外部电路中直接相连，④脚和⑧脚直接相连，⑦脚不用。S1为按钮开关。

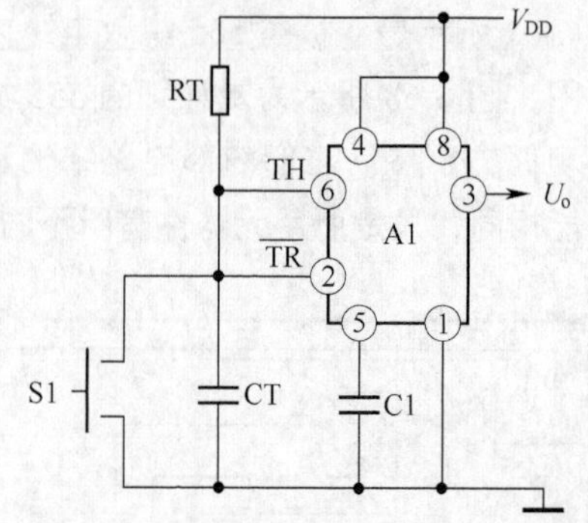

图6-70 555集成电路构成的人工启动型单稳电路

电路中的RT和CT分别是定时电阻和定时电容，它们接在集成电路A1的②脚与⑥脚的外部电路中。

（1）**稳态电路分析**。接上电源后，电容 CT 很快充电到直流工作电压 V_{DD} 大小，即集成电路 A1 的②脚、⑥脚均为高电平“1”，图 6-71 是充电回路示意图。

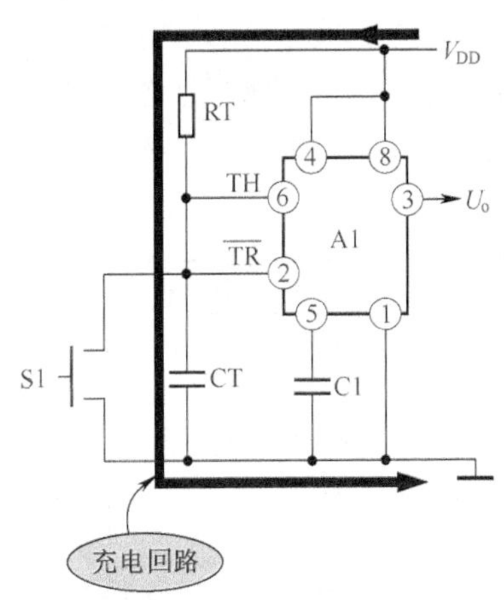

图 6-71　充电回路示意图

图 6-72 是等效电路示意图，再根据功能表可知，当触发器输入端 R=1、$\overline{S}$=1 时输出 U_o=0，这是电路的稳态。

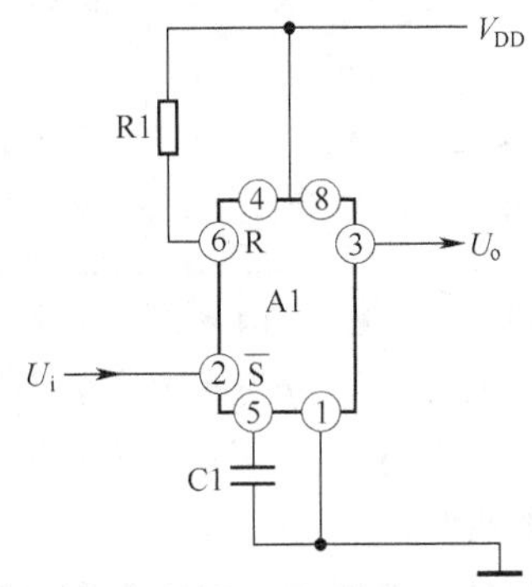

图 6-72　等效电路示意图

（2）**暂稳态电路分析**。按下开关 S1，CT 上的电荷很快为零，相当于触发器输入 R=0、$\overline{S}$=0，输出立即翻转成 U_o=1，暂稳态开始。

开关 S1 松开后，直流工作电压 V_{DD} 又向 CT 充电，经过时间 T_D（单稳电路的定时时间或称为延时时间）后，CT 上的电压上升到大于等于 (2/3)V_{DD} 时，输出又翻转成 U_o=0，暂稳态结束。

重要提示

单稳电路的定时时间与定时电阻 RT 和定时电容 CT 的值有关，$T_D=1.1R_TC_T$。

2．555 集成电路构成的脉冲启动型单稳电路

图 6-73 所示是 555 集成电路构成的脉冲启动型单稳电路，电路中的集成电路 A1 ④脚和⑧脚直接相连，⑥脚和⑦脚直接相连，然后接上定时电阻 RT 和定时电容 CT，用②脚作为触发输入。电路中集成电路 A1 的②脚平时接高电平，当输入低电平或输入负脉冲时才启动电路。

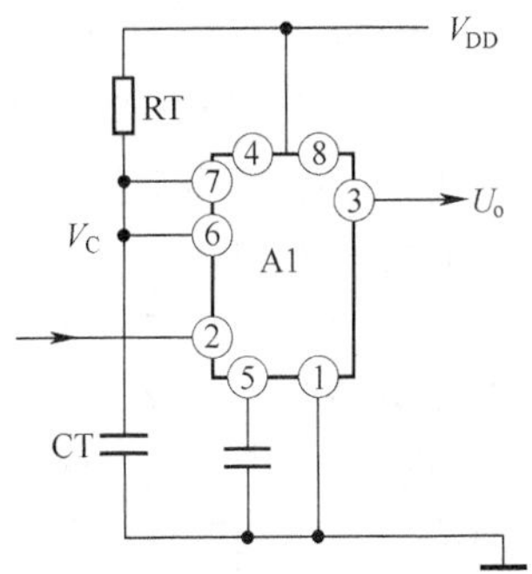

图 6-73　555 集成电路构成的脉冲启动型单稳电路

（1）**稳态电路分析**。接通电源后，电容 CT 很快通过电阻 RT 充满了电，这时集成电路 A1 的⑥脚为高电平，A1 的②脚平时接高电平（从图 6-74 所示的等效电路中可以清楚地看出）。这时 R=1，$\overline{S}$=1，根据功能表可知输出 U_o=0，因此 A1 的⑦脚 DIS 端立即接地。由于 A1 的⑦脚 DIS 端接地，使电容 CT 上的电压为 0V，这时 R=0，$\overline{S}$=1，根据功能表可知，输出仍保持 U_o=0，这是这一电路的稳态。

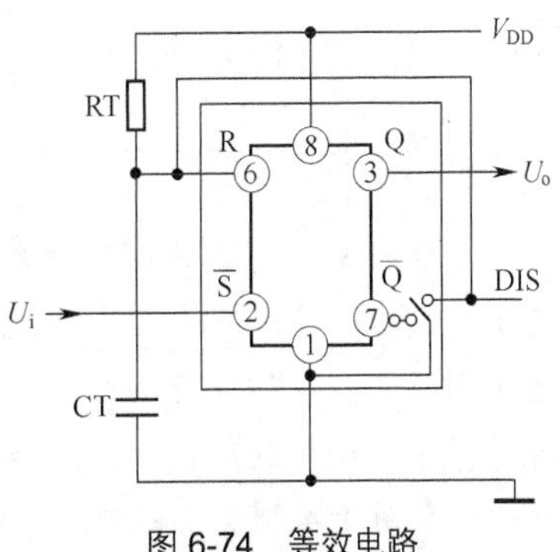

图 6-74　等效电路

重要提示

分析电路工作过程中，利用功能表是一个很好的方法，所以要求非常熟悉这一电路的功能表。

（**2**）**暂稳态电路分析**。集成电路 A1 的②脚输入负脉冲后，输入端$\overline{S}=0$，电路立即翻转，输出端立即翻转成 $U_o=1$，这时 A1 的⑦脚 DIS 端对地呈开路，电源通过RT向CT进行充电，暂稳态开始。

经过时间 T_D 后，CT 上的电压上升到大于等于 $(2/3)V_{DD}$ 时，输入端又成为 $R=1$，$S=1$，这时负脉冲已经消失，输出端又翻转成 $U_o=0$，暂稳态结束。

这时，$R=1$，$S=1$，$U_o=0$，根据功能表可知，内部放电开关接通，DIS 端接地，CT 上的电荷很快为零，为下一次定时控制作好准备。

电路的定时时间 $T_D=1.1R_TC_T$。

（**3**）**波形示意图**。图 6-75 所示是电路中输入、输出等波形示意图。图中，U_i 是输入信号波形，U_o 是输出信号波形，V_C 是电路中电容 CT 上电压波形。

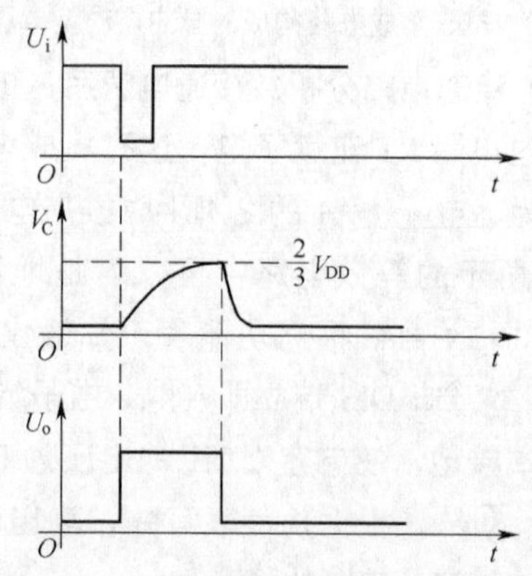

图 6-75　电路中输入、输出等波形示意图

3．555 集成电路构成的单稳型压控振荡器

重要提示

如果需要改变振荡器的振荡频率，通常通过改变谐振选频电路参数来实现，但是压控振荡器可以通过改变一个控制电压来实现对振荡器频率的改变，因此压控振荡器特别适合用于控制电路之中。

利用 555 集成电路的⑤脚功能，可以方便实现振荡频率改变。不过，555 集成电路是一种低价格通用型的电路，其压控非线性较大，性能较差，只能满足一般技术水平的需要，如果需要高的性能指标，可采用专用的压控振荡器集成电路，如 AD650 等。

LC 压控振荡器提示

图 6-76 所示是克拉泼型 LC 压控振荡器原理电路。电路中 VT1 为振荡管，VD1 为变容二极管，L1 为振荡电感，C1、C2 和 VD1 结电容均为振荡电容，C1、C2 容量通常比 VD1 结电容大得多。

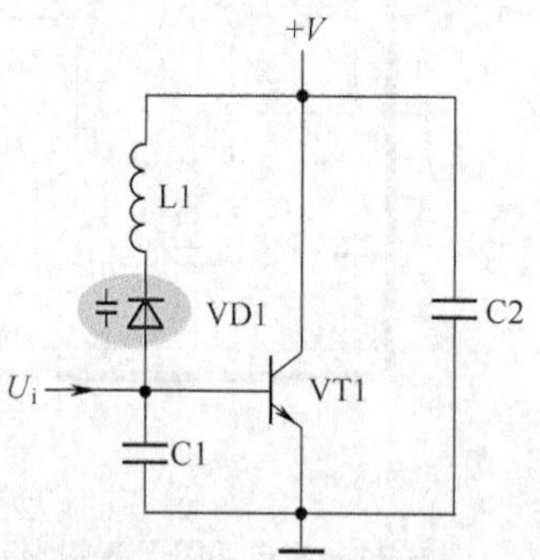

图 6-76　克拉泼型 LC 压控振荡器原理电路

变容二极管在直流工作电压 $+V$ 的作用下处于反向偏置状态，当输入信号 U_i 电压大小变化时，变容二极管 VD1 反向偏置电压大小也相应变化，这样随着 VD1 的结电容大小变化，从而使振荡器的振荡频率作出相应的变化，实现压控振荡。

555 集成电路构成的单稳型压控振荡器种类繁多，电路复杂，可分为两大类：不带任何辅助器件的电路和采用晶体管、运放放大器等辅助器件的电路。

（**1**）**不带任何辅助器件的电路**。图 6-77 所示是不带任何辅助器件的单稳型压控振荡器电路。从电路中可以看出，这一电路与前面介绍的单稳压电路基本相同，只是集成电路 A1 的⑤脚输入一个控制电压，即电路中的 U_{ct}。

由 555 集成电路引脚功能可知，⑤＋脚上的控制电压端（VC）可用它改变上下触发电平值，而触发电平值决定了振荡器的翻转，本来是由定时电阻 RT 和定时电容 RC 决定振荡器的翻转（从而决定振荡频率），现在 A1 的⑤脚上的控制电压也能决定了，这说明⑤脚上的控制电压也能决定振荡器的振荡频率了，实现了压控频率的功能。

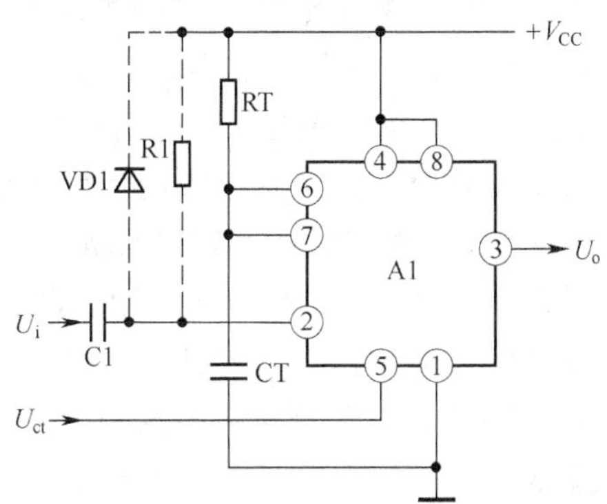

图 6-77　不带任何辅助器件的单稳型压控振荡器电路

（2）带辅助器件的电路。图 6-78 所示是带集成运放的是单稳型压控振荡器电路，电路中加入了集成运放 A1。

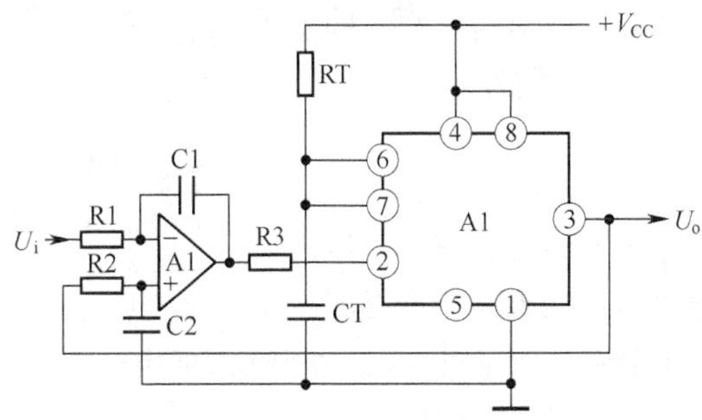

图 6-78　带集成运放的单稳型压控振荡器电路

6.8.3　555 集成电路构成的双稳态电路

常见的 555 集成电路构成的双稳态电路有两大类：RS 触发器型双稳态电路和施密特触发器型双稳态电路。

1．555 集成电路构成的 RS 触发器型双稳态电路

（1）双输入端电路。图 6-79 所示是 555 集成电路构成的 RS 触发器型双稳态电路，将 555 集成电路的⑥脚和②脚作为两个控制输入端，⑦端不用就成为一个 RS 触发器。这一电路有两个输入端，它们的触发电平和阈值电压不同。

有两个输入端的双稳态电路常用作电动机调速、电源上下限警告等用途。

（2）单输入端电路。有时电路中只需要有一个控制端，这时另外一个控制端要设法接死，可以根据电路要求把 R 端接到电源端，如图 6-80 所示，也可以把 S 接地，用 R 端作为输入端。

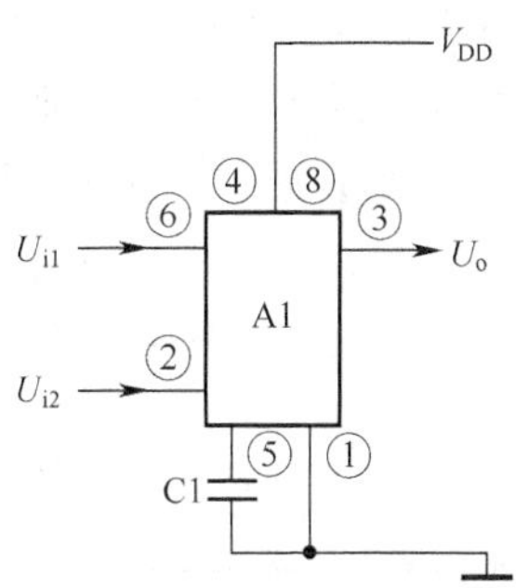

图 6-79　555 集成电路构成的 RS 触发器型双稳态电路（双输入端）

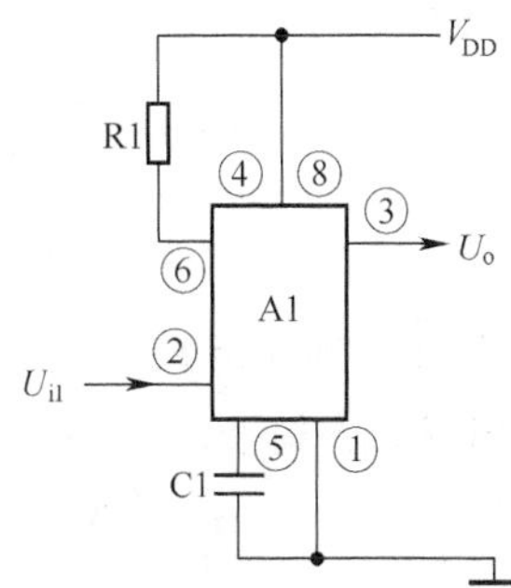

图 6-80　555 集成电路构成的 RS 触发器型双稳态电路（单输入端）

有一个输入端的双稳电路作为单端比较器用于各种检测电路。

2．555 集成电路构成的施密特触发器型双稳态电路

图 6-81 所示是 555 集成电路构成的施密特触发器型双稳态电路。电路中，将 555 集成电路的⑥脚和②脚连接起来，作为触发器输入端，这样就构成了施密特触发器型双稳态电路。

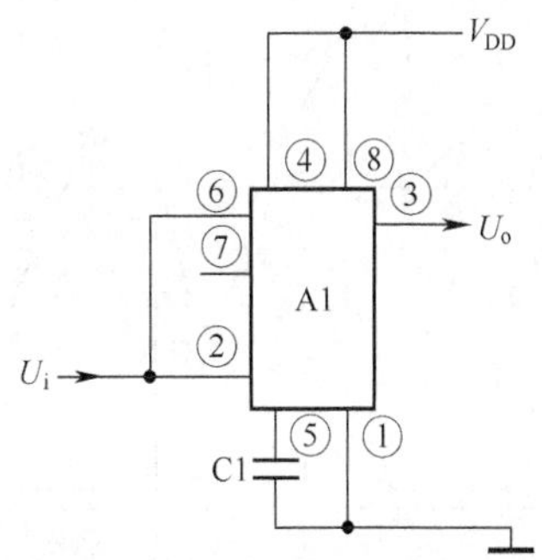

图 6-81　555 集成电路构成的施密特触发器型双稳态电路

这个触发器输出电压和输入电压的关系是一个长方形的回线形，如图 6-82 所示。从曲线中可以看出：当输入 U_i=0 时，输出 U_o=1；当输入电压从 0 上升到大于等于 $2/3V_{DD}$ 后，U_o 翻转成 0；当输入电压从最高值下降到小于等于 $1/3V_{DD}$ 后，U_o 又翻转成 1。由于它的输入有两个不同的阈值电压，所以，这种电路常用于电子开关、各种控制电路、波形的变换和整形。

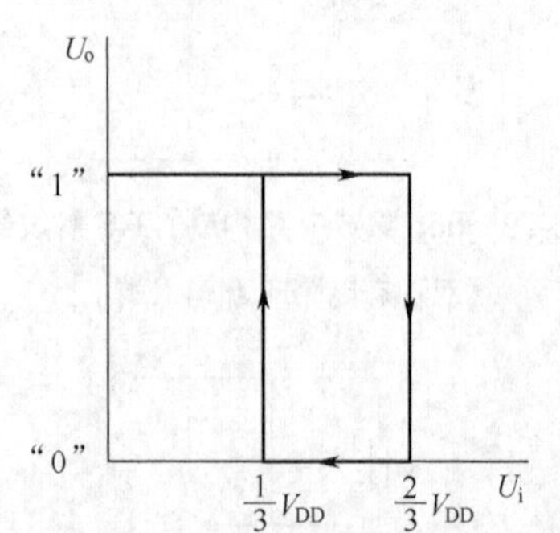

图 6-82　输出电压和输入电压关系示意图

图 6-83 所示是一种应用电路，输入信号 U_s 为正弦信号，整形后输出信号 U_o 是矩形脉冲信号。

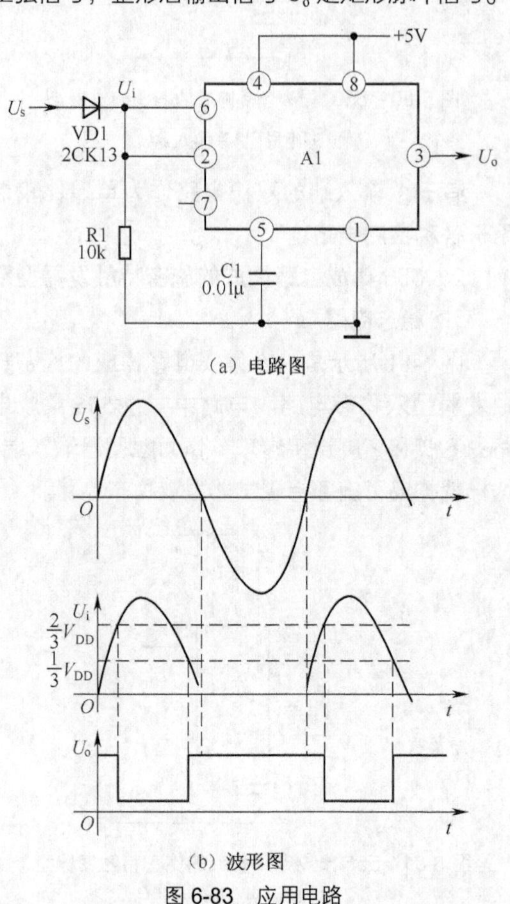

图 6-83　应用电路

电路中，555 集成电路 A1 的②脚和⑥脚相连后得到施密特触发器。输入正弦波信号 U_s 的正半周通过整流二极管 VD1 的整流，得到输入触发信号 U_i，这是正极性的半周正弦信号。这一信号同时加到 555 集成电路 A1 的②脚和⑥脚。当 U_i 上升到 $2/3V_{DD}$ 时，U_o 从高电平转换为低电平；当 U_i 下降到 $1/3V_{DD}$ 时，U_o 又从低电平转换为高电平，实现对正弦信号的整形。

回差电压 ΔV 如下：

$$\Delta V=\frac{2}{3}V_{DD}-\frac{1}{3}V_{DD}=\frac{1}{3}V_{DD}$$

6.8.4　555 集成电路构成的无稳态电路

14. OTL 功放电路分析 5

1．原理电路

图 6-84 所示是 555 集成电路构成的无稳态电路和波形示意图。电路中的 A1 为 555 集成电路。

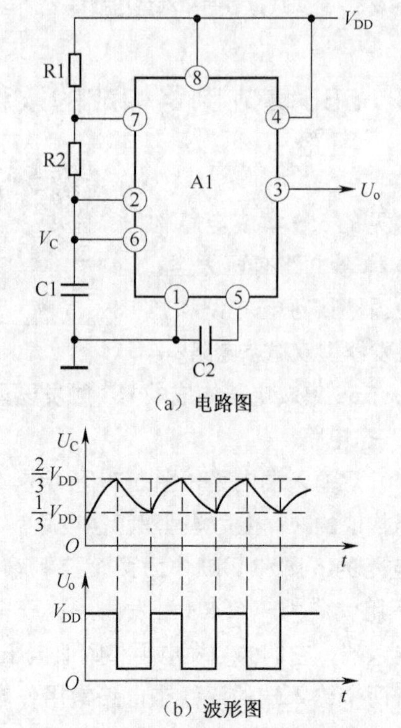

图 6-84　555 集成电路构成的无稳态电路和波形示意图

电路分析提示

这一电路没有稳态，仅存在两个暂稳态，电路也不需要外接触发信号，利用电源经R1、R2向C1充电，以及C1经R2向放电端放电，使电路产生振荡。

电容C1在$(1/3)V_{DD}$和$(2/3)V_{DD}$之间充电和放电，从而在输出端得到一系列的矩形波。

接通电源后，电源V_{DD}通过R1和R2对电容C1充电，当V_C小于等于$(1/3)V_{DD}$时，振荡器输出U_o=1，放电管截止。

当V_C充电到**大于等于**$(2/3)V_{DD}$**后，**振荡器输出U_o=0，此时放电管导通，使放电端（集成电路A1的⑦脚）接地，电容C1通过R2对地放电，这一放电使C1上的电压下降，即电路中的V_C下降。图6-85是放电回路示意图。

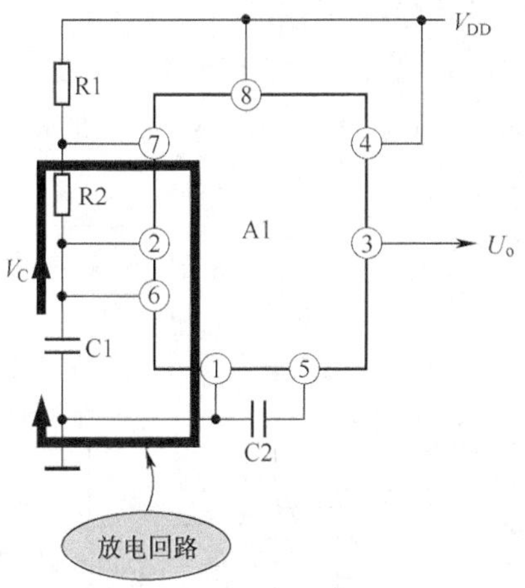

图6-85 放电回路示意图

当V_C下降到小于等于$(1/3)V_{DD}$后，振荡器输出U_o=1，此时放电管又截止，使放电端（集成电路A1的⑦脚）不接地，电源V_{DD}通过R1和R2又对电容C1充电，又使V_C从$(1/3)V_{DD}$上升到$(2/3)V_{DD}$，触发器又发生翻转，如此周而复始，从而在输出端U_o得到连续变化的振荡脉冲波形。

重要提示

脉冲宽度$T_L \approx 0.7R_2C_1$，由电容C1放电时间决定。

脉冲间隔$T_H=0.7(R_1+R_2)C_1$，由电容C1充电时间决定。

脉冲周期$T \approx T_H + T_L$。

图6-86是脉冲示意图。

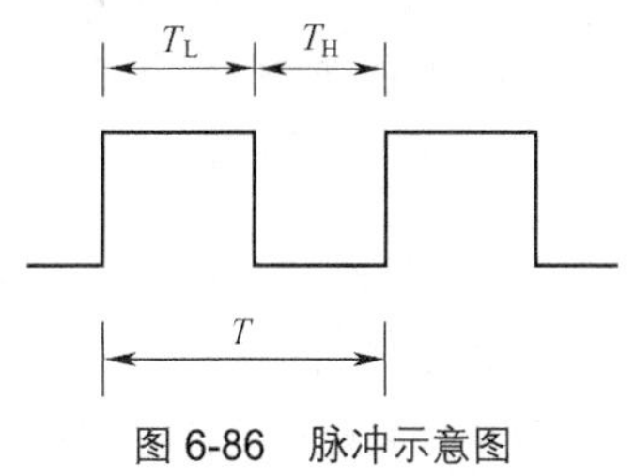

图6-86 脉冲示意图

2．实用电路

图6-87所示是555集成电路构成的无稳态实用电路。

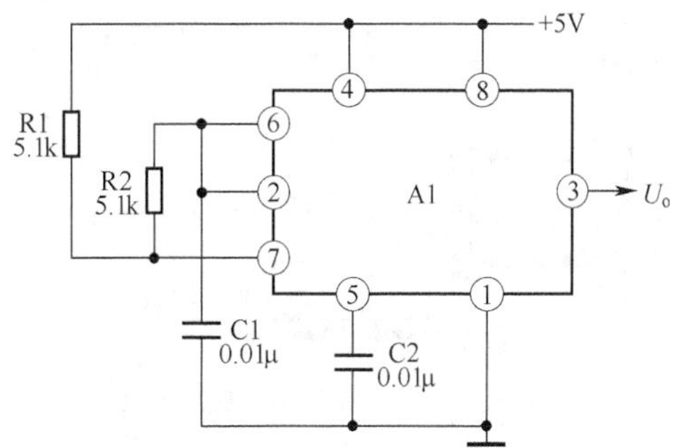

图6-87 555集成电路构成的无稳态实用电路

重要提示

555集成电路要求R1与R2阻值均不小于1kΩ，但是两者阻值之和不大于3.3MΩ。

外部元件的稳定性决定了多谐振荡器的稳定性，所以555集成电路配以少量的元器件即可获得较高精度的振荡频率和具有较强的功率输出能力。因此，这种形式的多谐振荡器应用很广。

3．占空比可调的多谐振荡器

图6-88所示是555集成电路构成的占空比

可调的多谐振荡器电路。这一电路中增加了一只电位器 RP1 和两只引导二极管 VD1、VD2。

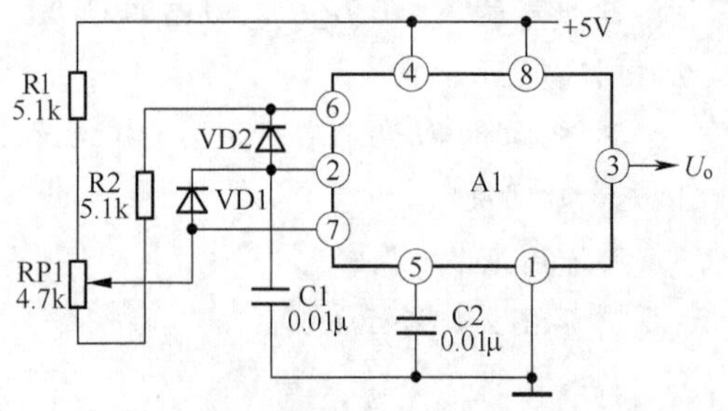

图 6-88　555 集成电路构成的占空比可调的多谐振荡器电路

VD1 和 VD2 用来决定电容 C1 的充电、放电电流流经电阻的路径。

电容 C1 充电回路是：直流工作电压 +5V → R1 → RP1 → RP1 动片 → VD1 → C1 → 地端，如图 6-89 所示。

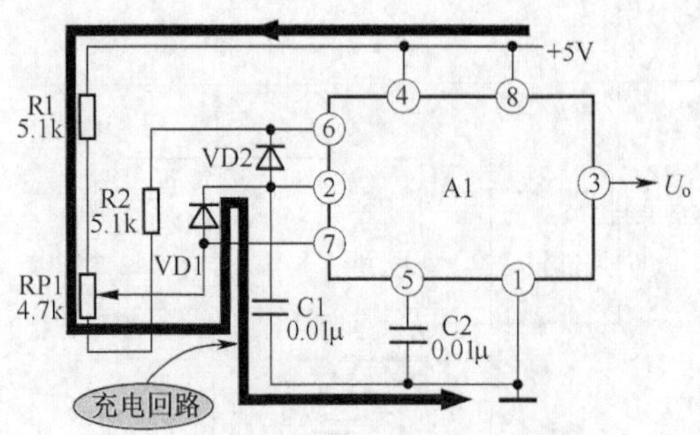

图 6-89　电容 C1 充电回路示意图

电容 C1 放电回路是：电容 C1 上端→ VD2 → RP1 → RP1 动片→集成电路 A1 的⑦脚→ A1 的内部电路→ A1 的①脚→地端→ C1 下端，如图 6-90 所示。

15. OTL 功放电路分析 6

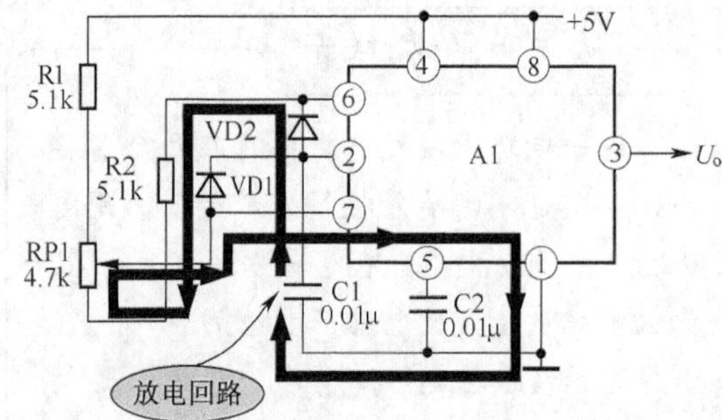

图 6-90　电容 C1 放电回路示意图

重要提示

从电路中可以看出，调节 RP1 阻值大小时，可以改变电容 C1 充电和放电回路的电阻值，从而可以改变充电和放电时间常数，这样可以调节输出脉冲 U_o 的占空比。

这一电路的占空比 q 计算公式如下：

$$q \approx \frac{0.7(R_1 + RP_1\text{动片以上电阻})C_1}{0.7(R_2 + RP_1\text{动片以下电阻})C_1}$$

4. 压控多谐振荡器

图 6-91 所示是 555 集成电路构成的压控多谐振荡器电路。电路中的 A1 是 555 集成电路，VT1 是场效应管。

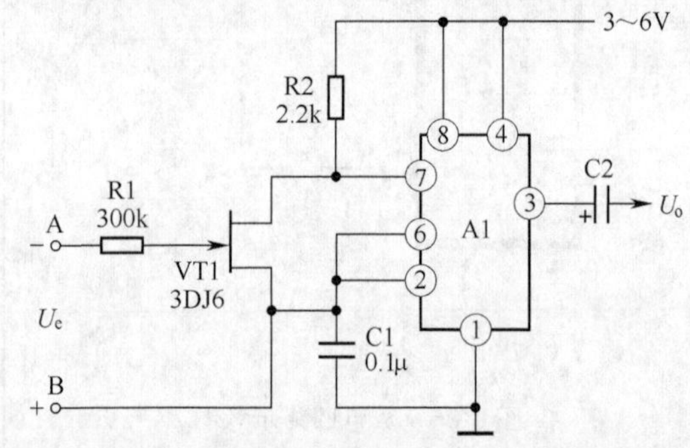

图 6-91　555 集成电路构成的压控多谐振荡器电路

当电路中的 **A**、**B** 端加控制电压 U_c 时，则场效应管 **VT1** 漏、源极间等效电阻 R_{DS} 也发生变化，从而时间常数发生改变，电路的振荡频率也随之变化。

6.9　双稳态电路

双稳态电路有多种电路形式。双稳态电路可以用分立元器件构成，也可以用集成逻辑门构成电路。

（1）集 - 基耦合双稳态电路，就是一只三极管集电极与另一只三极管基极之间耦合的双稳态电路。

（2）发射极耦合双稳态电路，就是一只三极管发射极与另一只三极管发射极之间耦合的双稳态电路。

6.9.1　集-基耦合双稳态电路

电路特征提示

双稳态电路的输出端与一般放大器不同，它有两个输出端，每个输出端都有两个稳定的输出状态，而且两个输出端的输出状态始终相反，一个输出高电平时另一个输出低电平。

双稳态电路的输出波形为矩形脉冲。

图6-92所示是集-基耦合双稳态电路。这一电路由两只三极管和一些电阻构成，两只三极管的集电极分别是两个输出端。两管基极通过R3和R4并联，作为触发信号输入端。

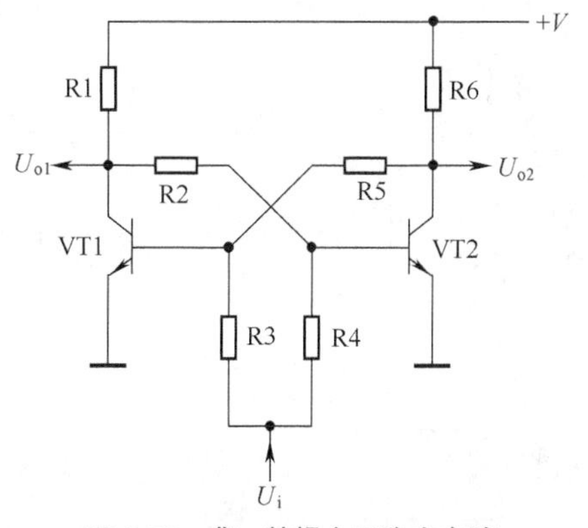

图6-92　集-基耦合双稳态电路

1．VT1导通过程

没有输入触发信号时，接通直流工作电源$+V$后，虽然电路中元器件参数对称，但是不可能完全一样，假设接通电源后VT1的导通程度大于VT2，这样VT1基极和集电极电流增大，使VT1集电极电压下降，通过R2使VT2基极电压下降，其集电极电压上升，再经R5使VT1基极电压上升，其基极电流更大，显然这是正反馈过程，所以很快使VT1处于饱和状态。

VT1饱和后集电极电压只有0.2V，0.2V电压经R2加到VT2基极，因为这一电压太低而使VT2处于截止状态。VT2处于截止状态，其集电极为高电平。只要外部电路没有出现有效的触发信号，这一电路始终保持VT1饱和、VT2截止的这一稳定状态。VT1饱和、VT2截止只是这一电路的一个稳定状态。

2．VT2导通过程

如果在电源接通之后设VT2导通电流大于VT1，则通过电路的正反馈过程，会使VT1处于截止、VT2处于饱和的稳定状态。只要外部电路没有出现有效的触发信号，这一电路始终保持这一稳定状态。VT2饱和、VT1截止是这一电路另一个稳定状态。

VT1基极电流回路是：直流工作电压$+V$→R6→R5→VT1基极→VT1发射极→地，如图6-93所示。

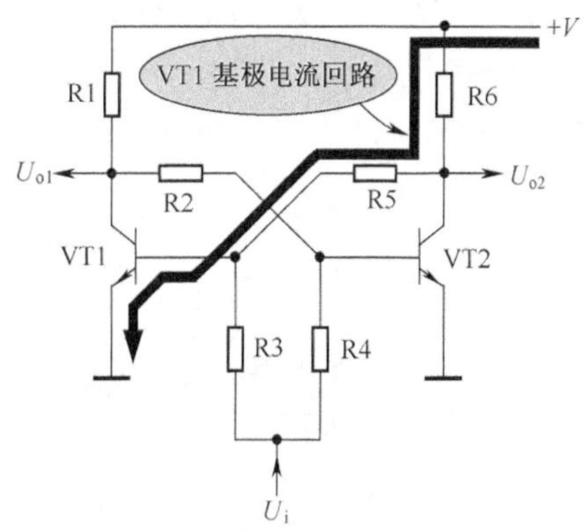

图6-93　VT1基极电流回路示意图

VT2基极电流回路：直流工作电压$+V$→R1→R2→VT2基极→VT2发射极→地，如图6-94所示。

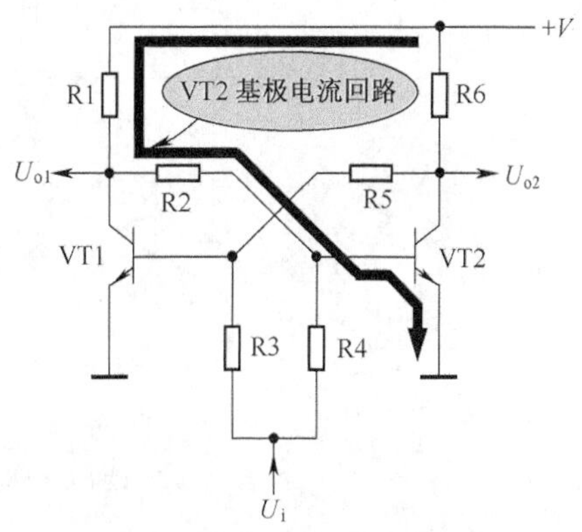

图6-94　VT2基极电流回路示意图

3．输入触发电路

图 6-95 所示是输入触发电路。电路中的 C1 和 R1 构成微分电路，输入信号是矩形脉冲，输入信号经微分电路后，获得正、负尖顶脉冲。

由于二极管具有单向导电特性，VD1 只能让负尖顶脉冲通过，将正尖顶脉冲去掉。

当有触发信号作用于集 - 基耦合双稳态电路时，这一电路稳定状态将发生变化。

设电路处于 VT1 饱和、VT2 截止的稳态。触发电路来的负尖顶脉冲通过 R3 和 R4 同时加到 VT1 和 VT2 基极。由于 VT2 截止，所以负尖顶脉冲加到 VT2 基极后对 VT2 没有触发作用。

负尖顶脉冲加到 VT1 基极使 VT1 基极电压下降，其基极和集电极电流下降，集电极电压升高，通过 R2 加到 VT2 基极，使 VT2 基极电压增大，VT2 集电极电压降低，通过 R5 使 VT1 基极电压更低，这是正反馈过程，很快使 VT1 从饱和转为截止，VT2 则从截止转为饱和。

重要提示

当第二个负尖顶脉冲通过 R3 和 R4 加到 VT1 和 VT2 基极后，同样的道理，这一负尖顶脉冲对已处于截止状态的三极管无触发影响，只对饱和状态三极管有触发作用，电路再次从一个稳态转换到另一个稳态。

4．实用集 - 基耦合双稳态电路

图 6-96 所示是实用集 - 基耦合双稳态电路。电路中，U_i 为输入触发信号，这是一个矩形脉冲信号，信号波形如图中所示。这一输入信号加到 C1 和 R7 构成的微分电路中，得到尖顶脉冲，再通过二极管 VD1 和 VD2 分别加到 VT1 和 VT2 基极上，加到 VT1 和 VT2 基极的尖顶脉冲是负脉冲，如图中所示。

关于这一电路工作原理基本上同前面的电路相同，这里主要介绍这一电路中输入触发电路和电容 C2 和 C3 的作用。

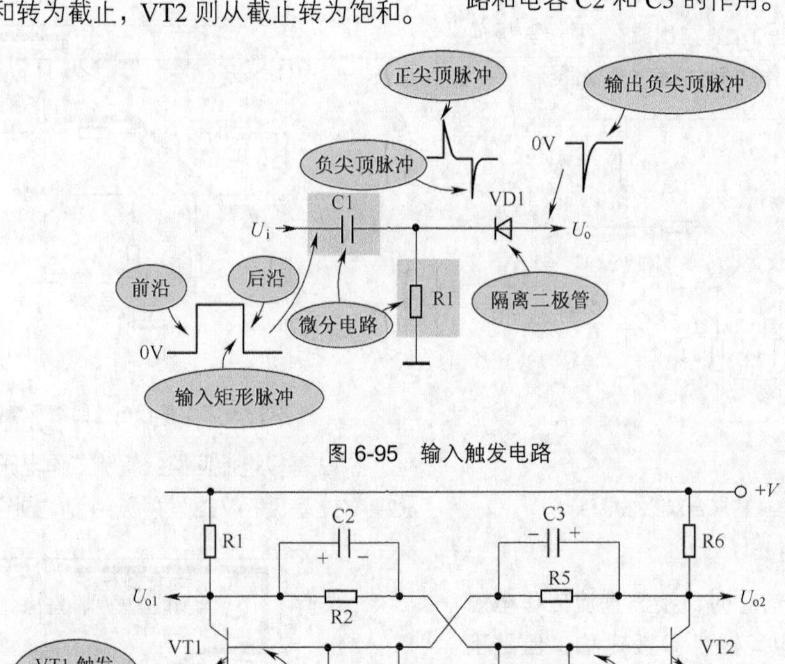

图 6-95　输入触发电路

图 6-96　实用集 - 基耦合双稳态电路

（1）**负电压作用**。负极性直流电压 $-V$ 通过电阻 R3 和 R4 加到 VT1 和 VT2 基极上，使两管能够可靠截止。

（2）**C2 和 C3 能够在触发电压出现时使电路可靠翻转原理**。设电路处于 VT1 饱和、VT2 截止状态，此时 VT1 集电极电压低于 VT2 集电极电压，使 C3 上的充电电压大于 C2 上的充电电压，C2 上的电压为左正右负、C3 上的电压为右正左负，如图中所示。

当输入触发信号出现时，两管基极上均有负尖顶脉冲，两管均处于截止状态，两管的集电极电压均变为 $+V$。在负尖顶脉冲过去之后，由于 C2 和 C3 上的充电电压大小不同（电容两端的电压又不能突变），**因 C3 上的充电电压大，所以 VT1 基极电压低、VT2 基极电压高，这样电路能够可靠地向 VT1 进入截止、VT2 进入饱和状态变化，电路实现可靠的翻转。**

（3）**C2 和 C3 加速电容作用分析**。C2 和 C3 的作用是加速 VT1 和 VT2 在截止和饱和之间的变化速度。

当 VT2 饱和之后，因 VT1 处于截止状态，其集电极为高电平，即 VT1 集电极电压等于直流工作电压 $+V$，此时 $+V$ 通过 R1 对电容 C2 充电，**其充电回路是：$+V$ → R1 → C2 → VT2 基极→ VT2 发射极→地端，如图 6-97** 所示。

当 C2 充到左正右负的电压后，C2 相当于开路。当又一个负尖顶脉冲加到 VT1 和 VT2 基极时，对已截止的 VT1 无触发作用，但对饱和的 VT2 为有效触发，VT2 从饱和向截止转化，在这一过程中 C2 上的左正右负电压通过 VT1 集电极和发射极加到了 VT2 基极与发射极之间，C2 上的电压给 VT2 基极与发射极之加的是反向偏置电压，使 VT2 迅速从饱和转换到截止，所以 C2 具有加速 VT2 转换作用。

电路分析提示

（1）两种电路工作原理不同。两种双稳态电路都有两个稳定的状态，但电路的工作原理不同，对于集 - 基耦合的双稳态电路而言，它的工作状态转换是受触发信号控制的；而发射极耦合双稳态电路受输入电压大小控制。

（2）一只为饱和时另一只必为截止。在集 - 基耦合双稳态电路中，电路翻转通过正反馈实现。电路中的两只三极管在稳态时工作状态始终相反，当一只为饱和时另一只必为截止。

（3）参数不对称性问题。在集 - 基耦合双稳态电路中，当电路参数对称时接通电源后不一定是哪只三极管先饱和，状态不确定；但是对于某个具体电路而言，由于电路中的元器件参数不可能是完全对称的，所以必有一只三极管首先进入饱和。当电路中没有获得有效触发信号时，电路始终处于原先的稳定状态，电路不会发生翻转。

（4）回差现象。回差现象只出现在发射极耦合双稳态电路中。

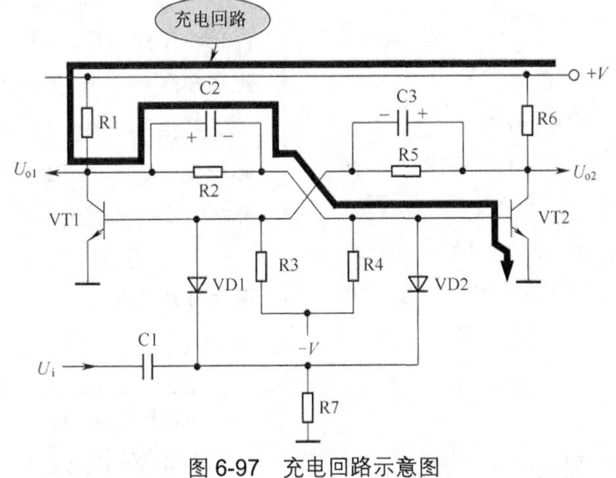

图 6-97　充电回路示意图

6.9.2 发射极耦合双稳态电路

发射极耦合双稳态电路又称施密特触发器，简称射耦双稳态电路，这种电路也有两个稳定状态，这种电路也可以用分立元器件和逻辑门电路构成。

图 6-98 所示是由分立元器件构成的发射极耦合双稳态电路。从电路中可以看出，两只三极管 VT1 和 VT2 发射极相连，故称为发射极耦合双稳态电路。电路中，U_i 为输入信号，U_o 为输出信号。

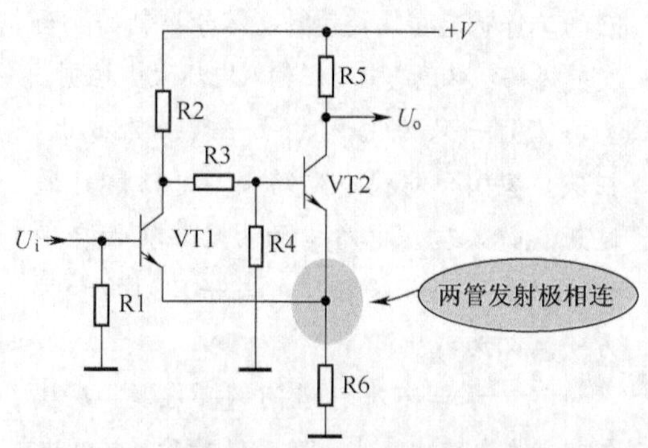

图 6-98 分立元器件构成的发射极耦合双稳态电路

1. 电路分析

对这一电路的分析分成以下列两种情况。

（1）输入信号幅度足够大。当输入信号 U_i 大到一定程度之后，使 VT1 基极电流增大，其集电极电压下降，这一电压经 R3 加到 VT2 基极上使之基极电压下降，VT2 发射极电压下降。

这时 VT1 发射极电压下降，VT1 基极电流更大，所以这是正反馈过程，很快使 VT1 饱和、VT2 截止，输出电压 U_o 为高电平，电路进入稳定状态。只要输入信号大小变化不超出一定范围，这一电路将保持这一稳定状态。

（2）输入信号幅度不能达到足够大。当输入电压 U_i 低于某一值时，由于 VT1 处于截止状态，其集电极电压高，经 R3 加到 VT2 基极，使 VT2 处于饱和状态，此时输出电压 U_o 为低电平，电路进入另一个稳定状态。所以，这一电路也有两个稳定状态。

2. 回差现象

发射极耦合双稳态电路存在回差现象，可以用图 6-99 所示输入信号为三角波时的电路工作过程来说明。图 6-99（a）所示为输入信号波形，图 6-99（b）所示是输出信号波形。

所谓回差现象是指：当输入电压大于 U_1 后，**VT1** 饱和、**VT2** 截止，输出为高电平；当输入电压减小到 U_1 时，**VT1** 仍然饱和、**VT2** 仍然截止，只有当输入电压小于 U_2 时，**VT1** 才从饱和转为截止，**VT2** 从截止转为饱和，如**图 6-99** 所示。

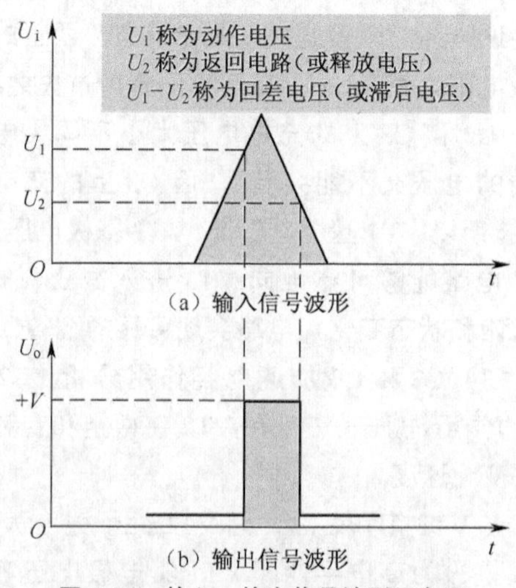

图 6-99 输入、输出信号波形示意图

回差产生原因提示

发射极耦合双稳态电路产生回差现象原因是：当输入电压上升到 U_1 时，VT1 从截止进入饱和状态，VT2 则由饱和进入截止状态。

当输入电压减小到 U_1 时，虽然 VT1 已经退出了饱和区，但是 VT1 集电极电压仍然比较低，这一电压经 R3 和 R4 分压后加到 VT2 基极，此时 VT1（VT2）发射极电压仍然比较高，高于 VT2 基极电压，所以 VT2 不能从截止转为饱和。

只有当输入电压下降到 U_2 时，VT1 集电极电压才较高，此时 VT2 基极电压大于其发射极电压，VT2 从截止进入饱和状态。

3. 应用电路分析

对于电路中元器件参数已经确定的电路，

它的动作电压和返回电压大小是不变的，利用这一点可以用发射极耦合双稳态电路作为整形器和鉴别器。鉴别器电路的工作原理可以用图 6-100 所示的波形来说明。

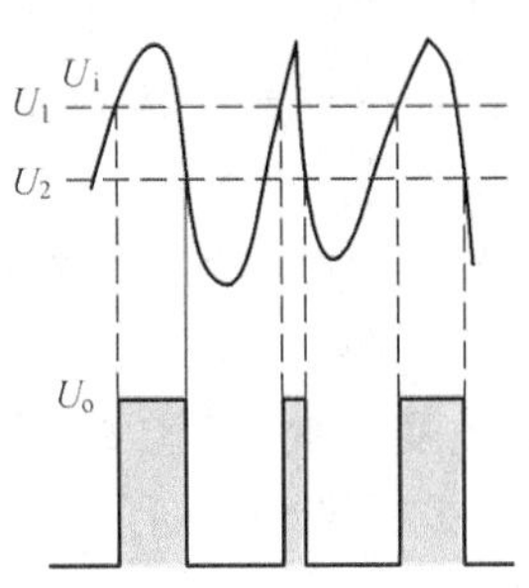

（a）输入信号为正弦波

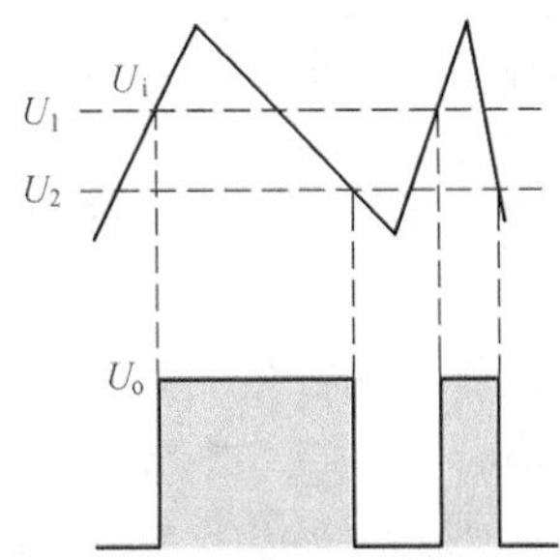

（b）输入信号为三角波

图 6-100 波形示意图

从波形中可以看出，只有当输入信号电压大于动作电压 U_1 时，才有输出电压 U_o 为高电平，其他输出电压为低电平。这样，这种电路能够从输入信号中鉴别出 U_1 的信号。

图 6-100（a）所示输入信号为正弦波信号情况，图 6-100（b）所示为输入信号为三角波信号情况。从图中可以看出，无论输入信号是什么波形，只要输入电压大于动作电压 U_1，便有幅度相等的矩形脉冲波形输出，达到整形的目的。

6.9.3 施密特触发器

施密特触发器是双稳态触发器的一个重要类型，它的功能是可以将连续变化的输入电压转换成矩形脉冲电压。施密特触发器除可以用分立元器件构成外，还可以用逻辑门电路和 RS 触发器构成。

1. 用逻辑门构成的施密特触发器

图 6-101（a）所示是采用门电路构成的施密特触发器电路。电路中，A 和 B 是两个非门电路，电阻 R2 跨接在两个非门电路之间，构成一个正反馈回路。

17. OTL 功放直流电路 2

对这一电路的工作过程分析要分成下列几种情况进行。

（1）输入信号电压为 0V。 由于输入电压 U_i= 0V，经电阻 R1 加到非门 A 的输入端，使非门 A 输出高电平“1”，经非门 B 后输出端电压 U_o 为低电平，这时的相当于图 6-101（b）所示电压传输特性曲线中的 a 点。

（2）输入电压 U_i 在 0 ～ U_H。 当输入电压 U_i 从 0V 开始增大， 但只要输入电压不大于 U_H，输出电压 U_o 仍然保持着低电平，如图 6-101（b）所示曲线中的 ac 段。

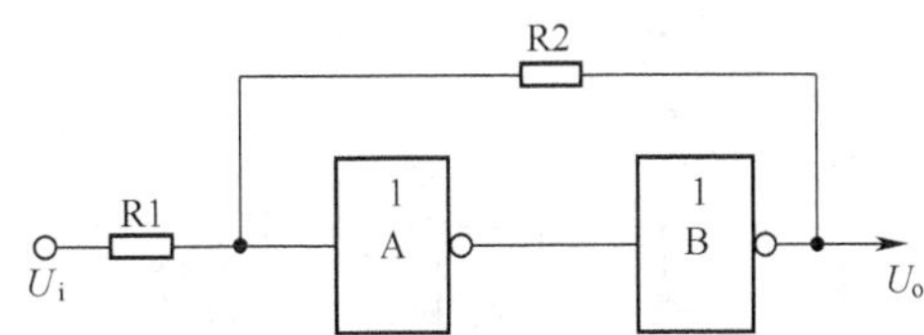

（a）用非门构成的施密特触发器电路

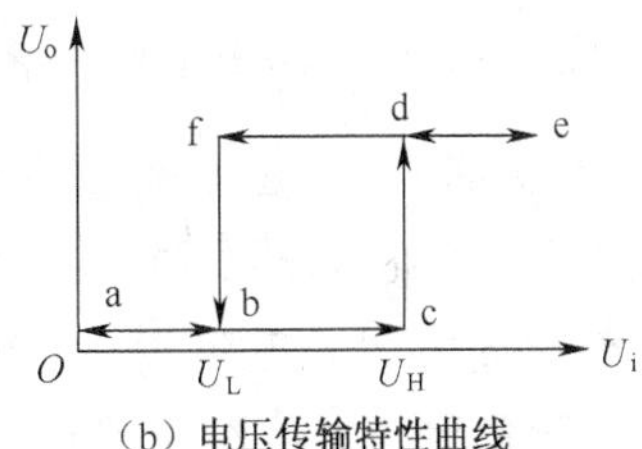

（b）电压传输特性曲线

图 6-101 采用逻辑门构成的施密特触发器电路

（3）输入电压 U_i 接近和等于 U_H。 当输入电压 U_i 接近和等于 U_H 时，电路发生翻转，输出电压 U_o 由低电平翻转到高电平，这相当于图 6-101（b）所示曲线中的 cd 段。

（4）输入电压 U_i 再增大。 当输入电压 U_i 再增大时，输出电压 U_o 不再增大，保持输出高电平，如图 6-101（b）所示曲线中的 de 段。

（5）输入电压 U_i 减小到接近 U_L。 当输入电压 U_i 从图 6-101（b）所示的 e 点开始减小时，电路输出状态不翻转，输出电压 U_o 保持输出高电平，直到输入电压减小到接近 U_L，输出电压都保持高电平不变，如图 7-10（b）所示曲线中 ef 段。

（6）输入电压 U_i 继续减小到小于 U_L。当输入电压 U_i 继续减小到小于 U_L 时，电路翻转，输出电压 U_o 从高电平翻转到低电平，如图 6-101（b）所示曲线中的 fb 段。

电路中，当电阻 R1 的阻值愈大、R2 的阻值愈小时，电路的回差就愈大。

2．用 RS 触发器构成的施密特触发器

图 6-102 所示是采用 RS 触发器构成的施密特触发器电路。电路中，与非门 B 和 C 构成 RS 触发器电路，逻辑门 A 是非门电路，三极管 VT1 接成发射极输出器电路，U_i 是输入电压，Q 是输出端。

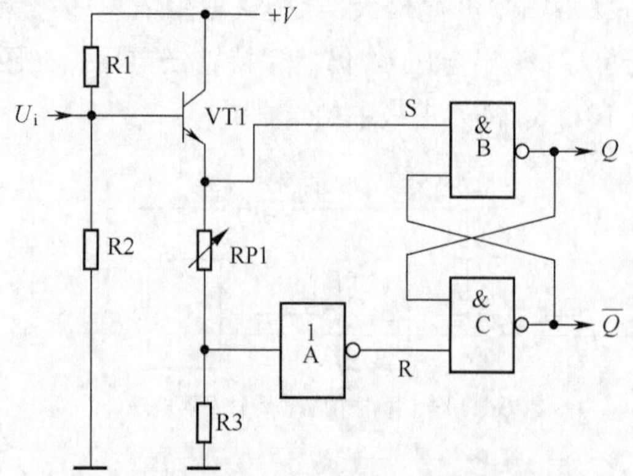

图 6-102　采用 RS 触发器构成的施密特触发器

（1）输入级电路。三极管 VT1 构成输入级电路，这是一级具有输入阻抗高、输出阻抗低的共集电极放大器。电阻 R1 和 R2 构成 VT1 的分压式偏置电路。输入信号 U_i 从 VT1 基极输入，从其发射极输出。

（2）输入信号 U_i 为 0V 时电路分析。VT1 发射极输出低电平，使非门 A 输入低电平“0”，其输出电平为高电平“1”，该高电平“1”加到与非门 C 的一个输入端。

VT1 发射极输出的低电平“0”加到与非门 B 的输入端，这样相当于 S=0，R=0，所以使 RS 触发器输出状态为 Q=1，$\overline{Q}$=0，此时电路处于一种稳定状态。

（3）输入信号 U_i 增大时电路分析。当 U_i 增大到一定程度，加到非门 A 输入端电平为高电平“1”，其输出电平为低电平“0”，相当于 R=0，使电路输出端翻转到 Q=0 和 $\overline{Q}$=1 状态，这是电路的另一个稳定状态。

若输入电压 U_i 继续增大，电路保持这一稳定状态。

（4）输入电压 U_i 从最大值开始下降。输入电压 U_i 从最大值开始下降到一定程度后，电路开始翻转，输出状态翻转到 Q=1，$\overline{Q}$=0 状态。

从上述电路分析可知，采用 RS 触发器构成的施密特触发器电路与前面介绍的施密特触发器电路具有相同的特性。

电路中，改变可变电阻 RP1 的阻值大小，就改变了 RP1 和 R3 阻值之比，这样可以改变这一电路的回差。

电路分析提示

关于双稳态电路分析主要说明以下几点。

（1）两种双稳态电路都有两个稳定的状态，但两种电路的工作原理不同，对于集 - 基耦合双稳态电路而言，它的工作状态转换是受触发信号控制的，而发射极耦合双稳态电路受输入电压大小控制。

（2）在集 - 基耦合双稳态电路中，电路翻转通过正反馈实现。电路中的两只三极管在稳态时工作状态始终相反，当一只为饱和时另一只必为截止。

（3）在集 - 基耦合双稳态电路中，当电路参数对称时接通电源后不一定是哪只三极管先饱和，状态不确定，但对于具体电路而言，由于电路中的元器件参数不可能是完全对称的，所以必有一只三极管首先进入饱和。另外，当电路中没有获得有效触发信号时，电路始终处于原先的稳定状态，电路不会发生翻转。

（4）回差现象只出现在施密特触发器中。

（5）利用施密特触发器电路可以进行波形转换，可将正弦波或三角波等连续变化的输入信号波形转换成矩形脉冲波形。另外，施密特触发器可以用来鉴别脉冲信号幅度和脉冲宽度。

6.10　单稳态电路

单稳态电路在触发后能够保持一段暂稳状态，所以这种电路又称之为记忆电路，即将触发信号保持一段时间。

单稳态电路有两种：集-基耦合单稳态电路和发射极耦合单稳态电路。

单稳态电路可以用分立元器件构成电路，也可以用集成逻辑门构成电路。

6.10.1　集-基耦合单稳态电路

图 6-103 所示是集-基耦合单稳态电路，这种电路也是由两只三极管构成。电路中，U_i 为输入触发信号，为矩形脉冲信号；U_o 为输出电压。

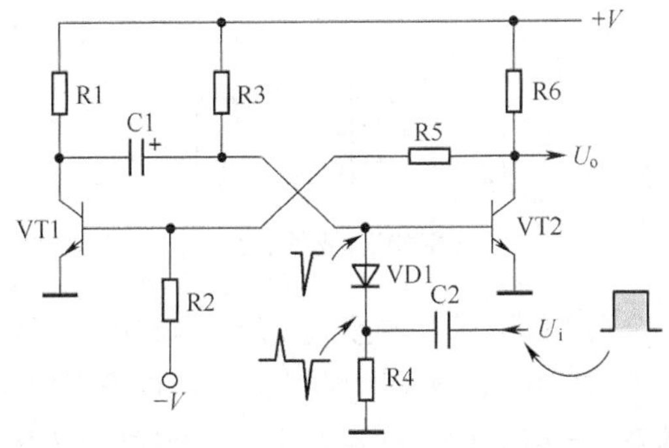

图 6-103　集-基耦合单稳态电路

1．稳态分析

电阻 R2 将负极性 $-V$ 加到 VT1 基极，使 VT1 基极电压为负，这样 VT1 处于截止状态。

直流工作电压 $+V$ 经 R3 给 VT2 基极足够的基极电流，使 VT2 处于饱和状态，这是电路的稳态，即 VT1 截止、VT2 饱和，此时输出电压 U_o 为低电平。只要电路中没有有效的触发信号输入，电路就一直保持这种稳态。

图 6-104 所示是这一电路中有关点的波形，其中图 6-104(a) 所示为输入触发信号电压 U_i 的波形，这是一个矩形脉冲信号。图 6-104(b) 所示是经 C2 和 R4 微分电路之后的输出电压波形，通过微分电路已将矩形脉冲转换成正、负尖顶脉冲。图 6-104(c) 所示是 VT2 集电极电压波形，即这一电路的输出信号电压波形。

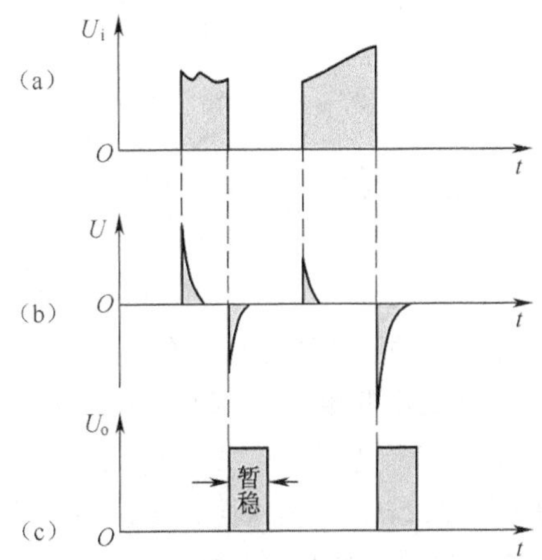

图 6-104　电路中有关点的电压波形示意图

2．翻转分析

（1）第一次翻转分析。 当输入触发信号 U_i 从高电平变为低电平（输入脉冲的后沿）时，通过 C2 和 R4 微分电路和二极 VD1 在 VT2 基极得到一个负尖顶脉冲触发，使 VT2 基极电压下降，电路中出现了正反馈过程，即输入负脉冲使 VT2 基极电压下降，其集电极电压上升，通过 R5 加到 VT1 基极，使 VT1 基极电压上升，其集电极电压下降，通过 C1 加到 VT2 基极（电容两端电压不能突变），使 VT2 基极电压进一步下降，很快通过这一正反馈，使 VT2 处于截止状态，VT1 处于饱和状态。

由于 VT2 截止，所以此时输出电压 U_o 为高电平，如图 6-104(c) 中的 U_o，这是电路暂稳态。

（2）暂稳态分析。 电路进入暂稳态后，由于 VT1 饱和，构成了对电容 C1 的充电回路，其充电回路是：$+V$→R3→C1→VT1 集电极→

VT1 发射极 → 地端，如图 6-105 所示。

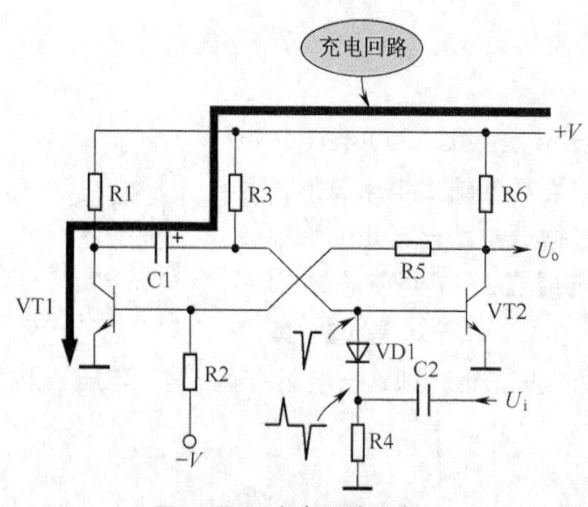

图 6-105　充电回路示意图

这一充电使 C1 上的充电电压为右 + 左 −，这一充电电压使 VT2 基极电压升高，存在使 VT2 导通的趋势。对电容 C1 充电时间长短，就决定了电路暂稳态的时间长短。

（3）第二次翻转分析。随着对 C1 充电的进行，使 VT2 基极电压升高，当这一电压升高到一定程度时，VT2 导通，电路再次发生正反馈过程。这次正反馈的结果是 VT2 从截止转为饱和，VT1 从饱和转为截止，电路进入稳态，只要没有有效的输入触发信号触发，电路始终保持这一状态。

3．输入触发电路

图 6-106 所示电路中，R4、C2 和 VD1 构成触发电路，其中 R4 和 C2 构成微分电路。输入信号 U_i 是矩形脉冲，通过微分电路得到正、负尖顶脉冲，经 VD1 将正尖顶脉冲去掉，这样只有负尖顶脉冲能够加到 VT2 基极，作为有效触发信号。

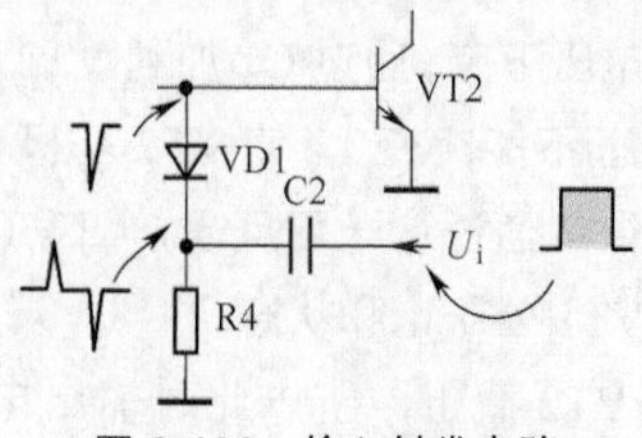

图 6-106　输入触发电路

触发信号通常是加在稳态为饱和三极管的基极上，对于 NPN 型三极管则要加负尖顶脉冲，对于 PNP 型三极管则要加正尖顶脉冲。总之，加尖顶脉冲的极性要使原先饱和的三极管退出饱和，这才是有效触发信号。

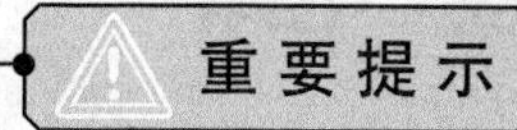

在上述电路中，输出脉冲 U_o 的脉宽与 R3 和 C1 大小有关，输出脉冲宽度约等于 $0.693R_3 \times C_1$。

4．整形应用

图 6-107 所示波形可以说明这种单稳态电路的脉冲整形应用。根据这种单稳态电路的工作原理可知，输入任何电压波形（只要能起到有效触发作用），如图 6-107（a）所示，单稳态电路都能够输出与输入脉冲相对应的脉冲幅度相等、脉冲宽度相等的一连串脉冲，如图 6-107（b）所示。

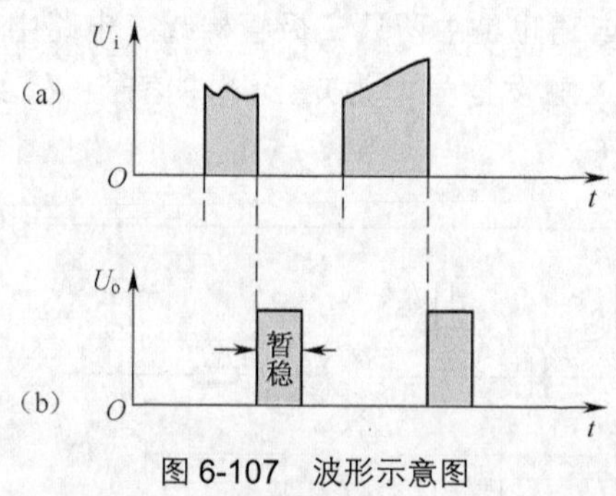

图 6-107　波形示意图

由于输入信号有效触发后，电路处于暂稳态的时间由 RC 时间常数决定，所以输出脉冲的宽度一定。由于输入信号有效触发后，输出电平的大小是与输入信号的幅度无关的，所以输出电压的幅度是一定的。

5．分频应用

单稳态电路还可以用来对输入信号进行分频，可用图 6-108 所示波形来说明。图 6-108（a）所示为输入电压波形，图 6-108（b）所示是输入脉冲经过微分电路后的电压波形，图 6-108（c）所示是单稳态电路输出电压波形。

由于电路处于暂稳态的时间由 RC 时间常数决定，只要调整 RC 时间常数的大小，就能得到所要的暂稳态时间，可以得到不同的分频特性，图中是三分频，即 3 个输入脉冲才能得到 1 个输出脉冲。

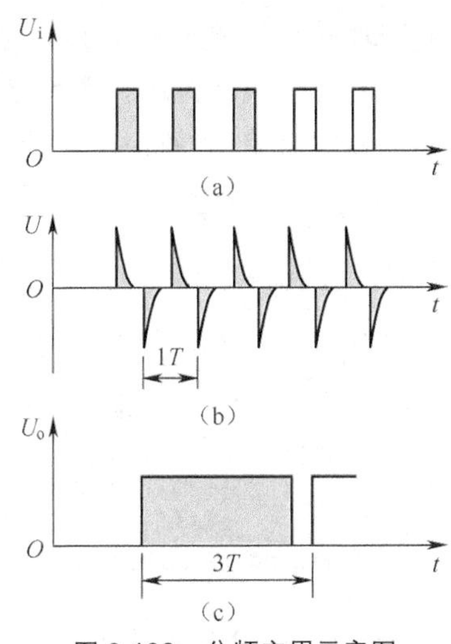

图 6-108　分频应用示意图

这种单稳态电路还能用于延迟、定时等方面。

6.10.2　发射极耦合单稳态电路

图 6-109 所示是发射极耦合单稳态电路，从电路中可以看出，VT1 和 VT2 的发射极相连，所以称为发射极耦合单稳态电路。电路中，R4 是两管共用的发射极电阻，U_o 是这一电路的输出信号，为脉冲信号，U_i 是输入触发信号，为负尖顶脉冲（这一电路中没有画出输入回路中的触发电路）。

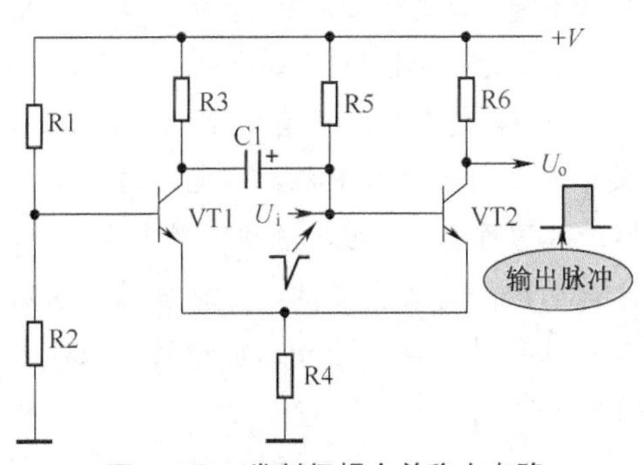

图 6-109　发射极耦合单稳态电路

1．稳态时电路分析

在没有触发信号作用的稳态下，电阻 R5 给提供 VT2 基极足够大的基极电流，使 VT2 处于饱和状态。

VT2 较大的发射极电流流过电阻 R4，在 R4 上的压降比较大，VT1 基极通过 R1 和 R2 分压得到电压，但是这一电压没有 VT1 发射极电压大，所以此时 VT1 处于截止状态。

只要不给电路输入有效触发信号，电路一直处于这一稳定状态下，即输出端为低电平。在稳态下，由于 VT2 的发射极不是直接接地，所以 VT2 集电极电压（输出电压）不是很小，而是一个较大的值。

2．触发信号分析

这一电路的触发电路与前面的触发电路相同，输入信号也是一个矩形脉冲信号，这一矩形脉冲信号加到微分电路中，得到正、负尖顶脉冲，再通过二极管的单向导电性（见图 6-105），将正尖顶脉冲去掉，将负尖顶脉冲加到 VT2 基极上。

在 VT2 基极上加有负尖顶脉冲之后，使 VT2 基极电压下降，其基极和发射极电流减小，在 VT1 发射极上的电压下降，由于 VT1 基极电压不变，使 VT1 基极电流增大，其集电极电压下降，通过 C1 使 VT2 基极电压进一步下降，VT2 基极电流进一步下降，VT2 和 VT1 发射极电压更低，可见这是正反馈过程。

通过这一正反馈，很快使 VT1 进入饱和、VT2 进入截止，这样电路进入了暂稳态，即输出端为高电平。

3．暂稳态及恢复稳态过程分析

在电路进入暂稳态之后，由于 VT1 饱和，此时 C1 充电，其充电电流回路是：+V→R5→C1→VT1 集电极 →VT1 发射极 →R4→ 地端，如图 6-110 所示。

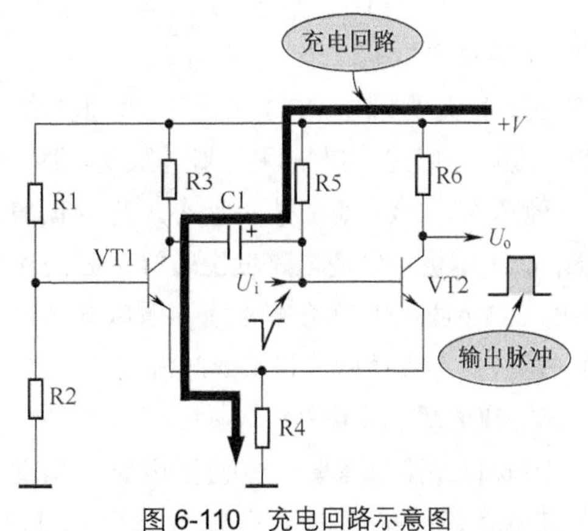

图 6-110　充电回路示意图

这一充电使C1上的充电电压为右+左-，这一电压使VT2基极电压升高，当VT2基极电压上升到一定程度后，VT2基极电流增大，其发射极电流增大，VT2和VT1发射极电压升高，导致VT1基极电流下降，VT1集电极电压升高，即VT2基极电压升高，VT2基极和发射极电流进一步增大，这是电路的正反馈过程，很快使VT2进入饱和、VT1截止，电路进入稳态。

重要提示

由上述分析可知，电路进入暂稳态之后，通过对电容C1的充电（其充电时间长短决定了暂稳态的时间长短），电路在没有任何触发信号的作用下，自动恢复到稳定状态。

4．基极触发电路

发射极耦合单稳态电路可以采用基极触发电路和集电极触发电路。图6-111所示是采用基极触发电路。

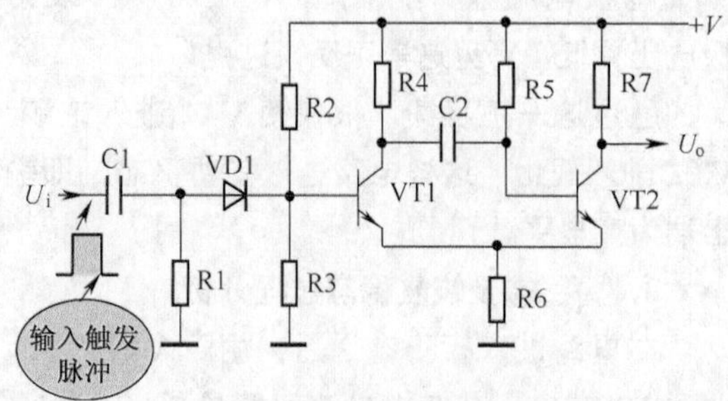

图6-111　基极触发电路

电路中的VT1和VT2构成发射极耦合单稳态电路。C1、R1和VD1构成输入触发电路，其中C1和R1构成微分电路，这一电路将输入矩形脉冲转换成正、负尖顶脉冲，VD1只让正尖顶脉冲加到VT1基极，所以这一电路又称正脉冲触发电路。

稳态时，VT1处于截止状态。正尖顶脉冲加到VT1基极，会使电路发生转换，即向VT1饱和、VT2截止的暂稳态转换，所以这里加到VT1基极的正尖顶脉冲是有效触发信号。

5．集电极触发电路

图6-112所示是集电极触发电路。电路中的VT1和VT2构成发射极耦合单稳态电路。C1、R1和VD1构成了输入触发电路，其中C1和R1构成微分电路，分析这一微分电路工作原理时，要将直流电源+*V*看作交流等效接地。

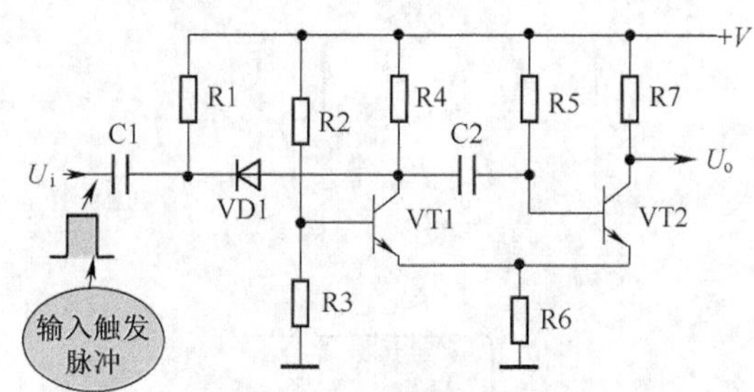

图6-112　集电极触发电路

这一微分电路将输入矩形脉冲转换成正、负尖顶脉冲，VD1只让负尖顶脉冲加到VT1集电极。

当负尖顶脉冲出现时，由于电容C2两端的电压不能突变，所以这一负尖顶脉冲通过C2加到VT2基极。在稳态时VT2处于饱和状态，负尖顶脉冲加到VT2基极后，会使电路发生转换，即向VT2截止、VT1饱和的暂稳态方向转变，所以加到VT1集电极的负尖顶脉冲是有效触发信号。

电路分析提示

分析单稳态电路时，主要是分成稳态、电路翻转、暂稳态几个部分进行。关于分立元器件构成的单稳态电路还要说明以下几点。

（1）单稳态电路只有一个稳定的状态，在有效触发信号作用之后，电路通过正反馈进入暂稳态，之后对电路中的电容充电，待充电到一定程度之后，电路自动进入第二次正反馈过程，这次正反馈的结果是电路又恢复到稳态。

（2）单稳态电路的暂稳时间是受电路中RC时间常数决定的，改变这一RC时间常数，可以改变暂稳态的时间。改变电路中的电容、电阻参数，就能改变电容充电、放电的时间，从而就能改变电路暂稳态时间。

（3）在分析单稳态电路的应用电路工作原理时，主要是利用单稳态电路的工作特性去分析。

6.10.3 TTL与非门构成的单稳态触发器

采用TTL与非门也可以构成单稳态触发器电路，这种电路按照耦合方式有两种：微分型单稳态触发器电路和积分型单稳态触发器电路。

1．微分型单稳态触发器电路

图6-113所示是采用TTL与非门构成的微分型单稳态触发器电路。电路中，逻辑门A是有两个输入端的与非门电路，逻辑门B是非门电路。U_i是输入触发信号，为低电平触发。U_{o1}和U_{o2}是输出信号。由于这一电路中的电阻R1和电容C1接成微分电路形式，所以称为微分型单稳态触发器电路。

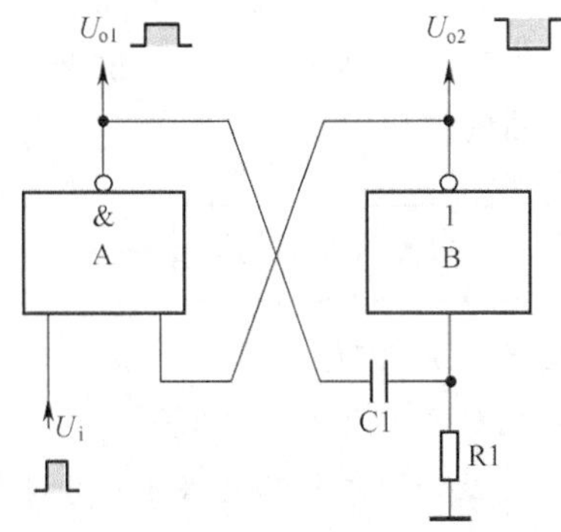

图6-113 采用TTL与非门构成的微分型单稳态触发器电路

对这一电路的工作原理可分成下列几种情况。

（1）电路稳态分析。静态时，由于没有输入信号，U_i为高电平，这一高电平加到与非门A的一个输入端。在静态时，由于电容C1的隔直作用，非门B的输入端为低电平，这样非门B输出高电平，即U_{o2}为高电平。

U_{o2}高电平加到与非门A的另一个输入端，这样与非门A的两个输入端都是高电平，所以U_{o1}输出低电平。在电路没有有效触发信号输入时，电路保持U_{o1}为低电平、U_{o2}为高电平这一稳态。

（2）电路受触发而翻转到暂稳态分析。当输入信号U_i出现负脉冲时，由于U_i从高电平变为低电平，使与非门A从低电平变为高电平，即U_{o1}从低电平突变成高电平，这一高电平经电容C1加到非门B的输入端（电容C1对U_{o1}从低电平突变到高电平呈通路状态，因为电容两端的电压不能突变），使非门B输出端从低电平变成高电平，即此时U_{o2}为低电平。

这种U_{o1}为高电平、U_{o2}为低电平的状态是暂时的，称为暂稳态。

（3）从暂稳态自动返回到稳态分析。在U_{o1}输出高电平期间，输出电压U_{o1}通过电阻R_1对电容C1充电，其充电回路是：U_{o1}→C1→R1→地端，如图6-114所示。

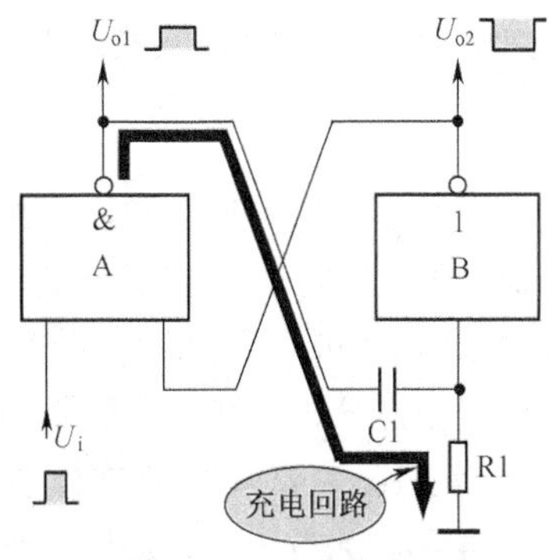

图6-114 充电回路示意图

随着上述回路中电容C1充电的进行，在电容C1上充到的电压愈来愈大，C1上的充电电压极性为左正右负。随着这一充电的进行，非门B输入端的电压愈来愈低，当低到一定程度时，非门B输入端为低电平，其输出端就是高电平，即U_{o2}从低电平自动返回到高电平状态。

由于U_{o2}已是高电平，同时负脉冲触发信号已消失，输入信号U_i已为高电平，这样与非门A两个输入端都是高电平，所以U_{o1}输出高电平。这样，电路进入稳态，完成由于输入脉冲触发电路所产生的一个周期翻转。

从上述电路分析可知，这种微分型单稳态电路与前面分立元器件构成的单稳态电路工作特性一样。

2. 积分型单稳态触发器电路

图 6-115 所示是采用 TTL 与非门构成的积分型单稳态触发器电路。电路中，逻辑门 A 是非门电路，逻辑门 B 是两个输入端的与非门。U_i 是输入触发脉冲信号，U_o 是输出信号。由于这一电路中的电阻 R1 和电容 C1 接成积分电路的形式，所以称为积分型单稳态触发器电路。积分型单稳态触发器电路的触发信号为正脉冲触发，这一点与微分型单稳态触发器电路不同。

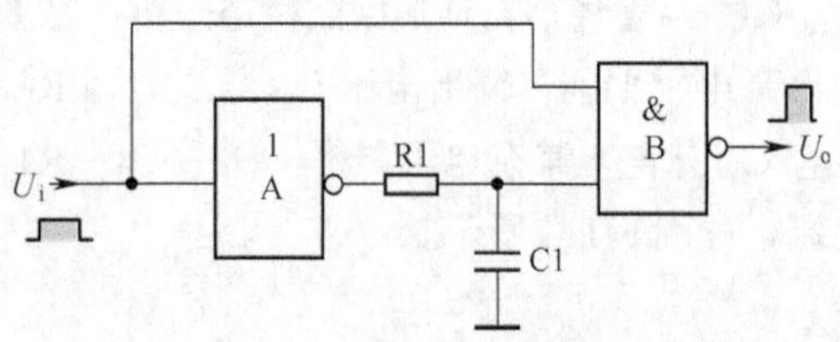

图 6-115　采用 TTL 与非门构成的积分型单稳态触发器电路

在这一电路中，要求输入触发脉冲的宽度比较宽，要大于输出信号 U_o 的脉冲宽度。这一电路的工作原理要分成下列几种情况进行。

（1）电路稳态分析。当输入触发脉冲没有来时，输入信号 U_i 为低电平，这样非门 A 输出高电平。由于 U_i 为低电平，加到与非门 B 的一个输入端，使与非门 B 输出高电平，U_o 为高电平。如果没有有效的输入触发信号，电路将保持这一稳态。

在这一稳态时，由于非门 A 输出的高电平通过电阻 R1 对电容 C1 充电，其充电回路是：非门 A 输出端 →R1→C1→ 地端，如图 6-116 所示。在 C1 上充到上正下负电压，充电结束后，使与非门 B 的一个输入端为高电平。

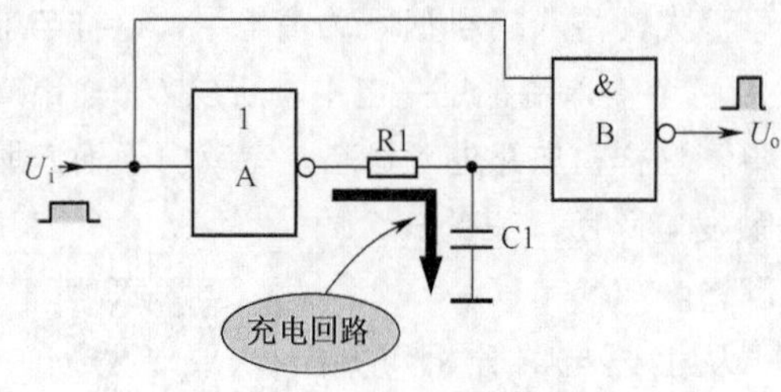

图 6-116　充电回路示意图

（2）电路受触发而翻转到暂稳态分析。当输入信号 U_i 出现正脉冲时，使非门 A 从高电平变为低电平，但是由于电容 C1 两端电压不能突变，C1 的放电要有一个过程，这样与非门 B 的一个输入端仍然为高电平。

由于输入的正脉冲加到与非门 B 的另一个输入端，这样与非门 B 两个输入端都是高电平，所以与非门 B 输出低电平，即 U_o 从高电平变成低电平。这时，电路进入暂稳态。

（3）从暂稳态自动返回到稳态分析。电路进入暂稳态后，在非门 A 输出低电平期间，电容 C1 通过电阻 R1 和非门 A 放电，随着放电的进行，在电容 C1 上的电压愈来愈小，当 C1 上的电压小到一定程度时与非门 B 的一个输入端变成低电平，使与非门 B 输出高电平，即 U_o 从低电平变成高电平，这时电路又经进入稳态，完成电路的一个触发周期翻转。

从上述电路分析可知，积分型单稳态触发器电路的特性与其他单稳态电路特性一样，也有一个稳态和一个暂稳态，并且能够自动地从暂稳态返回到稳态。

电路分析提示

关于采用 TTL 与非门构成的单稳态触发器电路主要说明下列几点。

（1）微分型单稳态电路和积分型单稳态电路对输入触发脉冲宽度的要求有所不同，对于前者要求输入触发脉冲宽度较窄，后者则要求较宽。另外，这两种电路对输入脉冲信号的要求也不同，前者是负脉冲为有效触发，后者则是正脉冲为有效触发。

（2）前面介绍的微分型单稳态电路和积分型单稳态电路都是最基本的电路，它们有多种改进电路和变形电路，但电路的基本结构和工作原理是相同的，电路分析方法也是相同的。

（3）对微分型单稳态电路和积分型单稳态电路的分析都要分成稳态、触发等几个过程，采用分析与非门电路和非门电路的分析方法即可。

6.11 无稳态电路多谐振荡器

种类提示

自激多谐振荡器主要有下列几种电路。

（1）分立元器件构成的自激多谐振荡器；

（2）TTL 与非门基本自激多谐振荡器；

（3）环形自激多谐振荡器；

（4）石英晶体自激多谐振荡器。

6.11.1 分立元器件构成的自激多谐振荡器

图 6-117 所示是无稳态电路。这种电路由于是振荡器，所以没有输入端，只有输出端，而且电路也没有稳定的状态，两管集电极能够输出矩形脉冲信号。电路中，VT1 和 VT2 的集电极和基极通过电容交连，所以这是集 - 基耦合无稳态电路。

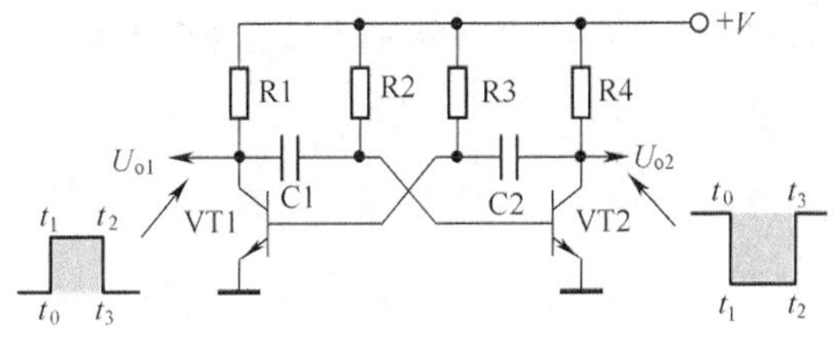

图 6-117 无稳态电路

1．电路分析

对这一电路工作原理的分析可以根据输出信号波形分成 4 种情况进行。

（1）t_0 ～ t_1 期间电路分析。t_0 时刻之前，直流工作电压 +V= 0V，电路中无直流工作电压，电路的两个输出电压均为 0V。

电源接通之后，设 VT2 导通优先于 VT1，这样 R2 为 VT2 基极提供基极电流，其集电极电压下降，这一下降的电压经 C2 加到 VT1 基极（C2 两端的电压不能发生突变），使 VT1 基极电压下降，其集电极电压上升，这一上升的电压通过电容 C1 加到了 VT2 基极，使 VT2 基极电流更大，显然这是正反馈过程。

通过这一正反馈，很快使 VT2 饱和、VT1 截止，即在 t_1 时刻，VT1 截止、VT2 饱和。

由于 VT1 截止，所以其集电极输出电压 U_{o1} 为高电平。由于 VT2 饱和，所以其集电极输出电压 U_{o2} 为低电平。

21. OTL 功放电流电路 6

（2）t_1 ～ t_2 期间电路分析。这一段时间内，VT1 一直处于截止状态，VT2 一直处于饱和状态。

由于 t_0 ～ t_1 时间很短，电容 C1 和 C2 两端的电压是不能发生突变的，但在 t_1 时刻后，因 VT2 饱和导通，构成了对电容 C2 的充电回路，其充电回路是：+V→R3→C2→VT2 集电极 → VT2 发射极 → 地端，如图 6-118 所示，在 C2 上的充电电压为左正右负。

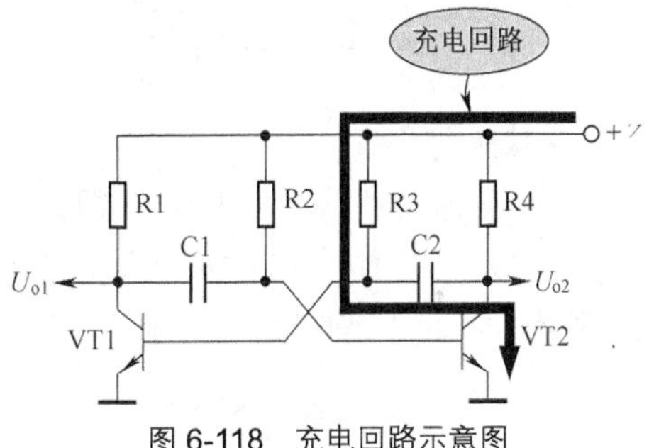

图 6-118 充电回路示意图

重要提示

这一充电电压使 VT1 基极电压升高，使 VT1 存在从截止转为饱和导通的趋势。显然，对电容 C2 的充电时间长短决定了 VT2 集电极输出低电平的时间长短，即 VT2 集电极输出低电平脉冲的宽度。

（3）t_2 ～ t_3 期间电路分析。从 t_2 时刻起，由于 VT1 基极电流增大，通过电路中的正反馈，很快使 VT1 饱和、VT2 截止。t_1 ～ t_2 时间很短，主要是电路的正反馈过程。

从 t_2 时刻起，由于 VT1 饱和，其集电极输

出电压 U_{o1} 为低电平；由于VT2截止，其集电极输出电压 U_{o2} 为高电平。

（4）t_3 ～ t_4 期间电路分析。这期间内，VT1一直处于饱和状态，VT2一直处于截止状态。由于VT1饱和，构成对电容C1的充电回路，其充电回路是：$+V$→R2→C1→VT1集电极→VT1发射极→地端，如图6-119所示。

这一充电使C1上的充电电压为右+左−，其充电的时间长短决定了VT1饱和的时间长短。

由于C1上的充电电压增大，使VT2基极电压增大，导致VT2基极电流增大，这时电路又开始了下一轮的正反馈过程。

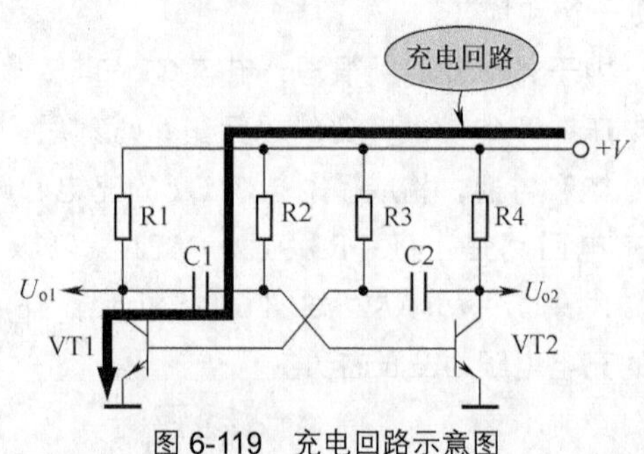

图6-119　充电回路示意图

2．振荡周期

当电路中的元件参数对称时，即 R_1=R_4、R_2=R_3、C_1=C_2 和VT1、VT2性能一致，这一电路的振荡周期 T 由下式决定：

$$T=1.386R_3C_2=1.386R_2C_1$$

电路分析提示

关于无稳态电路分析主要说明以下几点。

（1）R_2 和 C_1 时间常数大小决定了对电容C1的充电速度，也就是决定了VT1饱和、VT2截止的时间长短。R_3 和 C_2 时间常数决定了对电容C2的充电速度，即决定了VT2饱和、VT1截止的时间长短。

（2）无稳态电路也是一种振荡器，它输出的是矩形脉冲信号，电路中没有选频电路。这一电路的两个输出信号相位相反，图中 U_{o1} 为高电平时 U_{o2} 为低电平，当 U_{o1} 为低电平时 U_{o2} 为高电平，两者为反相关系。

（3）这一电路在电源接通后，电路中的VT1和VT2就是一只饱和、另一只截止的变化，没有稳定的状态，所以称为无稳态电路。这种电路的分析主要是正反馈过程和电容充电过程的分析。

（4）电路中的R1和R4分别是VT1和VT2的集电极负载电阻，它们的阻值大些，有利于三极管的饱和，对振荡的频率没有多大影响。R_2 和 C_1、R_3 和 C_2 决定了振荡频率的高低。

6.11.2　TTL与非门简易自激多谐振荡器

图6-120(a)所示是由两个非门和电阻R1、电容C1构成的简易自激多谐振荡器电路。电路中，U_{o1} 和 U_{o2} 是两个输出信号。图6-120(b)所示是这一电路两个输出端的输出信号电压波形。

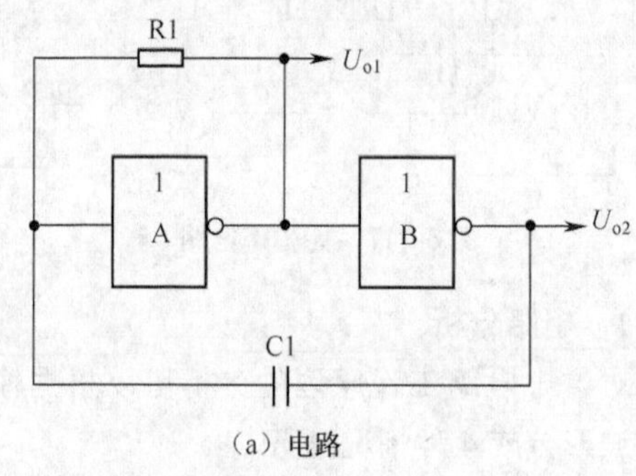

（a）电路

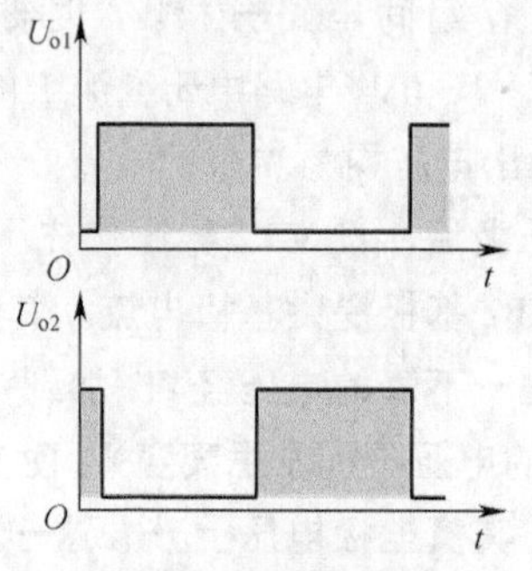

（b）输出信号电压信号

图6-120　TTL与非门简易自激多谐振荡器电路及波形图

1．电路分析

设电源接通后，非门 A 输入端的电压较低，使非门 A 输出高电平，即此时 U_{o1} 为高电平。这一高电平加到非门 B 的输入端，非门 B 输出低电平，即 U_{o2} 为低电平，此时电路进入一个暂稳态，如图 6-120(b) 所示波形。

22. OTL 功放直流电路 7

由于 U_{o1} 为高电平，而 U_{o2} 为低电平，这样 U_{o1} 通过电阻 R1 对电容 C1 充电，**其充电回路是：**非门 A 输出端→R1→C1→ 非门 B 输出端，如图 6-121 所示。这一充电使 C1 充到左正右负的电压。

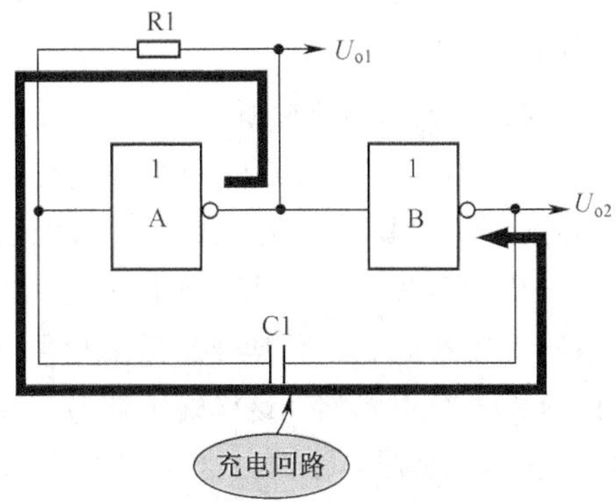

图 6-121　C1 充电回路示意图

随着上述充电的进行，使非门 A 输入端的电压上升，当非门 A 输入端的电压上升到一定程度时，电路开始翻转，使非门 A 输出低电平，即 U_{o1} 为低电平。这一低电平加到非门 B 的输入端，使非门 B 输出高电平，即 U_{o2} 为高电平，这时电路进入另一个暂稳态，如图 6-120(b) 所示波形。

2．电路翻转分析

由于在这一暂稳态时，输出端 U_{o2} 电压高于非门 A 输入端电压，这样电容 C1 先通过 R1 放电（原先 C1 上充到左正右负电压），C1 上的电荷放完后，输出端 U_{o2} 电压开始对电容 C1 进行反向充电，**其充电回路是：**非门 B 输出端→C1→ 非门 A 输入端，如图 6-122 所示。这一充电使电容 C1 充到右正左负的电压。

随着充电的进行，使非门 A 输入端的电压下降，当这一输入电压下降到一定程度后，电路再次开始翻转，进入 U_{o1} 为高电平、U_{o2} 为低电平的暂稳状态。

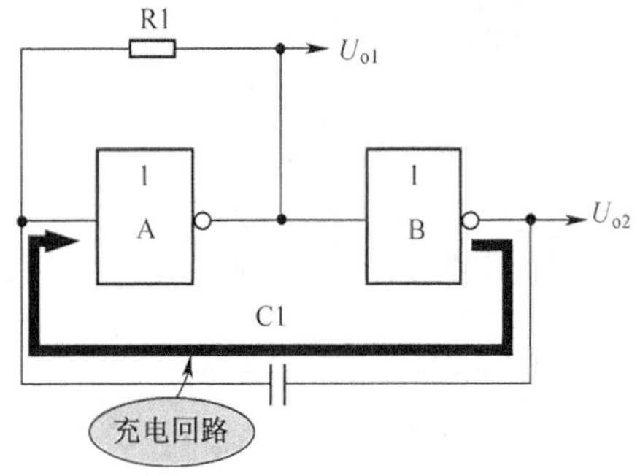

图 6-122　C1 充电回路示意图

电路分析提示

从上述电路分析可知，采用 TTL 门电路构成的无稳态电路与分立元器件构成的无稳态电路具有相同的电路特性。关于这一电路工作原理还要说明下列几点。

（1）对这种电路的分析方法主要是对非门电路的翻转分析，以及对电容 C1 的充电、放电回路分析。

（2）上述电路从接通电源到电路进入振荡状态是通过电路的正反馈回路实现的，这一正反馈回路是：非门输入端电压↑→非门 A 输出端电压↓→非门 B 输出端↑→非门 A 输入端电压↑（通过电容 C1，C1 两端电压不能突变）。

（3）上述电路中，通过适当调整电阻 R1 的阻值大小可以保证电路起振，一般电阻 R1 的阻值为 100 ～ 1000Ω。

（4）在电路工作频率不高时，上述电路的振荡周期 $T \approx 2.3RC$（R 为电路中 R1 的阻值，C 为电路中 C1 的容量）。如果电路的工作频率很高时，振荡周期要考虑到两个非门 A 和 B 的延迟时间，所以振荡周期 T 还会长一些。

6.11.3　石英晶体自激多谐振荡器

图 6-123 所示是石英晶体自激多谐振荡器电路。从电路中可看出，这一电路与上面介绍的基本电路结构相同，只是在电容回路中串联

了一只石英晶体 X1。

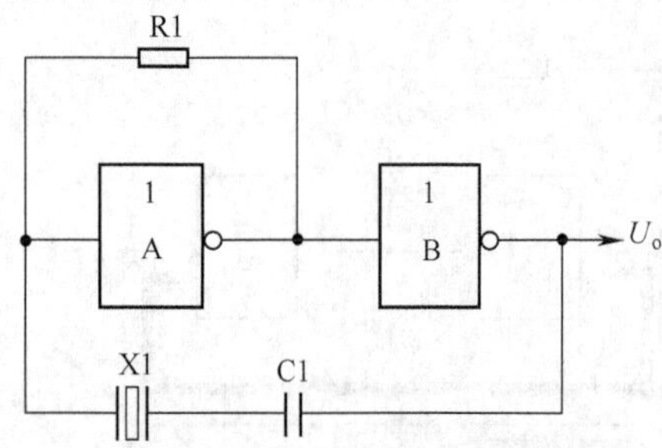

图 6-123　石英晶体自激多谐振荡器电路

1．电路分析

关于该电路的起振和电路翻转过程与前面介绍的电路一样，这里对振荡频率作些说明。由晶振的等效电路可知，X1 等效成一个 LC 串联谐振电路，设它的谐振频率是 f_0。

由 LC 串联谐振电路特性可知，当该电路发生谐振时，其电路的阻抗最小，当信号频率为 f_0 时，X1 和 C1 串联电路的阻抗为最小。

2．振荡理解方法

从电路中可看出，X1 和 C1 串联在非门 A 和 B 构成的正反馈回路中，当频率为 f_0 时，X1 和 C1 串联电路能够将最大的信号正反馈到非门 A 的输入端，而对于频率高于或低于 f_0 的信号，由于 X1 和 C1 构成的串联谐振电路失谐，其阻抗增大，这样正反馈强度较低。

所以，该电路能够振荡在频率为 f_0 的信号上，这一石英晶体自激多谐振荡器的振荡频率就是 f_0，f_0 主要由 X1 特性决定。

电路分析提示

关于石英晶体自激多谐振荡器电路主要说明下列两点。

（1）石英晶体自激多谐振荡器电路在数字系统电路中应用广泛，凡是需要脉冲信号源的电路都要用到这种振荡器电路，而在数字系统电路中脉冲源又是一种不可缺少的信号源。

（2）大量采用石英晶体自激多谐振荡器电路的根本原因是石英晶体具有众多优点：一是振荡频率十分稳定，这是 RC 振荡器电路所不及的；二是很高的 Q 值；三是选频特性好。

6.11.4　定时器构成的多谐振荡器

定时器是一种应用十分广泛的集成电路，定时器可以用来构成脉冲信号产生电路和脉冲波形整形电路，例如，可以构成单稳态触发器电路、多谐振荡器电路、施密特触发器电路等。

图 6-124（a）所示是采用常见的定时器集成电路 555 构成的多谐振荡器电路。电路中，A1 是定时器集成电路 555，内部电路中有两个电压比较器和一个 RS 触发器，还有一只三极管和四只电阻器。集成电路 A1 的③脚是该多谐振荡器电路的输出端，也是内部电路中 RS 触发器的 Q 输出端。

1．接通电源时电路分析

在刚接通电源时，由于电容 C1 两端的电压不能突变，使集成电路 A1 的②脚电压为 0V。这一低电平加到电压比较器 D 的同相输入端，电压比较器 D 输出低电平，该低电平加到与非门 B 的一个输入端，这样输出端 Q 输出高电平，即多谐振荡器电路输出电压 U_o 为高电平，如图 6-124（b）所示的输出电压 U_o 波形。

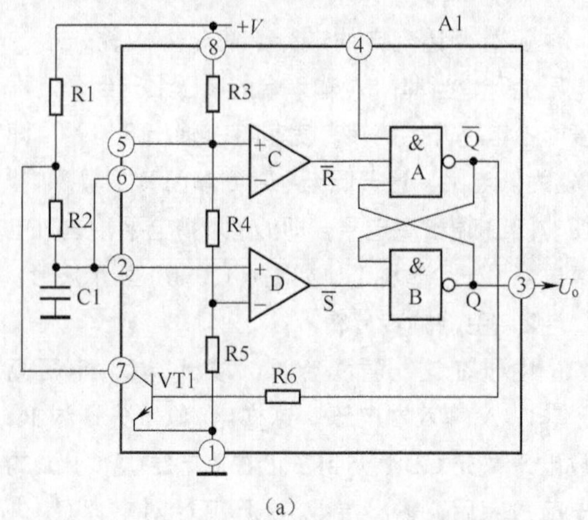

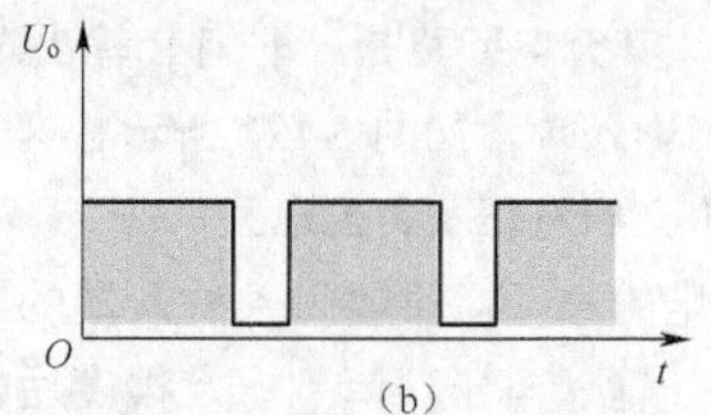

图 6-124　定时器构成的多谐振荡器电路

2．通电后电路分析

通电源之后，直流电压 $+V$ 通过电阻 R1 和 R2 对电容 C1 充电，由于对电容 C1 的充电要有一个过程，在 C1 两端的电压没有充到一定程度时，电路保持输出电压 U_o 为高电平状态，如图 6-124（b）所示波形，这是一个暂稳态。

随着对电容 C1 的充电进行（C1 上的充电压极性为上正下负），当 C1 上的电压达到一定程度后，集成电路 A1 的⑥脚电压为高电平，该高电平加到内部电路中的电压比较器 C 的反相输入端，使比较器 C 输出低电平，该低电平加到与非门 A 的一个输入端，使 RS 触发器翻转，即 Q 端输出低电平，即 U_o 为低电平，$\overline{Q}$为高电平。从图 6-124（b）所示波形中可以看出，此时 U_o 已从高电平翻转成低电平。

在$\overline{Q}$为高电平后，该高电平经电阻 R6 加到 VT1 基极，使 VT1 饱和导通。由于 VT1 导通后集电极与发射极之间内阻很小，这样电容 C1 上充到的上正下负电压开始放电，其放电回路是：C1 上端→ R2 →集成电路 A1 的⑦脚→ VT1 集电极→ VT1 发射极→地端→ C1 下端，如图 6-125 所示。在 C1 放电期间，多谐振荡器电路保持 U_o 为高电平这一暂稳态，如图 6-124（b）所示波形中低电平段。

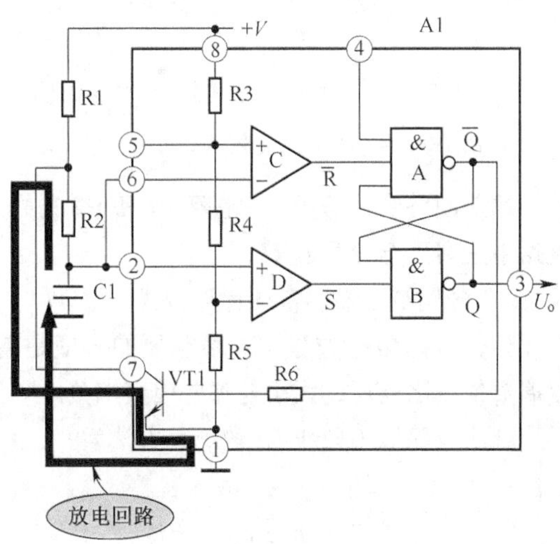

图 6-125　放电回路示意图

随着电容 C1 的放电，C1 上的电压在下降，当 C1 上的电压下降到一定程度后，使集成电路 A1 的②脚电压很低，即电压比较器 D 的同相输入端电压较低，使电压比较器 D 输出低电平。该低电平加到与非门 B 的一个输入端，使 RS 触发器再次翻转，翻转到 Q 端为高电平的暂稳态，即 U_o 为高电平。由于 Q 为高电平，$\overline{Q}$ 为低电平，使 VT1 基极电压很小，VT1 截止，电容 C1 停止放电，改变为 $+V$ 通过电阻 R1 和 R2 对 C1 充电，这样电路进入第二个周期。

电路分析提示

这种多谐振荡器电路与其他多谐振荡器电路一样，有相同的振荡特性。这里还要说明下列几点。

（1）在集成电路 A1 的内部电路中，电阻 R2、R3 和 R4 构成分压电路，分别为电压比较器 C 和 D 提供基准电压。对于电压比较器 C 而言，基准电压加到同相输入端。对电压比较器 D 而言，基准电压加到反相输入端。

（2）电压比较器的工作特性是：对电压比较器 C 而言，当反相输入端的电压大于同相输入端上的基准电压时，电压比较器C输出低电平；对于电压比较器D而言，当同相输入端的电压大于反相输入端上的基准电压时，电压比较器 D 输出高电平。

23. OTL 功放直流电路 8

第7章 控制系统电路

7.1 音量控制器电路

不同的音响设备对音量控制器的控制要求有所不同，所以会有许多种类的音量控制器电路。在音量控制器中采用 Z 型电位器。

7.1.1 电阻分压电路

重要提示

音响控制器电路的实质是电阻构成的分压电路，在真正意义上掌握了电阻分压电路工作原理，那么对音量控制器电路工作原理的理解就会比较简单。

图 7-1 所示是典型的电阻分压电路（没有接入负载电路），电阻分压电路由 R1 和 R2 两只电阻构成。电路中有电压输入端和电压输出端。

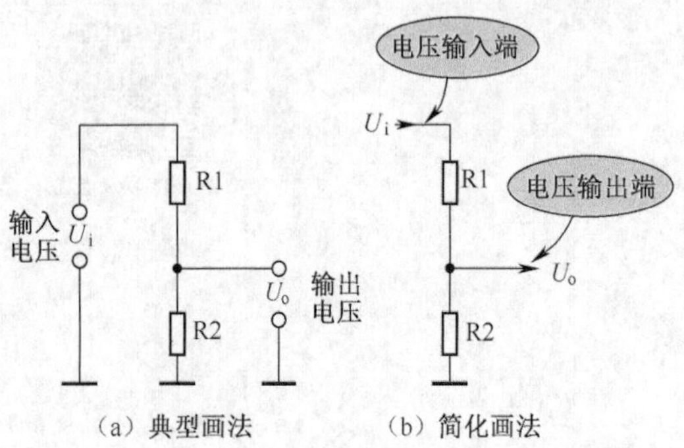

（a）典型画法　（b）简化画法

图 7-1　典型的电阻分压电路（没有接入负载电路）

输入电压 U_i 加在电阻 R1 和 R2 上，输出电压 U_o 为串联电路中电阻 R2 上的电压，这种形式的电路称为分压电路。

分析分压电路的关键点有两个：分析输入电压回路及找出输入、输出端。

1. 输入回路分析

图 7-2 是电阻分压电路输入回路示意图。从电路中可以看出，输入电压加到分压电阻 R1 和 R2 上，输入电压产生的电流流过 R1 和 R2。

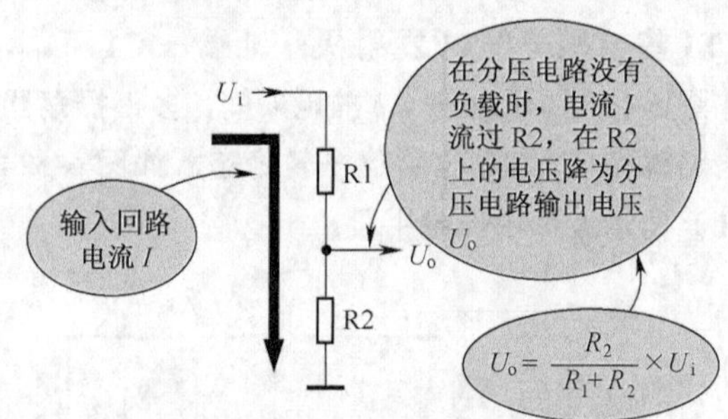

图 7-2　电阻分压电路输入回路示意图

输入回路由信号源 U_i、电阻 R1 和 R2 构成，电路中没有画全信号源 U_i。

2. 分压电路输出电压计算公式

分析分压电路过程中，最重要的一项是需要搞清楚输出电压的大小与哪些因素相关。

分压电路输出电压 U_o 的计算方法为

$$U_o = \frac{R_2}{R_1 + R_2} U_i$$

式中：U_i 为输入电压；U_o 为输出电压。

从计算公式中可以看出，因为分母 R_1+R_2 大于分子 R_2，所以输出电压小于输入电压。分压电路是

一个对输入信号电压进行衰减的电路。改变 R1 或 R2 的阻值大小，可以改变输出电压 U_o 的大小。

3．下分压电阻阻值大小对输出电压变化影响

重要提示

分析分压电路工作原理时不仅需要分析输出电压的大小，往往还需要分析输出电压的变化趋势，因为分压电路中电阻 R1 和 R2 的阻值可能会改变。

图 7-3 所示是 R2 阻值变化时的情况。输入电压 U_i 和 R1 阻值固定不变时，如果 R2 阻值增大，输出电压 U_o 也将随之增大；R2 阻值减小，输出电压 U_o 也将随之减小。

记忆方法提示

借助于极限情况分析有助于记忆：当 R2 的阻值增大到开路时，U_o=U_i，即分压电路的输出电压等于输入电压；当 R2 的阻值减小到短路时，U_o=0V，即分压电路的输出电压等于 0V。

4．上分压电阻阻值大小对输出电压变化影响

图 7-4 所示是 R1 阻值变化时的情况。输入电压 U_i、R2 阻值固定不变，当 R1 阻值减小时输出电压 U_o 增大，当 R1 阻值增大时输出电压 U_o 减小。

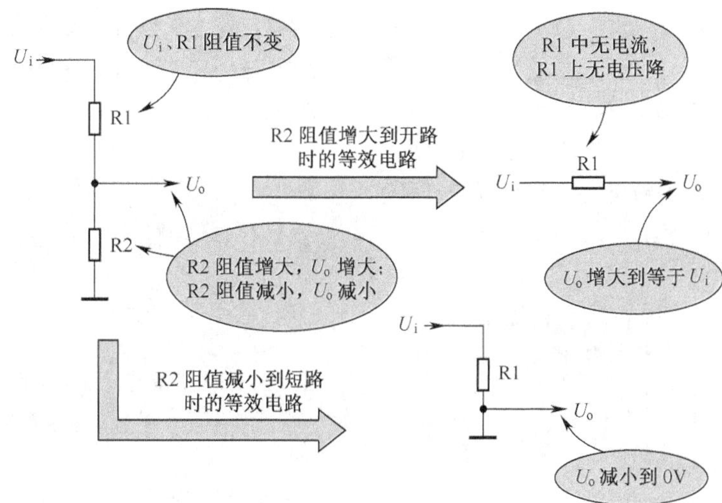

图 7-3　R2 阻值变化时的情况

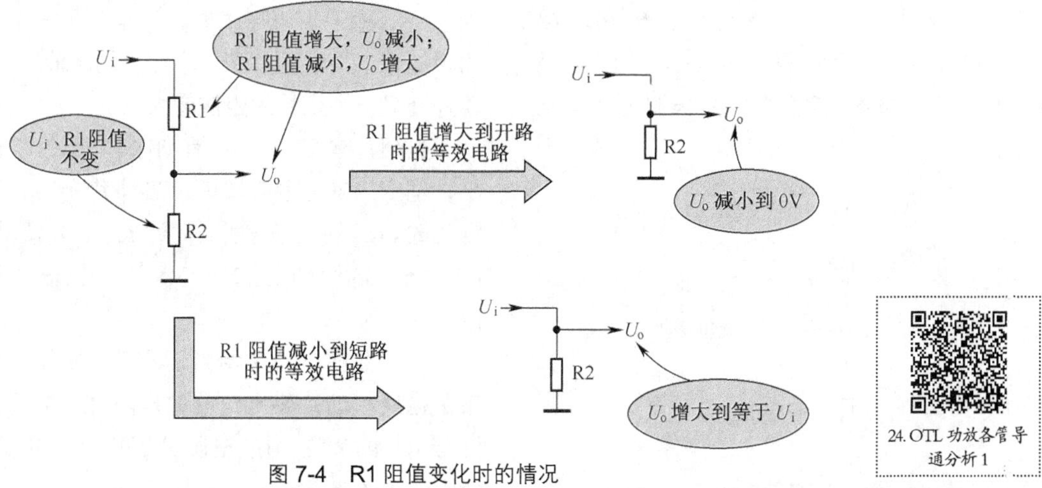

图 7-4　R1 阻值变化时的情况

记忆方法提示

借助于极限情况分析有助于记忆：当R1阻值减小到0Ω时（R1短路），分压电路输出端与输入端相连，输出电压等于U_i；当R1阻值增大至开路时，输出电压为0V。

重要提示

上述分压电路分析中，如果输入电压是直流电压，输出电压便为直流电压；如果输入电压是交流电压，输出电压便为交流电压；如果输入电压是直流电压和交流电压的叠加电压，则输出电压便为直流电压和交流电压的叠加电压。

5．带负载电路的电阻分压电路

图7-5所示是接上负载电路后的电阻分压电路，电路中的R_L是负载电路，它可以是一只电阻，也可以是一个电路。

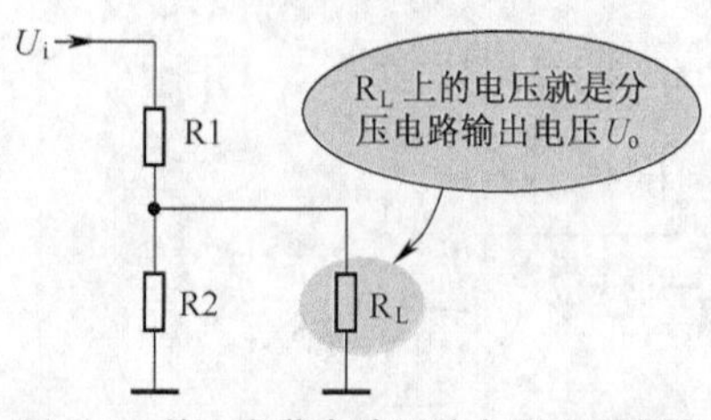

图7-5　接上负载电路后的电阻分压电路

这一电路的工作原理与前面介绍的电阻分压电路基本一样，只是在分析电路时要将R2和R_L并联后的阻抗作为下分压电阻（见图7-6），这时与前面介绍的电阻分压电路一样。

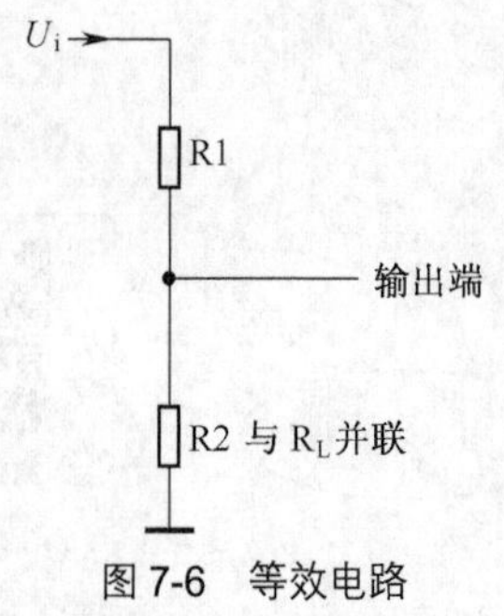

图7-6　等效电路

关于接入负载电阻之后的电阻分压电路，分析说明下列几点。

（1）由并联电路总电阻特性可知，R2与R_L并联后的总阻值小于R2阻值。如果用总电阻代替电路中的R2，那电路与前面的电阻分压电路一样。

（2）由于总电阻阻值下降了，在上分压电阻阻值不变的情况下，分压电路的输出电压下降，所以分压电路接上负载电阻后输出电压会下降。

（3）负载电阻的阻值越小，称为负载越重。负载越重，分压电路输出电压下降的量越大。

6．音量电位器阻值变化原理

音量电位器在电路中就相当于一个电阻分压电路。图7-7是音量电位器与电阻分压电路之间等效电路示意图，电路中的RP1为音量电位器。

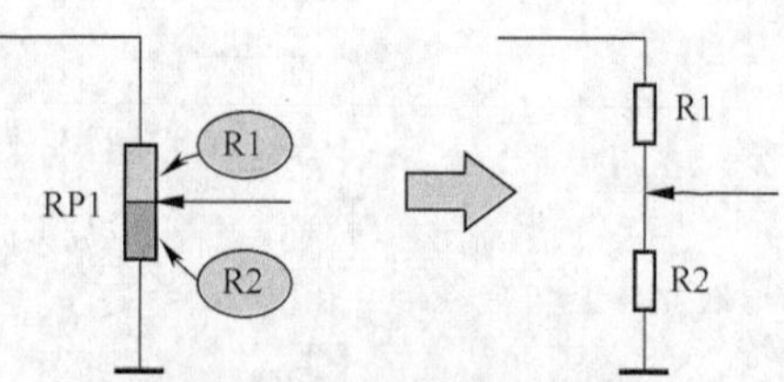

图7-7　音量电位器与电阻分压电路之间等效电路示意图

转动电位器的转柄时，动片在电阻体上滑动，动片到两个定片之间的阻值大小在发生改变。

调整电位器时其阻值变化原理是：当动片到一个定片的阻值增大时，动片到另一个定片的阻值减小；当动片到一个定片的阻值减小时，动片到另一个定片的阻值增大。

当动片向定片上端滑动时，R1的阻值减小，同时R2的阻值增大；当动片向定片下端滑动时，R1的阻值增大，同时R2的阻值减小。R1和R2的阻值之和始终等于电位器的标称阻值。

电位器在电路中相当于两只电阻器构成的串联电路，动片将电位器的电阻体分成两只电阻器R1和R2，构成电阻分压电路，如图7-7所示的等效电路。

7.1.2　单声道音量控制器

单声道音量控制器是各种音量控制器的基础。

图 7-8 所示是单联电位器构成的单声道音量控制器电路。这实际上是一个分压电路的变形电路，电位器 RP1 相当于两只分压电阻。如果已经深入地掌握了电阻分压电路工作原理，音量控制器的电路分析就相当简单。

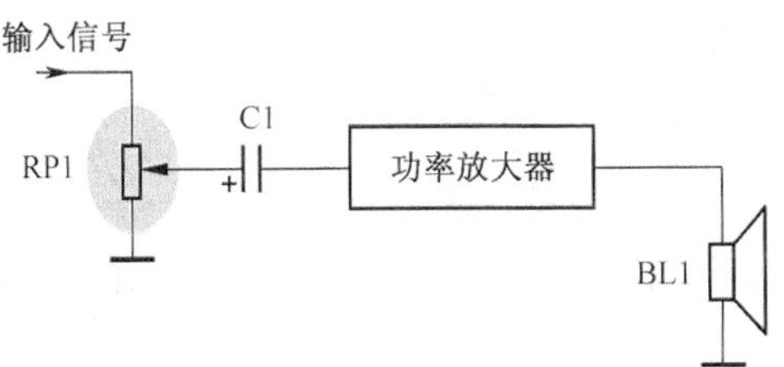

图 7-8　单声道音量控制器电路

因为电位器 RP1 用于音量控制器电路中，所以又称为音量电位器。BL1 是扬声器，其作用是将电信号转换成声音。功率放大器的作用是对 RP1 动片输出的信号进行放大，再推动扬声器 BL1。

1．电路分析

25. OTL 功放各管导通分析 2

分析这一电路的关键是设电位器的动片向上、向下滑动，然后分析 RP1 动片输出电压的变化。具体的分析分成如下 4 种情况。

（1）动片滑在最下端。这时 RP1 动片上的输出信号电压为零，没有信号加到功率放大器中，所以扬声器没有声音，为音量关死状态。

（2）动片从最下端向上滑动。这时 RP1 动片输出的信号电压在增大，加到功率放大器中的信号在增大，扬声器发出的声音越来越大，此时是音量增大的控制过程。

（3）动片滑动到最上端。这时 RP1 动片输出的信号电压最大，音量处于最大状态。

（4）动片从最上端向下滑动。这时 RP1 动片输出的信号电压减小，扬声器发出的声音越来越小，此时是音量减小的控制过程。

电路分析结论

音量控制器就是控制输入功率放大器的信号大小，这样就可以控制流入扬声器中的电流大小，从而达到音量控制的目的。

2．人耳听觉特性与音量调整之间关系

图 7-9 是 3 条曲线示意图，它们能说明人耳听觉特性与音量调整之间的关系。

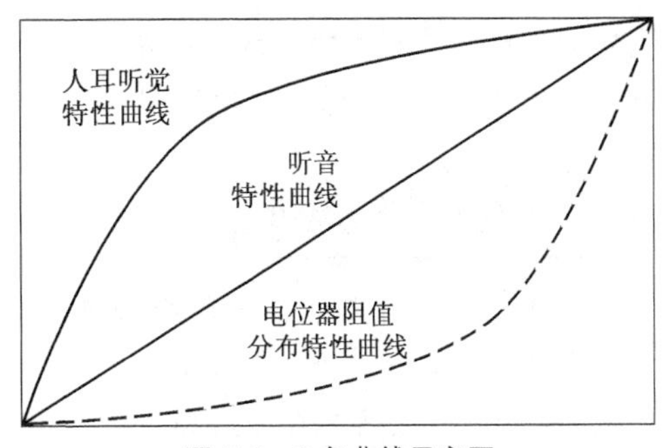

图 7-9　3 条曲线示意图

（1）Z 型电位器阻值分布特性曲线。音量控制器中采用 Z（指数）型电位器，从该曲线中可以看出，动片触点刚开始滑动（顺时针方向转动转柄）的那部分，阻值（动片与地端定片之间的阻值）上升比较缓，动片触点滑到后半程，阻值迅速增大。

当动片转动到最后（全行程），动片到地端定片的阻值等于这一电位器的标称阻值。当动片转动至一半机械行程处时，动片分别到两个定片的阻值不相等，到地端定片的阻值远小于到另一个定片的阻值，所以这种电位器的两个定片不能互换使用。

（2）人耳听觉特性曲线。人耳对较小音量的感知灵敏度比较大，当音量较大后的感知灵敏度变小，如图中人耳听觉特性曲线（实线）所示。

（3）听音特性曲线。均匀转动音量电位器转柄时，动片与地端之间的阻值一开始上升较缓慢，后来阻值增大较快。这样，较小音量时，馈入扬声器的电功率增大量变化较小；音量较大时，馈入扬声器的电功率增大量上升很快。这与人耳听觉特性恰好相反，这样在均匀转动

音量电位器转柄时，人耳感觉到的音量是均匀地上升的，如图中听音特性曲线所示。

3．电路故障分析

音量控制器电路是一个故障高发电路，主要是音量电位器本身由于使用时间长而造成的噪声大故障。关于这一电路故障分析主要说明下列几点。

（1）动片与碳膜之间接触不良故障分析。 调节音量时会出现“喀哒、喀哒”响声，这是音量电位器的一个十分常见的故障，使用一段时间后的音量电位器均会出现这种故障，可以进行清洗处理，也可以进行更换处理。

理解方法提示

这是因为动片与碳膜之间接触不良，造成电路断续接通，产生了噪声。使用时间长的电位器还会出现碳膜磨损的问题。

（2）接地定片引线开路故障分析。 扬声器中的声音一直很大（最大状态），调节音量电位器无法关死音量。

理解方法提示

因为接地定片引线开路后音量电位器不构成分压电路，此时音量调节失灵，音量电位器调到最小时输入信号也全部加到功率放大器中，所以出现音量一直很大的现象。

（3）动片开路故障分析。 扬声器中无信号声，还会有较大的噪声。

理解方法提示

动片开路后音量电位器与功率放大器之间开路，所以没有信号加到功率放大器中而出现无声故障。

同时，因为功率放大器输入端与地线之间没有电路接通，这会感应各种干扰而出现噪声大的故障。

7.1.3　双声道音量控制器

前面介绍的音量控制器电路是最简单的电路，现在更多的音响均为双声道结构，图 7-10 所示是双声道音量控制器电路。电路中，RP1-1 和 RP1-2 是双联同轴电位器，用虚线表示这是一个同轴电位器，其中 RP1-1 是左声道音量电位器，RP1-2 是右声道音量电位器。这一电路的工作原理与单声道音量控制器一样，只是采用了双联同轴电位器后，左、右声道的音量同步控制。

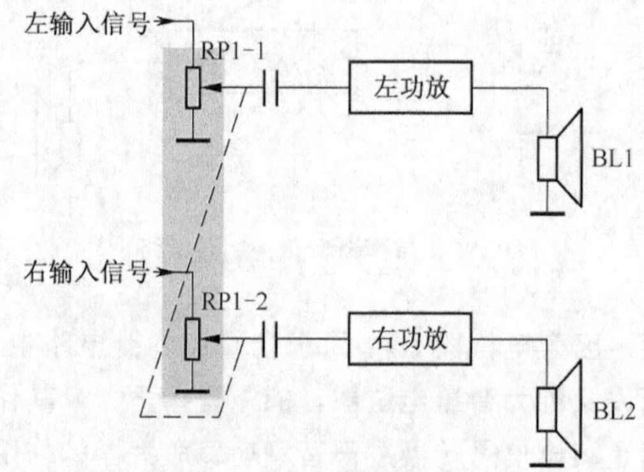

图 7-10　双声道音量控制器电路

电路分析提示

电路中，RP1-1、RP1-2 之间用虚线相连，表示这两只电位器之间存在相关性，它们是双联同轴电位器，在双声道电路中往往采用双联同轴电位器构成左、右声道的音量控制器和音调控制器。

1．电路分析

这一电路工作原理的分析关键是掌握单联音量电位器的工作原理，以及了解双联同轴电位器的工作原理，当音量调节中转动音量旋钮时，RP1-1 和 RP1-2 的动片同步动作，同时进行音量增大控制和同时进行音减小控制，实现左、右声道音量同步控制，如果不了解双联同轴电位器的这一工作原理，就无法分析这一电路的工作过程。

2．双声道电路特征

图 7-11 是双声道电路结构示意图。双声道立体声系统中使用左、右两个声道记录、重放信号，左侧的称为左声道，右侧的称为右声道，左、右声道的电路是完全对称的，即两个声道的频率响应特性、增益等电声指标相同，但是左、右声道中处理、放大的信号是有所不同的，主要是它们的大小和相位特性不同，所以将处理、放大不同相位特性信号的电路通路称为声道。

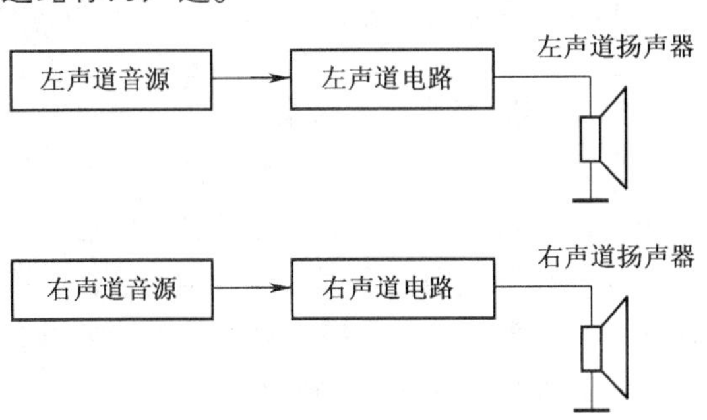

图 7-11　双声道电路结构示意图

现代音响设备除具有双声道信号处理方式外，还具有多声道信号处理方式。

3．电路故障分析

双声道音量控制器电路故障分析与单声道音量控制器电路基本一样，但也存在下列不同之处。

（1）**RP1-1** 故障分析。当只是左声道音量电位器 RP1-1 出现各种故障时，只影响左声道的音量控制，对右声道音量控制无影响。

理解方法提示

这是因为左、右声道之间的音量控制电路是相互独立的，一个声道的音量控制出现故障时不影响另一个声道的音量控制。

（2）**RP1-2** 故障分析。当只是右声道音量电位器 RP1-2 出现各种故障时，只影响右声道的音量控制，对左声道音量控制无影响。

7.1.4　电子音量控制器

普通音量控制器电路结构简单，但存在一个明显的缺点，就是当机器使用时间较长以后，由于音量电位器的转动噪声会引起在调节音量时扬声器中出现“喀啦、喀啦”的噪声。

原因提示

这是因为音量电位器本身直接参与了信号的传输，当动片与碳膜之间由于灰尘、碳膜磨损存在接触不良时，导致信号传输有中断，引起“喀啦、喀啦”的噪声。

采用电子音量控制器后，由于音频信号本身并不通过音量电位器，而且可以采用相应的消除噪声措施，这样电位器在动片接触不好时也不会引起明显的噪声。另外，双声道电子音量控制器电路中，可以用一只单联电位器同时控制左、右声道的音量。

26. OTL 功放各管导通分析 3

电子音量控制器一般均采用集成电路，而且在一些电路中将音调控制、立体声平衡控制器设在集成电路中。

电子音量控制器电路有两种形式：一是直接由手动控制，二是通过红外遥控器来控制。

1．电子音量控制器

图 7-12 所示是电子音量控制器电路。在电路中，VT1、VT2 构成差分放大器，VT3 构成 VT1 和 VT2 发射极回路恒流管；RP1 是音量电位器；U_i 为音频输入信号，U_o 为经过电子音量控制器控制后的输出信号。

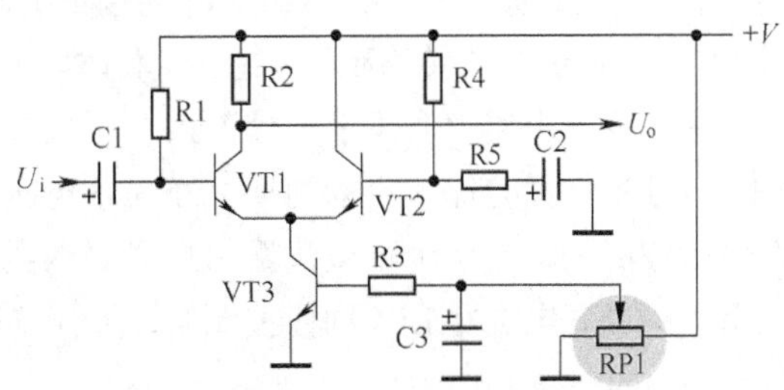

图 7-12　电子音量控制器电路

这一电路的音频信号传输线路是：音频信号 U_i 经 C1 耦合，加到 VT1 基极，经放大和控制后从其集电极输出。

电子音量控制电路的工作原理是：VT1 和

VT2 发射极电流之和等于 VT3 的集电极电流，而 VT3 集电极电流受 RP1 动片控制。

（1）**RP1 动片在最下端时电路分析**。VT3 基极电压为 0，其集电极电流为 0，VT1 和 VT2 截止，无输出信号，处于音量关死状态。

（2）**RP1 动片从下端向上滑动时电路分析**。VT3 基极电压逐渐增大，基极和集电极电流也逐渐增大，由于 VT2 的基极电流由 R4 决定，所以 VT2 发射极电流基本不变。这样 VT3 集电极电流增大导致 VT1 发射极电流逐渐增大，VT1 发射极电流增大就是它的放大能力增大，使输出信号增大，即音量在增大。

（3）**RP1 动片滑到最上端时电路分析**。VT3 集电极电流和 VT1 发射极电流最大，这时音量最大。

分析结论提示

由上述分析可知，通过控制 VT3 基极电压高低便能控制 VT1 的增益大小，从而控制了音频输出信号 U_o 的大小，所以这种电路实际上是一种压控增益电路，即通过控制 VT3 基极上直流电压大小来达到控制 VT1 增益的大小。

电路中，C3 用来消除 RP1 动片可能出现接触不良而带来的噪声，当 RP1 动片发生接触不良时，由于 C3 两端的电压不能突变，这样保证了加到 VT3 基极电压的比较平稳，达到消除了 RP1 接触不良引起的噪声。另外，从电路中可以看出，音频信号只经过 VT1 传输而不经过 RP1 传输。

在双声道电路中，再设一套 VT1、VT2 和 VT3 压控制增益电路，可以利用 RPI 动片电压大小来控制左、右两个声道音量，这样可以实现用一只单联电位器 RP1 同步控制左、右声道音量的目的。

2．电路故障分析

下面以电子音量控制器原理电路为例，进行电路故障的分析。

（1）当音量电位器动片与电阻体之间断开后，音量将无法控制。

（2）当电容 C3 开路时音量控制过程中可能会出现噪声，当 C3 漏电时音量开到最大时声音还是不够大，当 C3 击穿后音量在最小状态。

分析提示

当 VT3 基极直流电压大小发生变化时都将影响音量控制，而音量电位器动片与电阻体之间断开，C3 的击穿和漏电故障都将影响到 VT3 基极直流电压大小，所以都对音量控制有影响。

3．集成双声道电子音量控制器

图 7-13 所示是一个集成双声道电子音量控制器电路，其中 RP1、RP2 是音量电位器。这一电路与前面电路所不同的是，RP1、RP2 不直接参与音量信号的传输，故它们引起的转动噪声不会窜入音频信号电路中。

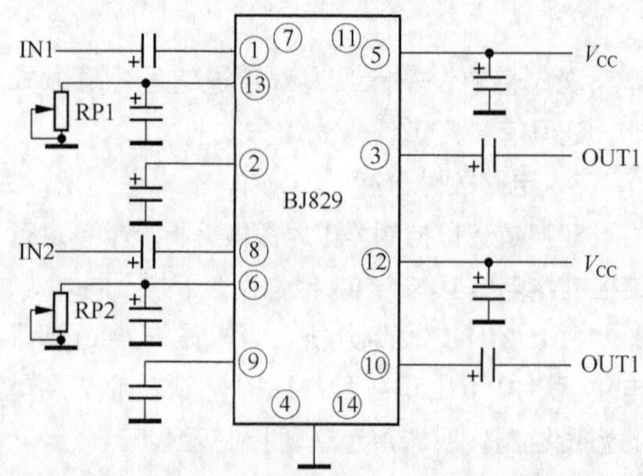

图 7-13 集成双声道电子音量控制器电路

前置放大器输出的信号经耦合电容送到输入端①、⑧脚，实现信号强弱控制后，从③、⑩脚输出，经耦合电容送到低放电路。调节 RP1、RP2 只改变控制电压。表 7-1 所示是集成电路 BJ829 各引脚作用。

表 7-1 集成电路 BJ829 各引脚作用

引　脚	作　用
①	左声道输入
②	左声道消振

续表

引　　脚	作　　用
③	左声道输出
④	地
⑤	电源
⑥	右声道控制
⑦	空
⑧	右声道输入
⑨	右声道消振
⑩	右声道输出
⑪	空
⑫	电源
⑬	左声道控制
⑭	空

为了进一步分析电子电位器音量控制电路的原理，画出图7-14所示的集成电路BJ829内部电路。

在电路中，VT1、VT2、VT3构成镜像恒流源，使VT3的I_C为恒定值，即在VT3集电极负载变化时，I_C保持不变。

VT3的集电极负载由RP1及电阻等组成。调节RP1（或RP2）时，VT4基极电压作相应变化。当RP1调至"0"时，VT4基极电压最低；当RP1调大时，VT4基极电压也相应增大。

VT4基极电压变化，引起其集电极电压变化，又引起VT5发射极电压变化。当RP1调至"0"时，VT4的U_B变低，使VT4的U_C变高，则VT5的U_E变高；反之，VT5的U_E则变低。VT5 U_E的高低变化控制了VT11、VT14的基极电压。

27. OTL功放各管导通分析4

输入信号从①脚（或⑧脚）送入VT10基极。VT10为恒流管和放大管，其集电极输出信号，经VT12内阻（C-E）送到VT17基极。VT17为射极输出器，发射极的输出经电阻R3由③脚（或⑪脚）送到外部电路。

VT12的$I_C \approx I_E$，I_C数值等于VT10 I_C值减去VT11的I_E值。若VT13的I_E增大，就会使VT12的I_C变小，则送到输出管VT17的信号变小，③脚输出信号变小，反之则大。这样便达到了音量控制的目的。

所以，RP1通过控制VT5的U_E大小，控制了VT11、VT14基极电压大小，同时还控制了VT17输入大小，从而控制③脚输出信号大小。

4. 实例资料（电子音量控制器集成电路LX9153）

LX9153是为音频设备等音量控制电子化而设计的一块专用集成电路，它采用CMOS工艺制作，封装形式为塑封16引线双列直插式。

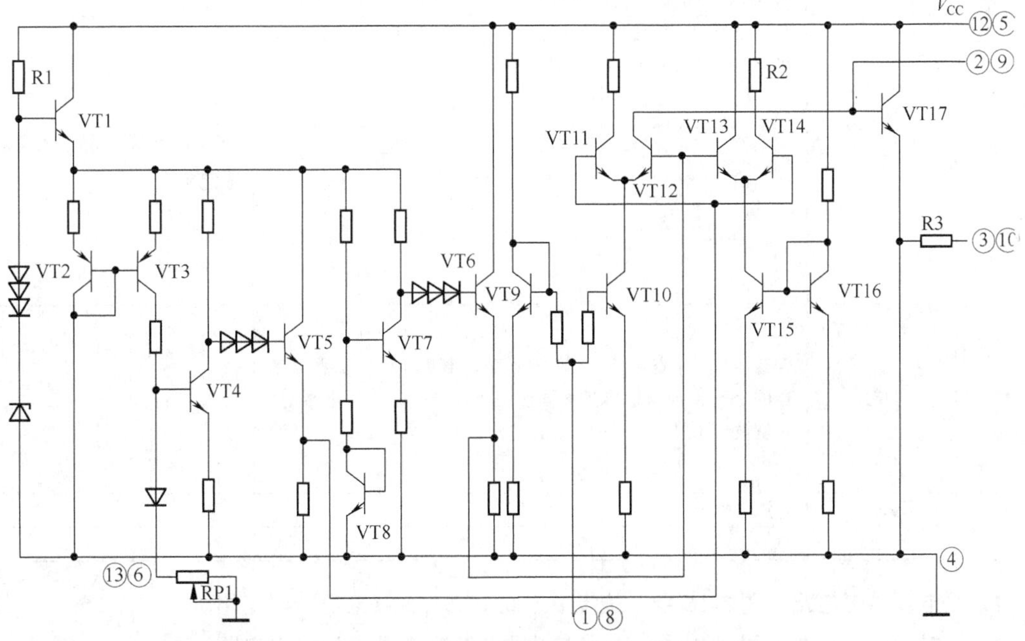

图7-14　集成电路BJ829内部电路

（**1**）**各引脚作用**。图 7-15 所示是 LX9153 的各种引脚作用。

（**2**）**电路特点**。集成电阻 LX9153 有较宽的工作电压范围（V_{CC}=4.5～12V）、低电流消耗、可在 0～66dB 范围内进行 2dB/ 级的衰减；既可正、负双电源工作，也可单电源工作；可利用内置的振荡器和提升 / 衰减端子进行衰减控制。

28. OTL 功放元器件作用 1

（**3**）**各引脚功能说明**。表 7-2 所示是集成电路 LX9153 各引脚功能说明。

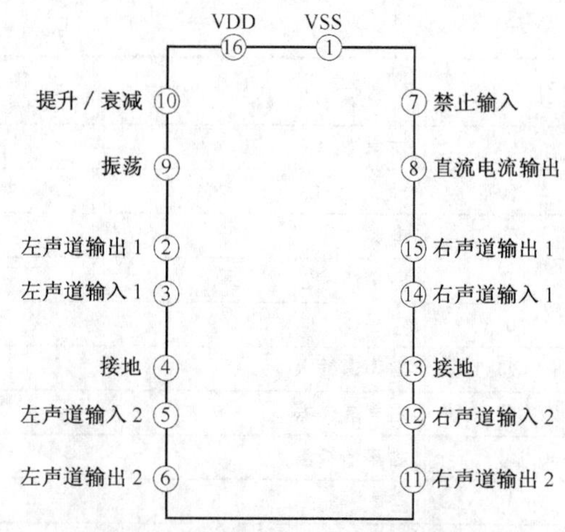

图 7-15　集成电路 LX9153 各引脚作用

表 7-2　集成电路 LX9153 各引脚功能说明

引脚号	符　　号	功　　能	备　　注
②、⑮	L-OUT1 R-OUT1	10dB/ 级衰减器输出，从 IN 输入的信号 0～60dB 分为 7 级，以每级 10dB 衰减	左右声道是对称的 Out1、IN1、A GND、IN2、Out2
③、⑭	L-IN1 R-IN1	10dB/ 级衰减器输入	
④、⑬	A-GND	模拟信号接地端	
⑤、⑫	L-IN2 R- IN2	2dB/ 级衰减器输入	
⑥、⑪	L-OUT2 R-OUT2	2dB/ 级衰减器输出，从 IN 输入的信号 0～8dB 分为 5 级，以每级 2dB 衰减	
⑦	INH	禁止控制端。当此端为低电平时，所有的输入 / 输出端均断开，LX9153 处于禁止状态；当此端为高电平时，LX9153 处于正常工作状态	
⑧	DCO	为显示衰减状态的直流电流输出，衰减 0dB ～∞分为 13 级，每级约 100μA 电流输出 0dB 1step=100μA 13steps ∞	通过在此端与 V_{SS} 之间接一只电阻
⑩	U/D	振荡器提升 / 衰减控制端。当此端为高电平时，随着振荡器的上升，音量输出随之同步上升；当此端为低电平时，音量输出下降	U/D
①	VSS	电源负端	
⑯	VDD	电源正端	

（**4**）**双电源供电电路**。图 7-16 所示是集成电路 LX9153 双电源供电电路。

（**5**）**单电源供电电路**。图 7-17 所示是集成电路 LX9153 单电源供电电路。

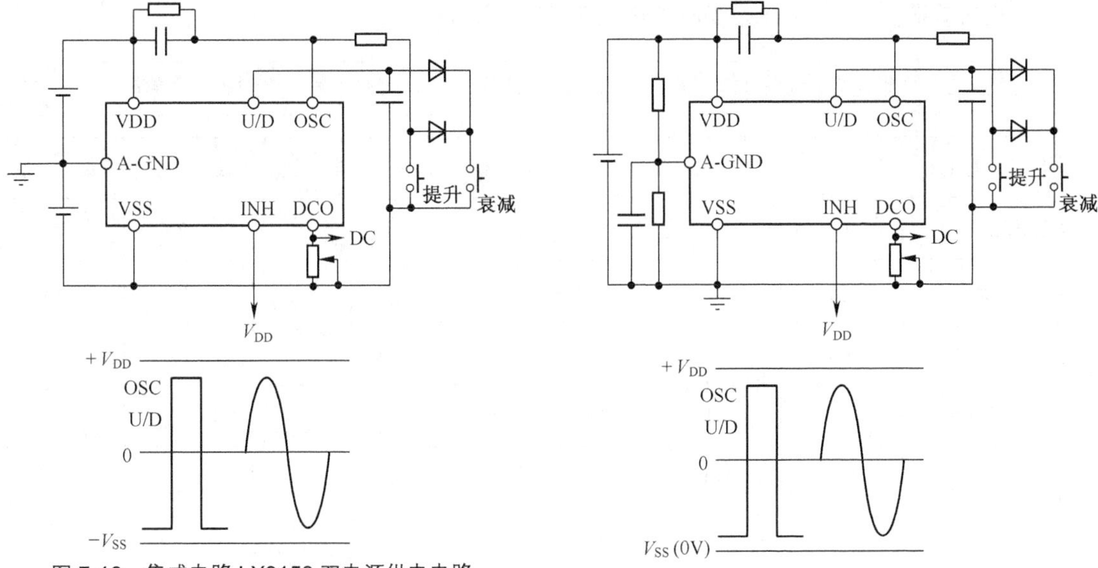

图 7-16　集成电路 LX9153 双电源供电电路

图 7-17　集成电路 LX9153 单电源供电电路

（**6**）**典型应用电路**。图 7-18 所示是集成电路 LX9153 典型应用电路。

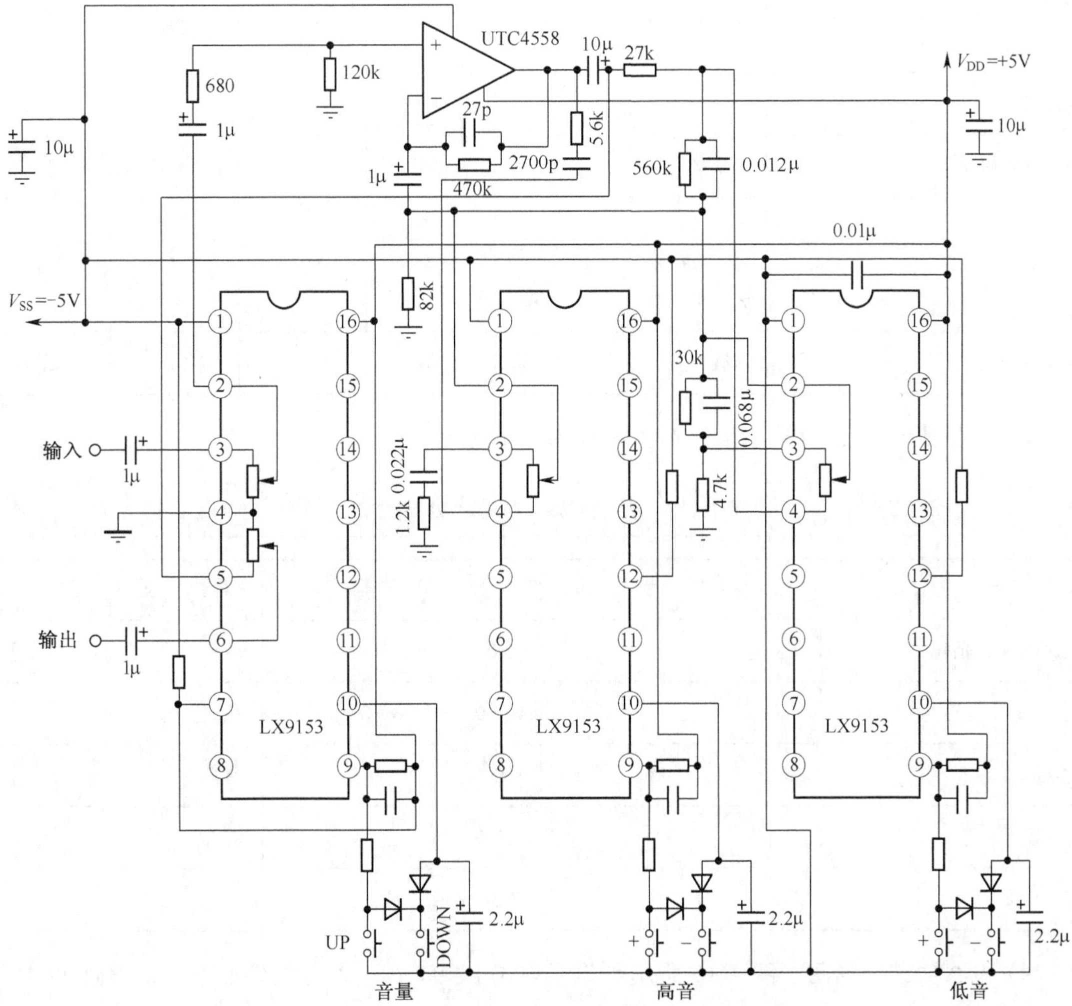

图 7-18　集成电路 LX9153 典型应用电路

（**7**）**电气参数**。表 7-3 所示是集成电路 LX9153 电气参数。

表 7-3 集成电路 LX9153 电气参数（除非特殊说明，T_{amb}=25℃，V_{DD}=12.0V，V_{SS}=0V）

参数		符号	测试条件	最小	典型	最大	单位
工作电源电压		V_{DD}		6		12	V
工作电源电流		I_{DD}			1	3	mA
输入电压	高电平	V_{IH}	INH，U/D	0.8V_{DD}		V_{DD}+0.3	V
	低电平	V_{IL}		V_{SS}-0.3		0.2V_{DD}	
待机电流		I_B	V_{DD} = 4V INH = L			10	μA
衰减器 1（10dB/ 级）电阻		RATT−1	R-IN1（L-IN1）～ A-GND	25	50	70	kΩ
衰减器 2（2dB/ 级）电阻		RATT−2	R-IN2（L-IN2）～ A-GND	10	20	28	kΩ
衰减误差						2	dB
最大输入幅度		V_{IN}	偏置 V_{DD}/2 = 6V			4.0	V
总谐波失真		TLX	A_{TT} = −10dB f in = 1kHz V_{inp-p} = 1.0V		0.005	0.01	%
DCO 输出电流		I_{DCO}	每级	70	100	140	μA

（**8**）**极限参数**。表 7-4 所示是集成电路 LX9153 极限参数。

表 7-4 集成电路 LX9153 极限参数

参数	符号	参数范围	单位
电源电压（pin16）	V_{DD}	13.0	V
输入 / 输出电压	V_{IN}	V_{SS}−0.3 ～ V_{DD}+0.3	V
功耗	P_D	150	mW
工作温度	T_{opr}	−30 ～ +75	℃
储存温度	T_{stg}	−55 ～ +125	℃

（**9**）**电路封装外形图**。图 7-19 所示是集成电路 LX9153 电路封装外形图，供设计 PCB 时参考。

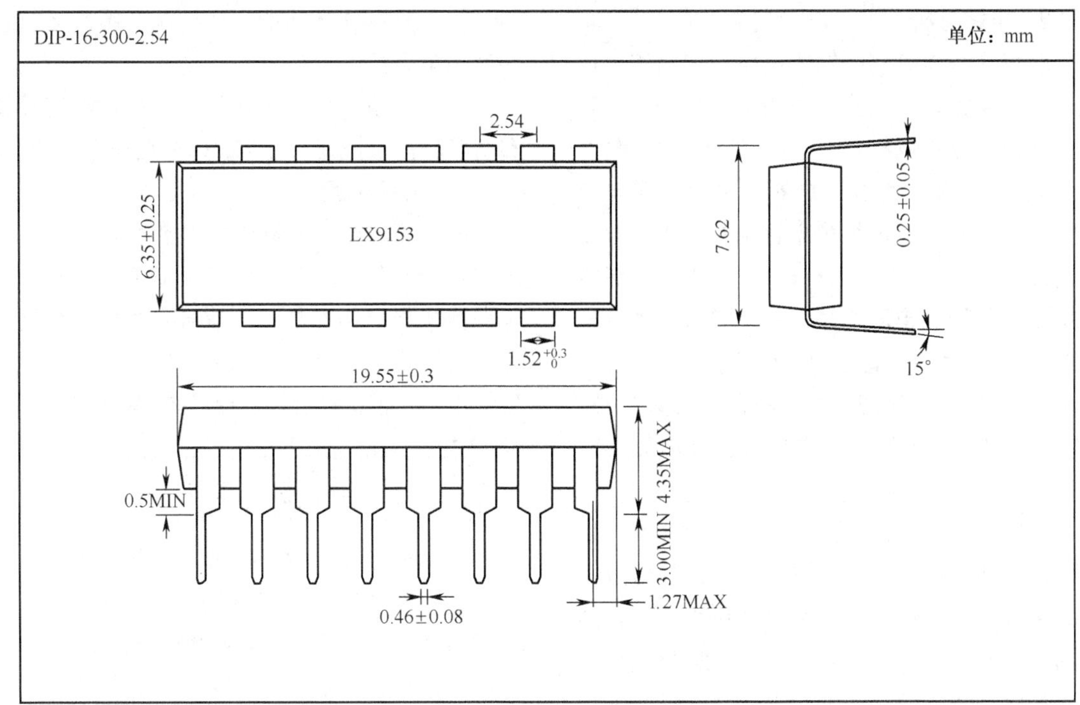

图 7-19　集成电路 LX9153 电路封装外形图

7.1.5　触摸式音量分挡控制器

触摸式分挡控制的音量控制电路突破了传统的电位器式电路结构。它采用两块触片，用手触摸时，音量一挡挡地增加或减小。

图 7-20 所示是触摸式音量分挡控制器电路。

1．电路组成

触摸式音量分挡控制器电路由 4 块集成电路组成。A1 为 4 个与非门，A2 为十六进制加减法可逆计数器，A3、A4 是压控增益控制器。这一电路与电子电位器音量控制电路主要不同之处是，在于多了 A1、A2 两块集成电路。

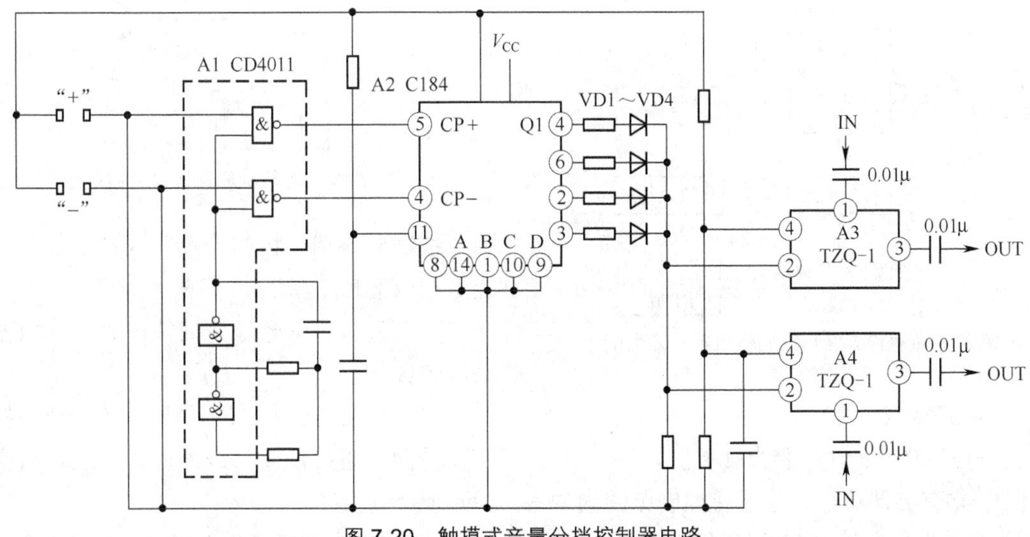

图 7-20　触摸式音量分挡控制器电路

2．电路分析

触摸式音量分挡控制器电路的控制端为两组两块金属片，“+”为音量增触片，“-”为音量减触片。当手触摸“+”片时音量逐挡增大，A2作加法运算。通过简单的二极管译码电路（VD1～VD4），使压控增益器A3、A4的电压控制端②脚电压增大，这样A3、A4的输出端③脚上信号输出电压增大，音量增大。当手一旦离开“+”片时，音量即被锁定。

接触“－”片时，A2作减法运算，A3、A4的②脚电压下降，③脚输出的信号电压下降，为音量减控制。

集成电路A3、A4为两块压控增益电路，用于双声道音量控制。来自左、右声道前置放大器的输出信号分别从A3、A4的①脚馈入，得到控制的信号电压再分别自A3、A4的③脚输出。

集成电路A2有A、B、C、D 4个开机音量预置端，如设置其中某一端，则在开机后即为某一音量挡次。图中预置的是A端，即第一挡音量。

7.1.6 可存储式音量控制器

图7-21所示是可存储式音量控制器电路的方框图。

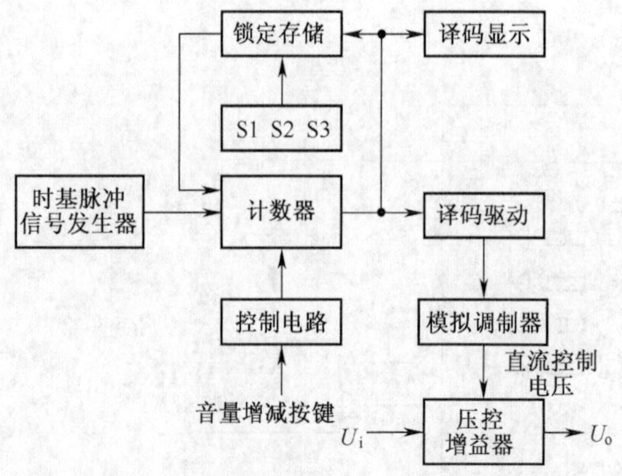

图7-21 可存储式音量控制器电路的方框图

1．电路特点

这一控制电路的主要特点如下。

（1）具有存储功能，它能将控制范围内的电位值进行存储，并可随时取出作为音量挡次。

（2）具有置零功能，在控制范围内可直接将音量电平置于“0”。

（3）采用两个按键开关，分别控制音量增和音量减。可控范围为75dB，并配有数字显示。

2．电路分析

本电路的音量控制是由压控增益器实现的，为了实现存储等功能，电路中增加了一套数字电路。本电路由时基脉冲信号发生器、控制电路、计数电路、锁定记忆（存储）电路、译码驱动电路、模拟调制器、显示电路等组成。

电路分析重要提示

电路中音量增减按键是控制音量大小的。按键按下的时间长短虽然可以控制音量的增减量，但不是增减量唯一的决定因素。在按键按下时间长短一定后，音量增减量与时基脉冲信号频率有关。频率高，增减量大。

压控增益器的增益量由直流控制电压决定，而脉冲信号频率影响直流控制电压的变化。

图7-22所示是时基脉冲信号发生器电路，调节RP1可以在1～6Hz范围内调整脉冲信号频率，故而可以调节直流控制电压的变化。

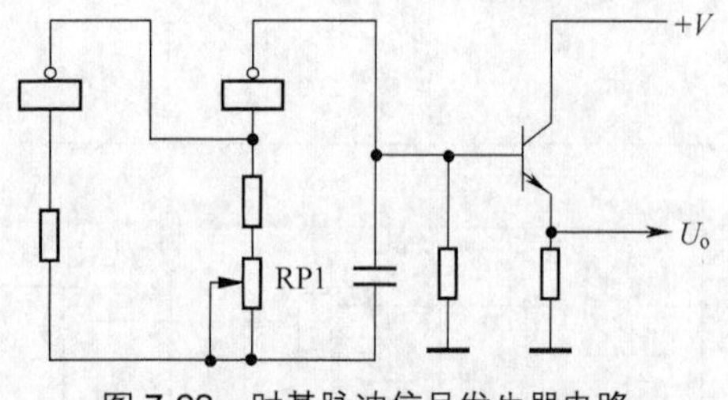

图7-22 时基脉冲信号发生器电路

控制电路用来控制计数器的计数状态，使之做到以下几点。

（1）只有按下音量增减按键时，计数器才开始计数。

（2）当控制值为“0”值时，按音量减按键不能计数；当控制值为最大值时，按音量增按键不能计数。

计数电路在控制电路控制下，完成0～49的

BCD码计数。计数电路输出的二-十进制（BCD）码通过译码驱动电路，去选通多路模拟调制器的某一路开关，按计数器中的对应值给出直流控制电压，以控制压控增益器，选定音量电平。

锁定记忆（存储）电路用来存取可控范围内代替音量电平的数字。它有一个复位开关S1，按下S1开关，计数器复零；按下S2开关，当前的数字存入存储器；按下S3开关，取出所存储数字作为当前计数器的计数数字。音量电平便由这一数字决定。

译码显示电路将计数器输出的BCD码译码到十进制数字，并将其显示出来。

7.1.7　场效应管音量控制器

重要提示

理论和实践表明了场效应管的一个特性：当漏极和源极之间加上很低的电压时，栅极电压的变化会引起漏极与源极之间近似的对数性的阻值变化，故可以通过改变栅极电压来实现音量控制。这样，电位器只控制栅压而不参与信号的传输，使转动噪声影响降低到最低程度。

1．场效应管串联衰减式音量控制器

图7-23所示是一种采用MOSFET（金属-氧化物-半导体场效应管）的串联衰减式音量控制器电路。电路中，G极电压U_G由电位器控制，场效应管内阻受U_G控制。改变场效应管内阻时，输入VT1的音频信号将随之变化。漏极与源极之间电压U_{DS}大时，音量小；反之音量大。

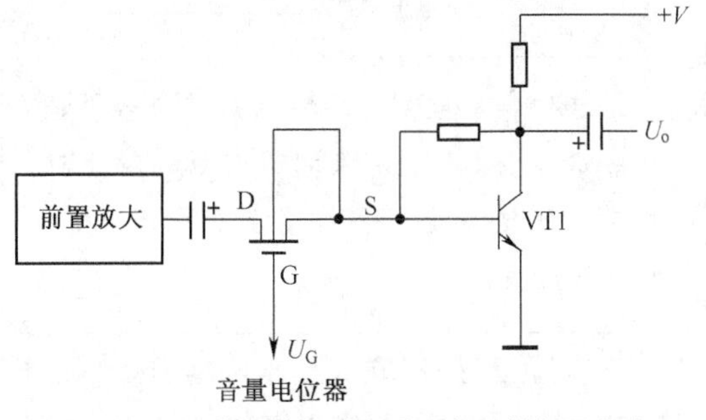

图7-23　场效应管串联衰减式音量控制器电路

2．负反馈式场效应管音量控制器

图7-24所示是另一种负反馈式场效应管音量控制器电路。

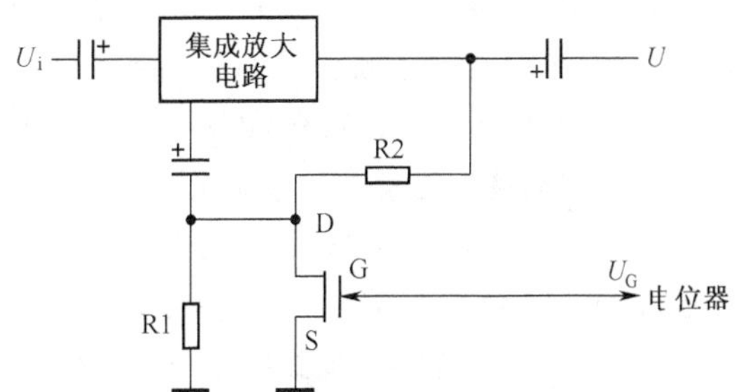

图7-24　负反馈式场效应管音量控制器电路

结型场效应管设在负反馈电路中，场效应管漏极与源极之间内阻与R1并联后，与R2构成负反馈电路。场效应管漏极与源极之间内阻愈小，负反馈量愈小，放大器增益愈大，音量愈大；反之音量愈小；而场效应管漏极与源极之间内阻又受场效应管栅极电压控制。

7.1.8　音量压缩电路

30. OTL功放元器件作用3

1．电路功能

所谓音量压缩电路，是用来防止大信号时功放电路过负荷。要求音量压缩电路在大信号到来时，自动压缩信号动态范围，并且要求因压缩而造成的信号失真要尽可能地小，因此音量压缩电路中采用了二极管、场效应管等非线性器件。

2．电路分析

图7-25所示是二极管音量压缩电路。压缩电路由VD1～VD6、C1～C3、S1组成。S1是音量压缩开关，合上S1，接通音量压缩电路；S1断开时，无音量压缩功能。

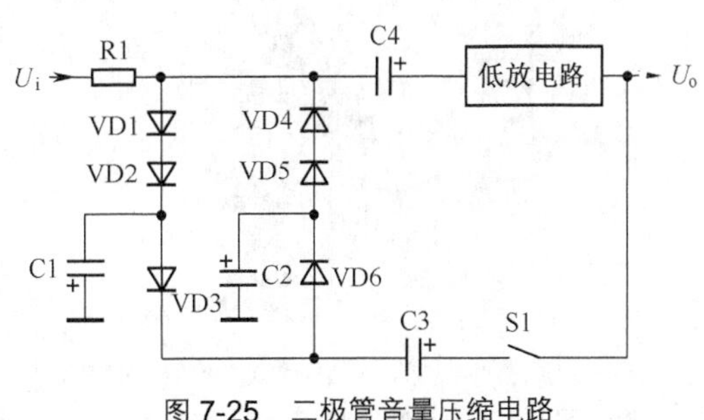

图7-25　二极管音量压缩电路

电路中，输出信号经S1、C3送到VD3、VD6上，经整流加到VD1和VD2、VD4和VD5上，使之加上正向偏置，VD1和VD2、VD4和VD5微导通。其中VD3整流输出信号的负半周，VD6整流输出信号的正半周。

当大信号出现时，VD1和VD2、VD4和VD5的正向偏置电压变大，导通程度更深，内阻迅速下降，结果一部分输入信号的正、负半周经VD1和VD2、VD4和VD5，分别由C1、C2旁路到地，这样输入到低放电路的信号减小，达到防止大信号过负荷的目的。

7.1.9 级进式电位器构成的音量控制器

在高保真音响中，对音量控制器的要求也提出了前所未有的高度，一只性能非凡的音量电位器价格达2000元人民币之多。

级进式（或步进式）电位器构成的音量控制器在高档音响设备中有着广泛应用。

1．级进式电位器实物图

图7-26所示是两种级进式电位器实物图。它通常由多刀多位的波段开关和高精度特殊电阻组成。

（a）瑞士ELMA级进式电位器实物图

（b）双声道250kΩ的24挡级进式电位器实物图

图7-26 两种级进式电位器实物图

2．串联式分压电路

图7-27所示是24级的串联式分压电路（采用了省略画法）。电路中，电阻R1～R23串联起来，输入信号U_i加到这一电阻串联电路上，U_o是输出信号。

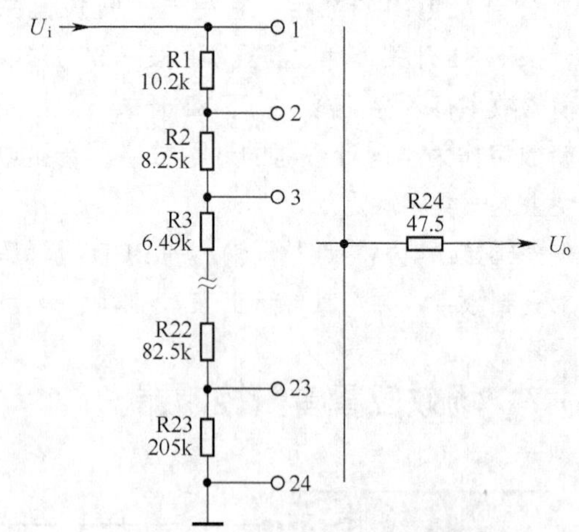

图7-27 24级串联式分压电路

电路工作原理是：当调到第24挡位置时，相当于输出端通过电阻R24接地线，这时输出信号U_o为0，音量处于关死状态。

31. OTL功放元器件作用4

当调到第23挡位置时，电阻R1、R22串联后的总电阻与电阻R23构成分压电路，其分压后的输出信号电压通过电阻R24输出，这时有音频信号输出，音量处于最低状态。

当调到第1挡位置时，电阻R1与电阻R2、R23串联后的总电阻构成分压电路，其分压后的输出信号电压通过电阻R24输出，这时音频信号输出为最大，音量处于最高状态。

> **重要提示**
>
> 这种音量控制器的特点是整个音量控制分成了24挡，分级调节音量。对于双声道的级进式电位器，需要有两刀24位的波段开关。

表7-5所示是串联式分压电路100kΩ级进式电位器各电阻器的具体阻值数据。

表 7-5 串联式分压电路 100kΩ 级进式电位器各电阻器的具体阻值数据

电　　阻	100kΩ 电位器各电阻器具体阻值	电　　阻	100kΩ 电位器各电阻器具体阻值
R1	0Ω	R13	1.50kΩ
R2	549Ω	R14	1.91kΩ
R3	150Ω	R15	2.43kΩ
R4	174Ω	R16	3.16kΩ
R5	221Ω	R17	3.92kΩ
R6	274Ω	R18	5.11kΩ
R7	348Ω	R19	6.81kΩ
R8	453Ω	R20	8.25kΩ
R9	576Ω	R21	10.0kΩ
R10	715Ω	R22	12.1kΩ
R11	909Ω	R23	14.0kΩ
R12	1.21kΩ	R24	15.0kΩ

3．切换式分压电路

图 7-28 所示是切换式分压电路，这一电路也分成 24 挡（电路中采用了省略画法）。

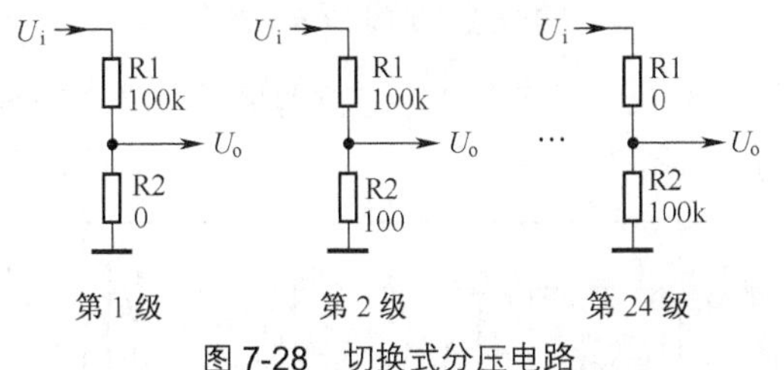

图 7-28 切换式分压电路

电路工作原理是：在每一个挡位都有两只电阻 R1 和 R2 构成分压电路，但是每一个挡位中的 R1 和 R2 阻值是不同的。在第 1 挡位 R2 为 0Ω，R1 为 100kΩ，这时分压电路输出的信号电压最小，音量处于关死状态。

在第 2 挡位 R2 为 100Ω，R1 为 100kΩ，这时分压电路输出的信号电压在各挡中最小，音量处于最低状态。

在第 24 挡 R2 为 100kΩ，R1 为 0Ω，这时分压电路输出的信号电压在各挡中最大，音量处于最高状态。

重要提示

这种音量控制器的特点是，每一挡调节时都要同时切换信号输入端和信号输出端，所以对于一个单声道音量控制器就要用两刀的波段开关，对于双声道音量控制器就要用四刀的波段开关。

表 7-6 所示是切换式分压电路 100kΩ 电位器和 250kΩ 电位器的 R1、R2 阻值。

表 7-6 切换式分压电路 100kΩ 电位器和 250kΩ 电位器的 R1、R2 阻值

100kΩ 电位器		250kΩ 电位器	
R1	R2	R1	R2
100kΩ	0Ω	249kΩ	0Ω
100kΩ	100Ω	249kΩ	1.50kΩ

续表

100kΩ 电位器		250kΩ 电位器	
100kΩ	332Ω	249kΩ	1.91kΩ
100kΩ	681Ω	249kΩ	2.43kΩ
100kΩ	1.00kΩ	249kΩ	3.16kΩ
97.6kΩ	1.21kΩ	249kΩ	3.92kΩ
97.6kΩ	1.82kΩ	243kΩ	4.99kΩ
97.6kΩ	2.43kΩ	243kΩ	6.19kΩ
97.6kΩ	3.16kΩ	243kΩ	8.25kΩ
95.2kΩ	3.92kΩ	243kΩ	10.0kΩ
95.2kΩ	5.11kΩ	237kΩ	12.1kΩ
93.1kΩ	6.81kΩ	237kΩ	15.0kΩ
93.1kΩ	8.25kΩ	237kΩ	20.5kΩ
90.9kΩ	10.0kΩ	226kΩ	24.3kΩ
86.6kΩ	12.1kΩ	221kΩ	32.4kΩ
84.5kΩ	15.0kΩ	221kΩ	39.2kΩ
80.6kΩ	20.0kΩ	205kΩ	49.9kΩ
75.0kΩ	24.3kΩ	182kΩ	60.4kΩ
68.1kΩ	32.4kΩ	169kΩ	98.7kΩ
60.4kΩ	39.2kΩ	150kΩ	97.6kΩ
49.9kΩ	49.9kΩ	121kΩ	121kΩ
37.4kΩ	63.4kΩ	93.1kΩ	150kΩ
20.5kΩ	78.7kΩ	49.9kΩ	205kΩ
0.00Ω	100kΩ	0.00Ω	249kΩ

7.1.10 数字电位器构成的音量控制器

许多高档音响设备中采用数字电位器构成音量控制器，图 7-29 所示是数字电位器实物图。

图 7-29 数字电位器实物图

提 示

数字电位器是一种固态电位器，它与传统的模拟电位器的工作原理、结构、外形完全不同。它取消了活动件，是一个半导体集成电路，其优点是没有噪声，有极长的工作寿命。

1. 数字电位器 DS1666

图 7-30 是数字电位器集成电路 DS1666 引脚分布和功能示意图。集成电路 DS1666 采用 14 脚双列直插式封装形式。RH 为音频输入端，RL 为接地端，RW 为音频信号输出端（经过音量控制后的信号从该引脚输出），$U/\overline{D}$为电位器阻值升 / 降控制信号端，$\overline{INC}$为音量调节的控制信号，$\overline{CS}$为片选信号，VCC 为 +5V 电源端，GND 为地端，VB 端为 0～5V（基片偏置电压）。

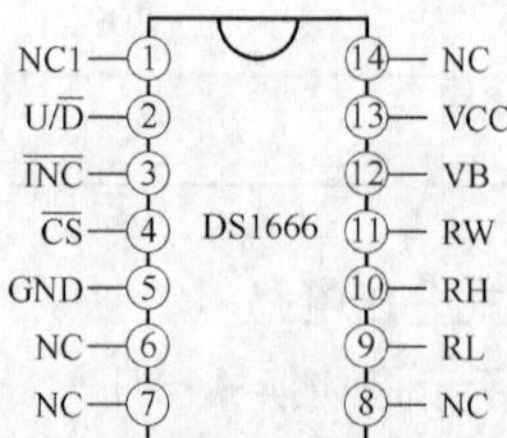

图 7-30 数字电位器集成电路 DS1666 引脚分布和功能示意图

图 7-31 所示是数字电位器集成电路 DS1666 内部电路方框图。

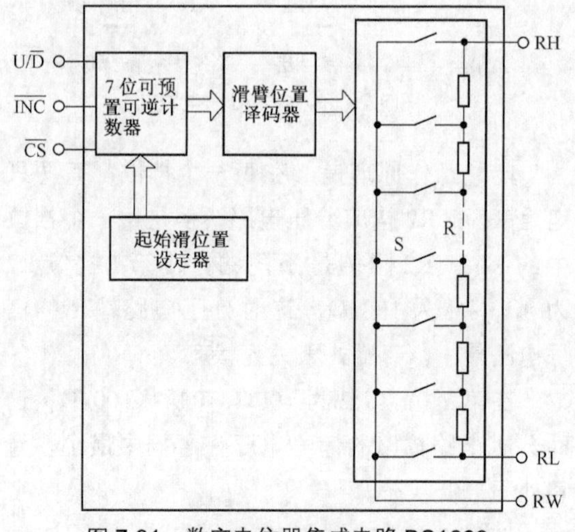

图 7-31 数字电位器集成电路 DS1666 内部电路方框图

7 位计数器是一种可预置的可逆计数器，它由$\overline{CS}$、$\overline{INC}$和 $U/\overline{D}$ 3 个控制信号控制，表 7-7 列出了其控制功能。

表 7-7 控制功能

$\overline{CS}$	$\overline{INC}$	$U/\overline{D}$	计数器输出
0	↓	1	上升
0	↓	0	下降
↑	1	X	保持

2．典型应用电路

图 7-32 所示是数字电位器集成电路 DS1666 典型应用电路，它实际上是一个可变的分压器，它与固定增益的放大器连接，只要改变分压器的分压比，即可改变放大器的输出电压。

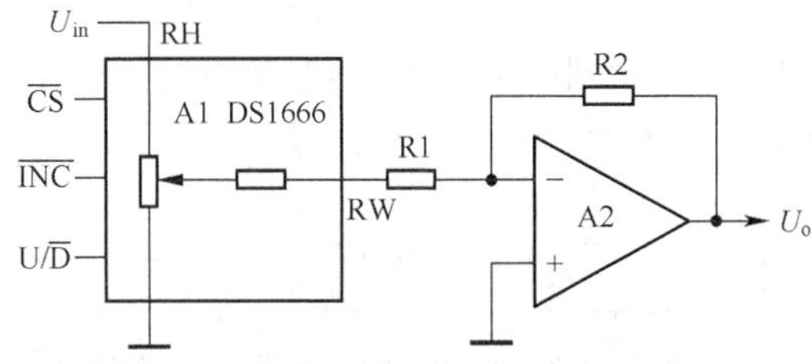

图 7-32 数字电位器集成电路 DS1666 典型应用电路

7.1.11 电脑用耳机音量控制器

图 7-33 所示是电脑用耳机内附的音量控制器电路，它的特点是采用一种小型超薄的双联电位器，该电位器共有 5 根引脚，即两个声道的地线引脚共用。

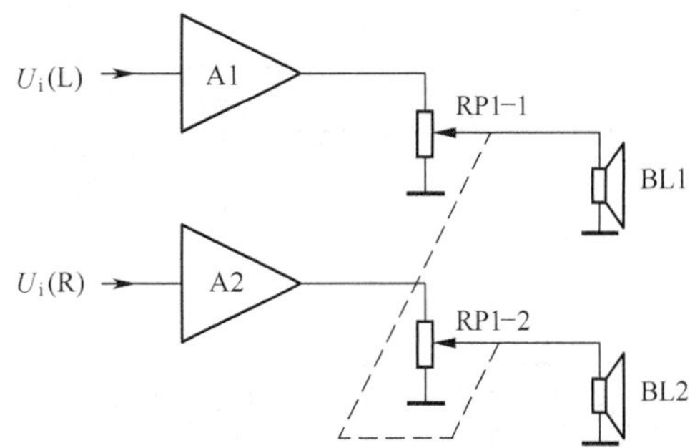

图 7-33 电脑用耳机内附的音量控制器电路

一般的音量电位器接在功率放大器输入回路中，这种电路则将音量电位器接在功放输出回路中，A1 和 A2 分别是左、右声道的耳机功放集成电路。

32.OTL 功放元器件作用 5

7.2 音调控制器电路大全

音调控制器用来对音频信号各频段内的信号进行提升或衰减，以满足听音者对听音的需要。在一些中、低档组合音响中，采用简单的音调控制器；而在一些中、高档组合音响中，采用高级音调控制器，此时音调控制器采用独立一层的结构。

音调控制器中的电位器采用 D 型电位器。

重要提示

音调控制器主要有下列两类。

（1）图示音调控制器，这是目前广泛流行的一种，常见的有五段、十段两种。这种音调控制器可以将整个音频范围分成 5 个或 10 个频段进行独立的提升或衰减控制。

（2）高、低音式音调控制器，这种音调控制器只有高音和低音频段两个控制电路，可以进行提升或衰减的控制。

7.2.1 RC 衰减式高、低音控制器

高、低音式音调控制器电路比较简单，如

图 7-34 所示。这是一个声道电路，对于双声道电路中的另一个声道电路与此一样。在电路中，RP1L 是左声道的高音控制电位器，RP2L 是左声道的低音控制电位器，U_i 是左声道输入音频信号，U_o 是经过高音和低音控制后的左声道音频信号。

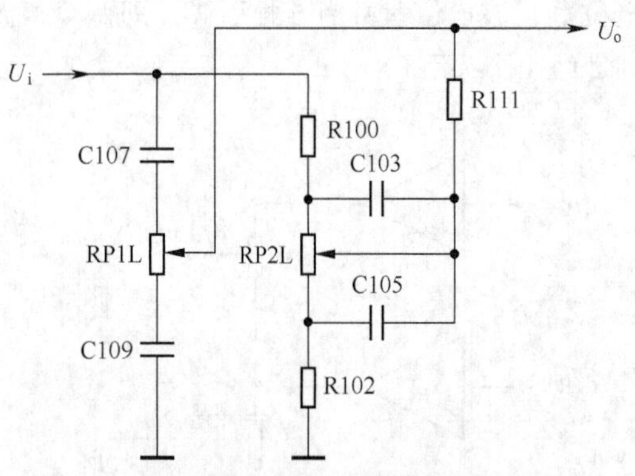

图 7-34　高、低音式音调控制器电路

判断方法提示

在实用电路中，判断高、低音音调控制器是有方法的，与音调控制电位器相连的电容其容量小的是高音音调控制器，容量大的是低音音调控制器。

这一判断方法的记忆方法是根据频率高时要求电容的容量较小。

无论哪种音调控制器，这种判断方法都对之有效。

1．高音控制器

高音控制器电路由 C107、RP1L 和 C109 构成。当 RP1L 动片滑到最上端时，对高音段信号呈最大提升状态；当 RP1L 动片滑到最下端时，对高音段信号呈最大的衰减状态；当 RP1L 动片在中间位置时，对高音段信号不提升也不衰减。

高音控制器电路的工作原理是：当 RP1L 动片滑到最上端后，由于 C107 对输入信号 U_i 中的高频段信号呈现很小的容抗，这样高频段信号经 C107、RP1L 动片送到后级电路中。同时，由于 RP1L 的全部阻值与 C109 串联后其电路阻值很大（RP1L 阻值大），对高频信号呈开路特性。

当 RP1L 动片从最上端开始向下滑动时，由于 RP1L 动片以上的电阻串在 C107 回路中，对高频段信号有些衰减，同时由于 RP1L 动片以下的电阻值在减小，通过 C109 对高频段信号开始对地分流衰减，这样随着 RP1L 动片向下滑动对高频段信号的提升量从最大状态开始逐渐减小，当 RP1L 动片滑到中间位置时对高频段信号已不作提升。

当 RP1L 动片滑动最下端时，U_i 中的高频段信号经 C107 和 RP1L 的全部阻值才能传输到后级电路中，同时 C109 对高频段信号的容抗较小，此时对高频段信号处于最大衰减状态。

当 RP1L 动片从最下端位置向上滑动时，RP1L 动片到上端的阻值在减小，同时 RP1L 动片至下端的阻值在增大，使通过 C109 衰减的高频信号减小，这样随着 RP1L 动片从最下端向上滑动时对高频信号的衰减量在减小，当 RP1L 动片滑到中间位置时对高频段信号已不作衰减，也不作提升。

分析方法提示

对于音调控制器电路分析要设几种情况，即音调电位器动片在中间位置、动片在最上端、动片在最下端，以及动片滑动过程等，分析音调电位器动片不同位置和不同滑动状态下的电路工作情况。

2．低音控制器

低音控制器电路由 R100、RP2L、R102、C103、C105 和 R111 构成。

低音控制器电路的工作原理是：当 RP2L 动片在最上端时对低音信号呈最大提升状态，当 RP2L 动片滑到最下端时呈最大衰减状态，当 RP2L 动片在中间位置时为不提升、不衰减的状态。

当 RP2L 动片滑动最上端时，输入信号中的中、低频段信号经 R100、RP2L 动片、R111 加到后级放大器电路中，此时 C103 被短接，RP2L 的全部阻值并在 C105 上，再通过 C105

接地，由于 RP2L 的阻值很大相当于开路，这样在 RP2L 动片与地之间接有 C105、R102 RC 串联电路，这是一个低频提高电路，通过对中频段信号的对地分流衰减来提高、低频段信号，此时对低频段信号处于最大提升状态。

当 RP2L 动片滑到最下端时，C105 被短接，RP2L 的全部阻值与 C103 并联串在信号传输回路中，由于 RP2L 阻值较大相当于开路。同时，C103 对低频段信号容抗最大而对低频段信号呈最大衰减状态。当 RP2L 动片从最下端向上滑动时，RP2L 动片以上的阻值减小，与 C103 并联后 C103 对低频段信号衰减作用减弱，同时 C105 与 R102 串联电路对低频段信号有些提升。当 RP2L 动片从最下端逐渐向上滑动时，对低频段信号的衰减量在逐渐减小，当动片滑到中间位置时对低频段信号无衰减作用也无提升作用。

对于输入信号 U_i 中的高频段信号而言，由于低音控制器电路的阻抗远大于高音控制器电路的阻抗，这样低音控制器电路相当于开路。对于输入信号 U_i 中的中、低频段信号而言，由于 C107 的容抗大，使高音控制器电路相当于开路。这样，高频段信号受到高音控制器的控制，中、低频段信号在低音控制器中通过衰减中频段信号来达到控制低频段信号的目的。

7.2.2　RC 负反馈式音调控制器

图 7-35 所示是 RC 负反馈式高、低音音调控制器电路。电路中的 VT1 是放大管，RP1 是低音控制电位器，RP2 是高音控制电位器。

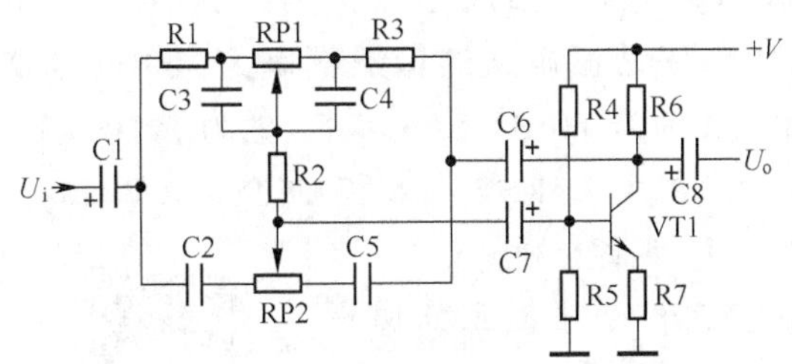

图 7-35　RC 负反馈式高、低音音调控制器电路

当 RP1 动片滑在最左端时，低音呈最大提升状态；当 RP1 动片滑在最右端时，低音呈最大衰减状态；当 RP1 动片滑在中间位置时对低音不提升、不衰减。

当 RP2 动片滑在最左端时，高音呈最大提升状态；当 RP2 动片滑在最右端时，高音呈最大衰减状态；当 RP2 动片滑在中间位置时对高音不提升、不衰减。

1．高音控制器

高音控制器电路由 C2、RP2、C5 和 VT1 等元器件构成。

高音控制器电路的工作原理是：当 RP2 动片在最左端时，从 C1 送来的音频信号中的高频段信号经 C2、RP2 动片、C7（耦合）加到 VT1 基极，经放大从 VT1 集电极输出，经 C8 耦合送到后级电路中。

同时，VT1 集电极输出信号经 C6（耦合）、C5、RP2、C7 构成的负反馈电路反馈到 VT1 基极，此时由于 RP2 的全部阻值在负反馈回路中，负反馈量最小，VT1 对高频段落信号的放大倍数最大，这样高音控制器处于对高频段信号最大提升状态。

当 RP2 动片从最左端向右滑动时，RP2 动片左端的阻值增大，使信号传输回路中的阻值增大，同时 RP2 动片右端的阻值减小，使负反馈量增大，VT1 对高频段信号放大倍数减小。

当 RP2 动片从最左端向右滑动时对高频段信号的提升量在逐渐减小，当动片滑到中间位置时对高频段信号的提升量为零。

当 RP2 动片在最右端时，此时输入回路中的阻值为 RP2 的全部阻值，同时负反馈回路只有 C5，负反馈电路阻抗最小，负反馈量最大，VT1 高频放大倍数最小，此时高频段信号处于最大衰减状态。

当 RP2 片从最右端向左滑动时，负反馈电路的阻抗在增大，负反馈量减小，对高频段信号的衰减量在逐渐减小。当 RP2 动片滑动中间时，对高频段信号不提升也不衰减。

33. OTL 功放元器件作用 6

2．低音控制器

低音控制器电路由 R1、RP1、R3、C3、C4、R2、VT1 等元器件构成。

低音控制器电路的工作原理是：当 RP1 动

片在最左端时，C3 被短接，此时输入信号 U_i 中的中、低频段信号经 R1、RP1 动片、R2、C7 加到 VT1 基极，经放大后从集电极输出，通过 C8 耦合到后级电路中。负反馈电路由 C6（耦合）、R3、C4、RP1、R2、C7（耦合）构成。此时由于 RP1 的全部阻值在负反馈回路中，负反馈电路的阻抗最大，负反馈量最小，对低音信号的提升量为最大。在负反馈电路中，由于 C4 对中频段信号的容抗较小，负反馈量大，而 C4 对低频段信号时容抗较大，负反馈量小，这样低频段信号相对中频段信号而言得到了提升。

当 RP1 动片从最左端向右滑动时，C3 接入电路，开始对低频段信号有衰减作用，同时由于 RP1 动片右端的阻值减小，负反馈电路的阻抗在减小，负反馈量在增大，对低频段信号的提升量在逐渐减小。当 RP1 动片滑到中间时对低频段信号的提升量为零。

当 RP1 动片在最右端时，负反馈电路阻抗最小，负反馈量最大，使低音受到最大衰减。当 RP1 动片从最右端向左滑动时，负反馈电路的阻抗在增大，负反馈量在减小，使低频段信号衰减量在减小。当 RP1 动片滑动中间位置时，对低频段信号不衰减也不提升。

重要提示

从上述分析中可以看出，这种音调控制器控制信号提升、衰减主要有两个方面：一是改变信号传输回路中的阻抗大小；二是改变负反馈电路的阻抗大小，以改变负反馈量，控制 VT1 对信号的放大倍数。

对于输入信号中的高频段信号而言，由于 R1、C3 等低音控制器电路的阻抗较大，所以高频段信号只能通过高音控制器电路。对于输入信号中的中、低频段信号而言，由于 C2、C5 等高音控制器电路的阻抗较大，所以中、低频段信号只能通过低音控制器电路。

7.2.3 LC 串联谐振图示音调控制器

图示音调控制器在音响设备中有着广泛应用。

图示音调控制器种类

图示音调控制器电路按照电路组成划分主要有以下 3 种：

（1）LC 串联谐振图示电路；

（2）集成电路图示电路；

（3）分立元器件图示电路。

图 7-36 所示是 LC 串联谐振图示音调控制器电路，这是一个 5 段电路。电路中，VT1 是放大管，RP1～RP5 分别是 100Hz、330Hz、1kHz、3.3kHz 和 10kHz 音调控制电位器，这 5 个电位器都有抽头，且均接地。

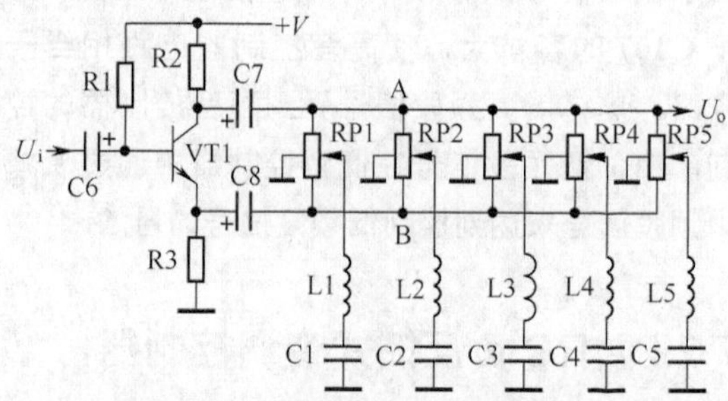

图 7-36 LC 串联谐振图示音调控制器电路

5 个电位器动片与地之间接有 5 个不同谐振频率的 LC 串联谐振电路。其中，L1 和 C1 串联谐振电路的谐振频率为 100Hz，L2 和 C2 的为 330Hz、L3 和 C3 的为 1kHz、L4 和 C4 的为 3.3kHz、L5 和 C5 的为 10kHz。

1．电路分析

34. OTL 功放元器件作用 7

这一电路的工作原理是：输入信号 U_i 经 C6 耦合，送到 VT1 的基极，经放大和五段音调控制从 VT1 集电极输出，经 C7 耦合到后级电路中。

控制结果提示

电路中5个频段提升和衰减控制是由RP1～RP5动片滑动的位置来决定的。当动片滑到电位器抽头处时，对信号不提升也不衰减。当动片从抽头位置向上滑动时，信号开始受到衰减，动片滑到最上端受到的衰减为最大。当动片从抽头位置向下滑动时，信号开始受到提升，动片滑到最下端受到的提升为最大。

5个频段控制器的工作原理相同，只是由于动片上接的LC串联谐振电路的谐振频率不同，从而控制的信号频段不同。下面以RP2控制器（330Hz）为例进行分析。

电路中的R3是VT1发射极的负反馈电阻，RP2抽头以下的阻值经C8并接在R3上。RP2抽头以上的阻值接在VT1集电极输出信号传输线与地之间，由于RP2的阻值较大，这种插入损耗不是很大。

当RP2动片在抽头位置处时，动片对地短接，L2、C2电路短接，此时对330Hz信号无提升和无衰减作用。

当RP2动片从抽头位置向上滑动时，由于L2、C2串联谐振电路对330Hz信号阻抗很小，这相当于RP2动片对330Hz信号对地呈通路，由于动片向上滑动，使A点与动片之间的阻值减小，对330Hz信号的分流衰减在增大。RP2动片愈向上端滑动，对330Hz信号的衰减愈大。当动片滑到最上端时，对330Hz信号分流衰减呈最大。

图7-37所示为L2、C2串联谐振电路的阻抗特性曲线。从图中可以看出，在330Hz处的阻抗为最小，频率高于或低于330Hz的阻抗开始增大，且频率愈是偏离330Hz阻抗愈大。这一控制器的中心频率为330Hz，在一定频带宽度内信号都能受到不同程度的控制。对高于或低于330Hz的信号，由于L2、C2电路的阻抗比330Hz信号大，分流衰减量小些。

在RP2动片从抽头位置向上滑动过程中，抽头至下端的阻值不变，VT1的负反馈电阻不变，负反馈量不变，所以对330Hz信号的衰减主要是靠L2、C2对地分流完成的。

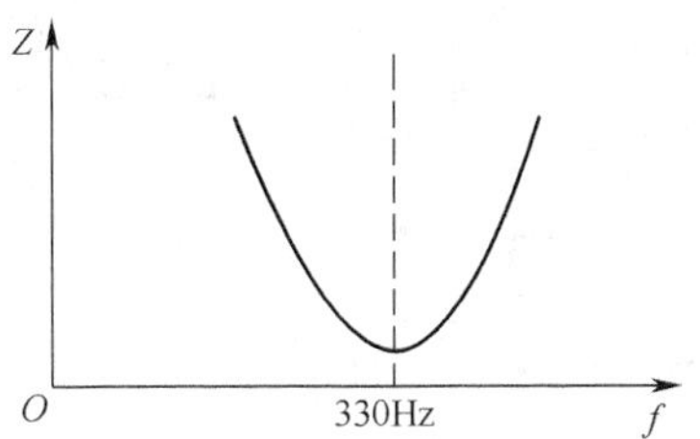

图7-37　L2、C2串联谐振电路的阻抗特性曲线

当RP2动片从抽头位置向下滑动时，由于动片对330Hz信号相当于交流接地，动片向下滑动使动片至B端的阻值在减小，而这一端阻值是并在R3上的，使VT1总的负反馈电阻在减小，总的负反馈量在减小，VT1对330Hz信号的放大倍数在增大，达到逐渐提升330Hz信号的目的。

当RP2动片滑到最下端时，对330Hz信号而言，B点交流接地，即将VT1发射极负反馈电阻R3交流短接，使VT1的负反馈量为零，VT1对330Hz信号的放大倍数为最大，此时对330Hz信号达到最大提升状态。

2．控制特性

图7-38所示是330Hz控制器提升和衰减控制特性。对其他频段控制器，其控制器工作原理与控制特性与此一样，由于各频段LC串联谐振电路的频宽不大，所以每个频段控制器只能控制中心频率左右一个频段内的信号。

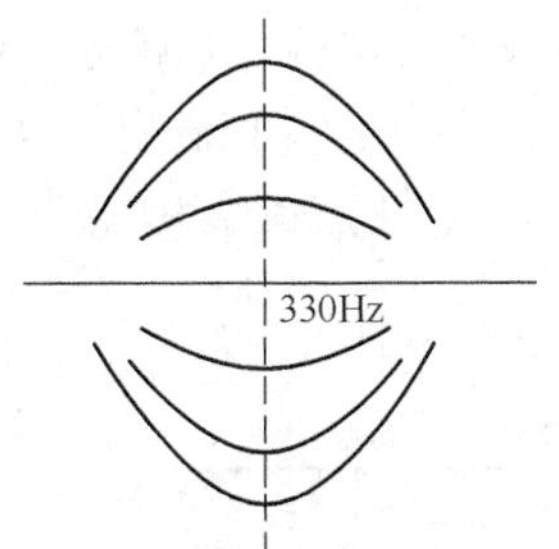

图7-38　330Hz控制器控制特性

7.2.4　集成电路图示音调控制器

前面的图示音调控制器电路中采用了LC串联谐振电路，由于线圈L成本较高、安装不方便，所以现在大量采用电子电路来等效电感

L，集成电路图示音调控制器电路就是采用这种等效电感，如图 7-39 所示。

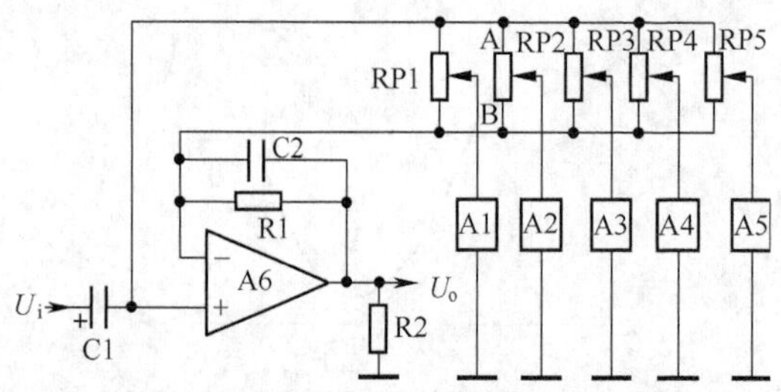

图 7-39　集成电路图示音调控制器电路方框图

1．电路组成

这是一个单声道五段图示音调控制器电路。电路中的 U_i 为输入信号，U_o 为经过音调控制器控制后的信号。RP1～RP5 是 5 个频段音调控制电位器，控制的频率分别由动片与地之间的 A1～A5 这 5 个陷波器陷波频率决定，A1～A5 分别等效于 5 个中心频率为 100Hz、330Hz、1kHz、3.3kHz 和 10kHz 的 LC 串联谐振电路。

电路中的集成电路 A6 是放大器，R1 是 A6 的负反馈电阻，其阻值大小决定了 A6 的闭环增益大小。C2 是高频消振电容，防止 A6 发生高频自激。C1 是输入端耦合电容。

2．陷波器

A1～A5 这 5 个陷波器的电路结构是一样的，只是阻容元件的参数不同，图 7-40 所示是这种陷波器电路及等效电路。电路中的 RP 是音调控制电位器，A01 是一个运算放大器，由于它的反相输入端与输出端相连，这样构成一个 +1 放大器。从图中可以看出，这一陷波器电路等效成一个 LC 串联谐振电路。

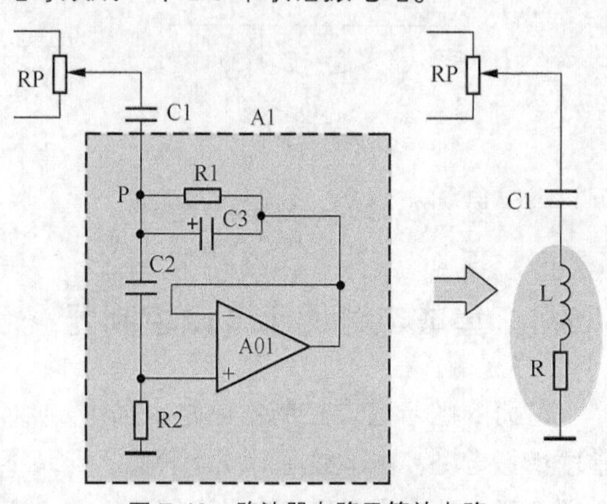

图 7-40　陷波器电路及等效电路

重要特性提示

+1 放大器及陷波器电路具有下列一些特性。

（1）+1 放大器的增益为 1。

（2）由于 A01 的开环增益很大，+1 放大器可以看成输入阻抗很高、输出阻抗很低的理想放大器。用节点电流定律可以推算出图中 P 点对地的输入阻抗：

$$Z = R_1 + j\omega R_1 \cdot R_2 \cdot C_2$$

（3）P 点对地之间可以等效成一个电阻 R 和电感量等于 $R_1 \cdot R_2 \cdot C_2$ 大小的线圈，这样与电容 C1 构成一个等效的 LC 串联谐振电路，如图中所示。

（4）整个 A1 可以等效成一个 LC 串联谐振电路，其谐振频率 f_0 为

$$f_0 = \frac{1}{2\pi\sqrt{R_1 \cdot R_2 \cdot C_1 \cdot C_2}}$$

陷波器电路等效成一个 LC 串联谐振电路，其谐振频率由 R1、R2、C1 和 C2 阻容元件标称值决定。在实用电路中，往往将 R1、R2 阻值固定不变，而是通过外接电容 C1、C2 的容量变化，来获得不同频段中心控制频率。

3．电路分析

根据 A1～A5 的等效电路可以认为 RP1 动片对 100Hz 信号而言是等效交流接地的，RP2 动片对 330Hz 信号而言是等效交流接地的，RP3～RP5 动片分别对 1kHz、3.3kHz、10kHz 信号是等效交流接地的。

下面以 330Hz 控制器为例，分析这一电路的工作原理。

设 RP2 的动片滑到中间位置，此时的等效电路如图 7-41 所示。电路中的 RP2 的动片等效为交流接地（仅对 330Hz 信号而言），动片将 RP2 分成 RP2′、RP2″ 两部分。**当 RP2 动片在中间位置时，**$RP_2'=RP_2''$，此时 RP2′ 构成对输入信号 U_i 的对地分流电路，RP2″ 则是 A6 的负反馈电阻。此时，对 330Hz 信号处于不提升也不衰减状态。

当 RP2 动片向 A 点滑动时，RP2′ 的阻值在减小，使 RP2′ 对输入信号分流衰减的量增大。

同时，由于 RP2″ 的阻值增大，使负反馈量增大，这样 A6 输出信号中的 330Hz 信号受到逐渐增大的衰减。当 RP2 动片滑到最顶端 A 点时，此时分流衰减量最大，负反馈量最大，330Hz 信号受到最大的衰减，最大衰减量一般为 10dB。

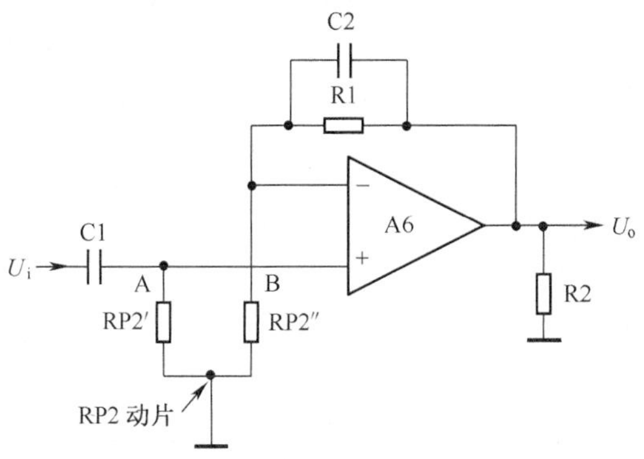

图 7-41　330Hz 控制器等效电路

根据阻抗特性可知，对 330Hz 信号的衰减量为最大；由于 RP2 动片回路陷波器阻抗较大，故对频率高于或低于 330Hz 信号的衰减量较小。

当 RP2 动片从中间位置向 B 端滑动时，RP2′ 的阻值增大，对输入信号的分流衰减量逐渐减小，同时，RP2″ 的阻值逐渐减小，负反馈量减小，放大倍数增大，对 330Hz 信号进行提升。当 RP2 动片滑到顶端 B 端时，RP2′ 阻值最大（等于 RP2 标称值），对输入信号的分流量为最小。同时，RP2″ 阻值为零，负反馈电阻最小，负反馈量最小，对 330Hz 信号的提升达到最大，最大提升量一般为 10dB。

同理，由于 RP2 动片回路所接 330Hz 陷波器的阻抗特性，对频率高于或低于 330Hz 信号的提升量小于对 330Hz 的提升量。

对于 330Hz 频段以外的信号，由于陷波器 A2 的阻抗很大而呈开路状态，故对这些信号无控制作用。另外，RP1～RP5 的标称阻值较大，对信号的插入损耗不太大，各频段之间的相互影响也不大。

7.2.5　分立元器件图示音调控制器

分立元器件图示音调控制器电路与集成电路图式音调控制器电路原理是基本相同的，只是用分立元器件构成陷波器等电路。

1. 自举射极输出器

这种电路的实质是采用自举射极输出器来获得电子模拟电感，图 7-42 所示是自举射极输出器电路及等效电路。

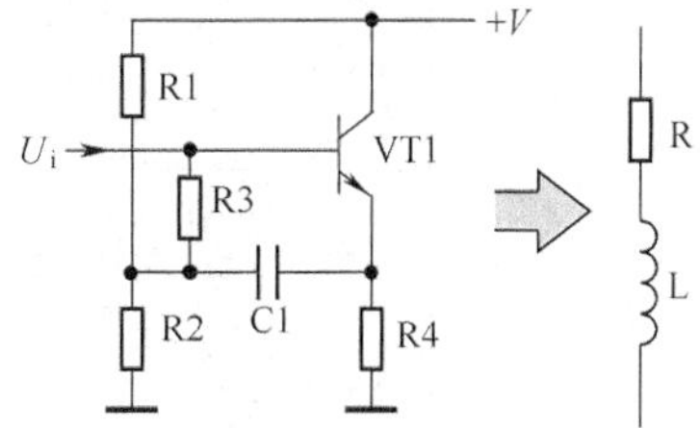

图 7-42　自举射极输出器电路及等效电路

电路中的 VT1 接成共集电极电路（射极输出器），R1、R2 对 +V 分压后经 R3 加到 VT1 基极，这样做的目的是为了减小偏置电阻对整个自举射级输出电路输入阻抗的影响。

C1 是基极自举电容。这种电路具有很高的输入阻抗，且输入阻抗具有电感特性，它等效成一个电阻 R 和电感 L 的串联电路，如图中所示。电感 L 大小与 R1、R2、R3、C1 的大小有关。

图 7-43 所示是实用电路，这样的电路使得电子模拟电感的损耗更小。

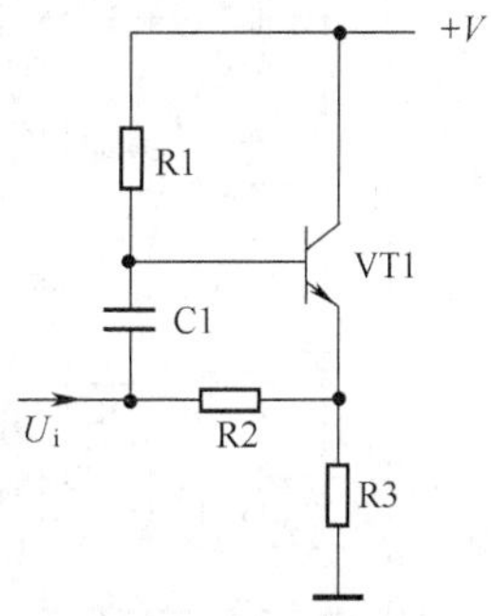

图 7-43　实用电路

2. 分立元器件图示音调控制器

图 7-44 所示是分立元器件构成的 10 段图示音调控制器电路（只画出右声道电路，未画出的左声道电路与此对称）。电路中，A1 为前置放大器，VT1～VT10 管及电路构成 10 个不同频率的电子模拟电感，再分别与 1C7、1C9、1C11、1C13、1C15、1C17、1C19、1C21、1C23、1C25 这 10 只电容构成 10 个不同频率的陷波电路，接在 1RP1～1RP10 这 10 个频段音调控制电位器的动片上。

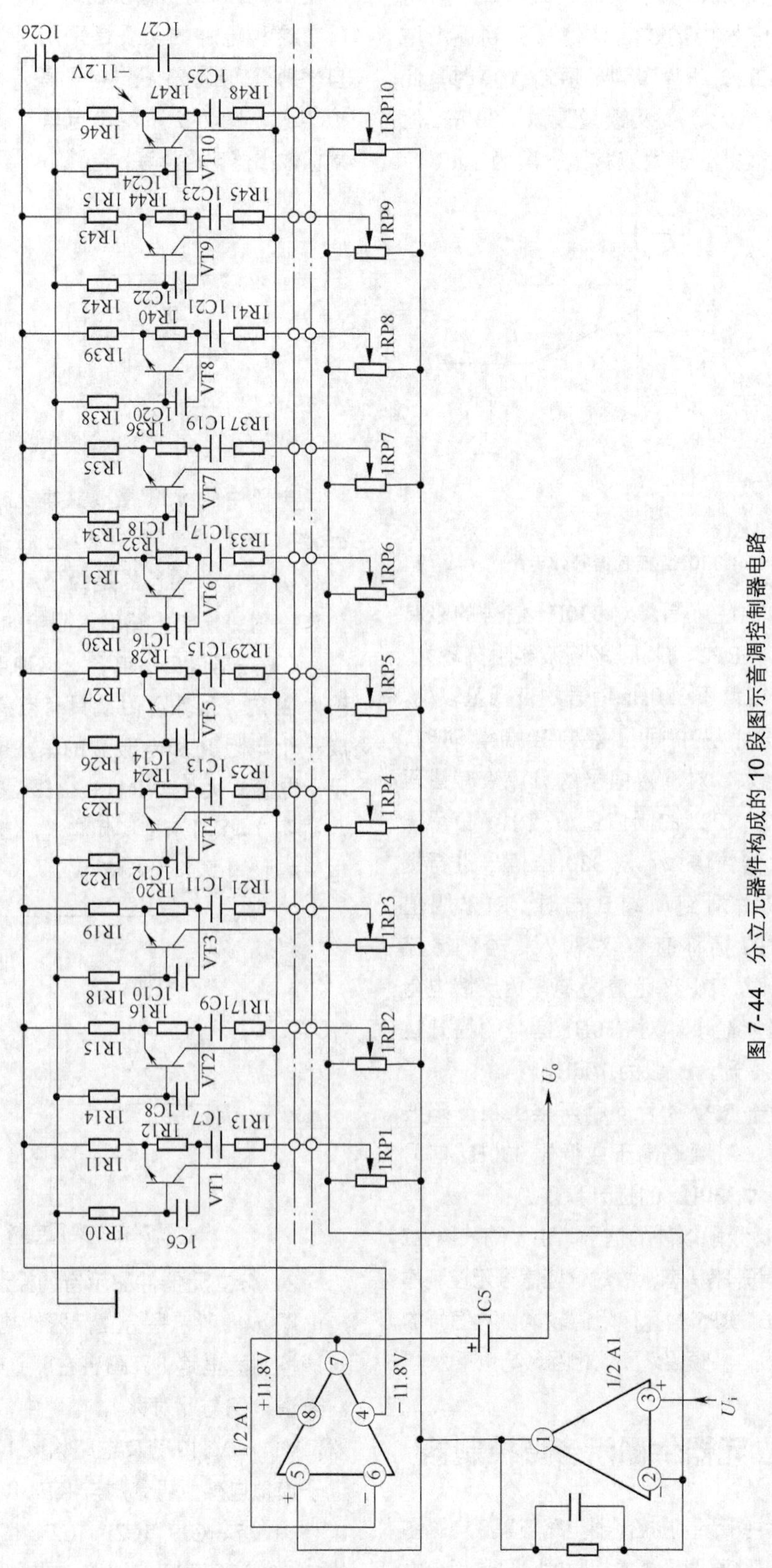

图 7-44 分立元器件构成的 10 段图示音调控制器电路

电路的工作原理是：输入信号 U_i 加到 A1 的输入端③脚，经过放大和控制后的信号从 A1 的⑦脚输出，通过耦合电容 1C5 加到后级电路中。

这里以 1RP1 控制器电路为例，说明电路工作原理。1RP1 的动片与地之间接着 VT1 等元器件构成的陷波器，当 1RP1 动片向上滑动时，对信号开始提升，动片滑到最上端时对信号的提升量达到最大值。当 1RP1 动片向下滑动时，对信号进行衰减；当 1RP1 动片滑到最下端时，对信号的衰减量达到最大值。

电路中的 1R11 是 VT1 的发射极电阻，1R11 的上端接到 A1 的④脚，④脚上的直流工作电压为 -11.8V。1R10 是 VT1 的基极偏置电阻，虽然 1R10 上端接地，地电位仍比 -11.8V 高，这样 1R10 给 VT1 提供正常偏置。VT1 模拟电感的电感量由 1R13、1C7、1C6、1R12 等元件决定。

1RP2～1RP10 各控制器的工作原理同 1RP1 是一样的，只是由于电容的容量不同，其等效谐振频率不同。

7.3　立体声平衡控制器

在双声道音响电路中，要求左、右声道的增益是相等的。尽管左、右声道电路结构和元器件参数相同，但是由于元器件参数的离散性（不一致）和使用一些时间后的参数变化，有可能导致左、右声道放大器增益不相等，这会影响立体声效果，为此设置了立体声平衡控制器电路。

立体声平衡控制器中采用 X 型电位器等。

7.3.1　单联电位器构成的立体声平衡控制器

立体声平衡控制器的种类有多种，由单联电位器构成的立体声平衡控制器是比较常见的。

图 7-45 所示是 X 型单联电位器构成的立体声平衡控制器电路，这也是最常见的立体声平衡控制器电路。电路中的 2RP12 构成立体声平衡控制器电路，并接在左、右声道放大器输出端之间，作为低放电路（音频放大系统中的功率放大器）的输入端。

1．电路分析

在立体声工作状态下，左、右声道电路是分开的，但是 2RP12 接在左、右声道前置放大器输出端，由于 2RP12 动片接地，故对隔离度的影响小。

当 2RP12 动片从中心点向上滑动时，2R33 送来的 L 声道信号，经 2RP12 的动片以上部分与 2RP7 并联的电阻接地，2RP12 值减小，该信号衰减量增大，送到 L 声道低放电路中的信号减小，其输出也随之减小。而 2RP12 动片至下端的阻值增大，对 R 声道信号衰减量减小，R 声道低放电路的输出增大。

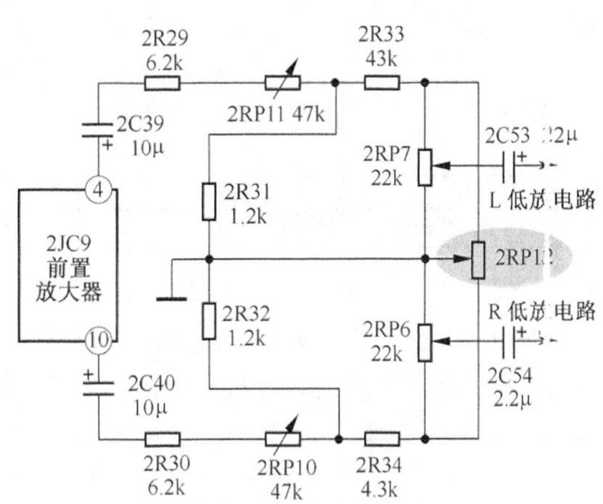

图 7-45　X 型单联电位器构成的立体声平衡控制器电路

当 2RP12 动片从中心点向下滑动时，对 L 声道信号衰减量减小，L 声道低放电路的输出增大。

由此可见，通过调整 2RP12 可以改变左、右声道的输出，从而调整左、右声道的平衡，使它们的有效增益大小相等。

36. OTL 功放元器件作用 9

重要提示

当左、右声道放音放大器没有什么问题时，原设计使左、右声道输出平衡，故2RP12动片应在中心点位置。由于2RP12的插入，不难想象对左、右声道信号是有衰减的。电路中的2RP7、2RP6是左、右声道音量电位器。

2．电路故障分析

（1）2RP12动片开路故障分析。这时没有立体声平衡作用，同时左、右声道分离度（左、右声道之间隔离程度）降低。

理解方法提示

因为调节2RP12时已不能改变左声道或右声道信号的大小，这时左、右声道信号通过2RP12混合在一起，所以降低了左、右声道分离度。

（2）2RP12某一定片引线开路故障分析。这时定片开路所在声道的声音增大许多。

理解方法提示

因为定片开路后，2RP12与2RP7或2RP6构成的并联电路开路，使该声道音量电位器送至低放电路的信号增大。

7.3.2 带抽头电位器的立体声平衡控制器

图7-46所示是带抽头电位器的立体声平衡控制器电路，电路中的RP702是平衡控制电位器，它的中心阻值处有一个抽头，且抽头接地。

1．电路分析

当**2RP702**动片在中心点时，2RP702对左、右声道信号衰减量相等。

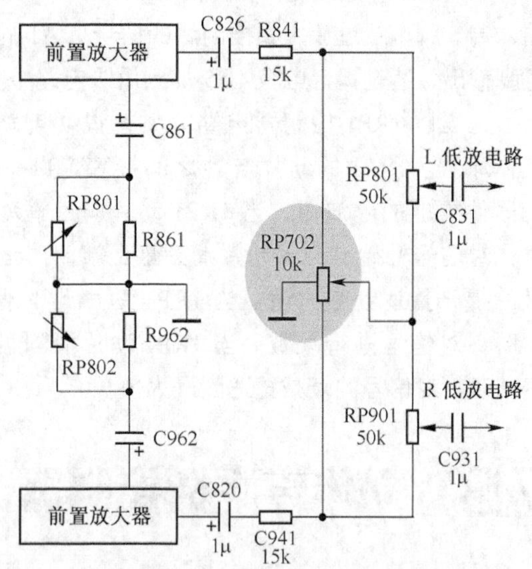

图7-46　带抽头电位器的立体声平衡控制器电路

当**2RP702**动片从中心抽头向上端滑动时，2RP702对R声道信号衰减量不变，因为2RP702中心抽头接地，此时L声道信号衰减量增大，L声道低放电路输出减小。

当**2RP702**动片从中心抽头向下端滑动时，L声道低放电路输出不变，R声道低放电路输出减小。

从上述电路分析中可知，这一平衡电路与前面一个电路相比，不同之处是：平衡控制电位器RP702向一个方向调节时只改变一个声道低放电路的输入信号大小，在进行平衡调节时只减小一个声道的声音。

2．电路故障分析

（1）2RP702动片开路故障分析。无平衡调节作用。

理解方法提示

因为这时RP702不能参与平衡调整，调节RP702时动片虽然在滑动，但是没有电路调节效果。

（2）2RP702接地引线开路故障分析。基本没有平衡调节效果。

理解方法提示

从电路上可以看出，RP702接地中心抽头开路之后，这一电路变成了无抽头电位器构成的平衡控制器电路。

（3）2RP702某一定片引线开路故障分析。定片开路所在声道的声音增大许多。

理解方法提示

因为定片开路后，RP702与R841或R941构成的这一路分压电路开路，RP702的衰减作用消失，所以加到后面低放电路的信号增大。

7.3.3 双联同轴电位器构成的立体声平衡控制器

图7-47所示是采用双联同轴电位器构成的立体声平衡控制器电路，电路中的RP1-1、RP1-2是双联同轴电位器构成的立体声平衡控制器电路，RP2-1和RP2-2是双联同轴电位器构成的双声道音量控制器电路。

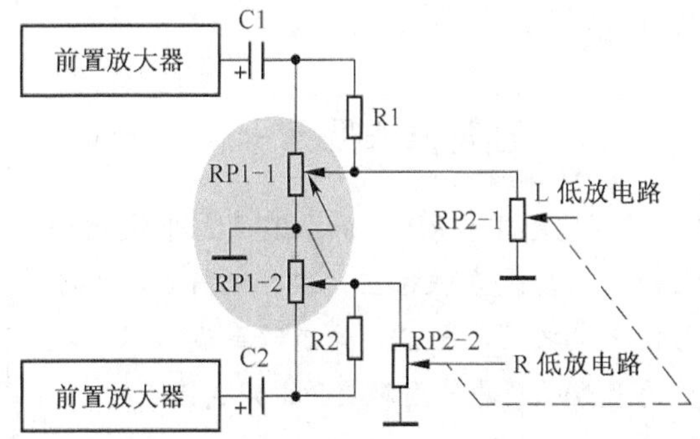

图7-47 双联同轴电位器构成的立体声平衡控制器电路

1. 电路分析

当RP1-1、RP1-2动片在中心点时，L、R声道信号受到等量衰减。

当动片向上端滑动时，RP1-1动片与地间阻值增大，RP1-2动片与地间阻值减小，导致R声道信号衰减量增大，R声道低放电路输出减小，L声道低放电路输出增大。

当动片向下滑动时，RP1-1动片与地间阻值减小，RP1-2动片与地端间阻值增大，导致L声道低放电路输出减小，R声道低放电路输出增大。由上述分析可知，通过调整RP1-1、RP1-2动片将能实现立体声平衡。

电路中，电阻R1、R2的作用是减小因RP1-1、RP1-2带来的插入损耗。

2. 电路故障分析

（1）RP1-1动片开路故障分析。左声道平衡控制失灵，左声道声音增大。

理解方法提示

这是因为左声道无平衡调整电路，也没有左声道的分压衰减电路，这时左声道信号通过R1传输，所以左声道声音增大。

（2）RP1-2动片开路故障分析。右声道平衡控制失灵，右声道声音增大。

理解方法提示

这是因为右声道无平衡调整电路，也没有右声道的分压衰减电路，这时右声道信号通过R2传输，所以右声道声音增大。

（3）RP1-1和RP1-2共用接地线开路故障分析。无立体声平衡控制作用，左、右两声道声音增大，立体声分离度下降。

理解方法提示

这是因为没有了平衡控制电路，也没有了分压衰减电路，左、右声道的前置信号分别从R1和R2传输。

左、右声道之间通过RP1-1和RP1-2相连接而混合，使分离度下降。

7.3.4 特殊双联同轴电位器构成的立体声平衡控制器

图7-48所示是特殊双联同轴电位器构成

的立体声平衡控制器电路。电路中的RP1-1、RP1-2是双联同轴电位器，它的灰色部分是银带导体，无电阻，当动片在这一行程内滑动时，阻值不变，银带部分占电位器动片滑动总行程的一半，故称半有效电气行程双联同轴电位器。RP1-3、RP1-4是双联同轴音量控制电位器。

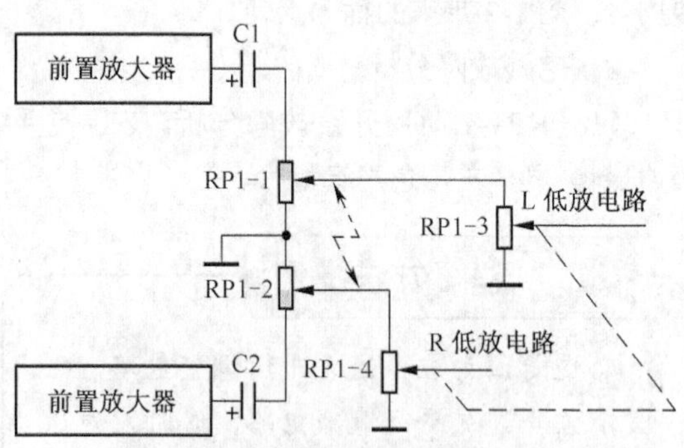

图7-48　特殊双联同轴电位器构成的立体声平衡控制器电路

1．电路分析

当RP1-1、RP1-2动片在中心点位置时，RP1-1、RP1-2动片至地端阻值相等，而动片到C1、C2端无阻值，此时L和R两路平衡。

当RP1-1、RP1-2动片向中心点以上滑动时，RP1-1动片滑到银带部分，动片与地间阻值没有变，故L声道低放电路输出不变；RP1-2动片与地端之间的阻值减小，R声道信号衰减量增大，故R声道低放电路输出减小。

当RP1-1、RP1-2动片向中心点以下滑动时，RP1-1动片与地之间阻值减小，故L声道低放电路输出减小；RP1-2动片与地间阻值不改变（动片滑到了无阻值的银带部分），故R声道低放电路输出与动片在中心位置时相同。

从上述分析可知，RP1-1、RP1-2动片的移动能起到立体声平衡作用。这一电路与前面电路相比较，其不同之处是RP1-1、RP1-2银带部分对信号无衰减作用，由平衡控制器带来的音频信号插入损耗比较小。

2．电路故障分析

（1）RP1-1动片开路故障分析。左声道无声。

理解方法提示

这是因为左声道信号传输线路断路了，左声道前置放大器输出信号无法加到左声道低放电路中。

（2）RP1-2动片开路故障分析。右声道无声。

理解方法提示

这是因为右声道信号传输线路断路了，右声道前置放大器输出信号无法加到右声道低放电路中。

（3）RP1-1和RP1-2接地线开路故障分析。无立体声平衡控制作用，声道隔离度下降，且两声道声音增大。

理解方法提示

这是因为RP1-1和RP1-2无平衡控制作用，只是串联在左、右声道前置放大器输出端之间，降低了声道隔离度，同时因为无分压衰减作用而使两个声道信号增大。

7.4　响度控制器

响度控制器电路的设置是为了补偿人耳的听觉缺陷。

听觉对各频段的音频信号感知度是不同的，而且明显地受音量大小变化的影响。在小音量下，对低音和高音的听音灵敏度远比中音低，使人感觉乐曲低音不丰富、不柔和，高音不明亮、不纤细，相对会感到中音的输出大，这时必须在小音量下提升低音和高音。

响度控制器主要有单抽头式响度控制器、双抽头式响度控制器、无抽头式响度控制器等多种。

7.4.1　单抽头式响度控制器

图 7-49 所示是单抽头式响度控制器电路，属于开关控制式电路。开关 S1 为响度开关，图示位置具有补偿作用，置于另一位置时无补偿作用。这一电路对低音和高音均有提升作用。

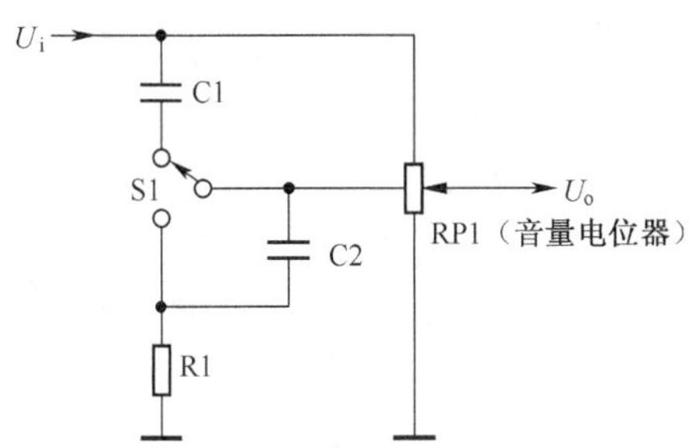

图 7-49　单抽头式响度控制器电路

1．高音提升电路分析

电容 C1 构成高音提升电路，由于 C1 对高频信号的容抗较小，故输入信号中高音信号经 C1 送到 RP1 抽头处，而 C1 对其他频率信号呈高阻抗，从 RP1 上端送到 RP1 动片的衰减量较大，从而相对提升了高音信号。

2．低音提升电路分析

R1、C2 构成低音提升电路，该电路对低音信号的阻抗较大（中音信号阻抗较小），这样相对中音信号而言低音信号得到提升。

RP1 是音量控制器，响度补偿未设专门控制电位器。RP1 抽头点至地端的电阻占 RP1 全部阻值的 1/4～1/3，抽头点离地端近，对低、高音信号提升量有利。

当 RP1 动片滑至抽头处时，提升量达到最大。音量逐渐开大（动片往上滑动），提升量逐渐减小。

3．电路故障分析

关于这一响度控制器电路故障分析主要说明下列几点。

（1）开关 S1 接触不良时会造成低音信号或是高音信号提升失效，或是低音、高音信号同时发生提升失效故障。

38. OTL 功放元器件作用 11

（2）电位器 RP1 的抽头引脚开路，这时无响度补偿作用。

理解方法提示

当开关 S1 接触不良或 RP1 抽头引脚断开时，低音、高音补偿电路无法接入电路，所以无低音、高音信号提升作用，无响度补偿。

7.4.2　双抽头式响度控制器

为了能够更好地实现等响度补偿，即在小音量时补偿量大些，较大音量时补偿量小些，可采用双抽头式响度控制器电路，这样可以将响度补偿分得更细。

1．电路分析

图 7-50 所示是双抽头式响度控制器电路。**当音量较低时，**其补偿原理与单抽头式响应控制器电路相同。**当音量开得较大后，**上面抽头所接入的补偿电路仍可继续少量地提升高音信号和低音信号。

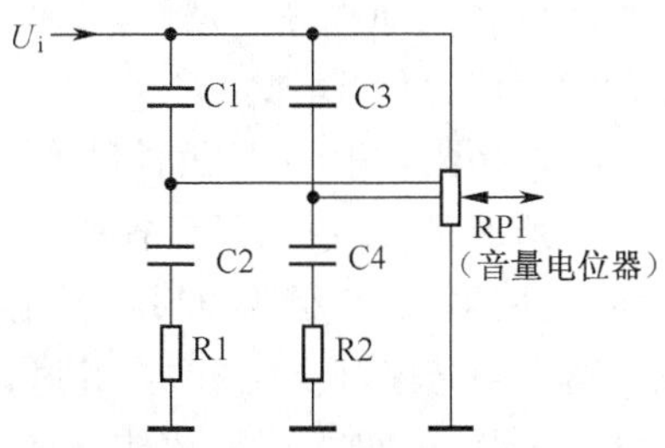

图 7-50　双抽头式响度控制器电路

C1、C2 和 R1 构成在较大音量下的响度补偿电路，C3、C4 和 R2 构成在较低音量下的响度补偿电路。这两个补偿电路的工作原理同前面介绍的单抽头式响度控制器电路一样。

2．电路故障分析

关于这一响度控制器电路故障分析主要说明下列两点。

（1）C1、C2 和 R1 出现故障时，只影响较大音量下的响度补偿。

（2）C3、C4 和 R2 出现故障时，只影响较小音量下的响度补偿。

7.4.3 无抽头式响度控制器

1．RC 补偿型无抽头式响度控制器

如果采用的音量电位器无抽头时，可以采用图 7-51 所示的 RC 补偿型无抽头式响度控制器电路。

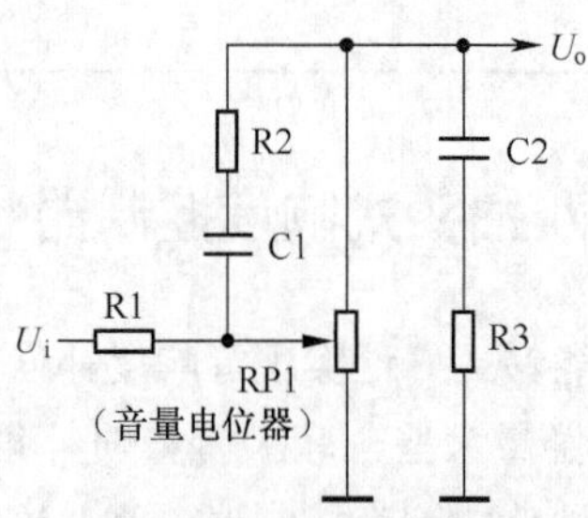

图 7-51 RC 补偿型无抽头式响度控制器电路

电路中，C1、R2 构成高音补偿电路，该电路对高频信号阻抗小，输入信号经该电路送到低放电路中。当 RP1 动片滑向地端时（音量减小），R2、C1 电路提升高音的作用更加明显。

R3、C2 构成低音补偿电路，对低音有相对提升作用。当 RP1 动片往下滑时，R3、C2 电路提升低音的作用更加明显。

2．LC 补偿型无抽头式响度控制器

图 7-52 所示是 LC 补偿型无抽头式响度控制器电路。电路中，L、C 组成 LC 并联谐振电路，谐振频率落在中音区域。由于 LC 并联谐振电路的阻抗大，失谐的高、低两侧信号高音和低音能通过 LC 并联谐振电路，从而达到提高音、低音的目的。RP1 动片越往下滑，提升作用越明显。

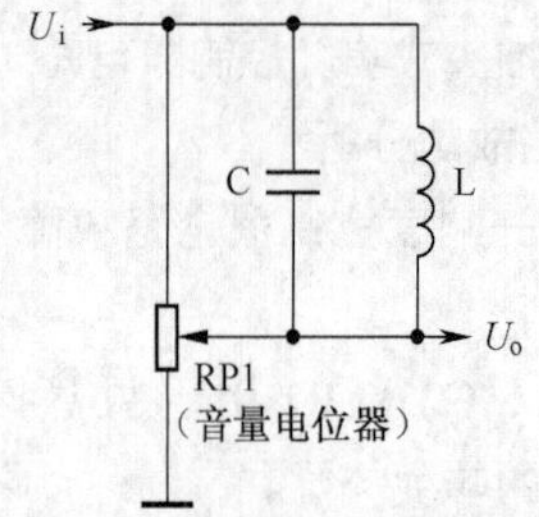

图 7-52 LC 补偿型无抽头式响度控制器电路

7.4.4 专设电位器的响度控制器

前面的几种响度补偿电路是利用音量电位器来控制，而图 7-53 所示是采用专设电位器的响度控制器电路。电路中的 RP1 是音量控制器，RP2 是响度控制器。

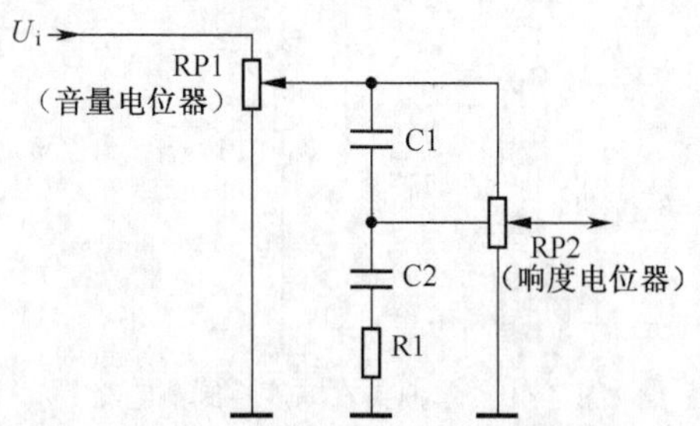

图 7-53 专设电位器的响度控制器电路

C1 构成高音提升电路，C2、R1 构成低音提升电路。它们的工作原理同前面电路相同。当 RP2 动片在抽头上方时，由于 RP2 动片至 RP2 上端的插入电阻小，对信号的衰减不大，故提升电路作用不明显或没有提升作用。当 RP2 动片滑至抽头处时，提升电路起到了最大提升高、低音作用。

这种响度补偿电路不能自动补偿，欲提升高、低音要调节 RP2 动片。

7.4.5 独立的响度控制器

在一些采用音量遥控的组合音响中，采用独立于音量控制器的响度控制器电路，图 7-54 所示电路就是独立的响度控制器电路，图中只画了一个声道电路，另一声道电路与此对称。

电路中的 VT601 是音频信号放大管。S1 是响度开关，图示在 ON 位置上。S2 是高频切除开关，图示在 ON 位置。S3 是低频切除开关，图示在 ON 位置。

这一电路的工作原理是：音频信号 U_i 经 C602 加到 VT601 基极，放大后从其集电极输出，经 C504、R608 耦合到后级电路中。

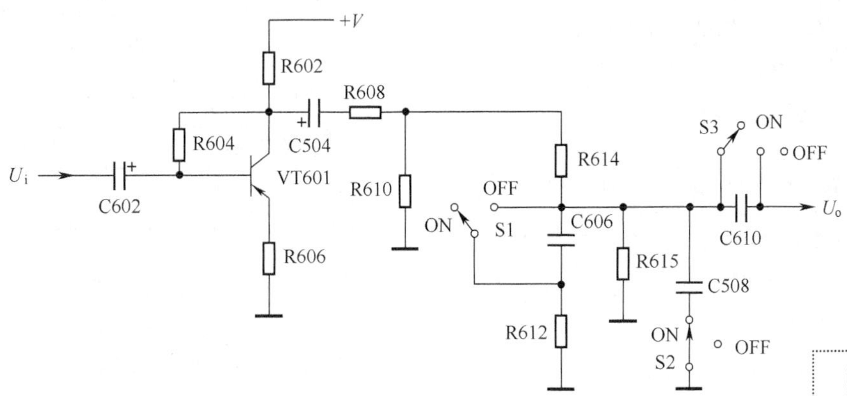

图 7-54　独立于音量控制器的响度控制器电路

R614、R615、R612、C606 和 S1 构成响度控制器电路。**当 S1 在图示 ON 位置时**，这一电路具有响度补偿作用，但只是补偿低音信号，其补偿原理同前面介绍的一样，在此省略。当 S1 在 OFF 位置时，S1 将 C606 短接，此时电路无响度补偿作用。这一电路在不同音量大小下具有相同的低音提升量。

当 S2 在图示 ON 位置时，将 C508 接地短路，由于 C508 容量不是很小，对高频信号容抗较小，这样高频段信号（噪声）被 C508 分流到地，起高频切除作用。S2 开关主要用来切除高频噪声。

当 S3 在图示 ON 位置时，C610 串在信号传输回路中，由于 C610 容量不是很大（0.068μF），对低频段信号（噪声）的容抗较大，可以抑制低频段信号（噪声）。

39. OTL 功放元器件作用 12

7.4.6　精密响度控制器

精密响度控制器电路中，控制器采用单联多掷开关，对高音、低音响度进行精密控制，做到音量愈低补偿量愈大。当控制分挡数愈多时，更能获得等响度补偿要求。

7.4.7　多功能控制器集成电路

图 7-55 所示是多功能控制集成电路 TA7630P 实用电路，TA7630P 集成电路具有双声道电子音量、高音、低音和立体声平衡控制功能。

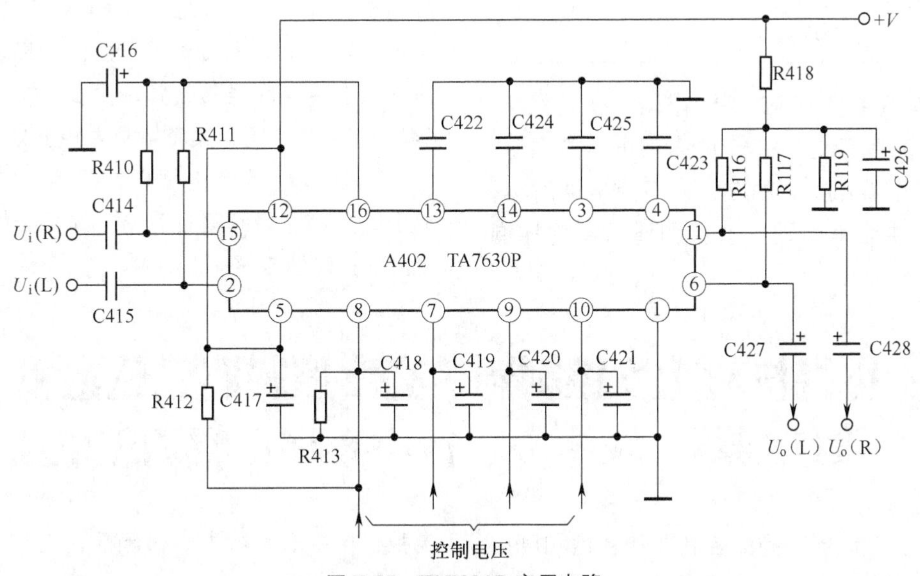

图 7-55　TA7630P 实用电路

1．集成电路 TA7630P 引脚作用

集成电路 TA7630P 共 16 根引脚，采用双列结构，各引脚作用如表 7-8 所示。

表 7-8　集成电路 TA7630P 引脚作用说明

引　脚	作用说明
①	接地
②	左输入（音频输入）
③	左高频谐振
④	左低频谐振
⑤	基准电压
⑥	左输出（音频输出）
⑦	立体声平衡控制输入（直流输入）
⑧	音量控制输入（直流输入）
⑨	高音控制输入（直流输入）
⑩	低音控制输入（直流输入）
⑪	右输出（音频输出）
⑫	电源
⑬	左低频谐振
⑭	右高频谐振
⑮	右输入（音频输入）
⑯	负反馈

2．集成电路 TA7630P 内部电路方框图

图 7-56 所示是 TA7630P 内部电路方框图。从图中可以看出，它的左、右声道电路对称，每个声道中含有音调、音量和增益平衡控制电路。

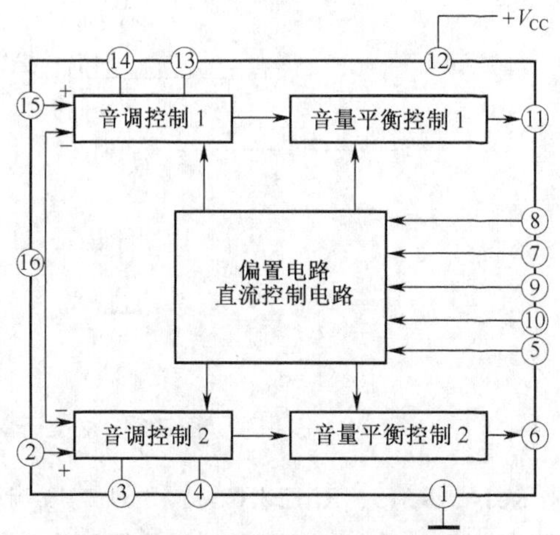

图 7-56　TA7630P 内部电路方框图

3．电路分析

在图 7-55 所示电路中的左、右声道的音频信号 U_i(L)、U_i(R) 分别经 C415 和 C414 耦合，加到 A402 的②、⑮脚，经过控制后的信号分别从⑥、⑪脚输出，由 C427、C428 耦合到后级电路中。

在图 7-55 所示电路中，C418～C421 都是平滑电容，以抑制各种干扰。当⑧、⑦、⑨、⑩脚上的直流控制电压大小变化时，便能分别控制左、右声道音量、增益平衡、高音和低音。C422～C425 是左、右声道高、低音控制器电路中的外接电容。低音控制器的左、右声道低音转折频率由④、⑬脚上的电容 C423、C422 决定，其容量愈大转折频率愈低。高音控制器的左、右声道高音转折频率由③、⑭脚上电容 C425、C424 决定，其容量愈大转折频率愈低。

在图 7-55 所示电路中，只用 TA7630P 集成电路控制音量和高低音，立体平衡控制另有专门的控制器电路。

7.5 电视机对比度控制器、亮度控制器、色饱和度控制器、场中心、行中心和行幅调整电路

对比度控制器、亮度控制器和色饱和度控制器是电视机、显示器中常用的 3 种控制器。电视机场中心、行中心和行幅调整电路设在电视机内部。

控制器提示

（1）在场频、场幅和场线性调整过程中，为了使增大或减小变化均匀，要求采用 X 型电位器。

（2）为了使亮度的调整能够均匀变化，要求采用 X 型电位器。为了使聚焦的调整能够均匀变化，也要求采用 X 型电位器。

（3）为了达到对比度调整更加柔和的效果，要求对比度电位器采用 D 型电位器。

7.5.1　对比度控制器

对比度控制器电路的作用是控制对比度，在电路中通过提升或衰减视放输出级电路的增益，控制视频信号的大小，达到控制对比度的目的。

1．对比度控制器电路位置

图 7-57 所示是对比度控制器电路在电视机视频通道的具体位置示意图，了解这一点可以在电视机整机电路中方便地寻找对比度控制器。从方框图中可以看出，对比度控制器在视放输出级电路附近。

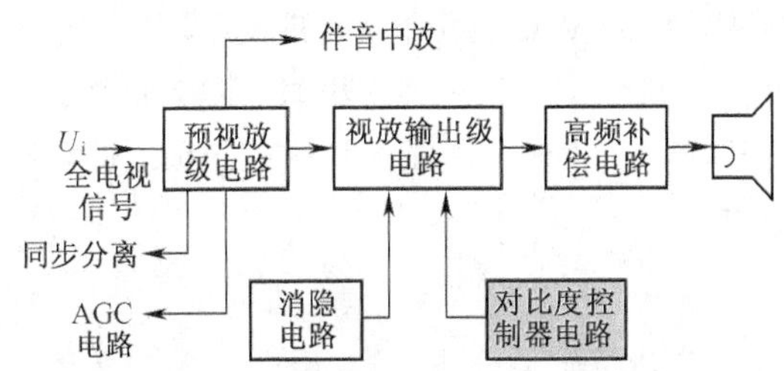

图 7-57　对比度控制器电路位置示意图

2．交流耦合视放输出级中的对比度控制器

图 7-58 所示是交流耦合视放输出级中的对比度控制器电路。电路中的 VT1 是视放输出管，RP1 是对比度控制电位器，U_i 是来自预视放输出端的视频信号，由于 U_i 是通过耦合电容 C1 加到 VT1 基极的，且 C1 具有隔直的作用，所以这是交流耦合视放输出级电路。

（1）**直流电路和信号传输分析**。直流工作电压 $+V$ 经电阻 R1 和 R2 的分压后，加到 VT1 基极上。$+V$ 经 R8、L2、R6 和 L1 加到 VT1 的集电极上，R3 和 R4 是发射极电阻。

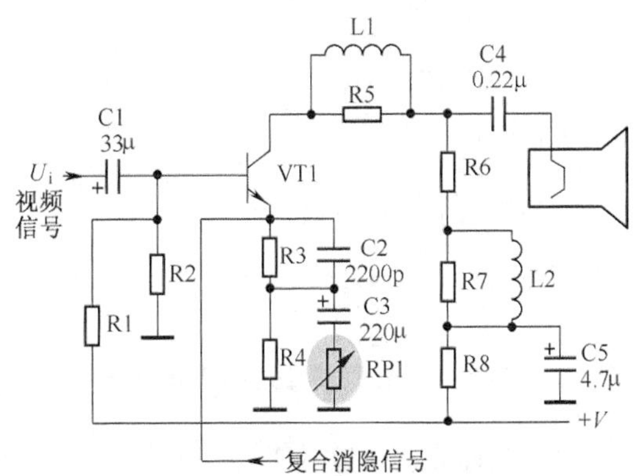

图 7-58　交流耦合视放输出级中的对比度控制器电路

输入信号 U_i 经耦合电容 C1 加到 VT1 的基极上，经 VT1 的放大后，信号从集电极输出，经阻尼电路 R5 和高频补偿线圈 L1、耦合电容 C4 加到显像管的阴极上。

40. OTL 功放元器件作用 13

（2）**对比度控制器电路分析**。电路中的 C3 和 RP1 构成对比度控制器电路，其中 RP1 是对比度控制电位器。**这一电路的工作原理是：**C3 和 RP1 是并联在 VT1 发射极电阻 R4 上的，C3 的容量很大而对视频信号的容抗很小，所以 C3 是隔直电容。

当改变 RP1 的阻值时，RP1 和 R4 并联后总的电阻也随之改变，于是改变了 VT1 的负反馈量大小，从而可以改变视放输出级的增益大小，改变加到显像管阴极上的视频信号的大小，达到进行对比度调整的目的。

当 RP1 的阻值小时，负反馈量小，视频信号大，对比度强，反之则对比度弱。

3．直流耦合视放输出级中的对比度控制器

在直流耦合视放输出级电路中，对比度控制器电路采用图 7-59 所示的平衡桥式对比度控制器电路。电路中，VT1 是预视放管，VT2 是视放输出管，RP1 是对比度控制电位器。

电路中，预放级与视放输出级之间是直接耦合的，即 VT1 发射极输出的信号经 R1、RP1 加到 VT2 基极上，由于耦合电路中没有隔直的电容，所以直流成分也能加到视放输出级电路中。

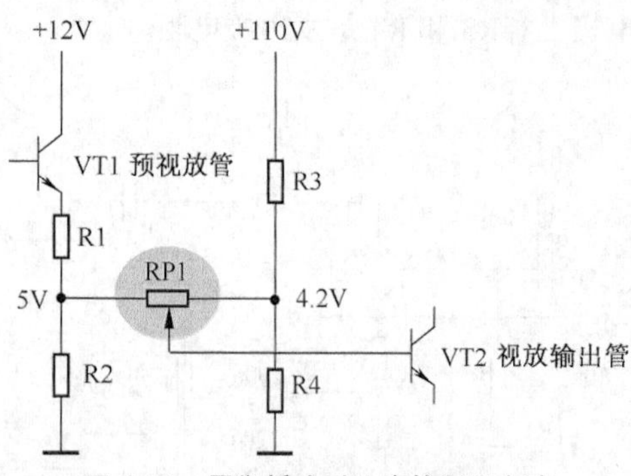

图 7-59　平衡桥式对比度控制器电路

对比度控制器电路的工作原理是：当 RP1 动片在最左端时，VT2 基极回路中没有串联 RP1，此时对视信号的衰减为最小，故视频信号的幅度为最大，此时对比度最强。当 RP1 动片滑到最右端时，RP1 的全部阻值串联在 VT2 基极回路中，对视频信号的衰减为最大，使视频信号的幅度最小，此时对比度最弱。

重 要 提 示

在这种对比度控制器电路中，将 RP1 的两端直流电压设计成不同值（如左端为 5V，右端为 4.5V），这样当对比度调小时（RP1 动片在向右端滑动），VT2 的基极直流电压在下降，其集电极电压在升高，使显像管的阴极电压在升高，亮度下降，使对比度下降时图像的亮度也有所下降。

7.5.2　亮度控制器

图 7-60 所示是交、直流耦合视放输出级电路。电路中，VT1 是预视放管，VT2 是视放输出管，RP1 是对比度控制电位器，RP2 是亮度控制电位器，RP3 是聚焦电位器。

1．直流电路和信号传输分析

直流电压 +*V* 经 R7、L3 和 L2 加到视放输出管 VT2 的集电极上，VT2 的基极电压通过 R3 取自预视放管 VT1 的发射极电压（R1 和 R2 的分压电压），VT1 和 VT2 之间是直接耦合，在 VT2 的基极回路中没有隔直电容。

加到 VT2 基极的视频信号经放大后，从其集电极输出，经 L2、R6、C6、VD1 和 R9 加到显像管的阴极上。

41. OTL 功放元器件作用 14

2．对比度控制器

在电路中，RP1 是对比度控制电位器，调整 RP1 的阻值时可以改变 VT2 负反馈量的大小，从而可以进行对比度的控制。

3．亮度控制器

在电路中，RP2 是亮度控制电位器，亮度控制器电路设在显像管的控制极电路中。行逆脉冲电压经 VD2 整流和 C8 滤波后，加到 RP2 上。当调整 RP2 的阻值大小时，RP2 动片上的电压大小在改变，即显像管的控制极上的电压在改变。

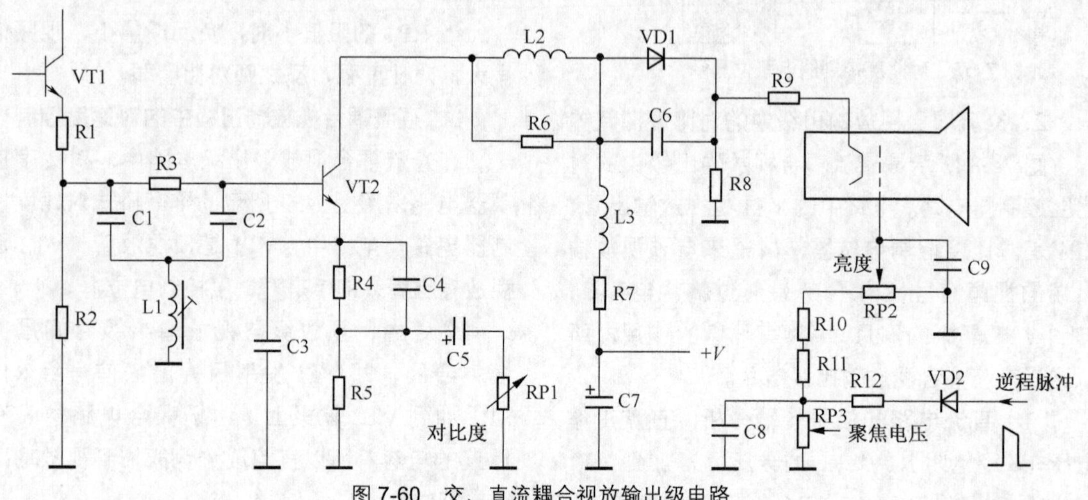

图 7-60　交、直流耦合视放输出级电路

当显像管控制极上的电压较大时，控制极与阴极之间的负电压比较小，亮度比较亮。反之，当显像管控制极上的电压比较低时，控制极与阴极之间的负电压比较大，亮度比较暗，这样可以达到亮度控制的目的。

重要提示

这一电路还具有自动亮度控制的作用。当显像管的阴极电流比较大时，在电阻R8上的电压降比较大，使显像管的阴极电压升高，由于阴极电压升高使亮度下降，可以进行自动亮度的控制。

显像管调制特性提示

显像管的调制特性可以用图7-61所示的特性曲线来说明，纵坐标是阴极电子束电流，横坐标是控制极与阴极之间的负电压。

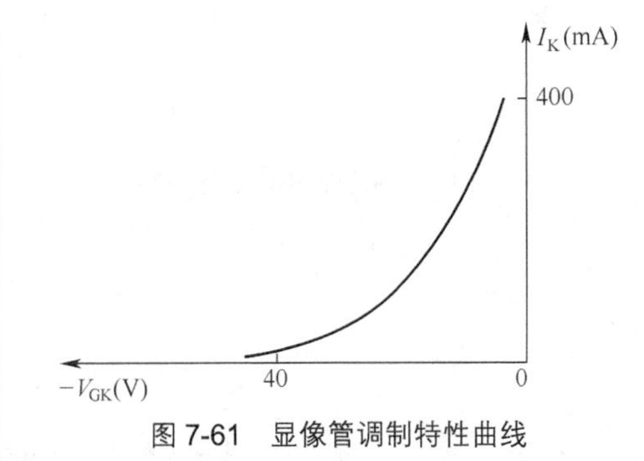

图7-61　显像管调制特性曲线

显像管正常工作时，要求控制极上的电压低于阴极上的电压，或者说是阴极上的电压要高于控制极上的电压。从曲线中可以看出，当阴极上的电压愈高于控制极上的电压时，阴极电子束的电流愈小，反之则大。

当阴极电压比控制极电压高到一定程度时，阴极电子束的电流为零，这时阴极不能发射出电子，无光栅。

7.5.3　色饱和度控制器

图7-62所示是彩色电视机中的色饱和度控制器电路，电路中的A1是集成电路，⑱脚是对比度控制引脚，它用来外接副对比度控制可变电阻RP310和对比度电位器RP321，RP613是副色饱和度控制可变电阻，RP615是色饱和控制电位器。

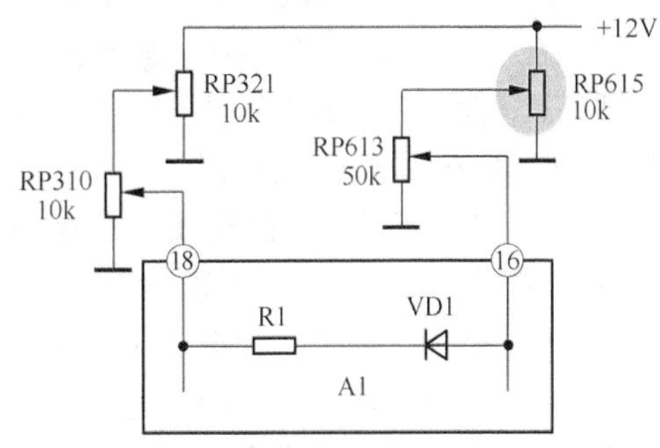

图7-62　色饱和度控制器电路

1．对比度控制器

调节RP321或RP310时，集成电路A1的⑱脚直流电压将发生改变。当⑱脚上的直流电压升高时，内部电路中视频放大器的增益增大，亮度信号幅度增大，对比度加强；反之，当⑱脚上的直流电压下降时，内部电路中视频放大器的增益下降，对比度下降。由此可以看出，⑱脚上的直流电压高低决定对比度强弱。

2．色饱和度控制器

对比度控制要与色饱和度控制同步进行，⑱脚是色饱和度控制引脚，⑱脚和⑯脚内部电路使对比度和色饱和度同步控制。

从内部电路中可以看出，当内部电路中的VD1导通时，⑱脚上的直流电压发生变化，⑯脚上的直流电压也与之同步变化；同样当⑯脚上的直流电压发生变化时，⑱脚上的直流电压也与之同步变化。这样保证了调整对比度时也同时自动调整色饱和度，调整色饱和度时也同时自动调整对比度。

但是，当色饱和度为最小时（收看黑白电视机节目），⑯脚电压为最小，此时VD1的正极电压低于负极电压，VD1处于截止状态，这时调整对比度时⑱脚上的直流电压发生变化，但是不能影响⑯脚上的直流电压，消除了收看黑白电视机节目时的色彩干扰。

7.5.4 电视机场中心、行中心和行幅调整电路

1．电视机场中心调整电路

图 7-63 所示是电视机场中心调整电路。场中心（垂直中心）调整电路中设有一只开关 S1，调整这一开关可以改变场中心。关于这一电路工作原理主要说明以下几点。

（1）当调整开关 S1 置于 E16 位置时，+57V 直流电压经 R438、S1 和 R424 给场偏转线圈一个附加的直流电流，此电流从场偏转线圈的上端流入，从下端流过，使场偏转线圈产生一个附加偏转磁场，将光栅在垂直方向有一个向下的位移。

（2）当调整开关 S1 置于 E17 和 E18、E19 位置时，也给场偏转线圈一个附加的直流电流，但是这一附加直流电流流过场偏转线圈的方向与 E16 位置时相反，这一电流是由场输出级输出端的直流电压提供的，流过场偏转线圈的电流方向是从下而上。所以，这一方向附加电流产生的附加磁场使光栅向上位移。

（3）当调整开关 S1 置于 E19 位置时，场偏转线圈回路中没有串联电阻，此时附加电流最大，可以使垂直中心向上调整的量达到最大。

（4）当调整开关 S1 置于 E18 位置时，场偏转线圈回路中串联有电阻 R423，此时流过场偏转线圈的附加电流较小，垂直中心向上的调整量小于 E19 位置的调整量。

（5）当调整开关 S1 置于 E17 位置时，场偏转线圈回路中串联的电阻 R439 阻值最大（大于 R423），此时垂直中心在中间位置，在正常情况下调整开关 S1 在这一位置上。

2．电视机行中心调整电路

图 7-64 所示是电视机行中心调整电路，电路中的 RP517 为行中心调整电阻器，调整 RP1 的阻值时可以将光栅整体向左或向右移动，其**调整原理是：**调整 RP517 阻值时，就改变了 RP517 和 C501 积分电路的时间常数，从而可以改变行逆程锯齿波与行同步脉冲之间的相位，如图 7-65 所示。

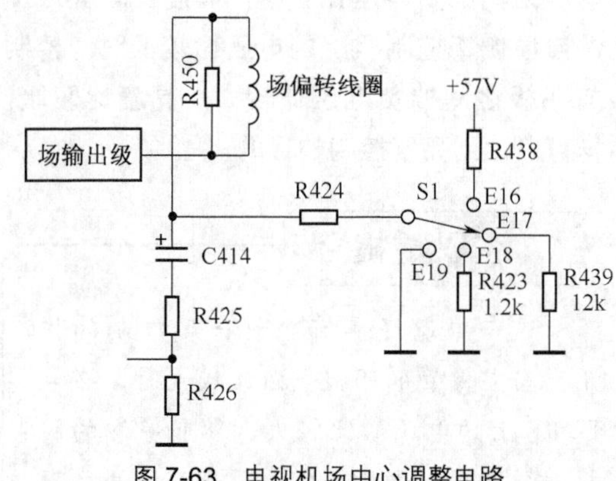

图 7-63　电视机场中心调整电路

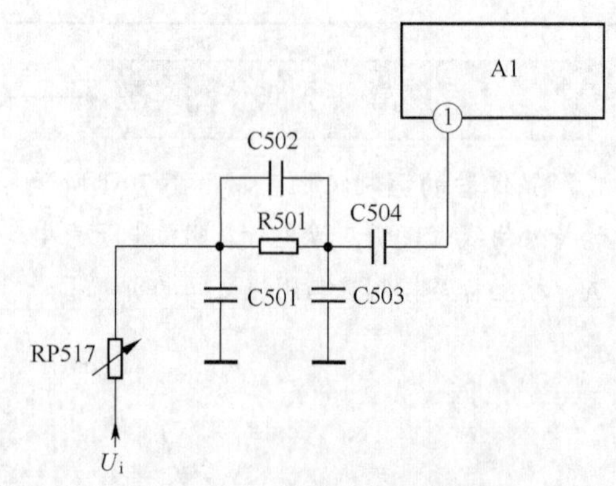

图 7-64　电视机行中心调整电路

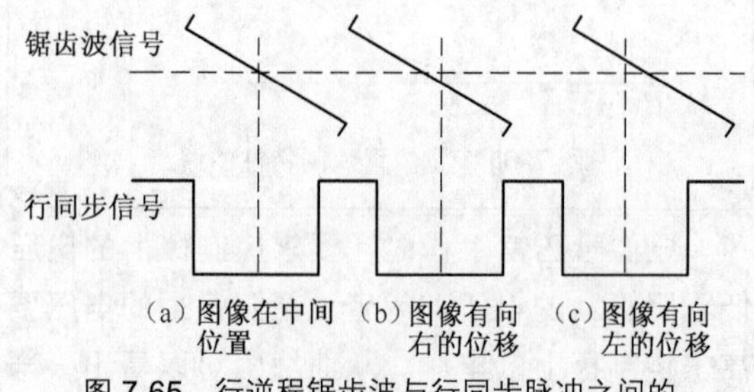

图 7-65　行逆程锯齿波与行同步脉冲之间的相位关系示意图

如图 7-65（a）所示，行同步脉冲中心与行逆程锯齿波中心对齐，此时图像在中间位置。

如图 7-65（b）所示，行同步脉冲中心在行逆程锯齿波斜边的下半部分，这说明行扫描超前视频信号，或是视频信号滞后于行扫描，所以图像在水平方向有一个向右的位移，这是因

为行扫描是从左向右进行扫描的。

如图 **7-65**（**c**）所示，行同步脉冲中心在行逆程锯齿波斜边的上半部分，这说明行扫描滞后视频信号，或是视频信号超前于行扫描，所以图像在水平方向有一个向左的位移。

3．电视机行幅调整电路

图 7-66 所示是电视机行幅调整电路。电路中的 C552 是 S 校正电容，通过转换开关 S1 改变 S 校正电容的容量大小，可以实现行幅的调整。

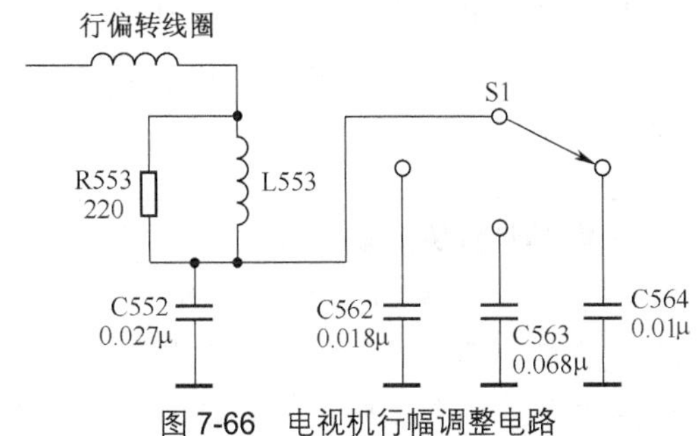

图 7-66　电视机行幅调整电路

当转换开关 **S1** 在不同位置时，接入 S 校正电容的容量不同，行幅就不同。S 校正电容的容量大，行幅就小。反之，S 校正电容的容量小，行幅就大。

重要提示

行幅调整除改变 S 校正电容的容量外，还有以下几种方法可以调整行幅大小。

（1）调整行输出级的直流工作电压大小。这一直流工作电压愈高，行扫描电流的峰 - 峰值愈大，行幅就愈宽。反之，行幅则窄。

（2）在行偏转线圈回路中串联一个行幅调整线圈。改变这一线圈的电感量，可以改变行扫描电流的峰 - 峰值大小，从而能调整行幅大小。

（3）改变显像管的高压大小。这一电压高，电子束的扫描速度快，在同样的偏转磁场下电子束的扫描偏转角度较小，行幅就小；反之行幅就大。调整显像管高压的方法可以是改变行输出变压器磁芯的间隙（采用非一体化行输出变压器时可以用这种方法），这样可以改变行输出变压器的初级线圈电感量，从而改变了反峰电压的大小。另一种方法是改变行逆程电容的大小，行逆程电容小，行逆程脉冲电压大，高压大，行幅小；反之行幅大。

7.6　自动增益控制电路

自动增益控制电路简称 **AGC** 电路，**AGC** 是英文 **Automatic Gain Control** 的缩写。**AGC** 电路有许多应用。

42. OTL 功放元器件作用 15

AGC 电路的基本功能是自动控制放大器的增益，在收音电路和电视机电路均有运用。

7.6.1　正向和反向 AGC 电路概念

AGC 电路有两种：正向 **AGC** 电路和反向 **AGC** 电路。

1．反向 AGC 三极管特性

在收音机电路中一般采用反向 AGC 电路。图 7-67 是反向 AGC 三极管特性曲线示意图，曲线表示了三极管基极电流与电流放大倍数 β 之间的关系。

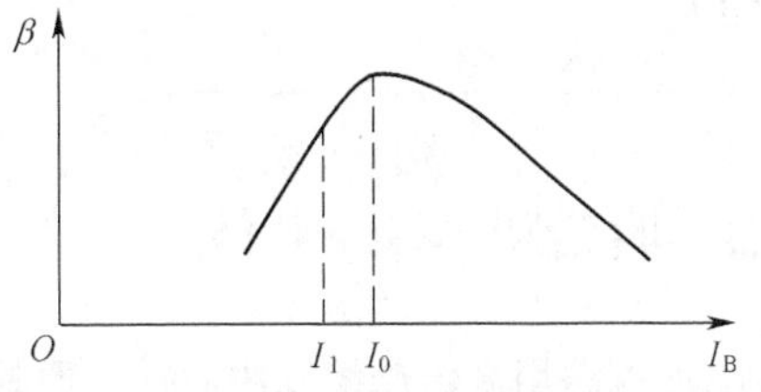

图 7-67　反向 AGC 三极管特性曲线示意图

图中当基极电流为 I_0 时三极管的电流放大

倍数β为最大，小于I_0时的曲线比较陡（斜率大），所以三极管的静态工作电流要设置在I_1处，即要求I_1小于I_0。这样，当三极管基极电流在减小时，三极管的β在减小，进行增益控制。

2. 正向AGC三极管特性

图7-68所示是正向AGC三极管特性曲线示意图，图中当基极电流为I_0时三极管的电流放大倍数β为最大，大于I_0时的曲线比较陡（斜率大），所以三极管的静态工作电流要设置在I_1处，即要求I_1大于I_0。这样，三极管基极电流在增大时，三极管的β在减小，进行增益控制。

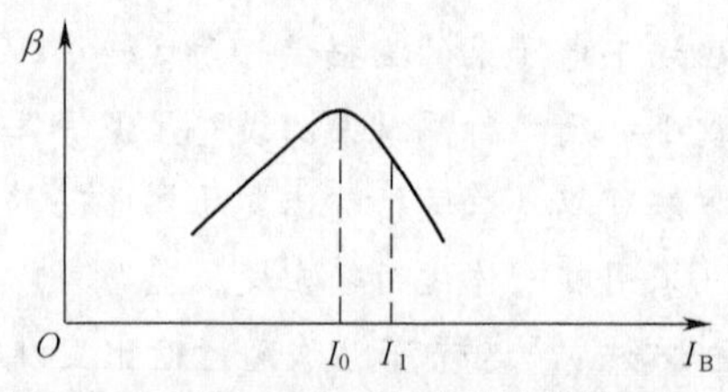

图7-68　正向AGC三极管特性曲线示意图

重要提示

从上述两种三极管特性曲线中可以得知，不同AGC特性三极管的特性曲线不同之处在于，最大放大倍数时I_0左侧和右侧曲线的斜率不同，在AGC电路中三极管静态工作电流的设置不同。

采用反向AGC电路时，当输入三极管的信号幅度在增大时，要求AGC电压减小；采用正向AGC电路时，当输入三极管的信号幅度在增大时，要求AGC电压增大。

7.6.2　收音机AGC电路

AGC电路用来自动控制中频放大器的放大倍数，使加到检波器的中频信号幅度不因高频信号的大小波动而过分波动，始终保持收音机电路的稳定工作。

重要提示

不同广播电台由于发射功率的不同，传送距离的不同，收音机电路接收到这一电台信号后，其信号的大小是不同的。为了使不同大小的高频信号在到达检波器电路时能够基本保持相同的幅度大小，收音机电路中设置了AGC电路。AGC电路能够自动控制收音机电路中放大器的增益，使放大器自动做到小信号进行大倍数放大，大信号进行少量的放大。

1. 调幅收音机分立元器件AGC电路

图7-69所示是分立元器件构成的AGC电路，这是反向AGC电路。电路中的VT1是一中放，VT2是二中放，VD1是检波二极管，AGC电路由R3、R4、R2、C1等元器件构成。

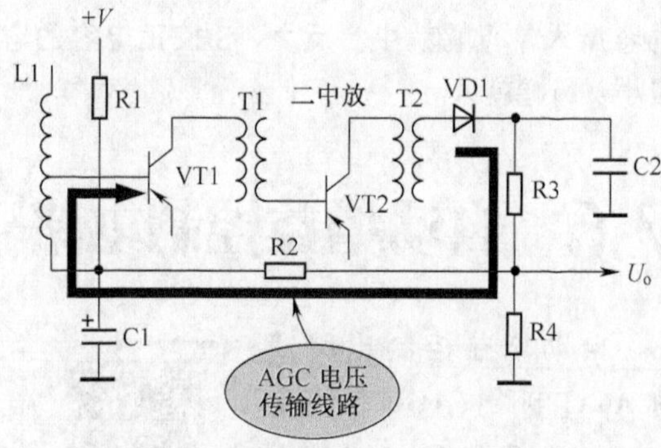

图7-69　调幅收音机分立元器件AGC电路

检波二极管VD1输出信号经R3、R4分压，通过R2和C1构成的AGC滤波电路滤波，得到直流AGC电压，这一电压通过线圈L1加到一中放VT1基极。当中频信号幅度愈大时，加到VT1基极的AGC电压愈大。

R1是一中放管VT1基极偏置电阻，为VT1提供合适的静态偏置电流。VT1基极偏置电压还受R2加过来的AGC电压大小影响。

分析结论提示

当中频信号幅度增大时，加到VT1基极的AGC电压增大，由于VT1是一个PNP型三极管，使VT1的静态偏置电流减小，VT1的电流放大倍数β减小，这样一中放的增益下降，从而控制一中放的增益。中频信号幅度愈大，加到VT1基极的AGC电压愈大，使一中放的增益愈小，实现中放AGC。

2．调幅收音机集成电路AGC电路

图7-70所示是集成电路TA7640AP内部的AGC电路。电路中的VT2和VT5是AGC电压放大管，VT3和VT4构成恒流源。

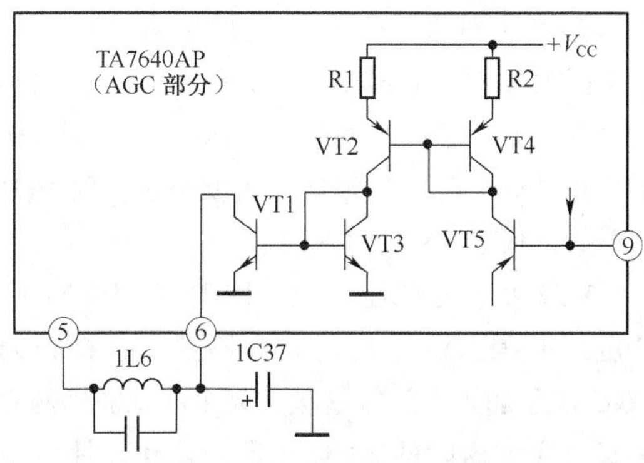

图7-70　集成电路TA7640AP内部的AGC电路

集成电路⑨脚上的信号（含AGC电压）加到VT5基极，VT4作为VT5的集电极负载。经VT5放大后信号加到VT2基极，VT3作为VT2的集电极负载。

从VT2集电极输出的信号直接耦合到VT1基极，放大后从其集电极输出，经⑥脚送出集成电路，通过⑥脚外部电路中的AGC滤波电容1C37滤波，去除音频信号，得到AGC电压。

AGC电压经线圈1L6从⑤脚送入内部电路中频放大器中，进行中频放大器的增益控制，实现AGC功能。

3．调频收音机电路AGC电路

关于调频收音机电路中的AGC电路主要说明下面几点。

（1）调频收音机电路中的AGC电路与调幅收音机电路基本相同，只是控制的对象是高频放大器增益，以防止混频器过载。

43. OTL功放元器件作用16

（2）调频收音机电路中的AGC电压检波设在限幅中放级电路之前，因为经过限幅后的中频信号不能反映信号幅度大小，所以就不能得到AGC电压。

（3）AGC电路主要作用是控制高频放大器电路的增益。

（4）对于采用三极管或集成电路构成的高频放大器，采用反向AGC电路；对于采用场效应管构成的高频放大器，则采用正向AGC电路。

7.6.3　电视机峰值型AGC电路

在电视机中，根据获得AGC电压的方式不同主要有：峰值型AGC电路、键控型AGC电路、延迟式AGC电路和平均值型AGC电路。

电视机中的AGC电路的作用同收音机电路中的一样，通过信号本身的大小自动控制中频放大器和高频头中高频放大器的增益，使中频信号到达视频检波器时信号幅度变化范围不要太大。

电视机中的AGC电路结构和形式与收音机电路中的完全不同，电视机AGC电路分成中放AGC和高放AGC电路两种。

中放AGC电路提示

它的作用是自动控制中频放大器的增益大小，当中频信号幅度大到一定程度时，中放AGC电路进入控制状态，中频信号愈大使中频放大器的增益愈小。当中频信号太大时，中频放大器增益小到一定程度后，中放AGC电路也不能使中频放大器增益再减小，此时的中频放大器增益处于最小状态。当中频信号比较小时，中放AGC电路不工作，中频放大器的增益处于最大状态。

高放 AGC 电路提示

它的作用同中放 AGC 电路类似，但是它控制高频头内部高频放大器的增益。当中频信号比较大后，中频放大器的增益已不能再减小，此时高放 AGC 电路开始动作，使高频放大器的增益下降。

对高频放大器的增益控制又称为高放延迟式 AGC。

所谓峰值型 AGC 电路就是检出同步头的峰值作为 AGC 电压。图 7-71 所示为饱和式峰值型 AGC 电路，其中 VT1 接成共发射极电路，VT2 接成共集电极电路。

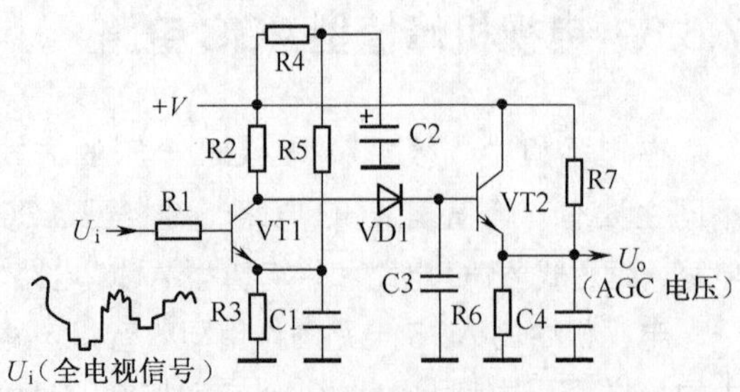

图 7-71　饱和式峰值型 AGC 电路

电路中的 VT1 是门控管，又称同步脉冲检出管，VD1 是峰值检波二极管，VT2 是 AGC 电压放大管。U_i 是来自抗干扰电路输出端的全电视信号（这一信号已经进行抗干扰处理），U_o 是从 AGC 电路输出的 AGC 电压，它送到中放电路和高放延迟式 AGC 电路中。

为了能够理解 AGC 电路的工作原理，需要了解全电视信号，图 7-72 所示是全电视信号示意图。

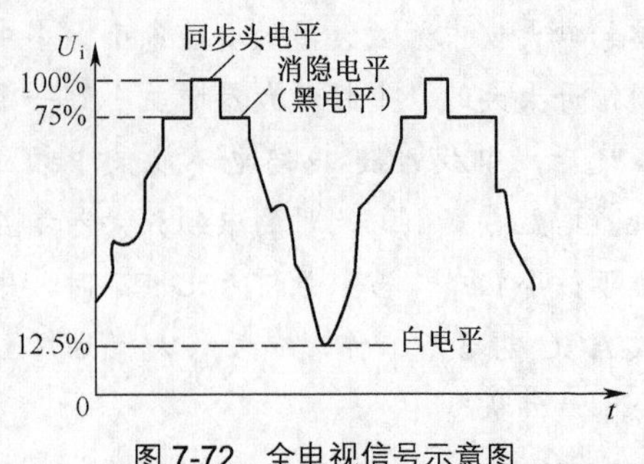

图 7-72　全电视信号示意图

全电视信号由 3 个部分组成：图像信号、复合同步信号和复合消隐信号。

全电视信号在电视机中是从检波级输出，这一信号按时间轴来讲各信号是串联、顺序变化的。

全电视信号的 3 个部分，信号电平大小是不同的，从图中可以看出，同步头电平为 100%，消隐电平（黑电平）为 75%，白电平为 12.5%。同步头电平与白电平之间的是图像信号。

关于饱和式峰值型 AGC 电路工作原理分析，要将全电视信号的大小分成下列几种情况进行。

1．无全电视信号情况下电路分析

没有全电视信号时，由于 VT1 与前级电路直接耦合，所以电阻 R1 将前级电路中的直流电压加到 VT1 基极。VT1 发射极直流电压通过电阻 R4、R5 和 R3 对 +*V* 分压后得到，由于 VT1 基极电压远高于发射极电压，所以 VT1 处于饱和导通状态，其集电极为低电位，使 VD1 处于截止状态，VT2 也截止。

VT2 发射极电压通过电阻 R7 和 R6 对 +*V* 分压后获得，这一电压大小不变，直接作为 AGC 电压加到中放管基极，为中放管提供基极偏置电压。这时的 AGC 电压为最小，使中放管的增益处于最大状态。

2．全电视信号比较小情况下电路分析

当全电视信号比较小时，全电视信号使 VT1 基极电压下降不多，VT1 仍然处于饱和导通状态，VD1 截止，VT2 也截止，此时 AGC 电压大小与无全电视信号时的一样，中放管仍然处于最大增益状态。

重要提示

当全电视信号比较小时，AGC 电路不动作，对中频放大器的增益不作控制。

3．全电视信号比较大情况下电路分析

由于加在 VT1 基极的全电视信号同步头朝下，当全电视信号比较大后，全电视信号中的同步头使 VT1 基极电压下降许多。由于 VT1

发射极电压不变，而其基极电压下降了许多，使VT1从饱和状态退回到放大状态，VT1集电极电压升高，集电极输出脉冲头朝上的同步头（只有同步头，其他信号因幅度较小而不能使VT1退回到放大状态，仍在饱和状态而被切除）。

VT1集电极输出的同步头使VD1导通，VD1导通后对峰值检波电容C3进行充电，由于充电回路时间常数很小，所以在电容C3上很快充到同步头峰值电平，电容C3上的电压大小代表了当前同步头峰值电平的大小，达到峰值检波的目的。

在同步头过去后，VT1基极升高，其集电极电压下降，VD1正极电压下降，而它的负极电压（C3上的同步头峰值电压）大，这样使VD1处于截止状态。在VD1截止后，C3上电压通过VT2基极→VT2发射极→R6→地端放电，图7-73所示是放电回路示意图，这一放电使VT2导通，其发射极电压升高，此时的AGC电压比全电视信号较小时高，加到中放管基极后使中放管的增益下降（中放管是正向AGC电路），对中频放大器的增益开始控制（使中放管的增益下降）。

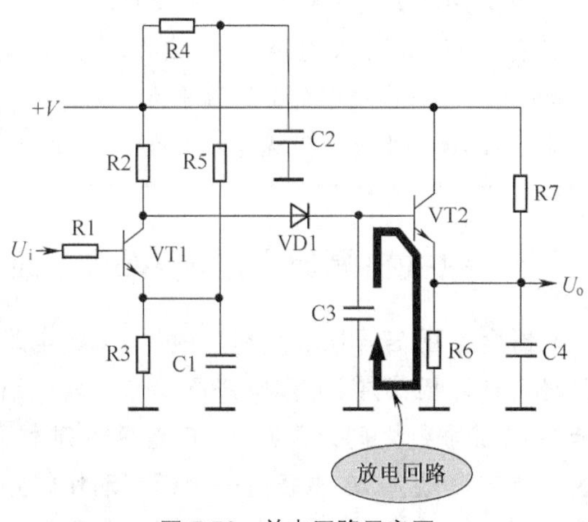

图7-73　放电回路示意图

重要提示

第二个同步头到来时，同步头又使VT1退回到放大状态，VD1再度导通，对C3充电至同步头的峰值，获得AGC电压。

4．全电视信号更大情况下电路分析

当全电视信号更大时，全电视信号愈大，**VT1基极电压愈低，在VT1集电极上的同步头幅度愈大，在电容C3上充到的同步头峰值电压愈大，AGC电压U_o愈大，中放管基极电压愈高，中频放大器的增益愈低，实现中放AGC。**

由于电容C3上的电压与同步头峰值电平大小成正比，所以称这种电路为峰值型AGC电路。由于电路中VT1在同步头未出现时处于饱和状态，所以称为饱和式峰值型AGC电路。

电路输出的AGC电压大小与同步头峰值电平大小有关，如若全电视信号中出现幅度大于同步头的脉冲干扰信号，其AGC电压必然受这一干扰脉冲的影响，为此在这种AGC电路之前要加抗干扰电路（ANC）。AGC电路在抗干扰电路之后，送入AGC电路的全电视信号中的大幅度干扰脉冲已经被消除。

峰值型AGC电路易受干扰，下面介绍的键控型AGC电路的抗干扰能力比较强。

7.6.4　电视机键控型AGC电路

图7-74所示是键控型AGC电路。电路中，U_i是来自预视放的全电视信号，U_o是AGC电路输出的AGC电压，VT1是门控管，T1是行输出变压器。

电路中的VT1工作状态受全电视信号中同步头脉冲和来自行输出变压器行逆程脉冲的双重控制。这一电路工作原理分析也按全电视信号的大小分成以下3种情况进行。

44. OTL功放元器件作用17

1．无全电视信号情况下电路分析

电阻R3和R2分压为VT1发射极提供直流电压，使发射极电压低于基极电压，这样VT1处于截止状态（所以称VT1为截止式门控管），其集电极为0V，VD1也截止。此时，+V经R5和R6分压，经R7加到中放电路中，作为中放管基极偏置电压，这时AGC电路未动作，中频放大器处于增益最大状态。

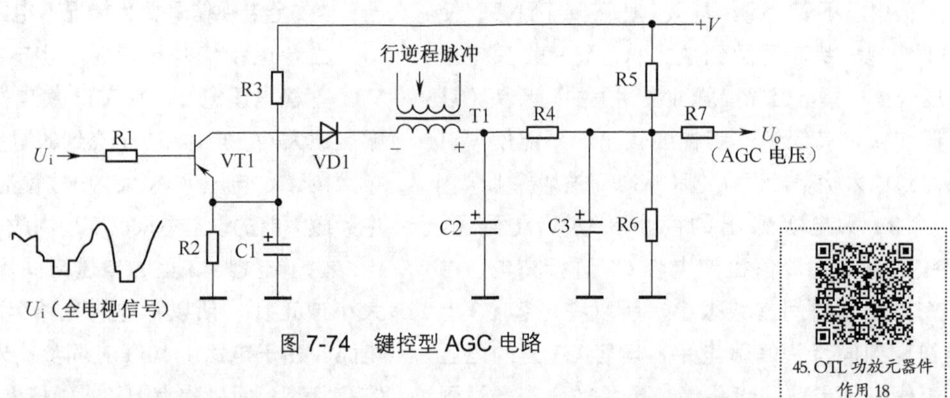

图 7-74　键控型 AGC 电路

45. OTL 功放元器件作用 18

2．全电视信号比较小情况下电路分析

由于全电视信号比较小，全电视信号使 VT1 基极电压下降不多，VT1 仍然处于截止状态，此时的电路状况与无全电视信号时一样，AGC 电路不动作。

3．全电视信号比较大情况下电路分析

由于全电视信号同步头朝下，这一信号比较大后，同步头使 VT1 基极电压下降较多，对于 PNP 型 VT1 而言是正向偏置电压，使 VT1 从截止状态进入导通状态。

同步头出现在 VT1 基极的同时，来自行输出级的行逆程脉冲信号出现在 T1 的初级两端，在 T1 次级端的电压极性如图中所示，为左负右正，这一电压使 VD1 获得正向偏置而导通，VD1 导通后这一负电压加到 VT1 集电极，使 VT1 集电极为低电位，VT1 也获得导通所需要的集电极直流电压，这样 VT1 和 VD1 同时导通，从 VT1 集电极输出的同步脉冲（此时同步头应朝上，因为经过 VT1 倒相放大），经 VD1 和 T1 次级线圈对电容 C2 充电，在 C2 上充到与同步头电平成比例的电压。

同步头过去后，行逆程脉冲消失，VT1 和 VD1 同时截止。在 C2 中的电荷通过 R4 和 R6 放电，在 R6 上得到 AGC 电压。

当下一个同步头出现时，行逆程脉冲也同时出现，VT1 和 VD1 再度导通，对电容 C2 充电。全电视信号的幅度愈大，在电容 C2 上的 AGC 电压愈大，对中频放大器和高频放大器的增益控制愈强。

重要提示

门控管 VT1 导通同时受两个条件的影响：一是 VT1 基极上出现幅度足够大的同步头，二是行逆程脉冲出现在 T1 的次级上。

这两个条件有一个不满足，VT1 和 VD1 均不导通，AGC 电压不受全电视信号的影响，这是一个明显的优点，只要大幅度的干扰脉冲不在同步头出现期间出现，AGC 电路的工作就不受其影响。因为同步脉冲与行逆程脉冲在同一时间出现，不在同步头期间出现大幅度干扰脉冲时，由于无行逆程脉冲，VT1 和 VD1 截止，C2 上的 AGC 电压大小不受干扰脉冲的影响，这是这种 AGC 电路抗干扰能力强的原因。

7.6.5　电视机高放延迟式 AGC 电路

当全电视信号比较大时，中放 AGC 电路已经动作，但高放 AGC 电路不动作，只有当全电视信号更大时，高放 AGC 电路才动作，这就要求高放 AGC 电路有一个延迟动作的过程。所以，只有当 AGC 电压大到一定程度时才动作的电路称为延迟式 AGC 电路。

1．电路之一

图 7-75 所示是一种高放延迟式 AGC 电路。电路中，U_i 是中放 AGC 电压，它来自于中放 AGC 电路。

电路中，+12V 经电阻 R2 和 R3 分压，得到 +3V 直流电压，加到 VD1 的负极和高频头内部的高放管基极上（作为高放管的基极偏置电压）。中放 AGC 电路动作后，中放 AGC 电压 U_i 小于 +3V，所以 VD1 处于反向偏置状态，VD1 截止，高放 AGC 电路不能动作，高放管基极电压最低，增益处于最大状态。

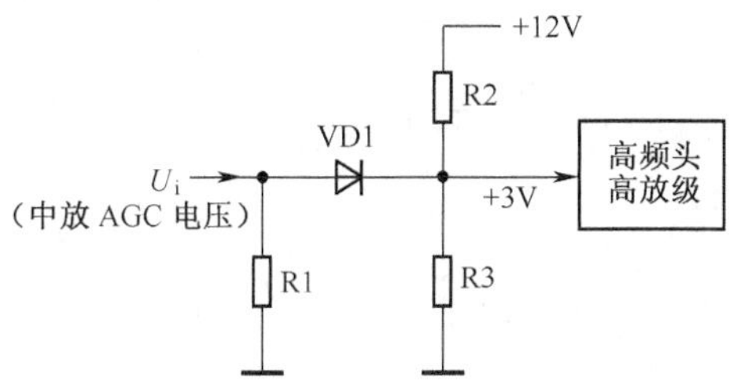

图 7-75　高放延迟式 AGC 电路之一

当全电视信号更大后，中放 AGC 电压 U_i 大于 +3V，VD1 导通，导通后的 VD1 将中放 AGC 电压加到高频头内的高放管基极上，使高放管基极电压升高，高放管增益下降，实现高放 AGC。AGC 电压愈大，高放管基极电压愈高，高放管的增益愈小。

2．电路之二

图 7-76 所示是另一种高放延迟式 AGC 电路。电路中的 VT1 是中放管，VT2 是高放 AGC 电压放大管，U_i 是中放 AGC 电压。

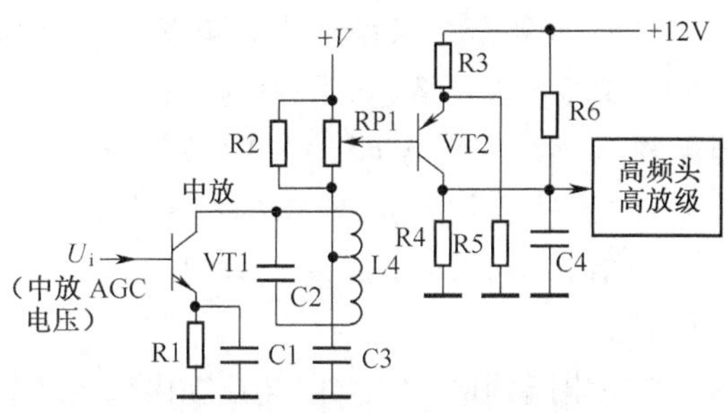

图 7-76　高放延迟式 AGC 电路之二

这一电路的工作原理是：当中放 AGC 电压 U_i 增大时，VT1 基极电压上升，VT1 增益减小。当中放 AGC 电压比较大后，由于 VT1 基极电压上升较多，其集电极电压下降得较多。当 VT1 集电极电压下降到一定程度时，使 VT2 基极电压下降到足以使 VT2 导通，VT2 集电极输出放大后的 AGC 电压，这一 AGC 电压加到高频头内部的高放管基极上，控制高放管的增益。

当 U_i 增大时，VT1 集电极电压下降，VT2 基极电压下降，经 VT2 放大和倒相（VT2 接成共发射极放大器形式），使 VT2 集电极电压增大，所以这仍然是正向 AGC 电压。

调整电路中 RP1 动片位置，可以改变 VT2 基极直流电压，从而可以改变高放 AGC 电路的延迟量。当 RP1 动片往上调整时，要求 VT1 集电极电压更低才能使 VT2 导通，所以加大了高放 AGC 电路的延迟量（中放 AGC 电路动作后，要有更大的全电视信号高放 AGC 电路才动作）；反之，RP1 动片往下调整时，可以减小高放 AGC 电路的延迟量。

电路分析提示

（1）全电视信号中，当全电视信号大时，同步头的幅度也大，当全电视信号小时，同步头的幅度也小，这样同步头电平的大小就能反映出全电视信号的大小情况，所以 AGC 电路可以检出同步头电平作为 AGC 电压的大小。

（2）对 AGC 电路工作原理的分析有一定的难度，主要是电路中的门控管何时导通、何时截止。门控管的导通与截止受直流电压控制，一些电路图中标出了直流电压值，方便了识图。另外，还要清楚全电视信号在电路中的极性。

（3）对 AGC 电路的控制过程进行分析时，按全电视信号分成无信号、信号比较小、信号比较大和信号更大四种情况来分别讨论，主要分析全电视信号大小不同时门控管的导通与截止情况。

（4）AGC 电路还有动态性能要求，即要求 AGC 电路的反应速度适当，AGC 电路反应速度过快，AGC 电路容易受到干扰脉冲的干扰；AGC 反应速度慢，则 AGC 电路不能很好地抑制低频干扰，易出现所谓的“滚道干扰”（出现水平黑带自上而下地滚动）。影响 AGC 电路反应速度的元件主要是峰值检波电容、AGC 滤波电容。

7.6.6　电视机集成电路 AGC 电压检出电路

图 7-77 所示是某型号集成电路内部中的 AGC

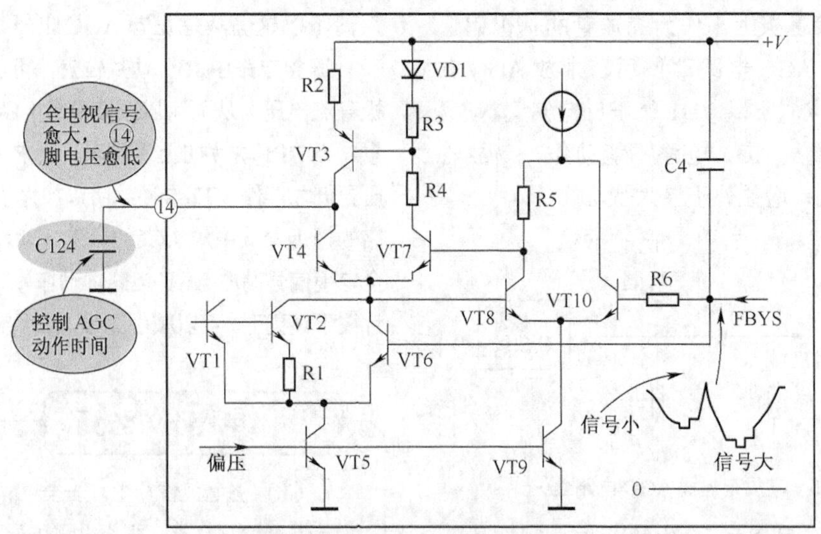

图 7-77　AGC 电压检出电路

电压检出电路，它与⑭脚外部电路有关。电路中，VT4 和 VT7、VT8 和 VT10 构成差分电路，AGC 电压取自⑭脚。

1．全电视信号比较小情况下电路分析

来自视频检波器的全电视信号 FBYS（同步头朝下）经 R6 加到 VT10 基极。当信号幅度较小时，VT10 基极电压高（注意是同步头朝下的全电视信号，信号小说明电压高），使 VT10 饱和，VT8 截止，VT8 集电极的高电平加到 VT7 基极，使 VT7 饱和，导致 VT4 截止，VT4 集电极即⑭脚为高电平，此时因信号较小 AGC 电路不动作，中放增益最大。

2．全电视信号比较大情况下电路分析

全电视信号幅度大，使 VT10 基极电压下降，VT10 导通程度下降，使 VT8 导通，VT8 集电极电压下降，使 VT7 基极电压下降，VT7 导通程度下降，VT4 导通，使⑭脚电压下降。

全电视信号愈大，⑭脚上的 AGC 电压就愈小。可见，通过 AGC 检出电路将全电视信号的大小变化，转换成⑭脚上直流电压大小的变化，⑭脚上的直流电压大小就是 AGC 电压。

AGC 电路检出的 AGC 电压加到中放和高放 AGC 电路中。

集成电路⑭脚上电容 C124 控制 AGC 电路动作时间，C124 容量小 AGC 电路反应快，大信号到来瞬间 AGC 电路就动作，使中频放大器增益下降；反之 C124 容量大 AGC 电路反应慢，大信号到来后 AGC 电路动作的滞后时间长。

7.6.7　电视机集成电路中放和高放 AGC 电路

图 7-78 所示是某型号集成电路内部电路中的中放 AGC 电路。电路中的 VT4 是 AGC 电压放大管，VT6、VT7、VT8 分别是一、二、三中频放大器中 AGC 电路的控制管，VT5 是恒流管，其他各管是高放 AGC 电路中的三极管。

集成电路⑭脚上的 AGC 电压在内部电路中直接加到 AGC 电压放大管 VT4 基极，其发射极输出电流流过分压电阻 R5、R6、R7 和 VT5 集电极与发射极之间内阻，当⑭脚上 AGC 电压大小一定时，电路中 A 点的 AGC 电压最低，C 点的 AGC 电压最高。全电视信号愈大，A、B、C 这三点的 AGC 电压同步变低。

1．AGC 控制顺序

由于 A、B、C 3 点的 AGC 电压在 A 点最低，即三中放 AGC 电路的控制管 VT8 基极电压最低，所以当全电视信号增大时，⑭脚上 AGC 电压减小，VT8 基极电流减小，三中放 AGC 电路首先动作，使三中放增益开始减小。

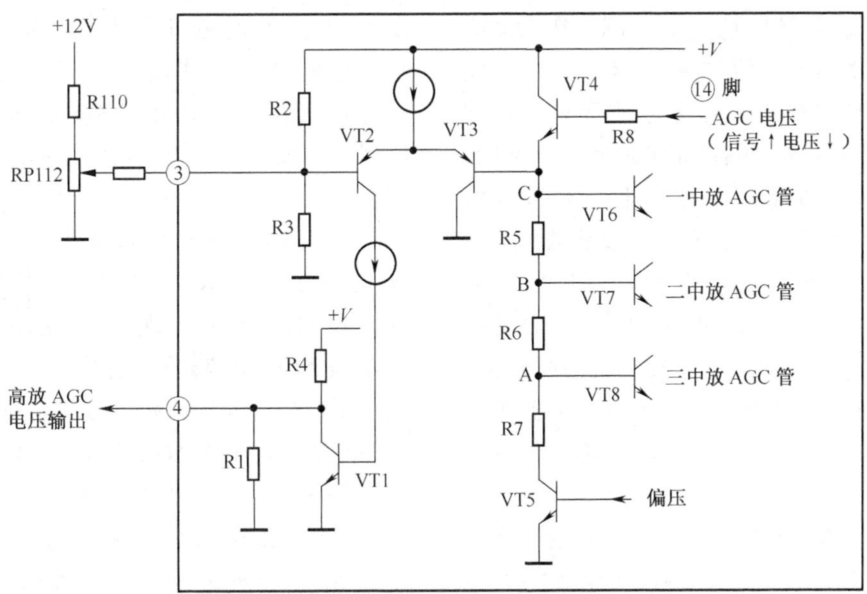

图 7-78　中放 AGC 电路

当全电视信号进一步增大后，三中放增益减小到最低程度而不再减小，二中放增益开始减小，二中放增益减小到最小后一中放增益开始减小，当全电视信号还在进一步增大时，一中放增益减至最小，中放 **AGC** 电路使中频放大器增益处于最小状态，完成中放 **AGC**。

若全电视信号还在增大的话，中频放大器的增益已经不能进一步减小，则由高放 AGC 电路来动作。

2．中放 AGC 电路

对中频放大器增益控制过程是：以一中放 AGC 电路动作过程为例，图 7-79 所示是第一中频放大器电路，VT3 基极加有 AGC 电压，当全电视信号大时，此 AGC 电压小。

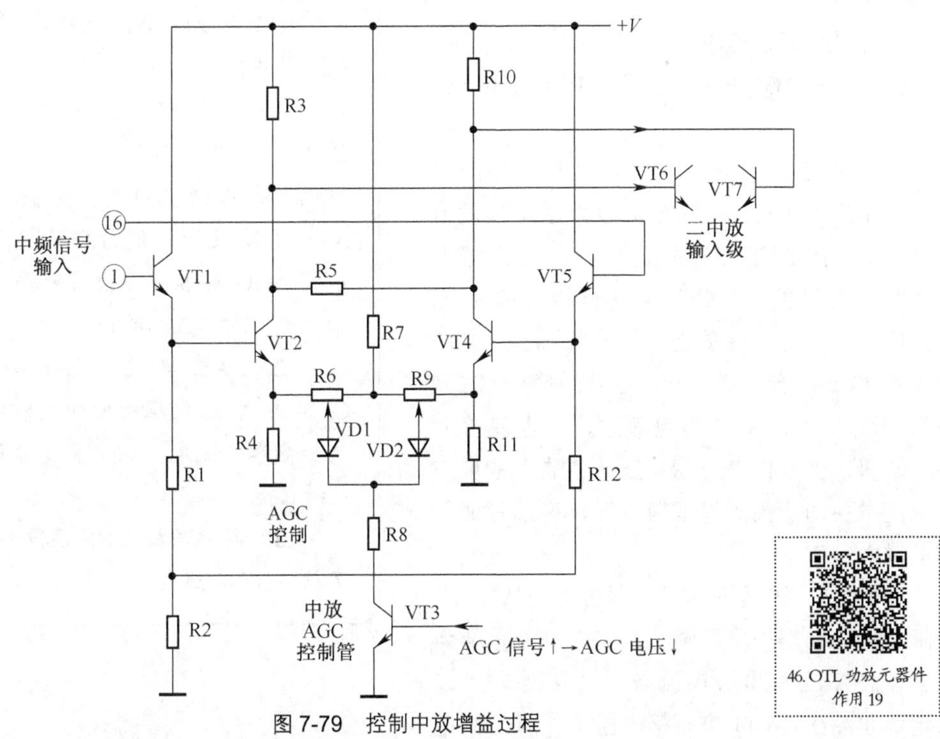

图 7-79　控制中放增益过程

46. OTL 功放元器件作用 19

当全电视信号比较小时，VT3基极上的AGC电压比较大，流过VT3电流较大，流过VD1和VD2的电流较大，这两只二极管正向内阻较小（两二极管的内阻分别为VT2、VT4的发射极负反馈电阻），使中放管VT2和VT4的负反馈量小，一中放增益较大；当全电视信号比较大时，VT3基极上的AGC电压较小，流过VT3电流比较小，流过VD1和VD2的电流较小，其正向内阻较大，使一中放的负反馈量大，其增益小，实现一中放AGC。二、三中放AGC电路动作过程与此相同。

电路中，R7参与AGC，当全电视信号很大时，VT3电流很小，使VD1、VD2的内阻迅速增大，AGC作用迅速加强，加入R7后由它给两只二极管提供正向电流，使内阻增大变慢，这样AGC电路动作比较平稳。

R4、R11也参与了AGC，当全电视信号更大后，VT3截止，VD1、VD2没有正向电流也截止，此时由R4、R11构成VT2和VT4发射极电流回路，并提供负反馈，这样不会因为二极管VD1、VD2截止而使一中放管截止，造成大信号时的堵塞。

3．高放AGC电路

关于高放AGC电路主要说明以下几点（见图7-78）。

（1）集成电路⑭脚上的AGC电压在内部经R8加到VT4基极，经电流放大后从其发射极输出，直接加到VT3基极。当全电视信号没有大到一定程度时，此时VT3基极上的AGC电压比较高，使VT3截止，而VT2导通（VT2和VT3构成差分电路，一只三极管截止时另一只导通），VT2集电极电流大，该电流流入VT1基极，使VT1集电极电压（④脚上的电压送到高频头内的高放管基极）低，高放管处于增益最大状态。

（2）全电视信号很大后，⑭脚上的AGC电压降低，VT3基极电压降低，VT3由截止转为导通，使VT2集电极电流减小，从而VT1基极电流也减小，VT1集电极电压（④脚上的电压）升高。全电视信号增大，④脚上的AGC电压升高，这是正向AGC电路。由于集成电路内部电路的高放AGC电路是正向AGC电路，所以全电视信号愈大，④脚上的高放AGC电压愈大。

47. OTL功放元器件作用20

（3）调整③脚外接可变电阻器RP112动片，可改变高放AGC电路的起控点，即中放AGC电路动作完成后全电视信号再增大多少分贝高放AGC电路才开始工作。高放AGC电路与中放AGC电路之间有一个延迟过程，延迟30～40dB。

当RP112动片向下滑动时，VT2基极电压下降，其集电极电流增大，VT1基极电流增大，要有更大的全电视信号才能使VT2、VT1减小更多的电流，④脚上的电压才升高；反之RP112动片向上调整时，只要有较小的全电视信号增大高放AGC电路就能动作。所以，调整RP112动片位置可以调整高放AGC的延迟量。

电路分析提示

关于电视机集成电路AGC电路说明以下几点。

（1）上述电路采用的是同步放大平均值AGC电路，这种电路是峰值AGC检波电路的改进型电路，它兼有平均值型AGC电路抗干扰能力强的优点，又有峰值型AGC电路与视频信号平均亮度无关的优点，所以应用广泛。

（2）接在集成电路⑭脚上的电容C124是AGC电压检出的关键电容，通过这一电容的充电、放电将视频信号的同步头峰值电平取出。

（3）高频头的VHF频段和UHF频段高放AGC电压是同一个电压。

7.7 自动电平控制电路和自动频率控制电路

自动电平控制（Automatic Level Control，ALC）电路是自动录音电平控制电路的简称，ALC 电路用于录音机、卡座等磁性录放设备中。

7.7.1 ALC 电路基本原理

ALC 电路设在录音通道中，用来对录音信号电平进行自动控制，以保证录音大信号出现时不发生磁带的饱和失真。

ALC 电路种类提示

ALC 电路按照电路组成划分有下列 3 种。

（1）分立元器件 ALC 电路，此时 ALC 电路全部由分立元器件构成。

（2）分立元器件和集成电路混合型电路，此时 ALC 电路中的控制电路部分设在集成电路内部，一般设在录音前置放大器集成电路中；ALC 电路中的整流电路部分由分立元器件构成。

（3）集成电路 ALC 电路，此时 ALC 电路中的绝大部分电路设在集成电路内部，通常设在录音前置放大器集成电路中。

图 7-80 所示是基本的 ALC 电路。ALC 电路主要由整流电路、滤波和延迟电路、控制电路 3 个部分组成。电路中的二极管 VD1 构成整流电路，将录音信号转换成单向脉动性直流电。C1 和 R1 起滤波和延迟作用，以获得适当的 ALC 电路起控时间和恢复时间。VT1 构成控制电路。

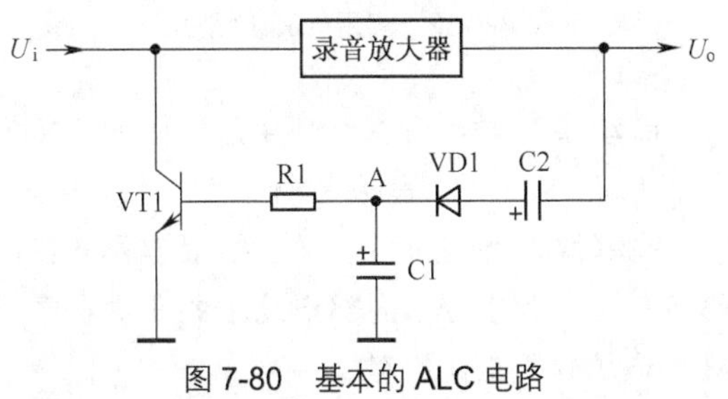

图 7-80 基本的 ALC 电路

录音输入信号 U_i 馈入录音放大器中，放大后的录音输出信号 U_o 一路送到录放磁头中，另一路经 C2 耦合到 ALC 电路中。

1．整流电路

二极管 VD1 构成半波整流电路，加到 VD1 正极的录音信号在正半周期间使 VD1 导通，在负半周期间使 VD1 截止。VD1 导通后的电流对 C1 充电，C1 起平滑作用，在 A 点获得 ALC 直流控制电压，这一电压与录音信号大小成正比关系。

2．控制过程

电路中 A 点的直流控制电压经 R1 加到 VT1 基极，VT1 导通，使 VT1 集电极与发射极之间的内阻减小，构成对录音输入信号 U_i 的分流回路，使净输入录音放大器的录音信号减小，这是 ALC 电路的基本工作原理。

当输入的录音信号 U_i 较小时，电路中 A 点的直流控制电压较小，不足以使 VT1 导通，此时 VT1 无分流作用，无 ALC 作用。

当输入的录音信号 U_i 大到一定程度时，电路中 A 点的直流控制电压已能够使 VT1 开始导通，此时开始具有 ALC 作用。

随着输入的录音信号 U_i 继续加大时，A 点的直流控制电压也在加大，且录音信号愈大，A 点的直流控制电压愈大，VT1 导通愈深，其集电极与发射极之间的内阻愈小，对 U_i 信号的分流量愈大，控制愈强。

ALC 电路只对录音较大部分信号进行控制，并且录音信号愈大时控制量愈大。

3．ALC 延迟

电路中加了电容 C1 后可以起延迟作用。当录音大信号出现时，由于电容 C1 两端电压不能突变，即 A 点的直流控制电压是逐渐上升的，使得 ALC 作用有一个延迟过程。在大信号过去后，C1 中的电荷通过 R1、VT1 发射结回路放电，使 ALC 作用消失有个延迟过程，这样可避免录音信号的大小发生突然起伏变化，同时有利于改善录音噪声等特性。

7.7.2 集成电路ALC电路

图 7-81 所示是集成电路 TA7668BP 内部电路中的 ALC 电路，TA7668BP 构成双声道录音放大器电路。在 TA7 668BP 内部电路中设有一个双声道的 ALC 电路。电路中的 VT1～VT6 构成 ALC 电路。VT7 是⑦脚上输入信号 U_i 的前置放大管，只画出了一个声道控制电路，另一声道控制电路与此对称。

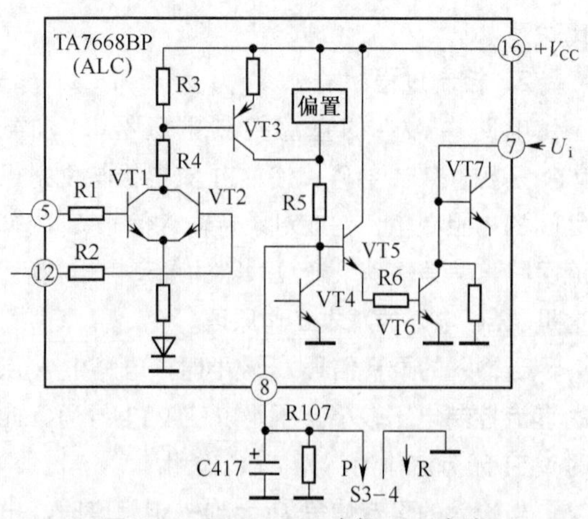

图 7-81 TA7668BP 内部 ALC 电路

1．放大和整流电路

集成电路⑤、⑫脚是 TA7668BP 内部电路中两个声道前置放大器的输出引脚，来自⑤、⑫脚的左、右声道录音信号分别经 R1、R2 加到 VT1 和 VT2 基极，由于 VT1 和 VT2 无偏置，所以只能在较大录音信号正半周出现时才能使 VT1 和 VT2 获得正向偏置后导通、放大，从而将左、右声道录音信号混合，并取出它们的平均信号大小，同时将音频信号转换成单向脉冲性直流控制电压从其集电极输出。VT1 和 VT2 导通后其集电极电压下降，且录音信号愈大其集电极电压愈低。

2．ALC 过程

VT1 和 VT2 集电极电压下降，经 R4 加到 VT3 基极，VT3 获得正向偏置而导通，VT3 集电极输出电流经 R5 加到 VT5 基极。VT3 集电极输出电流一方面通过⑧脚外接的 C417 进行平滑（此时录放开关 S3-4 在图示录音位置）。另一方面使 VT5 导通，导通后的 VT5 发射极电流经 R6 加到 VT6 基极，使 VT6 导通。VT6 导通后其集电极、发射极之间的内阻下降，对⑦脚上输入信号 U_i 进行分流衰减。当⑤、⑫脚上录音信号愈大时，VT1、VT2、VT3、VT5 和 VT6 各管导通程度愈深，VT6 内阻愈小，对⑦脚上输入信号分流衰减量愈大，实现 ALC。

3．ALC 电路工作状态的控制

集成电路 TA7668BP 的⑧脚用来控制内部电路中 ALC 电路工作状态。

录音时，录放开关 S3-4 在录音位置上，将 C417 和 R107 接入电路，起平滑作用。

放音时，录放开关 S3-4 置于放音（P）位置，S3-4 将⑧脚直接接地，使 VT5 基极电压为 0V，这样 VT5 截止，VT6 处于截止状态，无 ALC 作用，因为放音时不需要 ALC 电路工作。

4．实用 ALC 电路

图 7-82 所示是某型号卡座中的 ALC 电路。电路中的 1A3 采用 TA7668AP 双声道集成电路，构成左、右声道录音放大器电路，TA7668AP 的⑧脚为 ALC 电路控制引脚。1VT303 是电子开关管，用来控制⑧脚内部的 ALC 电路。2S1-4 是 ALC 开关，图示在接通 ALC 电路 ON 的位置。

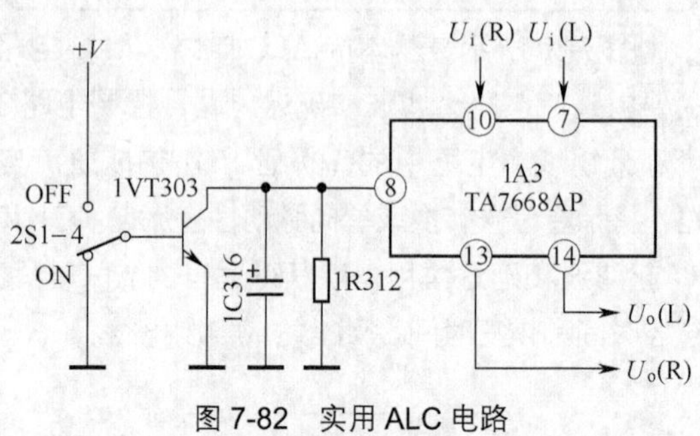

图 7-82 实用 ALC 电路

自动录音时，开关 2S1-4 置于图示 ON 位置，此时 1VT303 基极接地，1VT303 截止，1A3 的⑧脚与地之间接 ALC 平滑电路 1C316 和 1R312，此时 1A3 内部电路中的左、右声道 ALC 电路处于工作状态。

手动录音时，开关 2S1-4 在 OFF 位置，正电压加到 1VT303 基极上，使 1VT303 处于饱和导通状态，将 1A3 的⑧脚接地，此时无 ALC 作用。

电阻 1R312 起恢复时间的调整作用，1C316 充电电荷通过 1R312 放电，1R312 阻值愈小放电速度愈快，⑧脚上的电压下降快，恢复时间短。

48. OTL 功放元器件作用 21

7.7.3 电视机自动频率调谐电路

电视机中的 AFC 电路又称 AFT 电路，即自动频率调谐电路，AFT 是英文 Automatic Frequency Tuning 的缩写；或称为 AFS 电路，即自动频率选择电路，AFS 是英文 Automatic Frequency Select 的缩写。

重要提示

AFT 电路的作用是产生一个 AFT 电压，当图像中频信号的频率发生改变时，AFT 电路输出一个误差电压给高频头内部的本机振荡器电路，进行自动频率稳定。

1．AFT 电路方框图

AFT 电路可产生一个与 38MHz 图像中频频率高低有关的直流电压，即 AFT 电压。当图像中频频率升高或降低时，AFT 电压大小也在相应地变化，将 AFT 电压送到高频头 AFT 引脚，控制高频头内部本机振荡器中谐振选频电路的谐振频率，自动修正本机振荡器的振荡频率，使图像中频稳定在 38MHz 上。

图 7-83 所示是 AFT 电路方框图。38MHz 的图像中频信号经限幅放大后，获得近似矩形脉冲的图像中频信号，该信号一路加到 90° 移相电路中，另一路加到相位检波器中。

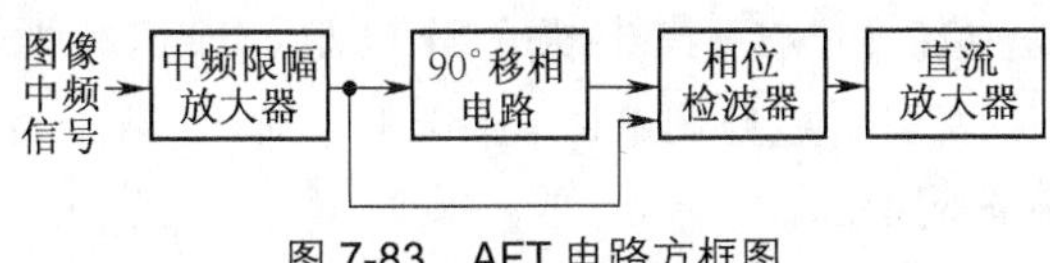

图 7-83 AFT 电路方框图

（1）90° 移相电路。它是 LC 并联谐振电路，是一个基准中频 90° 移相电路。在 90° 移相电路中，输入该移相电路的中频信号频率不同时（高频头的本振频率变化时将引起中频频率变化），输入中频信号受到的相移量也不同，即输出中频信号与输入中频信号之间的相位差不同。

重要提示

当中频信号的频率为 38MHz 时，对信号移相 90°。

当中频信号的频率大于或小于 38MHz 时，对信号的相移量大于或小于 90°。

这样，通过 90° 移相电路可以将中频信号的频率变化转变成中频信号相位的相应变化。

（2）相位检波器。它用来比较两个输入信号的频率差和相位差。输入相位检波器的信号有两个：一是经过限幅放大后未移相的中频信号，二是从限幅放大器输出、经过 90° 移相电路移相后的中频信号。

当这两个中频信号的相位不同时，相位检波器便输出 AFT 电压，且这一电压的大小和极性（正还是负）与两信号的频率差和相位差有关。

这样，通过相位检波器将中频信号的频率变化转变成直流电压（AFT 电压）变化。

（3）直流放大器。它用来放大相位检波器输出的 AFT 电压，这是一个变化缓慢的电压。

2．90° 移相电路

图 7-84 所示是某集成电路⑦、⑩脚外部电路中的 90° 移相电路原理图。图 7-84（a）所示为⑦～⑩脚外部电路，集成电路的⑧、⑨脚之间接有 38MHz 的谐振电路。集成电路的⑦、⑩脚之间接有 T102 与 C119 构成的 LC 并联谐振电路，其谐振频率大于 38MHz。

对于 T102 和 C119 并联谐振电路而言，输入信号频率低于该电路谐振频率时，该电路失谐而等效成一个电感 L1，其等效电路如图 7-84（b）所示，L1 与 C120 又构成一个频率为 38MHz 的串联谐振电路。

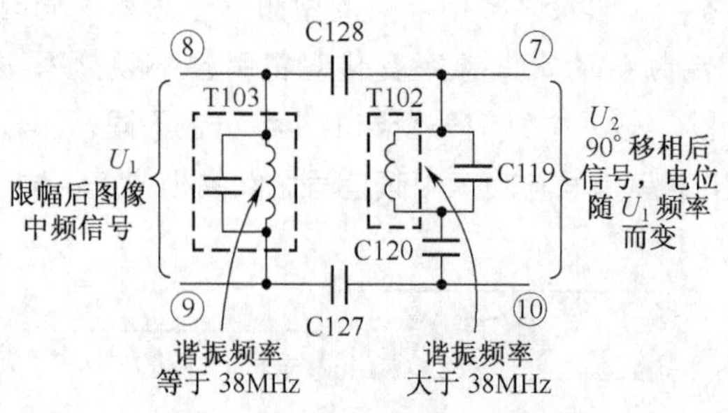

（a）⑦～⑩ 脚外部电路（90°移相电路）

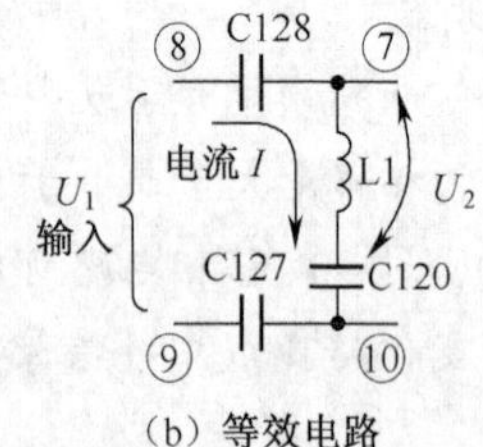

（b）等效电路

图 7-84　90°移相电路原理电路

电路分析将根据中频信号频率高低分成下列 3 种情况进行。

（1）中频信号频率等于 38MHz。如图 7-84（b）所示，当集成电路⑧、⑨脚上的中频信号 U_1 频率为 38MHz 时，L1 和 C120 电路谐振，此时该电路为纯阻性，中频信号电压 U_1 与电流 I 同相位，而电感 L1 上的电压与电流相位差为 90°，这样 U_1 与 U_2 之间的相位差为 90°，如图 7-85 所示。

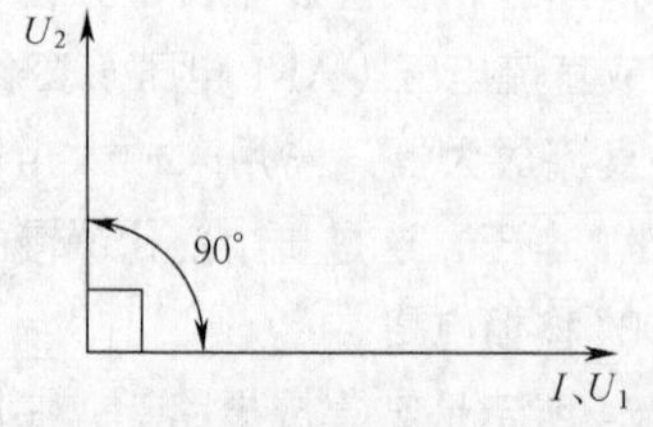

图 7-85　I、U_1 与 U_2 的相位关系示意图

（2）中频信号频率低于 38MHz。当输入中频信号 U_1 频率低于 38MHz 时，L1 和 C120 串联谐振电路失谐而使该串联谐电路呈容性，电流 I 超前电压 U_1 一个角度，而 L1 上的电压仍超前电流 I 90°，这样 U_1 与 U_2 之间相位差大于 90°，如图 7-86 所示。输入中频信号 U_1 的频率愈低，信号 U_1 与 U_2 间相位差就愈大。

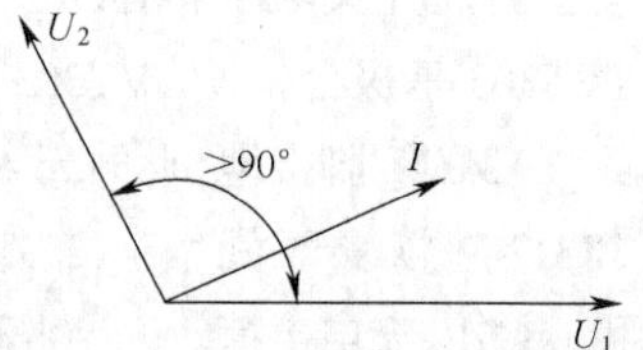

图 7-86　U_2、I、U_1 三者之间的相位关系示意图

（3）中频信号频率高于 38MHz。当输入中频信号 U_1 频率高于 38MHz 时，L1 和 C120 串联谐振电路失谐而使该电路呈感性，电流 I 滞后电压 U_1 一个角度，而 L1 上的电压仍超前电流 90°，这样 U_1 与 U_2 之间相位差小于 90°，如图 7-87 所示。输入中频信号 U_1 频率愈高，U_1 与 U_2 之间相位差就愈小。

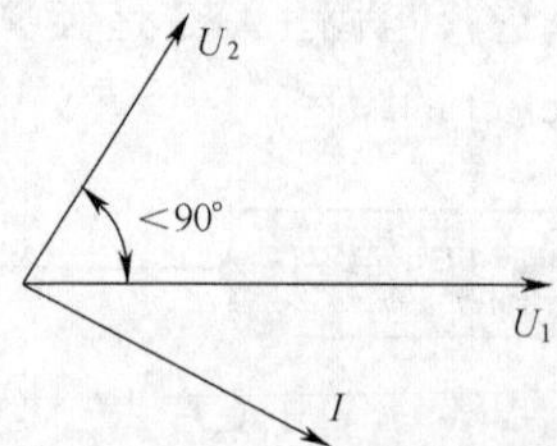

图 7-87　U_2、I、U_1 三者之间的相位关系示意图

电路分析重要提示

通过上述分析可知，通过 90°移相电路，可将中频信号 U_1 的频率变化转换成输出信号 U_2 相位的相应变化。

3．相位检波器

图 7-88 所示是集成电路 TA7607AP 内部电路中的相位检波器电路，这是一个双差分模拟乘法器。电路中，U_1 是集成电路⑧、⑨脚上的图像中频信号，这一信号一路直接加到 VT1～VT4 基极上，另一路经过 90°移相电路的信号加到 VT5 和 VT6 基极。

R1 是 VT1 和 VT3 集电极负载电阻，R2 是 VT2 和 VT4 集电极负载电阻。输出信号 U_{o1} 取自负载电阻 R1，输出信号 U_{o2} 取自于负载电阻 R2。

电路中，当 VT5 和 VT1 同时导通时，才有信号电流流过集电极负载电阻 R1；当 VT5

和 VT2 同时导通时，才有信号电流流过 R2；当 VT6 和 VT3 同时导通时，才有电流流过 R1；VT6 和 VT4 同时导通时，才有电流流过 R2。

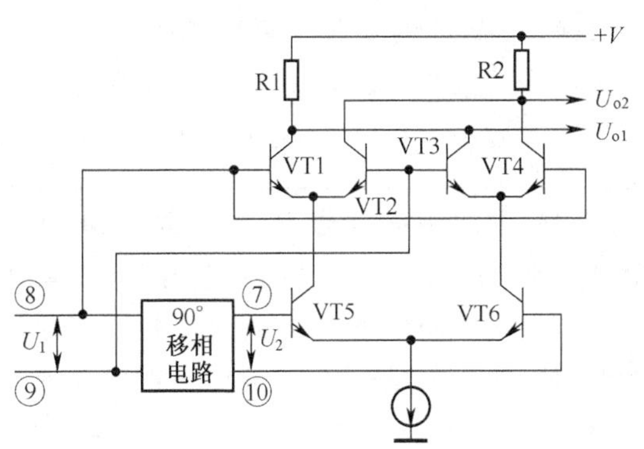

图 7-88　相位检波器电路

VT1～VT4 的导通受输入信号电压 U_1 控制，U_1 为正半周期间 VT1、VT4 导通，U_1 为负半周期间 VT2 和 VT3 导通。VT5 和 VT6 导通受 U_2 控制，U_2 为正半周期间 VT5 导通，当 U_2 为负半周期间 VT6 导通。

相位检波的过程要根据输入中频信号频率等于、小于、大于中频频率 3 种情况来分析。

（1）输入中频信号 U_1 频率等于 38MHz。 如图 7-89 所示，由于输入信号频率等于 38MHz，所以两信号 U_1、U_2 之间相位差为 90°，在 U_1、U_2 信号同为正半周期间，信号 U_1 使 VT1 导通，信号 U_2 使 VT5 导通，VT1 和 VT5 同时导通使信号电流流过负载电阻 R1，得到输出信号电压 U_{o1}，如图中波形所示。

当 U_1 为正半周、U_2 为负半周期间， U_1 使 VT4 导通，U_2 使 VT6 导通，VT4 和 VT6 同时导通使信号电流流过负载电阻 R2，得到输出信号 U_{o2}，其波形如图中所示。

当 U_1、U_2 同为负半周期间， U_1 使 VT3 导通，U_2 使 VT6 导通，VT3 和 VT6 同时导通，信号电流流过负载电阻 R1，得到输出信号电压 U_{o1}，波形如图中所示。

1. 古木团队项目回顾之综述 1

当 U_1 为负半周、U_2 为正半周期间， U_1 使 VT2 导通，U_2 使 VT5 导通，VT2 和 VT5 同时导通使信号电流流过负载电阻 R2，得到输出信号 U_{o2}，其波形如图中所示。

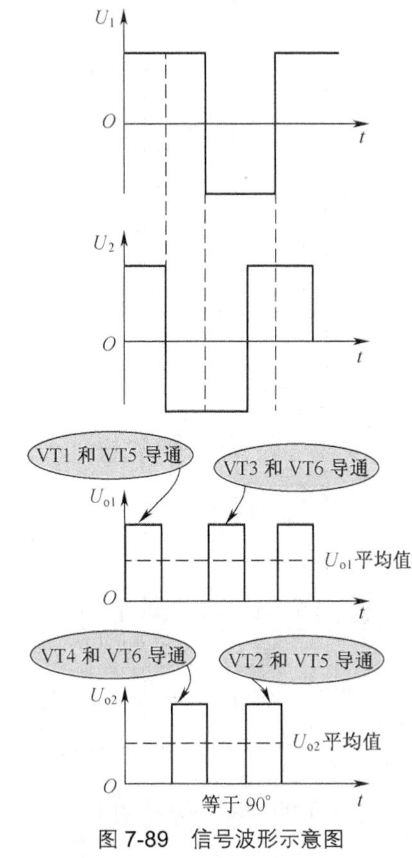

图 7-89　信号波形示意图

输出信号重要提示

如图中输出信号 U_{o1}、U_{o2} 波形，输出信号脉冲的宽度为输入信号 U_1 或 U_2 的一半。

（2）输入中频信号 U_1 频率低于 38MHz。 如图 7-90 所示，由于输入信号频率低于 38MHz，所以两信号 U_1、U_2 之间相位差大于 90°，在 U_1、U_2 信号同为正半周期间，信号 U_1 使 VT1 导通，信号 U_2 使 VT5 导通，VT1 和 VT5 同时导通使信号电流流过负载电阻 R1，得到输出信号电压 U_{o1}，如图中波形所示。由于 U_1 与 U_2 之间相位差大于 90°，输出电压 U_{o1} 脉冲比较窄。输入中频信号的频率愈小于 38MHz，U_1 与 U_2 之间的相位差愈大于 90°，

输出电压 U_{o1} 脉冲愈窄。

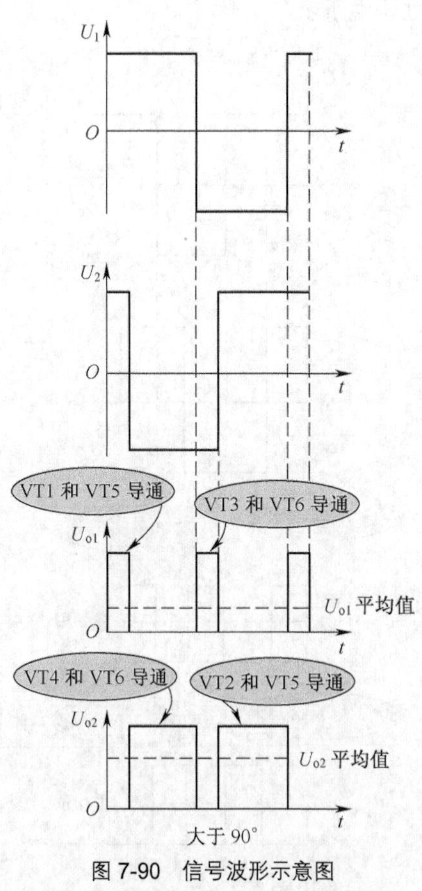

图 7-90　信号波形示意图

当 U_1 为正半周、U_2 为负半周期间，U_1 使 VT4 导通，U_2 使 VT6 导通，VT4 和 VT6 同时导通使信号电流流过负载电阻 R2，得到输出信号 U_{o2}，其波形如图中所示。由于 U_1 与 U_2 之间相位差大于 90°，输出电压 U_{o2} 脉冲比较宽。输入中频信号的频率愈小于 38MHz，U_1 与 U_2 之间的相位差愈大于 90°，输出电压 U_{o2} 脉冲愈宽。

当 U_1、U_2 同为负半周期间，U_1 使 VT3 导通，U_2 使 VT6 导通，VT3 和 VT6 同时导通使信号电流流过负载电阻 R1，得到输出信号电压 U_{o1}，波形如图中所示，输出电压 U_{o1} 脉冲较窄。

当 U_1 为负半周、U_2 为正半周期间，U_1 使 VT2 导通，U_2 使 VT5 导通，VT2 和 VT5 同时导通使信号电流流过负载电阻 R2，得到输出信号 U_{o2}，其波形如图中所示，输出电压 U_{o2} 脉冲较宽。

输出信号重要提示

如图中输出信号 U_{o1}、U_{o2} 波形，输出信号 U_{o1} 脉冲的宽度为输入信号 U_1 或 U_2 的一半还要窄，输出信号电压 U_{o2} 脉冲的宽度为输入信号 U_1 或 U_2 的一半还要宽。

（3）输入中频信号 U_1 频率高于 38MHz。如图 7-91 所示，由于输入信号频率高于 38MHz，所以两信号 U_1、U_2 之间相位差小于 90°，在 U_1、U_2 信号同为正半周期间，信号 U_1 使 VT1 导通，信号 U_2 使 VT5 导通，VT1 和 VT5 同时导通使信号电流流过负载电阻 R1，得到输出信号电压 U_{o1}，如图中波形所示。由于 U_1 与 U_2 之间相位差小于 90°，输出电压 U_{o1} 脉冲比较宽。输入中频信号的频率愈大于 38MHz，U_1 与 U_2 之间的相位差愈小于 90°，输出电压 U_{o1} 脉冲愈宽。

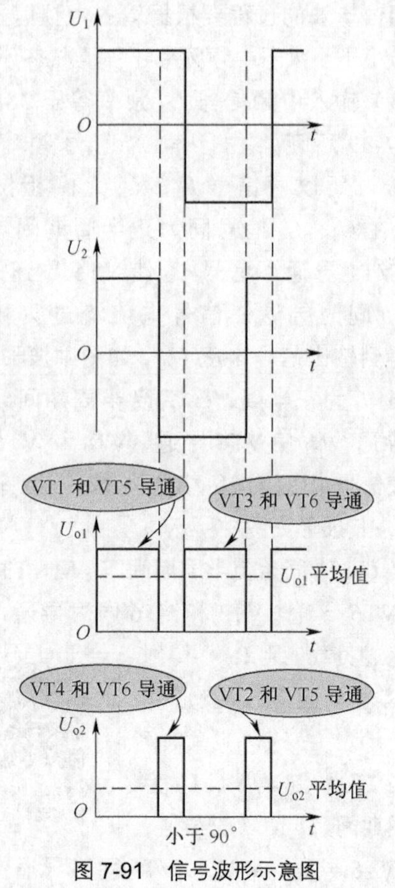

图 7-91　信号波形示意图

当 U_1 为正半周、U_2 为负半周期间，U_1 使 VT4 导通，U_2 使 VT6 导通，VT4 和 VT6 同时导通使信号电流流过负载电阻 R2，得到输出信号 U_{o2}，其波形如图中所示。由于 U_1 与 U_2 之间相位差小于 90°，输出电压 U_{o2} 脉冲比较窄。输入中频信号的频率愈大于 38MHz，U_1 与 U_2 之间的相位差愈小于 90°，输出电压 U_{o2} 脉冲愈窄。

当 U_1、U_2 同为负半周期间，U_1 使 VT3 导通，U_2 使 VT6 导通，VT3 和 VT6 同时导通，信号电流流过负载电阻 R1，得到输出信号电压 U_{o1}，波形如图中所示，输出电压 U_{o1} 脉冲较宽。

当 U_1 为负半周、U_2 为正半周期间，U_1 使 VT2 导通，U_2 使 VT5 导通，VT2 和 VT5 同时导通使信号电流流过负载电阻 R2，得到输出信号 U_{o2}，其波形如图中所示，输出电压 U_{o2} 脉冲较窄。

输出信号重要提示

如图中输出信号 U_{o1}、U_{o2} 波形，输出信号 U_{o1} 脉冲的宽度为输入信号 U_1 或 U_2 的一半要宽，输出信号电压 U_{o2} 脉冲的宽度为输入信号 U_1 或 U_2 一半还要窄。

重要提示

通过上述电路分析可知，当输入图像中频信号的频率不同时，误差输出电压的大小不同，这一误差电压的大小反映了图像中频信号的频率高低情况。以输出电压 U_{o1} 为例，当输入图像中频信号的频率等于 38MHz 时，误差输出电压 U_{o1} 为一定值，图像中频信号频率愈低误差输出电压愈小，图像中频信号频率愈高，误差输出电压愈大。

这一误差电压在集成电路内部电路中经过直流放大器放大后，从⑥脚输出 AFT 电压。

4．AFT 电压和调谐电压叠加电路

图 7-92 所示是 AFT 电压和调谐电压叠加电路。电路中的集成电路 A201 的⑯脚输出 AFT 电压，AFT 门开关控制 AFT 电压是否加到高频头的有关引脚上。进行调谐时，调谐盒门打开，AFT 门开关处于接通状态；调谐完毕盒门关上后，AFT 门开关处于断开状态。电路中，C002 为充电、放电电容。

2. 古木团队项目回顾之综述 2

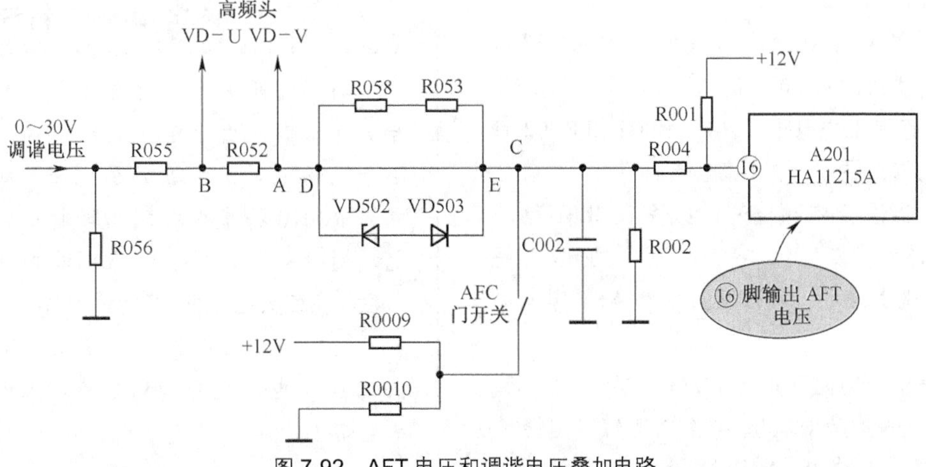

图 7-92　AFT 电压和调谐电压叠加电路

3种情况提示

AFC电压大小与图像中频信号频率相关，有下列3种情况：

（1）当图像中频信号频率为38MHz的正常情况时，⑯脚上的AFT电压为0V，此时对电容C002的充电电流等于它的放电电流，这样C002上的AFT电压为0V。

（2）当图像中频信号频率低于38MHz时，⑯脚上的AFT电压不为0V，此时对电容C002的充电电流大于它的放电电流，这样C002上的AFT电压升高，图像中频信号的频率愈低，⑯脚上的AFT电压愈高。

（3）当图像中频信号频率高于38MHz时，⑯脚上的AFT电压下降，图像中频信号频率愈高，⑯脚上的AFT电压愈低。

+12V直流电压经R001、R004和R002分压，为集成电路⑯脚提供静态直流电压，⑯脚输出的AFT电压叠加在这一静态直流电压上。

这一电路采用AFT电压和调谐电压叠加的方法实现自动频率调谐，电视机的高频头上设有AFT引脚，AFT电压与调谐电压叠加后从高频头的VD-V、VD-U引脚加到高频头内各调谐回路中，这样高频头内从高放到本振各调谐回路都有良好的频率跟踪。

（1）当图像中频信号频率为38MHz时，集成电路A201的⑯脚上的AFT电压为0V，此时+12V直流工作电压经R001 R004和R002分压，为⑯脚提供6V的直流电压。

（2）当图像中频信号的频率在38MHz左右变化时，⑯脚上的AFT电压不为0V，将在6V基础上波动，其改变量就是AFT电压的大小。

电路中，电阻R004、R053、R058、R052、R055、R056构成对集成电路⑯脚AFT电压的分压电路。电路中，VHF频段和UHF频段的AFT电压取值不同，VHF频段取自A点，UHF频段取自B点，这是因为VHF频段的频率变化范围小于UHF频段。从分压电路原理可知，A点的AFT电压大于B点的AFT电压。

补偿电路分析提示

稳压二极管VD502和二极管VD503构成补偿电路，这一补偿电路的工作原理如下。

A点的调谐电压低于18V时，稳压二极管VD502不能导通，此时集成电路脚输出的AFT电压经R 058加到A点。当A点的调谐电压大于18V之后，调谐电压使稳压二极管VD502和二极管VD503导通，由于两只二极管导通后的内阻较小，相当于将电阻R058短接，这时集成电路脚输出的AFT电压通过VD503、VD502加到A点，所以A点的AFT电压增大，进行补偿。

二极管VD503是温度补偿二极管，VD502和VD503两个二极管的PN结反向串联，反向串联后两个PN结的压降随温度变化的特性相反，当一个PN结压降增大时另一个PN结压降减小，这样保证在温度变化时电路中D、E两点之间的压降不变。

AFT门开关电路分析提示

AFT门开关的工作原理是：AFT门开关接通时，由于电阻R0010的阻值远小于电路中C点向左的总电阻，相当于电阻R0010将集成电路⑯脚输出的AFT电压对地短接，AFT电压不能加到C点向左的高频头电路中，此时没有AFT作用。

AFT门开关断开时，集成电路脚输出的AFT电压就能加到C点向左的高频头电路中。

7.8　电视机自动噪声消除电路

自动噪声消除电路简称 ANC 电路，ANC 是英文 Automatic Noise Canceller 的缩写。ANC 电路又称自动杂波消除电路，或称为抗干扰电路。

7.8.1　电视机ANC电路

ANC 电路和 AGC 电路都用来处理全电视信号，图 7-93 是这两个电路在整机电路中位置示意图。图中，从预视放出来的全电视信号首先送到 ANC 电路中，全电视信号经 ANC 电路处理后分成两路，分别送到 AGC 电路和同步分离级电路中。

ANC 电路用来消除可能窜入全电视信号中的大幅度窄干扰脉冲，这种干扰脉冲的特点是幅度比全电视信号中的同步头幅度还要大，由于干扰脉冲的幅度大于同步头的幅度，会对同步分离级电路和 AGC 电路的正常工作造成不良影响，必须通过抗干扰电路来消除这种干扰脉冲。

ANC 电路主要有 3 种：截止式 ANC 电路（用得最普遍）、饱和抵消式 ANC 电路和大幅度窄脉冲抑制电路。

1. 截止式 ANC 电路

截止式 ANC 电路又称开关型抗干扰电路，如图 7-94 所示。电路中，U_i 为来自预视级的全电视信号，从波形中可以看出，它夹有大幅度干扰脉冲，并且干扰脉冲的幅度大于同步头的幅度。VT1 称为抗干扰管，又称消噪管，VD1 是抗干扰“门管”，C1、R1 和 VD2 构成钳位电路。

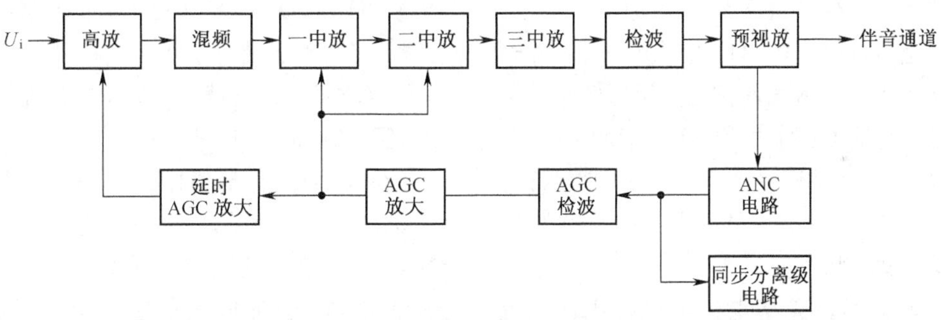

图 7-93　ANC 电路位置示意图

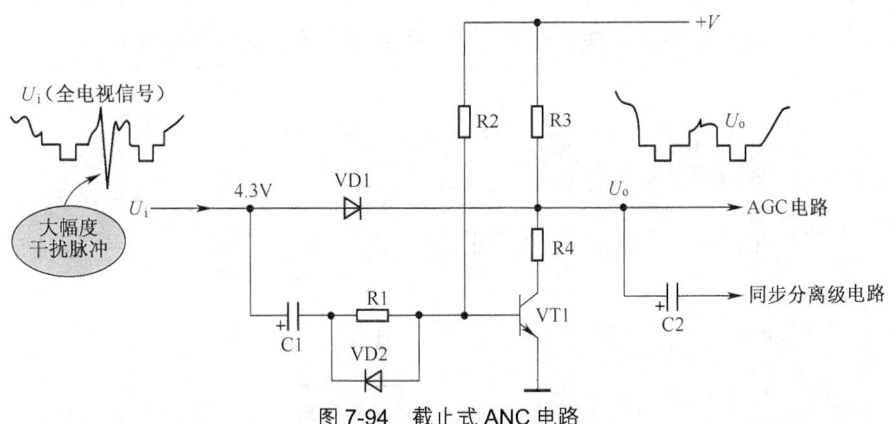

图 7-94　截止式 ANC 电路

（1）无全电视信号时电路分析。电阻R2为VT1提供足够的基极偏置电流而使VT1处于饱和状态，这时VT1集电极电压只有0.1V，相当于VT1集电极接地，将电阻R4的下端接地，这样电阻R3和R4构成对直流工作电压+V的分压电路，为VD1负极提供一个约3.6V电压，而VD1正极与预视放管发射极直接相连，在VD1正极约有4.3V电压，高于此时的负极电压，所以在没有全电视信号时VD1处于导通状态。

（2）全电视信号出现、但没有大幅度干扰脉冲出现时电路分析。全电视信号分成两路：一路由导通的VD1加到后级电路上，另一路加到C1、R1和VD2构成的钳位电路上。

由于全电视信号同步头朝下，全电视信号使VD2处于正向偏置状态下，这样导通的VD2构成对电容C1的充电回路，在电容C1上充到右正左负电压，这一电压大小约等于同步头的峰值电压，此时VT1基极电压仍然足以使VT1处于饱和导通状态，VD1也处于导通状态，全电视信号可以经VD1加到后级电路上。

（3）全电视信号中出现大幅度干扰脉冲时电路分析。由于输入端的信号电平比同步头电平还要低，电容C1两端的电压不能发生突变，这一低电平经C1加到VD2负极，使VD2导通，这样低电平又加到VT1基极上，使VT1从饱和状态退到截止状态。

VT1截止后，其集电极电压升高，导致VD1负极电压高于正极电压，这样VD1进入截止状态。VD1截止后，全电视信号不能传输到后级电路，这时的全电视信号就是大幅度干扰脉冲，这样大幅度干扰脉冲不能加到后级电路，达到抗干扰的目的。

（4）大幅度干扰脉冲过去后电路分析。干扰脉冲对电容C1所充的电荷通过电阻R1放电，在C1上的电压恢复到无干扰脉冲时的电压大小。

抗干扰电路中，干扰脉冲出现时，尽管VD1截止不能使干扰脉冲加到后级电路上，但干扰脉冲加到VT1基极上，从VT1集电极输出，经R4加到后级电路中，不过由于VT1对干扰脉冲信号已经倒相，脉冲头朝上，这种脉冲头朝上的干扰脉冲对电路没有影响。

这种抗干扰电路是由于通过VD1截止来达到消除干扰脉冲的，所以称为截止式抗干扰电路。

2．饱和抵消式ANC电路

图7-95所示是饱和抵消式ANC电路。电路中，U_i是同步头朝上的全电视信号，其中有幅度大于同步头的干扰脉冲。

（1）无全电视信号出现时电路分析。输入端电压低，VD1和VT1处于截止状态；全电视信号出现，但没有大幅度干扰脉冲时，全电视信号分成两路：一路由电阻R1加到后级电路上，另一路加到VD1电路上。

在VD1这一电路中，电阻R3阻值很小（100Ω），全电视信号出现时通过VD1对电容C1进行充电，其充电回路是：VD1→C1→R3→地端，图7-96是充电回路示意图，由于C1充电回路时间常数很小，所以C1上很快充满了电荷，其充电电压为左正右负，其电压大小约等于同步头的峰值电压。

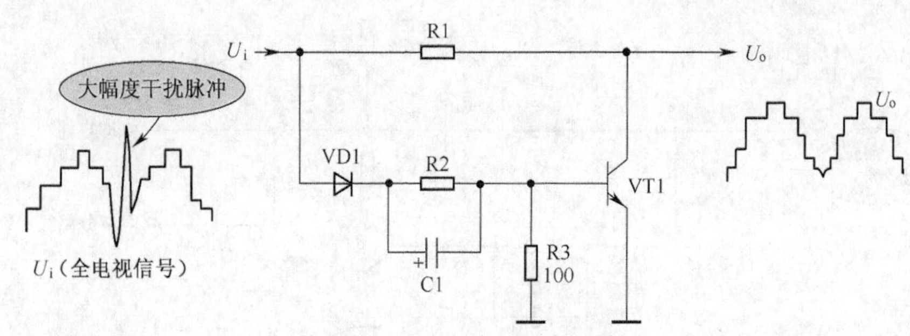

图7-95　饱和抵消式ANC电路

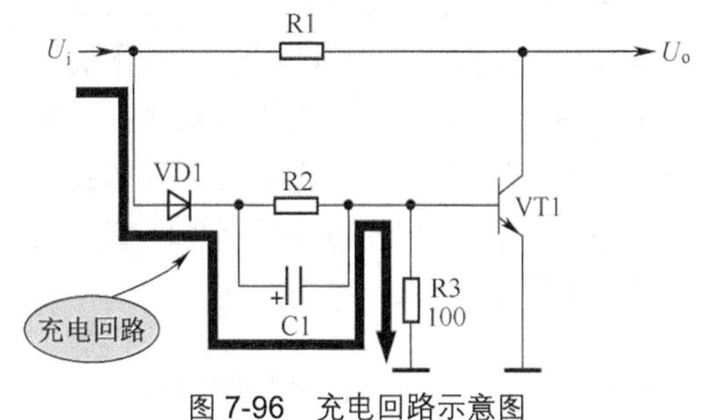

图 7-96　充电回路示意图

由于 C1 上充电电压右端为负，使 VT1 基极电压低，VT1 仍然处于截止状态。这样，全电视信号仍然可以通过电阻 R1 加到后级电路。

同步头过去后，电容 C1 放电，其放电回路由电阻 R2 构成，由于 R2 阻值很大，放电时间常数大，在电容 C1 中的电荷基本不能泄放掉时，下一个同步头又对电容 C1 进行充电，所以在电容 C1 上的电压较大（等于各同步头电压的平均大小），使 VT1 处于截止状态。

（2）全电视信号中出现大幅度干扰脉冲时电路分析。由于干扰脉冲的幅度远大于同步头电平，而且是正脉冲，又因为电容 C1 两端的电压不能突变，这样该干扰脉冲加到 VT1 基极，使 VT1 从截止状态进入导通状态，VT1 集电极输出一个倒相的干扰脉冲（脉冲头朝下）与 R1 送到的干扰脉冲（脉冲头朝上）相抵消，达到抗干扰的目的。

重要提示

这种抗干扰电路中，当干扰脉冲比较宽时，由于干扰脉冲对电容 C1 充电时间长，C1 上充到干扰脉冲峰值大小的电压，这一电压大而使 VT1 基极电压下降，VT1 截止，对干扰脉冲无抗干扰的作用，所以这种电路只能对比较窄的干扰脉冲有抗干扰作用。

（3）连续出现大幅度窄干扰脉冲电路分析。由于对电容 C1 充电电荷来不及泄放掉，连续的大幅度干扰脉冲对电容 C1 充电，使 C1 上充电电压较大，导致 VT1 基极电压低而处于截止状态，这样也没有抗干扰的作用。

大幅度干扰脉冲过去后，电容 C1 放电，使电容 C1 上电压减小一些，供下次大幅度干扰脉冲出现时起抗干扰作用。

3．大幅度窄脉冲抑制电路

图 7-97 所示是大幅度窄脉冲抑制电路。电路中，C2 的容量大于 C1，C1 和 R1 用来抑制干扰脉冲。U_i 是同步头朝下的全电视信号，其中有幅度大于同步头的干扰脉冲。

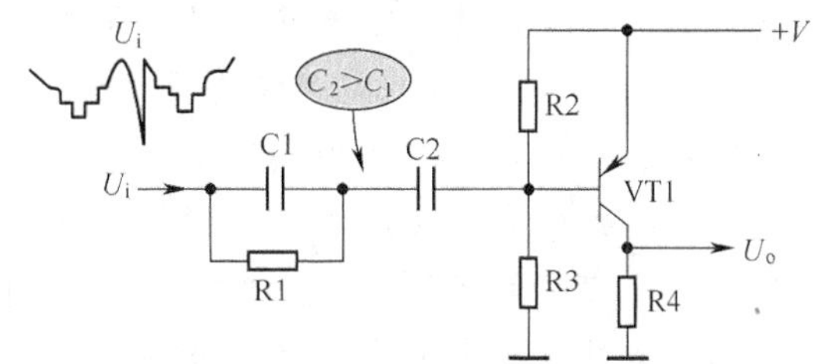

图 7-97　大幅度窄脉冲抑制电路

（1）全电视信号中无干扰脉冲时电路分析。全电视信号经 C1、R1 和 C2 加到 VT1 基极，由于电容 C1 容量很小，全电视信号对 C1 的充电很快结束，C1 处于开路状态，主要由电阻 R1 传输全电视信号。

（2）全电视信号中存在大幅度窄脉冲时电路分析。由于 $C_1 < C_2$，干扰脉冲在电容 C1 上的压降远远大于在 C2 上的压降，这样干扰脉冲的大部分降在电容 C1 上而不能加到 VT1 基极，从而达到消除脉冲干扰的目的。

干扰脉冲过去后，电容 C1 上充到的干扰脉冲电压通过电阻 R1 放电，使 C1 上的电压小，供下次干扰脉冲出现时再起抗干扰 作用。

这种抗干扰电路中，若干扰脉冲的宽度较宽，电路就不能起到抗干扰作用，因为干扰脉冲宽，由于 C1 容量较小，干扰脉冲很快使 C1 充满电荷，此时 C1 相当于开路，这样干扰脉冲通过电阻 R1 加到 VT1 基极，无抗干扰的作用，所以大幅度窄脉冲抑制电路只能消除大幅度的窄脉冲干扰，对连续出现的大幅度窄脉冲

也不能进行有效抑制。

电路分析提示

（1）输入ANC电路的全电视信号可以是正极性的，也可以是负极性的，由ANC电路结构决定。无论是正极性还是负极性的全电视信号，ANC电路只要消除幅度大于同步头的干扰脉冲即可，对于脉冲头方向与同步头方向相反的干扰脉冲没有必要消除，因为经过ANC电路后的全电视信号只送到AGC电路和同步分离级电路中，而这两个电路只需要同步头，不需要全电视信号中的其他成分。

（2）分析ANC电路工作原理时，用到全电视信号的波形，根据全电视信号中同步头的方向和干扰脉冲的幅度来分析电路，一般情况下将信号分成3种情况：一是无全电视信号时的ANC电路工作情况；二是有全电视信号但没有干扰脉冲时的ANC电路工作情况；三是全电视信号中出现干扰脉冲时的ANC电路工作情况。

（3）分析电路工作原理时用到电容两端的电压不能突变概念，这一概念说明在大幅度干扰脉冲出现这一瞬间，电容两个电极上的电压相等，一个电极上加有大幅度干扰脉冲，另一个电极就输出这一干扰脉冲（大小未变）。

（4）目前电视机中主要采用截止式ANC电路，它与峰值型AGC电路配合是目前的主要电路模式。

7.8.2 彩色电视机ANC电路

彩色电视机中的ANC电路用来抑制彩色全电视信号中的两种干扰噪声：黑噪声和白噪声。

1．噪声干扰的影响

图7-98是混入全电视信号中的黑噪声和白噪声干扰脉冲示意图。在负极性全电视信号中（负极性全电视信号同步头朝下），当干扰噪声脉冲朝上且干扰电平比白电平还大时，因朝上的脉冲使荧屏发亮，这种干扰脉冲会在荧屏上出现很白的亮点干扰而影响图像的质量，所以称为白噪声干扰。

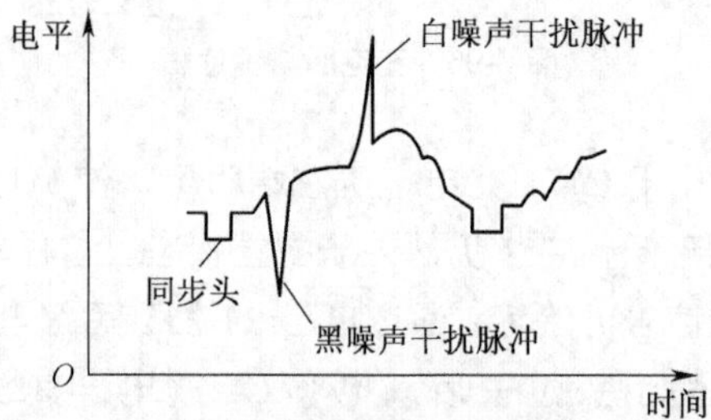

图7-98　黑噪声和白噪声干扰脉冲示意图

当干扰脉冲的方向与同步头方向一致时，由于同步头方向的脉冲使荧屏发黑，当这一方向干扰脉冲的幅度比较大时（幅度等于或大小同步头电平），会使荧屏发黑，这种干扰引起荧屏出现黑点而干扰图像，所以称为黑噪声干扰。这种干扰除引起荧屏发黑之外，主要是会干扰同步头的正常分离和AGC电路的正常工作。

由于黑噪声干扰脉冲的幅度比较大而相当于额外出现一个同步头，这将导致同步分离级电路误认为出现一个同步头，使同步系统工作混乱。

同时，峰值型AGC电压检出电路会将黑噪声干扰脉冲电平检出，作为AGC电压而送到AGC电路中，导致AGC电路的错误动作。

信号波形中，黑噪声和白噪声干扰脉冲的方向不同，了解这一点对分析这两种噪声抑制电路是有益的。

2．白噪声抑制电路

图7-99所示是集成电路TA7607AP内部电路中的白噪声抑制电路。电路中，U_i是来自预视放输出端的全电视信号，它没有经过噪声抑制电路，输入信号中还存在白噪声干扰脉冲，如图中所示。经过噪声抑制电路后的输出信号从集成电路⑫脚输出。

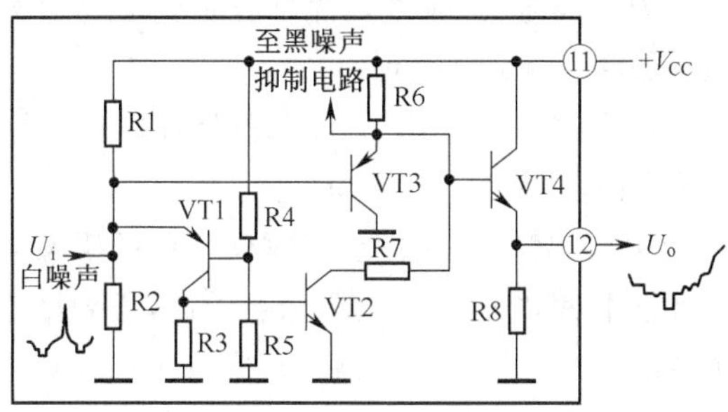

图 7-99　白噪声抑制电路

电路中的 VT1 是门控管，VT2 是倒相管，VT3 和 VT4 是消噪管。电阻 R1 和 R2 分压为 VT1 发射极提供直流电压，R4 和 R5 分压为 VT1 基极提供直流电压。这一直流电压供给电路保证在没有白噪声干扰脉冲出现时，VT1 处于截止状态。

（1）全电视信号中无白噪声干扰脉冲时电路分析。VT1 发射极电压不是很高，所以 VT1 处于截止状态，其集电极为低电平，即 VT2 基极为低电平，这样 VT2 也处于截止状态，此时 VT1、VT2 对全电视信号的传输没有影响，全电视信号 U_i 加到 VT3 基极，从 VT3 发射极输出，这一输出信号一路加到黑噪声抑制电路中，另一路加到 VT4 基极，再从 VT4 发射极输出，从集成电路⑫脚输出。

（2）全电视信号中出现白噪声干扰脉冲时电路分析。由于白噪声脉冲的电平比较高，使 VT1 发射极电压升高，VT1 因发射结正向偏置增大而导通，其集电极输出电流电压直接加到 VT2 基极，使 VT2 导通，VT2 集电极电压下降，经 R7 加到 VT4 基极，使 VT4 基极电压下降，VT4 发射极电压也下降，此时集成电路⑫脚上的直流电压约为 6.2V，即当白噪声干扰脉冲出现时，⑫脚的输出电平被钳于 6.2V（没有白噪声抑制电路时⑫脚的输出电平会更高），这样大大削弱了白噪声干扰。

重要提示

从上述电路分析可知，白噪声干扰脉冲出现时集成电路⑫脚的输出电平增大许多，而接入白噪声抑制电路后限制了⑫脚的输出电平，达到抑制白噪声干扰脉冲的目的。

3．黑噪声抑制电路

图 7-100 所示是集成电路 TA7607AP 内部电路中黑噪声抑制电路。电路中，U_i 为全电视输入信号，它加到 VT2 和 VT6 基极，这是没有经过黑噪声抑制电路的全电视信号，经过黑噪声抑制电路之后的信号从⑫脚输出。

电路中的 VT1 和 VT2 构成差分式门控电路，VT3、VT4 和 VT5 构成钳位、倒相电路，VT6 是黑噪声消除管。

5. 古木团队项目回顾之综述 5

如图中的输入信号波形所示，黑噪声脉冲电平加到 VT2 基极时，使 VT2 基极电压下降而使之截止；当没有黑噪声干扰脉冲出现时，由于 VT2 基极电平不是很低，VT2 处于导通状态。

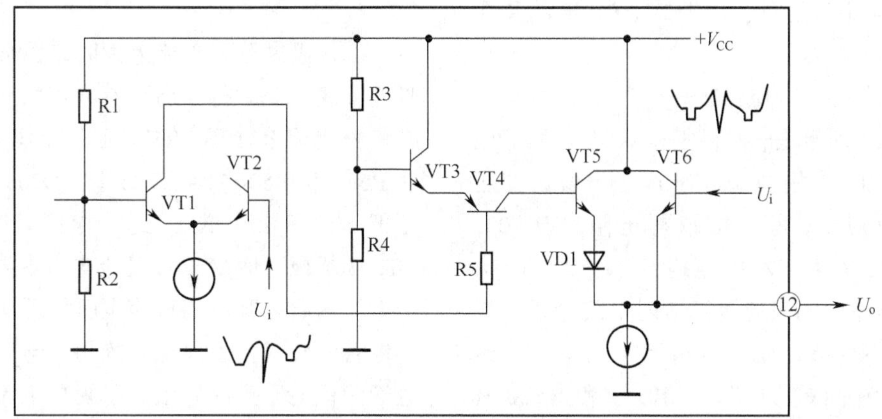

图 7-100　黑噪声抑制电路

（1）全电视信号中无黑噪声干扰脉冲时电路分析。VT2 导通，使另一只差分管 VT1 导通。由于 VT1 截止，使 VT3 和 VT4 同时截止。由于 VT4 截止，使 VT5 截止（VT4 截止后 VT5 没有基极电流）。由于差分管 VT5 截止，所以 VT6 导通，这样 VT6 基极上的全电视信号从 VT6 发射极输出。

（2）全电视信号中出现黑噪声干扰脉冲时电路分析。黑噪声干扰脉冲使 VT2 基极电压下降而导致 VT2 截止，另一只差分管 VT1 导通。由于 VT1 导通，使 VT3 和 VT4 同时导通（VT1 导通为 VT4 提供基极电流回路，VT4 导通为 VT3 提供发射极电流回路）。

由于 VT4 导通，使 VT5 基极获得基极电流，VT5 导通，迫使 VT6 趋向截止。

同时，VT6 基极上全电视信号中的黑噪声干扰脉冲使 VT6 基极电压下降，使其发射结正向偏置电压下降，VT6 截止，集成电路⑫脚没有黑噪声干扰脉冲输出，达到抑制黑噪声干扰脉冲的目的。

当黑噪声干扰脉冲出现时，通过黑噪声抑制电路，使集成电路⑫脚的电压钳于 3.3V。

7.9 ABL 电路、ACC 电路、ACK 电路、ARC 电路和 APC 电路

7.9.1 自动亮度限制电路

自动亮度限制电路简称 ABL 电路，ABL 是英文 Automatic Brightness Limiting 的缩写。在彩色电视机亮度通道中设置 ABL 电路。

自动亮度限制电路又称自动亮度控制（ABC）电路，ABC 是英文 Automatic Brightness Control 的缩写。

设置 ABL 电路可以限制电视机屏幕的整体亮度。ABL 电路可自动限制显像管的束电流，防止屏幕受超量电子束轰击，保护屏幕，并可防止束电流太大而损坏显像管。

ABL 电路有两种：阴控式 ABL 电路和栅控式 ABL 电路。

1. 阴控式 ABL 电路之一

图 7-101 所示是一种阴控式 ABL 电路。电路中的 VT203 是视放管，T503 是行输出变压器，R519 和 R520 是 ABL 取样电阻，VD203、C208、R218 等构成 ABL 电路。

（1）显像管的束电流正常时电路分析。显像管亮度不太高，此时行输出平均电流（这一电流的流向是 +110V → R519 和 R520 → 行输出变压器 T503 的②脚 → 极高压）在取样电阻 R519 和 R520 上的电压降不大，所以经 R519 和 R520 加到二极管 VD203 正极的电压能够使 VD203 导通（VD203 的负极上有 +12V 的直流电压），在 VD203 正极上约有 12.7V 直流电压。

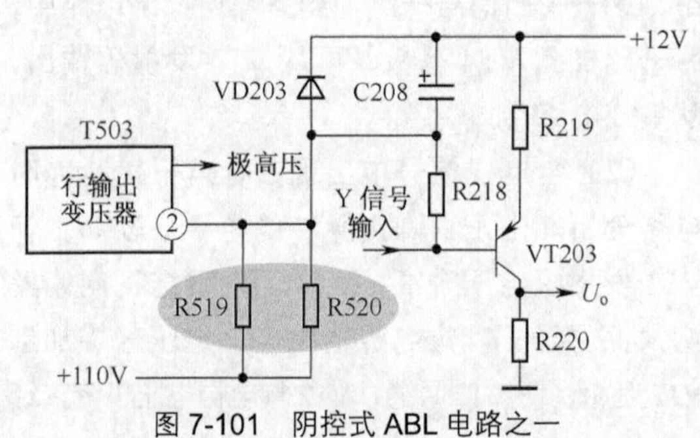

图 7-101　阴控式 ABL 电路之一

（2）显像管束电流太大时电路分析。显像管亮度高，此时行输出平均电流大，这一电流在取样电阻 R519 和 R520 上的电压降比较大，使 R519 和 R520 加到二极管 VD203 正极的电压低（比正常时低），这一电压经 R218 加到 VT203 基极，使 VT203 基极电压下降，其集电极电压升高，升高的直流电压经后面电路加到显像管的阴极，使显像管的阴极电压升高，显像管阴极电压升高后限制了阴极电流，这样限制了显像管亮度。

重要提示

通过上述分析可知，这种形式的 ABL 电路通过使显像管阴极电压升高，限制显像管的束电流，实现显像管亮度限制。

2．阴控式 ABL 电路之二

图 7-102 所示是另一种阴控式 ABL 电路。电路中的 VT1 和 VT3 是视放管，R4 是 ABL 电路中的取样电阻，其他元器件构成 ABL 电路。

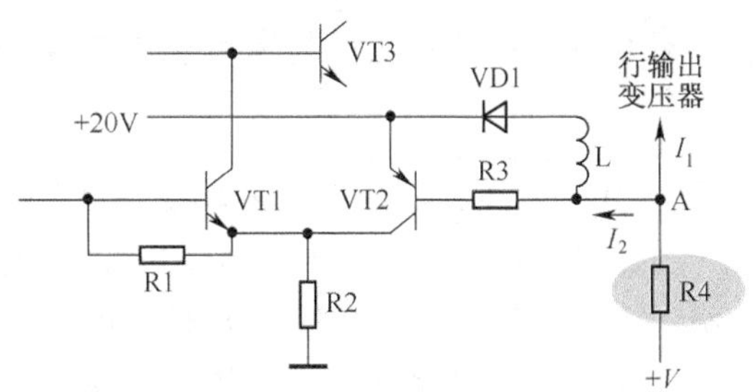

图 7-102　阴控式 ABL 电路之二

（1）显像管的束电流正常时电路分析。显像管亮度不太高，此时行输出平均电流不大，流过取样电阻 R4 的电流 I_1 不大，在取样电阻 R4 上的压降不大，这时电路中的 A 点电压比较高，这一电压比 VD1 负极上 +20V 电压要高，这样 VD1 导通，A 点的电压约为 +20.7V。A 点的电压经 R3 加到 VT2 基极，使 VT2 截止，对 VT1 和 VT3 的正常工作没有影响。

（2）显像管的束电流较大时电路分析。显像管亮度高，此时行输出平均电流大，流过取样电阻 R4 的电流 I_1 大，在取样电阻 R4 上的压降大，这时电路中的 A 点电压比较低，这一电压比 VD1 负极上的 +20V 电压还要低，VD1 截止。

A 点较低的电压经 R3 加到 VT2 基极，使 VT2 导通，其集电极电压升高，即 VT1 发射极电压升高，VT1 集电极电压升高，使 VT3 基极电压升高，通过后面电路使显像管阴极电压升高，这样限制了显像管的束电流，达到限制显像管亮度的目的。

前面两种 ABL 电路都是通过提高显像管阴极电压来限制束电流，还有一种是通过控制显像管栅极电压的 ABL 电路，即栅控式 ABL 电路。

3．栅控式 ABL 电路

图 7-103 所示是栅控式 ABL 电路。电路中的 R1 是 ABL 电路中的取样电阻，其他元器件构成 ABL 电路。

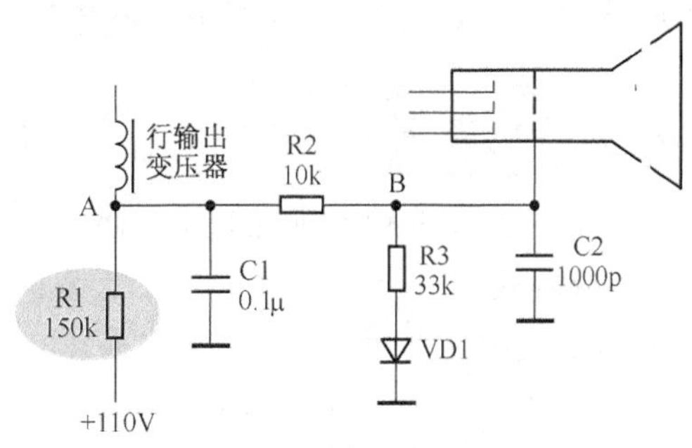

图 7-103　栅控式 ABL 电路

（1）显像管的束电流正常时电路分析。流过取样电阻 R1 的电流（电流流向是 +110V → R1 → A 点→行输出变压器）不大，这样在取样电阻 R1 上的压降不大，电路中 A 点的电压比较高，A 点的电压经 R2 和 R3 加到二极管 VD1 正极，使 VD1 导通，这样电路中 B 点（即显像管的栅极）的电压大于 0V。

（2）显像管的束电流比较大时电路分析。流过取样电阻 R1 的电流比较大，在取样电阻 R1 上的压降比较大，使电路中 A 点的电压比较低，A 点的电压经 R2 和 R3 加到二极管 VD1 正极，这一电压不能使 VD1 导通，这样显像管的栅极电压比较低，相当于显像管的阴极电压比较高，使显像管阴极与栅极之间的反向电压比较大，限制了显像管的束电流，达到亮度控制的目的。

6. 古木团队项目回顾之综述 6

7.9.2　自动色饱和度控制电路

自动色饱和度控制电路简称 ACC 电路，ACC 是英文 Automatic Chrominance Control 的缩写。ACC 电路用于彩色电视机的色度通道电路中。

1．电路作用

ACC 电路的作用是自动控制色度信号（F）

大小，如同中频图像通道中的 AGC 电路一样。在高放电路和中放电路中设置的 AGC 电路虽然对稳定色度信号大小有一定帮助，但是仍然不够，为此还要在色度通道中加入 ACC 电路。当色度信号大时通过 ACC 电路使色带通放大器增益减小，当色度信号小时让其增益增大。

重要提示

ACC 电路受 ACC 电压控制，这一电压有两种获得方法：7.8kHz 行半频信号（由副载波恢复电路产生）和色同步信号（由发射机送出）。这两个信号均与图像内容无关，而只与色度信号大小相关。

2. ACC 电路

图 7-104 所示是 ACC 控制电路，主要由 VT2 等元器件构成。

重要提示

在高频放大器和中频放大器中设有 AGC 电路，能够自动控制高频和中频放大器的增益，其主要目的是稳定高频、中频图像信号，而对于色度信号的稳定控制作用还不够。对于窄带中频特性而言，色度信号在中频特性曲线的右侧斜边上，当本振信号发生变化时，中频特性发生改变，色度信号的放大量发生改变，这就不能稳定色度信号，为此在色度通道电路中要专门加入 ACC 电路，稳定色度信号。

当色度信号增大时，通过 ACC 电路使色带通放大器的增益下降；当色度信号减小时，通过 ACC 电路使色带通放大器的增益增大，这样可以稳定色度信号的大小。

电路中的 VT2 发射极与集电极之间内阻作为 VT1 的发射极负反馈电阻，当 VT2 发射极与集电极之间的内阻增大时，VT1 的负反馈量增大，色带通放大器增益下降，使 VT1 输出的色度信号减小；当 VT2 发射极与集电极之间的内阻减小时，VT1 的负反馈量减小，色带通放大器增益增大，使 VT1 输出的色度信号增大。这样，可以自动稳定色度信号。

VT2 发射极与集电极之间的内阻大小受其基极上的 ACC 电压大小控制，ACC 电压大 VT2 的内阻小，反之则大。

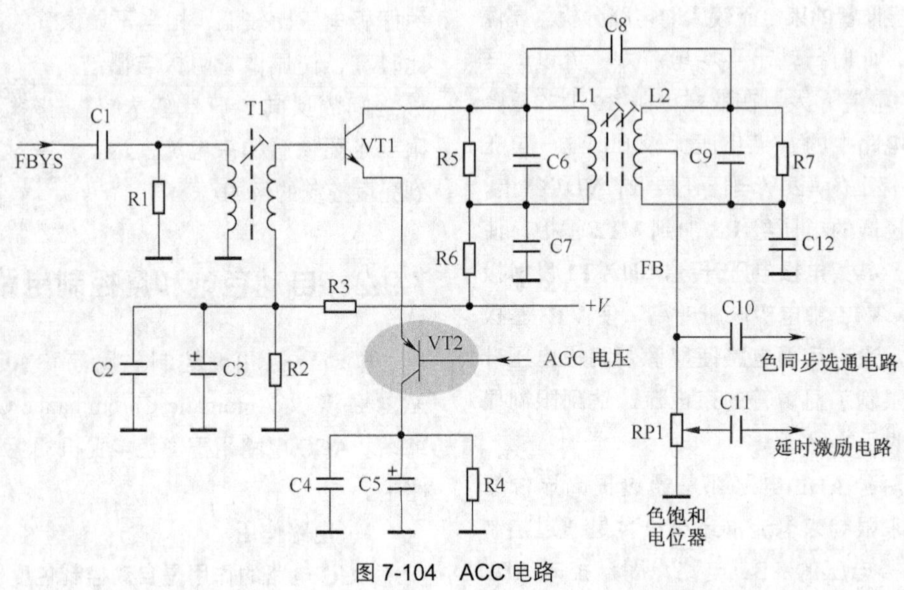

图 7-104　ACC 电路

重要提示

ACC电压的大小应该只与色度信号的大小有关，不应与图像的内容有关，为了做到这一点显然不能用彩色全电视信号作为ACC电压。与图像内容无关而只与色度信号大小有关的信号有两个：一是色同步信号B，另一个是行半频信号，所以ACC电压通过这两个信号中的某一个检波而来。

7.9.3　自动消色电路

自动消色电路简称ACK电路，ACK是英文Automatic Colour Killer的缩写。ACK电路在彩色电视机的色度通道电路中使用。

1．电路作用

7. 古木团队项目回顾之综述7

ACK电路是一个自动控制电路。当彩色电视机接收到黑白电视信号或弱彩色电视信号时，ACK电路自动切断色度通道，没有色度信号输出，以免干扰亮度信号，此时彩色电视机显示黑白图像。

2．ACK电路

图7-105所示是ACK电路。电路中，VT1是消色管，VT2是色度信号放大管，VD1是钳位二极管，RP1是手动色饱和度控制电位器。

当彩色电视机接收到正常彩色电视信号时，VT2处于正常放大状态，这时色度通道输出色度信号；当电视机接收黑白电视信号或弱彩色电视信号时，VT2截止，使色度通道没有色度信号输出。

（1）接收到正常彩色信号时电路分析。 7.8kHz的行半频信号加到VT1基极，这一信号的负半周使VT1正向偏置，VT1导通，其导通后的集电极电流对3只电容充电，使VT1集电极上保持高电平，这一高电平加到VD1正极，使VD1导通。VD1导通后，正极上的直流电压约+4V，该电压经线圈L1加到VT2基极，为VT2提供静态偏置电压，使VT2进入放大状态。

从RP1动片输出的色度信号经C4加到VT2基极，色度信号通过VT2放大后送到后级电路。

（2）接收到黑白电视信号时电路分析。 VT1基极上没有行半频信号，当接收到弱彩色电视信号时，VT1基极上的行半频信号很小，这两种情况均不能使VT1导通。

由于VT1截止，其集电极上为低电位，二极管VD1不能导通，这样VT2基极上没有直流偏置电压，VT2截止，色度信号不能从VT2输出，从而起到自动消色的作用。

重要提示

一些彩色电视机电路中，除色度信号放大管VT2中设置ACK电路外，还在V、U同步检波器电路中设置ACK电路，这样消色效果更好。

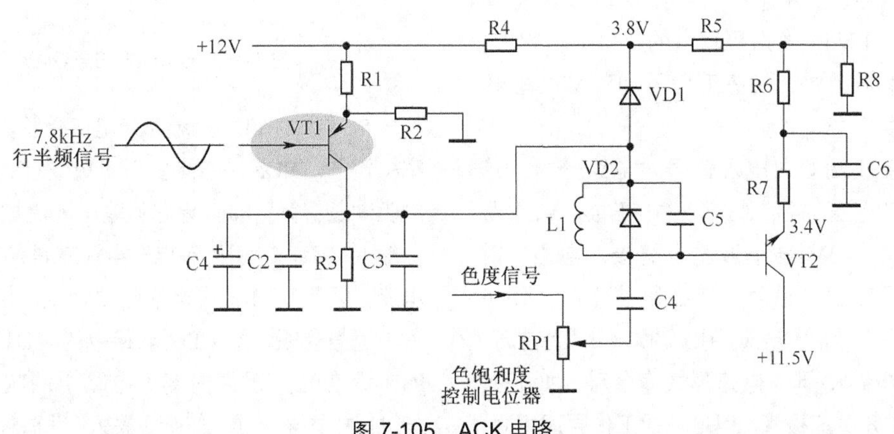

图7-105　ACK电路

7.9.4 自动清晰度控制电路

自动清晰度控制电路简称 ARC 电路，ARC 是英文 Automatic Resolution Control 的缩写。ARC 电路用于彩色电视机的亮度通道中。

1．电路作用

当彩色电视机接收到黑白电视信号时，色度通道电路会产生一个消色电压给 ARC 电路，由它控制 4.43MHz 陷波器不工作（不陷波），这样能够保留黑白图像中的高频信号，即保留了图像的细迹部分，使彩色电视机收看黑白图像时比较清晰。

2．ARC 电路

图 7-106 所示是 ARC 电路。电路中，VT1 是第一级视放管，VT2 是第二级视放管，4.43MHz 陷波器电路设在一、二级视放电路之间，即 C1、C2、L1、R3 构成 4.43MHz 陷波器电路，VD1 是开关二极管，来自色度通道的消色电压经 R4 加到 VD1 正极。

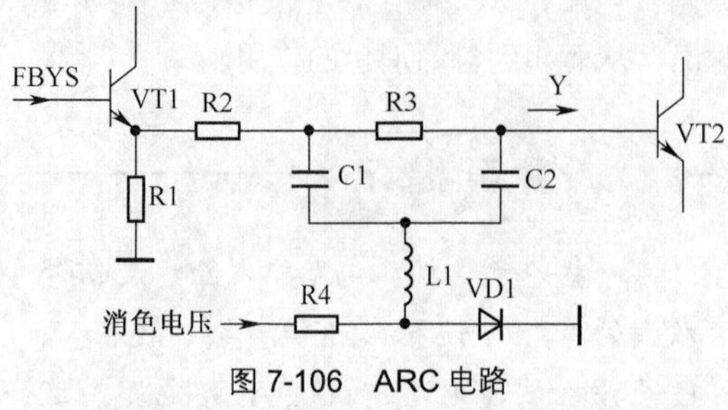

图 7-106 ARC 电路

（1）接收到正常彩色全电视信号时电路分析。这时有消色电压出现，这一电压使开关二极管 VD1 导通，这样将 4.43MHz 陷波器电路接入电路，对 VT1 发射极输出的信号进行陷波，去除色度信号，这样有亮度信号加到 VT2 基极而没有色度信号。

（2）接收到黑白电视信号时电路分析。这时没有消色电压加到二极管 VD1 正极，VD1 截止，不能将 4.43MHz 陷波器电路接入电路，对 VT1 发射极输出的信号不存在陷波作用，使电视机接收黑白电视信号时图像的清晰度比较高。

ARC 电路的具体电路形式有多种，如开关二极管改成开关三极管，但电路的工作原理相同。

7.9.5 光头自动功率控制电路

激光拾音器的自动功率控制电路简称 APC 电路，APC 是英文 Automatic Power Control 的缩写。为了保证激光发射二极管有恒定的光功率输出，使得反射激光的光照强度稳定，保证前置处理电路有较稳定的 RF 信号，激光播放机中设置了激光强度 APC 电路。

1．电路作用

APC 电路是一个闭合的自动控制电路，它的具体作用是通过检测电路，自动控制激光发射二极管的激光发射功率。控制激光发射功率是通过控制激光发射二极管的驱动电流来实现的。

供给激光发光二极管的驱动电流一般为 50mA，激光功率为 5mW 时激光拾音器就能正常工作。供给激光拾音器的驱动电流愈大，激光发射功率愈大；反之驱动电流愈小，激光发射功率愈小。

2．原理电路分析

激光播放器材中 CD、VCD、超级 VCD、DVD 和 LD 的 APC 电路作用和工作原理基本是相同的，这里用图 7-107 所示的 APC 电路原理图来说明其工作原理。

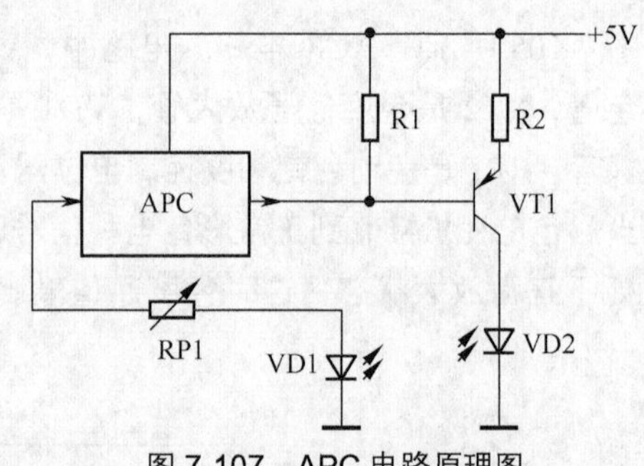

图 7-107 APC 电路原理图

电路中的 VD1 是激光光电二极管，为激光功率检测管。VD2 是激光发射二极管。VT1 是 VD2 的驱动三极管，APC 电路的输出电流控制 VT1 基极输入电流，VT1 的集电极电流就是 VD2 的工作电流，因此 VD2 工作电流受 APC 电路控制。

通常情况下，APC 电路中的 VD1、VD2 和 RP1 设在光头组件内部，电路中的其他元器件与 RF 放大器（重放前置放大电路）设在同一个集成电路中。

激光功率检测二极管 VD1 装在激光检测器内部，用于检测 VD2 发射激光的强弱，将光照强度转换成电信号，送入 APC 电路中，经过 APC 电路的运算放大后去自动控制 VT1 基极电流，达到自动控制激光发射二极管 VD2 工作电流的目的。

电路中的可变电阻 RP1 用于调整 VD1 的静态工作电流，这一电流的大小决定了 VD1 的工作灵敏度，而这一灵敏度的高低就是 VD2 的初始工作电流，即初始激光功率。激光拾音器中的激光发射二极管 VD2 使用时间长了，其激光发射能力会逐渐减弱，将造成激光拾音器的读片能力减弱，机器只能播放那些质量好的光碟，遇到质量差的光碟时机器就无法播放。

检修中，遇到这种情况可以通过调整 RP1 的阻值，增加激光发射二极管的初始工作电流来增大激光发射功率。但是，增大激光发射二极管的初始工作电流会加快激光发射二极管老化，所以在调整 RP1 前，一定要先确认激光拾音器读片能力差是由于激光发射二极管发射能力减弱造成的，因为激光拾音器中光学系统被灰尘污染后也会造成读片能力差。

系统控制微处理器控制着激光发射二极管的 +5V 直流工作电压，直流工作电压通常由 RF 放大器集成电路提供。机器在工作时，系统控制微处理器控制着 APC 电路，给激光发射二极管提供直流工作电压，APC 电路便输出低电平，使驱动管 VT1 导通，从而 VD2 发射激光。

当机器内无光碟或用户操作暂停（STILL）或停止（STOP）键时，系统控制微处理器控制着 RF 放大器集成电路，停止为激光发射极二极管提供直流工作电压，使驱动管 VT1 截止，这时没有驱动电流输出，从而 VD2 不能发射激光。

3．实用 APC 电路

图 7-108 所示是由分立元器件构成的 APC 电路，它直接安装在激光拾音器组件的扁平电缆上。电路中，VT1、VT2 等元器件构成 APC 电路，VT3 是激光发射极二极管的驱动管，由 VT3 集电极为激光发射二极管 VD1 提供工作电流，RP1 是灵敏度调整电阻。这一电路的 +5V 直流工作电压由 RF 放大器集成电路提供。

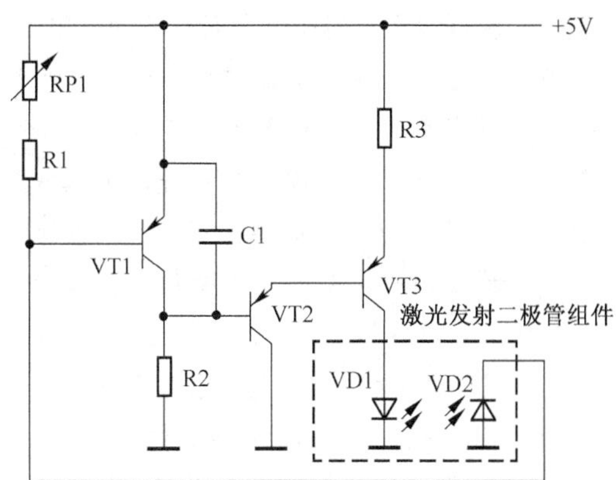

图 7-108　分立元件器构成的 APC 电路

（1）当 VD1 发射功率增大时电路分析。 VD2 受光照强度增强，其内阻减小（VD2 的内阻与 RP1、R1 构成 VT1 的分压式偏置电路），VD2 内阻减小使 VT1 基极电压下降，其集电极电压升高，使 VT2 基极电压升高，导致 VT2 发射极电压升高（发射极电压跟随基极电压变化），使 VT3 基极电压升高。

VT3 是一只 PNP 型三极管，其基极电压升高导致 VT3 正向偏置电流减小，使 VT3 导通电流减小，即 VT3 集电极电流减小，流过 VD1 的工作电流减小，从而使 VD1 发射功率减小，达到自动控制 VD1 发射功率的目的。

（2）当 VD1 发射功率减小时电路分析。 使 VD2 受光照强度下降，其内阻增大，导致 VT1 基极电压增大，其集电极电压减小，即 VT2 基极电压减小，导致 VT2 发射电压下降，VT3 基极电压下降，使 VT3 正向偏置电压增大，VT3 集电极电流加大，使 VD1 工作电流加大，从而使 VD1 发射功率增大，达到自动控制 VD1 发射功率的目的。

通过上述电路分析可知，APC 电路是一个闭合的自动控制电路，其作用是通过检测和反馈控制回路，自动稳定 VD1 的发射功率。

8. 古木团队项目回顾之项目初期整体方案设计思路 1

重要提示

关于APC电路说明下列几点。

（1）电路设置目的。要了解APC电路是为了获得稳定反射光信号而设置的电路，没有这一电路激光拾音器输出的信号大小将受工作温度等因素的影响，例如激光发射二极管是一个负温度系数器件，当工作温度升高时它的发射功率将下降，此外激光拾音器使用一段时间后因老化也会使光头输出的功率下降。

设置APC电路后，通过它的自动控制作用，可以使光头输出的功率保持稳定。

（2）闭合自动控制电路。APC电路是一个闭合的自动控制环路，这种类型的自动控制电路都有一个反馈信号检测器件，在APC电路中就是激光功率检测光电二极管。

分析这种闭合的自动控制环路工作过程时，其基本方法是假设光头输出增大，通过一系列的电路反馈，最终将使光头的输出功率下降。

反之，设光头输出功率减小时，通过闭合的反馈环路，将光头的输出功率增大。整个电路分析过程中，主要使用了分析负反馈电路的一套方法。另外要注意一点，就是激光拾音器的输出功率大小与流过激光发射二极管的工作电流成正比关系。

（3）发射功率调节。电路中设有一只激光功率调节电位器，调整这一电位器的阻值大小可改变激光发射二极管的发射功率，这是通过加大或减小激光发射二极管工作电流来实现的。

（4）元器件位置。APC电路中的主要元器件设置在前置信号处理器集成电路中，但是激光功率检测光电二极管设在激光发射二极管组件中。

（5）各种激光播放器材APC电路相同。激光播放器材在光头组件中都设有APC电路，而且电路组成和工作原理基本一样，能够分析一种播放机的APC电路工作原理，就能分析其他类型激光播放机的APC电路。

7.10 音响保护电路

音响中的保护电路主要是保护音箱、主功率放大器和电源。

7.10.1 保护电路基本形式

音箱保护电路的作用是防止大电流烧坏音箱中的扬声器，主要是大电流烧坏低音扬声器。最简单的音箱保护电路是在扬声器回路中串联保险丝，这种保护电路简单，但是保护效果差，所以在许多音响中采用更高级的音箱保护电路。

主功率放大器保护电路主要是保护功放管，防止它过流烧坏。

图7-109所示是3种音箱保护电路方框图。

1. 信号切断式保护电路

图7-109(a)所示是信号切断式保护电路，这是音箱保护电路。当主功率放大器输出很大信号时，检测电路检测到这一过载信号，经放大后去控制主功率放大器电路的输入信号，使输入主功率放大器的输入信号大大减小，这样主功率放大器输出的信号电流大幅下降，流过音箱中扬声器的电流大大下降，达到保护音箱的目的。

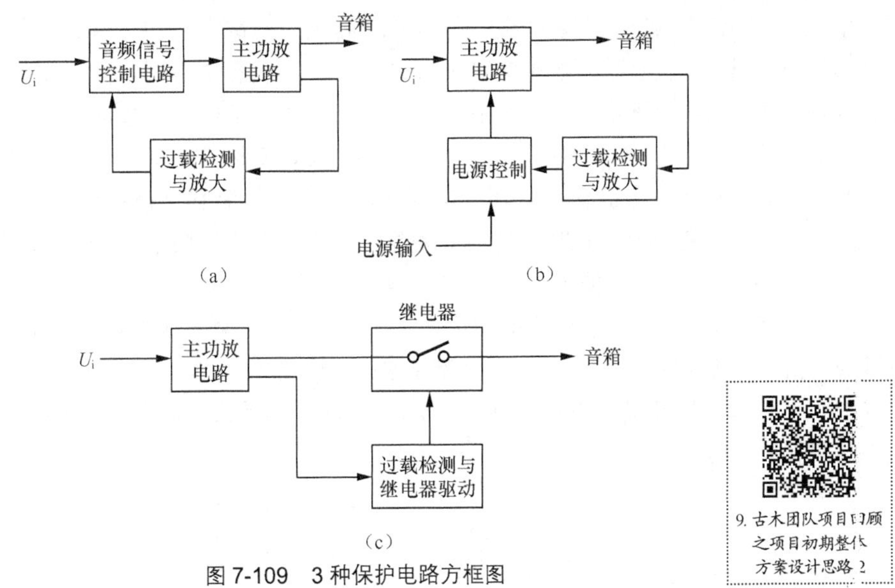

图 7-109　3 种保护电路方框图

2．电源切断式保护电路

图 7-109(b)所示是电源切断式保护电路，这也是音箱保护电路。它的保护原理是直接切断主功率放大器的直流工作电压，使主功率放大器无电流输出，这样达到保护音箱中扬声器的目的。

3．负载切断式保护电路

图 7-109(c)所示是负载切断式保护电路，这也是音箱保护电路。当发生过载现象时，通过继电器切断音箱回路，使音箱中的扬声器无信号电流流过，达到保护音箱的目的。

7.10.2　音箱保护电路

在音箱保护电路中有下列两种保护形式。

(1)防止大信号电流流过扬声器的保护电路，这一电路通常与主功率放大器保护电路联系在一起。

(2)防止电路出现故障时主功率放大器输出端直流电压变动引起的扬声器过流损坏。

1．音箱保护电路之一

图 7-110 所示是一种实用的音箱保护电路，这一电路用来防止主功率放大器输出端直流电压变动时烧坏扬声器。电路中，J1 为继电器，它的触点常闭，以接通扬声器 BL1 回路；VT1、VT2、VT3 和 VT4 是保护电路中的控制管，其中 VT4 是继电器 J1 的驱动管。

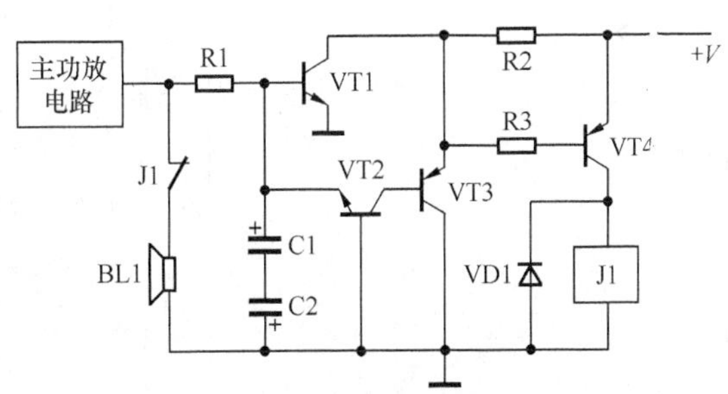

图 7-110　一种实用的音箱保护电路

这一电路的工作原理分析要分成下列 3 种情况。

(1)当主功率放大器的输出端直流电压为 0V 时，VT1 管因为没有偏置电压而截止；VT2 管发射极和基极电压都为 0V，VT2 管截止；因为 VT2 管截止，VT3 管基极电流没有回路，所以使 VT3 也截止；VT3 管截止，其发射极电压高，使 VT4 管基极电压高，VT4 管是 PNP 型三极管，所以 VT4 管也截止。这时，4 只三极管全部截止，继电器 J1 接通，扬声器正常接入电路中，音响工作正常。

(2)当主功率放大器的输出端直流电压高于 +0.7V 时，这一电压经 R1 加到 VT1 管基极，使 VT1 管导通，其集电极为低电平，这一低电平经 R3 加到 VT4 管基极，使 VT4 管导通，其集电极电流流过继电器 J1，J1 动作，切断扬声器 BL1 回路，达到保护扬声器的目的。

（3）当主功率放大器的输出端直流电压低于 –0.7V 时，这一电压经 R1 加到 VT2 管发射极管，使 VT2 管导通，又使 VT3 管导通，其发射极为低电平，这一低电平经 R3 加到 VT4 管基极，使 VT4 管导通，其集电极电流流过继电器 J1，J1 动作，切断扬声器 BL1 回路，达到保护扬声器的目的。

电路中，C1 和 C2 逆串联构成一个无极性电容，将主功率放大器输出端的交流音频信号旁路到地端，使音频信号不能加到 VT1 和 VT2 管，使保护电路不产生误动作。

2．音箱保护电路之二

图 7-111 所示是一种实用的音箱保护电路，电路中的 A1-A4 四块单声道功放集成电路构成 BTL 功率放大器；其他元器件构成音箱保护电路；CK9、CK10 是左、右声道音箱插口，CK11 是立体声耳机插座。

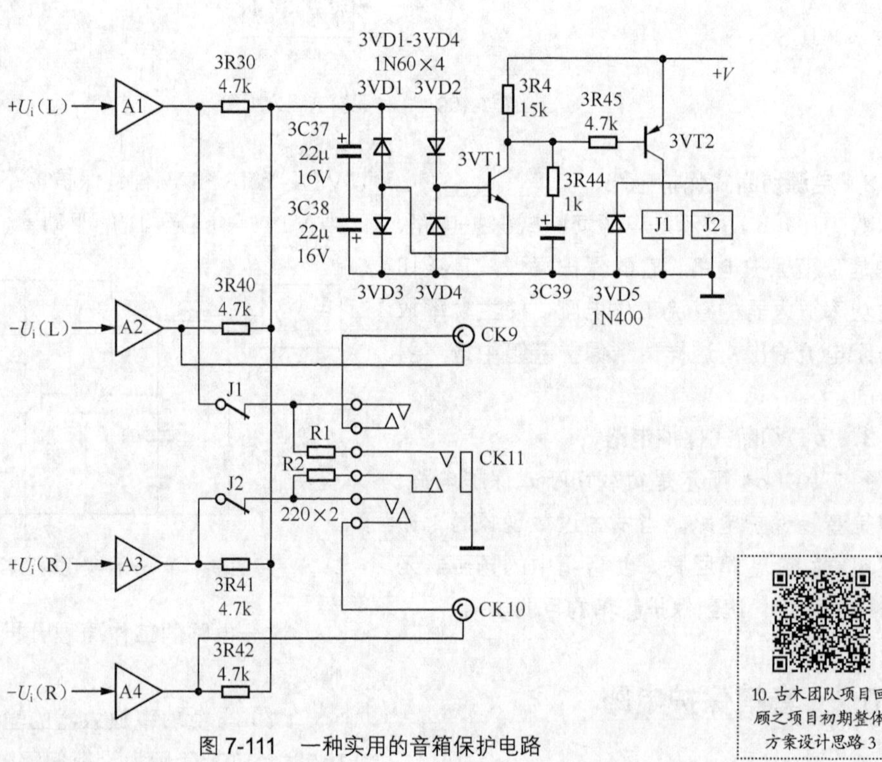

图 7-111　一种实用的音箱保护电路

这一电路工作原理是这样：在刚开机时，直流工作电压 +V 出现，由于电容 3C39 两端的电压不能突变，这样 3VT2 基极电流经 3R45、3R44 对电容 3C39 充电，使 VT2 管导通，J1 和 J2 线圈通电，J1 和 J2 触点断开（J1 和 J2 为常闭型触点），同时切断左、右声道音箱，这样使开机时的冲击噪声不能加到音箱中，达到开机静噪的目的，可保护扬声器免受开机时的大电流冲击。

开机后，由于电容 3C39 充电完成，使 VT2 管无基极电流，VT2 管截止，J1 和 J2 线圈断电，J1 和 J2 触点接通，接通左、右声道音箱，音箱进入正常的接通工作状态。

在主功率放大器正常工作时，A1 ~ A4 输出端的直流电压均为 0V，此时不能使二极管 VD1 ~ VD4 导通，VT1 和 VT2 处于截止状态，保护电路不动作。

电路中的 3C37 和 3C38 二只电容逆串联后构成无极性电容，起音频信号旁路作用。3R30、3R40、3R41 和 3R42 分别是 A1 ~ A4 输出端的隔离电阻，以避免接入3C37和3C38时造成放大器输出端的电路短路。

当A1 ~ A4中某一只集成电路输出端直流电压高于+2.1V时，这一电路使3VD2、3VT1和3VD3导通。由于3VT1导通，其集电极为低电平，通过电阻3R45使3VT2管导通，J1和J2线圈通电，J1和J2触点断开，同时切断左、右声道音箱，达到保护音箱的目的。

当A1 ~ A4中某一只集成电路输出端直流电压低于–2.1V时，这一电路使3VD4、3VT1和3VD1导通。由于3VT1导通，其集电极为低电平，通过电阻3R45使3VT2管导通，J1和J2线圈通电，J1和J2触点断开，同时切断左、右声道音箱，达到保护音箱的目的。

电路中的3VD5是驱动三极管3VT2的保护二极管，防止继电器线圈断电时损坏三极管3VT2。

7.10.3 主功率放大器保护电路

主功率放大器保护电路主要有过压保护和过载保护，在一些功放集成电路的内电路中也设有过热保护电路等。

1. 过压保护电路

图7-112所示是一种主功率放大器中的过压保护电路。电路中，VT1和VT2是主功率放大器中的两只输出管；VD1和VD2是保护管，是两只稳压二极管。

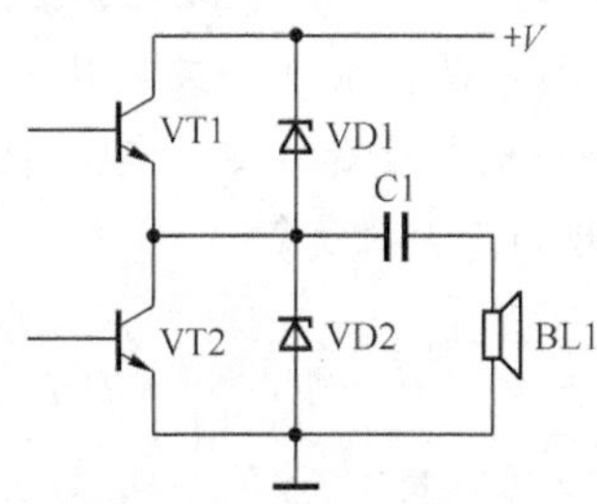

图7-112 一种主功率放大器中的过压保护电路

这一电路工作原理是这样：稳压二极管的击穿电压取略大于直流工作电压 $+V$，这样在正常工作时VD1和VD2不击穿，内阻很大而相当于开路。如果出现高电压时，VD1和VD2击穿，钳位电压，以达到保护功放输出管VT1和VT2的目的。

2. 过载保护电路

图7-113所示是主功率放大器中的过载保护电路。电路中，VT3 ~ VT6构成复合互补功放输出级电路，VT1、VT2、VD1、VD2等构成过载保护电路；R8和R9是取样电阻，它们的阻值很小。

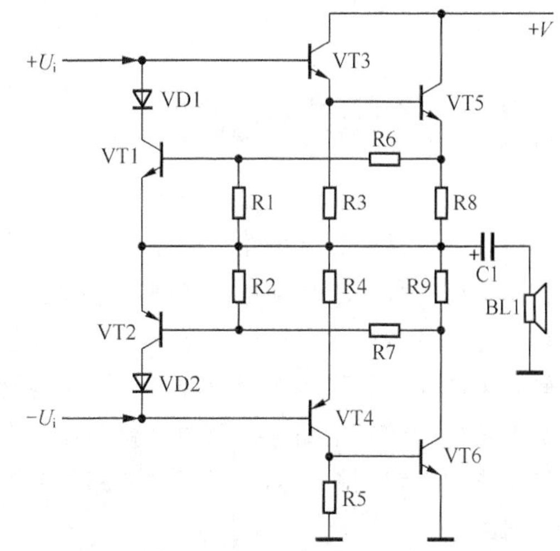

图7-113 主功率放大器中的过载保护电路

这一电路工作原理是这样：在电路正常工作时，VT5和VT6发射极流过取样电阻R8和R9的电流不是很大，在取样电阻两端的取样电压不是很大，这一取样电压加到VT1和VT2管基极，不足以让这两只三极管导通，这样保护电路不能动作，对主功率放大器的正常工作不影响。

当电路出现故障导致VT5和VT6发射极电流很大时，流过取样电阻R8和R9的电流很大，在取样电阻两端的取样电压很大，这一取样电压加到VT1和VT2管基极，使这两只三极管导通，VT1导通使VD1导通，VT2导通使VD2导通，对输入信号 $+U_i$ 和 $-U_i$ 信号进行大幅分流，这样加到主功率放大器的输入信号就大大减小，使VT5和VT6管工作电流大大减小，这样保护电路动作，对主功率放大器进行保护。

电路中，改变电阻R6和R7阻值大小可以调整保护电路的动作电平大小。

第8章 数字系统电路

8.1 逻辑门电路

逻辑门电路是数字电路中最基本的单元电路，是构成各种逻辑功能电路的基本电路。逻辑是指思维的规律性，在电子电路上能够实现逻辑功能的电路就称为逻辑电路。在数字电路中，最基本的逻辑电路是按简单规律动作的电子开关电路，我们将这种电子开关电路称为逻辑门电路。

重要提示

逻辑门电路的输入端和输出端只有两种状态：

（1）输出高电平状态，此时用 1 表示；

（2）输出低电平状态，此时用 0 表示。

8.1.1 机械开关和电子开关

由于数字电路中最基本的元器件为电子开关，它只有两个状态：一是开关的开，二是开关的关，数字系统电路中的电子开关电路就是逻辑门电路。

逻辑门电路又叫逻辑电路。逻辑门电路的特点是只有一个输出端，而输入端可以只有一个，也可以有多个，且常常是输入端多于一个。

1．机械开关

机械开关我们都很熟悉，如家庭使用的电灯开关就是机械式开关，这种开关的开与关动作是通过机械触点完成的，在开关的开与关动作过程中有机械触点的转换。

机械开关的特点是开关断开时，两触点之间的断开电阻为无穷大；在开关接通时，两触点之间的电阻小到为零。但是，机械开关的动作频率不能很高，即这种开关在 1s 内的开关次数不能很多。

图 8-1 所示是机械式开关电路，电路中的 U_i 是输入这一开关电路的输入电压，S1 是机械开关，EL 是灯泡，为负载。

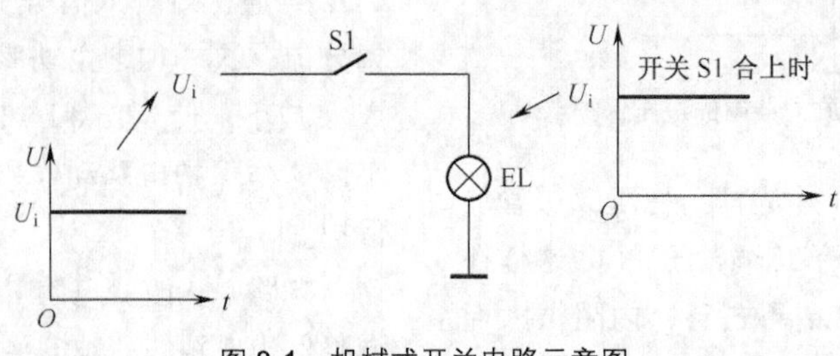

图 8-1 机械式开关电路示意图

当开关S1断开时，EL上因为没有工作电压而不亮；当开关S1合上时，由于开关S1的接触电阻小到为零，这样输入电压 U_i 全部加到EL上，EL点亮。由于S1接通时的接触电阻为零，这样在开关S1上的电压降为零，输入电压 U_i 全部加到负载EL上。

2．电子开关

电子开关是通过电子元器件来实现机械开关动作的，它具有机械开关的开与关功能，其特点是开关频率可以很高（比机械开关高得多），即开关速度快，这样可以适应数字系统电路工作频率高的要求。

但是，电子开关在开关接通时的接触电阻不能小到等于零的程度，开关断开时的断开电阻也不能大到无穷大的地步，只是能够做到开关断开与接通时的电阻相差很大，而数字系统电路中的开关电路并不要求像机械开关那样的接触电阻和断开电阻，电子开关的接触电阻和断开电阻特性已经能够满足数字系统电路的使用要求，所以数字系统电路中广泛使用电子开关，而无法使用机械开关。

电子开关可以用二极管、三极管等电子元器件构成。采用二极管构成电子开关时称为二极管开关电路，采用三极管构成电子开关时称为三极管开关电路。

3．二极管开关电路等效电路

二极管开关电路中要使用二极管，由于普通二极管的开关速度不够高，所以在这种开关电路中所使用的二极管为专门的开关二极管。图8-2所示是开关二极管的图形符号及等效电路。

图8-2（a）所示是开关二极管的图形符号，它与普通二极管的图形符号相同，所以只从图形符号上是无法分辨出开关二极管的。

图8-2（b）所示是开关二极管的等效电路，从图中可看出，开关二极管在等效成一只开关S1的同时，还有两只电阻。等效电路中的开关S1是一个理想的开关，即其接通电阻小到为零，其断开电阻大到为无穷大。

重要提示

开关二极管在实际电路中并不是一个理想的开关，这是因为等效电路中存在电阻R1和R2。电阻R1与S1串联，它是开关S1接通时的接通电阻，R1阻值小（远小于R2的阻值），这样当开关二极管导通时的接通电阻就是R1。

当开关二极管截止时（开关S1断开），由于电阻R2的存在，开关二极管并不像机械式开关那样断开时电阻为无穷大，但是电阻R2的阻值相当大。

由于开关二极管接通时的电阻 R_1 远小于截止时的电阻 R_2，这样开关二极管也有一个开与关的动作差别，尽管这种差别不像机械式开关那么理想，但是在数字电路中已经能够满足使用要求，所以开关二极管可以作为电子开关来使用。

在分析数字系统中的电子开关电路时，为了方便电路的分析，通常将二极管的开关作用等效成一个理想的电子开关，即可以用图8-2（c）所示的开关图形符号来等效开关二极管。

4．二极管开关电路

图8-3（a）所示是采用开关二极管构成的电子开关电路，电路中的VD1是开关二极管，U_i 是输入电压，R1是负载电阻，U_o 为负载电阻R1上的电压，输入电压 U_i 和输出电压 U_o 波形如图8-3（b）所示。

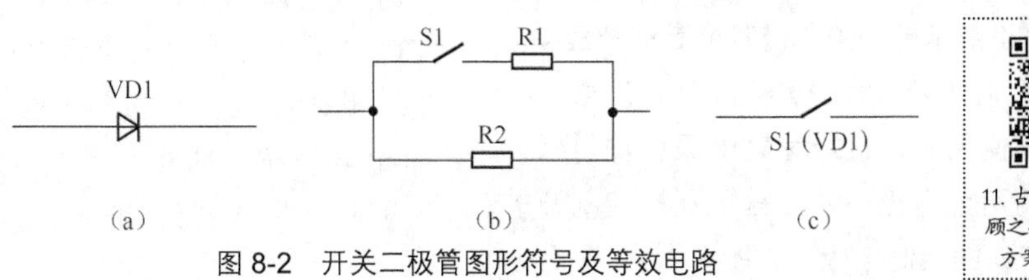

图8-2　开关二极管图形符号及等效电路

11. 古木团队项目回顾之项目初期整体方案设计思路4

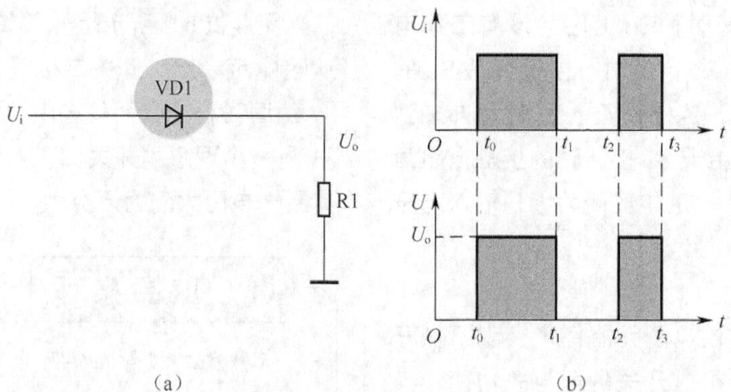

图 8-3　二极管电子开关电路

这种电路的工作原理是这样：输入电压 U_i 为一个矩形脉冲电压，在 t_0 之前这一输入电压为 0V，此时开关二极管 VD1 的正极上没有电压，所以 VD1 处于截止状态，其内阻很大，VD1 相当于断开，这样输入电压 U_i 就不能加到负载电阻 R1 上，此时的输出电压 U_o 为 0V，如图 8-3(b) 所示的是 t_0 之前的波形。

当输入电压 U_i 从 t_0 到 t_1-(t_1- 指 t_1 时刻到来前) 期间为正脉冲，这一足够大的电压加到 VD1 正极，使 VD1 从截止状态转换到导通状态，此时 VD1 的内阻很小(可以认为小到为零)，这样输入电压 U_i 就全部加到负载电阻 R1，此时电阻 R1 上的电压波形如图 8-3(b) 所示。

当输入电压 U_i 在 t_1 时刻从高电平跳变到低电平时，输入电压 U_i 为 0V，这时开关二极管 VD1 截止，VD1 相当于开路，电阻 R1 没有电压。

从上述电路分析可知，当有电压加到 VD1 正极时，VD1 导通；当没有电压加到 VD1 正极时，VD1 截止，负载电阻 R1 上没有电压。由此可见，VD1 起到了一个开关作用。

开关二极管导通与截止之间的转换速度很快，即所谓的开关速度高。

5．三极管开关电路基础知识

同二极管一样，三极管也能构成电子开关电路，这种电路中的三极管采用专门的开关三极管。图 8-4 所示是开关三极管的等效电路。

图 8-4(a) 所示为三极管的图形符号，在作为开关管使用时，三极管集电极和发射极分别是开关的两个电极点，其基极则是控制开关三极管通与断的控制电极，如图 8-4(b) 所示。

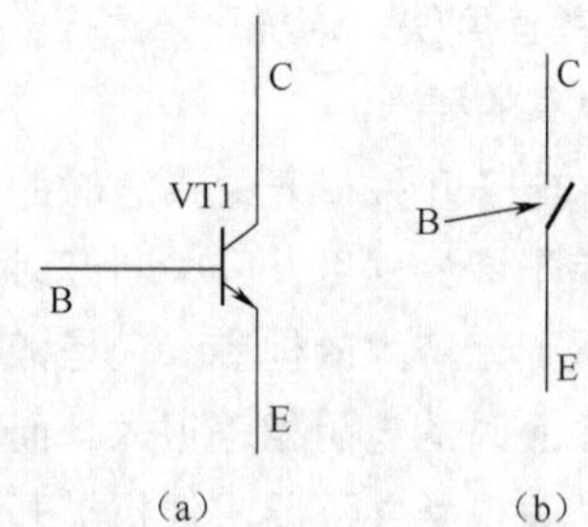

图 8-4　开关三极管的等效电路

由三极管导通和截止的内阻特性可知，在三极管饱和导通时，其集电极与发射极之间的内阻很小，相当于集电极与发射极之间已经接通；当三极管截止时，集电极与发射极之间的内阻很大，相当于集电极与发射极之间已经断开。这样，三极管的集电极与发射极之间的阻值大小变化特性可作为开关来使用。

开关三极管与普通三极管的基本结构相同，只是导通时的内阻更小，截止时的内阻更大，开关三极管截止与饱和导通之间的转换时间更短，即开关三极管的开关速度更快。

6．三极管开关电路

图 8-5 所示是由三极管构成的电子开关电路。电路中，VT1 是开关三极管，U_i 为输入电压，它加到 VT1 管的基极，+V 是直流工作电压，EL 是灯泡。

这一电路的工作原理是：输入电压 U_i 在 t_1 时刻之前为 0V，这样 VT1 基极没有电压，VT1 因没有正常的直流偏置电压而处于截止状态，此时 VT1 集电极与发射极之间的内阻很大而相当于开关的断开状态，这样直流电压 +V 不能通过 VT1 加到 EL 上，EL 不能点亮。

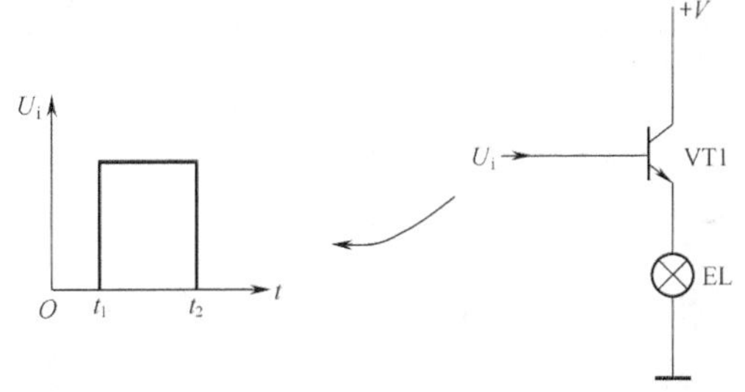

图 8-5 三极管电子开关电路

当输入电压 U_i 在 t_1～t_2 期间，VT1 基极上加有足够的正常直流偏置电压，这一电压使 VT1 管处于饱和导通状态，这时 VT1 管集电极与发射极之间形成通路，所以直流电压 +*V* 通过 VT1 管的集电极和发射极加到 EL 上，使 EL 点亮。

从上述分析可知，开关三极管的导通与截止是受基极上直流控制电压控制的，这一点与二极管电子开关电路是不同的。

7．开关电路识图小结

关于开关电路的识图主要说明下列几点。

（1）开关电路有机械式开关电路和电子式开关电路两种，它们各自的特点是这样：机械式开关的开与关都比较彻底；而电子开关接通时不是理想的接通，断开时也不是理想的断开，但这并不影响电子开关的功能。

（2）理解电子开关电路的工作原理要从机械式开关电路入手，电子开关也同机械式开关一样，要求有开与关的动作。

（3）电子开关电路中，作为电子开关元器件的可以是开关二极管、开关三极管，也可以是其他电子元器件。

（4）二极管开关电路与三极管开关电路是有所不同的，前者的开关动作直接受工作电压控制，而后者电路中有两个电压信号，即一个直流工作电压，另一个是加到三极管基极的控制电压，控制电压只控制开关三极管的饱和与截止，不参与对开关电路的负载供电工作。

（5）二极管开关电路中的工作电压可以是加到二极管的正极（前面电路就是这样的），也可以是加到二极管的负极，这两种情况下的直流工作电压极性是不同的。无论哪种情况，加到开关二极管上的直流工作电压都要足够大，大到足以让二极管处于导通状态。

12. 古木团队项目回顾之项目初期整体方案设计思路5

（6）对于三极管开关电路而言，开关管可以用 PNP 型三极管，也可以用 NPN 型三极管。采用不同极性开关三极管时，加到开关三极管基极上的控制电压极性是不同的，它们要保证开关三极管能够进入饱和与截止状态。

8.1.2 或门电路

重要提示

按逻辑功能划分基本的逻辑门电路主要有这样几种：或门电路、与门电路、非门电路、或非门电路和与非门电路。

按照构成门电路的电子元器件种类来划分，门电路有这样几种：二极管门电路、TTL 门电路和 MOS 门电路。

或门电路的英文名称为 OR gate。

1．或逻辑

或门电路可以完成或逻辑。图 8-6 所示中 3 个开关 S1、S2、S3 相并联，对于要灯泡 EL 亮而言，只要 S1、S2 或 S3 中有一个开关接通，灯泡 EL 便能点亮。这种要灯泡亮的条件称为“或”逻辑，能够实现或逻辑的电路称为或门电路。

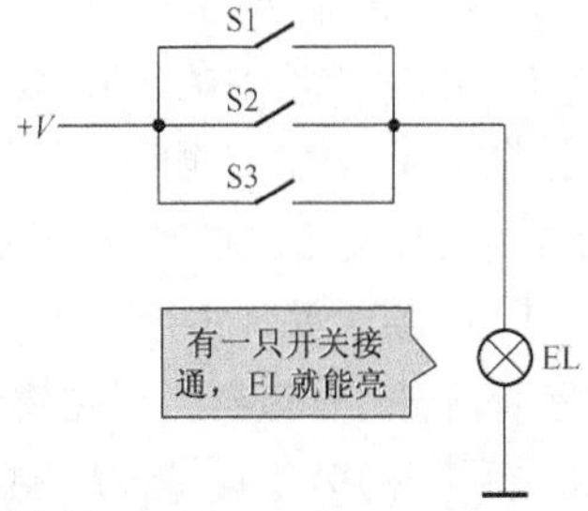

图 8-6 或逻辑概念示意图

2．或门电路

图 8-7 所示是或门电路的逻辑符号和由二极管构成的或门电路，图 8-7（a）所示为过去规定的或门电路的图形符号，方框中用 + 号表示是或逻辑。图 8-7（c）所示为最新规定的或门图形符号，注意新规定中的符号与老符号不同。

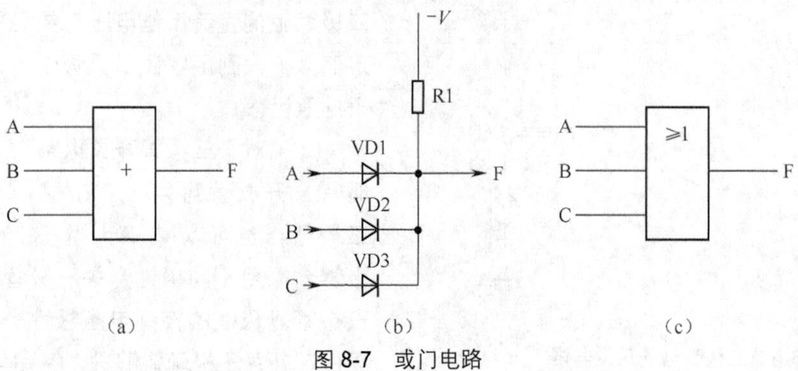

图 8-7　或门电路

这里的或门电路共有 3 个输入端 A、B、C，输出端是 F，其他或门电路可以是两个输入端，或是有更多的输入端，但无论或门电路有多少个输入端，或门电路的输出端只有一个。从或门图形符号中可以知道或门电路有几个输入端。图 8-7(b) 所示是由二极管构成的有 3 个输入端的或门电路。

分析或门电路工作原理的方法是这样：要将或门电路的输入端分成几种情况，这里以图 8-7(b) 所示或门电路为例。

(1) 设 A、B、C 3 个输入端均为逻辑 0(逻辑 0 为低电平，简称 0，此 0 不是算术中的 0)，此时 VD1、VD2 和 VD3 正极电压全部为低电平，这样 3 只二极管全部导通，此时输出端 F 通过电阻 R1 与电源 -V 相连，这样输出端 F 输出低电平，即 F 为 0。

(2) 设只有输入端 A 为高电平 1(此为逻辑 1，简称 1，不是算术中的 1)，设这一高电平 1 的电压为 +3V，B、C 输入端仍为 0，由于 A 端为 1，+3V 电压加到 VD1 正极，使 VD1 导通，VD1 导通后其负极也为 +3V(不计 VD1 导通后管压降)，使或门电路输出端 F 为 +3V，为高电平 (即为 1)。此时，由于 VD2、VD3 正极为 0，而负极为 1(VD1 导通后使 F 端为 1)，所以 VD2、VD3 因反向偏置电压而处于截止状态。

(3) 设输入端中除 A 外的其他输入端为 1，可能有两个输入端同时为 1，但有两个或有一个输入端仍然为 0 时，同样的道理或门电路的输出端 F 输出 1。

(4) 设 3 个输入端 A、B、C 同时为 1，VD1、VD2、VD3 均导通，或门电路输出 F 也是为 1。

3. 或逻辑真值表

或门电路的输入端与输出端之间的逻辑关系为或逻辑，或逻辑可以用真值表来表示各输入端与输出端之间的逻辑关系。表 8-1 所示是有 3 个输入端的或门电路真值表。

表 8-1　3 个输入端的或门电路真值表

输入端			输出端
A	B	C	F
0	0	0	0
0	0	1	1
0	1	0	1
0	1	1	1
1	0	0	1
1	0	1	1
1	1	0	1
1	1	1	1

从表 8-1 中可以看出，只有第一种情况，即各输入端都是 0 时，输出端才输出为 0。只要输入端有一个为 1，则输出端 F 就为 1。为了帮助记忆或门电路的逻辑关系，可将它说成“有 1 出 1”，也就是只要或门电路中的任意一个输入端为 1，不管其他输入端是 0 还是 1，输出端 F 都是 1。

4．或门电路数学表达式

或门电路的输出端与输入端之间的或逻辑关系也可以用数学表达式来表示，3 个输入 A、B、C 或门电路的数学表达式如下：

$$F = A + B + C$$

式中：F 为或门电路的输出端；A、B 和 C 分别是或门电路的 3 个输入端；式中的 + 号不是算术运算中的 +，而是表示逻辑或。

注意式中的输入端 A、B、C 只有 0、1 两个状态。关于逻辑或的运算举例如下：

（1）1 + 1 + 1 的逻辑或运算结果等于 1，而不是算术运算中的 1 + 1 + 1 = 3，也不是二进制中的加法运算。

（2）1 + 0 + 1 的逻辑或运算结果等于 1，而不是算术运算中的 1 + 0 + 1 = 2，也不是二进制中的加法运算。

（3）0 + 0 + 0 的逻辑或运算结果等于 0。

5．识图小结

关于或门电路的识图主要说明下列几点。

（1）在分析各种门电路时常会出现高电平 1、低电平 0，它们也可以简称为 1、0，注意这里的 1 和 0 不是算术中的 1 和 0，而是逻辑 1 和逻辑 0，可用图 8-8 所示的示意图来说明其具体含义。

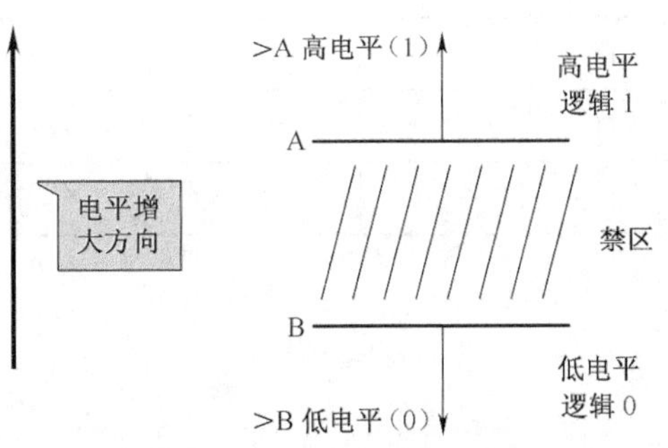

图 8-8　逻辑 1 和 0 示意图

从图 8-8 中可看出，一个电平区域中，将电平值高于 A 的称为高电平，用 1 表示，显然 1 不是一个具体的电平大小，它只表示了大于电平 A 的电平，它们统称为 1。

对于低电平 0 也是这样，凡是电平小于 B 的电平都称为低电平，它们都用 0 表示。

在 1 和 0 之间还有一段电平区域，即图中 A～B 之间电平，它们不是 1 也不是 0，称为禁区，在禁区的电平不能正确发现逻辑关系，所以逻辑电路中的输入电平或输出电平是不能落入该电平区内的。

（2）对于某一个具体的逻辑电路而言，高电平 1 的电压值是有一个确定区域的，如前面电路中高电平 1 为 +3V 及大于 +3V 的电压，在另一个逻辑电路中高电平可以不是 +3V，视具体电路而定。

（3）注意上面介绍的逻辑或运算与前面介绍的二进制数相加是不同的概念，所以运算结果是不同的，如逻辑或 1+1+1 = 1，而二进制数相加 1+1+1 = 11。不搞清楚它们之间的区别，电路分析就无法进行。

（4）记住分立元器件或门电路的分析方法，要分别按输入端几种不同的 1 或 0 输入状态进行分析，分别得出输出端 F 的输出状态。但是，在掌握了或门电路的逻辑关系后就不必进行上述一步一步的分析，利用“有 1 出 1”的结论，直接得到或门电路的输出状态。

（5）或门电路的输入端至少有两个，上面介绍的是三输入端或门电路，还可以有更多输入端，但或门电路的输出端只有一个。

（6）真值表和数学表达式都可以表示或门电路的逻辑关系。任何一个门电路都一个与之相对应且唯一的真值表，通过真值表能够清楚地看出门电路的逻辑关系，所以在进行门电路分析过程中常用到真值表。

13. 古木团队项目回顾之项目初期整体方案设计思路 6

8.1.3　与门电路

与门电路的英文名称为 AND gate。

1．与逻辑

与门电路可以完成与逻辑。图 8-9 所示的开关电路可以说明与逻辑的概念，图中 3 个开关（S1、S2、S3）相串联，对要灯泡 EL 亮而言，必须做到 3 个开关同时接通，若 3 个开关中有一个开关没有接通，灯泡 EL 因电路不成回路而不能点亮。这种要灯泡亮的条件称为“与”逻辑，与门电路能够实现与逻辑。

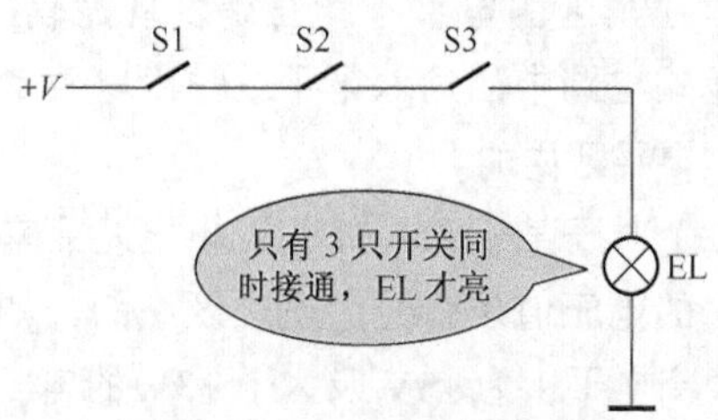

图 8-9 与逻辑概念示意图

2．与门电路

图 8-10 所示是与门电路图形符号和由二极管构成的与门电路。图 8-10(a) 所示为与门图形符号，这是过去的图形符号，最新规定的与门图形符号如图 8-10(c) 所示，从这一符号中可以知道与门电路中有几个输入端。图 8-10(b) 所示是由二极管构成的具有 3 个输入端的与门电路，与门电路可以有更多的输入端，但输入端最少不可以少于两个，图中 A、B、C 为这一与门电路的 3 个输入端，F 为输出端。

关于与门电路的工作原理分成下列几种情况进行说明。

(1) 设输入端 A、B、C 都是 0 时，VD1、VD2、VD3 正极通过电阻 R1 接在直流工作电压 +V 上，这样 3 只二极管都具有正向偏置电压，3 只二极管都处于导通状态，因为二极管导通后其管压降均很小，此时与门电路的输出端 F 为低电平，即此时 F = 0。

(2) 设输入端 A 为 +3V，B、C 端仍然为低电平 0，此时 VD2、VD3 导通，与门电路输出 F 仍为 0。此时，因为 VD1 正极为低电平 0，而其负极为 +3V，VD1 处于截止状态。

(3) 设任何一个输入端只要是输入低电平 0 时，总有一只二极管导通，而使与门电路输出端 F = 0。

(4) 设输入端 A、B、C 都为高电平 1(+3V)，VD1、VD2、VD3 都导通，因为直流工作电压 +V 远大于 +3V，在不计导通后二极管的管压降情况下，此时与门电路输出端 F 为 +3V，即此时 F = 1(为高电平)。

从上述三输入端与门电路的分析可知，只有与门各输入端都为 1 时，与门输出端才为 1。

3．与逻辑真值表

表 8-2 所示是三输入端与门电路真值表。

表 8-2 三输入端与门电路真值表

输入端			输出端
A	B	C	F
0	0	0	0
0	0	1	0
0	1	0	0
0	1	1	0
1	0	0	0
1	0	1	0
1	1	0	0
1	1	1	1

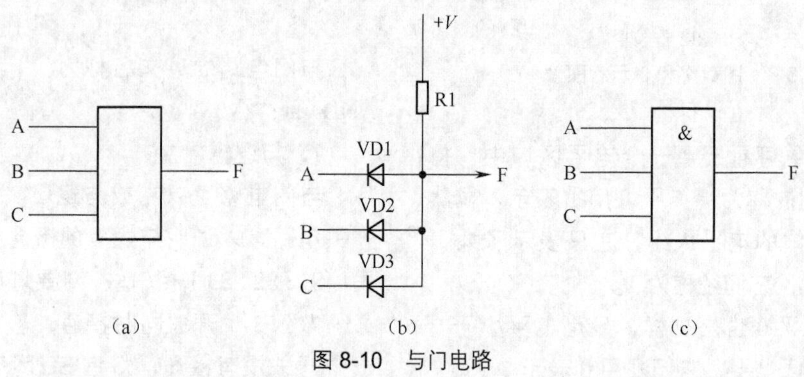

图 8-10 与门电路

从表 8-2 可以看出，在与门电路中，只有当输入端都为 1 时，输出端才为 1。当输入端有一个为 0 时，输出端为 0。为了便于记忆与门电路的逻辑关系，可说成“全 1 出 1”，即只有与门电路的全部输入端为 1 时，输出端才为 1，否则与门电路输出为 0。

重要提示

从或门电路和与门电路的真值表中可以看出：对于与门电路而言，对 1 状态而言是与逻辑，而对 0 状态而言是或逻辑。在或门电路真值表中，对于 1 状态是或逻辑，而对 0 状态而言是与逻辑。所以，与逻辑、或逻辑是相对的，不是绝对的，是有条件的。

通常，在未加说明时是指 1 状态的逻辑关系，可称为正逻辑。正的或门电路是负的与门电路，而正的与门电路是负的或门电路。正逻辑指输出高电平为 1 状态，负逻辑指输出低电平为 0 状态。

4．与门电路数学表达式

与门电路可以用下列数学式来表示：

$$F = A \cdot B \cdot C \text{（或 } F = ABC\text{）}$$

式中：F 为与门电路的输出端；A、B 和 C 分别是与门电路的 3 个输入端；式中的 · 是逻辑乘符号，不作算术中的乘法运算，这一“·”在书写中可以省略。

注意式中的输入端 A、B、C 只有 0、1 两个状态。关于逻辑乘的运算举例如下：

（1）$F = 1 \cdot 1 \cdot 1 = 1$。

（2）$F = 1 \cdot 0 \cdot 1 = 0$。

5．识图小结

重要提示

记住与逻辑是“全 1 出 1”，也就是只有所有输入端都为 1 时输出端才是 1；只要有一个输入端为 0，无论其他输入端是 1 还是 0，输出端都是 0。

关于与门电路的识图主要说明下列几点。

（1）记住与门电路可以实现与逻辑，当数字系统中需要进行与逻辑运算时，可以用与门电路。

（2）与门电路同或门电路一样，一定是有两个或两个以上的输入端，而输出端只有一个。输入端和输出端都是只有 1 或 0 两个状态。

（3）二极管与门电路的分析方法同或门电路一样，与门电路也有真值表和数学表达式。

（4）逻辑有正逻辑和负逻辑之分，通常在未加说明时指的是正逻辑。正逻辑是指输出状态为 1 的逻辑，负逻辑是指输出状态为 0 的逻辑。根据这一定义，正与门电路就是负或门电路，正或门电路就是负与门电路，从上面的与门电路和或门电路真值表中可看出这一点。

14. 古木团队项目回顾之项目初期整体方案设计思路 7

8.1.4 非门电路

非门电路的英文名称为 NOT gate。

1．非逻辑

所谓非逻辑就是相反，如 1 的非逻辑是 0，0 的非逻辑是 1。数字系统中的非逻辑可以用非门电路来实现。

2．非门电路

非门电路无法用二极管构成，必须使用晶体三极管。图 8-11 所示是用三极管构成的最简单的非门电路示意图，图 8-11（a）所示是由三极管构成的非门电路，图 8-11（b）所示是最新规定的非门图形符号，在过去的非门图形符号中没有 1 标记。

图 8-11（a）所示电路实际上是一个三极管反相器，三极管 VT1 接成共发射极电路，基极是非门电路的输入端，集电极是非门电路的输出端。当给 VT1 管基极输入高电平 1 时，根据共发射极电路工作原理可知 VT1 管集电极 F 端输出低电平 0。当给 VT1 管基极输入低电平 0 时，VT1 管集电极输出高电平 1。非门电路中这种输入端 A 与输出端 F 之间的逻辑关系称为非逻辑。

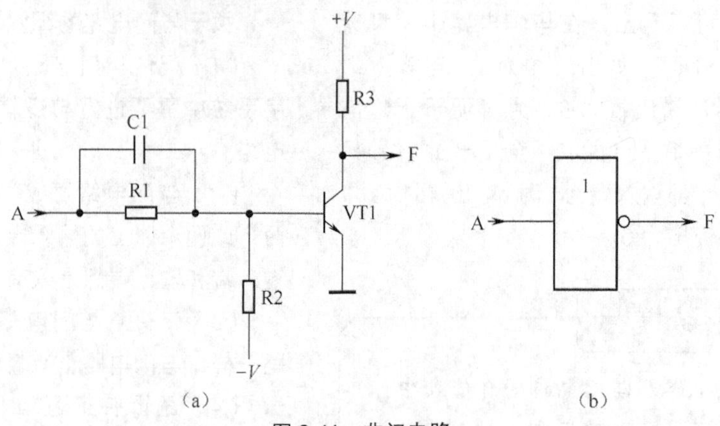

图 8-11　非门电路

在图 8-11(a) 所示非门电路中，电阻 R1 是 VT1 管基极限流电路，电容 C1 是加速电容，R2 将 -V 加到 VT1 管基极，使 VT1 管输入端为 0 时能够可靠地截止，以保证非逻辑的可靠性。电路中，R3 为 VT1 集电极负载电阻。

从图 8-11(b) 所示非门逻辑符号中可看出，非门电路只有一个输入端和输出端，这一点与前面介绍的与门电路和或门电路不同，另外图形符号中用一个小圆圈表示非逻辑的意思。

3．真值表

非门电路可以实现非逻辑，表 8-3 所示是非门电路的真值表。

表 8-3　非门电路真值表

输入端 A	输出端 F
0	1
1	0

4．非门电路数学表达式

非门电路输入端和输出端之间的逻辑关系可用下式表达：

$$F = \overline{A}$$

式中：F 是非门电路的输出端；

A 是非门电路的输入端，A 上面的一横表示“否”的意思，$\overline{A}$读作 A 非。

5．MOS 非门电路

（1）**NMOS 非门电路**。图 8-12 所示是 NMOS 非门电路，图 8-12(a) 所示是基本的 NMOS 非门电路，图 8-12(b) 所示是性能更好的 NMOS 非门电路。电路中，A 是输入端，为 VT1 管栅极；F 为输出端，为 VT1 的漏极；R1 是 VT1 管漏极负载电阻。

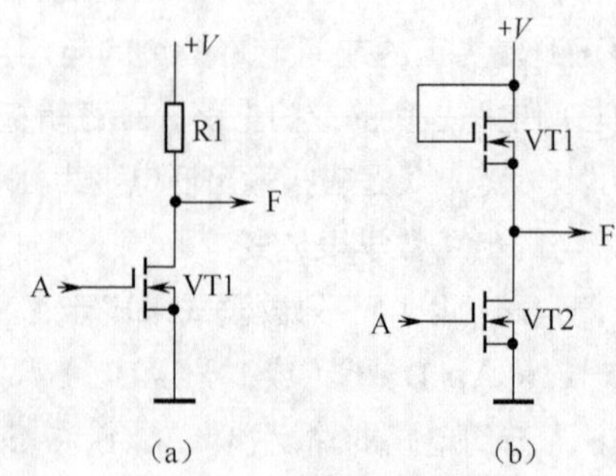

图 8-12　NMOS 非门电路

图 8-12(a) 所示非门电路的工作原理是这样：设输入电平 A 为低电平 0，由于 VT1 管栅极电压小于开启电压，此时 VT1 管内不能形成导电沟道，VT1 管处于截止状态，VT1 管没有漏极电流流过电阻 R1，在电阻 R1 上没有压降，这样 VT1 管漏极为高电平（漏极电压 = +V - R1 上压降，R1 上压降为 0，漏极电压 = +V），即 F = 1。

当输入端 A 为高电平时，VT1 管导通，漏极电流在电阻 R1 上产生压降，使 VT1 管漏极为低电平，即 F = 0。

从上述分析可知：A = 0 时，F = 1；A = 1 时，F = 0。由此可见，这是一个非门电路。

图 8-12(b) 所示非门电路的逻辑关系与

图 8-12(a) 所示一样，只是漏极负载电阻 R1 改用了一只 VT1 管，用 VT1 管构成 VT2 管有源漏极负载，这样做的目的是为了提高 NMOS 非门电路的工作性能。

图 8-12(b) 所示非门电路的工作原理是这样：当输入端 A = 0 时，VT2 管处于截止状态，此时由于 VT1 管栅极接 +*V*，使 VT1 管导通，这样 +*V* 经导通的 VT1 管漏极和源极加到输出端 F，所以此时 F = 1。

当输入端 A = 1 时，这一输入电压使 VT2 管导通，此时 VT1 管也导通（VT1 管无论输入端 A 是 1 还是 0 都导通），由于 VT2 管导通后其管压降（漏极与源极之间压降）很小，所以此时 F = 0。

在分析图 8-12(b) 所示非门电路时，若将 VT1 管等效成一个电阻，即 VT2 管漏极负载电阻，这时的电路分析就同图 8-12(a) 所示电路一样。

（2）CMOS 非门电路。 图 8-13 所示是 CMOS 非门电路。图 8-13(a) 所示电路中 VT1 和 VT2 都是增强型的 MOS 管，但是 VT1 是 P 沟道 MOS 管，VT2 是 N 沟道 MOS 管，不同沟道 MOS 管构成的这种电路称为互补型电路，即 CMOS 非门电路，这一电路中采用负极性直流工作电压。

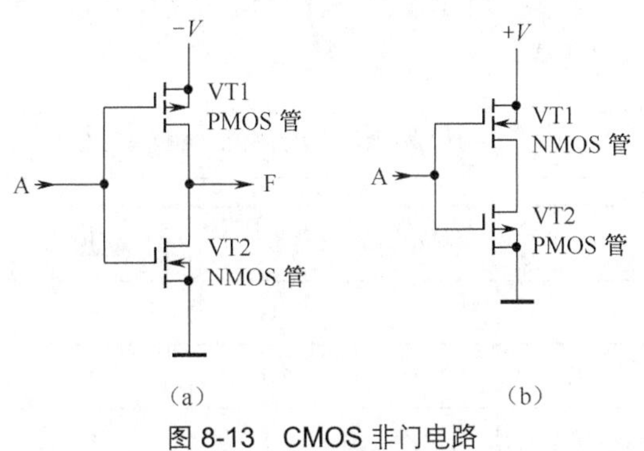

图 8-13　CMOS 非门电路

这一非门电路的工作原理是：VT1 管构成有源负载电路，它实际上是 VT2 管漏极负载电阻。当输入端 A = 0 时，输入电压使 VT1 管导通，VT2 管截止，此时 F = 1。当输入端 A = 1 时，VT1 管截止，VT2 管导通，所以 F = 0。从上述可知，这一电路具有逻辑非功能，所以是一个非门电路。

电路中，VT1 管称为负载管，因为它起有源负载电阻的作用。VT2 管称为工作管，或称为控制管。

在数字系统电路中，对于 CMOS 门电路时常不标出管子源极的极性，如图 8-13(b) 所示，VT1 和 VT2 管没有源极的极性，此时是根据直流电极极性来分辨哪只是 NMOS 管，哪只是 PMOS 管。

判断方法是这样：正极电源供电时，正电源要接在 NMOS 管的漏极；对于负电源供电时，负电源要接在 PMOS 管的漏极。由此可知，电路中 VT1 是 NMOS 管，VT2 是 PMOS 管。

这一规律也可以从图 8-13(a) 所示电路中 VT1 管源极箭头方向来理解记忆，箭头方向所指是电流方向，VT1 管箭头方向向外，电流在外电路中的流动方向是流向电源负极的，所以 VT1 管漏极要接负电源。

CMOS 非门电路具有功耗小、电压传输特性好、工作速度快、适合于大规模集成化的优点，应用广泛。

15. 古木团队项目回顾之项目初期整体方案设计思路

6. 识图小结

非门电路无法用二极管构成，得用晶体三极管来构成，这一点与前面介绍的或门电路和与门电路不同。

关于非门电路主要说明下列几点。

（1）非门电路只有一个输入端，这一点同前面介绍的两种门电路不同，输出端为一个。

（2）当数字系统中需要进行非逻辑运算时，可以用非门电路来实现。

（3）关于非逻辑要记住：1 的非逻辑是 0，0 的非逻辑是 1。逻辑中只有 1 和 0 两种状态，记住非逻辑就是相反的结论，可方便进行非逻辑运算和分析。

（4）由于构成非门电路的半导体器件不同，有多种非门电路。其中，MOS 非门电路有 3 类：一是 NMOS 型，二是 PMOS 型，三是 COMS 型，它们的区别主要是所用 MOS 管不同和电路结构不同，其中 COMS 非门电路应用最为广泛，性能最好。

（5）在分析 MOS 管导通与截止时，有一个简便方法，要看 3 个方面：一是看是增强型还是耗尽型，二看MOS管箭头方向（也就是看是什么沟道），三是看栅极是高电平1还是低电平0。为方便电路分析，将各种情况用图8-14来表示，进行电路分析时可根据此图来作出MOS管导通和截止的判断。

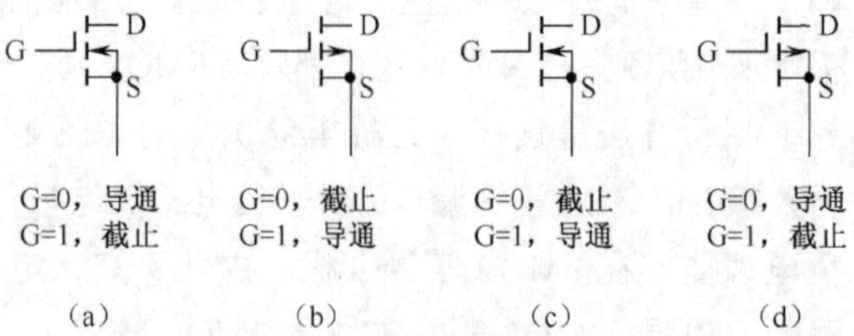

G=0，导通 G=1，截止 （a）

G=0，截止 G=1，导通 （b）

G=0，截止 G=1，导通 （c）

G=0，导通 G=1，截止 （d）

图8-14 各种情况下MOS管导通、截止判断示意图

图8-14（a）和图8-14（b）都是耗尽型MOS管，它们的导通和截止判断方法同三极管一样。如图8-14（a）所示，MOS管箭头向里、栅极为低电平（G = 0）时，管子导通，可理解成栅极低电平、箭头向里有利于电流流动，所以管子导通；当G = 1时，由于栅极为高电平，不利于电流流动，所以此时管子截止。如图8-14（b）所示，管子箭头向外，当G = 0时不利于电流的流动，所以管子截止；当G = 1时，有利于电流流动，此时管子导通。

如图8-14（c）和图8-14（d）所示，它们都是增强型MOS管，对它们的导通、截止判断方法与前面正好相反。如图8-14（c）所示，当G = 0时，从箭头上判断是有利于电流流动的，管子应该导通，但判断方法同上恰好相反，此时管子应截止；同样的道理，当G = 1时，管子导通。如图8-14（d）所示，当G = 0时，管子导通；当G = 1时，管子截止。

（6）MOS非门电路的优点是输入端是绝缘的，即直流电阻很大，这样对直流电源的消耗很小，功耗很小。此外，直流工作电压范围较宽，可达3～12V。

（7）MOS非门电路都已集成电路化，在使用MOS集成电路时要注意几点：输入端不能悬空，因为悬空后输入端会感应静电，击穿栅极而损坏集成电路，同时也会受到干扰而造成逻辑混乱，对于不使用的引脚根据逻辑功能接高电平（如与非门电路），或是接低电平（如或门电路、或非门电路）。另外，在使用中集成电路的电源切不可接反。

8.1.5 与非门电路

与非门电路的英文名称为NAND gate。

前面介绍过与门电路和非门电路，与非门电路就是实现先与逻辑再非逻辑的电路。由于与非门电路中存在非逻辑，所以这种电路要使用三极管。

1．图形符号

图8-15所示是与非门图形符号。图8-15（a）是过去规定的与非门电路的图形符号，这是一个具有3个输入端的与非门电路。图8-15（b）所示为最新规定的与非门图形符号。

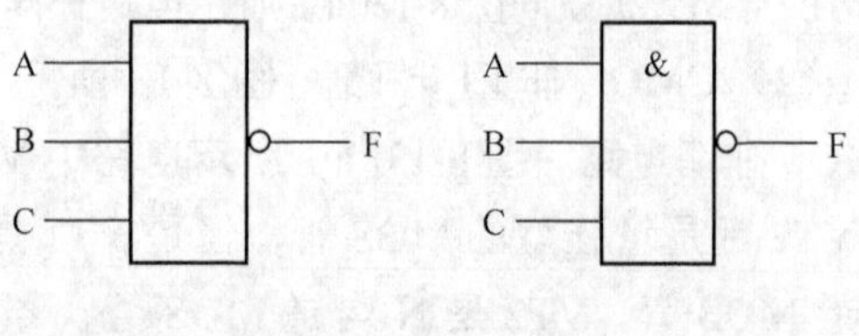

图8-15 具有3个输入端的与非门图形符号

2．与非门电路真值表

表8-4所示是具有3个输入端的与非门电路真值表。

表8-4 具有3个输入端的与非门电路真值表

输入端			输出端
A	B	C	F
0	0	0	1
0	0	1	1
0	1	0	1
0	1	1	1
1	0	0	1
1	0	1	1
1	1	0	1
1	1	1	0

重要提示

从上述与非门电路的真值表中可得出与非门电路输出端F与输入端之间的与非逻辑关系是这样：只有当所有输入端都是1时，输出端才是0；只要输入端中有一个是0，输出端就是1。这一与非逻辑实际上也是很好理解的，因为与非门就是先与逻辑，然后再非逻辑。而与逻辑只有所有输入端都是1时，输出端才是1，1的非逻辑是0，所以与非门电路中的所有输入端为1时，输出端才是0。

与非门电路能够实现与非逻辑，所以当数字系统中需要进行与非逻辑运算时，可以使用与非门电路。

3．与非门电路数学表达式

与非门电路的输出端与输入端之间的与非逻辑可以用下列数学表达式来表示：

$$F=\overline{ABC}$$

式中：F为与非门电路的输出端；A、B和C是与非门电路的3个输入端；$\overline{ABC}$表示的意思是先对ABC进行与逻辑运算，然后对它们的与逻辑结果再进行非逻辑运算。

从上式中也可以看出，一横是在A、B、C上面，这表示要先进行与逻辑，之后再进行非逻辑，并不表示A、B、C每一个先非逻辑之后再进行与逻辑。

如果是$\overline{A}\overline{B}\overline{C}$，这就表示要先对A、B、C分别进行非逻辑，然后再对其结果进行与逻辑。

4．TTL集成与非门电路

TTL是英文Transistor-Transistor-Logic的缩写，意为三极管-三极管–逻辑电路。当逻辑门电路的输入级和输出级都是采用三极管时，将这种逻辑门电路称为TTL逻辑门电路。TTL与非门目前都是集成电路型的，图8-16所示是多发射极三极管，它设在集成电路内部，这是3个发射极的三极管，图8-16(c)是这种多发射极三极管的等效电路，从图中可看出，这种三极管只有一个基极和集电极，3个发射结和一个集电结构成一个相当于二极管的三输入端与门电路。这种多发射极三极管一般发射极的数目不多于5个，如果需要有5个以上的输入端时，可采用一种称为TTL扩展器的电路。

图8-17所示是TTL集成与非门电路示意图。VT1管构成输入级电路，VT2管构成中间级电路，VT3和VT4构成输出级电路。

输入级电路是一只三发射极三极管，根据它的等效电路可知它相当于一个三输入端的与门电路，当A、B和C都为1时，VT1截止，其集电极为高电平，使VT2管基极为高电平，VT2管导通，其发射极为高电平，同时使VT2管集电极为低电平。VT2管发射极的高电平加到VT4管基极，使VT4管导通。同时，VT2管集电极为低电平，使VT3管基极为低电平，VT3管截止，这样VT4管集电极为低电平，这一门电路输出端F = 0。

16. 古木团队项目回顾之项目初期整体方案设计思路9

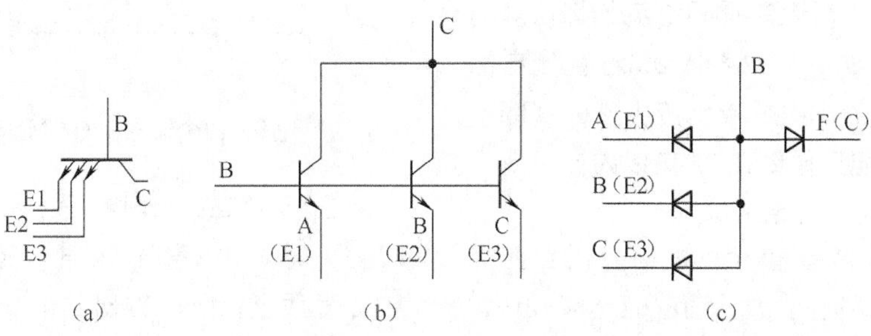

图8-16　多发射极三极管

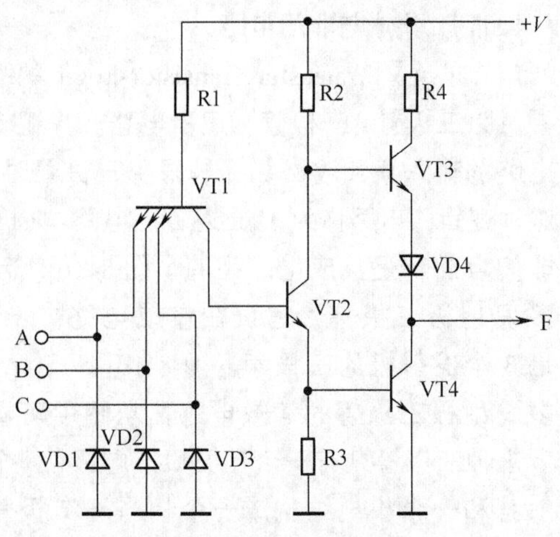

图 8-17　TTL 集成与非门电路

只要输入端 A、B、C 中有一个是低电平，VT1 管就导通，VT1 管的导通能抽走 VT2 基极电荷，使 VT2 管迅速脱离饱和导通而转入截止状态。VT2 截止后其发射极为低电平，集电极为高电平，此时 VT3 管基极因高电平而导通，直流电压 +V 经 R4、导通管 VT3 集电极和发射极、导通的二极管 VD4 加到 VT4 管集电极。由于此时 VT4 管的基极为低电平，VT4 管处于截止状态，这样 VT4 管集电极为高电平，这一门电路输出端 F = 1。

重要提示

通过上述电路可知，只有 A、B、C 3 个输入端同时为 1 时，输出端 F = 0；只要有一个输入端为 0 时，F = 1。由此可知，这一电路实现的是与非逻辑，所以这是一个与非门电路。

电路中，电阻 R4 的作用是在输出端 F 由低电平变为高电平时限制瞬间电流的峰值。输入端的二极管 VD1、VD2 和 VD3 对直流电路没有影响，它们的作用是减小负极性的瞬间干扰，并使输入端电压限制在 0.7V 以内。

5．NMOS 与非门电路

图 8-18 所示是由 NMOS 管构成的与非门电路，这是一个两个输入端 A、B 的与非门电路。电路中，VT1 管接成常导通状态，VT2 和 VT3 管串联，F 是与非门的输出端。

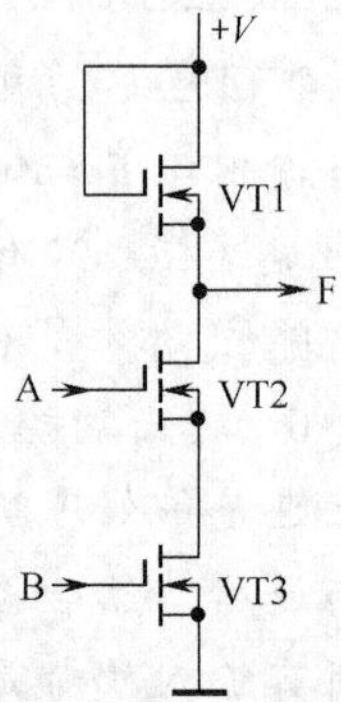

图 8-18　NMOS 管构成的与非门电路

这一电路的工作原理是：当两个输入端 A 和 B 同时为高电平 1 时，VT2 和 VT3 管同时导通，此时输出端 F = 0；当输入端 A 或 B 只要有一个为 0 时，如 A = 0，VT2 管截止，由于 VT2 和 VT3 管串联，只要其中一只管子截止，输出端 F = 1。通过上述分析可知，这一电路可以实现与非逻辑，所以是与非门电路。

6．CMOS 与非门电路

图 8-19 所示是两个输入端的 CMOS 与非门电路，电路中 A 和 B 端是两个输入端，F 端是门电路的输出端，VT1 和 VT2 是 PMOS 管，VT3 和 VT4 是 NMOS 管。

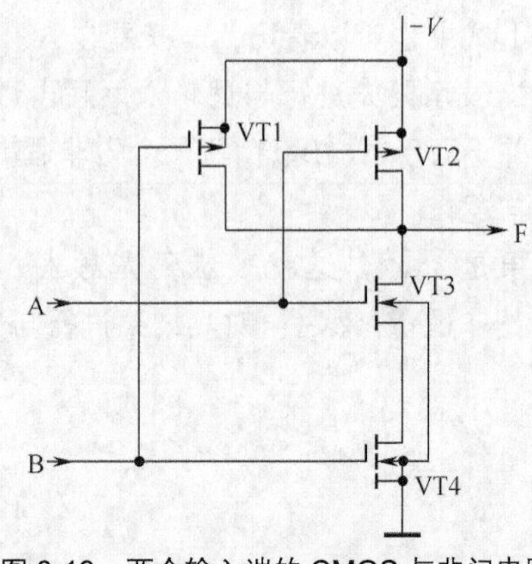

图 8-19　两个输入端的 CMOS 与非门电路

这一电路的工作原理是：输入端 A 和 B 同时为 1 时，VT3 和 VT4 管导通，此时 VT1 和 VT2 管截止，所以输出端 F = 0；当输入端 A 或 B 中只要有一个为 0，设 A = 0，此时 VT3

管截止，VT2 管导通，此时输出端 F = 1。由上述分析可知，这一电路能够实现与非逻辑，所以是一个两个输入端的与非门电路。

7．识图小结

关于与非门电路主要说明下列几点。

（1）可以这样记忆与非门的逻辑关系：因为它是先与后非，所以知道与逻辑和非逻辑之后就能够记住与非逻辑了。与逻辑是“全 1 出 1”，再非后就是与非逻辑“全 1 出 0”，只要输入端有一个为 0，输出端就是 1。

（2）与非门有 TTL 与非门和 MOS 与非门，它们的逻辑功能相同，只是构成门电路的器件不同。TTL 与非门和 MOS 与非门都是集成化的电路。

（3）在掌握了前面介绍的 TTL 集成与非门电路和 MOS 集成与非门电路工作原理之后，没有必要对集成电路内电路中的具体与非门电路进行分析，只要记住门电路的逻辑功能就行。

（4）MOS 管与非门电路根据所用 MOS 管的不同分为多种，它们的逻辑功能都是实现与非逻辑，只是组成与非门电路的 MOS 器件不同，其中 COMS 电路用得最为广泛。

（5）要记住所谓 CMOS 电路就是采用互补型的 MOS 管构成的电路。

8.1.6　或非门电路

17. 古木团队项目回顾之项目初期整体方案设计思路 10

或非门电路的英文名称为 NOR gate。

或非门电路的组成是这样，在或门电路之后再接一个非门电路，从逻辑功能上讲这种电路可以实现先或逻辑再非逻辑。

1．图形符号

图 8-20 所示是或非门图形符号，其中图 8-20（a）是过去规定的或非门电路的图形符号，图 8-20（b）所示是最新规定的或非门图形符号。从或非门图形符号中可看出，同与非门电路的图形符号中相同，在右侧有一个小圆圈表示是非门。图形符号中的 A、B、C 是 3 个输入端，F 是输出端。

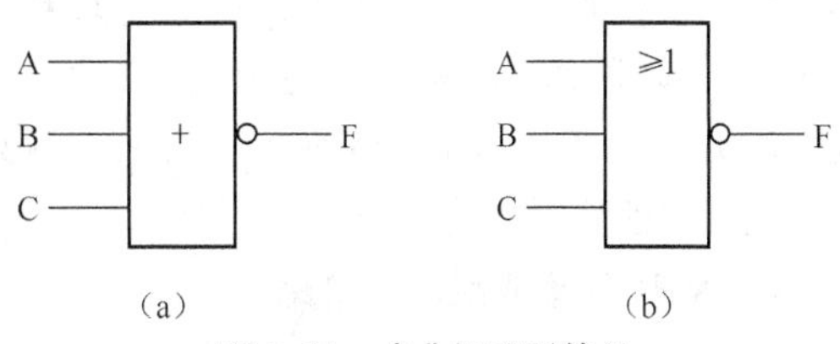

图 8-20　或非门图形符号

2．真值表

表 8-5 所示是 3 个输入端的或非门电路真值表。

表 8-5　3 个输入端的或非门电路真值表

输入端			输出端
A	B	C	F
0	0	0	1
0	0	1	0
0	1	0	0
0	1	1	0
1	0	0	0
1	0	1	0
1	1	0	0
1	1	1	0

重要提示

从表 8-5 中可看出，或非逻辑是输入端全 0 时输出 1，输入端只要有 1 输出就是 0。

3．或非门电路数学表达式

或非门电路输入端与输入端之间的或非逻辑可以用下列数学表达式来表示：

$$F=\overline{A+B+C}$$

式中：F 为或非门电路的输出端；A、B 和 C 是或非门电路的 3 个输入端；$\overline{A+B+C}$表示的意思是先对 A、B、C 进行或逻辑运算，然后对它们的或逻辑结果再进行非逻辑运算。

从上式中也可以看出，一横是加在 A、B、

C 上面，这表示要先进行或逻辑，之后再进行非逻辑，并不表示 A、B、C 每一个先非逻辑之后再进行或逻辑。如果是$\overline{A}+\overline{B}+\overline{C}$，这就表示要先对 A、B、C 分别进行非逻辑，然后再对其结果进行或逻辑。

4．NMOS 集成或非门电路

图 8-21 所示是由 NMOS 管构成的或非门电路，这是一个两个输入端的或非门电路。电路中，VT1、VT2 和 VT3 管是 NMOS 管，A 和 B 是或非门电路的输入端，F 是或非门电路的输出端。

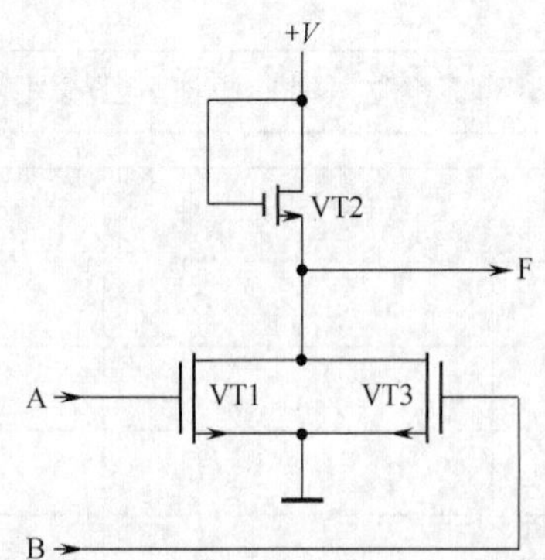

图 8-21　NMOS 管构成的或非门电路

这一电路的工作原理是：当两个输入端都为高电平 1 时，VT1 和 VT3 导通，由于 VT2 管始终导通，这样输出端 F = 0；当输入端 A 或 B 为高电平 1 时，VT1 和 VT3 管子中有一只管处于导通状态，这时输出端 F 也是为 0；当两个输入端都是低电平 0 时，VT1 和 VT3 管处于截止状态，VT2 管导通，这样输出端 F = 1。

从上述电路分析可知，这一电路可以实现或非逻辑，所以是或非门电路。

5．CMOS 集成或非门电路

图 8-22 所示是由 NMOS 和 PNOS 管构成的两个输入端的 CMOS 或非门电路。电路中，VT1 和 VT4 是 NMOS 管，VT2 和 VT3 是 PMOS 管，A 和 B 是或非门电路的输入端，F 是或非门电路的输出端。

这一电路的工作原理是：当两个输入端 A、B 都是低电平 0 时，A = 0 使 VT2 管导通、VT1 管截止，B = 0 使 VT3 管导通、VT4 管截止，这样门电路输出端 F = 1；当 A、B 都是高电平 1 或其中一个为高电平 1 时，VT2 和 VT3 管截止，VT1 和 VT4 管导通，这时输出端 F = 1。

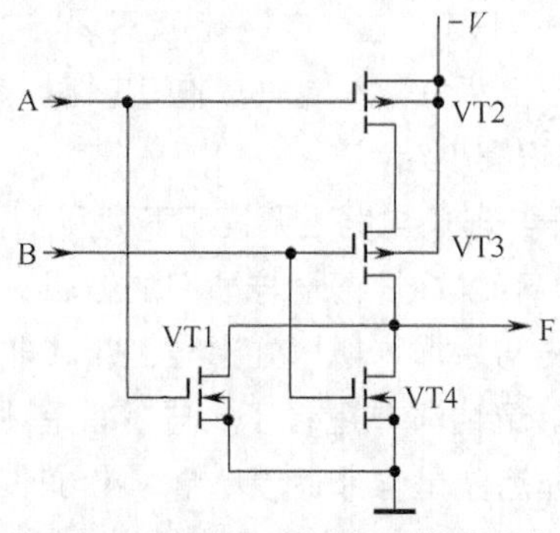

图 8-22　NMOS 和 PNOS 管构成的两个输入端 CMOS 或非门电路

通过上述电路分析可知，这一电路能够实现或非逻辑，所以是一个两输入端的或非门电路。

6．识图小结

关于或非门电路主要说明下列几点。

（1）或非门电路能够实现或非逻辑的运算。或非门电路的输出端只有一个，但可以有许多个输入端。或非门电路的输出端与输入端之间的逻辑关系是：只有当所有的输入端为低电平 0 时，输出端才是 1；只要输入端有一个为高电平 1，输出端就输出为 0。

（2）记忆或非逻辑的方法同前面介绍的与非逻辑一样，先进行或逻辑，再将或逻辑结果进行非逻辑。

（3）或非门电路可以采用 TTL 门电路，也可以使用 MOS 门电路，这两种电路都是集成电路型的。

8.1.7　其他门电路

1．TTL 与扩展器电路

多发射极三极管受制造工艺的限制，其发射极数目一般不能多于 5 个，但是数字系统中往往要求有更多输入端的与非门电路，此时可用 TTL 与非门扩展器来解决这一问题。

图 8-23（a）所示是 TTL 与扩展器图形符号，图 8-23（b）所示是与扩展器和与门电路相连后的电路。从图 8-23（b）中可看出，上面是一个与门电路，只有 5 个输入端 A、B、C、D 和 E，在使用了与扩展器后可将输入端扩展到 10 个。

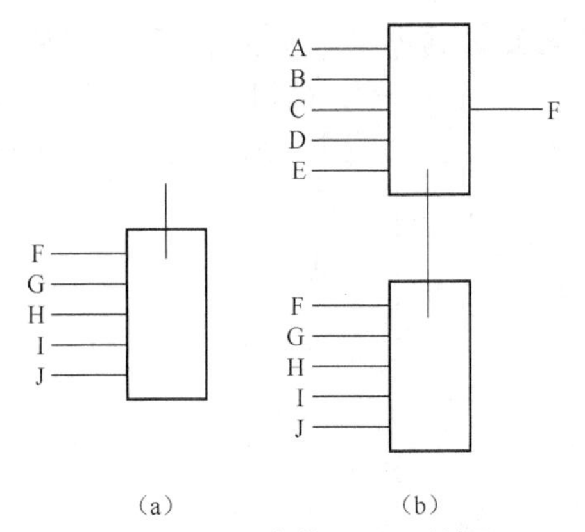

图 8-23 TTL 与扩展器图形符号

2. 与或非门电路

与或非门电路是两个或两个以上与门和一个或门，再加一个非门串联起来的门电路，图 8-24 所示是这种逻辑门电路的结构示意图和图形符号。图 8-24(a) 所示是逻辑门电路结构示意图，图 8-24(b) 所示是两种与或非门图形符号。

从图 8-24(a) 所示结构示意图中可看出，两个与门的输出端分别输出 A·B 和 C·D，加到或非门电路的两个输入端，这样就构成了与或非门电路。显然，4 个输入端 A、B、C、D 先进行两个与逻辑运算，再对结果进行或逻辑运算，最后再次进行非逻辑运算。

图 8-24(b) 所示是过去采用的与或非门图形符号，图 8-24(c) 所示是最新规定的与或非门图形符号。

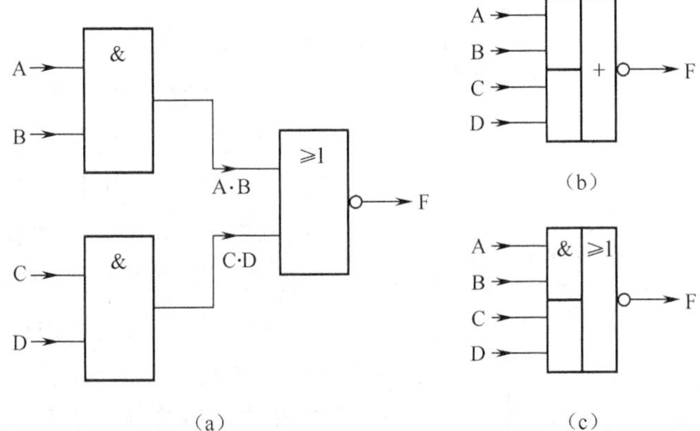

图 8-24 与或非门电路结构和图形符号

3. 异或门电路

图 8-25 所示是异或门电路图形符号。这种逻辑门电路只有两个输入端，一个输出端。

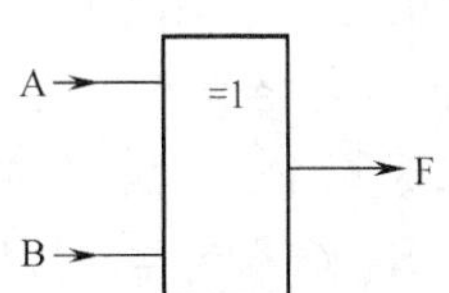

图 8-25 异或门电路图形符号

输出端与输入端之间的逻辑关系是：当两个输入端一个为 1、另一个为 0 时，输出端为 1；当两个输入端都是为 1 或都是为 0 时，输出端为 0。表 8-6 所示是这种异或门电路的真值表。

表 8-6 异或门电路真值表

输入端		输出端
A	B	F
1	1	0
0	0	0
0	1	1
1	0	1

4. OC 门电路

OC 是英文 Open Collector 的缩写，CC 门又称为集电极开路与非门，它的逻辑功能同其他与非门电路一样，只是具体的与非门电路结构不同，如图 8-26 所示。图 8-26(a) 所示是一个三输入端的 OC 与非门电路，图 8-26(t) 所示是这种与非门电路的图形符号。

这种与非门电路同前面介绍的 TTL 与非门电路的不同之处是，在输出端 VT4 管集电极与电源 $+V$ 之间接有一只集电极电阻 R5。通过这种电路结构的改变，可以用OC与非门实现“线与”电路。

所谓“线与”电路就是不必使用与门电路，而是直接将OC与非门电路输出端相连，以实现与逻辑的电路。注意，并不是各种逻辑门电路都可以将输出端相连来构成线与电路。图8-27所示是采用OC与非门构成的线与电路。

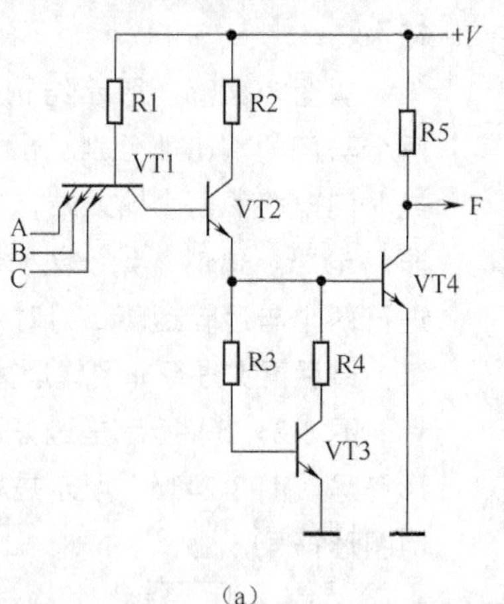

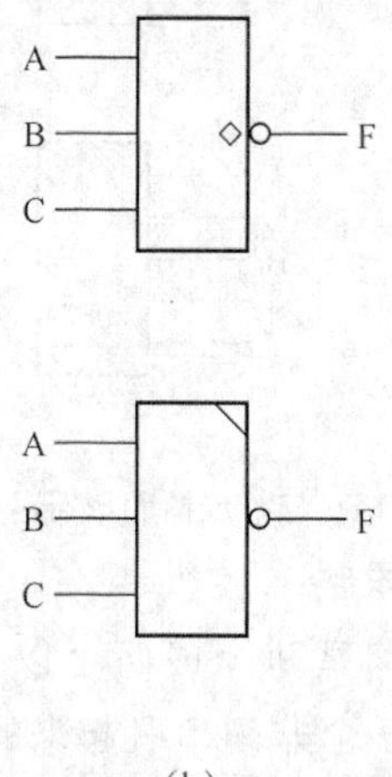

图8-26　OC与非门电路

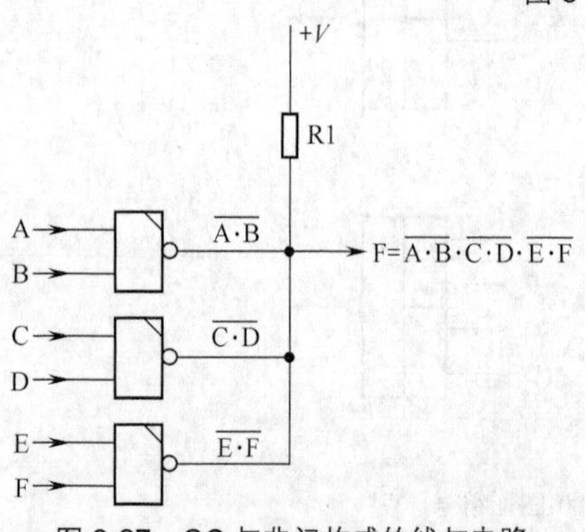

图8-27　OC与非门构成的线与电路

这一电路的工作原理是：当所有的OC与非门电路输出端都是高电平1时，线与电路输出端F = 1。只要有一个OC与非门电路输出端为低电平0时，线与电路输出端F = 0。

在数字系统中，时常需要将几个来自不同电路的数据接到一个公共总线上，此时可以采用OC与非门实现线与电路。

5．TSL门电路

TSL是英文Tristate Logic的缩写，TSL门电路又称为三态门电路。

前面介绍的各种门电路的输出端输出状态只有两种：一是高电平1，二是低电平0。三态门输出端的状态有3种，即除高电平1和低电平0之外，还有一态是高阻状态，或称为禁止状态。

当这种门电路输出端处于1或0状态时，与前面介绍的门电路相同；当三态门电路处于高阻状态时，门电路的输出级管子处于截止状态，整个三态门电路相当于开路，输入端的输入信息对此时的门电路输出端状态不起作用。三态门电路也是为了实现线与电路而设计的。

（1）三态门电路的特点。这种门电路是在OC门电路基本上发展起来的，它克服了OC门工作速度不够高和带负载能力欠佳的缺点，与普通的TTL与非门相比，它具有TTL与非门的优点，同时还能构成线与电路。

（2）三态门电路的结构。图8-28所示是具体的三态门电路。从电路中可看出，这一电路与TTL与非门电路基本相同，只是在电路中多了一只二极管VD1。电路中，A、B和C都是数据输入端，C在这里起控制作用，称为控制端，实际参与逻辑功能运算的输入端只有A和B两个，所以当三态门电路不进入高阻状态时，这一电路是具有两个输入端的与非门电路；F是这一与非门电路的输出端。

这一电路的工作原理是这样：当电路中的控制端C输入高电平1时，二极管VD1正极接高电平，VD1处于反向偏置而进入截止状态，此时电路与一个两输入端的TTL与非门电路相同，门电路可以实现与非逻辑运算。

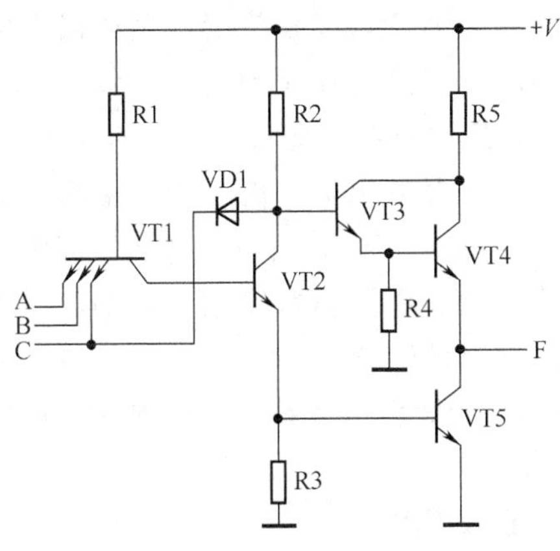

图 8-28　三态门电路

当控制输入端 C 输入低电平 0 时，由于二极管 VD1 负极接低电平，VD1 导通，导通的 VD1 使 VT3 基极为低电平，VT3 进入截止状态，其发射极为低电平，又使 VT4 管基极为低电平，这样 VT4 管也截止。

同时，由于 VT2 集电极为低电平，VT2 截止，这又导致 VT5 管基极为低电平，VT5 也进入截止状态，这样电路中的 VT2～VT5 都为截止状态，此时门电路进入高阻状态，即输出端 F 对地之间的阻抗相当大，相当于 F 端对地之间开路。这一门电路进入高阻状态后，无论输入端 A、B 输入高电平还是低电平，输出端 F 都没有响应。

（3）三态门电路的图形符号与真值表。图 8-29 所示是三态门电路图形符号。三态门电路控制端对门电路控制状态有两种情况：一是控制端为高电平 1 时，门电路进入高阻状态，此时的三态门电路的图形符号如图 8-29（a）所示，控制端 C 上有一个小圆圈，二是控制端为低电平 0 时，门电路进入高阻状态，此时三态门电路的图形符号如图 8-29（b）所示，这时的三态门电路图形符号中控制端 C 上没有小圆圈；就是前面介绍的三态门电路。

表 8-7 所示是三态门电路真值表（控制端为 0 时为高阻态）。

表 8-7　三态门电路真值表

控制端	输入端 A	输入端 B	输出端 F
	1	1	高阻态
	0	0	
	1	0	
	0	1	
1	1	1	0
	0	1	1
	1	0	1
	0	1	1

（4）三态门线与电路。图 8-30 所示是采用三态门构成的线与电路，电路中的 DF 是数据总线，即该线是 3 个三态门电路共用的数据传输线，该线与电路要实现这样一个功能，即当其中一个三态门通过总线传输数据时，要求其他两个三态门处于关闭状态。电路中的三态门电路在控制端 C 接高电平时处于高阻状态。

19. 古木团队项目回顾之项目初期整体方案设计思路 12

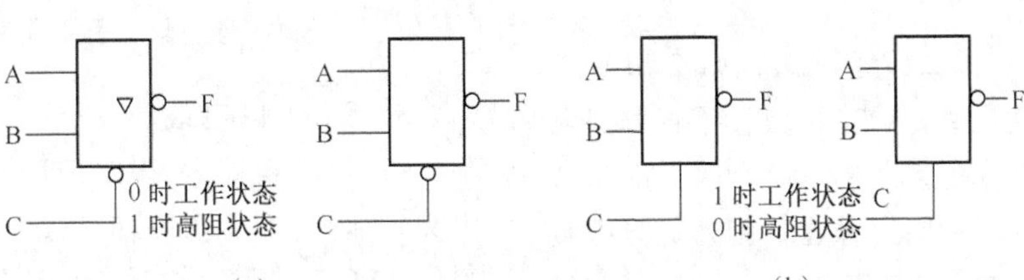

图 8-29　三态门电路图形符号

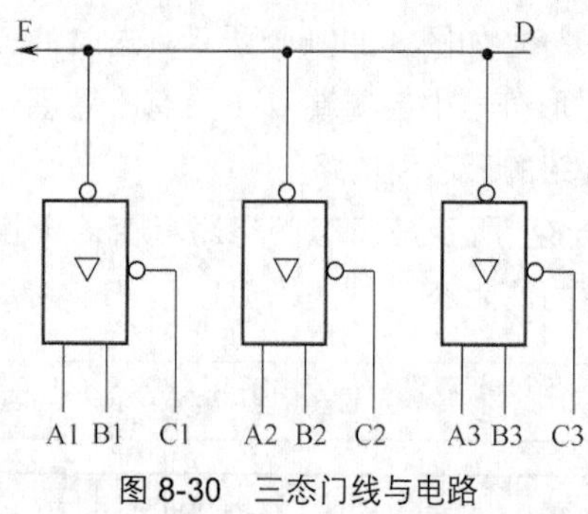

图 8-30　三态门线与电路

这一电路的工作原理是：当电路中的 C1、C2 和 C3 轮流为低电平时，总有一个三态门电路与总线相连，另两个与总线脱离，这样就能实现轮流按与非逻辑输出到总线 DF 上。例如，控制端 C2 为低电平 0，此时 C1 和 C3 为高电平，只有 A2 和 B2 与非运算后的结果加到总线 DF 上，另两个门由于处于高阻状态而与总线脱离。

6．复合门电路

采用分立元器件二极管和三极管组合而成的门电路称为复合门电路，这种门电路在带负载能力、工作速度和可靠性等方面都是比较好的。图 8-31 所示是一种复合门电路，这一电路实际是一个采用二极管和三极管构成的三输入端与非门电路。

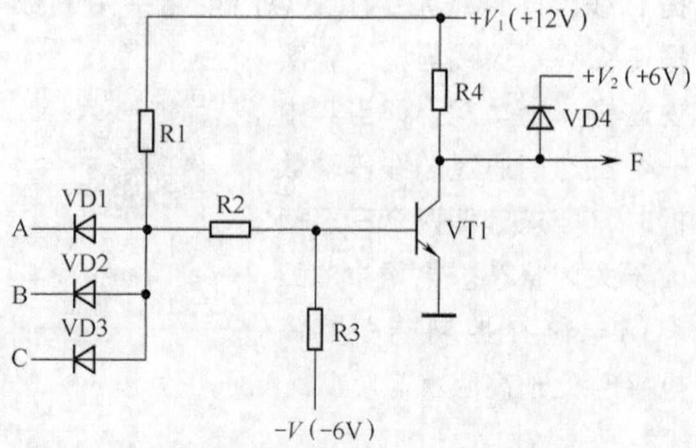

图 8-31　复合门电路（与非门电路）

输入电路中的二极管 VD1、VD2 和 VD3 构成二极管与门电路，VT1 构成三极管非门电路。电路中，负极性直流电压 -*V* 用来保证 VT1 管在应该截止时可以可靠截止，因为负电压通过电阻 R3 加到 VT1 管基极。

电路中的二极管 VD4 称为钳位二极管，它的作用有两个：一是使门电路输出端输出高电平时其最高电压不超过一定值，因为当输出端电压大于某一定值时，二极管 VD4 导通，使门电路输出端的电压不能增大；二是加入 VD4 管后可使输出电压在一定范围内不受负载变化和管子参数变化的影响，以保证门电路逻辑的可靠性。当门电路输出端为低电平时，二极管 VD4 截止，此时对门电路没有影响。

7．DTL 门电路

DTL 是英文 Diode-Transistor Logic 的缩写，意为二极管 - 三极管逻辑门电路，这种门电路是最简单的集成门电路。

图 8-32 所示是 DTL 与非门电路。电路中，A、B、C 是输入端，F 是输出端，这实际上是一个三输入端的与非门电路。这一电路的特点是：在二极管与门电路和三极管非门电路之间接入了两只二极管 VD4 和 VD5，这两只二极管称为电平转移二极管，其作用是增大二极管与门电路输出端（即 VD1 正极）同非门电路输入端（即 VT1 基极）之间的电平差，使与门电路输入端的干扰电平不容易影响到 VT1 管基极电平，达到提高门电路抗干扰能力的目的。

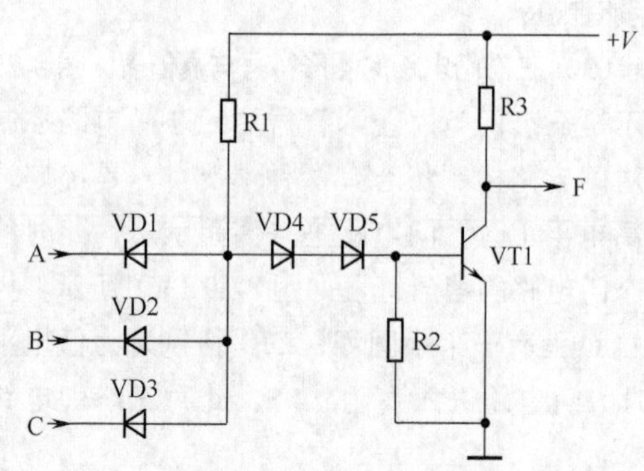

图 8-32　DTL 与非门电路

8．STTL 门电路

STTL 门电路是 SBD TTL 门电路的简称，中文名称有抗饱和 TTL 门电路，或称为肖特基钳位 TTL 门电路。这种门电路传输速度很高，是 TTL 门电路的改良型。该门电路中采用了肖特基势垒二极管。

（1）**肖特基势垒二极管特性**。这种二极管的主要特性有这样几点：一是具有普通 PN 结的单向导电性；二是它导通后正向电压比普通 PN 结要小（一般为 0.4～0.5V），比硅 PN 结的压降小 0.2V 左右；三是这种二极管的导电机构是多数载流子，所以电荷存储效应很小。

（2）**带有肖特基势垒二极管钳位的三极管**。图 8-33 所示是带有肖特基势垒二极管钳位的三极管示意图，图 8-33（a）所示是这种三极管的结构示意图，图 8-33（b）所示为这种三极管的图形符号。

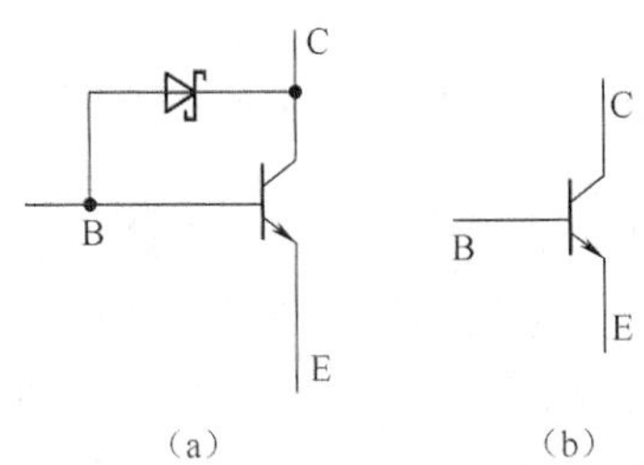

图 8-33　带有肖特基势垒二极管钳位的三极管

普通三极管在饱和时，其集电结和发射结都是处于饱和导通状态的，数字电路中的三极管工作在饱和、截止两个状态，要求三极管在这两种状态之间转换时速度愈快愈好。三极管饱和导通时，集电结正向偏置电压愈大，其饱和程度愈深。为了提高三极管饱和、截止的转换速度，可以采取降低三极管饱和时的集电结正向偏置电压的措施，带有肖特基势垒二极管的三极管就具有这种特性。

从图 8-33（a）中可看出，当普通三极管的集电极与基极之间接上肖特基势垒二极管后，三极管处于饱和状态时，集电结正向偏置电压大到一定程度肖特基势垒二极管将正向导通，使一部分流入集电结的电流通过肖特基势垒二极管流向集电极，这样可以使三极管的饱和程度减轻，所以称为抗饱和电路。

（3）**STTL 门电路**。图 8-34 所示是 STTL 门电路，这一电路实际是一个三输入端的 TTL 与非门电路，不同的是电路中的 VT1、VT2 和 VT6 采用了带有肖特基势垒二极管的三极管，使这 3 只三极管在饱和时饱和深度受到限制，从而提高了门电路的传输速度，所以称这种门电路为抗饱和 TTL 门电路。这一门电路的输出端与 3 个输入端之间的逻辑关系同普通三输入端与非门电路一样。

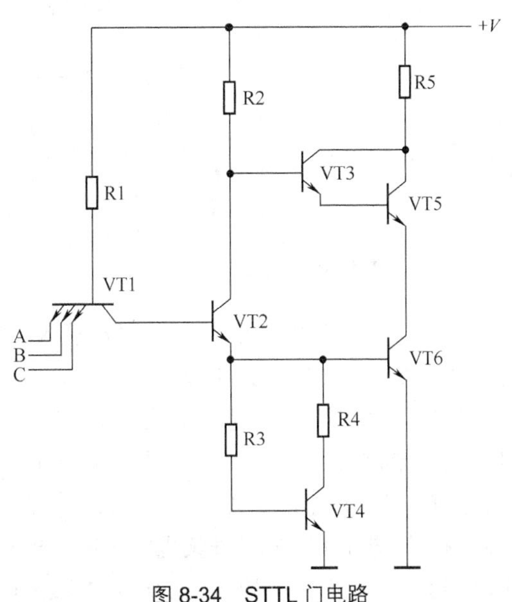

图 8-34　STTL 门电路

9．ECL 门电路

ECL 是英文 Emitter Coupled Logic 的缩写，中文称为射极耦合逻辑门电路，这种电路又称为电流开关型电路，即 CML 逻辑门电路，CML 是英文 Current Mode Logic 的缩写。

这种门电路也是 TTL 门电路的改良型电路，TTL 门电路中的三极管都要工作在饱和状态，为了提高开关速度（三极管导通与截止转换速度），只有通过改变电路工作状态，将三极管的饱和型工作改变成非饱和型工作，才能从根本上提高门电路的开关速度，ECL 门电路就是一种非饱和型高速数字集成电路，它是双极型门电路中工作速度最快的一种门电路。

图 8-35 所示是 ECL 门电路的基本结构电路。电路中 VT1、VT2 和 VT3 构成发射极耦合电路（差分电路），A、B 是这一门电路的两个输入端，VT3 基

20. 古木团队项目回顾之项目初期整体方案设计思路 13

极接一个固定的基准电压（+1V），F1 和 F2 是两个输出端，对 F1 而言为或非输出端，对 F2 而言为或输出端。

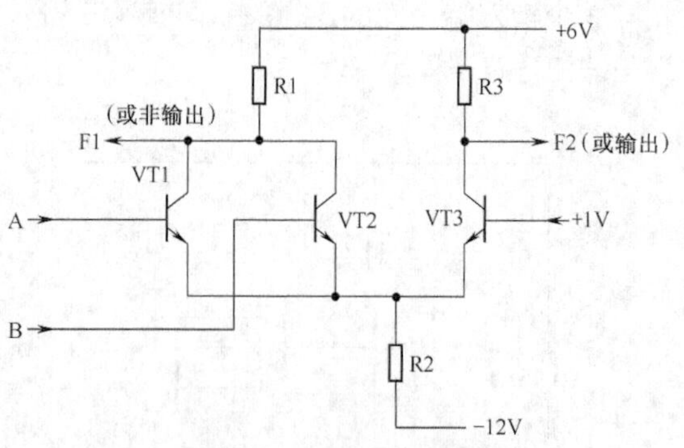

图 8-35　ECL 基本门电路

这一电路的工作原理是：当输入端 A、B 有一个为高电平 1 时，这里设 A = 1，VT1 管因为基极为高电平而导通但不处于饱和状态，根据差分电路工作原理可知，此时 VT3 管截止。这样，VT1 管集电极（即门电路输出端 F1）输出低电平 0，VT3 管集电极（即门电路输出端 F2）输出高电平 1。由于 VT1 和 VT2 管发射极并联，输入端 A、B 中只有一个输入高电平 1，该门电路的输出状态同上述分析的结果相同。

当输入端 A、B 都是低电平 0 时，VT1 和 VT2 管处于截止状态。此时 VT3 管导通，由于此时 VT3 管集电极电压仍然高于其基极电压，所以 VT3 管没有进入饱和状态，只是进入了导通状态。这时，该门电路的输出端 F1 = 1，F2 = 0。

从上述分析可知，电路中的各三极管并没有入饱和工作状态，而是工作在截止与放大状态（且在饱和区的边缘），所以三极管从放大状态进入截止状态的转换速度很快，从而提高了开关转换速度。

另外，从上述电路分析还可知，这种门电路具有两种逻辑功能：一是对输出端 F1 而言是或非逻辑门，即 $F1 = \overline{A+B}$，二是对于 F2 而言是或逻辑门，即 F2 = A+B。

10．I²L 门

I²L 是英文 Integrated Injection 的缩写，中文意思为集成注入逻辑门，这是一种高集成度的双极型逻辑门电路，这种门电路的基本结构如图 8-36(a) 所示，图 8-36(b) 所示是这种逻辑门电路的图形符号。

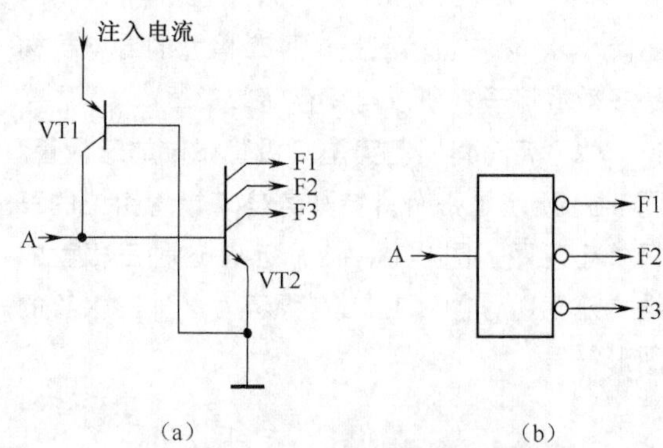

图 8-36　I²L 门电路结构和图形符号

从图 8-36(a) 所示门电路结构中可看出，这种门电路主要由两只三极管构成，即一只 PNP 型三极管和一只多集电极的 NPN 型三极管，这两只三极管构成一个有源反相器电路，其中 PNP 型三极管是有源负载，多集电极 NPN 型三极管是工作管。前面介绍了多发射极三极管，在这种门电路中使用的是多集电极三极管，各集电极都是门电路的输出端，所以这种门电路的输出端不是一个而是有多个。

在电路结构上，PNP 型三极管的基极与 NPN 型三极管的发射极相连，PNP 型三极管的集电极与 NPN 型三极管的基极相连，整个逻辑单元电路中不需要电阻，它们合并成一个特定的逻辑单元，称为合并三极管，所以由这种三极管构成的门电路又称为合并三极管逻辑门电路（英文简称 MTL）。合并三极管体积很小，这样集成度就能很高。由于 I²L 门电路中的驱动电流是由 PNP 型三极管发射极注入的，所以这种逻辑门又称为集成注入逻辑门。

虽然基本的 I²L 门电路是一个反相器电路，但是运用这种基本门电路可以组成或非门等各种逻辑门电路。

11．CMOS 传输门

CMOS 传输门就是用 CMOS 电路构成的传

输门，所谓传输门就是一种可控开关电路，它接近于一个理想的电子开关，其导通时电阻只有几百欧，截止时的电阻高达兆欧级。传输门用TG表示，TG是英文Transmission Gate的缩写。图8-37(a)所示为CMOS传输门的电路结构示意图，图8-35(b)所示为这种门电路的图形符号。电路中，A是传输门的输入端，F是它的输出端，$\overline{C}$是它的两个控制端之一，C是它的另一个控制端。这一电路主要由一只NMOS管和一只PMOS管并联组成。

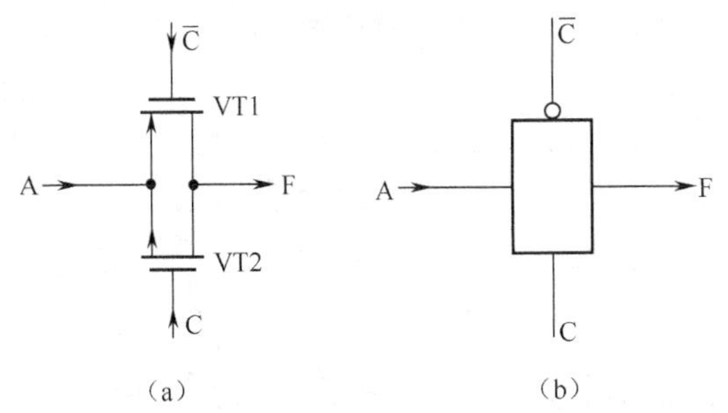

图8-37 CMOS传输门电路结构和图形符号

这一传输门电路的工作原理是这样：当控制端$\overline{C}$为低电平0时，VT1管导通，此时输入端A的输入信号可通过导通的VT1管从F端输出；当控制端C为高电平1时，VT2管导通，此时输入端A的输入信号可通过导通的VT2管从F端输出；当控制端$\overline{C}$为1时VT1管截止，当控制端C为0时VT2管截止，这时传输门处于截止状态，输出端无法输出A端的信号。

$\overline{C}$、C是传输门的两个控制端，这两个控制端的控制作用是相同的，只是一个是高电平控制，即C端；另一个是低电平控制，即$\overline{C}$。在数字系统电路中像这样一个高电平控制、一个低电平控制的电路有许多。

8.1.8 逻辑门电路识图小结

最基本的逻辑门电路主要有5种：与门电路、或门电路、非门电路、与非门电路和或非门电路。此外，还有异或门、与或非门。

1. 集成门电路

逻辑电路有分立元器件和集成门电路两大类，目前在数字系统中主要使用集成门电路。在集成门电路中按照各种方式划分又分为许多，如图8-38所示。

2. 门电路逻辑功能

表8-8所示是最基本的几种逻辑门电路的逻辑功能，可方便识图。

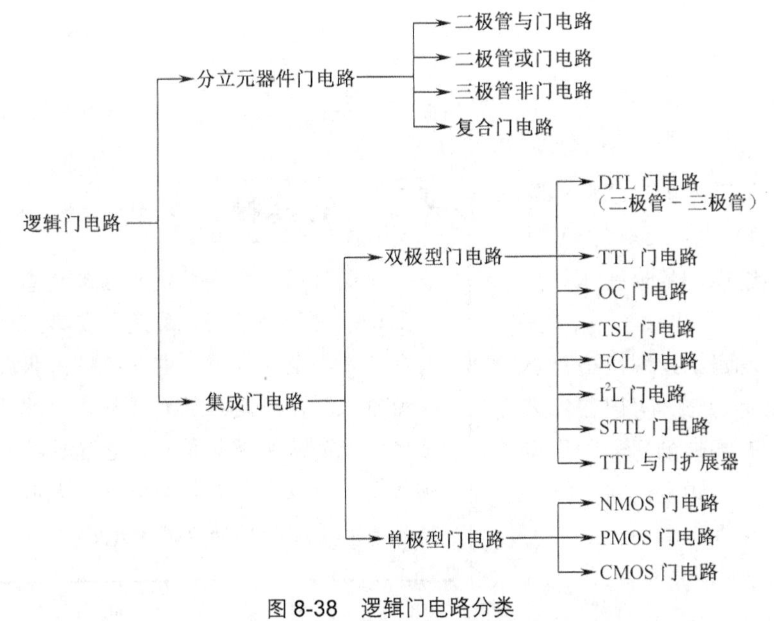

图8-38 逻辑门电路分类

表 8-8 最基本的几种逻辑门电路的逻辑功能

门电路名称	逻辑功能数学式	说明
或门	$F = A+B+C$	有 1 出 1
与门	$F = A \cdot B \cdot C$	全 1 出 1
非门	$F = \overline{A}$	反相，输入 1 输出 0，输入 0 输出 1
与非门	$F = \overline{ABC}$	全 1 出 0，有 0 出 1
或非门	$F = \overline{A+B+C}$	全 0 出 1，有 1 出 0
与或非门	—	先与，后或，再非（三门串联）
异或门	—	该门只有两个输入端，全为 1 或全为 0 时输出 0，一个为 0 一个为 1 时输出 1

3．门电路名称说明

在进行数字系统电路识图时，时常会遇到各种名称的门电路，还时常采用英文名称来说明。表 8-9 所示是各种门电路的中、英文名称对照表。

22. 古木团队项目回顾之项目细节设计思路 2

表 8-9 各种门电路的中、英文名称对照表

中文名称	英文名称	其他名称
或门	OR gate	
与门	AND gate	
非门	NOT gate	
与非门	NAND gate	
或非门	NOR gate	
三极管 - 三极管 - 逻辑门	TTL（transistor-transistor-logic）	
二极管 - 三极管逻辑门	DTL（Diod-Transistor Logic）	
集电极开路与非门	OC open collector	
三态门	TSL（Tristate Logic）	
抗饱和 TTL 门	STTL（SBD TTL）	肖特基钳位 TTL 门
射极耦合逻辑门	ECL（Emitter Coupled Logic）	电流开关型电路，即 CML 逻辑门（current mode logic）
集成注入逻辑门	I^2L（Integrated Injection）	
CMOS 传输门	TG（Transmission Gate）	

8.2 触发器

在数字系统电路中，最基本的逻辑部件除逻辑门电路外，就是各种触发器电路，这两种电路是组成复杂的数字系统电路的最基本单元电路。

从组成和功能上讲触发器比逻辑门电路更高一层。触发器有两个稳定状态，可以在外来信号触发下从一种稳定状态翻转到另一种稳定状态，而无外来的触发信号时触发器将维持原来的稳定状态。

重要提示

从逻辑门电路和触发器电路的基本特点上讲，它们的不同之处是：逻辑门电路没有记忆功能，逻辑门电路的输出状态直接由输入状态决定；触发器则是一种具有记忆功能的基本逻辑单元，它能够存储代码信息，所以在数字系统电路中常用触发器作为二进制数码的存储单元。

8.2.1　RS触发器概述

重要提示

逻辑门电路有一个特点，就是输出端状态完全由输入端决定，没有输入信号就没有输出信号，即输入信号一旦消失输出信号也就不存在，显然这种逻辑电路没有记忆功能，可在数字系统电路中经常需要对运算数据进行存储，这就需要具有记忆功能的部件，触发器就是这种具有记忆功能的最基本部件。

1. 结构

触发器的电路结构与逻辑门电路有关，当将逻辑门电路进行适当的组合时，就能得到触发器，所以逻辑门电路是构成触发器的基本单元电路，对触发器电路的分析实际上是对各种逻辑门电路的分析。

2. 特点

（1）触发器有两个输出端和多个输入端。 逻辑门电路只一个输出端，而触发器有两个输出端，一般用 Q 和$\overline{Q}$来分别表示两个输出端，在没有具体说明是哪一个输出端时，通常是指输出端 Q，而不是输出端$\overline{Q}$。触发器输入端根据触发器类型不同数目不等。

（2）触发器具有记忆功能。 各种触发器的基本功能是能够存储二进制码，具有记忆二进制数码的能力。由于触发器具有记忆功能，所以触发器在受输入信号触发后进行工作时，不仅到受到输入信号的影响，还要受到触发器本身所记忆数码（即前次触发结果）的影响，这一点与逻辑门电路完全不同。

触发器在输入端触发作用过去后，会保持稳定状态，这说明触发器能够将输入信号保存下来，一个触发器能够保存一位二进制数码信息。

（3）两个互为相反的输出端。 触发器的两个输出端 Q 和$\overline{Q}$其输出状态始终相反，从两个输出端的字母符号上也可看出这点，当 Q = 1 时$\overline{Q}$ = 0，当 Q = 0 时$\overline{Q}$ = 1。规定触发器的输出端状态是指输出端 Q 的输出状态，即 Q = 1 时说成触发器输出高电平 1，Q = 0 时就是触发器输出低电平 0。

（4）触发器的两个输出端输出状态必须相反。 触发器的两个输出端输出状态必须始终相反，即 Q = 1 时必须是$\overline{Q}$ = 0，Q = 0 时必须是$\overline{Q}$ = 1。如果两个输出端的输出状态相同或不是一个输出 1 一个输出 0，都说明触发器已不能进行正常的工作。

（5）触发器的两个稳定状态可翻转。 触发器有两个稳定的状态，即 1 态和 0 态，这两个状态在没有输入信号作用时，一直保持稳定。触发器的 1、0 两个稳定状态就是表示了二进制码中的 1 与 0。

触发器的两个稳定状态是可以发生翻转的，如果原本是 1 态（Q = 1，$\overline{Q}$ = 0），在输入端有效触发信号的作用下，触发器可以翻转到输出 0 态，同样的道理如果原来触发器的输出状态为 0 态，在输入端有效信号的触发下可翻转到 1 态。无论触发器如何翻转，其输出状态都在 1 和 0 之间变化。

3. 种类

触发器种类较多，不同的分类方法有不同的触发器名称。

（1）按逻辑功能划分。 触发器按逻辑功能划分主要有 RS 触发器、JK 触发器、D 触发器、T 触发器和 T′ 触发器几种类型。

（2）按电路结构划分。 触发器按电路结构划分有基本 RS 触发器、同步触发器、主从触发器、维持阻塞触发器。

要注意的一点是，同一种结构的触发器可组成具有不同功能的各类触发器，如主从触发器可组成 RS、JK、D、T、T′ 触发器。

8.2.2　与非门构成的基本 RS 触发器

RS 触发器又称为闩锁电路，或称为闩锁触发器。RS 触发器有基本 RS 触发器和同步 RS 触发器两种。

重要提示

基本RS触发器按照构成电路所使用的逻辑门不同，主要有下列两种电路。

（1）使用与非门构成的基本RS触发器电路。

（2）使用或非门构成的基本RS触发器电路。

用两个集成与非门电路A和B便可以构成基本RS触发器电路，图8-39(a)所示是电路结构示意图。从电路中可以看出，RS触发器由具有两个输入端的A、B与非门构成，与非门A的输出端同另一个与非门B的一个输入端相连，与非门B的输出端同另一个与非门A的一个输入端相连，两个与非门的输出端作为RS触发器的两个输出端，两个输出端分别用Q和$\overline{Q}$表示。没有使用的与非门的两个输入端作为RS触发器的两个输入端，分别用$\overline{R}$和$\overline{S}$表示。

1. 图形符号

图8-39(b)所示是使用与非门构成的基本RS触发器的图形符号，输入端的两个小圆圈表示这种触发器是低电平0触发。

在输出端，$\overline{Q}$的输出端也有一个小圆圈，在过去的图形符号中没有这一小圆有，这个小圆圈表示输出端$\overline{Q}$与输出端Q的输出相反。触发器图形符号中用FF表示触发器，也可以用字母F等表示。

2. 输入端

触发器有两个输入端。外加的触发信号可以采用正脉冲也可以用负脉冲触发。为了区别这两种触发方式，在输入端上用非号表示负脉冲触发，图8-39(a)$\overline{R}$和$\overline{S}$中的非号表示为负脉冲（低电平0）触发。

电路中，输入端$\overline{R}$称为置0端，因为当$\overline{R}$端有低电平触发时，触发器输出0，即Q = 0，$\overline{Q}$= 1；$\overline{S}$端称为置1端，因为当$\overline{S}$端有低电平触发时，触发器输出1，即Q = 1，$\overline{Q}$= 0。

3. 输出端

触发器的两个输出端用Q、$\overline{Q}$表示，Q、$\overline{Q}$的输出关系在正常情况下总是相反，即当Q = 0时，$\overline{Q}$= 1；当Q = 1时，$\overline{Q}$= 0。

通常，以Q端的输出状态作为触发器的输出状态。当Q = 0时，称触发器处于0态，或称为复位态；当Q = 1时，称触发器为1态，或为置位态。

4. 逻辑功能分析

下面根据与非门逻辑功能来分析图8-39(a)所示由与非门构成的RS触发器的工作原理，对RS触发器的工作原理分析要根据输入端不同的输入状态，分成4种情况进行。

（1）第一种情况$\overline{S}$ = 0、$\overline{R}$ = 1。设RS触发器初始状态为0态，即Q = 0，$\overline{Q}$= 1。$\overline{R}$保持1，$\overline{S}$是与非门B的一个输入端，由于$\overline{S}$= 0，根据与非门的逻辑功能可知，只要有一个输入端为0，输出端必输出1，所以B输出端Q = 1。Q端的1加到与非门A的一个输入端，此时A的另一输入端$\overline{R}$ = 1，所以$\overline{Q}$= 0。由此可见，此时RS触发器处于1态，即有Q = 1、$\overline{Q}$= 0。

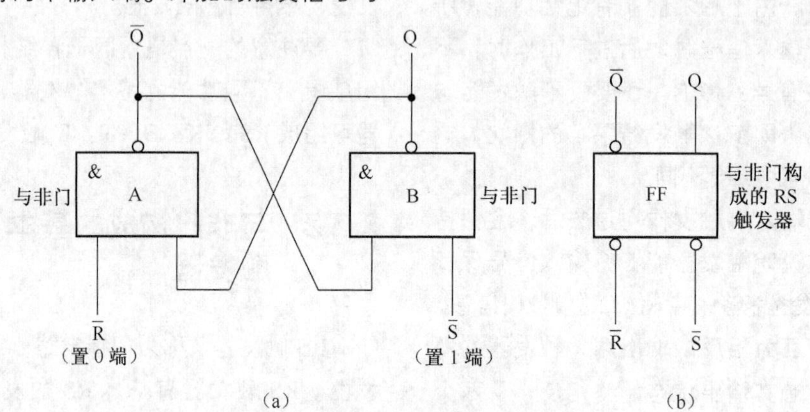

图8-39　与非门构成的基本RS触发器

在$\overline{S}$端输入低电平 0 后，触发器完成翻转，之后$\overline{S}$输入端的 0 消失，触发器仍然稳定在 1 态。通常将这种在$\overline{S}$输入 0 后能够将触发器从 0 态转换成 1 态的过程称为置 1，相应的$\overline{S}$端称为置 1 端。

图 8-40 所示表示了上述置 1 过程的波形图。从图 8-40（a）所示波形中可看出，在$\overline{S}$端完成 0 触发后，无论$\overline{S}$是保持 0 态还是从 0 变换到 1 态，触发器的输出状态都不变，仍然保持 1 态。这是因为，对于与非门而言，只要有一个输入端为 0，与非门就被锁定，无论其他输入端是 0 还是 1，这里$\overline{Q}$ = 0 加到与非门 B 的一个输入端，就使 Q 锁定在 1 态。

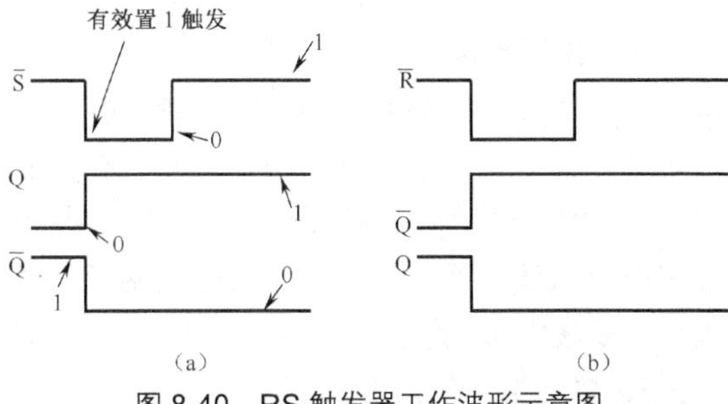

图 8-40　RS 触发器工作波形示意图

（2）第二种情况$\overline{S}$ = 1、$\overline{R}$ = 0。输入端$\overline{S}$保持高电平 1，$\overline{R}$是与非门 A 的一个输入端，由于$\overline{R}$ = 0 时根据与非门功能无论 A 的另一个输入端是 1 还是 0，都有$\overline{Q}$ = 1。$\overline{Q}$上的 1 加到与非门 B 的一个输入端，B 的另一个输入端$\overline{S}$ = 1，所以 Q = 0。此时，RS 触发器处于 0 态，即有 Q = 0、$\overline{Q}$ = 1。

通过上述分析可知，在输入端$\overline{R}$为 0 时，可使 RS 触发器从原来的 1 态转换成现在的 0 态，通常将这种给$\overline{R}$端加 0 后触发器翻转到 0 态的过程称为触发器置 0，相应的$\overline{R}$端称为置 0 端，或称为复位端。

注意，这种置 0 只发生在原先 RS 触发器输出 1 态，给$\overline{R}$置 0 时触发器才会翻转到 0 态，如果触发器原先就在 0 态，再次给$\overline{R}$端置 0，触发器仍然保持 0 态，即触发器不发生翻转动作，这一点从波形图中可以明显看出。

同样的道理，在触发器进入 0 态后，无论$\overline{R}$端 0 电平消失还是从 0 变成了 1，触发器都保持 0 态。

重要提示

从上述两步分析可知，对于由与非门构成的 RS 触发器，要想触发器输出 1 态，必须给$\overline{S}$端置一个 1；要想触发器输出 0 态，则必须给$\overline{R}$置一个 0；给输入端$\overline{R}$和$\overline{S}$置其他情况不行。

（3）第三种情况$\overline{S}$ = 1、$\overline{R}$ = 1。这种输入触发的情况，对 RS 触发器输出状态不产生影响，即触发器将保持原先状态。

例如，设原先触发器输出状态为 Q = 0、$\overline{Q}$ = 1，$\overline{Q}$ = 1 加到 B 的一个输入端，$\overline{S}$ = 1，所以 Q = 0。Q = 0，加到 A 的一个输入端，便有$\overline{Q}$ = 1，可见不能使触发器翻转。

（4）第四种情况$\overline{S}$ = 0、$\overline{R}$ = 0。如果触发器输入端出现这种情况，RS 触发器的输出状态不能确定，所谓不能确定就是触发器可能进入 1 态也可能进入 0 态，最终进入何种状态由随机因素确定。

当$\overline{S}$ = 0、$\overline{R}$ = 0 时，由于 A、B 与非门的输入端都有一个 0，即 A、B 输出端应均为 1，这就破坏了 Q、$\overline{Q}$始终相反的逻辑关系，这是不允许的。

如果这两个负脉冲$\overline{S}$ = 0、$\overline{R}$ = 0 同时消失，使得$\overline{S}$ = 1、$\overline{R}$ = 1，则触发器状态也不定，可能是 Q = 0、$\overline{Q}$ = 1 状态，也可能是 Q = 1、$\overline{Q}$ = 0 状态。不过，由于 A、B 两个与非门电路参数不可能完全对称，因此通过电路的正反馈很快使 Q = 0、$\overline{Q}$ = 1 或 Q = 1、$\overline{Q}$ = 0，所以说当$\overline{S}$ = 0、$\overline{R}$ = 0 时，触发器的状态不定。

23. 古木团队项目回顾之项目细节设计思路 3

5．RS 触发器真值表

触发器的逻辑功能也可以用真值表来表示。表 8-10 所示是与非门构成的 RS 触发器真值表。

表 8-10　与非门构成的 RS 触发器真值表

$\overline{R}$	$\overline{S}$	Q	$\overline{Q}$
0	1	0	1
1	0	1	0
1	1	不变	不变
0	0	不定	不定

8.2.3　或非门构成的基本RS触发器

RS 触发器也可以由两个或非门电路组成，如图 8-41 所示。图 8-41(a) 所示是两个或非门组成的 RS 触发器，图 8-41(b) 所示是这种 RS 触发器的图形符号。从图中可看出，在用或非门构成的 RS 触发器中，输入端 R、S 没有非号，在图形符号输入端也没有小圆圈，这说明这种 RS 触发器要用正脉冲触发，即高电平 1 触发。

1．逻辑功能分析

（1）第一种情况 S = 1、R = 0。根据或非门逻辑功能可知，当或非门 A 有一个输入端为高电平 1 时，输出端$\overline{Q}$ = 0，$\overline{Q}$ = 0 加到或非门 B 的另一个输入端，此时由于 R = 0，所以输出端 Q = 1。

（2）第二种情况 S = 0、R = 1。当或非门 B 有一个输入端 R = 1 时，其输出端 Q = 0，Q = 0 加到或非门 A 的另一个输入端，此时由于或非门 A 的另一个输入端 S = 0，所以输出端$\overline{Q}$ = 1。

（3）第三种情况 S = 0、R = 0。设 RS 触发器原先为 Q = 1，$\overline{Q}$ = 0，由于或非门 A 的两个输入端一个是 0(S = 0)，一个是 1(Q = 1)，A 门输出 0，即$\overline{Q}$ = 0，可见此时的输入触发不能改变触发器输出状态。

再设原先触发器输出状态为 Q = 0、$\overline{Q}$ = 1，对于或非门 A 而言，它的两个输入端都是低电平 0(S = 0、Q = 0)，所以它输出 1，可见此时触发器也没有改变输出状态。

所以，当 S = 0、R = 0 时，触发器原输出状态不变，这说明对于由或非门构成的 RS 触发器不能用低电平 0 来进行有效触发。

（4）第四种情况 S = 1、R = 1。这种触发情况，同用与非门构成的 RS 触发器一样，输出状态不定，这是因为 S = 1、R = 1 对或非门 A、B 都是有效触发脉冲，最终的触发器输出状态将由随机因素确定，这是触发器工作过程中应该避免的问题。

2．置 0 端

在这种 RS 触发器中也有置 0 端，仍然是输入端 R，但是与前面介绍的 RS 触发器不同之处是，这里的 RS 触发器在置 0 时，要给 R 端加 1，而不是加 0。

3．置 1 端

这种 RS 触发器的置 1 端是 S，也是高电平 1 为有效触发。

4．真值表

表 8-11 所示是由两个或非门构成的 RS 触发器真值表。

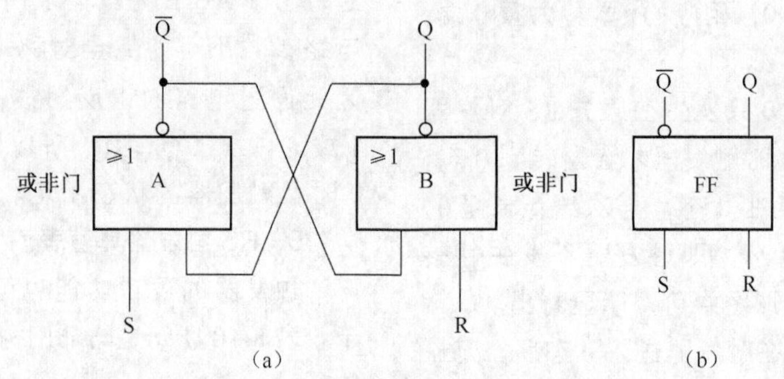

图 8-41　或非门构成的基本 RS 触发器

表 8-11　两个或非门构成的 RS 触发器真值表

R	S	Q	$\overline{Q}$
0	1	1	0
1	0	0	1
0	0	不变	不变
1	1	不定	不定

8.2.4　分立元器件RS触发器电路

图 8-42 所示是由分元器件构成的 RS 触发器电路。电路中，VT1 和 VT2 分别构成两个反相器电路，三极管基极是反相器的输入端，三极管的集电极是输出端，这两个反相器头尾（一个反相器的输出端与另一个反相器的输入端）相接构成了 RS 触发器电路。

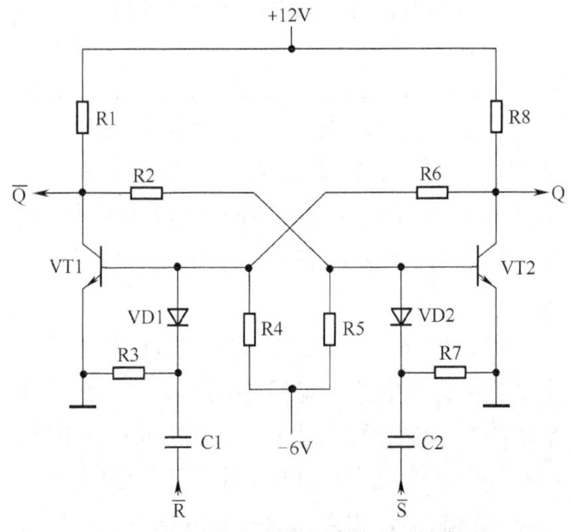

图 8-42　分立元器件构成的 RS 触发器

电路中，$\overline{R}$和$\overline{S}$是两个输入端，Q 和$\overline{Q}$是两个输出端。C1、VD1 和 R3 构成一个输入触发电路，C2、VD2 和 R7 构成另一个输入触发电路。

1．电路分析

这一电路的工作原理是：C1 和 R3 构成微分电路，当$\overline{R}$输入低电平 0 时，经微分电路可获得一个较大幅度的负尖顶脉冲，该负脉冲使 VD1 导通，这样负脉冲加到 VT1 管基极，使 VT1 管截止，其集电极输出高电平 1，即$\overline{Q}$ = 1。

$\overline{Q}$ = 1，这一高电平 1 经 R1 加到 VT2 管基极，使 VT2 进入饱和导通状态，其集电极为低电平 0，即 Q = 0。

由此可见，当$\overline{R}$ = 0 时，触发器输出状态为 Q = 0，$\overline{Q}$ = 1，说明$\overline{R}$具有置 0 功能。

当给$\overline{S}$输入低电平 0 时，经微分电路 R7 和 C2，获得一个幅度较大的负尖顶脉冲，该负脉冲经导通的 VD2 加到 VT2 管的基极，使 VT2 管截止，其集电极输出高电平，即 Q = 1。这一高电平经电阻 R6 加到 VT1 管基极，使 VT1 管饱和导通，这样集电极输出低电平 0，即$\overline{Q}$ = 0。

由此可见，当$\overline{S}$ = 0 时，可使触发器置 1。

2．识图小结

24. 古木团队项目回顾之项目细节设计思路 4

关于 RS 触发器识图主要说明下列几点。

（1）RS 触发器共有两个稳定状态，即 Q = 0、$\overline{Q}$ = 1 和 Q = 1、$\overline{Q}$ = 0 稳定状态。正常情况下，Q 和$\overline{Q}$输出状态始终是相反的，无论哪种 RS 触发器都必须具有这样的逻辑功能。

（2）RS 触发器电路可以是集成电路型的，也可以用分立元器件构成，它们的逻辑功能是相同的。

（3）构成 RS 触发器的基本电路是逻辑门电路，采用不同的逻辑门时 RS 触发器的逻辑功能虽然相同，但对输入端的触发电平而言有所不同。当采用正与非门构成 RS 触发器时，输入端的触发电平为低电平 0，高电平触发是无效的，即用高电平 1 触发时 RS 触发器输出状态不会改变。如果采用正或非门构成 RS 触发器时，输入端必须采用高电平 1 来触发，低电平 0 触发无效。具体某一个 RS 触发器用什么电平来触发，在它的图形符号中已经表示出来。

（4）$\overline{R}$、$\overline{S}$为低电平有效触发，R、S 为高电平有效触发。

（5）在与非门构成的 RS 触发器中，当一个与非门开通时，另一个关闭，互为条件。在没有外加有效触发信号时，RS 触发器保持原稳定状态，显然 RS 触发器具有记忆前次触发的功能。

（6）无论 RS 触发器原先在什么状态，当$\overline{R}$端置负脉冲（$\overline{R}$ = 0）或给 R 置 1 触发时，都可使触发器处于 Q = 0、$\overline{Q}$ = 1 状态，即为 0 态，所以这叫做触发器置 0，$\overline{R}$或 R 称为复位端或称为置 0 输入端。数字系统电路中的清零就是同这一样的道理。

（7）无论 RS 触发器原先在什么状态，当给$\overline{S}$端置负脉冲（$\overline{S}$ = 0）或给 S 置 1 触发时，都可使触发器处于 1 态，即 Q = 1、$\overline{Q}$ = 0。此时，称触发器置 1，$\overline{S}$端或 S 端称为置 1 输入端或置位端。

（8）图 8-43 所示是输入触发波形示意图。其中，图 8-43(a) 所示是$\overline{R}$、$\overline{S}$触发波形示意图。从图中可看出，只有当第一次波形从高电平变换到低电平时，即脉冲下降的后延处 RS 触发器才翻转，为有效触发。如果$\overline{R}$有效触发后 RS 触发器输出 0 态，此时$\overline{R}$再出现低电平触发，见图中的“2”处，触发器仍然保持输出 0 态，这说明第二次的$\overline{R}$低电平触发无效。同样的道理，在$\overline{S}$出现第一次有效触发后，触发器输出 1 态，$\overline{S}$再次出现低电平 0 触发时，RS 触发器仍然输出 1 态。

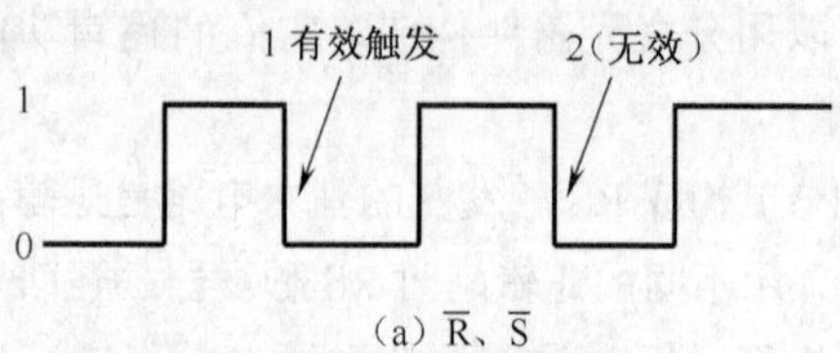

(a) $\overline{R}$、$\overline{S}$

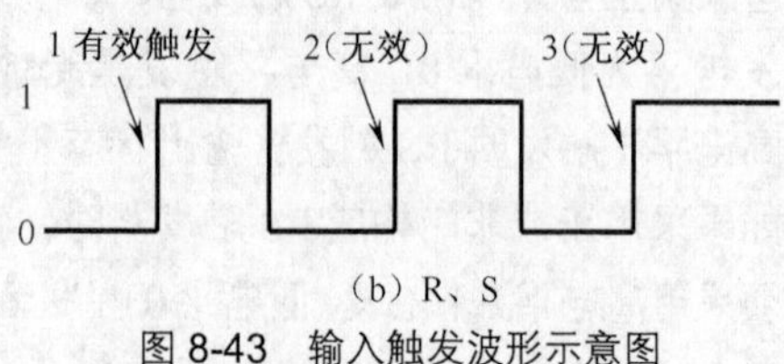

(b) R、S

图 8-43　输入触发波形示意图

图 8-43(b) 所示是 R、S 触发波形示意图。它与图 8-43(a) 的不同之处是有效触发为高电平 1，即脉冲上升时的前沿为有效触发。

8.2.5　同步RS触发器

同步触发器有种类较多，同步 RS 触发器只是同步触发器中的一种。

1. 同步 RS 触发器的特点

重要提示

基本 RS 触发器的输出端状态直接受到输入端 R、S 的控制。数字系统中的工作往往有一个时间节拍的问题，即要求有关逻辑电路按照一定的时间要求进行协调工作，即要求 R 或 S 对触发器的触发结果按一时间节拍要求反映到触发器的输出端来。

数字系统电路中时常出现一个名词“时钟”，时钟电路产生的脉冲称为时钟脉冲，它是一个标准脉冲源。数字系统电路中各逻辑电路的工作都在时钟脉冲的管理下进行，所以同步 RS 触发器是受时钟脉冲管理的一种 RS 触发器。所谓同步就是 RS 触发器的输入端触发工作与时钟脉冲的工作同步，这是时序逻辑电路的一个重要特点。

同步 RS 触发器的工作原理和逻辑功能基本上与 RS 触发器相同，不同之处是它的工作过程（翻转）受到另一个脉冲的控制，所以同步 RS 触发器在电路结构上发生了一些变化。

图 8-44(a) 所示是由 4 个与非门构成的同步 RS 触发器电路。电路中与非门 A、B 构成基本的 RS 触发器，与非门 C、D 构成控制电路，R 和 S 是这种触发器的两个输入端，CP 是另一个输入控制端，作用于这一输入端上的控制脉冲就是时钟脉冲，Q 和$\overline{Q}$是触发器的两个输出端。图 8-44(b) 所示是同步 RS 触发器的图形符号。

CP 是英文 Clock Pulse 的缩写，有时也用 C 表示。在加入 CP 之后，这一触发器的工作过程发生了一些变化，其电路原理要分成 CP = 1 和 CP = 0 两种情况进行分析。

（1）CP = 1。

在 CP = 1 时，由于与非门 C、D 的一个输入端为 1，此时另一个输入端如若输入 1，与非门将动作。表 8-12 所示是根据 R 和 S 的 4 种输入情况的电路分析。

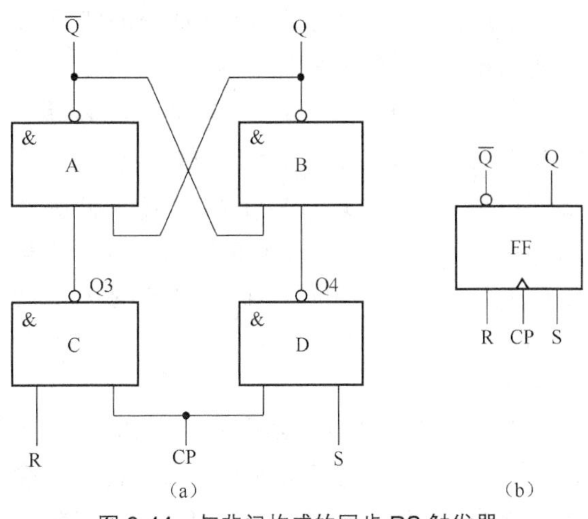

图 8-44 与非门构成的同步 RS 触发器

表 8-12 根据 R 和 S 4 种输入情况的电路分析

名称	说明
第一种情况 R = 1、S = 0	这时与非门 C 两个输入端都是 1，与非门 C 输出 0，即 Q3 = 0，这就相当于在基本 RS 触发器的 $\overline{R}$ 端输入 0，所以此时同步 RS 触发器的输出端 Q = 0，这是置 0 过程
第二种情况 R = 0、S = 1	这时与非门 D 两输入端都是 1，与非门 D 输出 0，即 Q4 = 0，这就相当于在基本 RS 触发器的 $\overline{S}$ 端输入 0，所以此时同步 RS 触发器的输出端 Q = 1，这是置 1 过程
第三种情况 R = 0、S = 0	这种情况与基本 RS 触发器相同，同步 RS 触发器的输出状态不变
第四种情况 R = 1、S = 1	这种情况与基本 RS 触发器相同，同步 RS 触发器的输出状态不定，同步 RS 触发器在工作时应该避免这种情况发生

当 CP = 1 时，同步 RS 触发器的真值表如表 8-13 所示。

表 8-13 CP = 1 时同步 RS 触发器的真值表

输入端 R	输入端 S	输出端 Qn	输出端 Qn+1	说明
0	0	0	0	输出状态不变
0	0	1	1	
1	0	0	0	输出状态与 R 的状态相同
1	0	1	0	
0	1	0	1	输出状态与 S 的状态相同
0	1	1	1	
1	1	0	–	输出状态不定
1	1	1	–	

表 8-13 中输出端 Qn 是同步 RS 触发器在输入端 R、S 作用前的输出状态，输出端 Qn+1 是同步 RS 触发器在输入端 R、S 作用后的输出状态。

（2）CP = 0。

在 CP = 0 时，由于与非门 C 和 D 的一个输入端为 0，它的另一个输入端无论是 1 还是 0，与非门 C、D 输出端都是 1，已与输入端 R、S 的状态无关，这说明在 CP = 0 时，R、S 对这种触发器没有触发作用。

25. 古木团队项目回顾之项目细节设计思路 5

2. 识图小结

关于同步 RS 触发器的识图主要说明下列几点。

（1）同步 RS 触发器是在基本 RS 触发器的基础上变化而来的，通过增加逻辑电路来构成同步 RS 触发器。

（2）同步 RS 触发器与基本 RS 触发器的不同之处就是增加了一个输入控制端 CP，输入端 R、S 输入触发是否有效受到 CP 端的控制。当 CP 端为 1 时，R、S 输入触发是有效的，此时同步 RS 触发器就是一个基本的 RS 触发器；当 CP 端为 0 时，它的输入端 R、S 的任何触发都不能改变触发器的输出状态。

（3）同步 RS 触发器可以用来构成计数器电路，在这种计数器中时钟脉冲 CP 就是计数脉冲，关于计数器将在后面详细介绍。

8.2.6 RS触发器空翻现象

RS 触发器最基本的运用之一是作为计数器，在讨论触发器空翻之前先介绍由同步 RS 触发器构成的计数电路的工作原理。图 8-45 所示是由同步 RS 触发器构成的计数电路。电路中，与非门 A 和 B 有 3 个输入端，与非门 C 和 D 有两个输入端。

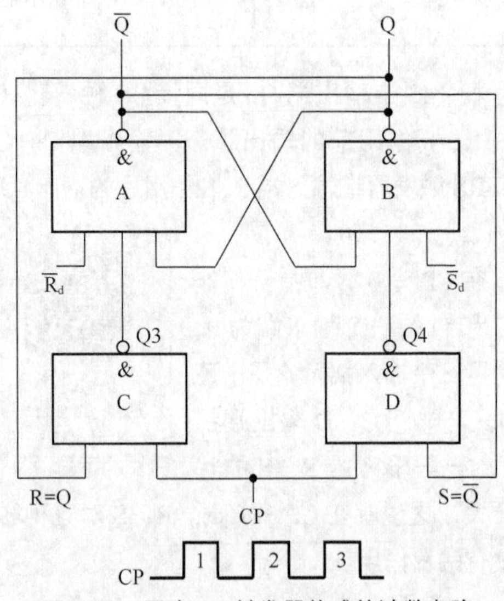

图 8-45 同步 RS 触发器构成的计数电路

1．异步输入端

电路中，$\overline{R_d}$和$\overline{S_d}$也是输入端，它们的作用与前面介绍的基本 RS 触发器中的$\overline{R}$、$\overline{S}$输入端一样，可以不经过 CP 端而直接改变输出端 Q 和$\overline{Q}$的输出状态。

其中，$\overline{R_d}$可直接置 0，称为直接复位端。$\overline{S_d}$可直接置 1，称为置位输入端。两个输入端称为异步输入端。异步输入端一般只在开始计数之前使计数器置 0 或置 1，在计数过程中不起作用。

2．计数原理分析

电路中，CP 就是计数输入端，这一计数电路就是累计 CP 脉冲的个数，当 CP 脉冲出现一次时，该计数电路的输出端状态就改变一次，这样就能通过统计触发器的输出状态改变次数将输入脉冲的个数记忆下来。

从电路中可看出，R = Q（因为输入端 R 与输出端 Q 相连）、S = $\overline{Q}$（输入端 S 与输出端$\overline{Q}$相连）。假设计数电路原先输出状态为 Q = 0、$\overline{Q}$ = 1，此时 R = Q = 0、S = $\overline{Q}$ = 1，由于 R = 0，与非门 C 被封锁，这是因为与非门输出端中有一个为 0 时输出端就是 1。

当第一个计数脉冲到来后，即 CP 第一次从 0 跳变到 1 时，由于此时与非门 D 的两个输入端都是 1，根据与非门功能可知，该门输出 0，即 Q4 = 0。由于 Q4 = 0，加到了与非门 B，使之输出 1，此时 Q = 1、$\overline{Q}$ = 0（始终与 Q 输出状态相反）。由此可见，当第一个 CP 到来后，计数电路的 Q 端从 0 态变化到 1 态，已做过第一次计数动作，此时的计数器输出为 Q = 1、$\overline{Q}$ = 0。

当第二个计数脉冲到来后，由于 S = $\overline{Q}$ = 0，所以与非门 D 被封锁，而与非门 C 此时两个输入端都是 1，所以它输出 0，即 Q3 = 0。Q3 = 0 对与非门 A 进行有效触发，使 Q = 0，$\overline{Q}$ = 1。由此可见，当第二个计数脉冲作用后，计数电路输出端再次改变，变成 Q = 0，$\overline{Q}$ = 1。依此类推，当不断出现计数脉冲时，计数电路的输出状态不断地做相应改变，完成计数动作。

3．空翻现象

对于计数电路而言，计数电路的输出端 Q 从 0 到 1 的变化次数就表征了计数的次数，要求计数器在没有 CP 计数脉冲从 0 到 1 变化时输出端输出状态不能改变，否则这种计数电路就毫无意义，可是上面所介绍的电路就会出现这种现象，所以用它作为计数电路还是不行的，问题就是出在空翻上。

通过对上面的计数电路工作原理的进一步

分析可得到这样的结论：当 CP = 1 期间与非门的输出 $Q3 = \overline{R} = \overline{Q}$。这是因为，当 CP = 1 时，若 R = 1，Q3 = 0，若 R = 0，Q3 = 1，由此可见 R 与 Q3 之间反相，即有 $Q3 = \overline{R}$。

另一种理解方法是这样：对于两个输入端的与非门 C 而言，此时它就相当于一个非门电路，所以有 $Q3 = \overline{R}$。

对于 $Q3 = \overline{Q}$ 可以这样理解：由于 R 端直接与 Q 端相接，就有 R = Q，那么就有 $\overline{R} = \overline{Q}$，由于 $Q3 = \overline{R}$，所以 $Q3 = \overline{R} = \overline{Q}$。

同样的道理可以证明这一计数电路还有这样的结论：$Q4 = \overline{S} = Q$。

因为 $\overline{R} = \overline{Q}$，所以 R = Q。

因为 $Q = \overline{S}$，所以 $S = \overline{Q}$。

由上述可知，在 CP = 1 期间，当输入端 R、S 状态变化时就要引起计数器输出端的状态变化。当 CP 脉冲高电平持续时间较长时，由于计数器输出状态受输入端 R、S 的变化影响，计数器输出状态就不能严格按照有一个 CP 脉冲计数器动作一次的节拍进行，就会发生在 CP 为高电平期间可能计数器输出状态变化两次或更多次，造成计数器的动作混乱，这就破坏了计数器的计数功能，这种计数器的动作混乱现象称为空翻现象。

为了解决空翻问题，要对上述计数电路进行改进，就出现了所谓的主从触发器等可以防止空翻的触发器。

8.2.7　主从触发器

图 8-46 所示是主从 RS 触发器电路。从电路中可看出共有 8 个与非门和 1 个非门构成这种触发器。其中与非门 A、B、C 和 D 构成同步 RS 触发器电路，又称为从触发器；与非门 E、F、G 和 H 构成另一个同步 RS 触发器，称为主触发器。二者合起来称为主从触发器。非门 I 对 CP 进行倒相处理。

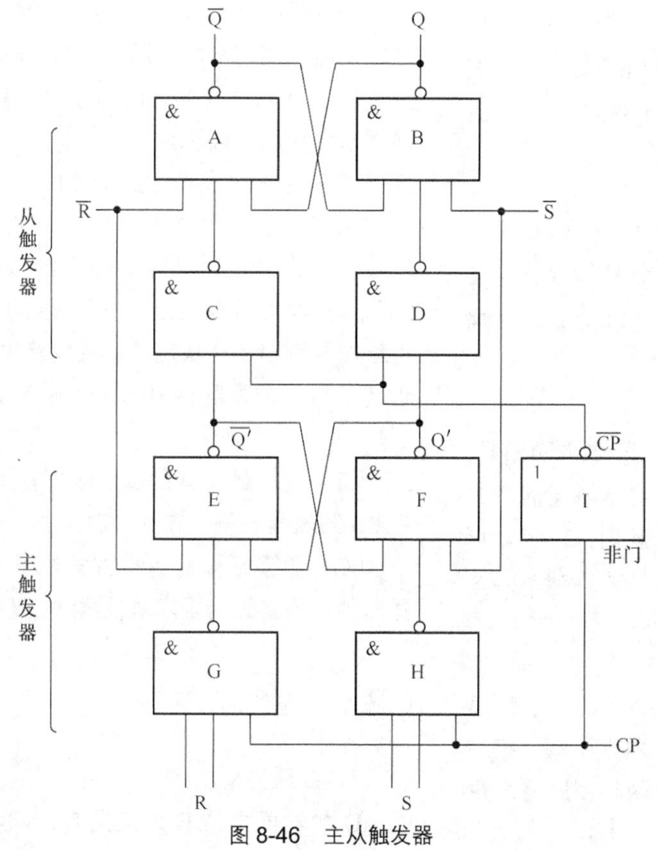

图 8-46　主从触发器

在主从触发器中，Q 和$\overline{Q}$是它的两个输出端，也是从触发器的输出端；Q′ 和$\overline{Q'}$是主触发器的输出端。这一触发器的工作原理可以分成下列几步来分析。

1．互补时钟脉冲信号

时钟脉冲 CP 加到与非门 G、H 输入端，用来触发主触发器，与此同时 CP 还加到了非门 I 输入端，其输出端输出的$\overline{CP}$加到与非门 C、D 输入端，用来触发从触发器。CP 和$\overline{CP}$（为逻辑门 I 的输出信号）一对时钟脉冲称为互补时钟脉冲信号，其中 CP 触发主触发器，$\overline{CP}$触发从触发器。

2．当 CP ＝ 1 时的电路分析

在 CP ＝ 1 时，逻辑门 I 输出 0，将逻辑门 C、D 关闭，这样在 CP ＝ 1 的整个期间，逻辑门 A、B、C 和 D 构成的从触发器输出状态保持不变，即无论主触发器输出端 Q′ 和$\overline{Q'}$的状态怎样变化，整个主从触发器的输出端 Q 和$\overline{Q}$都不变。

在 CP ＝ 1 期间设 R ＝ 1，S ＝ 0，根据上面所介绍的同步 RS 触发器真值表可以知道，此时 Q′ ＝ 0，$\overline{Q'}$＝ 1。由于逻辑门 C、D 已被$\overline{CP}$＝ 0 关闭，所以此时 Q′ ＝ 0 和$\overline{Q'}$＝ 1 不能触发从触发器。

3．CP 从 1 变到 0

由于 CP ＝ 0，逻辑门 G 和 H 都输出 1，对逻辑门 E 和 F 没有影响，也就是主从触发器输入端 R、S 的状态不影响整个触发器输出端 Q 和$\overline{Q}$的输出。

4．CP 从 1 变到 0

在 CP 从 1 变到 0 后，$\overline{CP}$＝ 0，使逻辑门 C、D 打开，这时 Q′ ＝ 0，$\overline{Q'}$＝ 1 对从触发器产生有效触发，使从触发器输出 Q ＝ 0，$\overline{Q}$＝ 1，也就是主触发器输出端存放的信号送入到从触发器中。

5．图形符号

图 8-47 所示是主从触发器图形符号。注意在这一图形符号中 R 和 S 端有两根引脚，在后面将要介绍的其他触发器中这两根引脚将发生变化。

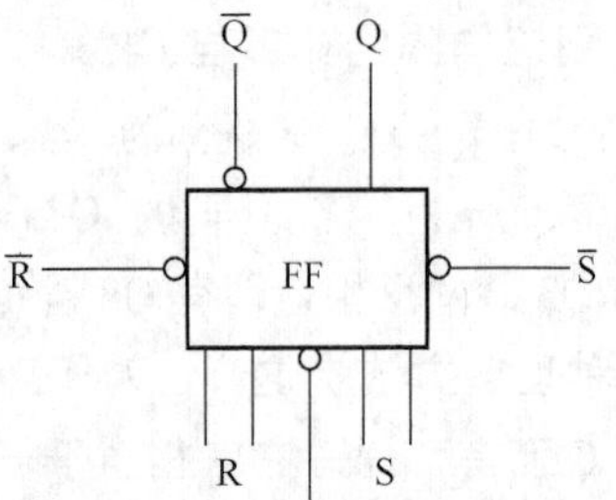

图 8-47　主从触发器图形符号

6．识图小结

关于主从触发器电路主要说明下列几点。

（1）主从触发器的出现是为了克服同步 RS 触发器构成的计数电路中的空翻现象。

（2）记住主从触发器的结构，它是由两个同步 RS 触发器和一个非门电路构成的，两个同步 RS 触发器中从触发器输出端受主触发器输出端 Q′、$\overline{Q'}$和$\overline{CP}$＝ 1 的控制。

（3）分析主从触发器工作原理时，要将对主、从触发器的分析分开，并且要在了解同步 RS 触发器工作原理的基础上进行。

（4）主从触发器中，由于存在着两个同步 RS 触发器和一个 CP 倒相器，主触发器工作时从触发器关闭，从触发器工作时主触发器关闭。用这种主从触发器构成的计数电路就不会出现前面所介绍的空翻现象。

（5）主从触发器中，当 CP ＝ 1 时从触发器被关闭，主触发器打开，此时输入端 R、S 的状态决定了主触发器的输出状态；当 CP ＝ 0 后，主触发器被关闭，从触发器打开，此时主触发器输出状态决定了从触发器的输出状态，也就是将主触发器存放的信号送入从触发器输出端。

（6）主从触发器的真值表同前面介绍的同步 RS 触发器一样，在此省略。

（7）能够克服空翻的触发器不止主从触发器一种，还有维持阻塞触发器和边沿触发器等。

8.2.8　其他触发器

1．D 触发器

D 触发器中的 D 是英文 Delay 的简写，意为延迟。D 触发器是在主从 JK 触发器基础上变化而来的，主从 JK 触发器具有 J 和 K 两个输入端，在有些场合下如果使用只有一个输入端的触发器可方便和简化电路设计。图 8-48 所示是 D 触发器图形符号。从这一图形符号中可看出，除 CP 输入端之外，只有一个输入端 D。

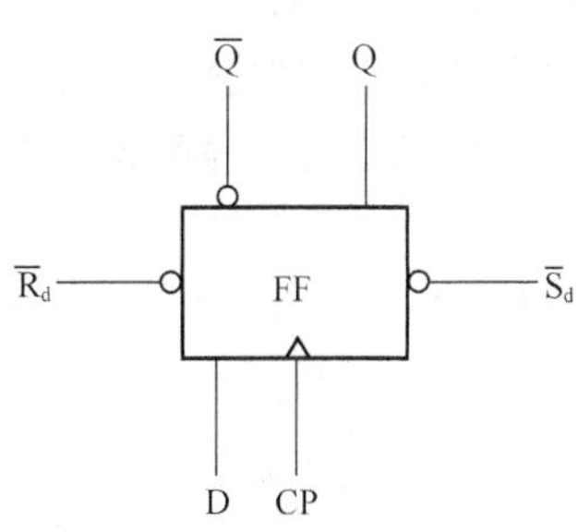

图 8-48 D 触发器图形符号

D 触发器的逻辑功能是这样的，在时钟脉冲 CP 和输入端 D 的触发作用下，D 触发器的输出端状态与输入端 D 状态相同。

2．维持阻塞 D 触发器

维持阻塞 D 触发器是维持阻塞触发器中比较常见的一种，维持阻塞触 D 发器通常由 6 个与非门构成，所以也称为 6 门触发器。维持阻塞触发器是一种能够克服触发器空翻现象的触发器，前面介绍的 D 触发器会出现空翻现象，而维持阻塞 D 触发器能够克服这种空翻现象。

关于 D 触发器和维持阻塞 D 触发器主要说明下列几点。

（1）D 触发器、维持阻塞 D 触发器又称为延迟型触发器，这是因为这种触发器的输出状态必须借助时钟脉冲 CP 的触发，将输入端 D 的信号存储到输出端 Q。实际的数字系统电路中，输入端本身也受到同一时钟脉冲的操作而不停变换，而 D 触发器输出端 Q 输出状态要比输入端 D 状态延迟一个时钟脉冲 CP 的时间间隔，所以称这种触发器为延迟型触发器。

（2）维持阻塞 D 触发器是 CP 上升沿触发的触发器，即只有在 CP 从 0 变成 1 时，触发器输出端 Q 状态才随输入端 D 改变；当 CP 从 1 变成 0 时，触发器不翻转。在这种触发器的图形符号中可看出上升沿触发这一点，即图形符号中 CP 引脚端没有加上小圆圈。

（3）维持阻塞 D 触发器是维持阻塞触发器的典型应用电路，维持阻塞触发器除可接成维持阻塞 D 触发器之外，还可以接成 T 触发器等多种，但应用较少。

3．T 触发器

27. 古木团队项目!
回顾之项目细节
设计思路 7

T 触发器是从主从 JK 触发器变化而来的，实际上将主从 JK 触发器中的输入端 J 和 K 加上 1，就构成一个 T 触发器。图 8-49 所示是 T 触发器图形符号。

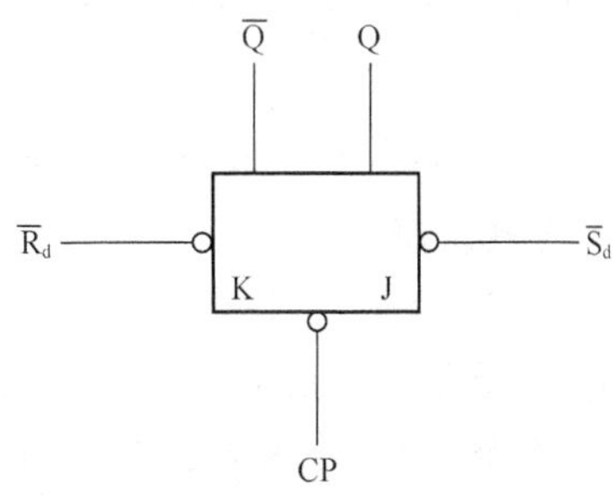

图 8-49 T 触发器图形符号

T 触发器具有翻转开关（Toggle Switch）的作用，所以它又称为翻转触发器或计数触发器。这种触发器的功能是，每来一个时钟脉冲或是计数脉冲，T 触发器输出端 Q 就翻转一次。

4．T′ 触发器

T′ 触发器也是由主从 JK 触发器变化而来的，当将主从 JK 触发器的两个输入端 J 和 K 相连接，就得到一个输入端，用 T′ 表示，这样就构成了 T′ 触发器，如图 8-50 所示。从图中可看出，输入端 J 和 K 相连接，得到新的输入端 T′。

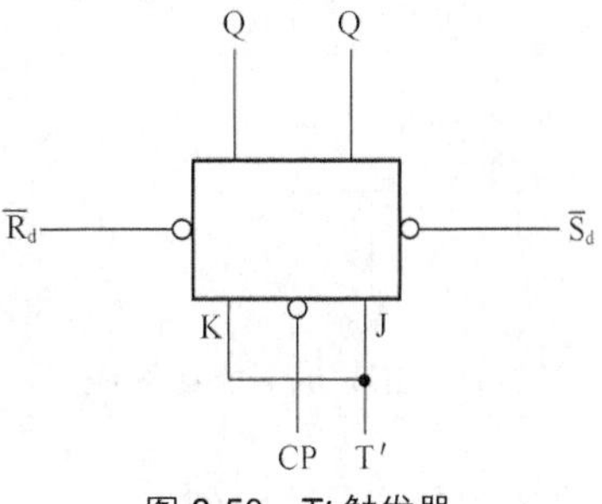

图 8-50 T′ 触发器

T′ 触发器与 T 触发器的不同之处是它多了一个控制端 T′，所以 T′ 触发器实际上是一个受控制的翻转触发器。当 T′ = 1 时，T′ 触发器就是一个 T 触发器。

T′ 触发器的工作原理是这样：如果输入端 T′ = 0，这一低电平 0 将触发器关闭，此时无论时钟脉冲 CP 或计数脉冲如何变化，T′ 触发器输出端 Q 状态都是不变的；只有当 T′ = 1 时，来一个时钟脉冲 CP 或计数脉冲，输出端 Q 才翻转一次。

关于 T 触发器和 T′ 触发器电路主要说明下列两点。

（1）这两种触发器都是从主从 JK 触发器通过不同接线变化而来的，对这两种触发器的工作原理分析可借助主从 JK 触发器电路进行。

（2）当 T′ = 1 时，这两个触发器具有相同的功能。T′ 触发器在 T′ = 0 时输出状态不变。

5．边沿触发器

所谓边沿触发器就是只有在时钟脉冲 CP 或计数脉冲在上升边沿（从 0 变化到 1）或下降边沿（从 1 变化到 0）时，触发器才能接收输入端的控制信号进行触发器的翻转，而在时钟脉冲 CP 或计数脉冲为 1 期间或为 0 期间，输入端控制信号的任何变化都不会对触发器产生翻转动作。

边沿触发器为了改善某些性能，使这种触发器只在时钟脉冲或计数脉冲上升沿或下降沿极短的时间内接收输入信号和触发翻转。上面介绍的维持阻塞 D 触发器是边沿触发器中比较特殊的一种。

6．主从 JK 触发器

图 8-51 所示是主从 JK 触发器图形符号。

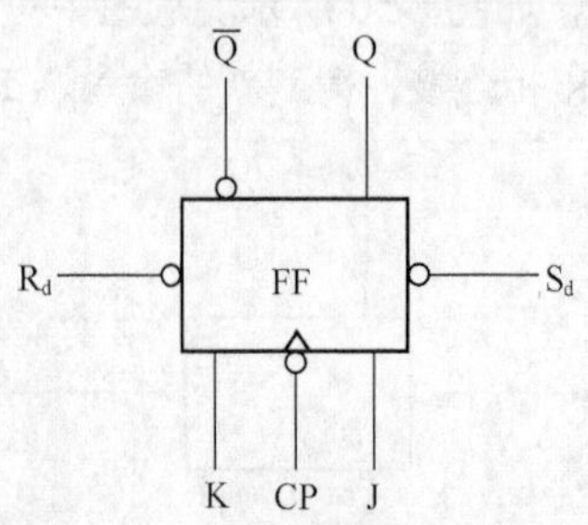

图 8-51　主从 JK 触发器图形符号

8.2.9　触发器识图小结

1．触发器基本功能和组成

关于触发器的基本功能和电路组成主要说明下列几点。

（1）在数字系统电路中，当数据通过某一系统时要求该数据能够在系统的某点上保持一段时间，等待其他数据的到来，这就要求数字系统中具有能够存储数据信息的电路，触发器电路可以胜任这一工作。

（2）触发器电路与前面介绍的逻辑门电路的最大不同之处是，触发器具有记忆功能，能够保存 0 和 1 数码，而各种逻辑门电路无法完成这一工作。

（3）触发器是数字系统中基本的存储单元，这种触发器通常是由逻辑门电路组成的。触发器能够存储一个二进制数据，即 0 和 1。存储在触发器中的 0 和 1 数码只在控制信号的作用下才发生改变。

（4）触发器的应用相当广泛，如可用于进行二进制数计数的计数电路，可用于构成存储和控制多位数数据的寄存器等。

2．时钟脉冲

（1）触发器中的控制信号是时钟脉冲，时钟脉冲是由专门的脉冲发生器产生的矩形脉冲，它的工作频率相当稳定和准确。时钟脉冲对触发器进行有效触发的情况也是不同的。图 8-52 所示是时钟脉冲示意图。

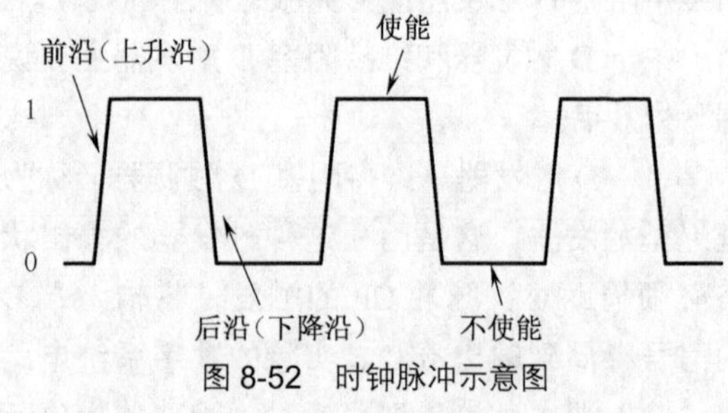

图 8-52　时钟脉冲示意图

从图 8-52 中可看出，当时钟脉冲高电平时为 1，低电平为 0。脉冲从 0 变为 1 时称为上升沿，或称为前沿。当时钟脉冲从 1 变为 0 时，称为下降沿，或称为后沿。触发器触发时，要么是前沿触发，要么是后沿触发，在脉冲的其他期间对触发器是不能触发的。在时钟脉冲持续为 1 期间称为“使能”（使能的英文是 Enable），在时钟脉冲持续为 0 期间称为“不使能”。

（2）对于 CP 在上升沿触发的触发器称为正边沿触发器，对于 CP 脉冲在下降沿触发的触发器称为负边沿触发器。

（3）分析触发器时要特别注意它们的触发方式，主从触发器仅在时钟脉冲 CP 由 1 变为 0 的时刻翻转，这属于下降沿触发器。维持阻塞型触发器仅在 CP 脉冲由 0 变为 1 时刻翻转，属于上升沿触发器。

3．克服空翻的方法

关于触发器的空翻和克服空翻的方法主要说明下列几点。

（1）触发器的空翻现象在实际运用中是不允许的，所以要采取一定的措施来克服触发器的空翻，主从触发器和维持阻塞 D 触发器采取克服空翻的方法是不同的。

（2）主从触发器在时钟脉冲 CP = 1 时只存入信号而触发器输出状态不变，在时钟脉冲 CP = 0 时输入端被封锁，使触发器输出状态变化时不能影响输入端。

（3）维持阻塞 D 触发器利用维持线和阻塞线，来维持触发器翻转后的状态，阻塞可能导致触发器再次翻转的途径，达到克服触发器空翻的目的。

4．触发器种类归纳

（1）触发器可以分成两大类：一是基本 RS 触发器，二是带时钟脉冲的触发器，下面对第二种触发器进一步分类，如图 8-53 所示。

（2）触发器按所能够实现的逻辑功能分为 5 种：一是 RS 触发器，二是 JK 触发器，三是 D 触发器，四是 T 触发器，五是 T′ 触发器。

（3）触发器按电路结构细分有 5 种：一是基本的 RS 触发器，二是同步触发器，三是主从触发器，四是维持阻塞触发器，五是边沿触发器。

（4）同一种电路结构的触发器，原则上讲可以有 5 种不同逻辑功能的触发器，例如主从触发器可以构成 RS、JK、D、T 和 T′ 5 种不同逻辑功能的触发器。

5．触发器电路分析方法小结

关于触发器电路的分析方法主要说明下列几点。

（1）对于触发器电路的分析不同于模拟电路的分析，主要分析输入端状态（1 或 0）、时钟脉冲状态对触发器触发后触发器输出端状态变化之间的因果关系，在电路分析过程中只有 1 和 0 的变化。

（2）对触发器电路的分析要依照上面介绍的各种类型触发器顺序进行，后一种触发器都是前一种触发器的改良电路，各种触发器电路的分析基础是逻辑门电路的分析，特别是要对与非门电路的分析相当熟悉。

（3）在对触发器电路进行分析中，要将各输入端状态的组合进行分类，然后对每一种组合根据时钟脉冲 CP 的 1、0 变化进行触发器状态分析。由于每一种触发器都要分成几种情况进行分析，并且下一步分析还需要上一步的分析结果，为方便电路分析可在电路中画出输入端、输出端的状态，即在电路中标出当时的状态 1 或 0，通过这种直观的标注可较方便地看出输出端的响应情况。

28. 古木团队项目回顾之项目细节设计思路 8

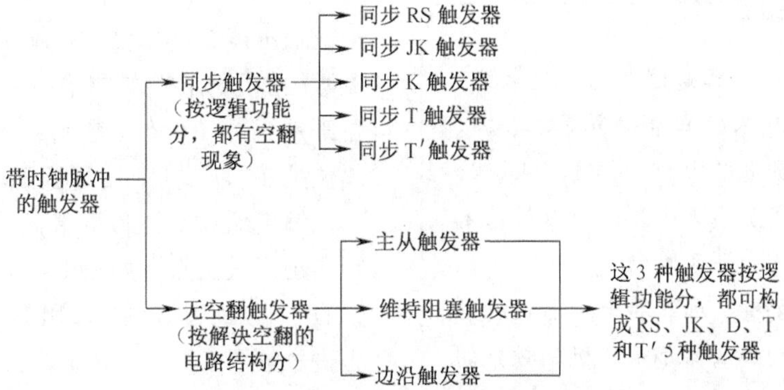

图 8-53　带时钟脉冲的触发器的分类

（4）在实际电路分析中，并不要求对每一种触发器的每一个电路分成几种情况进行分析，只是要求能够记住各种触发器的逻辑功能和触发条件，若能记住真值表是最好的。

8.3 组合逻辑电路

数字电路大致可分成两大类电路：组合逻辑电路和时序逻辑电路。

重要提示

组合逻辑电路简称组合电路。某一输出端在某一时刻的输出状态仅由该时刻的电路输入端状态决定，与电路原状态无关，这种电路称为组合逻辑电路。组合逻辑电路不具有记忆功能，它的任一组输出值完全由当时输入值的组合确定，而与电路在输入信号作用前的状态无关。

组合逻辑电路包括这样几种电路：基本运算器电路、比较器电路、判奇偶电路、数据选择器、编码器电路、译码器电路和显示器电路。

图 8-54 所示是组合逻辑电路方框图。从这一方框图中可看出两点：一是电路的输出端与输入端之间没有反馈回路，二是电路的输出端状态只取决于电路同一时刻的输入端状态。

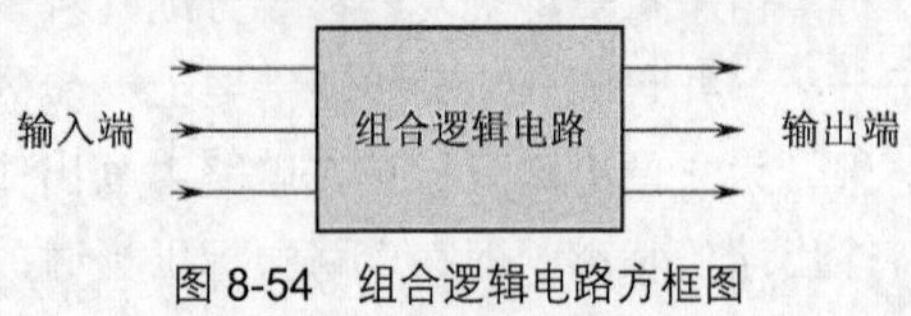

图 8-54　组合逻辑电路方框图

8.3.1 半加器

重要提示

基本的逻辑运算是逻辑与、逻辑或、逻辑非，而最基本的算术运算是加、减、乘、除，但数字电路中的加、减、乘、除都通过分解变成加法来运算，所以最基本的算术运算就是加法运算。

加法器主要有半加器和全加器两种电路。这里讨论的加法器都是二进制数中的加法运算。

两个一位的（1 比特）二进制数相加，叫做半加，实现两个一位二进制数相加运算的电路叫做半加器电路。半加器可完成两个一位二进数的求和运算，根据半加器电路的这一定义，半加器是一个由加数、被加数、和数、向高位进位数组成的运算器，它仅考虑本位数相加，而不考虑低位来的进位。

1. 图形符号

图 8-55 所示是半加器图形符号。这种电路共有 4 个端，包括两个输入端和两个输出端。

输入端 A 和 B 分别是加数输入端和被加数输入端，A 和 B 只有 1 或 0 两个数码变化，注意这里的 1 和 0 是二进制数中的两个数码，不是高电平 1 和低电平 0，这一点一定要分清。A 和 B 的输入状态共有 4 种组合，即 A = 0，B = 0；A = 1，B = 1；A = 0，B = 1；A = 1，B = 0。

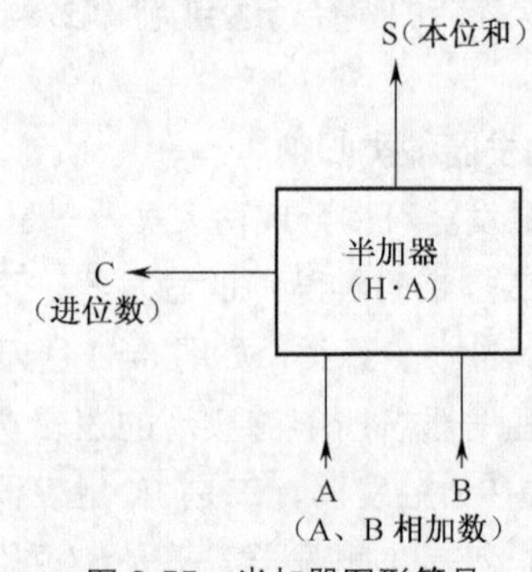

图 8-55　半加器图形符号

输出端 S 是本位和数输出端，即两个二进制数相加后本位的结果输出，如果是 0 + 0，本位则是 0；1 + 0 本位是 1；1 + 1 应等于 10，但本位是 0，所以此时 S 端仍然输出 0。

输出端 C 是进位数端，两个二进制数相加后若出现进位数，如 1+1 = 10，此时 1 就是进位数，所以此时 C 端会输出 1。如果是 1+0 = 1，则进位数是 0。

2．电路组成

半加器可以用异或门构成，也可以用与非门构成。图 8-56 所示是采用与非门构成的半加器电路。从图中可看出，这一电路由 6 个逻辑门电路构成，其中逻辑门 A～E 是两个输入端的与非门，F 是非门电路。

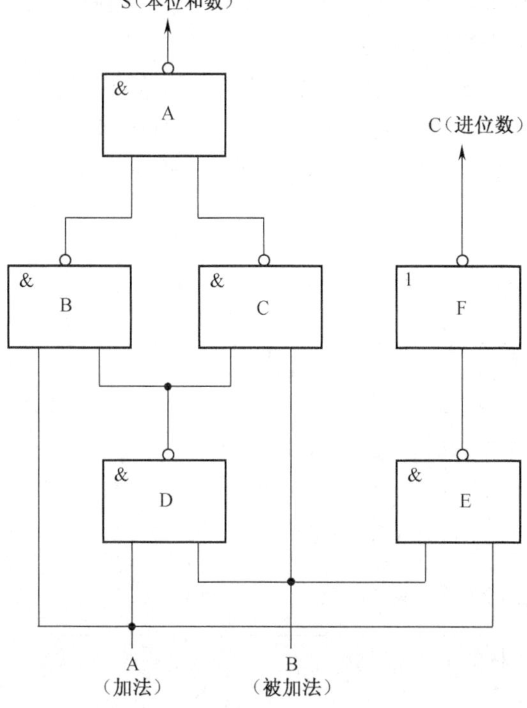

图 8-56　与非门构成的半加器电路

表 8-14 所示是这一电路 4 种情况下的工作原理分析。

表 8-14　4 种情况下的工作原理分析

名称	说明
A ＝ 0，B ＝ 0 时	由于 A ＝ 0，逻辑门 B 输出 1。由于 B ＝ 0，逻辑门 C 输出 1。由于逻辑门 A 的两个输入端都是 1，所以逻辑门 A 输出 0，即 S 端为 0。同时，由于逻辑门 E 的两个输入端都是 0，逻辑门 E 输出 1，非门 F 输入端为 1，所以输出端为 0，即 C 端为 0。所以，当 A ＝ 0，B ＝ 0 时，S ＝ 0，C ＝ 0
A ＝ 1，B ＝ 0 时	由于 B ＝ 0，逻辑门 D 输出 1，同时 A ＝ 1，所以逻辑门 B 的两个输入端都是 1，逻辑门 B 输出 0，这一低电平 0 加到逻辑门 A 的一个输出端，使逻辑门 A 输出 1。 由于 B ＝ 0，逻辑门 E 输出 1，使非门 F 输出 0。所以，当 A ＝ 1，B ＝ 0 时 S ＝ 1，C ＝ 0
A ＝ 0，B ＝ 1 时	这时的电路工作原理同第二种情况基本一样，只是逻辑门 C 输出 0，使逻辑门 A 输出 1。同时，由于 A ＝ 0，逻辑门 F ＝ 0。所以，当 A ＝ 0，B ＝ 1 时，S ＝ 1，C ＝ 0
A ＝ 1，B ＝ 1 时	由于逻辑门 D 的两个输入端都是 1，所以逻辑门 D 输出 0，这一低电平同时加到逻辑门 B 和 C 的一个输入端，使逻辑门 B 和 C 同时输出 1，这样逻辑门 A 的两个输入端都是 1，使 S 端为 0。同时，由于 A ＝ 1，B ＝ 1，逻辑门 E 的两个输入端都是 1，使逻辑门 E 输出 0，这一低电平 0 加到逻辑门 F 输入端，使 C 端输出 1，即给出向高一位的进位信号。所以，当 A ＝ 1，B ＝ 1 时，S ＝ 0，C ＝ 1

3．真值表

表 8-15 所示是半加器的真值表。

表 8-15　半加器的真值表

输入端		输出端	
加数端 A	被加数端 B	和数端	进位数端
0	0	0	0
0	1	1	0
1	0	1	0
1	1	0	1

8.3.2　全加器

半加器只有两个输入端，不能处理由低位送来的进位数，全加器则能够实现二进制全加运算。

全加器在对两个二进制数进行加法运算时，除了能将本位的两个数 A、B 相加外，还要加上低位送来的进位数 Cn-1。所以，全加器比半加器电路多一个输入端，共有 3 个输入端。全加器仍然是一个 1 比特加法器电路，与半加器相比只是多了一个低位进位数端。

1. 图形符号

图 8-57 所示是全加器图形符号。从图中可看出，它与半加器的不同之处就是多了一个输入端 Cn-1，称为低位进位数端。A 是加数输入端，B 是被加数输入端，Sn 是和数输出端，Cn 是向高位进位数输出端。

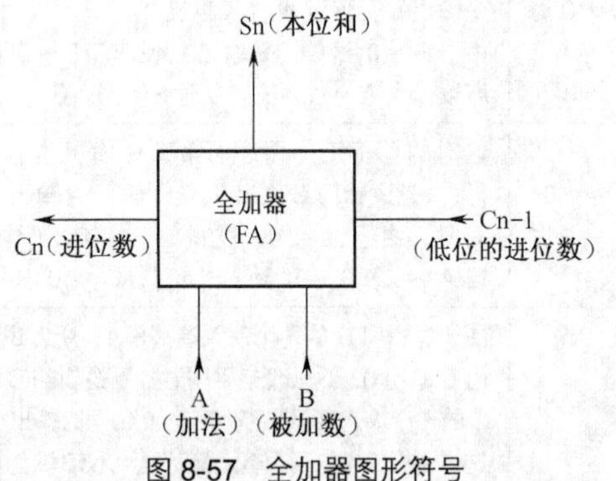

图 8-57　全加器图形符号

全加器可以用异或门构成，也可以用与非门构成。

2. 电路组成

图 8-58 所示是采用与非门构成的全加器电路。从图中可看出，这一电路由 9 个具有两个输入端的与非门电路组成，同时可看出它基本上是由两个半加器电路构成的，逻辑门 A～D 构成一个半加器电路，其他逻辑门电路构成另一个半加器电路。

这一电路的工作原理要分成 8 种不同情况分析，由于各种情况下的电路分析基本相同，这里只对其中的几种情况进行分析，如表 8-16 所示。

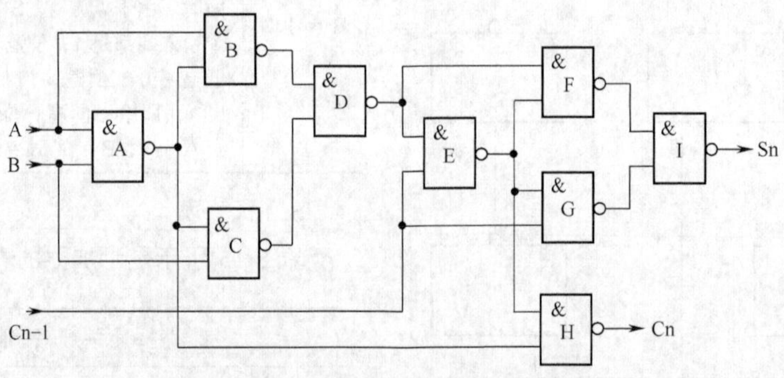

图 8-58　与非门构成的全加器电路

表 8-16　3 种情况下的电路工作原理分析

名称	说明
A = 0，B = 0，Cn-1 = 0 时	由于 A = 0，逻辑门 B 输出为 1。由于 B = 0，逻辑门 C 输出 1。这样，逻辑门的两个输入端都是 1，使逻辑门 D 输出 0。这一低电平 0 加到逻辑门 F 的输入端，使逻辑门 F 输出 1。由于 Cn-1 = 0，这一低电平 0 加到逻辑门 G 输入端，使逻辑门 G 输出 1。由于逻辑门 I 的两个输入端都是 1，这样逻辑门 I 输出 0，即 Sn = 0。 由于 A = 0，逻辑门 A 输出 1。由于 Cn-1 = 0，逻辑门 E 输出为 1。这样，逻辑门 E 的两个输入端都是 1，输出为 0。这一低电平加到逻辑门 H 输入端，使逻辑门 H 输出 0，即 Cn = 0。 通过上述分析可知，当 A = 0，B = 0，Cn-1 = 0 时，Sn = 0，Cn = 0
A = 1，B = 1，Cn-1 = 0 时	由于 A = B = 1，所以逻辑门 A 输出 0，这使逻辑门 B 和 C 各有一个输入端为 0，使逻辑 B 和 C 输出 1。这样，逻辑门 D 的两个输入端都是 1，使逻辑门 D 输出 0，使逻辑门 F 输出 1。由于 Cn-1 = 0，逻辑门 G 输出 1。这样，逻辑门 I 的两个输入端都是 1，其输出为 0，即 Sn = 0。 由于逻辑门 A 输出 0，加到逻辑门 H 的一个输入端，这样使逻辑门 H 输出 1，即 Cn-1 = 1。 通过上述分析可知，当 A = 1，B = 1，Cn-1 = 0 时，Sn = 0，Cn = 1
A = 1，B = 1，Cn-1 = 1 时	由上面 A = 1，B = 1 分析可知，电路中的逻辑门 D 输出 0，这一低电平加到逻辑门 E 一个输入端，使逻辑门 E 输出 1，加到逻辑门 G 的一个输入端。逻辑门 G 的另一个输入端与 Cn-1 端相连，此时 Cn-1 = 1，这样逻辑门 G 的两个输入端都是 1，其输出 0，这一低电平加到逻辑门 I 的一个输入端，使 Sn = 1。 因逻辑门 A 输出 0，这一低电平加到逻辑门 H 的一个输入端，这样 Cn = 1。 通过上述电路分析可知，当 A = 1，B = 1，Cn-1 = 1 时，Sn = 1，Cn = 1

3．真值表

表 8-17 所示是全加器的真值表。

表 8-17　全加器的真值表

输入端			输出端	
加数端 A	被加数端 B	低位来的进位数端 Cn-1	和数端 Sn	向高位的进位数端 Cn
0	0	0	0	0
0	1	0	1	0
1	0	0	1	0
1	1	0	0	1
0	0	1	1	0
0	1	1	0	1
1	0	1	0	1
1	1	1	1	1

4. 多位二进制数加法器

前面介绍的半加器和全加器都是一位二进制数的加法运算电路，多位二进制数的加法运算要用多位加法器，这种多位二进制数加法器电路很多，图 8-59 所示是采用全加器构成的多位二进制数加法器，这是一种最简单的电路。

从图中可看出，这一电路就是将 4 个全加器串联起来，将第一个全加器的进位数端 C1 与第二个全加器的低位进位数端相连，依照这一方法将各全加器串联起来就得到了多位二进制数加法器电路。

电路中，A1 ～ A4 是加数输入端，B1 ～ B4 是被加数输入端，S1 ～ S4 是本位和数输出端，C1 ～ C4 是进位数输出端。

这种加法器电路为串行进位连接方式，其缺点是进位传输时间长，这样运算速度慢。为解决这一问题常采用先进位、分组进位、并行进位的方法。

5．识图小结

关于半加器和全加器电路主要说明下列几点。

（1）这种电路也是由基本的逻辑门电路构成的，分析这种电路的基础仍然是逻辑门电路，主要是与非门电路。

（2）了解半加器与全加器电路的相同和不同之处。前者无进位数端，所以半加器只有两个输入端；全加器有进位数端，所以它有 3 个输入端。

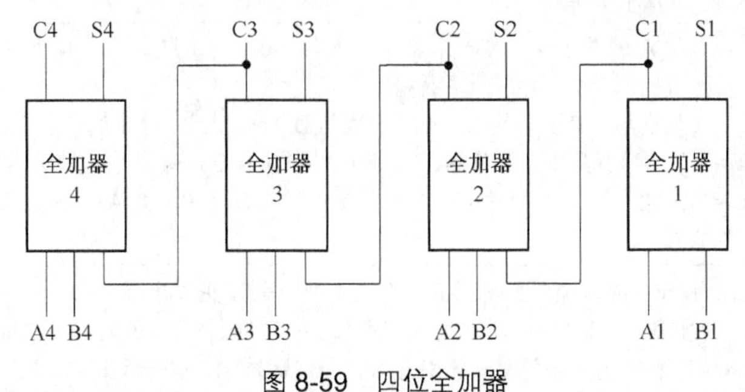

图 8-59　四位全加器

（3）分析半加器电路和全加器电路工作原理时，也要将输入端状态分成几种不同情况进行。

（4）记住半加器和全加器的真值表。

8.3.3 一位数比较器

重要提示

比较器具体包括两种电路：一是大小比较器，二是同比较器，二者统称为比较器。这是数字电路中的比较器，所以它们所比较的数是二进制中的数码。其中大小比较器用来比较两个数大小，同比较器用来比较两个数是否相等。

比较器有一位数码比较器和多位数码比较器两种，前者只能对一位二进制数进行比较，后都则能对多位二进制数进行比较。

图 8-60 所示是由 5 个逻辑门构成的一位数比较器。电路中，逻辑门 A 是一个异或非门，逻辑门 B 和 C 是具有两个输入端的与门电路，逻辑门 D 和 E 是非门电路，输入端 A 和 B 是参与比较的两个一位的二进制数码，这一比较器电路有 3 个输出端，即 A > B，A < B，A=B，这是因为两个数相比较可能有 3 种不同的结果。

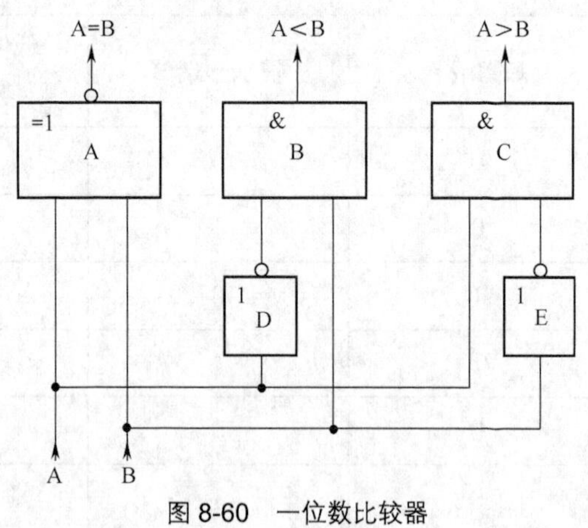

图 8-60　一位数比较器

1．电路分析

表 8-18 所示是这一电路在 4 种情况下的工作原理分析。

表 8-18　4 种情况下的工作原理分析

名称	说明
A = 0，B = 0 时	由于 A = 0，B = 0，加到异或非门 A 的两个输入端都是 0，根据异或非门的逻辑功能可知，逻辑门 A 输出 1，这表示 A = B，即两个参与比较的数相等。 由于 A = 0，非门 D 输出 1，而 B = 0，这时与门 B 的两个输入端一个为 0 一个为 1，根据与门的逻辑功能可知，逻辑门 B 输出 0，即 A < B = 0，这表示 A、B 两个数不是 A < B。 由于 B = 0，非门 E 输出 1，而 A = 0，这时与门 C 的两个输入端一个为 0 一个为 1，所以逻辑门 C 输出 0，即 A > B = 0，这表示 A、B 两个数不是 A > B
A = 1，B = 1 时	由于 A = B = 1，加到异或非门 A 的两个输入端，这时逻辑门 A 输出 1，即 A = B 端输出 1，表示参与比较的两个数相等。 由于 A = 1，非门 D 输出 0，而 B = 1，这时与门 B 的两个输入端一个为 0 一个为 1，所以逻辑门 B 输出 0，即 A < B = 0。 由于 B = 1，非门 E 输出 0，而 A = 1，这时与门 C 的两个输入端一个为 0 一个为 1，所以逻辑门 C 输出 0，即 A < B = 0
A = 1，B = 0 时	由于异或非门 A 的两个输入端一个是 1，一个是 0，所以逻辑门 A 输出 0，即 A = B 端输出 0，这表示参与比较的两个数 A 和 B 不相等。 由于 A = 1 加到与门 C 的一个输入端，又因为 B = 0 加到非门 E 的输入端，非门 E 输出 1。这样，与门 C 的两个输入端都是 1，所以逻辑门 C 输出 1，即 A > B 端输出 1，这表示参与比较的两个数 A 比 B 大。 由于 B = 0，加到与门 B 的一个输入端，使与门 B 输出 0，即 A < B 端输出 0，这说明参与比较的两个数不是 A 小于 B
A = 0，B = 1 时	同样的道理由于异或非门的两个输入端一个是 1 一个是 0，它输出 0，即 A = B 端输出 0。 由于 B = 1 加到与门 B 的一个输入端，又因为 A = 0 加到非门 D 的输入端，非门 D 输出 1，这样与门 B 的两个输入端都是 1，所以与门 B 输出 1，即 A < B 端输出 1，这表示参与比较的两个数 A、B 是 A 小于 B

2．真值表

表 8-19 所示是一位数比较器的真值表。

表 8-19　一位数比较器的真值表

输入端 A	输入端 B	输出端 A = B	输出端 A > B	输出端 A < B
0	0	1	0	0
0	1	0	0	1
1	0	0	1	0
1	1	1	0	0

8.3.4　多位数比较器

1. 学员汇报讲解 RC 和 LC 阻抗特性和老师点评 1

1．工作原理

多位数比较器的工作原理要分成下列 3 种情况进行分析。

第一种情况是这样：首先比较高位，如果某一多位数 A 的最高位比另一个多位数 B 的最高位大，此时无论这两个多位数的其他位数情况如何，多位数 A 肯定大于多位数 B，此多位数比较器就是 A > B 输出端输出 1，这表示 A 数大于 B 数。

第二种情况是这样：首先比较高位，如果某一多位数 B 的最高位比另一个多位数 A 的最高位大，此时无论这两个多位数的其他位数情况如何，多位数 B 肯定大于多位数 A，此多位数比较器就是 B > A 输出端输出 1，这表示 B 数大于 A 数。

第三种情况是这样：如果 A、B 数的最高位比较结果是相等，那么进行两数的次高位数比较，比较的结果哪个数大就是哪个数大，若比较的结果仍然是相等，那么再进行下一位数的比较，直到最后一位数比较的结果都是相等时，多位数比较器的 A = B 输出端输出 1，这说明多位数 A 等于多位数 B。

2．四位数比较器

图 8-61 所示是四位数比较器（集成电路四位数比较器）。电路中，左侧上面一排共 8 个输入端，分别是两个数 A 和 B 的四位输入端。左侧下面一排共 3 个串联输入端，如果只是用作四位数比较器时，这 3 个串联输入端不起作用，如果要用这种电路进行更多位数的比较时，这 3 个串联输入端将另一个多位比较器电路相串联，从而可构成大于四位数的比较器电路。电路的右侧是 3 个输出端，与一位数比较器电路的 3 个输出端作用相同。

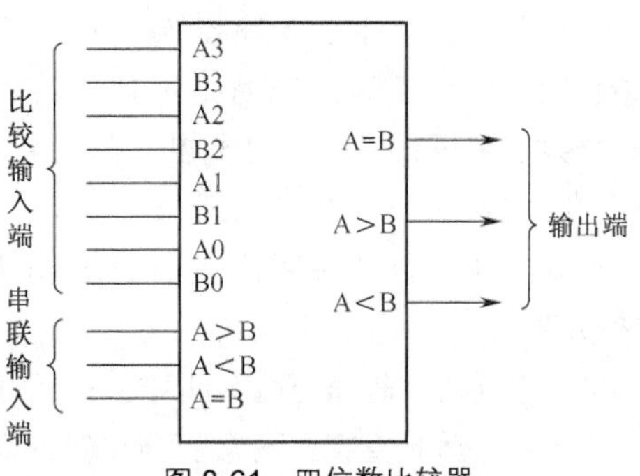

图 8-61　四位数比较器

3．四位数比较器真值表

表 8-20 所示是四位数比较器真值表。

表 8-20　四位数比较器真值表

输入端				输出端		
A3　B3	A2　B2	A1　B1	A0　B0	A > B	A < B	A = B
A3 > B3	—	—	—	1	0	0

续表

输入端				输出端		
A3 < B3	—	—	—	0	1	0
A3 = B3	A2 > B2	—	—	1	0	0
A3 = B3	A2 < B2	—	—	0	1	0
A3 = B3	A2 = B2	A1 > B1	—	1	0	0
A3 = B3	A2 = B2	A1 < B1	—	0	1	0
A3 = B3	A2 = B2	A1 = B1	A0 > B0	1	0	0
A3 = B3	A2 = B2	A1 = B1	A0 < B0	0	1	0
A3 = B3	A2 = B2	A1 = B1	A0 = B0	0	0	1

识图小结

关于比较器电路主要说明下列几点。

（1）一位数比较器是最基本的比较器电路，多位数比较器是实用的比较器电路。注意，一位数比较器只有两个输入端A和B，但有3个输出端A = B、A > B和A < B。

（2）多位数比较器的工作原理是从最高位向下一位进行比较，若有结果就会使A > B或A < B输出端输出1，若比较到最后一位数时仍然是相等，则比较器的输出端A = B输出1。

（3）比较器共有3个输出端，哪一个输出端输出1，就说明比较的结果就是该输出端的结果。在进行两个二进制数比较过程中，3个输出端必有一个输出端是1，另两个输出端必定是0，否则说明比较器的工作状态已被破坏。

（4）检验对比较器电路分析结果是否正确有一个方法，就是直接看两个参与比较的二进制数哪个大哪个小，然后看分析的结果是否与直接比较的结果一致。例如，A数是1101，B数是1001，这两个数中A数是大于B数的，比较器电路分析的结果应该是A > B端输出1，否则就是电路分析错误。

8.3.5 判奇（偶）电路

判奇（偶）电路是一种用来判断若干个输入信号中，有奇个或偶个为高电平1的电路。

1．判奇电路功能

判奇电路的逻辑功能是：在输入的若干个信号中，若高电平1的数目是奇数个时，判奇电路输出高电平1；若有偶数个高电平1时，则判奇电路输出低电平0。

2．判偶电路功能

判偶电路的逻辑功能是：在输入的若干个信号中，若高电平1的数目是偶数个时，判偶电路输出高电平1；若有奇数个高电平1时，则判偶电路输出低电平0。

3．3个输入端的判奇电路

图8-62所示是3个输入端的判奇电路。电路中，逻辑门1和2是异或门电路；A、B和C是3个输入端，它们输入1或是0；Y是这一3个输入端的判奇电路的输出端。

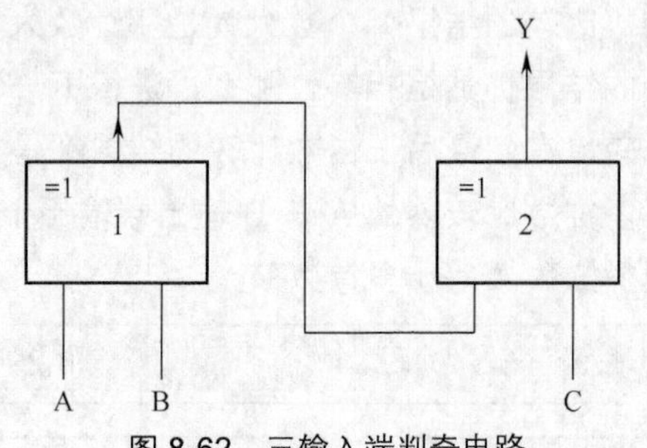

图8-62　三输入端判奇电路

对这一电路的工作原理分析，根据3个输入端的不同组合共要分成8种情况进行，下面选择其中3种情况进行分析，如表8-21所示。

表 8-21 3 种情况下的电路分析

名称	说明
A = 0，B = 0，C = 0	由于异或门 1 的两个输入端都是 0，根据异或门逻辑功能可知，它输出 0。这一 0 加到异或门 2 的输入端，由于 C = 0，这样异或门 2 的两个输入端也都是 0，所以 Y 输出 0，这说明这种情况下 3 个数没有高电平数目为奇数的情况
A = 1，B = 0，C = 0	因为 A = 1，B = 0，所以异或门 1 输出 1，这一 1 加到异或门 2 的一个输入端，它的另一个输入端是 C = 0，所以 Y 输出 1，这说明此时的 A、B、C 3 个数中高电平数是奇数
A = 1，B = 1，C = 1	由于A = 1，B = 1，所以异或门 1 输出是 0，异或门 2 的两个输入端一个是 1，一个是 0，这样 Y 输出 1，表示 3 个数中高电平数目是奇数

4．三输入端判奇电路真值表

表 8-22 所示是三输入端判奇电路的真值表。

表 8-22 三输入端判奇电路的真值表

输入端 A	输入端 B	输入端 C	输出端 Y
0	0	0	0
0	0	1	1
0	1	0	1
0	1	1	0
1	0	0	1
1	0	1	0
1	1	0	0
1	1	1	1

5．识图小结

关于判奇（偶）电路主要说明下列几点。

（1）判奇、判偶电路都是针对输入信号中的高电平 1 数目而言的，这两种电路的基本结构相似，电路分析方法相同。

（2）判奇、判偶电路的输入端有多个，不一定只是上面介绍的 3 个输入端，但这种电路的输出端只有一个。

（3）判奇、判偶电路的输出端状态是这样：对于判奇电路而言，当输出端为 1 时，说明输入信号中高电平 1 的数目为奇数；对于判偶电路而言，当输出端为 1 时，说明输入信号中高电平 1 的数目为偶数。

（4）检验对判奇、判偶电路分析是否正确有一个方法，就是先直接看输入信号中的高电平 1 数目，便能知道高电平 1 的数目是偶数还是奇数，还是没有高电平 1，然后与电路分析的结果进行对比，若一致说明电路分析正确，否则说明电路分析错误。

8.3.6 数据选择器

数据选择器的英文名称是 Multiplexer。

重要提示

模拟电路中有一种选择开关电路（或功能开关电路），它的作用是从众多的输入信号中选择一路信号作为后级电路的输入信号。数据选择器是用于数字系统中的选择开关电路。具体地讲，数据选择器的功能是在选择控制信号的作用下，从若干输入数据中选择一路作为输出。所以，数据选择器又称为多路选择器或多路开关电路。

1．电路工作原理

图 8-63（a）所示是 4 个输入数据选择器电路，这是一个 4 选 1 电路，即从 4 个输入端数据中选出 1 个输入端数据输出。图 8-63（b）所示是 4 个输入端的数据选择器的等效电路，从等效电路中可清楚看出，这一电路就相当于一个单刀四掷选择开关电路。

电路中，逻辑门 1 ～ 4 是 4 个非门电路，逻辑门 5 ～ 8 构成与或非门电路。S0 和 S1 是选择控制信号输入端，也称为通道地址选择端。D0 ～ D4 是 4 个数据输入端，Y 为这一数据选择器的数据输出端。数据选择器工作时，选择器输出哪一路数据，由选择控制信号 S0 和 S1 的状态来决定。

2.学员汇报讲解 RC和LC阻抗特性和老师点评2

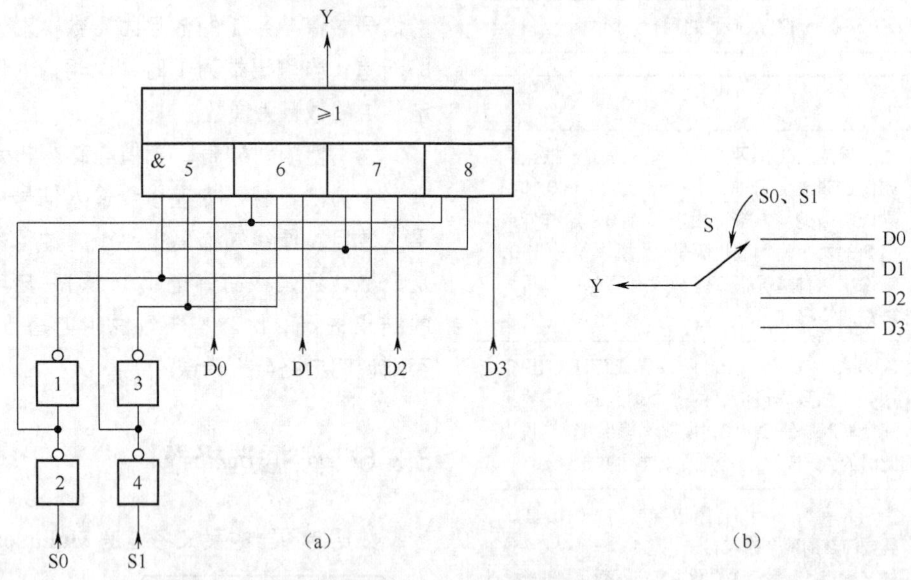

图 8-63　4 选 1 数据选择器

根据 S0 和 S1 的不同组合，这一电路的工作原理应该分成 4 种情况进行分析，如表 8-23 所示。

表 8-23　4 种情况下的电路分析

名称	说明
S0 = 0，S1 = 0	由于 S0 = 0，非门 2 输出 1，这一高电平加到与门 8 的一个输入端。由于 S1 = 0，非门 4 输出 1，这一高电平加到与门 8 的另一个输入端，此时与门 8 的 3 个输入端中有两个都是 1，显然另一个输入端 D3 就能决定或非门的输出状态。所以，此时 Y = D3。对于 5、6 和 7 与门，由于都有一个或两个输入端是 0，所以它们被关闭，不能输出数据。 由此可见，当 S0 = 0，S1 = 0 时，Y = D3，即此时的数据选择器选择了数据 D3 作为输出数据
S0 = 1，S1 = 1	由于 S0 = 1，经非门 2 和 1 两次逻辑非处理，非门 1 输出 1。由于 S1 = 1，经非门 4 和 3 两次逻辑非处理，非门 3 输出 1。这样，与门 5 的 3 个输入端中有两个为 1，所以此时输出端 Y = D0。与门 6 ～ 8 由于有一个或两个输入端为 0，它们被关闭。 由此可见，当 S0 = 1，S1 = 1 时，Y = D0，即此时的数据选择器选择了数据 D0 作为输出数据
S0 = 1，S1 = 0	运用上面介绍的电路分析方法可知，此时只有与门 7 的两个输入端都是 1，这样输出端 Y = D2，此时的数据选择器选择了数据 D2 作为输出数据

续表

名称	说明
S0 = 0，S1 = 1	此时，只有与门 6 的两个输入端都是 1，所以 Y = D1，此时的数据选择器选择了数据 D1 作为输出数据

2．逻辑功能

表 8-24 所示是上面的 4 个数据输入端的数据选择器逻辑功能。

表 8-24　4 个数据输入端的数据选择器逻辑功能

选择控制输入端 S0	选择控制输入端 S1	输出端 Y	说明
1	1	D0	输出 D0
0	1	D1	输出 D1
1	0	D2	输出 D2
0	0	D3	输出 D3

3．具有控制端的数据选择器电路

图 8-64 所示是具有控制端的数据选择器电路。从这一电路可看出，该电路与前面的数据选择器电路的不同之处是多了一个控制端 $\overline{X}$，其输入端和输出端与前面的相同，电路结构也基本相同，只是与门电路输入端由 3 个改成了 4 个。

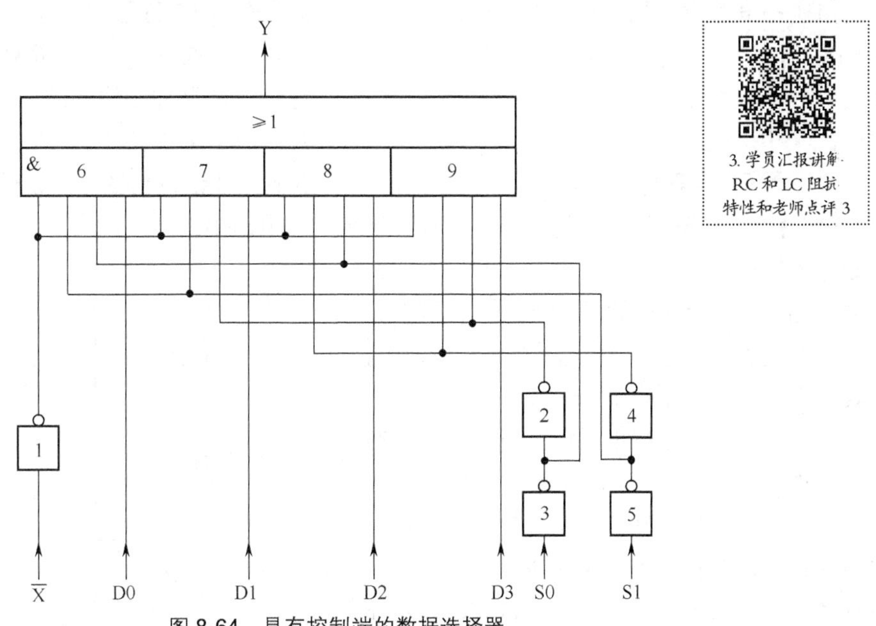

图 8-64　具有控制端的数据选择器

电路中，$\overline{X}$是控制输入端，S0和S1是通道地址选择输入端（也就是选择控制信号输入端），D0～D3是数据输入端，Y是数据选择器的输出端。当控制输入端$\overline{X}$=1时，数据选择器输出0，此时各输入控制无效。当$\overline{X}$=0时，数据选择器根据通道地址输出数据。表8-25所示是这一数据选择器的真值表。

表 8-25　数据选择器的真值表

通道地址选择		数据输入端				控制端	输出端
S1	S0	D3	D2	D1	D0	$\overline{X}$	Y
0	0	—	—	—	0	0	0
		—	—	—	1	0	1
0	1	—	—	0	—	0	0
		—	—	1	—	0	1
1	0	—	0	—	—	0	0
		—	1	—	—	0	1
1	1	0	—	—	—	0	0
		1	—	—	—	0	1
—	—	—	—	—	—	1	0

用这一电路可以构成双4选1电路，控制端$\overline{X}$分开，但通道地址选择端S0和S1共用，这样可扩展通道数目。

4．识图小结

关于数据选择器电路主要说明下列几点。

（1）数据选择器是一种能够通过选择控制信号（通道地址选择）对多路输入数据进行选择的电路。当具有4个数据输入端时，要求控制输入端有两个。如果数据输入端更多的话，需要有更多的控制输入端才行。

（2）一个输入数据电路称为一个通道，前面介绍的4个数据输入端，就有4个通道。

（3）对于选择控制信号，也就是通道地址选择的作用是这样：当数字系统要求数据选择器从某一个输入数据中取出一个数据时，首先要给出通道地址选择，特定的某一组通道地址选择（如S0＝1，S1＝0），就表示了相应的数据（如D2）输出，因为给出了S0＝1，S1＝0后，数据选择器就能输出D2数据。

（4）分析数据选择器电路时，主要是根据选择控制端的输入状态，看与或非门的与门输入端，当某一个与门除数据输入端外其他输入端都是1时，数据选择器就能输出这一路的数据。

（5）数据选择器电路的输出端状态只取决于同一时刻的输入状态，所以这是一组合逻辑电路。

8.3.7 数据分配器

数据分配器的英文名称是Demultiplexer。

重要提示

数据分配器与数据选择器的功能相反，数据选择器是将众多数据选择到一个通道电路中，而数据分配器是将一个数据分配到许多道道电路中，就是将一个数据按照规定要求分成几个部分，然后通过通道地址选择端将分割的数据送到相应的通道电路中。

1．图形符号

图8-65所示是数据分配器图形符号。电路中，X是控制输入端，J是数据输入端，A、B、C是通道地址选择端，Y0～Y7是8个输出端，8个输出数据经由输出端送到各自的通道电路中。

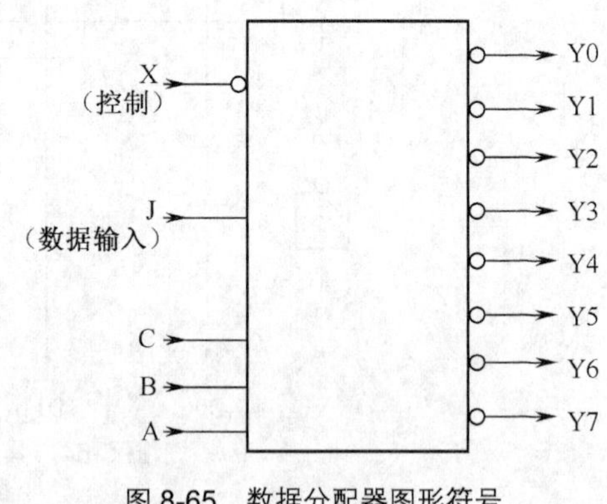

图8-65　数据分配器图形符号

2．识图小结

关于数据分配器电路主要说明下列几点。

（1）数据分配器的输出端可以有多个，通道地址选择端的数目与数据分配器的输出端数目有关联，每一个输出端都要通过通道地址选择端来给它确定通道的地址，即每一个通道地址组合（如A＝1，B＝0，C＝1）就有一个确定的通道，由于通道地址选择端只有1和0两种状态，这样当通道地址选择端数目为3时，数据分配器的输出端最多是8个。如果通道地址选择端数目为4时，数据分配器的输出端最多是2^4个。

（2）图8-66所示是数据分配器在数字系统中的位置示意图。这一数字系统的结构是这样：模拟信号先经过数据选择器电路，所选出的信号加到A/D（模/数转换器），再先数字处理电路处理，然后通过D/A（数/模转换器）转换成模拟信号，再通过数据分配器输出信号。这一电路中的数据分配器用在模拟电路中。

4.学员汇报讲解RC和LC阻抗特性和老师点评4

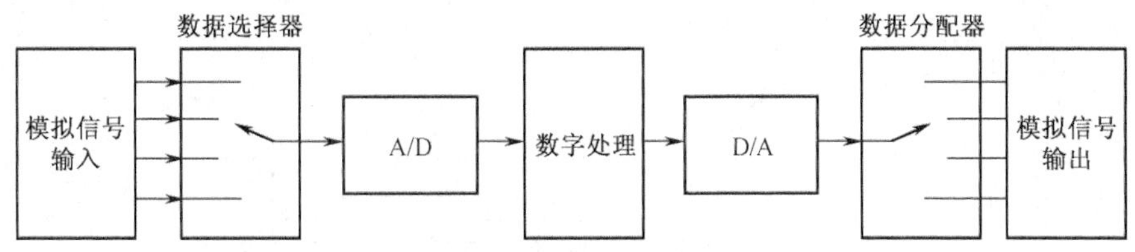

图 8-66　数据分配器在数字系统中的位置示意图

8.3.8　编码概念

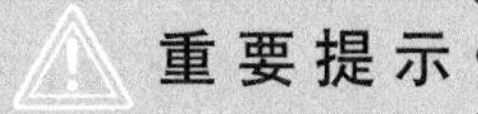

数字系统电路中，通常数字电路只能识别 1 和 0 两个码，而模拟系统中的各种变量和字符（如十进制数中的 0 ～ 9、字母和符号等）数字电路是无法直接识别的，必须将这些分量和字符用 1 和 0 两个码来编排，就是将若干个 0 和 1 按一定规律编排在一起“编成不同代码”，并且将这些代码分别赋予特定的含义，这一过程叫编码，能够完成编码的电路叫做编码器电路。

显然，由于编码的具体规定很多，这样编码器的种类也有许多。

在二 - 十进制编码中，可以用四位的二进制码来表示十进制数中的 0 ～ 9，这样的编码过程称为二 - 十进制编码。

1．二进制编码特点

一位的二进制数只有 0、1 两个状态，它可以表示两种不同的特定含义，如果需要表示 3 种不同的特定含义，显然只用一位的二进制数码就无法解决了。此时，可以用更多位的二进制来数进行编码，当采用二位二进制数码进行编码时，就能表示 4 种不同的特定含义，即一个二位的二进制数有 00、01、10、11 共 4 个不同的状态，可表示 4 种特定含义，但是如果要表示 5 种不同的特定含义，显然二位二进制数码也不行了。

多少位二进制数码能够表示多少种不同的特定含义呢？有一个公式可解答这一问题，这一公式如下：

$$N \leqslant 2^n。$$

式中：n代表有多少位的二进制数码，如$n = 4$时就是用四位二进制数码来进行编码，$n = 8$时就是用八位二进制数码来进行编码；

N 代表在 n 确定后所能表达不同的特定含义数量，例如，当 $n = 4$ 时，$N = 16$，这说明当采用四位二进制数码进行编码时，能够表达 $2^4 = 16$ 种不同的特定含义。

2．编码器示意图

图 8-67 所示是二进制编码器示意图。电路中，A0 ～ A15 是 16 个需要进行二进制编码的不同的特定含义量，是编码器的输入端；Y1 ～ Y4 是这一编码器的 4 个输出端，每个输出端只有 1 和 0 两种状态，4 个输出端可有 16 种不同的组合，每一个组合就代表了输入端 16 个量中的某一个量。

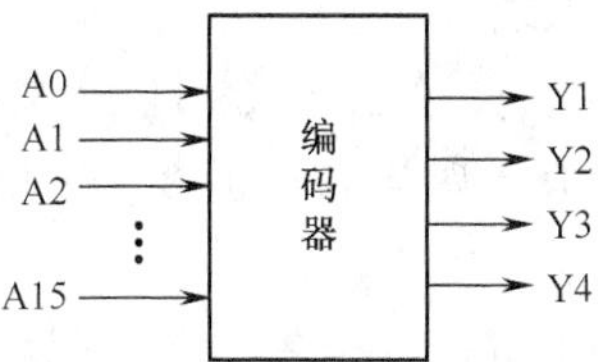

图 8-67　二进制编码器示意图

实用编码器中，输入端数目不一定只有 16 个，输出端不一定只有 4 个，但输入端数目和输出端数目之间应符合 $N \leqslant 2^n$ 公式。

8.3.9　键控 8421-BCD 码编码器电路

图 8-68 所示是由 10 个按键构成的 8421-BCD 码编码器。电路中，逻辑门 1 ～ 5 是与非门，其中与非门 1 和 5 有两个输入端，与非门 2 和 3 有 4 个输入端，与非门 4 有 5 个输入端，逻辑门 6 是 4 个输入端的或非门。

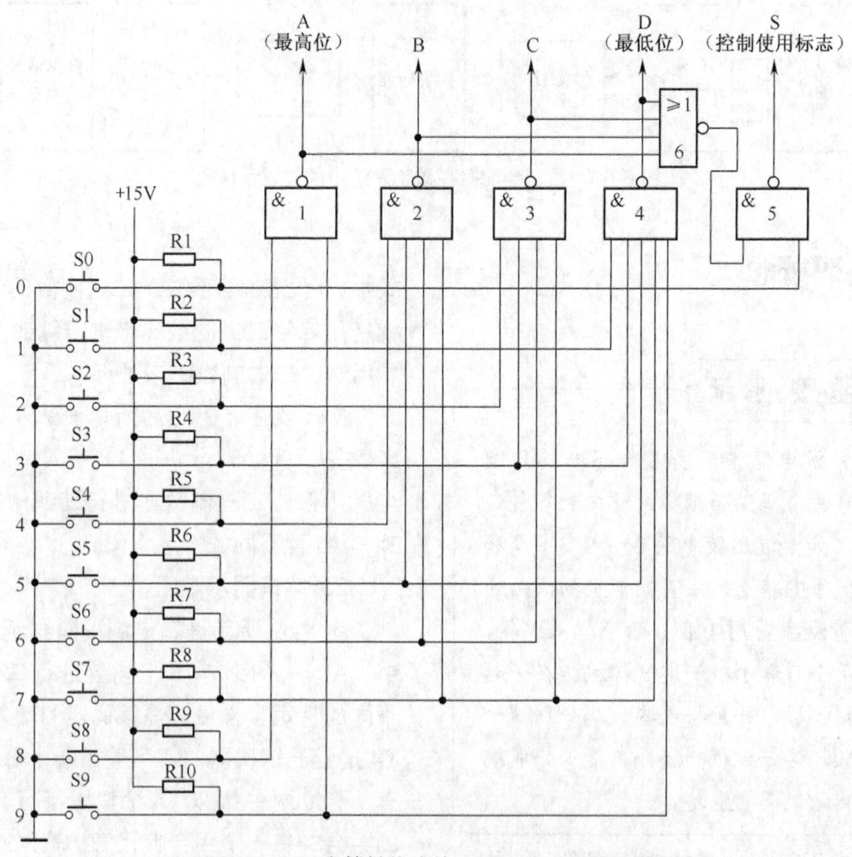

图 8-68　10 个按键构成的 8421-BCD 码编码器

1．输入端

电路中，开关 S0 ～ S9 是 10 个按键开关，其中 S0 代表十进制数中的 0，S1 代表十进制数中的 1，依次类推。

S0 ～ S9 这 10 个开关的一端并联后接地，另一端与各有关逻辑门输入端相连。当 10 个开关中的某一开关接通时，如 S1 接通，逻辑门 4 的一个输入端为低电平 0；当 S1 开关未接通时，则逻辑门 4 的这一输入端接高电平 1，这一高电平通过电阻 R2 取自直流电压 +15V。

开关 S0 和 S9 在同一时间内只能有一个接通，如 S1 接通时，其他各开关均处于断开状态。

2．输出端

这一编码器的输出端共有 4 个，即 A、B、C 和 D，这 4 个输出端各有 1 或 0 两个输出状态，它们的不同组合就能表示输入端的 0 ～ 9。在这 4 个输出端中，其中 A 是最高位，B 是次高位，D 是最低位。

另一个输出端 S 称为控制使用标志。当 S0 ～ S9 中任何一个开关接通时，S = 1；当没有一个开关接通时，S = 0。

控制使用标志是为了区别这样的一种情况：当 S0 ～ S9 都没有接通时，ABCD 输出 0000；当按下 S0 时，编码器输出端 ABCD 也是输出 0000。为了区别这两种 0000 输出，才设置这一控制使用标志。

3．编码器电路分析

当某一开关接通时，该开关将使对应的逻辑门电路的一个输入端输入低电平 0。当该开关断开时，则给逻辑门输入端输入高电平 1。对这种编码器的工作原理分析要分成 10 种情况，如表 8-26 所示。

5. 学员汇报讲解 RC 和 LC 阻抗特性和老师点评 5

表 8-26　编码器电路分析

名称	说明
十进制数中的“0”编码	代表十进制数中“0”的开关 S0 接通，其他开关则断开。由于 S0 = 0，逻辑门 5 的一个输入端为 0，使之输出 1，即 S = 1。 由于其他 9 个开关处于断开状态，逻辑门 1 ～ 4 的各个输入端都是 1，这样各与非门输出 0，即 A = 0，B = 0，C = 0，D = 0，也就是输出端 ABCD 状态为 0000。 由此可见，在 8421-BCD 编码中，十进制数中的“0”用码 0000 表示
十进制数中的“1”编码	代表十进制数中“1”的开关 S1 接通，其他开关则断开。由于 S1 接通，与非门 4 的一个输入端输入 0，这样该门输出 1，即输出端 D = 1。 由于其他 9 个开关处于断开状态，逻辑门 1 ～ 3 的各个输入端都是 1，这样 1 ～ 3 各与非门输出 0，即 A = 0，B = 0，C = 0，也就是输出端 ABCD 状态为 0001。 由于或非门 6 的输入端就是 ABCD，因 D = 1，所以此时或非门 6 输出 0，该低电平加到与非门 5 的一个输入端，使 S = 1。 由此可见，在 8421-BCD 编码中，十进制数中的“1”用码 0001 表示
十进制数中的“2”编码	代表十进制数中“2”的开关 S2 接通，其他开关则断开。由于 S2 接通，与非门 3 的一个输入端输入 0，这样该门输出 1，即输出端 C = 1。 因其他 9 个开关处于断开状态，逻辑门 1、2 和 4 的各个输入端都是 1，这 3 个与非门输出 0，即 A = 0，B = 0，D = 0，也就是输出端 ABCD 状态为 0010。此时，因 C = 1，所以或非门 6 输出 0，该低电平加到与非门 5 的一个输入端，使 S = 1。 由此可见，在 8421-BCD 编码中，十进制数中的“2”用码 0010 表示
十进制数中的“3”编码	代表十进制数中“3”的开关 S3 接通，其他开关则断开。由于 S3 接通，与非门 3 和与非门 4 的一个输入端输入 0，这样输出端 C = 1，输出端 D = 1。 因为其他 9 个开关处于断开状态，逻辑门 1 和 2 的各个输入端都是 1，这样 A = 0，B = 0，也就是输出端 ABCD 状态为 0011。此时，因 C = 1 和 D = 1，所以或非门 6 输出 0，该低电平加到与非门 5 的一个输入端，使 S = 1。 由此可见，在 8421-BCD 编码中，十进制数中的“3”用码 0011 表示
十进制数中的“4”编码	代表十进制数中“4”的开关 S4 接通，其他开关则断开。由于 S4 接通，与非门 2 的一个输入端输入 0，这样输出端 B = 1。 因为其他 9 个开关处于断开状态，与非门 1、3 和 4 的各个输入端都是 1，这样 A = 0，C = 0，D = 0，也就是输出端 ABCD 状态为 0100。此时，因 B = 1，所以或非门 6 输出 0，该低电平加到与非门 5 的一个输入端，使 S = 1。 由此可见，在 8421-BCD 编码中，十进制数中的“4”用码 0100 表示
十进制数中的“5”编码	代表十进制数中“5”的开关 S5 接通，其他开关则断开。由于 S5 接通，与非门 2 和与非门 4 的一个输入端输入 0，这样输出端 B = 1，输出端 D = 1。 因为其他 9 个开关处于断开状态，逻辑门 1 和 3 的各个输入端都是 1，这样 A = 0，C = 0，也就是输出端 ABCD 状态为 0101。此时，因 B = 1 和 D = 1，所以或非门 6 输出 0，该低电平加到与非门 5 的一个输入端，使 S = 1。 由此可见，在 8421-BCD 编码中，十进制数中的“5”用码 0101 表示。
十进制数中的“6”编码	代表十进制数中“6”的开关 S6 接通，其他开关则断开。由于 S6 接通，与非门 2 和与非门 3 的一个输入端输入 0，这样输出端 B = 1，输出端 C = 1。 因为其他 9 个开关处于断开状态，逻辑门 1 和 4 的各个输入端都是 1，这样 A = 0，D = 0，也就是输出端 ABCD 状态为 0110。此时，因 B = 1 和 C = 1，所以或非门 6 输出 0，该低电平加到与非门 5 的一个输入端，使 S = 1。 由此可见，在 8421-BCD 编码中，十进制数中的“6”用码 0110 表示
十进制数中的“7”编码	代表十进制数中“7”的开关 S7 接通，其他开关则断开。由于 S7 接通，与非门 2、3 和 4 的一个输入端输入 0，这样输出端 B = 1，C = 1，D = 1。 因为其他 9 个开关处于断开状态，逻辑门 1 的各个输入端都是 1，这样 A = 0，也就是输出端 ABCD 状态为 0111。此时，因 B = 1，C = 1，D = 1，所以或非门 6 输出 0，该低电平加到与非门 5 的一个输入端，使 S = 1。 由此可见，在 8421-BCD 编码中，十进制数中的“7”用码 0111 表示

续表

名称	说明
十进制数中的“8”编码	代表十进制数中“8”的开关 S1 接通，其他开关则断开。由于 S8 接通，与非门 1 的一个输入端输入 0，这样该门输出 1，即输出端 A = 1。 由于其他 9 个开关处于断开状态，逻辑门 2 ～ 4 的各个输入端都是 1，这样 2 ～ 4 与非门输出 0，即 B = 0，C = 0，D = 0，也就是输出端 ABCD 状态为 1000。 由于或非门 6 的输出端就是 ABCD，因 A = 1，所以此时或非门 6 输出 0，该低电平加到与非门 5 的一个输入端，使 S = 1。 由此可见，在 8421-BCD 编码中，十进制数中的“8”用码 1000 表示
十进制数中的“9”编码	代表十进制数中“9”的开关 S9 接通，其他开关断开。由于 S9 接通，与非门 1 和 4 的一个输入端输入 0，这样输出端 A = 1，输出端 D = 1。 因为其他 9 个开关处于断开状态，逻辑门 2 和 3 的各个输入端都是 1，这样 B = 0，C = 0，也就是输出端 ABCD 状态为 1001。此时，因 A = 1 和 D = 1，所以或非门 6 输出 0，该低电平加到与非门 5 的一个输入端，使 S = 1。 由此可见，在 8421-BCD 编码中，十进制数中的“9”用码 1001 表示

当 S0 ～ S9 各按键开关均没有按下时，由于开关 S0 没有按下，所以与非门 5 的一个输入端为高电平 1。由于各开关都没有按下，此时 A = B = C = D = 0，或非门 6 的 4 个输入端都是 0，它输出高电平 1，该高电平 1 加到与非门 5 的另一个输入端，这样 S = 0。

4．**真值表**

表 8-27 所示是 8421-BCD 编码器真值表。

表 8-27　8421-BCD 编码器真值表

十进制数	输入端										输出端				
	S0	S1	S2	S3	S4	S5	S6	S7	S8	S9	A	B	C	D	S
0	0	1	1	1	1	1	1	1	1	1	0	0	0	0	1
1	1	0	1	1	1	1	1	1	1	1	0	0	0	1	1
2	1	1	0	1	1	1	1	1	1	1	0	0	1	0	1
3	1	1	1	0	1	1	1	1	1	1	0	0	1	1	1
4	1	1	1	1	0	1	1	1	1	1	0	1	0	0	1
5	1	1	1	1	1	0	1	1	1	1	0	1	0	1	1
6	1	1	1	1	1	1	0	1	1	1	0	1	1	0	1
7	1	1	1	1	1	1	1	0	1	1	0	1	1	1	1
8	1	1	1	1	1	1	1	1	0	1	1	0	0	0	1
9	1	1	1	1	1	1	1	1	1	0	1	0	0	1	1
无开关通	1	1	1	1	1	1	1	1	1	1	0	0	0	0	0

5．识图小结

关于编码器电路主要说明下列几点。

（1）编码的目的是为了数字系统电路能够识别外部输入量，二 - 十进制编码器只是众多二进制编码器中的一种。利用上面介绍的二进制编码器，可以将各种字符进行编码，如将英文大小写 26 个字母进行编码。

（2）8421-BCD 编码器是专门用来对 0 ～ 9 进行编码的电路，分析这一电路工作原理的关键是要对与非门逻辑功能熟悉，应根据各输入端状态的不同组合，分成若干种情况进行分步分析。

（3）8421-BCD 编码器有一个比较严重的缺点，就是当有多个开关同时按下时，编码器的输出状态将出现混乱，为此在数字系统中还有一种能够解决这一问题的编码器，称为优先编码器。这种编码器的特点是，当出现多个开关同时按下的问题时，编码将根据事先设定的优先次序输出。

（4）编码器的应用相当广泛，凡是数字系统外部的各种按键控制功能，都需要通过编码器输出的事先约定编码，才能控制数字系统做相应响应，如数字调谐彩色电视机中的键控输入电路、影碟机中的键控输入电路等。

6. 学员汇报讲解 RC 和 LC 阻抗特性和老师点评 6

8.3.10　实用的键控输入电路分析

通过前面介绍的一些数字电路基本识图知识，可以对一些数字系统中的实用电路进行分析，这里列举两个键控输入电路。

1．键控输入电路之一

数字系统中常用的键控输入电路主要有下列两种形式的键盘：非编码键盘，电路相对简单；编码键盘，电路比较复杂。

图 8-69 所示是行扫描式非编码键盘键控输入电路。这是一个 4×4 的键盘矩阵电路，共有 4×4 = 16 个按键，即 S0 ～ S15，可以产生 16 个对应的键位置码。这一电路共有 4 行，即 0 行、1 行、2 行和 3 行也有 4 列，即 0 列、1 列、2 列和 3 列。

这一电路的特征是这样：每一个按键有两根引脚，一根接在某一行线上，另一根接在列线上。当按键处于断开状态时，开关对电路无影响；当某一按键接通时，将使相应的行线和列线接通。

行扫描法是以步进扫描的方式进行扫描，每一次在键盘的一行发出扫描信号，同时检测列线输入信号。若列检测发现某列信号电平与行扫描电平相同，则判定所被按下的按键在该列，且是该列与扫描行交点处的按键已被按下，这样可转至键位编码程序确定所按下按键的功能码。

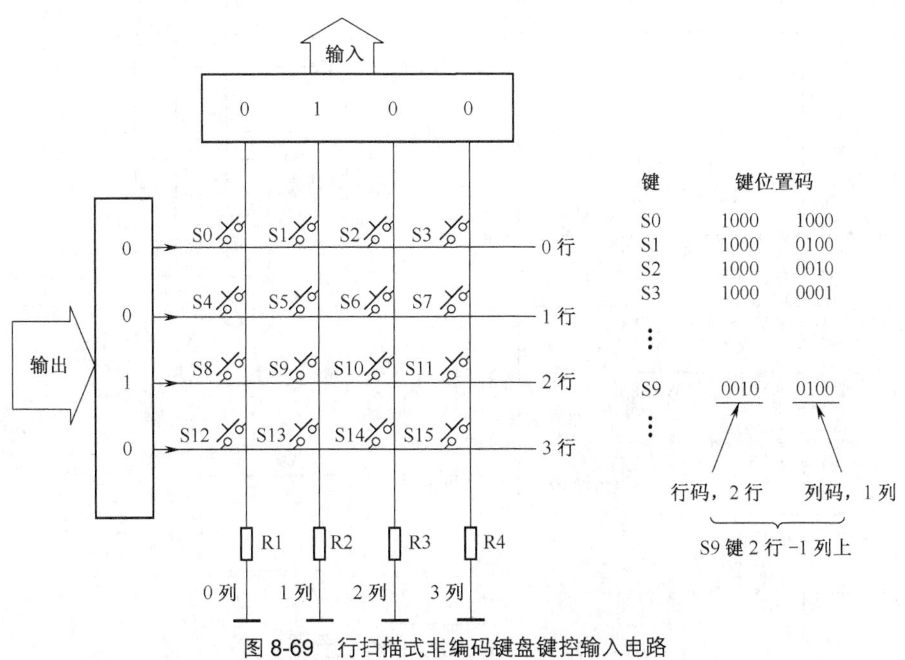

图 8-69　行扫描式非编码键盘键控输入电路

如果第一行扫描没有检测到列电平与扫描行电平相同的情况，则说明第一行中没有按键按下，开始进入下一行的扫描，直至找到所被按下的按键。

这里以按键 S9 接通为例，分析这一电路的工作原理。设按键 S9 被按下，微处理器首先输出数码“1111”到键盘的 4 根行线，由于 S9 接通，所以键盘列线输入到微处理器的数码是“0100”，列 1 为 1(因为 S9 在列 1)，其他各列输出 0。这时，微处理器已经确定了列 1 线上有一个按键已被接通，但目前还不知道该闭合的按键在哪一行上，为此进入逐行扫描。

微处理器发出数码“1000”，对 0 行进行扫描，由于 0 行线中没有按键被按下，所以送入微处理器的数码是“0000”，与行扫描数码“1000”不相等，微处理器知道在 0 行中没有按键闭合，便进行下一行的扫描。

微处理器发出数码“0100”，这是对 1 行进行扫描，由于按键 S9 也不在 1 行上，所以送入微处理器的数码还是“0000”，仍然与微处理器发出的数码“0100”不相等，所以微处理器还要进行下一行的扫描。

微处理器发出数码“0010”，这是对 2 行进行扫描，由于按键 S9 在 2 行上，S9 闭合，使送入微处理器的数码变为“0100”。由于“0100”与“0010”中都有一个 1，所以列信号电平和行信号电平相同，微处理器知道按键 S9 在 2 行。这样，微处理器得到一组输出（行）- 输入（列）数码，就是“0010-0100”，这组数码就是开关在 2 行 1 列的键位置码，微处理器有了 S9 的位置码，通过有关电路的转换就能得到按键 S9 的键位功能码。

重要提示

从电路图中可看出，各按键都有一个键位置码。数字电路（微处理器）能够识别这些由 1、0 组成的键位置码，这样可完成按键输入操作。

2. 键控输入电路之二

图 8-70 所示是某型号影碟机的键控输入电路。数字式家用电器的键控操作一般都有本控（本机控制键）和遥控两种操作，这两种操作的键位功能码是相同的，只是本控和遥控操作获得键位功能码的途径不同。电路中，左侧电路是本机的键控输入电路，遥控部分在右下侧（未画全）。

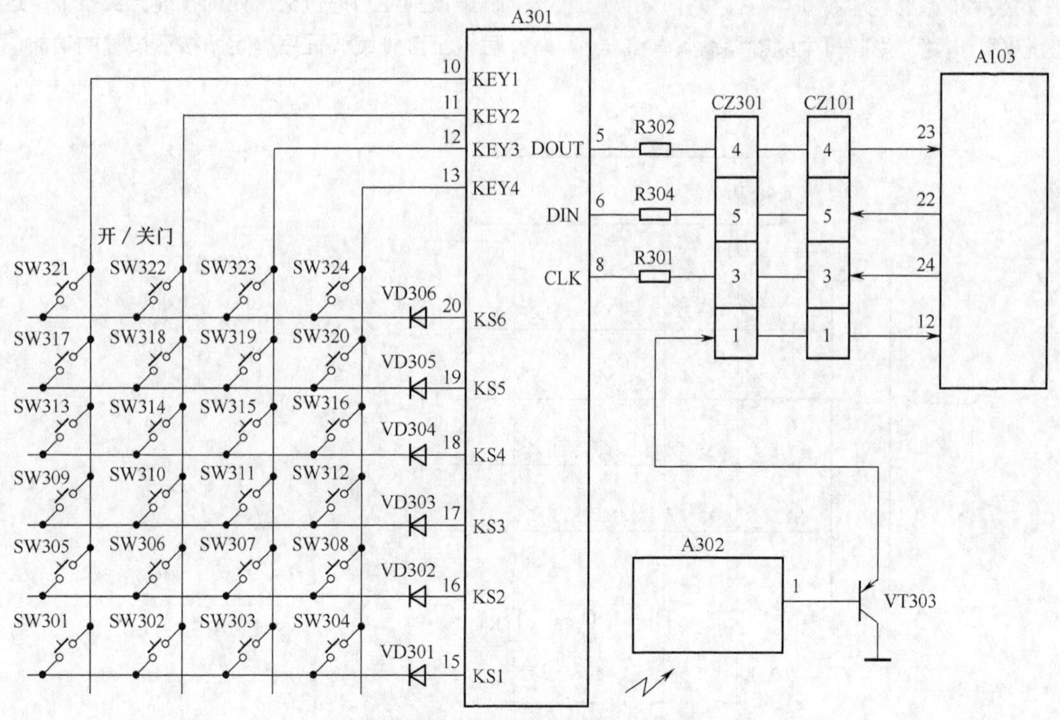

图 8-70 键控输入电路之二

电路中，集成电路 A301 的⑮～⑳共 6 根引脚是键扫描信号输出端，分别输出键扫描信号 KS1 ～ KS6；⑩～⑬脚是 4 个按键指令输入端，分别输入 KEY1 ～ KEY4 信号；⑧脚是时钟信号输入引脚；⑤脚是按键指令串行数据输出脚。

这一电路的工作原理是这样：集成电路 A301 的⑮～⑳脚的键扫描信号分别经过隔离二极管 VD301 ～ VD306 加到键阵的行线上，键阵电路中有 4 条列线，4×6 = 24，这样共有 24 个按键开关。

每一个按键指令输入端可接收 6 种不同的键扫描信号 KEY，这样通过集成电路 A301 的⑩～⑬脚共接收 24 个不同的键指令输入信号。这些信号经过集成电路 A301 内电路处理成串行指令数据，从集成电路 A301 的⑤脚输出，经电阻 R302 和接插件 CZ301、CZ101 的 4 脚，从㉓脚加到集成电路 A103 内电路中，经这一集成电路内电路的解码，其解码输出信号进行各种键功能的控制操作。

另外，该红外遥控器接收集成电路 A302 将接收到的各种按键操作指令进行整形放大后，从其①脚输出，加到射极输出器电路 VT303 基极，从其发射极输出，通过接插件 CZ301 和 CZ101 的①脚，从⑫脚输出加到集成电路 A103 内电路解码器中，通过解码得到具体的键控指令控制机器操作。

3．识图小结

关于前面介绍的两种键控输入电路主要说明下列几点。

（1）键盘输入是数字系统中最常见的输入方式，各种数字式家用电器中设有许多操作按键，它们都是以键盘方式设置，这些键盘上的按键按下或断开只能产生一个开关断与通的状态，如果不将开关的通、断动作编成 1、0 二进制数码，数字系统就无法识别它们。所以，键控输入电路的功能就是通过编码，能让数字系统识别各种操作指令。

（2）数字式家用电器的键控操作有本机和遥控操作两种，它们都存在着键控输入电路，其基本工作原理是相同的。各种数字式家用电器的本机和遥控键控输入电路的工作原理是基本一样的，所以在能够分析一种数字式家用电器的键控输入电路之后，通过触类旁通可以分析其他键控输入电路的工作原理。

（3）在键控输入电路中，通过键控输入电路会产生一个键位置码，这一代码一般不同于进行具体控制操作的键位功能码，为此要将键位置码转换成最终的键位功能码，这是一个解码过程，各种具体的机器这一解码工作是不一定相同的，或采用查表法或其他解码方法。

（4）查表法解码过程是这样：以第一种键控输入电路为例，先按照键位功能码的顺序从 S0 开始（设 S0 的键位功能码为 0），将键位置码列表存于存储器电路中，程序内设一个比较次序计数器，将计数器清零。然后，取第一键位功能码值与将行扫描得到的键位置码值进行比较，每比较一次，就是查表一次，也就是比较一个键位置功能码，且计数器加 1，当比较的结果两码不相同时，这种比较逐一进行下去，直到比较的结果相同，此时计数器当前的内容就是这一键位功能码。

7. 学员汇报讲解 RC 和 LC 阻抗特性和老师点评 7

8.3.11　二极管译码器

重要提示

译码器的功能从广义角度上讲，是将一种编码转换到另一种编码的电路。译码是编码的反过程，常用的译码器是一种将二进制编码还原成给定的信号或字符等内容的电路。这里主要介绍将二进制编码译成十进制数的译码器。

图 8-71 所示是二 - 十进制译码器示意图，这是一个四位的二 - 十进制译码器示意图。图中 A、B、C 和 D 为译码器输入端，输入二进制数码；W0、W1、…是译码器的输出端，输出代表十进制数的控制信号。对于二 - 十进制

译码器而言，输出端数目同 N 与输入端数目同 n 之间具有下列关系：

$$N \leqslant 2^n$$

式中：n 表示二 - 十进制译码器中的输入端数目，图中为 4。

N 表示二 - 十进制译码器的输出端数目，当 $n = 4$ 时，$N = 16$。

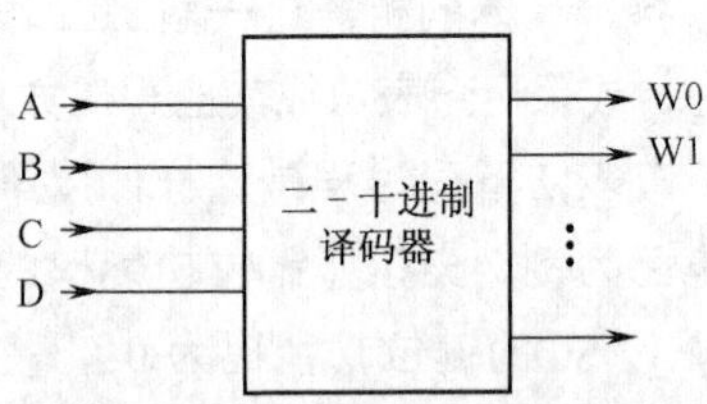

图 8-71　二 - 十进制译码器示意图

1．电路结构

图 8-72 所示是由二极管构成的门电路组成的译码器电路，这是一个二 - 十进制的译码器电路，由于这一电路中的二极管构成矩阵形式，所以又称二极管矩阵电路。

电路中，Q3 和 $\overline{Q3}$、Q2 和 $\overline{Q2}$、Q1 和 $\overline{Q1}$ 是三位计数器的输出端，也是这一译码器电路的 6 个输入端，这一译码器的任务就是要将这个三位计数器输出的二进制数“翻译”成十进制数。

电路中，W0 ～ W7 是这一译码器电路的输出端。其中当 W0 端输出 1 时，表示十制数中的“0”；当 W1 端输出高电平 1 时，表示译码器输出十进制数中的“1”。当 W2 端输出高电平 1 时，就表示译码器输出十进制数中的“2”，……当 W7 端输出高电平 1 时，就表示译码器输出十进制数中的“7”。

由于这一译码器是用来“翻译”三位二进制数的，所以它的输出端只有 0 ～ 7 共 8 个。

表 8-28 所示是三位二 - 十进制计数器输出状态。

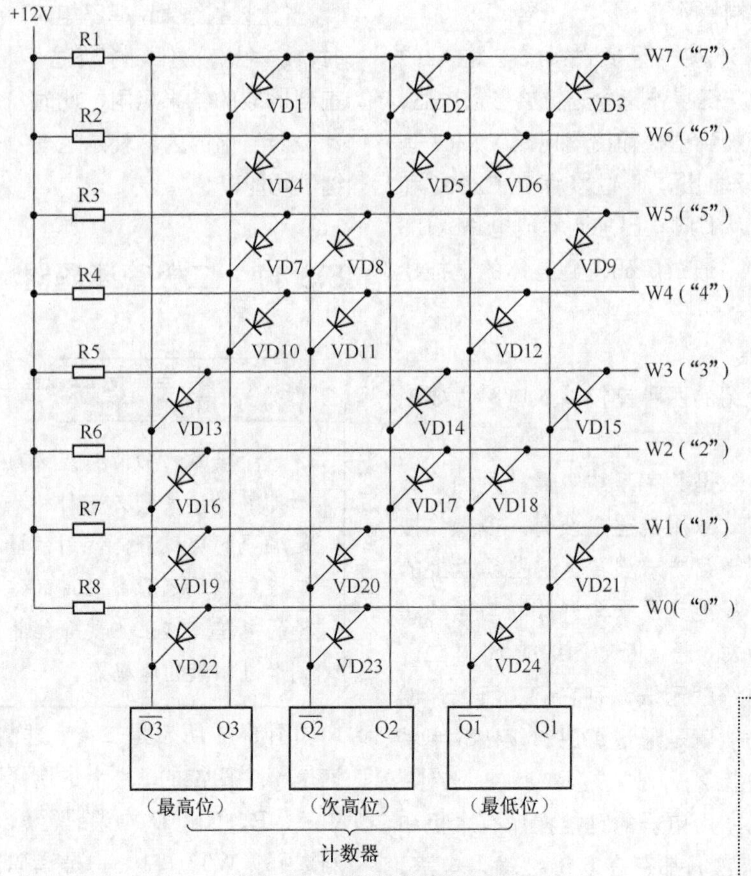

图 8-72　二极管译码器电路

8. 学员汇报讲解 RC和LC阻抗特性和老师点评8

表 8-28　三位二 - 十进制计数器输出状态

十进制数	二进制数码			译码器输出的逻辑函数
	Q3	Q2	Q1	
0	0	0	0	$\overline{Q3}\ \overline{Q2}\ \overline{Q1}$
1	0	0	1	$\overline{Q3}\ \overline{Q2}\ Q1$
2	0	1	0	$\overline{Q3}\ Q2\ \overline{Q1}$
3	0	1	1	$\overline{Q3}\ Q2\ Q1$
4	1	0	0	$Q3\ \overline{Q2}\ \overline{Q1}$
5	1	0	1	$Q3\ \overline{Q2}\ Q1$
6	1	1	0	$Q3\ Q2\ \overline{Q1}$
7	1	1	1	$Q3\ Q2\ Q1$

从表 8-28 中可看出，对于十进制数中的“0”，在二进制数计数中的编码为 000，即 Q3 = 0，Q2 = 0，Q1 = 0，其中 Q3 是最高位，Q2 是次高位，Q1 是最低位。注意，一位二进制计数器有两个输出端：一是 Q，另一个 $\overline{Q}$，它们之间的逻辑关系是，当 Q = 1 时 $\overline{Q}$ = 0，当 Q = 0 时 $\overline{Q}$ = 1。所以，当 Q3 = 0 时 $\overline{Q3}$ = 1，Q2 = 0 时 $\overline{Q2}$ = 1，Q1 = 0 时 $\overline{Q1}$ = 1。

再如，十进制中的 5 其 3 位二 - 十进制计数器的各输出端状态是这样：Q3 = 1、$\overline{Q3}$ = 0，Q2 = 0、$\overline{Q2}$ = 1，Q1 = 1、$\overline{Q1}$ = 0。

2．电路分析

表 8-29 所示是二极管译码器 8 种情况下的电路分析。

表 8-29　二极管译码器 8 种情况下的电路分析

名称	说明
000 译成十进制数“0”	二进制中的 000 对应于计数器的输出为 $\overline{Q3}\ \overline{Q2}\ \overline{Q1}$，由于 $\overline{Q3}$ = 1、$\overline{Q2}$ = 1、$\overline{Q1}$ = 1，从图 8-72 中可看出，只有二极管 VD22、VD23 和 VD24 的负极接高电平 1，这 3 只二极管处于截止状态，使输出端 W0 输出高电平 1（这一高电平由 + 12V 通过电阻 R8 获得），所以十进制数中的“0”线输出 1。由于 Q3 = 0，Q2 = 0，Q1 = 0，所以电路中的其他二极管负极接低电平 0，使这些二极管处于导通状态，这样除十进制数中的“0”线之外的其他各线均输出 0。 “0”线输出高电平 1，就能给后级电路一个控制信号，使后面的显示器中显示出“0”的字符，从而可完成对二进制数中的 000 的译码
001 译成十进制数“1”	二进制中的 001 对应于计数器的输出为 $\overline{Q3}\ \overline{Q2}$ Q1，由于 $\overline{Q3}$ = 1、$\overline{Q2}$ = 1、Q1 = 1，从图 8-72 中可看出，只有二极管 VD19、VD20 和 VD21 的负极接高电平 1，这 3 只二极管处于截止状态，使输出端 W1 输出高电平 1（这一高电平由 + 12V 通过电阻 R7 获得），所以十进制数中的“1”线输出 1。此时，由于 Q3 = 0，Q2 = 0，$\overline{Q1}$ = 0，所以电路中的其他二极管负极接低电平 0，使这些二极管处于导通状态，这样除十进制数中的“1”线之外的其他各线均输出 0
010 译成十进制数“2”	二进制中的 010 对应于计数器的输出为 $\overline{Q3}$ Q2 $\overline{Q1}$，由于 $\overline{Q3}$ = 1、Q2 = 1、$\overline{Q1}$ = 1，从图 8-72 中可看出，只有二极管 VD16、VD17 和 VD18 导通，这样十进制数中的“2”线输出高电平 1，其他各线输出低电平 0

续表

名称	说明
011 译成十进制数“3”	二进制中的 011 对应于计数器的输出为$\overline{Q3}$ Q2Q1，由于$\overline{Q3}$ = 1、Q2 = 1、Q1 = 1，所以只有二极管 VD13、VD14 和 VD15 导通，这样十进制数中的“3”线输出高电平 1，其他各线输出低电平 0
100 译成十进制数“4”	二进制中的 100 对应于计数器的输出为 Q3 $\overline{Q2Q1}$，所以只有二极管 VD10、VD11 和 VD11 导通，这样十进制数中的“4”线输出高电平 1，其他各线输出低电平 0
101 译成十进制数“5”	二进制中的 101 对应于计数器的输出为 Q3 $\overline{Q2}$ Q1，所以只有二极管 VD7、VD8 和 VD9 导通，这样十进制数中的“5”线输出高电平 1，其他各线输出低电平 0
110 译成十进制数“6”	二进制中的 110 对应于计数器的输出为 Q3Q2 $\overline{Q1}$，所以只有二极管 VD4、VD5 和 VD6 导通，这样十进制数中的“6”线输出高电平 1，其他各线输出低电平 0
111 译成十进制数“7”	二进制中的 111 对应于计数器的输出为 Q3Q2Q1，所以只有二极管 VD1、VD2 和 VD3 导通，这样十进制数中的“7”线输出高电平 1，其他各线输出低电平 0

8.3.12　与门译码器

二 - 十进制译码器除可以用二极管矩阵电路构成外，还可以用若干个与门电路构成，这些与门电路集中在一块集成电路的内电路中，称这种集成电路为译码器集成电路。

1．电路结构

图 8-73 所示是由 8 个三端输入与门电路构成的三位二 - 十进制译码器电路。电路中的逻辑门 A ～ H 是 8 个三输入端的与门。这一电路的工作原理同前面介绍的二极管译码器基本一样，不同之处就是采用与门进行译码。

2．电路分析

对这一电路的分析也应该分成 8 种情况进行。表 8-30 列举了其中的几种情况进行电路分析，其他情况下的电路分析方法和思路相同。

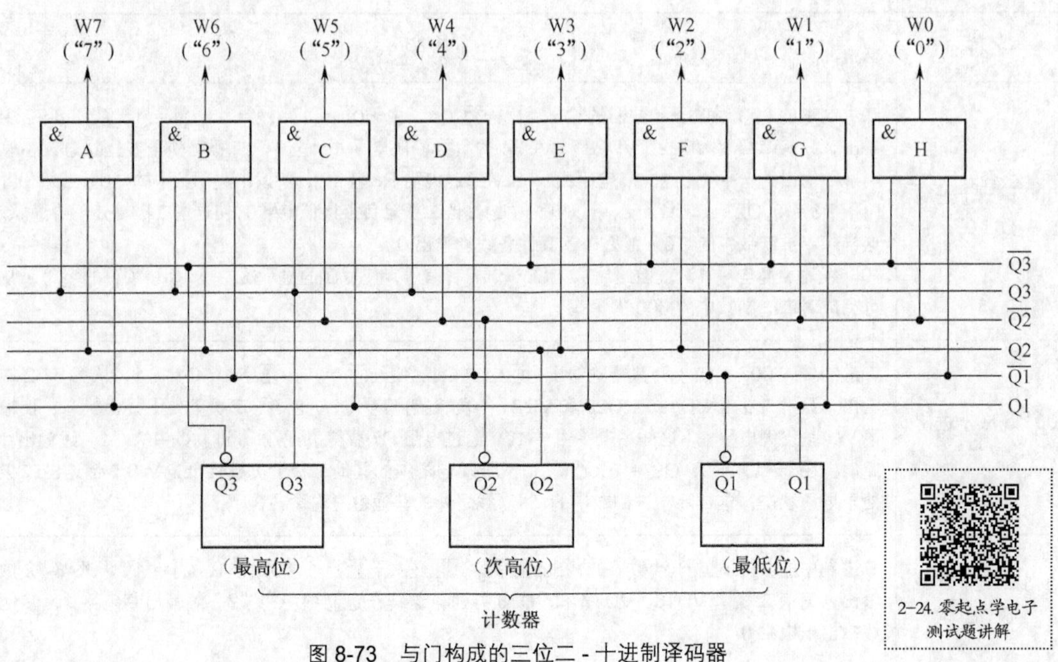

图 8-73　与门构成的三位二 - 十进制译码器

表 8-30　与门译码器电路分析

名称	说明
000 译成十进制数中的“0”	当二进制数码为 000 时，对应于十进制数中的“0”，即图 8-73 中“0”与门 H 的输出端应输出高电平，这一高电平去驱动代表 0 的显示器件，此时其他与门的输出端均输出低电平。 因 Q3 = 0、Q2 = 0、Q1 = 0，所以$\overline{Q3}$ = 1、$\overline{Q2}$ = 1、$\overline{Q1}$ = 1。此时，“0”的与门 H 3 个输入端均为 1，所以输出高电平 1，实现译码器功能。 对于其他与门电路而言，由于 3 个输入端中至少有一个为 0，所以输出端输出 0。这样，当输入数码为 000 时，输出端 W0 = 1，W1 ～ W7 均为 0
100 译成十进制数中的“4”	当二进制数码为 100 时，对应于十进制数中的“4”，图 8-73 中的“4”与门 D 的输出端应输出高电平 1，而此时的其他与门的输出端均输出低电平 0。 因 Q3 = 1、Q2 = 0、Q1 = 0，所以$\overline{Q3}$ = 0、$\overline{Q2}$ = 1、$\overline{Q1}$ = 1。此时，“4”的与门 D 3 个输入端均为 1，所以输出高电平 1，实现译码器功能。 对于其他与门电路而言，由于 3 个输入端中至少有一个为低电平 0，所以输出端输出低电平 0。这样，当输入数码为 100 时，输出端 W4 = 1，W0 ～ W3 和 W5 ～ W7 输出均为 0
111 译成十进制数中的“7”	当二进制数码为 111 时，对应于十进制数中的“7”，图中的“7”与门 A 的输出端应输出高电平，而此时的其他与门的输出端均应输出低电平。 因 Q3 = 1、Q2 = 1、Q1 = 1，所以$\overline{Q3}$ = 0、$\overline{Q2}$ = 0、$\overline{Q1}$ = 0。此时，“7”的与门 A 3 个输入端均为 1，所以输出高电平 1，实现译码器功能。 对于其他与门电路而言，由于 3 个输入端中至少有一个为 0，所以输出端输出 0。这样，当输入数码为 111 时，输出端 W7 = 1，W0 ～ W6 输出均为 0

3．识图小结

关于译码器主要说明下列几点。

（1）译码器可以由二极管构成，也可以由逻辑门电路（主要是与门和非门电路）构成，后者居多，并多以集成电路为主。

（2）对于由二极管构成的译码器，在进行电路分析时主要分析哪几只二极管导通，哪些处于截止状态，以此可判断译码器输出端的输出状态。

（3）二 - 十进制译码器所输出的控制信号仍然是一组高、低电平组合信号，并不是直接就是十进制数中的数字，只是十进制数中的控制信号，这一组控制信号通过显示驱动电路和显示器件才能显示出十进制数中的数字。

（4）分析译码器工作原理时，最好能够找到译码器的真值表，根据此表对电路分析就相当方便。

（5）为了对译码器进行控制，以满足不同情况下的需要，可增加译码控制线，也就是前面所介绍的译码器中的各与非门增加一个输入端，并将各与非门增加的输入端相并联，得到一个译码控制线输入端 X（译码控制线又称选通线），称为译码控制端。当 X = 1 时，可进行正常的译码；当 X = 0 时，译码器各输出端均为 0 态，且无论输入端输入数码如何变化，译码器都停止译码。

这种控制端不仅可以对译码器进行控制，还可以克服译码器的错误。在数字系统中，由于门电路或触发器等因为传输延时而产生的逻辑上的错误称为竞争冒险，译码器设置控制端可克服译码器在逻辑上的错误。

（6）译码器在民用数字系统中主要应用于显示电路和数 / 模转换等电路中。

（7）前面所介绍的几种译码器都是二 - 十进制的译码器，它们是将二进制数码（自然二进制码）“翻译”成相应的十进制数控制信号。其实，译码器不只是进行这种“翻译”，它还将二进制数码“翻译”成其他各种进位制码。

（8）译码器不只是可以将二进制数码“翻译”成数字，还可以将二进制数码“翻译”成字母和符号等。

2-25. 零起点学电子测试题讲解

8.3.13 数字式显示器基础知识

 重要提示

数字系统电路中，许多情况下都需要使用数字式显示器，如机器的操作和工作状态的显示、机器播放时间长度显示等。数字系统中关于播放时间长度、工作状态、操作状态等都是用二进制数码存放、运算、管理的，但在最后它们必须通过人们熟悉的十进制数或字母等显示出来，这就要靠显示器来完成。

1. 显示器电路组成

图 8-74 所示是数字式显示器电路组成方框图。从图中可以看出，显示电路主要由译码器、驱动器电路和显示器 3 个部分组成。

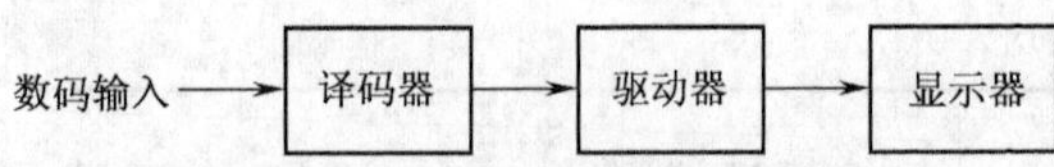

图 8-74 数字式显示器电路方框图

表 8-31 所示是显示器各部分电路作用。

表 8-31 显示器各部分电路作用

名称	说明
译码器	加到译码器电路中的数码是二进制数码，它们表征了所要显示的信息，但由于是二进制数码，只有 0 和 1 两种状态，如果直接显示这两种状态是非常容易的，如用发光二极管导通表示 1，发光二极管不发光表示 0，那么这种显示电路就相当简单。 但是，这样的显示结果无法观看，因为人们不熟悉这种二进制数，所以在显示之前必须先进行“翻译”，将这些二进制数“翻译”为人们平时熟悉的十进制数字和符号，这一任务由译码器完成
驱动器	经过译码器“翻译”的信号电平还是很小的，一般不能直接去驱动显示器件，为使有足够的电流或电压驱动显示器件，加一级驱动器电路进行电流或电压的放大
显示器件	显示电路最终通过显示器表现出文字、数字或符号，显示器件是用来显示文字、数字、符号等的器件

2. 数字显示器种类

 重要提示

显示电路根据所采用的数码显示器件不同而不同。数码显示器简称数码管，它是数字式显示系统中不可缺少的器件，应用极其广泛，发展速度很快，目前数码管正朝着小型化、平面化、多功能化和低耗电方面发展。

数码管主要有下列 3 类。

（1）字形重叠式数码管：其特点是将不同数字、字母等符号的电极重叠起来，当需要哪一个符号显示时，就驱动该符号的电极，使之发光显示，此时其他符号电极不发光。这种数码管有辉光放电管和边光显示管等。

（2）分段式数码管：其特点是将一个数字分成若干个笔画，通过驱动相应的笔画发光来显示某一个数字，如荧光数码管就是这种类型的。分段式数码管有 8 段式和 7 段式两种。在数字显示方面，分段式数码管是主要显示器件。

（3）点矩阵式数码显示器件：由一些可发光的点阵排列而成，利用发光点不同的排列和组合显示数字或字符，如场致发光数字板就是这种显示器件。

按照数码管发光物质不同，数码管可以分成下列 4 种类型。

（1）半导体数码管：由半导体发光二极管构成，所以又称为发光二极管数码管，或发光二极管显示器。

（2）荧光数码管：是一种电真空器件，荧光数码管、场致发光数字板等就是这种显示器件。

（3）液体数码管：包括液晶显示器、电泳显示器等。

（4）气体放电数码管：包括辉光数码管、等离子体显示板等。

2-26. 零起点学电子测试题讲解

8.4 时序逻辑电路

重要提示

在数字系统电路中还有另一种类型的电路，就是电路的输出端的输出状态不仅取决于当时的电路输入状态，而且还与电路原状态相关，这样的电路称为时序逻辑电路。

时序逻辑电路包括这样几种电路：寄存器、计数器和节拍脉冲发生器。

图 8-75 所示是时序逻辑电路方框图。从这一方框图中可看出两点：一是时序逻辑电路在组合逻辑电路的基础上，在电路的输出端和输入端之间接有一个反馈回路，这种反馈回路至少有一条；二是在反馈回路中含有存储单元电路，即存储器电路。

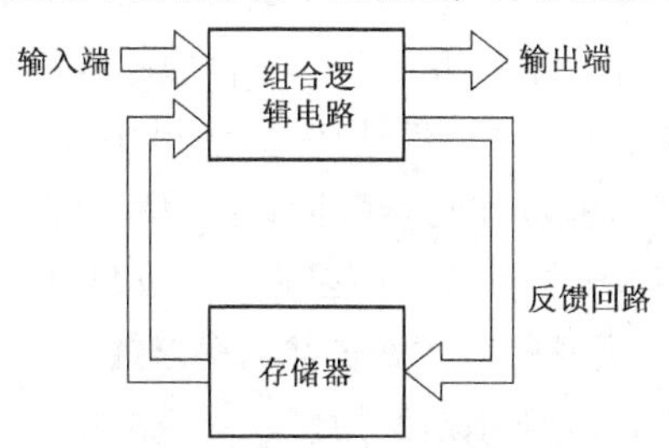

图 8-75　时序逻辑电路方框图

由于时序逻辑电路中存在存储器电路，所以电路的输出状态不仅与当时的输入端状态有关，还与电路原来的状态（存储器中的信息）有关。时序逻辑电路的分析比组合逻辑电路的分析要复杂，当将存储器中的信息（为原电路输出端状态）作为另一个输入量加到电路输入端来对待，此时时序逻辑电路分析就相当于组合逻辑电路分析了。

时序逻辑电路是在组合逻辑电路的基础上，再加上存储单元电路构成的。时序逻辑电路的特点是在任意时刻的输出信号不仅取决于该时刻的输入信号状态，而且还决定于电路的原来状态。

一般时序逻辑电路中的存储电路由触发器组成，如 RS 触发器、JK 触发器和 D 触发器。

时序逻辑电路可以分成下列两大类电路。

（1）同步时序逻辑电路：同步时序逻辑电路中存储电路的各触发器都受同一时钟脉冲 CP 的触发控制，因此所有触发器的状态变化都在同一时刻发生，如在时钟脉冲 CP 的作用下在 CP 的上升沿或下降沿发生翻转。

（2）异步时序逻辑电路：异步时序逻辑电路中存储电路的各触发器没有统一时钟脉冲，或者没有时钟脉冲控制，因此各触发器状态翻转变化不是发生在同一时刻。

2-27. 零起点学电子测试题讲解

8.4.1 寄存器种类

重要提示

寄存器在数字系统中的主要作用是存储数码或信息，例如数字系统中的运算器需要寄存器电路存储参与运算的数据等。

寄存器由触发器组成，一个触发器能存放一位二进制数码，几个触发器组合使用就可存放几位数码。为了保证寄存器只在收到寄存指令时才寄存输入的数码或信息，寄存器除了有触发器外，还需要配有控制作用的逻辑门电路。

寄存器可以分成两大类。

1．数码寄存器

数码寄存器又称为基本寄存器。这种寄存器只能将输入数码暂时寄存起来。另外，在数字系统中，为了准确地读取被测量的数值，需要使用一种记忆寄存器，当记忆指令到来时，记忆寄存器能将数码暂时记忆起来。

数码寄存器按照能够寄存数码的位数来分有两种。

（1）一位寄存器，它只能寄存一位二进制数码。

（2）多位寄存器，它能够寄存多位的二进制数码。

数码寄存器按照每次接收输入数码的步骤来分有两种：一是两拍式寄存器，这种寄存器每次接收数码都要分成两步来完成；二是单拍式寄存器，这种寄存器只需要在寄存指令到来时一次性接收输入数码。

2．移位寄存器

数字系统中，由于某种运算的需要，除要求寄存器具有寄存数码功能外，常常还要求寄存器中的数码能够左右移位。这种具有数码移动功能的寄存器称为移位寄存器。

移位寄存器有两大类共 3 种。

（1）单向移位寄存器之一，只能将数码左移的左移位寄存器。

（2）单向移位寄存器之二，只能将数码右移的右移位寄存器。

（3）能够左右移位的双向移位寄存器。

8.4.2 数码寄存器

1．两拍接收式一位数码寄存器

图 8-76 所示是两拍接收式一位数码寄存器电路。电路中，F 是一个 RS 触发器，逻辑门 A 是两个输入端的与非门。F 的 R 端是一个置 0 输入端。与非门 A 的一个输入端是接收命令端，又称寄存指令端；另一个输入端是输入数码端 I。Q 是这个一位数码寄存器的输出端。

这一电路的工作原理是：在这种寄存器电路接收指令之前，先要进行置 0，这一电路是采用负脉冲触发置 0，即先给触发器的 R 端置负脉冲，使触发器 F 输出 0 态。由 RS 触发器原理可知，如果不给 RS 触发器置 0，由于在常态下触发器 F 的 R 端为 1，这时无论触发器的 S 端输入 1 还是 0，都无法使输出端 Q = 0。所以，这种寄存器电路必须先置 0。在寄存器完成置 0 后，当接收指令到来（这是一个正脉冲），使与非门 A 的一个输入端为 1，由于它只有两个输入端，这样与非门 A 被打开，其输出端状态由数码输入端 I 决定。如果此时 I = 1；与非门 A 输出 0，该低电平 0 加到触发器的 S 端，使寄存器输出端输出 1，即 Q = 1，如果此时输入数码是 0，与非门输出 1，这样寄存器 F 输出端 Q 保持原先置 0 时的 0 态。

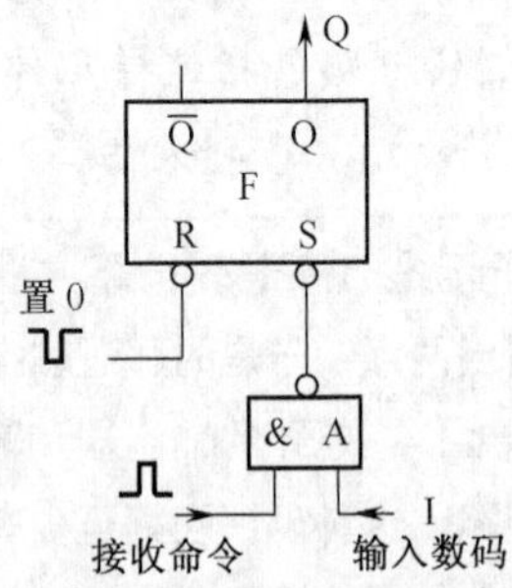

图 8-76　两拍接收式一位数码寄存器电路

通过上述分析可知，寄存器的输出状态是通过先置 0，再接收指令两步触发而完成的，所以称这种寄存器为两拍式数码寄存器，由于只能存放一位数码，所以称为一位数码寄存器。

2．两拍接收式四位数码寄存器

图 8-77 所示是两拍接收式四位数码寄存器电路。电路中，F1 ～ F4 是 4 个 RS 触发器电路，逻辑门 A ～ D 是 4 个两输入端的与非门电路。$\overline{R}$是该电路中 4 个 RS 触发器的置 0 输入端，当 $\overline{R}$ = 0 时，电路中的 4 个输出端同时为 0 态。4 个与非门的一个输入端相连，这是寄存指令输入端，I0 ～ I3 是 4 个数码输入端。

2–28. 零起点学电子测试题讲解

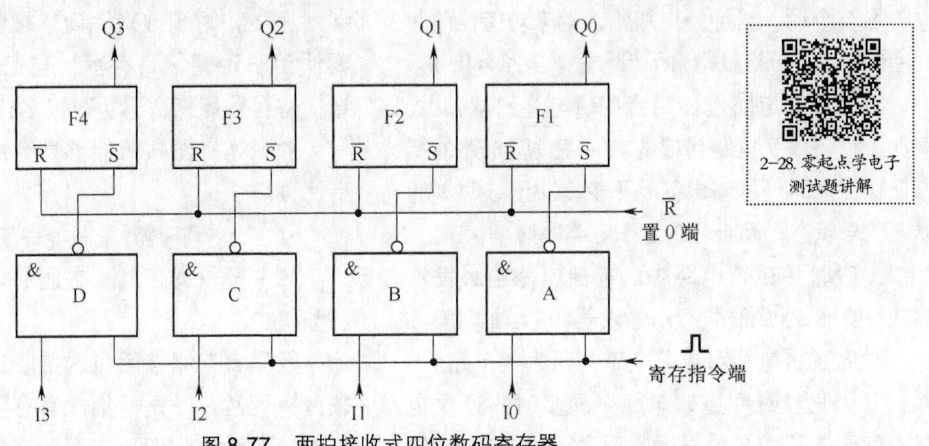

图 8-77　两拍接收式四位数码寄存器

这一电路的工作原理是：首先给输入端加负脉冲，使寄存器各输出端输出状态为 0，即 Q3 = 0，Q2 = 0，Q1 = 0，Q0 = 0。

如果输入数码是 1010，即 I3 = 1，I2 = 0，I1 = 1，I0 = 0，寄存指令端输入正脉冲，使 4 个与非门的一个输入端都是 1，这样 4 个与非门都打开了。由于 I3 = 1，所以与非门 D 输出 0。由于 I2 = 0，所以与非门 C 输出 1。由于 I1 = 1，所以与非门 B 输出 0。由于 I0 = 0，所以与非门 A 输出 1。这时，将 0101 数码分别加到 4 个 RS 触发器的$\overline{S}$端。

由于触发器 F4 的$\overline{S}$为 0，所以 Q3 = 1；由于触发器 F3 的$\overline{S}$为 1，所以 Q2 = 0；由于触发器 F2 的$\overline{S}$为 0，所以 Q1 = 1；由于触发器 F1 的$\overline{S}$为 1，所以 Q0 = 0。

通过上述电路分析可知，通过两步触发，已经将输入数码 1010 存放在这一四位数码寄存器电路中了，即此时 Q3 = 1，Q2 = 0，Q1 = 1，Q0 = 0。

上面介绍的是四位数码寄存器，如果需要寄存更多的数码，则要用更多的 RS 触发器和与非门，其电路结构和工作原理是相同的。

3．单拍接收式一位数码寄存器

图 8-78（a）所示是单拍接收式一位数码寄存器电路。这种电路与上一电路的不同之处是在 RS 触发器的$\overline{R}$端再加一个输入控制门（与非门），使输入数码 I 和$\overline{I}$同时输入触发器。这样，无论寄存器原先的状态是什么，输入数码后便记忆输入数码，这样可以省去置 0 触发，可以缩短存数的周期，提高速度。

这一电路的工作原理是：无论寄存器输出状态原先是 1 还是 0，设输入数码 I = 0（$\overline{I}$ = 1），当寄存指令为 1 时，与非门 A 输出 1，加到 RS 触发器的$\overline{S}$端，由于是高电平 1，而$\overline{S}$为低电平有效触发，这样 RS 触发器不触发。对于$\overline{I}$ = 1，使与非门 B 输出 0，加到 RS 触发器的$\overline{R}$端，这是有效触发，使 Q = 0。这样将 I = 0 数码寄存了。

同理，如果输入数码是 I = 1（$\overline{I}$ = 0），使与非门 A 输出 0，该 0 加到触发器 F 的$\overline{S}$端，使寄存器输出端 Q = 1。同时，由于$\overline{I}$ = 0，使与非门 B 输出 1，该高电平 1 加到$\overline{R}$端，由于$\overline{R}$端为低电平触发，所以它的高电平输入对寄存器输出状态没有影响，即此时寄存器保持 Q = 1 状态。

图 8-78（b）所示电路是将图 8-78（a）所示电路改动后形成的，可以实现同样的功能。当输入数码 I = 1 时，在寄存指令为 1 时，与非门 A 输出 0，使寄存器输出端 Q = 1。当输入数码 I = 0 时，与非门 A 输出 1，该高电平 1 加到与非门 B 的输入端，这样与非门 B 的两个输入端同时为 1，与非门 B 输出 0。这样，使寄存器输出端 Q = 0，将输入数码 I = 0 寄存于输出端 Q。

4．单拍接收式四位数码寄存器

图 8-79 所示是单拍接收式四位数码寄存器。电路中，F0 ～ F3 是 4 个 RS 触发器，逻辑门 A ～ H 是 8 个两输入端的与非门电路。Q0 ～ Q3 是这一四位寄存器的输出端，I0 ～ I3 是 4 个数码输入端。各与非门的一个输入端相连后作为寄存指令输入端。

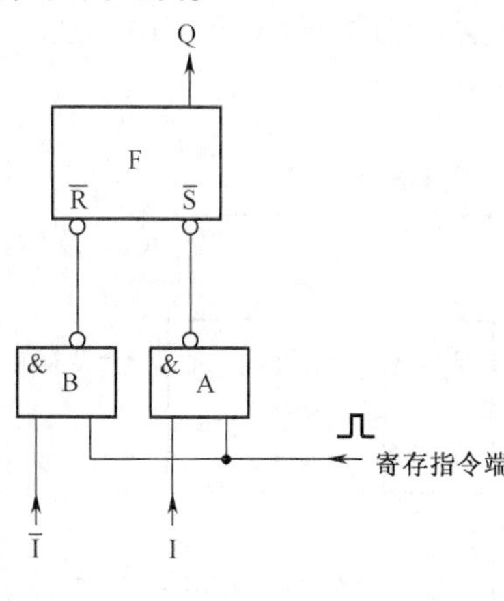

（a）

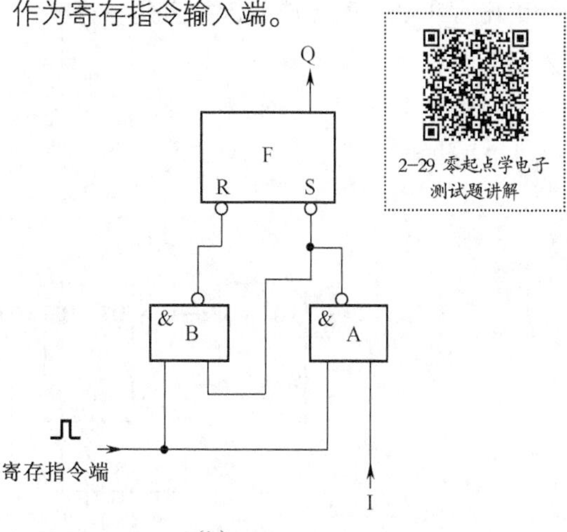

（b）

图 8-78　单拍接收式一位数码寄存器

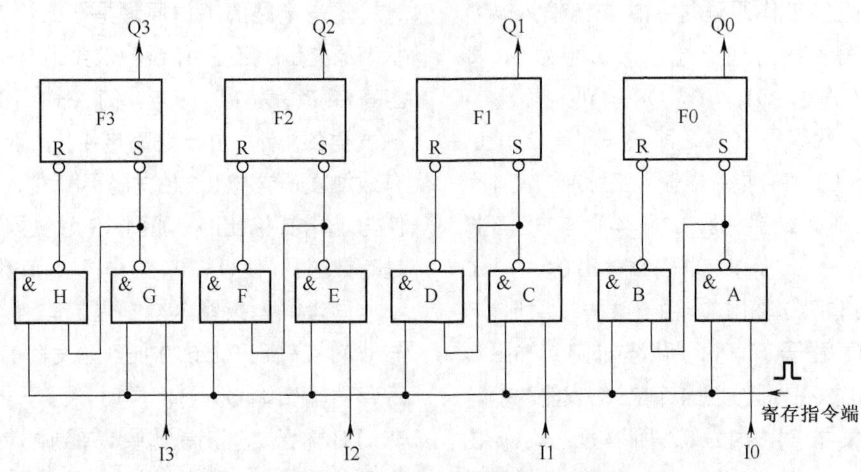

图 8-79　单拍接收式四位数码寄存器

这一电路的工作原理是：这里设输入数码是 1101，　即 I3 = 1，I2 = 1，I1 = 0，I0 = 1，通过电路工作就是要将这一数码寄存到 Q3、Q2、Q1 和 Q0 端，即应该是 Q3 = 1，Q2 = 1，Q1 = 0，Q0 = 1。

当寄存指令端为正脉冲时，与非门 A ～ H 的一个输入端为高电平 1。由于 I3 = 1，与非门 G 输出 0，使 Q3 = 1；由于 I2 = 1，与非门 E 输出 0，使 Q2 = 1；由于 I1 = 0，与非门 C 输出 1，该高电平 1 加到与非门 D 的另一个输入端，这样与非门 D 输出 0，因 RS 触发器 F1 的 R 端为 0，所以 Q1 = 0；由于 I0 = 1，与非门 A 输出 0，使 Q0 = 1。

上述 Q3 ～ Q0 的输出状态变化都是在寄存指令端出现正脉冲时完成的，并且是在同一时间内完成的。

8.4.3　右移位寄存器

右移位寄存器电路不仅能够寄存输入数码，而且能够对输入数码进行向右的移位。图 8-80 所示是右移位寄存器电路。电路中，4 个 D 触发器串联使用，其中 D4 是最高位，D1 是最低位，这里 D4 是寄存器的数码输入端。从图中可看出，高位的 D 触发器输出端 Q 接到低一位的 D 触发器输入端 D。每一个 D 触发器的 R_D 端相连接，这是寄存器置 0 端。CP 端是移位脉冲输入端，Q4 ～ Q1 是寄存器的并行输出端，另外 Q1 可作为这一寄存器的串行输出端。

1．电路工作原理分析

使用这种右移位寄存器之前，先给 R_D 端置负脉冲，使寄存器置 0，即 Q4、Q1 都输出 0。这里设输入数码是 1101，注意输入数码各位情况如下所示：

2-30. 零起点学电子测试题讲解

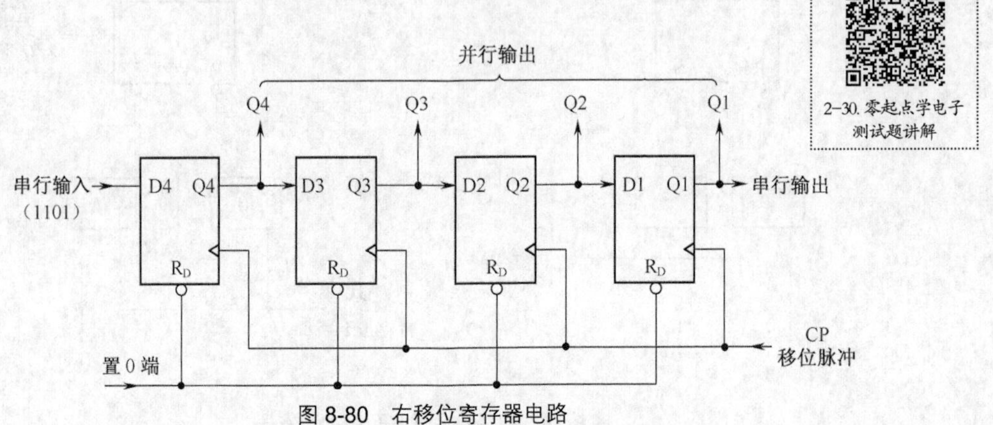

图 8-80　右移位寄存器电路

1	1	0	1
⊤	⊤	⊤	⊤
第四位（最高位）	第三位	第二位	第一位（最低位）

对这一电路的工作原理分析要分成 4 种情况进行，如表 8-32 所示。

2-31. 零起点学电子测试题讲解

表 8-32　4 种情况下电路分析

名称	说明
第一个 CP 到来后	在 CP 从低电平变动到高电平时（上升沿），从输入端 D4 输入的第一位数码 1 存入 D4 触发器中，即 Q4 = 1。 由于第一个 CP 作用时，Q4 ～ Q1 都是 0，所以 Q3 ～ Q1 都是 0。这样，在第一个 CP 作用后的寄存器输出状态为 Q4 = 1，Q3 = 0，Q2 = 0，Q1 = 0，即 1000
第二个脉冲 CP 到来后	在 CP 的上升沿触发下，电路发生了两种变化。 （1）由于 Q4 = 1，它加到输入端 D3，所以使 Q3 = 1。 （2）第二位输入数码 0 从输入端 D4 输入，使 Q4 = 0。 由于第二个 CP 作用时，Q3 ～ Q1 都是 0，所以 Q2 和 Q1 都是 0。这样，在第二个 CP 作用后的寄存器输出状态为 Q4 = 0，Q3 = 1，Q2 = 0，Q1 = 0，即 0100
第三个脉冲 CP 到来后	在 CP 的上升沿触发下，电路发生了 3 种变化。 （1）由于 Q3 = 1，它加到输入端 D2，所以使 Q2 = 1。 （2）由于 Q4 = 0，加到了 D3 端，Q3 = 0。 （3）第三位输入数码 1 从输入端 D4 输入，使 Q4 = 1。由于第三个 CP 作用时，Q2 = 0，所以 Q1 = 0。这样，第三个 CP 作用后的寄存器输出状态为 Q4 = 1，Q3 = 0，Q2 = 1，Q1 = 0，也就是 1010
第四个脉冲 CP 到来后	在 CP 的上升沿触发下，电路发生了 4 种变化。 （1）由于 Q2 = 1，它加到了输入端 D1，所以 Q1 = 1。 （2）由于 Q3 = 0，它加到了 D2 端，使得 Q2 = 0。 （3）由于 Q4 = 1，它加到 D3 输入端，使得 Q3 = 1。 （4）第四位输入数码 1 从输入端 D4 输入，使 Q4 = 1。这样，第四个 CP 作用后的寄存器输出状态为 Q4 = 1，Q3 = 1，Q2 = 0，Q1 = 1，即 1101

由上述 4 步分析可知，从输入端 D4 输入的数码 1101 经过 4 个 CP 作用后，被移存于寄存器电路中。为了方便理解这一电路的工作过程，将上述 4 步中的 Q4 ～ Q1 输出状态列于表 8-33。

表 8-33　Q4 ～ Q1 输出状态

移位脉冲 CP 作用次数	输出端 Q4	输出端 Q3	输出端 Q2	输出端 Q1
0	0	0	0	0
1	1	0	0	0
2	0	1	0	0
3	1	0	1	0
4	1	1	0	1

2. 串行输入概念

从上面的电路分析可知，输入端的输入数码 1101 是通过 CP 的作用，一个数码一个数码地输入。通过 4 个 CP 的作用才将 1101 数码输入，这种输入方式称为串行输入。

3. 并行输入概念

与串行输入方式不同的是并行输入方式，如将一个四位数码 1101 一次性同步输入到一个寄存器电路中，这种输入方式称为并行输入方式。

4. 串行输出概念

在上面的右移位寄存器电路中，Q1 是串行输出端，从上面介绍中已知，当第四个 CP 作用后，Q1 = 1，如果有第五个 CP 作用，则 Q1 输出的 1 要移出（输出）而变成 Q1 = 0，再有一个 CP 作用 Q1 输出端的 0 也要移出。这种一个数码一个数码的输出称为串行输出。

5. 并行输入概念

前面的数码寄存器中，输入数码是从 I0 ～ I3 端输入的，各输入端数码是同步输入到寄存器电路中的，这种输入方式称为并行输入方式。

6. 并行输出概念

右移位寄存器中，Q4 ～ Q1 这 4 个输出端是并行的，这 4 个输出端的输出状态在同一个 CP 作用下是同步变化（输出）的，这种输出方式称为并行输出方式。

上面介绍的右移位寄存器具有一个输入方式、两个输出方式，所以称为串行输入、串行输出、并行输出右移位寄存器。

8.4.4 左移位寄存器

2-32. 零起点学电子测试题讲解

图 8-81 所示是左移位寄存器电路。这是由 4 个 D 触发器构成的左移位寄存器。从这一电路中可看出，它与右移位寄存器电路是基本相同的，只是各 D 触发器之间的输入端、输出端连接方式不同，串行数码输入端、串行输出端不同。在左移位寄存器电路中，输入端数码从最低位的 D 触发器输入端 D1 输入，且是低位 D 触发器的输出端连接到高一位 D 触发器的输入端，如输出端 Q1 输出数码送入高一位的 D 触发器输入端 D2。

这一电路的工作原理与右移位寄存器电路相同，这里简单分析如下。

先给置 0 端置负脉冲，使各 D 触发器输出 0 态。设输入数码是 1111，在第一个 CP 作用后，Q4 = 0，Q3 = 0，Q2 = 0，Q1 = 1。

第二个 CP 作用后，Q4 = 0，Q3 = 0，Q2 = 1，Q1 = 1。

第三个 CP 作用后，Q4 = 0，Q3 = 1，Q2 = 1，Q1 = 1。

第四个 CP 作用后，Q4 = 1，Q3 = 1，Q2 = 1，Q1 = 1。

由此可见，4 个 CP 作用后，已将输入数码 1111 寄存到这一寄存器电路中。

这一左移位寄存器电路也有并行 4 个输出端（Q4 ～ Q1）和串行输出端（Q4），输入数也是串行输入方式。表 8-34 所示是该寄存器存入数码 1111 时的数码左移情况。

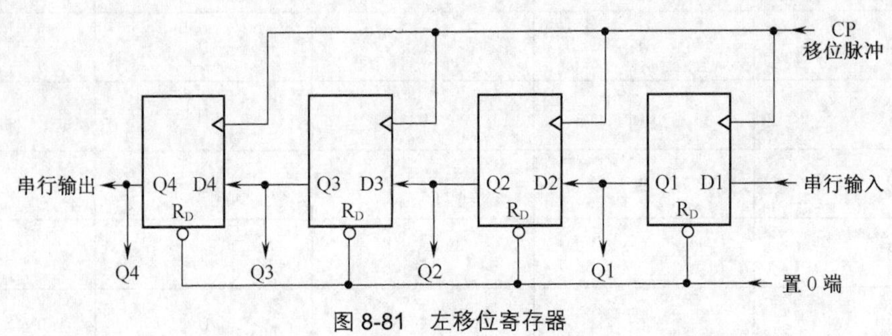

图 8-81　左移位寄存器

表 8-34　寄存器存入数码 1111 时的数码左移情况

移位脉冲 CP 作用次数	输出端 Q4	输出端 Q3	输出端 Q2	输出端 Q1
0	0	0	0	0
1	0	0	0	1
2	0	0	1	1
3	0	1	1	1
4	1	1	1	1

8.4.5　双向移位寄存器和识图小结

1．双向移位寄存器

移位寄存器电路通过有关控制端的控制，不仅可以实现左移，也可以实现数码的向右移位。图 8-82 所示是这种四位的双向移位寄存器电路。电路中，上面 4 个是 D 触发器，下面 4 个是与或非门，还有 3 个非门电路。

表 8-35 所示是这一双向移位寄存器电路工作原理分析。

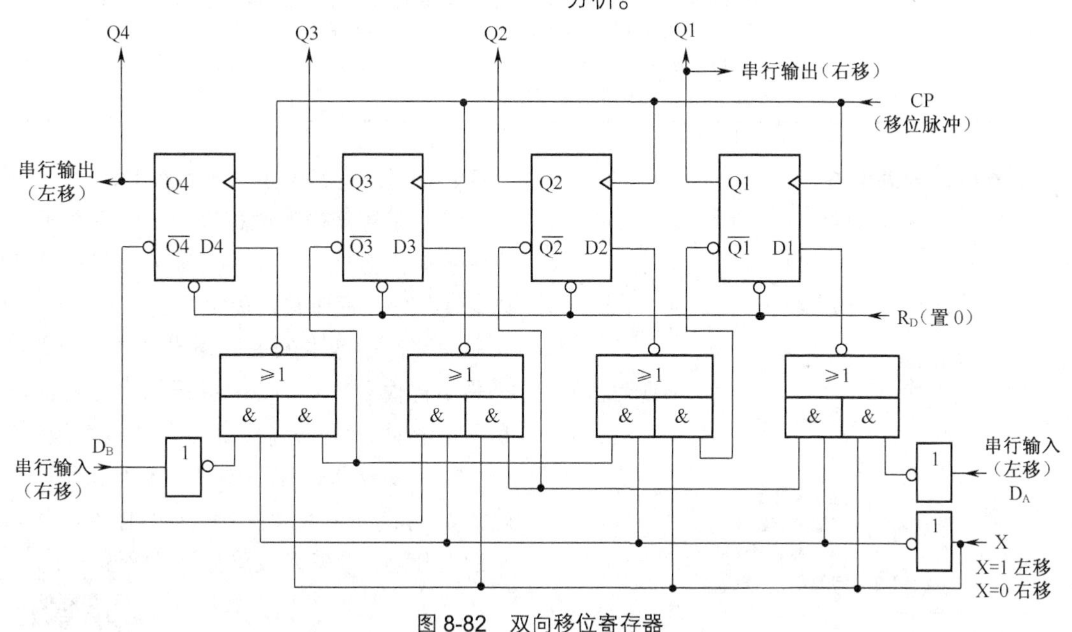

图 8-82　双向移位寄存器

表 8-35　双向移位寄存器电路工作原理分析

名称	说明
控制端 X	输入端 X 是用来控制这一寄存器的移位方向的。当 X = 1 时，电路具有数码左移功能。当 X = 0 时，电路具有数码右移功能。 当 X = 1 时，4 个与或非门的右侧与门打，此时输入端 D_A 输入数码。由于 X = 1，经非门后的低电平 0 加到 4 个与或非门左侧的与门，使它们关闭，这时输入端 D_B 不能输入数码。所以，此时为左移位寄存器电路。 当 X = 0 时，情况与上面相反，此时输入端 D_A 不能输入数码，而输入端 D_B 输入数码。所以，此时为右移位寄存器电路

续表

名称	说明
置 0 端	在这种双向移位寄存器电路工作之前，应先置 0，即先给置 0 端输入一个负脉冲，使寄存器各输出端为 0 态
左移输入数码输入端和串行输出端	当 X = 1 时，输入数码从这一输入端输入，此时的左移输出端是 Q4 端
右移输入数码输入端和串行输出端	当 X = 0 时，输入数码从这一输入端输入，此时的右移输出端是 Q1 端
移位脉冲输入端 CP	无论是左移还是右移，都是通过这一 CP 端脉冲触发作用使数码移位
并行数码输出端 Q4 ～ Q1	这 4 个输出端是并行数码输出端，无论是左移还是右移都是从这 4 个输出端进行并行输出
左移位工作原理分析	设 X = 1，D_A = 1，D_A 经非门后为 0，加到最右侧与或非门的输入端，根据与或非门电路逻辑功能可知，该与或非门输出 1，该高电平加到输入端 D1，即 D1 = 1。在第一个 CP 的作用下，Q1 = 1，可见 D_A = 1 已存入 Q1 中。 同样的道理，在 CP 的作用下，可将左移输入端 D_A 的数码不断存入寄存器的输出端，在此不作详细分析
右移位工作原理分析	设 X = 0，D_B = 1，D_B 经非门后为 0，加到最左侧与或门的输入端，根据与或非门逻辑功能可知，该与或非门输出 1，该高电平加到输入端 D4，即 D4 = 1。在第一个脉冲 CP 的作用下，使 Q4 = 1，可见 D_B = 1 已存入 Q4 中。 同样的道理，在脉冲 CP 的作用下，可将左移输入端 D_B 的数码不断存入寄存器的输出端，在此不作用详细分析

2．寄存器种类小结

寄存器的分类，如图 8-83 所示。

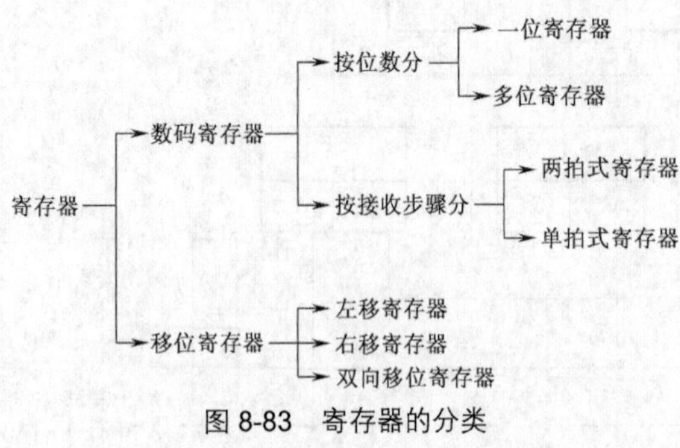

图 8-83　寄存器的分类

3．电路分析方法

（1）对寄存器电路的工作原理分析主要是掌握 RS 触发器和 D 触发器的逻辑功能，因为 RS 触发器和 D 触发器是组成各种寄存器电路的基本电路。

（2）D 触发器的逻辑功能是这样：当输入端 D 为 0 时，若再加一个移位正脉冲，D 触发器输出端 Q = 0；如果输入端 D = 1，在移位正脉冲作用下输出 1，即 Q = 1。由此可见，这种触发器的输出状态取决于输入端 D 的状态，但条件是必须有移位正脉冲的作用。

（3）寄存器中的数码输入方式有两种：一是串行输入方式，二是并行输入方式，前者输入速度较慢，后者输入速度较快。

（4）寄存器中的数码输出方式也有两种：一是串行输出方式，二是并行输出方式，同样也是前者输出速度较慢，后者输出速度较快。

（5）寄存器是在移位脉冲 CP 作用下接收输入数码的，并且只在 CP 从低电平变为高电平的上升沿接收输入数码，要了解这一点。

2-34. 零起点学电子测试题讲解

8.4.6　计数器种类

重要提示

计数器是数字系统电路中应用最为广泛的基本部件，计数器的基本功能是对脉冲信号进行计数，它的这种基本功能不仅可以作为计数器使用，还可以进行数字运算，并用于分频器、定时及程序控制等。

计数器主要由触发器和逻辑门电路组成。其中触发器可以用 JK 触发器电路或 D 触发器电路。对计数器电路的分析主要是对逻辑门电路和触发器电路的分析。

计数器的种类较多，如图 8-84 所示。

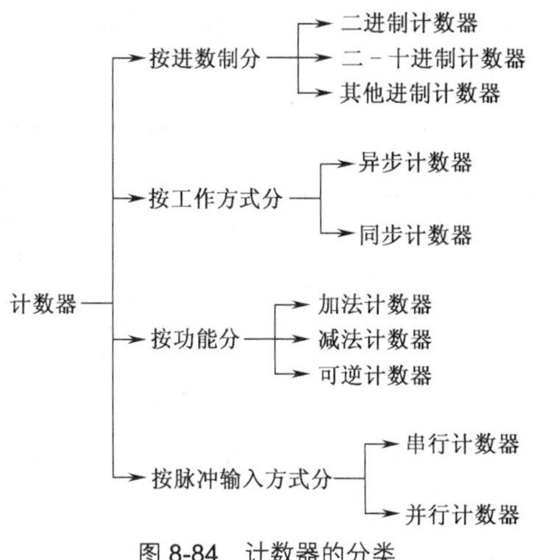

图 8-84　计数器的分类

表 8-36 所示是对 5 种计数器的说明。

表 8-36　5 种计数器说明

名称	说明
二进制计数器	这种计数器是数字系统中最基本的、运用最多的一种计数器。这种计数器在进行加法计数运算时，遵循“逢二进一”的原则。 二进制计数器除有加法计数器外，还有减法计数器和能加能减的可逆计数器。另外，二进制计数器还可分成异步计数器和同步计数器两种，也可以分成串行计数器和并行计数器
加法计数器	加法计数器可进行加法运算，可以进行脉冲个数的累加计数，也可进行二进制、十进制或其他进制的加法运算
减法计数器	减法计数器可进行减法运算，可进行二进制、十进制或其他进制的减法计数运算
异步计数器	所谓异步计数器就是计数脉冲是从最低位触发器的输入端输入，其他各级触发器则是由它相邻且低一位的触发器来触发，即异步计数器中的各触发器不是由同一计数脉冲触发的
同步计数器	所谓同步计数器就是计数器中的各触发器都是由同一计数脉冲或时钟脉冲触发的，使计数器中的各触发器输出状态改变与唯一的脉冲源同步

8.4.7　异步二进制加法计数器

关于二进制加法计数原理主要说明下列3点。

（1）当给加法计数器每输入一个计数脉冲时，触发器应翻转一次。

（2）每当触发器输出端 Q 从 1 态变成 0 态时，其输出端 Q 就产生一个负脉冲作为进位信号。

（3）如果将进位信号加到高一位触发器的输入端时，就能完成多位的二进制加法计数运算。

图 8-85 所示是异步二进制加法计数器。这是一个由 4 个 JK 触发器构成的四位异步二进制加法计数器电路。电路中，4 个 JK 触发器的置 0 端相连后作为$\overline{R}_d$，这是整个加法计数器的置 0 端。对于某个 JK 触发器而言， CP 端是计数脉冲输入端，Q 端为触发器输出端，本位的 Q 端与高一位触发器的计数输入端 CP 相连。

1．状态表

为电路分析方便，这里先给出这一四位二进制加法计数器的状态表，如表 8-37 所示。

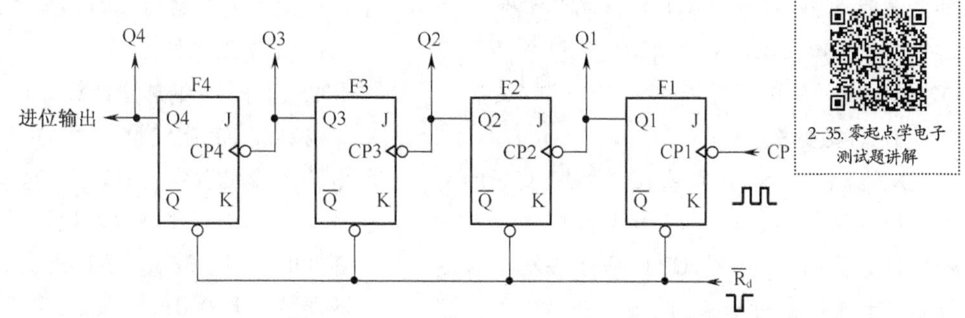

图 8-85　JK 触发器构成的四位异步二进制加法计数器

表 8-37　四位二进制加法计数器状态表

输入脉冲个数	输出端 Q4 2^3	输出端 Q3 2^2	输出端 Q2 2^1	输出端 Q1 2^0
0	0	0	0	0
1	0	0	0	1
2	0	0	1	0
3	0	0	1	1
4	0	1	0	0
5	0	1	0	1
6	0	1	1	0
7	0	1	1	1
8	1	0	0	0
9	1	0	0	1
10	1	0	1	0
11	1	0	1	1
12	1	1	0	0
13	1	1	0	1
14	1	1	1	0
15	1	1	1	1
16	0	0	0	0
17	0	0	0	1

2．置 0 分析

经输入端$\overline{R}_d$加上负脉冲，此时各 JK 触发器输出 0 态，即 Q4 = 0，Q3 = 0，Q2 = 0，Q1 = 0。

2-36. 零起点学电子测试题讲解

3．计数分析

从电路图 8-85 中可看出，各触发器的 J、K 端悬空，所以 J = 1，K = 1，此时 JK 触发器为计数状态，有一个 CP 的有效触发，JK 触发器输出端 Q 翻转一次。

表 8-38 所示是有脉冲 CP 时电路工作原理分析。

同样的道理，在脉冲 CP 的不断输入触发下，电路中的各触发器做相应的翻转变化，完成二进制加法计数。

4．大于 16 的加法计数

当脉冲 CP 完成第 15 个触发后，这一计数器电路的输出端为 1111，即 Q4 = Q3 = Q2 = Q1 = 1，第 16 个脉冲 CP 出现后，计数器状态为 0000（见表 8-36），第 17 个脉冲 CP 出现后，计数器状态为 0001，开始从头计数，因为这种四位的二进制加法计数器最多只有计数到 16。

表 8-38 有脉冲 CP 时电路工作原理分析

名称	说明
第一个计数脉冲 CP 到来后	在脉冲 CP 从 1 变成 0 的下降沿，触发器 F1 触发，其输出端 Q1 由原来的 0 变成 1，即第一个脉冲 CP 后 Q1 = 1。 在第一个脉冲 CP 触发之前，Q1 = 0，Q1 端与下一位触发器 F2 的 CP 端相连，由于 Q1 从 0 变成 1 不能对 F2 构成有效触发（JK 触发器是下降沿触发），所以 F2 保持原输出状态，即 Q2 = 0。同理，第一个脉冲 CP 作用时，Q3 = Q4 = 0。记住一点，JK 触发器的翻转只发生在脉冲 CP 从 1 变成 0 时的下降沿，也就是当 Q 端从 1 变 0 时，对下一位触发器具有触发翻转作用。 通过上述电路分析可知，在第一个脉冲 CP 作用后，这一计数器的输出状态为 Q4 = 0，Q3 = 0，Q2 = 0，Q1 = 1，即为 0001，与状态表 8-36 一致
第二个计数脉冲 CP 到来后	脉冲 CP 下降沿对触发器 F1 再次有效触发，其输出端 Q1 由原来的 1 变成 0。在第一个脉冲 CP 触发之后第二个脉冲 CP 触发之前，由于 Q1 = 1，Q1 端由 1 变成 0，这对 F2 而言是有效触发，所以 F2 翻转一次，其输出端 Q2 从 0 变成 1。由于 Q2 从 0 变成 1，对 F3 没有形成有效触发，这样 F3 和 F4 没有翻转，保持原状态。 通过上述电路分析可知，在第二个脉冲 CP 作用之后，这一计数器的输出状态为 Q4 = 0，Q3 = 0，Q2 = 1，Q1 = 0，即 0010

5．工作波形

从上述电路分析可知，来一个脉冲 CP，最低位的触发器 F1 就翻转一次，而第二位的触发器 F2 是，F1 翻转 2 次 F2 翻转 1 次，显然 F2 的翻转频率为 F1 的 1/2。当 F2 翻转 2 次时，F3 才翻转 1 次，也就是当 F1 翻转 4 次时，F3 才翻转 1 次。图 8-86 所示是四位二进制加法计数器的工作波形示意图，从该工作波形图中可看出上述关系。

8.4.8 维持阻塞 D 触发器构成的异步二进制加法计数器

异步二进制加法计数器除可用 JK 触发器构成外，还可用其他触发器来组成。图 8-87 所示是用 4 个维持阻塞 D 触发器构成的四位异步二进制加法计数器。电路中的 F1 ～ F4 是 4 个维持阻塞 D 触发器。

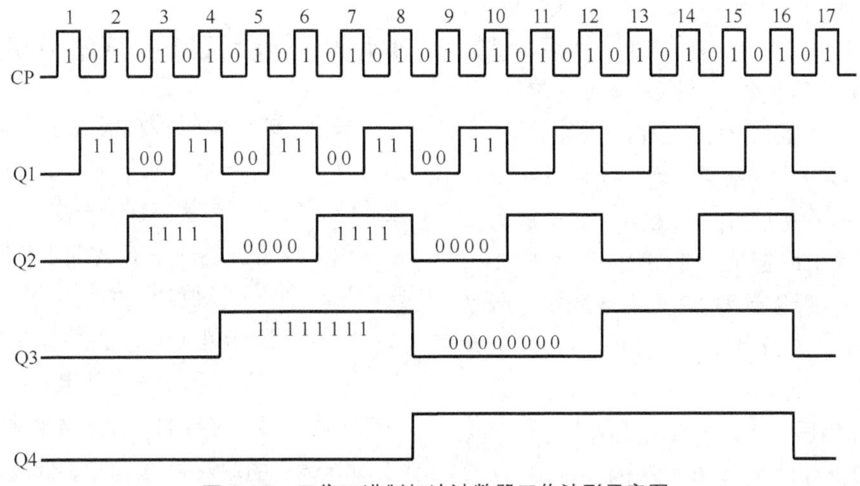

图 8-86 四位二进制加法计数器工作波形示意图

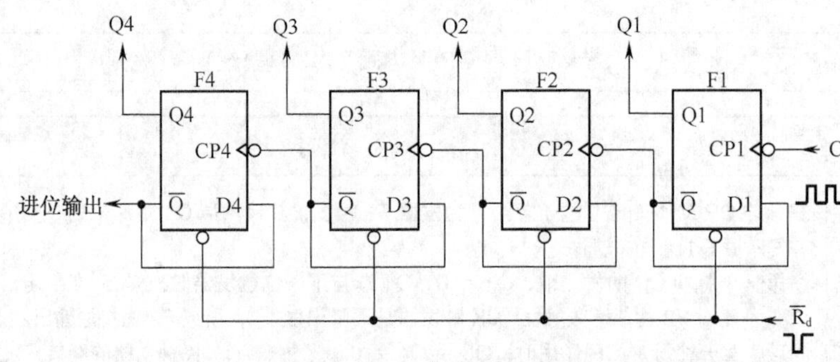

图 8-87　维持阻塞 D 触发器构成的四位异步二进制加法计数器

1．置 0 端$\overline{R_d}$

在进行加法计数前，先给$\overline{R_d}$置负脉冲，这样计数器的输出端为 0000，即 Q4 = 0，Q3 = 0，Q2 = 0，Q1 = 0。

2．计数脉冲输入端 CP

计数脉冲 CP 从最低位触发器 F1 的输入端 CP 端输入。

3．进位输出端$\overline{Q}$

当输出端 Q 从 1 变成 0 时，$\overline{Q}$端则是从 0 变成 1，对于维持阻塞 D 触发器而言，这一从 0 变成 1 的脉冲上升沿是有效触发，所以$\overline{Q}$端可以作为向高位触发器的进位信号输出端。

4．计数器分析

在置 0 后，各触发器输出端为 0 态。

第一个脉冲 CP 到来后，由于原来 Q1 = 0，$\overline{Q1}$= 1，所以 D1 = 1，这样在第一个脉冲 CP 上升沿触发下，Q1 由 0 变成 1，即此时 Q1 = 1，而$\overline{Q1}$从 1 变成 0，这对触发器 F2 而言不能形成有效触发，所以 Q2 仍然为 0。同理，Q3 和 Q4 仍然为 0。这样。第一个脉冲 CP 作用后，计数器状态为 Q4 = 0，Q3 = 0，Q2 = 0，Q1 = 1，即为 0001，与上面的一种计数器一样。

第二个脉冲 CP 到来后，由于$\overline{Q1}$= 0，D1 = 0，所以 Q1 = 0。由于 Q1 = 0，$\overline{Q1}$从 0 变成 1，它加到触发器 F2 的输入端 CP2，因为 CP2 端是从 0 变成 1，所以这对 F2 是有效触发，所以 Q2 从 0 变成 1，即 Q2 = 1。此时，$\overline{Q2}$从 1 变成 0，对后级触发器无触发作用。这样，第二个脉冲 CP 作用后，计数器输出状态为 Q4 = 0，Q3 = 0，Q2 = 1，Q1 = 0，即 0010。

同样的道理可以对电路进行分析，其结果与表 8-36 一致，在此不再分析。

5．识图小结

关于异步二进制加法计数器电路主要说明下列几点。

（1）要熟悉 JK 触发器的逻辑功能，否则对计数器电路工作原理分析是寸步难行的。对于由维持阻塞 D 触发器构成的加法计数器电路，要熟悉这种触发器的逻辑功能。

（2）由于 JK 触发器是后沿（脉冲 CP 下降沿）触发，所以当 JK 触发器输出端 Q 从 0 变成 1 时，对下一位触发器不构成有效触发。只有 Q 端从 1 变成 0 时，才给下一位触发器进位信号，使下一位触发器做一次翻转。

（3）对于维持阻塞 D 触发器是上升沿触发，与 JK 触发器不同，这一点要分清楚。当$\overline{Q}$从 1 变成 0 时，对下一位触发器不构成有效触发。只有当$\overline{Q}$从 0 变成 1 时，才给下一位触发器进位信号，使下一位触发器做一次翻转。

8.4.9　异步二进制减法计数器

关于二进制减法计数原理主要说明下列两点。

（1）每来一个计数脉冲，即每减一个数，最低位触发器输出状态翻转一次。

（2）当触发器由 0 态变成 1 态时，触发器要产生一个负阶跃脉冲作为借位信号。

图 8-88 所示是 4 个 JK 触发器构成的四位异步二进制减法计数器电路。从电路中可看出，这一减法计数器电路与加法计数器电路结构有些变化，就是高位的输入端 CP 与相邻低位的$\overline{Q}$端相连，这样借位输出信号就是取自 JK 触发器的$\overline{Q}$端。

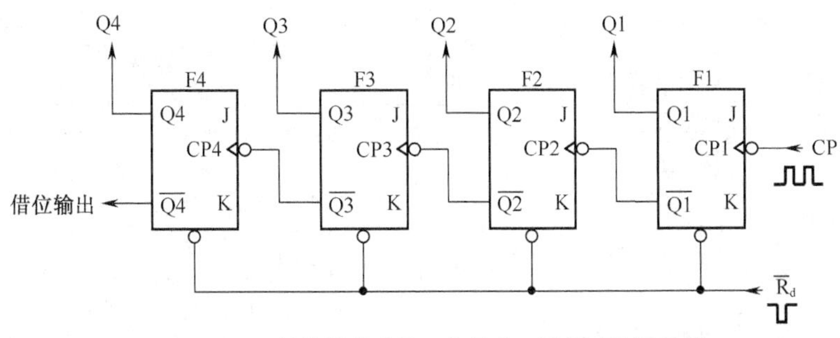

图 8-88　JK 触发器构成的四位异步二进制减法计数器

电路中，$\overline{R}_d$是这一减法计数器的置 0 输入端，CP 是计数脉冲输入端，$\overline{Q}$是借位输出端，Q4～Q1 是四位数码输出端，其中 Q4 为最高位，Q1 为最低位。

1．状态表

表 8-39 所示是二进制减法计数器状态表。

表 8-39　二进制减法计数器状态表

输入脉冲个数	输出端 Q4 2^3	输出端 Q3 2^2	输出端 Q2 2^1	输出端 Q1 2^0
0	0	0	0	0
1	1	1	1	1
2	1	1	1	0
3	1	1	0	1
4	1	1	0	0
5	1	0	1	1
6	1	0	1	0
7	1	0	0	1
8	1	0	0	0
9	0	1	1	1
10	0	1	1	0
11	0	1	0	1
12	0	1	0	0
13	0	0	1	1
14	0	0	1	0
15	0	0	0	1
16	0	0	0	0
17	1	1	1	1

2．减法计数分析

2-40.零起点学电子测试题讲解

在置 0 触发后，各输出端为 0000，即 Q4 = 0，Q3 = 0，Q2 = 0，Q1 = 0。表 8-40 所示是计数脉冲 CP 到来后电路工作原理分析。

表 8-40　计数脉冲 CP 到来后电路工作原理分析

名称	说明
第一个计数脉冲 CP 到来后	在脉冲 CP 从 1 变成 0 的下降沿，触发器 F1 触发，其输出端 Q1 由原来的 0 变成 1，即第一个脉冲 CP 后 Q1 = 1。 由于 Q1 从 0 变成 1，则$\overline{Q1}$从 1 变成 0，由于$\overline{Q1}$端与 CP2 端相连，这对触发器 F2 是有效触发，这样 Q2 从 0 变成 1。 同样的道理，$\overline{Q2}$从 1 变成 0，使 Q3 = 1。$\overline{Q3}$从 1 变成 0，使 Q4 = 1。这样，在第一个计数脉冲 CP 作用后，减法计数器输出状态变成 Q4 = 1，Q3 = 1，Q2 = 1，Q1 = 1，即为 1111
第二个计数脉冲 CP 到来后	触发器 F1 输出端 Q1 由原来的 1 变成 0，即第二个脉冲 CP 后 Q1 = 0。由于 Q1 从 1 变成 0，则$\overline{Q1}$从 0 变成 1，这对触发器 F2 不能构成有效触发，所以 Q2 仍然为 1。 同样的道理，Q3 = 1，Q4 = 1。这样，在第二个计数脉冲 CP 作用后，减法计数器输出状态变成 Q4 = 1，Q3 = 1，Q2 = 1，Q1 = 0，即为 1110
第三个计数脉冲 CP 到来后	触发器 F1 输出端 Q1 由原来的 0 变成 1，即 Q1 = 1。由于 Q1 从 0 变成 1，则$\overline{Q1}$从 1 变成 0，这对触发器 F2 是有效的触发，使 Q2 从 1 变成 0 由于$\overline{Q2}$是从 0 变成 1，对 F3 没有触发作用，这样 Q3 仍然为 1，同理 Q4 = 1。所以，在第三个计数脉冲 CP 作用后，减法计数器输出状态变成 Q4 = 1，Q3 = 1，Q2 = 0，Q1 = 1，即为 1101

3．工作波形

图 8-89 所示是四位二进制减法计数器的工作波形示意图。从该工作波形图中可看出，来一个脉冲 CP，最低位的触发器 F1 就翻转 1 次，而第二位的触发器 F2 是，F1 翻转两次 F2 翻转 1 次，显然 F2 的翻转频率为 F1 的 1/2。当 F2 翻转 2 次时，F3 才翻转 1 次，也就是当 F1 翻转 4 次时，F3 才翻转 1 次，这种各触发器之间的翻转关系同加法计数器一样。

4．识图小结

关于异步二进制减法计数器电路主要说明下列几点。

（1）异步二进制减法计数器电路与异步二进制加法计数器电路的唯一不同之处是，低位触发器是由$\overline{Q}$端连接到相邻高位的 CP 端，而不是加法计数器电路中的 Q 端连接到 CP 端。这两种二进制计数器电路的分析方法是相同的。

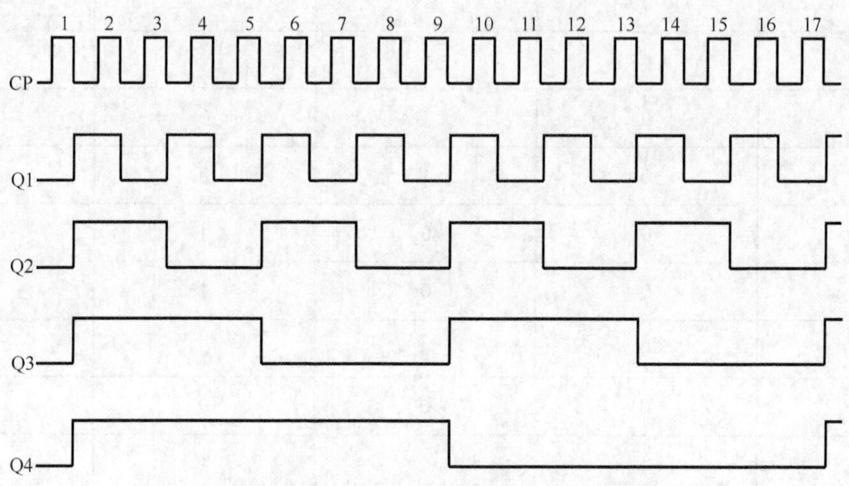

图 8-89　四位二进制减法计数器工作波形示意图

（2）当四位的二进制减法计数器计数到 16 时，计数器中原存的数已经全部减法计数完毕，此时计数器回到 1111 状态，开始第二个循环，这一点与四位的二进制加法计数器一样。

（3）从上面的两种四位二进制加法计数器电路和一种减法计数器电路分析可知，电路中的触发器翻转是不同步的，不是各个触发器同步翻转，所以这样的计数器称为异步计数器电路。

8.4.10　串行进位同步二进制加法计数器

同步计数器中，所有触发器共用一个时钟脉冲，在计数过程中，各触发器状态变化均与时钟脉冲同步，因此它的计数速度较快。同步二进制计数器有加法计数器电路、减法计数器电路和可逆计数器电路 3 种。

图 8-90 所示是用 4 个主从型 JK 触发器和两个与门电路构成的串行进位异步四位二进制加法计数器电路。电路中，$\overline{R}_d$是这一加法计数器的置 0 输入端，为负脉冲触发；CP 是计数脉冲输入端；Q4 ～ Q1 是计数器的四位数码输出端，其中 Q4 为最高位，Q1 为最低位；F1 ～ F4 是 4 个 JK 触发器，A 和 B 是具有两个输入端的与门。

JK 触发器中，只有当 J、K 两个输入端均为 1 时才有计数功能，所以触发器 F1 的 J、K 输入端均悬空（这样输入端为高电平）。

从电路中可看出，计数脉冲从各触发器的 CP 端同时输入，这一点与前面介绍的异步计数器电路是不同的。

计数前先清零，即在$\overline{R}_d$端加上负脉冲，这样计数器输出状态为 0000，　即 Q4 ＝ 0，Q3 ＝ 0，Q2 ＝ 0，Q1 ＝ 0。下面根据输入计数脉冲 CP 分成几种情况分析这一电路的加法计数过程，如表 8-41 所示。

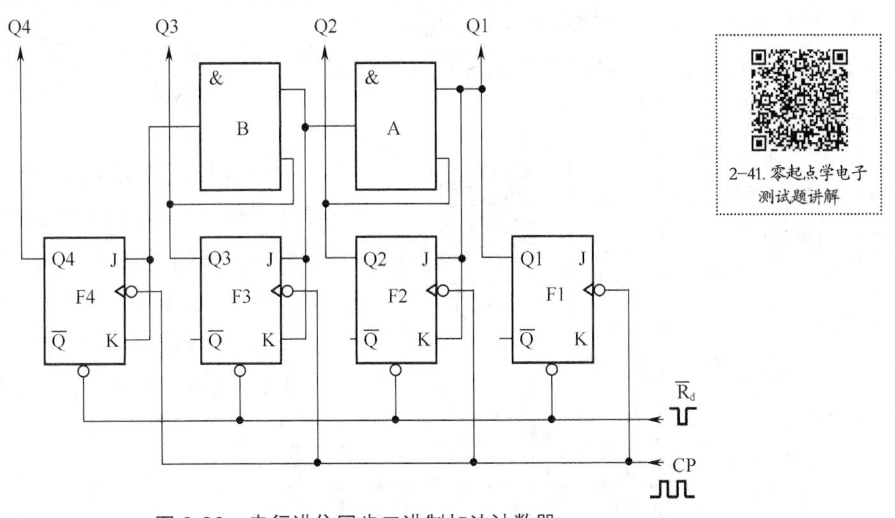

图 8-90　串行进位同步二进制加法计数器

表 8-41　计数脉冲 CP 输入时电路分析

名称	说明
输入第一个计数脉冲 CP	第一个计数脉冲的后沿触发，使 Q1 由 0 变为 1，即 Q1 ＝ 1。 由于第一个脉冲 CP 到来之前，Q1 ＝ 0，所以触发器 F2 的 J ＝ K ＝ 0。由于 Q2 ＝ 0，所以与门 A 输出 0，这样触发器 F3 的 J ＝ K ＝ 0。由于 Q3 ＝ 0，与门 B 输出 0，这样触发器 F4 的 J ＝ K ＝ 0。尽管有第一个脉冲 CP 对各触发器的触发，但触发器 F2 ～ F4 仍然保持原状态。 这样，第一个脉冲 CP 作用后，触发器 F2 的 J ＝ K ＝ 1，且计数器输出状态为 0001，即 Q4 ＝ 0，Q3 ＝ 0，Q2 ＝ 0，Q1 ＝ 1

续表

名称	说明
输入第二个计数脉冲CP	第二个计数脉冲加到 CP 端后，Q1 由 1 变为 0，即 Q1 = 0。同时，由于触发器 F2 的 J = K = 1，所以触发器 F2 也同步受第二个脉冲 CP 的有效触发而翻转，使 Q2 = 1。 由于第二个脉冲 CP 到来之前，触发器 F3 和 F4 的 J = K = 0，这样第二个脉冲 CP 对触发器 F3 和 F4 无触发作用。 通过上述电路分析后可知，第二个脉冲 CP 后，计数器输出状态为 0010，即 Q4 = 0，Q3 = 0，Q2 = 1，Q1 = 0
输入第三个计数脉冲CP	第三个计数脉冲加到 CP 端后，Q1 由 0 变为 1，即 Q1 = 1。 由于第三个脉冲 CP 到来前 Q1 = 0，触发器 F 的 J = K = 0，所以第三个脉冲 CP 作用时，Q2 的输出状态不变，即仍然是 Q2 = 1。 对于触发器 F3 和 F4，由于第二个脉冲 CP 到来之前，它们的 J = K = 0，所以触发器 F3 和 F4 输出状态不变。 这样，第三个计数脉冲 CP 作用后，计数器输出状态为 0011，即 Q4 = 0，Q3 = 0，Q2 = 1，Q1 = 1。
输入第四个计数脉冲CP	第四个计数脉冲加到 CP 端后，Q1 由 1 变为 0，即 Q1 = 0。 对于输出端 Q2 而言，由于第四个脉冲 CP 作用之前 Q1 = 1，所以 F2 的 J = K = 1，所以在第四个脉冲 CP 的作用下 Q2 由 1 变为 0，即 Q2 = 0。 同时，在第四个脉冲 CP 作用之前，由于 Q1 = 1，与门 A 的一个输入端为 1；由于 Q2 = 1，与门 A 的另一个输入端为 1。这样与门 A 输出 1，使触发器 F3 的 J = K = 1，所以在第四个脉冲 CP 作用时，触发器 F3 翻转，由 0 变为 1，即 Q3 = 1。触发器 F4 因 J = K = 0，仍然保持 Q4 = 0。 这样，在第四个脉冲 CP 作用后，加法计数器输出状态为 0100，即 Q4 = 0，Q3 = 1，Q2 = 0，Q1 = 0

同理，当计数脉冲 CP 不断加到 CP 端时，加法器不断做加法计数，电路工作原理和电路分析方法同上面一样，在此省略。

通过上述分析可知，计数脉冲 CP 是同时加到各 JK 触发器的 CP 端，但是在计数过程中，低位向高位的进位信号是一级级向上的，这种计数称方式为串行同步计数。

8.4.11 并行进位同步二进制加法计数器

图 8-91 所示是由 4 个 JK 触发器构成的四位并行进位同步二进制加法计数器，这一电路与前一个串行同步计数器电路相比有一点不同之处，就是电路中的 JK 触发器有多个 J 和 K 输入端，如触发器 F3 有 2 个这样的输入端，触发器 F4 则有 3 个 J、K 输入端。

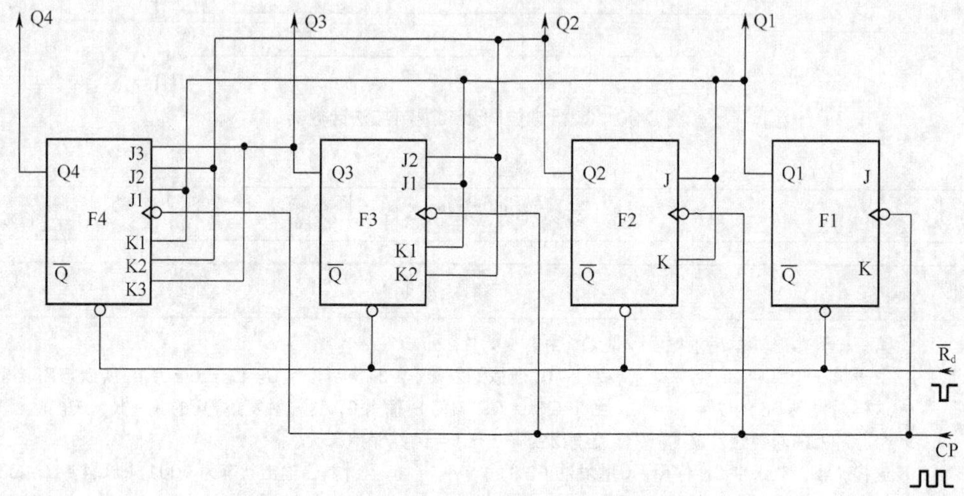

图 8-91　四位并行进位同步二进制加法计数器

对于多个J、K输入端的JK触发器电路，其各输入端J和K之间为与逻辑的关系，如J1、J2和J3是一个与门电路的3个输入端，K1、K2和K3是一个与门电路的3个输入端。如果JK触发器的J、K输入端数目不够用时，可使用附加的与门电路来扩展，如图8-92所示。

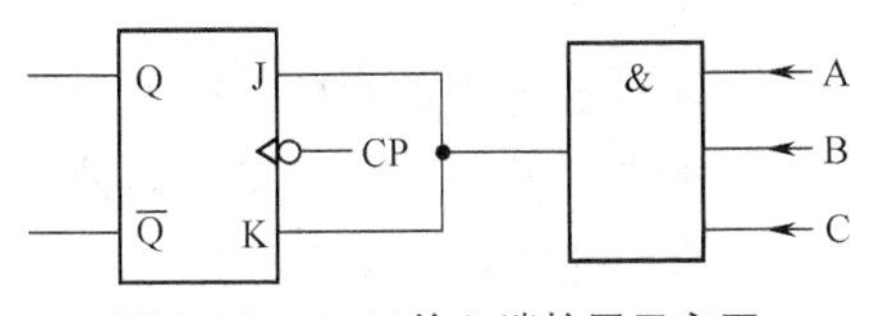

图8-92　J、K输入端扩展示意图

对于并行进位同步二进制加法计数器，计数前先清零，即在$\overline{R}_d$端加上负脉冲，这样计数器输出状态为0000，即Q4 = 0，Q3 = 0，Q2 = 0，Q1 = 0。下面根据输入计数脉冲CP分成几种情况分析这一电路的加法计数过程，如表8-42所示。

通过上述分析可知，计数脉冲CP是同时加到各JK触发器的CP端，进位信号是通过本级的多个J、K输入端实现的，各触发器的进位信号是并行的，这种计数方式称为并行同步计数。

表8-42　输入计数脉冲CP情况下电路工作原理分析

名称	说明
输入第一个计数脉冲CP	当第一个计数脉冲加到CP端后，该脉冲的后沿触发，使Q1由0变为1，即Q1 = 1。 由于第一个脉冲CP到来之前，Q3 = Q2 = Q1 = 0，所以触发器F2、F3和F4的输入端J和K都有一个为0，这样触发器F3和F4仍然保持原状态。 这样，第一个脉冲CP作用后，计数器输出状态为0001，即Q4 = 0，Q3 = 0，Q2 = 0，Q1 = 1
输入第二个计数脉冲CP	第二个计数脉冲加到CP端后，Q1由1变为0，即Q1 = 0。同时，由于触发器F2的J = K = 1，所以触发器F2也同步受第二个脉冲CP的有效触发而翻转，使Q2 = 1。 由于第二个脉冲CP到来之前，触发器F3和F4仍然有J = K = 0，这样第二个脉冲CP对触发器F3和F4无触发作用。 这样第二个脉冲CP后，计数器输出状态为0010，即Q4 = 0，Q3 = 0，Q2 = 1，Q1 = 0
输入第三个计数脉冲CP	第三个计数脉冲加到CP端后，Q1由0变为1，即Q1 = 1。 由于第三个脉冲CP到来前Q1 = 0，触发器F的J = K = 0，所以第三个脉冲CP作用时，Q2的输出状态不变，即仍然是Q2 = 1。 对于触发器F3和F4，由于第二个脉冲CP到来之前，它们的一个输入端J = K = 0，所以触发器F3和F4输出状态不变。这样，第三个计数脉冲作用后，计数器输出状态为0011，即Q4 = 0，Q3 = 0，Q2 = 1，Q1 = 1
输入第四个计数脉冲CP	第四个计数脉冲加到CP端后，Q1由1变为0，即Q1 = 0。 对于输出端Q2而言，由于第四个脉冲CP作用之前Q1 = 1，所以F2的J = K = 1，所以在第四个脉冲CP的作用下Q2由1变为0，即Q2 = 0。 同时，在第四个脉冲CP作用之前，由于Q1 = Q2 = 1，触发器F3的J1 = K1 = 1，J2 = K2 = 1，所以第四个脉冲CP作用时，触发器F3翻转，由0变为1，即Q3 = 1。触发器F4因仍有一个J = K = 0，仍然保持Q4 = 0。 这样，在第四个脉冲CP作用后，加法计数器输出状态为0100，即Q4 = 0，Q3 = 1，Q2 = 0，Q1 = 0
输入第八个计数脉冲CP	在第七个脉冲CP输入完毕后，计数器的状态为Q4 = 0，Q3 = 1，Q2 = 1，Q1 = 1。此时，触发器F2的J = K = 1，触发器F3的J1 = K1 = 1，J2 = K2 = 1，J3 = K3 = 1，这样第八个脉冲CP输入时，4个触发器同时翻转，计数器输出状态为1000，即Q4 = 1，Q3 = 0，Q2 = 0，Q1 = 0

8.4.12 同步二进制可逆计数器和识图小结

1．同步二进制可逆计数器

前面介绍的同步计数器电路只有加法计数功能，图 8-93 所示是一种能进行加法和减法计数功能的同步二进制计数器，这种能加能减计数的计数器称为可逆计数器。

这一电路的进位方式是并行的，所以又称并行进位同步二进制可逆计数器。

电路中，输入端 X 是加、减法控制端。当 X = 1 时，将上面 3 个与非门打开，X = 1 时通过非门输出的低电平 0 加到下面 3 个与非门输入端，使下面 3 个与非门关闭。这样，这一可逆计数器电路就是一个并行进位的同步二进制加法计数器电路。

2-44.零起点学电子测试题讲解

当 X = 0 时，将上面 3 个与非门关闭，X = 0 时通过非门输出的高电平 1 加到下面 3 个与非门输入端，使下面 3 个与非门打开。这样，这一可逆计数器电路就是一个并行进位的同步二进制减法计数器电路。

电路中，CP 是计数脉冲输入端，无论是进行加法计数还是进行减法计数，都是从这一输入端送入计数脉冲 CP。

这一电路进行加法或减法计数器工作时，电路工作原理同前面的电路相同，在此省略分析。

2．识图小结

关于同步二进制计数器电路主要说明下列几点。

（1）无论哪种同步计数器都有一个特点，即电路中的各触发器都用同一脉冲源触发，具体而言各 JK 触发器的 CP 输入端连接在一起，作为计数脉冲的输入端，这种电路中的各触发器会与脉冲源同步工作。

（2）同步计数器电路中的各触发器输出状态几乎同时翻转，这样计数速度比较快（计数速度比前面介绍的异步计数器要快）。

（3）同步计数器按照进位方式划分有两种：一是串行进位计数器，二是并行进位计数器。串行计数器的计数速度较慢，但优点是无论有多少位，只要用一种两个输入端的与门就能传输进位控制信号了。并行计数器的优点是计数速度比较快，但所需要的与门要有较多的输入端，特别是位数较多时要求与门输入端的数目更多。另外，在计数器开始工作时，计数器的负载较重，其中最低位触发器输出端 Q 的负载最重，因为它要控制后面的各级进位信号门电路。

（4）由于同步计数器中的各触发器要用同一种脉冲源来触发，这样对脉冲信号源的带负载能力要求较高，要求同步计数器电路中的脉冲源输出功率较大。

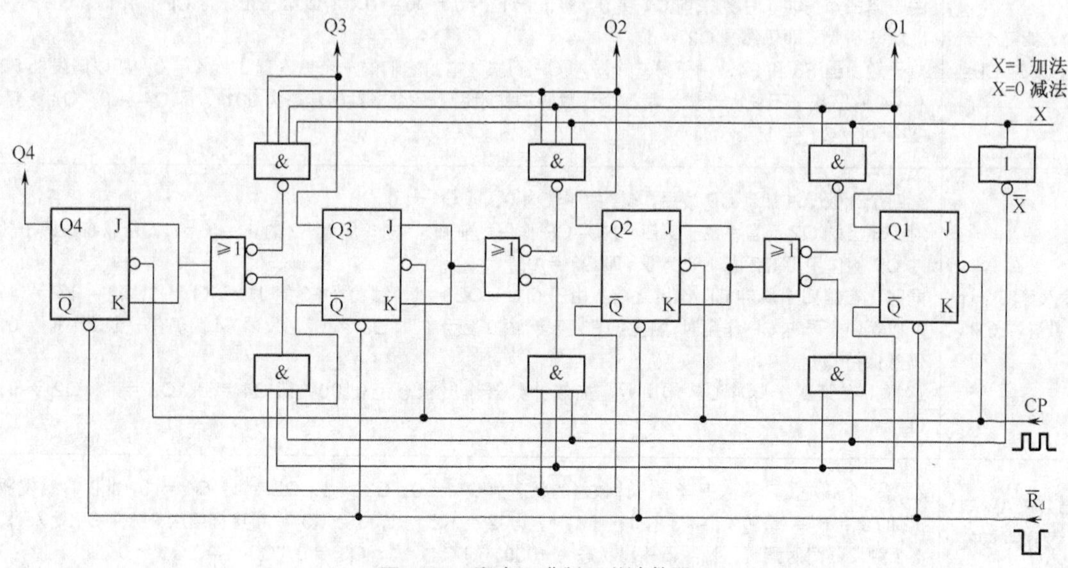

图 8-93 同步二进制可逆计数器

（5）无论二进制加法计数器是同步计数器还是异步计数器，加法计数器电路状态表都是相同的。同样的道理，对于二进制减法计数器也是一样。在分析计数器电路工作原理时，最好能根据状态表来进行分析，这样有利于对计数器电路工作原理的理解。

（6）对于多个J、K输入端的JK触发器，其逻辑功能与一般JK触发器是一样的，只是多个输入端J、K与逻辑结果对触发器产生翻转影响。具体来讲，当所有的输入端J都是1时，触发器的J输入端才是1；只要有一个输入端J是0，则对触发器而言输入端J仍然是0。对于输入端K也是一样。

8.4.13　非二进制计数器

前面介绍了多种计数器，它们都是“逢二进一”，所以它们都是二进制计数器。不是“逢二进一”的计数器都是非二进制计数器，这里以二-十进制计数器为例介绍非二进制计数器的工作原理。二-十进制计数器简称十进制计数器。

虽然非二进制计数器不是二进制计数器，但是它们都是使用二进制数码。以二-十进制计数器为例，这种计数器中并不是直接使用了0～9数码，而是用8421-BCD码来表示0～9，只是这种计数器中的进位原则是“逢十进一”。

图8-94所示是采用4个JK触发器构成的8421-BCD码同步十进制加法计数器，注意这只是十进制数中的一位计数器，多位时还有与其同样的计数器。在8421-BCD码中，用四位的二进制数码来表示十进制数中的0～9，所以在这一电路中要用四位的计数器。

电路中，F1～F4是4个JK触发器，其中F3和F4是多输入端J、K的触发器；逻辑门A是非门电路，逻辑门B是两个输入端的与非门电路；Q4～Q1是计数器的四位数码输出端，其中Q4为最高位，Q1是最低位；CP是计数脉冲输入端；$\overline{R}_d$是计数器的置0输入端；F是进位输出端。

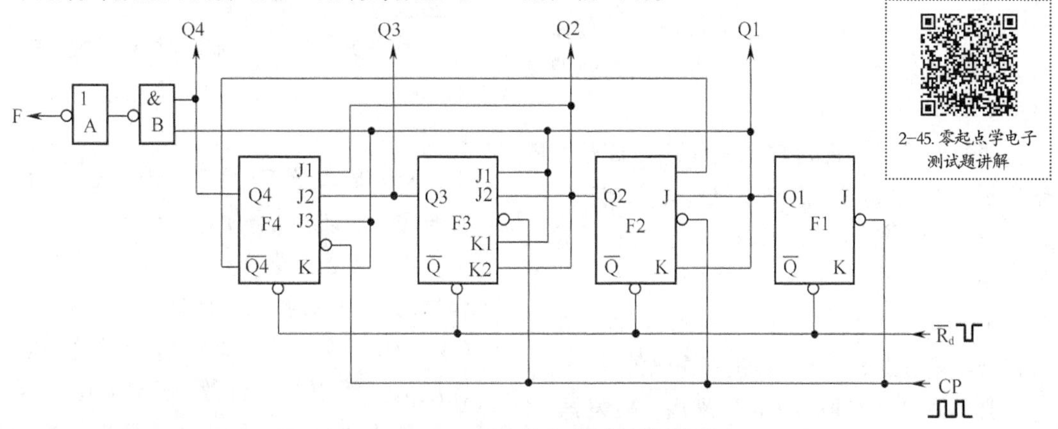

图8-94　8421-BCD码同步十进制加法计数器

1．状态表

表8-43所示是8421-BCD码加法计数器状态表。

表8-43　8421-BCD码加法计数器状态表

输入计数脉冲CP的个数	输出端Q4	输出端Q3	输出端Q2	输出端Q1	进位端F
0	0	0	0	0	0
1	0	0	0	1	0
2	0	0	1	0	0

续表

输入计数脉冲 CP 的个数	输出端 Q4	输出端 Q3	输出端 Q2	输出端 Q1	进位端 F
3	0	0	1	1	0
4	0	1	0	0	0
5	0	1	0	1	0
6	0	1	1	0	0
7	0	1	1	1	0
8	1	0	0	0	0
9	1	0	0	1	1
10	0	0	0	0	0

2．计数分析

2-46. 零起点学电子测试题讲解

这一计数器电路的工作原理同前面介绍的并行进位同步二进制加法计数器电路基本相同，在输入的计数脉冲个数为 8 个之前，这一加法计数器与前面所介绍电路基本一样，这里从第九个计数脉冲输入开始分析这一电路。

当第八个计数脉冲输入完毕后，计数器的输出状态为 1000，即 Q4 = 1，Q3 = 0，Q2 = 0，Q1 = 0。由于 Q1 = 0，所以与非门 B 两个输入端中有一个为 0，这样与非门输出 1，该高电平 1 加到非门 A，使进位信号 F = 0，不能产生进位信号，只有当 F = 1 时才能产生进位信号。

当第九个计数脉冲 CP 到来后，触发器 F1 从 0 态翻转到 1 态，其他触发器因为至少有一个输入端 J = K = 0，所以都保持原态。这样，第九个计数脉冲 CP 作用后计数器输出状态为 1001，即 Q4 = 1，Q3 = 0，Q2 = 0，Q1 = 1。

3．进位信号分析

在第九个计数脉冲作用之后，因为 Q4 = 1，Q1 = 1，与非门 B 的两个输入端都是 1，该高电平 1 加到非门 A 中，使非门 A 输出高电平 1，即 F = 1，这就是进位信号。

4．输入第十个计数脉冲 CP 分析

当第十个 CP 作用后，触发器 F1 输出状态由 Q1 = 1 翻转到 Q1 = 0。

由于第九个计数脉冲作用后 Q4 = 1，$\overline{Q4}$ = 0，该低电平 0 加到触发器 F2 的一个输入端 J，所以当第十个计数脉冲 CP 作用时，触发器 F2 输出状态为 0，仍然是 Q2 = 0。

对于触发器 F3，因为 Q2 = 0，所以 J2 = K2 = 0，这样触发器 F3 输出状态保持不变，即 Q3 = 0。

对于触发器 F4 而言，由于 Q2 = 0，所以 J1 = 0，这样触发器 F4 输出 Q4 = 0。

通过上述电路分析可知，在第十个计数脉冲作用之后，计数器的输出状态是 0000，Q4 = 0，Q3 = 0，Q2 = 0，Q1 = 0，计数器这一位已完成 10 个数的加法计数而回到 0 位。

与此同时，由于进位信号 F = 1，在第十个计数脉冲的作用下，F = 1 对上一位十进制计数器（该电路中没有画出上一位的十进制加法计数器）进行进位触发，本位的这个加法计数器从 0 开始循环计数。

5．工作波形

图 8-95 所示是同步十进制加法计数器的工作波形示意图。从该工作波形中可看出，它与前面介绍的二进制加法计数器工作波形是有所不同的，当最高位输出端 Q4 出现两个高电平 1 后，即进入低电平 0 状态。

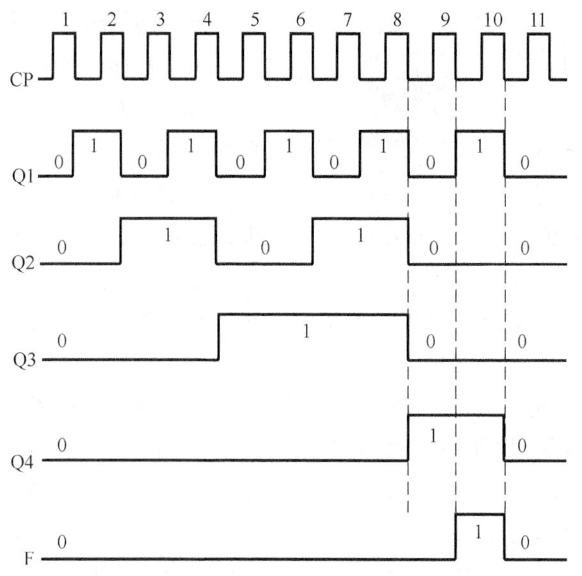

图 8-95　同步十进制加法计数器工作波形示意图

6. 自启动分析

一个4位的二进制数码可表示16种十进制数，在8421-BCD码中只用了前10位，即到1001，之后还有6位，如表8-44所示。

表 8-44　后6位对应表

二进制数码	十进制数	二进制数码	十进制数
1010	10	1101	13
1011	11	1110	14
1100	12	1111	15

在十进制加法计数器工作过程中，对于1010～1111这6种输出状态是无效的，如果由于计数器在工作过程中受到某种影响而出现了上述6种中的某一种无效状态时，计数器能够在若干个计数脉冲CP的作用下自动回到前10种有效输出状态，这一功能称为自启动。

例如，由于某种因素影响计数器进入1110（十进制数中的14）输出状态，即Q4 = 1，Q3 = 1，Q2 = 1，Q1 = 0，那在下几个计数脉冲CP的作用下计数器会回到0000状态。

见前面同步十进制加法计数器电路（见图8-94），对于触发器F1而言，由于Q1 = 0，在第一个CP作用下，Q1 = 1。在第一个CP作用时，由于F2、F3和F3都有一个输入端J = K = 0，所以Q4、Q3和Q2状态不变，这样计数器输出状态为1111。

在第二个CP作用下，Q1 = 0。对于F2、F3和F4而言，它们的所有输入端J = K = 1，所以输出状态翻转一次，Q4、Q3和Q2从1态翻转到0态，这样计数器输出端为0000，回到0态，完成自启动。

图8-96所示是同步十进制加法计数器电路的输出状态转换图。从这一图中可看出，当计数器输出状态为1110时，通过两次CP触发，可使计数器恢复0000态。该示意图也表示出了其他出错情况下的恢复情况。

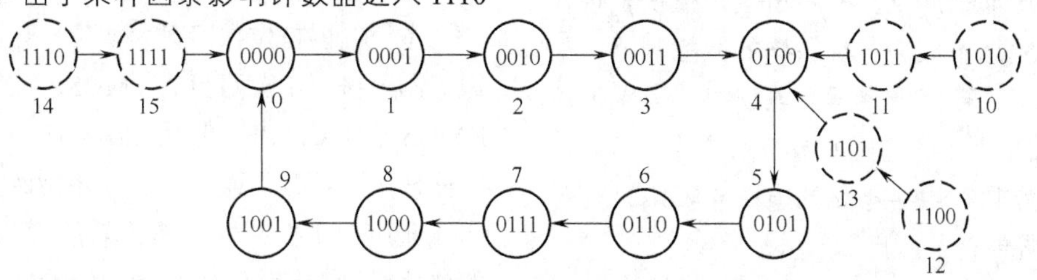

图 8-96　同步十进制加法计数器输出状态转换图

7. 识图小结

2-48. 零起点学电子测试题讲解

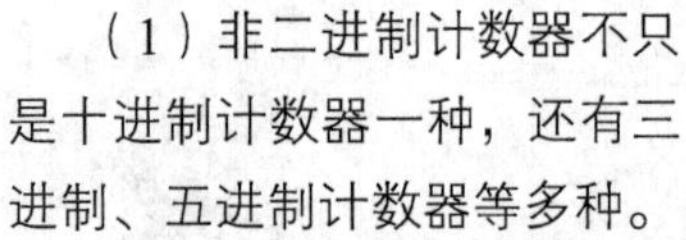

关于非二进制计数器主要说明下列几点。

（1）非二进制计数器不只是十进制计数器一种，还有三进制、五进制计数器等多种。

（2）十进制计数器电路中，也不是只有加法计数器电路，还有减法计数器和可逆计数器电路。

（3）在分析十进制计数器中，还遇到一种JK触发器，就是它的输入端J和输入端K的数目不等。对于这种JK触发器分析方法是这样：无论它有多少个输入端J或K，将每一个输入端J先进行与逻辑后得到一个最终的输入端J状态，然后再对所有的输入端K进行与逻辑得到一个最终的输入端K状态，触发器的最终状态是由最终的输入端J和K的状态决定的。有了这样的电路分析方法，无论JK触发器的输入端J、K有多少个，它们的数目是否相等，电路分析都是相当方便的。

关于各种计数器这里再说明下列几点。

（1）计数器种类和＋具体电路很多，上面只是介绍了基本的和几种应用较多的计数器，各种计数器从电路组成上讲基本上是相同的，电路分析的方法也是相似的。

（2）对计数器进行分析时，要熟悉JK触发器的逻辑功能，只有能够熟练地分析JK触发器，才能比较方便地进行计数器的分析。

（3）计数器的基本功能是进行输入计数脉冲个数的计数，或是加法计数或是减法计数。在实际应用中，对单纯的脉冲个数的计数意义不是很大，而是利用计数的这一基本功能进行扩展，用于其他目的。

（4）计数器的应用之一是进行输入脉冲信号的分频。所谓分频就是将输入脉冲的频率进行降低，例如输入脉冲信号的频率是10MHz，对其进行二分频后的频率是5MHz，若对输入信号进行十分频，频率就变成了1MHz。

8.5 微控制器组成

重要提示

微控制器就是单片微型计算机（One Chip Microcomputer），简称单片机。这里单片的含义是这种微型计算机中只有一块主芯片（集成电路）。由于单片微型计算机的设计充分考虑了控制上的需要，它具有独有的硬件结构、指令系统和多种输入/输出接口，提供了十分有效的控制功能，所以称之为微控制器。

微控制器作为微型计算机的一个很重要的分支，应用非常广泛，发展速度也很快，现代家用电器中无不应用各种各样的微控制器，如各类影碟机、数字调谐器、电视机、数字卡拉OK、各种家用电子电器的遥控系统等。可以这么讲，凡是具有数字电路的电子电器中，几乎少不了微控制器的应用。

微控制器在一块芯片（集成电路）上集成了中央处理器（CPU）、存储器（RAM、ROM或EPROM）和各种输入/输出接口、定时器/计数器、A/D、D/A转换接口等电路，它是一块大规模集成电路。由于它具有许多适用于控制的指令和硬件支持而广泛用于家用电器等控制系统中。

微控制器在用于各种家用电器中的具体电路（硬件）是有所不同的，但是它们的基本组成是相同的，最大的不同就是软件设计不同。通过对微控制器基本组成和各部分电路的介绍，可以初步了解微控制器在整个系统中的控制作用和基本工作原理。

微控制器按位数可分为4位、8位、16位；微控制器按照工艺可分为PMOS、NMOS（包括HMOS）和CMOS（包括CHMOS）3种；微控制器按用途可分为通用型和专用型两类。

通用型微控制器就是通常所说的各种系列的单片机，它把可开发的资源（ROM，I/O口等）

全部提供给用户，用户可根据自己应用的需要来设计接口和编制程序，因此适应性较强，应用较广泛。

专用型微控制器是根据某种具体的控制要求进行针对性设计，特别是软件部件只能用于指定的控制功能。

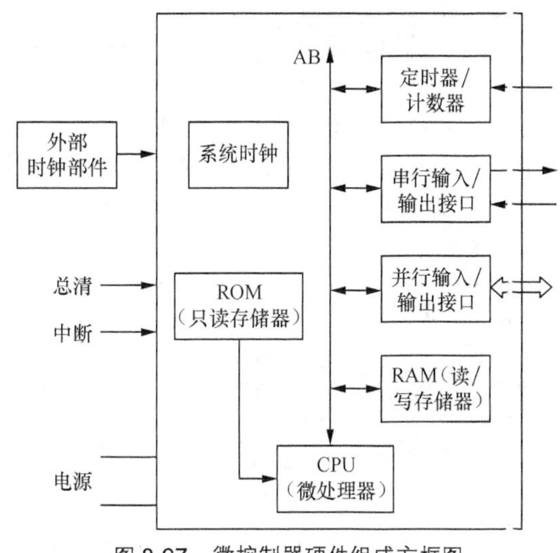

图 8-97　微控制器硬件组成方框图

8.5.1　微控制器硬件基本结构

1．方框图

图 8-97 所示是微控制器的硬件组成方框图。从图中可看出，一个最基本的微控制器主要由几部分组成，如表 8-45 所示。

表 8-45　微控制器组成说明

名　称	说　明
CPU	CPU 即中央处理器，这是微控制器的核心
存储器	存储器包括两个部分：一是 ROM，它用来存储程序；二是 RAM，它用来存储数据。ROM 和 RAM 两种存储器是不同的，将在后面对这两种存储器进行介绍
输入 / 输出（I/O）接口	这一接口电路分为两种：一是并行输入 / 输出接口；二是串行输入 / 输出接口。这两种接口电路结构不同，对信息的传输方式也是不同的
定时器 / 计数器	在微控制器的许多应用中，往往需要进行精确地定时和产生方波信号，这由定时器 / 计数器电路来完成
时钟系统	这一系统是微控制器的重要系统，微控制器的工作是按部就班的，按一定规则排列时间顺序的定时，就是由时钟系统控制的。时钟信号要把微控制器执行指令时要做的操作按先后顺序排好，并给每一个操作规定好固定时间，这样就可以使微控制器在某一时刻只做一个动作，可实现电路的有序工作

2．相互联系方式

微控制器的上述 5 个基本部件电路之间通过地址总线（AB）、数据总线（DB）和控制总线（CB）连接在一起，再通过输出 / 输入接口与微控制器外部的电路联系起来。

3．单片机

由于大规模集成电路技术的迅速发展，可以将上述的 5 部分基本功能部件（CPU、ROM、RAM、I/O 接口、振荡器、时钟电路等）全部集成在一块半导体芯片上，这样的集成电路芯片被称之为单片微型计算机，单片机的名称是由此而来的。

为了增强微控制器的实时控制功能，绝大多数微控制器芯片上还集成有定时器 / 事件计数器、D/A 转换器和 A/D 转换器等功能部件，以进一步加强微控制器的功能。

8.5.2　微控制器各部分电路作用

1．CPU 作用

CPU 内部电路相当复杂。CPU 在微控制器中起着核心作用，微控制器的所有操作动作（指令的接收和执行指令、各种控制功能、辅助功能）都是在 CPU 的管理下进行的。同时，CPU 还要担任各种运算工作。CPU 在微控制器中起着指挥中心的作用。

重要提示

通俗地讲，CPU相当于“人脑”和“算盘”的作用，其中“人脑”用来进行指挥微控制器的各项工作，“算盘”则用来进行各种数据的运算。

2．存储器

重要提示

存储器的作用相当于“纸张”，用来存放微控制器中的各种程序和数据。

所谓程序就是根据所要解决问题的要求，应用指令系统中所包含的指令，编成一组有次序的指令集合，就称为程序。

所谓数据就是微控制器工作过程中的信息、变量、参数、表格等，如传感器反馈回来的反馈信息。

在一个具体的微控制器中，程序是固定不变的，但数据是可变的，根据它们的不同存放它们的存储器类型也是不同的。固定不变的程序由称之为ROM的存储器来存放，ROM内除存放应用程序外，还要存放程序中用到的常数和表格，这里程序、常数、表格被永久性存放在ROM中，无法改变。

2–50. 零起点学电子测试题讲解

RAM用于在程序运行期间存储工作变量和数据，在微控制器工作过程中，这些数据可能被要求改写，所以RAM中存放的内容是随时可以改变的。

微控制器芯片内带有ROM和RAM，根据工艺的可能性和用户要求，有各种不同的配置。芯片内RAM从早期的64字节增加到256字节以上；芯片内ROM的容量也越来越大，按照应用对象的不同，其形式也多样化，如采用片内掩膜式ROM、芯片内EPROM或芯片外EPROM。

微控制器中的程序存储空间和数据存储空间被分隔开，并且采用不同的寻址方式，使用两个不同的存储器地址指针，数据指针指向数据存储器空间，程序计数器PC指向程序存储器空间。采用这种寻址方式主要是考虑控制应用的特点，也就是应用中需要有较大的程序存储器空间，只需要较小的数据存储器空间，以适应结构紧凑和快速运算的需要。

（1）程序存储器。程序存储器是只读存储器（ROM），用于存放事先编好的程序和表格。例如，4KB的存储器被分成两个区：0区（000H ~ 7FFFH）和1区（800H ~ FFFH），可由专门的存储区选择指令进行选择。

0区中有下列3个单元具有特殊的定义。

1）单元0。微控制器复位的程序计数器的内容为0，使得微控制器必须从单元0开始执行。一般在该单元存放一条绝对跳转指令，而用户设计的程序从跳转的地址开始存放。

2）单元3。微控制器响应外部中断请求时，自动地把003H送入程序计数器，使微控制器转到单元3开始执行外部中断处理程序。

3）单元7。当微控制器响应定时器 / 计数器溢出中断请求时，自动地把007H送入程序计数器，使微控制器转到单元7开始执行定时器 / 计数器中断处理程序。

（2）数据存储器。数据存储器是一个随机存储器，是一个读 / 写存储器（RAM），它可读可写，并分成许多单元。微控制器片内的数据存储器用途很多，主要有下列一些。

1）其中的一部分单元当作CPU的工作寄存器。当微控制器中没有专门的寄存器阵列时，可使用数据存储器中的一部分单元，如用16个单元作为CPU的工作寄存器，在这16个单元中又可分成0区工作寄存器，1区工作寄存器（其中一部分可用作地址寄存器）。

2）微控制器内有一个大小、地址均为固定的堆栈，设在数据存储器中。

3）数据存储器其余的单元是用户的数据区。

3．输入 / 输出接口

输入 / 输出接口常用I/O接口表示，I是指输入接口，是英文IN的简写；O是指输出接口，是英文OUT的简写。

输入／输出接口电路是指CPU与外部电路、设备之间的连接通道及有关的控制电路。由于外部电路、设备的电平大小、数据格式、运行速度、工作方式等均不统一，一般情况是不能与CPU相兼容的（即不能直接与CPU连接），这些外部的电路和设备只有通过输入／输出接口的桥梁作用，才能相互之间进行信息传输、交流和使CPU与外部电路、设备之间协调工作。

输入／输出接口种类繁多，不同的外部电路和设备需要相应的输入／输出接口电路，可利用编制程序的方法具体确定接口的工作方式、功能和工作状态。

输入／输出接口可分成两大类：一是并行输入／输出接口，二是串行输入／输出接口。

（1）并行输入／输出接口。并行输入／输出接口的每根引线可灵活地选作输入引线或输出引线。有些输入／输出引线适合于直接与其他（如发光二极管显示器）电路相连，有些接口能够提供足够大的驱动电流，使得与外部电路和设备连接时非常方便。

有些微控制器允许输入／输出接口作为系统总线来使用，以外扩存储器和输入／输出接口芯片。

（2）串行输入／输出接口。串行输入／输出接口是最简单的电气接口，和外部电路、设备进行串行通讯时只需使用较少的信号线。

并行和串行输入／输出接口各有特点。

4．定时器／事件计数器

为了提高微控制器的实时控制能力，一般微控制器内都设有定时器。定时器有两种类型：一是增量计数器，二是减量计数器。

增量计数器当定时器溢出时，产生中断并作标志位置位。

减量计数器当定时器回零时产生中断。

有的定时器还具有自动重新加载的能力，这使得定时器的使用更加灵活方便，利用这种功能很容易产生一个可编程的时钟。

此外，定时器还可作为一个事件计数器，当工作在计数器方式时，可从指定的输入端输入脉冲，计数器对其进行计数运算。

（1）工作方式。定时器／计数器有下列3种工作方式。

1）计数器方式。在执行了启动定时器指令后，内部时钟经分频后加到计数器的输入端，这样每隔一定的时间间隔就有一个计数脉冲，控制计数器的计数值就可以进行定时控制。

2）外部事件计数方式。在执行了启动外部事件计数器指令后，使计数器加1。

3）停止方式。执行停止定时器／计数器指令后，计数器停止计数，计数值被保存在计数器中，可以用指令读出，微控制器在执行复位操作后，计数器也将停止计数，但不改变计数器的内容。

（2）产生串行信号。在微控制器中没有串行接口时，为了实现串行输出，可以利用内部的定时器来产生串行信号。

5．时钟电路

大多数微控制器都设有内部的时钟电路，只需外接简单的定时元件即可构成时钟电路。时钟电路中的振荡器设在芯片内部，只需要外接RC（阻容元件）或晶振作定时元件就行。时钟电路中若采用晶振作为定时元件，利用晶振优良的性能，可提高时钟系统的工作性能，即稳定性、可靠性。

微控制器也可以外加时钟源。

8.5.3　硬件和软件

2–51. 零起点学电子测试题讲解

微控制器系统是由硬件和软件两大部分组成的。

1．硬件

前面介绍的各种部件、电路称之为微控制器系统中的硬件，所谓硬件就是能够看得到的有形元器件、部件、电路，如上面所介绍的CPU、存储器、接器电路等。

在这也是只讨论微控制器的硬件工作原理，软件作为一个独立的领域，不作介绍，但是软件对微控制器的工作起着极其重要的作用。

2．软件

微控制器能够正常而高效地工作只有硬件是完全不行的，必须要有相应的软件来支持，要使微控制器进行各种计算或处理，必须给微控制器编制各种各样的程序。所谓软件就是为了进行管理、维修和开发各种微控制器所编制的各种各样程序的总和。

微控制器之所以能够脱离人的直接干预，而能够自动地进行各种事件约定的无人操作，这是因为软件起了作用。在对一种微控制器系统进行设计时，已经将解决各种问题、实现各种自动操作的步骤、方法等，用指令编成了程序，事先送进了微控制器。微控制器在执行时，只要将指令一条条取出来，加以译码，变成相应的控制信号，去控制微控制器一步步地运行。

在给微控制器输入各种操作指令时，要使用人们和微控制器都能够理解的语言（共同的语言），这就是程序设计语言，它通常称为机器语言。机器语言是一种利用二进制代码表示的、能够由微控制器直接识别和执行的机器码所构成的语言，它就是微控制器的指令系统。

微控制器的软件包括各种程序设计语言、系统软件和应用软件。各种数字式家用电器中都使用微控制器，就微控制器硬件而言可以讲是基本相同的，但它们的功能、具体控制对象、执行方式、运行速度等则千变万化，这就是由于各种具体应用的微控制器所使用的软件不同所致。

8.5.4 指令系统、周期和寻址方式

1．指令和指令系统

所谓指令就是控制微控制器进行各种操作和运算的命令，这些命令是以二进制代码形式出现的，如ASCII码（美国标准信息交换码）。指令由两部分组成：一是操作码，二是操作数。操作码规定了微控制器进行什么性质的操作；操作数规定了哪些数参加这次操作以及操作结果存放在何处。

指令系统：对于不同应用功能的微控制器，其指令代码的编码规则设计是不同的，这套指令代码就是这种微控制器的指令系统。

2．周期

微控制器在工作过程中，各部分电路在时钟脉冲的控制下协调一致地运算、工作，一个节拍一个节拍地按照预定程序去完成相应的操作。所谓周期就是微控制器完成规定操作所需要的时间。微控制器周期概念有3种：一是指令周期，二是时钟周期，三是机器周期。

（1）所谓指令周期就是在控制器控制下，执行一条指令（从取出这条指令并完成该指令所规定的操作）所需要的全部时间。

（2）所谓时钟周期就是微控制器处理操作的最小单位，也就是时钟的最小节拍，从时钟脉冲信号的波形上讲就是连续两个时钟脉冲前沿之间的时间间隔。每一个时钟周期，微控制器都要完成某个确定的操作。

一个指令周期由若干个机器周期组成，而一个机器周期又划分为若干个时钟周期。

（3）所谓机器周期就是CPU从存储器或输入/输出接口读写、存取一个字节相应所需要的时间。

3．寻址方式

在指令中有个操作数，它规定了哪些参数参加该次的操作。但是，指令中往往不是直接将操作参数给出（参数存放在存储器的某个存储单元中），只是给出这个参数所存放单元的地址（地址就是数据存放在存储器中的“门牌号码”，是一组二进制代码，称为地址），有了这个参数的地址码，也就能够取出这个参数。

所谓寻址方式就是用什么方式来找出这个操作参数所存放单位的地址。寻址方式的一个重要问题就是，在整个存储器范围内，如何灵活方便地找到所需的存储单元。

8.5.5 微控制器小结

2-52 零起点学电子测试题讲解

1．微控制器特点

微控制器具有下列一些特点。

（1）微控制器最大的两个特点之一是整个电路集成在一块或一大块加几小块集成电路中，二是各部分电路之间通过几条总线连接在一起。

（2）从结构角度讲上，微控制器有两个特点：一是内部总线，二是采用多内部寄存

器结构。

（3）微控制器具有很强的功能，且通用性较好，所以广泛地用于各种家用电器电路中。

（4）微控制器的总线大多数是设在集成电路内部，不易受到干扰，所以工作时的可靠性很强。

（5）微控制器可分时使用，通常一台家用电器中使用一个微控制器就能实现各种控制功能。

（6）微控制器的控制方式由软件实现，各种家用电器中的微控制器其硬件结构是基本相同的，只是软件设计不同，具有较强的修改操作性和灵活性。

2. 小结

关于微控制器这里主要小结下列几点。

（1）微控制器就是一台微型化、注重控制功能的计算机，只是它不像台式计算机那样有专门的显示器和很强的计算功能，但能够完成计算机的一些控制功能，并且是专门针对控制功能而设计的微型计算机。

（2）微控制器由硬件和软件两大部分组成，各种微控制器的硬件大体是相同的，主要不同之处就是软件设计不同，不同用途的微控制器其软件是专门设计的，就是能够完成相同功能的微控制器，不同厂生产的微控制器其软件设计也是不相同的。

（3）在一些机器的整机电路图中画出微控制器集成电路的内电路方框图，此时利用该方框图可以了解微控制器电路各部分电路组成，通过内电路中的连接线和箭头方向，可以了解各部分电路之间的相互联系。但是，也有为数不少的整机电路图中不画出微控制器集成电路的内电路方框图，此时可查找有关集成电路手册，从中了解该型号微控制器集成电路的内电路组成情况。

（4）有的微控制器集成电路内电路中，各部分电路用中文解说，有的则是用英文解说，所以了解一些常用的专用英文名词对电路分析是相当有利的。

（5）在进行微控制器电路分析时，对硬件分析比较直观，软件是无法从电路图中看到的，只能通过了解微控制器的运行方式来了解，通常没有必要去深入了解软件情况。

（6）微控制器通常是由一块大规模集成电路和几块辅助集成电路构成，微控制器中的主要电路就集成在该块大规模集成电路之中。

（7）CPU 是微控制器中的核心，为了分析微控制器电路工作原理，对 CPU 的结构、工作原理必须深入了解，对于 CPU 的工作过程则必须掌握。

上面介绍了一些基本术语，如机器周期、指令、时钟等，对它们的具体技术含义要充分了解，否则在学习中遇到这些术语就无法正确理解文中的意思。

8.6 中央处理单元（CPU）

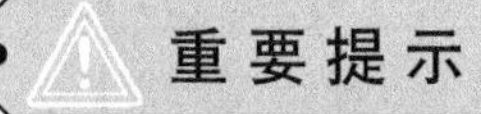

中央处理单元简称 CPU，CPU 是英文 Central Processing Unit 的缩写。CPU 主要由 3 部分组成：运算器、寄存器和控制器。

图 8-98 所示是典型的中央处理单元组成方框图，各单元电路可以归纳成为 3 类：一是算术逻辑运算部件，二是控制逻辑部件，三是寄存器部件，它们都挂在内部总线上。CPU 对外引出端分别为地址总线（AB）、数据总线（DB）和控制总线（CB）。

2-53. 零起点学电子测试题讲解

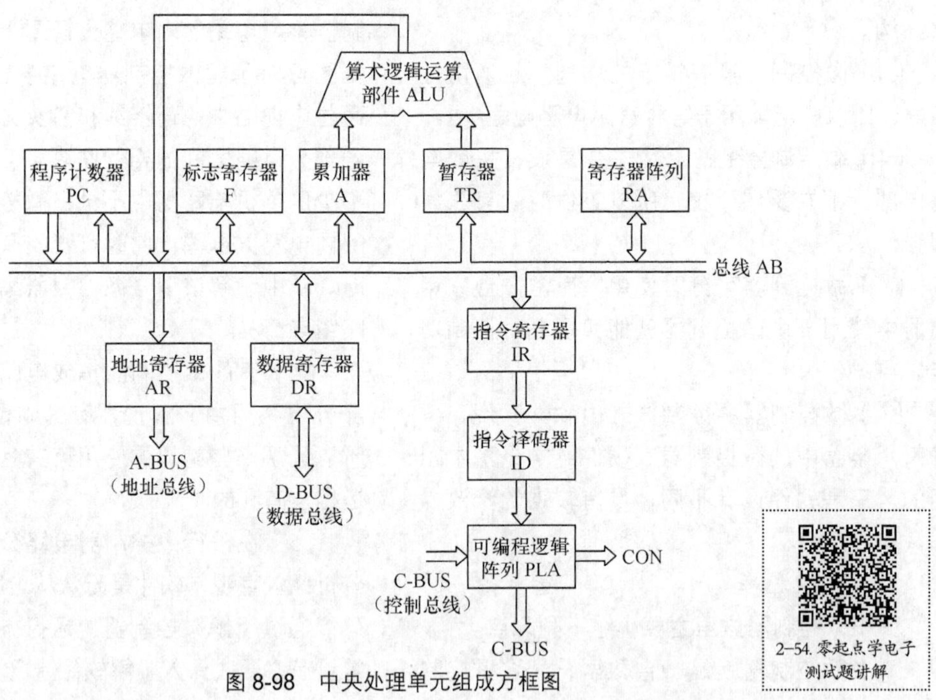

图 8-98　中央处理单元组成方框图

8.6.1　算术逻辑运算部件

重要提示

算术逻辑运算部件简称运算器，用ALU表示，ALU是英文Arithmetic Logic Unit的缩写。算术逻辑运算部件在整个微控制系统中相当于算盘，用来对各种信息代码进行算术逻辑运算。在微控制器的工作过程中存在大量的算术逻辑运算，这就是由算术逻辑运算部件来完成的。

算术逻辑运算部件是微控制器执行算术和逻辑运算的主要部件，它具有两个输入端和两个输出端。

1．输入端

算术逻辑运算部件（ALU）的一个输入端与暂存器（TR）相连，还有一个输入端与累加器（A）相连，来自CPU内部数据寄存器（DR）或内部寄存器阵列（RA）的操作数，都要先送到这两个寄存器中，然后才能由算术逻辑运算部件（ALU）进行相应的操作。

2．输出端

算术逻辑运算部件（ALU）的一个输出端与内部总线相连，以便把处理的结果通过内部总线送回到累加器（A）中。算术逻辑运算部件（ALU）的另一个输出端与状态标志寄存器（F）相连，算术逻辑运算部件（ALU）每次操作后，通过对处理结果的判断，设置状态标志寄存器相应的位，来代表微控制器的某种状态。

因此，微控制器每执行完一条指令后所处的状态，都可由状态标志寄存器（F）相应的位来体现和表征。

3．执行功能

算术逻辑运算部件（ALU）在指令译码器的控制下，接收从1个或2个数据源来的数据（8位的微控制器为8位），运算结果也是产生8位数据。

算术逻辑运算部件（ALU）能执行的操作功能通常有下列几类。

（1）逻辑运算：与、或、异或（半加）。

（2）加1/减1。

（3）按位取反。

（4）移位：左移、右移。

（5）半字节交换。

2–55. 零起点学电子测试题讲解

（6）BCD 十进制调整。当算术逻辑运算部件（ALU）对 2 个 BCD 数按二进制进行加法运算后，累加器中的结果必须经过十进制调整单元的适当调整，才能得到 BCD 数的结果。

如果算术逻辑运算部件（ALU）执行的操作结果产生 8 位以上的数据（最高位溢出），则程序状态字（PSW）中的进位标志（CY）置 1。

8.6.2　控制逻辑部件

重要提示

控制逻辑部件的作用相当于人脑，在 CPU 中起着总指挥者的角色。在微控制工作过程中，控制逻辑部件发出各种控制指令，实现微控制器各部件之间的有机联系，以使微控制器处理过程能自动地、协调一致地进行。

控制逻辑部件的具体作用是：使微控制器中的各部件按一定时间节拍协调一致地工作，它给算术逻辑运算部件、输入/输出接口、存储器发送同步信号，控制 CPU 按一定的顺序进行指令读取、译码并执行等操作，同时发出相应的外部控制信号与外设连通。

1．工作过程

要执行的指令从程序存储器中取出，经总线送到指令寄存器（IR），再通过指令译码器对指令进行译码，并根据对控制条件的测试，由定时器和控制器按不同的指令周期发出相应的定时和控制信号，控制运算器各部件的操作，控制数据源寄存器和目的寄存器，使微控制器各有关部件间协调地按指令完成操作功能。

定时器能接受外部的请求信号，能根据指令的要求发出相应的外部控制信号。

2．组成和工作说明

重要提示

控制逻辑部件主要由 4 部分组成：指令译码器（ID）、可编程序逻辑阵列（PLA）、指令寄存器（IR）和程序计数器（PC）。

（1）指令译码器。指令译码器（ID）的作用是接收指令寄存器（IR）传送来的指令中的操作码，并对指令中的操作码进行译码处理，以获得相应的控制信息。

（2）可编程序逻辑阵列。可编程逻辑阵列（PLA）用来接收指令译码器（ID）送来的指令操作码信息、各种状态测试信号、外部设备送来的请求信号、响应信号等，并发出各种内部控制信号和外部控制信号。

外部控制信号通过控制总线 CB 送出，去控制存储器或输入/输出接口。

（3）指令寄存器。指令寄存器（IR）的作用是用来暂时寄存正要被执行的指令。指令从程序存储器中取出后，首先送到指令寄存器（IR）中，然后将指令中的操作码送到指令译码器（ID）中进行译码，并产生相应的内部或外部控制信号。

指令中的操作数，一般为参加运算的数据所存放的地址，被送到地址缓冲器中，然后找到相应的存储单元，将数据取出参加运算。

（4）程序计数器。微控制器中，程序是存放在程序存储器中的，它是一种只读存储器（ROM，这种存储器只能读出数据，不能写入数据），微控制器运行时能够脱离人的直接干预而自动地进行操作，这过程中程序计数器（PC）起了关键的作用。

程序计数器是专门用于存放下一条将要执行的指令地址的一个专用寄存器。程序计数器具有两个功能：一是计数功能，二是接收信息功能，其作用是计算和保持程序执行过程中下一条指令的地址。

在程序顺利执行过程中，程序计数器不断

地自动进行加 1 计数，以便按顺序给出下一条将要执行的指令地址。当程序非顺序执行时，即发生转移时，程序计数器接收转移地址，从而使 CPU 能找到转移后下一个将要执行的指令地址。

如果微控制器的程序计数器是 12 位的，参与计数的只有 11 位，PC11 不计数，由存储器区选择指令指定它的内容是“0”还是“1”，用控制不同的程序存储区（有两个区）。当 PC11 等于 0 时，程序计数器在一个区内计数，计数到最大值后又回到 000H；当 PC11 等于 1 时，程序计数器的计数范围进入另一个区。

8.6.3 寄存器部件

1．累加器

微控制器中使用最频繁的寄存器是累加器（A），也是 CPU 中最重要的一个数据寄存器，许多操作都与累加器相关。

由于算术逻辑运算部件（ALU）只是一个运算部件，其本身没有寄存代码的功能，因此，凡是通过算术逻辑运算部件进行算术和逻辑运算的操作，操作数之一是累加器中的数，而且经算术逻辑运算部件运算后的结果也必须通过内部总线送回到累加器中去，然后才能再执行其他操作而转送到其他单元（如寄存器、RAM、输入/输出接口等）中去。

2．状态标志寄存器

标志寄存器（F）由多个触发器电路组成，用来存放算术逻辑运算部件（ALU）操作后的一些状态标志，常有的状态标志有进行标志（C）、辅助进行标志（AC）、符号标志（S）、全零标志（Z）、溢出标志（V）、奇偶校验标志（P）、减法标志（N）等。

状态标志寄存器的作用是保存微控制器执行完一条指令后，微控制器所处状态的有关信息，如是否有溢出、是否有进位产生、符号位是零还是 1 等。执行程序时，也可以通过对这些状态的测试（对微控制器所处状态的判断），来阅览程序下一步的走向，是否需要转移、分支等。

3．暂存寄存器

暂存寄存器（TR）的作用是将输入到算术逻辑运算部件（ALU）的数据与内部总线隔离。

由于算术逻辑运算部件的两个输入，一个来自累加器（A），另一个则来自其他寄存器或存储器，需通过内部总线送入算术逻辑运算部件，而算术逻辑运算部件的运算结果也需要通过内部总线送回累加器，若没有暂存寄存器，就会引起算术逻辑运算部件的输入和输出同时出现在内部总线上的混乱情况，所以要设置一个暂存寄存器，暂存算术逻辑运算部件的输入数据。

4．地址缓冲寄存器和数据缓冲寄存器

地址缓冲寄存器（AR）和数据缓冲寄存器（DR）的作用是协调 CPU 同存储器或输入/输出接口电路之间在运行速度、工作周期等方面所存在的差异，以保证地址信息和数据信息的正确传送。

CPU 发出的地址信息首先送到地址缓冲寄存器中暂存，来等待存储器、输入/输出接口接收地址信息，而 CPU 接着进行其他的操作。对于数据信息的输入和输出，由于数据缓冲寄存器起中间缓冲作用，因此数据缓冲寄存器是双向的。

5．寄存器阵列

寄存器阵列（RA）通常包括：一是由若干个通用寄存器组成的通用寄存器组，二是堆栈指针（SP）。

寄存器阵列（RA）是 CPU 内部的小容量高速存储器，用来暂时寄存运算中的一些中间结果，以减少对存储器的频繁访问，从而提高微控制器的运行速度。

2–56. 零起点学电子测试题讲解

8.6.4 总线

重要提示

微控制器中的总线共有 3 种：地址总线，用 AB 表示；数据总线，用 DB 表示；控制总线，用 CB 表示。

1. 总线结构

（1）单总线结构。有的微控制器中，将两个操作数和运算结果都用同一组内部总线分时传输，这称为单总线结构。

这种总线结构虽然速度低些，但布线比较少，加工容易，所以这种结构的总线比较流行。

（2）双总线结构。有的微控制器中，将两个操作数用不同的内部总线分别传输，这称为双总线结构。

（3）三总线结构。有的微控制器中，将两个操作数和运算结果分别用不同的内部总线独立传输，这称为三总线结构。这种总线结构运算速度比较快，但布线比较多。

2. 总线示意图和说明

总线英文是 BUS。所谓总线就是微控制器中用来传输信息的一组通信线路，图 8-99 所示是地址总线（AB）、数据总线（DB）和控制总线（CB）示意图，从图中可以看出，3 条总线都与 CPU 相连接，总线将多个信号源和多个接收部件联系起来，相互之间传输信息。

从图中可以看出，这里的总线是各信号源和接收部件共用的总线，信号可以从多个信号中的任意一个传输到某一个接收部件中，各部件之间按时间轮流使用总线，这称为分时，这样可以大大降低总线的数目。

2-57. 零起点学电子测试题讲解

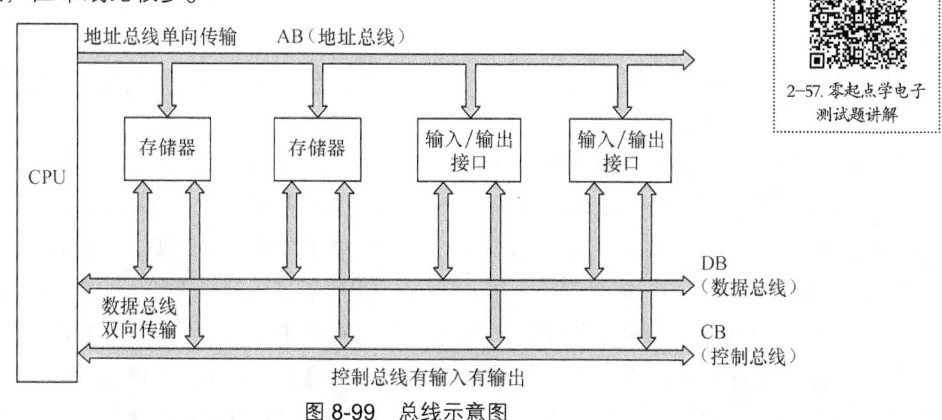

图 8-99　总线示意图

（1）地址总线。地址总线用 AB 表示，AB 是英文 Address Bus 的缩写。

地址总线用来由 CPU 向存储器（ROM）单元和输入/输出接口发送（传输）地址信息，由于存储器（ROM）单元和输入/输出接口是不会向 CPU 传输信息的，所以地址总线是单向传输总线。

在微控制器中使用了能够存储大量信息的存储器，存储器好像是一间很大的仓库，在库房内分隔成许多单元，不同的单元存放着各种参数、表格和程序，如果是一个 64KB 的存储器，它共分成了 216 = 65536 个存储单元。为了能够方便地找到这 65536 个单元中某一个单元中的内容，必须给这 65536 个单元编上相应的号，就像编制“门牌号码”一样，这些“门牌号码”就是地址，地址是用二进制代码表示的地址码。

CPU 要发出的地址信息就是通过地址总线去访问存储器的某一个单元。同样道理，输入/输出接口在微控制器中也有许多（但远没有存储单元多），它们也有相应的地址代码，CPU 发出的地址信息也是通过地址总线传输到某一个输入/输出接口。

一个 8 位（8 比特）的微控制器，其地址总线数目一般为 16 根，一般用 A0 ～ A15 表示，这 16 根地址通信线可以寻址的存储单元数目是 65536 个。输入/输出接口的数目比较少，一般只用 A0 ～ A15 中的 8 根，它可以寻址的数目是 28 = 256 个。

地址总线的位数决定了所用微控制器的最大寻址空间。在微控制器的位数（即几位的微控制器）和地址总线数决定后，内部存储器（称为内存）的最大容量也就确定了。但是，这些内部存储容量往往不能满足微控制器工作的需要，这时就需要外部存储器（称为外存）。

（2）数据总线。数据总线用 DB 表示，DB 是英文 Data Bus 的缩写。

数据总线用来在 CPU 与存储器、输入 / 输出接口和其他电路之间传输数据。由于数据可以从 CPU 传输到内部存储器、输入 / 输出接口，也可反方向传输到 CPU 中，所以数据总线是双向传输的总线，这一点与地址总线是不同的。

数据总线的根数与微控制器的位数相对应，一个 8 位（8 比特）的微控制器，其数据总线数目一般为 8 根，一般用 D0 ~ D7 表示。

（3）控制总线。控制总线用 CB 表示，CB 是英文 Control Bus 的缩写。

控制总线的作用用来传输控制信息，如传送中断请求、定时脉冲、读 / 写操作等。控制总线是单向传输的，但是对 CPU 来讲，根据各种控制信息的具体情况，有的是输入信息，有的是输出信息。

3．分时使用

所谓分时使用就是总线被许多部件共用，但在某一时刻只允许一对部件（一个信号源和一个接收部件）在使用总线，其他部件则与总线脱离。

为了保证总线的分时使用，在各部件与总线之间都是采用三态门电路连接，通过控制器按指令的要求控制各个三态门电路的工作状态，以保证总线的分时使用，在某一时刻不参与工作的三态门均处于高阻状态，相当于与总线之间断开。

4．数据的存取

数据存储在具有记忆功能的存储器中。对存储器中的数据进行提取或将数据写入存储器时，起码需要下列两条控制线。

一条是区分读操作和写操作的读/写（R/W）控制线，这根线要连接到 CPU 的 R/W 端，由 CPU 决定对存储器是进行读出数据，还是写入数据，即确定数据的流向。

另一条线是片选控制线（CS），有时也称片启动控制线（CE）。每一个存储器都是通过三态门电路与总线相连接，片选信号就是控制这些三态门的工作状态的控制信号。当片选信号到来时，即片选信号为高电平，存储器才工作。

由于三态门的工作特性，没有片选信号（高电平）到达存储器，三态门电路对数据总线呈高阻状态。正是由于这个特点，可以将许多单片存储器电路同时接到 CPU 总线上而不会造成总线的过载问题，这样总线可以挂上许多存储器，形成大容量的存储器。

在对存储器进行读 / 写操作时，是根据地址总线上的地址码来查找存储器中的存储单元，将数据写入或读出。

2–58. 零起点学电子测试题讲解

8.6.5　单 CPU 和多 CPU 控制系统

一般情况下，一台家用电器中的整机控制系统只使用一个 CPU，但是随着家用电器控制功能的增多，对 CPU 的负荷增加，使用一个 CPU 来控制整机工作，对这只 CPU 的要求增加，使 CPU 的功能和性能价格比降低，为此在一些家用电器中采用多 CPU 控制系统。

1．单 CPU 控制系统

图 8-100 所示是某影碟机的整机控制系统方框图，从图中可看出，整个机器中只使用了一只微控制器，所以这是单 CPU 控制系统。在这种单 CPU 控制系统中，微控制器要完成整机所有的控制任务，这样对输入 / 输出接口、内部程序存储器等硬件和控制软件程序的要求比较高。

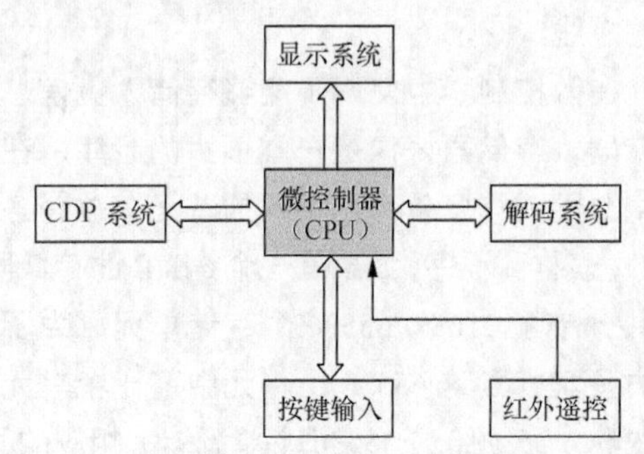

图 8-100　某影碟机的单 CPU 整机控制系统方框图

从图中可看出，一只微控制器要控制 CDP

系统、VCD解码系统、显示系统、按键输入、红外遥控等。

CDP是CD盘播放器的简称，CDP是英文Compact Dise Player的缩写。CDP系统包括CS机的光头、装载机构、光盘旋转机构等机械机构、伺服系统、CD数字信号处理器，它是指挥、控制、协调上述电路、机构工作的控制系统。

2. 多CPU控制系统

图8-101所示是多CPU控制系统方框图，从图中可看出，在这一控制系统中使用主CPU和从CPU，由主CPU指挥和控制从CPU，这样从CPU分担了一些主CPU的控制功能。采用这种控制方式后，可以降低对主CPU、从CPU的硬件和软件要求。

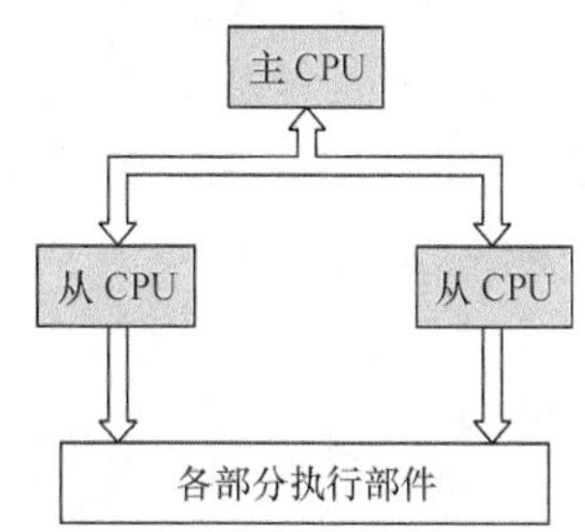

图8-101　多CPU控制系统方框图

图8-102所示是一些影碟机中的整机控制系统结构方框图，从图中可看出，控制系统中使用了两个微控制器，主微控制负责管理CDP系统、显示系统、按键输入、红外遥控和从微控制器，而从微控制器只负责管理VCD解码系统。

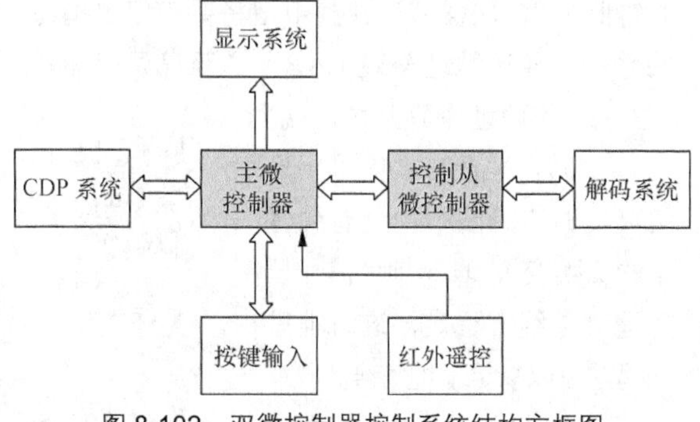

图8-102　双微控制器控制系统结构方框图

图8-103所示是某实用的影碟机微控制器控制系统电路，在该机的系统控制中也是采用了主、从CPU结构。电路中，A501是主微控制器集成电路，A401是从微控制器集成电路，A401用来控制机芯部分，其他部分则由A501控制。电路中，CN102是线路之间的连接件。

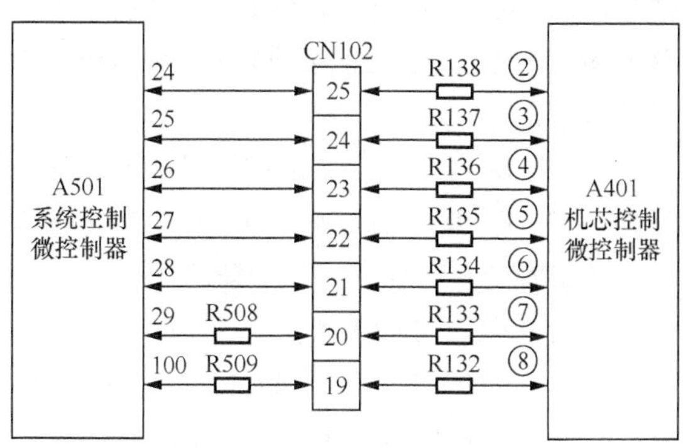

图8-103　双微控制器控制系统

在集成电路A501中，24、25、26和27脚是数据输入/输出端，与集成电路A401的②、③、④和⑤脚进行数据交换，各种控制信息都在这4位的数据信号中。

当集成电路A501的28脚发出指令请求信号（MRE Q）到集成电路A401的⑥脚时，集成电路A401便从⑦脚发出指令承认信号（SACK），经电阻R133和R508加到A501的29脚，集成电路A401从⑧脚发出脉冲指令信号（Q INT），经电阻R132和R509送到集成电路A501的100脚，这时两个微控制器之间通过4位数据通信线进行数据的交换和识别。

3. CPU识图小结

关于微控制器系统中的CPU主要小结下列几点。

（1）微控制器中的CPU主要由运算器、寄存器和控制器组成。运算器主要进行各种数据的算术逻辑运算，它的具体作用相当于一个“算盘”；寄存器用来存储器各种有关信息，它的作用相于“纸张”；控制器是一个总指挥，它在微控制器系统中相当于“人脑”。

2-59. 零起点学电子测试题讲解

（2）对CPU的结构要了解，对它的各部件具体作用要清楚。在实用的整机电路图中，一般情况下不会画出 CPU 的结构方框图，此时只有通过对 CPU 内部结构和各部件电路作用的了解来理解 CPU 的工作过程。

（3）一台电子电器中，可能只用到一个 CPU，也会出现多 CPU 结构形式，这就是为了降低对 CPU 过高的性能要求，以提高 CPU 的性能价格比。

（4）在多 CPU 结构的微控制系统中，有一只是主 CPU，其他的是从 CPU，从 CPU 仍然受到主 CPU 的控制，只是从 CPU 分担了一些本应该是主 CPU 做的事情。

（5）CPU 的内部和外部都是通过 3 种总线与各部件之间进行联系，也就是地址总线、数据总线和控制总线。地址总线用来传送地址信息，它是一种单向传输总线，地址总线在 3 种总线中的数目最多，通常地址总线用 A×× 表示；数据总线是用来传送数据的总线，它是一种双向总线，即它可用来传送 CPU 的输出数据，也可以用来向 CPU 传送输入数据，一般情况数据总线数目也较多，常用 D×× 表示；控制总线用来传送控制信息，它是一种单向传输总线，对于 CPU 来讲，控制总线所传送的控制信号有的是输入信号，有的是输出信号，控制总线的数目少些，通常用 C×× 表示。

（6）微控制器中的总线是许许多多部件所共用的，各部件通过三态门都挂在总线上，三态门有一个高阻状态，此状态下该门呈开路状态，即与总线脱离，此时对总线而言它就不是一个负载，正是由于三态门的这一特点，可以使许许多多部件同时挂在总线上而不使总线过载。

（7）许多部件都挂在总线上，换言之，一根总线要被许多部件所使用，总线在某一时刻只被一对部件使用（即总线一端接的是信号源部件，另一端接的是信号接收部件），在另一时刻总线又被另一对部件使用，这种许多对部件轮流使用总线称为分时使用。

8.7 微控制器工作过程简介

重要提示

在微控制器中，CPU 不仅要实现对自身控制，还要实现对微控制器芯片内外其他功能部件的控制，完成规定的操作和运算。CPU 在实现这些控制功能时，是通过逐步执行指令序列的过程来完成的。

8.7.1 微控制器基本操作

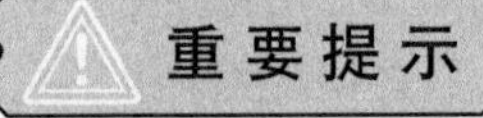

微控制器对任何一条指令的执行都必须经历 3 个阶段：取指令阶段、分析指令阶段和执行指令阶段。

1．取指令过程

在微控制器中，按照控制功能要求设计的程序已经存放在程序存储器中了，微控制器开始运行后，自动地把指令逐条取出来执行。图 8-104 所示是典型的取指令的时序波形图。

取指令过程是在时钟脉冲的协调作用下进行的，整个取指令过程分成下列几步。

（1）要将指令从程序存储器中取出，第一步是由程序计数器（PC）给出指令所存放单元的地址信息。在时钟脉冲的控制下（见图中的时钟脉冲），从程序计数器中把将要被取出指令的地址，通过地址总线（AB）送至只读存储器（ROM）的地址译码器输入端。

2-60. 零起点学电子测试题讲解

（2）当地址有效信号出现负跳变时（见图中地址有效信号的负跳变），表示地址信号已在地址总线上稳定，这时地址译码器可以取走地址信号。

（3）地址译码器取走的地址信号经译码找到指定的单元。

（4）再经一定时间的延迟后，CPU 发出读出指令的有效信号。

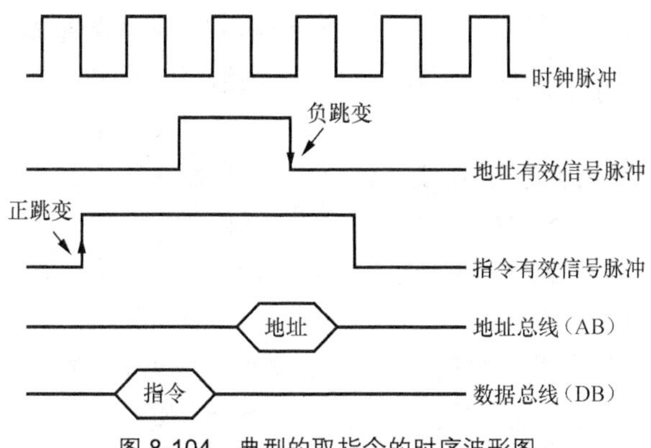

图 8-104　典型的取指令的时序波形图

（5）读出指令的有效信号作为从只读存储器（ROM）中读出指令的控制脉冲，当该脉冲出现正跳变时（见图中指令有效信号中的正跳变），指令内容出现在数据总线（DB）上。

（6）在数据总线上的指令内容送到指令寄存器（IR）中。

（7）在指令寄存器中的指令送到指令译码器开始译码时，程序计数器自动加 1，为取下一个字节的指令作好准备。

2．存储器读 / 写过程

图 8-105 所示是典型的存储器读 / 写过程时序波形图。从存储器中读取一个数据，送至 CPU 的某个寄存器，这一过程称为读；由 CPU 将数据写到某个存储单元，这一过程称为写。对存储器的读或写称为对存储器的访问。

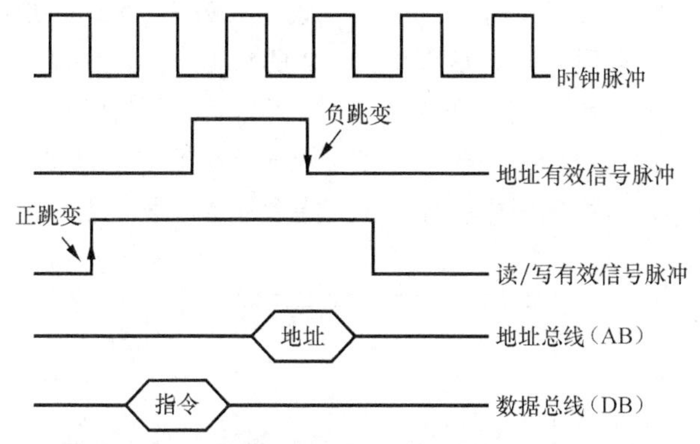

图 8-105　典型的存储器读 / 写过程时序波形图

存储器读 / 写操作过程与上面介绍的取令指操作过程基本相同，不同之处有下列几点。

（1）在取指令过程中，地址信号由程序计数器（PC）发出，而存储器读 / 写操作过程中，地址信号由指令中的操作数确定，也是通过地址总线（AB）传输。

（2）从存储器读出的数据不再送到指令寄存器，而是送到指令的操作数所规定的某个寄存器中。

（3）存储器进行读 / 写操作时，数据的流动方向由读 / 写信号来控制。

3．输入 / 输出接口

CPU 通过输入 / 输出接口电路与外部电路实现数据的交换，这就是输入 / 输出操作。每一个输入 / 输出接口都有一个对应的地址编码，这样便可以将输入 / 输出接口作为存储器的一个单元来对待。

输入 / 输出接口地址作为操作数放在指令中，控制输入 / 输出接口的信号是接口的读 / 写控制信号。

8.7.2 程序顺序执行过程简介

微控制器的工作过程就是执行程序的过程。程序由指令序列组成，因此程序的执行过程就是执行指令序列的过程，也就是周而复始地进行取指令、执行指令的过程。

微控制器在开始执行程序时，必须由人工通过微控制器的外部输入设备（如键盘输入操作）给微控制器具体的操作要求，例如，打开机器电源开关，或按下某一功能键，微控制器就能得到一个指令操作码。这一指令操作码被取到控制器内，因而控制器发出相应的控制信号。而在执行指令阶段，由于不同指令的功能不同，要求机器执行的操作也不同，因而控制器发出的控制信号也随之不同。通常采用脉冲顺序分配器，将机内时钟脉冲变为周期重复的时序脉冲，并用此作为控制信号的来源。

1．程序的执行种类

程序的执行种类可分为 4 种：一是从零地址开始执行，二是从中间某一给定地址开始执行，三是顺序执行，四是非顺序执行。

为了实现程序的执行，微控制器中程序计数器（PC）具有这样的 3 项功能：一是复位时自动清零，二是程序执行过程中自动加 1，三是接收内部总线传送来的数据。

在程序执行前，微控制器先复位，程序计数器便清零，即初值为零，程序执行时便从零地址开始。如果需要程序从中间某一给定的地址开始执行时，先将该确定的地址赋给程序计数器作为初值，程序便能从该地址开始执行。

无论是程序的哪一种执行，在程序计数器的 PC 值送出后程序计数器就自动加 1，为送出下一个 PC 值作好准备，从而顺序地从只读存储器（ROM）中读取指令，这是程序的顺序执行。

2．举例说明

这里以“一个数送到累加器（A）”这样一条指令为例，来说明指令顺序执行的全过程。这条指令占有两个存储单元，设第一单元地址为 00H，用来存放指令的操作码；设第二单元地址为 01H，用来存放指令的操作数（一个具体的数）。在指令执行前，应将这条指令的第一单元地址送到程序计数器（PC）中，然后运行，便开始执行这条指令，图 8-106 所示是执行该指令的全过程示意图。

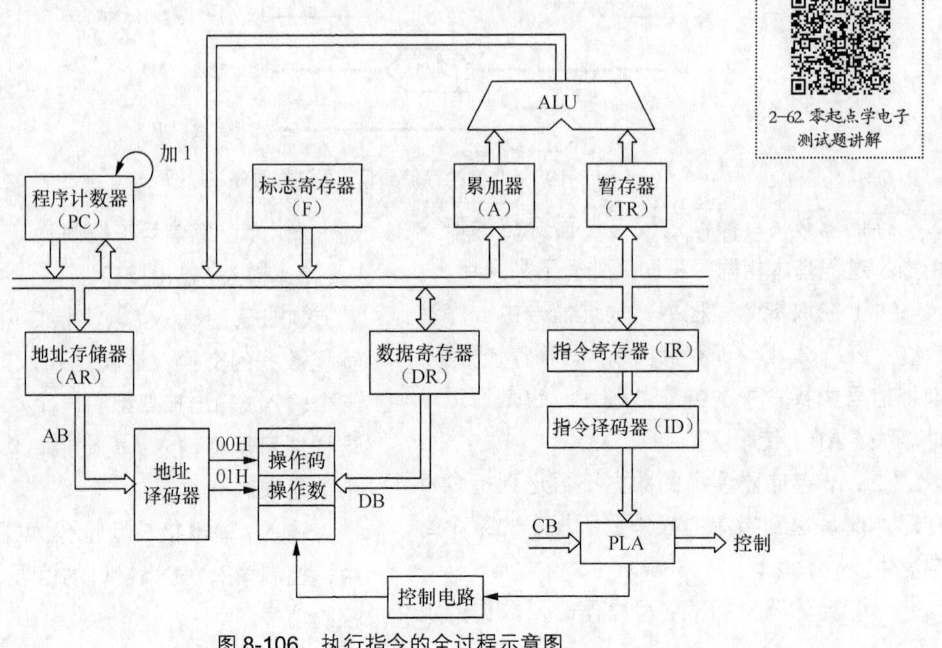

图 8-106　执行指令的全过程示意图

表 8-46 所示是执行该指令过程说明。

表 8-46　执行该指令过程说明

名称	说　明
取出并执行第一单元内容过程	取出并执行第一单元内容的全过程如下。 （1）在时钟脉冲的控制下，将程序计数器（PC）中的内容 00H（第一单元地址）通过内部总线送到地址缓冲寄存器（AR）。 （2）当程序计数器的内容 00H 可靠地送到地址缓冲寄存器时，发出地址有效脉冲，程序计数器的内容自动加 1，变为当前的内容 01H，已经为取下一个存储单元内容作好准备。 （3）当地址有效控制脉冲出现负跳变时，地址缓冲寄存器中的地址信号 00H 已经稳定地出现在地址总线（AB）上。 （4）地址 00H 经程序存储器的地址译码器译码后，选中了存储器中的 00H 号存储单元。 （5）CPU 发出读指令的信号，即指令有效控制脉冲。 （6）所选中的 00H 号存储单元的内容（这一内容就是指令的操作码）被读到数据总线（DB）上。 （7）所读出的指令操作码通过数据总线被送到了数据寄存器（DR）中。 （8）由于这是取指令操作，所以取出的指令内容经内部总线送到指令寄存器（IR）中。 （9）将该指令内容经指令译码器（ID）译码后，送到可编程逻辑阵列（PLA）中，由可编程逻辑阵列发出各种相应的内部或外部控制信号。 （10）由于这一指令的操作码是要求将一个数送到累加器 A 的操作，因此可编程逻辑阵列发出这样的控制信号：要求将第二单元中的操作数取出送入累加器（A）中
取出并执行第二单元内容过程	取出并执行第二单元内容的全过程是如下。 程序计数器（PC）的内容 01H 通过内部总线传送给地址寄存器（AR），发出地址有效控制脉冲，程序计数器的内容自动加 1 后变为 02H，为取下条指令作好准备。 当地址有效控制脉冲出现负跳变时，地址寄存器中的地址信号已在地址总线（AB）上稳定建立，01H 经程序存储器的地址译码器译码后选中 01H 号存储单元。 CPU 发出读指令的信号，也就是发出指令有效控制脉冲，使所选中的 01H 号存储单元的内容（指令操作数）被读到数据总线（DB）上。读出的操作数送到数据寄存器（DR）。 由于读出的是操作数，而且指令要求把它送到累加器（A），因此该操作数通过内部总线送入累加器中

8.7.3　控制方式

2-63. 零起点学电子测试题讲解

在许多程序的执行中需要去控制微控制器的外部电路，其控制方式有两种：一是直接控制方式，二是间接控制方式。

1. 直接控制方式

图 8-107 所示是直接控制方式电路方框图，从这种控制方式中可看出，从微控制器输出的控制信号直接加到执行部件中，这要求负载较轻，而且微控制器输出的控制信号有一定的驱动功率。

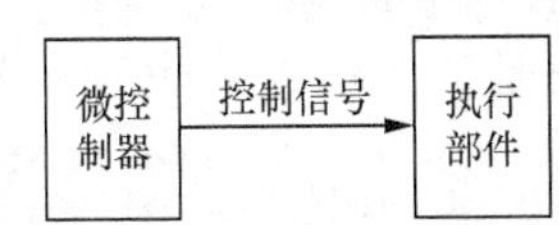

图 8-107　直接控制方式电路方框图

直接控制方式具有两个特点。

（1）控制电路结构比较简单。

（2）直接控制方式中，控制信号输出接口直接占用了微控制的输出接口，用来传输微控制器发出的控制信号，当执行部件的数目较多时，要求微控制器有相应数目的输出接口，所以在执行部件数目比较多时，一般不采用这种直接控制方式，而是采用间接控制方式。

2．间接控制方式

如图 8-108 所示是间接控制方式电路方框图，从图中可看出，在这种控制方式中，在微控制器和执行部件之间还有一个控制器，从微控制器输出的控制指令首先加到控制器电路中，然后由控制器发出控制信号给外部的执行部件。

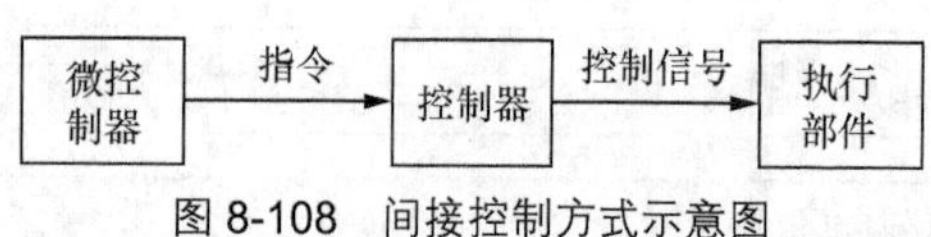

图 8-108　间接控制方式示意图

间接控制方式是有两个特点。

（1）这种控制方式的电路结构比较复杂，需要增加一个控制器电路。

（2）这种控制方式中，对微控制器输出接口的数目要求可以比较少，在有许多外部执行部件时宜采用这种控制方式。

8.7.4　程序非顺序执行中的中断

上面介绍的程序的顺序执行过程，但是微控制器只有程序的顺序执行还不能满足实际需要，还需要程序的非顺序执行。

重要提示

所谓程序的非顺序执行就是在程序计数器（PC）的PC值发出之前通过内部总线置一个新值给程序计数器，将原值换掉，即需要执行新的PC值。

程序的非顺序执行又称程序的转移，分为两种情况：一是称为非指令转移（中断）；二是称为指令转移，指令转移又有跳转指令和子程序调用返回之分。

1．中断简介

在正常情况下，微控制器执行原定的主程序，但是当微控制系统发生故障或是程序出错、外部设备要求与微控制器交换信息时，需要微控制器作应急处理，这时外部设备可向微控制器发出中断请求。

例如，影碟机在正常播放过程中，微控制器在执行有关正常播放的程序（这里称为主程序），现要求快速向前搜索，此时微控制器在外部按键操作控制下中断原先播放程序，进入快速向前搜索程序。

微控制器的中断系统，能对外部请求和内部定时器/计数器溢出中断请求做出响应。

图 8-109 所示是中断过程示意图。从图中可看出，在正常执行主程序时，$PC = N$时，在中断请求进入中断响应时，保存$N + 1$，中断入口地址传送给程序计数器（PC），暂时执行中断处理子程序，执行完毕后恢复$PC = N + 1$传送给程序计数器，中断返回到原来被中断的地方（$N + 1$处），继续执行主程序。

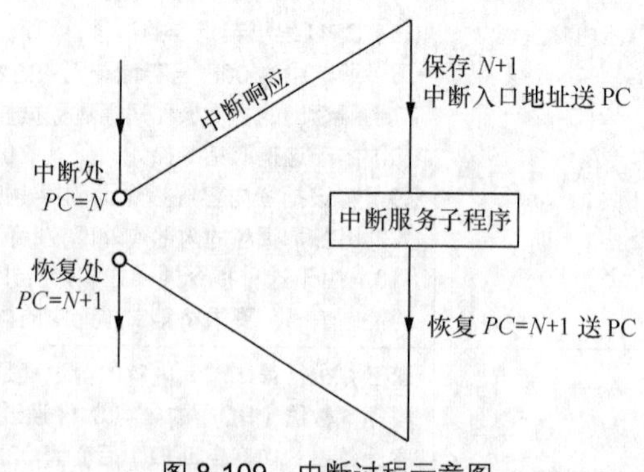

图 8-109　中断过程示意图

重要提示

从程序转移的角度来看，中断就是把中断处的PC值暂时保存起来，而代之以中断服务子程序的入口地址，当中断服务子程序处理完毕后，再把程序计数器中原来保存的PC值送回PC（恢复PC），主程序便继续顺序执行。

微控制器中的中断功能，使快速工作的微控制器和慢速的外部设备能够并行工作，使微控制器具有实时控制、随机故障自理能力。对以控制功能为主的微控制器而言，中断功能无疑是非常实用的。

2．中断五过程

一个完整的中断过程，通常分为5个阶段，如表8-47所示。

2-64. 零起点学电子测试题讲解

表 8-47　完整的中断过程说明

名　称	说　明
中断请求	中断请求是中断源（外部或内部）向 CPU 发出中断的请求。外部设备发出中断请求信号必须具备以下几个条件。 （1）外部设备工作已告一段落，才可向 CPU 发出中断请求。 （2）系统允许该外部设备发出中断请求，否则应将外设屏蔽，虽然该外部设备准备工作已经完成，也不能发出中断请求
中断排队	有时会出现多个中断源的中断请求，此时要根据预定程序安排分先后去执行各个中断处理子程序。中断请求有时是随机性的，有时会出现多个中断源同时提出中断请求的情况。但 CPU 每次只能响应一个中断源的请求，应根据中断源工作性质的轻重缓急（在软件设计时已经确定），安排一个优先顺序，这就是中断排队。 CPU 首先响应优先级最高的中断源的中断请求，这一中断处理完毕后，再响应中断级别稍低的中断源的中断请求，以此类推
中断响应	中断响应就是如何找到中断服务子程序入口地址的过程，这个过程是硬件和软件的有机配合过程。在允许中断的情况下，CPU 每执行完一条指令，在开始执行下一条指令前，首先查询有无中断请求。当确有中断请求时，CPU 向请求中断的外部设备发出中断响应信号，同时自动关闭中断，以禁止接收另外的中断请求，同时也中止现行程序的执行，转向执行中断服务子程序
中断处理	它包括保护断点和保护现场两部分，是为了执行完中断处理子程序后能够返回中断前状态。 中断处理主要是下列两个方面。 （1）保护断点。保护断点就是保护程序计数器（PC）的当前 PC 值（断点地址），将当前 PC 值压入堆栈，以便中断处理完毕后，能返回到原处继续执行主程序。 （2）保护现场。在中断服务子程序中也可能会要用到累加器（A）和一些寄存器，为了不影响主程序的正常运行，在断点处累加器（A）和一些寄存器的内容、标志位的状态等现场数据也需要暂时保存起来，这就是保护现场。 中断服务子程序的入口地址传送给程序计数器（PC），使程序转移到相应外部设备的中断处理程序，并执行。当存在多个中断源时，每个中断源有一个中断服务子程序，它们的入口地址都是不一样的。
中断返回	它就是恢复断点和现场。中断返回有下列 3 个部分。 （1）中断服务子程序执行完毕后，在返回主程序前，要把保护起来的断点处的 PC 值、累加器（A）和一些寄存器的内容以及状态标志等恢复。这称为恢复断点和现场。 （2）撤消已服务完毕的中断请求信号，以免该中断请求信号再次进入中断。 （3）打开中断。从中断返回主程序前，应将中断打开（因为在执行中断服务子程序时已经关闭了中断，此时不能接收中断请求），以便 CPU 能随时响应新的中断请求

8.7.5　子程序调用与返回、堆栈

1．子程序调用与返回

子程序通常用于实现某种通用的算法，它是一个可以公共使用的程序段。一个子程序可以被主程序多次调用，对于程序中多次用到的重复操作或运算，可以设置一个子程序。子程序的调用和中断都是打断主程序的顺序执行，转向去执行一段子程序，然后再返回主程序继续执行。子程序调用是在主程序中预先安排的，什么时候发生是可以预期的，而中断的发生则是随机性的，不可预期的。

2-65. 零起点学电子测试题讲解

重要提示

在主程序调用了子程序后，被调用的子程序又调用另一个子程序，这称之为子程序嵌套。

每调用一次子程序，都必须把该子程序的返回地址和现场保护起来，而在子程序结束前恢复返回地址和现场。

2. 堆栈

重要提示

所谓堆栈是用来暂时存放数据的寄存器或存储单元。

在 CPU 响应中断或调用子程序时，需要把断点处的 PC 值以及现场的一些数据保护起来，它们就保存在堆栈中。当发生中断嵌套或子程序嵌套时，要把各级断点处的 PC 值以及一些现场数据都要保护起来，为了保证逐级正确返回，堆栈是按照“先进后出、后进先出”方式工作的。

关于微控制器工作过程主要说明下列几点。

（1）微控制器执行一条完整的指令必须经过取指令、分析指令和执行指令 3 个过程。微控制器中的每条指令都存放在专门的存储器（ROM）中。

（2）程序由指令序列组成。程序的执行过程就是执行指令序列的过程，也就是周而复始地进行取指令、执行指令的过程。

（3）程序的执行种类分为 4 种：一是从零地址开始执行，二是从中间某一给定地址开始执行，三是顺序执行，四是非顺序执行。

（4）程序的执行中需要去控制微控制器的外部电路，其控制方式有两种：一是直接控制方式，二是间接控制方式。前者电路结构简单，但不能用来直接控制数目较多的执行部件，因为这会占用微控制器的许多输出接口。间接控制方式与直接控制方式相反，它通过一个控制器，微控制器控制这一控制器，再由这一控制器去直接控制执行部件，这样可省去微控制器的许多输出接口，这种间接控制方式能够控制数目很多的外部执行部件。

（5）中断是微控制器中的一种重要功能，它能够使微控制器的控制功能更加完善。所谓中断就是在正常执行程序过程中，暂时停止执行这一主程序，转而去执行另一个更加紧急的程序。

（6）中断有 5 个阶段：一是中断请求，二是中断排队，三是中断响应，四是中断处理，五是中断返回。

8.8 存储器基础

储存器是微控制器的一个重要组成部分，是微控制器的记忆部件。

寄存器也是一种具有记忆功能的电路，但是它与存储器并不相同。寄存器所能存储的信息与存储器相比，实在是太少了，而且寄存器与存储器相比很简单。

微控制器中的存储器为半导体存储器。存储器除了半导体存储器之外还有许多种，如磁芯存储器、磁盘（软盘和硬盘）等，在微控制器中只用半导体存储器，这种存储器又称为内存储器，磁盘、磁带等称为外存储器。

在民用电路的微控制器中，都有半导体存储器的存在。

在微控制器中，指挥微控制器工作的众多程序和需要处理的许许多多数据都是存储在存储器中的，正是这样使得微控制器能够脱离人的直接干预快速而自动地工作成为了现实。

2-66. 零起点学电子测试题讲解

8.8.1 名词解析

在详细介绍存储器之前，先介绍两个与存储器有关的概念：一是存储容量，二是存取速度。

1．存储容量

重要提示

存储容量（Memory capacity）就是存储器能够存储信息的总量。

存储器是由许许多多能够记忆信息的元件组成。这种记忆元件的数量愈多，存储器记忆信息量也就愈大。通常，表示存储器存储容量的方式有下列两种。

（1）一种是存储容量 = 存储单元数（所能记忆的字数）× 字长。例如，存储器有 4096 个存储单元，字长为 8 位，则该存储器的存储容量为 4KB。

（2）另一种以存储器所能记忆的全部二进制信息量直接表示。例如，上述的 4KB 的存储容量可表示为 $4 \times 1024 \times 8 = 32768$ 位（每字节为 8 位）。

存储器存储的容量愈大，其微控制器的控制能力就愈强，使用也越方便。

2．存取速度

重要提示

存储器中的信息可以取出来，也可以将有关信息存入存储器中，存储器存入信息的时间或从存储器取出信息所需要的时间称为存取速度。

存储器存取速度愈快，就是存储器存取时间（Access time）愈短，微控制器的运行的速度也就愈快。

8.8.2　存储器的种类

存储器总体上可以分成两类：一是内存储器，简称内存；二是外存储器，简称外存。

1．内存储器

所谓内存就是与微控制器紧密相连的存储器，从电脑角度上讲就是设在计算机机箱内部的存储器（内存条），从民用电器中的微控制器上讲就是与微控制器集成电路在电路板上直接相连的存储器集成电路。

内存储器的特点是存取的速度很快，与 CPU 的处理速度同步、相适应，但是它的存储容量与外存储器相比很小。

2．外存储器

在民用电器的微控制器中不用外存储器。外存储器是电脑中的硬盘、软盘，外存储器一般不与 CPU 直接打交道，而是与内存储器直接交换信息。外存储器的特点是存取速度比较慢，但是存储容量非常大。

8.8.3　半导体存储器种类

2–67. 零起点学电子测试题讲解

对半导体存储器的分类有多种方法，如表 8-48 所示。

表 8-48　半导体存储器分类方法说明

名　称	说　明
按功能分类	存储器按使用功能可以分为下列两大类。 （1）读 / 写（随机）存储器（RAM）。所谓“写”就是把指令和数据存入存储器中的操作叫做“写入”，简称写。把指令和数据从存储器取出来叫做“读出”，简称读。读 / 写存储器的特点是既能够随时从存储器中读出信息，又能随时将信息写入存储器。 （2）只读存储器（ROM）。这种存储器在一次性写入后，就只能够反复地读出信息，一般情况就不能将信息写入其中了
按电路制造工艺分类	存储器按电路制造工艺（或称按照结构）可以分为下列两大类。 （1）双极型存储器。这种类型的存储器一般由 TTL 或 ECL 电路组成，其优点是存取速度快、价格低，缺点是制造工艺复杂、集成度低、功耗大，由于缺点较多，实际应用不多。 （2）单极型存储器，它又称为 MOS 型（采用 MOS 器件构成电路）。这种存储器的优点是功耗小、集成度高，缺点是存取速度略低。微控制器系统中使用的存储器绝大部分为 MOS 型存储器
按信息传输方式分类	存储器按信息的传输方式分为下列两种。 （1）并行存储器。 （2）串行存储器

续表

名　称	说　明
按信息保存方式分类	存储器按信息保存方式分类为下列两种。 （1）挥发性存储器和不挥发性存储器。所谓挥发性存储器就是一断电，存储器内存储的信息全部丢失。 所谓不挥发性存储器就是断电后，存储器内部存储的信息仍然保留在其中。 （2）静态存储器和动态存储器。所谓静态存储器，在通电状态下，只要不写入新的内容，原信息始终保留在其中且不变，供读取。 所谓动态存储器，所存储的信息随时间而衰减，必须不断地定时刷新（重写）
按读出特性分类	存储器按读出特性分类有下列两种。 （1）非破坏性读出存储器，这种存储器中的信息被读出后，存储器中信息仍然被保留在其中。 （2）破坏性读出存储器，这种存储器中的信息一旦被读出后，存储器中信息就被破坏，必须对存储器进行原信息的重写（再生）

8.8.4　半导体存储器结构

1．半导体存储器组成方框图

图 8-110 所示是半导体存储器的组成方框图，从图中可看出，半导体存储器主要由下列 3 个部分组成。

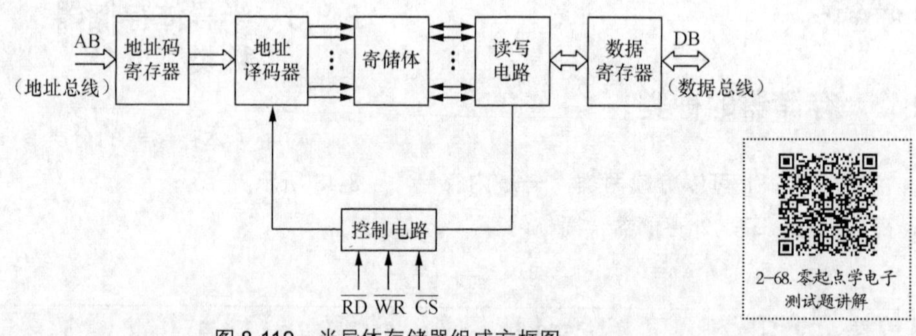

图 8-110　半导体存储器组成方框图

（1）存储体。它用来记忆二进制数码的实体，所以信息都是存储在存储体中的。

（2）地址译码电路。一个半导体存储器中的存储单元成千上万，为了方便地使用这些存储单元，得给它们编上号，这就是地址。地址译码电路就是根据地址信息，找到所对应的存储单元。

地址译码电路由地址码寄存器和地址译码器两部分组成。

（3）读 / 写控制电路。读写控制电路是用来控制对半导体存储器进行读操作或写操作的电路。

2．存储体

图 8-111 所示是存储体构成的示意图。若干个基本存储单元构成一个存储单元，基本存储单元是存储实体的最小存储单位，它只能记忆 1 位的二进制数码，即 0 或都是 1。

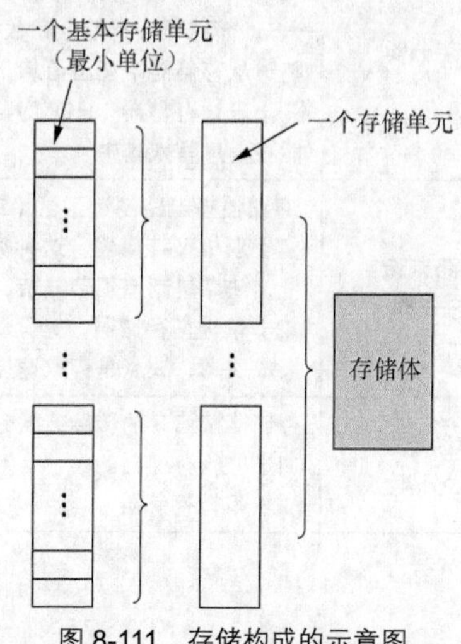

图 8-111　存储构成的示意图

若干个基本存储单元（如 8 个）构成一个存储单元，一个存储单元可以记忆一个字长的信息，如可记忆 8 位二进制码，能够记忆一个字长的单元称为一个存储单元。在一个存储实体中，有许多个存储单元，有更多的基本存储单元，基本存储单元排列成有规律的矩阵。

3．地址译码电路

从图中可看出，来自地址总线的地址码，首先加到地址寄存器中暂存，然后通过地址译码器将地址码译出，变成相应存储单元上选择线的有效位信号，这样就能找出地址码所指定的存储单元，可以进行该单元的信息存取操作了。

根据地址多少的不同，运用地址译码器的方式也有两种不同的译码方式：一是单译码方式，二是双译码方式。

（1）单译码方式。这种译码方式中的译码器只有一个，译码器的各输出端（也就是选择线）直接同各存储单元一一对应，这种方式电路简单，但只适合于小容量的存储器使用。因为当存储器的容量大后，存储单元数量太多，使译码器输出端太多，造成集成电路的布线太多。

（2）双译码方式。双译码器方式中采用两个译码器：一个是 X 译码器，二是 Y 译码器。图 8-112 所示是双译码方式示意图。

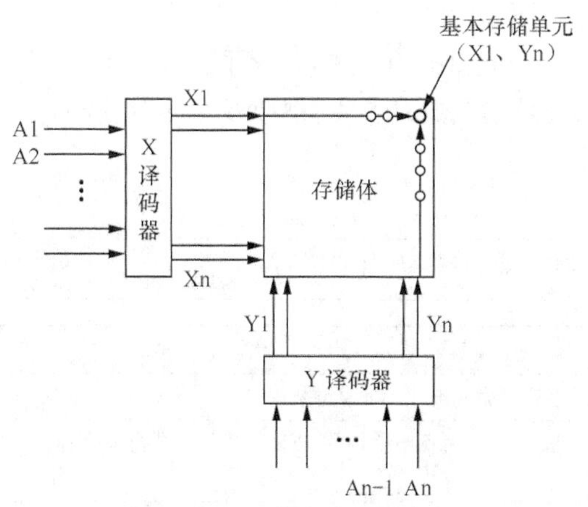

图 8-112　双译码方式示意图

在这种译码方式中，某一个存储单元共有 X、Y 两条选择线。X 选择线又称为行选择线，Y 选择线又称为列选择线。在这种译码方式中，只有 X 和 Y 选择线同时选中该存储单元时，该存储单元才能进行读写操作。例如，X1 选择线和 Yn 选择线同时选中的 X1、Yn 存储单元，见图中所示。

这种译码方式中，行选择线和列选择线都只能有一条为高电平，其余均为低电平，所以访问存储器时，只有一个存储单元处于选中状态，其他的存储单元处于保持状态，保持原存的信息不变。

采用双译码方式可大大减少选择线的根数。例如，有 1024 个存储单元，采用单译码方式时就要有 1024 个选择线，而采用双译码方式中，X 选择线和 Y 选择线各只有 64 根。在大容量存储器中都是采用这种双译码方式。

4．读 / 写控制电路

在选中的某个存储单元之后，就要对该存储单元进行读 / 写控制，读与写对存储单元是不同的操作，读 / 写控制电路要分开这两种不同的操作。图 8-113 所示是存储单元的读 / 写控制电路。

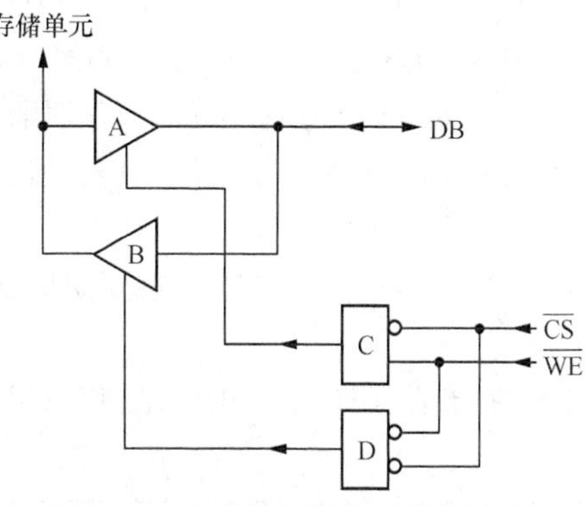

图 8-113　存储单元的读 / 写控制电路

电路中，A 和 B 是两个三态门电路，它们正逆并联后接在数据总线与存储单元之间，两个三态门的控制端分别由逻辑门（与门）C 和 D 控制。

$\overline{CS}$ 是片选信号，$\overline{WE}$ 为允写信号。当 $\overline{WE}$ 为低电平时，允许信息写入存储单元；当 $\overline{WE}$ 为高电平时，允

2–69. 零起点学电子测试题讲解

许信息从存储单元中读出。

这一电路的工作原理是这样：当片选信号 $\overline{CS}$ 为低电平时，存储单元才能够进行信息交换，即才可以进行读或写的操作；当片选信号 $\overline{CS}$ 为高电平时，所有存储单元均不能够进行信息交换，即都不工作。

（1）$\overline{CS}$ 为低电平，$\overline{WE}$ 为高电平时。这时与门 C 一个输入端为高电平 1，另一个为低电平 0，此时与门 C 打开，其输出端输出的高电平加到三态门 A，使三态门 A 导通，此时存储单元内的数据通过数据总线（DB）被 CPU 读取。

（2）$\overline{CS}$ 为低电平，$\overline{WE}$ 为低电平时。这时与门 D 两个输入端均为低电平 1，此时与门 D 打开，其输出端输出的高电平加到三态门 B，使三态门 B 导通，此时数据总线（DB）传输过来的数据通过导通的三态门 B，被写入存储单元中。

8.8.5 识图小结

1．要点

关于半导体存储器主要说明下列几点。

（1）存储器能够接收和保存数据（包括指令代码），并且能够根据命令提供这些数据的部件。

（2）存储器与寄存器不同。存储器通常由一块专门的集成电路构成，而寄存器通常设在某一功能的集成电路内部。

（3）存储器是微控制器的重要组成部分，不可缺少。

（4）存储器具有记忆功能，它可以用来存储微控制器工作过程中的程序、各种数据等。

（5）半导体存储器的综合分类如下。

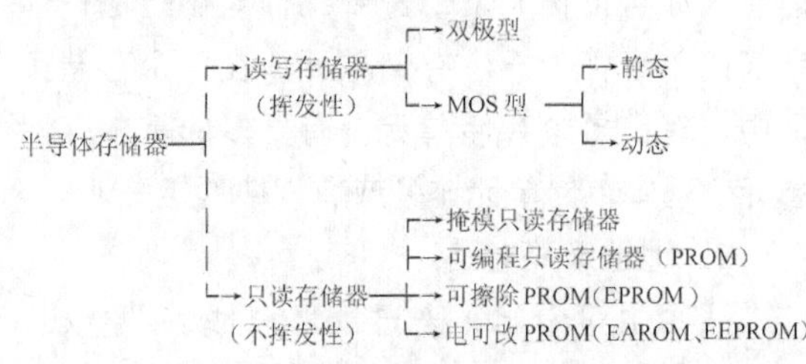

（6）半导体存储器由 3 大部分组成。存储器与数据总线、地址总线和控制总线相连，通过这 3 组总线存储器与 CPU 保持着密切的联系。

（7）存储器的地址寄存器和地址译码器通过地址总线与 CPU 相连，接收地址码，并将地址码译出相应的控制电平，去控制存储单元。存储单元不只是受地址码译出的控制电平控制，还要受到片选信号和允写信号的控制。

（8）存储器的读 / 写控制有两种方式：一是读与写的控制用一条控制线，通过这一控制线高电平和低电平的变化进行读与写的控制；二是读用一条控制线，写再用一条控制线。

2．主要引脚英文解析

在分析存储器集成电路外电路工作原理时，经常性地遇到各种功能引脚的英文标注，对电路分析造成一定的困难，而且会出现不同资料中对同一功能引脚的标注方式不同，表 8-49 所示是存储器集成电路有关引脚英文标注的说明。

2–70. 零起点学电子测试题讲解

表 8-49　存储器集成电路有关引脚英文标注的说明

英文名称	说　明
$\overline{CS}$	它为片选信号，非号表示是低电平有效，该信号为高电平时不能进行片选
$\overline{WE}$	它为允写信号，非号表示是低电平有效，即该信号为低电平时可以对存储单元进行写操作；当该信号为高电平时，只能进行读取操作
$\overline{RAS}$	它为行地址选通信号，为低电平有效。RAS 是英文 Row Address Strobe 的缩写
$\overline{CAS}$	它为列地址选通信号，为低电平有效。CAS 是英文 Column Address Strobe 的缩写
$\overline{W}$	它为读 / 写控制信号，高电平为读，低电平为写
PD/PGM	它为编程控制信号

续表

英文名称	说　明
$\overline{RD}$	它为读取命令，由 CPU 发出
$\overline{WR}$	它为写命令，由 CPU 发出
$\overline{MRE}$	它为存储器请求命令，由 CPU 发出
$\overline{RFSH}$	它为刷新命令，由 CPU 发出

8.9　随机存储器（RAM）

随机存储器用英文 RAM 表示，RAM 是英文 Random Access Memory 的缩写。由于这种存储器能够在存储器的任意单元进行读或写，所以又将这种存储器称为读 / 写存取存储器（RWM，Read Write Memory），或是随机读 / 写存储器。

重要提示

在微控制系统中，随机存储器（RAM）用来存放微控制器在运行过程中的现场输入 / 输出数据、中间运算结果以及用作堆栈，随机存储器（RAM）中所存储的信息不是永久性的。

8.9.1　随机存储器（RAM）特性、结构和种类

1．特性

半导体随机存储器（RAM）的特性主要有两点。

（1）随机存储器（RAM）属于挥发性的存储器，当存储器电路断电后，随机存储器（RAM）原先所保存的信息会全部丢失。

（2）随机存储器（RAM）能读能写。

2．结构及工作原理说明

随机存储器（RAM）的结构同前面介绍的基本存储器结构基本相同，它主要由地址译码器、读 / 写控制电路、片选控制、存储矩阵等部分组成，图 8-114 所示是典型的随机存储器（RAM）结构示意图。

（1）地址译码。存储器的每个存储单元都有地址，每次访问存储器只能与存储器中的某一个存储单元进行数据交换，CPU 发出访问存储器中某一存储单元指令后，通过地址译码器找到该指定的存储单元。

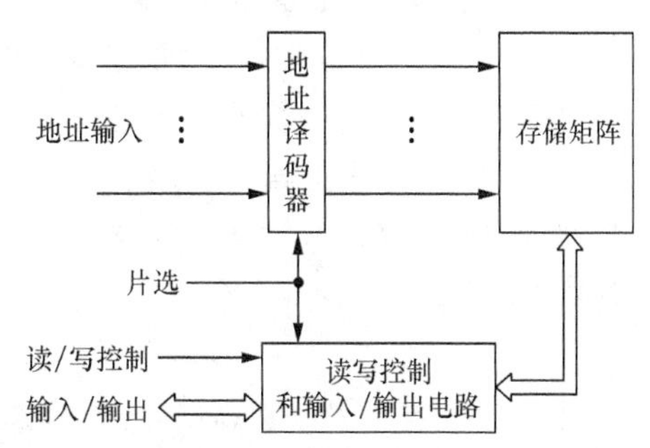

图 8-114　典型的随机存储器（RAM）结构示意图

具体地讲，地址译码器将从存储器外部输入的二进制地址码进行译码，在译码器相应的某一条输出线上给出信号，控制被选中的存储单元与存储器输入 / 输出端接通，以便读出该存储单元的数据或将数据写入该单元。

（2）读/写控制。访问随机存储器（RAM）时，对于被选中地址的存储单元，是进行写入操作还是读出操作，这由读 / 写控制线进行控制。

有的随机存储器（RAM）的读 / 写控制线为高电平读、低电平写；也有的随机存储器（RAM）的读 / 写控制线是分开的，一条为读，另一条为写。

（3）输入 / 输出接口电路。输入 / 输出接口电路是存储器数据进出的通道，随机存储器（RAM）通过输入 / 输出电路与 CPU 交换信息，在进

2-71. 零起点学电子测试题讲解

行读操作时这一接口是存储器的输出端，在写入时这一接口是输入端，一线进出二用，由读/写控制线控制。

存储器中的输入/输出端数目决定于存储单元的位数。

（4）片选控制。由于集成度的限制，通常需要把多片随机存储器（RAM）组装在一起，才能构成微控制器的存储器。

CPU在访问存储器时，一次只与一片随机存储器（RAM）交换信息，而与其他片随机存储器（RAM）不发生联系，片选信号就是用来实现这种控制的。当某一片的片选信号为有效低电平时，则该片被选中。

（5）存储矩阵（存储器）。随机存储器（RAM）中的存储单元通常被排列成矩阵形式，称为存储矩阵。地址译码器的输出信号，控制着存储矩阵与输入/输出端的连接状态，被选中的存储单元就接通，未被选中的存储单元就处于断开的状态。

3．种类

双极型随机存储器（RAM）只有静态的RAM，对于MOS型的随机存储器（RAM）则有静态和动态两种。

8.9.2 静态随机存储器（RAM）

静态随机存储器（RAM）同上面介绍的随机存储器（RAM）结构和功能基本相同，不同之处有下列几点。

2-72.零起点学电子测试题讲解

1．静态存储单元

采用静态存储单元构成的随机存储器（RAM）称之为静态随机存储器，静态存储单元的特性是：只要不断电，只要不对存储单元进行改写，静态存储单元所存储的信息不会丢失。

2．静态存储单元基本结构

静态存储单元的基本结构是由两个反相器构成的双稳态电路，根据这一双稳态电路所用管子数目的不同，可以命名这种静态基本存储单元，如六管静态基本存储单元等。

由于静态存储器中的信息（二进制码，0或1）是由具有记忆功能的双稳态电路记忆的，所以所记忆的信息在不断电时就不会丢失。

3．特点

静态存储器具有这样的特点：电路结构复杂，所用管子数目多，功耗大，工作速度低，优点是不断电的情况下所记忆的信息不会丢失。

4．读/写时序问题

读/写时序是指微控制器在工作过程中，CPU在与存储器进行数据交换时的工作节拍，也就是CPU发出存储器读或写的指令后，经过规定的时间后，要从数据总线上读取或输出数据。对于存储器而言，接到指令后要在一个规定的时间内提供或接收数据，CPU和存储器这两个部件之间工作节拍必须协调，才能进行数据的正常交换。

存储器的读/写时序主要是读周期时序和写周期时序，前者是指存储器进行读操作周期内的时序，后者是写操作周期内的时序。

（1）读周期时序。读周期时序包括5种时间概念：读取时间、片选有效到输出稳定时间、片选有效到输出有效时间、片选失效到输出变三态门为高阻时间和地址改变后数据维持时间。

（2）写周期时序。写周期时序包括5种时间概念：写入时间、写恢复时间、从写信号有效到三态门输出高阻时间、数据有效时间和数据保持时间。

8.9.3 动态随机存储器（RAM）

动态、静态随机存储器（RAM）都是随机存储器（RAM），只是由于基本的存储单元特性不同，对所有存储的信息在保存的方式上有所不同。

1．动态存储单元

采用动态存储单元构成的随机存储器（RAM）称之为动态随机存储器（DRAM），动态存储单元的特性与静态存储单元的特性不同，即使不断电，但是一段时间后如果不对原信息进行刷新，存储单元所存储的原信息就会丢失，所以动态随机存储器存在一个刷新的问题。

2．动态存储单元基本结构

基本的动态存储单元一般采用四管动态存储电路，它是利用MOS管栅极电容来暂时存储二进制数码，即利用电容器的储能特性来保存信息，而不是像静态基本存储单元那样采用双稳态电路。

3．工作原理

动态存储单元中，信息是保存在MOS管栅极电容之中的，对电容充电表示二进制中的数码1，电容放电则表示是二进制数码0。

当片选信号选中某一动态存储单元之后，如果行和列选择线都是高电平，说明选中了某一基本存储单元。在写入操作过程中，如果是写入数码1，数据线上的数码1通过输入/输出口和MOS管对栅极电容进行充电；如果是写入数码0，则MOS管栅极电容通过MOS管、接口和数据线进行放电。

在进行读操作时，在选中某一基本存储单元之后，该单元中的MOS管栅极电容上的电位通过输入/输出接口和数据线输出。

4．读再生放大器作用

由于集成电路工艺的限制，MOS管栅极电容的容量不可能做得很大，甚至还没有分布电容大，存储数码的电容容量太小造成这种动态存储器存在下列两个问题。

（1）MOS管栅极电容中二进制数码1和0的电位差太小，一般只有0.2V左右，0和1数码电位差太小容易造成对这两个数码的错误判断。

（2）由于MOS管栅极电容的容量太小，所能存储的电荷量太少，这样栅极电容中的信息被读出后，由于电容放电，使电容上的电压（该电压与电容中的电荷量呈正比关系）被破坏，也就是读出信息后原存储信息被破坏，这就是破坏性地读出。

为了解决这两个问题，设置一个读出再生放大器，该放大器用来对基本存储单元内的信息进行放大，在读出存储信息后，还要将经过放大后的原信息再写入该基本存储单元中。

5．刷新

动态随机存储器除了在读出信息后要进行再生之外，由于MOS管栅极电容的漏电原因，存储于该电容中的电荷时间一长也会自行放掉，这样使存储单元中的数码1和0变得模糊不清，必须隔一段时间（MOS管电路约为20ms）就对所保存的信息进行一次全面重写，这样周期性地重复重写，就是所谓的动态随机存储器的刷新。

重要提示

刷新工作过程是这样：在每条列选线上都有一个读出再生放大器，刷新时不输出信息，列选信号无效。此时，若先选第一行，就使该行的各列对应存储单元全部由读出再生放大器重写一次。第一行重写后，再选第二行，则第二行上的全部存储单元信息又被重写一次，以此类推。刷新时，行地址自动加1，这样可一行一行地进行刷新，直至存储器全部刷新完毕。

刷新的行地址保存在CPU的刷新地址寄存器（R）中，它还可以完成行地址自动加1的操作。

6．特点

2-73. 零起点学电子测试题讲解

动态随机存储器的特点是电路功耗小、工作速度快、动态存储单元所用的元器件数目较少、更能适应大规模集成电路的制造。但是，动态随机存储器需要刷新电路和读出再生放大器电路，使得这种存储器的外围电路比较复杂。另外，在动态随机存储器进行刷新期间，不能对存储器进行读出和写入操作，存储器的有效利用时间受到限制。

7．识图小结

关于随机存储器（RAM）主要说明下列几点。

（1）随机存储器（RAM）存储的信息，

或写入后保存的信息，只在微控制器正常运行期间有效，一旦机器断电，微控制器不工作，随机存储器（RAM）内部所有原先信息全部丢失，可见这种存储器所存放的信息具有临时性。

（2）在微控制器系统正常工作期间，通过CPU对随机存储器（RAM）进行控制。这种存储器可以读出信息，也可以对它写入信息，在写入新信息时，旧信息被自动去除。

（3）随机存储器（RAM）中的动态存储器和静态存储器由于基本的存储单元特性不同，使这两种随机存储器（RAM）在工作特性上有所不同。静态随机存储器（RAM）工作期间无需刷新和信息再生放大，但动态随机存储器（RAM）需要这两种电路的工作来维持存储单元的信息存储。

（4）在微控制器系统中，使用不同的随机存储器（动态或静态）时，其CPU有所不同。因为使用动态随机存储器（RAM）时，CPU还要来管理这种存储器的刷新。

（5）无论是动态还是静态随机存储器（RAM），它们都有相同的与CPU保持通信、交换信息的电路，这主要是地址译码器、读/写控制线、片选线、输入/输出接口等。

（6）随机存储器（RAM）与CPU之间通过地址总线、数据总线和控制总线保持联络和信息的交换。

8.10 只读存储器（ROM）

只读存储器用英文ROM表示，ROM是英文Read Only Memory的缩写。

重要提示

只读存储器（ROM）用来存储输出变量与输入变量之间确定的函数关系。在微控制器系统中，只读存储器（ROM）用来存储程序、表格和常数，因为这些程序、表格和常数在某一特定的微控制器系统中固定不变。

只读存储器（ROM）信息存入以后，不能用简单的方法加以更改，在工作时其存储的信息是固定不变的。只读存储器（ROM）只能用来读出信息，不可以随时写入信息，所以称为只读存储器。

8.10.1 只读存储器（ROM）特性、结构和种类

2-74.零起点学电子测试题讲解

1．特性

关于半导体只读存储器（ROM）的特性主要说明下列几点。

（1）只读存储器（ROM）具有不挥发性（不易失性），即使只读存储器（ROM）的供电电源被切断，所存储的信息也不会丢失，具有相对稳定地保存信息的特点，这一点与随机存储器（RAM）完全不同。

（2）只读存储器（ROM）比随机存储器（RAM）少一个功能，就是不能随时写入信息，但可以随时读出信息。所以，只读存储器（ROM）是只能读不能随时写入的存储器。

（3）只读存储器（ROM）内部的信息可以通过专门的电路写入，或通过专门的方式写入，并不是什么情况下都不能写入。

（4）只读存储器虽然能够存储信息，并有存储器之称，但是它不像随机存储器那样可以存储任意信息，它属于组合逻辑网络。但是MOS管只读存储器与组合逻辑电路在结构上又有明显的不同之处，它是由固定的逻辑1或逻辑0排成的矩阵结构，各种译码器电路就属于只读存储器。

（5）只读存储器的优点是集成度高，读取时间仅为20 ~ 50ns。

2．结构

只读存储器（ROM）的基本结构与前面介绍的半导体存储器基本相同，它也是由地址译码器、片选控制、数据输出接口等构成。

只读存储器（ROM）中的地址译码器、片

选控制、数据输出接口等电路的功能，与前面介绍的半导体存储器是相同的。

3．种类

只读存储器（ROM）主要有下列 4 种。

（1）掩模式只读存储器，又称为固定只读存储器。

（2）可编程只读存储器（PROM）。

（3）可编程可改写只读存储器（EPROM）。

（4）电可修改的可编程只读存储器（EAROM、EEPROM）。

8.10.2 掩模式只读存储器

掩模式只读存储器又称固定只读存储器。掩模式只读存储器在厂里制造时用掩模版控制存储内容，在出厂时这种只读存储器的存储信号已完全固定下来，使用时无法更改，只能读，不能写入。

1．结构

掩模式只读存储器由地址译码器、存储矩阵和输出电路 3 部分组成。在存储矩阵里，行线称为字选择线，列线称为位选择线。在字选择线与位选择线相交处是存储单元。

重要提示

掩模式只读存储器表示数码 1 和 0 的方式是这样：在存储单元处，有 MOS 管时表示存储内容为数码 1；没有 MOS 管时表示存储内容为数码 0。存储矩阵中的整个内容完全决定于预先编好的程序和所要存放的数据。

2．字译码结构 ROM 工作原理

图 8-115 所示是掩模式只读存储器电路组成示意图。电路中，A0 和 A1 是两位来自数据总线的地址码，它加到两位的译码器中。两位的地址译码器可以有 4 条选择线（2^2 = 4），每一条选择线选中一个字，所以将 W0 ~ W3 称为字线（共 4 条）。每一个字有 4 位，即 D0 ~ WD，将它们称为位线。电路中，VT1 ~ VT4 称为负载管，A ~ D 是 4 个非门。

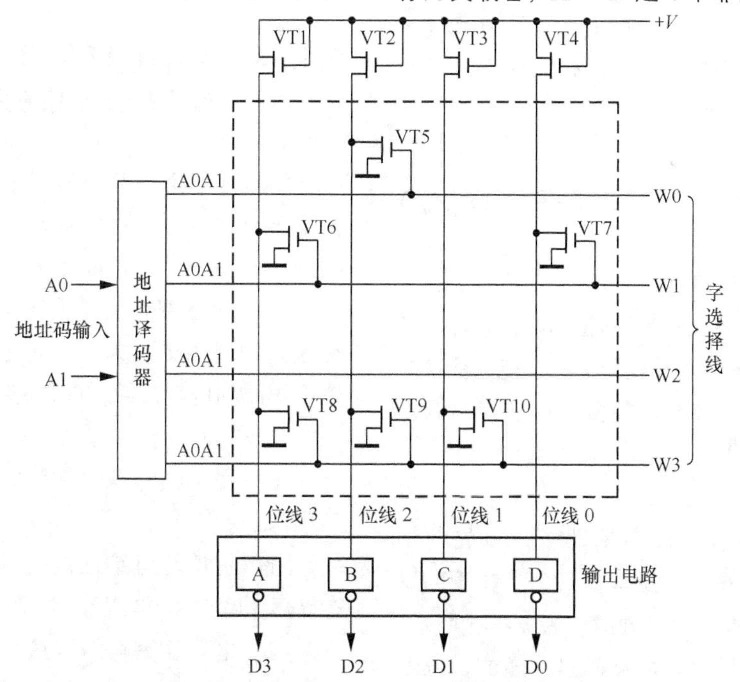

图 8-115 字译码结构掩模式只读存储器电路组成示意图

2-75. 零起点学电子测试题讲解

这一电路的工作原理是这样：在一般情况下，各位线保持高电平 1 状态，如 + *V* 通过导通的 VT4 使位线 0 保持高电平。字线的电平高低由译码器的输出状态决定。设译码器的输出状态是，A0 = 1，A1 = 1，从图中可看出，此时只有字线 W0 为高电平，其他 3 条字线因译码器输出有 0，所以它们都是低电平。

由于字线 W0 为高电平，这一高电平使 VT5 管导通，这样将位线 2 通过导通的 VT5 管接地，使位线上为低电平 0，这一低电平经非门后输出高电平 1。其他各位线由于没有 MOS 管，所以均保持高电平，经各自的非门后输出低电平 0。所以，当 A0 = 1、A1 = 1 时，输出数据为 D3 = 0，D2 = 1，D1 = 0，D0 = 0，即为 0100。

如果字线 W1 被选中，输出数据为 1001；如果字线 W2 被选中，输出数据为 0000；如果字线 W3 被选中，输出数据为 1110。

从上述分析可知，图中的这一掩模式只读存储器保存的 4 个字数据分别是 0100，1001，0000 和 1110。这种结构的只读存储器，称为字译码结构只读存储器。

3．双译码结构的掩模式只读存储器

掩模式只读存储器除这种字译码结构外，还有一种双译码结构的 MOS 管只读存储器，它的地址线由行地址和列地址组成，分别通过行译码器和列译码器译码。行译码器输出选中某一行，但在这一行中，哪一个存储单元能够输出信息还取决于列译码器的输出状态，这样每次只选中一个单元。

8.10.3　可编程只读存储器（PROM）

可编程只读存储器用 PROM 表示。这种只读存储器可以由用户自己一次性写入信息，不像掩模式只读存储器出厂后就什么都不能改变了。

可编程只读存储器比掩模式只读存储器多了一个写控制电路。

1．结构

在 TTL 可编程只读存储器中，首先做出一个完整的晶体管存储矩阵，每个晶体管的发射极都经过熔丝与位线相连，如图 8-116 所示。这种存储器在出厂时，熔丝都是接通的，也就是存储的内容为数码 1。

2．编程原理

如果需要将 PROM 中某些存储单元中为 1 的内容改为数码 0，则给这个存储单元加上足够大的电流，将熔丝烧断，使其发射极和位线断开，这就相当于存储数码 0。对于那些没有加上大电流的存储单元，仍存储数码 1。

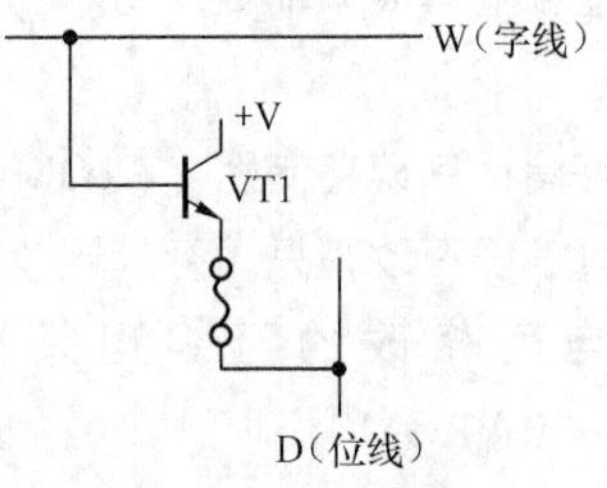

图 8-116　示意图

熔丝是一次性的，一旦熔丝烧掉后，不能再恢复，所以某一存储单元改写为数码 0 后，就再也不能改写为数码 1 了。

3．特性

可编程只读存储器比前面一种掩模式只读存储器有一定的灵活性，可根据用户需要存储信息，但用户的写入也是一次性的。

对可编程只读存储器的写入有专门的装置。

8.10.4　可编程可改写只读存储器（EPROM 和 EAROM）

PROM 虽然可以由用户自己来写入信息，但是一旦写入后再不能更改，这在许多情况下使用起来很不方便，而可编程可改写只读存储器在出厂时全部存储单元内容都是 1，用户可更改，即将 1 更改为 0。在更改后，用户还可以将更改的内容擦除，即再将 0 擦除恢复成 1。

1．种类

可编程可改写只读存储器从性能上可分为下列两种。

（1）可擦写可编程只读存储器，用 EPROM 表示。

（2）电可改写可编程只读存储器，用 EAROM 表示。

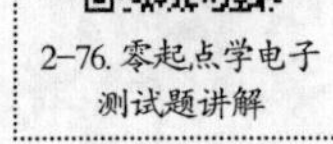

2-76. 零起点学电子测试题讲解

2．可擦写可编程只读存储器（EPROM）

可擦写可编程只读存储器用 EPROM 表示。

重要提示

可擦写可编程只读存储器（EPROM）可用紫外线或X射线将存储内容一次性全部擦除，然后再写入新的内容，但这种存储器不能逐字擦除。

（1）基本存储单元。EPROM 的基本存储单元采用 FAMOS 管，FAMOS 是英文 Floating gate Avalanche injection MOS 的缩写，这种 MOS 管称为浮动栅雪崩注入 MOS 管，图 8-117 所示是这种 MOS 管的结构示意图。

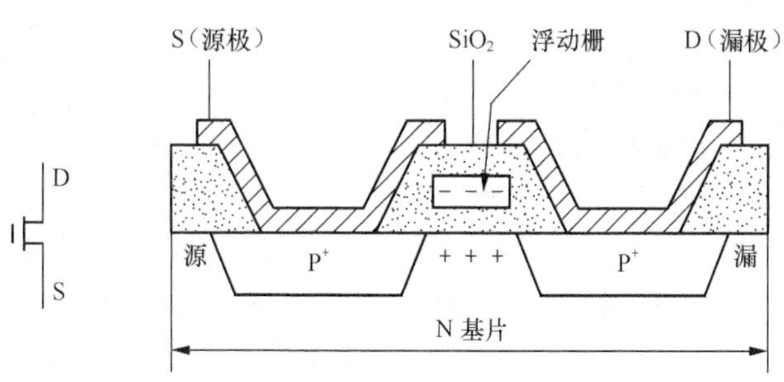

图 8-117　浮动栅雪崩注入 MOS 管示意图

从图中可看出，FAMOS 管结构与普通的 P 沟道增强型 MOS 管基本相似，在 N 基片生长出两个高浓度的 P 区，分别作为漏极（D）和源极（S），所不同的是在 D 和 S 之间有一个由多晶硅做成的栅极埋在 SiO_2 层中，栅极与四周电气绝缘起来，这样的栅极称为浮动栅。

（2） FAMOS 管存储信息原理。当漏、源极均为零电位时，浮动栅上没有电荷，漏极与源极之间没有导电沟道的形成。若在漏极与源极之间加上比较大的负电压（如 –30V），则可使 N 基片和漏极之间的 PN 结产生雪崩击穿，耗尽层中的电子在强电场中以很快的速度由 P^+ 区向外射出，由于它们的速度很快，就会有一部分电子穿透比较薄的氧化层到达浮动栅，并存储在栅极上，这一过程称为雪崩注入。

当漏极与源极之间的电压移去之后，由于注入到栅极上的电荷没有放电回路，故能长久地保存在栅极上。当栅极获得足够的电子时，则可在漏极与源极之间产生导电沟道，使 FAMOS 管处于导通状态。

从上述分析可知，FAMOS 管存储信息的原理是这样：当浮动栅中有电子时管子导通，当浮动栅中没有电子时管子截止，利用 FAMOS 管导通与截止两种状态来分别表示二进制数码中的 1 和 0。

（3）擦除方法。要擦去 FAMOS 管浮动栅中的电荷，可用紫外线或 X 线射线照射，使浮动栅中的电子从光量子中获得能量越过势垒，产生光电流从浮动栅流入 N 基片，使浮动栅恢复原态，源极和漏极之间的导电沟道消失，管子又恢复为截止状态。

2–77. 零起点学电子测试题讲解

（4）基本存储单元电路。图 8-118 所示是 EPROM 的基本存储单元电路示意图。从图中可看出，每一个基本存储单元电路中由两只管子 VT2 和 VT3 构成，其中 VT2 是普通 MOS 管，VT3 是 FAMOS 管，这两只管子处于串联状态，FAMOS 管相当于一个电子开关。电路中，VT1 是负载管。

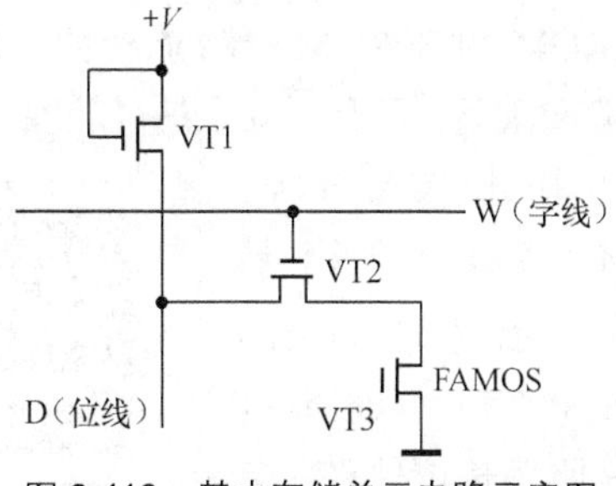

图 8-118　基本存储单元电路示意图

这一电路的工作原理是这样：VT2 的栅极由字线控制，EPROM 的所有 FAMOS 管都处于截止状态，用户在写入时，根据需要存储的内容，在相应的位线上加负脉冲电压，再通过字线（地址译码器输出线）控制，使选中地址的单元中普通 MOS 管都导通，这样就可使被位线选中的 FAMOS 管产生雪崩击穿，在栅极上注入电子。

读出时，字线选择一行单元，栅极注入了电子的 FAMOS 管都导通，对应的位线就变为高电平 1；而栅极没有注入电子的 FAMOS 管都截止，对应的位线为低电平 0。

3．电可修改可编程只读存储器（EAROM）

电可修改的可编程只读存储器用 EAROM 表示。

（1）特性。EPROM 存在两个问题：一是若用紫外线把存储信息擦干净，需要很长的擦除时间；二是不能把电路中个别的存储单元单独擦除和重写，只要改写一个单元，就必须把整个 EPROM 芯片的信息全部擦掉，然后全部加以重写，所以使用起来很不方便。

采用 MNOS 型电可修改的可编程只读存储器（EAROM）能够解决上述问题。这种 EAROM 可利用加电方法对存储器的指定存储单元进行擦除和重写，且改写时间很短，而对其他单元的信息没有影响，仍然可以保留。

EAROM 由于改写比较方便，又有只读储器能够长久保存信息的功能，所以在家用电器中使用比较广泛。例如，它通常可以用于电视接收机遥控系统中用作电视节目（频道）的信息存储器。

EAROM 和 EPROM 的功能相同，但它更便于擦除和重写，不足之处是速度较慢。

（2）基本存储单元。EAROM 的基本存储单元是一种通过加电就可以改变阈值电压的 P 沟道 MOS 器件，图 8-119 所示是这种器件结构示意图，称为 MNOS 存储单元结构。

2-78. 零起点学电子测试题讲解

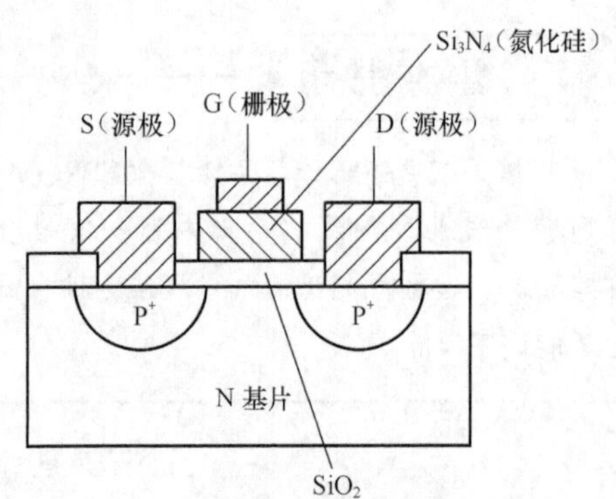

图 8-119　加电就可以改变阈值电压的 P 沟道 MOS 器件示意图

从图中可看出，在沟道上有一层很薄的 SiO_2，在它的上面还有一层较厚的氮化硅，从而形成了一个 SiO_2–Si_3N_4 界面。若在栅极和基片之间加上足够大的正电压（25 ~ 30V），则电子将通过隧道进入 SiO_2–Si_3N_4 界面。由于 SiO_2 和 Si_3N_4 都是很好的绝缘体，所以当加在栅极和基片之间的电压移去后，停留在陷阱中的电荷将持续一个很长的时间（10 年以上）。

由于电荷的存在，使得存储器处于低阈值电压状态（高导状态），称之为 1。当在栅极和基片之间加上较大的负电压（–25 ~ –30V）时，陷阱中的电荷被驱赶，通过 SiO_2 层进入基片，此时存储器处于高阈值状态（低导状态），这时被写成 0。

在 MNOS 型 EAROM 中的每个存储单元，只用一个 MOS 管，因为这种器件有栅极，管子本身通过栅极可以控制，这样不仅简化了工艺，而且提高了集成度。

4．只读存储器识图小结

关于只读存储器主要说明下列几点。

（1）只读存储器有多种，并不是所有的只读存储器都是只能读出信息不能对已存储信息进行更改，所以认为只读存储器只能读不能改有些不够全面，如 EAROM 就能够在加电情况下进行改写，只是只读存储器的改写不像随机存储器改写那样非常方便。

（2）从改写这一角度上讲，写入信息后根本不能够改写的是掩模式只读存储器，也就是固定只读存储器；其次，可编程只读存储器（PROM）在用户自己一次性写入信息后，也什么都不能改变了；可擦写可编程只读存储器（EPROM）能够对所有信息进行全部擦除，但这种擦除是相当不便的；改写最方便的是电可改写可编程只读存储器（EAROM），所以这种只读存储器在家用电器的微控制系统中应用较多。

（3）电可改写可编程只读存储器（EAROM）加上直流电压便能进行改写，并且能够重复改写，这一特性接近于随机存储器，且比随机存储器更优越的是，电可改写可编程只读存储器（EAROM）在断电后仍然能够保存所存储的信息，且能保存10年之久。所以，利用电可改写可编程只读存储器（EAROM）不怕断电、方便的改写特性，在一些家用电器的微控制器中用它来保存信息，如用来存储电台、频段等。

（4）各种只读存储器的特性不同，是因为它们的最基本存储单元所使用的器件特性不同。

（5）只读存储器同随机存储器一样，通过数据总线、地址总线和控制总线与CPU保持联络。

8.11　存储器连接

存储器的连接包括两个部分：一是存储器与存储器之间的连接（称为扩充），二是存储器与CPU之间的连接。

8.11.1　存储器芯片的扩充

存储器芯片的扩充是一种增大存储容量的方法，其存储器芯片的扩充方法有两种：存储器的位扩充和存储器的地址扩充。

1. 存储器的位扩充

存储器的位扩充就是存储器芯片的位并联。存储器通常是以一个字长为单元存储信息的，如某CPU为8位，它是以一个字节（8位）为一个存储单元，而许多存储器只是1位或4位的，要组成一个8位的存储器必须将多个存储器芯片相对应的单元并联起来，这就称为存储器芯片的位并联。

图8-120所示是两片4位存储器芯片组成的8位存储器。电路中，D0 ~ D7是数据总线；A0 ~ A9是地址总线；1和2分别是两片4位存储器芯片。

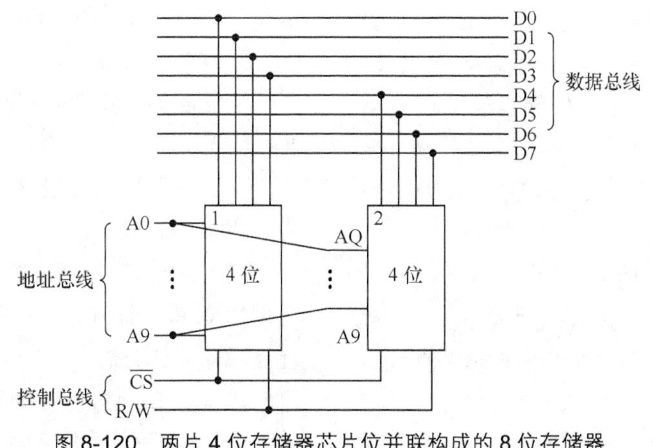

图8-120　两片4位存储器芯片位并联构成的8位存储器

从图中可看出，存储器芯片的4根数据线分别接到数据总线的低4位，即D0 ~ D3上，第2个存储器芯片的4根数据线分别接到数据总线的高4位，即D4 ~ D7，这样位的扩充就完成了。两个存储器芯片的地址线和控制线一一对应相并联后，接在地址总线和控制

总线上。

2．存储器的地址扩充

存储器的地址扩充就是存储芯片的地址串联。

当用存储单元数较少的存储器芯片组成单元数较多的存储器时，采用的方法就是进行芯片的地址串联，此时需要借助于地址译码器。

这里设用 4 片 1KB×4 的存储器芯片组成 4 KB×4 的存储器，需要将 4 片存储器芯片的地址串联起来，如图 8-121 所示。电路中，A0 ~ A11 是 CPU 的地址线，D0 ~ D3 是数据线，$\overline{\text{MREQ}}$是存储器请求指令输出端，$\overline{\text{WE}}$是允写指令输出端。

2-80. 零起点学电子测试题讲解

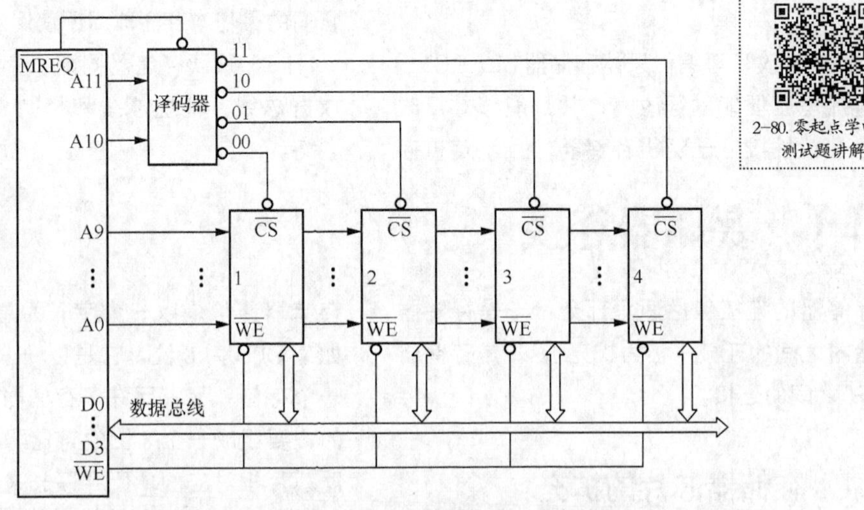

图 8-121　4 片 1KB×4 芯片组成的 4KB×4 存储器

从图中可看出，CPU 的地址总线 A0 ~ A9 直接与各存储器的地址译码器输入端相连，CPU 中的地址线 A10 和 A11 通过译码器可有 4 根选择线，分别与 4 个存储器芯片的片选输入端$\overline{\text{CS}}$相连。

当 A11A10 = 00 时，选中存储器芯片 1；当 A11A10 = 01 时，选中存储器芯片 2；当 A11A10 = 10 时，选中存储器芯片 3；当 A11A10 = 11 时，选中存储器芯片 4。在任一时刻，4 片存储器只有一个被选中而工作，这样就实现了片选地址。

3．存储器的位和地址扩充

前面介绍了存储器的位扩充和地址扩充，也可以将存储器位扩充和地址扩充组合起来使用。

8.11.2　存储器与 CPU 的连接

存储器是为 CPU 工作服务的，存储器与 CPU 之间共有下列 3 种信息联系。

（1）CPU 通过地址码选中存储器中需要的存储单元。

（2）选中后 CPU 同存储器进行信息的交换。

（3）为了完成存储单元的选中和 CPU 与存储单元的信息交换，CPU 必须发出相应的控制指令或接收存储器对 CPU 控制的一些要求。

1．地址线连接

存储器的地址线与 CPU 之间的连接有下列两种情况。

（1）存储器的地址线一般可以直接连接到 CPU 的地址总线上。

（2）对于容量很大的动态 RAM 而言，通常采用双译码器方式，需要采用行地址和列地址分时输入的方式，此时就需要在 CPU 与存储器之间加上多种转换开关，用行选通信号$\overline{\text{RAS}}$和列选通信号$\overline{\text{CAS}}$先后将地址的低位与高位送入存储器。

对于具有 16 根地址线（A0 ~ A15）的 CPU，可以直接访问内存 2^{16} = 64KB。在这

64KB 中，每 256 个单元为一页，共 256 页，如图 8-122 所示。

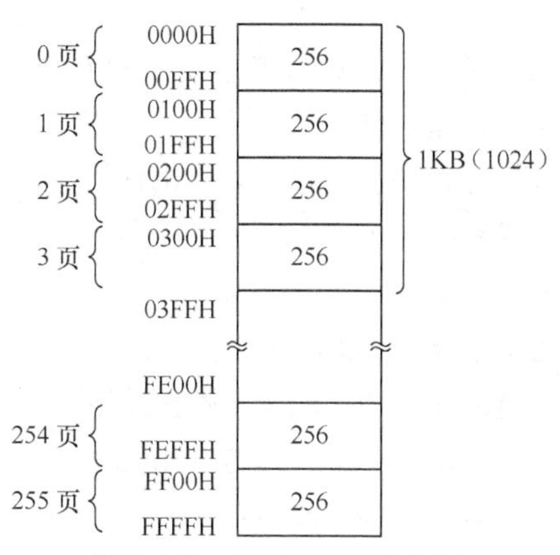

图 8-122　地址存储表示意图

在 A0 ~ A15 中，A8 ~ A15 称为页地址，A0 ~ A7 称为页内地址。

2．数据线连接

RAM 的数据只传向 CPU。

对于随机存储器（RAM）而言，数据是双向传输的。存储器数据线与 CPU 之间的连接有下列两种情况。

（1）有的 RAM 数据线输入线与输出线是分开的，这种情况下要外加三态门，随机存储器才能与 CPU 相连接，如图 8-123 所示。

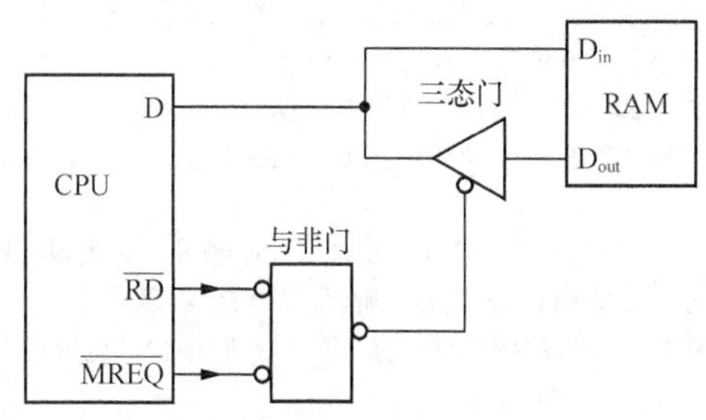

图 8-123　输入和输出线分开的随机存储器与 CPU 连接电路

（2）有的随机存储器输入线和输出线是共用的，对于这种情况，由于芯片（集成电路）内部设有三态门，所以可以直接通过数据总线与 CPU 相连接。

3．控制线连接

CPU 与存储器之间的控制命令和连接方式主要下列几种。

（1） CPU 发出的读命令（$\overline{RD}$）。

（2） CPU 发出的写命令（$\overline{WR}$）。读命令使数据从存储器传向 CPU，写命令则数据传输方向相反，由于在同一时刻数据只有一个流向，即要么是读要么就是写，因而往往只用读和写中的一个命令，如用$\overline{WR}$的高、低电平连接到存储器的写允输入端$\overline{WR}$上，通过高、低电位的不同来控制是读还是写。

（3）存储器请求命令$\overline{MREQ}$。这一命令规定 CPU 同存储器进行信息交换，因这一命令与存储器的片选信号输入端$\overline{CS}$相连，有两种连接方式：一是 CPU 的$\overline{MREQ}$命令输出端直接与存储器的片选信号输入端$\overline{CS}$相连；二是 CPU 的$\overline{WREQ}$命令输出端通过存储器中的译码器间接地同存储器中的片选信号输入端$\overline{CS}$相连。

（4）动态随机存储器的刷新命令$\overline{RFSH}$、取指命令 M1 等。

8.11.3　CPU 与存储器连接

CPU 与存储器的连接在前面已经介绍了不少内容，这里再补充说明几点。CPU 在与不同的存储器连接时，所使用的输出线是有所不同的。

1．CPU 与 ROM 连接

CPU 与 ROM 连接时，主要是下列 3 类线。

（1）地址总线连接。CPU 输出的地址总线或直接与 ROM 相连，或通过地址译码器与存储器相连。CPU 的地址总线有多根。

（2）数据线连接。CPU 的数据总线直接与 ROM 相连，数据总线中的信息流向为从存储器流向 CPU。

（3）存储器请求线连接。此为单线，属于控制总线。

2．CPU 与静态 RAM 连接

CPU 与静态 RAM 连接是在上面所介绍的 CPU 与 ROM 连接的基础上，再加入一条读 / 写控制线，这是因为静态存储器不仅可以输出信息，还可以被写入信息，所以要用一个读与写的控制。

另外，在 CPU 与静态 RAM 数据线连接中，数据线传输是双向的，具体流向由读 / 写控制线来控制。

3．CPU 与动态 RAM 连接

CPU 与动态 RAM 连接是在 CPU 与静态 RAM 连接的基础上，再加入一条刷新控制线，这是由于动态 RAM 的特性所要求的，必须周期性对原存储信息进行刷新，刷新命令是由 CPU 给出的。

4．CPU 与 EAROM 连接

CPU 与 EAROM 连接是在 CPU 与 ROM 连接的基础上，再加上电改写控制线，因为 EAROM 能够在加电情况下可改写原信息，所以要多出这样一条控制线。此外，在 CPU 与 EAROM 的数据总线连接中，该数据总线也是双向的，因为 EAROM 可以读出原信息，也可以写入新信息。同时，也有控制读和写的控制线。

8.11.4 EAROM应用和连接

这里以彩色电视机为例，说明微控制系统中的 EAROM 的操作功能、存储内容、电路连接方式等。

1．功能

在彩色电视机微控制系统中的 EAROM 有下列 3 个操作功能。

（1）写入功能。这一功能也称为存入功能，就是将被传输信息的数据写入指定地址的存储单元中。

（2）取出信息功能。这一功能就是将指定地址存储单元中的存储信息数据读出。

（3）清除功能。这一功能就是将指定地址存储单元中原来的存储信息抹去。

2．存储内容

在彩色电视机微控制器系统中的 EAROM 主要存储 3 种信息数据：一是数字选台信息数据，二是音量、亮度、色饱和度的数字控制信息数据，三是最后收看电视节目（频道）的节目信息数据，具体说明见表 8-50。

2-82. 零起点学电子测试题讲解

表 8-50　彩色电视机微控制器系统中 EAROM 存储的 3 种信息数据说明

名　称	说　明
数字选台信息	通常每个存储单元的字长是 12 位，这其中包括了下列几个方面的信息。 （1）数字调谐电压信息数据，它用 13 位来编码。电视机中的调谐电压模拟值是 0 ~ 30V，13 位共能表示 2^{13} = 8192 个级别，也就是 13 位能够将 0 ~ 30V 分成 8192 级步进变化，每级步进电压为 3.6mV。 （2）数字频段信息数据，它用 2 位表示，2 位二进制码共能表示 4 种不同的频段，而我国电视标准中将全频段只分成 3 个频段：一是 VL，二是 VH，三是 U，所以用 2 位已经足够了。 （3）自动频率微调接入状态信息数据，用 1 位表示数字调谐结束时，自动频率微调电路的状态信息数据
音量、亮度、色饱和度的数字控制信息数据	音量、亮度、色饱和度的数字控制信息数据各占用 6 位字长的存储单元，由于采用 6 位编码，所以每一种控制都有 2^6 = 64 级步进变化。 另外，存储器还将存储音量控制的 30%、亮度控制的 80%、色饱和控制的 50% 等几项固定参数
最后收看电视节目（频道）的节目信息数据	这一信息存储用来记忆关机前最后收看电视节目（频道）的数字选台信息数据、频道存储位置号信息数据、音量、色度、色饱和度等各种控制信息数据

3．并行 EAROM 的连接

根据 EAROM 内部结构所决定的数据传输方式的不同，EAROM 分为两种：一是并行结构的 EAROM，二是串行结构的 EAROM。

图 8-124 所示是并行结构 EAROM 内部结构方框图。从图中可以看出，它由存储矩阵、

行和列地址译码器、数据输入／输出缓冲器、读／写（R/W）控制、片选（$\overline{CS}$）控制接口电路等组成。

（1）电源供给电路。EAROM 集成电路的电源供给有两组。

1）+ 5V 直流电压，这是供给集成电路内部各部分电路工作的直流电压。

2）–30V 直流电压，这是供写入、擦除的直流电压。

（2）引脚端子。这是一个 4 位字长的 EAROM，供有 4 根数据传输线 D0 ~ D3，4 根地址传输线 A0 ~ A3，1 根读／写控制线 R/W，1 根片选控制线$\overline{CS}$，2 根电源线和 1 根地线。

当微控制系统中只使用一片 EAROM 时，片选控制线$\overline{CS}$可以接地；当微控制系统中使用多片 EAROM 时才使用片选控制线$\overline{CS}$。

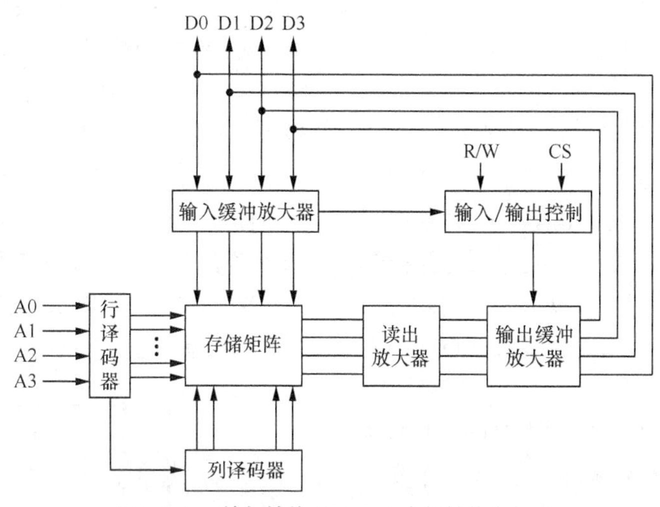

图 8-124　并行结构 EAROM 内部结构方框图

（3）存储单元数量。1 个 4 位的 EAROM 不是只能容纳 2^4 = 16 个存储单元，通过分两次送地址码的方式，第一次送低 4 位，第二次送高 4 位，构成 8 位地址，这样可容纳 2^8 = 256 个存储单元。

（4）读／写操作控制。微控制系统在工作时，CPU 选中存储器后，只要发出地址码，同时读／写（R/W）控制线为高电平，此时就能进行读操作，读出EAROM指定存储单元中的信息数据。

当读／写（R/W）控制线为低电平时，就能进行写入 EAROM 指定存储单元的操作。

4．串行 EAROM 的连接

串行 EAROM 在内部结构和工作原理上与并行 EAROM 相同，只是多了一个控制方式译码器和串／并行接口及控制电路，图 8-125 所示是串行 EAROM 的内部结构方框图。

（1）引线端少。由于串行传输的特点，使 EAROM 的引线端子明显减少，一般只有：1 条双向数据线，3 条工作方式控制线（C1 ~ C3），1 条片信号控制线 $\overline{CS}$，1 条时钟脉冲线，2 条电源线（+ 5V 直流工作电压和 –30V 擦除直流电源），1 条地线，一共 9 条线。

（2）分时传输。由于采用了串行传输方式，所以地址和数据信息采用不同时间的串行传输，即分时传输。

（3）双向信息传输。输入／输出端子为一条双向信息传输通道，用来传输地址、数据信息。当 EAROM 工作在输出状态时，这条双向信息传输线用来输出原来存储在 EAROM 中的数据和地址信息，送给 CPU；当 EAROM 工作在输入状态时，这条双向信息传输线用来输入 CPU 送来的信息，就是写入 EAROM 的数据和地址信息。

2-83. 零起点学电子测试题讲解

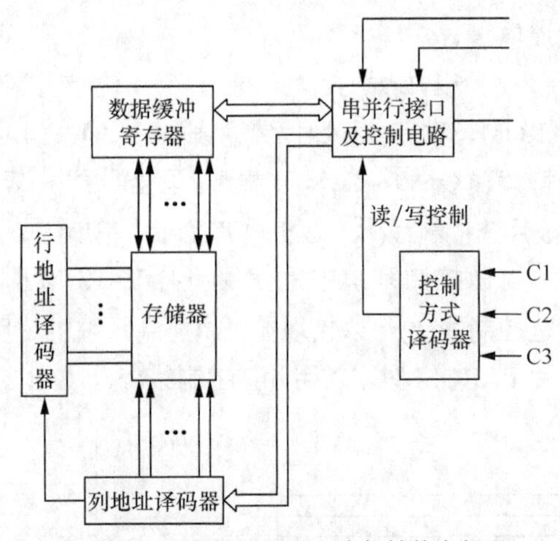

图 8-125　串行 EAROM 内部结构方框图

（4）工作方式控制。CPU 对 EAROM 的控制功能有多项，如写入、读出等。CPU 对串行 EAROM 的各种控制指令以 3 位一组的并行信号 C1、C2 和 C3 进行控制，该信号经 EAROM 内部的控制方式译码器译码后对 EAROM 的工作方式进行控制。

3 位的控制译码器共有 8 种不同的控制功能，在串行 EAROM 中实际只使用 7 种控制功能。

（5）片选控制信号和时钟脉冲。要使 EAROM 进行控制还需要片选控制信号 $\overline{CS}$ 和时钟脉冲。加入时钟脉冲的目的是：使 EAROM 的工作节拍与 CPU 的工作节拍保持一致。

当 $\overline{CS}$ 为低电平时，EAROM 的一切控制信号才有效；当 $\overline{CS}$ 为高电平时，输入控制信号 C1、C2 和 C3 都对 EAROM 无控制效果。

5. EAROM 工作状态

在彩色电视机中，EAROM 在下列几种情况下才进入工作状态。

2-84. 零起点学电子测试题讲解

（1）每次开机时，读出 EAROM 中有关上次关机前的各种状态信息。

（2）在进行自动预置选台和手动预置选台过程中，EAROM 进入写入操作状态，在最后确定了预置结果后，EAROM 将这一最后数字选台信息写入 EAROM 中，保存起来。

（3）在切换电视节目频道时，EAROM 处于读出状态，将所要选择的频道节目的数字选台信息（数字调谐电压、数字频段）、AFT（自动频率稳定）等数据从 EAROM 中读出，送给 CPU。

（4）在进行音量、亮度、色饱和度调整的过程中，EAROM 进入写入状态，一旦上述调整过程结束（释放调整键），有关调整的最后结果信息就被写入 EAROM 中保存起来。

（5）每次关机时，EAROM 进入写入状态，将关机前最后时刻的有关电视机状态（电视频道、频道存储位置号、音量、亮度、色饱和度等）控制信息写入 EAROM 中，供下次开机时读出进入关机最后时刻的工作状态。

6. EAROM 与 CPU 连接

图 8-126 所示是 EAROM 与 CPU 连接电路示意图。电路中，集成电路 A1 是微控制器集成电路，A2 是 EAROM 集成电路，两片集成电路之间共有 7 条线路连接。

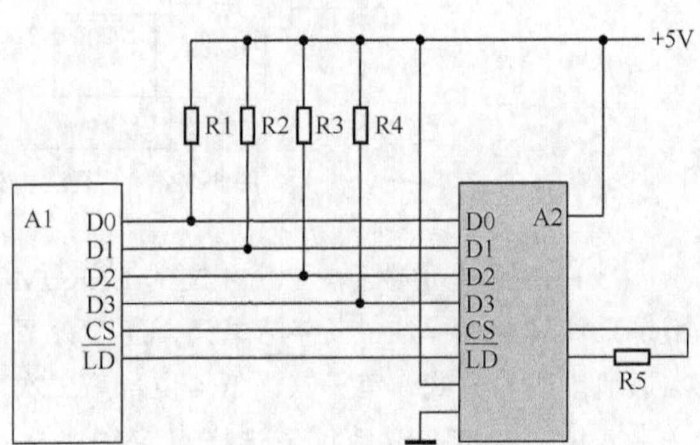

图 8-126　EAROM 与 CPU 连接电路示意图

从图中可看出，这是一个并行结构 EEAROM，它的 4 位数据线与 CPU 直接相连，CPU 发出的片选控制信号直接加到 A2 的片选输入端。

$\overline{LD}$ 是数据输入控制引脚，控制指令由 CPU 发出，用来控制 A2 的 4 个数据输入端。当 $\overline{LD}$ 引脚为低电平时，A2 的 4 个数据引脚端被关闭；当 $\overline{LD}$ 引脚为高电平时，A2 的 4 个数据引脚端打开，可根据 CPU 的指令进行各种操作。

7. 识图小结

存储器芯片（集成电路）主要是与 CPU 发生关系，所以它主要是与 CPU 连接。存储器与 CPU 的连接方式基本相同，但不同的存储器也有所差别。在识图过程中，主要是分析存储器芯片与CPU芯片之间的连接关系和存储器芯片各引脚作用、外电路工作原理。

存储器作为一个独立的芯片主要有这样几个作用的引脚：数据线引脚、地址线引脚、片选控制信号引脚、电源引脚、接地引脚等。

（1）电源引脚。一般情况下该引脚只有一根，该引脚的直流电压为＋5V。但是，EAROM还多一个擦除电源引脚，该引脚通常用V_{PP}表示，该引脚的直流电压通常为–30V或＋32V。

这两个电源引脚都是与整机电源电路的相应直流电压输出端相连接。电源引脚是输入功能引脚。

（2）接地引脚。通常该引脚只有一根，该引脚与整机电路的地线相连接。

（3）地址线引脚。该作用的引脚数目有下列两种情况。

1）有多根地址线引脚，这是并行传输方式的存储器，此时通常用字母A加数字的方式来表示，如A0、A1……

2）只有一根地址线引脚，这是串行传输方式的存储器，通常这根地址传输线引脚还要用来传输数据。对传输地址信息而言，该引脚是存储器芯片的输入引脚。

地址线引脚与微控制器系统地址总线相连接，通过地址线与CPU相连，对存储器而言，地址线引脚是输出功能引脚。

（4）数据线引脚。该引脚的数目也有下列两种情况。

1）多根情况，这是并行的存储器，此时通常用字母D加数字的方式来表示数据引脚，如D0、D1……

2）只有一根引脚情况，此时为串行存储器，它的数据引脚与地址引脚共用一根引脚。对于传输数据而言，该引脚是存储器的数据输出引脚。

数据线引脚与微控制器系统数据总线相连接，通过数据总线与CPU相连。对不同的存储器而言，数据线引脚有的是输出功能引脚，有的是输入功能引脚，但总的来说是用来输入或输出数据的引脚。

在RAM中，数据传输是双向的，所以存储器的数据线引脚是一个双向引脚，能作为输入数据引脚使用，也能作为输出数据引脚。

对于ROM而言，通常是作为数据输出引脚使用，但在EAROM中也可以作为数据输入引脚使用。

（5）片选控制引脚。片选控制引脚是一种控制作用引脚，它只有一根，通常用$\overline{CS}$表示。各种功能的存储器中都有片选控制引脚。对存储器而言，这是一个输入引脚。

当该引脚为低电平时，存储器才能够进入读取或写入工作状态；当该引脚为高电平时，存储器不能进入写入或读取工作状态。

（6）读/写控制引脚。存储器的读/写控制引脚有下列两种情况。

1）读/写控制用一根引脚，此时通常用该引脚的高电平和低电平变化来分别进行读操作和写操作的控制。

2）读操作用一根引脚，写操作用一根引脚，进行读、写的分别控制。

（7）其他引脚。存储器芯片除上述几个作用的引脚外，还有下列一些引脚。

1）复位引脚$\overline{REST}$。该引脚用来输入复位信号，当该引脚为低电平时使存储器的各控制输入无效；当该引脚为高电平时，存储器恢复正常工作。

2）时钟信号输入引脚OSC。用来外接时钟脉冲输入，或是接外时钟电路中的振荡元件。

3）时钟选择引脚EOS。当存储器内部设置时钟电路时，可以用内部时钟脉冲信号，也可以通过外电路输入时钟脉冲信号，此时通过EOS来选择。当EOS引脚为低电平时，使用内部时钟信号；当EOS引脚为高电平时，使用外部时钟信号。

4）测试引脚TEST。这是用来测试存储器的引脚，通常是处于低电平或悬空状态。

2–85. 零起点学电子测试题讲解

第9章 整机电路分析——调幅收音电路分析

重要提示

提起收音机，人们会觉得它“古老”而又现代，古老是指收音机历史悠久，现代是指收音机在现代生活中无处不在，收音机可以称得上历史最长的家用电子电器之一。

老一代无线电爱好者或电子专业技术人员，无不从矿石收音机起步学习电子技术，通过学习和装配矿石收音机、单管直放式收音机、五管外差式收音机的系统学习，打下了扎实和系统的理论知识基础，培养了实践能力。

这里将通过对分立元器件调幅中波收音机装配套件的电路工作原理、套件装配过程和电路故障检测方法的详尽讲解，使读者掌握电子电路基本工作原理、整机电路分析方法、动手技能、故障判断和处理能力，从而全面步入电子技术世界。

2-86. 零起点学电子测试题讲解

图 9-1 所示是将要重点讲述的分立元器件调幅中波收音机整机电路（图中部分元器件电路符号为老符号，以贴近实际套件情况）。选择分立元器件收音机电路是为了能够详细讲述它的电子电路工作原理，使初学者真正“吃透”。

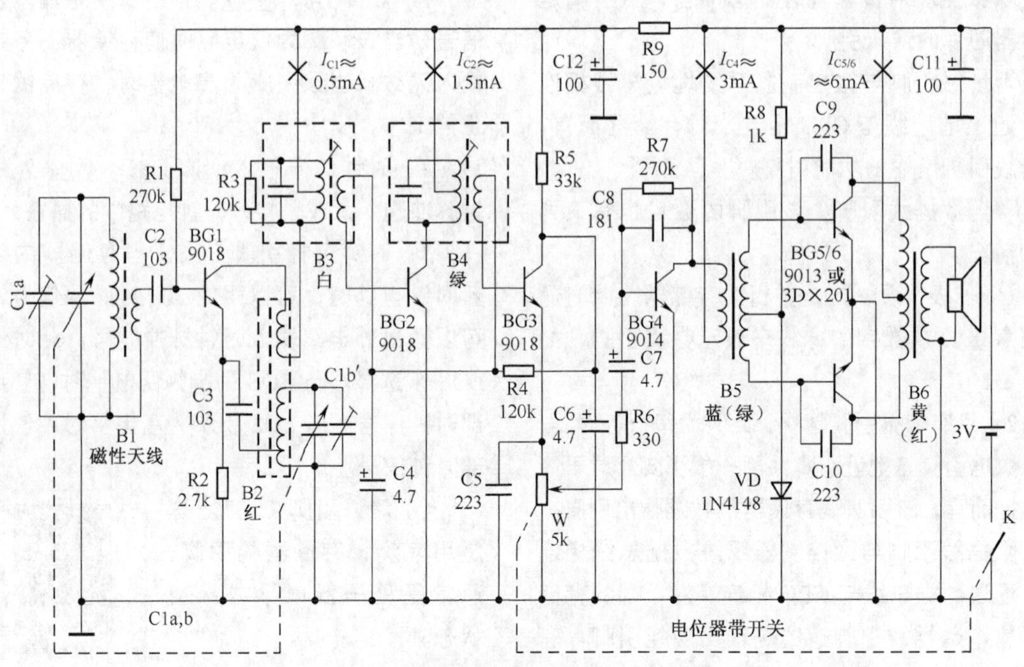

图 9-1　分立元器件调幅中波收音机整机电路

9.1 初步了解收音机和整机电路图识图方法

9.1.1 学好收音机的作用“广博”

学习或是说掌握了收音机电路工作原理和故障检修技术后，能达到什么样的水平呢？读者一定会有这样的疑惑。

1．电路工作原理分析能力

收音机涉及的电子电路面比较广，学好收音机电路工作原理可以掌握下列一些电子电路的工作原理。

（1）可以掌握基本的电子元器件知识，包括外形识别、电路符号识别、重要特性、检测方法等。

（2）可以掌握常用电子元器件的典型应用电路。

（3）可以掌握常用的串联电路、并联电路、分压电路等电路的工作原理。

（4）可以掌握 LC 谐振电路工作原理，例如收音机的输入调谐电路就是使用了 LC 串联谐振电路，选频放大器中也使用了 LC 并联谐振电路。

（5）可以掌握放大器电路工作原理，包括直流电路和交流电路。收音机中的中频放大器、音频功率放大器都采用了放大器电路。

（6）可以掌握振荡器电路工作原理。例如，收音机中的本机振荡器就是一种正弦振荡器电路，等等。

（7）可以掌握检波电路工作原理，例如调幅收音机中的检波器电路。

2．电路故障检修能力

通过学习收音机电路的故障检修方法，可以使自己达到以下水平。

（1）掌握了焊接技术，电子技术所需要的动手能力有一定水平的提高。

（2）掌握了万用表的欧姆挡、直流电压挡、直流电流挡、交流电压挡的操作方法，并学会了使用万用表检测电子元器件和检修电子电路的常见故障。

（3）初步具备了电路故障的逻辑分析和推理能力，学会了从故障现象分析故障原因的方法。

3．收音机是整机电路基础

在掌握了收音机整机电路工作原理之后，学习电视机等整机电路工作原理就会简单得多（电视机中的许多单元电路工作原理与收音机电路基本相同），为日后学习其他电子电器整机电路工作原理打下了扎实的基础。

9.1.2 收音机种类概述

收音机是历史最长，也是我们最熟悉的音响设备。图 9-2 所示是对收音机的分类。

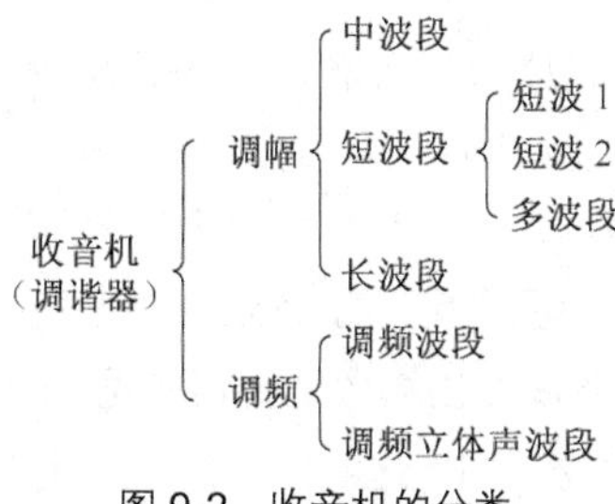

图 9-2　收音机的分类

1．调幅收音机

2-87. 零起点学电子测试题讲解

调幅收音机有以下几种。

（1）中波收音机。

（2）短波收音机。在短波范围内又可以分成多种：短波 1、短波 2 和多波段。

中波和短波收音机都是调幅收音机，这种收音机只能接收和处理调幅广播电台信号，以前还有一种长波收音机，它也是调幅收音机中的一种。

2．调频收音机

它又分成普通调频收音机和调频立体声收音机。前者能够接收普通调频广播电台信号和立体声调频广播电台信号，但都是单声道效果。调频立体声收音机也能接收两种调频广播电台信号，但只在接收立体声调频广播电台时才能获得左、右声道的立体声效果。

收音机一般以多波段形式出现，即将上述几种波段融于一机。

3．直放式收音机与超外差式收音机

直放式是不进行变频处理的一种方式。现在绝大多数收音机要进行变频处理，即将天线接收到的高频调幅信号转换成固定的中频信号后进行放大，这样做是为了提高收音质量。

直放式就是对天线下来的高频调幅信号进行直接放大，没有变频环节，高频调幅信号放大到一定程度后直接送至检波电路中，这种方式的收音机性能一般。

在直放式收音机中，有一种来复再生式直放收音机。所谓来复再生是指高频调幅信号在高放级中引入少量正反馈，以提高高频放大器的放大倍数，用数量较少的放大管完成对高频调幅信号的放大，当然过量的正反馈会损害收音性能，出现啸叫。

外差指本振频率与接收的高频信号在变频器中进行差频后得到的465kHz中频信号，超外差指本振频率高出接收的高频信号一个465kHz（中频信号频率），这里的“超”是指本振频率超出高频信号频率465 kHz的意思。

9.1.3　收音机主要指标

3-1. 零起点学电子测试题讲解

1．接收频率范围

接收频率范围也称波段，是指收音机所能收听的频率范围。显然，收音机的频率范围越宽，收听到的电台越多。

对于中波段等接收频率范围是有国标规定的，我国为535～1605kHz。

2．灵敏度

灵敏度表示收音机接收微弱无线电波的能力。显然，灵敏度高的收音机能够收到远地或微弱信号电台，而灵敏度低的收音机就做不到。通常，以输入信号电场强度表示灵敏度，单位是毫伏 / 米（mV/m）。

例如，中波灵敏度小于1 mV/m（实际为0.2～0.3 mV/m）。

欲提高灵敏度收音机就要有足够的增益。然而，在输出功率一定时，随着增益的提高，收音机内部噪声也随之增大，如果接收的外来信号很弱时，信号就可能被噪声淹没，因为信噪比不够高。因此，无限制地提高收音机的增益并不能无限制地提高灵敏度。

通常灵敏度可分为最大灵敏度和有限噪声灵敏度两种。

（1）最大灵敏度。它是指收音机的旋钮放在最大音量位置，在标准输出功率下所需的最小输入信号电平。它只反映收音机接收微弱信号的最大能力，而不考虑输出的信噪比。

（2）有限噪声灵敏度。它是指当调幅和调频收音机的信噪比分别为20dB和0dB时，在标准输出功率下，所需的最小输入信号电平。它反映了收音机在正常收听条件下，接收微弱信号的能力。

3．选择性

选择性是指收音机挑选电台的能力，也就是收音机分离邻近电台的能力。选择性好的收音机表现为接收信号时只收到所选台的发音，而无其他电台杂音。

选择性这样规定：以输入信号失谐±10kHz时灵敏度衰减程度来衡量，单位是dB。例如，选择性大于20dB（实际大于30dB）。

在超外差式调幅收音机中，选择性除了与输入调谐电路有关外，基本上取决于中频放大级的频率特性。在调频收音机中，高频电路的通频带对整机的选择性影响不大，选择性主要取决于中频谐振电路的特性。

4．不失真输出功率

不失真输出功率指收音机在一定失真以内的输出功率。显然，在规定失真度等条件下，额定功率越大越好。

例如，不失真输出功率额定大于100mW（实际约200mW）。

5．整机谐波失真度

整机谐波失真度又称为整机非线性失真度。

失真度小的收音机，音质优美动听，反之则声音不悦耳，有不自然的感觉。

整机谐波失真度用 % 表示，如整机谐波失真度小于 10%。

在试听收音机的失真情况时，分别将音量电位器调解在音量较轻、音量中等和音量最响 3 个不同音量来试听。一般来说，音量较轻时音量失真应当较小；音量调节超过额定值时，失真就会明显增加。还要注意：在试听收音机失真情况时，必须将电台调准，否则也会失真的。

6．整机频率特性

整机频率特性又称频响。它是指收音机对音频调制频率范围内的不同音频频率的增益特性。通常将整个收音机对各个音频调制频率所表现的增益关系，称为整机电压频率特性。如果再包括扬声器而测量输出的电压，这就成为整机声压频率特性。收音机在各个频率上的电压（或声压）失真系数称为整机电压（或声压）谐波失真。

例如，整机频率特性为 300 ～ 3000Hz。

7．噪声电平与信噪比

噪声电平、信噪比都是用来表征收音机噪声大小的指标。

噪声电平是以标准电压或标准功率为参考的，单位是 dB，希望它愈小愈好，它愈小说明噪声愈小。

信噪比是信号与噪声之比，单位是 dB，用 S/N 表示，希望它愈大愈好。根据人耳的掩蔽效应，当信噪比达到一定程度后就听不到噪声了。

8．假像抑制

假像抑制也称为镜像抑制，是指收音机抑制高于或低于信号频率两倍的假像干扰的能力，是指在输出标准功率时，假像干扰电平与收音机实际灵敏度电平之比，单位为 dB，dB 值越大越好。

超外差式收音机的本振频率比所接收的外来信号频率要高 465kHz，经过变频以后产生 465kHz 的中频信号，但是变频级不论输入信号频率比本振频率高还是低 465kHz，都可以变频。会产生两个信号，其中低于本振频率的信号是我们需要的，而另一个高于本振频率的信号是因为收音机抑制不够而混进来的。这两个频率对本振频率来说是互相对称的。如同照镜子，一个真像，一个假像，所以，常把比本振高 465kHz 或者两倍 465kHz 的信号称为假像频率。

假像抑制单位为 dB，例如对中波的假像抑制大于 26dB。

9．中频波道衰减

3-2.零起点学电子测试题讲解

中频波道衰减也称为中频波道选择性或中频抗拒比，简称中抗。中频波道衰减就是指超外差式收音机对频率接近中频的直接输入信号的抑制能力，单位为 dB，它愈大愈好。

10．中频频率

中频频率是超外差式收音机的一项特有指标。我国规定调幅收音机中频频率为 465kHz，技术指标允许稍有偏差。这种偏差应越小越好，因偏差太大容易引起故障，如灵敏度降低、选择性差和产生自激等。

我国调幅收音机中频频率规定允许偏差为：A 类 ±3kHz，B 类 ±4kHz，C 类 ±5kHz。

11．电源消耗

电源消耗表示电源接通后输出电流大小。它包括两项。

（1）**无信号时消耗**。它是指没有接收信号时电源输出的直流电流。

（2）**额定功率时消耗**。它是指接收信号时不失真功率的直流消耗。

这项指标对采用电池供电的收音机显得更为重要，电源消耗低时能省电，电池供电时间长。

收音机的指标还有一些，这里不再详细说明。

9.1.4　调幅收音机整机电路方框图及各单元电路作用综述

1. 方框图

图 9-3 所示是调幅收音机整机电路方框图。这是一个 3 个波段的调幅收音机电路，3 个波段分别是中波、短波 1 和短波 2。

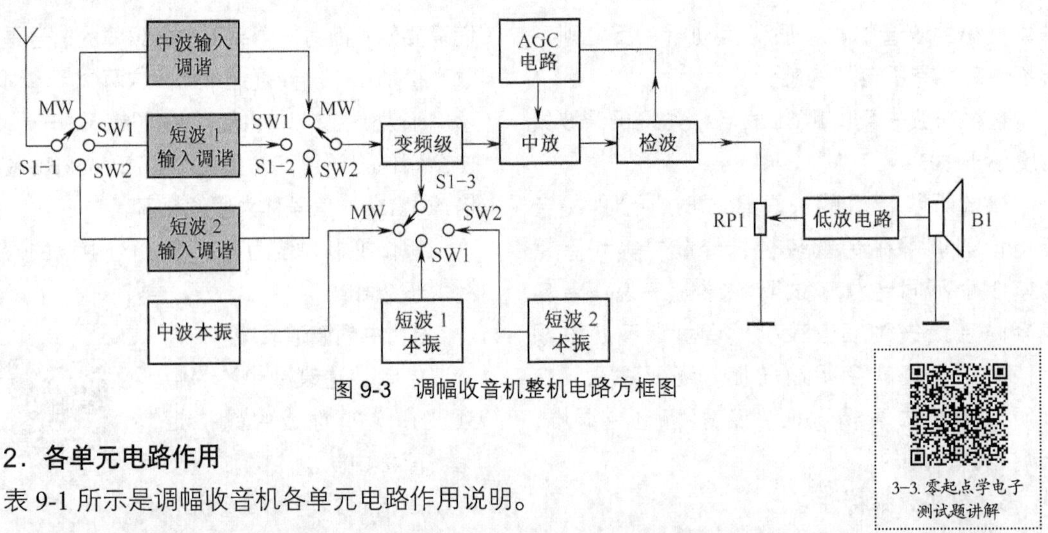

图 9-3　调幅收音机整机电路方框图

2．各单元电路作用

表 9-1 所示是调幅收音机各单元电路作用说明。

表 9-1　调幅收音机各单元电路作用说明

名　称	说　明
输入调谐电路	3 个波段有各自独立的输入调谐电路，从天线下来的高频信号通过波段开关加到输入调谐电路。 输入调谐电路从众多的调幅广播电台中取出所需要的某一个电台的高频信号。由于各波段的工作频率相差较大，所以在多波段收音电路中各波段的输入调谐电路彼此独立，通过波段开关转换各波段的输入调谐电路
本机振荡器	3 个波段有各自独立的本机振荡，严格地讲只是本机振荡器的本振选频电路是各波段独立的电路，而本机振荡器其他部分是各波段共用的电路。 各波段本振的选频电路通过波段开关转换
变频器	变频器是调幅各波段所共用的。变频器通过变频获得中频信号。 现在的收音电路都是外差式收音电路，所谓外差式就是通过收音电路中的变频器，将输入调谐电路取出的高频信号转换成一个频率低些且固定的新的频率信号，这一信号称为中频信号。 将高频信号转换成中频信号的目的是为了更好地放大、处理各广播电台的高频信号，以提高收音信号的质量
中频放大器	中频放大器放大中频信号。通过变频得到的中频信号其幅度比较小，为了能够对这一信号进行进一步的处理（检波），对中频信号进行放大，这一任务由中频放大器完成。 中频放大器只放大中频信号，不允许放大其他频率的信号，这样才能提高收音质量。为了使中频放大器只放大中频信号，要求中频放大器具有选择中频信号的能力，所以中频放大器是一个调谐放大器
检波器	检波器将调幅的中频信号转换成音频信号。没有检波之前，收音电路中的信号是调幅信号，这一信号因频率远高于音频信号，人耳听不到，通过检波电路才能从调幅信号中取出音频信号
AGC 电路	AGC 电路就是自动增益控制电路，这一电路用来自动控制中频放大器的放大倍数，使加到检波器的中频信号幅度不因高频信号的大小波动而过分波动，保持收音电路的稳定工作。 不同广播电台由于发射功率的不同，传送距离的不同，收音电路接收到这一电台信号后，其信号的大小也是不同的。 为了使不同大小的高频信号在到达检波器时能够基本保持相同的幅度大小，收音电路中设置 AGC 电路。这一电路能够自动控制收音电路中放大器的增益，使放大器自动做到对小信号进行大放大，对大信号进行少量的放大

3．调幅收音机整机电路工作原理简述

这里以中波收音电路为例（见图 9-2），介绍调幅收音机整机电路的基本工作原理。

（1）接收信号。无线电波被天线所接收，如图 9-4 所示。

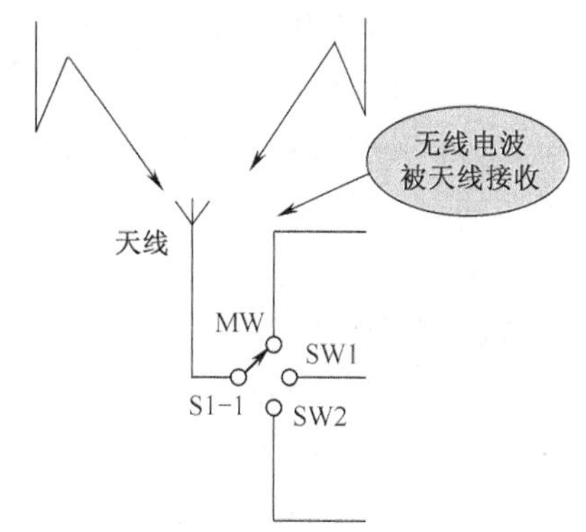

图 9-4　接收信号示意图

图 9-5 所示是调幅收音机中天线输出的调幅高频信号波形示意图。

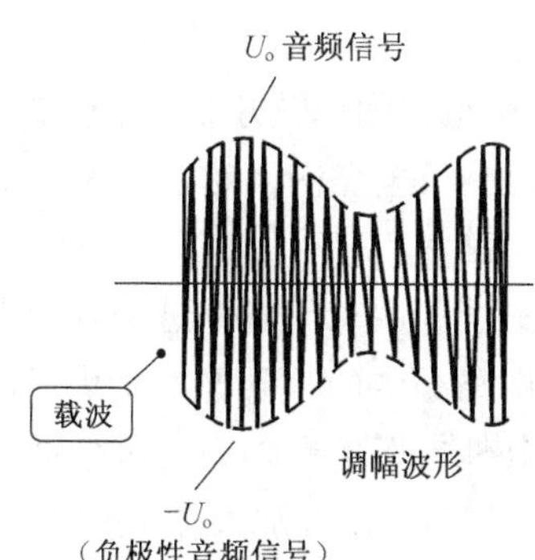

图 9-5　调幅收音机中天线输出的调幅高频信号波形示意图

（2）输入调谐。从天线（中波的天线是磁棒线圈）下来的各电台高频信号加到中波输入调谐电路，通过调谐选出所要接收的某电台高频信号，如图 9-6 所示。

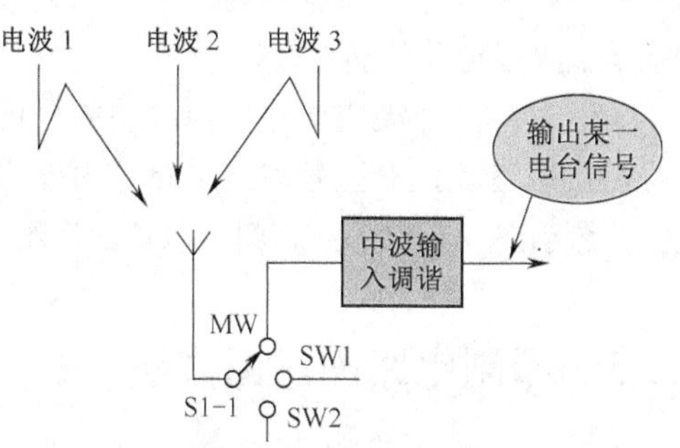

图 9-6　输入调谐示意图

（3）变频。已经选出的某电台高频信号经波段开关 S1-2 加到变频器。中波本振电路通过波段开关 S1-3 与变频电路相连，这样中波本振信号也加到变频器。图 9-7 所示是变频器的两个输入信号示意图，这两个输入信号分别是：

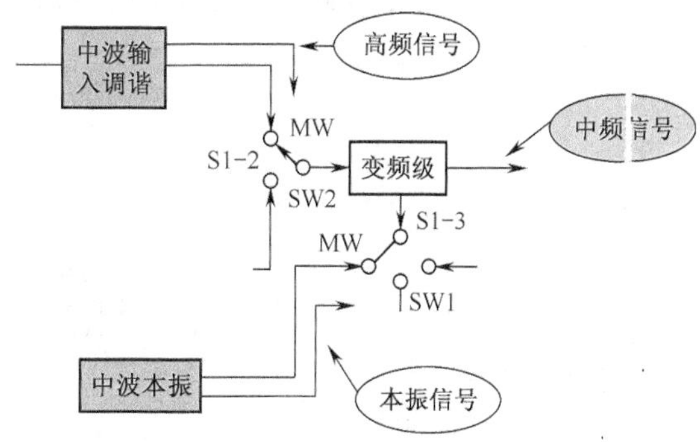

图 9-7　变频器的两个输入信号示意图

① 来自输入调谐电路输出端的高频信号；

② 来自本机振荡器输出端的本机振荡信号。

两个不同的输入信号加到变频器，通过变频器得到两个信号频率之差的一个新频率信号。

通过变频器中的选频电路，取出本振信号和高频信号的差频——465kHz 中频信号。465kHz 是调幅收音电路中的中频信号频率，中波和各波段短波都是这一频率的中频信号。

（4）中频放大。中频信号加到中频放大器，以放大中频信号的幅度，在达到一定的幅度后送入检波器。

（5）检波和音频放大。通过检波器检波，从中频信号中取出音频信号。检波输出的音频信号送到音频功率放大器进行放大，以推动扬声器。

3-4. 零起点学电子测试题讲解

9.1.5　整机电路图识图方法

整机电路图是所有图纸中最大的一幅电路图，最为全面和复杂，也是最重要的电路图。

1．整机电路图作用

（1）表达整机电路工作原理。整机电路图表明整个机器的电路结构、各单元电路的具体形式和它们之间的连接方式，从而表达了整机电路的工作原理。

（2）给出各元器件参数。它给出了电路中各元器件的具体参数，如型号、标称值和其他一些重要数据，为检测和更换元器件提供了依据。如图 9-8 所示，更换某个三极管时，可以查阅图中的三极管型号标注（BG 为旧符号，现在三极管用 VT 表示）。

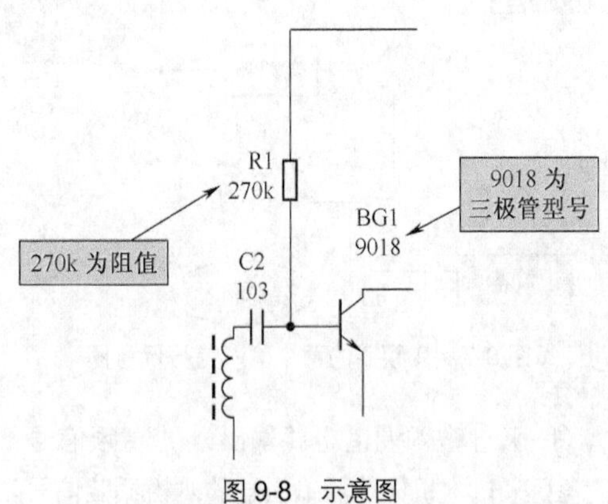

图 9-8　示意图

（3）给出修理数据和资料。许多整机电路图中还给出了有关测试点的直流工作电压，为检修电路故障提供了方便。例如集成电路各引脚上的直流电压标注，三极管各电极上的直流电压标注等，视频设备的整机电路图关键测试点处还标出信号波形，为检修这部分电路提供了方便。图 9-9 所示是整机电路图中的直流电流数据示意图。

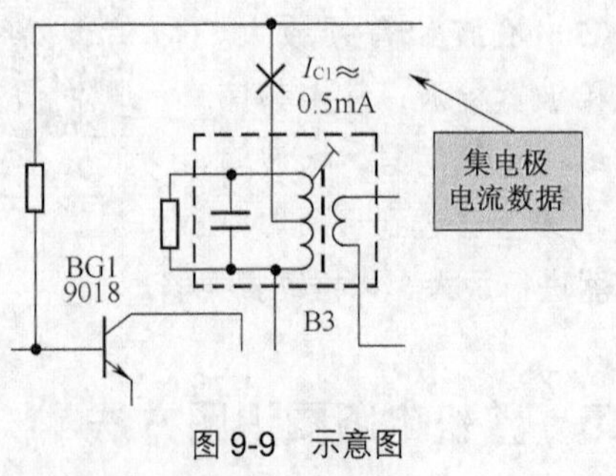

图 9-9　示意图

（4）给出识图信息。通过各开关件的名称和图中开关所在位置的标注，可以知道该开关的作用和当前开关状态。当整机电路图分为多张图纸时，引线、接插件的标注能够方便地将各张图纸之间的电路连接起来。在一些整机电路图中，将各开关件的标注集中在一起，标注在图纸的某处，标有开关的功能说明，识图中若对某个开关不了解时可以去查阅这部分说明。

2．整机电路图分析内容

3–5. 零起点学电子测试题讲解

对整机电路图的分析内容是：各部分单元电路在整机电路图中的具体位置，单元电路的类型，直流工作电压供给电路分析，交流信号传输分析，对一些以前未见过的、比较复杂的单元电路的工作原理进行重点分析。

3．整机电路图特点

（1）电源电路画在整机电路图右下方；

（2）信号源电路画在整机电路图的左侧；

（3）负载电路画在整机电路图的右侧；

（4）各单元电路中的元器件相对集中在一起；

（5）各级放大器电路从左向右排列；

（6）双声道电路中的左、右声道电路上下排列。

4．整机电路图识图方法和注意事项

（1）对整机电路图，可以在学习了一种功能的单元电路之后，分别在几张整机电路图中去找到这一功能的单元电路进行分析识图。由于在整机电路图中的单元电路变化多，且电路的画法受其他电路的影响而与单个画出的单元电路不一定相同，所以加大了识图的难度。

（2）一般情况下，直流工作电压供给电路的识图方向是从右向左进行，对某一级放大电路的直流电路识图方向是从上而下，信号传输的方向是从整机电路图的左侧向右侧。

（3）一些整机电路图中会有许多英文标注，能够了解这些英文标注的含义，对识图是相当有利的。在某型号集成电路附近标出的英文说明就是该集成电路的功能说明。

（4）对某型号集成电路应用电路的分析有困难，可以查找这一型号集成电路的内电路方框图、各引脚作用等识图资料，以帮助识图。

9.1.6　印制电路图识图方法

印制电路图与修理密切相关，对修理的重

要性仅次于整机电原理图，所以印制电路图主要是为修理服务的。

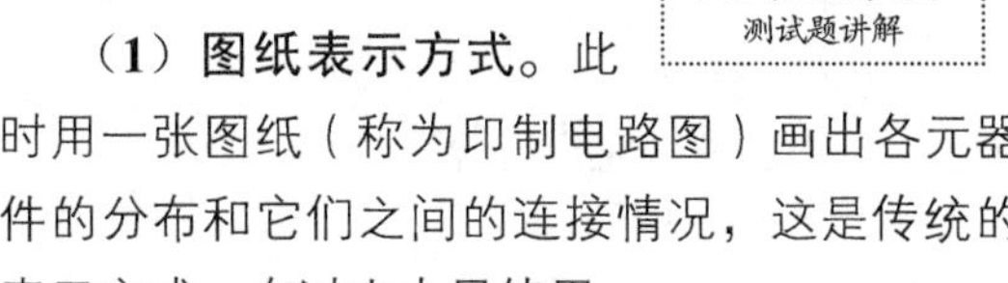

3-6.零起点学电子测试题讲解

1．印制电路图种类

印制电路图有下列两种形式。

（1）图纸表示方式。此时用一张图纸（称为印制电路图）画出各元器件的分布和它们之间的连接情况，这是传统的表示方式，在过去大量使用。

（2）电路板直标方式。此时没有一张专门的印制电路图纸，而是采取在电路板上直接标注元器件编号的方式，如在电路板上某三极管旁标有BG2，如图9-10所示，BG2是该三极管在电路原理图中的编号，同样方法将各种元器件的电路编号直接标注在电路板上。这种表示方式现在广泛采用。

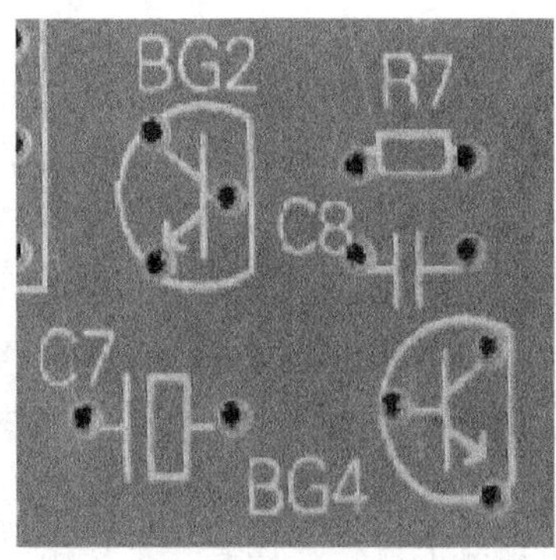

图9-10 示意图

这两种印制电路图各有优、缺点。前者由于印制电路图可以拿在手中，在印制电路图中找出某个所要找的元器件是方便的，但在图上找到元器件后还要用印制电路图去到电路板上对照后才能找到元器件，有两次寻找、对照过程，比较麻烦。另外，图纸容易丢失。

后者在电路板上找到了某元器件编号便找到了该元器件，所以只有一次寻找过程。另外，这份“图纸”永远不会丢失。不过，当电路板较大、有数块电路板或电路板在机壳底部时，寻找就比较困难。

2．印制电路图功能

印制电路图是专为元器件装配和机器修理服务的电路图，它与各种电路图有着本质上的不同。印制电路图的主要功能如下。

（1）印制电路图是一种十分重要的修理资料，电路板上的情况被一比一地画在印制电路图上。

（2）印制电路图表示了电原理图中各元器件在电路板上的分布状况和具体的位置，给出了各元器件引脚之间铜箔线路的走向。

（3）通过印制电路图可以方便地在实际电路板上找到电原理图中某个元器件的具体位置，在查找某个元器件时通过印制电路图可方便地找到它，没有印制电路图时查找就不方便。

（4）印制电路图起到电原理图和实际电路板之间的沟通作用，是方便修理的不可缺少的图纸资料之一，没有印制电路图将影响修理速度，甚至妨碍正常检修思路的顺利展开。

3．印制电路图特点

（1）从电路设计的效果出发，电路板上的元器件排列、分布不像电原理图上那么有规律，这给识读印制电路图带来诸多不便。

（2）铜箔线路排布、走向比较“乱”，而且经常遇到几条铜箔线路并行排列的情况，给观察铜箔线路的走向造成不便。

（3）印制电路图上画有各种引线，而这些引线的画法没有什么固定的规律，使识图不方便。

（4）印制电路图表示元器件时用电路符号，表示各元器件之间连接关系时不用线条而用铜箔线路，有些铜箔线路之间还用跨导线连接，此时又用线条连接，所以印制电路图看起来很“乱”，这些都影响识图。

4．印制电路图识图方法和技巧

印制电路图比较“乱”，采用下列一些方法和技巧可以提高识图速度。

（1）找地线时，电路板上的大面积铜箔线路是地线，一块电路板上的地线是相连的。另外，一些元器件的金属外壳是接地的。在找地线时，找任何一处都可以。

（2）尽管元器件的分布、排列没有什么规律可言，但同一个单元电路中的元器件相对而言是集中在一起的。

（3）根据一些元器件的外形特征可以找到这些元器件，例如功率放大管、开关件、变压器等。

（4）一些单元电路是比较有特点的，根据这些特点可以方便地找到它们。如整流电路中的二极管比较多，功率放大管上有散热片，滤波电容的容量最大、体积最大等。

（5）找某个电阻器或电容器时，不要直接去找它们，因为电路中的电阻器、电容器很多，找起来很不方便，此时可以通过找与它们相连的三极管来间接找。例如要找如图 9-11 所示电路中的 R1、C1，先找到三极管 VT1，再找出它的发射极，发射极上接有 R1 和 C1。因为电路板中三极管比较少，所以寻找三极管是比较方便的。

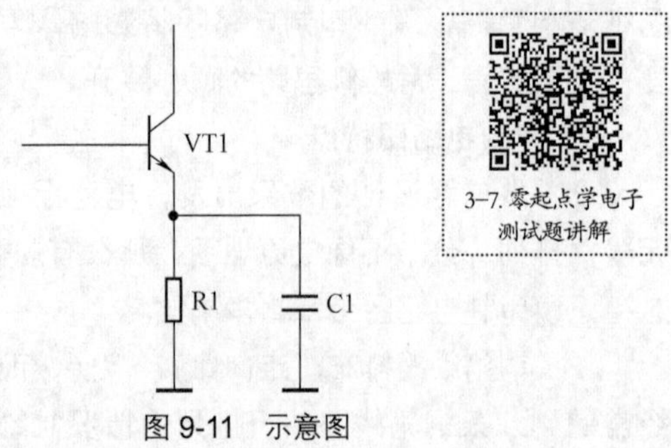

图 9-11　示意图

（6）观察电路板上元器件与铜箔线路连接情况、观察铜箔线路走向时，可以用灯照着，如图 9-12 所示，将灯放置在有铜箔线路的一面，在装有元器件的一面可以方面地观察到铜箔线路与各元器件的连接情况，这样可以省去电路板的翻转。不断翻转电路板不仅麻烦，而且容易折断电路板上的引线。

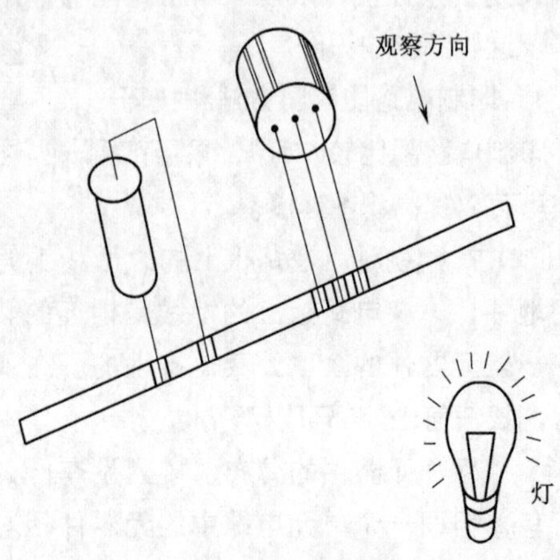

图 9-12　示意图

（7）在将印制电路图与实际电路板对照过程中，在印制电路图和电路板上分别画一个一致的读图方向，以便拿起印制路图就能与电路板有一个一致的读图方向，省去每次都要对照读图方向的麻烦。

9.1.7　修理识图方法

修理识图是指在修理过程中对电路图的分析，这一识图与学习电路工作原理时的识图有很大的不同，要围绕修理进行电路的故障分析。

1．修理识图项目

修理识图主要有以下几部分内容。

（1）在整机电路图中建立修理思路，根据故障现象，判断故障可能发生在哪部分电路中，确定下一步的检修步骤（是测量电压还是电流，在哪一点测量）。

（2）根据测量得到的有关数据，在整机电路图的某一个局部单元电路中对各元器件进行故障分析，以判断是哪个元器件出现了开路或短路、性能变劣故障，导致了所测得的数据发生异常。例如，初步检查发现功率放大器电路出现了故障，可找出功率放大器电路图进行具体分析。

（3）查阅所要检修的某一部分电路图，了解这部分电路的工作，如信号是从哪里来，送到哪里去。

（4）查阅整机电路图中某一点的直流电压数据。

2．识图方法和注意事项

在进行修理识图过程中要注意以下几个问题。

（1）修理识图是针对性很强的电路图分析，是带着问题对局部电路的识图，识图的范围不广，但要有一定深度，还要会联系实际。

（2）主要是根据故障现象和所测得的数据决定读哪部分电路和怎样识图。如根据故障现象决定是分析低放电路还是前置放大器电路，根据所测得的有关数据决定分析直流电路还是交流电路。

（3）测量电路中的直流电压时，主要是进行直流电压供给电路的识图；在使用干扰法时，主要是进行信号传输通路的识图；在进行电路故障分析时，主要是对某一个单元电路进行工作原理的分析。在修理读图中，无需对整机电路图中的各部分电路进行全面的系统分析。

（4）修理识图的基础是十分清楚电路的工作原理，不能做到这一点就无法进行正确的修理识图。

3-8. 零起点学电子测试题讲解

9.2　收音机输入调谐电路分析

重要提示

需要深入掌握LC（电感和电容）并联谐振电路和串联谐振电路的工作原理，这是输入调谐电路的核心。

9.2.1　调幅信号波形说明

磁棒天线用于收音机输入调谐电路中。图 9-13 所示是输入调谐电路。在多波段调幅收音机中，各波段的输入调谐电路基本与此电路一样。电路中，C1-1 是双联可变电容器中的调谐联，C2 是微调电容器。

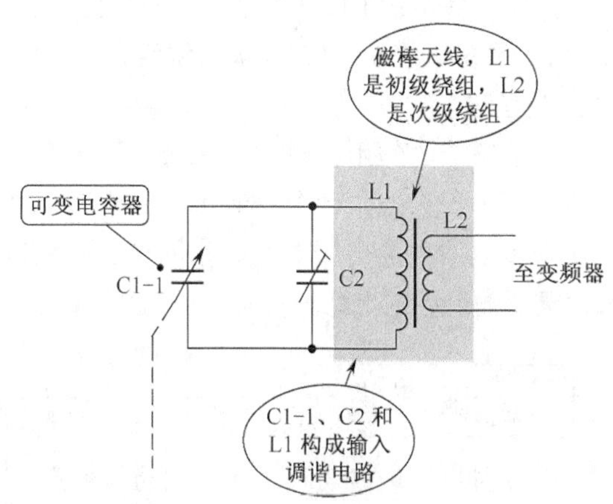

图 9-13　输入调谐电路

调谐（选台）时调整调谐旋钮，使调谐联 C1-1 容量大小发生变化。L1 和 C1-1、C2 构成串联谐振回路。

各调幅广播电台的高频信号分布在 L1 线圈所在的空间，设所要接收的某电台高频信号频率为 f_0，通过调谐使 L1 所在的谐振回路的谐振频率为 f_0，由于 L1 所在回路发生谐振，使频率为 f_0 的信号在 L1 两端能量最大，其他频率信号由于失谐而能量很小，这样 L1 中频率为 f_0 的信号能量最大，通过耦合 L2 输出频率为 f_0 的信号，即通过输入调谐电路在众多频率中选出所需要的频率为 f_0 的电台信号。

在电路分析中，如果能借助信号的波形就比较容易理解，因为信号波形比较直观。

图 9-14 所示是调幅信号波形示意图。

1．载波信号

载波频率就是某一调幅广播电台的频率，它是一个高频的等幅正弦波信号，由于它的频率很高，所以传送距离远。载波频率远高于音频信号的频率。各个中波广播电台的载波频率是固定的且不相同的。

载波的频率很高，人耳听不到，它的作用是将音频信号传送到很远的地方，所以载波相当于火箭，音频信号相当于卫星，载波用来载着音频信号进行空中远距离传送。

2．高频信号（或射频信号）

两个信号（所要传送的音频信号和载波信号）在广播电台发射机的调制器中进行调制（调幅），得到了在天空中传播的高频调幅信号，简称高频信号，又称射频信号。

经过调制后的高频信号其载波频率没有改变，但是这一高频信号的幅度改变了，高频信号的幅度变化规律就是所要传送的音频信号。

高频信号的包络变化（幅度变化）是按音频信号变化规律而变化的，它的正半周包络为 U_o，负半周包络为 $-U_o$，其中的“-”号表示这一信号与 U_o 信号相位相反，U_o 和 $-U_o$ 对称，但是不相交。

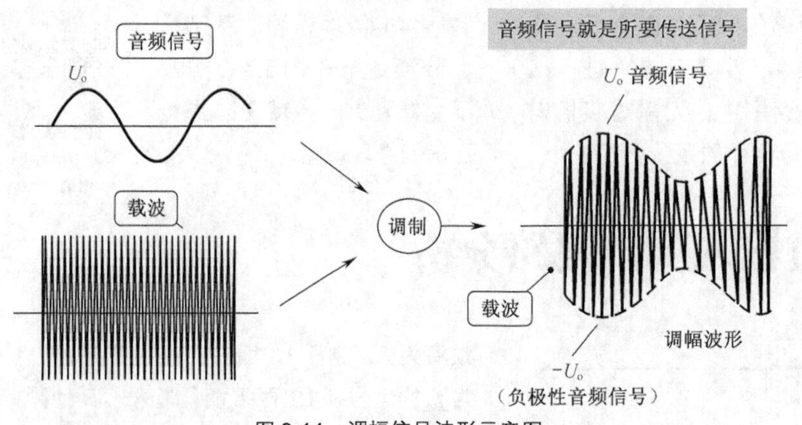

图 9-14　调幅信号波形示意图

3．高频信号包络

对于高频信号包络的理解要注意，包络是由载波信号的正峰点、负峰点的一个个点构成的，它是不连续的，正确了解这一点对理解检波器电路的工作原理相当重要。

4．调幅波段

中波和短波各波段都是调幅波段，载波信号的特性相同，只是频率不同，中波段载波的频率范围为 525 ～ 1605kHz，短波 1 波段载波的频率范围为 2.5 ～ 5.5MHz，短波 2 波段载波的频率范围为 5.5 ～ 12MHz。

9.2.2　典型输入调谐电路

重要提示

收音机能从众多广播电台中选出所需要的电台是由输入调谐电路来完成的，输入调谐电路又称天线调谐电路，因为这一调谐电路中存在收音机的天线。

中波收音机中，中波段频率范围为 535 ～ 1605kHz，这一频率范围内有许多中波电台的频率，如 600 kHz 是某一电台频率，900kHz 为另一个电台的频率，通过输入调谐电路就是要方便时选出频率为 600 kHz 的电台，或是频率为 900 kHz 的电台等。

图 9-15 所示是典型的输入调谐电路。电路中 L1 是磁棒天线的初级绕组，L2 是磁棒天线的次级绕组；C1-1 是双联可变电容器的一个联，为天线联；C2 是高频补偿电容，为微调电容器，它通常附设在双联可变电容器上。

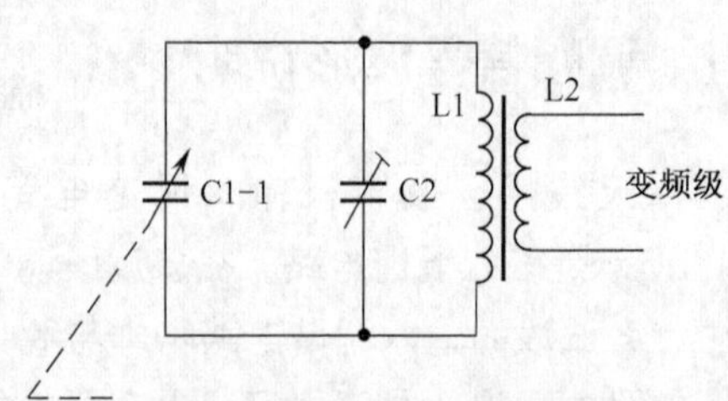

图 9-15　典型的输入调谐电路

磁棒天线中的 L1、L2 相当于一个变压器，其中 L1 是初级绕组，L2 是次级绕组，L2 输出 L1 上的信号。

由于磁棒的作用，磁棒天线聚集了大量的电磁波。由于天空中的各种频率电波很多，为了从众多电波中选出所需要频率的电台高频信号，需要输入调谐电路。

重要提示

分析输入调谐电路工作原理的核心是掌握 LC 串联谐振电路特性。

1．输入调谐电路分析

输入调谐电路的工作原理是：磁棒天线的初级绕组 L1 与可变电容器 C1-1、微调电容器 C2 构成 LC 串联谐振电路。当电路发生谐振时 L1 中能量最大，即 L1 两端谐振频率这个信号的电压幅度远远大于非谐振频率信号的电压幅度，这样通过磁耦合从次级绕组L2输出的谐振频率信号幅度为最大。

输入调谐电路采用了串联谐振电路，这是因为在这种谐振电路中，在电路发生谐振时两端的信号电压升高许多（这是串联谐振电路的一个重要特性），可以将微弱的电台信号电压大幅度升高，

在选台过程中，就是改变可变电容器C1-1的容量，从而改变了输入调谐电路的谐振频率，这样只要有一个确定的可变电容容量，就有一个与之对应的谐振频率，绕组L2就能输出一个确定的电台信号，达到调谐之目的。

2．多波段电路

在中波、短波1和短波2三波段收音机电路中，输入调谐电路是彼此独立的，通过波段开关可接入所需要的输入调谐电路。

电路中的C2为高频补偿电容，关于这一电容的作用在后面的变频级电路中详细讲解。

9.2.3 实用输入调谐电路分析

图9-16所示是本书收音机套件中的实用输入调谐电路。

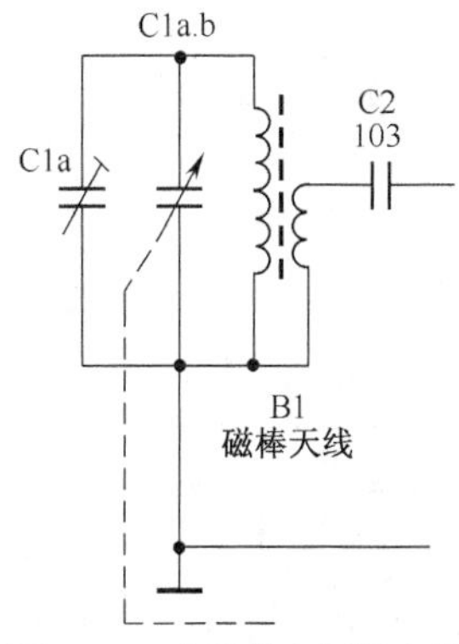

图9-16 实用输入调谐电路

在掌握了前面的输入调谐电路工作原理之后，对这一电路的分析就相当简单。电路中，B1为磁棒天线，C1a为微调电容器，C1a.b是调谐联。磁棒天线的初级绕组与C1a.b、C1a构成LC串联谐振电路，用来进行调谐，调谐后的输出信号从次级绕组输出，经耦合电容C2加到后级电路中，即加到变频级电路中。

3-10.零起点学电子测试题讲解

9.3 变频级电路分析

重要提示

在收音机电路中，变频级用来产生固定的中频信号，在我国，调幅收音电路的中频频率为465kHz。

变频级电路又称变频器。

9.3.1 变频器基本工作原理

1．变频目的

变频器是外差式收音机中的一个特色电路，其目的是取得一个频率低于电台高频信号的中频信号。

图9-17所示是变频级电路在收音机整机电路中的位置示意图，它处于输入调谐电路和中频放大器之间。

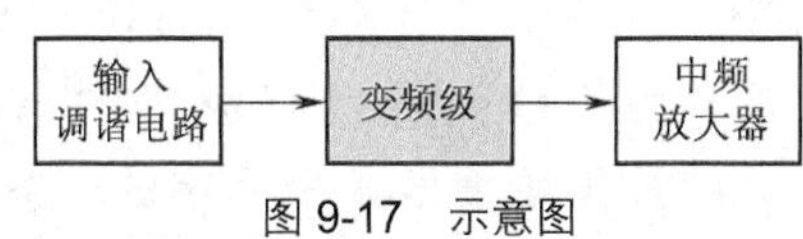

图9-17 示意图

由电子技术知识可知，放大器有一个频率特性指标，而且是一个重要的性能指标。由前面的输入调谐电路输出信号可知，不同电台的高频信号其频率也不同，且相差甚大。

如果用一个放大器去放大这些电台的高频信号，必须要求放大器要有很宽的频带，而一个宽带高频放大器的电路成本很高。为了解决这一问题，在收音机电路中采用了一级变频电路，将各电台频率的高频信号转换成一个频率比高频信号频率低的固定频率信号，这个固定

频率信号称为中频信号。

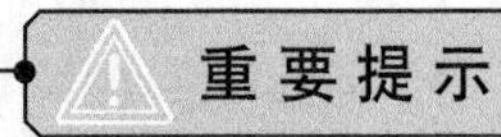

通过变频后，可用一个频带很狭的放大器去放大信号，这一放大器就是变频级电路之后的中频放大器。

2. **变频器基本工作原理**

图 9-18 所示是变频器工作原理示意图。当给变频器送入两个不同频率信号 f_1 和 f_2 时，由于变频器的非线性作用，变频器的输出端会输出许多与频率 f_1 和 f_2 相关的信号，其中主要有 4 个频率信号：f_1、f_2、f_1+f_2、f_1-f_2。在收音机电路中用 f_1-f_2 信号，即差频信号，超外差式收音机中的“差”就是由此得名的。

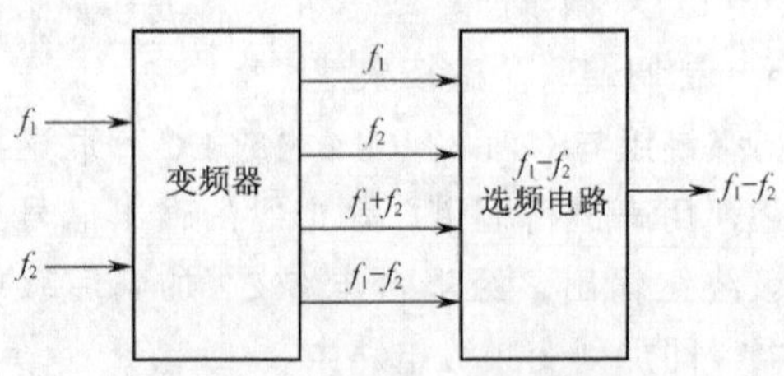

图 9-18　变频器工作原理示意图

从图 9-18 中可以看出，变频的结果有许多新的频率信号产生，但是只需要 f_1-f_2。为了从这些频率信号中取出所需要的差频信号，需要用一个频率为 f_1-f_2 的选频电路，将 f_1-f_2 信号从众多频率信号中取出，而将其他频率信号除掉。

假设 f_2 为天线调谐电路输出的高频信号，变频的结果是需要一个固定的、确定的 465kHz 频率信号，则要求本振信号频率 f_1 = 465kHz+f_2，由于 f_2 是随电台不同而变化的，这就要求 f_1 也是随电台不同而变化的，并始终比 f_2 高出 465kHz。超外差式收音机中的“超”就是指本机振荡频率高于高频信号频率一个 465kHz 中频。

在调幅收音电路中，f_1-f_2 = 465kHz，这一信号称为中频信号。f_1 = 465kHz+f_2 这一信号称为本机振荡信号，它由收音机电路中的本机振荡器产生，是一个等幅的高频正弦信号。

在变频之后，新的中频信号虽然频率降低了，但其波形的包络变化特性不变，如图 9-19 所示，这说明高频信号经过变频处理后，其音频信号 U_o 特性不变，只是载波的频率变了，而载波对收听广播节目声音来讲是不需要的。

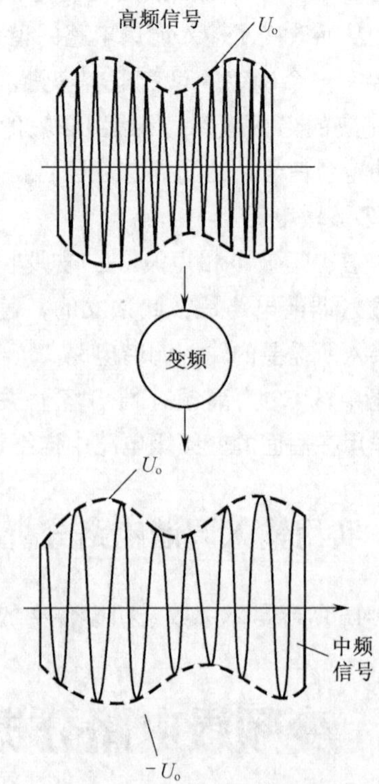

图 9-19　调幅波变频示意图

9.3.2　典型变频级电路分析

图 9-20 所示是典型变频级电路。

1. **本机振荡器电路分析**

本机振荡器用来产生一个等幅的高频正弦信号，使用一个高频正弦振荡器，由三极管 VT1 和振荡线圈 L2、L3 等构成。

我国采用超外差式收音制式，所谓超外差就是本机振荡器超出外来的高频信号一个中频频率，VT1 为变频管兼振荡管，L1 是磁棒天线的次级绕组，L2 和 L3 为本机振荡线圈，T1 是中频变压器，C4-1 是双联可变电容器的振荡联，C5 是微调电容器。

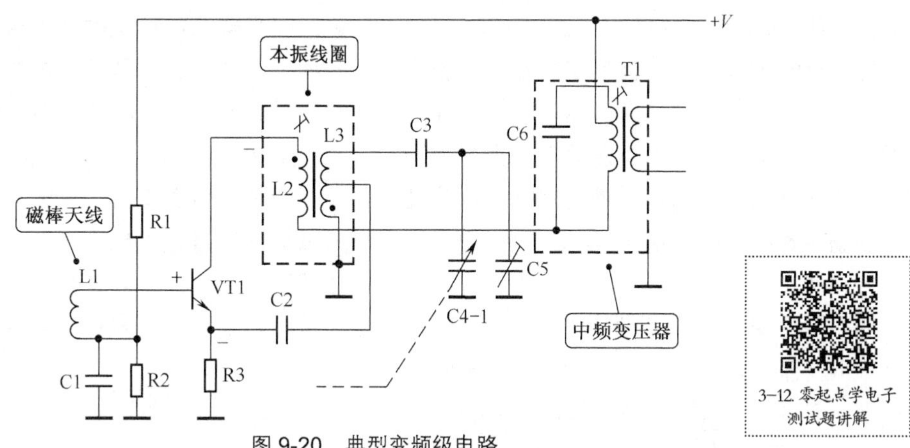

图 9-20　典型变频级电路

（1）正反馈过程分析。设某瞬间振荡信号相位在 VT1 管基极为“+”，则集电极为“-”，根据图中同名端可知，L3 的抽头上振荡信号相位也为“-”，经 C2 耦合到 VT1 发射极，由于发射极信号相位为“-”，其基极电流增大，等效为 VT1 管基极振荡信号相位更“+”，所以这是正反馈过程。

（2）选频原理分析。选频电路由 L3、C3、C5 和 C4-1 构成，这是一个 LC 并联谐振选频电路。当双联可变电容器容量改变时，选频电路谐振频率也在变化。由于 C4-1 容量与天线调谐电路中另一个调谐联同步变化，这样便能做到振荡信号频率始终比选频电路的谐振频率高出一个中频 465kHz。

2．变频电路分析

直流电压 +V 经 R1、R2 分压后，由 L1 加到 VT1 管基极，给 VT1 管提供偏置电流。直流工作电压 +V 经 T1 初级、L2 加到 VT1 管集电极，这样 VT1 管建立了静态工作电路。

L1 输出的高频信号从基极馈入变频管 VT1，而本机振荡信号由 C2 加到 VT1 管发射极，这样，两输入信号在 VT1 管非线性的作用下，从集电极输出一系列新频率信号，这些信号加到中频变压器 T1 初级回路中，T1 初级是 VT1 管的集电极负载。

中频选频电路工作原理是：中频选频电路由 T1 初级和 C6 构成，这是 LC 并联谐振电路，该电路谐振在中频 465kHz 上，这一谐振电路是 VT1 管集电极负载电阻。

由于 LC 并联谐振电路在谐振时阻抗最大，这样 VT1 管集电极负载电阻最大，VT1 管电压放大倍数最大，而其他频率信号由于谐振电路失谐，其阻抗很小，VT1 管放大倍数小，这样从 T1 次级输出的信号为 465kHz 中频信号，即本振信号与 L1 输出高频信号的差频信号（本振信号减高频信号称为差频信号），实现从众多频率中选出中频信号。

T1 设有可调节的磁芯，当磁芯上下位置变动时，可改变 T1 初级绕组的电感量，从而可以改变中频变压器 T1 初级的谐振频率，使之准确地调谐在 465kHz 上。

电路中的 C1 为旁路电容，将 L1 的下端交流接地。C3 为垫整电容，用来保证本振频率的变化范围。C5 是高频补偿电容，用来进行高频段的频率跟踪。

3．中频变压器谐振频率调整方法

振荡线圈和中频变压器在电路中主要是工作在谐振状态下，调整就是调整它们的谐振频率，这一谐振频率的调整可以采用专用仪器进行，在没有仪器的情况下通过试听可以调整振荡线圈、中频变压器的电感量（即磁帽上下位置），这实际上是调整工作频率。

调整中频变压器的目的是让它的初级绕组所在谐振回路谐振在中频频率上，具体方法如下。

（1）接收一个电台信号。这一电台信号很弱也没有关系，但是要调准确，改变机器方向（实际是改变磁棒天线方向），使收音机获得最好的接收效果。

（2）**控制音量电位器使音量较小。**音量较小时人耳对声音大小的变化灵敏度较高。用无感螺丝刀从最后一级中频变压器开始逐级向前调节各中频变压器的磁帽，通过旋入、旋出磁帽，使扬声器中的声音最响，可以先粗调一遍，再进行细调。

如果原中频变压器谐振频率有偏差的话，在调节时声音会增大。在调节中频变压器过程中，要注意不能用普通的金属螺丝刀去调整，否则调到声音最响位置，但是螺丝刀移开磁帽后声音又下降，应该用有机玻璃螺丝刀或竹螺丝刀来调整。

注意，在不能收到电台声音时，最好不要去调整各中频变压器的磁帽，否则调乱后无法用试听的方法调准确了。

9.3.3 本机振荡器电路工作状态判断方法

1．无感螺丝刀

在调整振荡线圈或中频变压器的磁芯时，不能使用普通的金属螺丝刀，因为金属螺丝刀对线圈的电感量大小有影响。当用金属螺丝刀调整使电路达到最佳状态后，螺丝刀一旦移开，线圈的电感量又会发生变化，使电路偏离最佳状态，所以要使用无感螺丝刀，如图 9-21 所示。

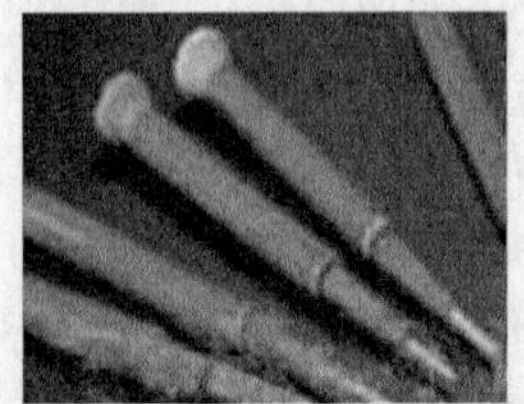

图 9-21　无感螺丝刀实物照片

无感螺丝刀可以用有机玻璃棒制作，将它的一头用锉刀锉成螺丝刀状即可；也可以用塑料材料制作；也有成品无感螺丝刀出售，但价格比较贵。

2．判别本机振荡器是否振荡方法

收音机的本机振荡器（简称本振）不能振荡，收音电路将无法收到电台信号，此时判别本振工作是否正常是修理中的重要一环，在没有仪器的情况下可以进行这样的判别。

图 9-22 所示是万用表检测本振电路接线示意图。万用表直流电压挡测量变频（或混频）三极管发射极直流电压，然后用手指接触振荡线圈各引脚，如果表针有偏转，说明本振工作正常；如果表针无偏转，说明本振未振荡。

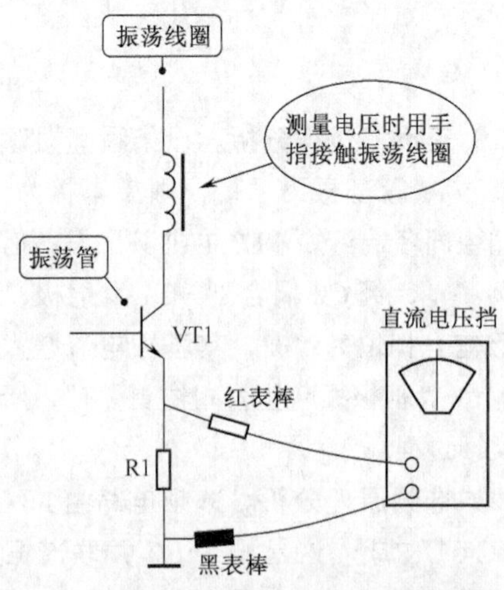

图 9-22　万用表检测本振电路接线示意图

当手指接触振荡线圈时，人体电阻将振荡线圈的正反馈回路消除，使之无正反馈，如果原电路是振荡的，因正反馈消失而停振，而振荡与不振荡时三极管的发射极电流大小、电压大小不一样，以此来判别振荡器工作是否正常。

3–13. 零起点学电子测试题讲解

9.3.4 实用变频级电路分析

图 9-23 所示是本章收音机套件中的实用变频级电路。电路中，BG1（过去电路中的三极管用 BG 表示）为变频管，B2 为振荡线圈，B3 为中频变压器，C1a.b 是双联中的振荡联。

1．振荡线圈和中频变压器

图 9-24 所示是本章收音机套件中的振荡线圈和中频变压器实物照片。

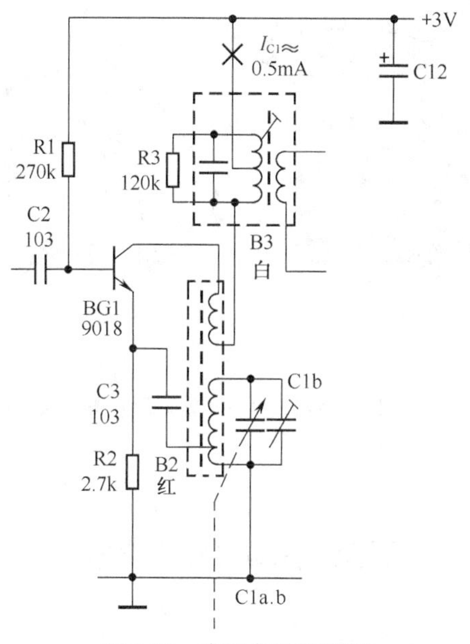

图 9-23　实用变频级电路

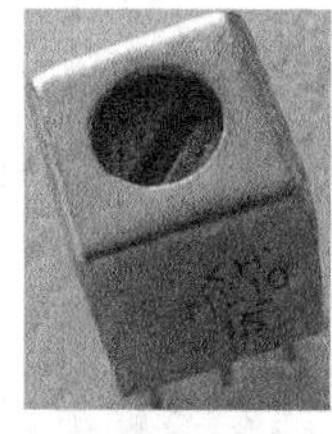

B2（振荡线圈）　B3（中频变压器）

图 9-24　振荡线圈和中频变压器实物照片

收音机中的振荡线圈和中频变压器的外形特征与内部线圈结构相似，通常通过磁帽的颜色来分辨，磁帽为红色是振荡线圈，磁帽为白色为第一中频变压器。

2．变频级直流电路分析

（1）集电极直流电路分析。直流工作电压 +*V* 经过第一中频变压器 B3 初级绕组和振荡线圈加到 BG1 管集电极，构成了 BG1 管直流电路。

（2）发射极直流电路分析。BG1 管发射极通过电阻 R2 接地，构成 BG1 管发射极直流电路。

（3）基极偏置电路分析。电阻 R1 接在 BG1 管基极与直流电压 +3V 之间，它构成典型的固定式偏置电路。

这样三极管 BG1 具备了工作的直流电流条件，可以进入振荡和变频工作状态。改变电阻 R1 的阻值大小，就能改变三极管 BG1 静态工作电流，从而能够改变变频级的工作状态，即能改变收音机输出信号大小。

3．本机振荡过程分析

（1）正反馈过程等效分析。在掌握了变压器耦合振荡器电路工作原理之后，就可以进行等效分析，即进行简单的分析，也就是知道这一电路中的各振荡环节就可以。

振荡线圈 B2 的初级和次级之间存在正反馈，将 BG1 管集电极回路输出振荡信号通过磁耦合，再通过正反馈回路中的耦合电容 C3 反馈到 BG1 管发射极回路中，对于电路中的 BG1 管而言发射极回路是输入回路，所以在这一电路中构成正反馈回路的元器件为振荡线圈 B2。

（2）谐振选频电路分析。电路中的 B2 初级与可变电容器振荡联 C1a.b、微调电容器 C1b 构成 LC 并联谐振选频电路，这一并联谐振电路的频率随着振荡联 C1a.b 的调节而改变，所以本机振荡器的振荡频率在不断改变。

由于双联中的调谐联和振荡联是同步变化的，所以本机频率随输入调谐电路的工作频率同步变化，本机频率始终比输入调谐频率高一个中频频率。

4．变频过程分析

输入变频管的信号有两个：一是从 C2 耦合过来的某一电台高频信号，它从基极输入到 BG1 管中；二是与之对应的本机振荡信号，它通过 C3 从发射极输入到 BG1 管中。

BG1 管的静态电流设置得很小，BG1 管工作在非线性状态，这样两个输入信号在 BG1 管非线性作用下进行变频。

3-14. 零起点学电子测试题讲解

5．选频过程分析

变频后会产生 4 个主要频率信号，但是只需要中频信号，所以采用第一中频变压器 B3 初级与内部电容（电路中无编号）构成一个选频电路。这一 LC 并联谐振电路的谐振频率为中频频率 465kHz，且这一 LC 并联谐振电路串联在 BG1 管集电极回路中，作为 BG1 管集电极负载电阻。

由于LC并联谐振电路在谐振时阻抗最大，且为纯阻性，这样在中频频率时BG1管集电极负载电阻为最大，BG1的放大倍数为最大。而对于频率高于或低于中频频率的信号，由于LC并联谐振电路失谐，其阻抗很小，BG1的放大倍数很小，这样相对而言中频信号在三极管BG1中得到了最大的放大，从而通过B3次级输出的信号主要是中频信号，达到选出中频信号的目的。

电路中的R3为阻尼电阻，它的阻值大小决定了B3初级回路的LC并联谐振电路的频带宽度。

6．变频管集电极电流测量口

图9-25（a）所示电路中，在BG1集电极电路中有一个“×”标记，它表明在电路板中预留了一个集电流测量口，如图9-25（b）所示。

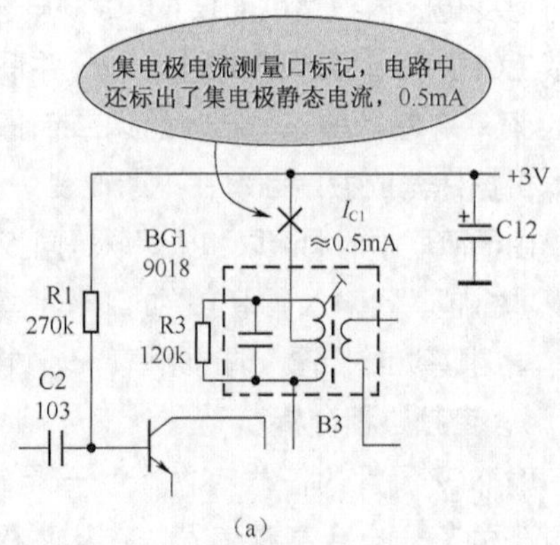

图9-25　集电极电流测量口示意图

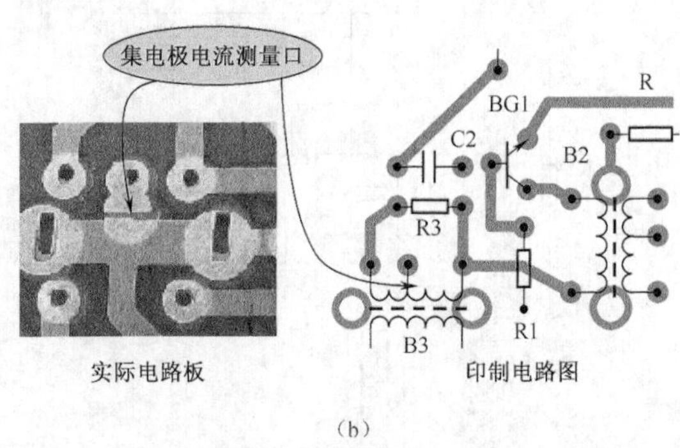

图9-25　集电极电流测量口示意图（续）

9.3.5　变频器电路细节说明

1．图解变频过程

图9-26所示是图解变频过程示意图。从波形中可以看出，本振信号为一个高频等幅信号，变频后得到了中频信号，其中的音频信号没有改变，只是中频信号中的载波信号频率下降为中频频率。

2．共基调发振荡器

收音机中的本机振荡器有多种电路组态，根据振荡器输入端和输出端共用三极管哪个电极的不同，会有共基、共发组态，同时根据LC谐振电路与三极管哪个电极连接的不同会有调发、调基、调集电路。例如，共基调发电路、共发调集电路、共发调基电路。

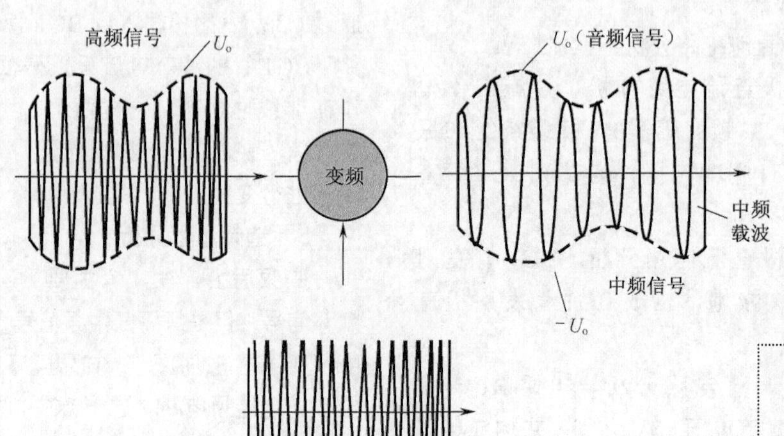

图9-26　图解变频过程示意图

共基调发振荡器电路中的振荡器输入端和输出端共用基极，LC谐振电路接在发射极上，所以称为共基调发振荡器。图9-27所示是本章收音机套件中的这一电路。

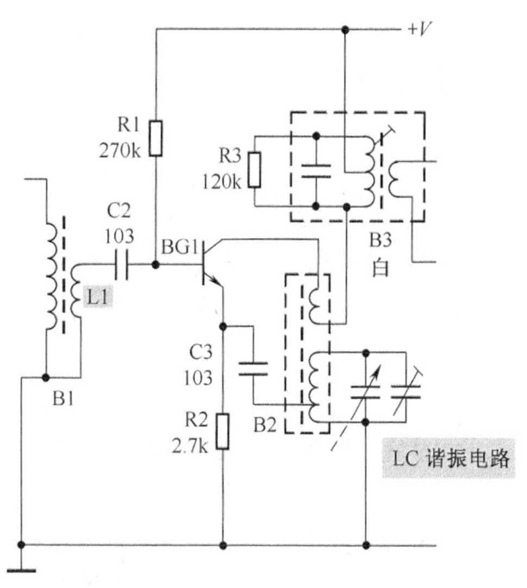

图9-27　示意图

电路中，L1为磁棒天线的次级绕组，它的匝数很少（几圈），所以对于本振信号而言它的感抗非常小，电路分析中可以认为对本振信号不存在感抗，这样三极管BG1基极通过电容C2交流接地，所以这是共基极电路。

重要提示

判断共什么电路与一般的三极管放大器判断方法一样，三极管的哪个电极交流接地就是共什么电路。

从电路中可以看出，LC谐振电路通过耦合电容C3接在三极管BG1发射极上，所以它是调发电路，这一本振电路为共基调发电路。

重要提示

判断调什么电路的方法相当简单，LC谐振电路与三极管哪个电极相连就是调这个极的电路。

由于共基电路中三极管工作频率可以比较高，所以振荡比较稳定，或是在要求相同振荡频率情况下，可以选用工作频率较低的三极管，三极管工作频率较低时价格比较低。所以，在收音机中常用这种共基电路。

3-16. 零起点学电子测试题讲解

共发电路相对于共基电路而言比较容易起振，这是因为共发电路的功率增益比大。

3．混频器

重要提示

收音机中的变频器与混频器是有区别的，当本振与变频用一只三极管完成时称为变频级，显然变频级同时担负了振荡器和混频器的任务。

在一些高级收音机中则是本振用一只专门的振荡三极管来完成，同时再用一只三极管来完成混频任务，这时这级电路称为混频级，如图9-28所示。

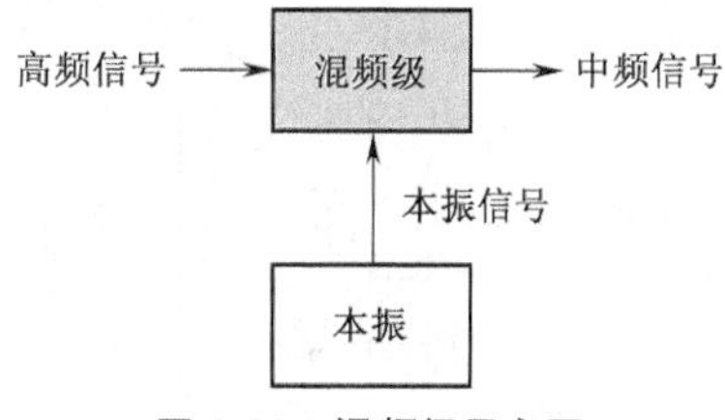

图9-28　混频级示意图

混频器根据本振信号注入方式有3种：基极注入、发射极注入和集电极注入方式，如图9-29所示。

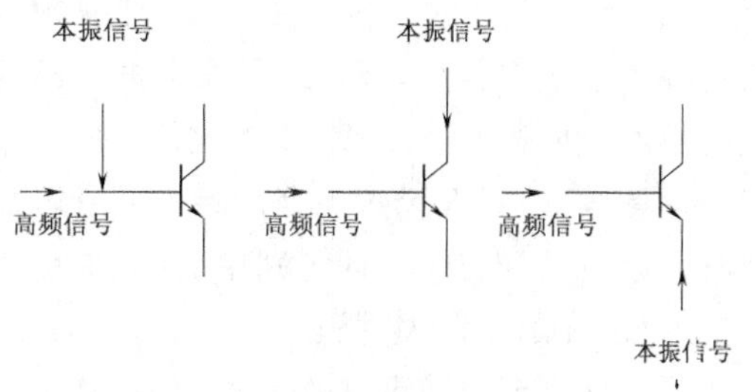

图9-29　3种注入方式示意图

对于混频管的静态电流而言，希望它比较小，这样三极管工作在非线性区，变频效果好。

如果混频管静态电流过大，三极管工作在线性区时就无变频作用了。混频管的集电极静态电流通常设置在 0.3 ～ 0.5mA 范围内。对于振荡管而言，一般静态电流设置在 0.5 ～ 0.8mA 范围内，太小振荡输出信号小，太大则会产生失真，反而会使振荡输出信号减小。

变频管静态电流对混频效果和振荡效果都有很大影响，通常集电极静态电流设置在 0.4 ～ 0.6mA 范围，两者兼顾。变频管静态电流大有利于振荡器起振，但是不利于变频。

4．阻抗匹配问题

图 9-30 所示电路可以说明振荡器中的阻抗匹配问题。电路中 L2 振荡线圈的抽头通过电容 C3 与发射极相连。这里采用抽头的目的是为了使 L2 所在谐振电路与三极管 BG1 输入回路的阻抗匹配。

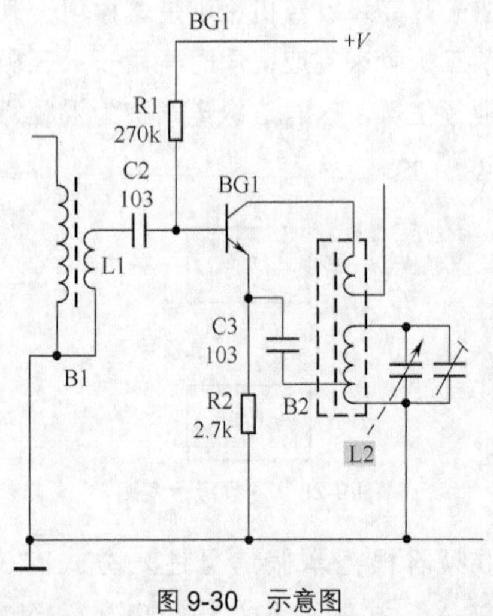

图 9-30　示意图

由前面的分析可知，BG1 管接成共基放大器电路，而由共基放大器特性可知，这种放大器的输入阻抗非常小，而 L2 所在谐振电路的阻抗很大，如果这两个电路简单地并接在一起，将严重影响 L2 所在谐振电路的特性，所以需要一个阻抗匹配方式，即电路中 L2 的抽头通过电容 C3 接在 BG1 发射极上。

图 9-31 所示电路可以说明这一阻抗匹配电路的工作原理。当有一个抽头之后就相当于一个自耦变压器。为了更加方便地理解阻抗变换的原理，将等效电路中的自耦变压器画成了一个标准的变压器。

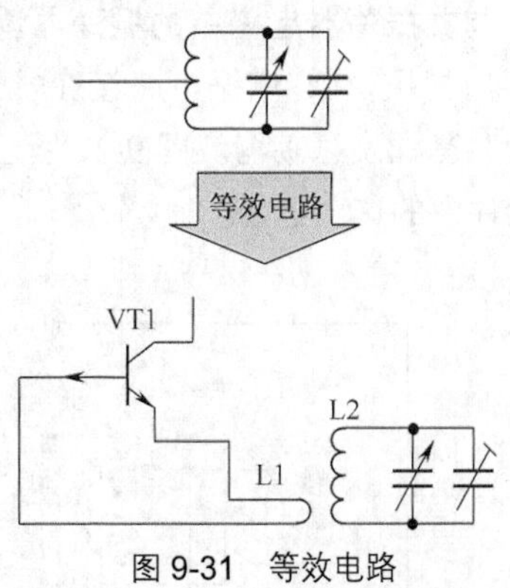

图 9-31　等效电路

电路中，初级 L1(抽头以下部分) 的匝数很少，次级 L2 匝数很多，根据变压器的阻抗变换特性可知，L2 所在回路很高的阻抗在 L1 回路大幅降低，这样 L1 接在 VT1 管低输入阻抗回路中时达到了阻抗的良好匹配。

9.3.6　外差跟踪

3–17. 零起点学电子测试题讲解

在收音机中外差跟踪又称为统调。

1．两个调谐电路

众所周知，收音机变频级有两个调谐电路，即双联所在的两个调谐电路，如图 9-32 所示。其中，一个是调谐联调谐电路，它调谐于高频电台信号频率；另一个是振荡联调谐电路，它调谐在高于高频电台信号频率一个 465kHz 处。对这两个调谐电路频率的理想要求是，谐振联调谐电路的调谐频率在整个频段内始终高出调谐联调谐电路频率 465kHz。

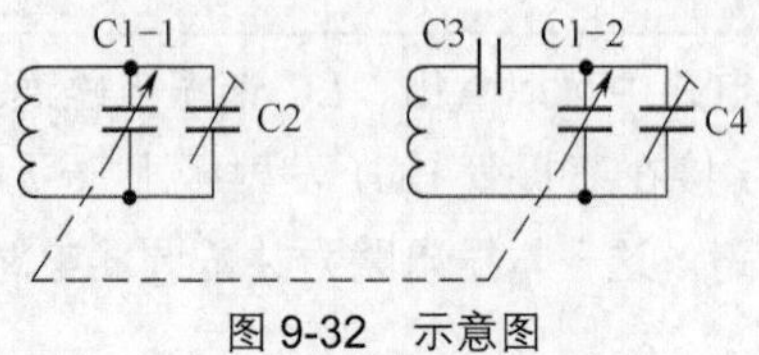

图 9-32　示意图

电路中，与外差跟踪相关的元器件有 3 个：微调电容 C2 和 C4，还有电容 C3。

其中，C2 并联在输入调谐电路上，称为调谐高频补偿电容，它通常是附设在双联上的微调电容。

C3 串联在本振谐振电路中，称为垫整电容，在中波电路中的全称为中波本振槽路垫整电容，在中波段电路中该电容在几百皮法，短波段电路中还会有专门的短波本振槽路垫整电容。

C4 并联在本振谐振电路中，称为高频补偿电容，通常是附设在双联上的微调电容。

2．理想跟踪要求

图 9-33 所示是理想情况下的外差跟踪特性。从图中可以看出，理想本振谐振曲线始终比输入调谐谐振曲线高 465kHz。为了实现这一理想的跟踪要求，对双联可变电容器采取特殊设计，即本振联和调谐联的容量不同（差容双联），且容量变化的特性要改变，这使双联的技术难度加大，制造成本增加。

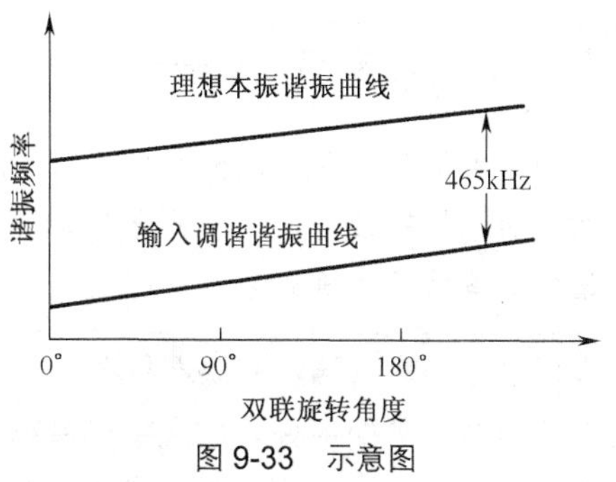

图 9-33　示意图

在多波段收音机中无法实现双联的上述要求，因为多波段收音机中双联为各波段电路所共用，只能采用等容双联（调谐联和振荡联容量相等），为此只能在电路中寻找其他解决方法，如在电路中加入几只普通电容、微调电容。

3．三点跟踪特性

实际中是无法做到理想的外差跟踪的，所以采用三点跟踪方式来实现接近理想的外差跟踪特性。图 9-34 所示是三点外差跟踪示意图。

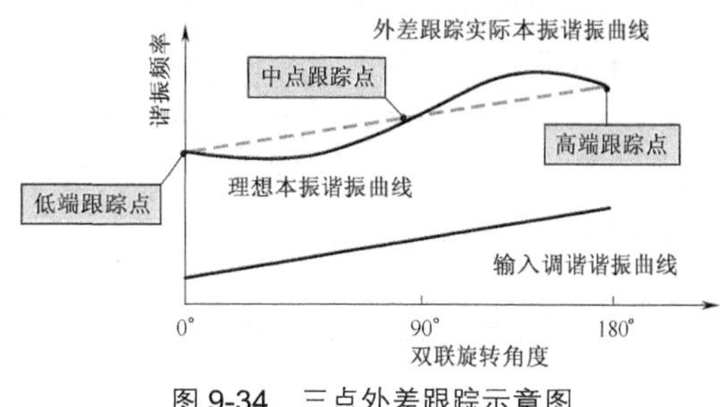

图 9-34　三点外差跟踪示意图

4．实用电路分析

图 9-35 所示是本章收音机套件中的变频级（有两个调谐电路）。从电路中可以看出，它没有垫整电容，这是因为该机为中波收音机，没有短波段，采用了差容双联可变电容器，这时电路中可以不设垫整电容。

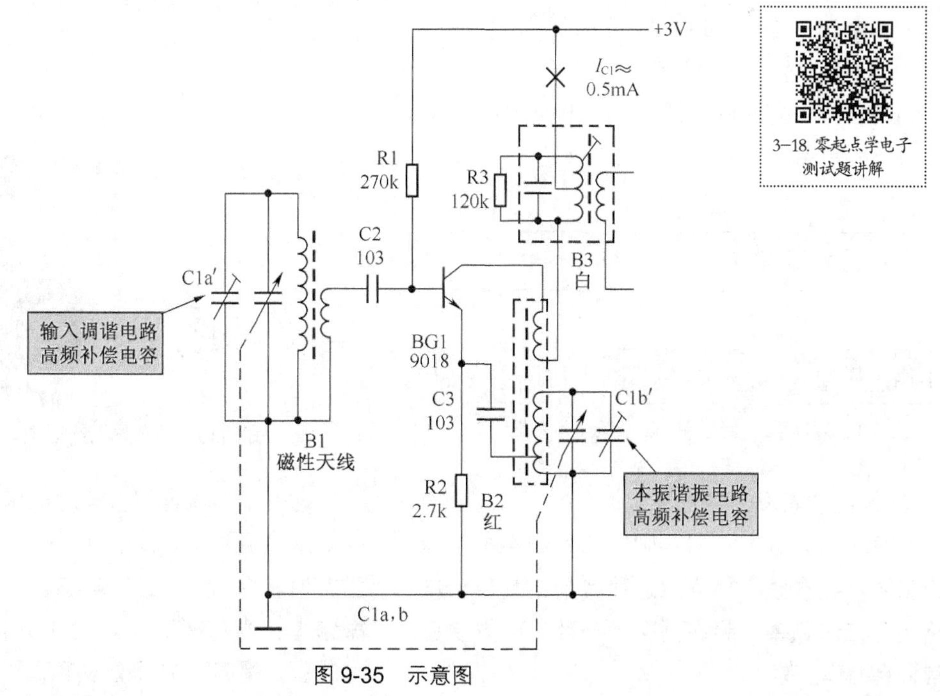

图 9-35　示意图

9.3.7 三点统调方法

我们将接近理想跟踪过程的电路调整称为统调，或称为外差跟踪。新的收音机装配完成或是修理中的收音机都需要进行统调。

统调可以采用专用仪器进行，统调仪是收音机的频率刻度和外差跟踪的专用仪器。但是在业余情况下，往往没有这类专用仪器，所以需要采用简便的方法来完成统调。

1．中波频段划分

通常将中波频段划分为3段，如图9-36所示。在中波段频率范围内取两个频率点800kHz和1200kHz，得到3个频段区间，分别称为低端、中间和高端。

图9-36　中波频段划分示意图

2．三点频率跟踪

图9-37所示是三点统调中的3个频点示意图，分别是600kHz、1000kHz和1500kHz，其中600kHz称为低端频率跟踪点，1500kHz称为高端频率跟踪点，1000kHz为中间频率跟踪点。

3-19. 零起点学电子测试题讲解

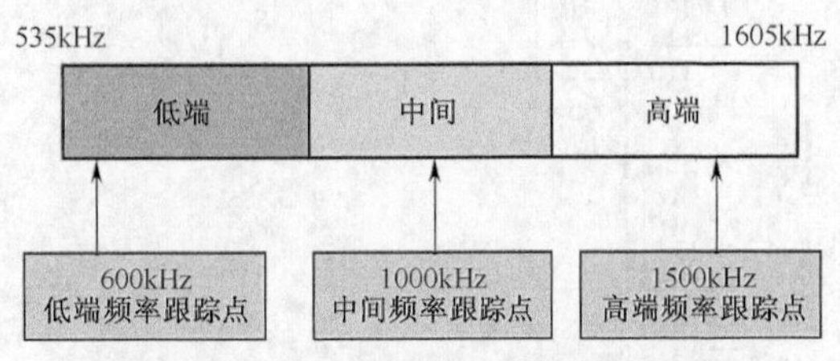

图9-37　三点统调中3个频点示意图

3．校准频率刻度方法

图9-38所示是一种中波收音机频率刻度盘示意图。校准频率刻度的过程就是让收音机电路实际工作频率与频率刻度盘一致，以方便日常调台操作。

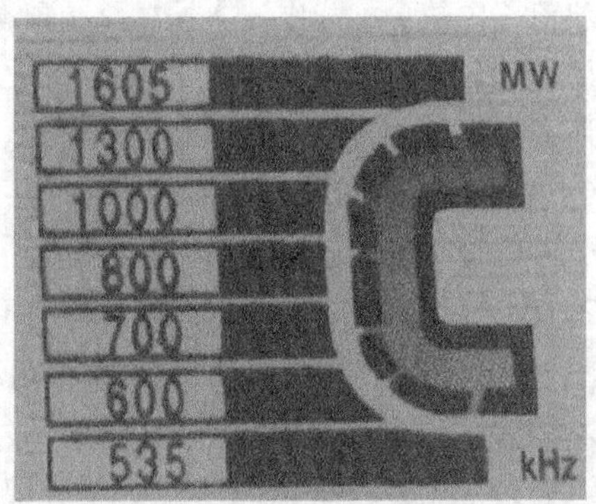

图9-38　中波收音机频率刻度盘示意图

校准频率刻度应该在中频调谐完成之后（这部分将在后面介绍），且收音机应该能收听到电台。

重要提示

由于本振谐振电路频率对刻度影响比较大，所以校对频率刻度时首先是调整本振谐振电路的振荡频率。

（1）首先校对低端。在低端接收一个中波广播电台信号，例如中央人民广播电台第一套的频率为567kHz。用无感螺丝刀调整本振线圈中的磁芯，如图9-39所示，即左右旋转螺丝刀，使收音机声音处于最响状态。

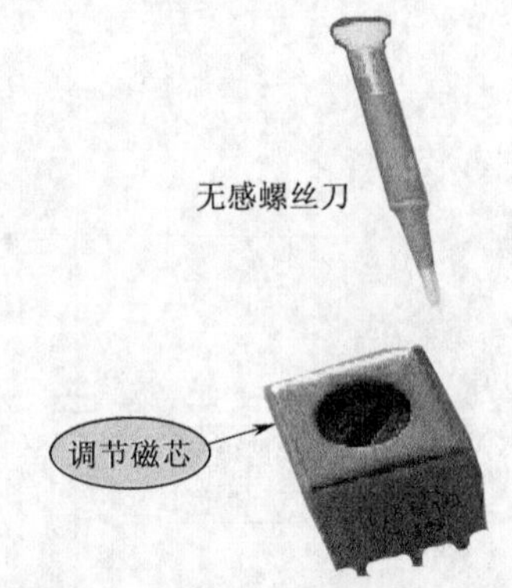

图9-39　调节本振线圈磁芯示意图

这一步的调整相当于对电路中本振线圈L2的电感量调整，如图9-40所示。当将磁芯向里面旋时，会提高L2的电感量，降低了本振谐振频率；当将磁芯向外面旋时，会减小L2的电感量，提高了本振谐振频率。

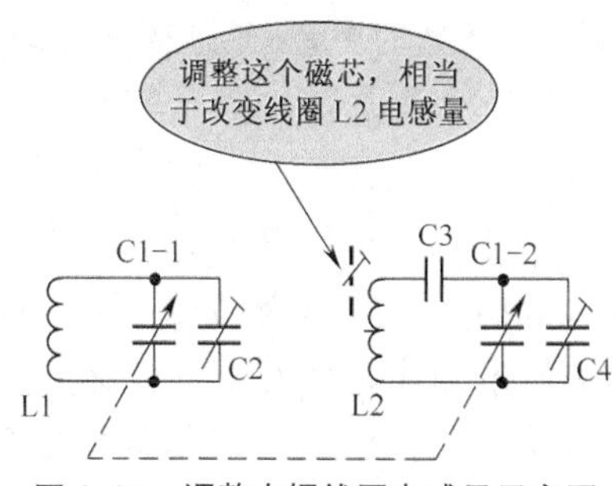

图 9-40　调整本振线圈电感量示意图

（2）其次校对高端。再在高端接收一个中波广播电台信号，例如中国国际广播电台，频率为 1521kHz。这时用无感螺丝刀调整本振谐振电路中的高频补偿电容，如图 9-41 所示，即左右旋转螺丝刀，使收音机声音处于最响状态。

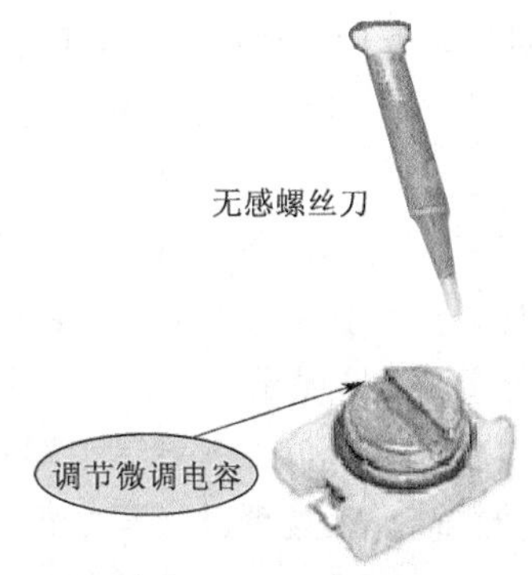

图 9-41　调节本振谐振电路中高频补偿电容示意图

这一步的调整相当于对电路中本振高频补偿电容 C4 的容量调整，如图 9-42 所示。当改变该微调电容容量时，就能改变本振谐振频率。

3-20. 零起点学电子测试题讲解

C1-1　C3　C1-2　C2　C4　L1　L2

调整这个高频补偿电容容量，改变本振频率

图 9-42　调整本振高频补偿电容示意图

在高端校好之后，再去低端试听一下，因为高端统调后还会影响到低端的统调，要经过几次低端→高端→低端→高端的调整才可调好。

（3）检验中间频点。在低端和高端校对好后，在中间选一个频点，即 1000kHz 左右的频点，例如中央人民广播电台一套若为 1008kHz，收听这一电台，检验一下刻度是不是正常。

通常在低端和高端统调好后，中间频点的误差是比较小的，如果相差很大，则要检查双联可变电容和垫整电容是否良好。

4．调整输入调谐电路方法

（1）低端统调方法。在 600kHz 附近接收某一电台信号，调谐准确，使收到的声音为最大状态。然后，转动收音机方向（实际是转动磁棒天线方向），找到一个角度使收音机声音较小，接着移动天线线圈在磁棒上的位置，如图 9-43 所示，使声音达到最响状态。

左右移动天线线圈

图 9-43　调整天线线圈示意图

当天线线圈向磁棒中间移动时会增加电感量，否则相反。

这一步的调整实际上是调整输入调谐电路中的 L1 电感量，如图 9-44 所示。

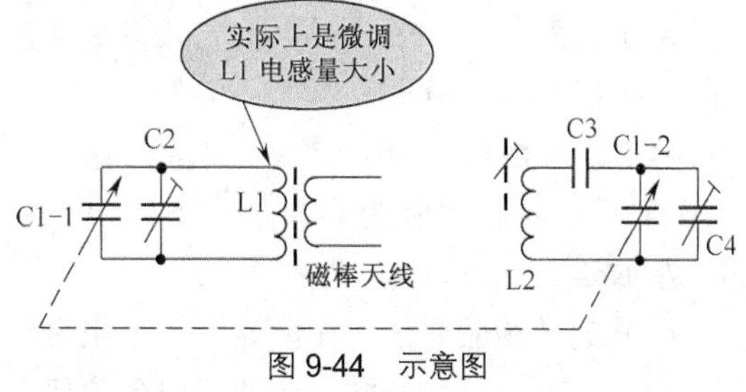

图 9-44　示意图

（2）高端统调方法。在高端 1500kHz 附近接收某一电台信号，用无感螺丝刀调整输入调谐电路中高频补偿电容的容量，使声音达到最响状态，如图 9-45 所示，就是调整输入调谐电路中微调电容 C2 的容量。

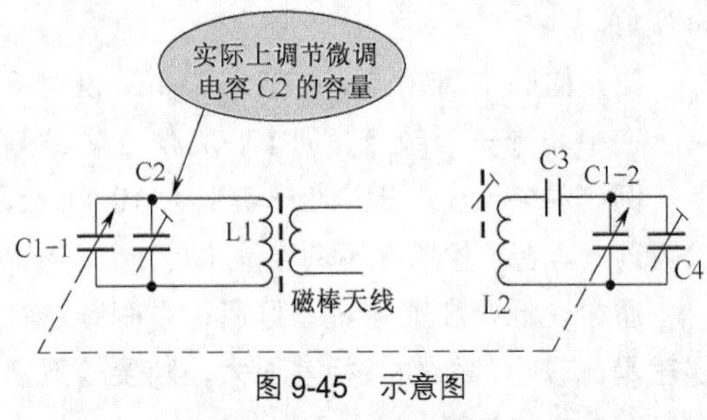

图 9-45　示意图

在高端统调后，会影响到低端的统调，所以还要再次去微调低端，即低端→高端→低端→高端，几个来回，直到高端和低端均处于最佳状态。

5．铜铁棒

在统调后，还需要通过测试进行校验。

在进行收音机跟踪校验时，要用到测试棒，这就是铜铁棒，其外形和结构如图 9-46 所示。

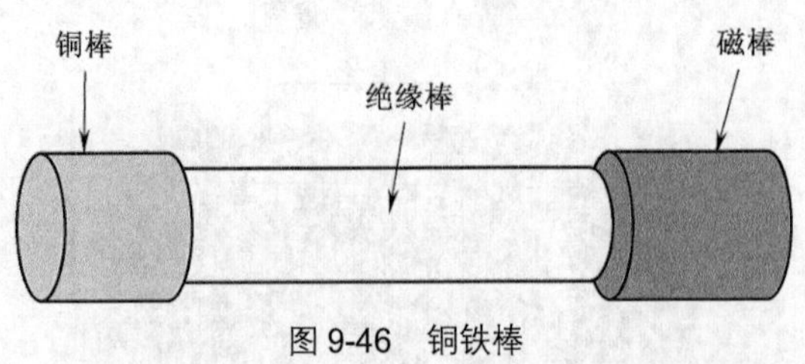

图 9-46　铜铁棒

这种铜铁棒可以自己制作，具体方法是：取一根绝缘棒（只要是绝缘的材料即可），在一头固定一小截铜棒，作为铜头；在另一头固定一小截磁棒（收音机中所用的磁棒），这就是铁头。

6．检验跟踪点

3–21. 零起点学电子测试题讲解

对于中波而言，主要检验 3 点，即 600kHz、100kHz 和 1500kHz，先检验低端，再检验高端，最后检验中间，分别接收这 3 点处的某一电台信号。

（1）铜升检验方法。在低端接收一电台信号，用铜铁棒的铜头一端接近收音机的磁棒天线，如果在铜头接近过程中收音机声音增大，说明存在铜升，即天线线圈的电感量偏大，输入调谐电路的谐振频率高于电台信号频率，此时应该将天线线圈向磁棒外侧移动一些，以减小天线线圈的电感量，使恰好不出现铜升，即铜头接近磁棒天线时声音有所减小的现象。

（2）铁升检验方法。铜升正常后，用铜铁棒的铁头接近磁棒天线，如果接近过程中收音机声音增大，说明存在铁升，即天线线圈的电感量偏小，输入调谐电路的谐振频率低于电台信号频率，此时应该将天线线圈向磁棒里移动一些，以增大线圈的电感量，使恰好不出现铁升，即铁接近磁棒天线时声音有所减小的现象。

上述调整可能会有几个来回，直至不存在铜升和铁升现象。然后再进行高低端校验，低端和高端校验后在中间进行校验，对中间点的校验要求不要太高，只要失谐不太严重就可以。

7．重要小结

关于收音机中波统调小结以下几点。

（1）业余条件下的统调过程中主要靠听声音的大小来进行判断，要让收音机声音小些，这样调整时耳朵听起来更敏感，因为人耳在音量较小时对声音大小变化的敏感度更高。

（2）整个统调步骤是：先调本振调谐电路，进行刻度盘校对，再调输入调谐电路跟踪，最后用铜铁棒校验。上述调试过程中每一步都是从低端开始，后调试高端，再校验中间。这些次序不能搞错。且记住，每一步的调试需要几个来回重复进行，因为低端和高端的统调会相互影响。

（3）无论是输入调谐电路还是本振调谐电路，都是低端调电感量，高端调电容量，这是因为低端电感量大小对谐振频率影响更为敏感，在高端电容量大小对谐振频率影响更为敏感。

（4）一般情况下统调只是对低端和高端，中间只是校验，如果中间失谐严重需要进行一系列的故障检修，不是通过统调能完成的。

（5）统调完成后，用石蜡将线圈封死在磁棒上，以固定天线线圈。如果手去接触磁棒天线时出现声音增大现象，说明统调没有调好。

对于短波段统调方法与中波段一样，只是在低端移动短线天线的效果不明显，所以增大和减小电感是通过增加或减少短波天线匝数来实现的。

9.4 收音机中频放大器和检波电路分析

收音机电路中，变频以后得到的中频信号将送入中频放大器中进行信号电压放大，以便使信号幅度达到足够的程度，能使检波电路工作，检波出音频信号。

图 9-47 所示是中频放大器和检波电路在整个电路中的位置示意图。

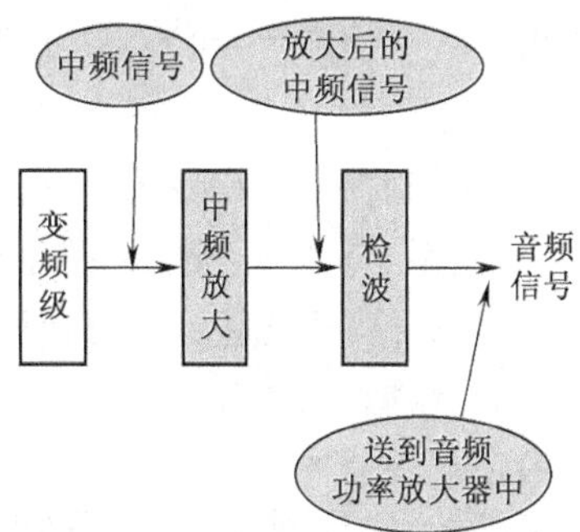

图 9-47 中频放大器和检波电路在整个电路中位置示意图

重要提示

在整机电路中了解某一个单元电路的位置对故障检修非常重要，在信号追踪过程中可以知道在整机电路的哪部分电路中找到这一电路。

9.4.1 中频放大器幅频特性

重要提示

中频放大器用来对变频级输出的中频信号进行放大，因为变频级输出的中频信号幅度较小，不能满足检波电路工作所需要的幅度要求。

中频放大器只放大中频信号，所以要求中频放大器放大信号的同时进行中频信号选频。

中频放大器是一个选频放大器，即放大信号的同时进行频率的选择。我国调幅收音机中的中波和短波中频频率为 465kHz，所以调幅收音机中的中频放大器只能放大 465kHz 信号，这由中频放大器的幅频特性决定。

1．中频频率 465kHz

中频频率的高低对收音机的性能有很大影响。

首先，中频频率不能落在和非常接近收音机的接收频率范围，中波接收频率范围为 535 ～ 1605kHz，所以中频频率不能在其中，这是因为收音机的输入调谐电路对中频频率信号的抑制能力是很差的，收音机接收了中频信号，会产生干扰。

中频频率可以选择低于接收频率范围的频率，465kHz 中频频率就是这样。选择较低的中频频率具有以下优点。

（1）工作稳定性较好。因为工作频率较低后，级间有害反馈减小，产生自激的可能性降低，中频放大器工作稳定性较好。

（2）中频频率较低后，三极管集电极电容、电路分布电容的影响均减少。

另外，为了保证检波级后面的滤波电路能很好地滤去中频成分，要求中频频率为最高音频信号频率的 10 倍以上。

综合众多因素，我国调幅收音机中的中波和短波中频频率为 465kHz。

2．放大器幅频特性

图 9-48 所示是放大器幅频特性曲线。图中，x 轴方向为信号的频率，y 轴方向为放大器的增益。关于这一放大器幅频特性曲线主要说明下列几点。

3-22. 零起点学电子测试题讲解

（1）在曲线的中间部分（中频段）增益比较大而且比较平坦。

（2）曲线的右侧（高频段）随频率的升高而下降，这说明当信号频率高到一定程度时，放大器的增益下降，而且频率愈高放大器的增益愈小。

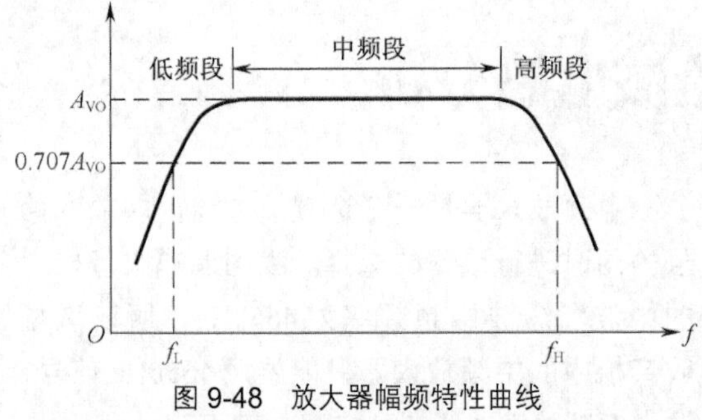

图 9-48　放大器幅频特性曲线

（3）曲线的左侧（低频段）随频率的降低而下降，这说明当信号频率低到一定程度时，放大器的增益开始下降，而且频率愈低增益愈小。

（4）放大器的中频段幅频特性比较好，低频段和高频段的幅频特性都比较差，且频率愈高或愈低，幅频特性愈差。

3．通频带

由于放大器对低频段和高频段信号放大能力低于中频段，当频率低到或高到一定程度时，放大器的增益已很小，放大器对这些低频和高频信号已经不存在有效放大，通过对放大器的工作频率范围作出规定，用通频带来表明放大器可以放大的信号频率范围。

如图 9-48 所示，设放大器对中频段信号的增益为 A_{VO}，规定当放大器增益下降到只有 $0.707A_{VO}$（比 A_{VO} 下降 3dB）时，　放大器所对应的两个工作频率分别为下限频率 f_L 和上限频率 f_H。

重要提示

放大器对频率低于 f_L 的信号和频率高于 f_H 的信号不具备有效放大能力。

放大器的通频带等于 $\Delta f = f_H - f_L \approx f_H$。 通频带又称放大器的频带。可以这样理解放大器的通频带，某一个放大器只能放大它频带内的信号，而频带之外的信号放大器不能进行有效的放大。

关于放大器的频带问题还要说明以下几点。

（1）并不是放大器的频带愈宽愈好，最好是放大器的频带等于信号源的频带，这样放大器只能放大有用的信号，不能放大信号源所在频带之外的干扰信号，放大器输出信号的噪声为最小。

（2）不同用途的放大器，对其频带宽度的要求不同。

（3）许多放大器幅频特性曲线在中频段不是平坦的，有起伏变化，对此有相应的要求，即不平坦度为多少分贝（dB），如图 9-49 所示。

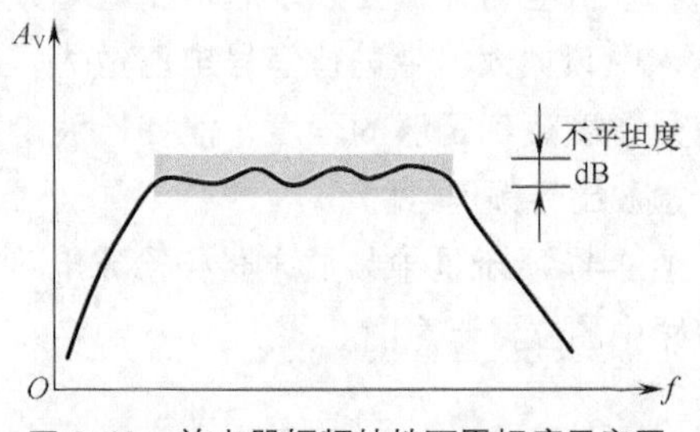

图 9-49　放大器幅频特性不平坦度示意图

4．相频特性

放大器的相频特性是用来表征放大器对不同频率信号放大之后，对它们相位改变的情况，即不同频率下的输出信号与输入信号相位变化程度。放大器的相频特性不常用。

图 9-50 所示是放大器的相频特性曲线。图中，x 轴方向为信号的频率，y 轴方向为放大器对输出信号相位的改变量。

3-23. 零起点学电子测试题讲解

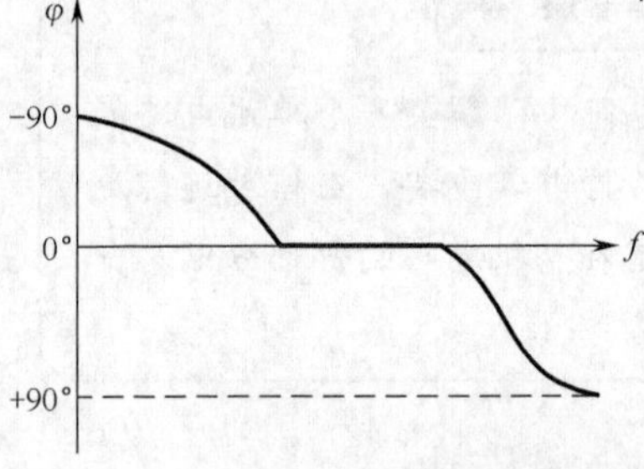

图 9-50　放大器相频特性曲线

关于放大器相频特性主要说明下列几点。

（1）放大器对中频段信号不存在相移问题，而对低频和高频信号要产生附加的相移，而且频率愈低或愈高，相移量愈大。

（2）不同用途的放大器，对放大器的相频特性要求不同，有的要求相移量很小，有的则可以不作要求。例如，一般的音频放大器对相频特性没有严格的要求，而在彩色电视机的色度通道中，若放大器产生相移，将影响彩色的正常还原。

5．中频放大器幅频特性曲线

图 9-51 所示是中频放大器的两种幅频特性曲

线。图 9-51(a) 所示是理想的幅频特性曲线，到目前为止还没有办法做到。从曲线中可以看出，它是一个矩形曲线，说明放大器对频带外信号的放大能力为零。

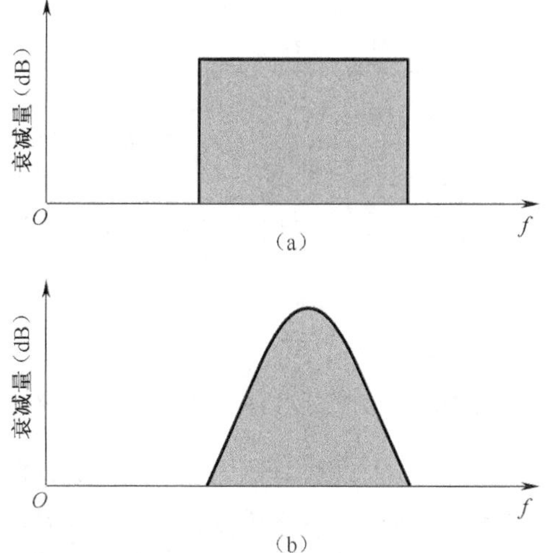

图 9-51　两种中频放大器幅频特性曲线

图 9-51(b) 所示为馒头状，称为高斯特性，这是目前实用的中频放大器特性曲线。

9.4.2　中频放大器电路形式

中频放大器能够实现中频特性主要由滤波器特性决定，如图 9-52 所示，放大器跟着一个中频特性的滤波器，中频特性滤波器的频率特性决定了整个中频放大器的幅频特性。一些中频放大器中会有专用的中频特性滤波器，如调幅收音机会有专用的中频特性陶瓷滤波器。

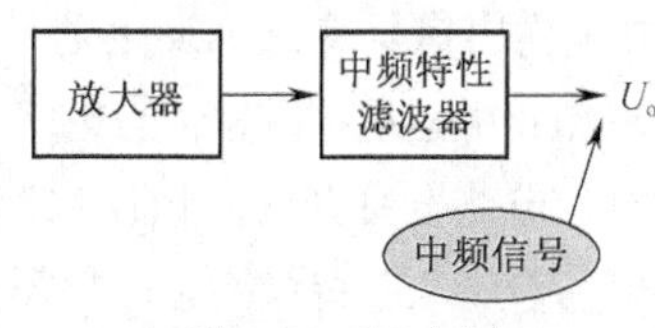

图 9-52　示意图

1．根据调谐电路形式分类

中频放大器根据所用调谐电路形式的不同主要有两种电路。

（1）集中滤波宽带放大电路形式。图 9-53 所示是集中滤波宽带放大电路形式的中频放大器电路示意图。

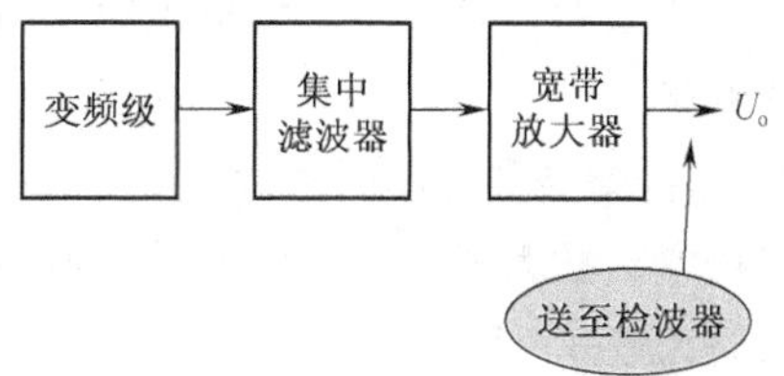

图 9-53　集中滤波宽带放大电路形式的中频放大器电路

从电路中可以看出，在这种电路形式中，从变频级输出的信号先输入具有中频特性的滤波器（通常是专用滤波器件），从滤波器输出的信号就是中频信号，这一信号再送一个宽带放大器中进行放大，在这一放大器中只放大信号，不作调谐。通常这里的宽带放大器采用高增益的集成电路放大器。

（2）参差调谐电路形式。图 9-54 所示是参差调谐电路形式的中频放大器电路示意图。从电路中可以看出，一级中放调谐电路由一个中放电路和中频调谐电路构成，共有 3 级这样的电路，有的收音机电路中可以只有 2 级。这种一边放大信号，一边进行中频调谐的方法称为参差调谐方法。

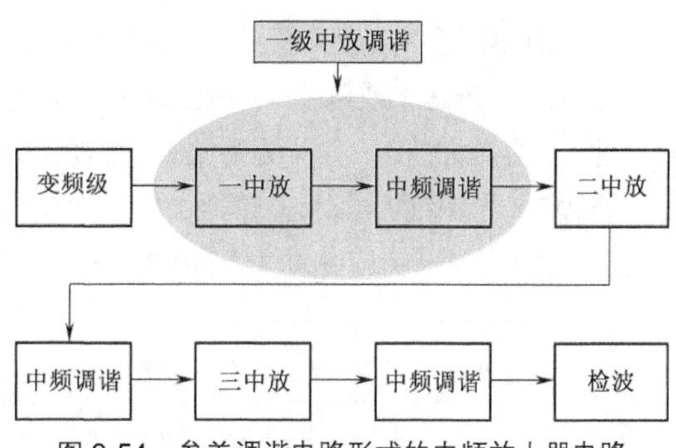

图 9-54　参差调谐电路形式的中频放大器电路

2．根据放大电路形式分类

中频放大器按照所用放大电路的不同，有下列 3 种电路形式。

（1）集成电路中频放大器电路。这种形式的电路中，只用一块集成电路构成整个中频放大器电路。

（2）分立元器件中频放大器电路。这种形式的电路中，会用 2 只或 3 只三极管构成分立元器件放大器电路。

（3）分立集成混合的中频放大器电路。这种形式的电路中，往往会先用一只三极管构成前置放大器电路，再用一块集成电路构成中频放大器电路。

3．根据滤波器的不同分类

根据中频放大器中所用的滤波器不同，中频放大器有下列 3 种电路形式。

（1）采用中频变压器构成的中频放大器。这种电路在中低档收音机中大量采用，通过中频变压器中的 LC 并联谐振电路进行中频调谐。

这种电路形式还细分为单调谐电路和双调谐电路两种。

（2）陶瓷滤波器构成的中频放大器。在这种电路形式中，有专门用于调幅收音机中的陶瓷滤波器，它的频率特性是根据中频特性设计的，有双端和三端陶瓷滤波器两种。

（3）混合型滤波器构成的中频放大器。一些收音机中采用陶瓷滤波器和中频变压器混合滤波器的电路形式。

9.4.3 典型中频放大器电路分析

1．集成电路中频放大器

图 9-55 所示是集成电路中频放大器电路。电路中输入信号首先送入一个中频特性的滤波器，经滤波器后得到了中频信号，这一信号加入一个集成电路放大器中放大，完成中频信号的放大任务。

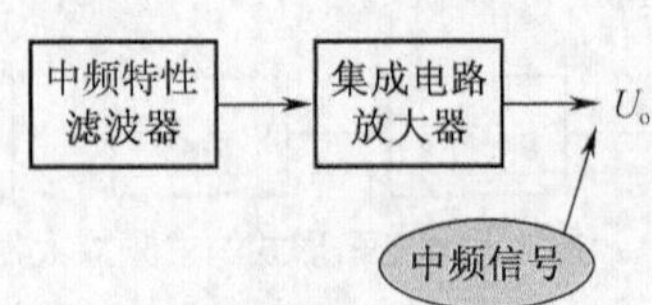

图 9-55　集成电路中频放大器电路

2．双端陶瓷滤波器构成的中频放大器电路

陶瓷滤波器通过自身的频率特性，可以使某类频率信号通过而衰减其他频率的信号，从而使放大器获得所规定的频率特性（指幅频特性）。

陶瓷滤波器在收音机中有专用的，如调幅收音机中的 LT465。此外彩色电视机中用 6.5MHz 的带通滤波器、6.5MHz 的陷波器和 4.43MHz 的陷波器。在其他电子设备中也会使用陶瓷滤波器，只是工作频率不同。

图 9-56 所示是双端陶瓷滤波器构成的中频放大器。电路中，VT1 为中频放大管，它接成共发射极放大器电路。R1 是固定式偏置电阻，为 VT1 管提供静态工作电流。R2 为集电极负载电阻，R3 是发射极负反馈电阻。Z1 为双端陶瓷滤波器，它并联在发射极负反馈电阻 R3 上。

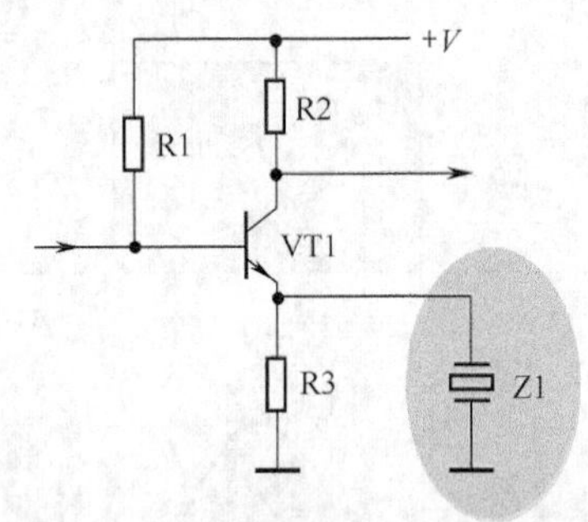

图 9-56　双端陶瓷滤波器构成的中频放大器

双端陶瓷滤波器相当于一个 LC 串联谐振电路，这样就可以将电路等效成如图 9-57 所示。理解这一电路的工作原理关键要掌握两点基础知识：一是发射极负反馈电阻大小对放大器放大倍数的影响，二是 LC 串联谐振电路的阻抗特性。

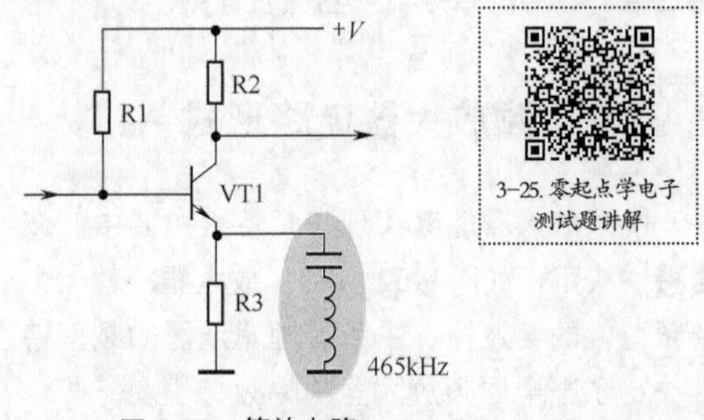

图 9-57　等效电路

电路中的 R3 阻值愈小，VT1 级的放大倍数愈大，中频输出信号愈大，反之则愈小。

LC 串联电路的阻抗特性是：当电路工作频率为 465kHz 时，电路发生谐振，此时 LC 串联谐振电路的阻抗为最小；工作频率高于或低于 465kHz 时，LC 谐振电路的阻抗均远远大于谐振时的阻抗。

有了上面两点基础，分析这一中频放大器电路的工作原理就相当方便。对于中频信号而言，由于 LC 串联谐振电路发生谐振，这时阻抗很小，从 VT1 发射极流出的中频信号不是通过 R3 流到地端，而是通过阻抗很小的 LC 串联谐振电路流到地端，这样负反馈就很小，VT1级对中频信号的放大能力很强。

对于频率高于或低于中频频率的信号，由于LC串联电路失谐，其阻抗很大，VT1发射极输出的信号电流只能流过负反馈电阻R3，使VT1级放大倍数大幅下降。这样，相对而言中频信号得到了放大。

3．三端陶瓷滤波器构成的选频放大器电路

图9-58所示是收音机电路中采用陶瓷滤波器构成的选频放大器电路。电路中，在前级放大器和后级放大器之间接入陶瓷滤波器Z1。

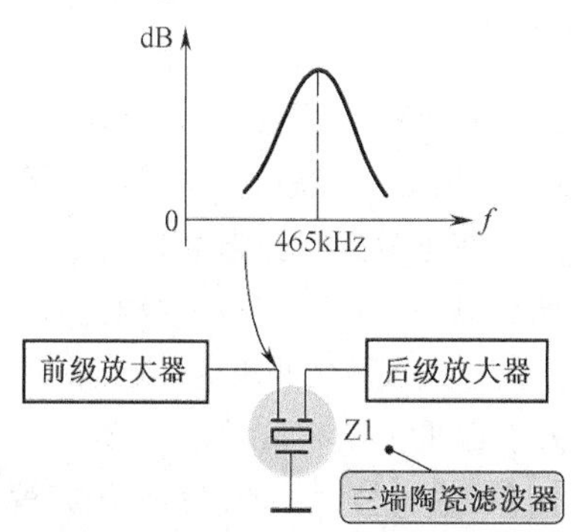

图9-58　采用陶瓷滤波器的选频放大器电路

调幅收音机中频放大器放大465kHz的中频信号，对于其他频率信号进行抑制。整个中频放大器由两部分组成：一是放大器，二是三端陶瓷滤波器。

收音机中的陶瓷滤波器具有特定的幅频特性，如图9-58中的Z1特性曲线所示，它在频率为465kHz处的信号输出最大，频率高于或低于465kHz时输出信号大幅下降。

从前级放大器输出的信号加到三端陶瓷滤波器输入引脚，经过Z1滤波，取出输入信号中的465kHz中频信号（由Z1频率特性决定），其他频率信号被Z1抑制，这样加到后级放大器中的信号主要是465kHz中频信号，达到选频放大的目的。

图9-59所示是采用三端陶瓷滤波器构成的中频放大器。电路中的VT1是第一级中放管，VT2是第二级中放管，Z1是调幅收音电路专用的三端陶瓷滤波器。

三端陶瓷滤波器相当于一个LC并联谐振电路，它让中频信号f_0通过，而对于中频频率之外的信号存在很大的衰减，这样可以起到中频滤波器的作用。

中频信号从VT1管基极输入，经第一级中放放大，从VT1管集电极输出，加到三端陶瓷滤波器Z1输入端，经过滤波后的中频信号从Z1输出端输出，加到VT2管基极，放大后从其集电极输出。

VT1和VT2管工作在放大状态，R1构成VT1管固定式基极偏置电路，R2是VT1管集电极负载电阻，R3是VT1管发射极交流负反馈电阻，C2是VT1管发射极旁路电容。

R5构成VT2管固定式偏置电路，R6是VT2管集电极负载电阻，R7是VT2管发射极负反馈电阻，C3是VT2管发射极旁路电容。C1和R4构成滤波、退耦电路。

4．单调谐中频放大器电路

图9-60所示是采用LC并联谐振电路构成的中频放大器。电路中的VT1管构成一级共发射极放大器，R1是偏置电阻，R2是发射极负反馈电阻，C1是输入端耦合电容，C4是VT1管发射极旁路电容。变压器T1初级绕组L1和电容C3构成LC并联谐振电路，作为VT1管集电极负载。

3-26. 零起点学电子测试题讲解

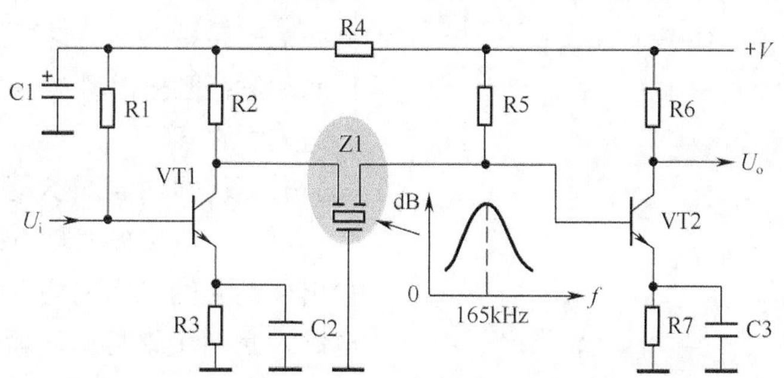

图9-59　采用三端陶瓷滤波器构成的中频放大器

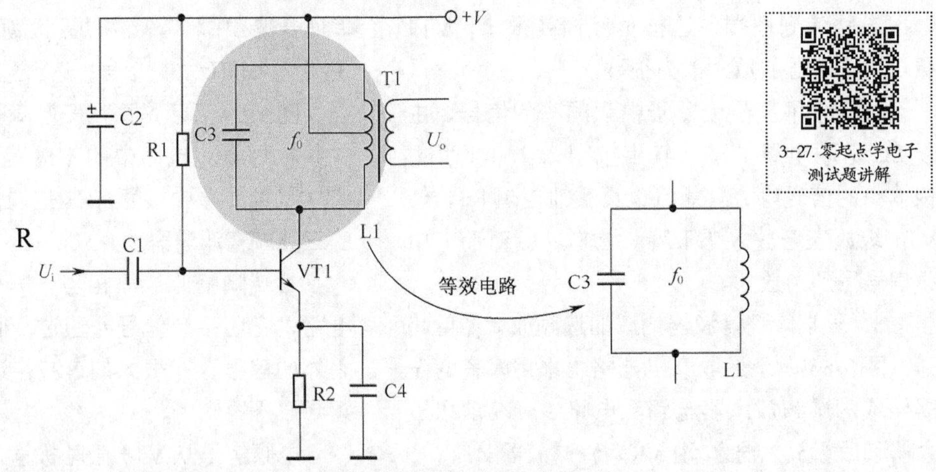

图 9-60　采用 LC 并联谐振电路构成的中频放大器

（1）输入信号频率等于谐振频率 465kHz。 L1 和 C3 并联谐振电路的谐振频率为 465kHz，当输入信号频率为 465kHz 时，电路发生谐振，电路的阻抗为最大，即 VT1 管集电极负载阻抗为最大，放大器的放大倍数为最大。这是因为在共发射极放大器中，集电极负载电阻大，其电压放大倍数大。

如图 9-61 所示，从曲线中可以看出，以 465kHz 为中心的很小一个频带内的信号得到了很大的放大。

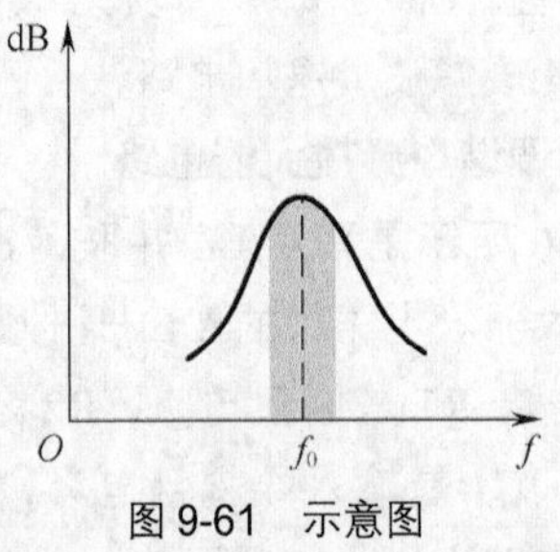

图 9-61　示意图

（2）输入信号频率高于或低于频率（偏离）465kHz。 对于频率偏离 465kHz 的信号，由于该 LC 并联谐振电路失谐，电路的阻抗很小，放大器的放大倍数很小，如图 9-62 所示。

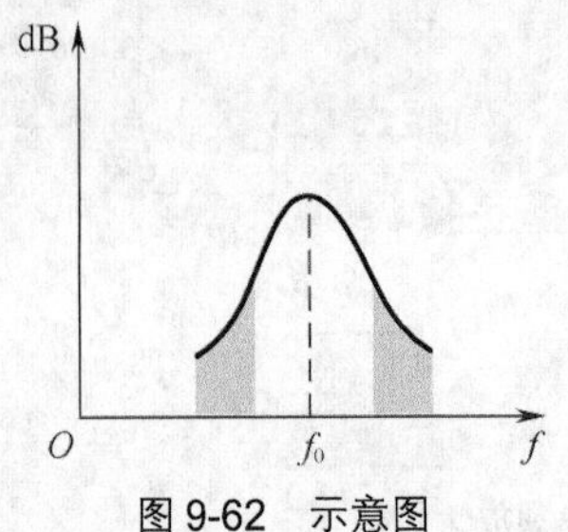

图 9-62　示意图

通过上述电路分析可知，在这一放大器电路中加入 L1 和 C3 并联谐振电路后，放大器对频率为 f_0 的信号放大倍数最大，所以输出信号 U_o 中主要是频率为 465kHz 的中频信号。

由于这一放大器对频率为 465kHz 的中频信号的放大倍数最大，它能够从众多频率中选择某一中频信号进行放大，所以称为中频放大器。

重要提示

从 LC 并联谐振电路的频带特性可知，这一 LC 并联谐振电路是有一定频带宽度的，所以这一放大器放大的信号不仅仅是频率为 465kHz 的信号，而是为 465kHz 为中心频率、某一个频带宽度内的信号。只要适当控制 LC 并联谐振电路的频带宽度，就能控制这一中频放大器的频带宽度。

（3）阻抗变换电路分析。 采用 LC 并联谐振电路构成的中频放大器中，LC 并联谐振电路的线圈是带抽头的，这是为了与中放管输出阻抗之间进行匹配，图 9-63 所示等效电路可以说明这其中的原理。

5．双调谐中频放大器电路

双调谐中频放大器的特点是：在中放管的输出回路和输入回路均设有 LC 并联谐振选频电路，且两个谐振电路同时谐振在中频频率，两谐振电路谐振再耦合起来。图 9-64 所示是双调谐中频放大器电路。

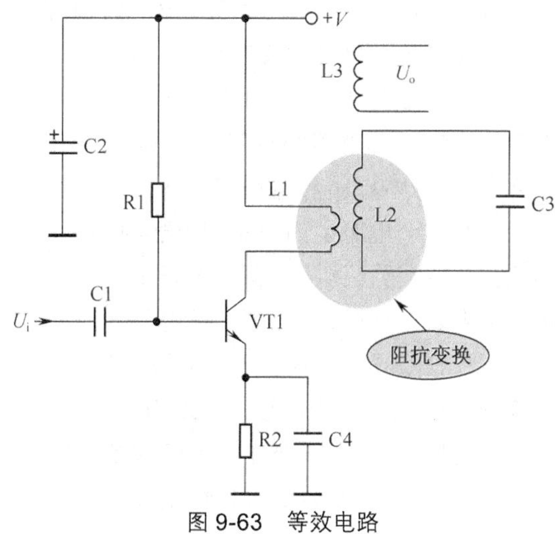

图 9-63　等效电路

从电路中可以看出，L1 与 C3 构成一个 LC 并联谐振电路，它接在 VT1 管集电极回路中，即 VT1 这级放大器输出电路中；L2 与 C6 构成另一个 LC 并联谐振电路，它接在 VT2 管基极回路中，即 VT2 这级放大器输入电路中。

在掌握了单调谐中频放大器电路工作原理之后，对于双调谐中频放大器电路工作原理的分析是比较方便的。关于双调谐电路主要说明下列几点。

（1）这一电路的信号传输过程是：输入信号 U_i 经 C1 耦合，加到中放 VT1 基极，经过 L1 和 C3 调谐，通过电容 C5 耦合到 L2 和 C6 谐振电路中，由抽头加到 VT2 基极，进入到第二级中频放大器中放大。

（2）要求 L1 与 C3 构成的 LC 并联谐振电路和 L2 与 C6 构成的 LC 并联谐振电路同时谐振在中频频率 465kHz 上，同时要求两个调谐电路的品质因数 Q 值相同。

（3）这两个谐振电路通过电容 C5 耦合在一起，C5 容量大，两个谐振电路之间耦合紧，反之则耦合松。在不同的耦合强度下会出现不同的频响特性曲线，如图 9-65 所示。

曲线 1 为单峰，为欠耦合，耦合愈松，其峰愈矮。

曲线 2 也是单峰，但是峰最高，称为最佳耦合或是临界耦合，耦合再松些就呈欠耦合，耦合再紧些就呈过耦合。在两个调谐电路谐振频率相等、品质因数 Q 相等时，临界耦合情况下，双调谐电路的相对带宽比单调谐电路带宽宽 $\sqrt{2}$ 倍。所以，双调谐电路有更好的选择性和通频带，在一些高级收音机中就采用这种双调谐电路。

曲线 3、曲线 4 都是双峰，为过耦合，曲线 4 比曲线 3 耦合更紧。从曲线中可以看出，耦合愈紧，带宽愈宽，但是谷愈低。

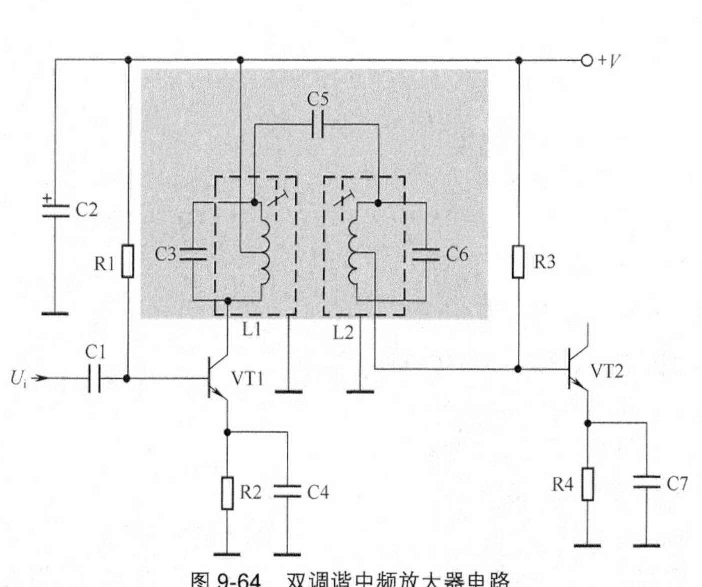

图 9-64　双调谐中频放大器电路

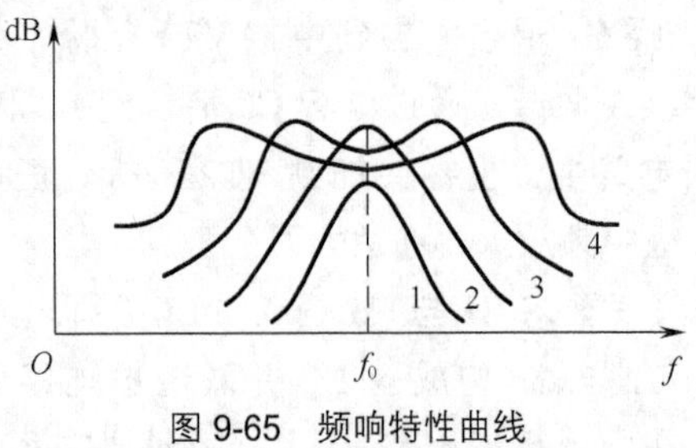

图 9-65　频响特性曲线

（4）两个调谐电路要求相互隔离，即没有互感，所以两个谐振电路分别装在独立的外壳内。如图 9-66 所示，电路中虚线表示线圈的外壳，外壳接电路中的地端。线圈 L1、L2 中带有可调整的磁芯，调节磁芯可以改变线圈的电感量，从而可以微调谐振电路的谐振频率。

6．中和电路之一

在三极管的各个电极之间都存在结电容，在中频放大器和高频放大器中，三极管基极与集电极之间的结电容影响大，如图 9-67 所示。

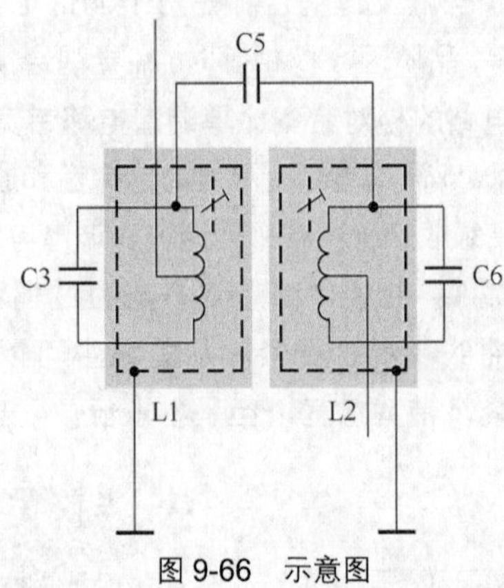

图 9-66　示意图

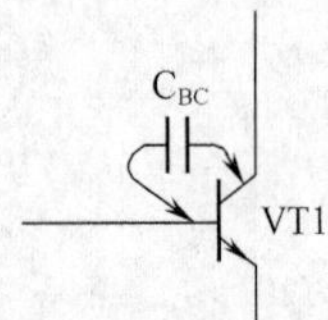

图 9-67　基极与集电极之间结电容

这一结电容在三极管的内部，处于基极与集电极之间，即 C_{BC}。虽然这一结电容很小，只有几皮法，但是当三极管工作频率高了后，它的容抗也比较小，会导致一部分从三极管集电极输出的信号电流，通过这一结电容在三极管内部流回基极，造成寄生振荡，影响中频放大器或是高频放大器工作稳定性。

3-29. 零起点学电子测试题讲解

为了抑制这种有害的寄生振荡，需要采用一种叫做中和电路的电路。如图 9-68 所示，电路中的 C3 构成中和电路，C3 称为中和电容。注意，在这个电路中的中频变压器的初级绕组 L1 是带抽头的，如果中频变压器绕组不带抽头，则中和电路形式与这个不同。

中和电路的工作原理可以用如图 9-69 所示电路来说明。从电路中可以看出，L1 抽头接直流工作电压 $+V$，这一端对交流而言是接地的，这样 L1 的上端和下端信号相位相反，即 L1 上端相位为“+”时下端信号相位为“–”。

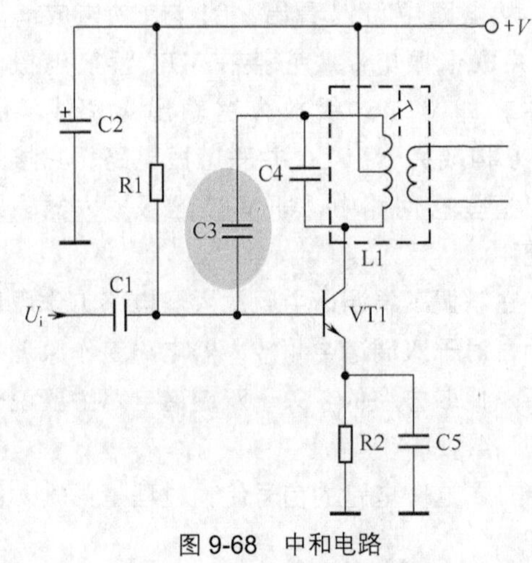

图 9-68　中和电路

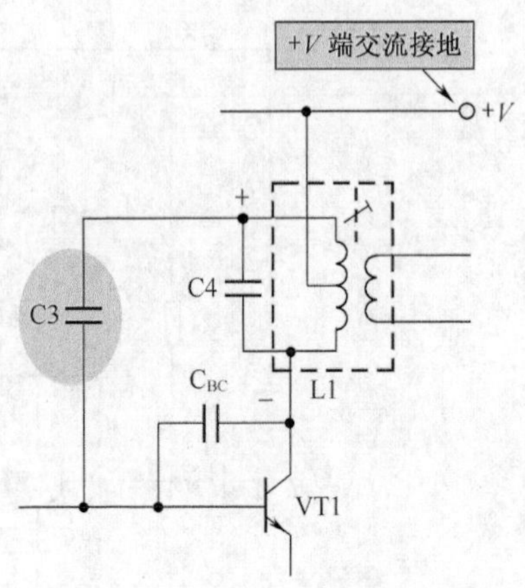

图 9-69　中和电路工作原理示意图

这一中和电路的工作原理是：当 L1 下端信号相位为“–”时，这一端的信号通过三极管内

部结电容 C_{BC} 加到三极管基极，同时 L1 上端相位“+”的信号经中和电容 C3 也加到 VT1 管极，这样这两个信号相位相反，是相减后加到三极管基极。如果调整 C3 的容量，使 C3 通路流入 VT1 管基极的电流大小等于 C_{BC} 流入 VT1 管基极的电流，那么这两个电流相减后为零，说明中和电容抵消了结电容 C_{BC} 的影响，达到中和目的。

当 L1 上信号相位反相后，即 L1 上端信号相位为“+”，下端为“−”，这时一样能进行中和，因为通过 C3 的电流始终与通过 C_{BC} 的电流相减。

7．中和电路之二

图 9-70 所示是另一种中和电路，是利用惠斯顿电桥原理得到的中和电路。它的特点是 L1 没有抽头，这时中和电路由 C3、C4 两只电容构成，还增加了一只电阻 R2。电路中，电容 C6 与 L1 构成 VT1 管集电极谐振电路，同时也是这种中和电路中的一部分。

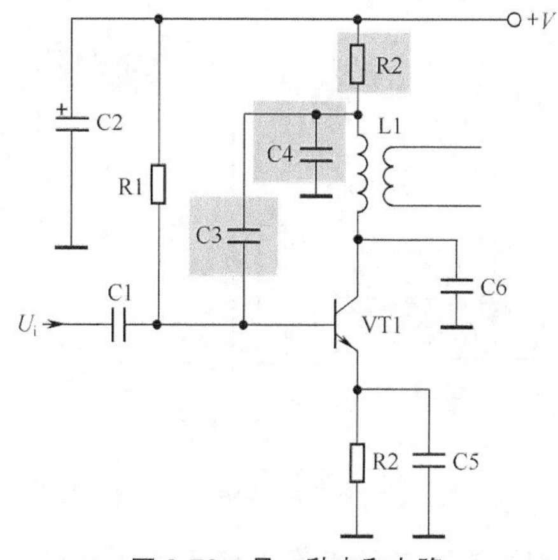

图 9-70　另一种中和电路

这一电路的工作原理可以用它的等效电路来说明，图 9-71 所示是电桥电路。电路中，C_{BC}、C3、C4 和 C6 构成电桥的 4 个臂。

因为放大器的输出信号是从 L1 两端得到的，所以 L1 是电桥的信号源。

三极管基极和发射极是电桥的输出端，也是三极管 VT1 输入端。如果电桥平衡，那电路中 B、E 两点之间电压为零，这时放大器的内部反馈被中和了，放大器工作也就稳定了。

要使电桥处于平衡状态，通过调整中和电容的容量就能达到，即只要求下式成立：

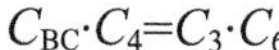

$$C_{BC} \cdot C_4 = C_3 \cdot C_6$$

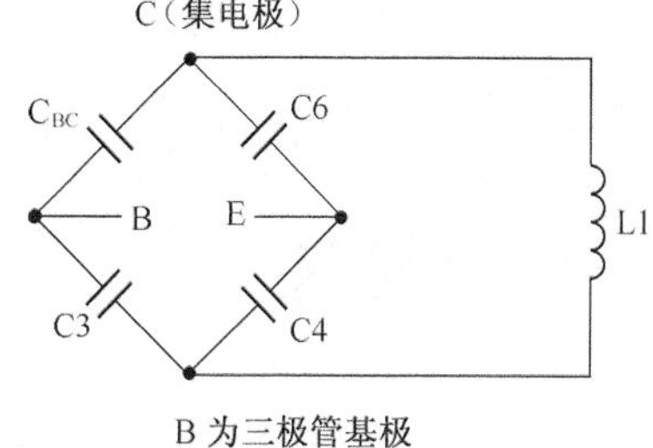

图 9-71　等效电桥示意图

并不是所有中频放大器或是高频放大器电路中都加中和电容，如果使用结电容很小的中频放大管或高频放大管，可以不需要中和电路。不过，中和电路可以改善中频放大器谐振曲线的对称性。

3-30. 零起点学电子测试题讲解

9.4.4　实用中频放大器电路分析

本章套件中的收音机中频放大器电路比较简单，是一个典型的单调谐中频放大器电路，如图 9-72 所示。这一中频放大器由一级电路组成，BG2 为中频放大管，BG3 为检波放大管。从变频级输出的信号通过中频变压器 B3 加到 BG2 级放大器中。

1．直流电路分析

BG2 管集电极直流电压通路是：直流工作电压 +V 经中频变压器 B4 初级绕组（又称一次绕组）抽头加到 BG2 管集电极，建立 BG2 管集电极直流工作电压。

BG2 管基极直流电压通路是：直流工作电压 +V 经电阻 R5 和 R4，通过中频变压器 B4 次级绕组（又称二次绕组）加到 BG2 管基极，为 BG2 管提供直流工作电流。BG2 管发射极直接接地。

2．中频信号放大分析

BG2 管构成一级共发射极放大器，进行中频信号的电压放大。电路中，中频变压器 B4 初级绕组与内部一只电容构成 LC 并联谐振电路，谐振在中频频率 465kHz 上，作为 BG2 管集电极负载电阻。

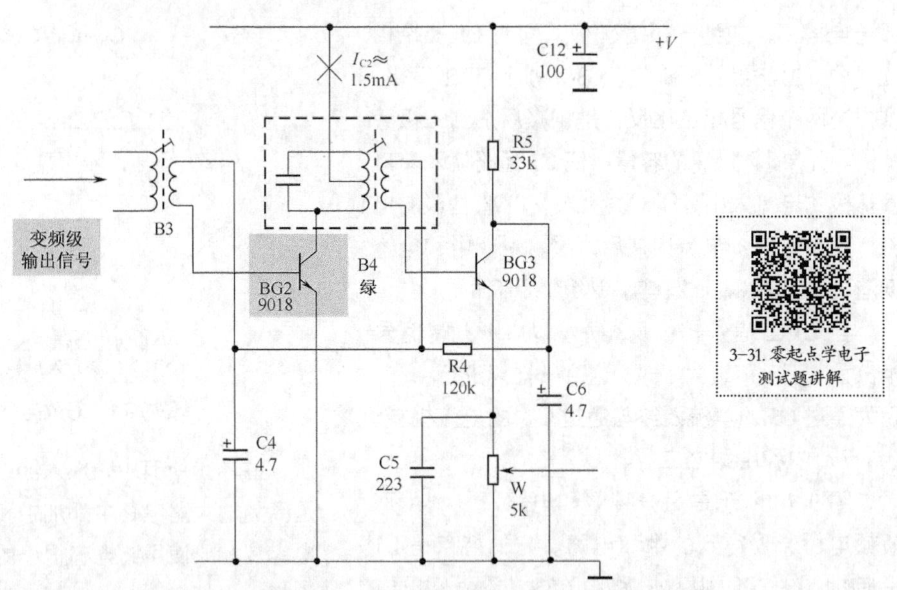

图 9-72　收音机套件中的中频放大器电路

对于中频信号而言，由于中频变压器 B4 初级 LC 并联谐振电路处于谐振状态，此时阻抗为最大，共发射极放大器的重要特性之一就是在集电极负载电阻大时电压放大倍数大，所以这时 BG2 放大级对中频信号进行了放大。

对于频率偏离中频的信号，由于 LC 并联谐振电路失谐，其阻抗很小，所以 BG2 级放大能力大大下降。这样，中频信号相对而言得到了很大的放大。

电路中，中频变压器 B4 初级绕组带有抽头，这是为了进行阻抗匹配，其工作原理与前面介绍的工作原理一样。

3．信号传输分析

中频放大器中的中频信号传输过程是：来自变频级输出端的中频信号→中频变压器 B3 次级绕组下端（耦合，B3 次级绕组上端通过 C4 交流接地，构成次级绕组回路）→ BG2 管基极→ BG2 管集电极回路中的中频变压器 B4 初级绕组（调谐放大）→中频变压器 B4 次级绕组下端（耦合，B4 次级绕组上端通过 C4 交流接地，构成次级绕组回路）→ BG3 管基极，进入检波级电路。

这一中频放大器电路中没有设置中和电路。

4．电流回路分析

在前面的电路分析中，需要深入了解一个问题，即中频变压器 B3 次级绕组回路问题，如图 9-73 所示。电路中基极电流回路是：B3 次级绕组下端→ BG2 管基极→ BG2 管发射极→电容 C4 → B3 次级绕组上端，通过 B3 次级绕组内部成回路。

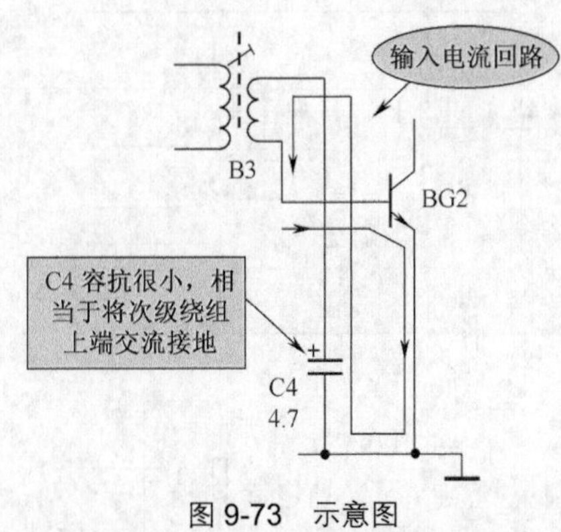

图 9-73　示意图

理解这一电路工作原理的关键是 C4 将中频变压器 B3 次级绕组上端交流接地。对于交流（这里是中频信号）而言，由于 C4 容量大，其容抗很小，对交流信号而言相当于成通路，这样将中频变压器 B3 次级绕组上端交流接地，如图 9-74 所示，构成了 BG2 管基极输入回路。

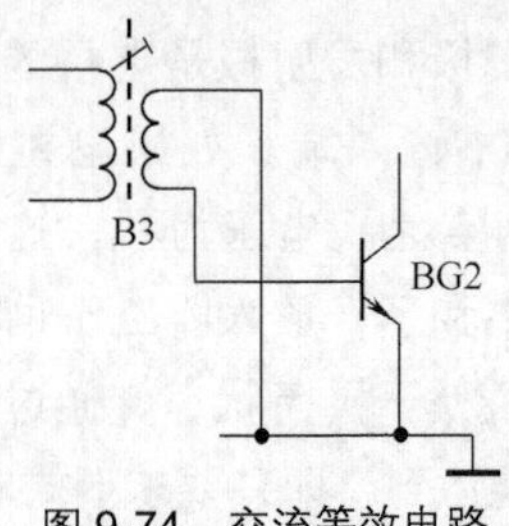

图 9-74　交流等效电路

9.4.5　典型检波电路工作原理分析

重要提示

经过中频放大器放大后的中频信号，已达到满足检波级电路正常工作所需要的信号幅度，通过检波电路将得到音频信号。

通常检波级电路由二极管构成，这一电路中的二极管称为检波二极管。图9-75所示是二极管检波电路。电路中的VD1是检波二极管，C1是高频滤波电容，R1是检波电路的负载电阻，C2是音频耦合电容。

如图9-75所示，上包络信号和下包络信号对称，但是信号相位相反，收音机最终只要其中的上包络信号，下包络信号不用，中间的中频载波信号也不需要。

1．电路中各元器件作用

（1）检波二极管VD1。它将调频信号中的下半部分去掉，留下上包络信号上半部分的中频载波信号。

（2）高频滤波电容C1。它将检波二极管输出信号中的中频载波信号去掉。

（3）检波电路负载电阻R1。检波二极管导通时的电流回路由R1构成，在R1上的压降就是检波电路的输出信号电压。

（4）耦合电容C2。检波电路输出信号中有不需要的直流成分，还有需要的音频信号，这一电容的作用是让音频信号通过，不让直流成分通过。

2．检波电路分析

检波电路主要由检波二极管VD1构成。

在检波电路中，调幅信号加到检波二极管的正极，这时的检波二极管工作原理与整流电路中的整流二极管工作原理基本一样，利用信号的幅度使检波二极管导通。图9-76所示是调幅波形展开后的示意图。

从展开后的调幅信号波形中可以看出，它是一个交流信号，只是信号的幅度在变化。这一信号加到检波二极管正极，正半周信号使二极管导通，负半周信号使二极管截止，这样相当于整流电路工作一样，在检波二极管负载电阻R1上得到正半周信号的包络，即图中的虚线部分，见图中检波电路输出信号波形（不加高频滤波电容时的输出信号波形）。

3．检波电路输出的3种信号

检波电路输出信号由音频信号、直流成分和中频载波信号3种信号成分组成，详细的电路分析需要根据3种信号情况进行展开。这3种信号中，最重要的是音频信号处理电路的分析和工作原理的理解。

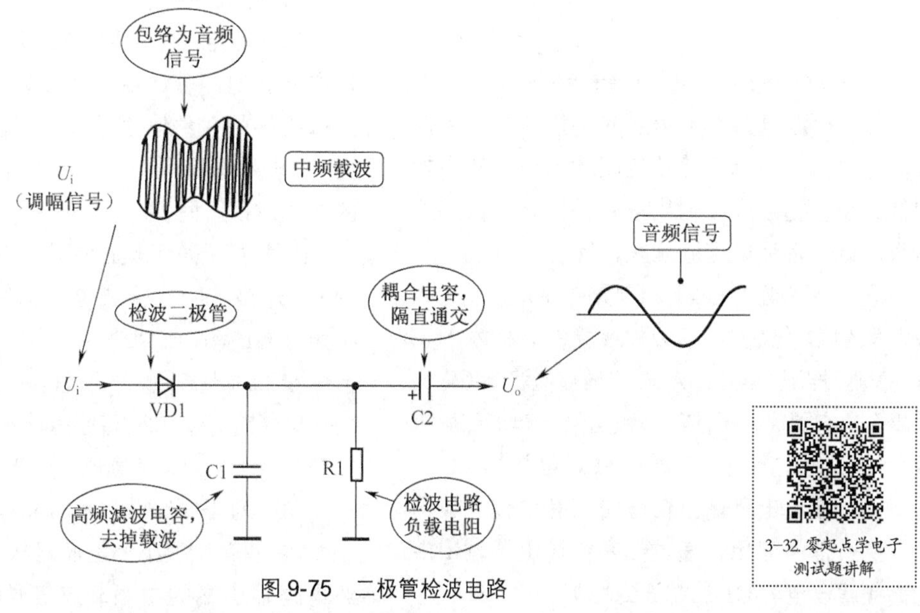

图9-75　二极管检波电路

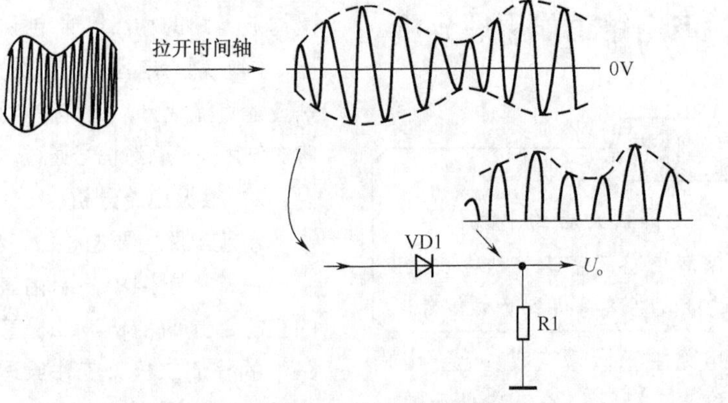

图 9-76　调幅波形时间轴展开示意图

（1）所需要的音频信号。它是输出信号的包络，如图 9-77 所示，这一音频信号通过检波电路输出端电容 C2 耦合，送到后级电路中进一步放大。

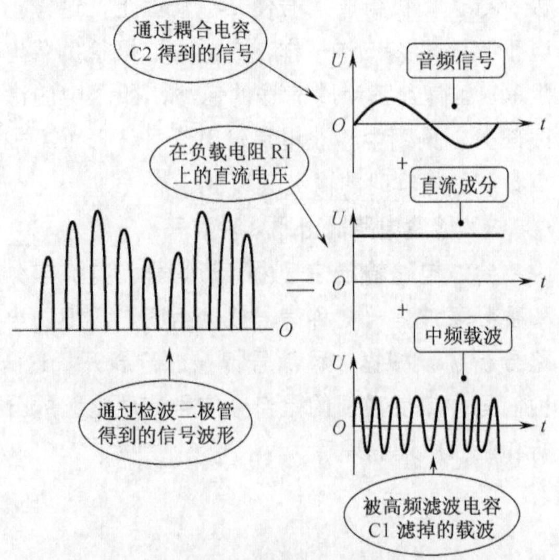

图 9-77　检波电路输出端信号波形示意图

（2）检波电路输出信号的平均值是直流成分。它的大小表示了检波电路输出信号的平均幅值大小，检波电路输出信号幅度大，其平均值大，这一直流电压值就大，反之则小。

这一直流成分在收音机电路中用来控制中频放大器的放大倍数（也可以称为增益），称为 AGC（自动增益控制）电压。AGC 电压被检波电路输出端耦合电容隔离，不能与音频信号一起加到后级放大器电路中，而是专门加到 AGC 电路中。

（3）检波电路输出信号中还有中频载波信号。这一信号无用，通过接在检波电路输出端的高频滤波电容 C1 被滤波到地端。

一般检波电路中不给检波二极管加入直流电压，但在一些小信号检波电路中，由于调幅信号的幅度比较小，不足以使检波二极管导通，所以给检波二极管加入较小的正向直流偏置电压，如图 9-78 所示，使检波二极管处于微导通状态。

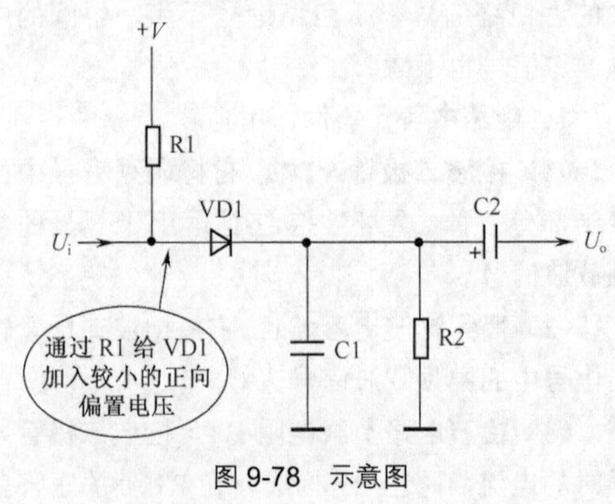

图 9-78　示意图

4．检波级滤波电容

从检波电路中可以看出，高频滤波电容 C1 接在检波电路输出端与地线之间，由于检波电路输出端的 3 种信号频率不同，加上高频滤波电容 C1 的容量取得很小，这样 C1 对 3 种信号的处理过程不同。

（1）对于直流电压而言，电容的隔直特性使 C1 开路，所以检波电路输出端的直流电压不能被 C1 旁路到地线。

（2）对于音频信号而言，由于高频滤波电容 C1 的容量很小，它对音频信号的容抗很大，相当于开路，所以音频信号也不能被 C1 旁路到地线。

（3）对于中频载波信号而言，其频率很高，C1 对它的容抗很小而呈通路状态，这样惟有检波电路输出端的中频载波信号被 C1 旁路到地线，起到高频滤波的作用。

图 9-79 所示是检波二极管导通后的 3 种信号电流回路示意图。负载电阻构成直流电流回路，耦合电容取出音频信号。

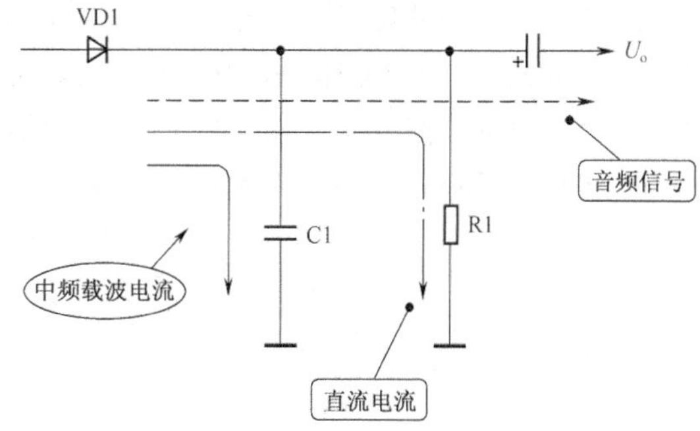

图 9-79　检波二极管导通后 3 种信号电流回路示意图

图 9-80 所示是另一种性能更好的滤波电路，电路中 C1、R1 和 C2 构成了 π 型滤波器，进一步提高了滤波效果。在这一电路中，中频载波经过 C1 滤波后，还要经过 R1 和 C2 的再次滤波，这样滤波效果大大改善，输出的音频信号中载波成分更少。

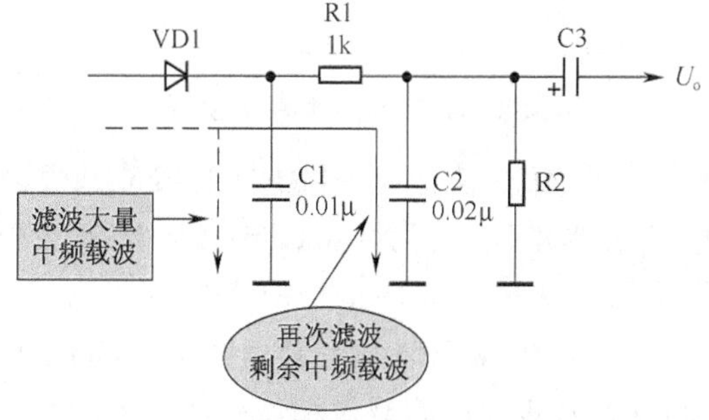

图 9-80　另一种性能更好的滤波电路

9.4.6　三极管检波电路分析

图 9-81 所示是本章收音机套件中的检波级电路。电路中 BG3 构成检波级电路，这是一个三极管检波电路；C5 是高频滤波电容；R5 是 BG3 管集电极负载电阻，W 是音量电位器，它是 BG3 管发射极电阻。这里要特别注意一点，检波后的音频信号是从 BG3 管发射极输出的，BG3 管集电极输出经过放大后的 AGC 电压。

1．直流电路分析

这一检波级电路中的三极管需要有特殊的静态工作点，由于是工作在检波状态，只是使用了 BG3 管基极与发射极之间的 PN 结，所以 BG3 管的静态电流很小。如果BG3 管静态工作电流大了，那三极管进入放大状态，就没有检波作用了。

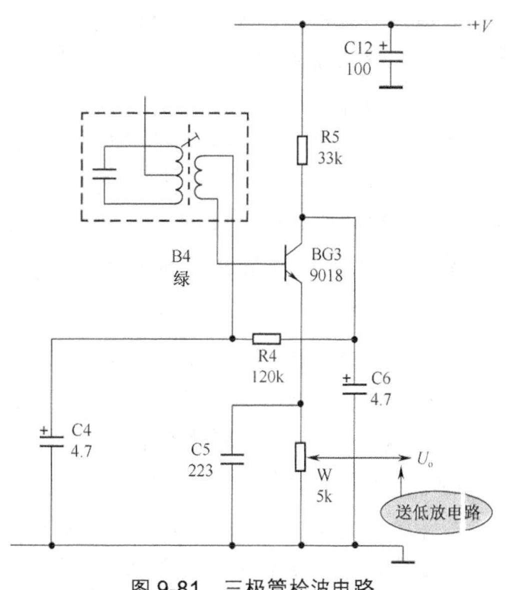

图 9-81　三极管检波电路

直流工作电压 +V 经过 R5 和 R4，通过中频变压器 B4 次级绕组加到 BG3 管基极，为 BG3 管提供很小的基极电流。

图 9-82 所示是工作在检波状态时的等效电路。电路中的检波二极管是 BG3 管基极与发射极之间的 PN 结，通过这个等效电路可以知道，这个电路与前面介绍的二极管检波电路工作原理是一样的。

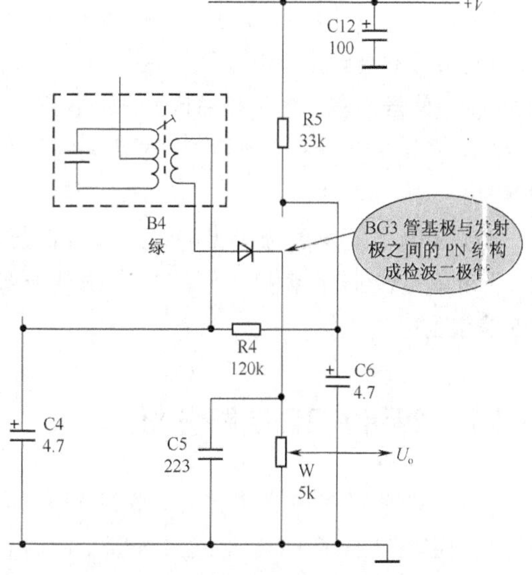

图 9-82　工作在检波状态时的等效电路

2．检波过程分析

从中频变压器B4次级绕组下端输出的幅度足够大的中频信号，加到BG3管基极。由于中频调幅信号的幅度已足够大，这样正半周的中频调幅信号给BG3管正向偏置电压，使BG3管导通且放大正半周信号，这一正半周信号从BG3管发射极输出。

当BG3管基极出现负半周的中频调幅信号时，由于BG3管的基极静态工作电流很小，负半周中频调幅信号又对BG3管为反向偏置电压，这样在中频调幅信号为负半周期间BG3管截止。

通过上述分析可知，利用BG3管很小的静态工作电流设置，完成了检波任务，电流经过BG3管检波后从其发射极输出，其发射极电流流过音量电位器W，在W上的信号电压就是检波后得到的音频信号。

在音量电位器W上的音频信号，通过其动片对音量大小控制后送到后面的音频功率放大器（或称低放电路）电路中去。

对于这种检波电路而言，它在完成检波任务的同时，也对正半周的中频调幅信号进行了放大，且从BG3管发射极输出，所以这是一级共集电极放大器，对信号电流具有放大能力，但是对信号电压没有放大作用。

3-35. 零起点学电子测试题讲解

3．高频滤波电容C5

电路中的C5是接在检波级输出端的高频滤波电容，对于音频信号而言，由于频率低，它的容量小，容抗大，相当于开路，所以C5对音频信号不起作用。

对于BG3管发射极输出的中频载波信号，由于频率高，C5的容抗小，这样中频载波被C5滤波到地。

9.4.7 实用AGC电路分析

图9-83所示是收音机套件AGC电路。电路中，由BG3构成AGC电压放大管（同时它也构成了检波器），对AGC电压进行放大。电路中的C6是AGC电路中的滤波电容，用来滤波中频载波和音频信号。

面在讲解检波电路时介绍过，在BG3管基极为正半周中频调幅信号期间，BG3管处于导通放大状态。当中频调幅信号幅度愈大时，其中的直流成分也愈大，即BG3基极上的AGC电压愈大，反之中频调幅信号幅度愈小时，其中的直流成分也愈小，即BG3基极上的AGC电压愈小。

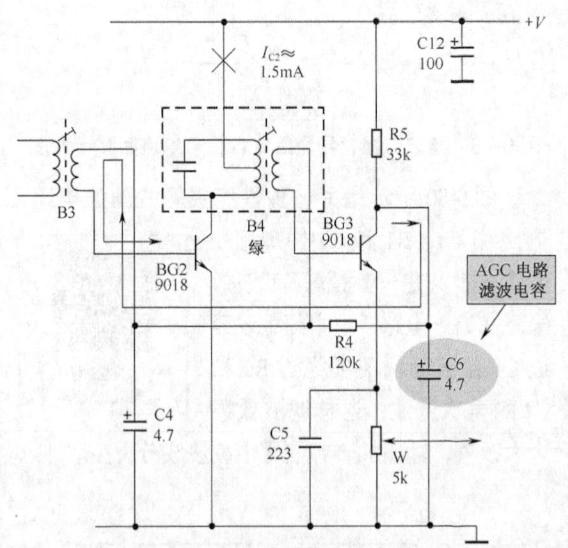

图9-83 收音机套件中的AGC电路

对于AGC信号而言，BG3管接成共发射极放大器电路，因为AGC电压取自BG3管集电极。从BG3管集电极取出的AGC电压，经C6滤掉中频载波和音频信号后，通过R4和C4再次进行中频载波和音频信号滤波，得到的AGC电压通过中频变压器B3次级绕组加到BG2管基极，对BG2管静态电流进行控制，以达到控制BG2管放大倍数的目的，实现AGC。

这一电路中的BG2为中放管，它是反向AGC管，处于反向AGC工作状态。中频信号幅度愈大，在BG3管基极的AGC电压愈大，从BG3管集电极输出的AGC电压愈小（共发射极放大器的反向特性），通过R4加到BG2基极的AGC电压愈小，使BG2基极电流减小得愈多，BG管放大能力下降得愈多，实现AGC。

图 9-84 所示是 AGC 电压滤波电路示意图。从电路中可以看出，BG3 管集电极输出的 AGC 电压，首先经过 C6 滤波，然后经过 R4 和 C4 进一步滤波。

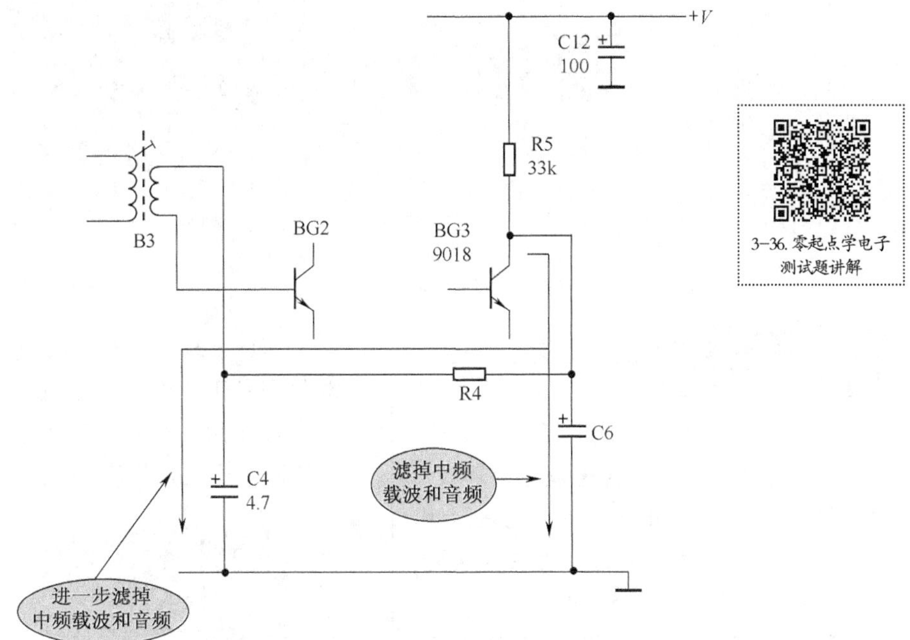

图 9-84　AGC 电压滤波电路示意图

一些高级的收音机中还设有二次 AGC 电路和高放 AGC 电路。

附录 1 “我的 500”学习电子技术方法

重要提示

“我的 500”行动是笔者为电子技术学习者专门设计的一个快速成才的通道，它也是笔者一直采用的方法，这一方法推出数年来，参与行动的人们正在成功之道上有力、有趣、有效行动。

一、“我的 500”行动核心内容

1. 每天 500 字

结合自己的工作或学业，确定一个方向，然后每天整理 500 字笔记，一直坚持，累计要达到 30 万字，用哲学的从量变到质变的思想来指导整理过程中的心理活动，在完成时您就具备了结构、系统、逻辑、层次、细节、亮点、特色的把握能力，同时系统地掌握了该领域的知识，这对您的成才有重大影响，信吗？信吧！附图 1-1 所示是笔者当年“我的 500”行动其中一天的 500 字。

2. 一个专题

行动初期，注意只能是一个方向，集中精力搞一个专题，不能全面开花，否则短时间内的成就不明显，会影响信心。如果感觉时间和精力充沛，可以从每天 500 字适当提高。

3–37. 零起点学电子测试题讲解

一个专题的含义有下列几种情况。

（1）电子电路学习过程中的一个专题内容，如电源电路中的整流电路学习，努力地将这一专题所有能够收集的资料收全，学习且整理笔记，这样可建立起整流电路的知识体系。当后续学习和工作中遇到整流电路这部分知识时，会自如运用，实实在在地感觉到学习的成功，必将激发更大的学习热情。

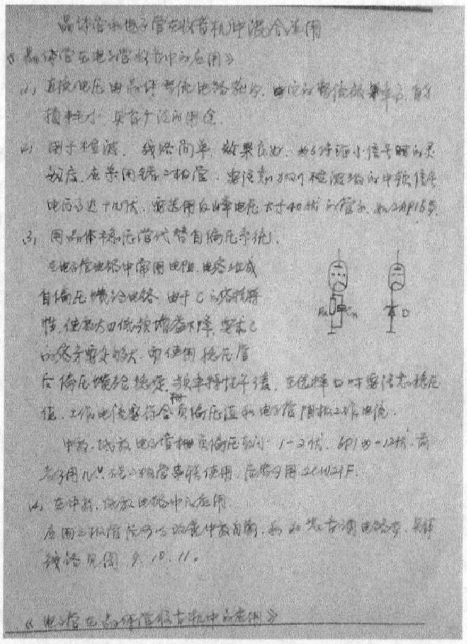

(a)

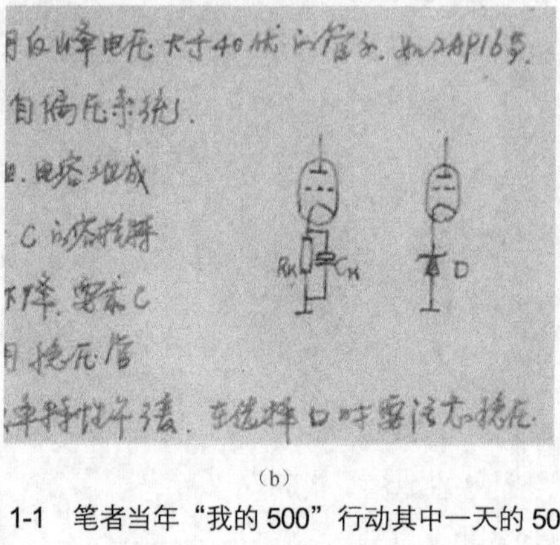

(b)

附图 1-1　笔者当年“我的 500”行动其中一天的 500 字

在一个专题学习完成之后，第二个专题的选择最好要在前一个专题的知识体系中，例如，可以选择电源电路中的滤波电路。这样，两个专题的学习相互联系，相互促进，可以逐步建立一个更加完整的知识体系，如电源电路知识体系。

（2）以某一本书的学习为专题，用它作为学习的主教材，整理学习笔记，这时还应该再选择几本同类书作参考，同时在网上大量收集同一个专题的文章，在学习和整理中不断地对主教材进行补充和扩展，这样所掌握的知识更为系统，更加深入。

笔者当年主攻盒式录音机和音响技术，当时这门技术刚刚兴起，资料奇缺，笔者硬是处处有心收集相关资料，在这一过程中强化了自己的意志，也提高了自己的斗志。笔者收全了当年出版的各类盒式录音机和音响技术的图书和杂志，这一积累成果也伴随了笔者在专业道路上的成长过程。附图 1-2 所示是笔者当年收集的部分技术方面的图书。

附图 1-2 笔者当年收集的部分技术方面的图书

3．专题学习的优势

3–38. 零起点学电子测试题讲解

“我的 500” 行动初期专题选择要较小，需要比较具体，选择那种通过两三周时间的学习就能完成的小专题。在一个专题学习完成之后，马上能感觉到系统学习的优点，感受到“我的 500”行动的初步成功，这种成功感会对下一步的学习有“正反馈”作用。

4．500 字梯度要求

初期行动中，每天 500 字可以是一般性的学习笔记，再逐渐地过渡到看懂后用自己的语言进行组织。用自己的语言整理能大幅提高学习效率，加深印象的同时还能使理解更为深刻。

当您深入一个领域并成功后，将惠及其他方面，受益一生。

“我的 500”行动的核心是：500 字，天天写。

二、培养习惯和心理暗示

1．培养习惯，克服学习之初的困难

我们在学习之初会遇到各种各样的问题，坚持不下去，这是普遍存在的现象，在“我的500”行动过程中对克服心理层面的障碍有一个好方法，即请相信：一旦坚持数月就会养成习惯，之后将进入自然状态，这时您想不做也不成，这是达尔文的进化论在学习中的具体应用，笔者的伟大理解，也是亲身体会。

2．定量考核，量化学习

采用定量考核的方法可以促进行动，“我的500”行动开始的每天规定自己写 500 字，这不算多，坚持一两天没问题，要咬牙坚持 10 天，从第 11 天起加到每天 600 字，这其中的关键是不管发生什么事情，一天不能断，用自己的信誉保证前期的定量完成，坚持—保证—再坚持—再保证，坚持数月必成正果。

3．心理暗示增添持久力量

时时在心里暗示自己，现在每天所整理的学习笔记都是自己刻苦学习的历史记录和成才的轨迹，必有一天它会证明自己是一个强者，是一个经过努力和吃苦才成功的踏踏实实之人，没有投机，没有运气，更没有别人、领导的恩惠，有的是实实在在的轨迹，厚实的底蕴。

时常关心自己的学习笔记已增加到了多少页，困难时看着它，想着它一天天会厚起来，过段时间将它装订成册，珍藏好，用哲学的量变到质变的思想来激励自己坚守每一天的 500 字整理笔记。

附图 1-3 所示是笔者在“我的 500”行动初期的大量笔记，时常看看这些可以鼓励自己不断学习，不断进步。

附图 1-3 笔者在“我的 500”行动初期的大量笔记

4．搞一些形式主义有好处

3-39. 零起点学电子测试题讲解

要搞一些形式主义，笔记就是形式，它能强化学习效果，附图 1-4 所示是笔者早期的学习笔记。

(a)

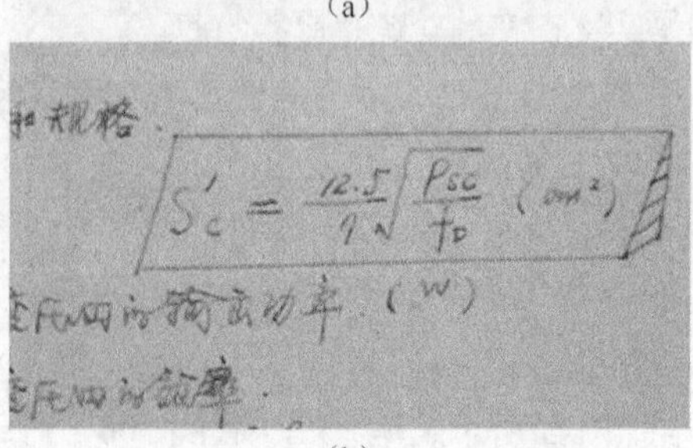

(b)

附图 1-4 笔者早期的学习笔记

这里引用一位“我的 500”行动参与者的感悟加以佐证，如附图 1-5 所示。

交谈中请勿轻信汇款、中奖消息，勿轻易拨打陌生电话。

该好友使用手机QQ登录，点击查看详情

Einstein之锁 18:50:27

古木老师:-)我坚持把500写了1个星期啦，觉得学习特别有条理性

（ 您的好友正在使用手机QQ，详情请咨询您的好友或点击：http://mobile.qq.com/?c）

附图 1-5 “我的 500”行动参与者的感悟

5．营造学习氛围也很重要

将自己置身于一个书的海洋中，让外界的刺激成为“我的 500”行动的正能量。例如，在自己书房中进行“我的 500”行动，书架上到处是学习用书和自己的“我的 500”行动学习笔记，营造一个抬头见书、低头思书的氛围，会给您点点滴滴学习的正能量和心理刺激。附图 1-6 所示是笔者当年进行“我的 500”行动的书房环境和电脑打印设备。

附图 1-6 笔者当年进行“我的 500”行动的书房环境和电脑打印设备

三、 勤于思考和记录学习轨迹

1．勤于思考助力“我的 500”行动

在“我的 500”行动过程中，不只是机械地学习知识、做笔记，也要培养勤于思考的习惯，思考围绕当前“我的 500”行动进行，思考的内容愈具体愈好。带着当天的学习内容思考，这个思考过程也是培养和强化“我的 500”行动的过程。

2．注重细节强化“我的 500”行动

“我的 500”行动过程中要有意识地注意知识的细节学习，这也是培养习惯的过程。“细节决定成败”并不是一句空话，而是众多成功人士成功后实实在在的感悟。

记得笔者当年去北京颐和园长廊游园，700 m 长的长廊中，每一幅画的每一笔都工工整整，其细节之精美令笔者震撼，当时自己就暗暗下定决心，以后“我的 500”行动过程中要注意细节，力求精美。

3．敢于成功超越“我的 500”行动

“我的 500”行动虽然是一种学习方法，但是学习的目的是为了成功，所以在整个“我的 500”行动中需要树立敢于成功的想法。敢于成功要脚踏实地，由小成功起步，由点滴成功积累到大成功。

笔者的成长之路就是这样的不断成功、积累成功的过程。例如，笔者当年将学习过程中的体会写成文章，投向报纸、杂志，用小成功激励自己向前进步，再进步。附图 1-7 所示是笔者投稿成功的处女作（1982 年 12 月 25 日），当时激动得浑身有用不完的激情和动力，并感谢“我的 500”行动，表示要加快“我的 500”行动的步伐。

有了小成功的经验，或是鼓舞，就会向更大的成功冲击。笔者就是这样冲击的，1984 年笔者的处女著作问世，如附图 1-8 所示。而现在您阅读的这本书，则是笔者 30 年来正式出版的第 130 多本（还有 400 多篇文章）。正是这一小步成功到一大步成功，使笔者一生投入到电子技术事业及写作工作中。如今著作等身的我，时常感激当时的“我的 500”行动给我的“无穷”力量和不断成功。

3-40. 零起点学电子测试题讲解

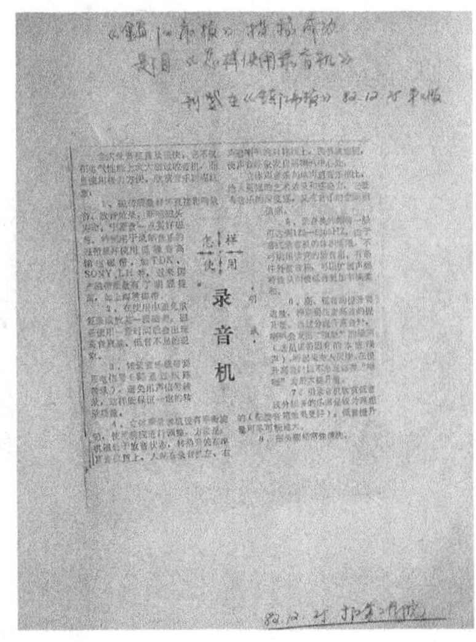

(a)

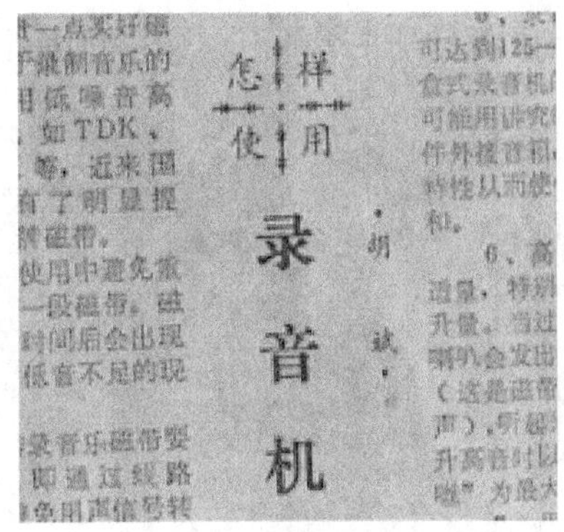

怎样使用录音机

(b)

附图 1-7 笔者投稿成功的处女作

附图 1-8 笔者处女著作

4．记录成功持续鼓励自己

在“我的 500”行动过程中，会天天有成功，完成了一天规定的学习量就是今天的成功。要注意及时记录成功，或是拍成照片，或是写篇记录

性的文章，用不同方式“张扬”这些小小的成功。

记录成功可以是“我的 500”行动第 10 天做一个特别记录，在完成 1 万字时、10 万字时做个记录，在取得较大突破时做个记录等。

笔者至今还保留着众多的记录，具体如下。

1988 年笔者荣幸当选国家著名杂志《无线电》杂志的通信员，附图 1-9 所示是通信员证。

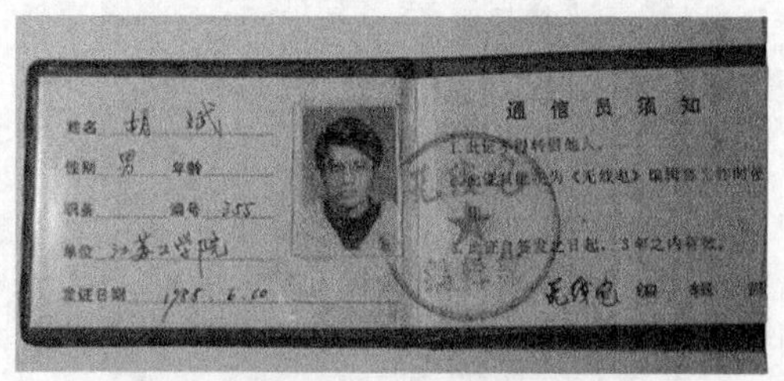

附图 1-9　通信员证

1990 年笔者荣幸当选《电子报》和《家电维修》杂志的特约编辑，如附图 1-10 所示。当年 30 岁的我能成为这两家全国著名的电子类报纸和杂志的最年轻特约编辑是件非常不易和荣幸的事情。

1、可在当地免费订阅《电子报》一份，发票寄《电子报》社

2、每年赠送《电子报》合订本一册。

3、《电子报》社出版的家电维修资料五折优惠供应一套。

4、《电子报》开展的各种大奖赛可优先获得资料。

5、同类水平稿件可优先录用。

6、《电子报》社协助特约编辑出版电子图书。

在聘期内特约编辑的义务：

1、为“专版”供稿不少于5篇（一年内）。

2、为《电子报》合订本附录收集、整理提供资料（内容以家电维修请参阅历年电子报合订本附录）。

来稿时请在第一页右上角写明特约编辑证编号。

“专版”联系人：张重荣

《电子报》社

1990年8月11日

（a）

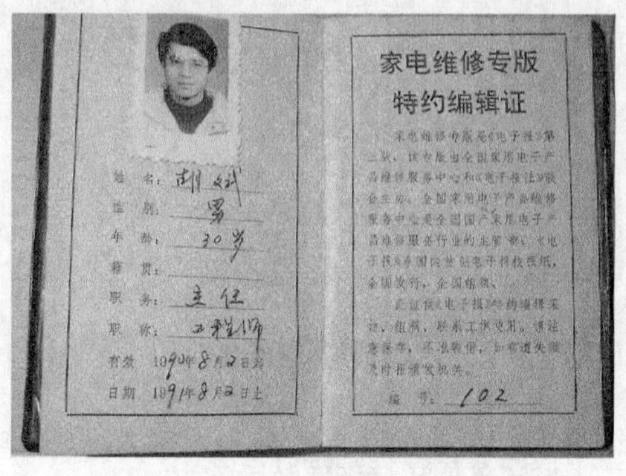

家电维修专版

特约编辑证

编号：102

（b）

附图 1-10　当选《电子报》和《家电维修》杂志的特约编辑

1993 年笔者被聘为《电子制作》杂志创刊时的八大编委会成员之一，是当时最年轻的编委，如附图 1-11 所示。

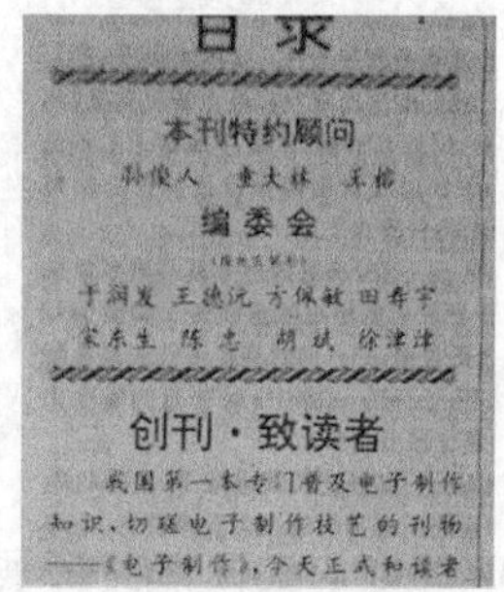

本刊特约顾问

编委会

创刊·致读者

我国第一本专门普及电子制作知识，切磋电子制作技艺的刊物——《电子制作》，今天正式和读者

附图 1-11　被聘为《电子制作》创刊时的编委会成员

5．讲述胜于背诵

在“我的 500”行动过程中，要时常安排时间让自己对所学内容、所记笔记进行讲述。能大声讲出口，能层次分明地讲述，那说明自己已牢牢掌握了所学知识，说一次胜于背记十回。讲述时可以进行录音，在复听中找出欠缺处，再次进行讲述录音。附图 1-12 所示是笔者当年的讲述录音磁带。

3-41. 零起点学电子测试题讲解

附图 1-12　笔者当年的讲述录音磁带

四、踏实行动从现在开始

1．踏实行动完成每天行动计划

要牢记：没有不吃苦就能成功的事情，除非您是神仙。

困难多时想想一旦成功后的成就感，那时

会产生克服困难的信心和勇气。

小贴士：如果哪天真的一个字也不想写，那就抄吧，抄也得抄上500个字，拒绝停止一天的计划。

初期的计划只有500字量的要求，没有质量的考核，也没有必要超额完成任务，更不可将当天的超出量放到次日的计划中，开始的数月只需要达到一个目的，坚守每一天，培养习惯！

2．从现在开始

不要有庄严的计划，不要有隆重的开始仪式，不要选什么好日子再开始，那些都是心理缺陷的表现，就从现在开始，进行“我的500”行动，早日进入状态，早日成才。

欢迎各位有志之士加盟“我的500”队伍。相信数年后，参加这个行动中的许多人会成为各自岗位的重量级人才。

五、“我的500”行动动态

“我的500”行动在论坛中得到了很多网友的回应，这里摘录的部分回帖供您参考，希望您早日加入其中。

※专业：电子

职业：技术员

理想：初期能在公司独当一面。

越深入学习专业技术知识，越知道自己的知识的不足，这是一件既可怕又兴奋的事情！本人在刚开始和古木师父谈论“我的500”计划的时候，那个兴奋劲头真是不可言语，心中没想其他的，只想着之前每天的努力不能被之后的某一天来摧毁，但是后来自己也慢慢觉察到，最可贵的不是在于每天总结归纳的有多么精辟，内容多么丰富，而是在于坚持，道理都明白，修行在个人！

达到多么好的效果自己去实践，我也在坚持中，好的学习方法有了，就看学不学了！

※专业：电子技术及其应用

职业：教师

理想：掌握科学学习方法，高手林立中取长补短，以期事半功倍；真正深入电子专业，自我努力下不断进取，以求立足之本。

胡老师，两年前偶然间读到你的一本书（******）之后，买你的书、读你的书就成了一种必然。

3-42.零起点学电子测试题讲解

读你的书最大的感受是：对电子电路中抽象化问题的表述手法非同一般，同时也在我的业务中引入了你的思路、思想，感觉收获很大。

胡老师，你知道吗？看到这个帖子，我做的第一件事情就是开始了“我的500”之旅，所以，我的名字叫——在路上。希望得到你的指导！

※专业：无线电

职业：电子技术员

理想：能完整独立地开发出自己的电子产品（哪怕是简单的）。

我没读过多少书，但对这个神秘的东西有非常浓的兴趣。2004年我进入一家电子公司做技术员一直到现在，边做边学，今天终于找到了组织——“我的500”，希望我有成功的那一天。

※专业：教育管理

职业：信息技术教师

理想：电子工程师。

早就想学学电子技术了，可在我们当地书店里根本没有这方面的书，放假了，到青岛玩，在李村新华书店看到了《******》一书，让我眼前一亮，终于找到学习的方法了，我一定会按胡老师的方法做下去，争取早日成为一名电子工程师。

附录 2 化整为零和集零为整电路分析方法

重要提示

对一个复杂电路的工作原理分析并不是一步就能到位的，通常需要对电路进行分解，即分解成各个比较简单的单元电路，然后再对分出来的单元电路进行再分解，分解成更小的基础电路，再对其进行详细分析。

常用的电路分解方法主要有下列几种。

一、信号的幅度分解方法

直流或交流信号的幅度会出现大或小等不同情况，而不同信号幅度对电路的影响是不同的，这时就要将信号幅度分解，进行分别分析。例如，电视机扫描电路中的复合同步信号分离电路、限幅电路等，对这些电路分析时不用信号幅度分解的方法就很难进行电路工作原理的分析。

附图 2-1 是两种信号幅度分解的方法示意图。附图 2-1(a) 所示同步头电平最大，其次为消隐电平，视频信号电平最小，这是 3 个不同幅度信号组成的复合信号，分解这个复合信号时用幅度分离的方法，根据不同电平大小分离出 3 个独立的信号；附图 2-1(b) 所示信号幅度大小不一，一些电路分析中需要将信号分成大信号和小信号两种情况。

3-43. 零起点学电子测试题讲解

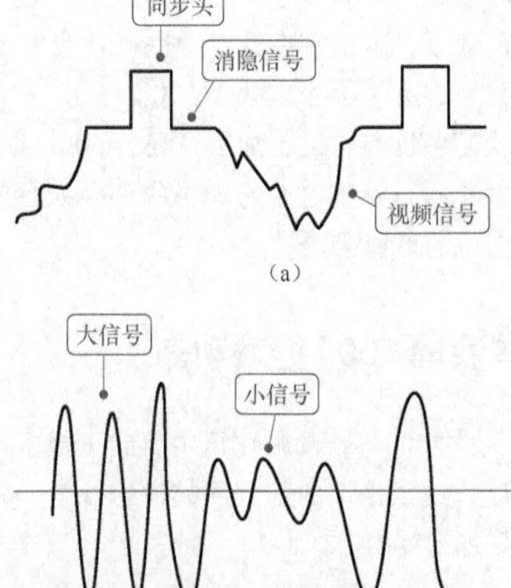

附图 2-1 两种信号幅度分解的方法示意图

二、交流信号的频率分解方法

重要提示

在电路分析中，时常需要根据信号的频率高低对信号进行分类，将信号频率分成几种情况，再进行电路工作原理的分析。

在分析选频放大器、陷波电路、选频电路、带通放大器电路等时，要对信号的频率进行分解。根据不同的信号频率，电路有不同的工作结果，如果不分解信号的频率，这类电路就无法进行工作原理的分析。

1．频率分解方法

附图 2-2 是频率分解方法示意图。当两种信号的频率高低相差很大时，一些电路分析中要将信号按频率分解，如高频信号和低频信号，再分细一点是低频信号、中频信号和高频信号。

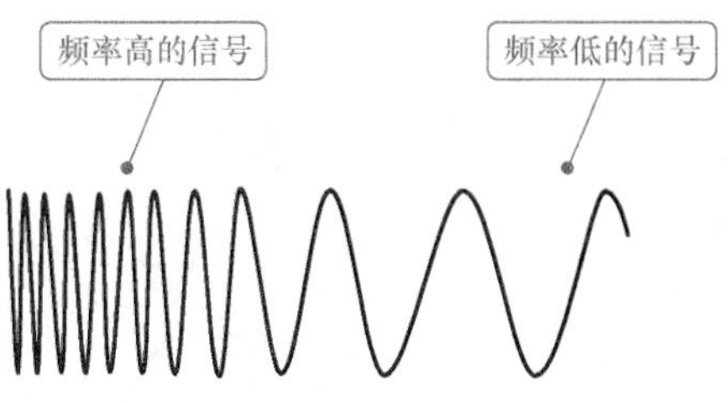

附图 2-2　频率分解方法示意图

2．交流信号频段划分

电路分析中，关于信号频率的概念需要掌握频率的高与低，而且是信号频率的相对高低。交流信号的频率分解是将频带（最高频率和最低频率之间的范围）内的信号分成两个或多个更小频段的信号，对不同频段内的信号分别进行电路工作原理的分析。

交流信号的频率分解在不同情况下有不同的分段方法。

3．低、中、高频信号分析方法

附图 2-3 是低、中、高频信号分析方法示意图。

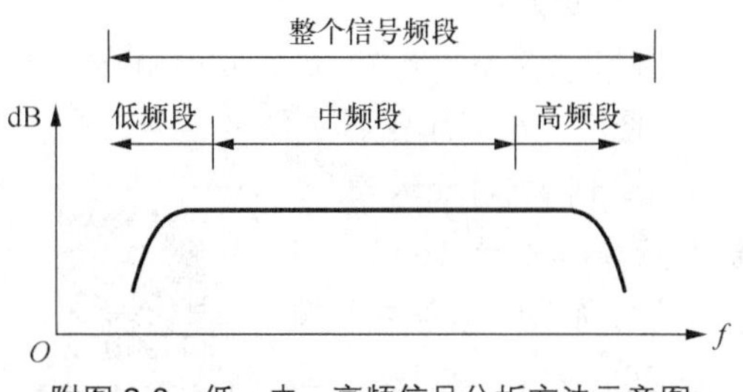

附图 2-3　低、中、高频信号分析方法示意图

根据交流信号中信号频率的不同，通常将交流信号分成低频信号、中频信号和高频信号，这时分成 3 种情况进行电路分析。

3-44. 零起点学电子测试题讲解

低频信号频率最低，高频信号频率最高，中频信号频率居中。

显然，低频信号是指低频范围内某一频段的信号，严格讲应该是低频段信号，俗称低频信号。同理，中频信号、高频信号也是某一频段内的信号。

4．某个特定频率信号分析方法

附图 2-4 是某个特定频率信号分析方法示意图。

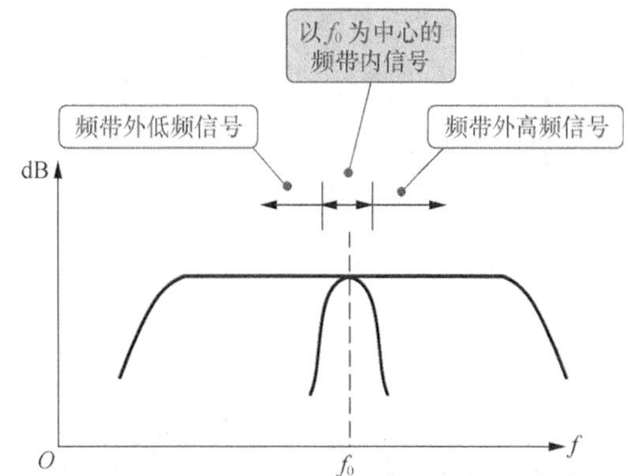

附图 2-4　某个特定频率信号分析方法示意图

将交流信号分成某个特定频率的信号，严格地讲是以该频率为中心的一个频带内信号和该频带之外的其他频率信号两种情况，通常以 f_0 为中心的频带内信号频带很窄。

这种分析方法主要用于吸收电路、带通滤波器和谐振电路的工作原理分析中。

5．低频和中、高频信号分析方法

附图 2-5 是低频和中、高频信号分析方法示意图。

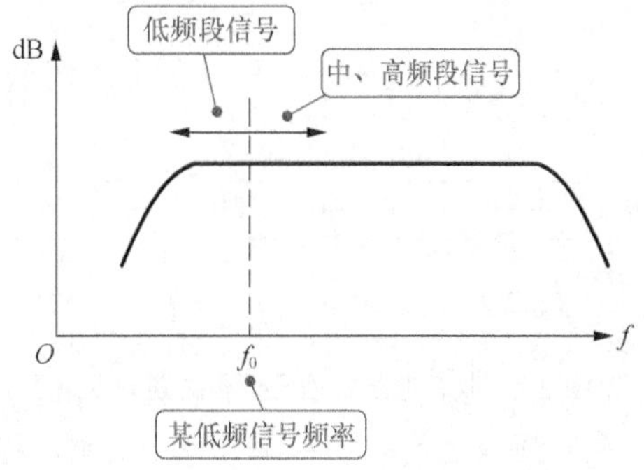

附图 2-5　低频和中、高频信号分析方法示意图

以某一特定频率的低频信号为界，将交流信号按频率高低分成低频信号和中、高频信号两种情况来分析，这往往是低频段信号在电路中受到特殊处理时采用的频段分解方法。

这种方法主要用于分析高通滤波器、频率补偿等电路的工作原理。

6．低、中频和高频信号分析方法

附图 2-6 是低、中频和高频信号分析方法示意图。

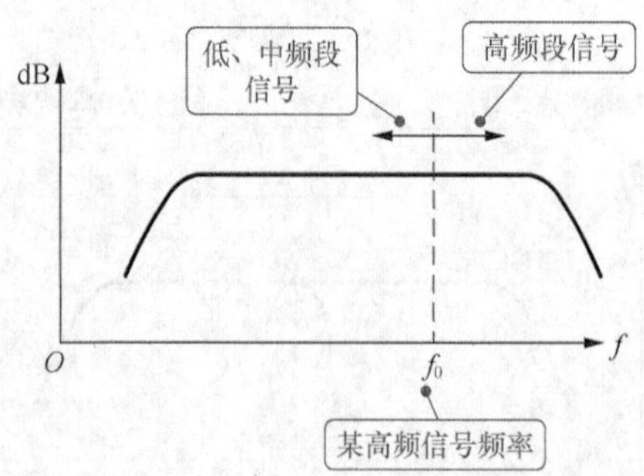

附图 2-6　低、中频和高频信号分析方法示意图

以某一特定频率的高频信号为界，将交流信号按频率高低分成低、中频信号和高频信号两种情况来分析，这往往是高频段信号在电路中受到特殊处理时采用的频段分解方法。

这种方法主要用于分析高通滤波器等电路的工作原理。

7．收音电路中的高频信号、中频信号和低频信号分析方法

附图 2-7 是收音电路中信号频率的划分示意图。

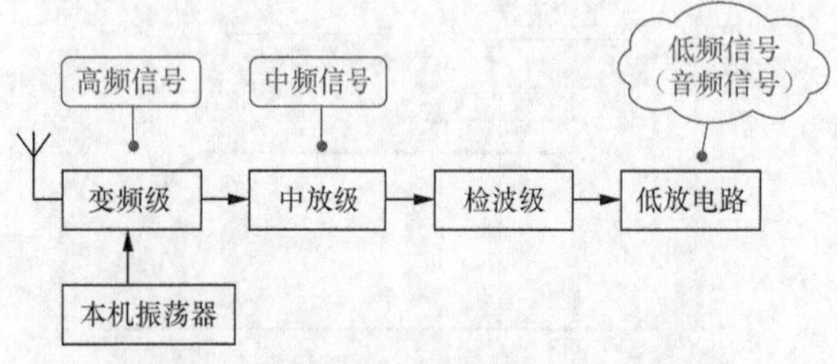

附图 2-7　收音电路中信号频率的划分示意图

在变频级之前的收音信号频率最高，称为高频信号，例如，中波 700 kHz 的广播电台高频信号，经过变频级之后，变成了中频信号，在调幅收音机中的中频频率为 465 kHz，调频收音机中频频率为 10.7 MHz；经过检波电路之后，中频信号变成了低频信号，也就是人耳所能听到的 20 ~ 20 000 Hz 的音频信号。

8．频段内和频段外信号分析方法

附图 2-8 是频段内和频段外信号分析方法示意图。

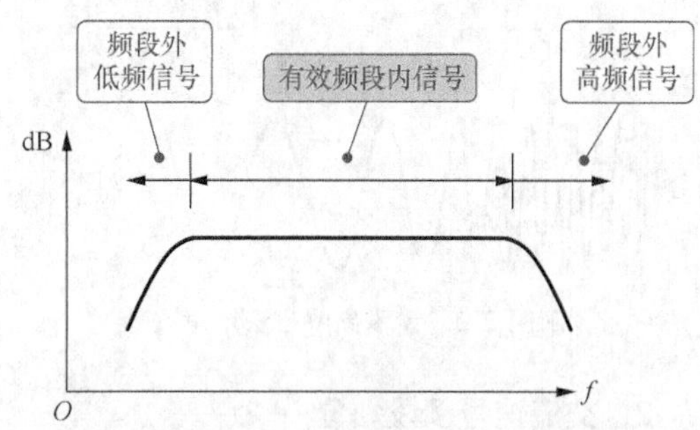

附图 2-8　频段内和频段外信号分析方法示意图

将交流信号分成有效频段内信号和频段外信号两种情况。有效频段内信号是有用的信号，频段外信号通常是无用的信号，是有害的。

频段外信号又分成频段外低频信号和频段外高频信号，前者频率低于频段内信号的最低频率，后者频率高于频段内信号的最高频率。

三、音频和音响电路中频率划分方法

1．音频信号中低音、中音和高音频率划分分析方法

音频信号是电子电路中最为常见的信号之一。

附图 2-9 是音频信号中低音信号、中音信号和高音信号划分示意图。通常将频率低于 500 Hz 的音频信号称为低音信号，频率在 500 ~ 4 000 Hz 之间的称为中音信号，频率高于 4 000 Hz 的称为高音信号。

2．音频信号中超低音和重低音频率划分分析方法

音响电路中，为了进一步说明低音，时常将低音频段再进一步分割，如附图 2-10 所示，将最低的两个倍频程分别称为超低音和重低音。超低音的频段为 20 ~ 40 Hz，重低音的频段为

40 ～ 80 Hz，超低音和重低音合起来称为超重低音，其频段为 20 ～ 80 Hz。

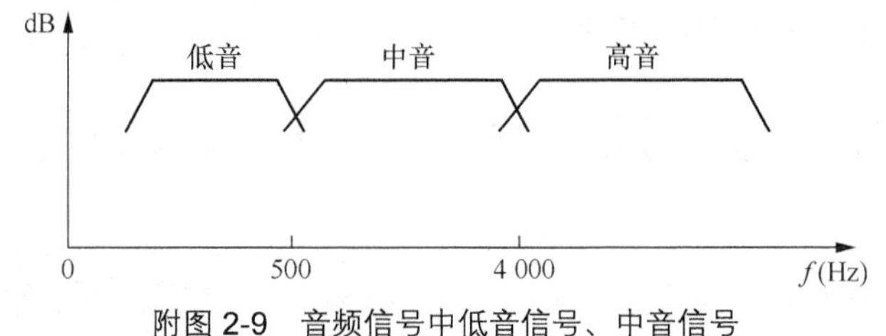

附图 2-9　音频信号中低音信号、中音信号和高音信号划分示意图

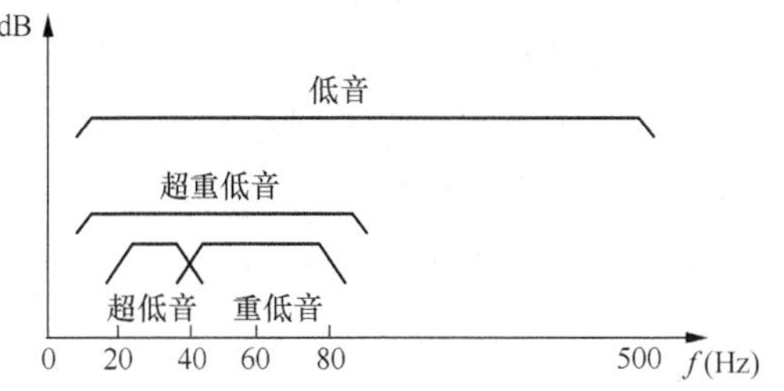

附图 2-10　超低音和重低音频率示意图

3．音频各频段对音响的影响

（1）小于 80 Hz。频率低于 80 Hz 主要是重放音乐中以低频为主的打击乐器，如大鼓、定音鼓，还有钢琴、大提琴、大号等少数存在极低频率的乐器。极低频 20 Hz 为人耳听觉下限，低频中的 25 Hz、31.5 Hz、40 Hz、50 Hz 和 63 Hz 是许多音箱的重放下限。

（2）80 ～ 160 Hz。80 ～ 160 Hz 频段的声音主要表现音乐的厚实感，音响在这部分重放效果好的话，会感到音乐厚实、有底气。这部分表现得好的话，在 80 Hz 以下缺乏时，甚至不会感到缺乏低音。如果表现不好，音乐会有沉闷感，甚至是有气无力。

（3）300 ～ 500 Hz。300 ～ 500 Hz 频段的声音主要是表现人声的，这个频段上可以表现人声的厚度和力度，好则人声明亮、清晰，否则单薄、混浊。

（4）800 Hz。800 Hz 注意不要过多，这段过多会感到音响的频响变窄，高音缺乏层次，低频丰满度不够。

（5）1 000 Hz。1 000 Hz 是音响器材测试的标准参考频率。

（6）1 200 Hz。1 200 Hz 可以适当多一点，但不超过 3 dB，可以提高声音的明亮度，过多会使得声音发硬。

（7）2 ～ 4 kHz。2 ～ 4 kHz 对声音的亮度影响很大，这一频段声音一般不宜衰减。这段对音乐的层次影响较大，适当提升可以提高声音的明亮度和清晰度，但是 4 kHz 不能有过多的提升，否则女声的齿音会过重。

（8）8 ～ 12 kHz。8 ～ 12 kHz 是音乐的高音区，对音响的高频表现感觉最为敏感。适当提升（5 dB 以下）对音响的层次和色彩有较大帮助，会让人感到高音丰富。但是，太多的提升会增加背景噪声（音源的噪声会被明显地表现出来），同时也会让人感到声音发尖、发毛。如果这一频段缺乏，则声音的感染力和活力不够。

（9）大于 14 kHz。14 kHz 以上为音乐的泛音区，如果缺乏的话则声音的感染力和高贵感欠缺。

（10）20 kHz。20 kHz 为人耳听觉上限。

4．爱你超低音没商量

追求超低音的尽善尽美一直是音箱设计的主要目的，更是广大音乐爱好者的美好愿望，尤其是年轻的发烧友，玩过超低音的音乐爱好者都有深刻的体会：恨它、爱它。恨的是弄来弄去那低音无法入耳，爱的是多了一点低音浑身说不出的舒服、刺激，少了低音就是不对劲，真是爱你超低音没商量。研究表明，较深沉的低音可带给人们一种置身于立体声和环绕声声场中的感觉，所以在家庭影院系统中，超低音是不可缺少的声音。

音乐中的中高音更多地用于抒发情感，表达意境，而低音不仅如此，还可以使人在心理上、生理上产生共鸣，从而具有震撼人心的效果。低音给人更真切、更强烈的感觉，给人更多美好的心理活动，这是人们重视低音、喜欢低音、渴望低音的生理根源。同时，心理学研究结果表明，低音更加有助于人类心理紧张情绪的缓解。所以，对低音的渴望是人类心理和生理双重的需要。

四、直流与交流复合信号的分解方法

电路中的直流和交流信号往往叠加在一起，附图 2-11 是直流和交流复合信号波形示意图，直流 U_1 加交流信号 U_2 是复合信号。在分析耦合电路、滤波电路等有电容参与电路的工作原理时，将直流和交流复合信号分解成直流和交流信号两种情况更有利于电路工作原理的分析。

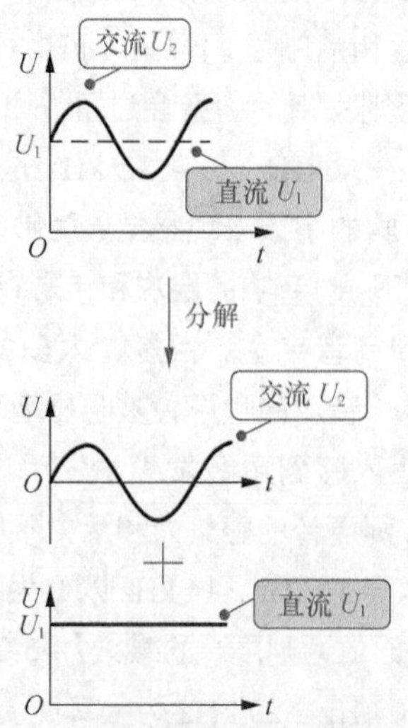

附图 2-11　直流和交流复合信号波形示意图

重要提示

将直流和交流信号分开后，电路分析就会变得相当的简单，要掌握这种直流和交流信号分解方法。

五、直流和交流电路分解方法

重要提示

为了深入分析电路的工作原理，将电路分成直流和交流电路进行分别分析，尤其是对放大器电路常采用这种分析方法。采用这种电路分析方法容易理解直流电路工作原理和交流电路工作原理。

1．分析直流电路

在分析直流电路时，将电路中的所有大小电容视为开路，因为电容不能让直流电流通过，这样可以简化直流电路的分析。图 1-28 是直流和交流等效电路示意图，如果电路中有电感，分析直流等效电路时将电感视为通路。

2．分析交流电路

在分析交流电路时，凡是电路中的耦合电容、滤波电容、退耦电容都看成通路，因为这几种电容的容量比较大，对交流信号呈现通路特性。见附图 2-12 中的交流等效电路，作这样的等效之后，交流电路显得比较简洁，能够方便分析交流电路的工作原理。如果电路中有电感，视电感为开路。

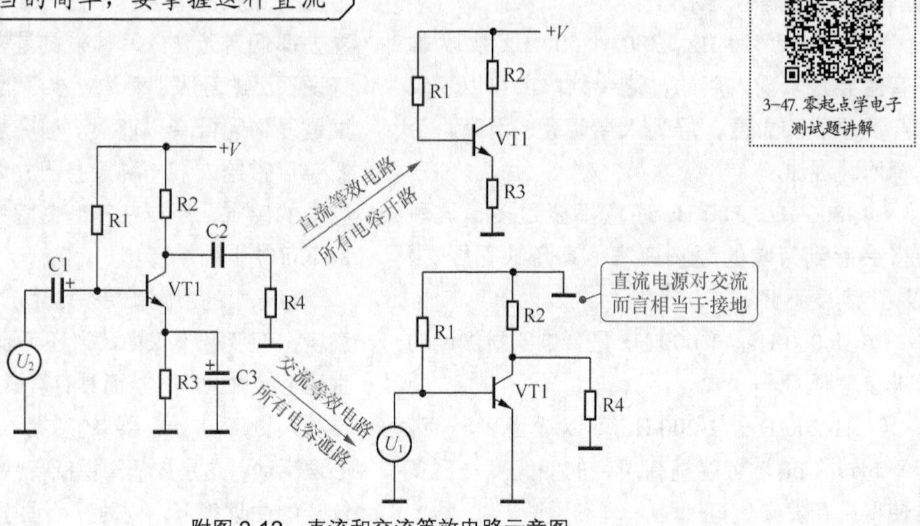

附图 2-12　直流和交流等效电路示意图

六、多级放大器电路的分解方法

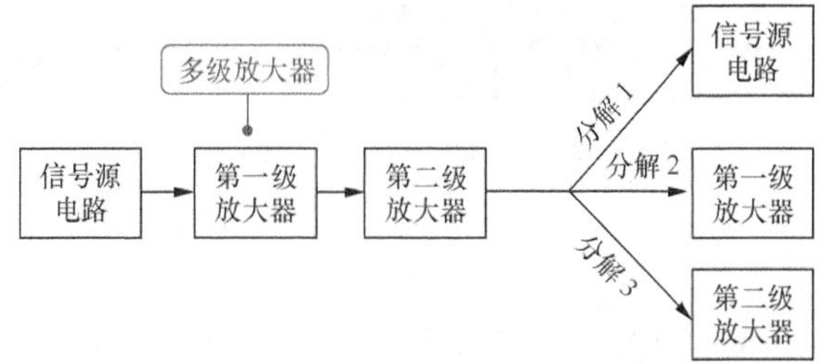

附图 2-13　多级放大器分解方法示意图

重要提示

在分析多级放大器电路时，对于初学者而言，为了深入理解电路工作原理，往往将多级放大器分成一级级的电路后再对每级放大器进行电路分析。

与多级放大器电路类似的还有一些复杂的系统电路，也需要将其分解成多个独立的单元电路进行分析。例如，电源电路可以分解成交流降压电路、整流电路、滤波电路、稳压电路、保护电路等。

附图 2-13 是多级放大器分解方法示意图，将这一电路分解成 3 个更小的单元电路进行详细分析。

3-48. 零起点学电子测试题讲解

七、电路分析中的集零为整方法

电路分析中不仅需要将电路分解，化整为零，还需要集零为整，进行整机电路的全面分析，主要有下列几种类型。

1．多级放大器信号传输分析方法

分析信号的传输过程是电路分析中的重要环节，通过分析可以了解信号在整机电路中的传输、放大、处理的脉络。分析时将所有的电路连接成一个整体，对于多级放大器从信号源电路开始一级级地分析，直至最后一级放大器的负载电路。附图 2-14 是多级放大器信号传输分析示意图。

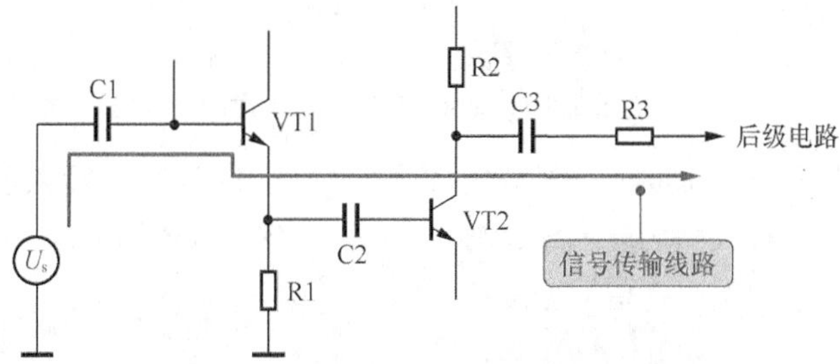

附图 2-14　多级放大器信号传输分析示意图

信号传输分析的过程是：信号源 U_S → C1 → VT1 基极→ VT1 发射极→ C2 → VT2 基极 → VT2 集电极 → C3 → R3 → 后级电路。这一过程分析了信号在多级放大器电路中的传输路径，更为详细的分析过程如下。

U_S（信号源，是放大器所需要放大的信号）→ C1（耦合电容，隔直流通交流）→ VT1 基极 → VT1 发射极（射极输出器，进行电流放大和信号源电路隔离）→ C2（第一级与第二级放大器之间的耦合电容）→ VT2 基极→ VT2 集电极（电流和电压双重放大作用）→ C3（第二级放大器输出端的耦合电容）→ R3（耦合电路电阻，稳定电路工作）→后级电路。

掌握了上述信号传输分析方法，说明对多级放大器电路的工作原理已经深层次地掌握，“吃透”了电路工作原理。

重要提示

掌握信号传输分析方法的意义有下列几点。

（1）了解信号处理内容。全面掌握了信号在电路中每个环节（元器件）受到的处理结果，例如在放大管中得到放大，在耦合电容中实现了耦合等。

（2）了解信号行踪。故障检修中可以追踪信号的传输“行踪”，通过测量仪器可以了解信号在某个环节的处理是否正常。

（3）利于故障分析。信号传输过程中的任何一个环节出现故障都将对后面的电路工作有不良影响。例如，信号传输路途中任何一只元器件开路，后面的电路中都将无信号。

2．负反馈电路分析方法

重要提示

分析负反馈电路要联系放大器的输出端和输入端，需要将电路集零为整，特别是分析大环路负反馈电路时，要将参与负反馈的各级电路联系起来分析。

附图 2-15 是负反馈电路分析示意图，这是一个有放大器参与、连接放大器输入端和输出端的闭合回路，负反馈电路接在放大器输出端与输入端之间，根据这一电路特征可以识别负反馈电路。

3–49. 零起点学电子测试题讲解

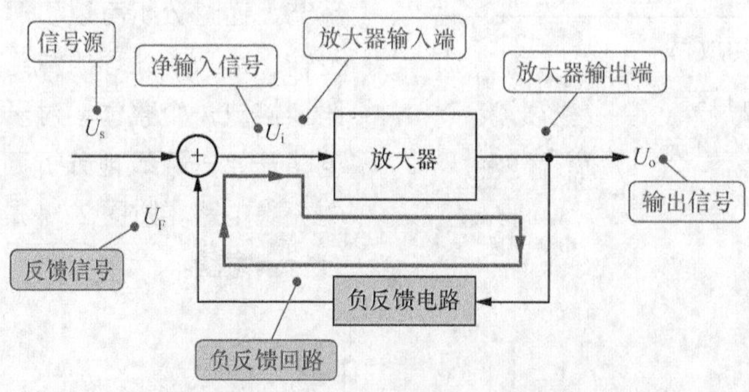

附图 2-15　负反馈电路分析示意图

负反馈电路从放大器输出端取出一部分信号作为反馈信号 U_F，加到放大器的输入端，与输入信号 U_i 混合，负反馈电路是两信号幅度相减，得到幅度小于输入信号 U_S 的净输入信号 U_i，加到放大器输入端。

附录3 信号回路分析方法

信号回路是指某个信号或电流所经过的回路，更加具体地讲就是所经过的各元器件构成的电路。

信号回路有两层意思，具体如下。

（1）信号电流回路。这是一个闭合的电流回路，初学者非常喜欢这样的电流回路分析，以搞明白电流经过了哪些元器件和线路。附图3-1是一个简单的信号电流回路示意图，这是一个玩具电动机中的电流回路示意图。

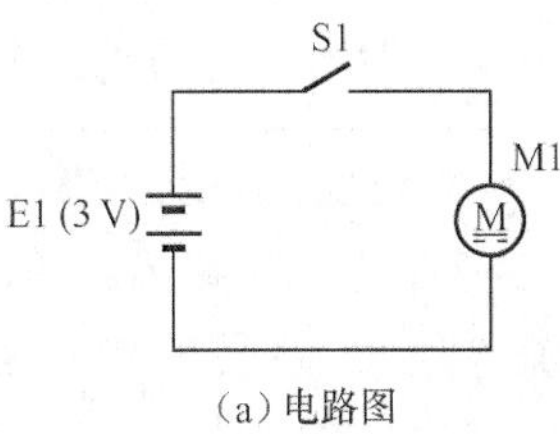

（a）电路图

E1：3 V电池；S1：电源开关；M1：直流电动机

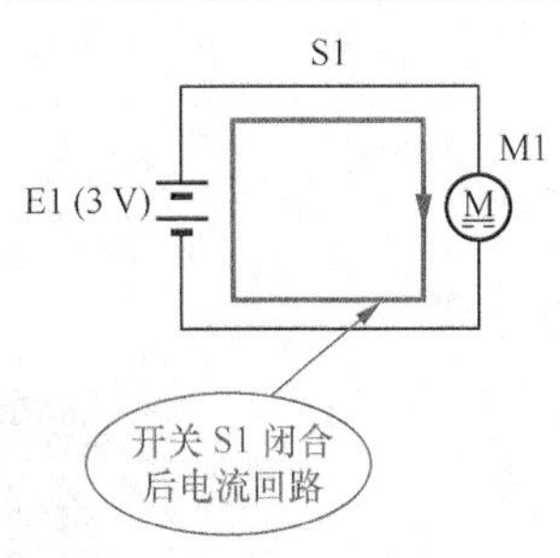

（b）信号电流回路

附图3-1　电流回路示意图

从电流回路示意图中可以看出，这一电路中的电流经过了多个元器件，即E1→闭合的S1→M1。

（2）信号传输线路。这是指信号传输所经过的线路。

一、信号电流回路分析的目的

分析信号电流回路的目的主要有3个，具体如下。

1．分析哪些元器件构成了信号电流回路

这里以玩具电动机电路为例进行说明，附图3-2所示是接有电源指示灯的电动机电路。从图中可以看出，电动机M1的电流回路只与E1、S1和M1这3只元器件相关，与R1和VD1无关。

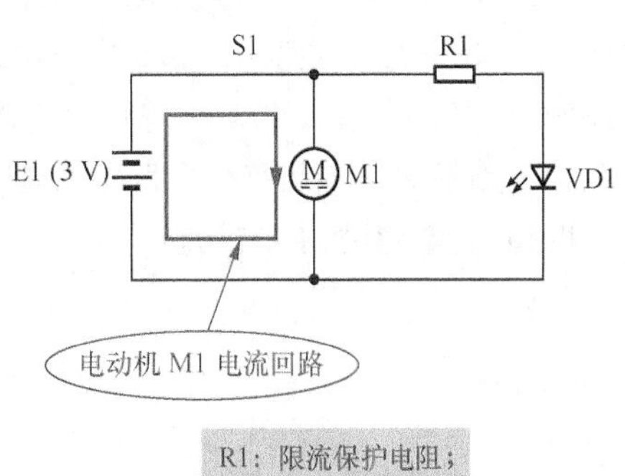

R1：限流保护电阻；
VD1：电源指示灯

附图3-2　接有电源指示灯的电动机电路

附图3-3是电源指示灯VD1电流回路示意图，从图中可以看出，这一电流回路与电动机M1无关，而与E1、S1、R1和VD1相关。显然，不同的电流回路是由不同元器件构成的，而不同的电流回路在电路中完成了不同的电路功能。

3-50. 零起点学电子测试题讲解

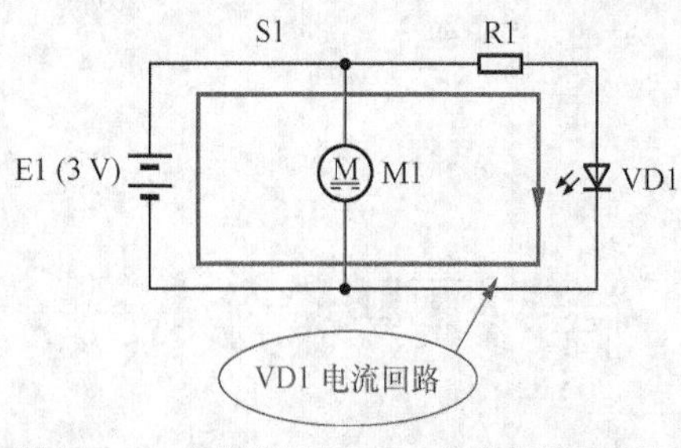

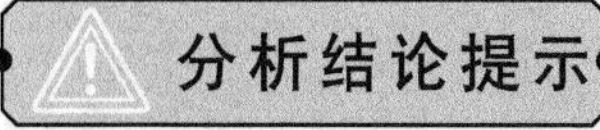

附图 3-3　电源指示灯 VD1 电流回路示意图

分析结论提示

电动机电流回路为电动机提供驱动电流，其目的是让电动机能够转动；电源指示灯电流回路为电源指示灯 VD1 提供驱动电流，让 VD1 发光指示，表示电路进入工作状态。

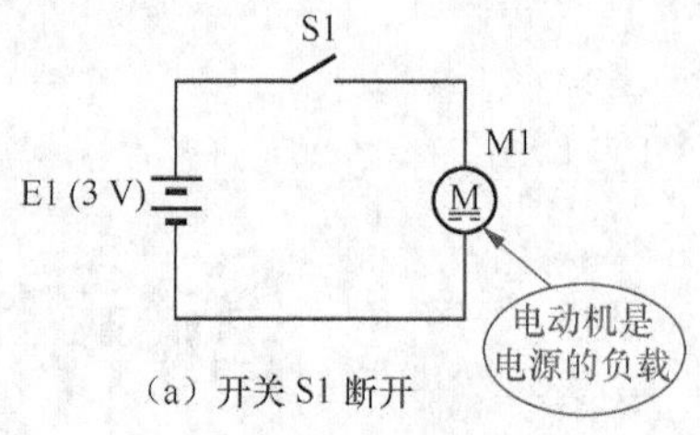

（a）开关 S1 断开

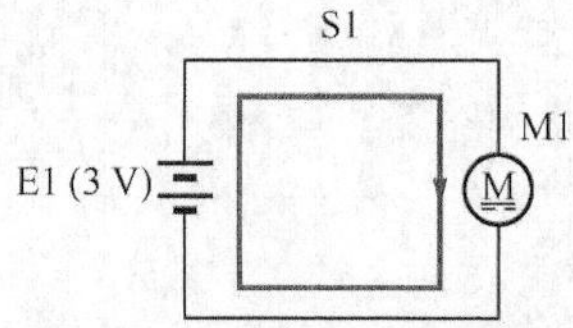

（b）开关 S1 接通

附图 3-4　示意图

2．分析回路中元器件对负载的影响

（1）电源开关对电动机的控制作用。这里以玩具电动机电路为例来说明回路中元器件对负载的影响。如附图 3-4 所示，电路中的电源开关 S1 控制电动机所在电路是否成回路，当 S1 断开时，电动机没有回路，这时电路中没有电流，所以电动机 M1 不转动；当电源开关 S1 接通后，电动机电路成回路，电路中有电流流过电动机 M1，电动机 M1 转动。

分析提示

通过上述分析可知，在电动机回路中，电源开关 S1 就是用来控制电动机是不是转动的，而电动机就是这一电路中的主要元器件，也就是电池 E1 服务的对象，所以将电动机 M1 称为电池的负载。

（2）限流电阻对发光亮度的影响。附图 3-5 是电源指示灯 VD1 电流回路示意图，从图中可以看出，限流电阻 R1 串联在 VD1 回路中，R1 的阻值愈大，流过 VD1 的电流就愈小，VD1 就愈暗；反之，R1 阻值愈小，VD1 愈亮。

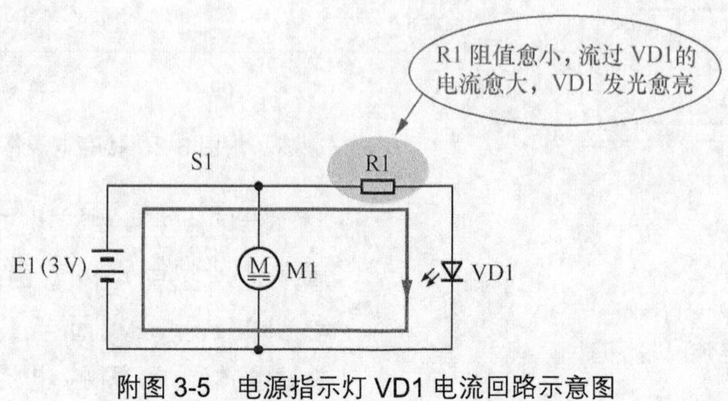

附图 3-5　电源指示灯 VD1 电流回路示意图

3–51. 零起点学电子测试题讲解

公式理解方法提示

对于电阻R1的大小对流过VD1电流的影响还可以用如下公式说明：

$$I = \frac{U}{R} = \frac{3V - 1.7V}{R_1}$$

式中：I为流过发光二极管VD1的电流；R_1为限流电阻；3，1.7是E1电压是VD1压降。

3．分析信号回路是为了进行故障分析

故障检修中需要进行电路故障分析，而分析的第一步就是要寻找故障所在电路回路中的各元器件。例如，上述发光二极管指示灯电路中的不指示故障，需要找出指示灯电路中的所有元器件，然后才能对故障现象进行分析。

二、电路中产生电流的条件

1．电路中存在电流流动的两个条件

电路中存在电流的流动，必须同时满足以下两个条件。

（1）电路成回路。所谓电路成回路就是电路是闭合的，如附图3-6所示，当开关S1接通后电路是成回路的，S1断开时电路不成回路。

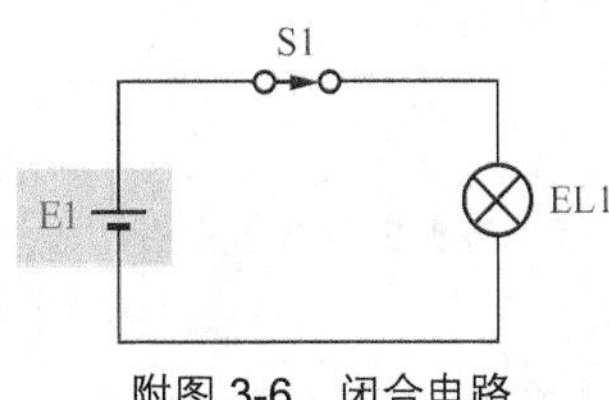

附图3-6 闭合电路

当开关S1断开时，电路中没有电流流过，因为没有满足电流产生的条件。

（2）回路中有电源。回路中要有电源，附图3-7所示电路中有电源E1。如果电路只是成回路而没有电源，这一闭合电路中也没有电流流动。

如果电路有一个电源，但是这个电源不在回路中，则这一回路中仍然没有电流。

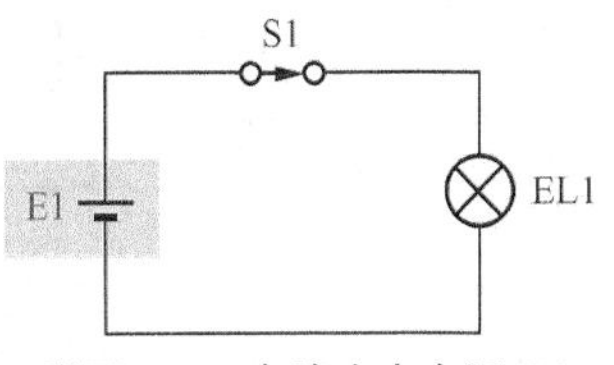

附图3-7 电路中有电源E1

2．判断回路中是否有电流关键是看电源

附图3-8所示是一个简单的电路，标出了这一电路中的电流回路示意图，图中有两个电流回路，即R1电流回路和R2电流回路，这两个回路共用了电源E1。

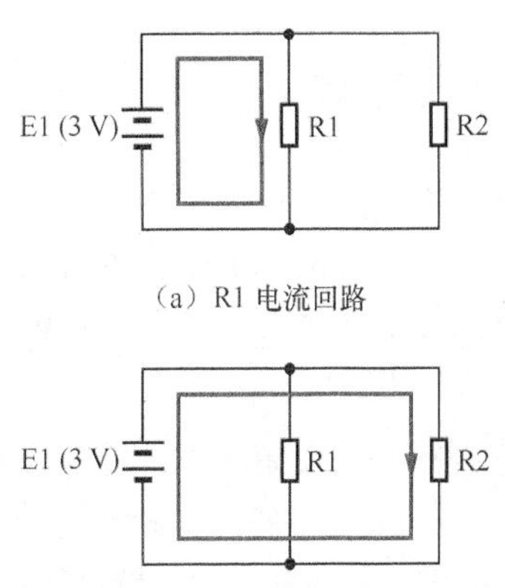

附图3-8 简单电路中的电流回路示意图

附图3-9是R1和R2构成的回路示意图，但这一回路中没有电流，这是因为该回路没有电源。所以，并不是所有的回路中都有电流。

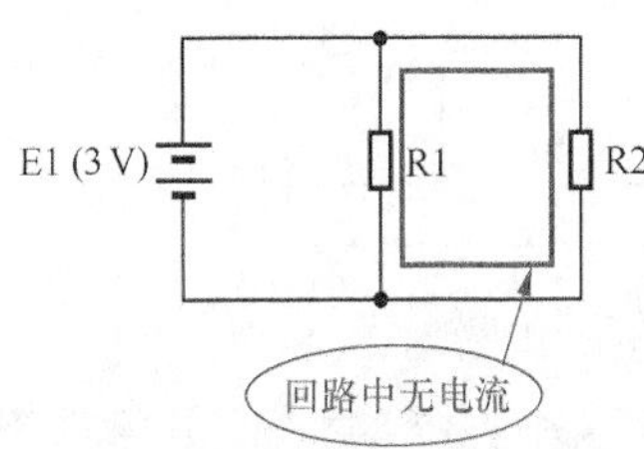

附图3-9 无电流的回路示意图

3．电路回路的简化分析

附图3-10是电路简化和电流回路简化示意图。在电流回路分析中，可以从电源的+端出发，沿回路分析到地线端即可，这样在复杂电路中的分析显得方便。

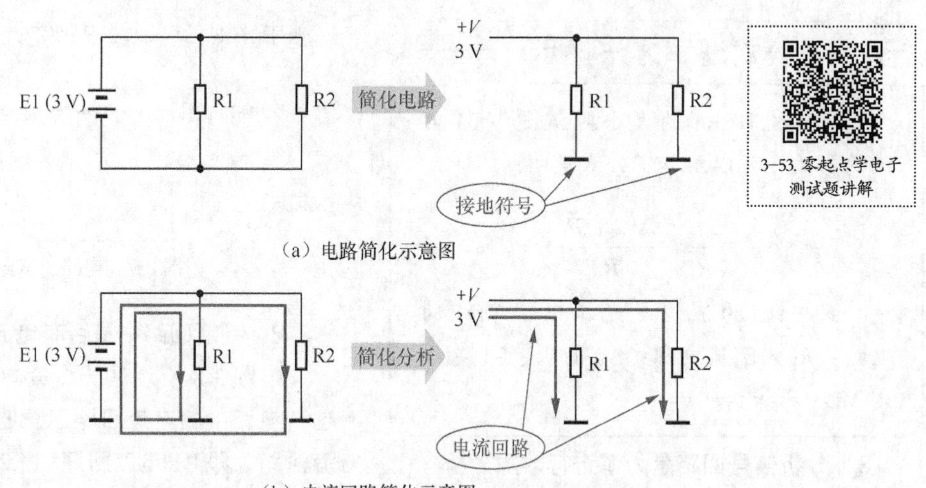

（a）电路简化示意图

（b）电流回路简化示意图

附图 3-10　电路简化和电流回路简化示意图

三、信号传输线路

信号传输线路分析是电子线路分析中的一个重点内容，通过这一电路分析可以了解信号在整个电路中的传输过程，为“跟踪”信号提供帮助。

附图 3-11 是共发射极放大器信号传输线路示意图，通过这一电路来说明信号传输过程。电路中，三极管 VT1 是这一电路的中心元器件，R1 是偏置电阻，R2 是集电极负载电阻，C1 和 C2 分别是输入端和输出端耦合电容。输入信号 U_i 从 VT1 基极和发射极之间输入，输出信号 U_o 取自于集电极和发射极之间。

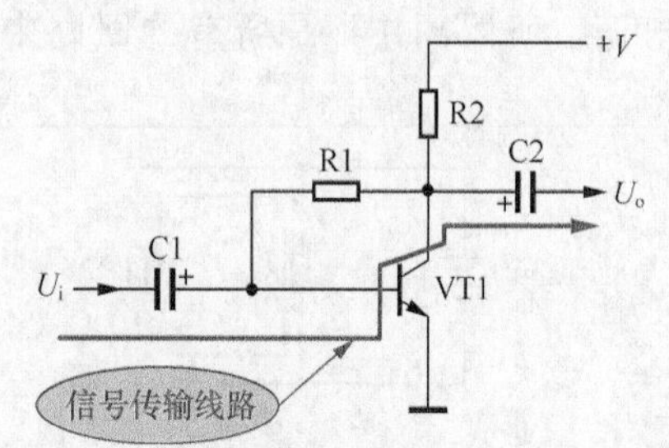

附图 3-11　共发射极放大器信号传输线路示意图

1．信号传输线路分析

输入信号 U_i 由三极管 VT1 放大，经过放大后的输出信号为 U_o，信号在这一放大器中的传输线路是：输入信号 U_i→输入端耦合电容 C1→VT1 基极→VT1 集电极→输出端耦合电容 C2→输出信号 U_o。

2．分析信号传输线路的目的

分析信号传输线路的具体目的是跟踪信号在整个电路中的传输路途，这一分析可以表明在信号传输线路各点对地之间都有信号电压。如附图 3-12 所示，电路中三极管 VT1 基极对地有信号电压，VT1 集电极对地也有信号电压。

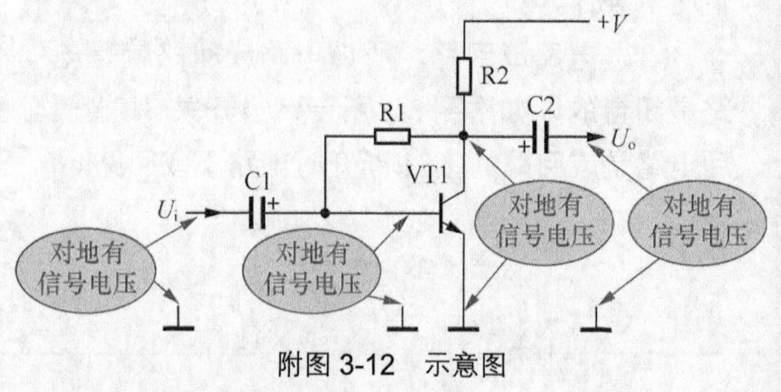

附图 3-12　示意图

重要提示

分析电路中的信号传输线路的实用意义非常大，例如，可以用来进行电路故障检修。附图 3-13 是示波器检测电路中信号时的接线示意图，如果在三极管 VT1 基极检测到信号，而在三极管 VT1 集电极没有了信号，这说明故障出现在 VT1 放大级。

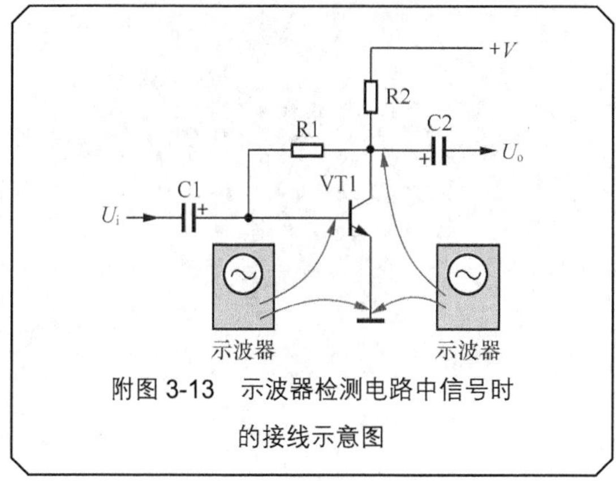

附图 3-13 示波器检测电路中信号时的接线示意图

附录 4 电子电路图种类和识图方法

重要提示

电子电路图种类和识图方法主要有下列 7 种。

（1）方框图及识图方法。

（2）等效电路图及识图方法。

（3）单元电路图及识图方法。

（4）集成电路应用电路图及识图方法。

（5）整机电路图及识图方法。

（6）印制电路图及识图方法。

（7）修理识图方法。

一、3 种方框图及识图方法

附图 4-1 是一个两级音频信号放大系统的方框图。从图中可以看出，这一系统电路主要由信号源电路、第一级放大器、第二级放大器和负载电路构成。从这一方框图也可以知道，这是一个两级放大器电路。

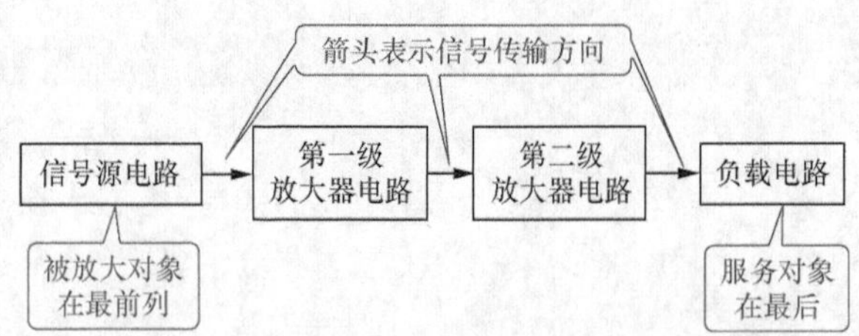

附图 4-1 一个两级音频信号放大系统的方框图

重要提示

方框图种类较多，主要有 3 种：整机电路方框图、系统电路方框图和集成电路内电路方框图。

1．整机电路方框图

整机电路方框图是表示整机电路图的方框图，也是众多方框图中最为复杂的方框图。关于整机电路方框图，主要说明下列几点。

（1）从整机电路方框图中可以了解到整机电路的组成和各部分单元电路之间的相互关系。

（2）在整机电路方框图中，通常在各个单元电路之间用带有箭头的连线进行连接，通过图中的这些箭头方向可以了解到信号在整机各单元电路之间的传输途径等。

（3）有些机器的整机电路方框图比较复杂，有的用一张方框图表示整机电路结构情况，有的则将整机电路方框图分成几张。

（4）并不是所有的整机电路在图册资料中

都给出整机电路的方框图，但是，同类型的整机电路其整机电路方框图基本上是相似的，所以利用这一点，可以借助其他整机电路方框图了解整机电路的组成等情况。

（5）整机电路方框图不仅是分析整机电路工作原理的有用资料，更是故障检修中逻辑推理、建立正确检修思路的依据。

2．系统电路方框图

一个整机电路通常由许多系统电路构成，系统电路方框图就是用方框图形式来表示该系统电路的组成等情况，它是整机电路方框图下一级的方框图，往往比整机电路方框图更加详细。附图 4-2 是组合音响中的收音电路系统方框图。

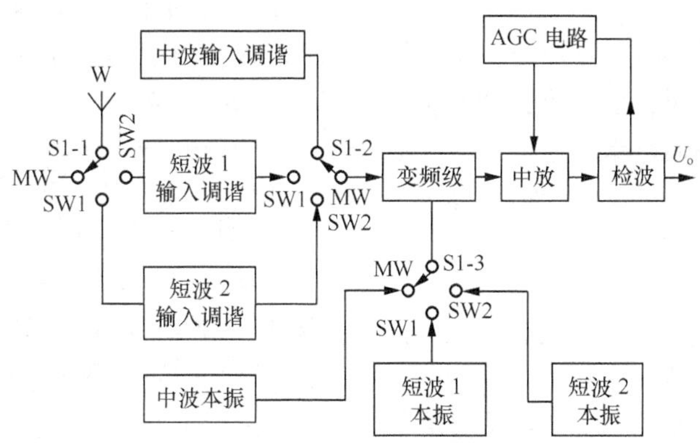

附图 4-2　收音电路系统方框图

3．集成电路内电路方框图

重要提示

集成电路内电路方框图是一种十分常见的方框图。集成电路内电路的组成情况可以用内电路或内电路方框图来表示。由于集成电路内电路十分复杂，所以在许多情况下，用内电路方框图来表示集成电路的内电路组成情况更利于识图。

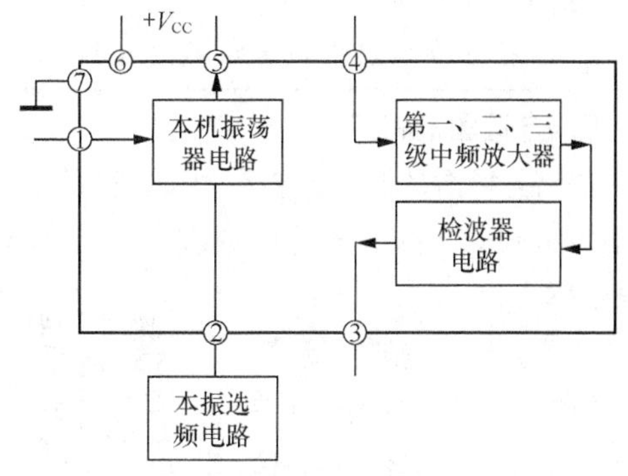

附图 4-3　集成电路内电路方框图

从集成电路的内电路方框图中可以了解到集成电路的组成、有关引脚作用等识图信息，这对分析该集成电路的应用电路是十分有用的。附图 4-3 是某型号收音中放集成电路的内电路方框图。

从附图 4-3 中可以看出，这一集成电路内电路由本机振荡器电路以及第一、二、三级中频放大器电路和检波器电路组成。

3–56. 零起点学电子测试题讲解

重要提示

集成电路一般引脚比较多，内电路功能比较复杂，所以在进行电路分析时，有集成电路的内电路方框图是很有帮助的。

4．方框图的功能

方框图的功能主要有下列一些。

（1）表达了众多信息。粗略表达了某复杂电路（可以是整机电路、系统电路和功能电路等）的组成情况，通常是给出这一复杂电路的主要单元电路位置、名称，以及各部分单元电路之间的连接关系，如前级和后级关系等信息。

（2）表达了信号传输方向。方框图表达了各单元电路之间的信号传输方向，从而能了解信号在各部分单元电路之间的传输次序；根据方框图中所标出的电路名称，可以知道信号在这一单元电路中的处理过程，为分析具体电路提供了指导性的信息。

例如，附图 4-1 所示的方框图给出了这样的识图信息：信号源输出的信号首先加到第一级放大器中放大（信号源电路与第一级放大器之间的箭头方向提示了信号传输方向），然后送入第二级放大器中放大，再激励负载。

重要提示

方框图是一张重要的电路图，特别是在分析集成电路应用电路图和复杂的系统电路、了解整机电路组成情况时，没有方框图将造成识图的诸多不便和困难。

5．方框图的特点

提出方框图的概念主要是为了识图的需要，了解方框图的下列一些特点对识图、修理具有重要意义。

3–57. 零起点学电子测试题讲解

（1）方框图简明、清楚，可方便地看出电路的组成和信号的传输方向、途径，以及信号在传输过程中受到的处理过程等，例如信号是得到了放大还是受到了衰减。

（2）由于方框图比较简洁、逻辑性强，所以便于记忆，同时它所包含的信息量大。

（3）方框图有简明的也有详细的，方框图愈详细为识图提供的有益信息就愈多。在各种方框图中，集成电路的内电路方框图最为详细。

（4）方框图中往往会标出信号传输的方向（用箭头表示），它形象地表示了信号在电路中的传输方向，这一点对识图是非常有用的，尤其是集成电路内电路方框图，它可以帮助了解某引脚是输入引脚还是输出引脚（根据引脚上的箭头方向得知这一点）。

重要提示

分析一个具体电路工作原理之前，或者在分析集成电路的应用电路之前，先分析该电路的方框图是必要的，有助于分析具体电路的工作原理。

在几种方框图中，整机电路方框图是最重要的方框图，要牢记在心中，这对修理中逻辑推理的形成和故障部位的判断十分重要。

6．方框图的识图方法

关于方框图的识图方法说明以下 3 点。

（1）分析信号传输。了解整机电路图中的信号传输过程时，主要是看图中箭头的方向，箭头所在的通路表示了信号的传输通路，箭头方向指示了信号的传输方向。在一些音响设备的整机电路方框图中，左、右声道电路的信号传输指示箭头采用实线和虚线来分开表示，如附图 4-4 所示。

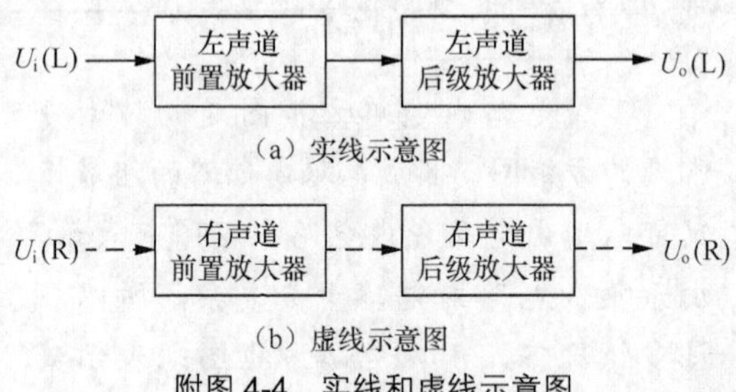

附图 4-4　实线和虚线示意图

（2）记忆电路组成。记忆一个电路系统的组成时，由于具体电路太复杂，所以要用方框图。在方框图中，可以看出各部分电路之间的相互关系（相互之间是如何连接的），特别是控制电路系统，可以看出控制信号的传输过程、控制信号的来路和控制的对象。

（3）分析集成电路。分析集成电路的应用电路过程中，没有集成电路的引脚作用资料时，可以借助集成电路的内电路方框图来了解、推理引脚的具体作用，特别是可以明确地了解哪些引脚是输入引脚，哪些是输出引脚，哪些是电源引脚，而这 3 种引脚对识图是非常重要的。

当引脚引线的箭头指向集成电路外部时，这是输出引脚，箭头指向朝里是输入引脚。

举例说明：附图4-5所示的集成电路内电路方框图，集成电路的①脚引线箭头向里，为输入引脚，说明信号是从①脚输入到变频级电路中，所以①脚是输入引脚；⑤脚引脚上的箭头方向朝外，所以⑤脚是输出引脚，变频后的信号从该引脚输出。④脚也是输入引脚，输入的是中频信号，因为信号输入到中频放大器电路中，所以输入的信号是中频信号；③脚也是输出引脚，输出经过检波后的音频信号。

3-58.零起点学电子测试题讲解

当引线上没有箭头时，例如集成电路的②脚，说明该引脚外电路与内电路之间不是简单的输入或输出关系，方框图只能说明②脚内、外电路之间存在着某种联系，②脚要与外电路本机振荡器电路中的有关元器件相连，具体是什么联系，方框图就无法表达清楚了，这也是方框图的一个不足之处。

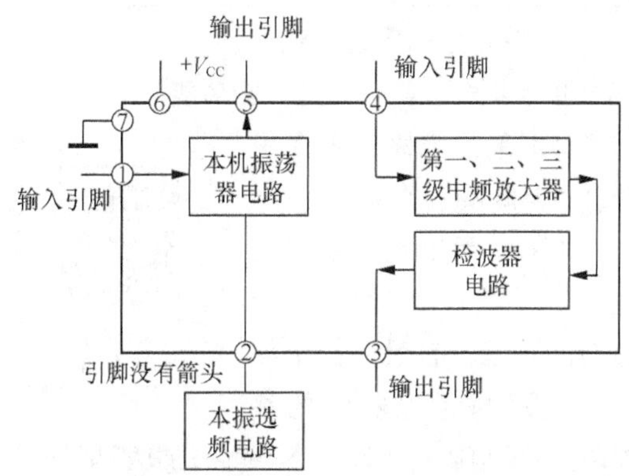

附图4-5　集成电路内电路方框图

另外，在一些集成电路内电路方框图中，有的引脚上箭头是双向的，如附图4-6所示，这种情况在数字集成电路中多见，这表示信号能够从该引脚输入，也能从该引脚输出。

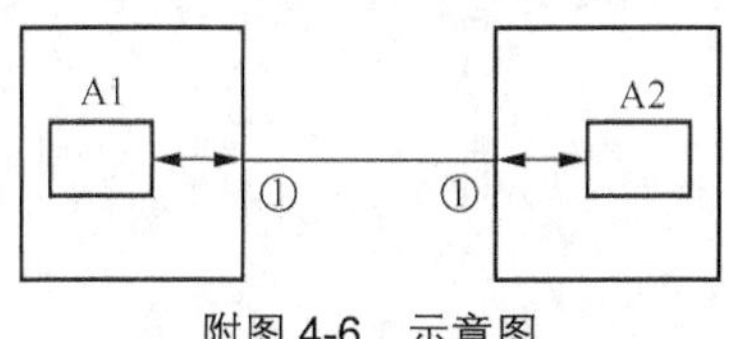

附图4-6　示意图

重要提示

方框图的识图要注意以下几点。

（1）厂方提供的电路资料中，一般情况下都不给出整机电路方框图，不过大多数同类型机器其电路组成是相似的，可以利用这一特点用一种机器的整机电路方框图作为参考。

（2）一般情况下，对集成电路的内电路是不必进行分析的，只需要通过集成电路内电路方框图来理解信号在集成电路内电路中的放大和处理过程。

（3）方框图是众多电路中首先需要记忆的电路图，所以记住整机电路方框图和其他一些主要系统电路的方框图，是学习电子电路的第一步。

二、3种等效电路图及识图方法

重要提示

等效电路图是一种便于电路工作原理理解的简化形式的电路图，它的电路形式与原电路有所不同，但电路所起的作用与原电路是一样的（等效的）。

在分析一些电路时，采用这种更利于接受的电路形式去代替原电路，可方便电路工作原理的理解。

1. 3种等效电路图

等效电路图主要有下列3种。

（1）直流等效电路。这一等效电路只画出原电路中与直流相关的电路，省去了交流电路，这在分析直流电路时才用到。

画直流等效电路时，要将原电路中的电容看成开路，而将线圈看成通路。

（2）交流等效电路。这一等效电路只画出原电路中与交流信号相关的电路，省去了直流电路，这在分析交流电路时要用到。

画出交流等效电路时，要将原电路中的耦合电容看成通路，将线圈看成开路。

（3）元器件等效电路。对于一些新型、特殊元器件，为了说明它的特性和工作原理，要用到这种等效电路。

举例说明：附图 4-7 所示是常见的双端陶瓷滤波器的等效电路。

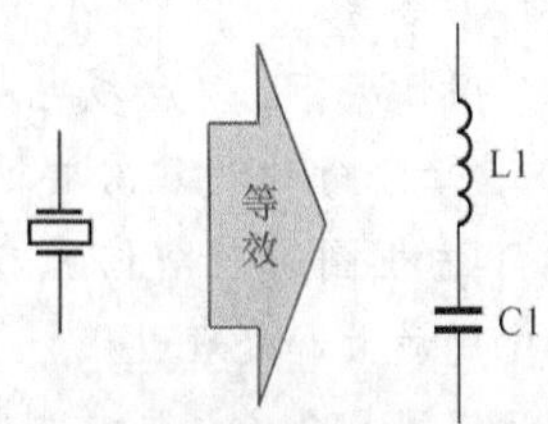

附图 4-7　双端陶瓷滤波器的等效电路

重要提示

从图 1-51 中可以看出，双端陶瓷滤波器在电路中的作用相当于一个 LC 串联谐振电路，所以它可以用线圈 L1 和电容 C1 串联电路来等效，而 LC 串联谐振电路是常见电路，人们一般比较熟悉它的特性，这样可以方便地理解电路的工作原理。

2. 等效电路图的分析方法

重要提示

等效电路的特点是电路简单，是一种常见、易于理解的电路。等效电路图在整机电路图中见不到，它出现在电路原理分析的图书中，是一种为了方便电路工作原理分析而采用的电路图。

关于等效电路图的识图方法主要说明以下几点。

（1）分析电路时，用等效电路去直接代替原电路中的电路或元器件，用等效电路的特性去理解原电路的工作原理。

（2）3 种等效电路有所不同，电路分析时要搞清楚使用的是哪种等效电路。

（3）分析复杂电路工作原理时，通过画出直流或交流等效电路后进行电路分析，这样比较方便。

（4）不是所有的电路都需要通过等效电路图去理解。

三、单元电路图及识图方法

重要提示

单元电路是指某一级控制器电路，或某一级放大器电路，或某一个振荡器电路、变频器电路等，它是能够完成某一电路功能的最小电路单位。从广义角度上讲，一个集成电路的应用电路也是一个单元电路。

学习整机电子电路工作原理的过程中，单元电路图是首先遇到的具有完整功能的电路图，这一电路图概念的提出完全是为了方便电路工作原理分析之需要。

1. 单元电路图的功能

单元电路图具有下列一些功能。

（1）单元电路图主要用来讲述电路的工作原理。

3–59. 零起点学电子测试题讲解

（2）单元电路图能够完整地表达某一级电路的结构和工作原理，有时还会全部标出电路中各元器件的参数，如标称阻值、标称容量和三极管型号等。如附图 4-8 所示，图中标出了可变电阻器和电阻器的阻值。

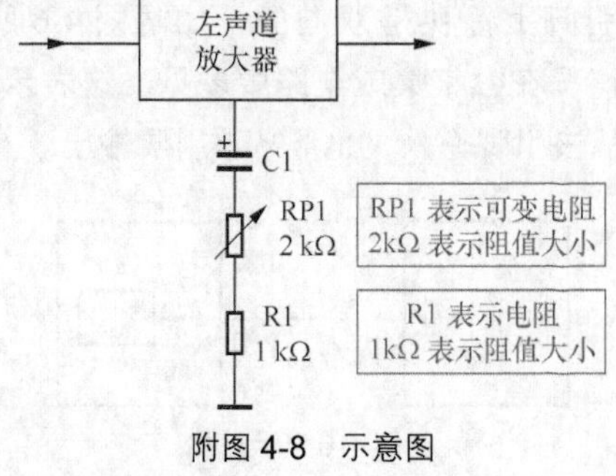

附图 4-8　示意图

（3）单元电路图对深入理解电路的工作原理和记忆电路的结构、组成很有帮助。

2．单元电路图的特点

单元电路图主要是为了分析某个单元电路工作原理的方便，而单独将这部分电路画出的电路，所以在图中已省去了与该单元电路无关的其他元器件和有关的连线、符号，这样，单元电路图就显得比较简洁、清楚，识图时没有其他电路的干扰，这是单元电路的一个重要特点。单元电路图中对电源、输入端和输出端已经加以简化。

附图 4-9 所示是一个单元电路。

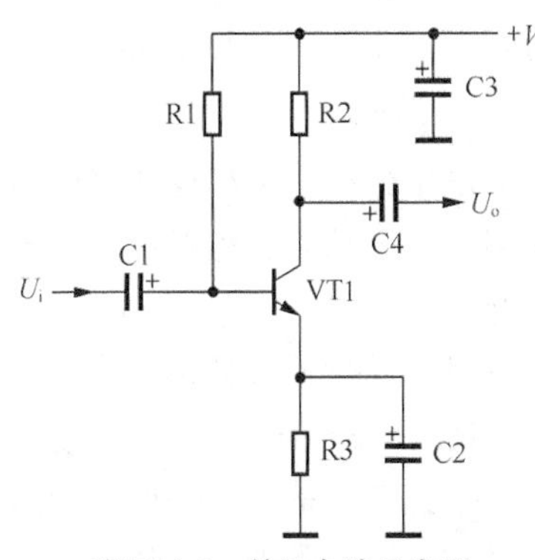

附图 4-9　单元电路示意图

（1）电源表示方法。电路图中，用 +V 表示直流工作电压，其中正号表示采用正极性直流电压给电路供电，地端接电源的负极；用 –V 表示直流工作电压，其中负号表示采用负极性直流电压给电路供电，地端接电源的正极。

（2）输入和输出信号表示方法。U_i 表示输入信号，是这一单元电路所要放大或处理的信号；U_o 表示输出信号，是经过这一单元电路放大或处理后的信号。

重要提示

通过单元电路图中这样的标注可方便地找出电源端、输入端和输出端，而在实际电路中，这 3 个端点的电路均与整机电路中的其他电路相连，没有 + V、U_i、U_o 的标注，这给初学者识图造成了一定的困难。

例如，见到 U_i 可以知道信号是通过电容 C1 加到三极管 VT1 基极的，见到 U_o 可以知道信号是从三极管 VT1 集电极输出的，这相当于在电路图中标出了放大器的输入端和输出端，无疑大大方便了电路工作原理的分析。

（3）单元电路图采用习惯画法，一看就明白。例如，元器件采用习惯画法，各元器件之间采用最短的连线，而在实际的整机电路图中，由于受电路中其他单元电路中元器件的制约，该单元电路中的有关元器件画得比较乱，有的在画法上不是常见的画法，有的个别元器件画得与该单元电路相距较远，这样，电路中的连线很长且弯弯曲曲，造成电路识图和电路工作原理理解的不便。

重要提示

单元电路图只出现在讲解电路工作原理的书刊中，实用电路图中是不出现的。对单元电路的学习是学好电子电路工作原理的关键，只有掌握了单元电路的工作原理，才能去分析整机电路。

单元电路的种类繁多，而各种单元电路的具体识图方法也有所不同，这里只对共同性的问题说明几点。

3．有源电路的分析方法

所谓有源电路就是需要直流电压才能工作的电路，如放大器电路。

对有源电路的识图首先分析直流电压供给电路，此时将电路图中的所有电容器看成开路（因为电容器具有隔直特性），将所有电感器看成短路（因为电感器具体通直特性）。附图 4-10 是直流电路分析示意图。

在整机电路的直流电路分析中，电路分析的方向一般是先从右向左，因为电源电路画在整机电路图的右侧下方。附图 4-11 是整机电路图中电源电路位置示意图。

3-60. 零起点学电子测试题讲解

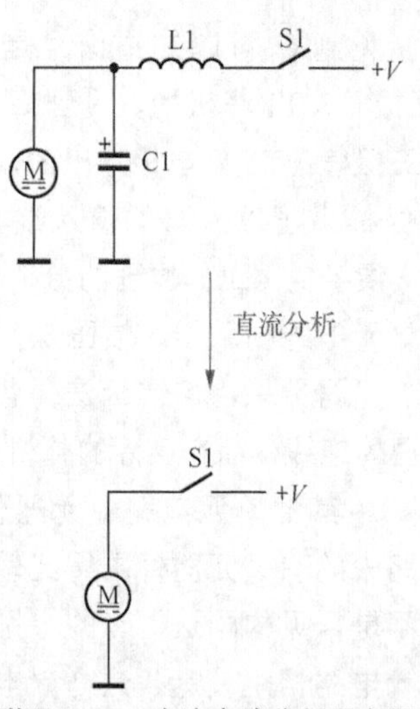

附图 4-10　直流电路分析示意图

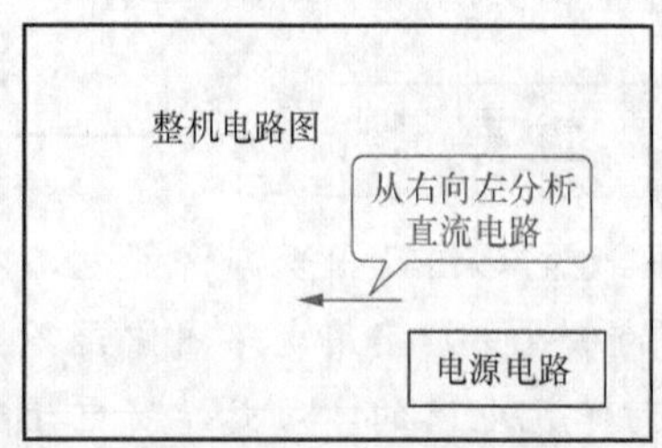

附图 4-11　整机电路图中电源电路位置示意图

对某一个具体单元电路的直流电路分析时，再从上向下分析，因为直流电压供给电路通常画在电路图的上方。附图 4-12 是某一个单元电路直流电路分析方向示意图。

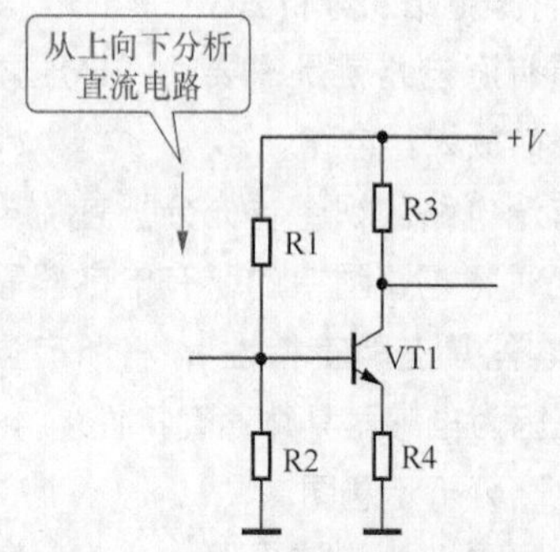

附图 4-12　某一个单元电路直流电路分析方向示意图

4．信号传输过程分析

它是指分析信号在该单元电路中如何从输入端传输到输出端，信号在这一传输过程中受到了怎样的处理（如放大、衰减、控制等）。附图 4-13 是信号传输的分析方向示意图，一般是从左向右进行。

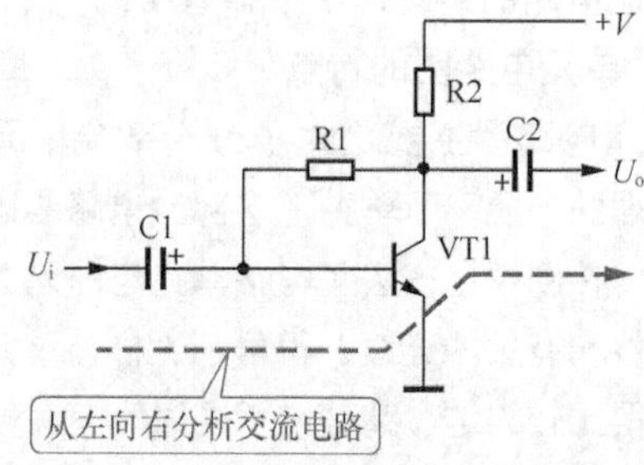

附图 4-13　信号传输的分析方向示意图

5．元器件作用分析

电路中的元器件作用分析非常关键，能不能看懂电路如何工作其实就是能不能搞懂电路中各元器件的作用。

元器件作用分析就是搞懂电路中各元器件起什么作用，主要从直流电路和交流电路两个角度去分析。

举例说明：附图 4-14 所示是发射极负反馈电阻电路。R1 是三极管 VT1 发射极电阻，对直流而言，它为 VT1 提供发射极直流电流回路，为 VT1 能够进入放大状态提供条件之一。

附图 4-14　发射极负反馈电阻电路

对于交流信号而言，VT1 发射极输出的交流信号电流流过了 R1，使 R1 产生交流负反馈作用，能够改善放大器的性能。而且，发射极负反馈电阻R1 的阻值愈大，其交流负反馈愈强，对放大器性能改善得愈好。

6．电路故障分析

重要提示

在搞懂电路工作原理之后，元器件的故障分析才会变得比较简单，否则电路故障分析寸步难行。

电路故障分析就是分析当电路中元器件出现开路、短路、性能变劣后，对整个电路工作会造成什么样的不良影响，使输出信号出现什么故障现象，如无输出信号、输出信号小、信号失真、出现噪声等故障。

举例说明：附图4-15所示是电源开关电路，S1是电源开关。电路故障分析时，假设电源开关S1出现下列几种可能的故障。

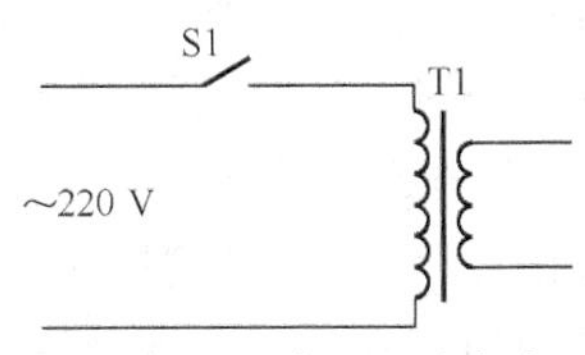

附图4-15　电源开关电路

（1）接触不良故障分析。由于S1在接通时两触点之间不能接通，电压无法加到电源变压器T1中，电路无电压而不能正常工作。如果是S1两触点之间的接触电阻大，这样S1接通时开关两触点之间存在较大的电压降，使加到T1初级（又称一次侧）的电压下降，使电源变压器T1次级绕组（又称二次绕组）输出电压低。

（2）开关S1断开电阻小故障分析。当开关S1断开电阻小时，在S1断开时仍然有一部分电压加到T1初级绕组（又称一次绕组），使电路不能彻底断电，机器的安全性能差。

3-62.零起点学电子测试题讲解

重要提示

整机电路中的各种功能单元电路繁多，许多单元电路的工作原理十分复杂，若在整机电路中直接进行分析，就显得比较困难，通过单元电路图分析之后再去分析整机电路就显得比较简单，所以单元电路图的识图也是为整机电路分析服务的。

四、集成电路应用电路图及识图方法

重要提示

在电子设备中，集成电路的应用愈来愈广泛，对集成电路应用电路的识图是电路分析中的一个重点。

1．集成电路应用电路图的功能

集成电路应用电路图具有下列一些功能。

（1）它表达了集成电路各引脚外电路结构、元器件参数等，从而表示了某一集成电路的完整工作情况。

（2）有些集成电路应用电路中画出了集成电路的内电路方框图，这时对分析集成电路应用电路是相当方便的，但采用这种表示方式的情况不多。

（3）集成电路应用电路有典型应用电路和实用电路两种，前者在集成电路手册中可以查到，后者出现在实用电路中，这两种应用电路相差不大，根据这一特点，在没有实际应用电路时，可以用典型应用电路图作为参考电路，这一方法在修理中常常采用。

重要提示

一般情况下，集成电路应用电路表达了一个完整的单元电路，或一个电路系统，但有些情况下，一个完整的电路系统要用到两个或更多的集成电路。

2．集成电路应用电路图的特点

集成电路应用电路图具有以下两个特点。

（1）大部分应用电路不画出内电路方框图，这对识图不利，尤其对初学者进行电路工作分析更为不利。

（2）对初学者而言，分析集成电路的应用电路比分析分立元器件的电路更为困难，这是由于对集成电路内部电路不了解而造成的，实际上识图也好、修理也好，集成电路比分立元器件电路都更为简单。

重要提示

对集成电路应用电路而言，在大致了解集成电路内部电路和详细了解各引脚作用的情况下，识图是比较方便的。这是因为同类型集成电路具有规律性，在掌握了它们的共性后，可以方便地分析许多同功能不同型号的集成电路应用电路。

3．了解各引脚作用是识图的关键

了解各引脚的作用可以查阅有关集成电路应用手册。知道了各引脚作用之后，分析各引脚外电路工作原理和元器件作用就简单了。

例如，知道集成电路的①脚是输入引脚，那么与①脚所串联的电容是输入端耦合电容，与①脚相连的电路是输入电路。

重要提示

了解集成电路各引脚作用有3种方法：查阅有关资料、根据集成电路的内电路方框图分析和根据集成电路的应用电路中各引脚外电路的特征进行分析。对第三种方法要求有比较好的电路分析基础。

4．电路分析步骤

集成电路应用电路的具体分析步骤如下。

3-63. 零起点学电子测试题讲解

（1）直流电路分析。这一步主要是进行电源和接地引脚外电路的分析。

注意：电源有多个引脚时要分清这几个电源引脚之间的关系，例如，是否是前级、后级电路的电源引脚，或是左、右声道的电源引脚；对多个接地引脚也要这样分清。分清多个电源引脚和接地引脚对修理是有用的。

（2）信号传输分析。这一步主要分析信号输入引脚和输出引脚外电路。

当集成电路有多个输入、输出引脚时，要搞清楚是前级还是后级电路的引脚；对于双声道电路，还要分清左、右声道的输入和输出引脚。

（3）其他引脚外电路分析。例如，找出负反馈引脚、消振引脚等。这一步的分析是最困难的，对初学者而言，要借助引脚作用资料或内电路方框图。

（4）掌握引脚外电路规律。有了一定的识图能力后，要学会总结各种功能集成电路的引脚外电路规律，并要掌握这种规律，这对提高识图速度是有用的。

例如，输入引脚外电路的规律是：通过一个耦合电容或一个耦合电路与前级电路的输出端相连；输出引脚外电路的规律是：通过一个耦合电路与后级电路的输入端相连。

（5）分析信号放大、处理过程。分析集成电路内电路的信号放大、处理过程时，最好是查阅该集成电路的内电路方框图。

分析内电路方框图时，可以通过信号传输线路中的箭头指示，知道信号经过了哪些电路的放大或处理，最后信号是从哪个引脚输出的。

（6）了解一些关键点。了解集成电路的一些关键测试点、引脚直流电压规律对检修电路是十分有用的。

重要提示

OTL电路输出端的直流电压等于集成电路直流工作电压的一半。

OCL电路输出端的直流电压等于0V。

BTL电路两个输出端的直流电压是相等的，单电源供电时等于直流工作电压的一半，双电源供电时等于0V。

当集成电路两个引脚之间接有电阻时，该电阻将影响这两个引脚上的直流电压。

当两个引脚之间接有线圈时，这两个引脚的直流电压是相等的，不等时必是线圈开路了。

当两个引脚之间接有电容或接RC串联电路时，这两个引脚的直流电压肯定不相等，若相等说明该电容已经击穿。

五、整机电路图及识图方法

1．整机电路图的功能

整机电路图具有下列一些功能。

（1）表明电路结构。整机电路图表明整个机器的电路结构、各单元电路的具体形式和它们之间的连接方式，从而表达了整机电路的工作原理，这是电路图中最大的一张电路图。

（2）给出各元器件参数。它给出了电路中各元器件的具体参数，如型号、标称值和其他一些重要数据，为检测和更换元器件提供了依据。如附图 4-16 所示，更换某个三极管时，可以查阅图中的三极管型号标注（BG1 为老旧符号，现三极管用 VT 表示）。

（3）给出修理数据和资料。许多整机电路图中还给出了有关测试点的直流工作电压，为检修电路故障提供了方便。例如，集成电路各引脚上的直流电压标注，三极管各电极上的直流电压标注等；视频设备的整机电路图关键测试点处还标出信号波形，为检修这些部分电路提供了方便。附图 4-17 是整机电路图中的直流电流数据示意图。

3–64. 零起点学电子测试题讲解

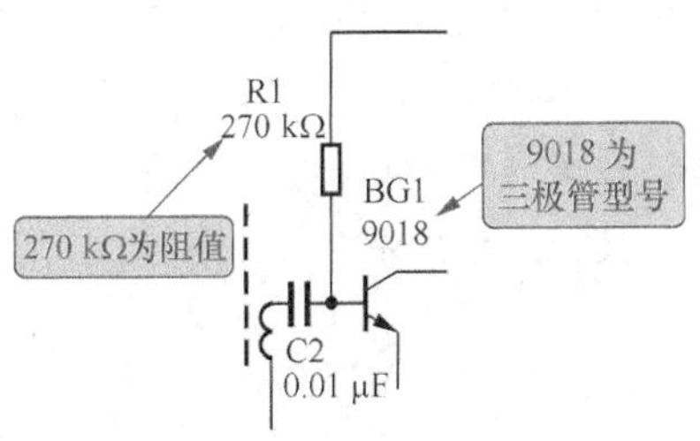

附图 4-16　示意图

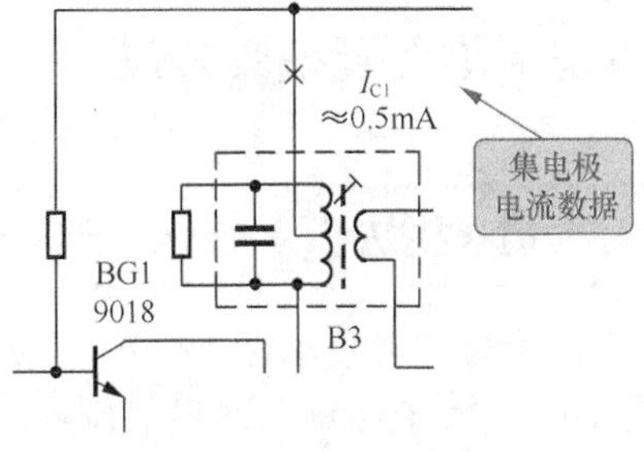

附图 4-17　示意图

（4）给出识图信息。整机电路图给出了与识图相关的有用信息。例如，通过各开关件的名称和图中开关所在位置的标注，可以知道该开关的作用和当前开关状态；引线接插件的标注能够方便地将各张图纸之间的电路连接起来。

一些整机电路图中，将各开关件的标注集中在一起，标注在图纸的某处，并有开关的功能说明，识图中若对某个开关不了解时，可以去查阅这部分说明。整机电路图中还有其他一些有益于识图的信息。

2．整机电路图的特点

整机电路图与其他电路图相比，具有下列一些特点。

（1）整机电路图包括了整个机器的所有电路。

（2）不同型号的机器其整机电路中的单元电路变化是十分丰富的，这给识图造成了不少困难，要求识图人员有较全面的电路知识。同类型的机器其整机电路图有相似之处，不同类型机器之间则相差很大。

（3）各部分单元电路在整机电路图中的画法有一定规律，了解这些规律对识图是有益的。

重要提示

电源电路画在整机电路图右下方，信号源电路画在整机电路图的左侧，负载电路画在整机电路图的右侧，各级放大器电路是从左向右排列的，双声道电路中的左、右声道电路是上下排列的，各单元电路中的元器件是相对集中在一起的。记住上述整机电路的特点，对整机电路图的分析是有益的。

3．整机电路图给出了与识图相关的有用信息

整机电路图中与识图相关的信息主要有下列一些。

（1）通过各开关件的名称和图中开关所在位置的标注，可以知道该开关的作用和当前开关状态。附图 4-18 是录放开关的标注识别示意图。图中，S1-1 是录放开关，P 表示放音，R

表示录音，图示在放音位置。

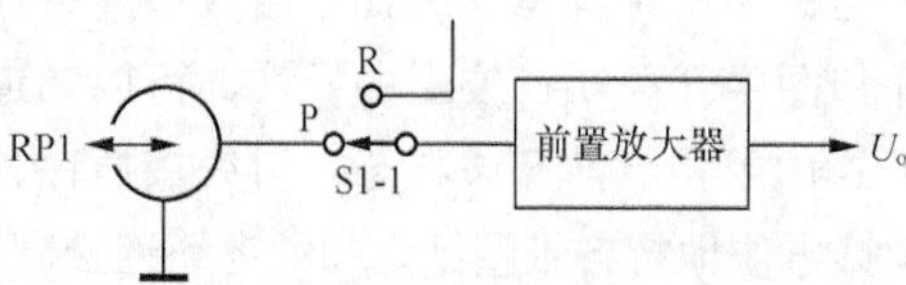

附图 4-18　录放开关的标注识别示意图

（2）当整机电路图分为多张图纸时，引线接插件的标注能够方便地将各张图纸之间的电路连接起来。附图 4-19 是各张图纸之间引线接插件连接示意图，图中 CSP101 在一张电路图中，CNP101 在另一张电路图中，CSP101 中的 101 与 CNP101 中的 101 表示是同一个接插件，一个为插头，一个为插座，根据这一电路标注可以说明这两张图纸的电路在这个接插件处相连。

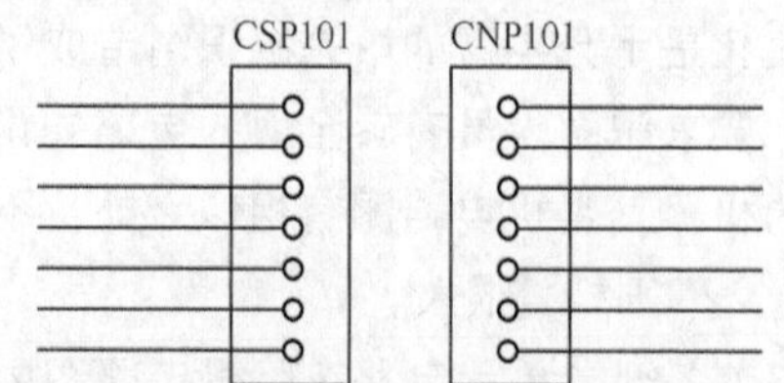

附图 4-19　各张图纸之间引线接插件连接示意图

（3）一些整机电路图中，将各开关件的标注集中在一起，标注在图纸的某处，标有开关的功能说明，识图中若对某个开关不了解时可以去查阅这部分说明。附图 4-20 是开关功能标注示意图。

3–65. 零起点学电子测试题讲解

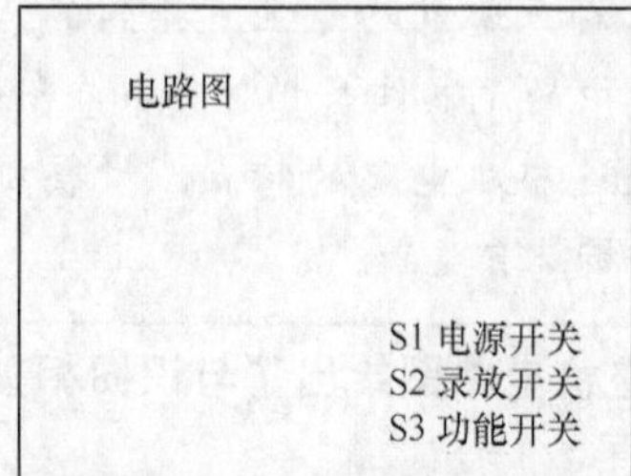

附图 4-20　开关功能标注示意图

4．整机电路图的主要分析内容

整机电路图的主要分析内容有下列一些。

（1）部分单元电路在整机电路图中的具体位置。

（2）单元电路的类型。

（3）直流工作电压供给电路分析。直流工作电压供给电路的识图方向是从右向左，对某一级放大电路的直流电路识图方向是从上向下。

（4）交流信号传输分析。一般情况下，交流信号的传输方向是从整机电路图的左侧向右侧。

（5）对一些以前未见过的、比较复杂的单元电路工作原理进行重点分析。

5．其他知识点

（1）对于分成几张图纸的整机电路图可以一张一张地进行识图，如果需要进行整个信号传输系统的分析，则要将各图纸连起来进行分析。

（2）对整机电路图的识图，可以在学习了一种功能的单元电路之后，分别在几张整机电路图中找到这一功能的单元电路，进行详细分析。由于在整机电路图中的单元电路变化较多，而且电路的画法受其他电路的影响而与单个画出的单元电路不一定相同，所以加大了识图的难度。

（3）分析整机电路过程中，对某个单元电路的分析有困难，例如，对某型号集成电路应用电路的分析有困难，可以查找这一型号集成电路的识图资料（内电路方框图、各引脚作用等），以帮助识图。

（4）一些整机电路图中会有许多英文标注，能够了解这些英文标注的含义，对识图是相当有利的。在某型号集成电路附近标出的英文说明就是该集成电路的功能说明，附图 4-21 是电路图中英文标注示意图。

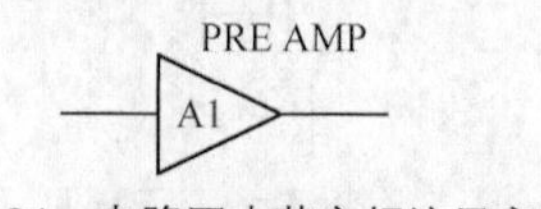

附图 4-21　电路图中英文标注示意图

六、印制电路图及识图方法

重要提示

印制电路图与修理密切相关，对修理的重要性仅次于整机电路图，所以印制电路图主要为修理服务。

印制电路图有以下两种表现方式。

1．直标方式

附图 4-22 是直标方式印制电路图示意图。

附图 4-22 直标方式印制电路图示意图

这种方式中没有一张专门的印制电路图纸，而是采取在电路板上直接标注元器件编号的方式，如在电路板某电阻附近标有 R7，这 R7 是该电阻在电路原理图中的编号，同样的方法将各种元器件的电路编号直接标注在电路板上，如附图 4-22 中的 C7 等。

附图 4-23 是元器件符号直接标注在电路板正面的示意图。

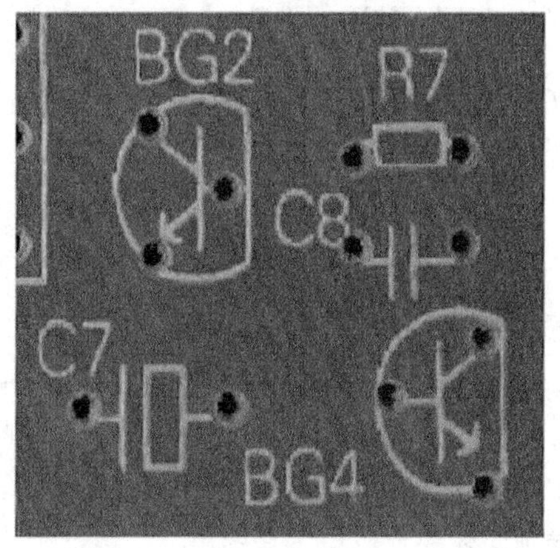

附图 4-23 元器件符号直接标注在电路板正面的示意图

2．图纸表示方式

附图 4-24 是图纸表示方式印制电路图示意图。

用一张图纸（称为印制电路图）画出各元器件的分布和它们之间的连接情况，这是传统的表示方式，在过去大量使用。

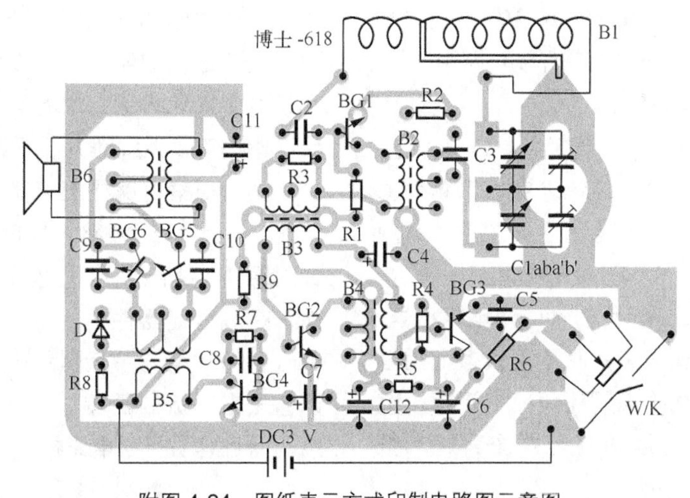

附图 4-24 图纸表示方式印制电路图示意图

3．两种表示方式比较

比较这两种印制电路图可知其各有优、缺点。对于图纸表示方式，由于印制电路图可以拿在手中，因而在印制电路图中找出某个所要找的元器件相当方便，但是在图上找到元器件后还要用印制电路图到电路板上对照后才能找到元器件实物，有两次寻找、对照过程，比较麻烦。另外，图纸容易丢失。

对于直标法，在电路板上找到了某元器件编号便找到了该元器件，所以只有一次寻找过程。另外，这份“图纸”永远不会丢失。不过，当电路板较大、有数块电路板或电路板在机壳底部时，寻找就比较困难。

4．印制电路图的作用

印制电路图是专门为元器件装配和机器修理服务的图，它与各种电路图有着本质上的不同。

印制电路图的主要作用如下。

3-67.零起点学电子测试题讲解

（1）通过印制电路图可以方便地在实际电路板上找到电路原理图中某个元器件的具体位置，没有印制电路图时的查找就不方便。

（2）印制电路图起到电路原理图和实际电路板之间的沟通作用，是方便修理不可缺少的图纸资料之一，没有印制电路图将影响修理速度，甚至妨碍正常检修思路的顺利展开。

（3）印制电路图表示了电路原理图中各元器件在电路板上的分布状况和具体的位置，给出了各元器件引脚之间的连线（铜箔线路）的走向。

（4）印制电路图是一种十分重要的修理资料，电路板上的情况被一比一地画在印制电路图上。

5．印制电路图的特点

印制电路图具有下列一些特点。

（1）从印制电路设计的效果看，电路板上的元器件排列、分布不像电路原理图那么有规律，这给印刷电路图的识图带来了诸多不便。

（2）印制电路图表示元器件时用电路符号，表示各元器件之间连接关系时不用线条而用铜箔线路，有些铜箔线路之间还用跨导连接，此时又用线条连接，所以印制电路图看起来很“乱”，这些都影响识图。

（3）印制电路图上画有各种引线，而且这些引线的绘画形式没有固定的规律，这给识图造成不便。

（4）铜箔线路排布、走向比较“乱”，而且经常遇到几条铜箔线路并行排列的情况，给观察铜箔线路的走向造成不便。

6．识图方法和技巧

由于印制电路图比较“乱”，采用下列一些方法和技巧可以提高识图速度。

（1）根据一些元器件的外形特征可以比较方便地找到这些元器件。例如，集成电路、功率放大管、开关件、变压器等。

（2）对于集成电路而言，根据集成电路上的型号可以找到某个具体的集成电路。尽管元器件的分布、排列没有什么规律而言，但是同一个单元电路中的元器件相对而言集中在一起。

（3）一些单元电路比较有特征，根据这些特征可以方便地找到它们。如整流电路中的二极管比较多，功率放大管上有散热片，滤波电容的容量最大、体积最大等。

（4）找地线时，电路板上的大面积铜箔线路是地线，一块电路板上的地线处处相连。另外，一些元器件的金属外壳接地。找地线时，上述任何一处都可以作为地线使用。在一些机器的各块电路板之间的地线也是相连接的，但是当每块之间的接插件没有接通时，各块电路板之间的地线是不通的，这一点在检修时要注意。

（5）印制电路图与实际电路板对照过程中，在印制电路图和电路板上分别画一致的识图方向，以便拿起印制电路图就能与电路板有同一个识图方向，省去每次都要对照识图方向的工作，这样可以大大地方便识图。

（6）观察电路板上元器件与铜箔线路连接情况、观察铜箔线路走向时，可以用灯照着。如附图4-25所示，将灯放置在有铜箔线路的一面，在装有元器件的一面可以清晰、方便地观察到铜箔线路与各元器件的连接情况，这样可以省去电路板的翻转。不断翻转电路板不但麻烦，而且容易折断电路板上的引线。

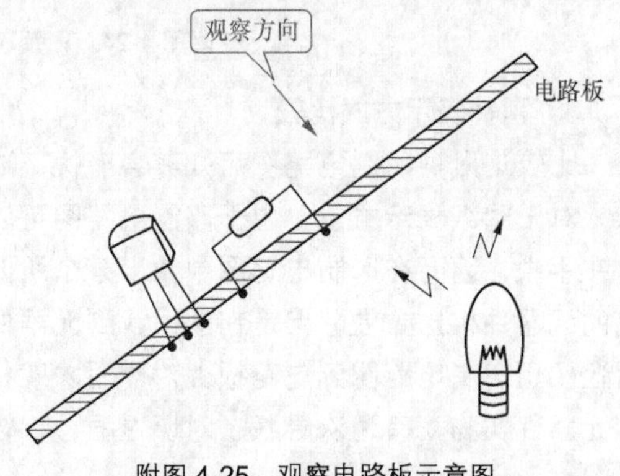

附图4-25　观察电路板示意图

重要提示

找某个电阻器或电容器时，不要直接去找它们，因为电路中的电阻器、电容器很多，寻找不方便，可以间接地找到它们，方法是：先找到与它们相连的三极管或集成电路，再找到它们；或者根据电阻器、电容器所在单元电路的特征，先找到该单元电路，再寻找电阻器和电容器。

如附图 4-26 所示，寻找电路中的电阻 R1，先找到集成电路 A1，因为电路中集成电路较少，找到集成电路 A1 比较方便。然后，利用集成电路的引脚分布规律找到②脚，即可找到电阻 R1。

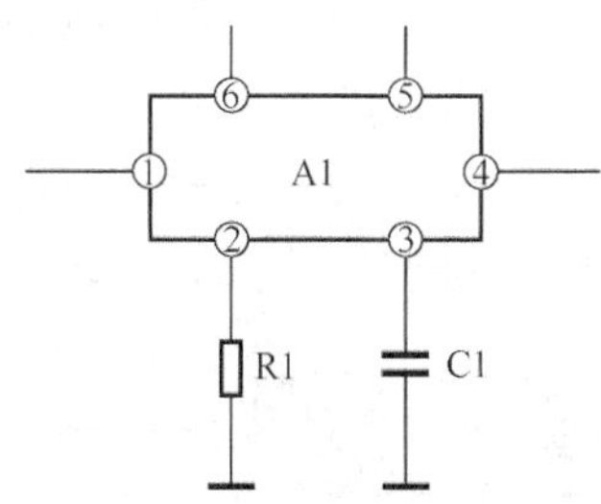

附图 4-26　找元器件示意图

七、修理识图方法

重要提示

修理过程中的识图与学习电路工作原理时的识图有很大的不同，它是紧紧围绕着修理进行的电路故障分析。

1．修理过程中的识图

修理识图主要有以下 3 个内容。

（1）依托整机电路图建立检修思路。根据故障现象，在整机电路图中建立检修思路，判断故障可能发生在哪部分电路中，确定下一步的检修步骤（是测量电压还是电流，在电路中的哪一点测量）。

（2）测量电路中关键测试点修理数据。查阅整机电路图中某一点的直流电压数据和测量修理数据。

根据测量得到的有关数据，在整机电路图的某一个局部单元电路中对相关元器件进行故障分析，以判断是哪个元器件出现了开路或短路、性能变劣故障，导致所测得的数据出现异常。例如，初步检查发现功率放大器电路出现了故障，可找出功率放大器电路图进行具体的电路分析。

（3）分析信号传输过程。查阅所要检修的某一部分电路图，了解这部分电路的工作，如信号是从哪里来，送到哪里去。

2．修理过程中的识图方法和注意事项

修理过程中识图的基础是十分清楚电路的工作原理，不能做到这一点就无法进行正确的修理过程中的识图。修理识图要注意以下 3 个问题。

（1）主要是根据故障现象和所测得的数据决定分析哪部分电路。例如，根据故障现象决定分析低放电路还是分析前置放大器电路，根据所测得的有关数据决定分析直流电路还是交流电路。

（2）修理过程中的识图是针对性很强的电路分析，是带着问题对局部电路的深入探究，识图的范围不广，但要有一定深度，还要会联系故障的实际情况。

（3）测量电路中的直流电压时，主要是分析直流电压供给电路；在使用干扰检查法时，主要是进行信号传输通路的识图；在进行电路故障分析时，主要是对某一个单元电路进行工作原理的分析。修理过程中识图无需对整机电路图中的各部分电路进行全面的系统分析。

3-68. 零起点学电子测试题讲解

附录5 7种学习方法"微播"

重要提示

初次接触电子技术的朋友，由于对电子技术学科缺少了解，不知道如何起步学习，不知道如何运用科学的学习方法进入电子世界。

有位著名教育学家指出："学习方法的学习对学习很重要。学习方法的学习包括各种通用的学习方法和各科教材相适应的学习方法。"

学习是讲究方法的，也一定有适合自己的好方法！适合自己的学习方法好比是件趁手的神兵利器，可以披荆斩棘，无坚不摧。拥有这个"法宝"再面对困难，何惧之有呢！

学习的方法虽然众多，但其中必有几种方法比较适合自己。初次接触电子技术，学习内容不清楚，学习方法不得当、不明白，颇有"入道无门"、"走投无路"之感。

电子技术学科也一样，有它特定的学习方法。掌握适合自己的高效、科学的学习方法，将获得事半功倍之功效，在电子技术的学习中将无往而不利。

一、自主学习法

有句老话："师傅领进门，修行在个人。"人的一生中使用自主学习法的时间最长，自己看书、自己动手就是自主学习法。

1. 具备基本条件可事半功倍

为了高效率运用自主学习法进行电子技术的学习，应该具备下列一些基本条件。

（1）自主学习的信心和精神非常重要。在学习过程中要时刻牢记靠"两条腿走路"的基本方针，学习中遇到的困难首先要靠自己的勤奋思考来克服、解决，学习中动不动就问别人的行为不可取，它不利于养成"独立自主"的精神。

重要提示

这个世界没有救世主，除了自己没人能拯救你。很多问题都要靠自己亲手来解决，所以独立分析和解决问题的能力很重要，这可以培养自己的创新能力。如果你遇到难题，通过自己独立分析并解决了问题，你那种成就感一定会溢于言表的。

（2）要有自学的基本能力。自主学习过程中，由于主要靠自学，所以掌握一些自学的方法和读书技巧显得相当重要。各门学科，甚至是同一门学科的不同章节内容都有不同的高效学习方法，自主学习过程中要不断总结自己的学习心得和经验，寻找、调整适合自己的学习方法、技巧，力求做到事半功倍。

3-69. 零起点学电子测试题讲解

例如，带着问题去阅读，能快速获取所需要的信息。比如想要抓住每一段的主要思想，一般来说，书中每一段的第一句话就提出了主要思想，然后才在后面进行解释，或提供支持这种思想的论据，并在段落的最后用一句话进行段落小结或概括。在每一章的后面，通常也有个小结。如果你弄不准作者的主要思想，那就先看一下小结，然后阅读详细内容，或者大略地记下每段的主要内容和思想。

（3）教材选择事关重大。由于自主学习的特殊性，学习过程中找一本合适的教材显得很重要，最好选用那些自学读本，这类书在内容选取、写作方式等方面考虑了自学的基本要求，通常内容系统、层次分明、难度适中、解说详细。

2. 自主学习法的特点

自主学习法具有下列一些特点。

（1）学习的主动性强，不受时间条件的制约，能自主选择学习时间，可以自己掌握自己，这是最“幸福”的事情。

（2）有利于培养自己学习的“造血”能力，大量的知识更新、系统地接受知识都是通过自主学习方式完成的。

（3）对于某一专题知识可以采用这种学习方式，在一段时间内通过集中精力强化这一个专题知识的学习，达到短时间内掌握这部分知识的目的。

重要提示

自主学习法主要注意下列几点。

（1）精心选择教材非常必要，在选择主教材的同时，最好能够选择一两本与之相近的辅助教材，作为阅读中的参考教材。不同的作者对问题的讲述有不同的方式，参考教材能帮助读者更容易理解。

（2）注意：别人行之有效的学习方法，对于自己不一定合适，所以要随时总结自己的学习方法，不断改良学习技巧，为以后的自主学习减轻学习负担。

（3）遇到学习中的困难时动不动问别人是一个缺点，它所造成的问题是所接受知识的记忆深度不够，久而久之就养成了“拿来主义”，不动脑筋，不会思考，以后遇上需要独自面对的问题便会一筹莫展，这对今后的学习有害而无益。

3. 自主学习法的适用范围

关于自主学习法的适用范围主要说明下列几点。

（1）自主学习法适用于所有的人，特别适用于没有条件进行系统听课的人群，很适合大学毕业刚刚进入工作岗位的大学生。

（2）适用于希望自己的知识不断更新的学习。

（3）对于电子类在校或刚毕业的大学生而言，在校掌握了扎实的基础理论知识、电路设计和计算能力后，再通过自主学习实用的电子电器方面的图书，将自己的电路识图能力运用到电路设计之中，使自己的设计思路开阔、设计能力倍增，必定会为今后的工作、学习打下厚实的基础，而创新能力、理论联系实际的能力也得到质的飞跃。

3-70. 零起点学电子测试题讲解

二、听课学习法

重要提示

学习电子技术一般有3种途径：在学校里进行系统学习，这是其一；在各类培训班中进行学习，这是其二；第三种方式是在修理部门跟着师傅边学习修理技术边看书自学。

其实听课学习和看书学习之间并不矛盾，但是两种学习方法在学习方式和效果上有一定的差异，主要是学习效率上的差别。

1．听课学习法的特点

关于听课学习法的特点主要说明下列几点。

（1）听课学习法的最大特点是，与自己看书相比较其学习的效率高出许多。例如，一本200页的书，通过听课可能用70课时就学完，但是如果自己看书则可能需要300小时，而且自学过程更为辛苦，付出的精力更多。所以，有条件时应该听课学习。

（2）听课学习法的特点之二是能够系统地掌握基础知识，这是一个需要引起重视的特点，为数不少的电子技术爱好者缺少系统的理论知识学习，结果在识图、检修中处处遇到困难，而且还不能找出学习过程中种种不顺的原因。

有位电子技术爱好者曾问过这样的问题："参加那些电子技术培训班值得吗？"这样的回答不知能否满意："用几百元买回几个月的时间是否值得？"

2．听课学习中的困惑和对策

听课学习过程可能存在听不懂的困惑。听不懂的主要原因是基础知识不全面、不扎实。在学习中最难搞定的是基础知识的学习，需要系统读书，才能全面掌握基础知识。

在听课前先了解、复习与之相关的基础知识，这样效果也会好许多，能有效提高听课的效率。但是，许多人往往不重视课前的预习。

3．预习可以明显提高听课效率

关于提高听课学习的效率主要说明下列几点。

（1）听课前的预习无疑对提高听课效率有效，关键问题是所预习的内容和方式。电子技术学科有它的特点，特别是进行电路分析过程中需要一些基础知识（如元器件的特性、单元电路的特性）来支持对电路工作原理分析的理解，如果不了解这些相关的基础知识，那么对电路分析过程的理解就会比较困难，所以预习的内容应该围绕所讲内容的基础知识进行。如果老师在前一次课结束时提示所需要预习的内容那更好。

（2）预习的形式可以这样：对将要学习的内容进行快速泛读，阅读过程中在书上画出无法理解的"难点"，以便听课时对这些"难点"加以留意，在课堂上就解决这些疑点。

（3）听完课后及时整理听课笔记对提高学习效率很有用，笔记的整理主要是针对听课学习中的新内容和重点、难点，以便在复习过程中提纲挈领地"拎出"重要环节。

三、实践学习法

> **重要提示**
>
> 电子技术是一门理论与实践联系非常紧密的学科。实践学习法可增强对电子技术的感性认识，从而对掌握电子技术非常有效。

所谓实践学习法就是通过动手操作，或进行套件装配来学习电子技术的方法。实践学习法不仅可以培养动手能力，掌握操作技能，还可以检验、复习理论学习中的知识，发现理论学习中的薄弱环节和问题。

实践学习法的具体实施方法有多种，不同的学习阶段有不同的学习方法。

1．入门初级阶段实践学习

初级阶段的实践学习的主要内容有下列几个方面。

（1）万用表常用测量功能的操作学习，如测量电阻值、直流电压值和交流电压值。

（2）常用元器件的识别和检测学习。元器件很多，入门初级阶段主要是学习电阻器、电容器等元器件，学习这些元器件的外形识别方法、质量检测方法。

（3）电烙铁操作方法学习。初学者往往认为焊接操作很简单，这是非常错误的，严格按照焊接规定进行操作才能焊出合格的焊点。

3-71.零起点学电子测试题讲解

重要提示

实践学习法需要实验器材，在初学阶段主要准备一只普通万用表，一把电烙铁，找一只坏的收音机作为动手实践的器材，通过对收音机的元器件识别、检测、测量达到初步认识电子电路的目的以及建立感性认识。

2．实践学习法的特点

关于实践学习法的特点主要说明下列几点。

（1）动手操作是它的最大特点。这种实践活动从感性上认识电子电路，通过有形的认知，为理论学习打下基础。动手操作过程是一个立体输入过程，使用了“全脑阅读”，即将各种元器件、电路板作为“图”，从右脑输入信息，全脑处理，大大提高了学习速度和效率。

（2）诺贝尔奖获得者——美国医学博士斯佩里提出了“左、右脑分工”理论，他用实验证明了人的左、右脑具有不同的功能：左脑是抽象思维的中枢，右脑是形象思维的中枢。充分利用右脑是快速学习的一个好方式，它的形象性“图形”信息输入有利于记忆。

（3）这种学习法需要有一定的器材、相应的测量仪表、检修工具和一些元器件。测量仪表可以是万用表；检修工具是电烙铁、螺丝刀等；元器件可以准备一个坏的收音机，拆下其中的元器件，用来作为实验的元器件。

重要提示

关于实践学习法需要注意下列几点。

（1）由于实践学习中已经接触到220 V交流市电（操作电烙铁等），所以人身安全是第一注意点，需要掌握必要的安全常识。

（2）用电笔测试电烙铁外壳是否漏电，或用万用表的R×10 k挡分别测量它的插头两根引脚与电烙铁外壳之间的电阻，应该都是无穷大，否则说明电烙铁漏电。

（3）通过实践所要学习的面很广，但是实践学习应该从识别、检测元器件入手，而不是直奔电子电器的修理，否则修理的失败会造成对自信心的打击。对初学者而言，自信心很重要，是获得持续学习兴趣和动力的源泉。实践学习法也应该坚持循序渐进的原则，有句古话：“欲速则不达”。

（4）实践学习过程中的分类训练很重要。电子技术中，元器件是组成电子电路的最小单位，是分析电路工作原理的基础，也是修理中最终检测、更换的对象，从了解、掌握元器件的外形特征、结构、工作原理、主要特性、检测方法入门，再进入电路工作原理的学习。当然，也不是要求了解所有的元器件，首先是电阻器、电容器等最基本的元器件。

（5）实践学习过程应该注意在理论指导下进行，否则就变成了盲目的“乱动手”，走弯路、费时间是必然的，所以最好边看书、边实践，实践的内容与看书的理论知识相结合是最佳的学习方式，用理论指导实践。例如，学习有关电容器的特性时，可以看书后找来电容器进行检测实践。

3．理论学习与动手实践之间如何相互联系才是最佳方式

3-72.零起点学电子测试题讲解

（1）电子小制作对学习的益处。有了一定的理论基础和动手能力后，尝试一些电子小制作对提高自己的理论水平、动手技能、故障分析和处理能力都是有益的。初次制作时涉及的东西较多，什么工具、元器件、制作电路板、外壳等，为了使第一次自己动手获得成功，应买套件而不是什么都自己去配。选择套件时要注意选简单的，太复杂的也不行，如可以选择装一个电子音乐门铃或一个简易稳压电源、充电器等。

（2）通过电子制作来提高动手能力。电子制作是一种锻炼自己动手能力的好方法，它可以锻炼多方面的能力，例如，用万用表检测元器件质量，练习焊接元器件，学会根据印制电路板图装配元器件，能够将电路原理图、印制电路板图和元器件三者对应起来。当装配后有故障时，还可以学着运用万用表进行电压、电流的测量，元器件的在路检测等。

（3）先电子制作再进行修理学习。在条件允许的情况下，应该多进行几次电子制作后再进行修理实践，因为电子制作是有思想准备的动手实践活动，可以比较容易地做到从简单到复杂、从一般到特殊，而电子电器修理中故障的种类繁多，知识结构不完备时很难达到预期效果。

（4）初次进行电子制作套件装配前的准备工作。将套件中的电阻器和电容器别在一张纸上，通过万用表测量或识别，在每个元件旁标出电阻器的阻值大小、电容器的容量大小，并标出它们在电路原理图中的电路编号，以方便装配。用万用表检测套件中各元器件的质量，并清除元器件引脚上的氧化层，以防止影响焊接效果。看懂电路原理图的工作原理，在有装配说明时要认真阅读。

（5）装好配件后电路没有实现正常功能是件好事。套件若一次性装好后就能正常工作，这样的装配实验意义不大，出现问题反而是好事，通过修理会学到更多的东西，同时也锻炼了自己发现问题、分析问题、解决问题的能力。

修理时，先检查元器件是否装错位置、二极管正极和负极是否装反、三极管的 3 根引脚是否搞错等，再重新熔焊各元器件的引脚焊点（对初学者而言这是一个大问题），必要时可以全部拆下后重新焊接。上述检查无收效后，仔细分析电路的工作原理，再进行测量直流电压、检测有关元器件（在焊接过程中容易损坏元器件）等操作。

四、制订计划学习法

几乎所有的人在学习过程中都制订过学习的计划，通过这种形式可以促进学习，张扬学习激情，并为量化学习效果提供了可能。

3-73. 零起点学电子测试题讲解

重要提示

对于电子电路的初学者来说，在学习过程中，有计划地解决自己的双基（基础知识、基本技能）问题，循序渐进、持之以恒地向理想中的目标迈进，以“学会”的技巧实现“会学”的目的，这是很重要的。

一个人的每次成功，都是由需求—动机—目标—计划—行动来实现的。

1．制订计划学习法的计划内容

关于计划内容主要说明下列几点。

（1）明确学习目标。可以是某一章的学习计划，如学习电源电路一章。没有目标的学习，就像航行没有指南针，没有雷达，学习的盲目性会削弱你的学习热情，学习无成效很可能是逻辑的必然，结果是浪费时间和精力的同时，挫伤了自己的学习积极性和自信心。

（2）分解目标。分解目标内容，量化学习计划，确定大目标和小目标，大小目标相结合。例如，将电源电路一章中各节的内容列出，分别计划。

（3）学习过程中的量化。为方便学习过程中的量化，以页码为量化标准。例如，电源电路一章共有 30 页，每天学习 3 页，计划用 10 天完成学习。

（4）学习计划问题。学习计划的具体化、细节化有利于学习计划的操作，可操作性高可以促使自己按部就班地执行学习计划。

重要提示

列出全章学习后的复习、小结计划，写出复习后的小结书面报告。复习和小结所需时间通常占计划总时间的 20% 左右。

制订学习计划时只有时间要求还不够，还要有相应的学习量与质的要求。实践证明记学习笔记是最好的量与质的保证形式，然而在实际操作中，人们往往会忽视这一点，所以要规定每天的学习必须做多少字的笔记。学习的早期阶段应该注意学习的量变。

2．制订计划学习法的特点

关于制订计划学习法的特点主要说明下列几点。

（1）可以量化学习效果是它的最大特点之一。每天学习3页内容，那么10天后按计划学习了30页内容，使学习效果可以量化，这种量化在学习过程中非常必要和重要。从量变可以到质变，每天学习就是量变过程，学习计划完成就是无数量变到质变的过程推进。

（2）可以感觉天天在进步。由于学习过程中每天都完成3页内容，随着学习的进行自己会感觉到在进步，能从量的角度感觉到学习已有收获，所以对自信心的增长非常有益。这种自我激励反过来也会产生学习的动力，两者相辅相成，相得益彰，形成良性循环。日积月累，坚持数月或数年，必有成效。

（3）“强迫”自己。这种学习法带有点“强迫”性，计划可以“强迫”自己在学习中做到“守信”，使自己坚持按计划进度学习。马斯洛语：“如果一个人想要按照真理去生活，正如他们看到的真理一样，他们就需要自我强化。”

（4）可以挤出时间学习。有了这种学习计划，可以挤出时间，这样能够培养自己良好的学习自觉性，养成学习习惯，从而可以达到提高学习效率的目的。

重要提示

在制订计划学习法的运用过程中要注意下列几点。

（1）饭要一口一口吃，谁也不能一口吃成个胖子。计划的制订要量力而行，首先要保证可操作性，即通过自己一定的努力能够实现计划的学习目标，否则对自信心有损伤，不利于后面的学习。

（2）初次尝试制订计划学习法时，将计划的时间定短一点。例如，制订一周时间的学习计划，学习的内容简单点，充分保证能够按时保质地完成学习计划，这对后续的学习计划制订相当重要。

（3）做学习笔记很有讲究，工整、整洁、连续、统一的笔记不仅读来赏心悦目，而且极具“诱惑”力，促使自己按照统一的形式、规定的格式连续记下去，同时这样的学习笔记具有收藏价值，待自己成功时回首艰辛的学习过程会倍感自豪。

（4）脑力劳动与体力劳动的疲劳是不同的，脑力劳动的疲劳主要表现为对学习的厌倦和兴趣的减弱，所以学习过程中的适当休息很有必要。如果不讲究用脑规律，学习效率下降，反而会影响正常学习。当自己感觉学习效率不高时，最好的办法是快速放下书本，尽情放松自己的身心，或是高歌一曲或是狂奔山野，学习的高手会采用一种非常另类的方法放松自己：放下原来的学习，转入另一项与之前性质不同的工作。例如，从理论学习转向动手学习，用一种学习放松另一种学习。

（5）脑力劳动的休息可以采用多种休闲形式。例如，户外的信步，边走马观花边回忆刚才的学习内容，可以达到休息和复习两不误的效果。

五、爱好者讨论学习法

3-74. 零起点学电子测试题讲解

讨论学习法是一种两人或多人在一起进行讨论、切磋的学习方法。几个人凭借共同的兴趣爱好，聚集起来组成兴趣讨论和学习小团队，在交流之中互相探讨学习中的经验教训或疑难点，从而达到共同进步的目的。

俗语说的好：“三个臭皮匠，赛过诸葛亮”。依靠大家集体的经验智慧，对问题的解决是卓有成效的。

爱好者讨论学习法最大的优势在于，因共同兴趣走到一起的初学者，会通过讨论学习实现共同的提高。

1．爱好者讨论学习法的实施步骤

（1）确定讨论对象。一般情况下参与讨论

的人是同学，或是相识的电子技术爱好者，参加的人数可以是两人，或更多的人，大家的水平比较接近，产生的疑难点也比较相似，不会产生交流上的障碍，如果水平参差不齐，对讨论的主题会有很大影响。当然，如果在参加讨论的对象中能有一两个高手那也是不无裨益的。

另外，网络技术的发展使这种讨论学习法在网络之中进行成为可能，素不相识的人之间讨论学习的现象现在已相当普遍。网络的出现拉近了我们彼此间的距离，异地间的实时交流已不再显得陌生。虽未曾谋面，虽远隔千里，但是手指在键盘上跳舞，思想会在网络中迸发出智慧的火花。随着屏幕上出现的文字，你会对电子技术有更好的领悟。

（2）确定讨论主题。其一，确定参与讨论人员后，通过商量可以就大家共同感兴趣的某个专题作为讨论的主题。主题的确定非常重要，首先是大家对主题都有兴趣。

其二是难易恰当，主题内容愈具体愈有利于取得好的学习效果。例如，讨论电源电路中的滤波电路工作原理。

第三，有的才能放矢，对于所要完成的事情有个明确的目标，才能顺着这个方向前进。如果只是泛泛的空谈，浪费时间不说，也解决不了实质性问题。

（3）准备讨论材料。正所谓“工欲善其事，必先利其器”。为了使讨论取得实效，充分准备材料非常有必要。“兵马未动，粮草先行”在学习中有现实的指导意义。

材料准备过程和结果直接影响讨论的质量，即讨论的广度和深度。例如，在讨论电源滤波电路工作原理时，要准备的材料有滤波电容、滤波电感的特性，π形RC滤波电路、多节π形RC滤波电路、π形LC滤波电路和高频滤波电路等。

（4）讨论过程。讨论过程中应该有一位主持人，协调讨论进程。讨论过程可以由一名人员主讲，然后其他人员补充，这样才会使讨论在合理、有序、高效中进行，不会产生群龙无首、七嘴八舌的现象。

3-75. 零起点学电子测试题讲解

协调进程的主持人最好是讨论问题的发起者，这样比较能掌握讨论进程，纠正偏离方向的情况。如果主持人的电子电路知识比较全面或者技术高于其他讨论者，也能胜任。

2．爱好者讨论学习法的特点

关于爱好者讨论学习法的特点主要说明下列几点。

（1）这种学习方法中自己既当学生又当先生，发挥了主观能动性，调动了自主学习的积极性。特别是自己当先生时，通过口述不仅重复了一次所掌握的电子技术知识，更重要的是这种表述能长期留在记忆中，同时也检验了自己对所讨论专题知识的掌握程度。如果自己不懂是无法讲述出来的，所以能够正确地讲述也表明初步掌握了该专题知识。

（2）口述是指对学习材料的维持性的言语重复或在选择基础上的保留重复。口述所涉及的认识过程主要是：选择——把注意力放在一定对象即问题上，获取——使材料转入工作记忆。科学已证明，口述能强化记忆，并加深理解，因为它使多个感觉器官同时运作。

（3）能够培养自己积极探讨问题的学习态度和习惯。有了这种钻研的精神，改“要我学”为“我要学”。内因解决了，晓以时日，必有一个令人满意的结果。

（4）有利于提高自己独立分析和解决问题的能力。尼采说：“上帝死了”。诚然，这个世界没有救世主，除了自己没人能拯救你。很多问题都要靠自己亲手来解决，所以独立分析和解决问题的能力很是重要。

重要提示

由于水平相近的人在一起讨论，所以亲和力比较强，讨论热烈、气氛活泼，有益于相互学习，共同进步。

由于是专题讨论，所以注意力比较集中，学习的效率比较高，能够突破某一个知识专题的难点。

每次确定一个专题，讨论前的准备和讨论中的讲述，复习、提高、巩固了这个专题知识。别人讲述有可能启发自己，也有利于完善、引申自己对该专题知识的掌握。

3．爱好者讨论学习法的适用范围

关于爱好者讨论学习法的适用范围主要说明下列几点。

（1）由于专题讨论的针对性比较强，所以掌握一定电子技术基础知识后进行这种讨论效果更好。如果没学会走路就想学习跑步，一定会磕磕碰碰，跌跌撞撞。电子技术也同样如此，所以夯实基础势在必行。

3-76. 零起点学电子测试题讲解

（2）遇到学习中的困难和问题时，通过这种讨论学习可以较快和较好地解决。

（3）由于现代网络技术的高速发展，讨论学习法已经可以不是传统意义上的面对面的方式了，通过网络可以采用多种形式进行，具体如下。

① 在QQ中的爱好者中进行，优点在于实时进行。

② 进入电子技术BBS中进行，优点在于论坛中的许多经验技术帖会给你很大帮助。

③ 通过电子邮件进行，优点在于问题的针对性解答比较强。

④ 专用聊天室进行讨论，如QQ群，优点在于点对面的交流。

以上4种各有优缺点，请选择适合自己的方式组合进行。

重要提示

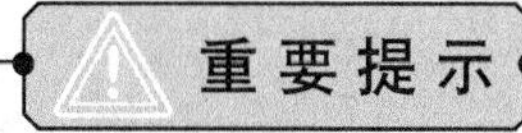

关于爱好者讨论学习法的注意事项主要说明下列几点。

（1）确定的专题讨论内容要得到大家的同意，应该是有兴趣的或是急需要解决的问题，这样大家才有积极性，参与其中，否则讨论学习的效果会受影响。

（2）讨论中要积极参与，“拿来主义”即只听不讲其学习效果也会受影响。因为缺少了自己锻炼思维的机会，容易被别人的观点所左右。只有积极参与，才能使自己的思路和眼界更加开阔，提高自己发散思维的能力。

意识到问题的存在才是思维的起点，有问题的思维是主动性的积极思维。当感到自己需要问“是什么”、“为什么”、“怎么办”、“怎么样”的时候，此时的思维已经发动，否则，思维就难以开展和深入。因此，具有强烈问题意识的思维体现了思维品质的活跃性和深刻性。而强烈的问题意识又可作为思维的动力，促使人们去发现问题，解决问题。

（3）如果讨论学习中对某个概念或某个电路的分析理解意见不统一，可以各抒己见，尝试各圆其说，通过“争论”加深对这一问题的印象，然后求教书本或请教老师加以确认，实践证明这时的印象会非常的深刻。

（4）每次讨论学习后应该写一份小结报告，通过这种形式可以进行归纳和小结，进一步加深讨论印象。及时巩固能起到一种复习的作用。以后再出现类似的问题，可以参照小结报告加以解决。也可以在小结中对自己的薄弱环节进行注释，以求改进。

六、研究型学习法

重要提示

在具备了一定的基础理论和实践知识后，为了提升自己的理论高度，系统而全面地掌握电子技术，可以采用研究型学习法。

1．研究型学习法的基本要求

采用研究型学习法学习电子技术应该满足下列几点基本要求。

（1）具有比较好的基础知识，比如了解什么是放大器、什么是负反馈电路、什么是谐振电路等基本概念。

（2）已有了一定的自学能力，通过看书能够解决一些难点问题。

（3）具备一定的资料收集能力和整理能力，能够通过各种媒介广泛收集相关的资料、电路图、数据等。

（4）具备分析整机电路中局部单元电路的能力。

2．研究型学习法的具体做法

关于研究型学习法的具体实施主要说明下列几点。

（1）这种学习方法的特点是通过系统地研究某一个专题电路，达到系统而深入地掌握这一专题电路知识的目的，颇有些“一叶落而知天下秋”的境界。

（2）在选定某一学习专题电路之后，深入挖掘这一专题的相关内容，广泛地收集与此专题相关的资料、电路图，进行研究分析，归纳整理，写成专题学习报告，力图对该专题电路知识全面而系统地掌握。

（3）对某一个专题电路的研究学习的具体内容包括：该专题电路的功能和特点、典型电路工作原理、收集并分析同功能不同电路（即电路的各种变化电路）的工作原理、电路的故障检修分析等。

这里以整流电路为例，说明研究型学习法具体的实施过程。对于整流电路种类而言，需要收集、整理、分析的电路种类有下列几种。

① 半波整流电路，正极性和负极性的。

② 全波整流电路，正极性和负极性的，正负极性混合型的。

3-77. 零起点学电子测试题讲解

③ 桥式整流电路，正极性和负极性的。

④ 倍压整流电路，正极性和负极性的，二倍压的和多倍压的。

力求收集、整理、分析各种类型的整流电路。

重要提示

关于研究型学习法的使用应注意以下几个问题。

（1）不具备一定的电子技术基础知识的初学者不适合使用这种学习方法，因为知识面有限，无法运用这种学习方法。

（2）用这种学习法的优点是能够对某一个专题电路有一个深入而全面的掌握，只有通过对许多专题的研究型学习才能系统而全面地掌握电子技术。

（3）由于这种学习方法需要大量的时间，所以整个学习进程较长，需要有耐性和恒心，否则很难达到全面掌握电子技术的目的。

（4）对于各个专题的选择也要分层次展开，可以先选择一些常用的、简单的电路专题进行学习，再逐步拓展知识面。

七、网络学习法

重要提示

网络学习法是运用互联网进行电子技术学习的方法，根据网络技术平台所提供的功能，可以有多种形式的学习。

1．网络学习法中的BBS

进入一个电子技术方面的专业网站，找到它的BBS，进入后会看到各个专题栏目，如基础电路、电源技术、放大器技术等，选择相关专题，或是阅读，或是提问。关于在BBS中的学习主要说明下列几点。

（1）在BBS中可以看到一些与自己水平相近的电子技术爱好者所提的问题，了解他们在学习过程中遇到的困难和问题，为自己的学习做好心理准备。

（2）在对某一个问题的解答中会有许多的跟帖，可以比较全面地了解这些跟帖的内容，从而对这个问题有一个比较全面的认识。

（3）BBS是互动形式的，比较灵活，特别是一些电子技术爱好者在一起讨论或争论某一个问题时，不仅可以学到知识，还可以通过发帖说明自己的观点。

（4）BBS中的各种专题很多，各种各样的问题及众家解答也很多，可以在那里扩展自己的知识面。

（5）在一个人气很旺的BBS中提出自己学习中的问题，通常很快就有热心的电子爱好者给予解答。在BBS中可以认识许多志同道合的爱好者。

（6）许多BBS是支持上传电路图的，这样可以方便电路的分析。但是，书中的电路图要通过扫描仪扫描之后才能上传到BBS中。

（7）BBS中有很多精华帖，上面给出的是其他一些爱好者的经验和方法，可以借鉴和学习，对自己帮助很大。

2．网络学习法中的电子邮件

网络中的电子邮件功能与普通信件功能基本相同，它更为快捷和方便。关于通过电子邮件进行电子技术的学习主要说明下列几个问题。

（1）采用电子邮件进行电子技术学习时通常有确定的对象，例如，可以向某一个网友请教问题，索取资料或交流等。

（2）通过电子邮件可以实现快速的一来一往方式的请教与回复。

（3）采用电子邮件进行提问或回复比较从容，时间的自由度大，可以在方便的时候处理电子邮件。

（4）通过电子邮件的附件形式还可以发出电路图。

3-78. 零起点学电子测试题讲解

3．网络学习法中的QQ聊天学习

通过QQ可以快速进行非面对面接触式的交流、提问、回答，关于这种学习方法主要说明下列几点。

（1）在电子技术的BBS中，许多电子技术爱好者会主动留下他们的QQ号，为了组成一个小小的学习小组，可以有意识地找一些同行网友。在选择网友时，可以根据他们在BBS中的回帖或提问情况初步了解他们的电子技术水平。

（2）在QQ中讨论电子技术的学习非常快捷，有问有答，一来一回，能及时解决学习中遇到的问题。

（3）注意找几个水平高于自己的网友，这样在学习中有问题时可以及时得到帮助。

（4）在QQ中还可以开一个“我的群”，它相当于一个小型的聊天室，一群水平相近的网友在一起讨论、学习，对自己很有帮助。

重要提示

因为网络内容相当繁杂、无序，对于辨别、梳理能力还不够高的初学者来说很难驾驭，切不可沉迷于网络而忘了学习电子技术。

附录 6 电子技术学习的困惑和学习的竞争

一、电子技术学习中的困惑和误区

1．学习之初存在众多困惑很正常

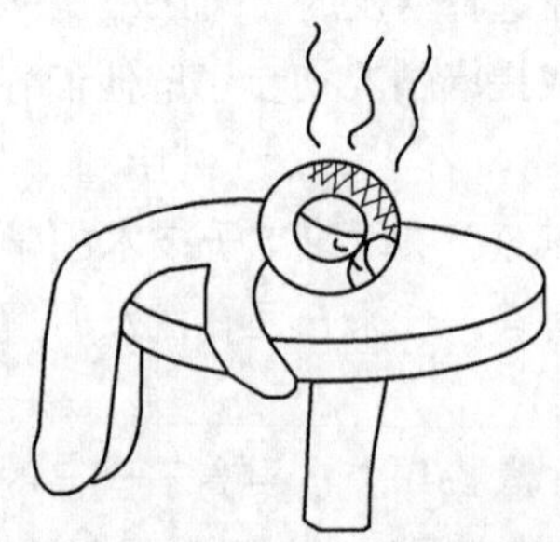

学习电子技术过程中，特别是初级阶段会出现许多困惑，这是非常正常的，像“总是记不住”、“有没有快速学习的方法”等，但是当我们不能正确对待和处理好这些学习初期的困惑时就会影响正常的学习，怀疑自己的学习效果，干扰学习的进程，严重时甚至学习会半途而废。

重要提示

如果在早期将这些困惑“灭掉”，就可以赢得更多的时间和宝贵精力，大大提高学习的“性价比”。在这个信息海量的时代，快速学习、少走弯路显得尤为重要。

学习电子技术过程中的误区主要是方法上的和理解上的，通过一段时间的学习、体会和实践会得到改善的。

2．学好电子技术之心理准备

学习电子技术时要做好一些心理准备，在学习之初就应该认识到可能出现的困难，例如，学习方法的问题，学习目的的问题，学习中遇到困难如何处置的问题，整个学习需要多少时间的问题，电子技术至少需要学习哪些知识的问题，如何检验学习效果的问题，如何处理好理论学习与动手实践之间关系的问题，从事电子技术行业前途的问题，学好电子技术后就业方向的问题，以及学好这门课程需要哪些准备知识的问题等。

3．学习电子技术到底有多难

3–79. 零起点学电子测试题讲解

学习电子技术到底难不难，难的话有多难，最难的又是什么呢?

学习任何一门技术都难，世界上没有不通过努力和刻苦学习就能掌握的技术。同时，难与不难是相对的，是动态变化的。

在学习之中掌握了学习方法后，在努力和用心后，在运用了学习技巧后，难的问题可以化解成不难，或只是小难。在学习取得小小进步和成功后，又增强了学习的信心和获得了新的动力，那么通过这种类似的“正反馈”，学习电子技术就变得容易得多，若不信，那为何有许多的人掌握了电子技术后，在专业领域取得了巨大成功呢？

重要提示

在学习电子技术之初，不可认为这门课程很容易学好，不可掉以轻心，同时也不必畏惧它的复杂性。做好充分的心理准备，打一场有准备之仗，这样比盲目上阵要轻松许多。

4．学习之初重在立竿见影、初见成效

3-80. 零起点学电子测试题讲解

学习之初大多数人都在怀疑自己的学习方法是否正确，投入的时间和精力是不是得到了相应的“回报”，这种心理是非常正常的，为了不使自己失望，需要在学习之初就见到学习的效果，给自己强大的信心和学习的动力。

为了使自己在学习之初能见到效果，学习的起步阶段就显得十分重要了，特别是学习的切入点很重要。如果开始学习的起点过高而脱离自己的实际情况，学习过程中会遇到许多不能理解的问题，一段时间后会感觉困难重重，信心丧失，怀疑自己的学习能力（其实是方法不对，不是自己的错），这将对以后的学习不利，要努力开好局。

重要提示

学习之初要视自己的基础知识水平情况，适当选择好起点的高度。古人云：“万事开头难”，也给了我们足够的警示。

5．实现良好开局要注意些什么

为了有一个良好的开局，需要注意以下几个方面的问题。

（1）教材选择问题。选择不当看不懂，学习时问题多，所以教材的选择要根据自己的情况而定，难度要适中。

（2）先理论还是先实践，或是边理论边实践。根据自己的实际情况可以进行一些选择，有实践条件的可以先实践，以使自己有个感性认识；没有实践条件的从理论学习起步也是很好的选择。

（3）学习电子技术从电路分析起步还是从元器件知识起步。这一点答案非常明确，从元器件学习起步。

6．泛读

学习之初应该采取先整体了解后重点突破的学习方法，即对将要学习的内容通过快速阅读，了解整体内容，不在具体内容和问题上停留，通过一次泛读在了解整体内容的同时，也将需要精读和突破的内容与问题钩出，在接下来的重点突破中一一击破。

7．精读

精读是重点突破，对于书中的核心内容和难点内容需要精读，精读的核心主要有下列几点。

（1）用心、用力、用足够时间以求彻底搞清楚。精读过程中需要使用参考书，对同一个问题学习过程中难以理解时，在另一本教材中寻找对同一个问题的解说，以帮助自己扩展理解的思路和视野。

3-81. 零起点学电子测试题讲解

（2）精读过程中要使用笔记这种学习形式，它虽然传统但是行之有效，特别是这种学习形式对自己的心理会产生正面影响，具体体现了学习过程中从量变到质变的哲学思想。

（3）精读的目的不仅是为了掌握一两个问题，而且也是为了学会学习的方法。掌握适合于自己的学习方式，这将会使日后的学习全过程受益。

8．学习的起步

（1）从元器件知识的学习起步是最为科学的，这部分知识难度不大，也是最能看到学习成果的，有利于增强信心。

（2）学习初期可以参与一些简单的实践活动，例如，找一个旧收音机或其他电子电器，打开外壳后观察里面的电子元器件，结合元器件书中的讲解进行实践活动。必要时可以进入一家元器件商店，在那里能看到大量的元器件实物，对形形色色的元器件建立起一个初步的印象，再与书本中学到的元器件知识一一对应，这会有利于元器件的理论知识学习。

（3）在建立了初步完整的元器件知识体系后，可以转入电路分析的学习，这一过程主要是理论知识的学习，需要持续一段相当长的时间。

（4）在系统地学习了元器件知识和电路工作原理后，可以开始故障检修的理论学习和实际技能学习，这时学习检修故障技术的效果会很好，困难会少许多。

上述一轮学习完成之后，可以认为完成了学习的初级阶段，即较为全面和系统地了解了电子技术，具备了进一步学习的能力，将进入提高阶段的学习。

9．教材选择事关起步学习质量

初学者选择入门学习用的电子技术图书是一件很重要的事情，由于基础知识的贫乏和对整个电子技术课程的不了解，学习用书的选择往往带有盲目性和随意性，而入门学习的教材选择是否恰当关系到学习初期是否顺利。

10．大专院校的电子技术类教材

这类教材的特点是理论性内容多，公式和计算更多，内容不够广泛，与实际应用距离更远。从全面掌握电子技术和实际能力培养角度上讲，这类教材还远远不够，还需要补充大量的电子元器件知识和系统的实用电路分析内容。

学习实用电子技术不宜采用这种教材，这类教材还不适合自学。

从事电子线路设计的初学者可用这类图书作为精读教材，但是不是在学习初期，而是掌握元器件知识和大量实用电路分析基础之后。

11．元器件知识类图书

这类图书以讲解元器件知识为主，入门学习时应选择这类图书，因为电子元器件是电子电路的最小单元，也是电路工作原理分析和电路故障检修的基础。

如果书中能全面讲解元器件知识那更好，如讲解元器件识别方法、重要特性、质量检测方法，特别是讲解了元器件的典型应用电路，这对初学者从元器件到电路分析的过渡非常有益。

这类图书的特点是实用性强，针对性强，是初学者的首选读本。

12．电路工作原理分析类图书

这类图书以大量的常见、实用电路为例，系统而详细地讲解了这些电路的工作原理，书中几乎没有计算公式，是以培养电路分析能力为主要目的的图书。

从学习应用技术角度来讲，这类图书的实用性非常强，阅读后就能立即解决实际问题。对于将来从事电路设计的读者而言，在掌握了大量的实用电路之后对电路设计也非常有益，可以从中借鉴电路设计思想、移植局部电路等。所以，以这类图书作为精读课本是非常需要的和必要的。

13．整机电路分析类图书

这类图书市场上比较少，它是以讲解整机电路工作原理为主线条，书中也有可能有一部分电子线路基础知识，但是内容贫乏，不够详细，缺少系统性，初学者看起来吃力。

阅读这类图书要求读者的基础知识全面、扎实。对于已经具备一定电子技术基础知识的初学者，可以用这类图书作为学习电子电器整机电路的精读教材。

14．修理技术类图书

这类书也不适合初学者阅读，因为这类书中对电子电路的工作原理讲述甚少，其重点是介绍故障的检修技术，初学者看不懂，也很难从原理上根本掌握电子技术。

修理技术方面的知识应该在全面而系统地掌握了电路工作原理之后进行学习，这样效果才比较好，购置这类图书应在学习的中后期。

15．资料、手册类图书

例如，集成电路应用手册、最新晶体管资料大全等。这类图书不适合初学者阅读，它们是手册、资料类的图书，在学习的中后期进入电子线路设计或修理时需要这类工具书。

16．图册类图书

这是修理资料类图书，也不适合作为初学者学习电子技术的主教材，但是初学者有了一定的基础知识之后，可以将这类图册作为分析整机电路工作原理的图书，以扩展自己的知识面，提高电路分析能力。

17．电子版图书

有一部分人喜欢阅读电子版的图书，理由有许多，主要一点是认为可以省钱，其实这更加浪费钱，特别是对于初学者危害更多。

（1）入门阶段需要系统地学习，需要大量的时间去看书，而阅读电子版图书开着电脑就电费也比书价贵出好几倍，经济上肯定不合算。如果是付费阅读那这费用也要计算在内。

（2）电子版图书盗版的比较多，书中不清楚之处甚多，特别是图、图中字不清楚，造成阅读的额外负担。

（3）阅读电路分析内容时，如果电路图和电路分析内容不在同一窗口，需要不断拖动窗口，影响正常的阅读理解。

（4）不利于保护眼睛，有害于健康。以健康为代价的事情要尽可能少做或不做。

初学者应该杜绝电子版图书阅读。网络阅读的优势在于资料查找的方便，所以在进行电路设计等工作时，可以借助网络的快捷和方便查找相关资料。

3-82. 零起点学电子测试题讲解

18．初学者自主学习教材

作为一个自学为主的初学者，除了正确选择电子技术图书的类型外，还要掌握下列几点，以便减少自学过程中的困难，顺利度过初学时期的“艰难困苦”阶段。

（1）主教材应该包括这样几部分内容：一是元器件基础知识；二是电子电路基础知识，主要是识图方法等；三是修理理论和动手操作基础知识。如果一本图书不能包含这些内容，则可以选择两本或是更多本图书，但必须包括这些基础知识。

（2）辅导教材也是需要的，由于是自学，学习过程中的“为什么”比较多，在选择一本主教材的同时，如果能有一本类似的辅导性教材，对初学阶段的自学相当有益，可以参考辅导教材中的相同内容，解决学习中的问题和困难。

19．系统学习减少知识断点

3-83.零起点学电子测试题讲解

系统学习可以减少知识断点，减少学习初期的困惑，系统学习是初学者学习中必须遵守的原则，是学习中最需要注意的方面。

电子技术学习过程中的理解是一层层展开的，用下一层知识来支撑上一层的知识点，是层层推进的理解过程。

重要提示

判断自己是不是经过系统学习，或是系统学习是不是取得了效果，可以看学习中的问题是不是多得吓人，如果学习中有一大堆问题，那肯定没有好好地完成系统学习。

20．系统学习的重要性

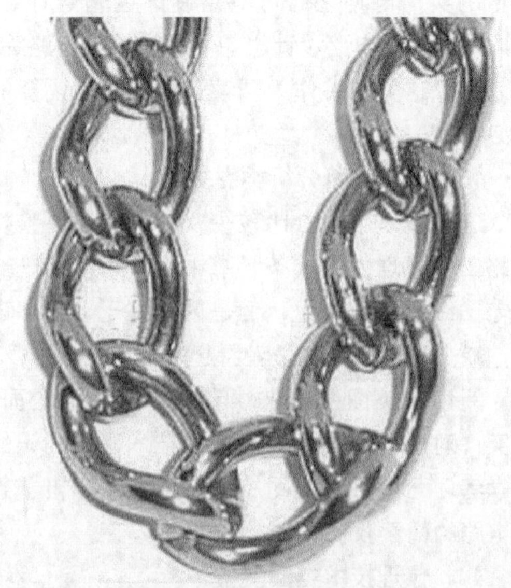

这里通过一个实例来说明系统学习的重要性。

学习三极管多级放大器电路工作原理时，需要三极管单级放大器知识来支持，而单级放大器知识又是三极管基础知识支持的。如果没有掌握三极管基础知识和单级放大器工作原理，学习多级放大器的困难要比系统学习多出几倍来。

重要提示

进行无障碍学习的好方法是从基础知识开始系统地学习，减少知识的断面和断点，反对跳跃式学习。学习之初可能不了解这种学习的危害性，结果学到的知识结构如同虚线，断点太多，让后续学习困难重重。

21．系统学习的重要性举例说明

这里举例说明系统学习的重要性，附图 6-1 所示是电子滤波器电路，理解这一电路工作原理必须具备下列知识，否则就无法正确理解和分析这一电路的工作原理。

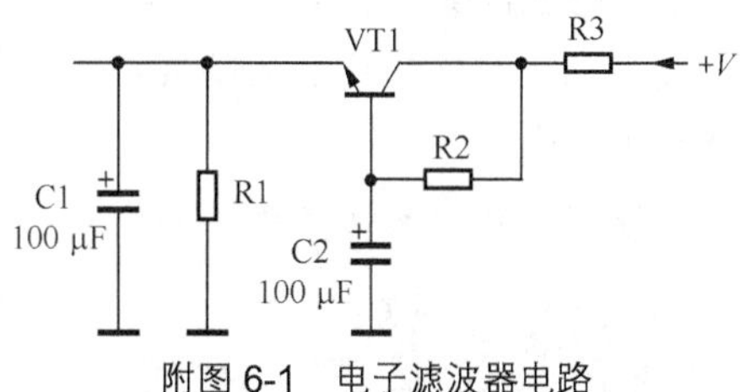

附图 6-1　电子滤波器电路

（1）掌握三极管直流电路工作原理，否则无法理解和分析电子滤波器直流电压供给电路，而电子滤波器电路分析的重点就是直流电压供给电路。

（2）电子滤波器相当于一只非常大的滤波电容，具体讲相当于一只容量比 C2（100μF）大 β 倍的滤波电容，即相当于一只 $100\times\beta\mu F$ 的滤波电容。如果不掌握三极管电流放大倍数 β 的概念，那么这个电路工作原理的理解与分析将无法进行。

3-84. 零起点学电子测试题讲解

（3）在电子波滤器工作原理理解和分析过程中，对 R2 和 C2 电路的分析和理解至关重要，这里需要掌握阻容滤波电路工作原理、电容的容抗特性和阻容分压电路工作原理，否则困难重重。

从上述几点看，如果不系统学习，比较全面地掌握电子技术基础知识，那么分析和理解电子滤波器电路工作原理就不可能。

22．坚决拒绝不良学习方法

（1）东一榔头西一棒的学习方式危害深远。如果学习之初，这本书看点那本书看点，这势必造成知识不成体系，知识断点太多。正确的方法是以一本书为主教材，从头至尾系统地看完，建立初步的知识体系。

（2）不要用电子类杂志作为入门学习的教材，杂志中文章的特点是短小精悍，最大的缺点则是系统性不强。在学习后期，进行资料查询或是学习比较前沿的知识时才去阅读杂志，杂志的优势在于它更新更快（相对于图书而言）。

（3）急于求成想法可以理解，但是古人早有警示，“欲速则不达”，愈是急，事情就愈办不好，古人这些话是充满智慧的总结，不可不信。正是由于急于求成的想法，放弃了系统学习的做法，结果“搬起石头砸自己的脚”，之后要不断补课，不断浪费时间和精力。

（4）克服自满情绪，踏实地完成系统学习。阅读过程中，对于已经掌握的知识可转向细节发现和思考为主的学习方式，以求增加知识的深度。

重要提示

充分认识基础知识的重要性和基础知识的完整性，有利于克服一些学习中的不好习惯，将系统学习进行到底。

23．系统学习方法及强化措施

系统学习有两种方式：一是将一本书坚持看完；二是对某个专题进行系统学习，例如，学习电源电路。系统学习的基本目的是，建立对一个方面知识的较完整体系。

系统学习过程中需要一些“形式主义”，这些形式有利于系统学习的展开和持续下去，有利于取得实质性的收获。

（1）整理学习笔记。这种方式虽然传统，但是管用，通过系统地整理学习笔记，印象比较深刻，特别是在整理笔记中多画电路图，画电路图的过程是一个很好的复习和检验学习效果的过程。

（2）归纳学习内容。在完成一章内容的学习之后，对所学内容进行归纳，如果能用自己的语言加以复述那效果会更好。

24．总是记不住该怎么办

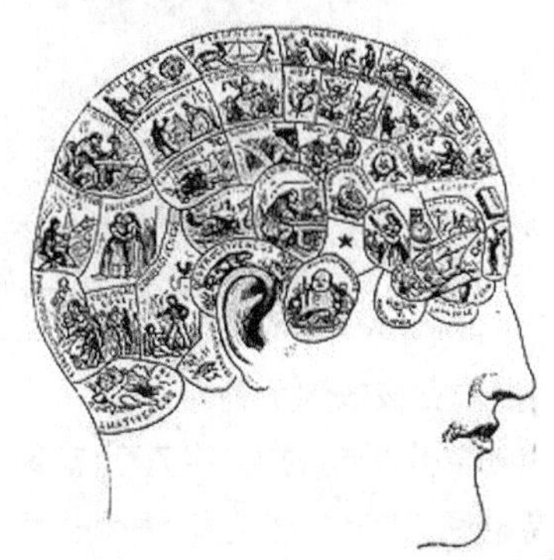

记不住很正常，毕竟过目不忘的人少之又少，再说有一些内容记不住也没有问题，知道它们在书的哪里就行，需要时可以及时找到它们。但是，总是记不住可能就有点问题了，应该从下列几个方面检讨一下学习的方法和过程。

（1）学习过程要静心，看书要认真，如果学习过程不连续，有时间就看，没有时间就不看，这种断断续续的学习过程会影响记忆的有效性。

（2）没有系统地学习。系统学习可以帮助记忆，因为各个知识点之间具有相关性，连续起来学习有助于整体记忆，记忆一个知识板块可以记忆许多的知识点。

（3）采用做学习笔记的形式强化记忆。对于电路分析部分的学习，在学习一种电路后试着进行画电路的练习，这是一种非常有效的记忆方法，如果能不看书画出电路图，那说明掌握的程度已比较高。

（4）适当动手，加强感性认识，特别是一些理论与实际联系比较紧的知识通过实践可以大大加深印象。

（5）加强理解性学习，不要死记硬背。电子技术的许多知识都是可以在理解的基础上接受的，理解后记忆的时间长，掌握牢。

总地来讲，总是记不住比总是看不懂要好得多，要有能够学好电子技术的信心。

25．到底怎样才算看懂电路

初级要求应该做到下列两点。

（1）能够分析电路中的直流电路工作原理和交流电路工作原理，能够分析信号的传输线路。

（2）能够分析电路中各元器件的作用。

高级要求在初级要求基础上还要做到下列两点。

（1）能够画出电路图。

（2）能够分析电路中每个元器件出现开路、短路等现象后电路所出现的故障现象，这是电路故障分析过程。

26．学习一阵后感觉没有进步咋办

（1）学习的内容比较零碎，不是进行的系统学习，所以感觉没有进步，需要改变学习方式，进行系统学习，使知识连成片，形成体系。

（2）学习的内容是一些基础性知识，一时还没有用到它，所以感觉到学习没有较大的进步。

（3）学习进入一个平台期，在这个期间内会感觉学习没有新的突破，这也是正常现象。

27．对于一些纯理论性知识学习困难咋办

3-85.零起点学电子测试题讲解

在学习教材的过程中遇到大量的计算和纯理论知识是相当正常的，为了克服学习中的枯燥无味可以采取下列一些措施。

（1）根据当前纯理论知识的学习内容，阅读一些相关的实用知识，以支持纯理论知识的学习。例如，在计算放大器输入和输出阻抗时，学习一些关于提高放大器输入阻抗的电路，以及学习阻抗匹配方面的实用知识。再例如，计算三极管静态工作电流时，可学习关于三极管静态电流对放大器性能影响的实用知识，学习不同类型放大器对三极管静态电流的不同要求方面的知识。

（2）端正对理论学习的重要性认识。

（3）端正对学习中大量计算的认识。

28．没有实践机会咋办

电子技术学习过程中理论与实践的结合可以提高学习效果，但是学习的时间和精力不能平均分配，理论学习需要绝对的主要精力和时间，因为理论学习内容的难度比动手技能的学习高得多。

动手技能的学习通常用几个月时间就可以达到一个相当好的程度，可以掌握动手操作的一般技能，可是理论学习没有几年是达不到比较好的程度的。而且，没有理论指导下的实践活动是盲目的，是粗糙的，也是无法继续提高动手水平和能力的。

重要提示

一些观点认为电子技术没有学好是因为动手机会少，或是学校安排的实验项目少，其实这些观点是错误的，也是危险的，以此为借口放松理论学习就是错误的。

29．动手实践有哪3个层次

（1）初级阶段的实践活动主要是元器件识别和焊接实习。初级阶段的实践可以在学习的初期进行。可以找一个旧收音机等作为实习机器，可以熟悉元器件，也可进行焊接和拆卸元器件实验；还可以利用收音机中的元器件，使用万用表进行元器件的质量检测实验。

这样，通过一个小小的收音机就可学会动手的初步技能，并有了很好的实验材料。所以，找不到实验器材不是一个好的理由和借口。

（2）中期可以通过套件装配提升解决问题的综合能力。建议采用分立元器件收音机套件来完成这项实验。通过收音机套件装配不仅可以有整机装配的实践机会，还可以学会一些测试、调试和故障处理技术，能更好地学习用理论指导实践。

别小看收音机，它虽然普通，但是不简单，它涉及的电路类型比较多，有高频电路、变频电路、中频电路、检波电路、音频电路等，认真地完成有关这个套件的动手实践可以学到许多的知识。

在完成套件装配实践之后，可以进行大量电路故障检修的实践活动，这个阶段的实践将能迅速提高解决问题的综合能力。

中期实践活动可以在完成系统的电路分析学习之后，这个期间的实践活动要强调在理论指导下完成，重点是提高实践活动的质量。

（3）后期阶段可以进行产品设计实践活动，以检验、培养和提高创新能力。可以参与一些社会实践活动，在工厂或公司参与一些产品的研发，在实际工作中锻炼和壮大自己。

30．学了好久电子技术为什么还是不能检修故障

3-86. 零起点学电子测试题讲解

如果在学习修理的初期就遇上了一些难度大的故障，那么就会感觉到检修故障比较困难，这是碰巧了，坚持下去就行。

电子电路故障种类多，具体故障更为繁杂，疑难杂症的检修难度是相当大的，所以检修故

障要分成几种情况。

（1）常见故障检修是相当容易的。许多故障都是属于常见故障，故障现象简单，变化不大，故障检查和处理比较简单。例如，整流二极管开路故障造成的直流工作电压下降故障等。

在真正地掌握了电路工作原理，系统地学习了检修方法、修理理论、故障机理和处理方法后，对于这类故障的检修很容易。但是，如果没有进行这些系统的学习，那检修故障还是会存在较大困难的。

（2）疑难故障检修本身就相当复杂。就是高手遇到疑难杂症也会感到头疼，所以这时感觉困难是正常的事情。

（3）缺少修理资料的故障也存在修理难度。当所检修机器相关资料不全时，如没有电路图或是没有关键测试点的修理数据，对故障判断也是有困难的。

31．总怀疑学习是否收到了效果

这种现象很大程度上是信心不足的表现，或是学习方法不当的问题，只要学习方法正确，通过一段时间的学习一定会有收获。

要对学习抱有坚定的信心，坚持学习，科学学习，定能在学习中成长。

32．学习初期应照单全收

学习过程中总是怀疑自己对一些问题理解是不是正确，总是希望能请教老师，讲述对问题的看法，然后得到老师的肯定，或是总是怀疑老师这样讲是不是正确，或是这本书上这样讲是不是错了，这些都是错误的，学习初期应照单全收。

怀疑态度的直接后果就是使学习效果大打折扣。

33．学习初期没有水平怀疑这怀疑那

学习初期不应该存在怀疑的态度，因为不具备找错这样的水平，而且图书也好，老师讲课也好，不会错到让人严重怀疑的程度，所以要克服怀疑态度，照单全收，提高接收知识的信息量。

电子技术基础知识是成熟的知识，不存在大量出错的可能性。

34．持怀疑态度的学习消耗了学习热情

如果学习初期总是持怀疑态度，会使学习热情受到抑制，而学习热情在学习中是非常重要的因素，是学习的动力源之一，应该加以保护和发扬，而不是进行抑制。

35．持怀疑态度增大了学习“成本”

怀疑时，需要动用大量的脑力进行思考，它消耗了脑力和宝贵时间，分散了注意力，会严重影响学习效果，大大增加了学习“成本”，所以得不偿失，应该全力避免。

36．从分子层面理解错得很离谱

电子技术是一门实用技术，它不是基础理论，学习过程中对工作原理的理解不能从分子层面进行，否则既没有实用意义，又大大加重了学习负担，是错得很严重的学习误区。

3–87. 零起点学电子测试题讲解

37．正确对待元器件工作原理的理解

学习元器件知识时要了解元器件的结构，掌握元器件的工作原理，但是没有必要从分子结构层面去理解，这里列举下列一些学习中的误区。

（1）对于二极管 PN 结结构和工作原理没有必要从载流子这个层面去理解，学习电子技术不是学习元器件制造技术，不是学习半导体材料，应该将主要精力和时间放在应用电子技术学习上，因为有许多实用技术需要时间和精力去学习，否则本末倒置。

对于二极管的重要特性好多情况下是无法用理解的方法去记忆的，此时只能背，这些用多了就能记忆清楚。例如，对于二极管的单向导电特性，死记硬背所用的精力和时间比从载流子层面理解还要少，学习就是要寻找那些“成本”较低的方法。

（2）对于三极管的许多重要特性也需要死记硬背，没有必要试图去理解它们。例如，集电极电流比基极电流大 β 倍，在三极管造出来后它就有这样的特性，至于为何有这种特性是元器件制造技术范畴的事情。

重要提示

在元器件特性的学习中会有许多类似的情况，为了以较小的学习成本获得更多的知识，有时必须采用死记硬背的方式。

38．大力学习和使用等效理解方法

初学期间学习电路分析中的等效理解方法很重要，可以减轻学习负担，提高学习效率，类似下列一些情况更需要进行等效理解。

（1）电容通交特性和电容电路分析中的等效理解方法。附图 6-2 是电容在交流电路中的工作示意图，在交流电的正半周和负半周，电路中的电流方向相反，电路中有电流流过，但是电流本身并没有从电容的一个极板直接通过内部到达另一个极板，而是电流在电容外电路中流动。

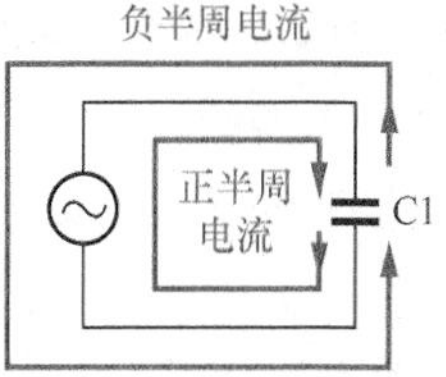

附图 6-2　电容在交流电路中的工作示意图

如果在分析电容电路中也用这种方法去理解会显得相当复杂，为此在电路分析中使用了等效理解的方法，如附图 6-3 所示，认为交流电流直接流过了电容 C1，这大大方便了电路分析的理解，且不影响电路工作原理的正确分析。实用电容电路是比较复杂的，使用这种等效理解方法显得相当方便。

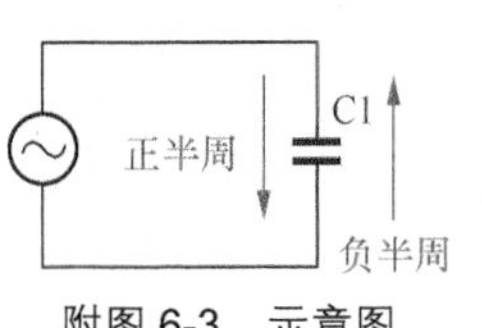

附图 6-3　示意图

3-88. 零起点学电子测试题讲解

（2）各种元器件的等效理解。电路分析中，可以将各种元器件进行等效分析，这是经常采用的分析方法。

39．分层次理解方法

对于电子电路分析需要培养层层分析理解的方法，克服任何问题都从底层理解的方法和习惯，这好比学会了乘法就不要全靠加法来计算题目。比如，多级放大器工作原理理解方法。分析多级放大器首先要掌握单级放大器工作原理，否则难度大。

对于阻容耦合三级放大器，其中的第一、二、三级放大器都是标准的单级放大器，只要掌握了阻容耦合电路工作原理，以及级间退耦电路工作原理，那么对这个三级放大器的分析就显得相当简单，因为这是建立在掌握单级放大器基础之上的。

40．已经掌握的电路没有必要进行电流回路再分析

对于已掌握的电路没有必要再进行电路回路的分析与理解，只需要掌握结论就可以了。例如，进行分压电路工作原理分析时，需要进

行电流回路的分析，得到分压电路输出电压大小与哪些因素有关的结论，在掌握了结论后，下次遇到分压电路就没有必要再进行电流回路分析。

41．信号输入回路和输出回路分析的误区

附图 6-4 所示是信号输入回路，见图中的信号输入回路电流示意图，信号输出源上端输出信号电流，经 C1 耦合加到 VT1 管基极，从 VT1 管发射极输出，经电阻 R3 到地端，通过地线到信号源下端，经信号源内电路成回路。

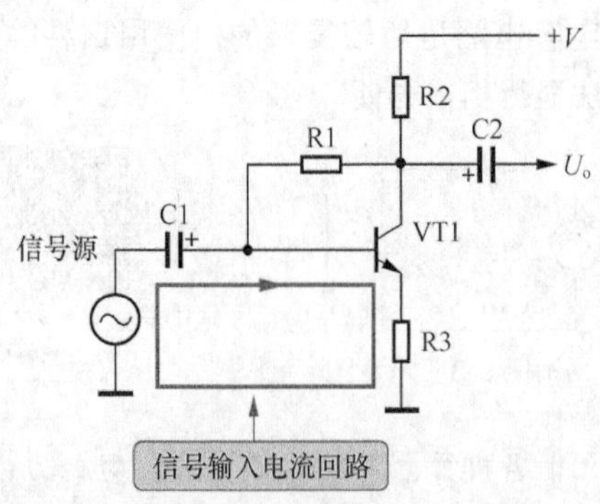

附图 6-4　信号输入回路

在掌握了这一电路信号输入电流回路之后，以后可以不必进行这样的分析，只要进行如附图 6-5 所示的分析即可，即输入信号 U_i 经 C1 加到 VT1 管基极，从 VT1 管发射极输出，经 R3 到地端，其余的分析可以省去，这样可大大简化电路分析，且不影响对电路工作原理的理解。许多电流回路分析中只需要分析到电流流入地端即可。

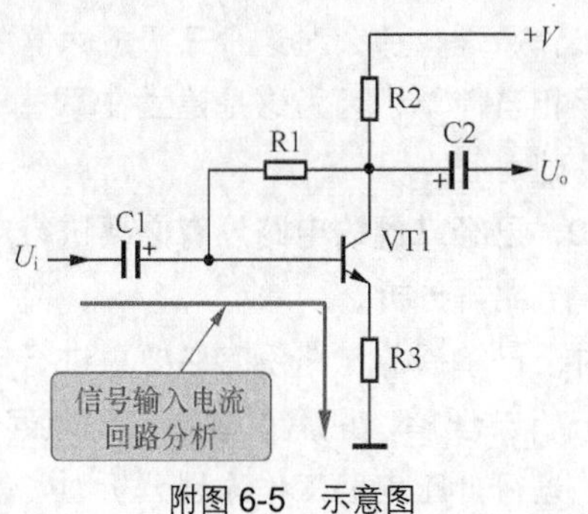

附图 6-5　示意图

二、兴趣的产生、兴趣链反应和学习的竞争

1．兴趣对学习的支撑作用

学习很辛苦，没人怀疑，但没有目标，缺乏兴趣的被动接受，只会导致在学习的道路上越走越窄。

没有兴趣的学习，如同嚼蜡，索然无味，因而更艰苦。

有兴趣，学习会相对轻松，毋庸置疑；

有兴趣，能产生学习的源源不断的动力，逻辑必然；

有兴趣加有源动力，轻松学习，更容易奏效；

有兴趣的学习感觉不那么辛苦，也不再计较学习过程中的困难，而专注其中，以苦为乐，强化了自愿付出的心境。

虽然兴趣对学习不是万能的，可是没有兴趣的学习颇有点“万万不能”的味道。

2．“扫描”电子从业人员

已经进入电子技术领域的人们，最初接触电子技术的原因是多种多样的，但是从兴趣这一角度可以归纳为两大类。

学习和工作的需要进入了电子技术领域，考取了大学或进入了电子工厂，开始接触电子

技术，他们在之前或许对电子技术一点兴趣都没有，出于“生路”或“糊涂”之中“被迫”进入电子技术领域，这是其一。这一类中也有许多在工作中对电子技术产生了兴趣，转被迫为主动了。

另一类是自幼早有兴趣，主动做出了进入电子技术领域的抉择，为数不少的还是原先专业并非电子方面的，因为对电子技术情有独钟，半路改行了。

有兴趣，会有乐趣，显然第二类的从业人员能在工作中体会到无穷无尽的乐趣，化工作的艰辛为快乐，并且其乐无穷。

3．兴趣的由来

兴趣或许是天生的，也可以后天养成，更多的是偶然激发而就。遇到一个善于培养兴趣的老师，是学生的福气，老师不仅要教好书，还要用心引发学生的学习兴趣。同理，如果能拥有一本好书，让您兴味盎然，弃之不去，那您一定会从兴趣起步，步入电子天地，数以千万计的电子技术爱好、从业人员欢迎您的最新加盟！

兴趣的发生、发展是有过程的，这需要培养、引导和发展。

4．兴趣链反应和学习中的竞争

兴趣需要转化为持续的自觉学习行动，并且也能够有助于加速这种转化。

兴趣转化为持续的学习行动是一种链反应：兴趣引发自主学习，学习中的小小成功又加大了兴趣的力度，更大力度的兴趣使自己不由自主地投入更多的学习精力，张扬了学习的热情，学习将取得新的连绵不断的成功是显然的。

综观成功者的起步阶段，往往会有惊人的相似之处。在起步之旅的孤独、无助中有许多兴趣的成分促使他们“心甘情愿”地饱尝奋斗的艰辛，有许多人“情不自禁”、“废寝忘食”投入自主学习。

无数的成功者都有这样的体会：在事业的成功中，早年的兴趣爱好似起到“决定性”的作用。

3–90. 零起点学电子测试题讲解

培养兴趣，发展兴趣，让兴趣为自己日后的漫长事业之旅奠定坚如磐石的意志基础吧！

5．目的性对自主学习的支持力度

没有目标的学习，注定是短命的行为。

对学习科学技术而言，仅有浓厚的兴趣，没有明确的学习目的也是不行的，否则学习是没有持久力和源源不断动力的。当遇到学习中的困难时就会挑战兴趣的可信度，事实证明有兴趣但最终放弃兴趣的人群中，为数不少的就是没有学习的目的性。

兴趣加上明确的学习目的性才能在自主学习中坦然面对种种困难，做到战无不胜，攻无不克，到达成功的彼岸。

学习的目的除了提高自身文化水平、素质修养，更多的是为了眼前的学业或工作、事业，再与长远目标、理想“配套”的近期学习目标才能够引发自主学习激情，目标愈具体、明确，自主学习的热情愈高涨。小目标和大目标相互结合，虽不能一口吃成个胖子，但也能水滴石穿。

6．大学生学习电子技术的“路线图”

为了学好大学电子技术教材，也是为了培养电子技术实践能力，大学生学习电子技术的“路线图”如下。

（1）快速了解电子技术学习内容，了解学习目标和方向。

（2）学习初期迅速建立感性认识，如熟悉电子元器件和整机内部结构，为后续的理论学习建立一个有形和立体的电子世界，可使理论学习有形化，化解一些纯理论学习的困惑。例如，在计算三极管静态工作电流时就能联想到三极管这个具体的元器件，实现先有感性认识再有理性认识。

（3）阅读一些常用电子电路工作原理的书籍，掌握这些电路的工作原理，然后再学习对这些电路的计算，这种先定性分析再定量分析的方法学习起来比较轻松，也使在学习大学电子技术教材过程中的各种计算更明确，更具体，否则计算了半天也不知道用在何处。

7．大学生理论学习与动手实践之间的矛盾

一部分大学生对学校的电子技术实践环节

颇有微词，认为动手实践的机会太少，影响了理论学习的效果。这样的观点虽有一定的道理，但从更高的一个层面来认识这个问题，可能会发现理论学习与动手实践之间的矛盾并非不可调和。

电子技术是一门理论与实践联系非常紧密的学科，从大学学习期间的要求看，主要是能力培养，尤其是打下扎实的基础理论，如果用百分比来说明理论与实践之间的比例，大学学习期间90%的时间和精力应该放在理论学习上。

大学学习期间的动手操作能力培养并非不重要，也不是非常困难，如果通过几个套件的制作、一些电子电器的修理便能具备基本的动手操作能力，会具有较好的感性知识基础。

所以，电子技术学习的重点还是应放在理论学习上，动手实践则为辅。

重要提示

理论学习内容广泛，大学教材上的基础理论、电路设计原理是一个重要方面，而大量的实用单元电路识图是另一个重要的方面，这种识图学习是全面掌握电子技术必不可少的环节，而且有益于大学电子技术教材的学习，遗憾的是大学电子技术教材中对电子电路识图的训练内容甚少。

8．感性认识从元器件认识开始

为了更好的进行理论学习，先进行必要的感性认识是很重要的，如何在感性认识方面快速突破呢?

很难想象学习电子技术时不认识电子元器件“长得啥模样”是怎样一种情形，那些理论知识又去如何学习和领会？如今普遍存在的问题是初学者并不认识二极管、功放集成电路等元器件，在这里介绍一种切实可行的方法可以使读者在数小时之内将其“全面搞定”。

为了快速熟悉各种元器件的外形特征，可以进入一家电子元器件专卖店，那里有形形色色的电子元器件，品种齐全，明目繁多。

有了这种感性认识，就不会再有学习电子技术的畏难心理了。

在进行这种对元器件观察的实践活动后，写一份实验报告，以进一步加强对元器件的认识，从感性认识提高到理性认识的高度。

9．进行收音机装配可以大幅提高动手能力

大学生如何提高电子技术方面的动手能力一直是争论不休的话题，学生抱怨学校提供的实验环境不佳，其实问题并不在于此。如果能在真正意义上装配一个分立元器件收音机，那么动手能力将会迅速提高，关键是有没有去认真和真正地装配收音机，通过这一装配活动去真正学习动手技能。

10．通过收音机可以学到哪些电路

不能小看收音机，收音机涉及的电子电路面还是比较广的，学好收音机电路工作原理可以掌握下列一些电子电路知识。

（1）可以掌握基本的电子元器件知识，包括外形识别、电路符号识别、重要特性、检测方法等。

（2）可以掌握常用电子元器件的典型应用电路。

（3）可以掌握常用的串联电路、并联电路、分压电路等电路的工作原理。

（4）可以掌握LC谐振电路工作原理，例如，收音机的输入调谐电路就是使用了LC串联谐振电路，选频放大器中使用了LC并联谐振电路。

（5）可以掌握放大器电路的工作原理，包括直流电路和交流电路。收音机中的中频放大器、音频功率放大器都采用了放大电路。

（6）可以掌握振荡器电路的工作原理。例如，收音机中的本机振荡器就是一种正弦振荡器电路。

（7）可以掌握检波电路的工作原理，例如，调幅收音机中的检波器电路。

（8）在掌握了收音机整机电路工作原理之后，学习电视机等整机电路的工作原理就会简单得多（电视机中的许多单元电路的工作原理与收音机电路基本相同），为日后学习其他电子电器整机电路的工作原理打下了扎实的基础。

11．通过收音机装配可以学到哪些技能

（1）掌握了焊接技术，电子技术所需要的动手能力有一定水平的提高。

（2）掌握了万用表的欧姆挡、直流电压挡、直流电流挡、交流电压挡的操作方法，并学会了使用万用表检修电子电路的常见故障。

（3）初步具备了电路故障的逻辑分析和推理能力，学会了从故障现象分析故障原因的方法。